普通高等教育“十一五”国家级规划教材

全国高等医药院校药学类专业第二轮实验双语

无机化学实验与指导

（第3版）

主　编　王　越
副主编　洪　瑾　熊晔蓉　郝利君

中国健康传媒集团
中国医药科技出版社

内容提要

本教材是“全国高等医药院校药学类专业第二轮实验双语教材”之一，是根据无机化学的教学大纲及要求，结合专业培养目标配套编写的实验与指导。全书分为绪论、化学实验基础知识、基础性实验、综合性实验、设计性实验等五个章节，内容包含了有机化学的23项实验。同时本教材为书网融合教材，即纸质教材有机融合电子教材、教学配套资源（PPT、微课、视频、图片等）、题库系统、数字化教学服务（在线教学、在线作业、在线考试），使教学资源更加多样化、立体化。

本教材主要供药学及相关专业使用。

图书在版编目（CIP）数据

无机化学实验与指导／王越主编．—3版．—北京：中国医药科技出版社，2019.12

全国高等医药院校药学类专业第二轮实验双语教材

ISBN 978－7－5214－1409－7

Ⅰ.①无…　Ⅱ.①王…　Ⅲ.①无机化学－化学实验－双语教学－医学院校－教学参考资料

Ⅳ.①O61－33

中国版本图书馆CIP数据核字（2020）第000774号

美术编辑　陈君杞

版式设计　南博文化

出版　**中国健康传媒集团**｜中国医药科技出版社

地址　北京市海淀区文慧园北路甲22号

邮编　100082

电话　发行：010－62227427　邮购：010－62236938

网址　www.cmstp.com

规格　889×1194mm 1/16

印张　15

字数　324千字

初版　2003年7月第1版

版次　2019年12月第3版

印次　2023年8月第3次印刷

印刷　三河市万龙印装有限公司

经销　全国各地新华书店

书号　ISBN 978－7－5214－1409－7

定价　38.00元

序

Preface

教学是学校人才培养的中心环节，实验教学是这一环节的重要组成部分。“全国高等医药院校药学类专业实验双语教材”是中国药科大学坚持药学实践教学改革，突出提高学生动手能力、创新思维，通过承担教育部“世行贷款21世纪初高等教育教学改革项目”等多项教改课题，逐步建设完善的一套与药学各专业学科理论课程紧密结合的高水平双语实验教材。

本轮修订，适逢“全国高等医药院校药学类专业第五轮规划教材”及《中国药典》（2020年版）、新版《国家执业药师资格考试大纲》出版，整套教材的修订强调了与新版理论教材知识的结合，与《中国药典》（2020年版）等新颁布的法典法规结合。为更好地服务于新时期高等院校药学教育与人才培养的需要，在上一版的基础上，进一步体现了各门实验课程自身独立性、系统性和科学性，又充分考虑到各门实验课程之间的联系与衔接，主要突出了以下特点。

1. 适应医药行业对人才的要求，体现行业特色，契合新时期药学人才需求的变化，使修订后的教材符合《中国药典》（2020年版）等国家标准及新版《国家执业药师资格考试大纲》等行业最新要求。

2. 更新完善内容，打造教材精品。在上版教材基础上进一步优化、精炼和充实内容。紧密结合“全国高等医药院校药学类专业第五轮规划教材”，强调与实际需求相结合，进一步提高教材质量。

3. 为适应信息化教学的需要，本轮教材全部打造成为书网融合教材，即纸质教材与数字教材、配套教学资源、题库系统、数字化教学服务有机融合，为读者提供全免费增值服务。

4. 坚持双语体系，强调素质培养教材以实践教学为突破口，采用双语体系编写有利于加快药学教育国际接轨，提高学生的科技英语水平，进一步提升学生整体素质。

“全国高等医药院校药学类专业第二轮实验双语教材”历经15年4次建设，在各个时期广大编者的努力下，在广大使用教材师生的支持下日臻完善。本轮教材的出版，必将对推动新时期我国高等药学教育的发展产生积极而深远的影响。希望广大师生在教学实践中对本套教材提出宝贵意见，以便今后进一步修订完善，共同打造精品教材。

吴晓明

全国高等医药院校药学类专业第五轮规划教材常务编委会主任委员

2019年10月

第三版前言

3rd edition Preface

《无机化学实验与指导》实验双语教材自2006年由中国医药科技出版社出版以来，被国内众多医药院校采用。期间，我们不断收集一线教师和学生的反馈，并在多次的教研活动中反复交流以达到共识，在此基础之上，丰富了第三版修订教材的素材。在此，编者对给本教材提出各类宝贵意见和分享教学体验的专家及师生们表示衷心的感谢！

化学实验教学在巩固学生的基础知识、培养实践能力和提升科学素质等各方面起着不可替代的作用。根据高等医药院校对化学基础实验教学发展的新要求，在本版修订中，我们在保证全书内容和编排体系基本不变的基础上，增加了相关的数字化资源，包括每个实验项目的PPT、同步习题及解答，还针对个别实验的关键技术或实验步骤制作了微视频，融入优质教学资源，势必会有助于提升教学效果。同时也对前两版教材中不妥之处进行了修正。

在教学实践过程中，有关书中具体实验项目的选用可根据实际的教学计划，配合《无机化学》理论课程的进度和安排，但不完全依附于理论课教学的框架，由教师灵活决定实验内容和顺序。

尽管在修订过程中我们力求做到选材更恰当，翻译更准确，但由于编者学识水平有限，教材中仍有欠妥之处，恳请同行专家及读者批评指正。

编　者

2019年8月

目录

Contents

第一部分　无机化学实验的基本原理、基本方法与基本操作

第一章　绪　论

扫码“学一学”

一、化学实验的目的与任务

化学是一门实验性科学，化学实验是化学教学不可缺少的重要组成部分。通过实验，既能发现和发展理论，又能检验和评价理论。化学实验的目的是开拓学生智能，培养学生严肃、严密、严格的科学态度和良好的科学素养，提高学生的动手能力和独立工作能力，并为将来从事科学研究奠定坚实的基础。因此，化学实验的作用不是验证学生所学的化学理论知识，而是要通过实验，训练学生进行科学实验的方法和技能，进而使学生进一步学会对实验现象进行观察、分析、归纳、总结，培养学生独立工作、分析问题和解决问题的能力。

二、化学实验的学习方法与要求

要很好地完成实验的各个环节，除具有坚实的理论基础外，还要有正确的学习方法。

1. 认真预习　实验前应认真阅读实验教材，明确实验的目的；了解实验内容、原理和方法；清楚所用药品或试剂的等级、物化性质（熔点、沸点、密度、毒性与安全等数据）；熟悉所用仪器；设计实验装置、实验步骤；估计实验中可能发生的现象和预期结果；明确实验数据处理方法和有关计算公式。在此基础上写好实验预习报告。

2. 认真实验　依据实验的内容、方法、步骤及要求进行实验，做到遵守实验操作规程，仔细观察实验现象，结合理论认真分析实验结果，如实而详细地记录实验现象和数据。

3. 认真书写实验报告　实验报告不仅是概括和总结实验过程的文献性质资料，而且是学生通过实验获取化学知识实验过程的一个方面。

因此，书写实验报告同样是化学实验课程的基本训练内容。实验报告能从一定的角度反映科学工作者的科学态度、实际水平与能力。实验报告的格式与要求基本包括：实验名称；实验目的；实验原理；实验仪器（厂家、型号、测量精度等）；药品与试剂（纯度等级）；实验装置（流程图或表格等）；实验现象及观测数据；实验结果（包括数据处理）；讨论。

实验结果的讨论是实验报告的重要组成部分，它包括实验工作者学术性的体会（并非感性的表达）、实验结果的可靠性与合理性评价，以及分析并解释观察到的实验现象。

无机化学实验大致分为三种类型，一是验证性实验；二是测定性实验；三是无机制备实验。验证性实验主要是物质性质的验证，可加深对反应原理和物质性质的理解。测定性实验主要是测定数据及数据处理过程。制备实验要写出物质制备原理、流程、原料量、产量、产率、产品质量与性质等。

三、实验误差及有效数字

化学实验过程中经常使用仪器对一些物理量进行测量，从而对体系中的一些化学性质和物理性质作出定量描述，揭示事物的客观规律。但事实上，任何测量的结果（数据）只能是相对准确，或者说是存在某种程度上的不确定（不可靠）性，这种不确定（不可靠）被称为实验误差。产生这种误差的原因，是因为测量仪器、方法、实验条件以及实验工作者本人不可避免地存在一定局限性。

对于不可避免的实验误差，实验者须了解其产生的原因、性质及有关规律，从而在实验中设法控制和减少误差，并对测量的结果进行适当处理，以达到可信的程度。

1. 绝对误差与相对误差 测量中的误差，主要有两种表示方法：绝对误差与相对误差。

（1）绝对误差 测量值与真值（真实值）之差称为绝对误差。若以 χ 代表测量值，以 μ 代表真实值，则绝对误差 δ

$$\delta = \chi - \mu$$

绝对误差是以测量值的单位为单位，可以是正值，也可以是负值，即测量值可能大于或小于其真值。测量值越接近真值，绝对误差越小；反之，越大。

实际上绝对准确的实验结果是无法得到的。化学研究中所谓真值是指有经验的研究人员用可靠（相对而言）的测定方法多次平行测定得到的平均值。可知的真值，一般有三类：理论真值、约定真值及相对真值。

（a）理论真值 如三角形的内角和为180°等。

（b）约定真值 由国际计量大会定义的单位（国际单位）及我国的法定计量单位是约定真值。

（c）相对真值 对科技工作者而言，由于没有绝对纯的化学试剂，因而常用标准参考物质的证书上所给出的含量作为相对真值。

（2）相对误差 绝对误差与真值的比值称为相对误差。

$$\frac{\delta}{\mu} = \frac{\chi - \mu}{\mu}$$

相对误差反映测量误差在测量结果中所占的比例，它没有单位，通常以%、‰表示。

例如，若测定纯 NaCl 中 Cl 的百分含量为60.52%，而其真值应为60.66%，则

绝对误差 = 60.52% − 60.66% = −0.14%

$$\text{相对误差} = \frac{60.52\% - 60.66\%}{60.66\%} \times 1000‰ = -2.3‰$$

2. 准确度与精密度 准确度表示测定结果与真值接近程度。测量值与真值越接近，就越准确。准确度的大小用绝对误差或相对误差表示。误差越大，准确度越低；反之，准确度越高。例如一物体的真实质量是10.000g，某人测量得到10.001g，另一人测量得到10.008g。前者的绝对误差是0.001g，后者的绝对误差是0.008g。10.001g比10.008g的绝对误差小，所以前者比后者测量得更准确，或者说前一结果比后一结果的准确度高。

精密度表示平行测量的各测量值（实验值）之间相互接近的程度。各测量值间越接近，精密度就越高；反之，精密度低。精密度可用偏差、相对平均偏差、标准偏差与相对标准偏差表示。

（1）偏差 测量值与平均值之差称为偏差。偏差越大，精密度越低。若令 $\bar{x}$ 代表一组平行测定的平均值，则单个测量值 x_i 的偏差 d 为

$$d = x_i - \bar{x}$$

因此，d 有 +、- 之分。各个偏差绝对值的平均值称为平均偏差

$$\bar{d} = \frac{\sum_{i=1}^{n} |x_i - \bar{x}|}{n}$$

式中 n 表示测量次数。

（2）相对平均偏差，定义如下

$$\frac{\bar{d}}{\bar{x}} \times 100\% = \frac{\sum_{i=1}^{n} |x_i - \bar{x}| / n}{\bar{x}} \times 100\%$$

（3）标准偏差或标准差，定义如下：

$$S = \sqrt{\frac{\sum_{i=1}^{n} (x_i - \bar{x})^2}{n-1}} \text{ 或 } S = \sqrt{\frac{\sum_{i=1}^{n} x_i^2 - \frac{1}{n}(\sum_{i=1}^{n} x_i)^2}{n-1}}$$

使用标准偏差是为了突出较大偏差的影响。

（4）相对标准差（变异系数），定义如下：

$$RSD = \frac{S}{\bar{x}} \times 100\% = \frac{\sqrt{\frac{\sum_{i=1}^{n} (x_i - \bar{x})^2}{n-1}}}{\bar{x}} \times 100\%$$

实际工作中，往往用 RSD 表示测定结果的精密度。

例如，四次测定某溶液的浓度，结果为 0.2041、0.2049、0.2039 和 0.2043mol/L。则平均值（$\bar{x}$），平均偏差（$\bar{d}$），相对平均偏差（$\frac{\bar{d}}{\bar{x}}$），标准偏差（S）及相对标准偏差（RSD）分别为：

平均值（$\bar{x}$）=（0.2041 + 0.2049 + 0.2039 + 0.2043）/4 = 0.2043mol/L

平均偏差（$\bar{d}$）=（0.0002 + 0.0006 + 0.0001 + 0.0000）/4 = 0.0003mol/L

相对平均偏差（$\frac{\bar{d}}{\bar{x}}$）$= \frac{0.0003}{0.2043} \times 1000‰ = 1.5‰$

标准偏差（S）$= \sqrt{\frac{0.0002^2 + 0.0006^2 + 0.0004^2 + 0.0000^2}{4-1}} = 0.0004\text{mol/L}$

相对标准偏差 RSD $= \frac{0.0004}{0.2043} \times 100\% = 0.2\%$

精密度是保证准确度的前提条件，没有好的精密度就不可能有好的准确度。因为事实上，准确度是在一定的精密度下，多次测量的平均值与真值相等的程度。测量值的准确度表示测量结果的正确性，测量值的精密度表示测量结果的重复性或再现性。

3. 系统误差和随机误差 依据误差产生的原因及性质，误差可分为系统误差与随机误差。

（1）系统误差 系统误差是由某些固定的原因造成的，使得测量结果总是偏高或偏低。实验方法不够完善、仪器不够精确、试剂不够纯以及测量者本人的习惯、仪器使用的理想

环境达不到要求等因素都有可能产生系统误差。系统误差的特征是：①单向性，即误差的符号及大小恒定或按一定规律变化；②系统性，即在相同条件下重复测量时，误差会再现，因此系统误差可用校正等方法予以消除。常见的系统误差大致分为：

（a）仪器误差　所有的测量仪器都可能产生系统误差。例如天平失于校准（如不等臂性或灵敏度欠佳）；磨损或腐蚀的砝码；移液管、滴定管、容量瓶等玻璃仪器的实际容积和标示容积不符；电池电压下降，接触不良造成电路电阻增加等影响都会造成系统误差。

（b）方法误差　这是由于测试方法不完善造成的。其中有化学和物理化学方面的原因，常常难以发现。因此，这是一种影响最为严重的系统误差。例如某些反应速率很慢或未定量地完成，干扰离子的影响，沉淀溶解、共沉淀和后沉淀等都会系统地导致测定结果偏高或偏低。

（c）个人误差　是一种由操作者本身的一些主观因素造成的误差。例如在读取刻度值时，总是偏高或总是偏低。

（2）偶然误差　偶然误差又称随机误差。它指同一操作者在同一条件下对同一量进行多次测定，而结果不尽相同，以一种不可预测的方式变化着的误差。它产生的直接原因往往难于发现和控制。偶然误差有时正、有时负，数值有时大、有时小，因而具有一定的不确定性。在各种测量中，随机误差总是不可避免地存在，并且不可能加以消除，它限制了最终结果的精密度。偶然误差对测定结果的影响通常服从统一规律，因此，可以采用在相同条件下多次测定同一量，再求其算术平均值的方法来减免。

（3）过失误差　由于操作者的疏忽大意，没有完全按照操作规程实验等原因造成的误差称为过失误差，这种误差使测量结果与实际明显不合，有较大的偏离且无规律可循。含有过失误差的测量值，不能作为一次实验值引入数据处理。这种过失误差，需要通过加强责任心，仔细工作来避免。判断是否发生过失误差必须慎重，应有充分的依据，可通过重复实验来判断，如果经过细致实验后仍然出现这个结果，要依据已有的科学知识判断是否有新的问题，甚至有新的发现，这在实践中是常有的事。

4. 有效数字及运算法测

（1）有效数字　在科学研究过程中，各种物理量的测量值（观测值）的记录必须与测试仪器的精度相一致。通常情况下，任何一种仪器标尺读数的最低一位应该用内插法估计到两条刻度线间距的1/10。因此，任何一个测量值的最后一位数字应是有一定误差的。这种误差来自于估计的不可靠性，有时称为**不确定度**，一般为 ±0.1 分度。最后这位数字是可疑的，但并非臆造，应该是可信的，因而是“有效”的。记录时应保留这位数字才能正确地反映出测量的精确程度。这种在不丧失测量准确度的情况下，表示某个测量值所需要的最小位数的数目字称为**有效数字**。也就是说，有效数字就是实际能够测量到的数字，它总是和测量或测定联系在一起。有效数字的构成包括若干位确定的数字和最后一位不确定的数字。例如253.8 这个数有4 位有效数字，用科学表示法写成 2.538×10^2。若写成 2.5380×10^2，就意味着它有5 位有效数字。“0”是一个特殊的数字，当它出现在两个非零数字之间或小数点右方的非零数字之后时都是有效的。如 10.0500g，其中每个0 都是有效的，它有6 位有效数字。而0.02909 中，2 之前的两个0 都是无效的，因这两个0 只是用来决定小数点的位置，取决于所用的单位，当用毫克计量时，可写成29.0mg，最后一个0 仍是有效的。

像83600这类数值的有效数字通常含混不清，可能意味着下列情况之一：

8.36×10^4　　3位有效数

8.360×10^4　　4位有效数

8.3600×10^4　　5位有效数

因此，像83600这类数值最好用上述科学表示法之一书写，以便准确地表示出它究竟有几位有效数字。

（2）数的修约　当计算涉及到几个测量值，而它们的有效数字的位数不相同时，便要舍去多余的数字，称之为数的**修约**（rounding）。过去通常采用“四舍五入”或“四舍六入五成双”规则。现介绍国家标准新的修约规则。

（a）在数据处理中，常遇到一些准确度不相等的数值，此时如果按一定规则对数值进行修约，即可节省计算时间，又可减少错误。

（b）修约的含义是用修约数代替已知数，修约数来自选定的修约区间的整数倍。

例：

修约区间：0.1

整数倍：12.1，12.2，12.4等。

修约区间：10

整数倍：1 210，1 220，1 230，1 240等。

（c）如果只有一个整数倍最接近已知数，则此整数倍就认为是修约数。

例：

修约区间：0.1

已知数	修约数
12.223	12.2
12.251	12.3
12.275	12.3

（d）如果有两个连续的整数倍同等地接近已知数，则有两种不同的规则可选用。

规则A：选取偶数整数倍作为修约数。此规则广泛应用于处理测量数据。

例：

修约区间：0.1

已知数	修约数
12.25	12.2
12.35	12.4

规则B：选取较大的整数倍作为修约后的数。此规则广泛应用于计算机。

例：

修约区间：0.1

已知数	修约数
12.25	12.3
12.35	12.4

（e）用上述规则作多次修约时，可能会产生误差。因此推荐一次完成修约。

例：12.251 应修约成 12.3，而不是第一次修约成 12.25，然后修约为 12.2。

（f）上述规则只用在对选择修约数没有特别规定的情况。

（3）运算规则

（a）加减法　和或差的有效位数按照各原始数据中小数点后位数最少的数据确定。用科学表示法表示的数据，如指数不同，应先化成相同的指数，然后才能加减。

例如，将下列 Cl^- 浓度相加减：3.00×10^{-2} mol/L、5.55×10^{-3} mol/L 和 1.00×10^{-5} mol/L。可用两种方法计算：（a）将各个加数直接相加，然后修约结果；（b）先修约各个加数，然后再相加。

先加后修约	先修约再相加
3.00×10^{-2}	3.00×10^{-2}
0.555×10^{-2}	0.56×10^{-2}
+）0.001×10^{-2}	+）0.00×10^{-2}（可忽略不计）
3.556×10^{-2}（mol/L）	3.56×10^{-2}（mol/L）
↓	
3.56×10^{-2}（mol/L）	

为减小舍入误差的累积，有时在修约各个加数时，可比小数位数最小的数多保留一位有效位数，最后再对计算结果按照修约规则进行修约。例如：

先加后对结果修约	修约成小数点后2位再相加	修约成小数点后3位再相加
2.25	2.25	2.25
3.437 5	3.44	3.438
+）4.275 02	+）4.28	+）4.275
9.962 52	9.97	9.963
↓		↓
9.96		9.96

（b）乘除法　积与商的有效位数按照原始数据中有效数字位数最少的数确定。例如：

1.262×10^{-5}

×）4.78

6.03236×10^{-5}

↓

6.03×10^{-5}

在计算过程中，为防止修约造成误差的累积，可多保留一位有效数字进行计算，最后将计算结果按修约规则修约。例如：

$$\begin{array}{r} 5.3179\times10^{12} \\ \times)\ 3.6\times10^{-19} \\ \hline \end{array} \longrightarrow \begin{array}{r} 5.32\times10^{12} \\ \times)\ 3.6\times10^{-19} \\ \hline 1.9152\times10^{-6} \end{array} \longrightarrow 1.9\times10^{-6}$$

（c）对数与反对数　对数尾数的有效位数应与真数的有效位数相同。例如：

$$\lg \underbrace{345}_{真数} = \underbrace{2}_{首数}.\underbrace{538}_{尾数}$$

因此345可写成3.45×10^2，它的对数的首数相应于3.39×10^2中10的幂，起决定小数点位置的作用。

再进一步看一下对数尾数最后一位有效数字（第3位）与真数的关系：

$$\left.\begin{array}{l} 10^{2.671}=469\ (468.8) \\ 10^{2.670}=468\ (467.7) \\ 10^{2.669}=467\ (466.6) \end{array}\right. \quad \left[\begin{array}{l} 括号中的数值 \\ 为修约成3位 \\ 数以前的结果 \end{array}\right]$$

可见指数的小数点第3位改变±1时，结果468（即对数的真数）的最后一位数字改变±1。

将对数转换成反对数时，有效位数则应与尾数的位数相同，例如$\lg10^{-3.42}$的反对数为

$$10^{-3.42}=3.8\times10^{-4}$$

又如，$[H^+]=6.6\times10^{-10}$mol/L的溶液，pH应为9.18，不是9或9.2。

四、化学实验室规则与事故处理

为了保证实验的顺利进行及实验室安全，进入实验室的所有工作人员必须遵守实验室规则和安全守则，懂得常见事故的处理方法。

1. 化学实验室规则

（1）在实验室工作的人员必须遵守纪律，保持肃静，集中思想，认真操作，仔细观察，积极思考，真实记录。

（2）正确使用实验仪器、设备。

（3）药品应按规定的量取用，已取出的试剂不能再放回原试剂瓶中以免污染试剂。取用药品的用具应保持清洁、干燥，以保持试剂不被污染及浓度一定。取用药品后应立即盖上瓶盖，以免放错混淆，污染药品。

（4）实验前要检查所需仪器是否齐全，是否破损，以便及时补齐、更换。实验过程中应保持器皿清洁，保持实验台面清洁整齐，实验结束后仪器、药品放回原处。

（5）废的固体、纸、玻璃渣、火柴梗等应倒入废品篮内；废液应倒入指定的废液回收桶，不得倒入水槽流入下水道，剧毒废液由实验室统一处理。

（6）实验完成后应保持实验室清洁，检查水、电、气安全，关好门窗。

（7）实验室内一切物品不得私自带出。

2. 化学实验室安全规则　化学实验室中有易燃、易爆、有毒或腐蚀性的药品，化学实

验过程中使用水、电、气，如果使用不当，则存在不安全因素。凡进入实验室的人员必须重视安全问题，遵守操作规程，绝不可麻痹大意，严格遵守实验室安全守则，以免事故的发生。

（1）易燃的试剂如乙醇、丙酮、乙醚等，使用时应远离火源，用完后立即塞紧瓶塞。

（2）加热、浓缩液体时要防止液体冲击容器，试管口要朝向无人处。

（3）产生有刺激性气味、有毒气体的实验要在通风橱中进行，嗅气体的气味时，只能用手轻轻地煽动空气，使少量气体进入鼻孔。

（4）使用有毒试剂如砷化物、铬盐、氰化物、汞及其化合物等，要严格防止进入口内和伤口内，废液严禁排入下水道。

（5）防止浓酸、浓碱液溅在皮肤或衣物上，尤其不能溅入眼内。

（6）湿手不要接触电器插头，人体不能与导电物体接触。实验结束后应切断电源。

（7）严禁随意混合各种化学试剂，以避免发生意外事故。

（8）严禁在实验室内饮食、吸烟、不得将食物或餐饮具带入实验室，实验后要清洗双手。

3. 常见事故的简单处理　实验室发生事故后，应冷静沉着，立刻采取有有效措施处理事故。

（1）触电　不慎触电时，立即切断电源，或尽快地用绝缘物（干燥的木棒、竹竿等）将电源与触电者隔开，必要时进行人工呼吸。

（2）烫伤　被火、高温物体烫伤后，切勿用水冲洗，更不要将烫起的水泡挑破，可在烫伤处涂上烫伤药膏，必要时送医院治疗。

（3）割伤　先将伤口中的异物取出，不要用水冲洗伤口，涂上红药水或创可贴，必要时送医院救治。

（4）酸（或碱）伤　酸（或碱）溅入眼内，应立即用水冲洗，再用2%的$Na_2B_2O_7$溶液（或3%的硼酸溶液）冲洗眼睛，然后用蒸馏水冲洗。酸（或碱）洒到皮肤上时，先应用大量水冲洗，再用饱和碳酸氢钠（或2%醋酸溶液）冲洗，最后再用水冲洗，涂敷氧化锌软膏（或硼酸软膏）。

（5）毒物误入口内　将5～10ml稀硫酸铜溶液加入一杯温水中，内服后再用手指伸入咽喉部，促使呕吐，然后立即送医院治疗。

（6）吸入刺激性或有毒气体　吸入如溴蒸气、氯化氢时，可吸入少量酒精和乙醚的混合蒸气解毒；不慎吸入煤气、硫化氢气体时，应立刻到室外呼吸新鲜空气。

（7）伤势严重者，应立即送医院诊治。

4. 消防　实验室不慎起火后，不应惊慌失措，而应根据不同的着火情况，采用不同的灭火措施。由于物质燃烧需要一定的氧气（空气）和达到着火点（一定的温度），所以灭火的原则是降温或将燃烧的物质与空气隔绝。

化学实验中常用的灭火措施如下。

（1）小火用湿布、石棉布覆盖燃烧物即可灭火，大火应用泡沫灭火器灭火。对Na、K、Mg、Al等活泼金属等引起的着火，应用干燥的细沙覆盖灭火。有机溶剂着火，切勿用水灭火，而应用二氧化碳灭火器、沙子或干粉等灭火（表1－1）。

表 1-1 常用灭火器种类及其适用范围

名 称	适 用 范 围
泡沫灭火器	用于一般失火及油类着火。此种灭火器是由 $Al_2(SO_4)_3$ 和 $NaHCO_3$ 溶液作用产生大量的 $Al(OH)_3$ 及 CO_2 泡沫，泡沫把燃烧物质覆盖与空气隔绝而灭火。因为泡沫能导电，所以不能用于扑灭电器设备着火
四氯化碳灭火器	用于电器设备及汽油、丙酮等着火。此种灭火器内装液态 CCl_4。CCl_4 沸点低，相对密度大，不会被引燃，所以把 CCl_4 喷射到燃烧物的表面，CCl_4 液体迅速气化，覆盖在燃烧物上面灭火
1211 灭火器	用于油类、有机溶剂、精密仪器、高压电气设备。此种灭火器内装 CF_2ClBr 液化气，灭火效果好
二氧化碳灭火器	用于电器设备失火及忌水的物质着火。内装液态 CO_2
干粉灭火器	用于油类、电器设备、可燃气体及遇水燃烧等物质的着火。内装 $NaHCO_3$ 等物质和适量的润滑剂和防潮剂。此种灭火器喷出的粉末能覆盖在燃烧物上，组成阻止燃烧的隔离层，同时它受热分解出 CO_2，能起中断燃烧的作用，因此灭火速度快

（2）在加热时着火，应立即停止加热，关闭煤气总阀，切断电源，将一切易燃易爆物品移至远处。

（3）电器设备着火，先切断电源，再用四氯化碳灭火器灭火，也可用干粉灭火器灭火。

（4）当衣服着火时，切勿慌张跑动，应赶快脱下衣服或用石棉布覆盖着火处，或在地上卧倒打滚，起到灭火的作用。

（5）必要时报火警。

扫码“练一练”

第二章　化学实验基础知识

一、常用玻璃仪器（表2-1）

表2-1　常用玻璃仪器

仪器名称	规　格	用途及注意事项
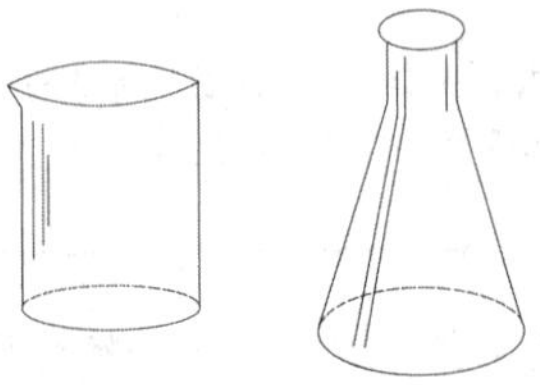 烧杯　锥形瓶（磨口）	以容积（ml）表示，一般有50、100、200、400、1000、2000等。	加热时将烧杯放置在石棉网上，使受热均匀，所盛反应液体一般不能超过烧杯容积的2/3
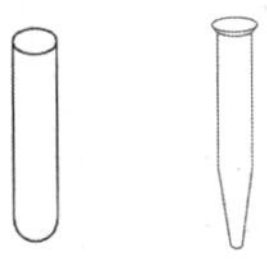 试管　离心试管	分硬质试管、软质试管、普通试管和离心试管 普通试管以管外径（mm）×长度（mm）表示，一般有12×150、15×100、30×200等 离心试管以容积（ml）表示，一般有5、10、15等	普通试管用作少量试剂的反应器，便于操作和观察。离心试管还可用于定性中的沉淀分离 加热时不能骤冷，以防炸裂。反应液体一般不能超过试管容积的1/2，加热时不能超过1/3。离心管不能直火加热
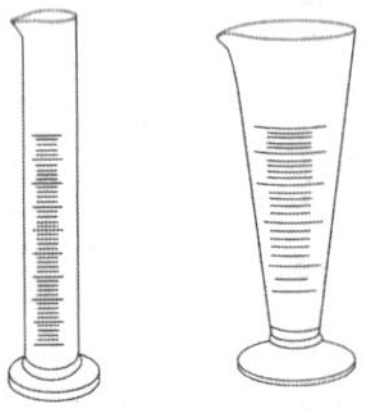 量筒　量杯	以容积（ml）表示，量筒有10、20、50、100等，量杯有10，20等	量取一定体积的液体用 不能直接加热，不可用作反应器
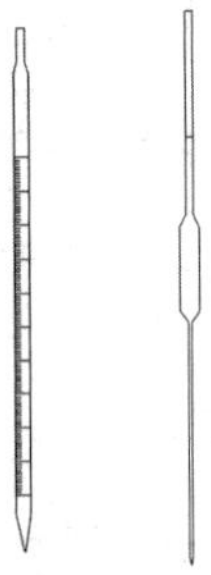 吸量管　移液管	以容积（ml）表示，有1、2、5、10、25、50等规格	精确量取一定体积的液体用 管口上无“吹出”字样者，使用时末端的溶液不允许吹出。不能加热
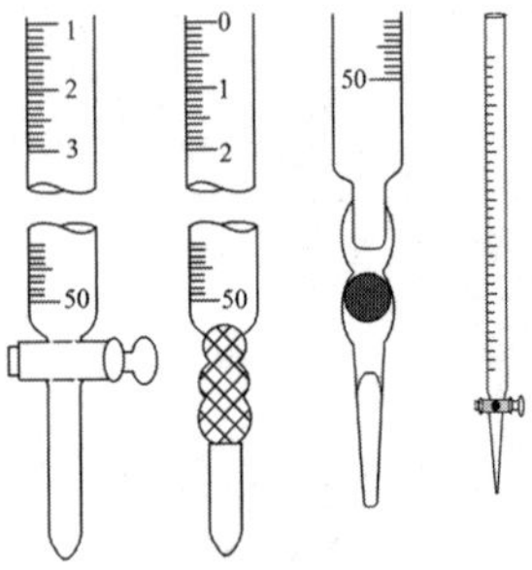 滴定管	滴定管分酸式和碱式，无色和棕色。以容积（ml）表示，有25，50等	滴定或量取准确体积的溶液时使用 酸式滴定管盛酸性溶液或氧化型溶液；碱式滴定管盛碱性溶液或还原型溶液 碱式滴定管不能盛放氧化剂，见光易分解的滴定液宜用棕色滴定管。不能加热和量取热的液体

续表

仪器名称	规　格	用途及注意事项
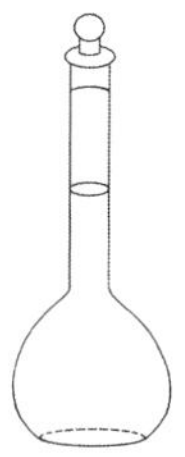 容量瓶	以容积（ml）表示，有 50、100、250、1000 等	用来配制准确浓度的溶液 不能受热，不得贮存溶液，不能在其中溶解固体，瓶塞与瓶是配套的，不能互换
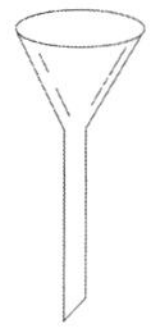 长颈漏斗  漏斗 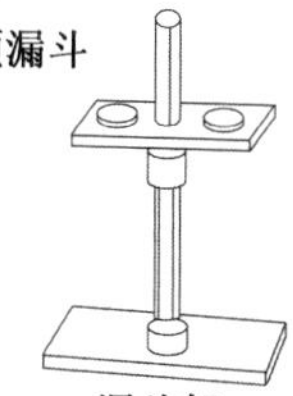 漏斗架	以口径（mm）大小表示，有 30、40、60 等	用于过滤操作 不能用火加热。加液体不能超过其容积的 2/3
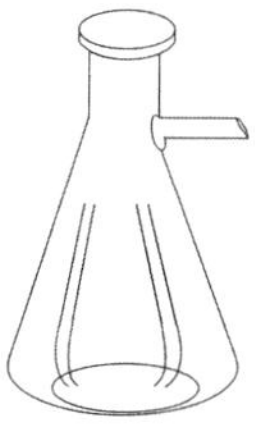 吸滤瓶 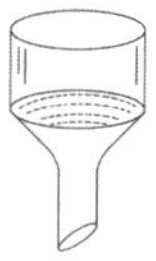 布氏漏斗	布氏漏斗瓷质，以直径（cm）表示，有 6、8 等。吸滤瓶为玻璃制品，以容积（ml）表示，有 250，500 等	用于减压过滤 不能直接加热，滤纸要略小于漏斗的内径。使用时先开抽气泵，后过滤；过滤完毕，先拔掉抽滤瓶接管，后拔抽气泵
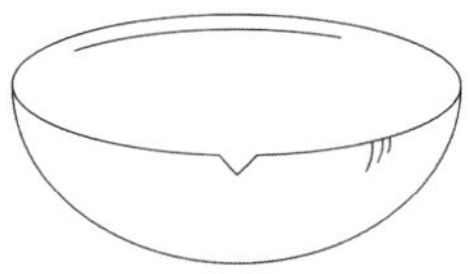 蒸发皿	以口径（mm）或容积（ml）表示。材质有瓷质、石英或金属等制品，分有柄和无柄	蒸发液体用，还可用作反应器用 可耐高温、直接加热，但高温时不能骤冷。随液体不同可选用不同质地的蒸发皿
 坩埚 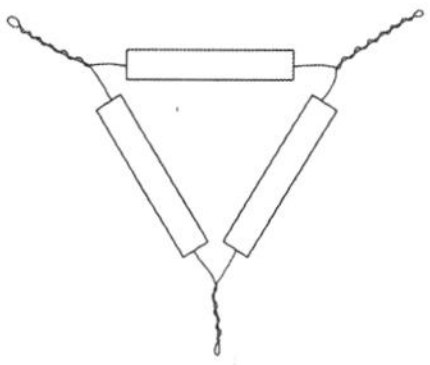 泥三角	以容积（ml）表示。材质有瓷、石英、铁、镍、铂等 泥三角有大小之分，用铁丝弯成并套上瓷管	用于灼烧试剂 一般忌骤冷、骤热，依试剂性质选用不同材质的坩埚
 干燥器	以外径（mm）表示大小，分普通干燥器和真空干燥器，内放干燥剂	保持物品干燥 防止盖子滑动打碎，热的物品待稍冷后才能放入。盖的磨口处涂适量的凡士林，干燥剂要及时更换

续表

仪器名称	规　格	用途及注意事项
 研钵	以口径（mm）表示。材质有瓷、玻璃、玛瑙等	用于研磨固体物质 大块物质不能敲，只能压碎。不能用于加热，按固体的性质和硬度选用不同的研钵。放入量不宜超过容积的 1/3
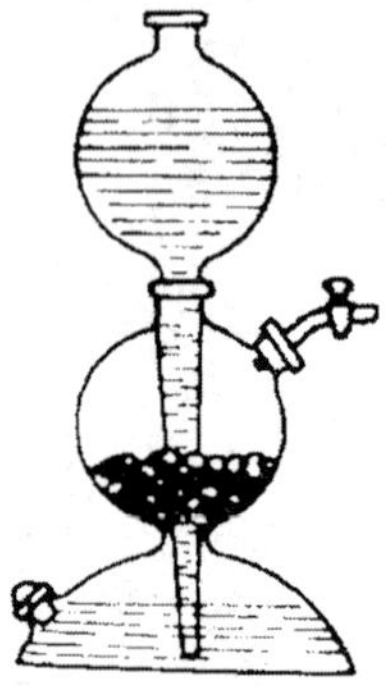 启普发生器	以容积（ml）表示	用于制备少量气体 不能加热，装入的固体反应物必须是较大的块状物，不适用颗粒细小的固体反应物
 分液漏斗	以容积（ml）和形状（球形，梨形）表示	用于分离互不相溶的液体，或用作发生气体装置中的加液漏斗 不得加热，漏斗塞子、活塞不得互换
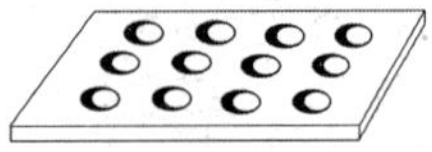 点滴板	材质有透明玻璃和瓷质，瓷质分白色、黑色	用于点滴反应，尤其是显色反应 白色沉淀用黑色板，有色沉淀或者溶液用白色板。不能加热

二、水及化学试剂的规格

1. 水的规格、制备及检验方法

（1）水的规格及合理选用　水是许多物质的良好溶剂，在化学实验中最常用。化学相关学科的科研工作者会根据不同的实验需求选择不同纯度的水。大多无机化学反应都是在水溶液中进行的，以至今天的整个无机化学体系都是建立在水溶液体系之上的，都是“水化学”。所谓的物质的性质，反应如不特别说明，都是在水溶液中才具备的。

自然界中水（天然水）含有较多杂质，一般在科学实验及工业生产过程中很少应用。经过初步处理后的自来水相对而言是比较纯净的，但仍含有较多可溶性的杂质，在实验室中常用作粗洗仪器用水、实验冷却水及无机制备前期用水等。

自来水再经过进一步处理后所得纯水，依据不同的制备方法，可得到不同规格的纯水。

我国已建立了实验室用水规格的国家标准（GB/T 6682－92）。《标准》中规定了实验室用水的技术指标、制备方法及检验方法。

实验室用水的规格见表2－2。

表2－2　实验室用 H_2O 的级别及主要指标

指标名称	一级	二级	三级
pH范围（25℃）	–	–	5.0～7.5
电导率（$\kappa/\mu S \cdot cm^{-1}$）（25℃）　≤	0.1	1.0	5.0
吸光度（A）（254nm，1 cm光程）　≤	0.001	0.01	–
ρ（SiO_2）$/mg \cdot L^{-1}$　≤	0.02	0.05	–
可氧化物的限度实验	–	符合	符合

《标准》只规定了一般技术指标，在具体的科学研究和工业生产过程中，有时对水有特殊的要求，还要检查其他有关项目，例如Cl，Fe，Cu，Zn，Pb，Ca，Mg等离子。

在实验过程中依据不同的任务和要求，应选择不同规格的纯水。普通的溶剂用水、普通仪器清洗用水及无机制备的前期用水仅需使用三级水。在仪器分析实验中常使用二级水。而在定量分析化学实验及有些精密仪器（如高效液相色谱仪）的实验中则需要一级水。

（2）纯水的制备　三级水可以采用蒸馏、反渗透或者去离子等方法制备，二级水可在三级水的基础上再经蒸馏制备，一级水可用二级水经过蒸馏、离子交换混合床和0.2μm过滤膜的方法或者用石英装置进一步蒸馏而制得。

高纯水（一级、二级水，如二次蒸馏水）应该用特殊塑料容器保存，不能用玻璃容器保存，以免玻璃中的杂质及钠盐慢慢溶于水而使水的纯度降低。

（a）蒸馏法　将水蒸发成水蒸气，再通过冷凝器将水蒸气冷凝下来，所得到的水就称蒸馏水。使用的蒸馏器由玻璃、铜、石英等材料制成。蒸馏法成本低，操作方便，但能量消耗大，只能除去水中不挥发性杂质，不能除去溶解在水中的气体。如要通过蒸馏法得到较高纯度的水，可在蒸馏水中加入少量高锰酸钾和氢氧化钡，再次进行蒸馏，这样可以除去水中极微量的有机杂质、无机杂质以及挥发性的酸性氧化物（如 CO_2）。这种水常称为二次蒸馏水。

（b）离子交换法　水经过离子交换树脂处理后，叫离子交换水，因为溶于水的杂质离子被去掉，所以又称为去离子水，去离子水的纯度很高，常温下的电阻率可达 $5\times10^6\ \Omega \cdot cm$ 以上。离子交换树脂是一种人工合成的高分子化合物，其主要组成部分是交联成网状的高分子骨架，另一部分是连在其骨架上的若干个可被交换的活性基团。树脂的骨架特别稳定，它不受酸、碱、有机溶剂和一般氧化剂的作用影响。当它与水接触时，能吸附并交换溶解在水中的阳离子和阴离子。根据能交换的离子种类不同，离子交换树脂可分为阳离子交换树脂和阴离子交换树脂两大类。

阳离子交换树脂含有磺酸基 $-SO_3H$，羧基 $-COOH$ 和酚羟基 $-OH$ 等能和水溶液中的其他阳离子进行交换（称为H型）。磺酸是强酸，所以含磺酸基的树脂又称为强酸性阳离子交换树脂，用 $R-SO_3H$ 表示，其中R代表树脂中网状骨架部分，$R-OH$ 和 $R-COOH$ 均为弱酸性阳离子交换树脂。强酸性阳离子交换树脂可在酸性、中性、碱性溶液中使用，交换速率快，与所有的阳离子均可进行交换。弱酸性阳离子交换树脂的交换能力受酸度影响较大，羧基在 pH >4，酚羟基在 pH >9.5 才有离子交换能力，但它们的选择性较好。

阴离子交换树脂含有碱性的活性基团，如含有季胺基 $-N(CH_3)_3^+$ 的强碱性阴离子交换树脂 $R-N(CH_3)_3^+OH^-$，含有叔胺基 $-N(CH_3)_2$、仲胺基 $-NH(CH_3)$、氨基 $-NH_2$ 的弱碱性阴离子交换树脂 $R-NH(CH_3)_2^+OH^-$、$R-NH_2(CH_3)^+OH^-$ 和 $R-NH_3^+OH^-$，它们所含的 OH^- 均可与水溶液中的其他阴离子进行交换（称为 OH 型），强碱性阴离子交换树脂在酸性、中性、碱性溶液中都能应用，强酸和弱酸的酸根离子均能被交换。弱碱性阴离子交换树脂在碱性溶液中就失去了交换能力。

制备去离子水，通常都使用强酸性阳离子交换树脂和强碱性阴离子交换树脂，预先将它们分别处理成 H 型和 OH 型。交换过程通常在离子交换柱中进行，水先经过阳离子树脂交换柱，水中的阳离子（Na^+、Ca^{2+}、Mg^{2+} 等）与树脂上的 H^+ 进行交换：

$$R-SO_3^-H^+ + Na^+ \rightleftharpoons RSO_3^-Na^+ + H^+$$

$$2R-SO_3^-H^+ + Ca^{2+} \rightleftharpoons (RSO_3^-)_2Ca^{2+} + 2H^+$$

$$2R-SO_3^-H^+ + Mg^{2+} \rightleftharpoons (RSO_3^-)_2Mg^{2+} + 2H^+$$

交换之后，树脂变成“钠型”、“钙型”或“镁型”，水呈现弱酸性。然后再将水通过阴离子树脂交换柱，水中的杂质阴离子（Cl^-、SO_4^{2-}、HCO_3^- 等）与树脂上的 OH^- 进行交换：

$$RN(CH_3)_3^+OH^- + Cl^- \rightleftharpoons RN(CH_3)_3^+Cl^- + OH^-$$

$$2RN(CH_3)_3^+OH^- + SO_4^{2-} \rightleftharpoons [RN(CH_3)_3^+]_2SO_4^{2-} + 2OH^-$$

交换之后，树脂变成“氯型”等，交换下来的 OH^- 和 H^+ 中和：

$$H^+ + OH^- \longrightarrow H_2O$$

从而将水中的可溶性离子全部去掉。

交换后水的纯度高低与所用树脂数量以及流经树脂时水的流速等因素有关。一般树脂量越多，水流越慢，得到的水的纯度就越高。

上述离子交换过程是可逆的。交换反应主要向哪个方向进行，与水中两类离子（如 H^+ 与 Na^+，OH^- 与 Cl^-）的浓度有关。当水中杂质离子较多，而树脂上的活性基团上的离子都是 H^+ 或 OH^- 时，则水中的杂质离子被交换占主导地位；但如果水中杂质离子减少而树脂上活性基团又大量被杂质离子占领时，水中的 H^+ 和 OH^- 反而会把杂质离子从树脂上交换下来。由于交换反应的这种可逆性，只用阳离子交换柱和阴离子交换柱串联起来处理后的水仍会含有少量的杂质离子。为提高水的纯度，可使水再通过一个由阴、阳离子交换树脂均匀混合的“混合柱”，其作用相当于串联了多个阳离子与阴离子交换柱，而且交换柱层任何部位的水都是中性的，从而减少逆反应的可能性。

树脂使用一定时间后，活性基团上的 H^+、OH^- 分别被水中的阳、阴离子所交换，从而失去了原先的交换能力，称之为“失效”。利用交换反应的可逆性使树脂再生，恢复其交换能力，这过程称之为“洗脱”或“再生”。

阳离子交换树脂的再生是加入适当浓度的酸（一般用 5% ~10% 的盐酸），其反应为：

$$RSO_3^-Na^+ + H^+ \rightleftharpoons RSO_3^-H^+ + Na^+$$

阴离子交换树脂的再生是加入适当浓度的碱（一般用5%的NaOH），其反应为：

$$RN(CH_3)_3^+Cl^- + OH^- \rightleftharpoons RN(CH_3)_3^+OH^- + Cl^-$$

经再生后的树脂可以重复使用。混合离子交换树脂应该先用饱和食盐水溶液将其分离后，再分别进行再生。

（c）电渗析法　这是在离子交换基础上发展起来的一种方法。它是在外电场的作用下，利用阴、阳离子交换膜对溶液中离子的选择性透过而使杂质离子从水中分离出来的方法。该法除去杂质的效率较低，适用于要求不很高的分析工作。

2. 化学试剂的规格、选用及贮存

（1）化学试剂的分类及选用　化学试剂门类很多，世界各国对化学试剂的分类、分级的标准不尽一致，各国都有自己的国家标准及其他标准（行业标准、学会标准等）。我国化学试剂的标准有国家标准（GB）、化工部标准（HG）及企业标准（QB）三级。

化学试剂产品已有近万种，且随着科学技术和生产力的发展，新的试剂种类还将不断产生，到目前为止，还没有统一的分类标准。暂将化学试剂分为一般试剂、高纯试剂、标准试剂、专用试剂四大类。

（a）一般试剂　是实验室普遍使用的试剂，可分为四个等级及生化试剂等。一般试剂的分级、适用范围、标志及标签颜色列于表2－3。

表2－3　一般试剂的规格和适用范围

级　别	中文名称	英文符号	适 用 范 围	标签颜色
一　级	优级纯（保证试剂）	G R	精密分析实验	绿色
二　级	分析纯（分析试剂）	A R	一般分析实验	红色
三　级	化学纯	C P	一般化学实验	蓝色
四　级	实验试剂	L R	一般化学实验辅助试剂	棕色或其他颜色
生化试剂	生化试剂 生物染色剂	B R	生物化学及医用化学实验	咖啡色染色剂（玫瑰色）

指示剂也属于一般试剂。

实验试剂（四级），只能用于一般的化学实验及教学工作。

分析纯（二级）及化学纯（三级）试剂，适用于一般的分析研究及教学实验工作。

优级纯（一级）试剂，又称保证试剂，适用于精密的分析及研究工作。

生化试剂，用于各种生物化学实验。

（b）高纯试剂　特点是杂质含量低（比优级纯、基准试剂都低），主体含量通常与优级纯试剂相当，但规定检测的杂质项目比同种优级或基准试剂多1～2倍。高纯试剂主要用于微量分析中标准溶液的制备。

（c）标准试剂　是用于测量其他（待测）物质化学量的标准物质，其特点是主体含量高且准确可靠。标准试剂有时称为基准试剂（或基准物质），主要用于配制各种标准溶液。顾名思义，光谱纯试剂是光谱分析中的标准物质；色谱纯试剂用作色谱分析的标准物质。国产标准试剂的种类及用途列于表2－4。

表2-4 主要国产标准试剂的种类与用途

类别	主要用途
滴定分析第一基准试剂	工作基准试剂的定值
滴定分析工作基准试剂	滴定分析标准溶液的定值
杂质分析标准溶液	仪器及化学分析中作为微量杂质分析的标准
滴定分析标准溶液	滴定分析法测定物质的含量
一级 pH 基准试剂	pH 基准试剂的定值和高精密度 pH 计的校准
pH 基准试剂	pH 计的校准（定位）
热值分析试剂	热值分析仪的标定
色谱分析标准	色谱法进行定性和定量分析的标准
临床分析标准溶液	临床化验
农药分析标准	农药分析
有机元素分析标准	有机物元素分析

（d）专用试剂　是指具有特殊用途的试剂。如气相色谱担体及固定液、液相色谱填料等。与高纯试剂相似之处是其主体含量较高，而杂质含量很低。与高纯试剂的区别是在其中需在特定的用途中把有干扰的杂质成分控制在不致产生明显干扰的限度以下即可。

（2）化学试剂的存放　化学试剂的贮存在实验室中是一项十分重要的工作。通常，化学试剂应贮存在干净、干燥和通风良好的地方，要远离火源，并注意防止灰分、水分和其他物质的污染。同时，依据试剂的性质应用不同的贮存方法。

固体试剂一般存放在易于取用的广口瓶内，液体试剂则存放在细口的试剂瓶中。一些用量小而使用频繁的试剂，如指示剂、定性分析试剂等可盛装在滴瓶中。见光易分解的试剂（如 $AgNO_3$、$KMnO_4$、饱和 Cl_2 水等）应装在棕色瓶中。对于 H_2O_2，虽然也是见光易分解的物质，但不能盛放在棕色的玻璃瓶中，因棕色玻璃中含有重金属氧化物成分，会催化 H_2O_2 的分解。因此通常将 H_2O_2 存放于不透明的塑料瓶中，放置于阴凉的暗处。试剂瓶的瓶盖一般都是磨口的，但盛强碱性试剂（如 NaOH、KOH）及 Na_2SiO_3 溶液的瓶塞应换成橡皮塞，以免长期放置互相粘连。易腐蚀玻璃的试剂（如氟化物等）应保存在塑料瓶中。

对于易燃、易爆、强腐蚀性、强氧化剂及剧毒品的存放应特别加以注意，一般需要分类单独存放，如强氧化剂要与易燃、可燃物分开隔离存放。低沸点的易燃液体要求在阴凉通风的地方存放，并与其他可燃物和易产生火花的器物隔离放置，更要远离明火。闪点在 -4℃以下的液体（如石油醚、苯、乙酸乙酯、丙酮、乙醚等）理想的存放温度为 -4 ~ 4℃；闪点在 25℃以下的（如甲苯、乙醇、丁酮、吡啶等）存放温度不得超过 30℃。

盛装试剂的试剂瓶都应贴上标签，并写明试剂的名称、纯度、浓度和配制日期，标签外面应涂蜡或用透明胶带等保护。

三、玻璃仪器的洗涤和干燥

1. 玻璃仪器的洗涤　化学实验过程中经常使用各种玻璃仪器。如果使用不洁净的仪器，仪器上的杂质和污物会对实验产生影响，使实验得不到正确的结果，甚至可导致实验失败。实验中所使用的仪器必须洁净，实验后要及时清洗仪器，否则，不清洁的仪器长期放置后，会导致以后的洗涤工作更加困难，因此，玻璃仪器的洗涤是化学实验中的一项重要内容。

玻璃仪器洁净的标准是用水洗冲后，仪器内壁能均匀地被水润湿而不沾附水珠，否则需要进一步清洗。

洗涤仪器的方法很多，一般应依据实验的要求，污物的性质及沾污的程度，以及仪器的类型和形状来选择合适的洗涤方法。

一般来说，污物主要有可溶性污物和不溶性污物、灰尘、有机物及油污等。洗涤方法通常分为以下几种。

（1）一般洗涤　对于水溶性的污物，一般直接用水冲洗，冲洗不掉的物质，可以选用合适的毛刷洗，若毛刷很难刷到，可用碎纸捣成糊浆，放进容器，剧烈摇动，导致污物脱落，再用水冲洗干净。洗涤仪器时应该一个一个地洗，不要同时抓多个仪器一起洗，以免碰坏或摔坏仪器。

用自来水洗净的仪器，往往在仪器内还残留一些 Ca^{2+}、Mg^{2+}、Cl^- 等离子，要去除这些杂质离子，应用蒸馏水漂洗几次。用蒸馏水洗涤仪器的方法应采用“少量多次”法，为此常用洗瓶。挤压洗瓶使其喷出一股细蒸馏水流，均匀地喷射在仪器内壁上并不断转动仪器，再将水倒掉。如此重复几次即可。

已洗净的玻璃仪器应该是清洁透明的。凡已洗净的仪器，内壁不能用布或纸擦试，否则布或纸上的纤维及污物会沾污仪器。

（2）洗液洗涤　对于有油污的仪器，可先用水冲洗掉可溶性污物，再用毛刷蘸取合成洗涤剂或肥皂液刷洗。用肥皂液或合成洗涤剂仍然刷洗不掉的污物，或因口小、管细不便用毛刷洗涤的仪器及不能用毛刷洗刷的特殊仪器（精密容量玻璃仪器），可用少量浓 HNO_3 或少量浓 H_2SO_4 或洗液洗涤。氧化型污物可选用还原性洗液洗涤；还原性污物则选用氧化性洗液洗液。

实验室常用的洗液有铬酸洗液、$KMnO_4$ 碱性洗液、碱性酒精洗液和酒精－浓 HNO_3 洗液。这些洗液的配制方法见表 2－5。

表 2－5　常用洗液的配制

铬酸洗液	取 20g $K_2Cr_2O_7$（LR）于 50ml 烧杯中，加 40ml H_2O，加热溶解，冷后，缓缓加入 320ml 浓 H_2SO_4 即成（边加边搅），贮于磨口细口瓶中	用于洗涤油污及有机物，使用时防止被 H_2O 稀释。用后倒回原瓶，可反复使用，直至溶液变为绿色*
$KMnO_4$ 碱性洗液	取 4g $KMnO_4$（LR），溶于少量 H_2O 中，缓缓加入 100ml 10% NaOH 溶液	用于洗涤油污及有机物，洗后玻璃壁上附着的 MnO_2 沉淀，可用亚铁溶液或 Na_2SO_3 溶液洗去
酒精－浓 HNO_3 洗液		用于沾有有机物或油污的结构较复杂的仪器，洗涤时先加少量酒精于脏仪器中，再加入少量 HNO_3，即产生大量棕色 NO_2，将有机物氧化而破坏

* 已还原为绿色的铬酸洗液，可加入固体 $KMnO_4$ 使其再生，这样，实际消耗的是 $KMnO_4$ 可减少 Cr 对环境的污染。

若污物是无机物一般多选用铬酸洗液；若污物为有机物一般选用 $KMnO_4$ 溶液。洗涤仪器前，应尽可能倒尽仪器中的残留水分，然后向仪器中装入约 1/5 体积的洗液，将仪器倾斜并慢慢地转动，使内壁全部被洗液湿润，若能浸泡一段时间或用热的洗液洗涤，效果会更好。

洗液用后，应倒回原瓶，可反复多次使用。多次使用后，铬酸洗液会变成绿色

(Cr^{3+})；$KMnO_4$ 洗液会变成浅红或无色，底部有时会出现 MnO_2 沉淀，此时的洗液已不具备强氧化性，不能再继续使用。

洗液具有强的腐蚀性，使用时应注意安全，不要溅在皮肤、衣物上，不能用毛刷蘸取洗液刷洗仪器，如果不慎将洗液洒在衣物、皮肤时，应立即用水冲洗。废的洗液和洗液的首次冲洗液应倒入废液缸里，不能倒入水槽，以免腐蚀下水道。

少量的废洗液（含 Cr^{3+}）可加入废碱液或石灰使其生成 $Cr(OH)_3$ 沉淀，将此废渣埋于地下（指定地点），以防止铬的污染。

（3）特殊污垢的洗涤　有些仪器上常常沉积一些已知主要化学成分的污垢，这时我们就需要视污垢的性质选用合适的试剂，经与其化学作用而除去。例如，做银镜反应实验时在试管内壁沉积的银或铜，可用硝酸除去。一些常见污垢的处理方法见表 2－6。

表 2－6　常见污垢的处理方法

污　垢	处　理　方　法
碱土金属的碳酸盐、$Fe(OH)_3$、一些氧化剂如 MnO_2 等	用稀 HCl 处理，MnO_2 需要用 $6mol \cdot L^{-1}$ 的 HCl
沉积的金属如银、铜	用 HNO_3 处理
沉积的难溶性银盐	用 $Na_2S_2O_3$ 洗涤，Ag_2S 则用热、浓 HNO_3 处理
沾附的硫磺	用煮沸的石灰水处理 $3Ca(OH)_2 + 12S \longrightarrow 2CaS_5 + CaS_2O_3 + 3H_2O$
高锰酸钾污垢	草酸溶液（沾附在手上也用此法）
残留的 $NaSO_4$、$NaHSO_4$ 固体	用沸水使其溶解后趁热倒掉
沾有碘迹	可用 KI 溶液浸泡；温热的稀 NaOH 或用 $Na_2S_2O_3$ 溶液处理
瓷研钵内的污迹	用少量食盐在研钵内研磨后倒掉，再用水洗
有机反应残留的胶状或焦油状有机物	视情况用低规格或回收的有机溶剂（如乙醇、丙酮、苯、乙醚等）浸泡；或用稀 NaOH、或用浓 HNO_3 煮沸处理
一般油污及有机物	用含 $KMnO_4$ 的 NaOH 溶液处理
被有机试剂染色的比色皿	可用体积比为 1：2 的盐酸－酒精液处理

除了上述的清洗方法外，还有超声波清洗器清洗法。只要将需清洗的仪器放在配有合适洗涤剂的溶液中，接通电源，利用声波的能量，振动污垢，就可将仪器清洗干净。

2. 玻璃仪器的干燥　有些仪器洗涤干净后就可用来做实验，但有些化学实验，需要在无水条件下进行。例如，容量分析中的非水滴定，无结晶水的稀土配合物的合成等。此时，所需仪器必须是干燥的，根据不同的情况，可采用不同的方法将仪器干燥。

（1）晾干　对于不急用的仪器，洗净后将仪器倒立放置在适当的仪器架上，让其在空气中自然干燥。

（2）烘干　将洗净的仪器放入电热恒温干燥箱内加热烘干。

恒温干燥箱（简称烘箱）是实验室常用的干燥仪器（图 2－1），常用来干燥玻璃仪器或烘干无腐蚀性、热稳定性比较好的固体药品，但易燃品或刚用酒精、丙酮淋洗过的仪器切勿放入烘箱内，以免爆炸。

烘箱使用方法如下。接上电源，开启加热开关后，再将控温旋钮由“0”位顺时针旋至一定程度，这时红色指示灯亮，烘箱处于升温状态。当温度升至所需温度（由烘箱顶上的温度计观察），将控温旋钮按逆时针方向缓缓回旋，红色指示灯灭，绿色指示灯亮，表明烘箱已处于该温度下的恒温状态，此时电加热丝已停止工作。过一段时间，由于散热等原因里面温度变低后，它又自动切换到加热状态。这样交替地不断通电、断电，就可以保持恒定温度。烘箱最高使用温度可达200℃，常用温度在100～120℃左右。

玻璃仪器干燥时，先洗净并将水尽量倒干，放置时应平放或使仪器口朝上，带塞的瓶子应打开瓶塞，将仪器放在托盘里。一般在105℃加热一刻钟左右即可干燥。最好让烘箱降至常温后再取出仪器。如果热时就要取出仪器，应注意用干布垫手，防止烫伤。热玻璃仪器不能碰水，以防炸裂。热仪器自然冷却时，器壁上常会凝结水珠，这可以用吹风机吹冷风助冷的方式避免水珠产生。烘干的药品取出后应放在干燥器里保存，以免在空气中又吸收水分。

（3）吹干　用热或冷的空气流将玻璃仪器吹干，所用仪器是电吹风机或“玻璃仪器气流干燥器”。用吹风机吹干时，一般先用热风吹玻璃仪器的内壁，待干后再吹冷风使其冷却。如果先用易挥发的溶剂如乙醇、乙醚、丙酮等淋洗一下仪器，将淋洗液倒净，然后用吹风机用冷风－热风－冷风的顺序吹，则会干得更快。另一种方法是将洗净的仪器直接放在气流烘干器里进行干燥。

（4）烤干　用煤气灯小心烤干。一些常用的烧杯、蒸发皿等可置于石棉网上用小火烤干，烤干前应先擦干仪器外壁的水珠。试管烤干时应使试管口向下倾斜，以免水珠倒流炸裂试管（图2－2）。烤干时应先从试管底部开始，慢慢移向管口，不见水珠后再将管口朝上，把水汽赶尽。

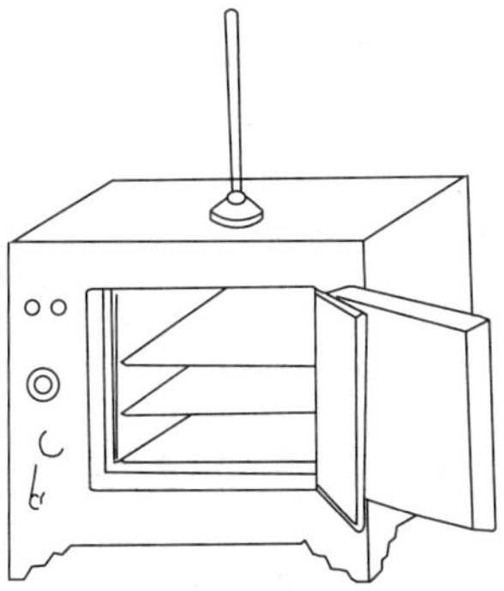

图2－1　电热恒温干燥箱

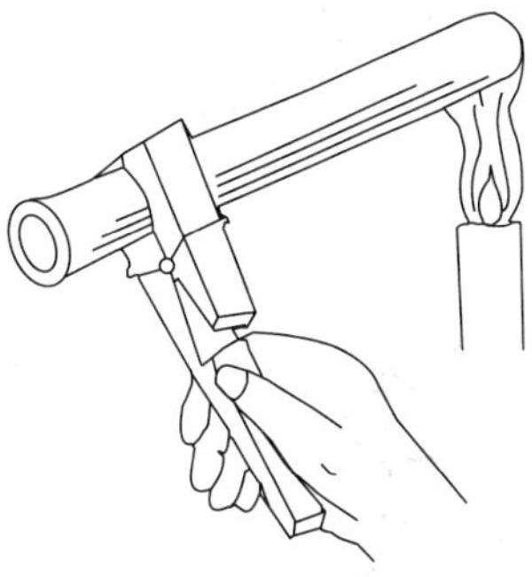

图2－2　烤干试管

还应注意的是，一般带有刻度的计量仪器，如移液管、容量瓶、滴定管等不能用加热的方法干燥，以免热胀冷缩影响这些仪器的精密度。玻璃磨口仪器和带有活塞的仪器洗净后放置时，应该在磨口处和活塞处（如酸式滴定管、分液漏斗等）垫上小纸片，以防止长期放置后粘连不易打开。

四、干燥器的使用

易吸水潮解的固体或灼热后的坩埚等应放在干燥器内，以防其吸收空气中的水分。干燥器是一种有磨口盖子的厚质玻璃器皿，磨口上涂有一层薄薄的凡士林，以防水汽进入，并能很好地密合。干燥器的底部装有干燥剂（变色硅胶、无水氯化钙等），中间放置一块干净的带孔瓷板，用来盛放被干燥物品。打开干燥器时，应左手按住干燥器，右手按住盖的圆顶，向左（或向右）前方推开盖子，如图2－3（a）所示。温度很高的物体

（例如灼烧至恒重的坩埚等）放入干燥器时，不能将盖子完全盖严，应该留一条很小的缝隙，待冷后再盖严，否则易被内部热空气冲开盖子，或者由于冷却后的负压使盖子难以打开。搬动干燥器时，应用双手拇指同时按住盖子，以防盖子因滑落而打碎，如图 2-3（b）所示。

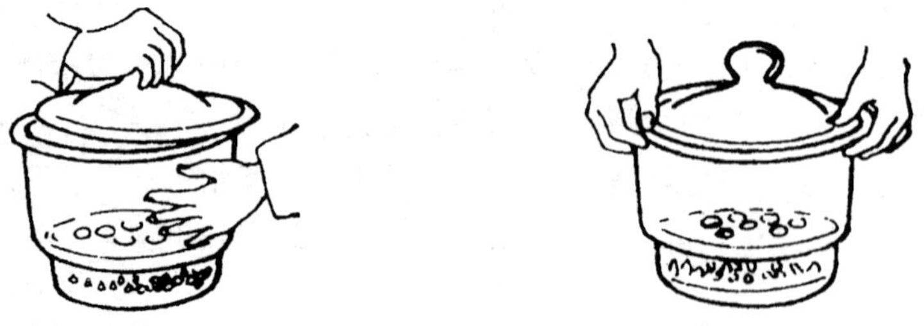

图 2-3　干燥器的使用

五、加热

1. 加热装置　在实验室的加热操作中，常使用酒精灯，酒精喷灯、煤气灯或电炉等直接加热，有时也采用水浴、油浴、砂浴或空气浴等间接加热。

（1）酒精灯　由灯罩、灯芯和灯壶三部分组成，如图 2-4 所示。使用时先要加酒精，即应在灯熄灭情况下，牵出灯芯，借助漏斗将酒精注入，最多加入量为灯壶容积的 2/3。必须用火柴点燃，绝不能用另一个燃着的酒精灯去点燃，已免洒落酒精引起火灾（图 2-5）。熄灭时，用灯罩盖上即可，不要用嘴吹。片刻后，还应将灯罩再打开一次，以免冷却后盖内负压使以后打开困难。

酒精灯的加热温度通常为 400～500℃，适用于不需太高加热温度的实验。

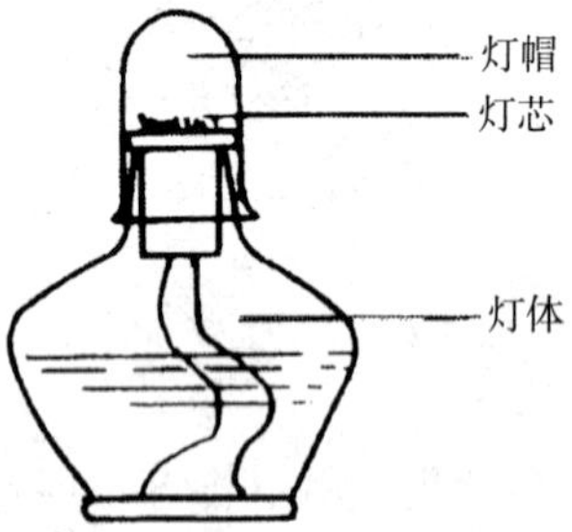

图 2-4　酒精灯

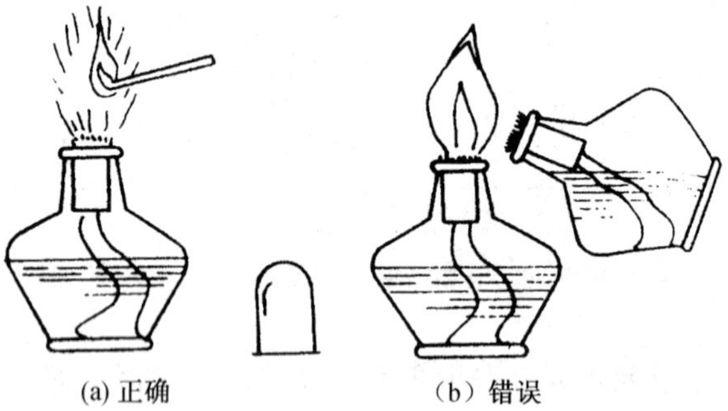

图 2-5　点燃方法

（2）酒精喷灯　有挂式和座式两种，构造见图 2-6 和图 2-7，它们的使用方法相似。应先在酒精灯壶或储罐内加入酒精，注意在使用过程中不能续加，以免着火。在预热盘中加满酒精并点燃（挂式喷灯应将储罐下面的开关打开，从灯管口冒出酒精后再关上；在点燃喷灯前先打开），等酒精燃烧完将灯管灼热后，打开空气调节器并用火柴将灯点燃。酒精喷灯是靠气化的酒精燃烧，所以温度较高，可达 700～900℃。用完后关闭空气调节器，或用石板盖住灯口即可将灯熄灭。挂式喷灯不用时，应将储罐下面的开关关闭。

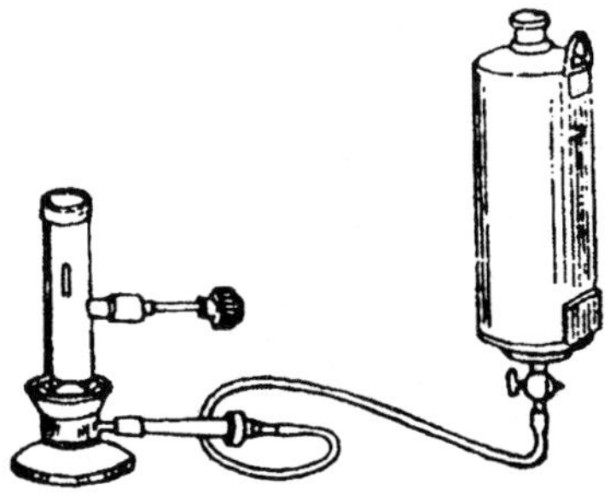

图 2－6　挂式酒精喷灯

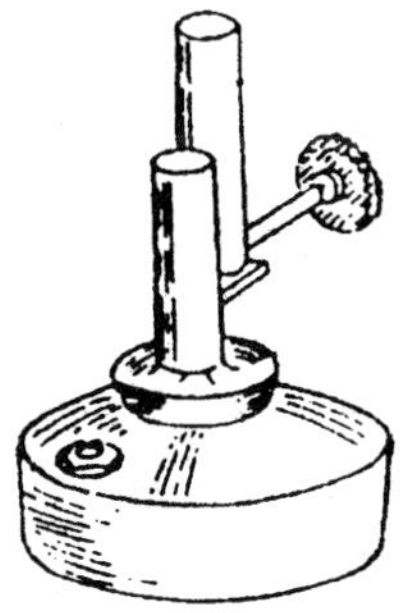

图 2－7　座式酒精喷灯

座式喷灯最多使用半小时，挂式喷灯也不可将罐里的酒精一次用完。若需连续使用，应将喷灯熄灭，冷却，添加酒精后再次点燃。

使用时注意灯管必须灼热后再点燃，否则易造成液体酒精喷出引起火灾。

（3）煤气灯　在有煤气（天然气）的地方，煤气灯是化学实验室中最常用的加热装置。它的样式虽多，但构造原理基本相同，主要由灯管和灯座组成，如图 2－8 所示。灯管下部有螺旋与灯座相连，并开有作为空气入口的圆孔。旋转灯管，可关闭或打开空气入口，以调节空气进入量。灯座侧面为煤气入口，用橡皮管与煤气管道相连；灯座侧面（或下面）有螺旋形针阀，可调节煤气的进入量。

使用时应先关闭煤气灯的空气入口，将燃着的火柴移近灯口时再打开煤气管道开关，将煤气灯点燃（切勿先开气后点火）。然后调节煤气和空气的进入量，使二者的比例合适，得到分层的正常火焰，如图 2－9 所示。火焰大小可用管道上的开关控制。关闭煤气管道上的开关，即可熄灭煤气灯（切勿吹灭）。

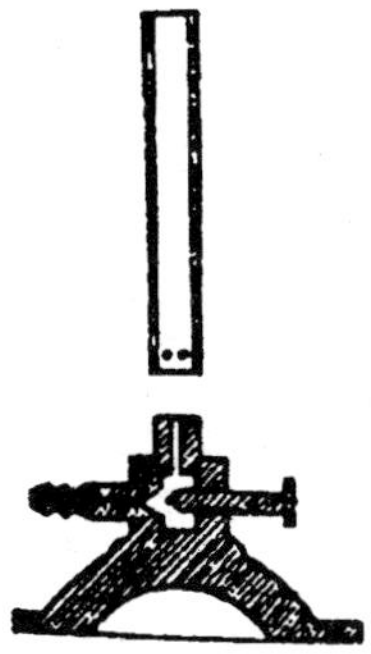

图 2－8　煤气灯构造

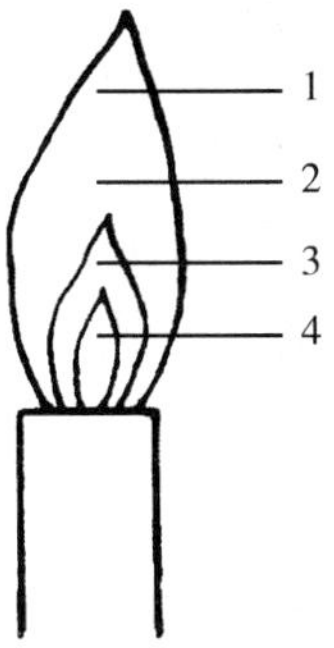

图 2－9　正常火焰

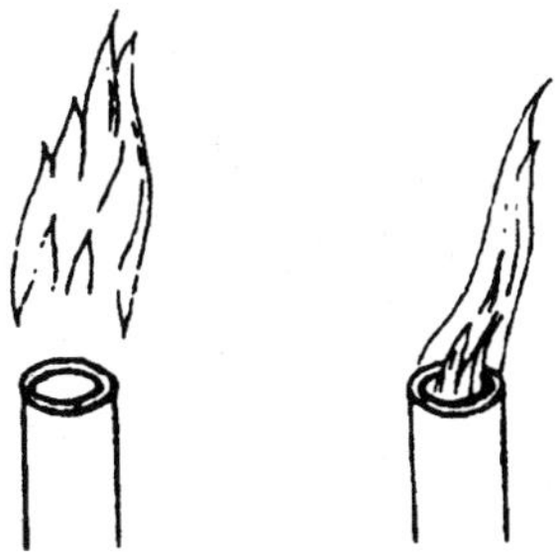

图 2－10　不正常火焰

煤气灯的正常火焰分三层（图 2－9）：外层 1，煤气完全燃烧，称为氧化焰，呈淡紫色；中层 3，煤气不完全燃烧，分解为含碳的化合物，这部分火焰具有还原性，称为还原焰，呈淡蓝色；内层 4，煤气和空气进行混合并未燃烧，称为焰心。正常火焰的最高温度在还原焰顶部上端与氧化焰之间的 2 处，温度可达 800～900℃。

当空气和煤气的比例不合适时，会产生不正常火焰。如果火焰呈黄色或产生黑烟，说明煤气燃烧不完全，应调大空气进入量；如果煤气和空气的进入量过大，火焰会脱离灯管在管口上方临空燃烧，称为临空火焰（图 2－10），这种火焰容易自行熄灭；若煤气进入量很小（或煤气突然降压）而空气比例很高时，煤气会在灯管内燃烧，在灯口上方能看到一束细长的火焰并能听到特殊的嘶嘶声，这种火焰叫侵入火焰（图 2 - 10），片刻即能把灯管烧热，不小心易烫伤手指。遇到后两种情况时，应关闭煤气阀，重新调节后再点燃。

（4）水浴　水浴常在水浴锅中进行［图 2 - 11（a）］，有时为了方便常用规格较大的烧杯等代替［图 2 - 11（b）］。水浴锅一般为铜制外壳，内壁涂锡。盖子由一套不同口径的铜圈组成，可以按加热器皿的外径任意选用，使用时，锅下加热，受热器皿悬置在水中，可保持液温到 95℃左右的恒温。使用水浴应注意如下事项：① 水浴锅内存水量应保持在总体积的 2/3 左右；② 受热玻璃器皿不能触及锅壁或锅底；③ 水浴锅不能作油浴或砂浴用。

扫码“看一看”

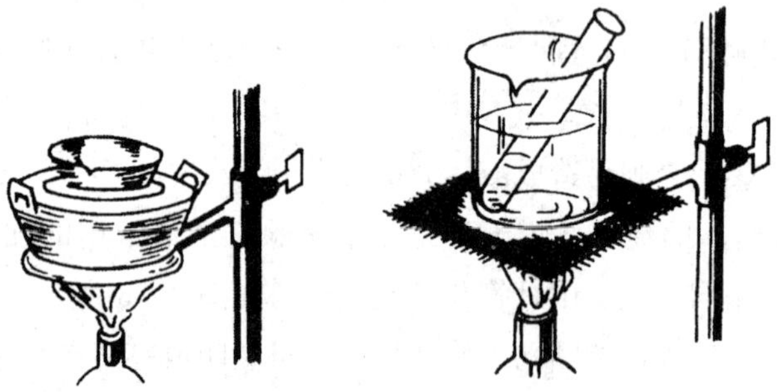

(a)　(b)

图 2 - 11　水浴加热

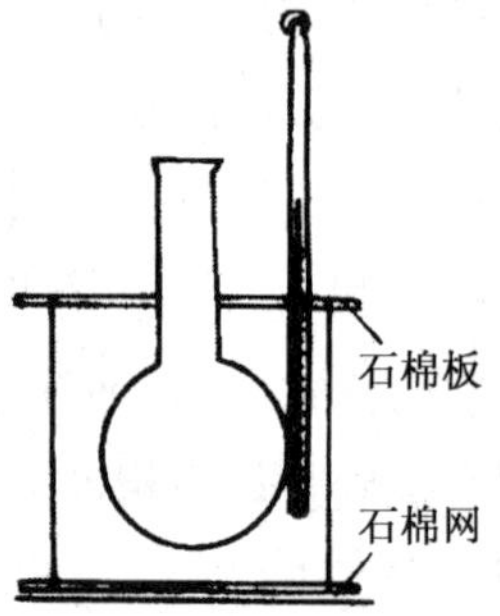

图 2 - 12　空气浴

（5）油浴　油浴锅一般由生铁铸成，有时也可用大烧杯代替。油浴适用于 100 ~ 250℃加热，反应物的温度一般低于油浴液的 20℃左右，常用的油浴如下。

① 甘油：可以加热到 140 ~ 150℃，温度过高分解。

② 植物油：如菜油、蓖麻油和花生油，可以加热到 220℃。常加入 1% 的对苯二酚等抗氧化剂，便于久用。温度过高时会分解，达到闪点可能燃烧，所以，使用时要十分小心。

③ 石蜡：能加热到 200℃左右，冷到室温则成为固体，保存方便。

④ 液体石蜡：可加热到 200℃左右，温度稍高并不分解，但较易燃烧。

使用油浴应特别小心防止着火；当油受热冒烟时，应立即停止加热；油量应适量，不可过多，以免油受热膨胀而溢出；浴锅外不能沾油，如若外面有油，应立即擦去；如遇油浴着火，应立即拆除热源，并用石棉网等盖灭火焰，切勿用水浇。

⑤ 硅油：硅油在 250℃时仍较稳定，透明度好，只是价格昂贵。

（6）砂浴　砂浴通常采用生铁铸成的砂浴盘。盘中盛砂子，使用前先将砂子加热熔烧，以去掉有机物。加热温度在 80℃以上者可以使用，特别适用于加热温度在 220℃以上者，砂浴的缺点是传热慢，温度上升慢，且不易控制。因此，砂层要薄些。特别注意，受热器不能触及浴盘底部。

（7）空气浴　沸点在 80℃以上的液体原则上均可采用空气浴加热。最简单的空气浴可用下法制作：取空的铁罐一只（用过的罐头合即可），罐口边缘剪光后，在罐的底层打数行小孔。另将圆形石棉片（直径略小于罐的直径 2 ~ 3mm）放入罐中，使其盖在小孔上，罐的四周用石棉布包裹。另取直径略大于罐口的石棉板（厚 2 ~ 4mm）一块，在其中挖一个洞（洞的直径略大于被加热容器的颈部直径），然后对切为二半，加热时用以盖住罐口。使用时将此装置放在铁三脚架或铁支台的铁环上，用灯焰加热即可。注意蒸馏瓶或其他受热器在罐中切勿触及罐底，其正确的位置如图 2－12 所示。

（8）电热套加热　电热套是一种较好的热源，它是由玻璃纤维包裹着电热丝织成的碗状半圆形的加热器，有控温装置可调节温度。由于它不是明火加热，因此，可以加热和蒸馏易燃有机物，也可加热沸点较高的化合物，适应加热温度范围较广。

2. 液体的加热

（1）在试管中加热液体　在试管中加热液体时，液体量不应超过试管容积的 1/3，还必须用试管夹夹持试管，管口稍向上倾斜（图 2－13），注意管口不要对着别人和自己，以免被沸腾的溶液喷出烫伤。加热时，应先加热液体的中上部，再加热底部，并上下移动，使各部分液体均匀受热。

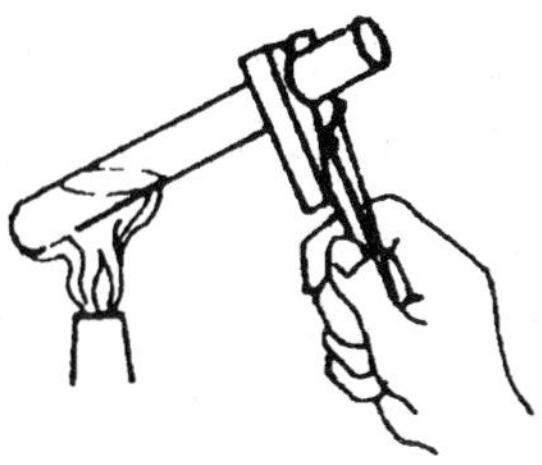

图 2－13　加热试管中的液体

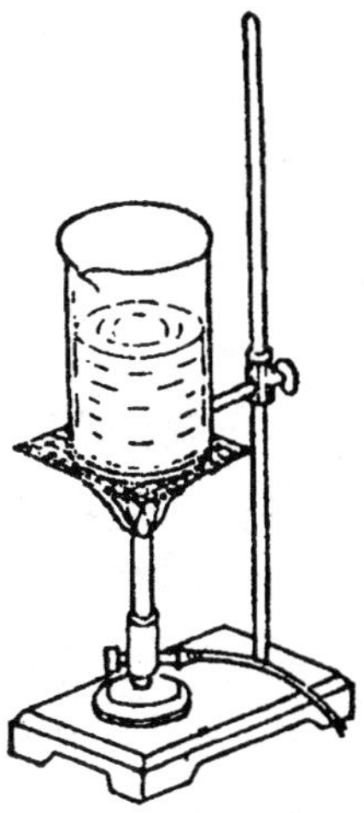

图 2－14　加热烧杯中的液体

（2）加热烧杯及烧瓶中的液体　加热时必须在仪器下面垫上石棉网（图 2－14），使仪器受热均匀。加热烧瓶时还应该用铁夹将其固定。加热的液体量不应超过烧杯容积的 1/2 和烧瓶容积的 1/3。烧杯加热时还要适当加以搅拌以免爆沸，烧瓶加热时也要视情况放入 1～2 粒沸石。

（3）蒸发、浓缩与结晶　蒸发、浓缩与结晶是物质制备实验中常用的操作之一，通过此步操作可将产品从溶液中提取出来。

例如，大部分无机化合物的溶解度随温度升高而增大，因此从溶液中使晶体析出的主要方法是蒸发和冷却。蒸发掉过多的溶剂，使溶液浓缩达到饱和或过饱和后析出；也可以采用冷却方法，直接降低物质的溶解度而使其析出。通常情况下，这两者是结合起来使用的。

蒸发浓缩通常在蒸发皿中进行，蒸发皿具有大的蒸发表面，有利于液体的蒸发。里面所盛液体量不应超过其容量的 2/3。如果无机物对热稳定，可以用煤气灯直接加热（应先均匀预热），一般情况下采用水浴加热，以使蒸发过程比较温和平稳。注意不要使瓷蒸发皿骤冷，以免炸裂。

需要蒸发到什么程度，应视物质的溶解度而定。若物质的溶解度随温度变化不大，为了获得较多的晶体，应在结晶析出后继续蒸发（如熬盐）。若物质在高温时溶解度很大而在低温时变小，又分为两种情况：若物质的溶解度大时，应蒸发至溶液表面出现晶膜（液面上漂浮一层固体），冷却即可析出晶体；若物质的溶解度小，则不必蒸发至出现晶膜，就可冷却结晶。某些结晶水合物在不同温度下析出时所带结晶水的数目不同，制备此类化合物时应注意要满足其结晶条件。

在过饱和溶液中，加入一小粒晶体（称为“晶种”）、摩擦器壁或搅拌溶液，常可加速晶体析出。析出晶体的颗粒大小与结晶条件有关。如果溶液浓度高、快速冷却并加以搅拌，则会析出细小晶体，静置溶液并缓慢冷却则有利于大晶体生成。从纯度上看，快速生长的细小晶体纯度较高，因为晶体上不易裹带母液和其他杂质；而大块晶体的纯度较低。但细小晶体会形成稠厚的糊状物，挟带母液不易洗净，也会影响纯度的提高。

当第一次结晶的纯度不合要求时，可将晶体加入适量的溶剂溶解，再次进行蒸发、结晶。这样第二次得到的晶体的纯度就会更高。这种操作叫作重结晶。根据纯度要求可以进行多次结晶。利用重结晶提纯物质，只适用于那些溶解度随温度上升而增大的物质，对于那些溶解度受温度影响小的物质则不适用。

3. 固体的加热

（1）在试管中加热固体　在试管中加热固体，应该用铁架台和铁夹固定试管或用试管夹夹持试管，管口略向下倾斜（图 2－15），以防止凝结在管口处的水珠倒流到灼热的管底使试管破裂。

（2）固体的灼热　高温灼烧或熔融固体使用的仪器是坩锅。根据所装物料的性质及需加热的温度选用不同材质的坩埚（如瓷坩埚、氧化铝坩埚、金属坩埚等）。加热时，将坩埚置于泥三角上，用氧化焰灼烧（图 2－16），不要使用还原焰以免坩埚外部结上碳黑。先用小火将坩埚均匀加热，然后加大火焰灼烧坩埚底部。根据实验要求控制灼烧温度和时间。夹取高温下的坩埚时，必须使用干净的坩埚钳。用前先在火焰上预热一下，再去夹取。坩埚钳使用后，应使尖端朝上（图 2－17）放在桌子上，以保证坩埚钳尖端洁净。

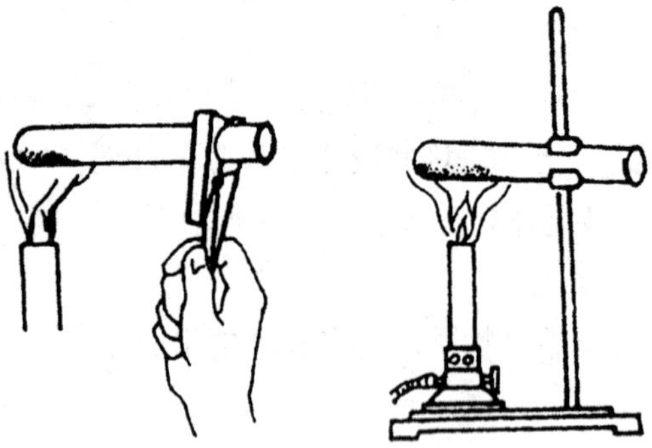

图 2－15　加热试管中的固体

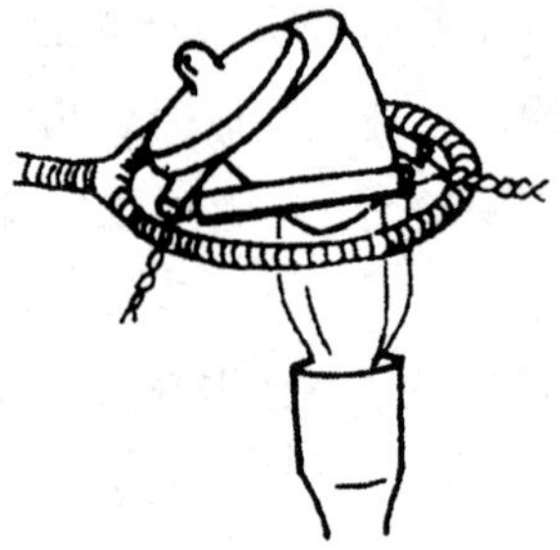

图 2－16　灼烧坩埚

用煤气灯灼烧温度一般可达 700～800℃，若需在更高温度下灼烧可使用马福炉。用马福炉可精确地控制灼烧温度和时间。

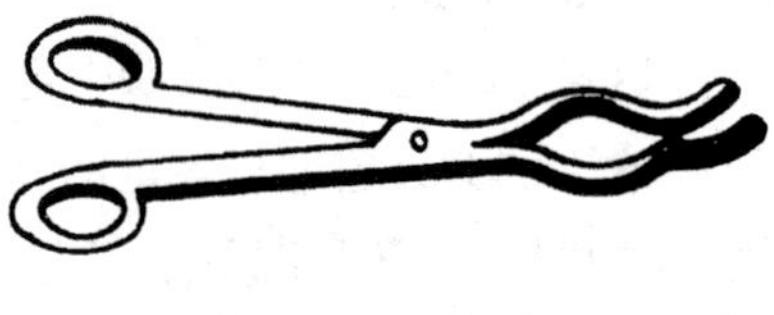

图 2－17　坩锅钳

六、化学试剂的取用

取用药品前，应看清标签。取用时，注意勿使瓶塞污染，如果瓶塞的顶是扁平的，取出后可倒置桌上；如果不是扁平的，可用示指和中指（或中指和无名指）将瓶塞夹住（或放在清洁的表面皿上），绝不可将瓶塞横置桌上。

固体药品需用清洁、干燥的药匙（有塑料、玻璃或牛角的）取用，不得用手直接拿取。药匙的两端为大小两个匙（取用的固体要放入小试管时，可用小匙）。

液体药品一般用量筒量取，或用滴管吸取。用滴管将液体滴入试管中时，应用左手垂直地拿持试管，右手持滴管橡皮头将滴管放在试管口的正中上方，然后挤捏橡皮头，使液体恰好滴入试管中（图2－18）。绝不可将滴管伸入试管中，否则，滴管口易碰上试管壁，并可能沾上其他液体，再将此滴管放回药品瓶中则会沾污药品。若所用的是滴瓶上的滴管，使用后应立即插回原来的滴瓶中。不得把沾有液体药品的滴管横放或倒置，以免液体流入滴管的橡皮头而污染。

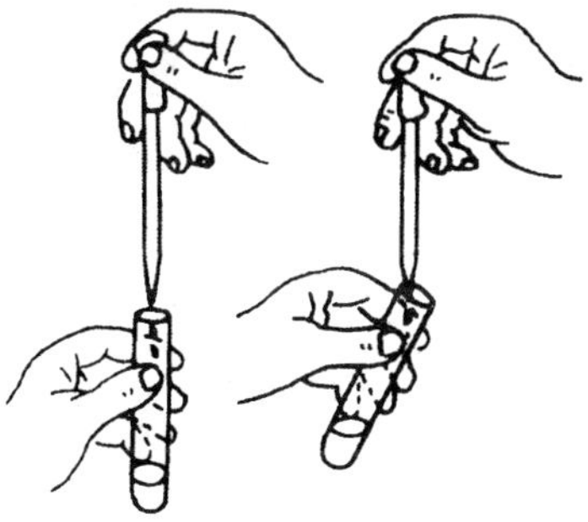

(a) 正确　（b）不正确

图2－18　用滴管加液体

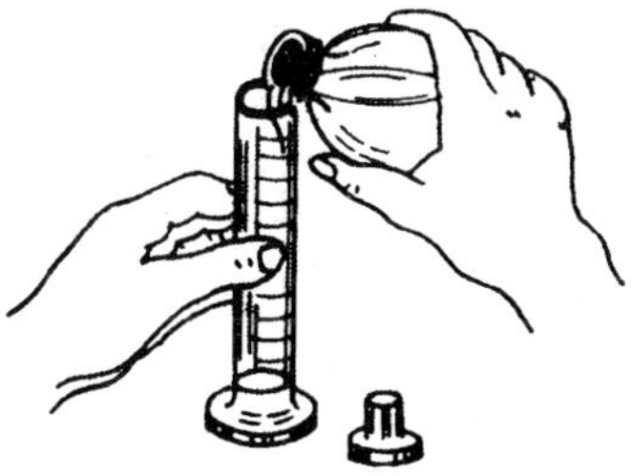

图2－19　用量筒量取液体

用量筒量取液体时，应左手持量筒，并以大拇指指示所需体积的刻度处；右手持药品瓶（药品标签应在手心处），瓶口紧靠量筒口边缘，慢慢注入液体（图2－19）到所指刻度。读取刻度时，视线应与液面在同一水平面上（图2－20）。如果不慎倾出了过多的液体，倒出多余液体至其他的容器中，不得倒回原瓶。

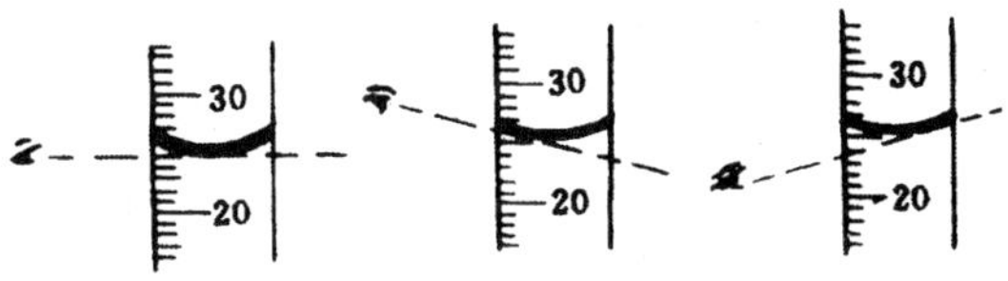

正确读数　视线偏高　视线偏低

图2－20　观看量筒内液体的容积

药品取用后，必须立即将瓶塞盖好。实验室中药品瓶安放，一般有一定的次序和位置，不要随意变动。若需移动药品瓶，使用后应立即放回原处。

取用浓酸、浓碱等腐蚀性药品时，务必注意安全。如果酸、碱等洒在桌上，应立即用湿布擦去，如果沾到眼睛或皮肤上要立即用大量清水冲洗。

七、容量瓶、滴定管、移液管的操作方法

常用的容量仪器除量筒外，尚有容量瓶、滴定管和移液管等。量筒量取液体，只能限于对体积要求不需十分精确的情况，而容量瓶、移液管和滴定管则有较高的精确度，容积在100ml以下的这些量器的精确限度一般可到0.01ml。

1. 容量瓶　容量瓶主要是用来精确地配制一定体积、一定浓度的溶液的量器。例如，用来配制一定浓度的溶液。在容量瓶的颈部有一刻度线。在一定温度时，瓶内到达刻度线

的液体的体积是一定的。使用时，先将容量瓶洗净，再将一定量的固体溶质放入烧杯中用少量蒸馏水溶解，然后，将烧杯中的溶液沿玻璃棒小心地注入容量瓶中（图2－21）。再从洗瓶中挤出少量水淋洗烧杯及玻璃棒2～3次，并将每次淋洗的水注入容量瓶中。最后，加水到标线处。操作中需注意，当液面将接近标线时，应使用滴管小心地逐滴将水加到标线处（观察时视线、液面与标线均应在同一水平面上）。塞紧瓶塞，将容量瓶倒转数次（此时必须用手指压紧瓶塞，以免脱落），并在倒转时加以摇荡（图2－22），以保证瓶内溶液浓度上下各部分均匀。注意：瓶塞是磨口的，各自配套的，不能张冠李戴，一般可用橡皮圈系在瓶颈上。

图2－21　定量转移操作

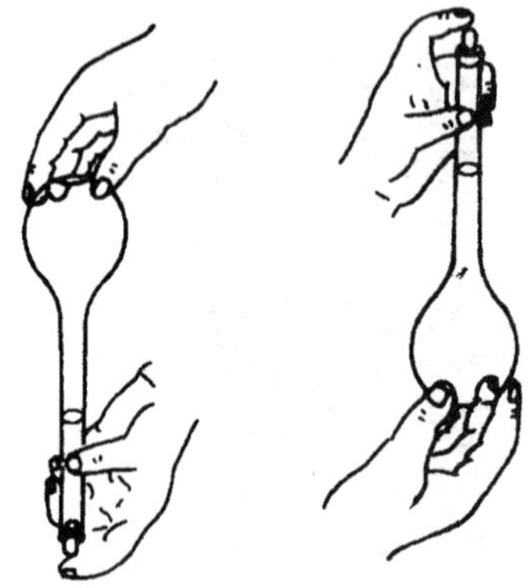

图2－22　容量瓶的拿法

2. 滴定管　滴定管主要是滴定时用来精确量度液体的量器，刻度由上而下，与量筒刻度相反。常用滴定管的容量限度为50ml和25ml，刻度为0.1ml，而读数可估读到0.01ml。滴定管的阀门有两种（图2－23），一种玻璃活塞（a），另一种是装在橡皮管中的玻璃小球（b）。对前者，旋转玻璃活塞，可使液体沿活塞当中的小孔流出；但切勿将活塞横向移动，以免导致活塞松开或脱出，使液体从活塞旁边漏失。对后者，用大拇指与示指稍微捏挤玻璃小球旁侧的橡皮管，使之形成一条隙缝（c），液体即沿此隙缝流出。若液体对玻璃有侵蚀作用，如碱液，只能使用带橡皮管的滴定管（碱式滴定管）。若液体能侵蚀橡皮，如$KMnO_4$、I_2、$AgNO_3$溶液等，则必须使用带玻璃塞的滴定管（酸式滴定管）。

使用酸式滴定管时，玻璃塞需涂上润滑脂（一般可用凡士林代替）薄层。其涂法（图2－23）如下：先将活塞取下，将活塞筒及活塞洗净并用滤纸碎片将水吸干，然后分别在活塞筒的小口一端内壁及活塞的大头一端表面各涂一层很薄的润滑脂（活塞筒及活塞的中间小孔处不得沾有润滑脂）。再将活塞小心塞好，旋转活塞数次，使润滑脂均匀地分布在磨口面上。最后装入少量水检查：活塞应转动灵活，出水流畅，两侧不漏水。

滴定管在装入滴定溶液前，除了需用洗涤液，水及蒸馏水依次洗涤清洁外，还需用少量滴定溶液（每次约5ml）洗涤3次，以免滴定溶液的浓度被管内残留的水所稀释。洗涤滴定管时，应先将管平持（上端略向上）并不断转动，使洗涤的水或溶液与内壁的所有部分能充分接触；然后用右手将滴定管持直，左手开放阀门，使洗涤的水或溶液通过阀门下面的一段玻璃管流出，起到洗涤作用。在洗涤带有玻璃活塞滴定管时，还需注意用手托住活塞部分（或用橡皮圈圈牢活塞），以防止活塞脱落而打碎。

滴定管装好溶液后，必须把滴定管阀门下端的气泡赶出，以免使用时带来读数误差。赶去气泡的方法如下：一般是把滴定管阀门开到最大，利用溶液的气流把气泡赶去。对于

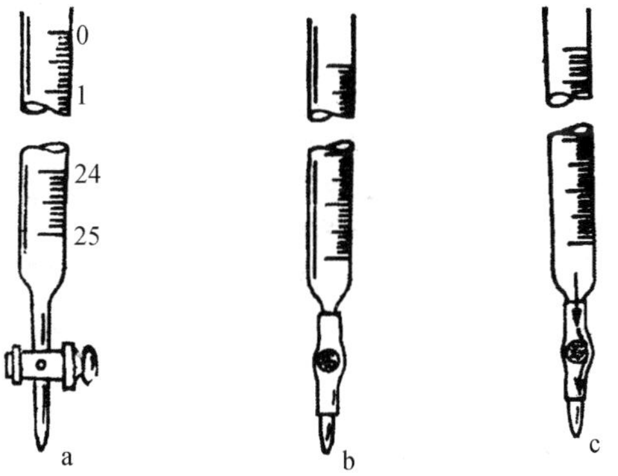

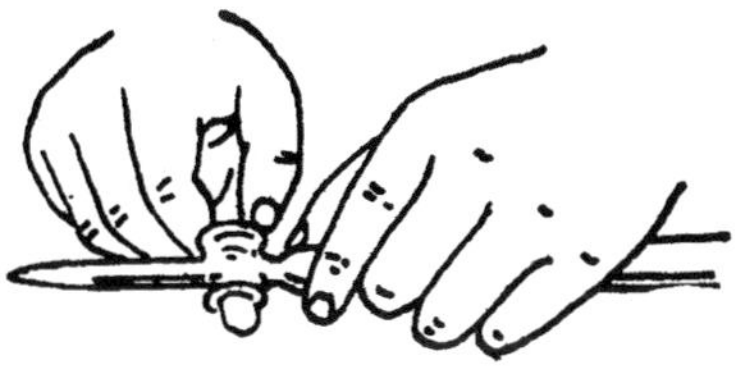

擦干活塞内壁手法

活塞安装

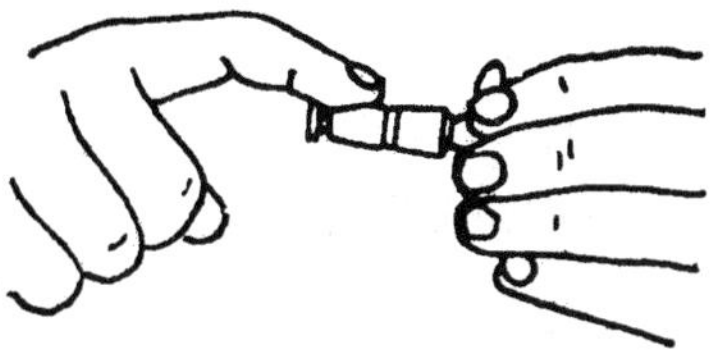

涂油手法

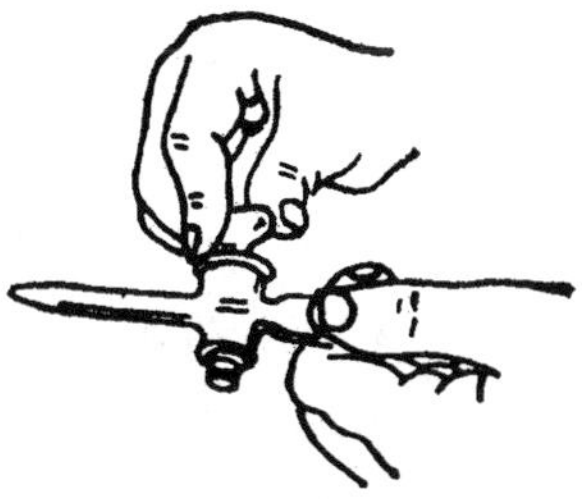

转动活塞

图 2－23　滴定管的阀门安装法和类型

碱式滴定管，也可把橡皮管向上弯折，然后稍微捏挤玻璃球旁侧的橡皮管，气泡即易被管中溶液压出（图 2－24）。

滴定管应保持垂直。滴定前后均需记录读数，终读数与初读数之差就是所消耗溶液的体积，习惯称为“用量”。初读数应调节在刻度刚为“0”或“0”下面的刻度上。读数时最好在滴定管的后面衬一张白纸片，视线必须与液面在同一水平面上，观察溶液弯月面底部所在的位置，仔细读到小数点后两位数字。视线不平或者没有估计到小数点后第二位数字，都会影响测定的精确程度。例如，图 2－25 所示的读数应记作 24.43，不能误读为 24.34 或 24.53，也不能简化为 24.4。

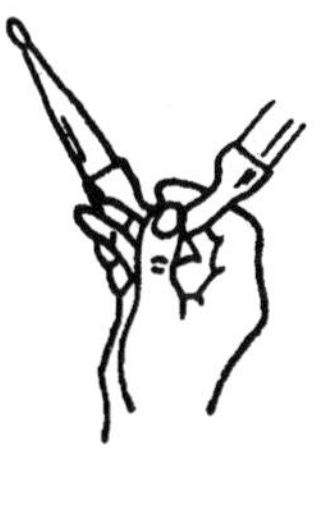

图 2－24　逐去气泡

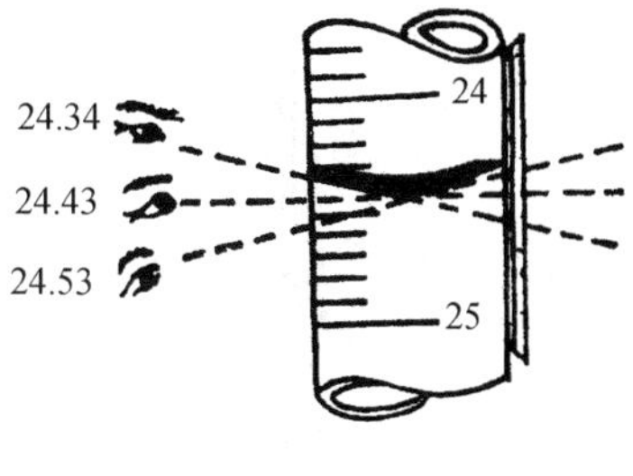

图 2－25　刻度的读数

滴定开始前，先把悬挂在滴定管尖端的液滴除去。滴定时用左手控制阀门，右手持锥形瓶（瓶口应接近滴定管尖端，不要过高或过低），并不断旋摇底部，使溶液均匀混和，充分反应（图 2－26～图 2－28）。滴定速度一般以控制溶液能成滴流下为宜。

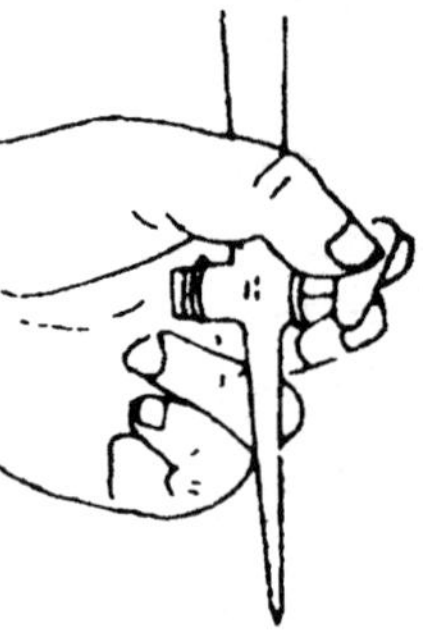

图 2－26　酸式滴定管的操作

图 2－27　两手操作姿势

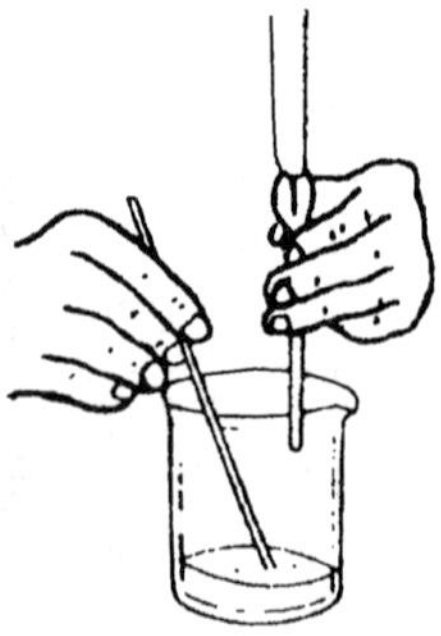

图 2－28　在烧杯中的滴定操作

临近滴定终点时（这时每滴入一滴溶液，指示剂的颜色复原较慢），滴定速度要放得很慢，最后要一滴一滴地滴入，防止过量，并且要用洗瓶挤少量水淋洗瓶壁，以免有残留的液滴未起反应。

为了便于判断终点时指示剂颜色的变化，可把锥形瓶放在白色瓷板或白纸上观察。最后，必须待滴定管内液面完全稳定，方可读数（在滴定刚完毕时，可能有少量沾在滴定管壁上的溶液尚未下流）。

3. 移液管　用移液管移取液体的操作方法，是把移液管的尖端部分深深地插入液体中，用吸气橡皮球把液体慢慢吸入管中，待溶液上升到标线以上约 2cm 处，立即用示指（不要用大拇指）按住管口。将移液管持直并移出液面（图 2－29），微微移动示指或用大拇指和中指轻轻转动移液管，使管内液体的弯月面慢慢下降到标线处（注意：视线、液面、标线均应在同一水平面上），即压紧管口。若管尖挂有液滴，可使管尖与盛溶液器壁接触使液滴落下。再把移液管移入另一容器（如锥形瓶）中。并使管尖与容器壁接触。放开示指，让液体沿容器壁自由流出（图 2－30），待管内液体不再流出，稍停（约 30 秒钟）后，把移液管拿开。若移液上没有刻有“吹”字，此时遗留在管内的液滴不能吹出，因移液管的容量只计算自由流出液体的体积，刻制标线时已把液滴留在管内的因素考虑在内了。

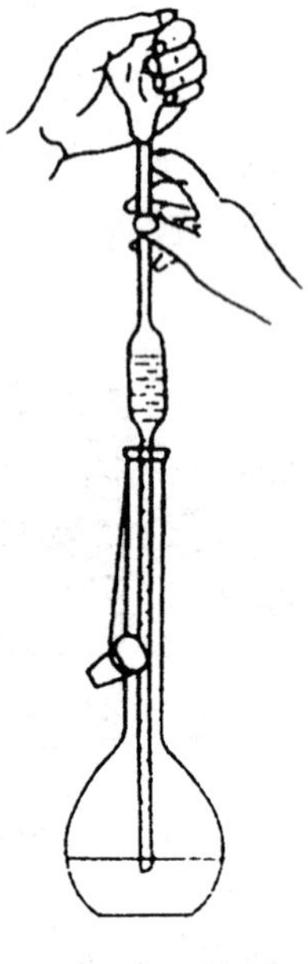

图 2－29　用洗耳球吸取溶液

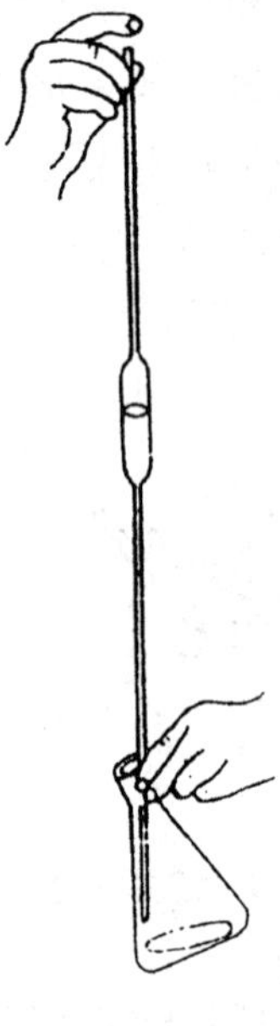

图 2－30　移液管的使用

移液管在使用前的洗涤方法与滴定管相仿，除分别用洗涤液、水及蒸馏水洗涤外，还需用少量要移取的液体洗涤，可先慢慢地吸入少量洗涤的水或液体至移液管中，用示指按住管口，然后将移液管平持，放松示指，转动移液管，使洗涤的水或液体与管口以下的内壁充分接触。再将移液管持直，让洗涤水或液体流出，如此反复洗涤数次。

用移液管吸取有毒或有恶臭的液体时必须用配有吸气橡皮球或其他装置的移液管。

此外，为了精确地移取小量的不同体积（如 1.00ml、2.00ml、5.00ml 等）的液体，也常用标有精细刻度的吸量管。吸量管的使用方法与移液管相仿。

八、试纸和滤纸

1. 用试纸检验溶液的酸碱性　常用 pH 试纸检验溶液的酸碱性。将小块试纸放在干燥清洁的点滴板上，再用玻璃棒蘸取待测的溶液，滴在试纸上，观察试纸的颜色变化（不能将试纸投入溶液中检验），将试纸呈现的颜色与标准色板颜色对比，可以知道溶液的 pH。

pH 试纸分为两类：一类是广泛 pH 试纸，其变色范围为 pH 1～14，用来粗略地检验溶液的 pH；另一类是精密 pH 试纸，用于比较精确地检验溶液的 pH，精密试纸的种类很多，根据不同的需求选用。广泛 pH 试纸的变化为 1 个 pH 单位，而精密 pH 试纸变化小于 1 个 pH 单位。

2. 用试纸检验气体　常用 pH 试纸或石蕊试纸检验反应所产生气体的酸碱性。用蒸馏水润湿试纸并沾附在干净玻璃棒的尖端，将试纸放在试管口的上方（不能接触试管），观察试纸颜色的变化。用 KI 淀粉试纸来检验 Cl_2，此试纸是用 KI 淀粉溶液浸泡在碎滤纸上，晾干后使用。当 Cl_2 遇到试纸，将 I^- 氧化为 I_2，I_2 立即与试纸上的淀粉作用，使试纸变蓝。用 $Pb(OAc)_2$ 试纸来检验 H_2S 气体，此试纸是用 $Pb(OAc)_2$ 溶液浸泡后晾干使用。生成的 H_2S 气体遇到试纸后，生成黑色 PbS 沉淀而使试纸呈黑褐色。用 $KMnO_4$ 试纸来检验 SO_2 气体。

3. 滤纸　化学实验室中常用的有定量分析滤纸和定性分析滤纸两种，按过滤速度和分离性能的不同，又分为快速、中速和慢速三种。在实验过程中，应当根据沉淀的性质和数量，合理地选用滤纸。

我国国家标准《化学分析滤纸》（GB/T 1914－93）对定量滤纸和定性滤纸产品的分类、型号和技术指标以及实验方法等都有规定。滤纸产品按质量分为 A 等、B 等、C 等。我们将 A 等产品的主要技术指标列于表 2－7。

表 2－7　定量和定性分析滤纸 A 等产品的主要技术指标及规格

指标名称		快速	中速	慢速
过滤速度/s		≤35	≤70	≤140
型号	定性滤纸	101	102	103
	定量滤纸	201	202	203
分离性能（沉淀物）		氢氧化铁	碳酸锌	硫酸钡（热）
湿耐破度/mmH_2O		≥130	≥150	≥200
灰分	定性滤纸	≤0.13%		
	定量滤纸	≤0.009%		
铁含量（定性滤纸）		≤0.003%		
定量/$g \cdot m^{-2}$		80.0±4.0		
圆形纸直径/cm		5.5、7、9、11、12.5、15、18、23、27		
方形纸尺寸/cm		60×60、30×30		

定量滤纸又称为无灰滤纸。以直径 12.5cm 定量滤纸为例，每张滤纸的质量约为 1g，在灼烧后其灰分的质量不超过 0.1mg（小于或等于常量分析天平的感量），在重量分析法中可以忽略不计。滤纸外形有圆形和方形两种。常用的圆形滤纸有 ø7cm、ø9cm、ø11cm 等规格，滤纸盒上贴有滤速标签。方形滤纸都是定性滤纸，有 30cm × 60cm、30cm × 30cm 等规格。

九、溶解、蒸发与结晶

1. 溶解与熔融 将固体物质转化为液体，通常采用溶解与熔融两种方法。

（1）溶解 溶解就是把固体物质溶于水、酸、碱等溶剂中制备成溶液。因此溶解固体时，应依据固体物质的性质选择适当的溶剂，并用加热、搅拌等方法促进溶解。

（2）熔融 熔融是将固体物质与某种固体熔剂混合，在高温下加热，使固体物质转化为可溶于水或酸的化合物。酸熔法是用酸性熔剂分解碱性物质；碱熔法是用碱性熔剂分解酸性物质。熔融一般在高温下进行，根据熔剂的性质和温度选择合适的坩埚（如铁坩埚、镍坩埚、白金坩埚、刚玉坩埚等），将固体物质与熔剂在坩埚中混匀后，送入高温炉中灼烧熔融，冷却后用水或酸浸取溶解。

扫码“看一看”

2. 蒸发与浓缩 为了能从溶液中析出该物质的晶体或增大浓度，需对溶液进行蒸发、浓缩。水溶液的蒸发一般用蒸发皿。

在无机制备中，蒸发、浓缩一般在水浴上进行。若溶液很稀，物质对热的稳定性又较好时，可先放在低温电炉上或在石棉网上用煤气灯直接加热蒸发，然后再放在水浴上加热蒸发。蒸发皿内所盛放的液体不应超过其容量的 2/3。当水分不断蒸发，溶液就不断浓缩，蒸发到一定程度后冷却，就可析出晶体。

有机溶剂的蒸发应在通风橱中进行并回收溶剂，视溶剂的沸点和易燃性，注意选用合适的温度。最常用的是水浴，切不可用煤气灯直接加热有机溶剂。蒸发时须用沸石，以防止暴沸。

3. 结晶与重结晶 当溶液蒸发到一定浓度后冷却，即有晶体析出。结晶物质溶液的浓度达到饱和程度。物质在溶液中的饱和程度与物质的溶解度和温度有关。晶体的大小与溶质的溶解度、溶液浓度、冷却速度等因素有关。如液体的加热一节中所述，如果希望得到较大颗粒状的晶体，则不宜蒸发至太浓，此时溶液的饱和程度较低，结晶的晶核少，晶体易长大。反之，溶液饱和程度较高，结晶的晶核多，晶体快速形成，得到的是细小晶体。从纯度来看，缓慢生长的大晶体纯度较低，而快速生成的细小昌体，纯度较高。因为大晶体的间隙易包裹母液或杂质，因而影响纯度；但晶体太小且大小不均匀时，易形成糊状物，夹带母液较多，不易洗净，也影响纯度。因此晶体颗粒要求大小适中且应均匀，才有利于得到纯度较高的晶体。

如果第一次结晶所得物质的纯度不符合要求时，可进行重结晶。其方法是在加热的情况下使被纯化的物质溶于尽可能少的水中，形成饱和溶液，并趁热过滤，除去不溶性杂质，然后使滤液冷却，被纯化物质即结晶析出，而杂质则留在母液中，过滤便得到较纯净的物质。若一次重结晶还达不到要求，可以再次重结晶。重结晶是提纯固体物质常用的重要方法之一，它适用于溶解度随温度有显著变化的化合物的提纯。

十、固液分离

化学实验中经常会遇到沉淀和溶液分离或晶体与母液分离等情况，分离方法主要有倾泻法、过滤法、离心分离等方法。

1. 倾泻法　如沉淀的相对密度较大或晶体颗粒较大时，沉淀很快沉降到容器底部时，可用倾泻法进行固－液分离。操作方法是待沉淀完全沉降后，小心地将沉淀上层清液慢慢地倾入另一容器中，倾倒时用一洁净的玻棒引流（图2－31）。如果沉淀需要洗涤，则另加适量洗涤剂（如蒸馏水）搅拌均匀，静置沉降后再倾泻，反复几次，直至符合要求为止。

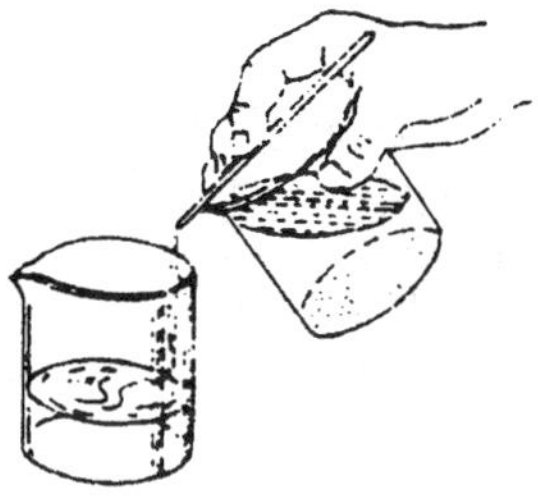

图2－31　倾泻法

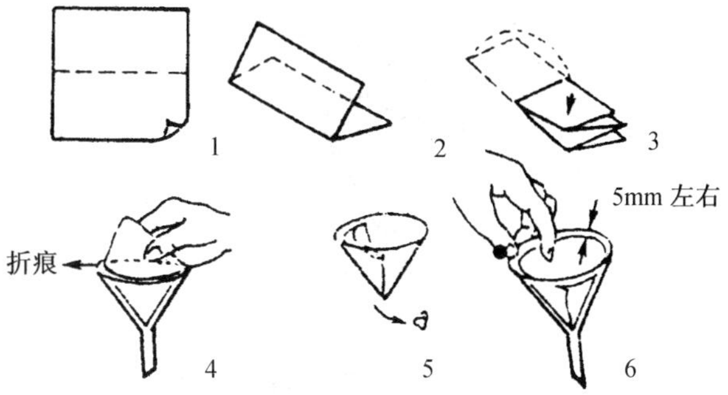

图2－32　滤纸的折叠方法及安装

2. 过滤法　过滤法是最常用的一种固－液分离方法。过滤法利用沉淀和溶液在过滤器上穿透能力的不同，使沉淀留在滤器上而溶液透过滤器进入接受器中，使沉淀和溶液分离。因沉淀的性状、大小的不同，可选用不同型号的滤纸或砂芯漏斗等过滤器，采用常压、减压、热过滤等过滤方法。

（1）常压过滤　常压过滤是用滤纸紧贴在60°角的圆锥玻璃漏斗上作为过滤器。当沉淀物作为胶状或微细晶体时，常压过程效果较好。

图2－33　常压过滤

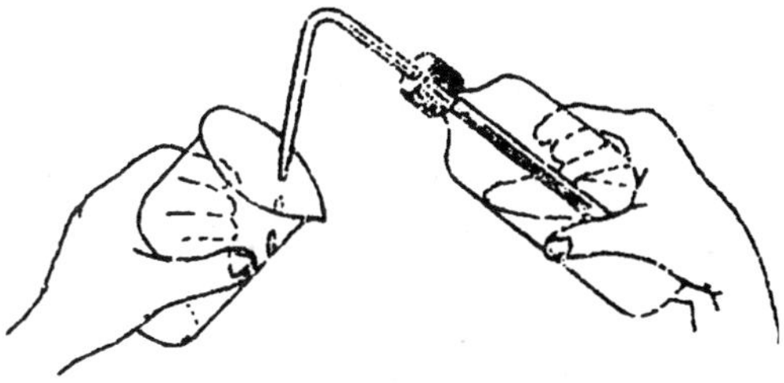

图2－34　淋洗器皿

（a）准备过滤器　首先选一张半径比漏斗圆锥高度稍低的圆形滤纸（若为方形滤纸则要剪圆），然后把滤纸对折两次，将滤纸展开为60°角的圆锥，从三层滤纸一边下面两层撕去一小角（如图2－32），平整地放入干燥、洁净的漏斗中，使滤纸的圆锥面与漏斗相吻合。叠好的滤纸放入漏斗后用去离子水润湿，再以干净的玻棒轻压滤纸，使之紧贴漏斗壁，其间不应有空气泡，以保证溶液能快速通过滤纸。一般滤纸边应低于漏斗边5mm。

（b）过滤　准备好的漏斗放在漏斗架上，下面用烧杯或其他盛器承接滤液，漏斗颈末端紧贴在接器的内壁，以加快滤液的流速。将玻棒指向滤纸三层的一边，用玻棒引流让上层清液慢慢倾入过滤器（图2－33）。倾入液体的高度要注意比滤纸边缘低0.5～1cm；待漏斗中的液体流尽时再逐次将液体倾入漏斗。溶液倾倒完后，用洗瓶挤少量水淋洗盛放沉淀的容器及玻棒，并将洗涤水全部滤入承接器中（图2－34）。若需洗涤沉淀，则用洗瓶挤出洗涤液在滤纸的三层部分离边缘稍下的地方，自上而下洗涤。并借此将沉淀集中在滤纸圆锥体的下部（图2－35），如此洗涤多次。

图2－35　沉淀在漏斗中的洗涤

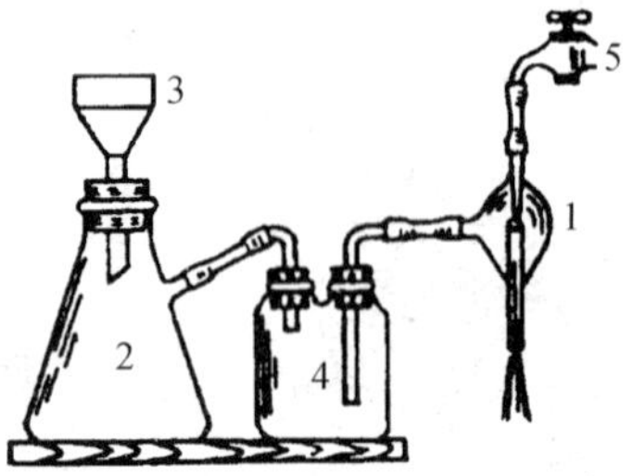

图2－36　减压过滤装置

扫码“看一看”

强酸、强碱或强氧化剂会破坏滤纸结构，它们的固－液分离要以石棉纤维或玻璃丝代替滤纸，或改用玻璃砂芯漏斗。

（2）减压过滤（抽滤或吸滤）　减压过滤是采用水泵或真空泵抽气使滤器两边产生压差而快速过滤并抽干沉淀上溶液的过滤方法。它不适宜于过滤细小颗粒的晶体沉淀和胶状沉淀，前者会堵塞滤纸孔而难于过滤，后者会透过滤纸且堵塞滤纸孔。

减压过滤装置如图2－36，它由吸滤瓶、布氏漏斗、安全瓶和玻璃抽气管组成。玻璃抽气管是一个简单的减压水泵，其内有一窄口，当水急速流经窄口时，把装置内的空气带出而形成一定的真空度，使吸滤瓶内的压力减小，瓶内与布式漏斗液面间产生压差而使过滤速度大大加快。

吸滤操作步骤如下：

（a）剪贴滤纸　将滤纸剪成比布氏漏斗内径略小但又能盖住瓷板上所有小孔的圆，平铺在瓷板上，以少量去离子水将滤纸润湿，微开水阀，轻轻抽吸，使滤纸紧贴在瓷板上。

（b）过滤　先将澄清的溶液以玻棒引流倒入布氏漏斗中，溶液量不要超过漏斗容积的2/3，开大水阀，待溶液滤完后再将沉淀转入漏斗，抽滤至干，沉淀平铺在瓷板的滤纸上。注意：吸滤瓶内液面不能达到支管的水平位置，否则滤液会被水泵抽出，因此滤液过多时，中途应拔掉吸滤瓶上的橡皮管，取下漏斗，把吸滤瓶的支管口向上，从瓶口倒出滤液，再装好继续过滤。

（c）关闭水阀　在抽滤过程中不能突然关闭水阀，停止抽滤时应先拔掉吸滤瓶支管上的橡皮管，使吸滤瓶与安全瓶脱离，然后再关闭水阀，否则水会倒吸。

沉淀的洗涤和抽干：在布氏漏斗内洗涤沉淀，首先应停止抽滤，然后加入少量洗涤液，让它缓缓通过沉淀，再接上吸滤瓶的橡皮管，微开水阀抽吸，最后开大水阀抽干，此时可用一个干净的平顶瓶塞挤压沉淀，帮助抽干。如此反复数次，直至达到要求为止。

（d）沉淀的取出　沉淀抽干以后，先将吸滤瓶与安全瓶拆开，再关闭水阀，然后取下漏斗，将漏斗的颈口向上，轻轻敲打漏斗边缘，或在漏斗颈口用力一吹，即可使沉淀脱离漏斗，倾入预先准备好的滤纸或容器上。欲得干燥沉淀可用干燥滤纸将水分吸干或放入恒温烘箱内烘干。

（3）热过滤　如果溶质的溶解度明显地随温度的降低而降低，但又不希望它在过滤过程中析出晶体时，可采用热过滤。其做法是把玻璃漏斗放在铜质的热漏斗内（图2－37），热漏斗内装热水以维持溶液的温度，趁热过滤。也可以在过滤前把玻璃漏斗放在水浴上用蒸气加热后快速过滤。

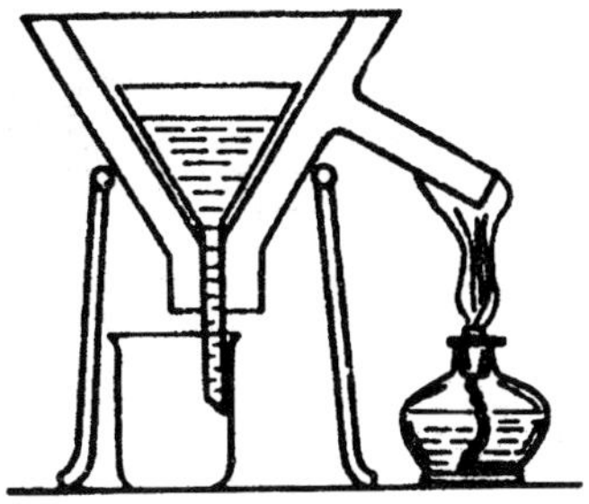

图2－37　热过滤

图2－38　玻璃砂漏斗

如过滤的溶液有强酸性或强氧化性，为了避免溶液和滤纸作用，应采用玻璃砂漏斗（图2－38）。由于碱易与玻璃作用，所以玻璃砂漏斗不宜过滤强碱性溶液。过滤时，不能引入杂质，不能用瓶盖挤压沉淀，其他操作要求基本如上述步骤。

3. 离心分离　是用离心机将少量沉淀和溶液分离的简便快速方法。实验中常用的电动离心机如图2－39。

离心分离时，选用大小相同、所盛混合物的量大致相等的离心试管，对称地放在离心机套筒内，如果只有一支要离心分离的试管，则可用另一支大小相同、盛有同量水的离心试管与之相配，以保持离心机平衡，然后盖上盖子。启动离心机时先调到变速器的最低档，转动后再逐渐加速，2～5分钟后，断开电源，让其自然停止，切不可加以外力强迫它停止转动。离心分离操作完毕后，轻轻取出试管，不要摇动，将一支干净的滴管排气后伸入离心管的液面下，慢慢吸取清液。在吸取过程中吸管口始终不离开液面而又不接触沉淀（图2－40）。欲得较纯净的沉淀，还需用洗涤洗液加入沉淀中，用玻棒搅拌均匀后再离心分离，反复数次直至达到要求。

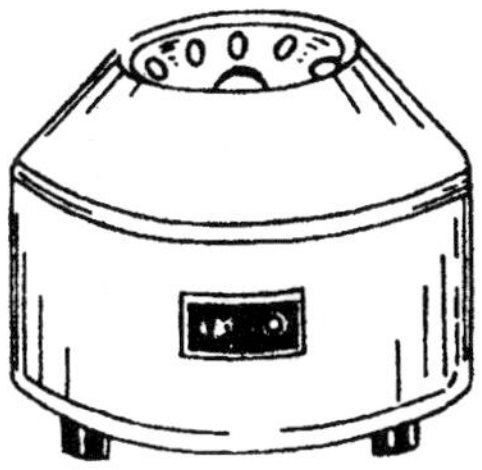

图2－39　电动离心机

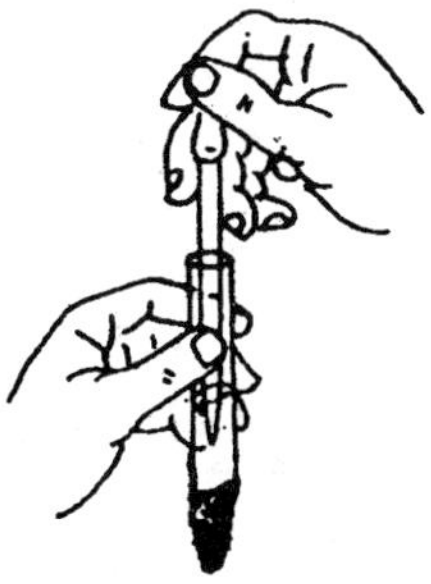

图2－40　吸去上层溶液

十一、天平的使用

称量用的不同类型天平适用于对质量准确率需求不同的实验。常用的天平有台天平（也叫台秤）、化学天平和分析天平等。一般来说，台天平的感量（称量的精确程度）是0.1g，化学天平（扭力天平）的感量是0.001g，而分析天平的感量则为0.0001g。

扫码“看一看”

台天平　如图 2-41 所示。使用台天平前需先把游码放在刻度尺的零处，检查天平的摆动是否平衡。如果平衡，则指针摆时所指示的标尺上的左右格数应相等，当指针静止时应指在标尺的中线。如果不平衡，可以调节螺旋，使之平衡。

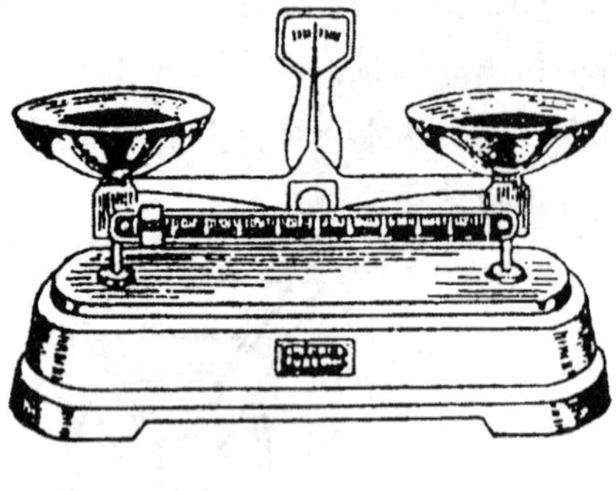

图 2-41　台天平

称量时，将要称的物品放在左台上（左盘内），然后在右台上（右盘内）添加砝码。砝码通常从大的加起，如果偏重，就换放小的砝码，5（或 10）g 以下的砝码用游码代替，直到天平平衡为止。台天平的砝码和游码可以用干净的手指直接拿取和移动。

称固体药品时，应在两台上（或两盘内）各放一张质量相仿的腊光纸，然后用药匙将药品放在左台（左盘）的纸上（称 NaOH、KOH 等易潮解或有腐蚀性的固体时，应衬以表面皿）。称液体药品时，要用已称过重量的容器盛放药品，称法同前。

电光分析天平与电子分析天平的构造和使用在分析化学实验课中介绍。

十二、酸度计的使用

酸度计（又称 pH 计）是一种通过测量电势差的方法来测定溶液 pH 的仪器，除可以测量溶液的 pH 外，还可以测量氧化还原电对的电极电势值（mV）及配合电磁搅拌进行电位滴定等。实验室常用的酸度计有 25 型、pHS-2 型、pHS-2C 型和 pHS-3 型等，各种型号的仪器结构虽有不同，但基本原理相同。

1. 仪器工作原理　酸度计是用电位法测定溶液 pH 的测量仪器，也叫 pH 计。其工作原理主要是利用一对电极在不同 pH 溶液中能产生不同的电动势，并在仪器上指示出测量结果，如图 2-42。

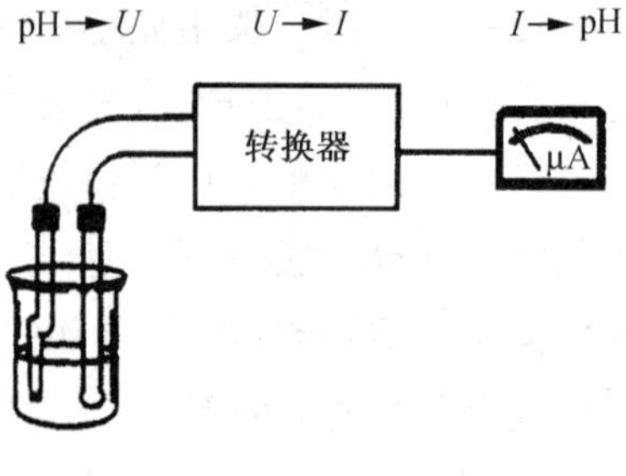

图 2-42　酸度计工作原理示意图

这对电极中的一个是指示电极，其电极电势随被测溶液的 pH 变化，一般采用玻璃电极（图 2-43）。另一个是参比电极，要求其电极电势值恒定，与被测溶液的 pH 无关，一般采用甘汞电极（图 2-44）。

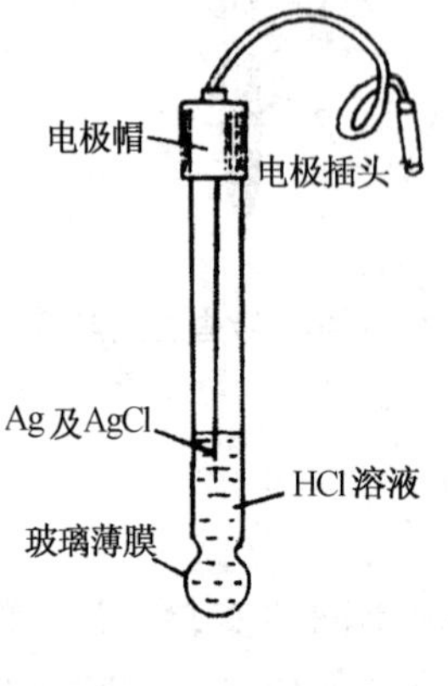

图 2-43　玻璃电极示意

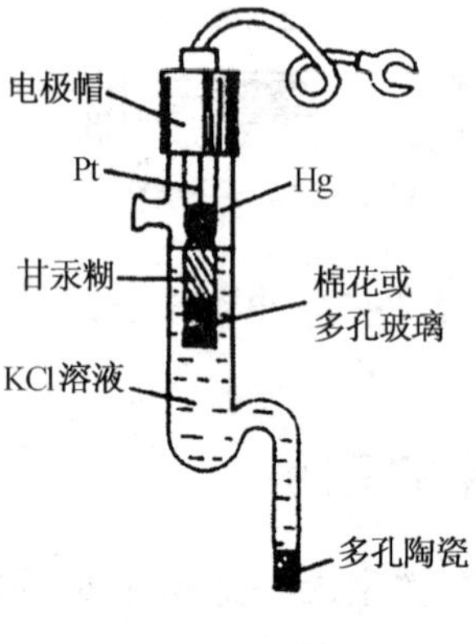

图 2-44　甘汞电极示意图

玻璃电极的下端是由一种特殊导电玻璃吹制成的空心小球泡。球内装有 $0.1mol \cdot L^{-1}$ HCl（或一定的 pH 的缓冲溶液）和 Ag－AgCl（覆盖 AgCl 的 Ag 丝）。将它插入一待测溶液中，便组成了原电池的一端，可表示为：

$$Ag, AgCl(s) \mid HCl(0.1mol \cdot L^{-1}) \mid 玻璃 \mid 待测溶液$$

导电玻璃薄膜把两种溶液分开，被测溶液的 H^+ 离子与电极球泡表面水化层进行离子交换，球泡内层也产生电极电势。由于球内氢离子浓度是固定的，而外层氢离子浓度在变化，因此内外层的电势差也在变化，所以该电极的电势随待测溶液 pH 的不同而改变。在 25℃时，

$$E_G = E_G^{\ominus} + 0.05917 \lg \{c(H^+)/c\}$$
$$= E_G^{\ominus} - 0.05917\ pH$$

其中：E_G、$E_G^{\ominus}$ 分别表示上述玻璃电极的电势和标准电势。对给定的玻璃电极，$E_G^{\ominus}$ 为一常数；$c(H^+)$ 为被测溶液的氢离子浓度。

甘汞电极的组成：

$$Hg \mid Hg_2Cl_2(s) \mid KCl \mid$$

电极反应：

$$Hg_2Cl_2 + 2e \longrightarrow 2Hg + 2Cl^-$$

该电极的稳定性好，其电极电势不随被测溶液 pH 的变化而变化，在一定温度下为一定值。

将玻璃电极和甘汞电极插入待测溶液中组成原电池，与伏特表连接，可以测定该电池的电动势 E。在 25℃时，

$$E_{池} = E_{正} - E_{负} = E_{甘汞} - E_G = E_{甘汞} - (E_G^{\ominus} - 0.05917pH)$$

$$pH = \frac{E - E_{甘汞} + E_G^{\ominus}}{0.05917}$$

其中：$E_{甘汞}$表示甘汞电极电势，常用的是饱和甘汞电极，在 25℃时其电势为 0.2415V；$E_G^{\ominus}$ 的数值可用一已知 pH 的标准缓冲溶液代替待测溶液组成原电池。为免除计算的麻烦，酸度计把所测电动势读数直接用 pH 表示出来。

温度对 pH 测定值的影响，可根据能斯特（W. Nernst）方程式给予校正。在 pH 计中已配有温度补偿器补偿（校正）。

pHS－25 型酸度计外观如图 2－45 所示。

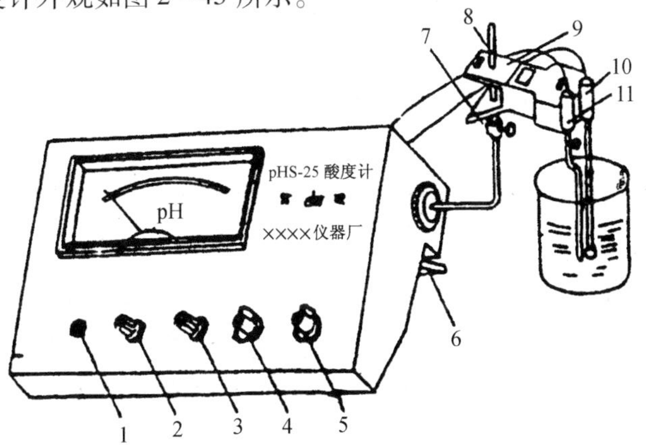

图 2－45　PHS－25 型酸度计

1. 电源指示灯；2. 温度补偿器；3. 定位调节器；4. 功能选择器；5. 量程选择器；6. 仪器支架；7. 电极杆固定圈；8. 电极杆；9. 电极夹；10. pH 玻璃电极；11. 甘汞参比电极

2. 使用操作方法

(1) 仪器安装　首先按图 2－45 所示的方式装上电极杆和电极夹，并按需要的位置固定，然后装上电极，支好仪器后背支架。将量程开关置于中间位置后接通电源。

(2) 电计的检查　通过下列操作方法，可初步判断仪器是否正常。

(a) 将“功能选择器”开关置于“＋mV”或“－mV”。此时电极插座不能插入电极。

(b)“量程选择器”开关置于中间位置，开仪器电源开关，此时电源指示灯应亮。表针位置在未开机时的位置。

(c) 将“量程选择器”开关置“0～7”档，指示电表的示值应为 0mV（±10mV）位置。

(d) 将“功能选择器”置“pH”档，调节“定位”，使电表示值应能小于 6pH。

(e) 将“量程选择器”开关置“7～14”，调节“定位”，使电表示值应能大于 8pH。

当仪器经过以上方法检查，都能符合要求后，则可认为仪器的工作基本正常。

(3) 仪器的校正　pH 玻璃电极在使用前必须在蒸馏水中浸泡 8h 以上。参比电极在使用前必须拔去橡皮塞和橡皮套。pH 玻璃电极和甘汞参比电极在使用时，必须注意内电极与球泡之间及内电极与陶瓷芯之间是否有气泡停留，如有，则必须排除。

仪器在测未知溶液 pH 之前需要校正。仪器的校正可按如下步骤进行：

(a) 用去离子水清洗电极，电极用滤纸吸干后，即可把电极放入一已知 pH 的标准缓冲溶液中，调节“温度”调节器，使所指定的测试同于溶液的温度。

(b) 置“功能选择器”开关于所测 pH 标准缓冲溶液的范围这一档（如对 pH＝4 或 pH＝6.86 的溶液则置“0～7”档）。

(c) 调节“定位”旋钮，使电表指示该缓冲溶液的准确 pH。

注意：经上述步骤定位的仪器，“定位”旋钮不应再有任何变动。

(d) 移去标准缓冲溶液，用去离子水小心淋浇电极，并用滤纸吸干电极。

(4) pH 的测量

(a) 把电极插在未知溶液之内，稍稍摇动烧杯，使之缩短电极响应时间。

(b) 调节“温度”定位器使指溶液的温度。

(c) 置“功能选择器”开关于“pH”。

(d) 置“量程选择器”开关于被测溶液的可能 pH 范围。此时仪器所指示的 pH 是未知溶液的 pH。

(e) 测定完毕，将量程选择器开关置于中间位置，关闭电源，取出电极洗净保存。

(5) 测量电极电势

(a) 电极接线：把甘汞电极与 pHS－25 型酸度计标“＋”号的接线柱相连，待测电极与标“－”号的接线柱相连。

(b) 接电源：打开开关，预热 5 分钟。

(c) 根据电极电势的极性置“功能选择器”开关，若原电池的正、负极与仪器上标明的“＋”“－”号相同，开关指向“＋mV”；若原电池的正、负极与仪器上标明的“＋”“－”号不一致，就扳向“－mV”。

(d) 置“量程选择器”开关于被测电池的可能电动势范围，当开关指向“0～7”处，如果指针向左偏出刻度，表示电动势大于 700mV，就要把开关扳向“7～14”，此时仪器所指示的数值即被测电池的电动势。

扫码“练一练”

第二部分　实验内容

第三章　基础性实验

实验一　冰点降低法测定葡萄糖的摩尔质量

扫码“学一学”

【目的要求】

1. 掌握冰点降低法测定摩尔质量的实验方法。
2. 通过实验进一步理解拉乌尔定律。

【实验原理】

冰点是溶液（或溶剂）的蒸气压等于其纯溶剂的固相的蒸气压时的温度，溶液的冰点降低是由于溶液的蒸气压小于同温下纯溶液的蒸气压而造成的。

溶液的冰点决定于其浓度和溶剂性质。溶液浓度越大，冰点下降值越大。

对非电解质溶液 $\Delta T_f = K_f \cdot m$

（对电解质溶液 $\Delta T_f = i \cdot K_f \cdot m$）

式中 ΔT_f 为溶液的冰点下降值；i 为范特荷甫系数；m 为质量摩尔浓度，指溶液中溶质的物质的量除以溶剂的质量，（mol/kg）。也可以写为 mol（溶质）/1kg（溶剂）。如有 a g 溶质（即 a/M mol）溶于 A g 溶剂中，则溶液的质量摩尔浓度 m 应为 $m = \dfrac{a \times 1000}{A \times M}$

式中 M 为溶质的摩尔质量，将 m 代入拉乌尔公式得

$$\Delta T_f = K_f \cdot \frac{a \times 1000}{A \times M}$$

$$或\ \Delta T_f = i \cdot K_f \cdot \frac{a \times 1000}{A \times M}$$

式中 K_f 是摩尔冰点降低常数，它仅决定于溶剂的性质，而与溶质的性质无关，所以不同的溶剂有不同的 K_f 值。

【仪器和药品】

1. 仪器

（1）1/10 刻度温度计　读至小数点后第二位（可用放大镜帮助读数）。

（2）细搅棒　上下搅动测定液，使温度均匀。

（3）测定管　内盛欲测之液体或溶液。

（4）空气套管　精测冰点时使用。

（5）粗搅棒　用以搅动冰水及盐的混合物。

（6）厚玻璃烧杯　内盛冰水及盐以降温用。

（7）橡皮塞。

2. 药品 葡萄糖、粗盐、冰。

【实验内容】

1. 测葡萄糖溶液的冰点

（1）准备工作。在厚玻璃大烧杯中，装入碎冰和少量水（两者约占烧杯中总体积3/4），然后加入适量粗盐作降温冷却用。

（2）在扭力天平上先准确称量油光纸的重量，再用加重法称取葡萄糖2.3～2.5g（精密称量至小数点后三位），小心用油光纸包好。防止散失。

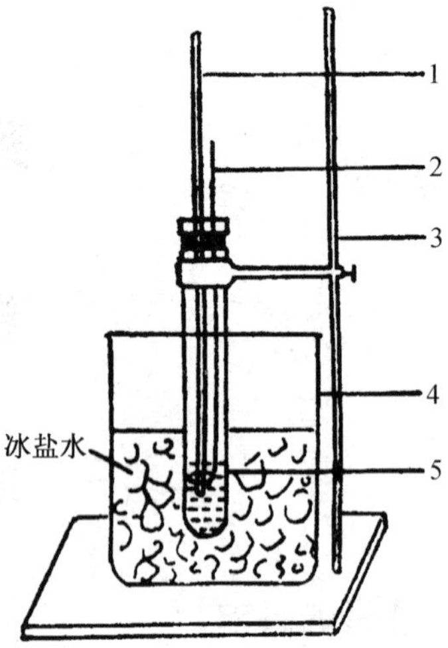

图3－1 冰点测定装置

1. 温度计；2. 搅拌棒；3. 铁站架；4. 烧杯；5. 测量管

（3）测葡萄糖溶液的冰点。将称好的葡萄糖小心倒入干燥的测定管中，并注意使纸上葡萄糖完全进入管内，然后用25ml移液管准确吸取25ml蒸溜水沿管壁加入，轻轻振荡（注意切勿溅出）待葡萄糖完全溶解后，装上塞子（包括温度计与细搅棒），然后直接插入冰浴中（图3－1），此时开始用粗搅棒搅动冰水液，同时以细搅棒轻轻地搅拌溶液，但不要碰及管壁与温度计，以免摩擦生热影响实验结果。在降温过程中，会产生过冷现象（即到冰点时并不结冰），当温度继续下降至某一温度后又迅速上升至某一点而达恒定，此时的温度即为冰点，可通过放大镜读出准确读数。

冰点的测定须重复两次，两次测定结果的差值，不得超过0.02℃（否则测第三次）。溶液的冰点取两次结果的平均值。

2. 测纯溶剂（水）的冰点 弃去测定管内溶液，先以自来水洗净测定管，再用少量蒸馏水洗涤，然后加入25ml蒸馏水同上法测定水的冰点（取测定结果的平均值）。

测定次数	冰 点,℃		溶质质量 g	溶剂质量 g	ΔT_f
	蒸馏水	葡萄糖溶液			
1					
2					
3					

结果计算 $M = K_f \dfrac{a \times 1000}{A \times \Delta T_f}$

3. 数据记录及结果处理

（1）按实验所得结果计算葡萄糖的分子量。

（2）由实验所得摩尔质量与理论值比较，计算相对误差。

（3）数据记录及结果处理。

实 验 指 导

【预习要求】

1. 什么叫冰点？纯溶剂的冰点与溶液的冰点有什么不同？
2. 溶液的冰点为什么低于纯溶剂的冰点？稀溶液冰点下降值遵守什么规律？
3. 本实验为什么要用冰盐水作冷冻环境？只用冰行不行？
4. 本实验方法中，为什么要测纯溶剂的冰点？
5. 能否用冰点降低法测定挥发性物质的摩尔质量？

【基本操作】

1. 学习制备冰盐水冷冻环境。
2. 正确使用扭力天平。
3. 正确使用移液管。
4. 1/10 刻度温度计的读数。
5. 测定液体的冰点。

【注意事项】

1. 测定管需干燥。
2. 葡萄糖需定量转移至测定管内。
3. 定量的溶剂放入测定管时，不要溅出管外。
4. 1/10 刻度温度计读数，需用放大镜读取。
5. 温度计前端的球玻璃极薄（可提高测温灵敏度），切勿将温度计代替搅棒用。
6. 测纯水冰点时，有时温度计会与冰冻结在一起，此时应让冰熔化后再取出温度计。
7. 先测溶液冰点，测定管必须洗净后再测纯水冰点。

【报告格式】

1. 目的
2. 原理
3. 实验数据处理、结果与讨论

【实验后思考】

1. 溶液的浓度越大，冰点下降值越大，实验误差也小，所以实验时溶液的浓度越大越好，是否正确？为什么？

2. 如果待测葡萄糖中夹杂一些不溶性杂质，对测得的摩尔质量有何影响？

3. 如果将定量的蒸馏水放入测定管时，损失了一些，对测得的摩尔质量又有何影响？

4. 由实验所得的结果与理论值比较，分析产生误差的原因。

Experiment 1 The Usage of Depression of Freezing Point to Determine the Glucose's Molecular Weight

Objectives

1. Learn the cryoscopy technique to determine the molecular weight.
2. Understand Raoult's Law.

Principles

The freezing point is the temperature at which the vapor pressure of a solution (or solvent) equals the vapor pressure of its pure solid phase solvent. When the vapor pressure of the solution is less than the solvent at the same temperature, the freezing point is lowering. In general, solution has a lower freezing point than does the pure solvent.

The freezing point is determined by the concentration of the solution and the properties of the solvent. And the lowering of the freezing point is proportional to the number of dissolved particles (molecules or ions).

The amount of the depression is given by:

$\Delta T_f = K_f \cdot m$ (nonelectrolyte solution)

or $\Delta T_f = i \cdot K_f \cdot m$ (electrolyte solution)

Here, ΔT_f denotes the amount of the depression; i denotes van't Hoff mole number; m denotes molality which means the moles of the solute divide by the quantity of the solvent (mol/kg or mol (solute)/1000g(solvent)). For example, if "a" gram of solute (a/Mmol) is soluble in "A" gram of solvent, then the molality $m = \frac{a \times 1000}{A \times M}$ (M is the molecular weight of the solute). Putting the formula of m above into Raoult's expressions, there exists:

$$\Delta T_f = K_f \cdot \frac{a \times 1000}{A \times M}$$

$$\text{or} \quad \Delta T_f = i \cdot K_f \cdot \frac{a \times 1000}{A \times M}$$

Here, K_f is mole cryoscopic constant, which is only determined by the property of the solvent, but does not depend on the property of the solute. So different solvent has different value of K_f.

Equipment and Chemicals

1. Equipment

(1) 1/10 graduated thermometer: Read to the second decimal digit.

(2) Thin stirring rod.

(3) Test tube: Fill in the liquid to be determined.

(4) Air coated tube: Determine the freezing point accurately.

(5) Thick stirring rod: Stir the compound of ice water with salts.

(6) Thick wall beaker: Fill in some ice water to decrease the temperature.

(7) Rubber plug.

2. Chemicals glucose, coarse salt, ice

Procedure

1. Determine the freezing point of the glucose solution

(1) Preparation: Fill some pieces of ice and a small quantity of water into a thick walled beaker. (The volume of these two substances is about 3/4 of the whole beaker). Then add proper amount of crude salt to decrease the temperature.

(2) First weigh the oiled paper on the torsional balance, then weigh 2.3 ~ 2.5g glucose with weight-adding method (the weight is made with a precision of up to three decimal places). Pack the glucose carefully and avoid dispersing outside.

(3) Determine the freezing point.

Put the glucose into a completely dry determining tube, then add 25ml distilled water from the inner wall of the tube with transfer pipette, shaking slightly (Be careful not to splash the solution out). When the glucose has been dissolved completely, pack the plug including the thermometer and the thin stirring rod, and insert them into the ice bath. Now please stir the ice water with thick stirring rod and stir the glucose solution with thin stirring rod slightly. Take care not to touch the wall of the tube and the thermometer during the stirring process. If not, the heat produced from friction will affect the result. In the temperature decreasing process, super-cooling phenomenon happens (Don't freeze at freezing point). But with the temperature going on decreasing to a certain degree, it increases quickly until reaches a certain point and then keeps at this point stably. The point at this certain temperature is called freezing point. Read and record accurately through magnifying glass.

Repeat the above process. The difference of the two readings should be no more than 0.02℃. The average of the two values is the freezing point.

2. Determine the freezing point of the pure solvent (water)

Discard the solution in the determining tube. Wash the tube with tap water and then rinse it with distilled water. After adding 25ml distilled water, determine the freezing point of the water using the same method mentioned in operation (1).

3. Data record and result dealing

(1) Calculate the molecular weight of the glucose according to the result.

(2) Compare the result with the theoretical value. Calculate the relative error.

(3) Data record and result dealing.

Experiment number	freezing point ℃		solute (g)	solvent (g)	ΔT_f
	distilled water	glucose solution			
1					
2					
3					

Result: $M = K_f \dfrac{a \times 1000}{A \times \Delta T_f}$

Instructions

1. Requirements

(1) Understand the concept of the freezing point. Tell the difference between the freezing point of pure solvent and the solution.

(2) Why the freezing point of solution is lower than the pure solvent? Which law does the amount of depression of a dilute solution obey?

(3) Why could the ice salt solution be used to lower the temperature?

If only ice water is used, what's the result?

(4) Why the freezing point of the pure solvent should be determined in this experiment?

(5) Can the cryoscopy technique be used to determine the molecular weight of a volatile substance?

2. Operation

(1) Learn to prepare the ice salt solution.

(2) Learn to use torsional balance correctly.

(3) Learn to use the transfer pipette.

(4) Learn to record the temperature value from 1/10 graduated thermometer.

(5) Determine the freezing point of a liquid.

3. Notes

(1) The determining tube should be dry.

(2) The measured glucose should be transferred into a determining tube quantificationally.

(3) Notice not to splash the quantitative solvent out of the determining tube.

(4) Use the magnifying glass to read the temperature from the 1/10 graduated thermometer.

(5) The glass of the bulb at the front tip of the thermometer is too thin (to promote the sensitivity when measuring temperature). So be sure not to replace the stirring rod with thermometer.

(6) When determining the freezing point of the pure water, the thermometer may be frozen with ice. Notice to make the ice melt before taking it out.

(7) After determining the freezing point of the solution and before determining the freezing point of the pure water, the determining tube should be washed carefully.

4. Report Format

(1) Objectives

(2) Principles

(3) Data record and calculation

5. Questions

(1) Larger is the amount of depression and smaller is the error, if the concentration is higher. So the higher concentration is better for this experiment. Do you think it is correct?

(2) How will be on the result of the molecular weight of glucose when it was mixed with some insoluble impurity?

(3) What influence will be on the result of the molecular weight of losing some distilled water when you add quantitative distilled water to a determining tube?

（4）Compare the experiment result with the theoretical value. Analyze the reason for the error.

扫码“学一学”

实验二　化学反应速率和化学平衡

【目的要求】

1. 了解浓度、温度和催化剂对反应速率的影响。

2. 测定过二硫酸铵［$(NH_4)_2S_2O_8$］与碘化钾（KI）反应的反应速率，并计算反应级数，反应速率常数及反应的活化能。

【实验原理】

在均相反应中，反应速率决定于反应物的本性、浓度、温度和催化剂。反应速率的快慢可以单位时间内反应物浓度的减少或生成物浓度的增加来表示，本实验利用不同浓度的$(NH_4)_2S_2O_8$氧化KI生成KI_3，因此KI_3与淀粉生成蓝色加合物作为反应完成的标志，出现蓝色的时间越短，表明反应速率越快，出现蓝色的时间越长说明反应速率越慢。

在水溶液中，$(NH_4)_2S_2O_8$与KI发生以下反应：

$$S_2O_8^{2-} + 2I^- = 2SO_4^{2-} + I_2 \quad (1)$$

这个反应的平均反应速率可用下式表示：

$$V = -\frac{\Delta[S_2O_8^{2-}]}{\Delta t} = k[S_2O_8^{2-}]^m[I^-]^n$$

式中V为平均反应速率：$\Delta[S_2O_8^{2-}]$为Δt时间内$S_2O_8^{2-}$的浓度变化；$[S_2O_8^{2-}]$和$[I^-]$分别为$S_2O_8^{2-}$与I^-的起始浓度；k为反应速度常数；m和n则为反应级数。

为了测定Δt时间内$S_2O_8^{2-}$的浓度变化，在将$(NH_4)_2S_2O_8$溶液和KI溶液混合的同时，加入一定体积的已知浓度的$Na_2S_2O_3$溶液和淀粉溶液。这样在反应（1）进行的同时，还发生以下反应：

$$2S_2O_3^{2-} + I_2 = S_4O_6^{2-} + 2I^- \quad (2)$$

反应（2）的速率比反应（1）快得多，所以由反应（1）生成的I_2立即与$S_2O_3^{2-}$作用生成了无色的$S_4O_6^{2-}$和I^-。但是一旦$Na_2S_2O_3$耗尽，反应（1）生成的微量I_2就立即与淀粉作用，使溶液显蓝色。

从反应式（1）和（2）可以看出，$S_2O_8^{2-}$减少1mol时，$S_2O_3^{2-}$则减少2mol，

即
$$\Delta[S_2O_8^{2-}] = \frac{\Delta[S_2O_3^{2-}]}{2}$$

记录从反应开始到溶液出现蓝色所需要的时间Δt。由于在Δt时间内$S_2O_3^{2-}$全部耗尽，所以$\Delta[S_2O_3^{2-}]$实际上就是反应开始时$Na_2S_2O_3$的浓度，进而可以计算反应速率$-\frac{\Delta[S_2O_8^{2-}]}{\Delta t}$。

对反应速率表示式$V = k[S_2O_8^{2-}]^m[I^-]^n$两边取对数，得

$$\lg V = m\lg[S_2O_8^{2-}] + n\lg[I^-] + \lg k$$

当$[I^-]$不变时，以$\lg V$对$\lg[S_2O_8^{2-}]$作图，可得一直线，斜率即为m。同理，当

$[S_2O_8^{2-}]$ 不变时，以 lg$V$ 对 lg $[I^-]$ 作图，可求得 n。

求出 m 和 n，可由 $k=\dfrac{V}{[S_2O_8^{2-}]^m\ [I^-]^n}$ 求得反应速率常数 k。

反应速率常数 k 与反应温度 T 一般有以下关系：

$$\lg k = A - \frac{E_a}{2.303RT}$$

式中 E_a 为反应的活化能，R 为摩尔气体常数，T 为热力学温度。测出不同温度时的 k 值，以 lg$k$ 对 $\dfrac{1}{T}$ 作图，可得一直线，由直线斜率 $\left(-\dfrac{E_a}{2.303R}\right)$ 可求得反应的活化能 E_a。

【仪器和药品】

1. 仪器 秒表 1 只，100℃温度计 1 支，水浴 2 只；烧杯：150ml 3 只，100ml 2 只；量筒：100ml 3 只，10ml 2 只。

2. 药品 $(NH_4)_2S_2O_8$ 0.20mol/L；KI 0.2mol/L；$Na_2S_2O_3$ 0.01mol/L；KNO_3 0.2mol/L；$(NH_4)_2SO_4$ 0.2mol/L；0.2% 淀粉溶液。

【实验内容】

1. 浓度对化学反应速率的影响，求反应级数 在室温下，用 3 只量筒分别量取 20ml 0.2mol/L KI 溶液，8ml 0.01mol/L $Na_2S_2O_3$ 溶液和 4ml 0.2% 淀粉溶液，都加到 250ml 烧杯中，混合均匀。再用另 1 只量筒量取 20ml 0.2mol/L $(NH_4)_2S_2O_8$ 溶液，快速加到烧杯中不断搅拌，同时开启秒表计时。当溶液刚出现蓝色时，立即按停秒表，记录时间及室温。

用同样的方法按照表格中的用量进行另外四次实验。为了使每次实验中的溶液的离子强度和总体积保持不变，不足的量分别用 0.2mol/L KNO_3 溶液和 0.2mol/L $(NH_4)_2SO_4$ 溶液补足。

算出各实验中的反应速率 V，并填入表中。

用表中实验Ⅰ、Ⅱ、Ⅲ的数据以 lg$V$ 对 lg $[S_2O_8^{2-}]$ 作图，求出 m；用实验Ⅰ、Ⅳ、Ⅴ的数据以 lg$V$ 对 lg $[I^-]$ 作图，求出 n。

求出 m 和 n 后，再算出各实验的反应速率常数 k，把计算结果填入表 1 中。

表 1 浓度对化学反应速率的影响

实验序号		Ⅰ	Ⅱ	Ⅲ	Ⅳ	Ⅴ
反应温度						
试剂用量(ml)	0.2mol/L $(NH_4)_2S_2O_8$ 溶液	20	10	5	20	20
	0.2mol/L KI 溶液	20	20	20	10	5
	0.01mol/L $Na_2S_2O_3$ 溶液	8	8	8	8	8
	0.2% 淀粉溶液	4	4	4	4	4
	0.2mol/L KNO_3 溶液	/	/	/	10	15
	0.2mol/L $(NH_4)_2SO_4$ 溶液	/	10	15	/	/
$V_{总}$ = 52ml						
起始浓度 mol/L	$(NH_4)_2S_2O_8$ 溶液					
	KI 溶液					
	$Na_2S_2O_3$ 溶液					

续表

实验序号	Ⅰ	Ⅱ	Ⅲ	Ⅳ	Ⅴ
反应时间，Δt，s					
$S_2O_8^{2-}$ 的浓度变化，$\Delta[S_2O_8^{2-}]$，mol/L					
反应的平均速率，$V=-\dfrac{\Delta[S_2O_8^{2-}]}{\Delta t}$					
反应速度常数，$k=\dfrac{V}{[S_2O_8^{2-}]^m[I^-]^n}$					

2. 温度对化学反应速度的影响，求活化能　在250ml烧杯中加入10ml KI溶液，4ml淀粉，8ml $Na_2S_2O_3$ 和10ml KNO_3 溶液。

在另一小烧杯中加入20ml $(NH_4)_2S_2O_8$ 溶液，并把它们同时放在冰水浴中冷却。等烧杯中的溶液都冷到0℃时，把 $(NH_4)_2S_2O_8$ 加到KI等混合溶液中不断搅拌，同时开启秒表计时。当溶液刚出现蓝色时，立即按停秒表，记录反应时间。

在约10℃、20℃、30℃的条件下，重复以上实验。这样就可以得到4个温度（0℃、10℃、20℃、30℃）下的反应时间。算出4个温度下的反应速度及反应速率常数，把数据及计算结果填入表2中。

表2　温度对化学反应速率的影响

实验序号	Ⅰ	Ⅱ	Ⅲ	Ⅳ
反应温度℃				
反应时间 s				
反应速率 V				
反应速度常数 k				
$\lg k$				
$\dfrac{1}{T}$				

注：T 为热力学温度。

用表中各次实验的 $\lg k$ 对 $\dfrac{1}{T}$ 作图，求出反应（1）的活化能。

3. 温度对化学平衡的影响　取1只带有两个玻璃球的平衡仪（平衡双球）如图3-2所示。其中二氧化氮和四氧化二氮处于平衡状态，其反应如下：

$$2NO_2 \rightleftharpoons N_2O_4 + 57kJ$$

NO_2 为深棕色气体，N_2O_4 为无色气体，这两种气体混合物则视二者的相对含量而具有淡棕至深棕的颜色。

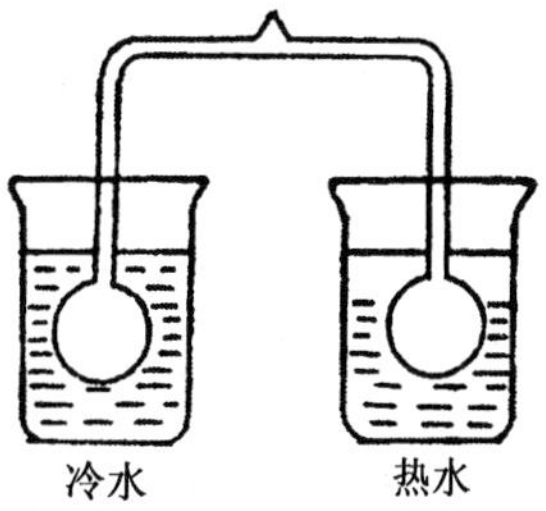

图3-2　化学平衡的移动

将1只玻璃球浸入热水中，另1只玻璃球浸入冷水中。观察二只玻璃球中气体颜色的变化。试以观察到的现象指出各玻璃球中气体平衡向哪一方移动？并用吕·查德里原理说明之。

平衡球	气体颜色变化	化学平衡移动的方向
在热水中		
在冷水中		

实 验 指 导

【预习要求】

1. 何谓化学反应速率，影响化学反应速率的因素有哪些？本实验中如何试验浓度、温度对反应速率的影响？

2. 试说明质量作用定律和吕·查德里原理。

3. 根据反应方程式，是否能确定反应级数？举例说明。

4. 本实验是测定 $S_2O_8^{2-}+2I^- = 2SO_4^{2-}+I_2$ 的反应速率常数，为什么反应物混合时，同时要加一定量的 $Na_2S_2O_3$？

5. 表 1 中哪些项目可以预先计算好填入，哪些需要实验后经计算才能填入？

6. 为什么用 KNO_3 和 $(NH_4)_2SO_4$ 溶液补足溶液的体积？能否用水补充？

【基本操作】

1. 掌握秒表的使用。

2. 学会使用冰浴、热水浴来控制所需要的温度。

【注意事项】

1. 因本实验是利用 $[S_2O_3^{2-}]$ 浓度来衡量反应产生的 $[I_2]$ 浓度，从而计算消耗的 $[S_2O_8^{2-}]$ 浓度。所以准确添加 $Na_2S_2O_3$ 的量是本实验成败的关键。

2. 经计算得出的 5 个 k 值其最大值和最小值之间的差值不得超过 0.5。

3. $\lg k$ 对 $\frac{1}{T}$ 作图时，比例、布局必须合适。

【报告格式】

1. 目的。

2. 原理（用最简短的文字表达）。

3. 实验内容　按实验讲义内容填写 3 份表格，并计算反应速率 V，反应速率常数 k，$\lg k$，$\frac{1}{T}$。另用表 2 中各次实验 $\lg k$，对 $\frac{1}{T}$ 作图，求出反应的活化能。

【实验后思考】

试判断下列说法是否正确。

1. 速度方程式中各物质浓度的幂次方等于反应方程式中各物质分子式前的系数时，该反应即为基元反应。

2. 一个反应达到平衡的标志，是正逆反应的速度常数相等。

3. 反应速率常数越大，反应速率也越大，其值相等。

4. 活化能越大，反应速率越小。

5. 反应级数和反应分子数的概念是相等的。

Experiment 2 Chemical Reaction Rate and Chemical Equilibrium

Objectives

1. Understand the effect of concentration, temperature and catalyst on the reaction rate.

2. Determine the rate at which ammonium persulfate $(NH_4)_2S_2O_8$ reacts with potassium iodide (KI), and calculate the reaction order, rate constant and activation energy.

Principles

In the homogeneous phase reactions, the reaction rate is determined by the nature of the reactant, the temperature, the concentration and catalyst. The rate law can be formulated by the change in concentration of one of the reactants or products which occurs in the small time interval after the reagents are mixed.

In this experiment, when $(NH_4)_2S_2O_8$ oxidizes KI to KI_3, KI_3 then reacts with starch solution and a blue complex is formed, which can be regarded as the end of the reaction. Shorter period of the appearance of blue means, quicker the reaction is. Otherwise, slower the reaction rate is.

In aqueous solution, the reaction between $(NH_4)_2S_2O_8$ and KI is:

$$S_2O_8^{2-} + 2I^- = 2SO_4^{2-} + I_2 \quad (1)$$

Where the average reaction rate law has the form

$$V = -\frac{S_2O_8^{2-}}{\Delta t} = k[S_2O_8^{2-}]^m[I^-]^n$$

V is the average reaction rate; $\Delta[S_2O_8^{2-}]$ is the change in concentration of $S_2O_8^{2-}$ during Δt time interval; $[S_2O_8^{2-}]$ and $[I^-]$ are the initial concentration of $S_2O_8^{2-}$ and I^- respectively; k is reaction rate constant; m and n are reactant orders.

In order to determine the value of $\Delta[S_2O_8^{2-}]$, mix the solution of $(NH_4)_2S_2O_8$ with KI, add starch solution and definite amount of $Na_2S_2O_3$ with definite concentration value. So when reaction (1) is going on, the other reaction as the following also exists:

$$2S_2O_3^{2-} + I_2 = S_4O_6^{2-} + 2I^- \quad (2)$$

The rate of reaction (2) is much more quicker than reaction (1), so the product of I_2 in reaction (1) will react with $S_2O_3^{2-}$ immediately, forming $S_4O_6^{2-}$ (colorless) and I^- as soon as the reactant $S_2O_3^{2-}$ in reaction (2) is exhausted, the product of I_2 produced in reaction (2) will react with starch solution at once, then blue color appears.

From the reaction (1) and reaction (2), we can write:

$$\Delta[S_2O_8^{2-}] = \frac{[S_2O_3^{2-}]}{2}$$

Record the time interval Δt from the beginning of the reaction to the appearance of blue color, Because $S_2O_3^{2-}$ has been completely exhausted in Δt time, $\Delta[S_2O_3^{2-}]$ equals to the initial concentration of $Na_2S_2O_3$. So the reaction rate has the form of $-\frac{[S_2O_3^{2-}]}{\Delta t}$. Taking the logarithm of reaction rate formulation $V = k[S_2O_8^{2-}]^m[I^-]^n$ gives:

$$\lg V = m\lg[S_2O_8^{2-}] + n\lg[I^-] + \lg k$$

When $[I^-]$ is constant, make the graph (assign $\lg V$ to y-coordinate, $\lg[S_2O_8^{2-}]$ to x-coordinate and $n\lg[I^-] + \lg k$ to intercept) and we can get the value of the slope m; when $[S_2O_8^{2-}]$ is constant, make the graph (assign $\lg V$ to y-coordinate, $\lg[I^-]$ to x-coordinate and $m\lg[S_2O_8^{2-}] + \lg k$ to intercept) and then we can get the value of the slope n.

Then reaction rate constant k can be obtained as following form:

$$k = \frac{V}{[S_2O_8^{2-}]^m[I^-]^n}$$

With reaction rate constant k and reaction temperature T, we can predict the activation energy of chemical reaction, then the following form is obtained:

$$\lg k = A - \frac{E_a}{2.303RT}$$

E_a represents the activation energy of the reaction, R is universal gas constant, T is absolute temperature (or the temperature on the Kelvin scale). A plot of $\lg k$ as a function of $1/T$ should be a straight line with the slope of $-\frac{E_a}{2.303RT}$. So the value of E_a is obtained.

Equipment and Chemicals

1. Equipment stopwatch, thermometer, water bath, five beaker (three with volume of 150ml, two with volume of 100ml), measuring cylinder.

2. Chemicals $(NH_4)_2S_2O_8$ 0.20mol/L; KI 0.2mol/L; $Na_2S_2O_3$ 0.01mol/L; KNO_3 0.2mol/L; $(NH_4)_2SO_4$ 0.2mol/L; 0.2% starch solution.

Procedure

1. Concentration effect on the reaction rate and calculation of the reaction order At the room temperature, measure 20ml 0.2mol/L KI solution, 8ml 0.01mol/L $Na_2S_2O_3$ solution and 4ml 0.2% starch solution with three measuring cylinders. Then put solutions into a beaker (150ml) and mix homogeneously. Add 20ml 0.20mol/L $(NH_4)_2S_2O_8$ solution with measuring cylinder to the beaker quickly, turning on stopwatch at the same time, and stirring continuously. As soon as blue colour appears, please turn off the stopwatch, record the passing time interval Δt and room temperature.

Do the other four experiments according to the given amount in the format in the same way. In order to keep the ionic strength and the total volume constant in each portion of the mixture, we add 0.20mol/L $(NH_4)_2SO_4$ solution respectively to supplement the inadequate part.

Calculate the value of the reaction rate V, and fill in Table 1. Make the graph ($\lg V$ to $\lg[S_2O_8^{2-}]$) with the data in experiment i, ii, iii, then calculate the value of m; make the graph ($\lg V$ to $\lg[I^-]$) with the data in experiment i, iv, v, the calculate the value of n. With the value of m, n, we can get value of reaction rate constant k in each experiment.

Table 1　Concentration effect on the chemical reaction rate

Experiment number		I	II	III	IV	V
Experiment temperature						
Reagents (ml)	0.20mol/L $(NH_4)_2S_2O_8$	20	10	5	20	20
	0.20mol/L KI	20	20	20	10	5
	0.01mol/L $Na_2S_2O_3$	8	8	8	8	8
	0.2% starch solution	4	4	4	4	4
	0.20mol/L KNO_3	/	/	/	10	15
	0.20mol/L $(NH_4)_2SO_4$	/	10	15	/	/
Initial concentration	$(NH_4)_2S_2O_8$					
	KI					
	$Na_2S_2O_3$					
$\Delta t(s)$						
$\Delta[S_2O_8^{2-}]$						
$V=-\frac{S_2O_8^{2-}}{\Delta t}$						
$k=\frac{V}{[S_2O_8^{2-}]^m[I^-]^n}$						

2. Temperature effect on the reaction rate and calculation of the activation energy　Add 10ml KI solution, 4ml starch solution, 8ml $Na_2S_2O_3$ solution and 10ml KNO_3 solution to a beaker (250ml).

Add 20ml $(NH_4)_2S_2O_8$ solution into another small beaker, then put the two beakers into a water bath at 0℃. When the solution in the beakers is cooled to 0℃, mix the solution in the two beakers and turn on the stopwatch, stirring continuously. Record the passing time interval Δt when the solution just turns blue.

At the temperature of about 10℃, 20℃, 30℃, repeat the above experiment. Finally we can get four values of Δt at four different temperatures. Calculate the reaction rate and reaction rate constant at four temperature, and fill in Table 2.

Table 2　Temperature effect on the chemical reaction rate

Experiment number	I	II	III	IV
Reaction temperature				
Reaction time interval (s)				
Reaction rate V				
Reaction rate constant k				
$\lg k$				
$1/T$				

Draw the graph (lg$k$ to $1/T$) with the data obtained in the above experiments and obtain the value of E_a in reaction 1.

3. Temperature effect on the chemical equilibrium Take a balance apparatus with two glass globes shown in figure 1. In it NO_2 and N_2O_4 are initially at equilibrium:

$$2NO_2 \longrightarrow N_2O_4 + 57kJ$$

NO_2 is a dark brown gas while N_2O_4 is a colorless gas. The color of the mixture of the two gases is determined by the relative content of the each one.

Put a glass globe into hot water, another into cold water. Observe the color change of the glass. Please justify how the system removes. Explain the phenomenon using Lechatelier's principle.

Balance globes	Color change of gas	Direction of equilibrium remove
Hot water		
Cold water		

Instructions

1. Requirements

(1) What is chemical reaction rate? Which factors will affect the reaction rate? How to validate the effects of concentration, temperature and the reaction rate?

(2) Please explain the law of mass action and Lechatelier's principle.

(3) Illustrate if you can get the reaction order according to the reaction equations.

(4) The purpose of this experiment is to test the reaction rate constant of reaction, $S_2O_8^{2-} + 2I^- \longrightarrow 2SO_4^{2-} + I_2$. Please give a reason why we should add a definite amount of $Na_2S_2O_3$ when mixing the reagents.

(5) Which items in Format 1 can be calculated before hand, which ones can be calculated after the experiment?

(6) Why should we add KNO_3 solution and $(NH_4)_2SO_4$ solution to supplement the inadequate volume? Can we use water?

2. Operation

(1) Grasp how to use stopwatch.

(2) Learn how to control the temperature with ice water bath and hot water bath?

3. Notes

(1) In this experiment we use $[S_2O_3^{2-}]$ to determine the concentration of the product I_2, then calculate the consuming concentration of $S_2O_8^{2-}$. So adding $Na_2S_2O_3$ accurately is the key step of the experiment.

(2) The purpose of the experiment is to determine constant, so the value of the time and the concentration should be read correspondent to the precision of the apparatus.

(3) The difference between the maximum value of k and the minimum value of k among the five value of k should be no more than 0.5.

(4) Make the graph (lg$k$ to $1/T$) on the graph paper, and the proportion and configuration

should be apposite.

4. Report format

(1) Objectives

(2) Principles (with concise works)

(3) Content: Fill in three tables, and calculate the reaction rate V, reaction rate constant k, $\lg k$, $1/T$. Make the graph ($\lg k$ to $1/T$) with the data in Table 2 and calculate the activation energy.

Words

concentration	浓度	activation energy	活化能
coordinate	坐标	phase	相
equilibrium	平衡	precision	精度
coefficient	系数	homogeneous	均匀的
reaction rate	反应速度	proportion	比例
constant	常数	oxidize	氧化
ionic strength	离子强度	apposite	合适的
stopwatch	秒表	starch	淀粉
water bash	水浴	power	幂
reaction order	反应级数	logarithm	对数

实验三　酸碱滴定

扫码“学一学”

【目的要求】

1. 练习滴定操作。
2. 测定氢氧化钠溶液和盐酸溶液的浓度（mol/L）。

【实验原理】

利用酸碱中和反应，可以测定酸或碱的浓度。量取一定体积的酸溶液，用碱溶液滴定，可以从所用的酸溶液和碱溶液的体积（V_a 和 V_b）与酸溶液的浓度（C_a）算出碱溶液的浓度（C_b）：

$$C_a \cdot V_a = C_b \cdot V_b$$

$$C_b = \frac{C_a \cdot V_a}{V_b}$$

反之，也可以从 V_a、V_b 和 C_b 求出 C_a。

中和反应的化学计量点可借助于酸碱指示剂确定。

本实验用 NaOH 溶液滴定已知浓度的草酸，标定 NaOH 溶液的浓度。再用已标定的 NaOH 溶液来滴定测定未知浓度的盐酸。

【仪器和药品】

1. 仪器 滴定管，移液管。

2. 药品 NaOH 溶液，HCl 溶液，草酸标准溶液，酚酞。

【实验内容】

1. NaOH 溶液浓度的标定 把已洗净的碱式滴定管用 NaOH 溶液荡洗三遍。每次都要将滴定管持平、转动，最后溶液从尖嘴放出。再将 NaOH 溶液装入滴定管中，赶走橡皮管和尖嘴部分的气泡，调整管内液面的位置恰好为“0. 00”。

用移液管量取 20. 00ml 草酸标准溶液，把它加到锥形瓶中，再加入 2 ~ 3 滴酚酞指示剂，摇匀。

挤压碱式滴定管橡皮管内的玻璃球，使液体滴入锥形瓶中。开始时，液滴流出的速度可以快一些，但必须成滴而不是一股水流。碱液滴入瓶中，局部出现粉红色，随着摇动锥形瓶，红色很快消失。当接近终点时，粉红色消失较慢，就应该逐滴加入碱液。最后应控制加半滴，即令液滴悬而不落，用锥形瓶内壁将其靠下，摇匀。放置半分钟后粉红色不消失，即认为已达终点。稍停，记下滴定液面的位置（体积）。

如上法，再取草酸标准溶液，用 NaOH 溶液滴定，重复两次，要求 3 次所用碱液的体积相差不超过 0. 10ml。

滴定过程中应注意以下几点。

（1）滴定完毕后，尖嘴外不应留有液滴，尖嘴内不应留有气泡。

（2）由于空气中 CO_2 的影响，已达到终点的溶液放久后又会褪色。这并不说明中和反应没有完全。

（3）滴定过程中，碱液可能溅在锥形瓶内壁的上部，最后半滴碱液也是由锥形瓶内壁沾下来。因此，在快到终点时，要用洗瓶以少量蒸馏水冲洗锥形瓶内壁，以（减小）误差。

2. HCl 溶液浓度的测定 将酸式滴定管洗净后，用少量 HCl 溶液荡洗三遍，然后加满 HCl 溶液，液面调至 0. 00ml。

从酸式滴定管放出约 20ml HCl 溶液到锥形瓶中，加入 2 ~ 3 滴酚酞，按以上的操作，用 NaOH 溶液滴定到终点。如 NaOH 加入过量，则从酸式滴定管再放 HCl 溶液至红色退去。再以 NaOH 滴定到终点。准确记录终点时所用 HCl 和 NaOH 溶液的体积。

【数据记录】

1. NaOH 溶液浓度的标定

实验序号	I	II	III
NaOH 溶液用量，ml			
草酸溶液用量，ml			
草酸溶液浓度，mol/L			
NaOH 溶液浓度，mol/L			
NaOH 溶液平均浓度，mol/L			

2. HCl 溶液浓度的测定

实验序号	Ⅰ	Ⅱ	Ⅲ
NaOH 溶液用量，ml			
HCl 溶液用量，ml			
HCl 溶液浓度，mol/L			
HCl 溶液平均浓度，mol/L			

实 验 指 导

【预习要求】

1. 复习酸碱中和反应。

2. 预习“无机化学实验基本操作”中关于移液管和滴定管的洗涤、使用以及滴定操作等内容。

3. 怎样洗涤移液管？为什么最后要用需移取的溶液来荡洗移液管？滴定管和锥形瓶最后是否也需要用同样方法荡洗？

4. 在滴定管中装入溶液后，为什么先要把滴定管下端的气泡赶净，然后读取滴定管中液面的读数？如果没有赶净气泡，将对实验的结果产生怎样的影响？

5. 滴定过程结束后发现滴定管尖嘴外留有液滴，以及溅在锥形瓶壁上的液滴没有用蒸馏水冲下，它们对实验结果各有何影响？

【基本操作】

1. 学习滴定管和移液管的使用方法。

2. 初步掌握酸碱滴定操作。

【注意事项】

1. 酸式滴定管的活塞两端涂以凡士林，塞紧后检查，应不从两侧漏水。切忌整个活塞涂满凡士林，这会使孔堵塞。

2. 用热铬酸洗液（俗称清洁液）浸泡滴定管和移液管，10 分钟后，将铬酸洗液倒回到原来瓶中。铬酸有毒，勿倒入下水道！

3. 用自来水、蒸馏水洗净滴定管和移液管，再用待装溶液荡洗三次。

4. 必须用右手示指按住移液管口，用左手拿吸气球来吸取溶液。

5. 移液管内液体流完后，在锥形瓶口停靠约 30s，再将移液管拿开。

6. 滴定管装入标准溶液到刻度“0”以上，逐出橡皮管和玻璃尖管内的气泡，然后将液面调至“0. 00”刻度处。

7. 开始滴定时，速度可稍快些，此时出现指示剂的粉红色会很快消失；当接近终点时，粉红色消失较慢，就应逐滴进行。粉红色在半分钟内不消失，即可认为已达终点。

8. 滴定结束后，滴定管尖嘴外不应留有液滴。可用蒸馏水冲洗入锥形瓶。

9. 在滴定过程中，液滴可能溅在锥形瓶内壁上，因此，快到终点时，应该从洗瓶中用少量的水把这些溶液冲洗下来。

【报告格式】

1. 目的
2. 原理
3. 数据记录及结果处理

（1）NaOH 溶液浓度的标定（参考实验内容以表格形式列出）。

（2）HCl 溶液浓度的测定（参考实验内容以表格形式列出）。

【实验后思考】

1. 用已失去部分结晶水的草酸配制标准溶液时，对溶液浓度的精确度有无影响？为什么？

2. 用碱溶液滴定酸以酚酞为指示剂时，到达化学计量点的溶液放置一段时间后会不会褪色？为什么？

3. 本实验造成误差的原因。

Experiment 3 Acid-Base Titration

Objectives

1. Practice the operation of titration.

2. Determine the concentration of sodium hydroxide solution and hydrochloric acid solution (mol/L).

Principle

We can determine the concentration of an acid or a base with the acid-base neutralization reaction, the most obvious application of neutralization method is to determine the amount of a base by titrating a measured amount of an acid. With the volume of the base added V_b and the original volume of the acid V_a and the concentration of acid C_a already known, we can calculate the concentration of base C_b.

$$C_a \cdot V_a = C_b \cdot V_b$$

$$C_b = \frac{C_a V_a}{V_b}$$

Whereas, C_a can be calculated from V_a, V_b and C_b.

The equivalent point of the titration can be located by the color change of the acid-base indicator.

In this experiment, we titrate the oxalic acid of exactly known concentration with NaOH solution, so the concentration of NaOH can be obtained, then titrate the chloric acid with that NaOH solution, so the concentration of chloric acid can be obtained.

Equipment and Chemicals

1. Equipment burette, transfer pipette

2. Chemicals NaOH solution, HCl solution, oxalic acid standard solution, phenolphthaleins

Procedures

1. Standardizing the concentration of NaOH solution Clean up the basic burette which has been rinsed with distilled water with NaOH solution for three times. When you do it, you should keep the burette level and carefully rotate it then let out the solution from the tip of the burette so that interior surface are wetted. After that, fill NaOH solution into it, drive away the air bubble in the rubber tube and the tip, then adjust the place of the liquid level to "0. 00".

Add 20. 00ml oxalic acid standard solution with transfer pipette to an Erlenmeyer flask, then add 2 ~ 3 drops of phenolphthalein indicator, shaking constantly.

Press the glass ball in rubber tube to make the liquid dropping to Erlenmeyer flask. The dropping velocity can be quick at the beginning, but afterwards you must control the operation drop by drop, not a current of liquid. When the base solution drops into the Erlenmeyer flask, part of the solution appears pink, but the color will disappear quickly while shaking the Erlenmeyer flask. Near the end-point, pink color will disappears slowly, so at this period you should add the base solution a drop at a time until a half drop of liquid hanging on the tip. It should not fall directly, only be-touched on the inner wall of the Erlenmeyer flask and then shaked. If the pink color doesn't disappear in about half a minute, it means that the end-point is located. Wait a moment, then record the place of the liquid level left in the burette.

Titrate the oxalic acid standard solution with NaOH solution twice using the above method. The difference between the base volume added in every titration should be no more than 0. 10ml.

You must pay attention to the following points.

(1) There should not be some droplet left outside the tip and also there should not be some air bubbles left inside the tip when the titration is over.

(2) The color of the solution after the location of the end-point will disappear because of the effect of CO_2 in the open air. That doesn't mean the acid-base reaction is not complete.

(3) During the titration, the base may splash down the upper part of the wall of the Erlenmeyer flask and the last half drop is touched by the wall, so in the immediate vicinity of the end-point it is appropriate to rinse down before completing the titration.

2. Determining the concentration of HCl solution Clean up the acidic burette which has been rinsed with the distilled water with HCl solution three times. Then fill in the HCl solution and adjust the place of liquid level to "0. 00"ml.

Add 20. 00ml HCl solution to the Erlenmeyer flask from the acidic burette, then add 2 ~ 3 drops of phenolphthalein. Titrate it with NaOH solution according to the above operation. If an excess amount of NaOH is added, you can add HCl solution from the acidic burette until the red color disappears. Then titrate again. Record the volume of HCl solution and NaOH solution added at the end-point.

Data result

(1) standardizing the concentration of NaOH solution

Experiment number	Ⅰ	Ⅱ	Ⅲ
Volume of NaOH, ml			
Volume of oxalic acid, ml			
Concentration of oxalic acid, mol/L			
Concentration of NaOH, mol/L			
The average concentration of NaOH, mol/L			

(2) Determining the concentration of HCl solution

Experiment number	Ⅰ	Ⅱ	Ⅲ
Volume of NaOH, ml			
Volume of HCl, ml			
Concentration of HCl, mol/L			
The average concentration of HCl, mol/L			

Instructions

1. Requirements

(1) Review the theory of acid-base neutralization reaction.

(2) Pay much attention to preview the operation how to wash the transfer pipette and how to operate with burette.

(3) How to wash transfer pipette? Why should we clean it up with the solution that will to be filled in? Should we clean up the burette and erlenmeyer flask in the same way?

(4) Why should we drive away the air bubbles in the tip of the burette before we fill in the liquid? If not, what's the result when we read the volume of the liquid?

(5) If some droplet is left outside the tip of burette after the titration, and some drops are splashed down on the wall of Erlenmeyer flask but not being rinsed with the distilled water, what's the effect on the result?

2. Operation

(1) Learn how to use the burette and the transfer pipette.

(2) Practice the operation of acid-base titration.

3. Notes

(1) Smear lome Vaseline on the two sides of the stopcock of the acidic burette and then insert the stopcock into the barred and rotate it vigorously. The burette should be liquid-tight. Taking care not to smear the whole stopcock, otherwise the hole will be jammed.

(2) Steep the burette and the transfer pipette in hot chromic acid solution for about 10 minutes, then the chromic acid should be poured back to the original bottle. Because chromic acid is poisonous, so do not pour it to the sewer.

(3) Wash the burette and transfer pipette with tap water and distilled water, then clean up them with the solution that will be filled in.

(4) Place a forefinger of your right hand over the upper end of the pipette, then carefully fill the pipette somewhat past the graduation mark employing a suction bulb.

(5) When the liquid in the transfer pipette is let out, it's better to rest the tip of transfer pipette to the inner wall of the Erlenmeyer flask for 30s, then take it away.

(6) Fill the standard solution into the burette to the place above the zero mark, then adjust the level of the solution to "0.00" ml after driving away the air bubbles in the rubber tube and the glass tip.

(7) You can control the dropping velocity a little quicker at the beginning of the titration, at this moment the pink of the indicator will disappear immediately; when near the end-point, pink disappears slowly, you must titrate a drop at a time until pink doesn't disappear in half minute, it means the end-point is located.

(8) There should not be some drop left outside the tip after the titration is over. You can tip the Erlenmeyer flask with distilled water and rotate it so that the bulk of the liquid picks up any droplets adhering to the wall.

(9) Some droplets may be splashed down the wall of the Erlenmeyer flask, during the titration, so you should press a little amount of distilled water from the washing bottle to rinse the inner wall when it approaches the end-point.

4. Report format

(1) Objectives

(2) Principle

(3) Record data and result dealing

(a) The standardization of the concentration of NaOH solution (Refer to the content and list with table shown in page).

(b) The determination of the concentration of HCl solution (Refer to the content and list with table shown in page).

5. Questions

(1) How is the precision of the result of preparing the oxalic acid standard solution with oxalic acid which has lost part of the crystal water? Why?

(2) When titrating an acid with a base, does the color of the solution disappear again after the end-point is located if the indicator is phenolphthalein?

(3) Explain reason for error in this experiment.

Words

titration	滴定	tip	尖端
Erlenmeyer flask	锥形瓶	transfer pipette	移液管
concentration	浓度	oxalic acid	草酸
error	误差	tap water	自来水
indicator	指示剂	extrude	挤压
stopcock	活塞	precision	精确度
equivalent point	化学计量点	suction bulk	吸耳球
chromic acid	铬酸	neutralization	中和
phenolphthalein	酚酞	rinse	冲洗
burette	滴定管	Vaseline	凡士林

扫码“学一学”

实验四　弱酸电离常数的测定

【目的要求】

1. 了解用 pH 电位法测定弱酸的电离常数。
2. 进一步理解电离平衡的基本概念。

【实验原理】

醋酸是一元弱酸，在水溶液中存在着下列电离平衡：

$$HAc \rightleftharpoons H^+ + Ac^-$$

其电离常数的表达式为

$$K_{HAc} = \frac{[H^+][Ac^-]}{[HAc]}$$

如以对数表示，则

$$\lg K_{HAc} = \lg[H^+] + \lg\frac{[Ac^-]}{[HAc]}$$

当 $[Ac^-] = [HAc]$ 时

$$\lg K_{HAc} = \lg[H^+]$$

$$\lg K_{HAc} = \lg[H^+] = -pH$$

如果在一定温度下测得醋酸溶液中 $[HAc] = [Ac^-]$ 时的 pH，即可计算出醋酸电离常数的近似值。

用 NaOH 溶液滴定 HAc 溶液时，根据反应式：

$$HAc + OH^- \rightleftharpoons Ac^- + H_2O$$

当 $[HAc] = [Ac^-]$，则 NaOH 的用量应等于完全中和 HAc 时需要的一半，如果测得此时溶液的 pH，即可求得醋酸的电离常数的近似值。

【仪器和药品】

1. 仪器

（1）pH S－25 型酸度计是用电位法测定 pH 的一种仪器，其配套的指示电极是玻璃电极，参比电极是甘汞电极。或由两者组成复合电极。

（2）100ml 烧杯 2 只，250ml 锥形瓶 2 只，25ml 酸式滴定管、碱式滴定管各 1 支。

2. 药品　NaOH 0.1mol/L 标准溶液，HAc 0.1mol/L，缓冲溶液 pH6.8～7，酚酞指示剂（1% 乙醇溶液）。

【实验内容】

1. 取 250ml 锥形瓶 1 只，从酸式滴定管中准确加入 22.00ml 0.1mol/L HAc，加入 2 滴酚酞溶液，用碱式滴定管中的 0.1mol/L NaOH 标准溶液滴定，不断振摇，至溶液刚出现红色为止。记录滴定终点时 NaOH 的用量（ml），作下面测定 pH 时参考。用另 1 只锥形瓶重复上述滴定实验，两次消耗 NaOH 体积差不得超过 0.5%，即两次相差不得超过 0.1ml。

2. 取 100ml 烧杯，从酸式滴定管中准确加入 22.00ml 0.1mol/L HAc，用碱式滴定管中的 0.1mol/L NaOH 标准溶液滴定至操作 1 所耗 NaOH 平均体积的一半，搅拌均匀，再用 pH S－25 型酸度计测定其 pH。

3. pH S－25 型酸度计的使用方法

（1）仪器装置　按图 2－45 所示的方式，支好仪器背部的支架 6，装上电极杆 8、电极夹 9，并按实验需要的位置旋紧固定圈 7。然后装上电极 10、11。在打开电源开关前，把“范围”5 置于中间位置。

（2）电计的检查

（a）将“选择”4 置于“＋mV”或“－mV”。电极导线不能插入电极插座。

（b）打开电源开关、电源指示灯 1 发亮。电表上的指针仍在未开机时的位置。

（c）将“范围”5 置“0～7”档，电表的示值应为 0mV（±10mV）位置。

（d）将“选择”4 置 pH 档，转动定位调节器 3，电表示值应能小于 6pH。

（e）将“范围”5 置“7～14”档，转动定位调节器 3，电表示值应能大于 8pH。

仪器经过以上步骤检验，若都能符合要求，即表示仪器装好。

（3）仪器的 pH 标定　pH 玻璃电极在使用前必须在蒸馏水中浸泡 8h 以上，参比电极在使用前必须拔去橡皮塞和橡皮套。仪器的标定按以下步骤进行。

（a）把玻璃电极和甘汞电极的导线分别插入电极插座。用蒸馏水清洗电极，再用滤纸擦干。把电极放入盛有已知 pH 的缓冲溶液的烧杯中，调节温度补偿器 2，使所指向的温度相同于溶液的温度。

（b）将“范围”5 指向所用 pH 标准缓冲溶液所处范围的一档（如用 pH＝4，或 pH＝6.86 的缓冲溶液则置“0～7”档）。

（c）转动定位调节器 3，使电表指针指向该缓冲溶液的准确 pH。

标定所选用的 pH 标准缓冲溶液的 pH 应同被测样品的 pH 接近，这样能减少测量误差。

4. 样品 pH 测量　经过 pH 标定的仪器，即可用来测定样品的 pH（注意：定位调节器 3，温度补偿器 2，“选择”4，都不应再动）。测定方法如下。

用蒸馏水清洗电极，用滤纸擦干后，将电极插在盛有待测溶液的烧杯内，轻轻摇动烧杯，将“范围”5 旋向被测液可能的 pH 范围，此时仪器指针所示的数值，就是样品溶液的 pH。

5. 缓冲溶液的配制

（a）0.025 mol/L 混合磷酸盐溶液（pH6.8～7）　分别称取先在 115℃±5℃烘干 2～3 小时的磷酸氢二钠（Na_2HPO_4）3.53g 和磷酸二氢钾（KH_2PO_4）3.39g，溶于蒸馏水中，在容量瓶中稀释至 1000ml。

（b）饱和酒石酸氢钾溶液（25℃，pH＝3.56）　在磨口玻璃瓶中装入蒸馏水和过量酒石酸氢钾粉末（约 20g/L）、剧烈摇动 20～30 分钟，溶液澄清后，用倾泻法取其清液备用。

6. 数据记录及结果处理

NaOH 标准溶液浓度，mol/L ________

所取 HAc 体积，ml① ________ ② ________

所耗 NaOH 体积，ml① ________ ② ________

所耗 NaOH 平均体积，ml ________

pH 计测得的 pH ________

根据公式　$\lg K_{HAc} = -pH$，求得 K_{HAc} ________

实　验　指　导

【预习要求】

1. 本实验测定醋酸电离常数的依据是什么？

2. 当 HAc 的含量一半被 NaOH 中和时、可以近似认为溶液中 [HAc] = [Ac^-]，为什么？

3. 当 HAc 完全被 NaOH 中和时，反应终点的 pH 是否等于 7，为什么？

4. 用 pH S－25 型酸度计测量 pH 的操作步骤有哪些？应能列出操作要点。

5. 怎样正确使用玻璃电极？

【基本操作】

1. 学习正确使用 pH S－25 型酸度计。

2. 进一步练习滴定管的使用和滴定操作。

【注意事项】

1. 玻璃电极的主要传感部分为下端的玻璃泡。此球泡极薄，切勿与硬物接触，一旦破裂则完全失效，使用时应特别小心。安装时，注意使玻璃电极的球泡略高于甘汞电极的下端，以免被烧杯底部碰破。

新的玻璃电极在使用前应在蒸馏水中浸泡 8 小时以上，不用时也应浸泡在蒸馏水中。复合电极则套上装有 3mol/L KCl 溶液的塑料小杯。

2. 甘汞电极内装有饱和 KCl 溶液（作盐桥用）。所以必须含有 KCl 晶体，以保证 KCl 溶液是饱和的。

3. 仪器经电计检查，在测量待测液的 pH 以前必须进行 pH 标定。应选用一种与被测溶液的 pH 接近的标准缓冲溶液对仪器进行标定。经过 pH 标定的仪器，在测定样品的 pH 时，不得再动定位调节器。

4. 每一样品测定时，需重复读数 2～3 次。

5. 测量完毕后，用蒸馏水冲洗电极，再按 1 法保存。

【报告格式】

1. 目的

2. 原理

3. 数据记录及结果处理

实验序号	Ⅰ	Ⅱ
所取 HAc 体积，ml		
消耗 NaOH 体积，ml		
消耗 NaOH 平均体积，ml		
pH 计测得的 pH		

【实验后思考】

1. 在测定同一电解质一系列浓度溶液的 pH 时，测定的顺序按浓度由稀到浓和由浓到稀，结果会有何不同？

2. 本实验采用的是 pH 电位法测定醋酸的电离常数，此外可用电导率法等方法测定。可以从有关实验教材中查阅。

Experiment 4　Determining the Ionization Constant of a Weak Acid

Objectives

1. To learn how to determine the ionization constant of a weak acid by pH-electrode potential measurement.

2. To understand the concept of the ionization equilibrium.

Principles

Acetic acid is a monobasic weak acid. An ionization equilibrium in aqueous solution can be represented by

$$HAc \rightleftharpoons H^+ + Ac^-$$

Hence the ionization constant is generally written as:

$$K_{HAc} = \frac{[H^+][Ac^-]}{[HAc]}$$

Take the logarithm of above formation:

$$\lg K_{HAc} = \lg[H^+] + \lg\frac{[Ac^-]}{[HAc]}$$

When $[Ac^-] = [HAc]$, there exists:

$$\lg K_{HAc} = \lg[H^+] + \lg 1 = \lg[H^+]$$

$$\lg K_{HAc} = \lg[H^+] = -pH$$

If the value of pH of an acetic acid solution in which the concentration of $[HAc]$ equals to the concentration of $[Ac^-]$ is measured at a certain temperature, we can calculate the approximate value of the ionization constant of acetic acid.

Titrate HAc solution with NaOH. According to the reaction equation:

$$HAc + OH^- \rightleftharpoons Ac^- + H_2O$$

When $[HAc] = [Ac^-]$, the needed amount of NaOH should be equal to the half amount of NaOH when NaOH neutralizes HAc completely. If the value of pH at this point is measured, then we can get the approximation of the ionization constant of acetic acid.

Equipment and Chemicals

1. Equipment

(1) pH S-25 acidometer is a kind of apparatus to determine the value of pH with electrode potential measurement. It is often equipped with a glass electrode as an indicative electrode and a calomel

electrode as a primary reference electrode. Also these two electrodes can form a compound electrode.

(2) Two 100ml beakers, two 250ml Erlenmeyer flasks, 25ml acidic burette, 25ml basic burette.

2. Chemicals NaOH 0.1mol/L standard solution; HAc about 0.1mol/L; buffer solution pH 6.8 ~ 7; phenolphthalein indicator; 1% ethanol solution.

Procedures

1. Transfer 22.00ml 0.1mol/L HAc from an acidic burette to a 250ml Erlenmeyer flask. Then add 2 drops of phenolphthalein solution. Titrate with 0.1mol/L NaOH standard solution. Shaking constantly until the red color appears. Record the volume of NaOH added at the end point. Repeat the titration in another Erlenmeyer flask. The difference between the volumes added in each titration should be no more than 0.10ml.

2. Transfer 22.00ml 0.1mol/L HAc from an acidic burette to a 100ml beaker. Titrate with 0.1mol NaOH standard solution until the volume of NaOH added is about the half of that added in operation 1 mentioned above. Stir constantly. Measure the value of pH with pH S - 25 acidometer.

3. Prepare the buffer solution

(1) 0.025mol/L mixed phosphate solution (pH 6.8 ~ 7)

Weigh 3.53g Na_2HPO_4 and 3.39g KH_2PO_4 after each of them was drying at 115℃ ±5℃ temperature. Then dissolve them with distilled water. Dilute to 1000ml in the volumetric flask.

(2) saturated potassium tartrate solution

Mix some distilled water and excessive hydrogen potassium tartrate powder in a glass bottle. Shake hard for about 20 ~ 30min. When the solution turns transparent and clean, take it for the next step with tilt-pour process.

4. Data record and result dealing:

The concentration of the standard NaOH solution, mol/L ____________

The volume of HAc, ml① ____________ ② ____________

The volume of NaOH added, ml① ____________ ② ____________

The average volume of NaOH added, ml ____________

The value of pH measured by pH meter ____________

According to the formation $\lg K_{HAc} = -pH$, calculate K_{HAc} ____________

Instructions

1. Requirement

(1) What is the principle of this experinent?

(2) When the half amount of HAc is neutralized by NaOH, we can approximately consider there exists $[HAc] = [Ac^-]$ in the solution, why?

(3) Will the value of pH be equal to 7.0 at the end point when HAc is neutralized by NaOH completely?

(4) Please list the key operation steps when measuring the value of pH with pH S - 25 acidometer.

(5) How to use the glass electrode correctly?

2. Operation

(1) Learn to use pH S－25 acidometer correctly.

(2) Go on practicing the operation of titration and the burette's usage.

3. Notes

(1) The main sensible part of a glass electrode is a glass bulb in its upper part. The bulb is too thin, so be sure not to touch it with any hard substance. When the bulb is broken, this glass electrode will be invalid completely. So when fixing, please notice to put the glass bulb a little higher than the bottom part of the calomel electrode to avoid its being broken by the beaker.

A new glass electrode should be dipped into distilled water no less than 8 hours before being used or after being used.

But a compound electrode should be coated with a plastic cup containing 3mol/L KCl solution.

(2) There exists saturated KCl solution inside the calomel electrode (as a salt bridge), so there should be excessive KCl crystals to keep KCl solution saturated.

(3) The apparatus should be standardized by a standard buffer solution which has almost same value of pH with the solution to be determined.

(4) Read the data twice or three times when determining each sample.

(5) After the experiment, rinse the electrodes with distilled water then reserve these electrodes correctly.

4. Report Format

(1) Objectives

(2) Principles

(3) Data record and result dealing

	I	II
V_{HAc}, ml		
V_{NaOH}, ml		
$\overline{V}_{NaOH}$, ml		
the value of pH		

5. Questions

(1) When determining the values of pH of a electrolyte with series concentration values, what is different result if the experiment sequence is according to the concentration increasing and decreasing respectively?

(2) In this experiment we use pH-electrode potential to determine the ionization constant of acetic acid. Besides, the ionization constant can be determined by electrical conductivity method.

扫码“学一学”

实验五 电解质溶液

【目的要求】

1. 了解弱酸、弱碱的电离平衡及平衡移动的基本原理。

2. 练习缓冲溶液的配制并试验其性质。

3. 了解盐类水解平衡及其平衡移动的基本原理。

4. 了解难溶电解质的多相电离平衡及其平衡移动的基本原理。

【实验原理】

1. 弱电解质电离平衡及其平衡移动 如果在弱电解质的电离平衡体系（如醋酸）中加入与弱电解质有共同离子的强电解质（如醋酸钠）时，由于该离子（Ac^-）浓度的增加，而使电离平衡向生成弱电解质（醋酸）的方向移动。因此，同离子效应使得弱电解质的电离度降低（使醋酸的酸性减弱）。

2. 缓冲溶液 在醋酸溶液中加入醋酸钠或在氨水中加入氯化铵以后，能使溶液中的氢离子或氢氧根离子浓度在加入其他酸或碱时仅有微小的改变，这种由弱酸或弱碱和它们的盐所组成的溶液叫做缓冲溶液。

3. 盐类水解反应 盐类离子与水反应生成弱电解质和 H^+ 或 OH^- 的反应称为盐的水解反应。加入水解产物可抑制水解反应，稀释盐溶液或提高温度可促进水解反应。

4. 难溶电解质多相电离平衡及其平衡移动 难溶电解质与它的饱和溶液是一个多相电离平衡体系，在一定温度下，其中有关离子浓度幂次方的乘积等于该物质的溶度积。

如果设法在此平衡体系中，加入某一种物质与平衡体系中的某一离子相结合，从而使某一离子的浓度降低，离子浓度幂次方的乘积小于溶度积，因而沉淀溶解。例如 $CaCO_3$ 溶于酸是由于 H^+ 与 CO_3^{2-} 结合生成弱电解质 H_2CO_3，而 H_2CO_3 又分解为水和二氧化碳。

【仪器和药品】

1. 仪器 酸度计，移液管，滴定管。

2. 药品

（1）固体 NH_4Cl

（2）酸 HAc 1mol/L，0.1mol/L；HCl 6mol/L，0.1mol/L；柠檬酸 0.1mol/L；$H_2C_2O_4$ 0.1mol/L。

（3）碱 $NH_3 \cdot H_2O$ 2mol/L，1mol/L，0.1mol/L，6mol/L；NaOH 0.1mol/L。

（4）盐 $MgCl_2$ 0.1mol/L；Na_3PO_4 0.01mol/L；NH_4Cl 饱和溶液 0.1mol/L；$CaCl_2$ 0.1mol/L；NaAc 0.5mol/L；$Cu(NO_3)_2$ 0.1mol/L；Na_2HPO_4 0.2mol/L $(NH_4)_2C_2O_4$ 0.1mol/L；$SbCl_3$ 0.1mol/L。

3. 其他 酚酞指示剂，甲基橙指示剂，百里酚蓝指示剂。

【实验内容】

1. 弱酸、弱碱的电离平衡及其平衡移动（同离子效应）

（1）取两支小试管，各加 1ml 蒸馏水，2 滴 2mol/L $NH_3 \cdot H_2O$ 溶液及 1 滴酚酞指示剂。摇荡均匀后溶液呈何色？在一支试管中加 NH_4Cl 固体少许，摇荡后与另一支试管比较，有何变化？何故？

（2）在试管中加入 2ml，1mol/L HAc 溶液，甲基橙指示剂 1 滴，观察溶液的颜色。然后再加少量固体 NaAc，观察指示剂颜色的变化，说明了什么？

(3) 取两支小试管，各加5滴0.1mol/L $MgCl_2$ 溶液，在其中一支试管中再加5滴饱和 NH_4Cl 溶液，然后分别在这两支试管中加5滴2mol/L $NH_3 \cdot H_2O$ 溶液，观察两试管发生的现象有何不同，何故？

2. 缓冲溶液

(1) 在试管中加3ml 0.1mol/L HAc和3ml 0.1mol/L NaAc溶液配成HAc－NaAc缓冲溶液，加百里酚蓝指示剂5滴，混合后，注意观察溶液的颜色。然后把溶液分盛三支试管中。在a试管中加5滴0.1mol/L HCl，b试管中加5滴0.1mol/L NaOH，c试管中加5滴 H_2O，观察溶液颜色的变化。然后再在a试管中加入过量0.1mol/L HCl，b试管中加入过量0.1mol/L NaOH，注意观察溶液颜色的变化，以c管颜色作对照比较，并做出结论。

百里酚蓝指示剂的变色范围：

pH	小于2.8	2.8～9.6	大于9.6
颜色	红	黄	蓝

(2) 缓冲溶液的配制与观察指示剂的变色范围　按下表内溶液的用量，配制pH＝2.2～5.0缓冲溶液（两人合配一份）。

pH	0.1mol/L 柠檬酸溶液，ml	0.2mol/L 磷酸氢二钠溶液，ml
2.2	19.60	0.40
3.0	15.89	4.11
4.0	12.29	7.71
4.4	11.29	8.71
5.0	9.70	10.30

取试管5支，各加入上面配好的缓冲溶液各4ml，按pH由小到大的顺序把试管排好，往每个试管中滴加甲基橙指示剂1滴，把溶液充分摇匀后，观察试管中溶液的颜色并确定甲基橙的变色范围。

（甲基橙变色范围pH 3.0～4.4，红→橙黄）

(3) 缓冲溶液的缓冲性能　用移液管吸取25ml 0.1mol/L 氨水溶液及25ml 0.1mol/L NH_4Cl 溶液，配成缓冲溶液，用酸度计测定pH（与事先计算的pH相比较）。

在上面配好的缓冲溶液中，加入0.5 ml 0.1mol/L HCl（约10滴）后，用酸度计测定其pH，再加1ml 0.1mol/L NaOH（约20滴），再测定其pH（与计算值相比较）。

缓冲溶液	pH计算值	pH测定值
25ml 0.1mol/L $NH_3 \cdot H_2O$ 25ml 0.1mol/L NH_4Cl		
加入0.5ml 0.1mol/L HCl		
加入1ml 0.1mol/L NaOH		

3. 盐类的水解

(1) 取小试管4支，分别注入5滴1mol/L Na_2CO_3、$FeCl_3$、NaCl、NH_4Ac 溶液，用pH试纸测定其酸碱性。指出哪些盐类发生水解反应，写出离子反应式。

（2）将少量 $SbCl_3$ 固体［或取 0.1mol/L Bi（NO_3）$_3$ 溶液 2 滴］加到盛有约 1ml 水的试管中，有何现象发生？用 pH 试纸试其酸碱性，滴加 6mol/L HCl 使溶液刚好澄清，再加水稀释又有何现象？用平衡移动原理解释这一系列现象。

4. 沉淀的生成和溶解 取两支小试管各加入 1ml 0.1mol/L $CaCl_2$ 溶液，在一试管内加 0.1mol/L $(NH_4)_2C_2O_4$ 溶液 5 滴，在另一试管内加 0.1mol/L $H_2C_2O_4$ 溶液 5 滴，比较其结果。在加有 $(NH_4)_2C_2O_4$ 的试管内，再加 6mol/L HCl 溶液 5 滴，有何现象产生？再在此试管内加稍过量的 6mol/L $NH_3 \cdot H_2O$，有何现象？为了断定此沉淀是 Ca（OH）$_2$ 还是 CaC_2O_4 可另取一个试管，加同量的 $CaCl_2$ 及 $NH_3 \cdot H_2O$ 溶液，有何现象？与上面的试管比较，你能否断定上面的沉淀是什么？

实 验 指 导

【预习要求】

1. 什么叫同离子效应？本实验通过哪几个实验验证同离子效应的存在？

2. 在实验室中若想得到较大浓度的 S^{2-} 离子溶液，H_2S 和 Na_2S 水溶液你选择哪一种？如果只有 H_2S 水溶液，如何使 S^{2-} 离子浓度增大？

3. 缓冲溶液具有哪些性能？

4. 本实验将各为 3ml 0.1mol/L 的 HAc 和 NaAc 溶液相混合配制成 HAc－NaAc 缓冲溶液，你能根据 HAc 的电离平衡常数估计出该缓冲溶液的 pH 吗？

5. 怎样抑制或促进水解反应？

6. 根据平衡移动的原理，你能否预测实验（四）中，在什么条件下（酸性还是碱性）有利于 CaC_2O_4 沉淀？

【基本操作】

1. 进一步练习使用 pH 计。

2. 熟练使用滴定管和移液管。

3. 学会使用点滴板。

【注意事项】

1. 在使用点滴板之前，须将其清洗干净，并且不要用手直接拿取 pH 试纸，以防污染。

2. “缓冲溶液的缓冲性能”一项中，也可每人各配 1 份缓冲溶液，分别加 0.5ml 0.1mol/L 的 HCl 和 NaOH 后，再分别测定其 pH。

3. Bi^{3+} 离子的水解实验，必须用固体或浓度较高的 Bi（NO_3）$_3$ 溶液做试剂才可使实验现象明显。

【报告格式】

1. 目的

2. 原理

3. 列表说明实验内容、现象、原理和结论

【实验后思考】

1. 欲配制 pH 为 3 的缓冲溶液，已知有下列物质，问选择哪种弱电解质及其盐？

(1) HCOOH　$K_a = 1.77 \times 10^{-4}$

(2) HAc　$K_a = 1.76 \times 10^{-5}$

(3) $NH_3 \cdot H_2O$　$K_b = 1.79 \times 10^{-5}$

2. 试讨论相同浓度的两种盐溶液，哪一种 pH 较大？

(1) NaAc，NaCN

(2) $NaHCO_3$，Na_2CO_3

3. 利用平衡移动原理，试判断下列哪种难溶盐可以加入某种强酸（如 HNO_3）来溶解。

$MgCO_3$、Ag_3PO_4、$BaSO_4$、$BaSO_3$、AgCl、MgC_2O_4

Experiment 5　Electrolyte Solution

Objectives

1. Learn the ionization equilibrium of weak acids, weak bases and principle of the shift of the equilibrium.

2. Practice how to prepare buffer solution and test its properties.

3. Learn the hydrolysis equilibrium of salts and the principle of the shift of the equilibrium.

4. Learn the multiphase ionization equilibrium of some slightly soluble electrolytes and the principle of the shift of the equilibrium.

Principles

1. The ionization equilibrium of weak electrolytes and its shifting　A weak electrolyte dissociates to a lesser extent when one of its ions is present in solution. For example, if sodium acetate, a strong electrolyte, is added to the acetic acid solution, the equilibrium will shift in the direction of forming acetic acid. It is called the common ion effect which makes the degree of ionization decreasing and the acidity of acetic acid decreasing.

2. Buffer solution　Common ion effect has application in preparation of buffer solution. If add NaAc to HAc solution or add NH_4Cl to $NH_3 \cdot H_2O$, the concentration of $[H^+]$ and $[OH^-]$ change a little even if some other acids or bases are added. This kind of solution consisting of a weak acid or a weak base and its salt is named buffer solution.

3. Hydrolysis reaction of salts　The ions of salts react with water to form weak electrolytes and H^+ ion and OH^- ion. Such reaction is called hydrolysis reaction. Adding a product of hydrolysis can restrain the reaction, but diluting the salt solution or improving the temperature can strengthen the reaction.

4. The multiphase equilibrium of slightly soluble electrolyte and the shift of the equilibrium　The slightly soluble electrolyte and its saturated solution make a multiphase equilibrium system. At certain temperature, the product of the powers of concentration of some relative ions is equal to the solubility product of this substance.

If try to add a certain substance which can combine with an ion in this equilibrium system, then the concentration of the ion will decrease. So the product of the powers of concentration is less than the solubility product, with the result of the precipitate dissolving. For example, $CaCO_3$ is soluble in acid because H^+ ion combines with CO_3^{2-} ion to form a weak electrolyte H_2CO_3, which can decompose to water and CO_2.

Equipment and Chemicals

1. Equipment acidometer, transfer pipette, burette

2. Chemicals

(1) Solid NH_4Cl

(2) Acid HAc 1mol/L, 0.1mol/L; HCl 6mol/L, 0.1mol/L
citric acid 0.1mol/L; $H_2C_2O_4$ 0.1mol/L

(3) Base $NH_3 \cdot H_2O$ 2mol/L; 0.1mol/L, 6mol/L; NaOH 0.1mol/L;

(4) Salt $MgCl_2$ 0.1mol/L, Na_3PO_4 0.1mol/L;
NH_4Cl saturated solution 0.1mol/L;
$CaCl_2$ 0.1mol/L; NaAc 0.5mol/L;
$Cu(NO_3)_2$ 0.1mol/L; Na_2HPO_4 0.2mol/L;
$(NH_4)_2C_2O_4$ 0.1mol/L; $SbCl_3$ 0.1mol/L;

3. Other Phenolphthalein indicator,
methyl orange indicator, thymol blue indicator.

Procedures

1. The ionization equilibrium of weak bases and the shift of the equilibrium (common ion effect)

(1) Take two test tubes, then add 1ml distilled water, 2 drops of 2mol/L $NH_3 \cdot H_2O$ and 1 drop of phenolphthalein indicator to each tube. Shake them and observe the color of the solutions. Then add a little amount of solid NH_4Cl to one tube. Please compare it with the other tube without NH_4Cl. Explain the reason of change.

(2) Add 2ml 2mol/L HAc solution to a test tube. Observe the color of the solution when 1 drop of methyl orange indicator is added. Then add a little amount of solid NaAc to it. What color appears? Please draw a conclusion from that change.

(3) Take two tubes containing 5 drops of $MgCl_2$ solution each. Add 5 drops of saturated NH_4Cl solution to one tube. Then add 5 drops of 2mol/L $NH_3 \cdot H_2O$ to each tube. Observe the different phenomena in these two tubes.

2. Buffer solution

(1) Add 3ml 0.1mol/L HAc and 3ml 0.1mol/L NaAc to a test tube to prepare a buffer solution HAc – NaAc. Mix 5 drops of thymol blue indicator with it. Observe the color of the solution. Then divide the solution into three tubes (a, b and c). Add 5 drops of 0.1mol/L HCl to tube a, add 5 drops of 0.1mol/L NaAc to tube b, add 5 drops of H_2O to tube c. Observe the color change. Then add excessive amount of 0.1mol/L HCl to tube a, add excessive amount of 0.1mol/L NaOH to tube b. Pay attention to the color change. Then compare with the color in tube c. Please

draw a conclusion from above.

The range of the color change of thymol blue indicator is as follows:

pH	color
less than 2.8	red
8 ~ 9.6	yellow
more than 9.6	blue

(2) Prepare the buffer solution and observe the range of the color change of the indicator. Prepare the buffer solutions (pH = 2.2 ~ 5.0) according to the data shown in the table below:

pH	0.1mol/L citric acid solution, ml	0.2mol/L Na_2HPO_4 solution, ml
2.2	19.60	0.40
3.0	15.89	4.11
4.0	12.29	7.71
4.4	11.29	8.71
5.0	9.70	10.30

Add 4ml of the prepared buffer solutions mentioned above to five test tubes respectively. Line up these tubes according to the sequence with the value of pH increasing. Then add one drop of methyl orange indicator to each tube. Observe the color change after shaking and tell the range of the color change of methyl orange (The range of color change of methyl orange is pH: 3.0 ~ 4.4, red→orange).

(3) The property of the buffer solution

Take 25ml 0.1mol/L $NH_3 \cdot H_2O$ and 25ml 0.1mol/L NH_4Cl with transfer pipette to prepare a buffer solution. Determine the value of pH with acidometer (compare the determined value with the calculated value).

Add 0.5ml 0.1mol/L HCl (about 10 drops) to the buffer solution above, and determine the value of pH with acidometer. Then add 1ml 0.1mol/L NaOH (about 20 drops) and determine the value of pH.

Buffer solution	Determined pH	Calculated pH
25ml 0.1mol/L $NH_3 \cdot H_2O$		
25ml 0.1mol/L NH_4Cl		
Add 0.5ml 0.1mol/L HCl		
Then add 1ml 0.1mol/L NaOH		

3. Hydrolysis of salts

(1) Add 5 drops of 1mol/L Na_2CO_3, $FeCl_3$, NaCl, NH_4Ac to each of four test tubes respectively. Determine the value of pH of the solution with pH test paper. Tell which salts are hydrolytic and write out the reaction equation.

(2) Add a little amount of solid $SbCl_3$ (or 2 drops of 0.1mol/L $Bi(NO_3)_3$ solution) to a test tube containing 1ml water. What happens? Determine its value of pH with pH test paper. Then add 6mol/L HCl until the solution just turns transparent. Dilute the solution with water. What happens then? Explain the series of phenomena with the principle of shift of the equilibrium.

4. Forming and dissolving the precipitates Add 1ml 0.1mol/L $CaCl_2$ to two test tubes respectively. Then add 5 drops of 0.1 mol/L $(NH_4)_2C_2O_4$ to one tube, and 5 drops of 0.1mol/L $H_2C_2O_4$ solution to another tube. Compare the changes in two tubes. After that, if 5 drops of HCl solution (6mol/L) is added to the first tube, what happens? Then a little excessive amount of 6mol/L $NH_3 \cdot H_2O$ is added, what happens again? In order to judge the precipitate is $Ca(OH)_2$ or CaC_2O_4, take another tube and add equal amount of $CaCl_2$ and $NH_3 \cdot H_2O$. According to the phenomena in different test tubes, can you tell what the precipitate is?

Instructions

1. Requirements

(1) What is common ion effect? Which experiment can test the common ion effect?

(2) To prepare a concentrated S^{2-} solution, which aqueous solution will you choose, H_2S or Na_2S? If only H_2S aqueous solution is offered, how to increase the concentration of S^{2-}?

(3) What is buffer solution? What properties does the buffer solution have?

(4) In this experiment, buffer solution HAc – NaAc is made up of 3ml 0.1mol/L HAc and NaAc. Can you evaluate the value of pH of the buffer solution according to the ionization equilibrium constant of HAc?

(5) What is the hydrolysis reaction of salt? How to restrain or strengthen this kind of reaction?

(6) According to the principle of the shift of the equilibrium, can you forecast the best condition for the forming of the precipitate CaC_2O_4 in the experiment above?

2. Operation

(1) Practice to use the acidometer

(2) Practice the operation of burette and transfer pipette

(3) Learn how to use the dropping board.

3. Notes

(1) To prevent from pollution, the dropping board should be cleaned with water before used and pH test paper can't be taken with hands directly.

(2) Every student can prepare a buffer solution in the experiment of "The properties of the buffer solution". Then add 0.5ml 0.1mol/L HCl and NaOH respectively. Finally, determine the value of pH of each sample.

(3) In the experiment of hydrolysis reaction of Bi^{3+} ion, solid $Bi(NO_3)_3$ or concentrated $Bi(NO_3)_3$ solution should be used in order to observe the phenomena obviously.

4. Report Format

(1) Objectives

(2) Principles

(3) Procedures

5. Questions

(1) To prepare a buffer solution (pH = 3), which is the best choice in the following weak electrolytes and their salts?

(a) HCOOH $K_a = 1.77 \times 10^{-4}$

(b) HAc $K_a = 1.76 \times 10^{-5}$

(c) $NH_3 \cdot H_2O \quad K_b = 1.79 \times 10^{-5}$

(2) The solutions in the same couple are in the same concentration, which has a higher value of pH?

(a) NaAc, NaCN

(b) $NaHCO_3$, Na_2CO_3

(3) Try to judge which slightly soluble salt can be soluble in a certain strong acid (such as HNO_3) according to the principle of shift of the equilibrium.

$MgCO_3$, Ag_3PO_4, $BaSO_4$, $BaSO_3$, AgCl, MgC_2O_4

实验六　沉淀平衡

扫码"学一学"

【目的要求】

1. 了解沉淀平衡及沉淀平衡的移动。
2. 根据溶度积规则判断：

(1) 沉淀的生成和溶解；

(2) 沉淀的转化和分步沉淀。

3. 测定溶度积。

【实验原理】

1. 在难溶盐的饱和溶液中，未溶解的固体与溶解后形成的离子间存在着平衡，若以 AB 代表难溶盐，A^+、B^-代表溶解后的离子，它们之间存在下列平衡：

$$AB(s) \rightleftharpoons A^+(aq) + B^-(aq)$$

利用沉淀的生成可以将有关离子从溶液中除去，但不可能完全除去。

在沉淀平衡中，若增加 A^+或 B^-的浓度，平衡向生成沉淀的方向移动，有沉淀析出，这种现象叫同离子效应。

据溶度积能判断沉淀的生成与溶解，当 $[A^+][B^-] > K_{sp}$，则有沉淀析出；$[A^+][B^-] = K_{sp}$，溶液达到饱和，但仍无沉淀析出；$[A^+][B^-] < K_{sp}$，溶液未饱和，没有沉淀析出。

实验中有关难溶电解质的 K_{sp} 如下：

难溶电解质	$Pb(SCN)_2$	$PbCl_2$	PbI_2	$PbCrO_4$	CuS	PbS	Ag_2CrO_4
K_{sp}	2×10^{-5}	1.6×10^{-6}	7.1×10^{-9}	1.8×10^{-14}	1.3×10^{-36}	8.8×10^{-29}	1.1×10^{-12}

2. 硫代乙酰胺的分子结构式为 $CH_3C(=S)—NH_2$，水解后产生 H_2S，与 $PbCl_2$ 沉淀的反应如下：

$$CH_3CSNH_2 + 2H_2O \longrightarrow CH_3COONH_4 + H_2S$$

$$PbCl_2(s) \rightleftharpoons 2Cl^- + Pb^{2+}$$

$$H_2S \rightleftharpoons 2H^+ + S^{2-}$$

$$Pb^{2+} + S^{2-} \longrightarrow PbS(s)\text{（黑色）}$$

3. 如果在溶液中有两种或两种以上的离子都可以与同一种沉淀剂反应生成难溶盐，沉淀的先后次序是根据所需沉淀剂离子浓度的大小而定。所需沉淀剂离子浓度小的先沉淀出来，所需沉淀剂离子浓度大的后沉淀出来，这种先后沉淀的现象，称为分步沉淀。

使一种难溶电解质转为另一种难溶电解质的过程称为沉淀的转化，一般说来，溶解度大的难溶电解质容易转化为溶解度小的难溶电解质。

【仪器和药品】

1. 仪器 离心机、烧杯。

2. 药品

（1）酸 HNO_3 6mol/L。

（2）碱 NaOH 0.2mol/L；$NH_3 \cdot H_2O$ 2mol/L。

（3）盐 $Pb(NO_3)_2$ 0.1mol/L，0.001mol/L；KI 0.1mol/L，0.001mol/L；NH_4Cl 1mol/L；
NH_4CNS 0.5mol/L；$FeCl_3$ 0.1mol/L；K_2CrO_4 0.1mol/L；
Na_2S 0.1mol/L；Na_2CO_3 0.1mol/L；NaCl 0.1mol/L；
$MgCl_2$ 0.2mol/L；$(NH_4)_2C_2O_4$饱和溶液；$AgNO_3$ 0.1mol/L；
$CuSO_4$ 0.1mol/L；$CaCl_2$ 0.1mol/L；$BaCl_2$ 0.3mol/L；
硫代乙酰胺溶液。

3. 其他 pH 试纸 pH 5.5～9.0。

【实验内容】

1. 沉淀平衡与同离子效应

（1）沉淀平衡 取 0.1mol/L $Pb(NO_3)_2$ 溶液 10 滴，加 0.5mol/L 硫氰酸铵溶液至沉淀完全，振荡试管（由于 $Pb(SCN)_2$ 容易形成过饱和溶液，可用玻棒摩擦试管内壁，或剧烈摇动试管）。离心分离，在离心液中加 0.1mol/L K_2CrO_4 溶液，振荡试管，有什么现象？试说明在沉淀移去后离心液中是否有 Pb^{2+} 存在？

（2）同离子效应 在试管中加 1ml 饱和 PbI_2 溶液，然后加 5 滴 0.1mol/L KI 溶液，振荡片刻，观察有何现象产生？为什么？

2. 溶度积规则应用

（1）沉淀的生成

①在试管中加 1 ml 0.1mol/L $Pb(NO_3)_2$ 溶液，然后加 1ml 0.1mol/L KI 溶液，观察有无沉淀生成。试以溶度积规则解释之。

②在试管中加 1ml 0.001mol/L $Pb(NO_3)_2$ 溶液，然后加 1ml 0.001mol/L KI 溶液，观察有无沉淀生成。试以溶度积规则解释之。

③在离心管中加 2 滴 0.1mol/L Na_2S 溶液和 5 滴 0.1mol/L K_2CrO_4 溶液。加 5ml 蒸馏水稀释，再加 5 滴 0.1mol/L $Pb(NO_3)_2$ 溶液，观察首先生成的沉淀是黑色还是黄色？离心分离，再向离心液中滴加 0.1mol/L $Pb(NO_3)_2$ 溶液，会出现什么颜色的沉淀？根据有关溶度积数据加以说明。

（2）沉淀的溶解

①取 0.3mol/L $BaCl_2$ 溶液 5 滴，加饱和草酸铵溶液 3 滴，此时有白色沉淀生成，离心分离，弃去溶液，在沉淀上滴加 6mol/L HCl 溶液，有何现象？写出反应式。

②取 0.1mol/L $AgNO_3$ 溶液 10 滴，加 0.1mol/L NaCl 溶液 10 滴，离心分离，弃去溶液，在沉淀上滴加 2mol/L 氨水溶液，有何现象？写出反应式。

③取 0.1mol/L $FeCl_3$ 溶液 5 滴，加 0.2mol/L NaOH 溶液 5 滴，生成 $Fe(OH)_3$ 沉淀；另取 0.1mol/L $CaCl_2$ 溶液 5 滴，加 0.1mol/L Na_2CO_3 溶液 5 滴，得 $CaCO_3$ 沉淀。分别在沉淀上滴加 6mol/L HCl，观察它们的现象。写出反应式。

④在试管中加 10 滴 0.2mol/L $MgCl_2$ 溶液，再滴加 2mol/L 的氨水，观察有何现象？然后再滴加 1mol/L NH_4Cl 溶液，又有何现象发生？写出反应式。

⑤在置有 5 滴 0.1mol/L $CuSO_4$ 的试管中加 0.1mol/L 的 Na_2S 溶液 5 滴，观察有何现象？然后向该试管中滴加 10 滴 6mol/L HNO_3 溶液，并微热之，观察有何现象？写出反应式。

（3）沉淀的转化

①取 0.1mol/L $Pb(NO_3)_2$ 溶液 5 滴，加 3 滴 0.1mol/L NaCl 溶液，有白色沉淀生成，再加 5 滴硫代乙酰胺溶液，水浴加热，有何现象，为什么？

②在置有 10 滴 0.1mol/L $AgNO_3$ 溶液的试管中，加 10 滴 0.1mol/L K_2CrO_4 溶液，然后滴加 0.1mol/L NaCl 溶液 10 滴，观察有何现象产生。写出反应式。

3. 氢氧化镁溶度积的估算　取 50ml 烧杯 1 只，加 0.2mol/L $MgCl_2$ 溶液 25ml，烧杯底部衬一黑纸。在 $MgCl_2$ 溶液中逐滴滴入 0.2mol/L 氢氧化钠溶液，并不断搅拌，直到开始有沉淀产生（在强光下观察），氢氧化钠溶液不能过量，为什么？放置，用 pH 试纸测定溶液的 pH，计算 $[OH^-]$ 和 K_{sp}。

实　验　指　导

【预习要求】

1. 难溶电解质与弱电解质在性质上有哪些相同与不同之点？要区别电离度和溶解度的概念。

2. 沉淀平衡与弱电解质的电离平衡有哪些相同的地方？

3. 沉淀平衡中的同离子效应与电离平衡中的同离子效应是否相同？

4. 沉淀生成的条件是什么？

5. 什么叫分步沉淀？怎样根据溶度积的计算来判断本实验中沉淀先后次序？

6. 沉淀的溶解有哪几种方法？

7. 书写沉淀反应式时应注意什么？

8. 下列物质中，哪些难溶于水？

$Pb(Ac)_2$，$Pb(SCN)_2$，$Pb(NO_3)_2$，$PbCrO_4$，PbI_2，$BaCl_2$，BaC_2O_4，AgCl，$[Ag(NH_3)_2]Cl$，Ag_2CrO_4，$FeCl_3$，$Fe(OH)_3$，$CaCO_3$，Na_2CO_3，$Mg(OH)_2$，$CuSO_4$，CuS。

9. 能否通过比较 $PbCl_2$，PbI_2，$PbSO_4$，$PbCrO_4$，PbS 的 K_{sp} 大小来说明有关沉淀转化的原因，为什么？

【基本操作】

1. 学习离心分离操作。

2. 巩固水浴加热。

【注意事项】

1. 离心机的使用及注意事项

（1）记住自己放入的位置。

（2）离心管应对称放置，以防止由于重量不均衡引起振动而造成轴的磨损。只有一份溶液需离心时，应再取一只空白离心管，加入与试样体积相同的蒸馏水，与试样离心管一起对称放入离心机进行离心。

（3）停止离心操作时，不可用手去按住离心机的轴，应让其自然停止转动。

2. 溶液和沉淀分离的操作。取一毛细吸管，先捏紧其橡皮头，然后插入试管中，插入的深度以尖端接近沉淀而不接触沉淀为限。然后慢慢放松橡皮头，吸出溶液移去，这样反复数次尽可能把溶液移去，留下沉淀。

3. 水浴加热是在一定温度范围内进行较长时间加热的一种方法。此外，还有油浴、沙浴、蒸汽浴等。水浴加热可用铜制水锅，也可用烧杯代替。在烧杯中放入一定量的水，在电炉（或其他热源）上加热后即为水浴。将需进行水浴加热的样品试管放入其中即可。

4. 离心管是用来进行离心分离的试管；标有刻度且管底玻璃较薄，整个试管的厚度不匀。所以离心管不能用直火加热，只能在水浴中加热。

【报告格式】

1. 目的

2. 内容

例：

$$Pb^{2+} + SCN^{-} \longrightarrow Pb(SCN)_2\downarrow \xrightarrow[\text{分离}]{\text{离心}} \begin{cases} \text{溶液} + CrO_4^{2-} \longrightarrow PbCrO_4\downarrow \text{ 黄} \\ \text{沉淀 } Pb(SCN)_4\downarrow \end{cases}$$

结论：说明离心液中仍含有 Pb^{2+} 离子。

【实验后思考】

1. 能否应用吕・查德里原理来确定改变沉淀反应的条件所导致的结果？能否运用这一原理作定量的推测？

2. 反应条件，如温度和浓度怎样影响沉淀反应的自发性和完成程度？

3. 用同时含有 Fe^{2+}，Cu^{2+} 的 $PbCl_2$ 溶液如何制取 $Pb(Ac)_2$？

Experiment 6　Precipitation Equilibrium

Objectives

1. Understand the precipitation equilibrium and the shift of the equilibrium.

2. On the rule of the solubility product, please judge:

　(1) The formation and dissolution of the precipitates.

　(2) Transform of the precipitates and fractional precipitation.

3. Determine the value of the solubility product.

Principles

1. In the saturated solution of some slightly soluble salts, there is an equilibrium between the solid phase that doesn't dissolve and its ions that are formed after part of the solid dissolving. Here, AB denotes slightly soluble salt, A^+ and B^- denote ions that are formed after part of AB dissolving. There exists an equilibrium as following:

$$AB(s) \rightleftharpoons A^+ + B^- \text{(aqueous)}$$

So with the formation of the precipitates, most of the relative ions can be separated from the solution, but it is impossible to remove all the ions.

In the above equilibrium, if the concentration of $[A^+]$ or $[B^-]$ is increased, the equilibrium shifts to the formation of precipitate AB. This is called "common ion effect".

Solubility product can be regarded as the standard rule to judge about the formation or the dissolution of precipitates. When $[A^+][B^-] > K_{sp}$, the precipitate is forming; when $[A^+][B^-] = K_{sp}$, the solution just turns saturated, so the precipitate is not forming yet; when $[A^+][B^-] < K_{sp}$, the solution is unsaturated, so no precipitate appears.

K_{sp} of some relative slightly soluble electrolytes are listed is the table below:

slightly soluble electrolyte	$Pb(SCN)_2$	$PbCl_2$	PbI_2	$PbCrO_4$	CuS	PbS	Ag_2CrO_4
K_{sp}	2×10^{-5}	1.6×10^{-6}	7.1×10^{-9}	1.8×10^{-14}	1.3×10^{-36}	8.8×10^{-29}	1.1×10^{-12}

2. The molecule structure formula of thioacetamide is $CH_3C(=S)—NH_2$.

It hydrolyzes to form H_2S, so can react with precipitate $PbCl_2$:

$$CH_3CSNH_2 + 2H_2O \longrightarrow CH_3COONH_4 + H_2S$$

$$PbCl_2\downarrow \rightleftharpoons 2Cl^- + Pb^{2+}$$

$$H_2S \rightleftharpoons 2H^+ + S^{2-}$$

$$Pb^{2+} + S^{2-} \longrightarrow PbS\downarrow \text{(black)}$$

3. If there are two kinds or more than two kinds of ions which can react with a precipitating reagent to form slightly soluble salts, the sequence of the formation of precipitates is dependent on the needed concentration of the precipitating reagent ions. The lowest concentration of the ion needed means the corresponding precipitate will form first, then another precipitate will form with the greater concentration of the ion needed. We call it fractional precipitation.

The process of transforming a slightly soluble electrolyte to another is called precipitate transform. As a common fact, the slightly soluble electrolyte with higher value in solubility can easily be transformed to those with lower value in solubility.

Equipment and Chemicals

1. Equipment Centrifugal machine, beaker.

2. Chemicals

(1) Acid HNO_3 6mol/L

(2) Base NaOH 0.2mol/L; $NH_3 \cdot H_2O$ 2mol/L;

(3) Salts $Pb(NO_3)_2$ 0.1mol/L, 0.001mol/L; KI 0.1mol/L, 0.001mol/L;

NH_4Cl 1mol/L; NH_4CNS 0.5mol/L; $FeCl_3$ 0.1mol/L

K_2CrO_4 0.1mol/L; Na_2S 0.1mol/L; Na_2CO_3 0.1mol/L; NaCl 0.1mol/L;

$MgCl_2$ 0.2mol/L; $(NH_4)_2C_2O_4$ saturated solution;

$AgNO_3$ 0.1mol/L; $CuSO_4$ 0.1mol/L; $CaCl_2$ 0.1mol/L

$BaCl_2$ 0.3mol/L; thioacetamide solution

3. Others pH test paper, pH 5.5 ~ 9.0

Procedures

1. Precipitation equilibrium and common ion effect

(1) Precipitation equilibrium Add 0.5mol/L NH_4CNS solution to 10 drops of 0.1mol/L $Pb(NO_3)_2$ solution until precipitate is forming completely. Shaking the tube (Because $Pb(SCN)_2$ easily occurs over-saturated). We can rub the inner wall of the test tube with a glass rod, also we can shake the tube tempestuously. Separate the precipitate with centrifugal machine. Then add 0.1mol/L K_2CrO_4 to the above centrifugal solution. What happens? Try to illustrate if there exists Pb^{2+} in the centrifugal solution after separating the precipitate.

(2) Common ion effect Add 1ml saturated PbI_2 solution to a test tube, then add 5 drops of 0.1mol/L KI solution. Shake the tube for a moment. What happens?

Explain the reason.

2. The application of the solubility product

(1) Formation of the precipitates

(a) Add 1ml 0.1mol/L $Pb(NO_3)_2$ solution to a test tube, then add 1ml 0.1mol/L KI solution. Observe if there are precipitates forming? Explain the reason.

(b) Add 1ml 0.001mol/L $Pb(NO_3)_2$ solution to a test tube, then add 1ml 0.001mol/L KI solution. Observe if there are precipitates forming? Explain the reason.

(c) Add 2 drops of 0.1mol/L Na_2S solution and 5 drops of 0.1mol/L K_2CrO_4 to a centrifugal tube. Dilute with 5ml distilled water. Then add 5 drops of 0.1mol/L $Pb(NO_3)_2$ solution, Observe the color of the precipitate first appears (black or yellow?) Separate with centrifugal machine. Then drop 0.1mol/L $Pb(NO_3)_2$ solution to the centrifugal solution above which was separated from the precipitate. What happens? (Observe the color of the precipitate). Illustrate the phenomena on the value of the solubility product.

(2) Dissolution of the precipitates

(a) Mix 3 drops of saturated oxalate amine solution with 5 drops of 0.3mol/L $BaCl_2$ solution. White precipitate is forming. Separate with centrifugal machine and then discard the solution. Add 6mol/L HCl solution to the precipitate. What happens? Write out the reaction equation.

(b) Mix 10 drops of 0.1mol/L NaCl solution with 10 drops of 0.1mol/L $AgNO_3$ solution. Separate the precipitate with centrifugal machine. Discard the solution. Then add 2mol/L $NH_3 \cdot H_2O$ to the precipitate. What happens? Write out the reaction equation.

(c) Mix 5 drops of 0.2mol/L NaOH solution with 5 drops of 0.1mol/L $FeCl_3$ solution to form precipitate $Fe(OH)_3$; In another tube, mix 5 drops of 0.1mol/L Na_2CO_3 with 5 drops of 0.1mol/L $CaCl_2$ solution to form precipitate $CaCO_3$. Add 6mol/L HCl drop by drop to the each precipitate mentioned above. What happens? Write out the reaction equation.

(d) Add 2mol/L $NH_3 \cdot H_2O$ drop by drop to a test tube containing 10 drops of 0.2mol/L $MgCl_2$ solution. Then with the addition of 1mol/L NH_4Cl solution, what happens? Write out the reaction equation.

(e) Add 5 drops of 0.1mol/L Na_2S solution to a test tube containing 5 drops of 0.1mol/L $CuSO_4$ solution. What happens? Then add 10 drops of 6mol/L HNO_3 solution and heat the solution slightly. What happens then? Write out the reaction equation.

(3) Precipitate transform

(a) Add 3 drops of 0.1mol/L NaCl solution to 5 drops of 0.1mol/L $Pb(NO_3)_2$ solution. White precipitate is forming. Then add 5 drops of thioacetamide solution and heat it over water bath. What happens? Explain the reason.

(b) Add 10 drops of 0.1mol/L K_2CrO_4 solution to 10 drops of 0.1mol/L $AgNO_3$ solution. Then with the addition of 0.1mol/L NaCl solution, what happens? Write out the reaction equation.

3. Predict the value of the solubility product of $Mg(OH)_2$ Add 25ml of 0.2mol/L $MgCl_2$ to a 50ml beaker which is underlaid a piece of black paper at the bottom. Then add 0.2mol/L NaOH solution to $MgCl_2$ solution drop by drop. Stir constantly until precipitate is forming. (Please observe on the blazing sunshine directly). Notice that NaOH solution should not be excessive. (Why?) Determine the value of pH of the solution with pH test paper. Calculate $[OH^-]$ and K_{sp}.

Instructions

1. Requirements

(1) Tell the different and the common properties between the slightly soluble electrolyte and the weak electrolyte. Notice to distinguish the concepts of degree of ionization from "solubility".

(2) Tell the common points between the precipitation equilibrium and the ionization equilibrium.

(3) Is the common ion effect in the precipitation equilibrium as same as that in the ionization equilibrium?

(4) What is the condition of the formation of the precipitate?

(5) What is fractional precipitation? How to judge about the sequence of the formation of the precipitates in a certain experiment based on the value of the solubility product?

(6) Please tell several methods of dissolving the precipitates.

(7) What should be noticed when writing the precipitation reaction equation?

(8) Among the following substances, which ones will be precipitated from the water?

$Pb(Ac)_2$ $Pb(SCN)_2$ $Pb(NO_3)_2$ $PbCrO_4$ PbI_2 BaI_2 BaC_2O_4 AgCl $[Ag(NH_3)_2]Cl$ Ag_2CrO_4 $FeCl_3$ $Fe(OH)_3$ $CaCO_3$ Na_2CO_3 $Mg(OH)_2$ $CuSO_4$ CuS

(9) Can we explain the precipitate transform by comparing the K_{sp} of $PbCl_2$, PbI_2, $PbSO_4$, Pb-

CrO_4, PbS?

2. Operation

(1) Learn to use centrifugal machine.

(2) Practice to heat over the water bath.

3. Notes

(1) How to use the centrifugal machine.

(a) Remember the centrifugal tube place.

(b) Centrifugal tube should be placed symmetrically to prevent the friction caused by weight unbalance. When a solution is to be centrifugated, another empty tube should be added the same volume of distilled water and be placed symmetrically to balance the centrifugal machine.

(c) When finishing the separation, please don't stop the axis of the centrifugal machine by your hand but make it stop naturally.

(2) How to separate the precipitate from the solution

Pinch the rubber part of a capillary tube, then insert it into a test tube. Be sure that the tip of the capillary tube is near the surface of the precipitate but not touch it. Then loosen the rubber part, transfer the absorbed solution from the precipitate. Repeat several times to transfer the solution as possible as you can.

(3) Heating over water bath is a kind of method when the sample should be heated for a long time at a certain range of temperature. There are also air bath sand bath and vapor bath. Water bath can be in a copper boiler or in a beaker (Heat some water in a beaker, then put the sample that need to be heated into the beaker).

(4) Centrifugal tube is marked with graduation. Its bottom part is too thin. Because the thickness of the whole tube is not well - proportioned, it can't be heated directly on fire, but only in the water bath.

4. Report Format

(1) Objectives

(2) Procedures

e. g. $Pb^{2+} + SCN^- \longrightarrow Pb(SCN)_2\downarrow \xrightarrow{\text{separate}}$

- solution $+ CrO_4^{2-} \longrightarrow PbCrO_4\downarrow$ (yellow)
- precipitate $Pb(SCN)_4\downarrow$

Conclusion: There exists Pb^{2+} ion in the solution after separation.

5. Questions

(1) Can we confirm the results if changing the precipitation reaction condition with Le Chatelier's principle? Can this principle be used to make some quantitative speculations?

(2) How do the reaction conditions (such as temperature and concentration) affect the spontaneity and degree of completion of the precipitation reaction?

(3) How to get $Pb(Ac)_2$ from $PbCl_2$ solution which consists of Fe^{2+}, Cu^{2+}?

实验七　溶度积常数的测定

扫码“学一学”

【目的要求】

了解醋酸银溶度积常数的测定原理和方法。

【实验原理】

难溶电解质的溶液中，在有沉淀时，存在着沉淀与溶解平衡。平衡常数称为溶度积常数。

例如：有一难溶电解质固相与其饱和水溶液之间存在下列平衡：

$$A_mB_n\ (s) \rightleftharpoons mA^{n+} + nB^{m-}$$

此反应的平衡常数应为：

$$\frac{[A^{n+}]^m\ [B^{m-}]^n}{[A_mB_n\ (s)]} = K$$

由于 $[A_mB_n\ (s)]$ 在温度恒定时为一常数，所以

$$[A^{n+}]^m\ [B^{m-}]^n = K_{sp}$$

【仪器和药品】

1. 仪器　锥形瓶，滴定管，吸量管，烧杯。

2. 药品

（1）酸　HNO_3 6mol/L

（2）盐　$AgNO_3$ 0.2000mol/L；NaAc 0.2000mol/L；$Fe(NO_3)_3$ 溶液；KSCN 标准溶液 0.1000mol/L。

【实验内容】

1. 取 2 个干燥洁净的锥形瓶分别标号为 1 和 2，从滴定管中分别放出 20.00ml 和 30.00ml $AgNO_3$（0.2000mol/L）溶液于此二锥形瓶中，然后再用另一滴定管分别放出 40.00ml 和 30.00ml NaAc（0.2000mol/L）溶液于上述二个锥形瓶中，则每瓶中均有溶液 60ml，轻轻摇动锥形瓶约 30 分钟，使沉淀完全达到沉淀与溶解平衡。

将上述二瓶中的混合物分别以干燥滤纸过滤于 2 个干燥的小烧杯中（滤液应完全澄明，否则须重新过滤）。以移液管吸取 25.00ml 第一号瓶中的滤液放入一洁净的锥形瓶中，加入 1ml HNO_3（6mol/L）及 1ml $Fe(NO_3)_3$ 溶液（指示剂），如溶液显红色（由于 Fe^{3+} 之水解）再加 HNO_3，直至无色，以 KSCN 标准溶液滴定该溶液至开始变成恒定的浅红色，记录所用 KSCN 溶液的用量。再以同法测定第二号瓶中的滤液。实验中的反应如下：

$$AgNO_3 + NaAc \rightleftharpoons AgAc\ (s) + NaNO_3$$

$$Ag^+ + SCN^- \rightleftharpoons AgSCN\ (s)$$

$$Fe^{3+} + SCN^- \rightleftharpoons [Fe\ (SCN)]^{2+}$$

2. 数据记录及结果处理

（1）数据记录

	1	2
$AgNO_3$（0.2000mol/L）溶液的体积，ml	20.00	30.00
NaAc（0.2000mol/L）溶液的体积，ml	40.00	30.00
混合物之总体积，ml	60.00	60.00
滴定时所用混合物滤液，ml	25.00	25.00
滴定消耗 KSCN 溶液的体积，ml	① ②	① ②
KSCN 溶液的浓度，mol/L		

（2）计算结果

	1	2
混合液中 Ag^+ 的总浓度（包括沉淀中的）		
混合液中 Ac^- 的总浓度（包括沉淀中的）		
溶液中与固体 AgAc 达到平衡后 $[Ag^+]$①	① ②	① ②
沉淀消耗的 $[Ag^+]$		
溶液中与固体 AgAc 达到平衡后 $[Ac^-]$		
溶度积常数 $K_{sp,AgAc}=[Ag^+][Ac^-]$		

① $[Ag^+]$ 求出两次滴定数值后，用平均值进行下面的计算。

实　验　指　导

【预习要求】

1. 何谓 K_{sp}？如若在难溶电解质的溶液中加入其他易溶的强电解质时，K_{sp}是否仍为常数？
2. 本实验测定 AgAc 溶度积常数的原理是什么？
3. 为什么要精确量取 $AgNO_3$ 和 NaAc 溶液的体积？
4. 为什么要用干滤纸过滤混合液？
5. 本实验中使用的仪器哪些需干燥，为什么？
6. 滴定时以 $Fe(NO_3)_3$ 作指示剂，为何还须加入 HNO_3？
7. 怎样根据实验结果计算 AgAc 的 K_{sp}？（四位有效数字）
8. 表格中哪些项目可在实验前进行计算？

【基本操作】

1. 巩固用滴定管精确量取溶液。
2. 掌握移液管的正确使用。
3. 掌握用 $Fe(SCN)_3$ 作指示剂时滴定终点的观察。

【注意事项】

1. 实验中所使用的锥形瓶（2 只），三角漏斗（2 只），小烧杯（2 只），玻棒等仪器必须于实验前洗净烘干。

移液管不宜烘干，洗净沥干后可用少量待吸的滤液荡洗 3 次，然后使用。

2. 装不同标准溶液的滴定管需贴上标签，干燥锥形瓶、小烧杯也需编号，以免搞错。

3. 摇动锥形瓶时必须轻轻地旋摇，以使沉淀完全并防止溶液溅出。

4. 应该用干滤纸过滤。因滤纸中含有水分，所以必须“去头”，即弃去开始滤出的1 ~ 2ml 滤液。

5. 滴定终点应为浅棕红色，是［Fe（SCN）］的颜色。

6. 操作完毕后，各仪器需立即洗净，否则会有 Ag 析出。装 $AgNO_3$ 溶液的滴定管可直接用蒸馏水冲洗干净，避免自来水中的 Cl^- 与之作用生成 AgCl 沉淀吸附在管壁上。

【报告格式】

1. 目的
2. 原理
3. 数据记录及结果处理（以表格形式列出）

【实验后思考】

1. 本实验测得的 AgAc 溶度积常数值与文献中记载的数值 4.4×10^{-3} 相比，偏高还是偏低？造成这些偏差的主要因素有哪些？

2. 难溶电解质溶度积常数的测定，除本实验使用的方法外，还可用哪些方法进行测定？

3. 假如有 AgAc 固体透过滤纸或者沉淀不完全，对实验结果将产生什么影响？

Experiment 7　Determination of Solubility Product

Objectives

To understand the principle and method of determining the solubility product of AgAc

Principle

In the aqueous solution of an insoluble or slightly soluble electrolyte, there exists equilibrium between the ions and the insoluble solid. The equilibrium constant for the dissolution of an insoluble or slightly soluble electrolyte is called the solubility product.

When writing the equation for the equilibrium, it is convention to write as:

$$A_mB_n(s) \rightleftharpoons mA^{n+} + nB^{m-}$$

The equilibrium constant $K = [A^{n+}]^m[B^{m-}]^n/[A_mB_n]$

So we can get $K_{sp} = [A^{n+}]^m[B^{m-}]^n$, just as $[A_mB_n]$ is unchangeable in constant temperature.

Equipment and Chemicals

1. Equipment　Erlenmeyer flask, burette, transfer pipette, beaker

2. Chemicals

(1) Acid　HNO_3 6mol/L

(2) Salt $AgNO_3$ 0.2000mol/L; NaAc 0.2000mol/L; $Fe(NO_3)_3$ solution; standard solution of KSCN 0.1mol/L

Procedures

1. Add 20.00ml of $AgNO_3$ solution and 40.00ml of NaAc solution (0.2000mol/L) with two burettes respectively to a dry Erlenmeyer flask marked 1, 30.00ml of $AgNO_3$ solution and 30.00ml of NaAc solution (0.2mol/L) to another dry Erlenmeyer flask marked 2. The volumes of solution in the two flasks are same to be 60ml. Shake the flasks constantly for about 30mins until the precipitates form completely. The solid and ions in solution are in balance.

Filter the solutions with dry filter paper to two dry beakers respectively (filter again if the filtrate is not clear). Transfer 25.00ml No. 1 filtrate with a transfer pipette to a clean Erlenmeyer flask, add 1ml of HNO_3 (6mol/L) and 1ml of $Fe(NO_3)_3$ solution (indicator) to the Erlenmeyer flask. Add more HNO_3 solution if the color of solution is red (caused by hydrolysis of ferric ion), until the solution is colorless. Titrate the solution with standard solution of KSCN. The end point is reached when the color of solution is unchangeable pale pink. Record the volume of the KSCN solution. Repeat the operation of titration with the same filtrate.

Titrate the filtrate in No. 2 beaker with the same method above.

$$AgNO_3 + NaAc \rightleftharpoons AgAc\downarrow + NaNO_3$$

$$Ag^+ + SCN^- \rightleftharpoons AgSCN\downarrow$$

$$Fe^{3+} + SCN^- \rightleftharpoons Fe(SCN)^{2+}$$

2. Data record and process

(1) Data record

	1	2
The volume of $AgNO_3$ solution, ml	20.00	30.00
The volume of NaAc solution, ml	40.00	30.00
The volume of the mixture, ml	60.00	60.00
The volume of the filtrate for titration, ml	25.00	25.00
The volume of KSCN for titration, ml	(1)	(1)
	(2)	(2)
The concentration of KSCN solution, mol/L		

(2) Data process

	1	2
$[Ag^+]$ in the mixture (including that precipitated)		
$[Ac^-]$ in the mixture (including that precipitated)		
$[Ag^+]$ in the filtrate (taking the average value of the two tests to the following calculation)	(1) (2)	(1) (2)
$[Ag^+]$ that precipitated as AgAc		
$[Ac^-]$ in the filtrate		
The solubility product $K_{AgAc} = [Ag^+][Ac^-]$		

Instructions

1. Requirements

(1) Explain the concept of K_{sp}. Will the K_{sp} be kept as a constant after adding other soluble strong electrolytes to the solution of insoluble electrolyte?

(2) Explain the principle of this experiment in determining the solubility product of AgAc.

(3) Why the volume of $AgNO_3$ and NaAc solution should be transferred precisely?

(4) Why the mixture solution should be filter with dry filter paper?

(5) What glassware should be dried beforehand? And why?

(6) The indicator of the titration is $Fe(NO_3)_3$ solution, why should we add HNO_3 solution?

(7) How to calculate the K_{sp} of AgAc from the experiment results? (All the calculation data should contain four significant figures.)

(8) Which figures in the table can be calculated in advance?

2. Operation

(1) To practice the operation of transferring solution with burettes and transfer pipette precisely.

(2) To learn about locating the end point of titration when the indicator is $Fe(SCN)_3$.

3. Notes

(1) The Erlenmeyer flasks, short-stem funnels, beakers and glass rod used in the experiment should be cleaned and dried in advance. The transfer pipette should be rinsed three times with the filtrate used in the pipette.

(2) The burettes for different solution should be labeled. The Erlenmeyer flasks and beakers should be marked with number.

(3) To ensure the AgAc to be precipitated completely and the solution not to be splashed out, special care should be taken in shaking the Erlenmeyer flasks.

(4) Dry filter paper should be used to filtrate the mixture. If the filter paper is not dry, the first 1 ~ 2 ml filtration should be discharged.

(5) The color of solution should be reddish when the end point is reached.

(6) To prevent Ag from precipitating on the inner wall of the apparatus, the glassware should be wash instantly. The burette filled with $AgNO_3$ solution should be washed with distilled water instead of tapwater, otherwise AgCl will precipitate on the inner wall of the burette.

4. Report format

(1) Objectives

(2) Principle

(3) Data record and process (shown in charts)

5. Questions

(1) Compare the determined value of K_{sp} with 4.4×10^{-3}, the theoretical value, and explain the deviation.

(2) Except the method used in this experiment, what other methods can be used to determine the solubility product?

(3) What are the effects on the experimental result of incomplete precipitation or penetrating the filter paper by AgAc?

Words

solubility product 溶度积常数　　significant 有效数字

electrolyte 电解质

扫码“学一学”

实验八　氧化还原

【目的要求】

1. 理解氧化还原反应的实质，了解常用的氧化剂和还原剂。
2. 通过实验，了解某些金属电极在电极电势表中的位置，从而加深对电极电势物理意义的认识。
3. 应用标准电极电势比较氧化剂和还原剂的相对强弱。
4. 了解浓度、酸度和温度对氧化还原反应的影响。
5. 了解原电池的装置及利用原电池产生电流进行电解。

【实验原理】

氧化还原反应是物质得失电子的过程，反映在元素的氧化数发生变化。反应中得到电子的物质称为氧化剂，反应后氧化数降低被还原；反应中失去电子的物质称为还原剂，反应后氧化数升高被氧化。氧化还原是同时进行的，其中得失电子数相等。

电极电势是判断氧化剂和还原剂相对强弱的标准，并可用以确定氧化还原反应进行的方向。电极电势表，是各种物质在水溶液中进行氧化还原反应规律性的总结，溶液的浓度、酸度、温度均影响电极电势的数值。一般说，在表中上方的还原态是较强的还原剂，可使其下方的氧化态还原，表下方的氧化态是较强的氧化剂，可使其上方的还原态氧化。

将电能转化为化学能的装置称为原电池。

利用原电池产生的电流，可电解 Na_2SO_4 溶液。

【仪器药品】

1. 仪器　铜棒—导线—铜棒，锌棒—导线—铜棒

盐桥（充有饱和 KCl 和琼脂溶液的 U 形管）

2. 药品

（1）固体　Pb 粒；Zn 粒

（2）酸　HNO_3 2mol/L，浓；HCl 1mol/L；H_2SO_4 3mol/L，1mol/L；HAc 6mol/L；H_2S 溶液。

（3）碱　NaOH 40%，6mol/L。

（4）盐　$KMnO_4$ 0.01mol/L；$FeSO_4$ 0.5mol/L；$NaSO_3$ 0.1mol/L；$Na_2C_2O_4$ 0.1mol/L；NaBr 1mol/L；$K_2Cr_2O_7$ 0.1mol/L；NaI 1mol/L；$Fe_2(SO_4)_3$ 0.025mol/L；$Pb(NO_3)_2$ 1mol/L；$CuSO_4$ 1mol/L；Na_2SO_4 0.5mol/L；$MnSO_4$ 0.2mol/L；$AgNO_3$ 0.1mol/L。

3. 其他　红色石蕊试纸；H_2O_2 3%；$CHCl_3$。

【实验内容】

1. 氧化剂和还原剂

（1）取试管2支，各加5滴0.01mol/L $KMnO_4$ 溶液和3滴3mol/L H_2SO_4，然后在第一支试管中加1～2滴3%的 H_2O_2 溶液，第二支试管中加2～3滴0.5mol/L $FeSO_4$ 溶液，观察现象。指出反应中的氧化剂和还原剂。

$$KMnO_4 + H_2SO_4 + H_2O_2 \longrightarrow MnSO_4 + O_2(g) + K_2SO_4 + H_2O$$

$$KMnO_4 + H_2SO_4 + FeSO_4 \longrightarrow MnSO_4 + Fe_2(SO_4)_3 + K_2SO_4 + H_2O$$

（2）取试管1支，加3滴0.1mol/L $K_2Cr_2O_7$ 溶液，5滴3mol/L H_2SO_4，摇匀，再加 H_2S 溶液数滴，观察现象。指出反应中的氧化剂和还原剂。

$$K_2Cr_2O_7 + H_2SO_4 + H_2S \longrightarrow Cr_2(SO_4)_3 + S(s) + KHSO_4 + H_2O$$

2. 确定锌、铅、铜在电极电势表中的顺序　在分别装有3ml 1mol/L $Pb(NO_3)_2$ 溶液和1mol/L $CuSO_4$ 溶液的两支试管中，各加入表面洁净的Zn粒，观察有何现象？

以表面洁净的Pb片代替Zn粒，分别与1mol/L $ZnSO_4$ 和 $CuSO_4$ 溶液反应，观察有何变化？写出反应式，并确定Zn电极、Pb电极、Cu电极在电极电势表中的位置。解释之。

3. 浓度、酸度和温度对氧化还原反应的影响

（1）浓度对氧化还原反应的影响　往两支装有少数锌粒的试管中，分别加2ml浓 HNO_3 和2mol/L HNO_3 溶液。观察所发生的现象，（a）它们的反应速度有何不同？（b）它们的反应产物有何不同？浓 HNO_3 被还原后的主要产物可通过观察它的颜色来判断。稀 HNO_3 的还原产物可用检验溶液中是否有 NH_4^+ 生成来确定。

检验 NH_4^+ 方法（气室法）：将5滴被检液置于一表面皿的中心，再加3滴6mol/L NaOH溶液，混匀，在另一块较小的表面皿中心粘附一小块红色石蕊试纸，把它盖在大的表面皿上做成气室。放置10分钟，如红色石蕊试纸变蓝，则表示有 NH_4^+ 存在。

（2）酸度对氧化还原反应的影响　在两支各盛有0.5ml 1mol/L NaBr溶液的试管中，分别加10滴3mol/L H_2SO_4 和6mol/L HAc溶液，然后往两支试管中各加1滴0.01mol/L $KMnO_4$ 溶液。观察并比较两个试管中紫色溶液褪色的快慢。写出反应式，并加以解释。

（3）温度对氧化还原反应的影响　在两支试管中分别加2ml 0.1mol/L $Na_2C_2O_4$、0.5ml 3mol/L H_2SO_4 和1滴0.01mol/L $KMnO_4$溶液，混匀。将其中一支试管放入80℃的水浴中加热，另一支不加热，观察两管褪色的快慢。写出方程式，并加以解释。

（4）酸度、碱度对氧化还原反应产物的影响　取小试管3支，各加10滴0.1mol/L Na_2SO_3 溶液，再分别加10滴1mol/L H_2SO_4、蒸馏水和40% NaOH溶液，摇匀后，再各加3滴0.01mol/L $KMnO_4$ 溶液，观察现象。$KMnO_4$ 在酸性、中性和强碱性介质中的还原产物分别为 Mn^{2+}、MnO_2 和 MnO_4^{2-}，试写出上述反应的反应式。

4. 催化剂对氧化还原反应的影响　取5ml 0.2mol/L $MnSO_4$ 溶液和1ml 3mol/L H_2SO_4 溶液在试管内充分振摇，并加入一小匙过二硫酸铵固体，充分振摇溶解后分成两份，往一份溶液中加1～2滴0.1mol/L $AgNO_3$，静置片刻，观察溶液颜色有何变化？写出反应式，与没有加 $AgNO_3$ 溶液的那份溶液比较，反应情况有何不同？

5. 选择氧化剂　在含有NaBr、NaI的混合液中，要使 I^- 氧化为 I_2，又不使 Br^- 氧化，

在常用的氧化剂 $Fe_2(SO_4)_3$ 和 $KMnO_4$ 中，选择哪一种能符合要求？

（1）取小试管2支，分别加10滴1mol/L NaBr、NaI溶液，各加10滴3mol/L H_2SO_4，1ml $CHCl_3$，然后分别加入2～3滴0.01mol/L $KMnO_4$，振摇。观察各试管中氯仿层的变化。[I_2 在氯仿中呈粉红色（或紫红色），Br_2 在氯仿中呈橙黄色]

（2）用 $Fe_2(SO_4)_3$ 溶液代替 $KMnO_4$ 溶液，操作同前，观察各试管中又有什么变化？写出反应式。从实验结果确定选择哪一种氧化剂？试解释之。

6. 利用原电池产生的电流电解 Na_2SO_4 溶液 往1只50ml的烧杯中加25ml 1mol/L $ZnSO_4$ 溶液，在其中插入锌棒，往另1只50ml的烧杯中加25ml 1mol/L $CuSO_4$ 溶液，在其中插入铜棒。按图3－3用盐桥连接构成原电池。把两根分别以导线连接在原电池锌棒和铜棒上的铜棒插入装有50ml 0.1mol/L Na_2SO_4 溶液和3滴酚酞的烧杯中，观察连接锌棒的那根铜棒周围的溶液的变化。试解释之。

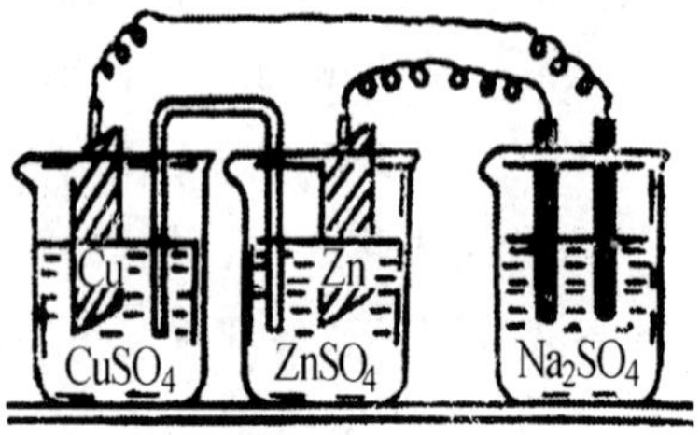

图3－3 电解硫酸钠溶液的装置

实 验 指 导

【预习要求】

1. 写出下列氧化剂和还原剂通常情况下被还原或被氧化的产物。

氧化剂 MnO_4^-（酸性），H_2O_2，CrO_4^{2-}，H_2SO_4（浓），HNO_3（2mol/L），MnO_4^-（中性），Fe^{3+}，Cu^{2+}，$S_2O_8^{2-}$，Cl_2，Br_2，MnO_4^-（碱性），$Cr_2O_7^{2-}$，Pb^{4+}，HNO_3（浓），I_2。

还原剂 H_2O_2，Zn，Br^-，$C_2O_4^{2-}$，Fe^{2+}，S^{2-}，I^-，SO_3^{2-}。

2. 怎样从标准电极电势判断金属的置换反应是否能够进行，并以锌、铅、铜为例说明。

3. 影响电极电势的因素有哪些？

4. 浓度、酸度对氧化还原产物及反应方向有何影响？

5. 怎样装置Cu－Zn原电池，盐桥有什么作用？

6. 电解 Na_2SO_4 水溶液时，为什么阴极得不到金属钠？用石墨作电极和以铜作电极在阳极上的反应是否相同？为什么？

7. 完成下列反应

$MnO_4^- + H_2O_2 + H^+ \longrightarrow$

$MnO_4^- + Fe^{2+} + H^+ \longrightarrow$

$Cr_2O_7^{2-} + H_2S + H^+ \longrightarrow$

$Zn + HNO_3$（浓）$\longrightarrow$

$Zn + HNO_3$（2mol/L）$\longrightarrow$

$MnO_4^- + Br^- + H^+ \longrightarrow$

$MnO_4^- + C_2O_4^{2-} + H^+ \longrightarrow$

$MnO_4^- + SO_3^{2-} + H^+ \longrightarrow$

$MnO_4^- + SO_3^{2-} + H_2O \longrightarrow$

$MnO_4^- + SO_3^{2-} + OH^- \longrightarrow$

$S_2O_8^{2-} + Mn^{2+} + H_2O \xrightarrow{AgNO_3}$

【基本操作】

1. 掌握气室法检验 NH_4^+ 的方法。
2. 掌握利用原电池的装置来电解硫酸钠溶液的方法。

【注意事项】

1. 浓 HNO_3 与 Zn 反应有刺激性气体 NO_2 产生，必须在通风橱进行。

2. 确定锌电极、铅电极、铜电极在电极电势表中的顺序实验，由于置换反应速度较慢，应将试管放置试管架上一段时间，切勿振摇，然后再观察现象。

【报告格式（参看“卤素”实验指导）】

【实验后思考】

1. 什么情况下查酸表 $E_A^\ominus$？什么情况下查碱表 $E_B^\ominus$？
2. 在标准电势表上电势差值大的两电对，其反应速率是否一定很快？
3. 如何利用电极反应（半电池反应）来写氧化还原反应式？
4. 什么情况下用标准电势表来判断反应方向？什么情况下通过 Nernst 方程计算来判断？

Experiment 8　Redox Reaction

Objectives

1. To understand the intrinsic properties of redox reaction, and be acquainted with some common oxidizing and reducing agents.

2. To learn about some metals' location in the table of electrode potentials, and enhance the knowledge about electrode potentials.

3. To compare the relative strengths of reduding and oxidizing agents.

4. To learn about the influence of concentration, acidity and temperature on redox reaction.

5. To learn to assemble a galvanic cell and electrolysis with the galvanic cell.

Principles

A very large class of reactions can be regarded as occurring by the loss of electrons from one substance and gain by another substance. Since electron gain is called reduction and electron loss is oxidation, the joint process is called an oxidation-reduction reaction, or more simply, redox reaction. The substance that supplies electrons (the oxidation number of an atom increases) is the reducing agent and the substance that gains electrons (the oxidation number of an atom decreases) is the oxidizing agent. The reducing agent is to be oxidized while the oxidizing agent is to be reduced. Oxidation and reduction always occur together, and the number of electrons gained by the oxidizing agent must be identical to the number of electrons lost by the reducing agent.

Electrode potentials can be used to judge the relative intensity of oxidizing and reducing agents and determine the possible direction of a given redox reaction. The concentration, pH and emperature have effects on the magnitude of the electrode potential. The table of standard electrode potentials can be used as the summary of the redox reaction rules in aqueous solution. In the table of standard electrode potentials, generally, the reducing agent (written at the right of the reactions) in the upper of the table is astronger reducing agent, which can reduce the oxidizing agents below it. Conversely, the oxidizing agent (written at the left of the reactions) in the bottom of the table is astronger oxidizing agent, which can oxide the reducing agents listed above it.

A galvanic cell is a device designed to produce electron current basing on redox reactions.

Na_2SO_4 solution can be electrolyzed with the electron current produced by a galvanic cell.

Equipment and Chemicals

Equipment

Two metallic Cu plate connected by a metallic wire

A Zn plate and a Cu plate connected by a metallic wire

Salt bridge (a U-shaped tube containing saturated solution of KCl in agar)

Chemicals

Solid: granulated plumbum; granulated zinc

Acid: HNO_3 (2mol/L, conc.); HCl 1mol/L;

H_2SO_4 (3mol/L, 1mol/L); HAc 6mol/L; H_2S solution

Alkali: NaOH (40%, 6mol/L)

Salt: $KMnO_4$ 0.01mol/L; $FeSO_4$ 0.5mol/L; Na_2SO_3 0.1mol/L;

$Na_2C_2O_4$ 0.1mol/L; NaBr 1mol/L; $K_2Cr_2O_7$ 0.1mol/L;

NaI 1mol/L; $Fe_2(SO_4)_3$ 0.025 mol/L; $Pb(NO_3)_2$ 1mol/L;

$CuSO_4$ 1mol/L; Na_2SO_4 0.5mol/L; $MnSO_4$ 0.2mol/L;

$AgNO_3$ 0.1mol/L

Others: litmus test paper (red); H_2O_2 3%; $CHCl_3$

Procedures

1. Oxidizing agents and reducing agents

(1) In each of two tubes, mix 5 drops of 0.01mol/L $KMnO_4$ solution with 3 drops of H_2SO_4 (3mol/L) solution. To one tube, add 1 ~ 2 drops of H_2O_2 (3%), and to another tube, add 2 ~ 3 drops of $FeSO_4$ (0.5mol/L) solution. Observe the reactions and point out which are the oxidizing agents and reducing agents.

$$KMnO_4 + H_2SO_4 + H_2O_2 \rightarrow MnSO_4 + O_2\uparrow + K_2SO_4 + H_2O$$

$$KMnO_4 + H_2SO_4 + FeSO_4 \rightarrow MnSO_4 + Fe_2(SO_4)_3 + K_2SO_4 + H_2O$$

(2) Add 3 drops of 0.1 mol/L $K_2Cr_2O_7$ solution to 5 drops of 3 mol/L H_2SO_4 solution, then add a few drops of H_2S solution. Observe the reaction and point out which are the oxidizing agent and reducing agent.

$$K_2Cr_2O_7 + H_2SO_4 + H_2S \rightarrow Cr_2(SO_4)_3 + S\downarrow + KHSO_4 + H_2O$$

2. Locate the sequence of Zn, Pb, Cu in the table of electrode potentials

React granulated zinc with 3ml of 1mol/L $Pb(NO_3)_2$ and 1mol/L $CuSO_4$ solution respectively, and observe.

React granulated plumbum with 3ml of 1mol/L $ZnSO_4$ and $CuSO_4$ solution respectively, and observe.

Write out the reaction equations, and locate the relative sequence of Zn, Cu, Pb in the table of electrode potentials. Explain the relation between the relative sequence and the activities of the metals.

3. Factors influencing redox reactions

(1) The effect of concentration on redox reactions React granulated zinc with 2 ml concentrated HNO_3 and 2mol/L HNO_3 respectively. Observe the reactions, and point out the differences of reaction rate and products. The reduced product of concentrated HNO_3, NO_2, can be detected by its color, while the reduced product of diluted HNO_3 (NH_4^+) can be detected by the following test.

Detection of NH_4^+ (with a gas chamber): Place 5 drops of the detected solution and 3 drops of 6mol/L NaOH solution on a watch glass, cover the watch glass with another smaller watch glass, attaching beforehand a piece of moist red litmus paper to the concave side. Then observe the litmus paper within 10 minutes. The blue color of red litmus paper indicates the presence of the NH_4^+ ion in the solution.

(2) The effect of pH on reaction rate To two portions of 0.5ml of 1mol/L NaBr solution acidified with 10 drops of 3mol/L H_2SO_4 and 6mol/L HAc solution respectively, add 1 drop of 0.01mol/L $KMnO_4$ solution. Compare the rate of decolorization of both samples.

Write out the reaction equation, and explain the difference in reaction rate.

(3) The effect of temperature on reaction rate Into each of two tubes, add 2ml of 0.1mol/L $Na_2C_2O_4$ solution, 0.5ml of 3mol/L H_2SO_4 solution and 1 drop of 0.01mol/L $KMnO_4$ solution, shake and mix. Heat one tube in 80℃ water bath, while keep another tube under room temperature. Compare the rate of decolorization of both samples. Write out the reaction equation, and explain the difference between the two solutions.

(4) The effect of pH on redox reaction products Into three tubes containing 10 drops of 0.1mol/L Na_2SO_3, add 10 drops of 1mol/L H_2SO_4, distilled water, 40% NaOH solution respectively. Shake and add 3 drops of 0.01mol/L $KMnO_4$ solution to the tubes. Observe the reactions and write out the reaction equations. In acid solution MnO_4^- is reduced to the pale pink manganous ion, Mn^{2+}. In neutral solution MnO_4^- is reduced to black, insoluble, solid MnO_2, while in strongly alkaline solution it can be reduced to the +6 state, where it exists as the bright green manganate ion, MnO_4^{2-}.

4. The effect of catalyst on redox reactions Mix 5ml of 0.2mol/L $MnSO_4$ solution and 1ml of 3mol/L H_2SO_4 solution, then add a spoon of solid $(NH_4)_2S_2O_8$. Shake constantly to dissolve the solid completely. Divide the solution into two portions. To one portion, add 1 ~ 2 drops of 0.1mol/L $AgNO_3$ solution, while add nothing to another. Observe and write out the reaction equation. Explain the difference of the two portions of solution.

5. Selection of oxidizing agents Between the commonly used oxidizing agents, $Fe_2(SO_4)_3$

and $KMnO_4$, choose a oxidizing agent which can oxidize I^- into I_2 while not oxidize Br^- into Br_2 in the solution of NaBr and NaI.

Tests:

(1) Into each of two tubes containing 10 drops of 1mol/L NaBr solution and 10 drops of 1mol/L NaI solution, add 10 drops of 3mol/L H_2SO_4, 1ml of $CHCl_3$ and 2 ~ 3 drops of 0.01mol/L $KMnO_4$. Shake constantly to mix and observe the color of $CHCl_3$ layer in the two tubes.

The color of I_2 in $CHCl_3$ is pink (or purple), and Br_2 takes out orange color.

(2) Substitute $KMnO_4$ solution with $Fe_2(SO_4)_3$ solution and repeat the same operation above. Observe the color of $CHCl_3$ layer in the two tubes.

Write out the reaction equations and select the appropriate oxidizing agent. Explain your selection.

6. Electrolyze Na_2SO_4 solution with a galvanic cell Assemble a galvanic cell with a salt bridge, a stripe of Zn in 25ml 1mol/L $ZnSO_4$ solution and a stripe of Cu in 25ml 1mol/L $CuSO_4$ solution. Immerse two metallic Cu electrodes into a beaker containing 50ml of 0.1mol/L Na_2SO_4 solution and 3 drops phenolphthalein. Link the two Cu electrodes with the electrodes of the galvanic cell respectively with metallic wire. Observe the solution around the Cu electrode linked to the stripe of Zn. Explain the phenomena.

Instructions

1. Requirements

(1) Write out the usual reduced products of the following oxidants and oxidized products of the following reductants.

Oxidants: MnO_4^- (in acidic medium), H_2O_2, CrO_4^{2-}, H_2SO_4(conc.), HNO_3(2mol/L), MnO_4^- (in neutral medium), Fe^{3+}, Cu^{2+}, $S_2O_8^{2-}$, Cl_2, Br_2, MnO_4^- (in alkaline medium), $Cr_2O_7^{2-}$, Pb^{4+}, HNO_3(concentrated), I_2.

Reductants: H_2O_2, Zn, Br^-, $C_2O_4^{2-}$, Fe^{2+}, S^{2-}, I^-, SO_3^{2-}.

(2) Taking Zn, Pb, Cu as examples to explain how to judge on basis of the standard electrode potentials whether a displace reaction between metals can be carried out?

(3) What factors will affect the electrode potential?

(4) What are the influence of concentration and pH on the redox reaction products and directions?

(5) How to assemble a Cu-Zn galvanic cell? What is the use of the salt bridge?

(6) Why can we not get solid sodium at the cathode during the electrolysis of Na_2SO_4 solution?

(7) Complete the following redox reactions.

$MnO_4^- + H_2O_2 + H^+ \rightarrow$

$MnO_4^- + Fe^{2+} + H^+ \rightarrow$

$Cr_2O_7^{2-} + H_2S + H^+ \rightarrow$

$Zn + HNO_3(2mol/L) \rightarrow$

$MnO_4^- + Br^- + H^+ \rightarrow$

$MnO_4^- + C_2O_4^{2-} + H^+ \rightarrow$

$MnO_4^- + SO_3^{2-} + H^+ \rightarrow$

$MnO_4^- + SO_3^{2-} + H_2O \rightarrow$

$MnO_4^- + SO_3^{2-} + OH^- \rightarrow$

$S_2O_8^{2-} + Mn^{2+} + H_2O \rightarrow$

2. Operation

(1) Master the method of detecting ammonium ion in a gas chamber.

(2) Master the method of electrolysis of Na_2SO_4 solution by using of a galvanic cell.

3. Notes

(1) The reaction between concentrated HNO_3 and Zn will produce poisonous gas, NO_2, so it should be carried out in a hood.

(2) Owing to the low reaction rates, in the test of locating the sequence of metals, the tubes should be placed in the test tube rack for a while without any disturbance.

4. Report format

(1) Objectives

(2) Principle

(3) Procedure (illustrated with tables)

5. Questions

(1) At what conditions the table of electrode potentials in acidic medium or the table in alkaline medium should be consulted respectively?

(2) Can we get a conclusion that a redox reaction consisting two half-reactions will occur at a higher reaction rate with a larger $\Delta E^{\ominus}$?

(3) How to use the table of electrode potentials to form a redox reaction equation?

(4) At what conditions will the table of electrode potentials be used to judge the direction of a given redox reaction? And at what conditions will the Nernst equation be used?

Words

redox reaction	氧化还原反应	electrode	电极
oxidizing agent (oxidant)	氧化剂	electrode potential	电极电势
reducing agent (reductant)	还原剂	gas chamber	气室
galvanic cell	原电池	plumbum	铅
electrolysis	电解	zinc	锌
electrolyze	电解	catalyst	催化剂
oxidation	氧化	cathode	阴极
reduction	还原	salt bridge	盐桥
reduce	还原	agar	琼脂
oxidize	氧化	granulated	颗粒状的
oxidation number	氧化数		

扫码“学一学”

实验九　银氨配离子配位数的测定

【目的要求】

1. 应用配位平衡及溶度积原理，测定 $[Ag(NH_3)_n]^+$ 配离子的配位数 n，并计算稳定常数（K_{st}）。

2. 熟悉酸式滴定管、移液管的正确使用。

【实验原理】

在硝酸银溶液中加入过量的氨水，即生成稳定的银氨配离子 $[Ag(NH_3)_n]^+$。再往溶液中加入溴化钾溶液，直到刚刚开始有 AgBr 沉淀（混浊）出现为止。这时混合溶液中同时存在着配位平衡和沉淀平衡。

配位平衡：

$$Ag^+ + nNH_3 \rightleftharpoons [Ag(NH_3)_n]^+$$

$$\frac{[Ag(NH_3)_n^+]}{[Ag^+][NH_3]^n} = K_{st} \tag{1}$$

沉淀平衡：

$$Ag^+ + Br^- \rightleftharpoons AgBr（固）$$

$$[Ag^+][Br^-] = K_{sp} \tag{2}$$

（1）×（2）得

$$\frac{[Ag(NH_3)_n^+][Br^-]}{[NH_3]^n} = K_{sp} \cdot K_{st} = K \tag{3}$$

$$[Br^-] = \frac{K \cdot [NH_3]^n}{[Ag(NH_3)_n^+]} \tag{4}$$

$[Br^-]$、$[NH_3]$、$[Ag(NH_3)_n^+]$ 皆指平衡时的浓度，它们可以近似地如下计算。

设每份混合溶液最初取用的 $AgNO_3$ 溶液的体积为 V_{Ag^+}（各份相同），浓度为 $[Ag^+]_0$，每份加入的氨水（大量过量）和溴化钾溶液的体积分别为 V_{NH_3} 和 V_{Br^-}，其浓度为 $[NH_3]_0$ 和 $[Br^-]_0$，混合溶液总体积为 V_t，则混合后并达到平衡时：

$$[Br^-] = [Br^-]_0 \times \frac{V_{Br^-}}{V_t} \tag{5}$$

$$[Ag(NH_3)_n^+] = [Ag^+]_0 \times \frac{V_{Ag^+}}{V_t} \tag{6}$$

$$[NH_3] = [NH_3]_0 \times \frac{V_{NH_3}}{V_t} \tag{7}$$

将（5）、（6）、（7）三式代入（4）式并整理后得

$$V_{Br^-} = V_{NH_3}^n \cdot K \cdot \left(\frac{[NH_3]_0}{V_t}\right)^n \bigg/ \frac{[Br^-]_0}{V_t} \cdot \frac{[Ag^+]_0 V_{Ag^+}}{V_t} \tag{8}$$

因为上式等号右边除 $V_{NH_3}^n$ 外，其他皆为常数，故（8）式可写为

$$V_{Br^-} = V_{NH_3}^n \cdot K' \tag{9}$$

将（9）式两边取对数，得直线方程

$$\lg V_{Br^-} = n\lg V_{NH_3} + \lg K' \tag{10}$$

作图（$\lg V_{Br^-}$ 为纵坐标，$\lg V_{NH_3}$ 为横坐标，$\lg K'$ 为截距）求出直线的斜率 n，得 $[Ag(NH_3)_n]^+$ 的配位数 n（取最接近的整数）。

【仪器和药品】

1. 仪器　移液管 20.00ml；锥形瓶 250ml；量筒 100ml；滴定管 2 支。

2. 药品　$AgNO_3$ 0.01000mol/L；KBr 0.01000mol/L；氨水 2mol/L 应新鲜配制。

【实验内容】

1. 用移液管吸取 20.00ml 0.01000mol/L $AgNO_3$ 溶液置 250ml 锥形瓶中，用滴定管加 40.00ml 2.0mol/L 氨水，并用量筒加 40ml 蒸馏水，然后在不断振荡情况下，从滴定管中逐滴加 0.01000mol/L KBr，直至开始产生的 AgBr 混浊不再消失时，记下所加入的 KBr 溶液的体积（V_{Br^-}）和溶液的总体积（V_t），再用 35.00ml、30.00ml、25.00ml、20.00ml、15.00ml 和 10.00ml 2.0mol/L 氨水溶液重复上述的操作。在进行重复操作中，当接近终点时应加入适量的蒸馏水，使溶液的总体积（V_t）与第一个滴定的 V_t 大致相同，记下滴定终点时所用去的 KBr 溶液的体积（V_{Br^-}）及所加入的蒸馏水的体积（V_{H_2O}）。

2. 数据记录及结果处理

（1）记录

混合溶液的编号	V_{Ag^+}，ml (0.01mol/L)	V_{NH_3}，ml (2.0mol/L)	V_{Br^-}，ml (0.01mol/L)	V_{H_2O} ml	V_t ml	$\lg V_{NH_3}$	$\lg V_{Br^-}$
1	20.00	40.00		40			
2	20.00	35.00		45 $^+$			
3	20.00	30.00		50 $^+$			
4	20.00	25.00		55 $^+$			
5	20.00	20.00		60 $^+$			
6	20.00	15.00		65 $^+$			
7	20.00	10.00		70 $^+$			

（2）结果处理

①以 $\lg V_{Br^-}$ 为纵坐标，$\lg V_{NH_3}$ 为横坐标作图。

②从图求得 n，并从公式 $\lg V_{Br^-} = n\lg V_{NH_3} + \lg K'$ 求出 K'。

③利用（8）式计算 K 值。

④利用 $K = K_{sp,AgBr} \cdot K_{st}$，求出 K_{st}。

（文献值：$K_{sp,AgBr} = 4.1 \times 10^{-13}$）

实 验 指 导

【预习要求】

1. 什么是 K_{st}？$[Ag(NH_3)_n]^+$ 的 K_{st} 及其配位数通过什么方法来求测？

2. 如何使得溶液中配位平衡与沉淀平衡同时存在？

3. 实验中所用的锥形瓶开始必须是洁净干燥的，且在滴定过程中，不能用水洗瓶壁，这与中和滴定的情况有何不同？为什么？

【基本操作】

1. 掌握滴定终点的控制。
2. 学习数据处理及绘图方法。

【注意事项】

1. 配制每一份混合溶液时，最后加氨水（防止氨挥发）。
2. 反应一定要达到平衡（振摇后沉淀不消失）后观察终点，且每次浑浊度要一致。
3. 最后将取 $AgNO_3$ 溶液的移液管、锥形瓶用剩下的氨水荡洗。

【报告格式】

1. 目的
2. 原理
3. 实验内容
（1）记录（参看讲义表格形式）
（2）结果处理（参看讲义上的要求）
（3）讨论（分析误差原因）

【实验后思考】

1. 在计算平衡浓度［Br^-］、［$Ag(NH_3)_n^-$］和［NH_3］时，为什么可以忽略以下情况？
（1）生成 AgBr 沉淀时消耗掉的 Br^- 和 Ag^+。
（2）配离子［$Ag(NH_3)_n$］$^+$离解出的 Ag^+。
（3）生成配离子［$Ag(NH_3)_n$］$^+$时消耗掉的 NH_3。
2. 滴定时，若 KBr 溶液加过量了，有无必要弃去锥形瓶中的溶液重新开始？
3. 每次滴定时的 V_{Br^-} 是否一样？［Br^-］是否一样？

Experiment 9　Determining the Coordination Number of ［$Ag(NH_3)_n$］$^+$ Complexion

Objectives

1. To determine the coordination number (n) of [$Ag(NH_3)_n$]$^+$ and to calculate it's stability constant on the basis of coordination equilibrium principle and solubility product principle.

2. To be familiar with acidic burette and transfer pipette.

Principle

Excess ammonia water is added into silver nitrate solution and stable complex ion consisting of Ag^+ and NH_3 is obtained, then potassium bromide solution is added until the precipitation of silver bromide appear. At this time, the coordination equilibrium and precipitation equilibrium coexist in the mixture.

Coordination Equilibrium:

$$Ag^+ + nNH_3 = [Ag(NH_3)_n]^+$$

$$\frac{[Ag(NH_3)_n^+]}{[Ag^+][NH_3]^n} = K_{st} \tag{1}$$

Precipitation Equilibrium:

$$Ag^+ + Br^- = AgBr(s)$$

$$[Ag^+][Br^-] = K_{sp} \tag{2}$$

(1) × (2):

$$\frac{[Ag(NH_3)_n^+][Br^-]}{[NH_3]^n} = K_{sp} \cdot K_{st} = K \tag{3}$$

then:

$$[Br^-] = \frac{K \cdot [NH_3]^n}{[Ag(NH_3)_n^+]} \tag{4}$$

$[Ag^+]$, $[Br^-]$ and $[Ag(NH_3)_n^+]$ represent the equilibrium concentrations and can be approximately by the following method:

If, in each portion of the mixture, the volume of silver nitrate solution we initially took is V_{Ag^+} (same in each portion) and the concentration is $[Ag^+]_0$, if the volume of ammonia water (substantial excess) we added subsequently into each portion is V_{NH_3} and the concentration is $[NH_3]_0$, if the volume of potassium bromide solution we added subsequently into each portion is V_{Br^-} and the concentration is $[Br^-]_0$, and if the total volume of mixture is V_t, then, when equilibrium is reached in the mixture, we have:

$$[Br^-] = [Br^-]_0 \times \frac{V_{Br}}{V_t} \tag{5}$$

$$[Ag(NH_3)_n^+] = [Ag^+]_0 \times \frac{V_{Ag^+}}{V_t} \tag{6}$$

$$[NH_3] = [NH_3]_0 \times \frac{V_{NH_3}}{V_t} \tag{7}$$

Put (5), (6) and (7) into equation (4), then we have:

$$V_{Br^-} = V_{NH_3}^n \cdot K \cdot \left[\frac{[NH_3]_0}{V_t}\right]^n \bigg/ \frac{[Br^-]_0}{V_t} \cdot \frac{[Ag^+]_0 \cdot V_{Ag^+}}{V_t} \tag{8}$$

All except for $V_{NH_3}^n$ in the right side of equation (8) are constants, so equation (8) can be transformed to:

$$V_{Br^-} = V_{NH_3}^n \cdot K' \tag{9}$$

Draw the logarithms at both sides of the equation (9), we can obtain a linear equation:

$$\lg V_{Br^-} = n \cdot \lg V_{NH_3} + \lg K' \tag{10}$$

Make the graph (assign $\lg V_{Br^-}$ to Y-coordinate, $\lg V_{NH_3}$ to X-coordinate and $\lg K'$ to intercept) and then we can get the value of the slope (n) which is also the value of the coordination number of $[Ag(NH_3)_n]^+$ (take the closest integer).

Equipment and Chemicals

Equipment

Transfer pipette (20ml); Erlenmeyer flask (250ml); graduated cylinder (100ml); two burettes

Chemicals

Silver nitrate (0.01000mol/L); potassium bromide (0.01000mol/L); ammonia water (2mol/L)

Procedures

1. Operation Transfer pipette should be used to transfer 0.01000mol/L silver nitrate solution of 20.00ml into a 250ml Erlenmeyer flask, then 40.00ml 2.0 mol/L ammonia water is added through the basic burette and distilled water of 40ml is added by the graduated cylinder into the Erlenmeyer flask. And then, stirring constantly, 0.01000mol/L potassium bromide solution should be added through the acidic burette drop by drop until the precipitate of silver bromide can't disappear, then stop titration and write down the volume (V_{Br^-}) of potassium bromide solution which has been used and the total volume (V_t) of the solution in that flask. The above procedure is repeated by adding ammonia water of different volume respectively (35.00ml, 30.00ml, 25.00ml, 20.00ml, 15.00ml and 10.00ml). In order to keep V_t in every repeated experiment the same volume as that of first experiment, some distilled water must be added when the end point is close.

2. Records and Data

(1) Records

Number of mixture	V_{Ag^+}, ml (0.01mol/L)	V_{NH_3}, ml (2.0mol/L)	V_{Br^-}, ml (0.01mol/L)	$V_{H_2O ml}$	V_t, ml	$\lg V_{NH_3}$	$\lg V_{Br^-}$
1	20.00	40.00		40			
2	20.00	35.00		45 +			
3	20.00	30.00		50 +			
4	20.00	25.00		55 +			
5	20.00	20.00		60 +			
6	20.00	15.00		65 +			
7	20.00	10.00		70 +			

(2) Data

(a) Please make the graph with $\lg V_{Br^-}$ assigned to Y-coordinate and $\lg V_{NH_3}$ assigned to X-coordinate.

(b) Get the value of n from the graph and calculate the value of K' from Equation (10).

(c) Calculate the value of K from Equation (8).

(d) On the basis of the equation: $K = K_{sp,AgBr} \cdot K_{st}$, we can finally get the value of K_{st}.

(reference value: $K_{sp,AgBr} = 4.1 \times 10^{-13}$)

Instructions

1. Requirement

(1) What is K_{st}? By which method can K_{st} of $[Ag(NH_3)_n]^+$ and its coordination number be determined?

(2) How can coordination equilibrium and precipitation equilibrium coexist?

(3) The used Erlenmeyer flasks in this experiment must be clean and dry at the beginning, and

cannot be washed with water during titration. What is different from this experiment and Acid-Base titration experiment? And why?

2. Operation

(1) To grasp how to control the end point during titration.

(2) To learn techniques in data processing and graph making.

3. Notes

(1) During the concoction for each mixture, ammonia water is added finally (lest ammonia would volatilize away)

(2) Before the end point can be observed, an equilibrium state should be reached for the reaction, and the extent of turbidity for each end point should be the same.

(3) At last, pipette and Erlenmeyer flasks contaminated with silver nitrate should be washed with ammonia water left.

4. Report format

(1) Objectives

(2) Principle

(3) Procedure

(a) Records (see the table listed above)

(b) Data Process (see the demand above)

(c) Discussion (analyze the come of error)

5. Questions

(1) Why should the following situations be ignored when the equilibrium concentrations of $[NH_3]$, $[Br^-]$ and $[Ag(NH_3)_n]^+$ calculated?

(a) The amount of Br^- and Ag^+ used to produce the precipitate of silver bromide

(b) The amount of Ag^+ dissociated from $[Ag(NH_3)_n^+]$

(c) The amount of ammonia used to produce the complex ion of $[Ag(NH)_n^+]$

(2) If excess potassium bromide solution was added during titration, should solution in the Erlenmeyer flask be thrown away to start from the first step?

(3) Is V_{Br^-} always the same in every titration? And how about $[Br^-]$?

Words

coordination	配位	equilibrium concentration	平衡浓度
equilibrium principle	平衡原理	silver bromide	溴化银
acidic burette	酸式滴定管	Erlenmeyer flask	锥形瓶
transfer pipette	移液管	basic burette	碱式滴定管
ammonia	氨	distilled water	蒸馏水
silver nitrate	硝酸银	potassium bromide	溴化钾
precipitation equilibrium	沉淀平衡		

扫码“学一学”

实验十　配合物

【目的要求】

通过实验了解配合物的形成条件和配合物的一些应用。

【实验原理】

配合物的形成过程是一个可逆反应，例如 Cu^{2+} 离子与 NH_3 分子结合可形成四氨合铜配离子，反应式为：

$$Cu^{2+} + 4NH_3 \rightleftharpoons [Cu(NH_3)_4]^{2+}$$

1. 增加配位剂（如 NH_3）的浓度，上述平衡向生成配离子的方向移动；降低配位剂的浓度，平衡向配离子解离的方向移动。

2. 在一个配合物溶液中，加入一种可以与中心离子结合生成难溶物的沉淀剂，就会导致溶液中未配位的金属离子的浓度降低，促进配离子的解离。反之，一种配位剂若能与金属离子结合生成稳定的配合物，并且此配合物是易溶性的，则加入足量的配位剂可以使该金属离子的难溶盐溶解，若先加入配位剂而后加入沉淀剂，可以阻止沉淀的生成。沉淀剂与配位剂对于金属离子的竞争结果，决定于相应的难溶物的 K_{sp} 和相应的配离子的 K_{st} 的相对大小。

3. 若配离子的配体是弱碱（如 NH_3）或者是弱酸根（如 CN^-、$S_2O_3^{2-}$、乙二胺四乙酸根），则加入强酸会促使配离子的解离。

4. 在同一金属离子的溶液中，同时存在两种配位剂，则此金属离子首先与能生成较稳定配合物的配位剂结合。例如，在含有 F^- 和 SCN^- 的溶液中加入 Fe^{3+}，则不能生成血红色的 $[Fe(SCN)_6]^{3-}$ 配离子，而主要生成 $[FeF_6]^{3-}$ 配离子。

5. 在配离子中，受配位体的影响，能够改变中心离子原来的电子结构，因而改变其氧化还原性质。例如，$[Co(CN)_6]^{4-}$ 的还原性要比 Co^{2+} 的还原性强得多。

6. 在 Cr^{3+} 与 EDTA 所形成的配合物溶液中加入过量 $NH_3 \cdot H_2O$ 可生成 $[Cr(OH)Y]^{2-}$ 的配离子。

7. 一些常数值

（1）难溶银盐的溶度积

AgCl 的 $K_{sp} = 1.8 \times 10^{-10}$

AgBr 的 $K_{sp} = 5.3 \times 10^{-13}$

AgI 的 $K_{sp} = 8.5 \times 10^{-17}$

（2）含银配离子的稳定常数值

$[Ag(NH_3)_2]^+$ 的 $K_{st} = 1.5 \times 10^7$

$[Ag(S_2O_3)_2]^{3-}$ 的 $K_{st} = 2.4 \times 10^{13}$

$[Ag(CN)_2]^-$ 的 $K_{st} = 1.3 \times 10^{21}$

（3）标准电极电势

$E^{\ominus}_{Co^{3+}/Co^{2+}} = +1.842V$

$E^{\ominus}_{I_2/I^-} = +0.5345V$

【仪器和药品】

1. 仪器 50ml 小烧杯，玻棒，10×100 小试管，滴管，15×150 试管。

2. 药品

（1）固体 $CuSO_4 \cdot 5H_2O$；NaF。

（2）酸 HCl 1mol/L。

（3）碱 氨水 2mol/L，浓；NaOH 1mol/L；Na_2CO_3 0.1mol/L。

（4）盐 Na_2S 0.1mol/L；$BaCl_2$ 0.1mol/L；KSCN 1mol/L；NaCl 0.1mol/L；KBr 0.1mol/L；EDTA-2Na 0.1mol/L；$K_4P_2O_7$；$Na_2S_2O_3$ 0.5mol/L；KCN 0.5mol/L；$AgNO_3$ 0.1mol/L；KI 0.1mol/L；枸橼酸钠 1mol/L；$CuSO_4$ 0.1mol/L；$CaCl_2$ 0.1mol/L；$CoCl_2$ 0.5mol/L；$CrCl_3$ 0.1mol/L。

3. 其他 乙醇 95%；H_2O_2 30%；淀粉溶液；丙酮；pH 试纸或红色石蕊试纸；酚酞指示剂；碘试液。

【实验内容】

1. 配合物的形成——硫酸四氨合铜的制备及性质

（1）反应 $CuSO_4 + 4NH_3 \rightleftharpoons [Cu(NH_3)_4]SO_4$

（2）操作 在小烧杯中放入 2.5g 相当于 0.01mol $CuSO_4 \cdot 5H_2O$，加 10ml 水，搅拌至全部溶解，加 5ml 浓氨水（相当于 0.07mol NH_3），混匀，加等体积酒精，搅拌混匀，放置2～3min，滤得析出的结晶（$[Cu(NH_3)_4]SO_4 \cdot H_2O$），用少量酒精洗 1～2 次，记录产品性状。

（3）性质

① 取少量产品，溶于几滴水，观察并记录溶液的颜色，再继续加水，观察溶液颜色有何变化?

② 取少量产品，溶于几滴水，逐滴加 1mol/L HCl 至过量，观察并记录溶液的颜色的变化，再加入过量浓氨水，观察溶液颜色的变化。

根据以上现象，讨论该配合物在溶液中的形成和解离。

③ 取少量产品，溶于几滴水，分在三个小试管中。

在第一管中加 0.1mol/L Na_2CO_3 溶液，观察有无碱式碳酸铜沉淀生成。

在第二管中加 0.1mol/L Na_2S 溶液，观察有无硫化铜沉淀生成。

根据这两个实验结果讨论 Cu^{2+} 离子浓度在溶液中的变化。

在第三管中加 0.1mol/L $BaCl_2$ 溶液，观察有无硫酸钡沉淀生成。

根据配合物的组成，讨论配合物中 Cu^{2+} 和 SO_4^{2-} 所处的位置。

④ 取少量产品（已干燥），闻一闻有无氨臭味，然后放在一支干试管里，管口挂一条润湿的 pH 试纸或红色石蕊试纸，微火加热。观察并记录：a. 试纸的颜色变化，b. 残余固体的颜色，c. 有无氨臭味，d. 写出反应式。

说明 NH_3 分子是否参与组成配合物，其结合是否牢固。

2. 配合物的稳定性 根据 AgCl、AgBr、AgI 的溶度积以及 $[Ag(NH_3)_2]^+$、$[Ag(S_2O_3)_2]^{3-}$、$[Ag(CN)_2]^-$ 的稳定常数估计在下列各步中应有什么现象，并用实验检验你的估计。

（1）取3～4滴0.1mol/L $AgNO_3$ 于试管中，加等体积0.1mol/L NaCl溶液。

（2）再加2滴浓氨水。

（3）再加2滴0.1mol/L KBr。

（4）再加2滴0.5mol/L $Na_2S_2O_3$。

（5）再加2滴0.1mol/L KI。

（6）再加2滴0.5mol/L KCN。

观察并记录各步结果，并写出反应式。

3. 配合物的形成和酸碱性

（1）配合物形成时的pH变化　在两试管中分别放0.1mol/L $CaCl_2$ 和0.1mol/L 乙二胺四乙酸二钠（Na_2H_2Y）溶液各2ml，各加1滴酚酞指示剂，都用2mol/L 氨水调到溶液刚刚变红。把两溶液混合后，溶液的颜色有何变化？写出反应式。在什么情况下，配合物形成时溶液的pH降低？

（2）溶液pH对配位平衡的影响

①枸橼酸与 Fe^{3+} 的配位。在试管中放1ml 0.1mol/L $FeCl_3$ 溶液，加1ml 1mol/L 枸橼酸钠溶液，观察并记录溶液的颜色变化。分成3份，一支试管作为对照，其余二支试管中分别加1mol/L NaOH及1mol/L HCl使分别成碱性和酸性，比较三支试管中颜色有何不同（Fe^{3+} 呈橙黄色，Fe^{3+} 的枸橼酸配合物呈亮黄至黄绿色，$Fe(OH)_3$ 呈红棕色）。讨论枸橼酸铁在酸性和碱性溶液中的稳定性。

②pH对 $[Fe(SCN)_6]^{3-}$ 形成的影响。在试管中放4～5滴0.1mol/L $FeCl_3$ 溶液，加1ml 1mol/L KSCN溶液，分成两份，一份中加数滴1mol/L HCl；一份中加1mol/L NaOH，观察并记录溶液颜色变化。讨论 $[Fe(SCN)_6]^{3-}$ 在酸性和碱性溶液中的稳定性。

4. 配合物的动力学稳定性　取10滴0.1mol/L $CrCl_3$ 溶液，加2ml 0.1mol/L 乙二胺四乙酸二钠溶液，混匀，观察溶液颜色有无变化，有无配合物形成（Cr^{3+} 的EDTA配合物呈深紫色），将溶液煮沸几分钟，有无配合物形成？在其中加入1～2滴2mol/L 氨水，是否生成绿色 $Cr(OH)_3$ 沉淀？讨论 Cr^{3+} 与乙二胺四乙酸不易形成配合物的原因。

5. 配合物的形成对氧化还原能力（热力学）的改变

（1）取 $CoCl_2$ 溶液4～5滴，加30% H_2O_2，观察并记录反应现象。H_2O_2 能否把 Co^{2+} 氧化成 Co^{3+}（Co^{3+} 棕色）？

（2）取 $CoCl_2$ 溶液4～5滴，加过量浓氨水至沉淀溶解，观察颜色的变化。再加 H_2O_2 有无颜色变化？再在其中加6mol/L HCl酸化，记录并观察颜色的变化。此时钴是几价的？形成氨配合物对 Co^{2+} 的还原性有什么影响？

（3）在试管里放1ml $CoCl_2$ 溶液，加5滴淀粉指示剂，逐滴加入碘试液，观察并记录颜色的变化。在另一试管中放2滴 $CoCl_2$ 溶液，加过量KCN溶液至开始生成的沉淀全部溶解，再往其中加入淀粉指示剂5滴并逐滴加入碘试液，观察并记录颜色的变化，并写出反应方程式。讨论加氰化钾对 Co^{2+} 还原性的影响。

6. 配位掩蔽　F^- 对 Fe^{3+} 的掩蔽　在试管中加数滴0.1mol/L $FeCl_3$ 溶液，加数滴1mol/L KSCN溶液，再加入固体NaF，摇匀，观察、记录颜色的变化并写出反应方程式。

在另一试管中，加数滴0.5mol/L $CoCl_2$ 溶液，加数滴KSCN溶液，再加等体积丙酮，

出现 [Co (SCN)$_4$]$^{2-}$的蓝色，可用以检定 Co^{2+}，加入固体 NaF 少许，蓝色是否褪去？

根据上述实验，设计一种在 Fe^{3+}存在下检验 Co^{2+}的方法。

7. 螯合物的生成　焦磷酸合铜螯合离子的生成　在试管中加 2 滴 0.1mol/L $CuSO_4$ 溶液，逐滴加 $K_4P_2O_7$ 溶液，直至沉淀溶解成深蓝色透明溶液。

$$2Cu^{2+} + P_2O_7^{4-} = Cu_2P_2O_7\ (s)$$

$$Cu_2P_2O_7 + 3P_2O_7^{4-} = 2\ [Cu\ (P_2O_7)_2]^{6-}$$

焦磷酸合铜配离子的结构为：

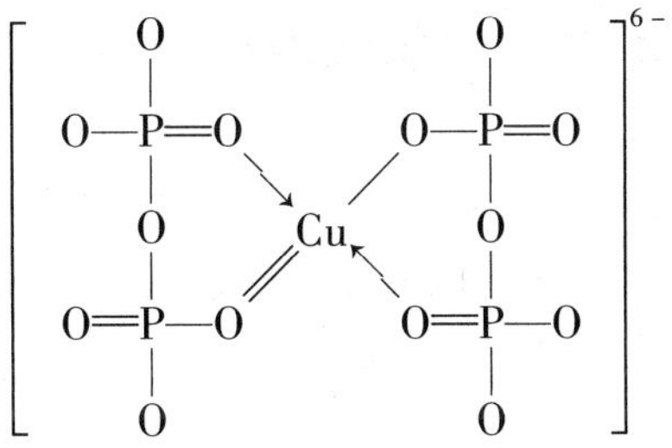

实　验　指　导

【预习要求】

1. 什么是配离子？什么是配合物？它们有哪些特性？
2. 形成配合物需要哪些条件？
3. 怎样用实验证明在溶液中形成了 [Cu (NH_3)$_4$]$^{2+}$？
4. 配合物与复盐有何区别？怎样证明？
5. 形成配合物后，原物质的哪些性质会发生改变？怎样改变？
6. 配合物中化学键的本质是什么？
7. 怎样判断配合物的相对稳定性？
8. 影响配合物稳定性的主要因素有哪些？
9. 螯合剂与配位剂有何区别和联系？
10. 在 Fe^{3+}溶液中，先加 KSCN 溶液，再加 EDTA 溶液。会发生什么现象？为什么？

【注意事项】

1. KCN 为剧毒药品，使用时须加小心。做完实验的试液不能倒入水槽，要统一回收。

2. 制备 [Cu (NH_3)$_4$] SO_4 时首先要将 $CuSO_4$ 固体全部溶解后才能加 NH_3 水，而且必须加浓 NH_3 水。

【报告格式】

1. 目的

2. 实验内容

(1) 按讲义中“实验内容”的标题，尽量用化学方程式、流程图来表示。

(2) 结论要简要明确。

【实验后思考】

1. 配位平衡与一般化学平衡是否相同？
2. 配离子的解离与配离子之间的相互转化和沉淀的溶解与转化有哪些相似的地方？
3. 在配位平衡中，是否也存在同离子效应？
4. 哪些元素最容易形成配合物？

Experiment 10 Coordination Compounds

Objectives

To learn about the set of conditions to form coordination compounds and the application of coordination compounds.

Principles

The reactions of forming coordination compounds are reversible. For example:

$$Cu^{2+} + 4NH_3 \rightleftharpoons [Cu(NH_3)_4]^{2+}$$

1. Increasing the concentration of ligand (NH_3) will cause a shift of the equilibrium to the side of complex ion. Conversely, decreasing the concentration of ligand will result in a reverse shift of the equilibrium.

2. Adding a precipitant to precipitate the central metal ion will make the complex ion decompose. Adding a ligand, which reacts with the central metal ion to form stable complex ion, can dissolve the slightly soluble salts of the metal ion. To the solution of the metal ion, adequate ligands added prior to the precipitant will prevent the precipitation.

3. If the ligand is a weak base or the anion of weak acid, adding strong acid will make the complex ion decompose.

4. Adding two kinds of ligands to the solution of a metal ion, a more stable complex ion will form. For instance, adding Fe^{3+} to the solution of F^- and CN^-, we will get $[FeF_6]^{3-}$ instead of $[Fe(SCN)_6]^{3-}$.

5. The outer electron structure of the central metal ion will change by adding ligands to form complex ion. Consequently, its redox property will also change. An example is that $[Co(CN)_6]^{4-}$ has stronger reductive ability than Co^{2+}.

6. By adding excess $NH_3 \cdot H_2O$ to the complex ion of Cr^{3+} and EDTA, $[Cr(OH)Y]^{2-}$ will be formed.

7. There are some constants needed in this experiment:

K_{sp} of AgCl: 1.8×10^{-10}

K_{sp} of AgBr: 5.3×10^{-13}

K_{sp} of AgI: 8.5×10^{-17}

K_{st} of $[Ag(NH_3)_2]^+$: 1.5×10^{7}

K_{st} of $[Ag(S_2O_3)_2]^{3-}$: 2.4×10^{13}

K_{st} of $[Ag(CN)_2]^-$: 1.3×10^{21}

$E^{\ominus}_{Co^{3+}/Co^{2+}} = +1.842V$

$E^{\ominus}_{I_2/I^-} = +0.5345V$

Equipment and Chemicals

1. Equipment Small beaker(50ml), glass rod, small test tube(10 × 100), pipette, test tube (16 × 150)

2. Chemicals

(1) Solid $CuSO_4 \cdot 5H_2O$; NaF

(2) Acid HCl 1mol/L

(3) Alkali ammonium solution (2 mol/L, conc.); NaOH 1mol/L; Na_2CO_3 0.1mol/L

(4) Salt Na_2S 0.1 mol/L; $BaCl_2$ 0.1 mol/L; KSCN 1mol/L;

NaCl 0.1 mol/L; KBr 0.1 mo l/L;

EDTA - 2Na 0.1 mol/L; $K_4P_2O_7$;

$Na_2S_2O_3$ 0.5 mol/L; KCN 0.5 mol/L

$AgNO_3$ 0.1mol/L; KI 0.1 mol/L

Sodium citrate 1 mol/L; $CuSO_4$ 0.1 mol/L;

$CaCl_2$ 0.1 mol/L; $CoCl_2$ 0.5 mol/L; $CrCl_3$ 0.1mol/L;

3. Others ethanol(95%); H_2O_2(30%); starch solution; acetone; pH test paper or red litmus paper; phenolphthalein; iodine solution

Procedures

1. Formation of coordination compounds

Preparation and properties of $[Cu(NH_3)_4]SO_4$

Reaction: $CuSO_4 + 4NH_3 \rightleftharpoons [Cu(NH_3)_4]SO_4$

Operation: Dissolve 2.5g $CuSO_4 \cdot 5H_2O$ (0.01mol) with 10ml of water in a beaker, add 5ml of concentrated ammonia solution (0.07mol), mix the solution, then add 15ml of ethanol and stir. Waiting 2 ~ 3 minutes, filter and collect the crystal of $[Cu(NH_3)_4]SO_4 \cdot H_2O$, wash the crystal with ethanol twice. Record the appearance of the crystal.

Property

(1) Dissolve a portion of the product in several drops of water, observe and record the color of the solution. Add more drops of water and observe the color change.

(2) Dissolve a portion of the product in several drops of water, add excess 1mol/L HCl solution drop by drop, observe and record the color change of the solution. Then add excess concentrated ammonia solution to observe the color change. Discuss the formation and dissociation of $[Cu(NH_3)_4]SO_4$ in solution based on the tests.

(3) Dissolve a portion of the product with several drops of water, divide the solution to three tubes.

Add 0.1mol/L Na_2CO_3 solution to the first tube, and observe whether $Cu_2(OH)_2CO_3$ is precipitated from the solution.

Add 0.1mol/L Na_2S solution to the second tube, and observe whether CuS is precipitated from the solution.

Discuss the concentration change of Cu^{2+} in the two portions of solution based on the tests above.

Add 0. 1mol/L $BaCl_2$ solution to the third tube, and observe whether $BaSO_4$ is precipitated from the solution.

Discuss the position of Cu^{2+} and SO_4^{2-} in $[Cu(NH_3)_4]SO_4$.

(4) Smell a portion of dried product to determine whether there is the odor of NH_3, then put it in a dry test tube, and hang a piece of moist pH paper or red litmus paper near the mouth of the tube and heat the crystal. Observe and record (a) the color change of the test paper, (b) the color of the residue in the tube, (c) the odor from the tube. Write out the reaction equation.

Conclude that whether NH_3 takes part in composing the coordination compound and whether the bond between NH_3 and Cu^{2+} is stable.

2. The stability of coordination compounds Estimate the phenomena of the following tests based on the involved solubility product constants and stability constants.

Perform the consecutive operations, observe and record the result of each step, then write out the reaction equations.

(1) Put 3 ~4 drops of 0. 1mol/L $AgNO_3$ solution in a tube, then add equal volume of 0. 1mol/L NaCl solution.

(2) Add 2 drops of concentrated ammonia solution to solution (1)

(3) Add 2 drops of 0. 1mol/L KBr solution to solution (2).

(4) Add 2 drops of 0. 5mol/L $Na_2S_2O_3$ solution to solution (3).

(5) Add 2drops of 0. 1mol/L KI solution to solution (4).

(6) Add 2 drops of 0. 5mol/L KCN solution to solution (5).

3. Relation between the formation of complex ion and solution pH

(1) The pH change during formation of coordination compounds.

Put 2ml of 0. 1mol/L $CaCl_2$ solution into one test tube, and 2ml of 0. 1mol/L EDTA-2Na solution to another tube, add 1 drop of phenolphthalein to the tubes respectively, acidify the solution with 2mol/L ammonia solution to be red. Mix the two portions of solution together, and observe the color change. Write out the reaction equation and answer: At what conditions the formation of coordination compounds will result in the decreasing of the solution pH?

(2) The effect of pH on complexation equilibria.

(a) The coordination between citrate and Fe^{3+}: Add 1ml of 1mol/L sodium citrate solution to 1ml of 0. 1mol/L $FeCl_3$ solution, observe and record the color change. Divide the solution into three portions. One portion is used for blank test. Acidify the second portion with 1mol/L HCl solution and basify the third portion with 1mol/L NaOH. Compare the different color of the three portions (Fe^{3+} is orange, its coordination compound with citrate is bright yellow to yellow-green, $Fe(OH)_3$ is red brown). Discuss the stability of coordination compound between citrate and Fe^{3+} in acidic and alkaline solution.

(b) The effect of pH on formation of $[Fe(SCN)_6]^{3-}$: Add 1ml of 1mol/L KSCN solution to

4 ~ 5 drops of 0. 1mol/L $FeCl_3$ solution. Divide the solution into two portions. Add several drops of 1mol/L HCl solution to one portion, and several drops of 1mol/L NaOH solution to another, compare the different color in two portions and record. Discuss the stability of $[Fe(SCN)_6]^{3-}$ in acidic and alkaline solution.

4. The activity of coordination compounds Mix 10 drops of 0. 1mol/L $CrCl_3$ solution with 2ml of 0. 1mol/L EDTA-2Na solution, observe whether the color of solution will change and conclude whether there is coordination compound formed (the EDTA complex ion of Cr^{3+} is dark purple). Boil the solution for a few minutes to see whether there is coordination compound formed. Add 1 ~ 2 drops of 2mol/L ammonia solution to see whether there are green $Cr(OH)_3$ precipitated. Does the difficulty of forming the EDTA complex ion of Cr^{3+} result from its low stability?

5. The effect of coordination on redox property

(1) Add 30% H_2O_2 solution to 4 ~ 5 drops of $CoCl_2$ solution, observe and record the phenomenon. Can H_2O_2 solution oxide Co^{2+} to brown Co^{3+}?

(2) Add excess concentrated ammonia solution to 4 ~ 5 drops of $CoCl_2$ solution until the precipitate dissolves. Observe the color change. Add H_2O_2 solution to see whether the color will change. Acidify the solution with 6mol/L HCl solution, observe and record the color change. Explain the effect of formation of complex ion on the reductive property of Co^{2+}.

(3) Put 1ml of $CoCl_2$ solution and 5 drops of starch solution in a test tube, then add iodine solution drop by drop, observe and record the color change. Put 2 drops of $CoCl_2$ solution in another test tube, add excess KCN solution until the formed precipitate dissolves, then add 5 drops of starch solution and add iodine solution drop by drop, observe and record the color change. Write out the reaction equations and discuss the effect of KCN on reductive property of Co^{2+}.

6. Masking Masking Fe^{3+} with F^-: Into a tube containing a few drops of 0. 1mol/L $FeCl_3$ solution, add several drops of 1mol/L KSCN solution, then add solid NaF, shake the tube to dissolve NaF. Record the color of the solution and write out the reaction equation.

Into another tube containing a few drops of 0. 5mol/L $CoCl_2$ solution, add several drops of KSCN solution, then add equal volume of acetone, blue $[Co(SCN)_4]^{2-}$ is formed which indicates the presence of Co^{2+}. Add solid NaF to the blue solution and observe whether the blue color will disappear.

Design a test to detect Co^{2+} in the presence of Fe^{3+}.

7. Formation of chelate Forming a chelate of $[Cu(P_2O_7)_2]^{6-}$: Add $K_4P_2O_7$ solution dropwise to two drops of 0. 1mol/L $CuSO_4$ solution until the precipitate dissolves to produce a dark blue solution.

$$2Cu^{2+} + P_2O_7^{4-} = Cu_2P_2O_7 \downarrow$$

$$Cu_2P_2O_7 + 3P_2O_7^{4-} = 2[Cu(P_2O_7)_2]^{6-}$$

The structure of $[Cu(P_2O_7)_2]^{6-}$ is showed below:

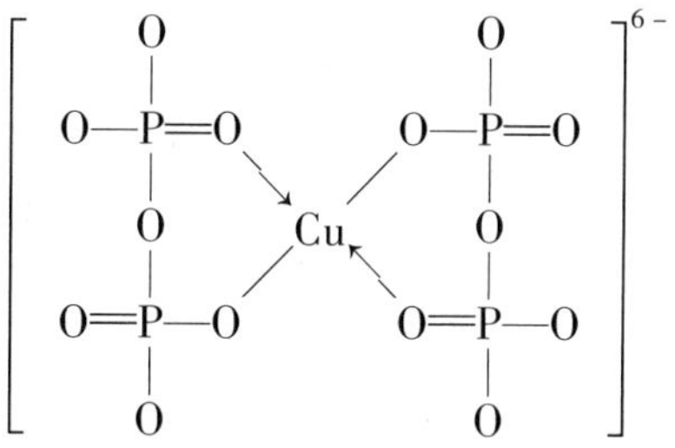

Instructions

1. Requirements

(1) What are complex ions and coordination compounds?

(2) What set of conditions should be needed to produce coordination compounds?

(3) How to prove that $[Cu(NH_3)_4]^{2+}$ is formed in the experiment?

(4) Show the differences between coordination compounds and double salts with laboratory methods.

(5) What properties of the substance will change when coordination compounds are formed?

(6) Explain the intrinsic property of the bonds in coordination compounds.

(7) How to judge the relative stability of various coordination compounds?

(8) What factors will influence the stability of coordination compounds?

(9) Compare the similarity and differences between chelant and complexant.

(10) Add KSCN solution to ferric solution prior to the addition of EDTA solution, explain what will happen to the mixture.

2. Notes

(1) Special care should be taken with the highly poisonous KCN, and the solution should be recollected after the experiment.

(2) During the preparation of $[Cu(NH_3)_4]SO_4$, ammonia solution should be added to the solution only when the solid $CuSO_4$ dissolves completely. And the ammonia solution should be concentrated.

3. Report format

(1) Objectives

(2) Procedure

(a) Show the contents with reaction equations and flow charts.

(b) Give concise conclusions to each test.

4. Questions

(1) Does the complexation equilibria is same to other chemical equilibria?

(2) Show the similarity between the complexation equilibrium of coordination compound and the dissolve equilibrium of precipitate.

(3) Does common ion effect in the complexation equilibrium exist?

(4) Which elements are prone to form coordination compounds?

Words

coordination compound	配合物	chelate	螯合物
complex ion	配离子	chelant	螯合剂
sodium citrate	枸橼酸钠	complexant	配位剂
mask	掩蔽	complexation equilibrium	配位平衡

扫码"学一学"

实验十一 卤 素

【目的要求】

1. 验证卤素、卤化氢和卤素的含氧酸及其盐的物理性质和化学性质。
2. 掌握实验室中制备卤素的一般原理和方法。
3. 掌握卤素离子的一般鉴别方法。

【实验原理】

氯、溴、碘是周期系第Ⅶ主族元素。它们的原子最外电子层上有7个电子，容易得到一个电子生成卤化物，因此卤素都是很活泼的非金属，其氧化数通常是 -1。卤素还能生成含氧酸，在其含氧酸中氧化数表现为 +1、+3、+5、+7。

氯、溴、碘都可以用氧化剂从其卤化物中制取。

卤素都是氧化剂，它们的离子都是还原剂。作为氧化剂的卤素分子的化学活泼性按下列顺序变化：

$$F_2 > Cl_2 > Br_2 > I_2$$

而作为还原剂的卤素阴离子的化学活泼性则按相反的顺序变化：

$$I^- > Br^- > Cl^- > F^-$$

卤素分子都是非极性分子，故易溶于非极性溶剂（有机溶剂）中。碘还易溶于碘化钾溶液中，生成 KI_3。

卤化银不溶于水和稀硝酸，而 CO_3^{2-}、PO_4^{3-}、CrO_4^{2-} 等阴离子形成的银盐溶于硝酸，所以可在硝酸溶液中使卤素阴离子形成卤化银沉淀以防止其他阴离子的干扰。

卤化银在氨水中溶解度不同，可以控制氨的浓度来分离混合的卤离子。实验中，常用 $(NH_4)_2CO_3$，使 AgCl 沉淀溶解，与 AgBr、AgI 分离。反应式如下：

$$(NH_4)_2CO_3 + H_2O \rightleftharpoons NH_4HCO_3 + NH_3 \cdot H_2O$$

$$AgCl + 2NH_3 \cdot H_2O \rightleftharpoons [Ag(NH_3)_2]^+ + Cl^- + 2H_2O$$

卤素的含氧酸根都具有氧化性，次氯酸的氧化能力是氯的含氧酸中最强的，因此它具有漂白、杀菌的作用，它的盐如次氯酸钠常用作为漂白剂与消毒剂。

【仪器和药品】

1. 仪器 离心管；离心机。

2. 药品

（1）固体 I_2，红磷，锌粉，KCl，KBr，KI，MnO_2，$KClO_3$。

（2）酸 H_2SO_4 3mol/L，18mol/L；HCl 12mol/L；HNO_3 6mol/L。

（3）盐 KBr 0.1mol/L；KCl 0.1mol/L；KI 0.1mol/L；$AgNO_3$ 0.1mol/L；NaClO 溶液；I_2 溶液；氯仿。

3. 试纸 蓝色石蕊试纸，$Pb(Ac)_2$ 试纸，滤纸片，KI 淀粉试纸。

【实验内容】

1. 碘与金属、非金属的反应

（1）碘溶液与锌粉的作用 将一小匙锌粉加入盛有1ml 碘溶液的试管中，不断振荡

（另取一支试管加1ml碘溶液作对照）。观察反应过程中碘溶液的颜色变化（如现象不明显可微热），写出反应式，并加以解释。

（2）碘和红磷的作用　取少许碘和红磷于试管中混合，滴入1～2滴水（如果红磷潮湿就可不加水），在水浴中加热片刻后反应猛烈发生，用湿润的蓝色石蕊试纸在管口试验HI的生成，记录观察到的现象，并写出反应式（先写生成PI_3的反应式、再写PI_3的水解反应式）。

2. 氯、溴、碘氧化性的比较

（1）氯与碘氧化性的比较　在试管中加1滴0.1mol/L KI溶液，加蒸馏水稀释至1ml，逐滴加入氯水，观察溶液颜色的变化，再加1ml氯仿、振摇、观察氯仿层的颜色。然后再向此溶液中加入过量的氯水（或通氯气）至氯仿层的颜色消失为止。解释现象并写出反应式。

（2）溴和碘氧化性的比较　在盛有约1ml 0.1mol/L KI溶液的试管中，加数滴溴水，再加入数滴淀粉溶液，记录观察到的现象并写出反应式。

（3）氯与溴氧化性的比较　向盛有约1ml 0.1mol/L KBr溶液的试管中加入数滴氯水，观察溶液颜色的变化，再加1ml氯仿振摇，观察氯仿层的颜色，解释现象并写出反应式。

综合以上实验结果列出Cl_2、Br_2、I_2氧化性大小的递变顺序，并用标准电极电位来说明。

3. 卤素的制备　取3支干试管分别加入少许KCl、KBr、KI晶体，向各试管中加入2 ml 3mol/L H_2SO_4，再各加入少量MnO_2，用碘化钾淀粉试纸在装有KCl的试管口检查证明放出的气体是Cl_2，在其余两个试管中分别加入1ml氯仿，观察氯仿层中的颜色，写出有关反应式。

4. 比较卤化氢的还原性

（1）在一支干燥试管中加入几小粒KCl晶体，加2～3滴浓H_2SO_4，观察试管中的变化，并用蓝色石蕊纸在试管口检查证明所逸出的气体是HCl。

（2）在一支干燥试管中加入几小粒KBr晶体，加2～3滴浓H_2SO_4，观察试管中的变化，并用沾有I_2试液的试纸在试管口检查，证明所逸出的气体是SO_2。

（3）在一支干燥试管中加入几小粒KI晶体，加2～3滴浓H_2SO_4，观察试管中的变化，并用醋酸铅试纸在试管口检查证明所逸出的气体是H_2S。

综合比较三支试管的反应产物，列出Cl^-、Br^-、I^-还原性的强弱递变顺序，写出有关反应式，并用标准电极电势解释实验结果。

5. 次氯酸盐和氯酸盐的氧化性

（1）在试管中加0.1mol/L KI溶液1ml和氯仿1ml，再加1～2滴次氯酸钠溶液，振摇，观察氯仿层的颜色，再逐滴加入过量的次氯酸钠，不断振摇直至氯仿层颜色消失，记录现象，写出有关反应式。

（2）在试管中加入少量$KClO_3$晶体，用1～2ml水溶解后，加入10滴0.1mol/L KI溶液，把得到的溶液分成两份，一份用1mol/L H_2SO_4酸化，一份留作对照。稍等片刻，观察有何变化。试比较氯酸盐在中性和酸性溶液的氧化性。

6. Cl^-、Br^-、I^-混合溶液的分离和检出

（1）AgX沉淀的生成　于离心管中加入3滴0.1mol/L NaCl、0.1mol/L KBr和0.1mol/L

KI，混合后，加2滴6mol/L HNO_3 酸化，再滴加0.1mol/L $AgNO_3$ 溶液至沉淀完全，离心沉淀，弃去溶液，沉淀用蒸馏水洗涤2次，每次用水4～5滴，搅拌后离心沉淀，弃去洗液（用毛细吸管吸取）得卤化银沉淀。

（2）AgCl的溶解及 Cl^- 的检出　往上面所得卤化银沉淀上加2ml 12%（NH_4）$_2CO_3$ 溶液充分搅拌后，离心，将清液［Ag（NH_3）$_2$］Cl移于试管中，用6mol/L HNO_3 酸化，如有白色AgCl沉淀生成，表示有 Cl^- 存在，将沉淀用作 Br^-、I^- 的检定。

（3）Br^- 和 I^- 的检出　在（2）中所得的沉淀中加5滴水和少量锌粉，充分搅拌，待卤化银被还原完全后（沉淀全变黑色），离心沉降，吸取上清液于另一支离心管（或小试管）中，加10滴氯仿再滴加氯水，每加1滴均要充分摇动试管，并观察氯仿层颜色变化，如氯仿层显紫红色则表示有 I^- 存在（生成 I_2）。继续加入氯水至红紫色退去（被氧化成无色 $NaIO_3$），而氯仿层呈橙色或金黄色，表示有 Br^- 存在。

有关反应式：

$$2AgBr + Zn \rightleftharpoons Zn^{2+} + 2Br^- + 2Ag\downarrow$$

$$2AgI + Zn \rightleftharpoons Zn^{2+} + 2I^- + 2Ag\downarrow$$

$$2I^- + Cl_2 \rightleftharpoons I_2 + 2Cl^-$$

$$I_2 + 5Cl_2 + 6H_2O \rightleftharpoons 2HIO_3 + 10HCl$$

$$2Br^- + Cl_2 \rightleftharpoons Br_2 + 2Cl^-$$

实　验　指　导

【预习要求】

1. 为什么卤素在化合物中的氧化数常是单数？

2. 从电极电势说明为什么作为氧化剂的活泼性 $F_2 > Cl_2 > Br_2 > I_2$，而作为还原剂的活泼性 $F^- < Cl^- < Br^- < I^-$？

3. 在实验室中制备少量 Cl_2、Br_2、I_2 可利用什么反应？

4. 卤素单质有哪些主要化学性质？

5. 卤化氢的还原性有什么递变规律？实验中如何验证HCl、SO_2、H_2S 气体？

6. 如何证明次氯酸盐的氧化性？

7. 水溶液中，氯酸盐的氧化性与介质有何关系？

8. 如何分离和检出 Cl^-、Br^-、I^-？

9. 实验前查出本实验中有关的标准电极电势。

10. 完成下列反应式，指出氧化剂和还原剂。

（1）Zn（s）+ I_2（sol）$\longrightarrow$

（2）Mg（s）+ I_2（s）$\longrightarrow$

（3）P（s）+ I_2（s）$\xrightarrow[H_2O]{\Delta}$

（4）I^- + Cl_2（g）$\longrightarrow$

（5）$I_2 + Cl_2 + H_2O \longrightarrow$

(6) $I^- + Br_2 \longrightarrow$

(7) $Br^- + Cl_2 \longrightarrow$

(8) $Cl^- + MnO_2 + H^+ \longrightarrow$

(9) $Br^- + MnO_2 + H^+ \longrightarrow$

(10) $Cl^- + H_2SO_4$ (Conc) $\longrightarrow$

(11) $Br^- + H_2SO_4$ (Conc) $\longrightarrow$

(12) $I^- + H_2SO_4$ (Conc) $\longrightarrow$

(13) $I^- + HClO + H^+ \longrightarrow$

(14) $I_2 + HClO + H_2O \longrightarrow$

(15) $I^- + ClO_3^- + H^+ \longrightarrow$

(16) AgCl (s) $+ NH_3$ (过量) $\longrightarrow$

(17) AgBr (s) $+ Zn \longrightarrow$

(18) AgI (s) $+ Zn \longrightarrow$

【基本操作】

1. 离心分离。
2. 检查沉淀完全与否。
3. 试管反应中少量气体逸出的检别。
4. 试管中少量液体的萃取。

【注意事项】

1. 本实验中，PI_3、Cl_2 都是有毒气体，并有刺激性，吸入人体会刺激喉管，引起咳嗽和喘息。因此，在做产生 PI_3 和 Cl_2 气实验时，须在通风橱内进行，室内也要注意通风换气。

2. 当检验反应中所逸出的气体时，必须把所用的试纸用水润湿后放在试管口，不能投入试管内。

3. 关于离心机的使用方法与溶液和沉淀的分离操作，可参看“沉淀平衡”实验指导中的注意事项。

【报告格式】

1. 目的
2. 实验内容（示例）

(1)

试样	加入试剂	现　　象	反应方程式
结论			

(2) Cl^-、Br^-、I^-离子混合溶液的分离和检出

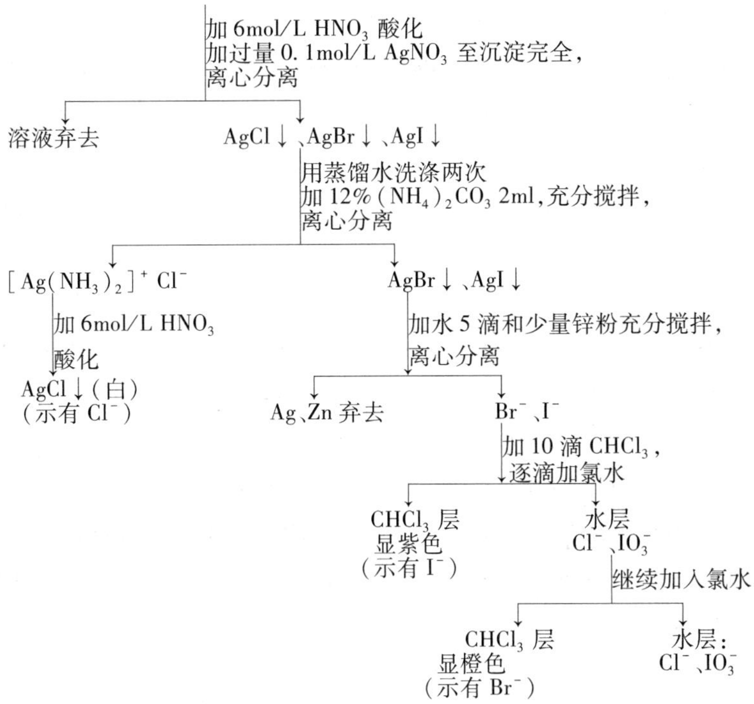

【实验后思考】

1. 为什么 Ag 的卤化物（除氟化银）及 CO_3^{2-}，PO_4^{3-}，CrO_4^{3-} 等阴离子形成的 Ag 盐难溶于水，用分子结构解释。

2. 用电极电势说明不同氧化数氯的含氧酸盐氧化能力强弱的顺序。“氧化数愈高，氧化能力愈强”这句话对吗？

3. 为什么 AgF 易溶于水？为什么 HF 的沸点在卤化氢中为最高？

4. 如何检验溶液中含 F^- 离子？

Experiment 11　Halogen

Objectives

1. Validate (Test) the physical and chemical properties of halogen, haloid oxyacid, haloid oxysalt and hydrogen halid.

2. Master the methods of how to prepare halogen and the general principles.

3. Learn how to identify the halogen ions.

Principles

1. Group Ⅶ elements comprise of fluorine F, chlorine Cl, bromine Br, iodine I and astatine At, which have similar structure of the outer and penultimate electron layers (ns^2np^5). The presence of one unpaired electron determines its likeness to get one electron, forming corresponding halogenide. Halogens all have active nonmetallic characters with a usual oxidation state of -1, but the oxidation states in the haloid oxyacid are displayed as: $+1$, $+3$, $+5$, $+7$.

2. Free halogen molecule (such as Cl_2, Br_2, I_2) each is obtained by oxidizing its corresponding

halogenide.

3. All the halogen molecules are oxidants with different chemical activity according to the sequence as $F_2 > Cl_2 > Br_2 > I_2$. Whereas all halogen ions are reducers with their reducing activity decreasing in the following series: $I^- > Br^- > Cl^- > F^-$.

4. Halogen molecules are non-polar so that they are readily soluble in some non-polar solvents (organic solvents). Especially iodine is soluble in KI solution due to the form of KI_3 molecules.

5. Most ionic halogenides are readily soluble in water with the exception of silver halide (AgX), which is also insoluble in dilute nitric acid (HNO_3) solution. But compounds of Ag^+ with CO_3^{2-}, PO_4^{3-}, CrO_4^{2-} all readily dissolve in HNO_3 solution. So silver halide (AgX) can be precipitated in HNO_3 solution as to prevent the disturbance from the other anions.

6. Diverseness of the solubility of AgX in ammonia solution ($NH_3 \cdot H_2O$) determines that controlling the density of NH_3 is useful to separate the mixed haloid ions. For example, $(NH_3)_2CO_3$ is added to dissolve AgCl, which then can be separated from AgBr and AgI. The relative reaction equations are given below:

$$(NH_4)_2CO_3 + H_2O = NH_4HCO_3 + NH_3 \cdot H_2O$$

$$AgCl + 2NH_3 \cdot H_2O = [Ag(NH_3)_2]^+ + Cl^- + 2H_2O$$

7. All the haloid oxyacid radicals have oxidizing activity. Among them hypochlorous acid (HClO) is the strongest oxidant. It is usually used as bleacher and antiseptic because of its capacity of bleaching and sterilizing.

Equipment and Chemicals

1. Equipment Centrifugal tube, centrifugal machine

2. Chemicals

(1) Soild $I_2(s)$, red phosphor, zinc powder, KCl, KBr, KI, MnO_2, $KClO_3$

(2) Acid H_2SO_4 3mol/L, 18mol/L; HCl 12mol/L; HNO_3 6mol/L.

(3) Salt KBr 0.1mol/L; KCl 0.1mol/L; KI 0.1mol/L; $AgNO_3$ 0.1mol/L;
NaClO solution; I_2 solution; Chloroform ($CHCl_3$)

3. Test paper Blue litmus test paper, $Pb(Ac)_2$ test paper, filter paper, KI/amylum test paper

Procedures

1. Iodine reaction with metallic and nonmetallic elements

(1) Iodine solution reaction with zinc powder

Add a spoon of zinc powder to a test tube containing 1ml iodine solution. Shake sufficiently (in contrast to another test tube with only 1ml iodine solution). Observe the color change of iodine solution (heated if the phenomenon is not obvious). Write out the chemical reaction equations and explain the result above.

(2) Iodine reaction with red phosphor (P)

Mix some $I_2(s)$ with red P into a test tube, and then add 1 ~ 2 drops of water (when P is dry). You may find strong reaction occurs after the test tube is heated in water bath. Then put a piece of wet litmus paper near the top of the tube to detect the product (HI). Record the phenomenon, write out the chemical reaction equations and explain the result above.

2. Comparing the oxidizing activity of Cl_2, Br_2 and I_2

(1) Comparing the oxidizing activity of Cl_2 and I_2

Add a drop of 0.1mol/L KI solution to a test tube, and then dilute it with about 1ml of distilled water. Continuously add aqueous solution of chlorine drop by drop, observe the color change. Then add 1ml chloroform ($CHCl_3$), shake, and observe the color of $CHCl_3$ layer. Go on to add aqueous solution of chlorine until the color of $CHCl_3$ layer disappears. Write out the chemical reaction equations and explain the result above.

(2) Comparing the oxidizing activity of Br_2 and I_2

Add drops of aqueous solution of bromine to a test tube containing 1ml 0.1mol/L KBr solution, and then add drops of amylum solution. Record the phenomenon and write out the chemical reaction equations and explain the result above.

(3) Comparing the oxidizing activity of Cl_2 and Br_2

Add drops of aqueous solution of chlorine to a test tube containing 1ml 0.1mol/L KBr solution; observe the color change of the solution. Then add 1ml $CHCl_3$ while shaking, observe the color of the $CHCl_3$ layer again. Write out the chemical reaction equations and explain the result above.

Summarize the experimental results above, then range the halogen molecules (Cl_2, Br_2, I_2) conforming to their oxidizing activity increasing or decreasing. Illustrate that rule with standard electrode potentials.

3. Preparation of the halogens Add some KCl, KBr and KI crystals to three dry tubes respectively, then add 2ml 3 mol/L H_2SO_4 and some MnO_2 to each tube. Put a piece of KI/starch paper near the top of the tube containing KCl to detect the emitted gas (Cl_2). Finally add 1ml $CHCl_3$ to the other two tubes and observe the color of $CHCl_3$ layer carefully. Write out the chemical reaction equations and explain the result above.

4. Comparing the reducing activity of the hydrogen halogenide

(1) Add a few KCl particles to a dry test tube, then 2 ~ 3 drops of concentrated sulphuric acid (H_2SO_4) are added. Observe what occurs in the tube, put a piece of blue litmus test paper near the top of tube to detect the emitted gas (HCl).

(2) Add a few KBr particles to a dry test tube, and then 2 ~ 3 drops of concentrated sulphuric acid (H_2SO_4) are added. Observe what occurs in the tube, put a piece of test paper moistened with solution of I_2 near the top of tube to detect the emitted gas (SO_2).

(3) Add a few KI particles to a dry test tube, then 2 ~ 3 drops of concentrated sulphuric acid (H_2SO_4) are added. Observe what occurs in the tube, put a piece of blue $Pb(Ac)_2$ test paper near the top of tube to detect the emitted gas (H_2S).

Summarize the three different products above, then range the haloid ions (Cl^-, Br^-, I^-) according to their reducing activity increasing or decreasing. Illustrate that rule with standard electrode potential.

5. The oxidizing activity of hypochlorites and chlorates

(1) Add 0.1mol/L 1ml KI solution and $CHCl_3$ 1ml, then add 1 ~ 2 drops of natrium hypochlo-

rite (NaClO) solution and shake sufficiently. Observe the color of the $CHCl_3$ layer. After that add superfluous NaClO solution drop by drop while shaking until the color of the $CHCl_3$ layer disappears. Write out the chemical reaction equations and explain the result above.

(2) Add some potassium chlorates ($KClO_3$) crystals into a test tube, and then dissolve them in 1 ~ 2ml water. Continuously add 10 drops of 0. 1mol/L KI solution. Then mixture solution above are divided into two tubes, one of which is acidified by concentrated H_2SO_4, another is held for comparison. Wait a minute, observe and try to conclude the difference of the oxidizing activity of the chlorates when they are in the different medium, e. g. in a neutral solution or in an acidic solution.

6. Separation and detection of the solution mixed with Cl^-, Br^-, and I^-

(1) How to produce the silver halogenide

Add 3 drops of 0. 1mol/L NaCl(aq), 0. 1mol/L KBr(aq) and 0. 1mol/L KI(aq) to a centrifugal tube respectively, then add 2 drops of 6mol/L HNO_3 to acidify the mixed solution. After that dribble down 0. 1mol/L $AgNO_3$ solution until the precipitates are completely produced. With the centrifugal machine you can separate these silver halid precipitates from the solution, and wash the precipitates twice with distilled water(4 ~ 5 drops once and stirring at the same time). Finally discard the washing solution (with a burette) after subside the precipitates using centrifugal machine.

(2) How to dissolve AgCl and how to detect Cl^-

Add 2ml 12% $(NH_4)_2CO_3$ solution to the precipitates mentioned above, after stirring sufficiently, separate the precipitates from the solution again with centrifugal machine, remove the transparent solution ($[Ag(NH_3)_2]Cl$) to a test tube, and acidify it with 6 mol/L HNO_3. If a white substance AgCl appears, it proves Cl^- existing. Take note of keeping the precipitates (AgBr and AgI) for the next process to detect the presence of Br^- and I^-.

(3) How to detect Br^- and I^-

Add 5 drops of water and some zinc powder to the left precipitates mentioned above. Stirring until the silver halide is completely reduced (that is the precipitate turns black). Separate the left precipitates form the solution again with centrifugal machine, imbibe the transparent solution to another centrifugal tube, and then add 10 drops of $CHCl_3$ and the aqueous solution of chlorine while shaking sufficiently at the same time. Observe the color change in $CHCl_3$ layer. If the red violet color appears, it proves I^- existing. Finally add the aqueous solution of chlorine until such color disappears again because the oxidation product $NaIO_3$ that is colorless is formed. Then if the orange or the golden color appears, it proves Br^- existing.

Some relevant reaction equations are as follows:

$$2AgBr + Zn \rightleftharpoons Zn^{2+} + 2Br^- + 2Ag\downarrow$$

$$2AgI + Zn \rightleftharpoons Zn^{2+} + 2I^- + 2Ag\downarrow$$

$$2I^- + Cl_2 \rightleftharpoons I_2 + 2Cl^-$$

$$I_2 + 5Cl_2 + 6H_2O \rightleftharpoons 2HIO_3 + 10HCl$$

$$2Br^- + Cl_2 \rightleftharpoons Br_2 + 2Cl^-$$

Instructions

1. Requirements

(1) Why are the oxidation states of the halogens in their compounds singulars? Please correlate the atom structure to explain it.

(2) Explain why the oxidizing activity is decreasing as follows: $F_2 > Cl_2 > Br_2 > I_2$, but the reducing activity is increasing as follows: $F^- < Cl^- < Br^- < I^-$.

(3) Which reaction can be selected to prepare a small quantity of Cl_2, Br_2, I_2 in the lab?

(4) Enumerate the main chemical properties of the free halogen molecules.

(5) What rules do the reducing activity of the hydrogen halogenides obey? How to detect HCl (g), SO_2 and H_2S?

(6) How to validate the oxidizing activity of ClO^-?

(7) In aqueous water, what's the relationship between the oxidizing activity of ClO_3^- and the medium?

(8) How to separate and detect Cl^-, Br^- and I^-?

(9) Please consult the relational standard electrode potential before the experiment?

(10) Complete the following reaction equations, discriminating the reducer and the oxidant in each reaction.

(a) $Zn(s) + I_2(sol) \longrightarrow$

(b) $Mg(s) + I_2(s) \longrightarrow$

(c) $P(s) + I_2(s) \xrightarrow[H_2O]{\Delta}$

(d) $I^- + Cl_2(g) \longrightarrow$

(e) $I_2 + Cl_2 + H_2O \longrightarrow$

(f) $I^- + Br_2 \longrightarrow$

(g) $Br^- + Cl_2 \longrightarrow$

(h) $Cl^- + MnO_2 + H^+ \longrightarrow$

(i) $Br^- + MnO_2 + H^+ \longrightarrow$

(j) $Cl^- + H_2SO_4(Conc) \longrightarrow$

(k) $Br^- + H_2SO_4(Conc) \longrightarrow$

(l) $I^- + H_2SO_4(Conc) \longrightarrow$

(m) $I^- + HClO + H^+ \longrightarrow$

(n) $I_2 + HClO + H_2O \longrightarrow$

(o) $I^- + ClO_3^- + H^+ \longrightarrow$

(p) $AgCl(s) + NH_3(superfluous) \longrightarrow$

(q) $AgBr(s) + Zn \longrightarrow$

(r) $AgI(s) + Zn \longrightarrow$

2. Operation

(1) Separate the precipitate with the centrifugal machine.

(2) Examine whether the precipitate is completely subsided.

(3) Detect the small quantity of the emitted gas from the test tube.

(4) Extract a small quantity of liquid in the test tube.

3. Report format

(1) Objectives

(2) Procedures

Samples	Chemicals	Phenomenon	Reaction equation
Conclusion			

(3) Separation and detection of the mixed solution containing Cl^-, Br^-, I^-

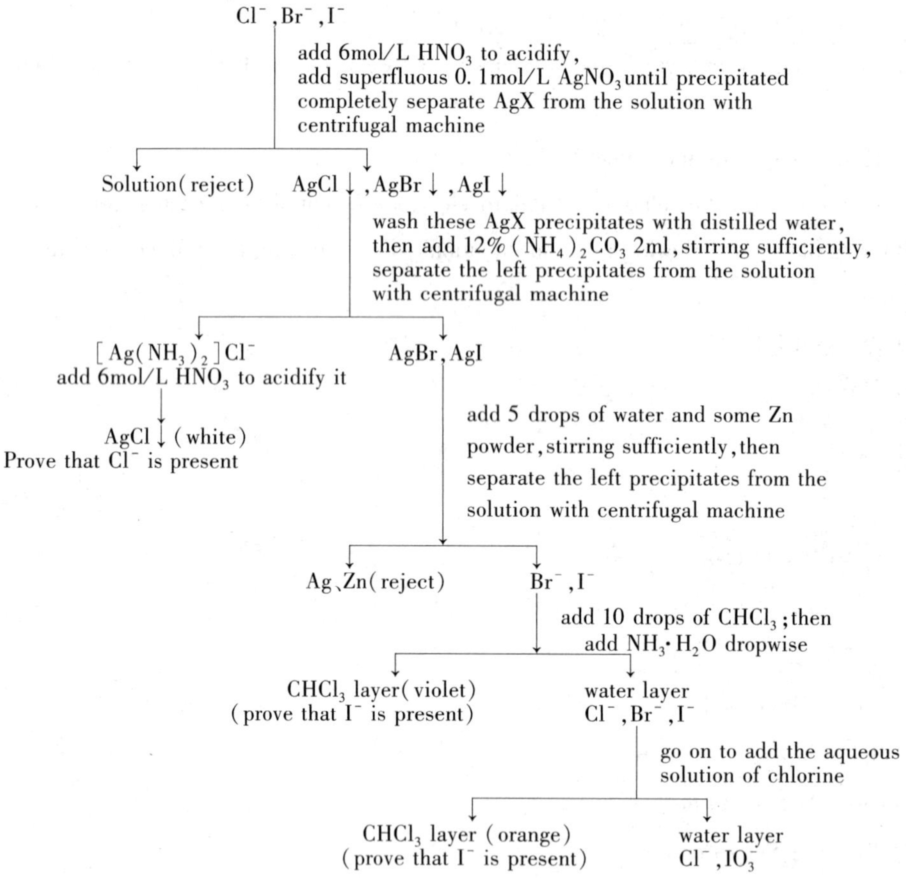

4. Questions

(1) Explain the cause of insolubility of Ag_2CO_3, Ag_3PO_4, Ag_2CrO_4 and the silver halides (exception of AgF) in the water using Molecule Structure Theory.

(2) Illuminate the difference of oxidizing activity of oxychlorates with the different oxidation states of chlorine. What do you think of "Increasing oxidation state means increasing oxidizing activity"?

(3) Why is AgF readily soluble in water? Why is the boiling point of HF highest among the hydrogen haloid?

(4) How to detect the solution containing I^-?

Words

halogen	卤素	chloroform	氯仿
halide	卤化物,卤化物的	litmus	石蕊
haloid	卤素的,卤素盐	aqueous	水的
oxychloride	氯氧化物	phosphor	磷
chlorine	氯	sulphuric acid	硫酸
bromine	溴	illustrate	说明
iodine	碘	amylum	淀粉
fluorine	氟	concentrated	浓的
hypochlorite	次氯酸盐	precipitate	沉淀
chlorate	氯酸盐	centrifugal	离心的
identify	鉴别	pungent	(气味)刺激性的
halogenide	卤化物	equilibrium	平衡
oxidant	氧化剂	medium	介质
reducer	还原剂	natrium	钠
dilute	稀释的	kalium	钾
oxidizing activity	氧化性	oxyacid	含氧酸
dissolve	溶解	oxysalt	含氧酸盐
ammonia	氨	stir	搅拌
radical	根	subside	沉降,下沉

实验十二　氧、硫

扫码“学一学”

【目的要求】

1. 验证 H_2O_2、H_2S、H_2SO_3、$Na_2S_2O_3$、$(NH_4)_2S_2O_8$ 的化学性质。
2. 掌握 H_2O_2、S^{2-}、$S_2O_3^{2-}$ 的检查方法。
3. 了解金属硫化物的难溶性。

【实验原理】

1. 氧、硫是周期系第Ⅵ主族元素，氧是人类生存必需的气体。氢和氧的化合物，除了水以外，还有 H_2O_2。过氧化氢是强氧化剂，但和更强的氧化剂作用时，它又是还原剂。

2. H_2S 是有毒气体，能溶于水，其水溶液呈弱酸性。在 H_2S 中，S 的氧化数是 -2，H_2S 是强还原剂。S^{2-} 可与多种金属离子生成不同颜色的金属硫化物沉淀，例如 ZnS（白色）、CuS（棕黑色）、HgS（黑色）、CdS（黄色）。

3. 在碱性溶液中，亚硝酰铁氰化钠 $Na_2[Fe(CN)_5NO]$ 与 S^{2-} 生成红紫色的配合物，这是鉴定 S^{2-} 离子的灵敏反应，其反应可能是：

$$[Fe(CN)_5NO]^{2-} + S^{2-} =$$

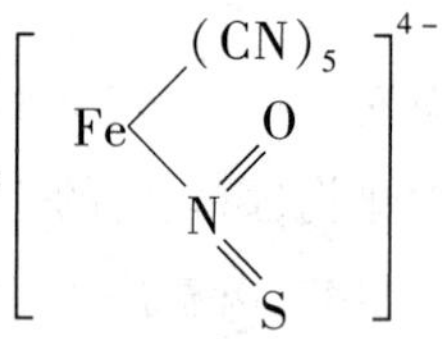

4. SO_2 和 H_2SO_3 是还原剂，但与强还原剂作用时，又表现为氧化剂。

5. $Na_2S_2O_3$ 是一个还原剂，I_2 可以将它氧化成 $Na_2S_4O_6$。$Na_2S_2O_3$ 在酸性溶液中不稳定，会分解成 S 和 SO_2。

$$Na_2S_2O_3 + 2HCl = 2NaCl + SO_2 + S\downarrow + H_2O$$

$S_2O_3^{2-}$ 与 Ag^+ 的反应是它的特征反应。可用来鉴定 $S_2O_3^{2-}$ 离子。

$$S_2O_3^{2-} + 2Ag^+ \longrightarrow Ag_2S_2O_3$$

$$Ag_2S_2O_3 + H_2O \longrightarrow Ag_2S\downarrow + H_2SO_4$$

6. 浓 H_2SO_4 是一个强氧化剂，在加热时，它能氧化许多金属，而本身则随条件不同而被还原成 SO_2、S 或 H_2S。

H_2SO_4 的还原产物可按如下判断：如溶液呈白色混浊，示析出 S；如产生具有还原性的刺激性气体，则为 SO_2；如产生具有还原性或使 $Pb(Ac)_2$ 试纸变黑的，具有臭鸡蛋气味的气体则为 H_2S。

7. 过二硫酸盐系强氧化剂，能将 I^- 氧化成 I_2。

【药品】

1. 固体 MnO_2，$(NH_4)_2S_2O_8$，Zn 粒，Cu 粒，Na_2SO_3，$PbCO_3$ 或 $CdCO_3$。

2. 酸 H_2SO_4 浓，2mol/L；HCl 6mol/L；H_2S 溶液。

3. 碱 NaOH 40%；$NH_3 \cdot H_2O$ 2mol/L。

4. 盐 KI 0.1mol/L；$KMnO_4$ 0.01mol/L；$AgNO_3$ 0.1mol/L；$K_2Cr_2O_7$ 0.1mol/L；$Pb(NO_3)_2$ 0.1mol/L；$CuSO_4$ 0.1mol/L；$Cd(NO_3)_2$ 0.1mol/L；$FeSO_4$ 0.1mol/L；Na_2S 0.1mol/L；$Na_2S_2O_3$ 0.1mol/L；$ZnSO_4$ 0.1mol/L；$MnSO_4$ 0.2mol/L；$Sr(NO_3)_2$ 0.5mol/L。

5. 其他 淀粉溶液，乙醇 95%；SO_2 水溶液；H_2O_2 3%；I_2 0.1mol/L；蓝色石蕊试纸，$Pb(Ac)_2$ 试纸。

【实验内容】

1. 过氧化氢

（1）H_2O_2 的氧化、还原性

①在试管中加 10 滴 0.1mol/L KI 溶液，用 2mol/L H_2SO_4 酸化后，加 2 滴 3% H_2O_2 溶液，观察有何变化。再加 5 滴淀粉试液，有何现象出现？写出反应式。

②取一小片 $Pb(Ac)_2$ 试纸，加 1 滴 H_2S 水溶液，则有黑色的 PbS 生成，然后再向 PbS 上滴 1 滴 3% H_2O_2 溶液，观察有何现象？写出反应式。

（2）H_2O_2 的酸性——过氧化钠的生成　往试管中加 0.5ml 40% NaOH 溶液和 2 滴 3% H_2O_2 溶液，再加 1ml 乙醇以降低生成物的溶解度，振荡，观察反应情况与产物的颜色和状态，写出反应式，并加以解释。

（3）H_2O_2 的催化分解　往盛有 2ml 3% H_2O_2 溶液的试管中，加少量 MnO_2 固体，观察 H_2O_2 的催化分解。试验有 O_2 生成（管口用火柴余烬检验）。写出反应式。

2. 硫化氢（H_2S）的性质

（1）H_2S 的还原性　取 2 支试管，分别加 5 滴 0.1mol/L $K_2Cr_2O_7$ 和 0.01mol/L $KMnO_4$ 溶液，再加 2mol/L H_2SO_4 酸化，再分别加入数滴 H_2S 溶液，观察现象，写出反应式。

（2）H_2S 与金属离子的反应　取 6 支试管，分别加 0.1mol/L $AgNO_3$、$Pb(NO_3)_2$、$CuSO_4$、$FeSO_4$①、$ZnSO_4$ 和 $Cd(NO_3)_2$ 溶液 2～3 滴，滴加 H_2S 饱和溶液，观察各试管中有无沉淀生成，若无沉淀，继续加 2mol/L 氨水至碱性，观察各试管中沉淀的颜色或生成沉淀的情况。

（3）S^{2-} 离子的鉴定　取数滴 0.1mol/L Na_2S 溶液，滴入新配制的 1% $Na_2[Fe(CN)_5NO]$（亚硝酰铁氰化钠）溶液，观察产生的现象。

3. 亚硫酸（H_2SO_3）的性质

（1）H_2SO_3 的氧化性　取 H_2SO_3 溶液 2ml（即 SO_2 水溶液），先试酸性，然后滴加 H_2S 溶液，观察现象，写出反应式。

（2）H_2SO_3 的还原性　取 0.01mol/L $KMnO_4$ 溶液 10 滴，加 5 滴 2mol/L H_2SO_4 溶液，再滴加 H_2SO_3 溶液，观察现象，写出反应式。

4. 硫代硫酸钠（$Na_2S_2O_3$）的性质

（1）与酸反应　取 1ml 0.1mol/L $Na_2S_2O_3$ 溶液，滴加 6mol/L HCl 溶液，观察现象，并写出反应式。

（2）还原性　取 0.1mol/L $Na_2S_2O_3$ 溶液 5 滴，然后逐滴加入 0.1mol/L I_2 溶液，不断振摇试管，观察现象并写出反应式。

（3）$S_2O_3^{2-}$ 的鉴定　取 0.1mol/L $Na_2S_2O_3$ 溶液 5 滴，加 1ml 水，滴加 0.1mol/L $AgNO_3$ 溶液，即有白色 $Ag_2S_2O_3$ 沉淀生成，振摇后沉淀溶解，再加入过量的 $AgNO_3$ 溶液，又有白色沉淀生成，但迅速转变为黄色、红棕色，最后转变为棕黑色。写出反应式。

5. 浓 H_2SO_4 与金属作用

（1）浓 H_2SO_4 与活泼金属作用　取浓 H_2SO_4 约 2ml，小心放入 Zn 粒，微热，观察现象，如何用化学方法判断所产生的气体是什么。写出反应方程式。

（2）浓 H_2SO_4 与不活泼金属的作用　如上法做浓 H_2SO_4 和金属铜的反应，观察溶液颜色的变化，用化学方法判断所产生的气体，写出反应方程式。

6. 过二硫酸铵［$(NH_4)_2S_2O_8$］的氧化性

（1）取 $(NH_4)_2S_2O_8$ 晶体少许，加入 2ml 水溶解后，滴加 0.1mol/L KI 溶液，观察溶液颜色的变化，再加入淀粉试液有何现象出现，写出反应方程式。

（2）取 2ml 2mol/L H_2SO_4 和 4～5 滴 0.2mol/L $MnSO_4$ 溶液，混合均匀后，加 1 滴

---

① 由于 Fe^{2+} 在空气中易被氧化，所以在 $FeSO_4$ 溶液中难免存在 Fe^{3+}，当加入 H_2S 水溶液时，$2Fe^{3+} + H_2S = 2Fe^{2+} + S\downarrow + 2H^+$ 溶液中将出现白色浑浊。

0.1mol/L $AgNO_3$（作催化剂）和少量 $(NH_4)_2S_2O_8$ 固体，微热，观察溶液的颜色有何变化。

$$5S_2O_8^{2-}+2Mn^{2+}+8H_2O = 10SO_4^{2-}+2MnO_4^{-}+16H^{+}$$

7. S^{2-}、SO_3^{2-}、$S_2O_3^{2-}$ 混合离子的分离和检出

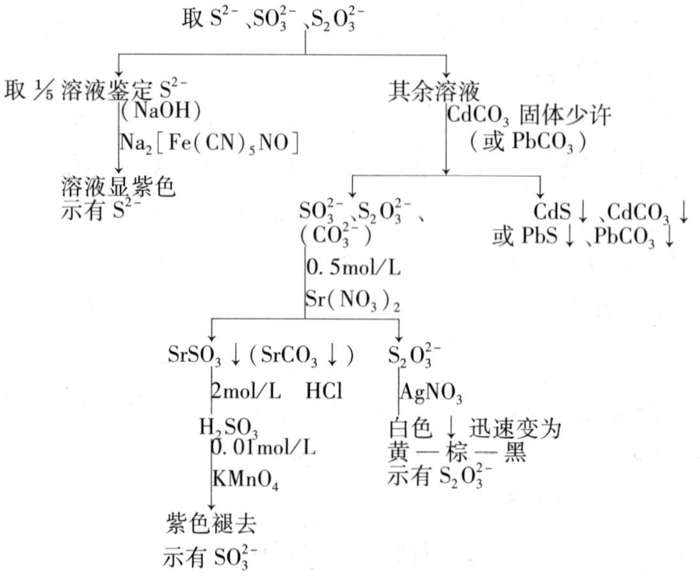

实 验 指 导

【预习要求】

1. 说明过氧化氢在氧化还原性、酸碱性、稳定性等方面的性质，并根据实验内容用反应式表示。

2. 本实验中怎样试验硫化氢的还原性？

3. 实验室为何不能长期保存硫化氢水溶液？

4. 为何不能用硝酸同 FeS 作用来制备 H_2S？

5. 为什么在 $FeSO_4$ 溶液中滴加 H_2S 饱和溶液无沉淀生成，当加入 2mol/L 氨水至碱性后有 FeS 沉淀生成？

6. 试比较浓硫酸与 Zn 粒和 Cu 粒作用的产物。

7. 亚硫酸、硫代硫酸钠、过二硫酸铵有哪些主要性质？怎样用实验加以验证。

8. 如何分离和鉴定 S^{2-}、SO_3^{2-}、$S_2O_3^{2-}$？

9. $Na_2S_2O_3$ 分别与 I_2 和 Cl_2 反应，产物有何不同？

10. 完成下列反应：

$KI + H_2O_2 + H_2SO_4 \longrightarrow$

$PbS + H_2O_2 \longrightarrow$

$H_2O_2 + NaOH \longrightarrow$

$H_2O_2 \xrightarrow{MnO_2}$

$Cr_2O_7^{2-} + H_2S + H^{+} \longrightarrow$

$MnO_4^{-} + H_2S + H^{+} \longrightarrow$

$MnO_4^- + SO_3^{2-} + H^+ \longrightarrow$

$Na_2S_2O_3 + HCl \longrightarrow$

$Na_2S_2O_3 + I_2 \longrightarrow$

$Na_2S_2O_3$（过量）$+ AgNO_3 \longrightarrow$

$Na_2S_2O_3 + AgNO_3$（过量）$\longrightarrow$

$Ag_2S_2O_3 + H_2O \longrightarrow$

H_2SO_4（Conc）$+ Zn \longrightarrow$

H_2SO_4（Conc）$+ Cu \longrightarrow$

$(NH_4)_2S_2O_8 + KI \longrightarrow$

$(NH_4)_2S_2O_8 + MnSO_4 + H_2O \xrightarrow{AgNO_3}$

【基本操作】

掌握用气体发生器制备 H_2S 气体的基本操作。

【注意事项】

1. 本实验中 H_2S、SO_2 都是有毒气体，并有刺激性气味，须在通风橱进行。

2. $FeSO_4$ 溶液中，Fe^{2+} 在空气中易被氧化成 Fe^{3+}，当加入 H_2S 水溶液时，由于

$$2Fe^{3+} + H_2S = 2Fe^{2+} + S\downarrow + 2H^+$$

而出现白色沉淀。

3. 在 $Na_2S_2O_3$ 溶液中逐滴加入 $AgNO_3$，由于 $AgNO_3$ 局部浓度过大即产生白色沉淀，(沉淀是什么?) 但一振摇沉淀即消失，当 $AgNO_3$ 过量时，白色沉淀产生且迅速转为黄色、红棕色最后为棕黑色。必须仔细观察。

4. 浓硫酸与活泼金属 Zn 粒作用产物可能有 SO_2、S、H_2S，注意观察与鉴别。

5. 在 S^{2-}、SO_3^{2-}、$S_2O_3^{2-}$ 混合离子的分离与鉴定实验中注意沉淀完全与沉淀分离。

【报告格式】

1. 目的
2. 实验内容

试　样	加入试剂	现　象	反应方程式
结论			

【实验后思考】

1. 试另行设计分离和检出 S^{2-}、SO_3^{2-}、$S_2O_3^{2-}$ 混合离子的方案。

2. 有一白色固体 A，加入油状液体 B，可得紫黑色固体 C，C 微溶于水，加入 A 后溶解度增大，成棕色溶液 D。把 D 分成两份。一份中加一种无色溶液 E，另一份通入气体 F，都褪色成无色透明溶液。E 溶液遇酸有刺激性气体 G 产生同时有黄色沉淀 H 析出，

气体 G 能使 $KMnO_4$ 褪色，将气体 F 通入溶液 E 中，在所得的溶液中加入 $BaCl_2$ 溶液有白色沉淀产生，且沉淀难溶于 HNO_3，问 A、B、C、D、E、F、G、H 各为何物？写出各步反应式。

3. 根据硫化物溶解度的差别如何分离 Na^+，Cu^{2+}，Zn^{2+}？

Experiment 12　Oxygen and Sulphur

Objectives

1. Test the chemical properties of H_2O_2, H_2S, H_2SO_3, $Na_2S_2O_3$ and $(NH_4)_2S_2O_8$.

2. Grasp the methods of detecting H_2O_2, S^{2-}, $S_2O_3^{2-}$.

3. Understand the insolubility of the sulphides of metals.

Principles

1. Group Ⅵ elements comprise the typical elements oxygen (O) and sulphur (S). Oxygen is the most important gas to human being's life. Because of its abundance and high oxidizing activity. Oxygen predetermines the form of existence of all other elements in the Earth. The most important oxide is water (hydrogen oxide H_2O), but another important substance is hydrogen peroxide (H_2O_2), which is widely used as a powerful oxidizing agent. Its reducing properties are only displayed with such stronger oxidants as the MnO_4^- ion.

2. Hydrogen sulphide (H_2S) is very poisonous with offensive odor. The aqueous solution of H_2S is a weak acid known as hydrosulphuric acid. Hydrogen sulphide is a strong reducer with the lowest oxidation state (S^{2-}). When sulphides of metals are formed, they shows characteristic colors, e.g., ZnS is white, CuS is brown black, HgS is black and CdS is yellow.

3. When in the alkaline solution, a red violet complex is produced by $Na_2[Fe(CN)_5NO]$ reacting with S^{2-}, which is used in detecting S^{2-}:

$$[Fe(CN)_5NO]^{2-} + S^{2-} = [Fe(CN)_5NOS]^{4-}$$

4. Sulphur dioxide (SO_2) and its aqueous solution known as sulphurous acid (H_2SO_3) are all strong reductants unless they react with other stronger reducers, the oxidizing properties are also displayed.

5. $Na_2S_2O_3$ displays reducing properties in reaction with I_2 and the final product is $Na_2S_4O_6$. In acid medium $Na_2S_2O_3$ undergoes decomposition:

$$Na_2S_2O_3 + 2HCl = 2NaCl + SO_2 + S + H_2O$$

The characteristic reaction between thiosulphate ($S_2O_3^{2-}$) and silver salt (Ag^+) is employed to detect $S_2O_3^{2-}$:

$$S_2O_3^{2-} + 2Ag^+ \longrightarrow Ag_2S_2O_3$$

$$Ag_2S_2O_3 + H_2O \longrightarrow Ag_2S + H_2SO_4$$

6. The concentrated sulphuric acid (H_2SO_4) is a strong oxidant. When heated, it always oxidizes many metals with the reduction products such as sulphur dioxide SO_2, sulphur S or hydrogen sulphide H_2S depending on the diverse conditions. Sulphur may be produced if the

solution turns white and turbid; SO_2 may be produced if an offensive odor gas is emitted; H_2S may be produced if $Pb(Ac)_2$ test paper turns black and an offensive gas smells like rancid eggs is emitted.

Chemicals

1. Solid MnO_2, $(NH_4)_2S_2O_8$, zinc particles, cuprum particles, Na_2SO_3, $PbCO_3$ or $CdCO_3$

2. Acid Concentrated H_2SO_4 2mol/L, HCl 6mol/L; aqueous solution of H_2S

3. Alkali NaOH 40%; $NH_3 \cdot H_2O$ 2mol/L

4. Salt KI 0.1mol/L; $KMnO_4$ 0.01mol/L; $AgNO_3$ 0.1mol/L; $K_2Cr_2O_7$ 0.1mol/L; $Pb(NO_3)_2$ 0.1mol/L; $CuSO_4$ 0.1mol/L; $Cd(NO_3)_2$ 0.1mol/L; $FeSO_4$ 0.1mol/L; Na_2S 0.1mol/L; $Na_2S_2O_3$ 0.1mol/L; $ZnSO_4$ 0.1mol/L; $MnSO_4$ 0.2mol/L $Sr(NO_3)_2$ 0.5mol/L

5. Rest Asylum solution, ethanol 95%; the aqueous solution of SO_2, H_2O_2 3%, I_2 0.1mol/L; Blue litmus test paper, $Pb(Ac)_2$ test paper

Procedures

1. Hydrogen peroxides (H_2O_2)

(1) The oxidizing and reducing activity of H_2O_2

(a) Add 10 drops of 0.1mol/L KI solution to a test tube, then acidify it with 2 mol/L H_2SO_4, then add 2 drops of 3% H_2O_2 solution. Observe the change occurred. Then add 5 drops of starch solution, and observe the color change. Write out the chemical reaction equations.

(b) Add drops of the aqueous solution of H_2S to a piece of $Pb(Ac)_2$ test paper, a black PbS must be formed. Then add a drop of 3% H_2O_2 solution to PbS, observe what occurs. Write out the chemical reaction equations.

(2) The acidity of H_2O_2 – to form Na_2O_2

Add 0.5ml 40% NaOH solution and 2 drops of 3% H_2O_2 solution to a test tube, then 1ml C_2H_5OH is added to decrease the solubility of the product, shake, observe the color and the state of the product. Write out the chemical reaction equations.

(3) The decomposition of H_2O_2 under catalyst

Add a small quantity of $MnO_2(s)$ to a test tube containing 2ml 3% H_2O_2 solution, observe the decomposition. Put a match with spark near the outlet of the tube to validate oxygen is emitted. Write out the chemical reaction equations.

2. The properties of hydrogen sulphide (H_2S)

(1) The reducing activity of H_2S Add 5 drops of 0.1mol/L $K_2Cr_2O_7$ and 0.01mol/L $KMnO_4$ to two tubes respectively, then add 2mol/L H_2SO_4 to acidify them. Finally add drops of the aqueous solution of H_2S and then observe the phenomenon. Write out the chemical reaction equations.

(2) Reaction with metal ions Add drops of 0.1mol/L $AgNO_3$, $Pb(NO_3)_2$, $CuSO_4$, $FeSO_4$, $ZnSO_4$ and $Cd(NO_3)_2$ to each of the six test tubes respectively, then add saturated solution of H_2S. Observe carefully whether the precipitate is formed in each tube. If in some tube there is no

precipitate, please add 2mol/L $NH_3 \cdot H_2O$ to create a alkaline environment. Take attention to the color of these precipitates.

(3) Identification of S^{2-}　Add drops of 0.1mol/L Na_2S solution to 1% $Na_2[Fe(CN)_5NO]$ solution just prepared. Observe the phenomenon.

3. The Properties of sulphurous acid (H_2SO_3)

(1) The oxidizing activity of H_2SO_3　Take 2 ml of H_2SO_3 solution (aqueous solution of SO_2) and test its acidity. Then add H_2S solution, please observe the phenomenon and write out the reaction equation.

(2) The reducing activity of H_2SO_3　Add 5 drops of H_2SO_4 solution to 10 drops of 0.01mol/l $KMnO_4$. Then add H_2SO_3 solution, please observe the phenomenon and write out the reaction equation.

4. The properties of natrium thiosulphate ($Na_2S_2O_3$)

(1) Reaction with acid　Add 6mol/L hydrochloric acid (HCl) solution to a test tube containing 1ml 0.1mol/L $Na_2S_2O_3$ solution, observe the phenomenon and write out the chemical reaction equations.

(2) Reducing activity　Add drops of 0.1mol/L I_2 solution drop by drop to a test tube containing 5 drops of 0.1mol/L $Na_2S_2O_3$ solution while shaking constantly, observe the phenomenon and write out the chemical reaction equations.

(3) Identification of $S_2O_3^{2-}$　Add 5 drops of 0.1mol/L $Na_2S_2O_3$ solution and 1ml H_2O to a test tube, and then add 0.1mol/L $AgNO_3$ solution. If a white precipitate ($Ag_2S_2O_3$) is produced (but disappear after shaking), add superfluous $AgNO_3$ solution again, then a white precipitate reappears. But it promptly turns from yellow to red brown to final brown black.

5. Concentrated H_2SO_4 reacting with metals

(1) Concentrated H_2SO_4 reaction with active metals　Cautiously add some zinc particles into a test tube containing 2ml concentrated H_2SO_4, heated a little, observe the phenomenon. Estimate the emitted gases with chemical method and write out the reaction equation.

(2) Concentrated H_2SO_4 reaction with inactive metals　Reaction between Concentrated H_2SO_4 and copper particles occurs at the same condition mentioned above. Estimate the emitted gases with chemical method and write out the reaction equation.

6. The oxidizing activity of $(NH_4)S_2O_8$

(1) Add a small quantity of $(NH_4)_2S_2O_8$ crystals to a test tube, then 2ml H_2O is added to dissolve them. After that titrate 0.1mol/L KI solution to the tube, observe the color change. Then add drops of starch solution observe the phenomenon and write out the chemical reaction equations.

(2) Mix 2ml 2 mol/L H_2SO_4 and 4 ~ 5 drops of 0.2mol/L $MnSO_4$ solution well-proportionally, then a drop of 0.1 mol/L $AgNO_3$ (as a catalyst) and a small quantity of $(NH_4)_2S_2O_8$ crystals are added, little heated. Observe the color change of the solution.

$$5S_2O_8^{2-} + 2Mn^{2+} + 8H_2O \xlongequal{} 10SO_4^{2+} + 2MnO_4^- + 16H^+$$

7. Separation and detection of the mixed solution containing S^{2-}, SO_3^{2-}, $S_2O_3^{2-}$

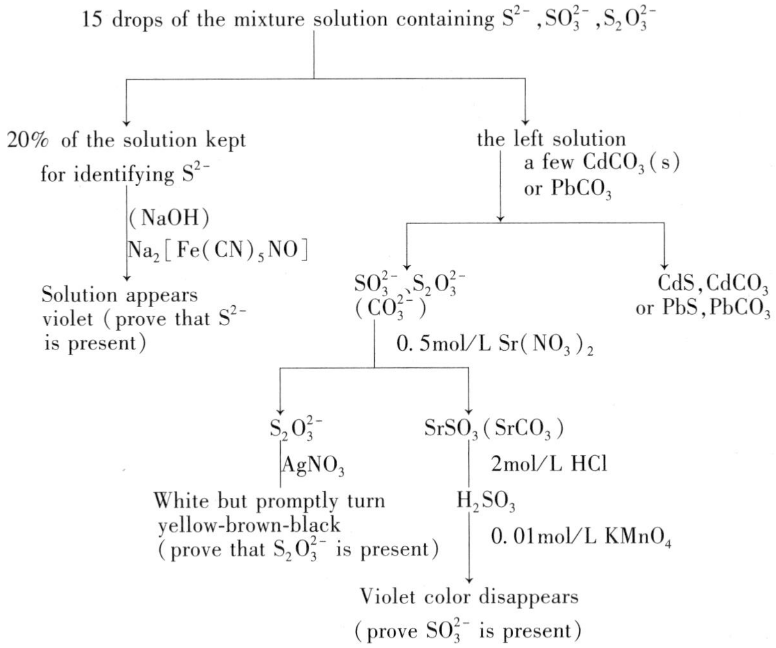

Instructions

1. Requirements

(1) Illustrate the oxidizing and reducing activity, acidity and solubility of H_2O_2, write the relevant reaction equations.

(2) How to test the reducing activity of H_2S in this experiment?

(3) Why do the aqueous solution of H_2S not be kept immutable for a long period time in the lab?

(4) Why cannot H_2S be produced by HNO_3 reacting with FeS?

(5) Why is no precipitate formed when adding the saturated solution of H_2S to $FeSO_4$ solution? But if 2mol/L $NH_3 \cdot H_2O$ is added more?

(6) Try to compare the product of concentrated H_2SO_4 reacting with zinc particles and reacting with copper particles.

(7) Enumerate the main properties of H_2SO_3, $Na_2S_2O_3$, $(NH_4)_2S_2O_8$ and validate them with experiments.

(8) How to separate and detect S^{2-}, SO_3^{2-}, $S_2O_3^{2-}$?

(9) What different product is formed when $Na_2S_2O_3$ reacts with I_2 and with Cl_2?

(10) Complete the following reaction equations:

$KI + H_2O_2 + H_2SO_4 \longrightarrow$

$PbS + H_2O_2 \longrightarrow$

$H_2O_2 + NaOH \longrightarrow$

$H_2O_2 \xrightarrow{MnO_2}$

$Cr_2O_7^{2-} + H_2S + H^+ \longrightarrow$

$MnO_4^- + H_2S + H^+ \longrightarrow$

$MnO_4^- + SO_3^{2-} + H^+ \longrightarrow$

$Na_2S_2O_3 + HCl \longrightarrow$

$Na_2S_2O_3 + I_2 \longrightarrow$

$Na_2S_2O_3$(superfluous) $+ AgNO_3 \longrightarrow$

$Na_2S_2O_3 + AgNO_3$(superfluous)$\longrightarrow$

$Ag_2S_2O_3 + H_2O \longrightarrow$

H_2SO_4(Conc) $+ Zn \longrightarrow$

H_2SO_4(Conc) $+ Cu \longrightarrow$

$(NH_4)_2S_2O_8 + KI \longrightarrow$

$(NH_4)_2S_2O_8 + MnSO_4 + H_2O \xrightarrow{AgNO_3}$

2. Operation

Grasp the basic operation with the equipment used to prepare H_2S.

3. Notes

(1) H_2S and SO_2 are both poisonous gases with offensive odor. Be careful and you should work in a ventilated cabinet.

(2) Fe^{2+} is easily oxidized to Fe^{3+} in the air, so when H_2S solution is added to $FeSO_4$ solution, a white precipitate is produced:

$$2Fe^{3+} + H_2S = 2Fe^{2+} + S + 2H^+$$

(3) When trickle down drops of $AgNO_3$ to $Na_2S_2O_3$ solution, a white precipitation is formed immediately because of the partly superfluous density of $AgNO_3$. After shaking the tube, it disappears. If abundant $AgNO_3$ solution is added more, the white precipitate is produced again but at once turn yellow, then red brown, last brown black. So pay attention to the color change in this process.

(4) Be careful to observe and detect the variance products when the concentrated H_2SO_4 reacting with active metal (Zinc particle in this experiment).

(5) Be sure of the completeness of forming precipitates and the exhaustiveness of separating them from the solution mixed with S^{2-}, SO_3^{2-}, $S_2O_3^{2-}$.

4. Report format

(1) Objectives

(2) Procedure

Samples	Chemicals	Phenomenon	Reaction equation
Conclusion			

5. Questions

(1) Please design another experiment to separate and detect S^{2-}, SO_3^{2-}, $S_2O_3^{2-}$.

(2) A white solid, if added with oiled liquid B, a violet black solid C is formed, which is soluble in the water. Then if added with A, C is melt into D, a brown solution. Then D is divided into two tubes, one of which is added with a colorless transparent solution E, another is added with gas

E. Both of them in two tubes turn to colorless transparent solution. When E reacts with some acid, gas G that makes $KMnO_4$ fade is emitted and a yellow precipitate H is produced. After gas F is added to E, $BaCl_2$ solution is added more, a white precipitate insoluble in HNO_3 is produced. Please write out the concrete substances corresponding to A, B, C, D, E, F, G and H and all the reaction equations.

(3) How to separate Na^+, Cu^{2+}, Zn^{2+}.

实验十三 氮、磷、砷、锑、铋

扫码“学一学”

【目的要求】

1. 了解氮、磷、砷、锑、铋重要化合物的性质。
2. 学会砷的鉴别方法。

【实验原理】

1. 氮族元素为周期系第Ⅴ主族元素，它们原子的最外层上有5个电子，所以它们的氧化数最高为+5，最低为−3。

2. 氨的水溶液呈弱碱性，铵盐加热时易分解。

3. 亚硝酸（HNO_2）可用酸分解亚硝酸盐而得到，但不稳定，易分解成NO和NO_2。HNO_2具有氧化性，但遇强氧化剂时可呈还原性。

4. 硝酸是强酸，亦是强氧化剂，它与非金属作用时，常被还原为NO_2或NO，与金属作用时被还原的产物决定于硝酸的浓度和金属的活泼性。

5. 磷酸是三元酸，故可形成酸式盐和正盐，磷酸的钙盐在水中的溶解度是不同的。$Ca_3(PO_4)_2$和$CaHPO_4$难溶于水，而$Ca(H_2PO_4)_2$则易溶于水。

6. 氮族元素从N到Bi由于离子半径渐增，其氧化物的酸性渐减，碱性渐增，故N_2O_3、P_2O_3为酸性氧化物。AsO_3、Sb_2O_3为两性氧化物，Bi_2O_3为碱性氧化物。

从As到Bi三价化合物的还原性逐渐减弱。

从As到Bi五价化合物的氧化性逐渐增强。

7. 砷的鉴定主要利用AsO_3^{3-}或AsO_4^{3-}还原为AsH_3，然后利用AsH_3的还原性还原Ag^+离子为Ag。

反应式为：

$$AsO_3^{3-} + 9H^+ + 3Zn = AsH_3\uparrow + 3Zn^{2+} + 3H_2O$$

$$AsO_4^{3-} + 11H^+ + 4Zn = AsH_3\uparrow + 4Zn^{2+} + 4H_2O$$

$$6AgNO_3 + AsH_3 = Ag_3As\cdot 3AgNO_3\downarrow（黑） + 3HNO_3$$

$$6Ag^+ + AsH_3 + 3H_2O = 6Ag\downarrow（黑） + H_3AsO_3 + 6H^+$$

试样中有硫化物存在时，遇酸发生H_2S能使$AgNO_3$变为黑色的Ag_2S。为了消除H_2S的干扰，需用$Pb(Ac)_2$棉花吸收H_2S。

试样中若有锑化物存在，亦可产生SbH_3，同样使$AgNO_3$变黑，故有干扰，此时可设法在碱性溶液中进行反应，锑化物则不会产生 SbH_3（用碱式还原法没有 H_2S、SbH_3 的干扰，但 AsO_4^{3-} 必须先还原成 AsO_3^{3-} 形式）。

8. Sb^{3+} 的鉴定主要取用 Sb^{3+} 与 $Na_2S_2O_3$ 生成了橘红色硫氧化锑 Sb_2OS_2 沉淀。反应式为：

$$2Sb^{3+} + 3S_2O_3^{2-} \longrightarrow 4SO_2\uparrow + \underset{(\text{橘红色})}{Sb_2OS_2\downarrow}$$

溶液中酸性不宜过强，否则 $Na_2S_2O_3$ 将分解为 SO_2 和 S，有碍鉴定反应的进行。

9. Bi^{3+} 的鉴定主要利用 Bi^{3+} 与亚锡酸钠溶液作用，试剂使 Bi^{3+} 还原为黑色金属铋，是铋离子的主要定性反应之一。反应式为：

$$Bi^{3+} + 3OH^- \longrightarrow Bi(OH)_3\downarrow$$

$$2Bi(OH)_3 + 3Na_2SnO_2 \longrightarrow 2Bi\downarrow + 3Na_2SnO_3 + 3H_2O$$

反应进行时，必须避免加入浓碱和加热，否则亚锡酸钠将分解生成黑色金属锡的沉淀。

$$2Na_2SnO_2 + H_2O \longrightarrow Na_2SnO_3 + Sn\downarrow + 2NaOH$$

【仪器和药品】

1. 仪器 大试管（装有软木塞及导气管），离心机，离心管。

2. 药品

（1）固体 NH_4Cl，$AgNO_3$，$Pb(NO_3)_2$，$NaNO_2$，Cu，Na_3BiO_3，As_2O_3（剧毒），Zn 粒，$Na_2S_2O_3$。

（2）酸 H_2SO_4 1mol/L；浓 HNO_3，6mol/L；HCl 6mol/L，2mol/L。

（3）碱 NaOH 6mol/L；2mol/L；$NH_3 \cdot H_2O$ 6mol/L。

（4）盐 NH_4NO_3 0.1mol/L，$CaCl_2$ 0.1mol/L，$AgNO_3$ 0.1mol/L，KI 0.1mol/L，$AsCl_3$ 0.1mol/L，$SnCl_2$ 溶液，$NaNO_2$ 1mol/L，$SbCl_3$ 0.1mol/L，$KMnO_4$ 0.01mol/L，$Bi(NO_3)_3$ 0.1mol/L，Na_3PO_4 0.1mol/L，Na_2S 2mol/L，Na_2HPO_4 0.1mol/L，NaH_2PO_4 0.1mol/L，$MnSO_4$ 0.05mol/L。

3. 其他 奈氏试剂，红色石蕊试纸，淀粉溶液，pH 试纸，H_2S 溶液，I_2 溶液 0.01mol/L，$Pb(Ac)_2$ 棉花。

【实验内容】

1. 铵离子的鉴定（气室法） 取一块较大的表面皿，其上覆盖一块小表面皿制成气室。在小表皿的内壁贴一小块用水湿润的红色石蕊试纸和一小块用奈氏试剂湿润的试纸，在大表皿上滴加铵离子试液及6mol/L NaOH 各 2 滴，立即将小表面皿盖上，稍待片刻，必要时在水浴上微热，即见红色石蕊试纸变蓝，奈氏试剂显棕褐色，写出反应式（同时做空白试验）。

2. 亚硝酸的性质

（1）亚硝酸的氧化性 在试管中加入两滴 0.1mol/L KI 溶液，加水稀释至 1ml。用 1mol/L H_2SO_4 酸化后，滴加 1mol/L $NaNO_2$ 溶液 2 滴，观察现象。再加入淀粉溶液一滴，观察现象。写出反应式。

（2）亚硝酸的还原性 在试管中加入 5 滴 0.01mol/L $KMnO_4$ 溶液。用 1mol/L H_2SO_4 酸化，然后滴加 1mol/L $NaNO_2$ 溶液，观察溶液颜色的变化。写出反应式。

3. 硝酸和硝酸盐的性质

（1）硝酸的氧化性　分别取一颗小铜粒于两试管中，一管加入浓 HNO_3 10 滴；另一管中加入 6mol/L 硝酸 10 滴，必要时可微微加热，比较两试管反应有何不同？如何说明硝酸是氧化性的酸（本实验在通风橱中进行）？

（2）硝酸盐受热分解　在 3 支试管中分别加少量硝酸银、硝酸铅和硝酸钠固体，用喷灯直火灼热，观察放出气体的颜色。取带有火星的火柴插入试管，检验气体产物。管中残渣是什么？写出反应式。

4. 磷酸盐的性质　取 3 支试管，分别加 2 滴 0.1mol/L Na_3PO_4、Na_2HPO_4 和 NaH_2PO_4 溶液及 1ml 蒸馏水，用 pH 试纸检验它们的 pH，然后在每支试管中加入 10 滴 0.1mol/L $CaCl_2$ 溶液，振摇。观察何者有沉淀产生？加入氨水至碱性，观察有何变化。最后各加入 6mol/L 盐酸至酸性，沉淀是否溶解？比较磷酸钙、磷酸氢钙与磷酸二氢钙的溶解度，说明它们之间相互转化的条件。写出反应式。

5. 砷、锑、铋的性质

（1）硫化物和硫代酸盐　在 3 支离心管中分别加 2 滴 0.1mol/L $AsCl_3$、$SbCl_3$ 和 $Bi(NO_3)_3$ 溶液，各加 2 滴 6mol/L HCl，再加 H_2S 饱和溶液至沉淀完全，观察硫化物的颜色，离心分离，弃去清液，然后向各管再加 20 滴 2mol/L Na_2S 溶液，搅拌之，哪种沉淀溶解，哪种沉淀不溶解？在沉淀已溶解后的清液中加 2mol/L HCl 酸化，又会发生什么变化？写出反应式。

（2）氧化物或氢氧化物的酸碱性

①三氧化二砷的性质　取两支干试管，各加少量 As_2O_3（极毒，向老师领取）。在一支试管内加少量 2mol/L NaOH，振荡，As_2O_3 是否溶解（保留溶液，供下面 Na_3AsO_3 的还原性实验用）？在另一试管内加 6mol/L HCl，振荡，As_2O_3 是否溶解？加热，As_2O_3 是否溶解？根据实验结果说明 As_2O_3 的酸性和碱性相对强弱。

②氢氧化亚锑的生成与性质　向盛有 10 滴 0.1mol/L $SbCl_3$ 溶液的试管中滴加 2mol/L NaOH 溶液，观察现象，把沉淀分成两份，分别试验它们与 6mol/L NaOH 溶液和 6mol/L HCl 的作用，沉淀是否溶解？写出反应式。

③氢氧化铋（Ⅲ）的生成与性质　向盛有 10 滴 0.1mol/L $Bi(NO_3)_3$ 溶液的试管中，滴加 2mol/L NaOH 溶液，观察反应产物的颜色和状态。把沉淀分成两份，分别试验它们与 6mol/L HCl 和 6mol/L NaOH 溶液的作用，沉淀是否溶解？写出反应式。

（3）三价砷（锑、秘）的还原和五价砷（锑、铋）的氧化性

①取少量（5~6 滴）由本实验得到的亚砷酸钠弱碱性溶液，滴加碘溶液，有何现象？然后将溶液用浓盐酸酸化，又有何变化？写出反应式并解释之。

②铋酸钠的氧化性。往盛有 5 滴 0.05mol/L $MnSO_4$ 试液和 10 滴 6mol/L HNO_3 试管中加入少量铋酸钠固体，振摇试管并微热，观察到什么变化？写出反应式并解释之。

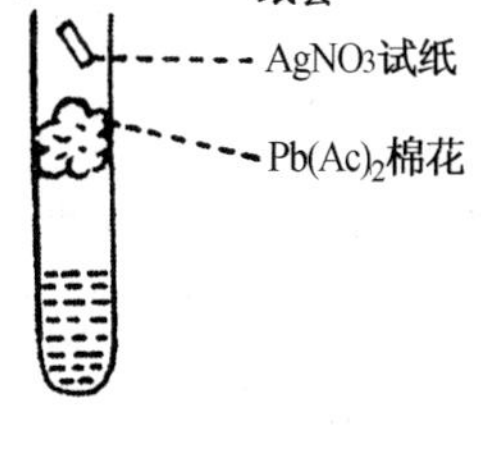

图 4-4　砷的鉴定

6. 离子鉴定

（1）砷的鉴定　如图 4-4 所示，在试管中放含有砷的试液 1 滴，锌粒少许，滴加 6mol/L HCl 10 滴，在试管上半部放 $Pb(Ac)_2$

棉花一小团，在棉花上放一小片沾有 $AgNO_3$ 溶液的滤纸，管口用纸套罩住，如图所示，数分钟后，使蘸有 $AgNO_3$ 的滤纸变为黑褐色或黑色，证明砷存在。

（2）Sb^{3+} 离子的鉴定　取 Sb^{3+} 离子试液 10 滴，加热至沸，趁热加入固体 $Na_2S_2O_3$ 少许，生成红色硫氧化锑（Sb_2OS_2）沉淀，示有 Sb^{3+} 离子。

（3）Bi^{3+} 离子的鉴定　亚锡酸钠溶液的配制。取 2 滴 $SnCl_2$ 溶液，滴入 2mol/L NaOH 溶液，使最初生成的 Sn（OH）$_2$ 沉淀溶解生成亚锡酸钠溶液。取 Bi^{3+} 离子试液 2 滴，加入新鲜配制的亚锡酸钠碱性溶液 4～5 滴，生成黑色金属铋沉淀，示有 Bi^{3+} 离子。

$$SnCl_2 + 2NaOH \longrightarrow 2NaCl + Sn(OH)_2\downarrow$$

$$Sn(OH)_2 + 2NaOH \longrightarrow 2H_2O + Na_2SnO_2\downarrow$$

$$2Bi^{3+} + 6OH^- + 3SnO_2^{2-} \longrightarrow 2Bi\downarrow + 3SnO_3^{2-} + 3H_2O$$

7. As^{3+}、Sb^{3+}、Bi^{3+} 混合离子的分离和检出

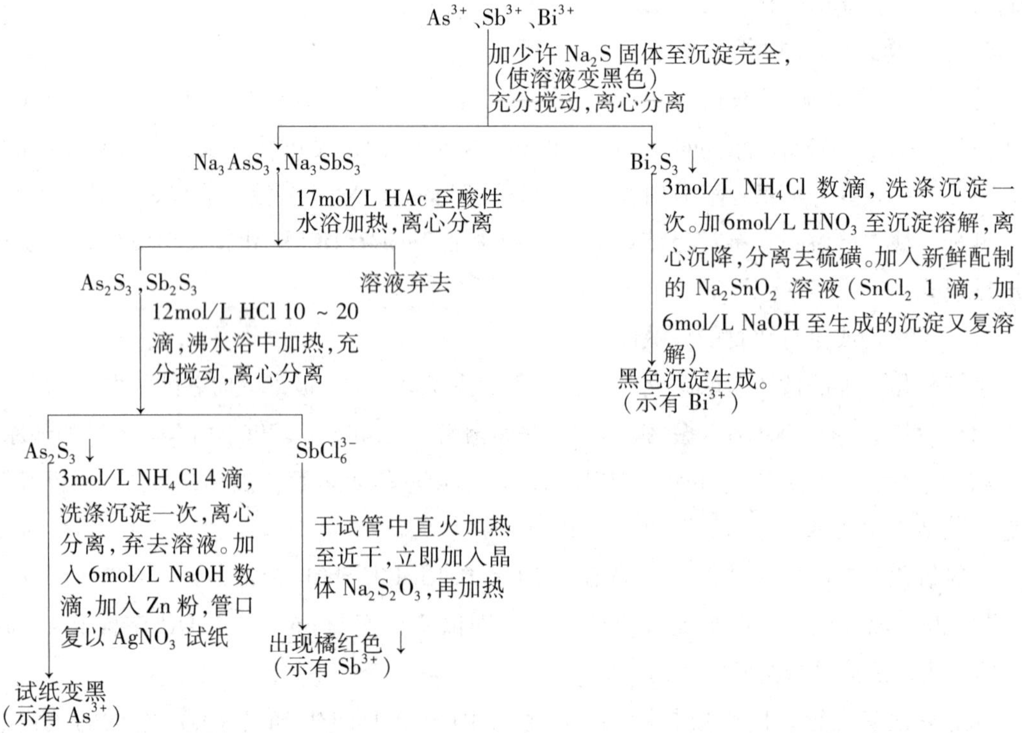

注：加 NH_4Cl 溶液洗涤沉淀，目的是防止少量沉淀以胶体状悬浮在溶液中。

实　验　指　导

【预习要求】

1. 为什么单质氮在常温下有很高的化学稳定性？

2. 为什么一般情况下不用 HNO_3 作为酸性反应介质，稀硝酸和金属作用与稀 H_2SO_4 或稀 HCl 和金属作用有何不同？

3. 试以 NaH_2PO_4 和 Na_2HPO_4 为例，说明酸式盐是否都呈酸性？

4. 如何配制 $SbCl_3$ 和 Bi（NO_3）$_3$ 水溶液？它们有何特性？

5. 本实验中，溶液的酸、碱性影响氧化还原反应方向的实例有哪些？

6. 氮族元素的金属性和非金属性有什么变化规律？这些元素最常见的氧化数有哪些？
7. 亚硝酸与亚硝酸盐为什么既具有氧化性又具有还原性？试举例说明。
8. 怎样鉴定 NH_4^+ 离子？
9. 磷酸的各种钙盐的溶解性有什么不同？
10. 如何分离 Sb^{3+} 和 Bi^{3+}？
11. 完成下列反应式，指出其中氧化剂和还原剂。

(1) $NO_2^- + I^- + H^+ \longrightarrow$

(2) $Cu(s) + HNO_3(Conc) \longrightarrow$

(3) $Ag(s) + HNO_3(dil) \longrightarrow$

(4) $C(s) + HNO_3(Conc) \longrightarrow$

(5) $P(s) + HNO_3(Conc) \longrightarrow$

(6) $I(s) + HNO_3(dil) \longrightarrow$

(7) $HNO_2 + HNO_2 \longrightarrow$

(8) $Mg(s) + HNO_3(Conc) \longrightarrow$

(9) $As_2O_3(s) + NaOH \longrightarrow$

(10) $BiO_3^- + Mn^{2+} + H^+ \longrightarrow$

(11) $Bi(OH)_3 + Cl_2 + NaOH \longrightarrow$

【基本操作】

气室法鉴定 NH_4^+ 离子。

【注意事项】

1. 本实验中，NO_2、AsH_3、H_2S 均为有毒气体，有刺激性，吸入后能刺激神经与肺泡。因此在做这一类实验时，必须在通风橱内进行，实验室也要注意通风。

2. As_2O_3（俗称砒霜）是剧毒的白色固体，致死量仅为 0.1g。其他可溶性的砷化合物也有剧毒，切勿进入口内或与伤口接触，用毕要洗手，废液要妥善处理。锑、铋的化合物也有毒，使用中要注意。

3. 在硝酸盐热分解时，反应产物中伴有大量有毒气体 NO_2，所以预先要准备好带火星的纸捻或火柴，当夹有 NO_2（红棕色）气体出现时，立刻用以检验。实验结束后，应立即处理。

【报告格式】

1. 目的
2. 实验内容

试　样	加入试剂	现　象	反应方程式
结论			

【实验后思考】

化合物 A 是无色液体，在它的水溶液中加入 HNO_3 和 $AgNO_3$ 时生成白色沉淀 B，B 能溶于氨水得一溶液 C，C 中加入 HNO_3 时 B 重新沉淀，将 A 的水溶液以 H_2S 饱和，得黄色沉淀 D，D 不溶于稀 HNO_3，但能溶于 KOH 和 KHS 的混合液，得到溶液 E。酸化 E 时，D 重新沉淀，试鉴别字母所表示的物质。

Experiment 13 Nitrogen, Phosphorus, Arsenic, Antimony and Bismuth

Objectives

1. Understand the properties of important compounds of Nitrogen, Phosphorus, Arsenic, Antimony and Bismuth.

2. Learn the identification of arsenic.

Principles

1. The group VA elements, Nitrogen, Phosphorus, Arsenic, Antimony and Bismuth, have the valence shell configuration ns^2np^3. So they have the highest oxidation state of +5, the lowest oxidation state of −3.

2. The solution of ammonia is alkali, salt of ammonium is easily decomposed.

3. Nitrous acid is obtained by decomposing nitrite salts in acid, but unstable. It is easily converted into nitric oxide and nitrogen dioxide. Nitric acid is oxidizing agent, but is reducing agent while meeting stronger oxidant.

4. Nitric acid is a strong acid and powerful oxidant. HNO_3 is generally reduced to NO_2 or NO while reacting with nonmetal. Depending on the concentration of nitric acid and the activity of metal, the reducing products are obtained while HNO_3 reacts with metal.

5. Phosphoric acid is a tribasic acid and converted into acidic salt and orthophosphate. The solubility calcium of phosphoric acids is different in water. $Ca_3(PO_4)_2$ and $CaHPO_4$ is insoluble, but $Ca(H_2PO_4)_2$ is soluble.

6. Because the group VA elements increase in radius from nitrogen to bismuth, the acid strength of their oxides is gradually weakening, but the alkali strength is gradually strengthening. So dinitrogen trioxide N_2O_3 and phosphorus trioxide P_2O_3 are acidic oxides, As_2O_3 and Sb_2O_3 is amphoteric oxides. The reducing properties of the state (+3) compounds decrease from As to Bi, but the oxidizing properties of the state (+5) compounds increase from As to Bi.

7. Identification of arsenic

Small amounts of arsenic are detected by their reduction to arsine by Zn with HCl. The reactions is shown below:

$$AsO_3^{3-} + 9H^+ + 3Zn \xlongequal{} AsH_3 + 3Zn^{2+} + 3H_2O$$

$$AsO_4^{3-} + 11H^+ + 4Zn \xlongequal{} AsH_3 + 4Zn^{2+} + 4H_2O$$

$$6AgNO_3 + AsH_3 \xlongequal{} Ag_3As \cdot 3AgNO_3(\text{black}) + 3HNO_3$$

$$6Ag^+ + AsH_3 + 3H_2O \xlongequal{} 6Ag(\text{black}) + H_3AsO_3 + 6H^+$$

Sulphide, thiosulphate, thioclyanate and antimony (+3) interfere because the formation of hydrogen sulphide, stibine, and mercury inhibit the test. If the gas is first passed through cotton-wool impregnated with silver nitrate, hydrogen sulphide released by the sulphur anions mentioned above is trapped, so that they no longer interfere.

8. Identification of antimony (+3) sodium thiosulphate solution precipitates and orange sulphide, Sb_2O_2 from a very warm slightly acidic test solution

$$2Sb^{3+} + 3S_2O_3^{2-} \longrightarrow 4SO_2 + Sb_2OS_2$$

9. Identification of bismuth (+3) by reaction with sodium stannite solution bismuth (+3) is reduced to the black metal bismuth the reaction is below

$$Bi^{3+} + 3OH^- \longrightarrow Bi(OH)_3 \downarrow$$

$$2Bi(OH)_3 + 3NaSnO_2 \longrightarrow 2Bi + 3NaSnO_3 + 3H_2O$$

Avoiding to add concentrated base and heat, otherwise sodium stannite decompose to black precipitate, Sn.

$$2Na_2SnO_2 + H_2O \longrightarrow Na_2SnO_3 + Sn + 2NaOH$$

Chemicals

Solids: NH_4Cl, $AgNO_3$, $Pb(NO_3)_2$, Cu, Na_3BiO_3, As_2O_3 (very toxic), Zn, $Na_2S_2O_3$.

Acids: H_2SO_4 1mol/L; HNO_3, 6mol/L; HCl 6mol/L, 2mol/L

Bases: NaOH 6mol/L, 2mol/L; $NH_3 \cdot H_2O$ 6mol/L

Salts: NH_4NO_3 0.1mol/L, $CaCl_2$ 0.1mol/L, $AgNO_3$ 0.1mol/L, KI 0.1mol/L,
$AsCl_3$ 0.1mol/L, $SnCl_2$ solution, $NaNO_2$ 1 mol/L, $SbCl_3$ 0.1mol/L,
$KMnO_4$ 0.01mol/L,
$Bi(NO_3)_3$ 0.1mol/L, Na_3PO_4 0.1mol/L, Na_2S 2mol/L, Na_2HPO_4 0.1mol/L,
$MnSO_4$ 0.05mol/L.

Others: Nessler's reagent, starch solution, pH test paper, H_2S solution, I_2 solution (0.01mol/L), $Pb(Ac)_2$ cotton.

Procedures

1. Identification of ammonium, NH_4^+ Cover with a small glass plate on a big one to make the gas room. A small moist red litmus paper and a test paper impregnated with Nessler's reagent are stuck in the interior walls of the small one, Drip respectively 2 drops of ammonium ion and NaOH solution in the big one, cover the little one immediately, leave for a moment, warming on water bath if required. Then the red litmus paper change to be blue, the test paper gives a brown colour. Write out the reactions equations and the blank test is carried out.

2. The properties of nitrite salts

(1) Oxidation of nitrous acid　Add 2 drops 0.1mol/L KI solution to a test tube, dilute to 1ml with water. Acidified with 1mol/L H_2SO_4, and add 2 drops of 1mol/L $NaNO_2$, observe the phenomena. Then add a drop of starch solution again, observe the phenomena. Write out the reactions equations.

(2) Reduction of nitrous acid　Add 5 drops of 0.01mol/L $KMnO_4$ solution, acidified with 1mol/L H_2SO_4, then dropwise add 1mol/L $NaNO_2$ solution, observe the colour change in the solution. Write out the reaction equation.

3. The properties of nitric acid and nitrates

(1) Oxidation of nitric acid　Add copper chips particle to two test tubes respectively. Then add 10 drops of concentrated HNO_3 to one test tube. 10 drops of 6mol/L HNO_3 to the other(warming

if required). Compare the reactions in the two test tubes. How to explain that nitric acid is a strong oxidizing agent.

(2) The thermal decomposition of nitrates Add respectively an amount of $AgNO_3$, $Pb(NO_3)_2$, and $NaNO_3$ to three different test tubes, burning with a Bunsen flame. Observe the colour of gas emitted. Insert the match with slightly fire to the test tube, detect the gas product. What is the residue in the test tube. Write out the reactions equations.

4. The properties of phosphates Add 2 drops of 0.1mol/L Na_3PO_4, Na_2HPO_4 and NaH_2PO_4 respectively and 1ml water to three different test tubes, measure their hydrogen ion index with pH test paper. Then add 10 drops of 0.1mol/L $CaCl_2$ solution to each one, shaking. Observe which forms precipitate. Add ammonia to make it alkaline. Observe the change. At last add 6mol/L HCl to make it acidic whether the precipitate dissolves. Compare the solubility of $Ca_3(PO_4)_2$, $CaHPO_4$ and $Ca(H_2PO_4)_2$, illustrate the condition of transform between each other. Write out the reactions equations.

5. The properties of arsenic, antimony and bismuth

(1) Sulphides Add 2 drops of 0.1mol/L $AsCl_3$, $SbCl_3$ and $Bi(OH)_3$ respectively and 6mol/L HCl to three different centrifugal tubes, In addition the saturated solution of hydrogen sulphurate to precipitate completely, observe the colour of sulphides, centrifuge the solid and discard the liquid, then add respectively 20 drops of 2mol/L Na_2S and stir. Which kind of is dissolved? Which kind of precipitate is undissolved? Something takes place. While the liquid Precipitate is acidified with hydrochloric acid after dissolving. Write out the reactions equations.

(2) Oxides and oxyacids

(a) Properties of arsenic (Ⅲ) oxide (very poisonous, obtained from a teaching assistant) respectively to two different dry test tubes. To one is added small amounts of 2mol/L NaOH, stirring. View whether arsenic (Ⅲ) oxide dissolves (retaining the solution to be used for the lab of reduction of sodium arsenic acid). To the other is added 6mol/L HCl, shaking. Whether arsenic (Ⅲ) oxide dissolves. If heating what happens? State the acid and alkaline relative power of the arsenic trioxide according to the result of the experiment.

(b) Properties and formation of antimony (Ⅲ) hydroxide

To 10 drops of 0.1mol/L antimony (Ⅲ) halide, add 2mol/L NaOH. Observe the phenomenon in the test tube. Divide the precipitate into two portions. Respectively react with 6mol/L sodium hydroxide and 6mol/L hydrochloric acid to detect whether the precipitate dissolve. Write out the reactions equations.

(c) Properties and formation of bismuth (Ⅲ) hydroxide

To 10 drops of 0.1mol/L $Bi(NO_3)_3$ solution, drop 2mol/L sodium hydroxide. Observe the shape and colour of the products. Divide the precipitate into two portions. Respectively react with 6mol/L sodium hydroxide and 6mol/L hydrochloric acid to detect whether the precipitate dissolve Write out the reactions.

(d) Reduction of arsenic (antimony, bismuth) in state and Oxidation of arsenic (antimony, bismuth) in state (+5)

To small amounts of sodium arsenic acid (weakly alkaline) from this experiment, drop iodine solution. What changes take place? Then acidified with concentrated hydrochloride acid. What changes take place? Write out the reaction and explain all of them.

Oxidation of sodium bismuthate: Take 5 drops of 0.05mol/L $MnSO_4$ and 10 drops of 6mol/L nitric acid, add small amounts of sodium bismuthate solid, shake and heat the test tube. Observe what takes place, and explain it.

6. Ion identification

(1) Identification of arsenic

To 1 drops of the solution containing arsenic and small amounts of zinc chip in a test tube, drop 10 drops of 6mol/L hydrochloric acid. Put a small group cotton containing lead acetate in the upper half of the test tube, the small filter paper which is impregnated with silver nitrate solution is put on the cotton, cover the test tube with the paper. Wait a moment. Reappearance of the black colour in the filter paper confirms the presence of arsenic.

(2) Identification of antimony

Add 10 drops of antimony (+3) ion solutim, heat until boiling, then add small amounts of sodium thiosulphate solid. Formation of red precipitate, antimony sulphide proves the presence of antimony (+3) ions.

(3) Identification of bismuth (+3)

Preparation of sodium stannite solution: Add sodium hydroxide to a tin(+2) chloride solution until the initial white precipitate of tin (+2) oxide dissolves. Then add 4 or 5 drops of fresh sodium stannite solution to 2 drops of bismuth (+3) ions solution. Formation of black precipitate, metal bismuth, is evidence for the presence of bismuth(+3) ions.

7. Separation and identification of a mixture of arsenic(+3), antimony(+3) and bismuth (+3) ions

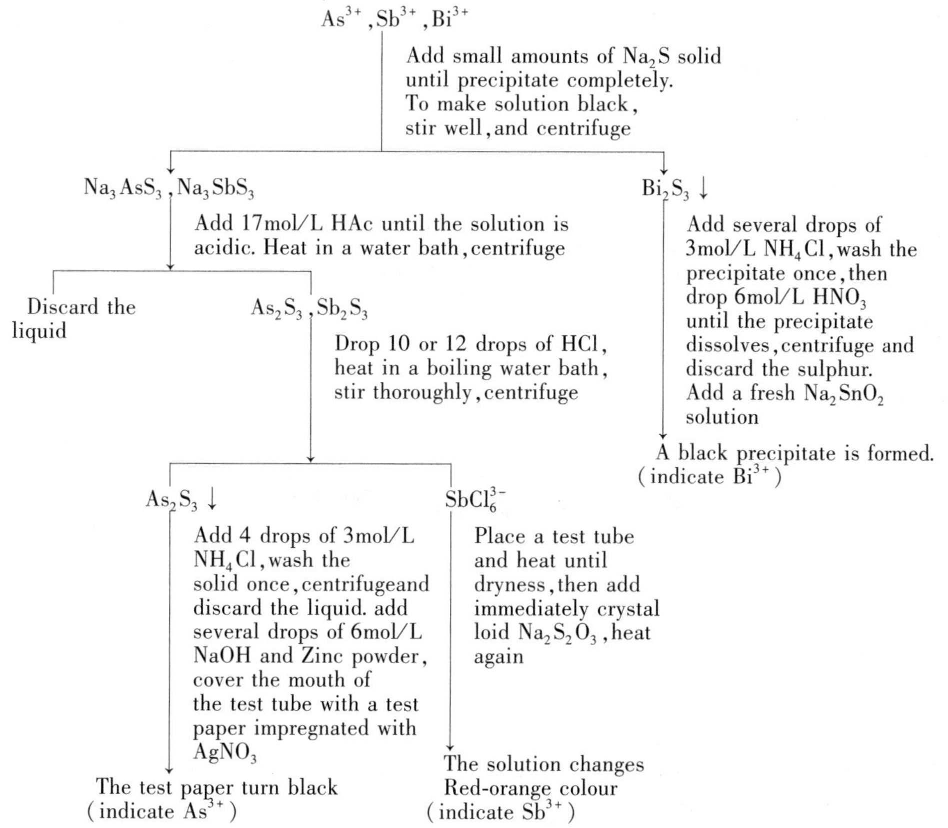

Instructions

1. Requirement

(1) Why does nitrogen has very high chemical stability at the normal atmospheric temperature?

(2) Why is nitric acidnot generally regarded as the acid reaction medium?

(3) How to prepare $SbCl_3$ and $Bi(NO_3)_3$ solution? Discuss the characteristic features of them?

(4) Why can nitrous acid and nitric acid be used as oxidizing agents and reducing agents? Giving examples.

(5) How to identify ammonium ion?

(6) What is the difference of solubility between the different oxyacids of phosphorus containing calcium?

(7) How to separate Sb^{3+} and Bi^{3+}?

(8) How do you detect arsenate in a mixture?

(9) Discuss the thermal stability of nitrates taking examples of nitrates of Na, Mg, Pb.

(10) Describe the gradation in the properties of sulphides of group ⅤA elements. How do they compare with those of ⅣA elements?

2. Operation Test for presence of ammonium.

3. Note

(1) In this experiment, arsine, nitrogen dioxide and hydrogen sulphide, which are all the poisonous and irritating gases, can stimulate nerve and alveolus after sucking. So you must work with them in the fume hood during the experiment.

(2) Arsenic(+3) oxide, As_2O_3, is a white and very poisonous solid. The lerhal dose of As_2O_3 is only 0. 1 grams. Don't eat or touch wound. Wash your hands after finishing your work. The waste liquid should be dealt with carefully.

4. Reprt Format

(1) Objectives

(2) Procedures

Samples	Chemicals	Phenomenon	Reaction equation
Conclusion			

实验十四　碱金属、碱土金属

扫码“学一学”

【目的要求】

1. 试验金属钠的强还原性。
2. 掌握钠、钾、镁、钙、钡的鉴定方法。
3. 比较镁、钙、钡的氢氧化物、硫酸盐、铬酸盐、草酸盐、碳酸盐的溶解性。
4. 了解对阳离子未知液的分析方法。

【实验原理】

1. 碱金属是周期系第Ⅰ主族元素、原子最外层的电子构型为 ns^1，它们容易失去这一个电子而表现强还原性。

2. 碱金属的盐类一般都易溶于水，只有少数几种盐难溶，如钴亚硝酸钾（二钾），醋酸铀酰锌钠等。利用它们的难溶性来检验钠、钾离子。

碱土金属的硝酸盐、氯化物都易溶于水。碳酸盐、硫酸盐、磷酸盐等难溶。可利用难溶盐的生成，如磷酸铵镁、草酸钙、硫酸钡、铬酸钡沉淀以检验镁离子、钙离子和钡离子。

3. 碱金属、碱土金属及其挥发性的化合物，在无色火焰中灼烧时，原子中外层电子接受能量被激发到较高能级上，但不稳定，当这些电子跃回低能级时，便将多余的能量以光子形式放出、产生特征的焰色。

【仪器和药品】

1. 仪器　钴玻片，镊子，酒精喷灯。

2. 药品

（1）固体　金属钠。

（2）酸　HCl 2mol/L，浓；HAc 2mol/L；HNO_3 2mol/L；H_2SO_4 3mol/L。

（3）碱　NaOH 2mol/L；氨水 2mol/L。

（4）盐　NaCl 0.5mol/L；$CaSO_4$ 饱和溶液；Na_2SO_4 0.5mol/L；KCl 0.5mol/L；Na_2CO_3 0.5mol/L；$KMnO_4$0.01mol/L；$CaCl_2$ 0.5mol/L；$K_2CrO_4$0.5mol/L；NH_4Cl 10%；$BaCl_2$ 0.5mol/L；$Na_2HPO_4$0.5mol/L；$(NH_4)_2C_2O_4$ 3%；$SrCl_2$ 0.5mol/L；$(NH_4)_2HPO_4$ 0.5mol/L；$Na_3[Co(NO_2)_6]$ 20%
$NH_3 \cdot H_2O$-NH_4Cl-$(NH_4)_2CO_3$ 混合溶液；$Na[B(C_6H_5)_4]$ 0.1%；醋酸铀酰锌溶液。

【实验内容】

1. 碱金属

（1）金属钠的性质、与氧的作用　用镊子取一小块金属钠，迅速用滤纸吸干其表面的煤油，用刀削去外层，使露出新鲜面，立即放入坩埚中加热；当开始燃烧时，停止加热，观察反应情况和产物的颜色、状态。

将反应物转入干试管中，加入少许水，即发生反应（反应放热，必须将试管放在冷水中）。

检验管口是否有氧放出（怎样试验?）。

检验水溶液是否呈碱性（用 pH 试纸试验）。

检验水溶液是否有 H_2O_2 生成（将溶液用 1mol/L H_2SO_4 酸化，加 1 滴 0.01mol/L $KMnO_4$，观察紫色是否褪去）。写出氧化产物与水作用的反应式。

（2）钠盐、钾盐的鉴定

①生成醋酸铀酰锌钠鉴定 Na^+ 离子　于一小试管中，加 1 滴 Na^+ 离子试液（0.5mol/L NaCl 溶液），加 2 滴 2mol/L HAc 和约 10 滴醋酸铀酰锌试液，用玻棒摩擦试管内壁，即有黄绿色醋酸铀酰锌钠沉淀生成。写出离子反应式。

②生成钴亚硝酸钠钾鉴定 K^+ 离子　于一小试管中，加 2 滴 K^+ 离子试液（0.5mol/L

KCl 溶液），再加 3 ~4 滴钴亚硝酸钠试液，即有黄棕色沉淀生成。写出离子反应式。

③生成四苯硼钾鉴定 K^+ 离子　于一小试管中，加 2 滴 K^+ 离子试液（0.5mol/L KCl 溶液），加入 3 ~4 滴四苯硼钠试剂，即有白色四苯硼钾沉淀生成。写出离子反应式。

2. 碱土金属

（1）氢氧化镁的生成和性质　在 3 支小试管中，各加入约 5 滴 0.5mol/L $MgCl_2$ 溶液，再向各试管中滴加 2 滴 2mol/L NaOH 溶液，观察生成的氢氧化镁沉淀的颜色和状态，然后再分别滴加 3 ~4 滴 2mol/L NaOH、2mol/L HCl 和 10% NH_4Cl 溶液，观察现象，并比较 3 个试管中沉淀量的多少。写出反应式，并解释之。

（2）难溶盐的生成和性质、硫酸盐的溶解度比较　在 3 支试管中，分别加 5 滴 0.5mol/L $CaCl_2$、$SrCl_2$、$BaCl_2$ 溶液，然后各加 10 滴 0.5mol/L $CaCl_2$、$SrCl_2$、$BaCl_2$ 溶液，然后各加 10 滴 0.5mol/L Na_2SO_4 溶液，观察反应产物的颜色和状态。

比较 $CaSO_4$、$SrSO_4$、$BaSO_4$ 的溶解度大小。

（3）钙、锶、钡碳酸盐的生成和性质

①取 3 支试管，分别加 5 滴 0.5mol/L $CaCl_2$、$SrCl_2$、$BaCl_2$ 溶液，再加 6 ~7 滴 0.5mol/L Na_2CO_3 溶液，观察现象，再向各管中约加 10 滴 2mol/L HAc，观察现象并写出反应式。

②取 1 支试管，加 5 滴 0.5mol/L $MgCl_2$ 溶液，5 滴氨水 - 氯化铵 - 碳酸铵混合溶液［含 1mol/L $NH_3 \cdot H_2O$-NH_4Cl 和 0.5mol/L $(NH_4)_2CO_3$］，观察现象，并解释之。

（4）钙、钡铬酸盐的生成和性质　在 2 支试管中，各加 5 滴 0.5mol/L $CaCl_2$、0.5mol/L $BaCl_2$ 溶液，再加 10 滴 0.5mol/L K_2CrO_4 溶液，观察现象。试验产物对 2mol/L HAc、2mol/L HCl 溶液的作用。写出反应式。

（5）钙离子的鉴定　生成草酸钙鉴定 Ca^{2+} 离子：在 1 支试管中，加 5 滴 Ca^{2+} 离子试液（0.5mol/L $CaCl_2$ 溶液）和 10 滴 $(NH_4)_2C_2O_4$ 溶液，观察反应现象，试验产物对 2mol/L HAc 和 2mol/L HCl 溶液的作用，写出反应式。

（6）镁离子的鉴定　生成磷酸铵镁鉴定 Mg^{2+} 离子：在 1 支试管中加 10 滴 Mg^{2+} 离子试液（0.5mol/L $MgCl_2$ 溶液），加 5 滴 $NH_3 \cdot H_2O$-NH_4Cl 溶液，再加 10 滴 Na_2HPO_4 溶液，振荡试管，有白色磷酸铵镁沉淀生成。写出反应式。

3. 钠、钾、钙、锶、钡盐的焰色试验　取铂丝棒（或镍丝棒）反复蘸以浓 HCl，在酒精喷灯上灼烧至无色。分别蘸以 0.5mol/L NaCl、KCl、$CaCl_2$、$SrCl_2$、$BaCl_2$ 溶液在氧化焰中灼烧，观察并比较它们的焰色有何不同。

（观察钾盐的焰色时，需用钴玻璃滤光）。

4. 未知液的分离和检出　取可能含 Na^+、K^+、NH_4^+、Mg^{2+}、Ca^{2+}、Ba^{2+} 的混合溶液 20 滴，于一离心管中混合均匀后，先按（1）中的步骤检验 NH_4^+ 离子。

（1）NH_4^+ 的检出——气室法　取 3 滴混合溶液于一块表面皿上，再滴加 6mol/L NaOH 溶液至显碱性为止。另取一块较小表面皿，在凹面上贴一块湿的 pH 试纸、和一块以奈氏试剂润湿的滤纸，将此表面皿迅速覆盖在大表面皿上。如果 pH 试纸变成蓝紫色并使蘸有奈氏试剂的滤纸变成红褐色，表示试液中有 NH_4^+ 离子（同时做空白试验）。

检出 NH_4^+ 以后，再按下列步骤进行分离和检出。

（2）$BaCO_3$、$CaCO_3$ 的沉淀　在试液中加 6 滴 3mol/L NH_4Cl 溶液，并加 2mol/L 氨水使溶液呈碱性，再多加 3 滴氨水。在搅拌下加 10 滴 1mol/L $(NH_4)_2CO_3$ 溶液，离心管放在

60℃的热水浴中加热几分钟，然后离心沉降，分离，把清液移到另1支离心管中，按（5）中操作处理，沉淀供（3）用。

（3）Ba^{2+}的分离和检出　在（2）中所得的沉淀用10滴热水洗涤，离心沉降，分离弃去洗涤液，加3mol/L HAc溶解沉淀（需加热，并不断搅拌）。然后加5滴4mol/L NH_4Ac溶液，加热后，滴加1mol/L K_2CrO_4溶液数滴，如有黄色沉淀产生即表示有Ba^{2+}存在，如清液呈橘黄色时，表明Ba^{2+}已沉淀完全，否则需要加1mol/L K_2CrO_4溶液使Ba^{2+}沉淀完全，离心沉降，分离，清液留做检查Ca^{2+}。

（4）Ca^{2+}的检出　向（3）所得的清液中加1滴2mol/L氨水和1滴2mol/L $(NH_4)_2C_2O_4$溶液，加热后，如有白色沉淀产生，表示有Ca^{2+}。

（5）残留Ba^{2+}、Ca^{2+}的除去　向（2）所得的清液内加2mol/L $(NH_4)_2C_2O_4$和2mol/L $(NH_4)_2SO_4$各1滴。加热几分钟，如果溶液混浊，离心分离，弃去沉淀，把清液移到坩埚中。

（6）Mg^{2+}的检出　取几滴（5）中的清液，加到试管中，再加1滴2mol/L $(NH_4)_2HPO_4$溶液，摩擦试管内壁。如果产生白色结晶，表示有Mg^{2+}。

另取1滴（5）中的清液，加在点滴板的穴中，再加2滴2mol/L NaOH溶液使呈碱性，然后加1滴镁试剂，如产生蓝色沉淀，表示有Mg^{2+}离子存在。

（7）铵盐的除去　将（5）中已经移在坩埚中的清液，小心地蒸发至只剩下几滴为止，再加8～10滴浓硝酸，然后蒸发至干，为了防止溅出，应在蒸到最后1滴时，借石棉网上的余热把它蒸发至干，最后用大火灼烧至不再冒白烟。冷却后，往坩埚中加入8滴蒸馏水，使溶解。从坩埚中取出此溶液1滴，加在点滴板的穴中、再加2滴奈氏试剂，如果不产生红褐色沉淀，表明铵盐已被除尽，否则需重复上述除铵盐的操作。铵盐除尽后，溶液供（8）、（9）检出Na^+、K^+离子。

（8）Na^+的检出　取（7）中的溶液2滴，加10滴醋酸铀酰锌试剂，并用玻璃棒摩擦试管内壁，如有黄绿色晶体生成，示有Na^+离子。

（9）K^+的检出　将（7）中剩余的溶液加到试管中，加2滴$Na_3[Co(NO_2)_6]$溶液，如产生黄色沉淀，表示有K^+离子。

实　验　指　导

【预习要求】

1. 预习有关碱金属、碱土金属元素的内容，掌握有关元素及其化合物的重要性质。

2. 实验前查出与本实验有关的难溶盐的溶度积常数。

3. 通过计算，说明$MgCl_2$溶液中，滴入氨水时，会生成$Mg(OH)_2$和NH_4Cl，而$Mg(OH)_2$沉淀又能溶于饱和的NH_4Cl溶液。

4. 试从理论上说明，碱土金属碳酸盐为什么可以溶于HAc溶液。

5. 为什么从能否溶于HAc或HCl，就可以比较出CaC_2O_4、BaC_2O_4或$CaCrO_4$、$BaCrO_4$溶解度的相对大小？

6. 为什么在氨－氯化铵－碳酸铵的混合溶液中，Mg^{2+}离子不会析出沉淀，而依此作为分离K^+、Na^+、NH_4^+、Mg^{2+}与Ba^{2+}、Ca^{2+}的方法？

7. 完成下列反应式：

（1） $Na + O_2 \longrightarrow$

（2） $Na_2O_2 + H_2O \longrightarrow$

（3） $H_2O_2 \xrightarrow{分解}$

（4） $H_2O_2 + MnO_4^- + H^+ \longrightarrow$

（5） $Na^+ + Zn^{2+} + 3UO_2^{2+} + 9Ac^- \longrightarrow$

（6） $K^+ + Na^+ + [Co(NO_2)_6]^{3-} \longrightarrow$

（7） $K^+ + [B(C_6H_5)_4]^- \longrightarrow$

（8） $Mg^{2+} + OH^- \longrightarrow$

（9） $Mg(OH)_2\downarrow + NH_4^+ \longrightarrow$

（10） $\begin{matrix} Ca^{2+} \\ Sr^{2+} \\ Ba^{2+} \end{matrix} + SO_4^{2-} \longrightarrow$

（11） $\begin{matrix} Ca^{2+} \\ Sr^{2+} \\ Ba^{2+} \end{matrix} + CO_3^{2-} \longrightarrow$

（13） $Ca^{2+} + C_2O_4^{2-} \longrightarrow$

（14） $Mg^{2+} + HPO_4^{2-} + NH_4^+ + OH^- \longrightarrow$

【基本操作】

1. 金属钠的加热。
2. 酒精喷灯的使用。
3. 练习用焰色反应作为鉴定阳离子的辅助试验。

【注意事项】

1. 金属钠、钾遇水会引起爆炸，在空气中也会立即被氧化。所以通常把它们保存在煤油中，安放在阴凉处。使用时应在煤油中切割成小块，用镊子夹取，并用滤纸把煤油吸干，切勿与皮肤接触。未用完的金属钠碎屑不能乱丢，可加入少量无水乙醇，使其缓慢分解。

2. 使用酒精喷灯须注意，在开启开关、点燃管口气体以前，必须充分灼热灯管，否则流出的酒精不能全部气化，会有液态酒精由管口喷出，可能形成“火雨”，甚至引起火灾。

3. 以焰色反应检查有关金属离子时，必须用洗净的铂丝蘸上被试离子液在氧化焰中灼烧。注意观察描述各离子的特征焰色。

【报告格式】

1. 目的
2. 实验内容（以表格形式列出）
3. Na^+、K^+、NH_4^+、Mg^{2+}、Ba^{2+}、Ca^{2+}混合未知液的分离和检出

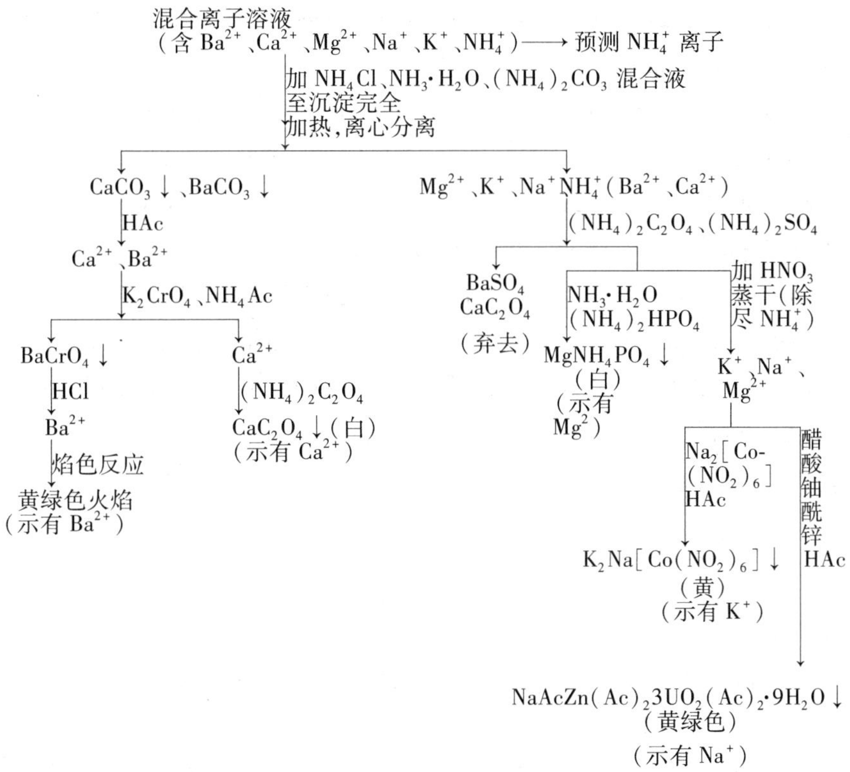

【实验后思考】

1. 设计一个分离 K^+、Mg^{2+}、Ba^{2+} 离子的方法。

2. 现有五种溶液，它们是：NaOH、NaCl、$MgSO_4$、KOH、K_2CO_3，选用合适的试剂，将它们逐一鉴别。

3. 现有七种溶液：$(NH_4)_2SO_4$、HNO_3、Na_2CO_3、$BaCl_2$、NaOH、NaCl、H_2SO_4。利用它们间的相互反应，将它们逐一确定。

4. 有一白色固体，初步试验，它不溶于水，用盐酸处理，则产生气泡，得一澄清溶液，如果用硫酸处理，也产生气泡，但不能形成澄清的溶液，这一白色固体是什么化合物？

Experiment 14　Alkali Metals, Alkali Earth Metals

Objectives

1. Test the strong reduction of sodium.

2. Master the method of identifying sodium, potassium, magnesium, calcium.

3. Compare the solubility of hydroxides, sulphates, chromates, oxalic acid salts, carbonates of the magnesium, calcium, barium.

4. Understand the analytical method to an unknown cation solution.

Principles

1. The alkali metals are members of group 1 of the periodic table, and each has a ground state valence electronic configuration ns^1. The elements show strongly reduction by loss of one electron.

2. Salts of the alkali metals generally dissolve in water, only a few salts being insoluble. For ex-

ample, the inferior potassium nitrate of cobalt, sodium zinc uranylacetate etc. Make use of their insolubility to identify sodium and potassium ions.

The nitrates, chlorides of the alkaline-earth metals are easy to dissolve in water. Carbonates, sulphates and phosphate salts are insoluble. Magnesium, calcium, barium ions are identified by the formation of their insoluble salts, for example, precipitates with magnesium ammonium phosphate ($MgNH_4PO_4$), calcium oxalate, barium sulphate, barium chromium.

3. While alkali metals, alkaline earth metals and thein compounds are heated strongly in the colorless flame, the outer electrons are excited to relatively high energy in the atom, but unstable. When these electrons jump back to low energy and emit surplus energy in photon form, a characteristic flame color is observed.

Equipment and Chemicals

1. Equipment Bunsen flame, forceps, blue cobalt glass

2. Chemicals

(1) Solids sodium metal

(2) Acid HCl 2mol/L, concentrated; HAc 2mol/L; HNO_3 2mol/L; H_2SO_4 3mol/L

(3) Bases NaOH 2mol/L; $NH_3 \cdot H_2O$ 2mol/L

(4) Salts NaCl 0.5mol/L; $CaSO_4$ saturation solution; Na_2SO_4 0.5mol/L
KCl 0.5mol/L; Na_2CO_3 0.5mol/L; $KMnO_4$ 0.01mol/L; $CaCl_2$ 0.5mol/L; NH_4Cl 10%; $BaCl_2$ 0.5mol/L; Na_2HPO_4 0.5mol/L;
$Na_3[Co(NO_2)_6]$ 20%; $NH_3 \cdot H_2O$-NH_4Cl-$(NH_4)_2CO_3$ mixed solution,
$Na[B(C_6H_5)_4]$0.1%; Zinc uranylacetate

Procedures

1. Alkali metals

(1) The properties of metal sodium and reaction of sodium with water

Small piece of metal sodium is cut with tweezers blot. Its superficial kerosene is absorbed.

With the filter paper removing the fresh superficial membrane in sodium metal, immediately put it into a crucible to heat; when the sodium begin burning, stop heating. Observe the situation of reaction and the color, shape of products.

Then the products are transferred to a dry test tube, adding some water.

The reaction occur (because the reaction emit heat, the test tube must placed in cold water).

Detect whether oxygen will be given out (how to detect).

Detect whether the solution is alkaline with pH test paper.

Detect whether H_2O_2 is yielded in the aqueous (add a drop of 0.01mol/L $KMnO_4$ to the solution with 1mol/L H_2SO_4, then observe whether pink will disappear). Write out the reaction of the oxide with water.

(2) Identify of sodium salts and potassium salts

(a) Identify sodium ion by yielding sodium zinc uranylacetate.

Add a little drop of aqueous solution of Na^+ ion (0.5mol/L NaCl solution), two drops of 2 mol/L HAc and about ten drops of zinc uranylacefate to a test tube. If necessary, rub the inside wall of the test tube with a glass rod, a yellow precipitate is formed. Write out the ion equation of the reaction.

(b) Identification of the potassium ion K^+ by forming sodium hexanitrocobaltate, $Na_3[Co(NO_2)_6]$.

Add two drops of the potassium ion K^+ ions solution (0.5mol/L KCl solution) to a test tube, then add several drops of $Na_3[Co(NO_2)_6]$ solution. A brown yellow precipitate is obtained. Write out the ion equation of the reaction.

(c) Identification of the potassium ion K^+ by forming potassium tetraphenylboron.

Add two drops of the potassium ion K^+ solution (0.5mol/L KCl solution) to a test tube, then add several drops of sodium tetraphenylboron solution. A white precipitate is obtained. Write out the ionic equation of the reaction.

2. Alkali Metals

(1) The properties, formation of magnesium hydroxide

Add 5 drops of 0.5mol/L $MgCl_2$ solution to three test tube respectively, then add 2 drops of 2mol/L NaOH solution to each one. Observe the color, state of the precipitate of $Mg(OH)_2$, then add 3 ~ 4 drops of 2mol/L NaOH, 2mol/L HCl, 10% NH_4Cl solution respectively. Observe the phenomena, and compare the quantity of the precipitate in the three test tubes. Write out the reaction. Giving reasons.

(2) Formation of insoluble salts and their properties, comparing the solubility of sulphate salts

Add 5 drops of 0.5 mol/L $CaCl_2$, $SrCl_2$, $BaCl_2$ solution to three test tubes respectively, then 10 drops of Na_2SO_4 solution, observe the color and state of the products.

Compare the solubility of sulphates.

(3) The properties and formation of carbonates of calcium, strontium, barium

(a) Add 5 drops of 0.5mol/L $CaCl_2$, $SrCl_2$, $BaCl_2$ solution to three test tubes respectively, and then 6 or 7 drops of 0.5mol/L Na_2CO_3 solution, observe the phenomena and write out the reaction.

(b) Add 5 drops of 0.5mol/L $MgCl_2$ solution, and a ammonia-ammonium chloride-ammonium carbonate mixed solution (a combination of 1mol/L $NH_3 \cdot H_2O$-NH_4Cl and 0.5mol/L $(NH_4)_2CO_3$) to a test tube. Observe and explain the phenomena.

(4) The properties and formation of chromate of calcium, barium

Add 5 drops of each 0.5mol/L $CaCl_2$, $BaCl_2$ to a different clean test tube respectively, and then 10 drops of 0.5mol/L potassium chromate solution to each one, observe the phenomena. Test that the products react with 2 mol/L HAc and 2mol/L HCl solution. Write out the reactions.

(5) Identification of calcium ion Ca^{2+} (calcium is precipitated as the oxalates to identify the presence of calcium)

Add 5 drops of the calcium ion Ca^{2+} solution (0.5mol/L $CaCl_2$ solution) and 10 drops of ammonium oxalate. Observe the phenomena of the reaction, test that products react with 2mol/L HAc and 2mol/L HCl solution. Write out the reactions.

(6) Identification of the magnesium ion Mg^{2+} by forming the white precipitate of $MgNH_4PO_4$

The white precipitate of $MgNH_4PO_4$ can be obtained by adding Na_2HPO_4 to a solution containing Mg^{2+}, $NH_3 \cdot H_2O$, NH_4Cl, and then raising the pH to more than 12 by add NaOH. Write our the reaction.

3. Flame tests of the salts of Na, K, Ca, Sr, Ba

Add 15 drops of each 0.5mol/L solution to a different clean test tube. To clean the wire, dip it into the test tube of concentrated HCl and heat the wire in the hottest part of the flame until no color shows. When the platinum wire is clean, dip the wire in the test tube containing a 0.5mol/L solution and hold it in the hottest part of the flame. Record your observation of the color of the flame. (when observing the color of the flame of the potassium ion, a blue cobalt glass should be used)

4. Separation and detection of an unknown solution

Add 20 drops of the mixed solution possibly containing Na^+, K^+, NH_4^+, Mg^{2+}, Ca^{2+}, Ba^{2+} to a clean centrifugal test tube, mix the test solution. Firstly detect the ammonium ion NH_4^+ in term of the following step:

Step 1. Detection of the ammonium ion NH_4^+

Add 3 drops of the mixed solution to a watch glass, and 6mol/L NaOH dropwise until the solution is basic. Stick a pH test paper with water and filter paper impregnated with Nessler's reagent on the concave surface of another smaller watch glass. Cover this one on the big one rapidly. If pH test paper become blue-purple, and the filter paper of impregnated with Nessler's reagent become reddish brown, it means ammonium ion is present in the solution (Make the blank test at the same time).

After identifying the ammonium ion NH_4^+, then separate and detect the other ions according to the following.

Step 2. Precipitates formation of $BaCO_3$, $CaCO_3$

To the unknown solution containing 6 drops of 3mol/L NH_4Cl, add 2mol/L ammonia water dropwise, until the solution is basic, add 3 drops more of ammonia. Add 10 drops of 1mol/L $(NH_4)_2SO_4$ dropwise and stir. Place the solution in a hot water bath at 60℃ for a few minutes. Centrifuge and separate the precipitate. Transfer the liquid to another centrifugal tube and then treat with it. The precipitate for step 3.

Step 3. Separation and detection of Ba^{2+}

Wash the solid from step 2 with 10 drops of hot water. Centrifuge the precipitate and discard the liquid. Dissolve the precipitate with 3 mol/L HAc (heat, stir well). Then add 5 drops of 4 mol/L NH_4Ac, heat, a few drops of 1mol/L K_2CrO_4 dropwise. You should see a yellow precipitate if Ba^{2+} is present. The yellow orange liquid indicates that calcium ions precipitate incompletely, otherwise barium ions precipitate completely by adding 1mol/L K_2CrO_4, centrifuge and separate.

The liquid is used for detecting for Ca^{2+}.

Step 4. Test for presence of calcium

To the liquid retained from step 3, add 1 drop of 2mol/L ammonia and 2mol/L $(NH_4)_2C_2O_4$. You should see a white precipitate after heating if Ca^{2+} is present.

Step 5. Removing Ca^{2+}, Ba^{2+} from the remaining liquid

To the liquid retained from step 2, add 1 drop of 2mol/L $(NH_4)_2C_2O_4$ and 2mol/L

$(NH_4)_2SO_4$, heat for a few minutes. If the solution turns turbidness, centrifuge and discard the precipitate, transfer the liquid to a crucible.

Step 6. Test for presence of magnesium

Add a few drops of the liquid from step 5 to a clean test tube, then add 1 drop of 2mol/L $(NH_4)_2HPO_4$, rub the inside of the test tube with a glass rod. Appearance of the white crystalline precipitate confirms the presence of magnesium.

Add other one drop of the liquid from step 5 to a spot plate, then add 2 drops of 2mol/L NaOH to make the solution become basic, and 1 drop of magnesium reagent. Appearance of the blue precipitate indicates the presence of magnesium.

Step 7. Removing of ammoniumion, NH_4^+

Heat carefully the liquid in the crucible from step 5 until the volume is reduced to about several drops. Then add 8 or 10 drops of concentrated nitric acid. Evaporate the solution to dryness (While steaming to the last drop, take advantage of remaining energy of the wire gauze and steam it to prevent spattering out). At last burn with the fire until the white smoke disappears.

Dissolve the residue in 8 drops of water after cooling. Add 1 drop of the solution to a spot plate, then add 2 drops of Nessler's reagent. Once a redish brown precipitate is not obtained, this indicates the solution does not have ammonium ions. If not, you have to repeat the operation of the removing of ammonium in the above. After eliminating the ammonium salt, the retained solution is used for step 8 and 9 to detect the presence of Na^+, K^+.

Step 8. Detection of Na^+

To 2 drops of the solution from step 7, add 10 drops of zinc uranyl acetate reagent, and scratch the inside of the test tube with a glass rod. Appearance of the green yellow precipitate confirms the presence of Na^+.

Step 9. Detection of K^+

To the solution retained from step 7 in a test tube, add 2 drops of $Na_3[Co(NO_2)_6]$.

Appearance of the yellow precipitate confirms the presence of K^+.

Instructions

1. Requirements

(1) Preview the relevant contents about alkali metals and alkali earth metals in the textbook of inorganic chemistry, Grasp the important properties of the elements and chemical compounds.

(2) Consult solubility constants of insoluble salts related to the experiment before the lab.

(3) Why does the $MgCl_2$ solution produce $Mg(OH)_2$ and NH_4Cl when ammonia is added, but the $Mg(OH)_2$ precipitate is soluble in a saturated NH_4Cl solution?

(4) Explain why the alkali earth metals is soluble in a HAc solution.

(5) Compare the solubility of CaC_2O_4 ($CaCrO_4$) and BaC_2O_4 ($CaCrO_4$).

2. Operation

(1) Heat the metal sodium

(2) Use of the Bunsen flame

(3) Identification of cations with flame test

3. Notes

(1) Metal sodium, potassium can be caused to explode while meeting water, will be oxidized immediately in the air, so usually keep them in the kerosene, lay them in the shady and cool place. Should cut into small one in the kerosene, insert and fetch with the tweezers, and absorb the kerosene with the filter paper. It is sure not to keep in touch with the skin. Metal sodium not used up don't be thrown out without care, may add a small amount of anhydrous ethanol, make it decompose slowly.

(2) Notice while using the Bunsen flame: before turning on the switch and lighting the gas from the mouth of the tube, the tube muct be heated, otherwise thoroughly, "fire rain" will be formed even cause the fire.

(3) When detecting metal ions with flame test, the clean platinum wire with the liquid of detected ions is heated strongly in the hottest part of the flame. Pay attention to observe the characteristic flames color of ions.

4. Report Format

(1) Objectives

(2) Procedure (List in the form of table)

(3) Separation and detection of an unknown mixed solution of Na^+, K^+, NH_4^+, Mg^{2+}, Ba^{2+}, Ca^{2+}.

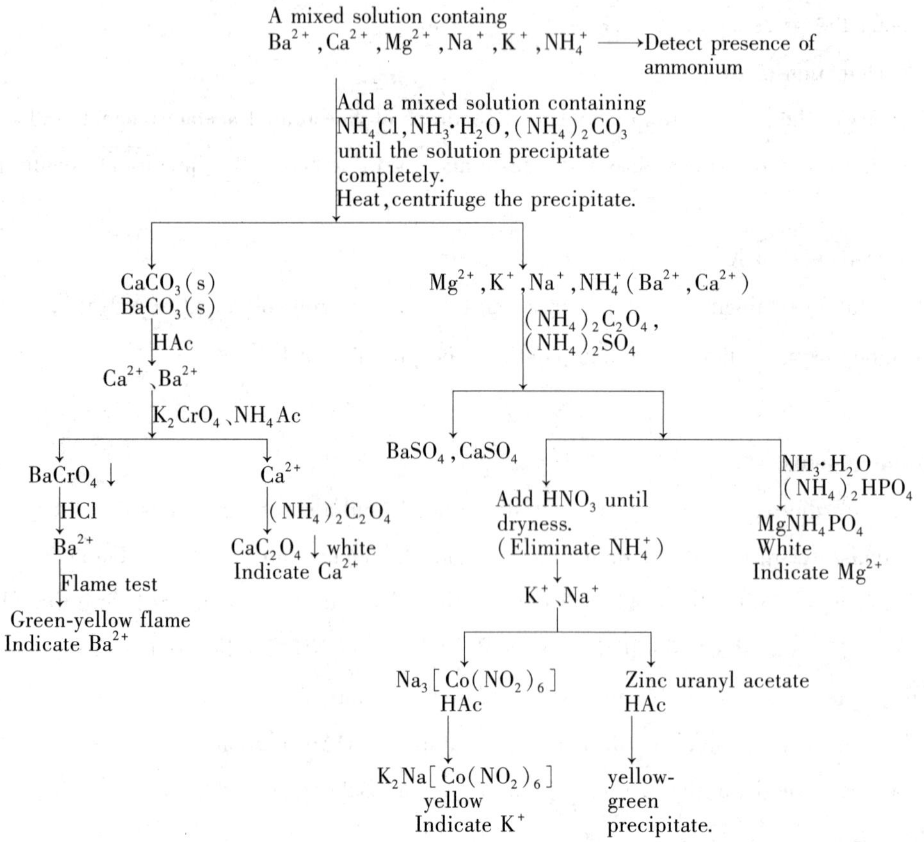

扫码“学一学”

实验十五　铬、锰、铁、钴、镍

【目的要求】

1. 了解铬和锰的各种重要价态化合物的生成和性质。
2. 了解铬、锰各种价态之间的转化。
3. 了解铬、锰化合物的氧化还原性以及介质对氧化还原反应的影响。
4. 了解 +2 价和 +3 价铁、钴、镍的氢氧化物的制备和性质。
5. 了解 +2 价铁盐的还原性和 +3 价铁的氧化性。
6. 了解铁、钴、镍的硫化物和配合物的生成。

【实验原理】

1. 铬和锰分别为周期系ⅥB、ⅦB 族元素，它们都有可变的氧化态。铬的氧化态有 +2、+3、+6，其中氧化态 +2 的化合物不稳定，锰的氧化态有 +2、+3、+4、+5、+6、+7，其中氧化态 +3、+5 的化合物不稳定。锰的各种氧化态的化合物有不同的颜色。

氧化态	+2	+3	+4	+5	+6	+7
水合离子	Mn^{2+}	Mn^{3+}	无	MnO_3^-	MnO_4^{2-}	MnO_4^-
颜　色	浅桃红	深红		蓝	绿	紫

2. +2 价铬可用还原剂（如 Zn）将 +6 价铬或 +3 价铬还原而制得。

3. +3 价铬的氢氧化物呈两性，+3 价铬盐容易水解。在碱性溶液中，+3 价铬盐易被强氧化剂如 Na_2O_2 或 H_2O_2 氧化为黄色。

$$2CrO_2^- + 3H_2O_2 + 2OH^- = 2CrO_4^{2-} + 4H_2O$$

铬酸盐和重铬酸盐在水溶液中存在着下列平衡：

$$2CrO_4^{2-} + 2H^+ \rightleftharpoons Cr_2O_7^{2-} + H_2O$$

上述平衡，在酸性介质中，向右移动，在碱性介质中，向左移动。

4. 铬酸盐和重铬酸盐都是强氧化剂，易被还原为 +3 价铬（+3 价铬离子呈绿色或蓝色）。在酸性溶液中，$Cr_2O_7^{2-}$ 与 H_2O_2 作用生成蓝色过氧化铬 CrO_5。

$$Cr_2O_7^{2-} + 4H_2O_2 + 2H^+ = 2CrO_5 + 5H_2O$$

这个反应常用来鉴定 $Cr_2O_7^{2-}$ 或 Cr^{3+}（先氧化为 CrO_4^{2-}）。

5. +2 价锰的氢氧化物呈白色，但是在空气中容易被氧化，逐渐变成棕色 MnO_2 的水合物 $MnO(OH)_2$。

6. +6 价锰酸盐可由 MnO_2 和强碱在氧化剂如 $KClO_3$ 的作用下，强热而制得。绿色的锰酸钾溶液在中性或微碱性时，MnO_4^{2-} 即发生歧化反应，生成紫色的高锰酸钾和棕黑色的 MnO_2 沉淀。

$$3K_2MnO_4 + 2H_2O \rightleftharpoons 2KMnO_4 + MnO_2\downarrow + 4KOH$$

7. K_2MnO_4 可被强氧化剂（如单质）氧化成 $KMnO_4$。

8. K_2MnO_4 和 $KMnO_4$ 都是强氧化剂，它们的还原产物随介质的不同而不同，例如 MnO_4^- 在酸性介质中，被还原为 Mn^{2+}，在中性介质中，被还原为 MnO_2，而在强碱性介质中和少量还原剂作用时，则被还原为 MnO_4^{2-}。

9. 在硝酸溶液中 Mn^{2+} 可以被 $NaBiO_3$ 氧化为紫红色的 MnO_4^-。通常利用这个反应来鉴定 Mn^{2+}。

$$5NaBiO_3 + 2Mn^{2+} + 14H^+ = 2MnO_4^- + 5Bi^{3+} + 5Na^+ + 7H_2O$$

10. 铁、钴、镍都是中等活泼金属。

11. Fe^{3+} 离子的外层电子层构型为 $3d^5$ 半充满稳定结构，所以它的 +3 价氧化态最稳定，其次是 Fe^{2+}，而钴、镍主要是 +2 价氧化态，按 Fe-Co-Ni 顺序，+3 价氧化态逐渐不稳定，镍的 +3 价氧化态化合物则较少见。

12. +2 价铁、钴、镍的氢氧化物及其性质如下：

	$Fe(OH)_2$	$Co(OH)_2$	$Ni(OH)_2$
颜色	白色	粉红色	苹果绿
在水中溶解情况	难溶	难溶	难溶
酸碱性	碱性	碱性	碱性
还原性	← 还原性增强		

13. +3 价铁、钴、镍的氢氧化物及其性质如下：

	$Fe(OH)_3$	$Co(OH)_3$	$Ni(OH)_3$
颜色	红棕色	褐棕色	黑色
在水中溶解情况	难溶	难溶	难溶
酸碱性	两性偏碱	两性偏碱	两性偏碱
氧化性	氧化性增强 →		

14. $Co(OH)_3$ 和 $Ni(OH)_3$ 与盐酸作用时，不能生成相应的 +3 价盐，因为它们的 +3 价盐极不稳定，而能把 Cl^- 氧化为 Cl_2。

$$Co(OH)_3 + 6HCl = 2CoCl_2 + Cl_2 + 6H_2O$$

$Fe(OH)_3$ 与盐酸作用仅发生中和反应：

$$Fe(OH)_3 + 3HCl = FeCl_3 + 3H_2O$$

15. +2 价铁、钴、镍的硫化物难溶于水，均为黑色沉淀，易溶于稀酸，但是 CoS 和 NiS 一旦自溶液中析出，由于结构改变就不易再溶于稀酸。

16. 铁、钴、镍能生成氨合配离子：$[Co(NH_3)_6]^{2+}$、$[Ni(NH_3)_4]^{2+}$ 和 $[Ni(NH_3)_6]^{2+}$。Fe^{2+}、Fe^{3+} 只有在无水状态下可与氨生成配合物，因为溶于水时，它们将立即分解产生 $Fe(OH)_2$、$Fe(OH)_3$ 沉淀。CN^- 与 Fe^{3+}、Co^{3+}、Fe^{2+}、Co^{2+}、Ni^{2+} 都能形成配位数为 6 或 4 的配合物。向 Fe^{3+} 溶液中加入亚铁氰化钾溶液，出现深蓝色沉淀。

$$4Fe^{3+} + 3[Fe(CN)_6]^{4-} = Fe_4[Fe(CN)_6]_3 \downarrow$$

向 Fe^{2+} 溶液中，加入铁氰化钾溶液，也出现深蓝色沉淀。

$$3Fe^{2+} + 2[Fe(CN)_6]^{3-} = Fe_3[Fe(CN)_6]_2 \downarrow$$

17. 向 Fe^{3+} 离子溶液中加入硫氰化钾溶液即出现血红色。

$$Fe^{3+} + nNCS^- \rightleftharpoons [Fe(NCS)_n]^{3-n}$$

$$n = 1, 2, 3, 4, 5, 6$$

这是 Fe^{3+} 的灵敏反应之一，可用于鉴定 Fe^{3+} 离子。Fe^{2+}、Co^{2+}、Ni^{2+} 与 SCN^- 形成的配合物有配位数 4 和 6 两类，它们在水溶液中都不稳定，但蓝色配离子 $[Co(NCS)_4]^{2-}$ 能稳定地存在于丙酮溶液中。

18. Ni^{2+}在弱碱性条件下与丁二酮肟生成红色螯合物沉淀，这反应可用来鉴定Ni^{2+}离子。

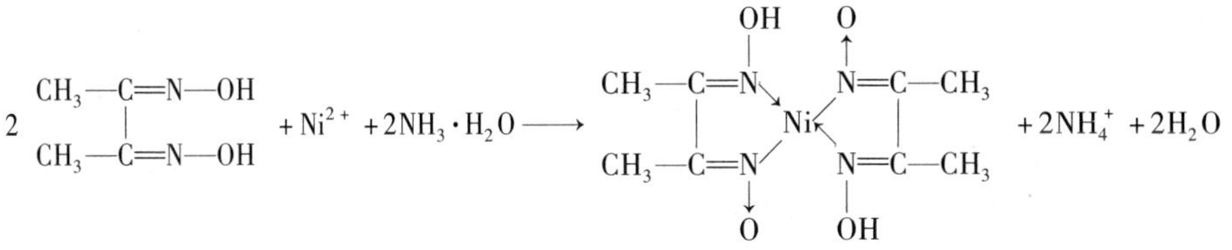

【仪器和药品】

1. 仪器　离心机。

2. 药品

（1）固体　Zn粉，KOH，$KMnO_4$，$NaBiO_3$，$FeSO_4 \cdot 7H_2O$，KSCN。

（2）酸　HCl 2mol/L，6mol/L，浓；HNO_3 6mol/L；H_2SO_4 2mol/L，浓。

（3）碱　NaOH 2mol/L，6mol/L，40%；氨水2mol/L，6mol/L。

（4）盐　$CrCl_3$ 0.1mol/L；$K_2Cr_2O_7$ 0.1mol/L；Na_2SO_4 0.1mol/L；

$MnSO_4$ 0.1mol/L，0.5 mol/L；NH_4Cl 1mol/L；$KMnO_4$ 0.01mol/L；Na_2CO_3 0.1mol/L；

$CoCl_2$ 0.1mol/L；$NiSO_4$ 0.1mol/L；$FeCl_3$ 0.1mol/L；KI 0.1mol/L；

$K_4[Fe(CN)_6]$ 0.1mol/L；$K_3[Fe(CN)_6]$ 0.1mol/L；

丁二酮肟1%，二苯硫腙（打萨宗），四氯化碳溶液。

3. 其他　溴水，淀粉-KI试纸，硫化氢饱和溶液，H_2O_2 3%，乙醚，淀粉溶液。

【实验内容】

1. 铬

（1）+2价铬的生成　取10滴0.1mol/L $CrCl_3$，加10滴6mol/L HCl，再加少量Zn粉，微热至有大量气体逸出，观察溶液颜色由Cr^{3+}的绿色变为Cr^{2+}的天蓝色。吸出上部清液，加数滴浓HNO_3，观察溶液又有什么变化？

（2）氢氧化铬的制备和性质　在盛有10滴$CrCl_3$溶液的试管中，滴加2mol/L NaOH溶液，至产生氢氧化铬沉淀为止。观察沉淀的颜色。用实验证明$Cr(OH)_3$呈两性，并写出反应方程式。

（3）+3价铬的氧化和Cr^{3+}的鉴定　取1～2滴$CrCl_3$溶液，加6mol/L NaOH过量，使生成的沉淀又复溶解，再加3滴H_2O_2溶液，加热，观察溶液颜色的变化，解释现象，并写出反应方程式，待试管冷却后，加10滴乙醚，然后慢慢加6mol/L HNO_3酸化，摇动试管，在乙醚层出现蓝色，表示有Cr^{3+}存在。

（4）铬酸盐和重铬酸盐的相互转变　取5滴$K_2Cr_2O_7$溶液，加少许2mol/L NaOH溶液，观察颜色的变化。加1mol/L H_2SO_4至酸性，观察颜色的变化。解释现象，并写出反应方程式。

（5）+6价铬的氧化性

①在5滴0.1mol/L $K_2Cr_2O_7$溶液中，加5滴1mol/L H_2SO_4，然后滴加0.1mol/L Na_2SO_3，观察溶液的变化。写出反应方程式。

②在5滴$K_2Cr_2O_7$溶液中，加15滴浓HCl，加热，用润湿的淀粉KI试纸，检验逸出的

气体。观察试纸和溶液颜色的变化。解释现象，并写出反应方程式。

2. 锰

（1）Mn^{2+}氢氧化物的制备和性质　取5滴$MnSO_4$溶液，加2mol/L NaOH溶液至沉淀完全，用吸管将沉淀连同溶液分成两份，一份迅速试验Mn（OH_2）是否呈两性。另一份在空气中摇荡，注意沉淀颜色的变化，解释现象。

（2）Mn^{3+}化合物的生成和性质　取10滴0.5mol/L $MnSO_4$，加1ml浓H_2SO_4，用冷水冷却试管，然后再加2~3滴0.01mol/L $KMnO_4$溶液。观察深红色Mn^{3+}的生成（如果酸度不够，则易生成MnO_2）。

$$MnO_4^- + 4Mn^{2+} + 8H^+ \rightleftharpoons 5Mn^{3+} + 4H_2O$$

将所得深红色溶液用0.1mol/L Na_2CO_3中和，则Mn^{3+}即转变为Mn^{2+}和MnO_2，而有棕色沉淀产生。

$$2Mn^{3+} + 2H_2O = Mn^{2+} + MnO_2\downarrow + 4H^+$$

（3）Mn（Ⅳ）化合物的生成　取10滴0.01mol/L $KMnO_4$溶液，滴加0.1mol/L $MnSO_4$溶液，观察MnO_2的生成。

$$2MnO_4^- + 3Mn^{2+} + 2H_2O = 5MnO_2\downarrow + 4H^+$$

（4）Mn（Ⅴ）化合物的生成　取1ml 40% NaOH加入试管中，加1滴0.01mol/L $KMnO_4$摇荡，观察+5价Mn的特征浅蓝色的出现

$$2MnO_4^- + 2H_2O + 4e \rightleftharpoons 2MnO_3^- + 4OH^-$$

$$\frac{4OH^- - 4e \rightleftharpoons 2H_2O + O_2}{2MnO_4 \rightleftharpoons 2MnO_3^- + O_2}$$

（5）Mn（Ⅵ）化合物的生成　在10滴0.01mol/L $KMnO_4$溶液中，加20滴40% NaOH，然后加少量MnO_2固体，加热搅动后静置片刻，离心沉降，上层清液即显+6价Mn的特征颜色。

$$2MnO_4^- + MnO_2 + 4OH^- \rightleftharpoons 3MnO_4^{2-} + 2H_2O$$

取出上层绿色溶液，加6mol/L H_2SO_4酸化，观察溶液颜色的变化和沉淀的析出。通过以上的实验，对Mn的各种价态的稳定性做出结论。

（6）MnO_2的氧化性　取少量MnO_2固体粉末于试管中，加入10滴浓HCl，微热，检验有无氯气逸出。

（7）高锰酸钾还原产物和介质的关系　在3支试管中各加5滴0.01mol/L $KMnO_4$溶液，再分别加2滴2mol/L H_2SO_4、水和6mol/L NaOH，然后各加数滴Na_2SO_3溶液，观察各试管中所发生的现象。写出反应方程式，并说明$KMnO_4$的还原产物和介质的关系。

（8）Mn^{2+}的鉴定　取5滴0.1mol/L $MnSO_4$溶液于试管中，加5滴6mol/L HNO_3，然后加少量$NaBiO_3$固体，摇荡离心沉降后，上层清液呈紫色，表示有Mn^{2+}存在。

3. 铁、钴、镍的氢氧化物的制备和性质

（1）+2价铁、钴、镍的氢氧化物的制备和性质

①$Fe(OH)_2$的制备和性质　在试管中加入2ml蒸馏水，加1~2滴2mol/L H_2SO_4，煮沸片刻（为什么?），然后在其中溶解几粒$FeSO_4\cdot 7H_2O$晶体，同时在另一试管中煮沸1ml 2mol/L NaOH，迅速加到$FeSO_4$溶液中去（不要振荡），观察现象，静置片刻，观察沉淀颜色的变化。

②$Co(OH)_2$ 的制备和性质　取 20 滴 0.1mol/L $CoCl_2$ 溶液，加热，然后滴加 2mol/L NaOH，观察现象。静置片刻，观察沉淀颜色的变化。

③$Ni(OH)_2$ 的制备和性质　取 20 滴 0.1mol/L $NiSO_4$ 溶液，滴加 2mol/L NaOH，观察现象，并观察在空气中放置时颜色是否发生变化。

（2）+3 价铁、钴、镍的氢氧化物的制备和性质

①$Fe(OH)_3$ 的制备和性质　取 5 滴 0.1mol/L $FeCl_3$ 溶液，滴加 2mol/L NaOH，观察沉淀的颜色和形状。

②$Co(OH)_3$ 的制备和性质　取 5 滴 0.1mol/L $CoCl_2$，加入 3 滴溴水，然后加入 5 滴 2mol/L NaOH，观察沉淀的颜色。将溶液加热至沸，静置，弃去上面清液，在沉淀上滴加几滴浓 HCl，加热，用润湿的 KI－淀粉试纸检验逸出气体，观察现象。

③$Ni(OH)_3$ 的制备和性质　取 0.1mol/L $NiSO_4$ 溶液 5 滴，同上法制备 $Ni(OH)_3$，并检验 $Ni(OH)_3$ 和浓 HCl 作用时，是否产生氯气。

4. 铁盐的氧化还原性

（1）亚铁盐的还原性　在试管中，加 10 滴新鲜配制的 $FeSO_4$ 溶液，再加 1～2 滴 2mol/L H_2SO_4，然后滴加少量 0.01mol/L $KMnO_4$ 溶液，观察 $KMnO_4$ 紫色的褪去。

（2）铁盐的氧化性　取 10 滴 0.1mol/L $FeCl_3$ 溶液，再滴加 0.1mol/L KI 溶液，观察现象，然后滴加 1 滴淀粉溶液，观察现象。

5. 铁、钴、镍的硫化物　在 3 支试管中，分别加入新鲜配制的 $FeSO_4$ 溶液、0.1mol/L $CoCl_2$ 和 0.1mol/L $NiSO_4$ 溶液各 2 滴，各约加 2 滴稀 HCl 酸化，加 H_2S 饱和溶液，有无沉淀产生？然后各加 2mol/L $NH_3 \cdot H_2O$ 至碱性，观察有无沉淀产生？在各沉淀中加入稀 HCl 至酸性，再多加 2 滴观察沉淀是否溶解？

6. 铁、钴、镍的配合物

（1）铁的配合物

①+2 价铁的配合物　取 10 滴 0.1mol/L $K_4[Fe(CN)_6]$ 溶液，滴加数滴 2mol/L NaOH 溶液，是否有 $Fe(OH)_2$ 沉淀产生，试解释之。另取 $FeCl_3$ 溶液 5 滴，滴入 2 滴 0.1mol/L $K_4[Fe(CN)_6]$ 溶液，观察现象。

②+3 价铁的配合物　取 10 滴 0.1mol/L $K_3[Fe(CN)_6]$ 溶液，滴加数滴 2mol/L NaOH 溶液，是否有 $Fe(OH)_3$ 沉淀产生？试解释之。

另取几粒 $FeSO_4$ 晶体于试管中，加 10 滴水使溶解，继续加入 2 滴 $K_3[Fe(CN)_6]$ 溶液，观察现象。

（2）钴的配合物

①+2 价钴的配合物　取 5 滴 0.5mol/L $CoCl_2$ 溶液加于试管中，加 5 滴 1mol/L NH_4Cl 溶液和过量的 6mol/L $NH_3 \cdot H_2O$，观察二氯化六氨合钴 $[Co(NH_3)_6]Cl_2$ 溶液的颜色。静置片刻，观察颜色的改变。

②取 5 滴 0.1mol/L $CoCl_2$ 溶液加于试管中，加少量固体 KSCN，再加 10 滴丙酮，由于生成配离子 $[Co(NCS)_4]^{2-}$ 溶于丙酮而呈现蓝色。

（3）镍的配合物　取 5 滴 0.1mol/L $NiSO_4$ 溶液，加 2 滴 1mol/L NH_4Cl，然后加 6mol/L 氨水，观察溶液的颜色有何变化。

取 5 滴 0.1mol/L $NiSO_4$ 溶液，加 5 滴 2mol/L 氨水，再加 1 滴 1% 二乙酰二肟（丁二酮肟），生成红色沉淀——此反应可用于鉴定 Ni^{2+} 离子。

7. 含 Fe^{2+}、Co^{2+}、Ni^{2+}、Cr^{3+}、Mn^{2+}、Zn^{2+} 的混合溶液的分离和检出

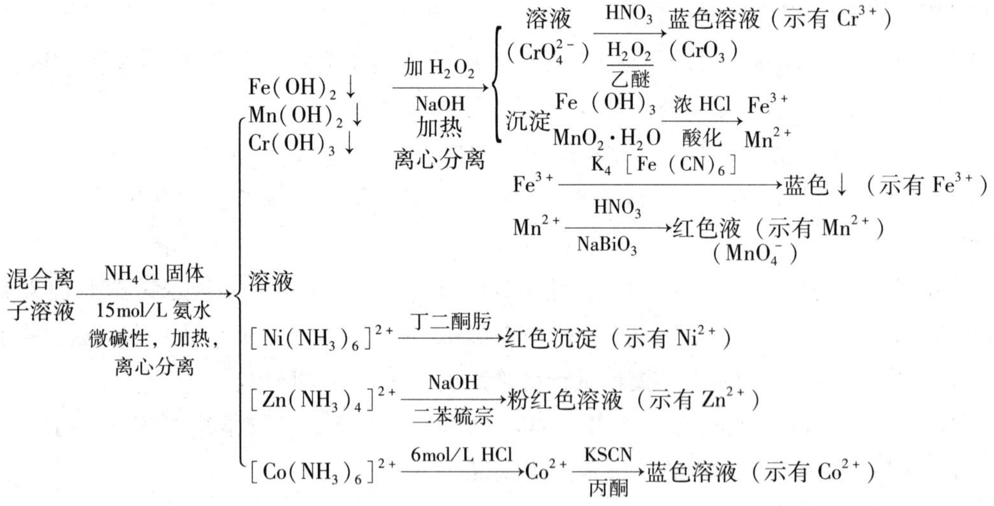

实 验 指 导

【预习要求】

1. 铬、锰、铁、钴、镍属于过渡元素，试根据它们的原子结构，说明它们有哪些性质？

2. +2 价铬的稳定性要比 +3 价铬差，试根据它们的价电子构型加以说明。

3. 如何鉴别 Cr^{3+} 和 $Cr_2O_7^{2-}$？实验中为什么要加入乙醚？

4. 怎样以铬酸盐为原料制备重铬酸盐？

5. 锰元素的氧化态有哪几种？举出常见锰的化合物及其用途。

6. $KMnO_4$ 的还原产物与介质的酸碱性有何关系？

7. 怎样鉴别 Mn^{2+} 的存在？

8. 如何制备 +2 价、+3 价铁、钴、镍的氢氧化物？它们的氢氧化物有何性质？

9. 向 +3 价铁、钴、镍的氢氧化物中加入浓盐酸，各自得到的产物是什么？

10. 如何鉴别 Fe^{2+}、Fe^{3+}、Co^{2+}、Ni^{2+}？

11. 完成并配平下列化学方程式：

（1）$Cr^{3+} + Zn \longrightarrow$

（2）Cr^{3+} + NaOH（过量）$\longrightarrow$

（3）$CrO_2^- + H_2O_2 + OH^- \longrightarrow$

（4）$Cr_2O_7^{2-} + H_2O_2 + H^+ \xrightarrow{乙醚}$

（5）$Mn(OH)_2 + O_2 \longrightarrow$

（6）$MnO_4^- + SO_3^{2-} + H^+ \longrightarrow$

$MnO_4^- + SO_3^{2-} + H_2O \longrightarrow$

$MnO_4^- + SO_3^{2-} + OH^- \longrightarrow$

（7）$Mn^{2+} + NaBiO_3 + H^+ \longrightarrow$

（8）$Fe(OH)_2 + O_2 \longrightarrow$

(9) Ni $(OH)_2 + Br_2 + OH^- \longrightarrow$

(10) $MnO_4^- + Fe^{2+} + H^+ \longrightarrow$

(11) Co $(OH)_3$ + HCl (Conc) $\longrightarrow$

【注意事项】

1. Mn^{3+}存在于强酸性溶液中，实验中要保证试液足够的酸度。

2. K_2MnO_4 存在于强碱性溶液，实验中要保证试液足够的碱度。

3. $KMnO_4$ 在酸性价质中被还原成 Mn^{2+}（近无色）如得到棕色溶液，说明试液的酸度不足。

4. 在鉴别 Cr^{3+}（或 $Cr_2O_7^{2-}$）试验中，最后加 HNO_3 时要加足量，使成酸性。

5. CoS、NiS 沉淀一旦生成由于自身结构的变化便不再溶于稀酸。

6. $[Co(NH_3)_6]Cl_2$ 为棕黄色，$[Co(NH_3)_6]Cl_3$ 为棕红色，试验中要仔细观察颜色的变化。

【报告格式】

1. 目的

2. 原理

3. 实验内容

用表格形式表示。例：

试　剂	现　　象	反应方程式	结　　论
$FeCl_3 + KI$	有 I_2 生成淀粉变蓝	$2Fe^{3+} + 2I^- = 2Fe^{2+} + I_2$	Fe^{3+}具有氧化性

【实验后思考】

1. Cr（Ⅵ）作氧化剂时的介质条件是什么？在选用介质时应考虑什么问题？

2. 哪些实验说明锰发生的自身氧化还原反应？其介质条件如何？

3. $KMnO_4$ 溶液中若有 Mn^{2+} 和 MnO_2 存在，对其稳定性有何影响？

4. 实验室常用的洗液是 $K_2Cr_2O_7$ 和浓 H_2SO_4 的混合液，用久后会变绿，为什么？

5. 即使长时间通 H_2S 于 $K_2Cr_2O_7$ 或 $KMnO_4$ 酸性溶液中，也得不到硫化物沉淀，为什么？得到什么物质？写出反应式。

6. 混合液中含有 Ca^{2+}、Al^{3+}、Cr^{3+}、Mn^{2+}、Fe^{2+}、Ni^{2+}，如何分离？

7. 为什么在 Fe（Ⅲ）盐溶液中加 Na_2CO_3 放出 CO_2，在 Fe（Ⅱ）溶液中加 Na_2CO_3 不放出 CO_2？

Experiment 15　Chromium, Manganese, Iron, Cobalt and Nickel

Objectives

1. Know the properties and preparation of some compounds of chromium and manganese in their

important oxidation states.

2. Know transformation of the various oxidation states of Cr and Mn.

3. Know the oxidation-reduction properties of compounds Cr and Mn. Know how the medium affects these oxidation-reduction reactions.

4. Know the preparation and properties of Fe(Ⅱ , Ⅲ) , Co(Ⅱ , Ⅲ) , Ni(Ⅱ , Ⅲ) hydroxides.

5. Know the reducing property of iron(Ⅱ) and the oxidizing property of iron(Ⅲ).

6. Know how to prepare the sulfides and the complexes of iron, cobalt and nickel.

Principles

1. Cr is an element of Group ⅥB in the periodic table and Mn is of Group ⅦB. Their oxidation states are various. Those of Mn are +2, +3, +4, +5, +6, +7. The trivalent states and the V state are unstable. The Mn compounds their oxidation states have different colors.

Oxidation state	+2	+3	+4	+5	+6	+7
Aquo ion	Mn^{2+}	Mn^{3+}	non	MnO^{3-}	MnO_4^{2-}	MnO_4^-
Color	pink	red		blue	green	dark purple

2. Cr(Ⅱ) is obtained when Cr(Ⅵ) or Cr(Ⅲ) is reduced by reducing reagents, such as Zn.

3. Hydroxide $Cr(OH)_3$ is amphoteric. Cr(Ⅲ) salts are hydrolyzed appreciably. In alkaline solution, Cr(Ⅲ) can be oxidized by powerful oxidizers such as Na_2O_2 and H_2O_2 to yellow chromate.

$$2CrO^{2-} + 3H_2O_2 = 2CrO_4^{2-} + 4H_2O$$

In aqueous solutions, there is an equilibrium reaction for chromate and dichromate which is shifted to the right in acid solution and to the left in alkaline solution.

$$2CrO_4^{2-} + 2H^+ = Cr_2O_7^{2-} + H_2O$$

4. Both chromates and dichromates are strong oxidizing reagents and easily reduced to Cr(Ⅲ) (Cr(Ⅲ) ions is green or blue.). When H_2O_2 is added to dichromate solution, a blue solution containing peroxide CrO_5 is formed. The reaction is used to identify dichromate ion and Cr(Ⅲ) ion (oxidized to CrO_4^{2-} forehead).

$$Cr_2O_7^{2-} + 4H_2O_2 + 2H^+ = 2CrO_5 + 5H_2O$$

5. Hydroxide $Mn(OH)_2$ is white and easily oxidized to $MnO(OH)_2$, a brown aqua compound of MnO_2.

6. When MnO_2 is fused with alkalis in the presence of oxidizing reagents like $KClO_3$, Mn(Ⅵ) salt is obtained. The green potassium manganate is unstable and disproportionate to purple MnO_4^- and brown precipitate MnO_2 in neutral or weakly alkaline solution.

$$3K_2MnO_4 + 2H_2O = 2KMnO_4 + MnO_2\downarrow + 4KOH$$

7. Oxidation with Cl_2 converts K_2MnO_4 to $KMnO_4$.

8. Both K_2MnO_4 and $KMnO_4$ are strong oxidants and the reduced products vary with the media. In acids, MnO_4^- is reduced to Mn^{2+} ion. But in neutral solutions, the reduction proceeds to MnO_2, and in alkaline solutions to MnO_4^{2+} in presence of a little reducing reagent.

9. Oxidation with $NaBiO_3$ converts Mn^{2+} to dark purple MnO_4^- ion, which is usually used to identify Mn^{2+} ion.

$$5NaBiO_3 + 2Mn^{2+} + 14H^+ = 2MnO_4^- + 5Bi^{2+} + 5Na^+ + 7H_2O$$

10. Iron, cobalt and nickel are all metals with medium activity .

11. The trivalent state of iron is the most stable for iron because Fe(Ⅲ) ion has the electronic configuration $3d^5$ (Single occupation of orbital). The Ⅱ state of iron is the second stable. The chief oxidation state of cobalt and nickel is the Ⅱ state. According to the sequence of Fe-Co-Ni, the Ⅲ oxidation state gets gradually unstable. And the compounds of Ni(Ⅲ) are rare.

12. Hydroxides Fe(Ⅱ)、Co(Ⅱ)、Ni(Ⅱ) have the properties as follows

	$Fe(OH)_2$	$Co(OH)_2$	$Ni(OH)_2$
Color	white	pink	apple green
Solubility in water	insolable	insoluable	insoluable
Acid-base property	acieic	basic	basic
Reducing property	← getting stronger		

13. Hydroxides Fe(Ⅲ)、Co(Ⅲ)、Ni(Ⅲ) have the following properties

	$Fe(OH)_3$	$Co(OH)_3$	$Ni(OH)_3$
Color	red-brown	dark-brown	black
Solubility in water	insolable	insoluable	insoluable
Acid-base property	amphoteric apt to basic	amphoteric apt to basic	amphoteric apt to basic
Reducing property	→ getting stronger		

14. When hydrochloric acid (HCl) is added to $Co(OH)_3$ or $Ni(OH)_3$, the respective salt of the Ⅲ state is not obtained because it is extraordinary unstable to oxidize Cl^- ion to Cl_2.

$$Co(OH)_3 + 6HCl = 2CoCl_2 + Cl_2 + 6H_2O$$

But only takes place the neutralized reactions when hydrochloric (HCl) is added to $Fe(OH)_3$

$$Fe(OH)_3 + 3HCl = FeCl_3 + 3H_2O$$

15. The black sulfides of iron (Ⅱ), cobalt (Ⅱ). nickel(Ⅱ) are aqueous insoluble but soluble in acidic solution. However, once CoS and NiS precipitate from the solution, they are not soluble in acid any more as a result of the transformation of their structures.

16. Ammonia complexes of iron, cobalt and nickel: $[Co(NH_3)_6]^{2+}$, $[Ni(NH_3)_4]^{2+}$, and $[Ni(NH_3)_6]^{2+}$ are formed easily. The analogues of Fe(Ⅱ) and Fe(Ⅲ) are only formed in absence of water because they are immediately decomposed to the precipitates $Fe(OH)_2$ and $Fe(OH)_3$ when they are dissolved in water. Cyanide complexes with coordination number 4 or 6 are formed by the metal ions Fe^{3+}、Co^{3+}、Fe^{2+}、Co^{2+}、Ni^{2+} with CN ion (cyanide ion). A dark blue precipitate forms when the Fe^{3+} solution is added to the solution of potassium ferrocyanide.

$$4Fe^{3+} + 3[Fe(NH)_5]^{4-} = Fe_4[Fe(CN)_6]_3 \downarrow$$

The dark blue precipitate also forms when a solution of potassium ferricyanide is added to a Fe^{2+} ion solution.

17. Addition of a potassium thiocyanate solution to a Fe^{3+} ion solution gets a deep-colored red solution.

$$Fe^{3+} + nNCS^- = [Fe(NCS)_n]^{3-n}$$

$n = 1,2,3,4,5,6$

The coordination reaction is one of the sensitive reactions of Fe^{3+} ion and employed in identifying Fe^{3+}. Sulfo cyanide complexes formed by the metal ions Fe^{2+}、Co^{2+}、Ni^{2+} with SCN^- ion are four-coordinated or six-coordinated and unstable in aqueous solution. Among them the blue cobalt(Ⅱ) complex ion is stable in acetone solution.

18. When Ni^{2+} ion is combined with dimethyglyoxime in a feeble basic medium, a red chelate nickel dimethylglyoximate is precipitated. This reaction is used to identify Ni^{2+} ion.

Equipment and Chemicals

1. Equipment Centrifugal machine

2. Chemicals

(1) Solids Zn powder, KOH, $KMnO_4$, $NaBiO_3$, $FeSO_4 \cdot 7H_2O$, KSCN

(2) Acids HCl 2mol/L, 6mol/L, concentrated; HNO_3 6mol/L, H_2SO_4 2mol/L, concentrated

(3) Salts $CrCl_3$ 0.1mol/L; $K_2Cr_2O_7$ 0.1mol/L; Na_2SO_4 0.1mol/L; $MnSO_4$ 0.1mol/L, 0.5mol/L; NH_4Cl 1 mol/L; $KMnO_4$ 0.01mol/L; Na_2CO_3 0.1mol/L; $CoCl_2$ 0.1mol/L;

$NiSO_4$ 0.1mol/L; $FeCl_3$ 0.1mol/L; KI 0.1mol/L; $K_4[Fe(CN)_4]$ 0.1mol/L;

$K_3[Fe(NH)_6]$ 0.1mol/L dimethylglyoxime 1% dithizone solution of CCl_4

(4) Rest Bromine water, starch iodide paper, Hydrogen sulfide saturated solution, Hydrogen peroxide 3% ether, starch solution.

Procedures

1. Chromium (Cr)

(1) Preparation of Cr(Ⅱ) compounds Add 10 drops of HCl (6mol/L) to drops of $CrCl_3$ solution (0.1 mol/L) with a little Zn powder. The mixture is heated slightly until a lot of gas is given out. The color of the solution changed into sky blue from green ($Cr^{3+} \rightarrow Cr^{2+}$) is observed. Fetch the upper clear solution and add a few drops of concentrated HNO_3 to it. What happens to the solution?

(2) Preparation and property of hydroxide Cr(Ⅱ) Add dropwise the NaOH solution (2mol/L) to a tube containing 10 drops of $CrCl_3$ solution until the precipitate $Cr(OH)_3$ forms. Observe the color of the precipitate. Test the amphoteric proprty of $Cr(OH)_3$ and write out the equation of the reaction.

(3) Oxidation and identification of Cr(Ⅲ) NaOH solution (6mol/L) is added dropwise to a tube containing a $CrCl_3$ solution (1 ~ 2d) until the precipitate formed is redissolved. Then 3 drops of a H_2O_2 solution are added to the solution before the mixture is heated. Observe and explain the change of the color and write out the equation. When the tube is cooled down, add 10 drops of ether to it before the solution is acidified by adding slowly HNO_3 (6mol/L) to it. Shake the tube, the ether layer gets blue, which suggests Cr^{3+} ion is presence.

(4) Alternation between chromate and dichromate Some NaOH solution (2mol/L) is added to 5 drops of $K_2Cr_2O_7$. Then the mixture is acidified with H_2SO_4 (1mol/L). Explain the reason of the color changing and write out the reaction equation.

(5) Oxidation property of Cr(Ⅵ)

(a) Add a solution of H_2SO_4 (1mol/L, 5d) to a solution of $K_2Cr_2O_7$ (5d) before a Na_2SO_3 solution (0.1mol/L) is dropped into the mixture. Observe the change and write out the equation.

(b) Heat the mixture of 5 drops of $K_2Cr_2O_7$ solution and 15 drops of concentrated HCl. Test the escaping gas from the mixture by a piece of wet starch iodide paper. Look at the color changes of the paper and the solution. Explain the phenomena and write out the equation.

2. Manganese (Mn)

(1) Preparation and property of hydroxide Mn(Ⅱ) 5 drops of $MnSO_4$ solution is precipitated completely by a NaOH solution (2mol/L). Divide the mixture into two parts. One is used to test its amphoteric property. The other is shaken in the air. Notice the color of the precipitate and explain the change.

(2) Preparation and property of Mn(Ⅲ) compounds Add 1ml of concentrated H_2SO_4 into a tube containing 10 drops of a $MnSO_4$ solution (0.5mol/L). Cool the tube down with ice water before a $KMnO_4$ solution (0.01mol/L) is dropped into it. The dark red solution of Mn^{3+} is observed. (If the acidity is not enough, MnO_2 is usually obtained.)

$$MnO_4^- + 4Mn^{2+} + 8H^+ \longequal 5Mn^{3+} + 4H_2O$$

Neutralization of the dark red solution with Na_2CO_3 solution (0.1mol/L) converts Mn^{3+} ion into Mn^{2+} ion and MnO_2, a brown precipitate.

$$2Mn^{3+} + 2H_2O = Mn^{2+} + MnO_2\downarrow + 2H^+$$

(3) Preparation of Mn(Ⅳ) compounds Drop a solution of $MnSO_4$ (0.1mol/L) into a $KMnO_4$ solution of 10 drops. Notice the showing of MnO_2

$$2MnO_4^- + 3Mn^{3+} + 2H_2O = 5MnO_2\downarrow + 4H^+$$

(4) Preparation of Mn(Ⅴ) compounds Put a NaOH solution (40%) of 1ml into a tube. Shock the tube after a drop of $KMnO_4$ solution (0.01mol/L) is added. Observe the pale blue color, the characteristic color of Mn(Ⅴ).

$$2MnO_4^- + 2H_2O + 4e = 2MnO_3^- + 4OH^-$$

$$4OH^- - 4e = 2H_2O + O_2$$

$$2MnO_4^- = 2MnO_3^- + O_2$$

(5) Preparation of Mn(Ⅵ) compounds Heat a mixture of 10 drops of $KMnO_4$ solution (0.01mol/L), 20 drops of 40% NaOH and a little MnO_2 solid until it is boiled. The mixture is stirred before it stays without disturbance for a while. After centrifugal separation, the clear liquid solution of the upper layer shows the character color of Mn(Ⅵ)

$$2MnO_4^- + MnO_2 + 4OH^- = 3MnO_4^{2-} + 2H_2O$$

Notice what happens when the green solution of the upper layer is acidified with 6mol/L H_2SO_4. Conclude the stability of the oxidation states of Mn from these experiments.

(6) Oxidizing property of MnO_2 Heat slightly a tube containing a little MnO_2 powder and 10 drops of concentrated HCl, and test whether Cl_2 is produced.

(7) Relationship between the medium and the reduced product of $KMnO_4$ Take out three tubes. Add 5 drops of a 0.01mol/L $KMnO_4$ solution into each tube. Then add 2 drops of 2mol/L H_2SO_4, 2 drops of water, 2 drops of NaOH into the tubes respectively. Observe what happens in the

tubes when a few drops of Na_2SO_3 solution are added into each tube. Write out the reaction equations and discuss the relationship between the medium and reduced products.

(8) Identification of Mn(Ⅱ) 5 drops of $MnSO_4$ solution (0.1mol/L) and 5 drops of HNO_3 (6mol/L) are added into a tube. Then add a little $NaBiO_3$ solid into the mixture after the tube is shaken. The upper clear purple solution separated by a centrifugal machine shows the existence of Mn^{2+} ion.

3. Preparations and properties of Hydroxides of iron, cobalt and nickel.

(1) Preparations and properties of hydroxides of iron(Ⅱ), cobalt(Ⅱ), nickel(Ⅱ)

(a) Preparation and property of Iron(Ⅱ) hydroxide 2ml of distilled water acidified with 2 mol/L H_2SO_4 (1 ~ 2d) is boiled for a while (why?) before a few grains of $FeSO_4 \cdot 7H_2O$ crystal are dissolved in it. Then 1ml of NaOH (2mol/L) boiled is quickly added to the $FeSO_4$ solution. (Don't shake the tube). Notice the color change. Let it stay undisturbed for a few minutes.

(b) Preparation and property of $Co(OH)_2$ Drop 2mol/L NaOH to a $CoCl_2$ solution (0.1mol/L) of 20 drops that has been heated. Let the mixture stay undisturbed for a while. Observe that the precipitate changes color.

(c) Preparation and property of $Ni(OH)_2$ Drop a 2mol/L NaOH solution to 20 drops of $Ni(OH)_2$ (0.1mol/L) which has been heated. Take the mixture in the air. Observe whether the precipitate changes color.

(2) Preparation and properties of Hydroxides of Fe(Ⅲ), Co(Ⅲ), Ni(Ⅲ)

(a) Preparation and property of $Fe(OH)_3$ Drop a 2mol/L NaOH solution to a tube containing 5 drops of a $FeCl_3$ solution (0.1mol/L). Observe the color and the shape of the precipitate formed.

(b) Preparation and property of $Co(OH)_3$ Drops of bromine water are added to 5 drops of a 0.1mol/L $CoCl_2$ solution before 5 drops of a NaOH solution (2mol/L) is added. A black solid is precipitated from the solution. Boil the mixture before it stays without disturbance. Drop concentrated HCl to the precipitate after the upper clear solution is thrown away. Test the giving-off gas with a piece of wet starch iodide paper when the mixture is heated.

(c) Preparation and property of $Ni(OH)_3$ Fetch 5 drops of $NiSO_4$ solution (0.1 mol/L) to prepare $Ni(OH)_3$ precipitate according to the preparation of $Co(OH)_3$. And certify whether the redox reaction of $Ni(OH)_3$ with concentrated HCl forms Cl_2 gas.

4. Properties of iron salts

(1) Reducing the property of ferrous salt. Drop a little $KMnO_4$ solution (0.01mol/L) into a tube containing 10 drops of a fresh $FeSO_4$ solution acidified by 1 ~2 drop of H_2SO_4 (2mol/L). Observe the purple color of $KMnO_4$ vanishing.

(2) Oxidizing property of ferric salt Drop a KI solution (0.1mol/L) to 10drops of 0.1mol/L $FeCl_3$ solution. What happens? Then add a drop of starch solution to the mixture and observe what happens again.

5. Sulfides of iron, colalt and nickel Take three tubes. Add two drops of a fresh $FeSO_4$ solution, two drops of a $CoCl_2$ solution (0.1mol/L), two drops of a $NiSO_4$ solution (0.1mol/L) to the tubes respectively. Then add 2 drops of dilute HCl and a saturated H_2S solution to each tube. What happens? Then all the mixtures are basic with NH_3H_2O (2mol/L). What happens again? Add dilute HCl to the precipitates and acidify them. Are the precipitates dissolved? If not, add 2 drops more of HCl solution again.

6. Complexes of iron, cobalt and nikel

(1) Iron (Ⅱ) complexes Add a few drops of NaOH solution (2mol/L) to $K_4[Fe(CN)_6]$ solution (0.1mol/L, 10drops). Explain why there is no precipitate from the solution. Fetch another 6 drops of $FeCl_3$ solution. Add 2 drops of $K_4[Fe(CN)_6]$ solution to it. Observe what happens.

(2) Iron (Ⅲ) complexes Add a few drops of 2mol/L NaOH to $K_3[Fe(CN)_6]$ (10 drops, 0.1mol/L). Notice whether $Fe(OH)_3$ is formed. And explain the reason. Put a few grains of $FeSO_4$ crystal into a tube. And dissolve the $FeSO_4$ with water. Then add 2 drops of a $K_3[Fe(CN)_4]$ solution. Notice the reaction that takes place in the tube.

(3) Ammonia complexes of cobalt Add 5 drops of NH_4Cl solution (1 mol/L) and excess of 6mol/L NH_3H_2O to a tube containing 0.5mol/L $CoCl_2$ solution (5 drops). Obsever the forming of a yellowish brown solution of $[Co(NH_3)_6]Cl_6$. Wait for a few minutes. The complex solution changes slowly to reddish brown. Why?

(4) Sulfo cyanic cobalt (Ⅱ) complexes Add a few grains of KSCN crystal to a tube containing 5 drops of a 0.1mol/L $CoCl_2$ solution before acetone is dropped into the tube. The acetone layer is blue owing to the forming of the complex ion $[Co(NCS)_4]^{2-}$

(5) Complexes of Nickel Five drops of $NiSO_4$ solution is mixed with 2 drops of NH_4Cl (0.1mol/L) before NH_3H_2O(0.1mol/L) is added. Notice the color changes.

7. Separation and identification of Fe^{2+}, Co^{2+}, Ni^{2+}, Cr^{3+}, Zn^{2+} from their mixture solution

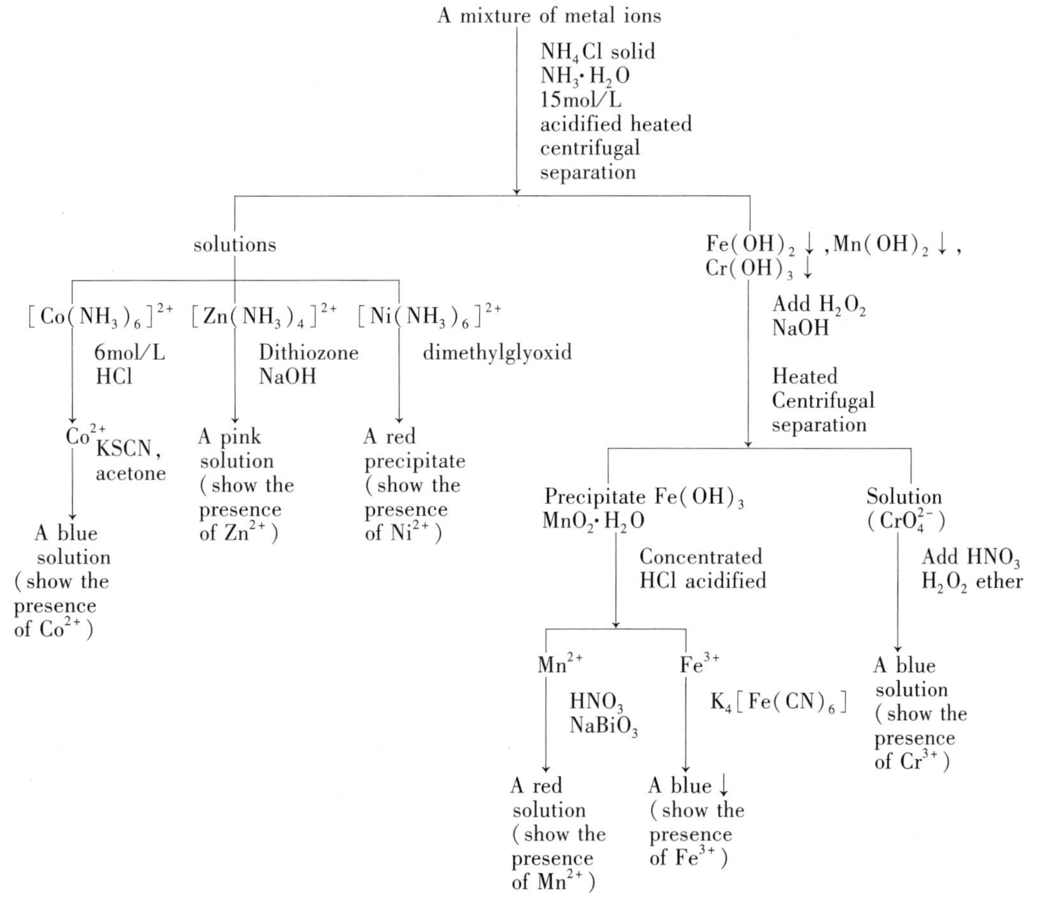

Instructions

1. Requirements

(1) Iron, manganese, chromium, cobalt and nickel are all transition metal elements. Discuss their properties on the basis of their atomic structure.

(2) Explain the reason why Cr(Ⅱ) is more unstable than Cr(Ⅲ) according to their electronic configurations.

(3) How do you identify Cr^{3+} and $Cr_2O_7^{2-}$? Why must ether be added in the experiment?

(4) How is dichromate prepared from chromate?

(5) What are the oxidation states of manganese? Give names of some common managanese compounds and their uses.

(6) Discuss that the oxidant of $KMnO_4$ is pH dependent.

(7) How is Mn^{2+} ion identified?

(8) How do you prepare the hydroxides of iron, cobalt, nickel in their divalent and trivalent states? Discuss their properties.

(9) What is obtained when concentrated HCl is added to the hydroxides of Fe(Ⅲ), Co(Ⅲ) and Ni(Ⅲ) respectively?

(10) How do you identify the metal ions of Fe^{2+}、Fe^{3+}、Co^{2+}、Ni^{2+}?

(11) Finish and equilibrate the following reaction equations:

(a) $Cr^{3+} + Zn \longrightarrow$

(b) $Cr^{3+} + NaOH(excess) \longrightarrow$

(c) $CrO_2^- + H_2O_2 + OH^- \longrightarrow$

(d) $Cr_2O_7^{2-} + H_2O_2 + H^+ \longrightarrow$

(e) $Mn(OH)_2 + O_2 \longrightarrow$

(f) $MnO_4^- + SO_3^{2-} + H^+ \longrightarrow$

$MnO_4^- + SO_3^{2-} + H_2O \longrightarrow$

$MnO_4^- + SO_3^{2-} + H^+ \longrightarrow$

(g) $Mn^{2+} + NaBiO_3 + H^+ \longrightarrow$

(h) $Fe(OH)_2 + O_2 \longrightarrow$

(i) $Ni(OH)_2 + Br_2 + OH^- \longrightarrow$

(j) $MnO_4^- + Fe^{2+} + H^+ \longrightarrow$

(k) $Co(OH)_3 + HCl(Conc) \longrightarrow$

2. Notes

(1) Mn^{3+} ion only exists in acidic solution. Be sure that the solution is acidic enough in the experiment.

(2) K_2MnO_4 only exists in alkali. Be sure that the solution is basic enough in the experiment.

(3) It is suggested that the reagent is no acidic enough when $KMnO_4$ is not reduced to a nearly colorless solution of Mn^{2+} ion, but a brown solution in an acidic medium.

(4) In the experiment of identifying Cr^{3+} or $Cr_2O_7^{2-}$, HNO_3 must be added adequately to insure that reaction solution is acidified at the last step.

(5) Once CoS and NiS are precipitated, they do not dissolve again in dilute acid owing to the transformation of their structures.

(6) $[Co(NH_3)_6]Cl_2$ is yellowish brown and $[Co(NH_3)_6]Cl_3$ is reddish brown. Observe attentively the color change.

3. Report format

(1) Objectives

(2) Principles

(3) Content

4. Questions

(1) Which medium is chosen when Cr(Ⅵ) is used as an oxidant?

What is taken into account when a medium is chosen?

(2) What experiments show that disproportionate of manganese takes place? What are the media?

(3) Discuss the stability of a $KMnO_4$ solution in the presence of Mn^{2+} and MnO_2.

(4) The common washing solution in the lab, a mixture of $K_2Cr_2O_7$ and concentrated H_2SO_4, gets green when it is used for a long time. Why?

(5) The sulfide precipitate is not formed when piping H_2S gas into $K_2Cr_2O_7$ or $KMnO_4$ of acidic solution even for a long time. Why? What is formed? Write out the reaction equation.

(6) How do you separate the metal ions Cr^{2+}、Al^{3+}、Cr^{3+}、Mn^{2+}、Fe^{2+} and Ni^{2+} from their mixture?

(7) $CoCl_3$ is so unstable that it decomposes at room temperature. But why does $[Co(NH_3)_6]Cl_3$ exist stably?

(8) CO_2 is given off when Na_2CO_3 is added to Fe(Ⅲ) solution. Conversely, CO_2 is not given off when Na_2CO_3 is added to a Fe(Ⅱ) solution. Why?

Words

hydrolysis	水解	reducing property	还原性
oxidation state	氧化态	oxidizing property	氧化性
oxidation-reduction properties	氧化还原性质	neutralized reaction	中和反应
		equilibrium reaction	平衡反应
coordination number	配位数	peroxide	过氧化物
coordination reaction	配位反应	hydroxides	氢氧化物
chelate	螯合物	ferroferricyanide	氰铁酸亚铁
ferric chloride	$FeCl_3$	potassium ferricyanide	$K_3[Fe(CN)_6]$
ferric sulfate	$Fe(SO_4)_3$	potassium sulfocyanide	KSCN
ferrous sulfate	$FeSO_4$	ferric potassium ferrocyanide	亚铁氰化铁钾,钾盐铁蓝
ferrous sulfide	FeS		
Ferric thiocyanide	$Fe(SCN)_3$	chromium	铬

cobaltous hydroxide	$Co(OH)_2$
cobaltous chloride	$CoCl_2$
cobalt(Ⅱ) hexaammine ion	$[Co(NH_3)_6]^{2+}$
cobaltous sulfide	CoS
cobaltic hydroxide	$Co(OH)_3$
alkaline solution	碱性溶液
concentrated hydrochloric acid	浓 HCl
dilute hydrochloric acid	稀 HCl
sulphuric acid	H_2SO_4
nitric acid	HNO_3
cyanide	CN^-
ammonia complexes	氨配合物
potassium manganate	锰酸钾，K_2MnO_4
potassium permanganate	高锰酸钾，$KMnO_4$
manganese dioxide	NiS 二氧化锰，MnO_2
chromic oxide	氧化铬，Cr_2O_3
chromic chloride, chromium chloride	$CrCl_3$
chromium hydrate, chromium hydroxide	$Cr(OH)_3$
chromium peroxide	$Cr(O_2)_2O$
potassium chromate	K_2CrO_4
potassium dichromate	$K_2Cr_2O_7$
dichromide	$H_2Cr_2O_7$
chromide	H_2CrO_4
potassium ferrocyanide	$K_4[Fe(CN)_6]$

iron	铁
nickel	镍
cobalt(Ⅲ) hexaammine ion	$[Co(NH_3)_6]^{3+}$
hydrogen peroxide	H_2O_2
nickel ammine ion	$[Ni(NH_3)_6]^{2+}$，$[Ni(NH_3)_4]^{2+}$
nickel dimethylglyoxime	丁二酮肟镍
nickel chloride	$NiCl_2$
nickel sulfate, nickelous sulfate	$NiSO_4$
nickel nitrite	$Ni(NO_3)_2$
nickel hydroxide	$Ni(OH)_2$
nickelic hydroxide	$Ni(OH)_3$
potassium hydroxide	KOH
sodium bismuthate	$NaBiO_3$
sodium sulfate	Na_2SO_4
ammonium chloride	NH_4Cl
sodium carbonate	Na_2CO_3
dimethylglyoxime	丁二酮肟
dithizone	二苯硫腙
bromine water	Br_2 水
starch iodide paper	碘淀粉试纸
hydrogen sulfide saturated solution	硫化氢饱和溶液
ether	乙酸乙酯
starch solution	淀粉溶液
manganese	锰
cobalt	钴

扫码"学一学"

实验十六　铜、银、锌、镉、汞

【目的要求】

1. 了解铜、银、锌、镉和汞的氢氧化物的性质。
2. 了解铜、银、锌、镉和汞的配合物的形成和性质。
3. 了解铜、银、锌、镉和汞的离子的分离和鉴定。

【实验原理】

在周期系ⅠB与ⅡB族元素中，重要的元素是铜、银、锌、镉、汞。铜的化合物与锌的化合物性质相似，银、镉、汞三元素化合物的性质相近似。

1. 铜、锌

（1）氧化物和氢氧化物　CuO（黑色）　Cu_2O（红色）　ZnO（白色）

$Cu(OH)_2$、$Zn(OH)_2$是两性氢氧化物，尤以$Zn(OH)_2$的两性更突出，溶于强碱生成配合物。

$$Cu(OH)_2 + 2OH^- = [Cu(OH)_4]^{2-}\text{（深蓝色）}$$

$$Zn(OH)_2 + 2OH^- = [Zn(OH)_4]^{2-}$$

它们受热脱水，分别生成CuO和ZnO。

（2）Cu^{2+}和Cu^+的转化　铜的元素电位图是

$$Cu^{2+}\xrightarrow{0.157}Cu^+\xrightarrow{0.52}Cu$$

因为$E^{\ominus}_{Cu^+/Cu} > E^{\ominus}_{Cu^{2+}/Cu^+}$，可见$Cu^+$不稳定，容易按下式发生歧化反应：

$$2Cu^+ \rightleftharpoons Cu^{2+} + Cu \quad K = 10^{6.08}$$

因为Cu^{2+}为弱氧化剂，当有Cu或其他还原剂存在的条件下，在能生成难溶的亚铜盐时才能被还原。例如将$CuCl_2$溶液与铜屑（和NaCl混合后）加热可生成白色的氯化亚铜CuCl沉淀。

又如Cu^{2+}溶液中加入KI时，Cu^{2+}被I^-还原得白色CuI沉淀。

$$2Cu^{2+} + 4I^- \rightleftharpoons 2CuI\downarrow + I_2$$

（3）配合物　Cu^{2+}可与Cl^-、NH_3形成稳定程度不同的配离子，Cu^{2+}大都以dsp^2杂化轨道成键，形成平面正方形的内轨型配合物。

Zn^{2+}的配离子几乎是以sp^3杂化轨道成键，形成四面体外轨型配合物。

Cu^+能与卤离子（除F^-外）、CN^-、SCN^-等离子形成$[CuX_2]^-$型配离子，但需在过量的配位剂存在时，上述配离子才稳定。这些离子用水稀释时，将形成CuX沉淀，例如：

$$2[CuCl_2]^- \xrightarrow{\text{加水稀释}} 2CuCl\downarrow + 2Cl^-$$

2. 银、镉、汞　Ag^+、Cd^{2+}、Hg^{2+}离子都是无色的，由它们组成的化合物一般也是无色的，但Ag^+、Cd^{2+}、Hg^{2+}离子都是具有18电子外壳，离子半径大，极化力强，变形性较大，它们能与易变形的负离子发生较强的极化作用，以至它们形成的化合物往往有很深的颜色和较低的溶解度，例如：

Ag_2S黑色（难溶）	HgS黑色（难溶）	CdS黄色（难溶）
AgI黄色（难溶）	HgI_2红色（极微溶）	CdI_2黄绿（可溶）
Ag_2O棕色（难溶）	HgO红色或黄色（极难溶）	CdO棕灰（难溶）

（1）氧化物和氢氧化物　Ag_2O、HgO、Hg_2O（不稳定立即分解为HgO和Hg故为黑色）和CdO都难溶于水和碱，而易溶于HNO_3（HgO，CdO也可溶于盐酸）。

AgOH、$Hg(OH)_2$、$Hg_2(OH)_2$、$Cd(OH)_2$都是碱性占优势的，特别是AgOH接近于强碱性。AgOH、$Hg(OH)_2$、$Hg_2(OH)_2$很不稳定，从溶液析出沉淀后，立即分解为它们的氧化物。

$$2Ag^+ + 2OH^- \longrightarrow 2AgOH \longrightarrow Ag_2O\downarrow + H_2O$$

$$Hg^{2+} + 2OH^- \longrightarrow Hg(OH)_2 \longrightarrow HgO\downarrow + H_2O$$

$$Hg_2^{2+} + 2OH^- \longrightarrow Hg_2(OH)_2 \longrightarrow Hg_2O\downarrow + H_2O$$

（2）Hg^{2+} 与 Hg_2^{2+} 的转化　Hg_2^{2+} 盐在一定条件下也可发生歧化反应。例如 Hg_2Cl_2 与 NH_3 反应，先生成氨基氯化亚汞 Hg_2NH_2Cl 白色沉淀，Hg_2NH_2Cl 进一步歧化为氨基氯化汞 $HgNH_2Cl$ 白色沉淀和黑色 Hg。

$$Hg_2Cl_2 + 2NH_3 \longrightarrow Cl-Hg-Hg-NH_2\downarrow + NH_4Cl$$

$$Cl-Hg-Hg-NH_2 \longrightarrow Cl-Hg-NH_2\downarrow + Hg\downarrow$$

由于有 Hg 析出，故显黑色，这一反应可以用来鉴定 Hg_2^{2+} 离子。

Hg_2I_2（黄绿色）在过量的 KI 溶液中也会发生歧化反应，生成 $[HgI_4]^{2-}$ 和 Hg。

（3）配合物　Ag^+ 和 Hg^{2+} 都可形成配位数 2（*sp* 杂化轨道成键）的直线型和配位数为 4（sp^3 杂化轨道成键）的四面体型配合物。Cd^{2+} 主要形成配位数为 4（sp^3 杂化轨道成键）的四面体型配合物。

Ag^+ 能与 Cl^-、Br^-、SCN^-、I^-、CN^- 形成配位数为 2 或 4 的配合物，Hg^{2+} 也能与它们形成 $[HgX_4]^{2-}$ 型的稳定配合物。

难溶于水的 AgCl，AgBr，AgSCN，AgI 和 AgCN 都能溶于具有相同离子或溶于与 Ag^+ 配位能力更强的盐溶液中，汞盐也有这种相似性质。例如：

$$AgCl + Cl^- \rightleftharpoons [AgCl_2]^-$$

$$AgBr + 2S_2O_3^{2-} \rightleftharpoons [Ag(S_2O_3)_2]^{3-} + Br^-$$

$$HgI_2 + 2I^- \rightleftharpoons [HgI_4]^{2-}$$

Ag^+ 和 Cd^{2+} 可与过量氨水作用，分别生成配合物离子 $[Ag(NH_3)_2]^+$ 和 $[Cd(NH_3)_4]^{2+}$，但 Hg^{2+} 与过量氨水作用时，在无大量 NH_4^+ 存在条件下，并不生成配合物而生成氨基氯化汞 $HgNH_2Cl$ 沉淀。

Ag^+、Cd^{2+}、Hg^{2+} 形成配合物时，随配位体浓度不同，可形成一系列中间型配合物，例如 Hg^{2+} 与 Cl^- 存在下述平衡：

$$[HgCl]^+ \xrightleftharpoons{Cl^-} [HgCl_2] \xrightleftharpoons{Cl^-} [HgCl_3]^- \xrightleftharpoons{Cl^-} [HgCl_4]^{2-}$$

3. 离子的鉴定

（1）Cu^{2+} 离子的鉴定　Cu^{2+} 离子与黄血盐 $K_4[Fe(CN)_6]$ 生成红褐色 $Cu_2[Fe(CN)_6]$ 沉淀。通常用于鉴定 Cu^{2+} 的方法是借浓氨水与其作用，得到深蓝色的 $[Cu(NH_3)_4]^{2+}$ 配离子。

（2）Zn^{2+} 离子的鉴定　Zn^{2+} 可与无色二苯硫腙生成粉红色螯合物：

$Zn^{2+} + 2C_6H_5-NH-NH-CS-N=N-C_6H_5 \rightleftharpoons$

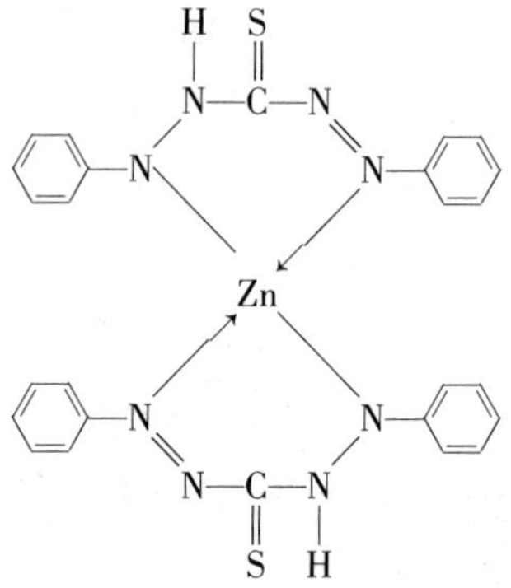

$+ 2H^+$

（3）Ag^+离子的鉴定　Ag^+可被葡萄糖还原。

Ag^+与Cl^-可生成白色 AgCl 沉淀，此沉淀易溶于氨水生成$[Ag(NH_3)_2]^+$，利用此反应可与其他阳离子氯化物沉淀分离，得到的溶液再加入 KI 则生成黄色 AgI 沉淀。

（4）Cd^{2+}离子的鉴定　Cd^{2+}离子可生成黄色 CdS 沉淀。

（5）Hg^{2+}与Hg_2^{2+}离子的鉴定　Hg^{2+}和Hg_2^{2+}可被铜置换，使汞析出，在铜的表面上呈现白色光亮的斑点。

【仪器和药品】

1. 仪器　离心机。

2. 药品

（1）固体　Cu 屑。

（2）酸　HCl 2mol/L，浓。

（3）碱　NaOH 2mol/L，6mol/L；$NH_3 \cdot H_2O$ 2mol/L，6mol/L。

（4）盐　$CuSO_4$ 0. 1mol/L；$ZnSO_4$ 0. 1mol/L；KI0. 1mol/L，饱和；KCNS 饱和；$K_4[Fe(CN)_6]$ 10%；$CuCl_2$ 1mol/L；$AgNO_3$ 0. 1mol/L；$Cd(NO_3)_2$ 0. 1mol/L；$Hg(NO_3)_2$ 0. 1mol/L；$Hg_2(NO_3)_2$ 0. 1mol/L；$HgCl_2$ 0. 1mol/L；KBr 0. 1mol/L；$Na_2S_2O_3$ 0. 1mol/L。

3. 其他　淀粉溶液，二苯硫腙（打萨宗），四氯化碳溶液，葡萄糖溶液 10%。

【实验内容】

1. 铜和锌

（1）铜和锌的氢氧化物

①在 3 支试管中，各取 6 滴 0. 1mol/L $CuSO_4$ 溶液，并分别加 2mol/L NaOH 溶液，观察沉淀的生成。其中两支试管分别加入 2mol/L 盐酸和过量的 6mol/L NaOH 溶液，将另 1 支试管加热，观察各试管中产生的现象。

②在两试管中各取 5 滴 0. 1mol/L $ZnSO_4$ 溶液，并分别加入 2mol/L NaOH 溶液观察沉淀的生成，然后分别加入 2mol/L 盐酸和过量 6mol/L NaOH 溶液，观察各试管中产生的现象。

（2）铜和锌的配合物　分别于两试管中加入 10 滴 0. 1mol/L $CuSO_4$ 和 0. 1mol/L $ZnSO_4$，加入 6mol/L $NH_3 \cdot H_2O$ 制取它们的配离子，并分别加入 1mol/L NaOH 溶液，观察有无沉淀重新产生。

（3）+2 价铜的氧化性和 +1 价铜的配合物

①取两支离心管，分别加入 5 滴 0. 1mol/L $CuSO_4$，20 滴 0. 1mol/L KI 溶液，离心沉降，分离，于清液中检查是否有 I_2 存在。把沉淀用蒸馏水洗涤二次，观察沉淀的颜色。

取一份沉淀，加入饱和 KI 溶液至沉淀刚好溶解。将此溶液加蒸馏水稀释，观察又有沉淀产生。

取另一份沉淀，加入饱和 KNCS 溶液至沉淀刚好溶解，然后再用水稀释，观察沉淀又析出，试解释之。

②取 10 滴 1mol/L $CuCl_2$ 溶液于一小试管中，加入 3 ~ 4 滴浓 HCl，再加入少许铜屑，加热至沸，待溶液呈泥黄色，停止加热。取出少量这种溶液并用水稀释，观察是否有白色沉

淀产生。解释现象，写出反应方程式。

（4）Cu^{2+} 和 Zn^{2+} 的鉴定

①Cu^{2+} 的鉴定　取 2 滴 0.1mol/L $CuSO_4$ 溶液，于点滴板上，加 2 滴 10% $K_4[Fe(CN)_6]$溶液，$Cu_2[Fe(CN)_6]$ 红褐色沉淀生成，表示 Cu^{2+} 存在。

②Zn^{2+} 的鉴定　取 2 滴 0.1mol/L $ZnSO_4$ 溶液，加 6mol/L NaOH 至溶解，再加 10 滴二苯硫腙，水溶液呈粉红色示有 Zn^{2+} 存在。

2. 银、镉、汞

（1）银、镉、汞的氧化物和氢氧化物的生成和性质　在 4 支试管中，分别加入 5 滴 0.1mol/L $AgNO_3$、0.1mol/L $Cd(NO_3)_2$、0.1mol/L $Hg(NO_3)_2$ 和 0.1mol/L $Hg_2(NO_3)_2$，再加数滴 2mol/L NaOH，观察有无沉淀产生和沉淀颜色。说明每支试管中的沉淀是氧化物还是氢氧化物。

（2）和氨水的反应

①取 5 滴 0.1mol/L $AgNO_3$ 逐滴加入 2mol/L 氨水，观察沉淀的生成。继续滴加 2mol/L 氨水，观察沉淀的溶解，然后加入 2 滴 2mol/L NaOH 溶液观察有无沉淀产生。解释原因，并写出反应方程式。

②取 5 滴 0.1mol/L $Cd(NO_3)_2$ 溶液，用 6mol/L 氨水按照（1）的方法操作，解释观察到的现象，写出反应方程式。

③取 5 滴 0.1mol/L $HgCl_2$ 溶液，滴加 2mol/L 氨水，观察沉淀的生成，再加入过量的 2mol/L 氨水，沉淀是否溶解，写出反应方程式。

④取 5 滴 0.1mol/L $Hg_2(NO_3)_2$ 溶液，加数滴 6mol/L 氨水，观察沉淀的生成，再加入过量的 6mol/L 氨水，沉淀是否溶解？写出反应方程式。

根据上面实验比较银、镉、汞的盐类与氨水的反应有什么不同？

（3）银和汞的其他配合物

①取 5 滴 0.1mol/L $AgNO_3$，加 10 滴 0.1mol/L KBr 溶液，观察沉淀的颜色，离心分离，弃去清液，在沉淀中逐滴加 0.1mol/L $Na_2S_2O_3$ 溶液，搅拌，观察沉淀是否溶解，解释现象，写出反应方程式。

②取 5 滴 0.1mol/L $Hg(NO_3)_2$，加 10 滴 0.1mol/L KI 溶液，观察沉淀的颜色，再加过量 KI 溶液，观察沉淀是否溶解，解释现象，写出反应方程式。

③取 5 滴 0.1mol/L $Hg_2(NO_3)_2$ 溶液，加 10 滴 0.1mol/L KI 溶液，观察沉淀的颜色，再加入过量 KI 溶液，观察沉淀的变化，解释现象，写出反应方程式。

（4）银镜的制备　在 1 支洁净的试管中，加 2ml 0.1mol/L $AgNO_3$ 溶液，滴加 2mol/L 氨水至起初生成的沉淀刚好溶解，然后加 3 滴 10% 葡萄糖溶液，将试管于水浴中加热，试管内壁即有一层光亮的金属银生成（如何洗下管壁上的 Ag）。

实　验　指　导

【预习要求】

1. $Cu(OH)_2$ 和 $Zn(OH)_2$ 具有哪些性质？

2. 将 KI 加到 $CuSO_4$ 溶液中，是否会得到 CuI_2 沉淀？CuI 沉淀为什么可溶于浓 KI 中，也可溶于浓 KCNS 溶液中？CuI 是否溶于浓盐酸中？

3. 在银盐、镉盐和汞盐溶液中，加入 KOH 溶液，是否均可得到相应的氢氧化物？

4. 在银、镉、汞盐溶液中，加入氨水能否得到相应的配合物？

5. $Hg(NO_3)_2$ 和 $Hg_2(NO_3)_2$ 溶液中，各加少量或过量 KI 溶液，将分别产生什么？

6. $ZnSO_4$ 和 $CdSO_4$ 溶液中，各加少量或过量氨水，将分别产生什么？

7. Zn^{2+} 和 Cd^{2+} 的氢氧化物是否都溶于酸和碱？将 NaOH 加到汞盐溶液中，会产生什么？

8. 完成下列反应

(1) $Cu^{2+} + I^- \longrightarrow$

(2) $CuI + I^-$（过量）$\longrightarrow$（　　　）$\xrightarrow{H_2O}$

(3) $CuI + SCN^-$（过量）$\longrightarrow$（　　　）$\xrightarrow{H_2O}$

(4) $AgNO_3 + NH_3 \cdot H_2O \longrightarrow$（　　　）$\xrightarrow{NH_3 \cdot H_2O（过量）}$

$Cd(NO_3)_2$

$HgCl_2$

$Hg_2(NO_3)_2$

(5) $Ag^+ + OH^- \longrightarrow$

Cd^{2+}

Hg^{2+}

Hg_2^{2+}

(6) $AgBr + S_2O_3^{2-} \longrightarrow$

(7) $Hg^{2+} + I^- \longrightarrow$（　　　）$\xrightarrow{I^-（过量）}$

(8) $Hg_2^{2+} + I^- \longrightarrow$（　　　）$\xrightarrow{I^-（过量）}$

【注意事项】

1. $HgCl_2$ 为毒品，使用时要注意安全。

2. $CuCl_2$ 溶液与铜屑在浓盐酸存在下加热，时间须稍长些，否则有时现象不甚明显。

【报告格式】

1. 目的

2. 实验内容

试　样	加入试剂	现　象	反应方程式
结论			

【实验后思考】

1. 怎样分离 Fe^{3+}、Cu^{2+}、Zn^{2+}混合离子？

2. 怎样分离 Ag^+、Cd^{2+}、Hg^{2+}混合离子？

3. 试设计一分析流程图，分离和检出 Ag^+、Zn^{2+}、Cu^{2+} 混合溶液。

4. 汞盐和亚汞盐的性质有何不同？通过实验你可得到几种区别它们的方法？

5. 根据实验结果填写下表。

性质 \ 氢氧化物	$Cu(OH)_2$	AgOH	$Zn(OH)_2$	$Cd(OH)_2$	$Hg(OH)_2$
酸碱性					
稳定性					
颜色					
形成配合物能力					

Experiment 16 Copper, Silver, Zinc Cadmium and Mercury

Objectives

1. Understand the properties of the hydroxides copper, silver, zinc, cadmium and mercury.

2. Understand the preparation and properties of the complexes of copper, silver, zinc, cadmium and mercury.

3. Understand the isolation and identifying of the ions copper, silver, zinc, cadmium and mercury.

Principles

Copper, silver, zinc, cadmium and mercury are important elements of group ⅠB and group ⅡB in the period table. We will discuss their properties in two groups with respect to the properties of copper compounds familiar to of zinc compounds and of silver compounds familiar to of cadmium and mercury compounds.

1. Copper and zinc

(1) Oxides and hydroxides

CuO(black), Cu_2O(red), ZnO(white).

$Cu(OH)_2$ and $Zn(OH)_2$ are both amphoteric, particularly $Zn(OH)_2$. They are not only soluble in acids, but also in concentrated aqueous alkalis, in which hydroxo complexes are formed.

$$Cu(OH)_2 + 2OH^- = [Cu(OH)_4]^{2-}$$

$$Zn(OH)_2 + 2OH^- = [Zn(OH)_4]^{2-}$$

The hydroxides are readily to dehydrate to the oxides CuO and ZnO when heated.

(2) Inversion of Cu^{2+} and Cu^+.

In aqueous media, as may be seen from the standard potentials, copper(Ⅰ) is unstable by a small margin with respect to copper(Ⅱ) and metal:

$$Cu^{2+} \xrightarrow{+0.157} Cu^+ \xrightarrow{+0.52} Cu$$

The disproportionate is formulated as:

$$2Cu^+ = Cu^{2+} + Cu \qquad K = 10^{6.08}$$

A copper(Ⅰ) salt protected by its insolubility can be formed when Cu^{2+}, a weak oxidizing reagent, is reduced by copper or other reducing reagent. For example, cuprous chloride, a white precipitate, is obtained when cupric chloride is boiled with copper powder (mixed with sodium chloride); cuprous iodide is also obtained when a Cu^{2+} ions solution is added to an iodide ions solution.

$$2Cu^{2+} + 4I^- = 2CuI(s) + I_2$$

(3) Complexes The complex ions with various stabilities can be formed with copper(Ⅱ) ions reacting with chloride ions or ammonia. Most of copper(Ⅱ) complexes are inner-orbital complexes with square dsp^2 hybrid orbital.

Whilst, zinc complexes almost are out-orbital complexes with tetrahedral sp^3 hybrid orbital. With halide ions or cyanide ions CN^- or thiocyanide ions SCN^-, copper(Ⅱ) ions form the copper(Ⅰ) complexes formula as $[CuX_2]^-$. The complexes are stable in their corresponding concentrated ligand solutions; if dilution the complexes decompose and CuX is precipitated.

$$2[CuCl_2]^- = 2CuCl(s) + 2Cl^-$$

2. Silver, cadmium and mercury Ag^+ ion, Cd^{2+} ion and Hg^{2+} ion are all colorless. Usually, the compounds of them are also colorless. They have long ionic radii and strong polarizing power and are readily deformed as result of their 18 electronic shields. Therefore, many of compounds they form are found in dark colors and sparingly soluble in water.

(1) Oxides and hydroxides Ag_2O, HgO, Hg_2O (which is more unstable with respect to the rapid disproportionation to the black products HgO and Hg.) and CdO are all insoluble in water and alkalis, but soluble in nitric acid. HgO and CdO can dissolve in chloric acid.

AgOH, $Hg(OH)_2$, $Hg_2(OH)_2$ and $Cd(OH)_2$ are all amphoteric aptly to basic. And AgOH is almost a strong base. AgOH, $Hg(OH)_2$, $Hg_2(OH)_2$ are so unstable that they decompose to the oxides as soon as they precipitate from the solutions.

$$2Ag^+ + 2OH^- \longrightarrow 2AgOH \longrightarrow Ag_2O\downarrow + H_2O$$

$$Hg^{2+} + 2OH^- \longrightarrow Hg(OH)_2 \longrightarrow HgO\downarrow + H_2O$$

$$Hg_2^{2+} + 2OH^- \longrightarrow Hg_2(OH)_2 \longrightarrow Hg_2O\downarrow + H_2O$$

(2) Inversion of Hg^{2+} and Hg_2^{2+} The general method for preparation of Hg(Ⅰ) compounds is by the action of metallic mercury on Hg(Ⅱ) compounds. Form the measured values of E^θ for the half - reactions.

$$Hg^{2+} \xrightarrow{+0.92} Hg_2^{2+} \xrightarrow{0.79} Hg$$

It can be seen that $Hg_2{}^{2+}$ in aqueous solution is only just stable respect to the disproportionate.

$$Hg_2^{2+} = Hg^{2+} + Hg(s)$$

Reagents, which form insoluble Hg^{2+} salts or stable Hg^{2+} complexes upset the equilibrium and decompose $Hg_2{}^{2+}$ salts. Ammonia and iodide ions, for example, do so with formation of Hg and $HgNH_2Cl$ and $[HgI_4]^{2-}$ respectively. The reactions can be formulated as follows:

$$Hg_2Cl_2 + 2NH_3 \longrightarrow Cl-Hg-Hg-NH_2\downarrow + NH_4Cl$$

$$Cl-Hg-Hg-NH_2 \longrightarrow Cl-Hg-NH_2\downarrow + Hg\downarrow$$

(3) Complexes Ag^+ and Hg^{2+} complexes are formed with chloride, bromine, iodide, cyanide and thiocyanide ions in aqueous solution. Ag^+ complexes are liner and *sp* orbital hybridized with coordination number two; Hg^{2+} complexes are tetrahedral with coordination number four and sp^3 hy-

brid orbital. Cd^{2+} forms tetrahedral sp^3 hybrid orbital complexes.

With respect to the formation of the complexes, the insoluble salts, such as AgCl, AgBr, AgSCN, AgI and AgCN, are soluble in the solutions of certain ligands. And Hg(Ⅱ) salts do so.

$$AgCl(s) + Cl^- \rightleftharpoons [AgCl_2]^-$$

$$AgBr(s) + 2S_2O_3^{2-} \rightleftharpoons [Ag(S_2O_3)_2]^{3-} + Br^-$$

$$HgI_2 + 2I^- \rightleftharpoons [HgI_4]^{2-}$$

Ag^+ or Cd^{2+} solution reacts with an excess ammonia solution to form ammonia complexes $[Ag(NH_3)_2]^+$ or $[Cd(NH_3)_4]^{2+}$. Hg^{2+} ions do not so, but convert to a precipitate $HgNH_2Cl$.

Many of the complexes of silver(Ⅰ), cadmium(Ⅱ) and mercury(Ⅱ) with a certain ligand do not contain a unique form but a wide range of forms. The chloride complexes of Hg(Ⅱ), for example, exist in aqueous solution formulated by the equilibriums:

$$[HgCl]^+ \overset{Cl^-}{\rightleftharpoons} [HgCl_2] \overset{Cl^-}{\rightleftharpoons} [HgCl_3]^- \overset{Cl^-}{\rightleftharpoons} [HgCl_4]^{2-}$$

3. Identifying copper(Ⅱ), silver(Ⅰ), zinc(Ⅱ), cadmium(Ⅱ), mercury(Ⅰ) and mercury(Ⅱ) ions

(1) Identifying copper(Ⅱ) ions The reaction of copper(Ⅱ) ions with yellow prussiate of potash $K_4[Fe(CN)_6]$ forming a reddish brown precipitate is sensitive, but usually we identify copper(Ⅱ) ions applying the reaction of copper(Ⅱ) with aqueous ammonia forming a dark blue solution.

(2) Identifying zinc(Ⅱ) ions Zn^{2+} ions can react with colorless solution of dithizone to give a pink chelate.

$Zn^{2+} + 2C_6H_5-NH-NH-CS-N=N-C_6H_5 \rightleftharpoons$

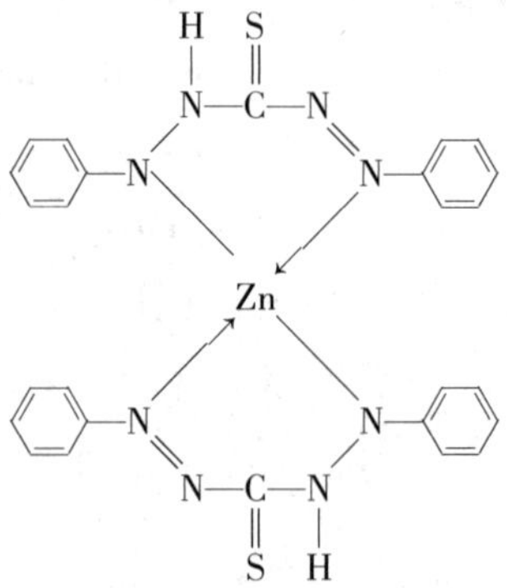

$+2H^+$

(3) Identifying silver(Ⅰ) ions Adding Ag^+ ions to chloride ions gives AgCl, a white precipitate, which dissolves readily in an aqueous ammonia solution forming ammonia complexes. Then isolate the liquid from the mixture. When KI is added to the complexes solution, silver(Ⅰ) is precipitated again in the form of AgI, which is yellow.

(4) Identifying cadmium(Ⅱ) ions A solution of Cd^{2+} ions gives a characteristic yellow precipitate of formula CdS on treatment with sulfide ions.

(5) Identifying mercury(Ⅰ) and mercury(Ⅱ) ions On treat ment with metal copper, Hg^{2+} and Hg_2^{2+} ions are reduced to metallic mercury, which form an alloy with copper known as amalgam. Hence, a brightly white spot comes out on the surface of copper.

Equipment and Chemicals

1. Equipment Centrifugal machine

2. Chemicals

(1) Solid Copper powder

(2) Acids HCl 2mol/L, concentrated

(3) Bases NaOH 2mol/L, 6mol/L; $NH_3 \cdot H_2O$ 2mol/L, 6mol/L

(4) Salts $CuSO_4$, 0.1mol/L; $ZnSO_4$, 0.1mol/L; KI 0.1mol/L, saturated; KSCN, saturated; $K_4[Fe(CN)_6]$, 10%; $CuCl_2$, 1mol/L; $AgNO_3$, 0.1mol/L; $Cd(NO_3)_2$, 0.1mol/L; $Hg(NO_3)_2$, 0.1mol/L; $Hg_2(NO_3)_2$, 0.1mol/L; KBr, 0.1mol/L; $Na_2S_2O_3$, 0.1mol/L

3. Others Starch solution; dithizone solution of CCl_4; glucose solution, 10%

Procedures

Copper and zinc

1. Hydroxides

(1) Take three tubes and add six drops of $CuSO_4$ solution and a little of NaOH solution (2mol/L) into each one. The blue solid is precipitated. Treat the precipitate with HCl solution (2mol/L) in the first test tube and with of NaOH solution (6mol/L) in the second tube, and heat the precipitate in the third tube. Compare the three and find out what is different.

(2) Take two tubes and add five drops of $ZnSO_4$ solution and a little of NaOH solution (2mol/L) into each one. The white solid is precipitated. Treat the precipitate with HCl solution (2mol/L) in the first test tube and with excess NaOH solution (6mol/L) in the second tube. Explain the phenomenon.

2. Complexes Add 10 drops of $CuSO_4$ solution and $ZnSO_4$ solution into two tube respectively, and then add $NH_3 \cdot H_2O$ (6mol/L) in excess. The ammonia complexes are obtained. Add 1mol/L NaOH solution into those complexes. Observe if the complexes are decomposed to give precipitates.

3. The oxidizing copper(Ⅱ) and the copper(Ⅰ) complexes

(1) Take two centrifugal tubes and add five drops of $CuSO_4$ solution (0.1mol/L) and 20 drops of KI solution (0.1mol/L) into each one. The white solid with formula CuI is precipitated. Isolate the precipitate from the mixture with a centrifugal machine. Test if there is I_2 in the clear upper solution. And observe the color of the precipitates washed with distilled water twice.

Into one precipitate, add saturated KI solution until the solid dissolves. It forms iodide complexes of copper(Ⅰ), which are diluted with distilled water to generate the precipitate CuI again.

Into the other precipitate, add saturated KSCN solution until the solid dissolves. It forms the thiocyanide complexes of copper(Ⅰ); on dilution decompose to the precipitate CuI and CuSCN again.

(2) Add 10 drops of $CuCl_2$ solution and 3 ~ 4 drops of concentrated HCl and a little of copper powder into a test tube, which is boiled until the solution becomes dirt yellow. Take a little of the solution and dilute it with distilled water. Notice if some of white solid shows.

4. Identifying Cu^{2+} and Zn^{2+} ions

(1) Identifying Cu^{2+} ions Take 2 drops of 0.1mol/L $CuSO_4$ solution to a spot-plate, and add 2 drops of 10% $K_4[Fe(CN)_6]$ solution to it. You can find a reddish brown precipitate showing.

(2) Identifying Zn^{2+} ions Take 2 drops of 0.1mol/L $ZnSO_4$ solution. Add 6 mol/L NaOH solution to it until the solid dissolves. Sequentially, add 10 drops of dithizone solution. Shock the mixture and let it rest for while. A pink solution is formed in the aqueous phase.

Silver, cadmium, mercury

1. Oxides and hydroxides Add five drops of 0.1 mol/L $AgNO_3$ solution, 0.1mol/L $Cd(NO_3)_2$ solution, 0.1mol/L $Hg(NO_3)_2$ solution and 0.1mol/L $Hg_2(NO_3)_2$ solution into each of four tubes respectively. Sequentially, add some drops of NaOH solution (2mol/L). Tell what is precipitated in each tube.

2. Reactions with aqueous ammonia.

(1) Take 5 drops of 0.1mol/L $AgNO_3$ solution. Drop 2 mol/L ammonia into it and observe the precipitate forms, then dissolve it in excess ammonia. Treat the solution obtained with 2 drops of 2 mol/L NaOH solution and observe if any of precipitate is given again.

(2) Take 5 drops of 0.1mol/L $Cd(NO_3)_2$ solution. Treat it with 6 mol/L ammonia according to the method as above.

(3) Take 5 drops of 0.1mol/L $HgCl_2$ solution. Add 2 mol/L ammonia to get a precipitate at first. Then, to which, add extra ammonia solution of 6mol/L.

(4) Take 5 drops of 0.1mol/L $Hg_2(NO_3)_2$ solution. Add 6 mol/L ammonia and observe the precipitate forms. Sequentially, add extra ammonia solution of 6mol/L to find out if the precipitate dissolves.

What can be concluded from the experiment? What is different between the reactions of silver, cadmium and mercury salts with aqueous ammonia?

3. Complexes

(1) Combining 5drops of 0.1 mol/L $AgNO_3$ solution and 10 drops of 0.1 mol/L KI solution gives a pale yellow precipitate, then which is isolated with a centrifugal machine. Treat the solid with adding 0.1 mol/L $Na_2S_2O_3$ solution drop by drop. Stir the mixture until the solid is dissolved.

(2) Combine 5drops of 0.1 mol/L $Hg(NO_3)_2$ solution and 10 drops of 0.1 mol/L KI solution. Observe the color of the precipitate. Then add extra 0.1 mol/L KI solution continually. Observe if the solid is dissolved.

(3) Take 5 drops of 0.1 mol/L $Hg_2(NO_3)_3$ solution and treat it with the method as above. Observe the reaction of Hg_2^{2+} ions with I^-.

4. Reaction of silver mirror Add 0.1 $AgNO_3$ solution 2ml into a clean test tube. Drop a 2 mol/L aqueous ammonia solution into it until the precipitate just dissolves. Next, add three drops of 10% glucose solution into the mixture. Heat the tube with water bath. In a while, a shining mirror of silver is formed on the inner surface of the tube. How to clean the tube with a silver mirror?

Instructions

1. Requirements

(1) Which properties do hydroxides of copper(Ⅱ) and zinc(Ⅱ) have?

(2) Is CuI_2 formed when KI is added into $CuSO_4$ solution? Why is CuI soluble not only in concentrated KI solution but also in concentrated KSCN solution? Is CuI stable in concentrated HCl?

(3) Can you obtain the corresponding hydroxides on reactions of silver, cadmium and mercury salts solutions with KOH solution?

(4) Can you obtain the corresponding ammonia complexes on reactions of silver, cadmium and mercury salts solutions with aqueous ammonia?

(5) What different compounds are generated when a little of or extra KI solution is added into $Hg_2(NO_3)_2$ and $Hg(NO_3)_2$ solution respectively?

(6) What different compounds are generated when a little of or extra aqueous ammonia solution is added into $ZnSO_4$ and $CdSO_4$ solution respectively?

(7) Are both the hydroxides of Zn(Ⅱ) and Cd(Ⅱ) soluble either in an acid or in an alkaline? What is formed when mercury salts react with NaOH?

2. Notes

(1) Be careful when using $HgCl_2$, which is toxic.

(2) The period of boiling the mixture of $CuCl_2$ solution with copper powder should be a little longer; otherwise, the phenomenon is not obvious sometimes.

3. Report format

(1) Objectives

(2) Procedure

Chemicals	Chemicals added	Phenomenon	Equations of reactions
Conclusion			

4. Questions

(1) How do you separate Fe^{2+}, Cu^{2+} and Zn^{2+} ions from their mixture?

(2) How do you separate Ag^+, Cd^{2+} and Hg^{2+} ions from their mixture?

(3) Design a flow chart for separating and detecting Ag^+, Zn^{2+} and Cu^{2+} ions from their mixture.

(4) What is the difference of the properties of mercury(Ⅰ) and mercury(Ⅱ) salts? How many methods do you know to identify them?

(5) Fill the following table according to the result of experiment:

Hydroxide / Property	$Cu(OH)_2$	AgOH	$Zn(OH)_2$	$Cd(OH)_2$	$Hg(OH)_2$
Acidity and basicity					
Stability					
Color					
Capability of forming complexes					

扫码"练一练"

第四章　综合性实验

实验十七　药用氯化钠的制备、性质及杂质限度检查

扫码“学一学”

【目的要求】

1. 掌握药用氯化钠的制备原理和方法。
2. 初步了解药品的鉴别、检查方法。

【实验原理】

1. 食盐是能溶于水的固态物质。对于其中所含杂质的去除方法基本如下。

（1）机械杂质如泥沙可采取过滤法除去。

（2）一些能溶解的杂质可根据其性质借助于化学方法除去。如加入 $BaCl_2$ 溶液可使 SO_4^{2-} 生成 $BaSO_4$ 沉淀，加入 $NaCO_3$ 溶液可使 Ca^{2+}、Mg^{2+}、Fe^{3+}、Ba^{2+} 等离子生成难溶物沉淀，先后滤去。

（3）少量可溶性杂质如 Br^-、I^-、K^+ 等离子，可根据溶解度不同，在重结晶时，使其残留在母液中弃去。

2. 鉴别试验是被检药品组成离子的特征试验（这里指的是氯化钠的组成离子 Na^+、Cl^-）。

3. 钡盐、硫酸盐、钾盐、钙镁盐的限度检查，是根据沉淀反应原理，样品管和标准管在相同条件下进行比浊试验，样品管不得比标准管更深。

4. 重金属系指 Pb、Bi、Cu、Hg、Sb、Sn、Co、Zn 等金属的离子，它们在一定条件下能与 H_2S 或 Na_2S 作用而显色。《中国药典》规定在弱酸性条件下进行，用稀醋酸调节。实验证明，在 pH = 3 时，PbS 沉淀最完全，反应式为：

$$Pb^{2+} + S^{2-} \longrightarrow PbS\downarrow$$

重金属的检查，是在相同条件下进行比色试验。

【仪器和药品】

1. 仪器　电炉，蒸发皿，布氏漏斗、铂丝棒、烧杯 250ml 二只，台天平，奈氏比色管。

2. 药品

（1）固体　NaCl（粗盐）。

（2）酸　浓 HCl，1/50mol/L；H_2SO_4 6mol/L。

（3）碱　NaOH 2mol/L，1/50mol/L；Na_2CO_3 饱和溶液。

（4）盐　$BaCl_2$ 25%；KI 10%；钙盐溶液；$AgNO_3$ 0.25mol/L；KBr 10%；镁盐溶液；醋酸铀酰锌溶液；$(NH_4)_2C_2O_4$ 试液；Na_2HPO_4 试液；NH_4Cl 试液。

3. 其他　淀粉-碘化钾试纸；溴麝香草酚蓝试液。

【实验内容】

1. 食盐精制

（1）操作步骤以流程图表示如下。

粗食盐 50g

$$\begin{bmatrix} \text{主要成分　氯化钠（NaCl）} \\ \text{杂质成分　有机物、泥沙以及 } Ca^{2+}、Mg^{2+}、Fe^{3+}、SO_4^{2-}、Br^-、I^-\text{ 等} \end{bmatrix}$$

↓小火炒至有机物炭化
↓移烧杯中，加适量水加热至溶解
↓趁热倾泻法过滤①

沉淀甲　　滤液甲
弃去（炭化物、泥沙）
滤液甲
↓加热近沸
↓在搅拌下逐滴加入25% $BaCl_2$ 试液至沉完全②
↓煮沸、稍冷、倾泻法过滤

沉淀乙　　滤液乙
弃去（$BaSO_4$）
滤液乙
↓加热
↓加饱和 Na_2CO_3 使沉淀完全，并加 NaOH 溶液，使 pH 为 10～11
↓煮沸、放冷、倾泻法过滤入蒸发皿中

沉淀弃去［$CaCO_3$，$BaCO_3$，$Fe(OH)_3$，$Mg(OH)_2 \cdot 3MgCO_3$］　　滤液丙
滤液丙
↓用 HCl 中和至 pH 3～4
↓加热蒸发至稠厚糊状，有大量 NaCl 析出时
↓趁热抽滤

母液（氯化钠的饱和溶液含有 Br^-，I^-，K^+ 等离子）　　粗品 NaCl
粗品 NaCl
↓重结晶
精制 NaCl
↓烘干

母液　　成品 NaCl
母液 → 母液合并，生产上可套用

① 倾泻法过滤，多在沉淀易于下沉的条件下使用。是指尽量将沉淀保留于烧杯中，待溶液澄清后，只将澄清液除去。

② 检查沉淀是否完全，可吸滤少量上层清液置试管中，加 1～2 滴沉淀剂，无浑浊生成即示已沉淀完全。

2. 鉴别反应　氯化钠溶液（1∶10）的制备（供下列鉴别应用）。

（1）钠盐

①焰色反应　取铂丝，用浓盐酸润湿后在无色火焰中灼烧，至火焰不显颜色为止（表示铂丝已洁净）。后蘸取氯化钠溶液、置无色火焰中灼烧，火焰出现持久鲜黄色。

②沉淀反应　取氯化钠溶液 1～2 滴，用 3mol/L HAc 3 滴使酸化，加醋酸铀酰锌试液 10 滴，用玻璃棒摩擦试管内壁，即渐渐析出醋酸铀酰锌钠淡黄绿色沉淀。反应如下：

$$Na^+ + Zn^{2+} + 3UO_2^{2+} + 8Ac^- + HAc + 9H_2O \longrightarrow NaAc \cdot Zn(Ac)_2 \cdot 3UO_2(Ac)_2 \cdot 9H_2O \downarrow$$

（醋酸铀酰锌钠）$+ H^+$

（2）氯化物　生成氯化银沉淀。取氯化钠溶液 1～2 滴，加 0.25mol/L 硝酸银试液 2 滴，即发生白色凝乳状沉淀。滴加 6mol/L 氨试液，沉淀溶解，再加 6mol/L HNO_3 至酸性，又有白色沉淀生成。

$$Cl^- + Ag^+ \longrightarrow AgCl \downarrow \text{（白）}$$

$$AgCl\downarrow + 2NH_3 \longrightarrow Ag(NH_3)_2^+ + Cl^-$$

$$Ag(NH_3)_2^+ + Cl^- + 2H^+ \longrightarrow AgCl\downarrow + 2NH_4^+$$

3. 检查 成品氯化钠需进行以下各项质量检查试验。

（1）溶液的澄清度 取本品5g，加水至25ml，应溶解成无色澄明的溶液。

（2）酸碱度 取本品5g，加新鲜蒸馏水50ml溶解后，加溴麝香草酚蓝指示液2滴。如溶液呈黄色，滴加1/50mol/L NaOH溶液使其变蓝色，所消耗的1/50mol/L NaOH溶液不得超过0.1ml。如显蓝色或绿色，滴加1/50mol/L HCl溶液使其变黄色，所消耗的1/50mol/L HCl溶液不得超过0.2ml。

氯化钠为强酸强碱所生成的盐，在水溶液中应呈中性。但在制备过程中，可能夹杂少量酸或碱，所以药典把其水溶液的pH限制在很小范围内。溴麝香草酚蓝指示液的变色范围是pH 6.0～7.6，由黄色到蓝色。

（3）碘化物与溴化物 取本品1g，加蒸馏水3ml溶解后，加氯仿1ml，并注意逐滴加入用等量蒸馏水稀释的氯试液，随滴随振摇，氯仿层不得显紫堇色、黄色或橙色。

对照试验 分别取10%的碘化物、溴化物溶液各1ml，分置于两试管内，各加氯仿1ml，同上法逐滴加入用等量蒸馏水稀释的氯试液，随滴随振摇。氯试液氧化I^-离子释出碘，使氯仿层显紫红色，氯试液氧化Br^-离子释出溴，使氯仿层显黄色或橙黄色。

$$2Br^- + Cl_2 \longrightarrow Br_2 + 2Cl^-$$

$$2I^- + Cl_2 \longrightarrow I_2 + 2Cl^-$$

（4）钡盐 取本品4g，用蒸馏水20ml溶解、过滤，滤液分为两等份。一份中加稀硫酸2ml，另一份中加蒸馏水2ml，静置2h，两液应同样澄明。

（5）钙盐与镁盐 取本品4g，加蒸馏水20ml溶解后，加氨试液2ml，摇匀，分为两等份。一份加草酸铵试液1ml，另一份加磷酸氢二钠试液1ml，氯化铵试液数滴，5分钟内均不得发生浑浊。

对照试验

①取钙盐溶液1ml，加氨试液至微碱性，加草酸铵试液1ml，溶液有白色结晶析出。反应式为：

$$Ca^{2+} + C_2O_4^{2-} \longrightarrow CaC_2O_4\downarrow \text{白色}$$

②另取镁盐溶液1ml，加入氨水和氯化铵数滴，再逐滴加磷酸氢二钠溶液，有白色沉淀析出，反应式为：

$$Mg^{2+} + HPO_4^{2-} + NH_4^+ + OH^- \longrightarrow MgNH_4PO_4\downarrow \text{白色} + H_2O$$

（6）硫酸盐 本品含硫酸盐，依下法检查，如发生浑浊，与标准硫酸钾1ml配成的对照标准溶液比较，不得更浓（0.002%）。

取50ml奈氏比色管两支，甲管中加标准硫酸钾溶液1ml，加蒸馏水稀释至约35ml后，加1mol/L盐酸5ml，氯化钡试液5ml，再加适量蒸馏水至刻度，使成50ml，摇匀。

取本品5g置乙管中，加适量的蒸馏水溶解，至约35ml，加1mol/L盐酸5ml，溶液应澄明，如不澄明可用滤纸过滤，加氯化钡试液5ml，用蒸馏水稀释至刻度，使成50ml，摇匀。

甲乙两管放置10分钟后，置比色管架上，在光线明亮处双眼自上而下透视。比较两管的浑浊度，乙管发生的浑浊度不得大于甲管。

标准硫酸钾溶液的制备 精密称取硫酸钾0.1813g，置1000ml的容量瓶中，加适量的蒸馏水使溶解并稀释至刻度，摇匀即得（每 1ml 相当于 0.1mg 的 SO_4^{2-}）。

（7）铁盐　取本品 5g，置于 50ml 奈氏比色管中，加蒸馏水 35ml 溶解，加稀盐酸 5ml，过硫酸铵约 30mg，再加硫氰化铵试液 5ml，与适量的蒸馏水至刻度，使成 50ml，摇匀，如显色与标准铁溶液 1.5ml 用同法处理后制得的标准管的颜色比较不得更深（0.0003%），反应式为：

$$Fe^{3+} + 3SCN^- \longrightarrow Fe(SCN)_3 \text{ 血红色}$$

标准铁溶液的制备　精密称取未风化的硫酸铁铵 0.8630g，置于 1000ml 的容量瓶中，加蒸馏水溶解后，加稀盐酸 2ml，用蒸馏水稀释至刻度，摇匀。精密量取溶液 10ml，置于 100ml 容量瓶中，加稀盐酸 0.5ml，用蒸馏水稀释至刻度，摇匀即得（每 1ml 相当于 0.01mg 的 Fe）。

（8）钾盐　取本品 5g，置奈氏比色管中。加蒸馏水 20ml 溶解，加 3mol/L 醋酸 2 滴（使 pH 为 5～6），加 0.1mol/L 四苯硼钠液 2ml，加水至刻度，使成 50ml，如显浑浊，与标准硫酸钾 0.5ml 制成的对照标准溶液比较，不得更浓（0.01%）。反应式为：

$$K^+ + B(C_6H_5)_4^- \longrightarrow KB(C_6H_5)_4 \downarrow \text{ 白色}$$

标准硫酸钾溶液的制备　精密称取 105℃ 干燥至恒重的硫酸钾 2.2280g，置 1000ml 容量瓶中，加适量蒸馏水溶解，加水至刻度，摇匀即得（1ml 相当于 1mg 的 K）。

四苯硼钠溶液的配制　取四苯硼钠［$NaB(C_6H_5)_4$］1.5g，置乳钵中加水 10ml 研磨后，再加水 40ml 研匀，用质密的滤纸过滤即得。

（9）重金属　取 50ml 比色管两支。

于第一管中加标准铅溶液 1ml（每 1ml = 0.01mg Pb），加稀醋酸 2ml，再加水稀释至 25ml，于第二管中加样品 5g，蒸馏水 23ml 溶解后，加稀醋酸 2ml。再于两管中分别加硫化氢试液 10ml，摇匀，在暗处放置 10min，然后进行比色。如果第二管所显颜色比第一管为浅，说明重金属不超过规定限度。

附：上述标准铅溶液 1ml 是根据具体情况计算出来的，计算方法如下。

因药典规定氯化钠的重金属检查项目："取样品 5g，加蒸馏水 23ml 溶解后，加醋酸 2ml 依法检查，含重金属不得超过 2ppm"。并没有直接给出标准铅溶液的取用量，需要按下述次序自行计算。

①先根据供试品的取用量和重金属的限量，求得重金属含量（mg）。

题给条件：NaCl 的取用量为 5g，其中含重金属的限量为 2ppm。

则允许重金属（Pb）的含量为：

$5 \times 1000 \times 0.000002 = 0.01$mg（Pb）

②再计算标准铅溶液的取用量。

因标准铅溶液每 ml 含 Pb0.01mg，需 0.01mg Pb 作为标准进行对照。应取标准铅溶液的体积为：0.01mg/（0.01mg/1ml）= 1ml。

实　验　指　导

【预习要求】

1. 海盐除含有 NaCl 外，还含哪些杂质？如何除去？

2. 食盐精制过程中，加试剂的次序，为什么必须先加 $BaCl_2$，再加 Na_2CO_3，最后加盐酸？是否可改变加入的次序？

3. 粗食盐中所含 K^+、Br^-、I^-等离子是怎样除去的？

4. 在加入沉淀剂将 SO_4^{2-}、Ca^{2+}、Mg^{2+}等离子变成沉淀以除去它们时，加热与不加热对分离操作各有何影响？如何检查这些离子是否沉淀完全？

5. 如何除去过量的沉淀剂 $BaCl_2$、Na_2CO_3 和 NaOH？

6. 在调 pH 过程中，若加入的盐酸过量，怎么处理？为何要调成弱酸性？

7. 在浓缩过程中，能否把溶液蒸至近干？为什么？

8. 何谓重结晶？根据你所得粗品 NaCl 晶体的量计算应加入多少水量，使之溶解为宜？

9. 在检查产品纯度时，能否用自来水溶解食盐，为什么？

【基本操作】

通过本实验训练，要求掌握：

（1）沉淀产生与检查沉淀完全的操作；

（2）正确进行减压抽滤；

（3）蒸发浓缩、结晶；

（4）重结晶。

【注意事项】

1. 将粗食盐加水（自来水）至全部溶解（其量根据食盐溶解度计算）为限，用水量不能过多，以免给以后蒸发浓缩带来困难。

2. 减压抽滤时，要注意防止回吸。

3. 在加沉淀剂过程中，溶液煮沸时间不宜过长，以免水分蒸发而使 NaCl 晶体析出。若发现液面有晶体析出时，可适当补充些蒸馏水。

4. 加热浓缩时，当大量 NaCl 晶体析出，要不断搅拌（玻璃棒尽量平放在溶液中）以破坏表层薄膜，防止 NaCl 晶体外溅。

5. 浓缩时不可蒸发至干，要保留少量水分，以使 Br^-、I^-、K^+等离子随母液去掉，并在抽滤时用玻璃瓶盖尽量将晶体压干。

6. 正确使用奈氏比色管，注意平行条件，用水稀释至刻度后再摇匀。

【报告格式】

1. 目的

2. 原理

3. 实验步骤（用流程图表示）

4. NaCl 精品产量并计算产率

5. 写出 Na^+、Cl^-离子的鉴别反应式，并用图表列出杂质限度检查结果

【实验后思考】

根据实验体会，总结本实验中提高 NaCl 精品的产率和质量的关键。

Experiment 17 Preparation of Medicinal Sodium Chloride and Examination of Impurities' Limitation

Objectives

1. To master principle and method of how to prepare medicinal sodium chloride.

2. To learn how to identify and check medicines.

Principles

1. Sodium chloride is soluble in aqueous solution, so the impurities in sodium chloride can be removed with the processes showed below:

(1) The insoluble impurities are removed by filtration.

(2) Some soluble impurities can be removed by precipitation basing on their chemical properties. For example, sulfate can be separated as $BaSO_4$ by solution of $BaCl_2$; Ca^{2+}, Mg^{2+}, Ba^{2+}, Fe^{3+} etc. can be removed as insoluble precipitates.

(3) Some low content soluble impurities, such as Br^-, I^-, K^+, having different solubility in sodium chloride, can be removed by recrystallization. They will be retained in the mother liquid and moved away.

2. The limit tests of barium, sulfate, potassium, calcium and magnesium are carried out in comparison tubes by addition of corresponding precipitate agents. Under same conditions, any opalescence produced in the test solutions should not be pronounced than that of the reference solutions.

3. Heavy metals (comprising the ions of Pb, Bi, Cu, Hg, Sb, Sn, Co, Zn and other metals) can be colored by sulfide ion under the specified test conditions. The test of heavy metallic impurities is carried out by comparing the color of solutions with the corresponding reference solutions under same conditions.

Equipment and Chemicals

1. Equipment Electric cooker, evaporating dish, Buchner funnel, platinum wire, beakers (250ml), platform balance, color-comparison tubes (25ml, 50ml)

2. Chemicals

(1) Solid raw sodium chloride

(2) Acid concentrated hydrochloric acid, dilute hydrochloric acid (1/50mol/L), sulfuric acid (6mol/L)

(3) Alkali sodium hydroxide solution (2mol/L; 1/50mol/L), saturated solution of sodium carbonate

(4) Salt $BaCl_2$ (25%), KI (10%), Ca^{2+} TS, $AgNO_3$ (0.25mol/L), KBr (10%), Mg^{2+} TS, zinc uranylacetate solution, $(NH_4)_2C_2O_4$ TS, Na_2HPO_4 TS, NH_4Cl TS, ammonia TS

3. Others KI-starch test paper, bromothymol blue TS

Procedures

1. Purification of NaCl

The procedure is illustrated as the following flow chart.

Raw NaCl (impurities: organic compounds, sludge, sand, Ca^{2+}, Mg^{2+}, Fe^{3+}, SO_4^{2-}, Br^-, I^-, etc.)

↓ heat moderately to carbonize the organic impurities
↓ dissolve the solid in a beaker while heating
↓ filter with suction by tilt-pour process while hot

filter residue (sludge, sand carbonaceous deposit) | filtrate

filtrate
↓ heat to keep the solution on the simmer
↓ add 25% $BaCl_2$ solution drop by drop and stir
↓ boil and cool down, filter by tilt-pour process

filter residue reject ($BaSO_4$) | filtrate

filtrate
↓ heat
↓ add saturated solution of Na_2CO_3, then add solution of NaOH to adjust the pH to 10 ~ 11
↓ boil, and cool down, filter by tilt-pour process

mother liquid (saturated solution of NaCl containing Br^-, I^-, K^+) | filtrate

filtrate
↓ neutralize with HCl until the pH 3 ~ 4
↓ evaporate the solution to be thick paste, a lot of crystal precipitate
↓ vacuum filter while hot

filter residue reject [$CaCO_3$, $BaCO_3$, $Fe(OH)_3$, $Mg(OH)_2$, $3MgCO_3$] ↓ | crude NaCl

crude NaCl
↓ recrystallize
refined NaCl
↓ dry

mother liquid (recycled) | product

2. Identification test

An aqueous solution (1 in 20) of the product is prepared for the identification test.

(1) Sodium

(a) Dry test (flame color) Prepare a platinum wire by burning it on a non-luminous flame after moistening it with concentrated hydrochloric acid until the flame is colorless. Moisten the test solution on the platinum wire; it imparts an intense yellow color to a non-luminous flame.

(b) Precipitation Add two drops of solution in a tube, acidified with three drops of 3mol/L acetic acid, and add 10 drops of zinc uranylacetate TS, if necessary, rub the inside wall of the test tube with a glass rod. A yellow precipitate is formed.

$$Na^+ + Zn^{2+} + 3UO_2^{2+} + 8Ac^- + HAc + 9H_2O \longrightarrow$$

$$Zn(Ac)_2 \cdot 3UO_2(Ac)_2 \cdot 9H_2O \downarrow + H^+$$

(2) Chloride 2 drops of the tested solution yield a white、curdy precipitate with 2 drops of 0.25 mol/L silver nitrate TS. With addition of 6mol/L ammonia TS, the precipitate dissolve. White precipitate is formed again by acidifing the solution with 6mol/L nitric acid:

$$Cl^- + Ag^+ \longrightarrow AgCl\downarrow$$

$$AgCl\downarrow + 2NH_3 \longrightarrow Ag(NH_3)_2^+ + Cl^-$$

$$Ag(NH_3)_2^+ + Cl^- + 2H^+ \longrightarrow AgCl\downarrow + 2NH_4^+$$

3. Limit test of impurity

The product should be checked with the limit tests described below.

(1) Appearance of solution Dissolve 5g in 25ml of distilled water. The solution should be clear and colorless.

(2) Acidity or alkalinity Dissolve 5g in carbon dioxide-free water, and dilute with the same solvent to 50ml. Add 2 drops of bromothymol blue TS: Not more than 0.1ml of 0.02mol/L hydrochloric acid (HCl) or 0.02mol/L sodium hydroxide (NaOH) is required to change the color of the solution.

The content of free acid or alkali, if there is any, in medicinal NaCl should not be more than the limit. And the pH range of bromothymol blue is 6.0 ~ 7.6, yellow to blue.

(3) Iodide (I^-) and bromide (Br^-) Dissolve 1g in 3ml of distilled water and add 1ml of chloroform. Cautiously introduce, dropwise, with constant shaking, dilute chlorine (Cl_2) TS (lin2): the chloroform does not acquire a violet, yellow, or orange color.

Control test:

Add 1ml of 10% iodide TS and bromide TS in two tubes respectively, the following step is similar to that of the test solution. The color of chloroform in one tube (containing the iodide TS) is violet while the other tube is yellow or orange.

$$2Br^- + Cl_2 \longrightarrow Br_2 + 2Cl^-$$

$$2I^- + Cl_2 \longrightarrow I_2 + 2Cl^-$$

(4) Barium (Ba^{2+}) Dissolve 4.0g in 20ml of distilled water, filter if necessary, and divide the solution into two equal portions. To one portion add 2ml of diluted sulfuric acid, and to the other add 2ml of water: the solution should be equally clear after standing for 2 hours.

(5) Calcium (Ca^{2+}) and magnesium (Mg^{2+}) Dissolve 4.0g in 20ml of distilled water, add 2ml of ammonia TS and divide the mixture into two equal portions. Treat one portion with 1ml of ammonium oxalate TS and the other portion with 1ml of dibasic sodium phosphate TS and a few drops of ammonium chloride TS: no opalescence is produced within 5 minutes.

Control test.

Calcium – Pipet 1ml of calcium TS to a tube, alkalied with ammonia TS, add ammonium oxalate TS: while crystal is precipitated.

$$Ca^{2+} + C_2O_4^{2-} \longrightarrow CaC_2O_4\downarrow$$

Magnesium – Pipet 1ml of magnesium TS to a tube, add a few drops of ammonia TS and ammonium chloride, drop in dibasic sodium phosphate (Na_2HPO_4) TS: white precipitate is separated from the solution.

$$Mg^{2+} + HPO_4^{2-} + NH_4^+ + OH^- \longrightarrow MgNH_4PO_4\downarrow + H_2O$$

(6) Sulfate (SO_4^{2+}) Reference preparation – Into a 50ml color-comparison tube pipet 1ml of standard potassium sulfate solution, and dilute with water to about 35ml. Add 5ml of 1mol/L hydrochloric acid and 5ml of barium chloride TS. Dilute with water to volume and mix.

Test preparation-Into a 50ml color-comparison tube place 5g of the product, and dissolve the solid with about 35ml of distilled water, filter if necessary. Add 5ml of barium chloride TS, dilute with water to volume and mix.

Procedure – Allow the two tubes to stand for 10 minutes, and view downward. Any opalescence produced in the latter tube is not more pronounced than that of the standard tube.

Standard potassium sulfate Dissolve 0. 1813g of potassium chloride with distilled water in 1000ml volumetric flask, dilute with water to volume and mix. This solution contains the equivalent of 0. 1mg of sulfate per ml.

(7) Iron Dissolve 5g with 35ml of distilled water in a 50ml color-comparison tube, add 5ml of dilute hydrochloric acid and approximate 30mg of ammonium persulfate, add 3ml of 30% ammonium thiocyanate (NH_4SCN) solution and sufficient water to produce 50ml, mix well. Any color produced is not more intense than that of a reference solution using 1. 5ml of standard iron solution (0. 0003%).

$$Fe^{3+} + 3SCN^- \longrightarrow Fe(SCN)_3$$

Standard iron solution – Dissolve 863. 0mg of ferric ammonium sulfate in water, add 2ml of dilute hydrochloric acid, and dilute with water to 1000ml. Pipet 10ml of this solution into a 100ml volumetric flask, add 0. 5ml of dilute hydrochloric acid, dilute with water to volume, and mix. This solution contains the equivalent of 0. 01mg of iron per ml.

(8) Potassium (K^+) Dissolve 5g of product with distilled water in a color-comparison tube, and adjust with 2 drops of acetic acid to a pH between 5 and 6. Add 2ml of 0. 1mol/L sodium tetraphenylboron solution and dilute with water to 50ml, mix. Any opalescence produced is not more pronounced than that of a reference solution using 0. 5ml of standard potassium sulfate solution (0. 02%).

$$K^+ + B(C_6H_5)_4^- \longrightarrow KB(C_6H_5)_4 \downarrow$$

Standard potassium sulfate solution Dissolve 2. 2280g of potassium sulfate, previously dried at 105℃ and weighed accurately, with water in 1000ml volumetric flask, dilute to volume, and mix. This solution contains the equivalent of 1mg of potassium per ml.

Sodium tetraphenylboron solution Triturate 1. 5g of sodium tetraphenylboron with 10ml of water, then add 40ml of water triturate again and filter.

(9) Heavy metals Reference preparation – Into a 50ml color-comparison tube pipet 1ml of standard lead solution (20μg of Pb), add 2ml of dilute acetic acid and dilute with water to 25ml.

Test preparation – Dissolve 5g of the product with 23ml of distilled water in another 50ml color-comparison tube, add 2ml of dilute acetic acid.

Procedure – To each of the two tubes add 10ml of hydrogen sulfide TS, dilute to 50ml and mix. The tubes are allowed to stand for 10minutes in dark place. If the color of the solution from the standard preparation is not darker than that of the solution from the standard preparation, it pronounces that the content of heavy metals is not more than the limits.

Instructions

1. Requirements

(1) What impurities are contained in raw solid of sodium chloride?

And how to remove these impurities?

(2) Why, during the purification of NaCl, should the agents be added sequentially: $BaCl_2$, Na_2CO_3, and HCl? Can we change the order of agents?

(3) How to remove the impurities of K^+, Br^-, I^- and other ions?

(4) To remove SO_4^{2+}, Ca^{2+}, Mg^{2+} etc as precipitate by addition corresponding precipitate agents, what influence does heating or not heating the solution have on the result? How to determine whether these ions are removed entirely?

(5) How to remove the excess precipitate agents: $BaCl_2$, Na_2CO_3 and NaOH?

(6) During the adjustment of pH of the solution with HCl, what can we deal with the excess HCl? Why should we adjust the solution to be weak acidic? Can we adjust the solution to be weak alkaline?

(7) Can we evaporate the condensed solution to dryness? Why?

(8) What is recrystallization? How much water should be appropriate to dissolve the product during recrystallization?

(9) Can tap water be used to dissolve the resulting product when we check the impurity limitation? Why?

2. Operation

(1) Precipitate impurity ions and check whether the ions precipitate completely

(2) Vacuum filter (filter with suction)

(3) Evaporate solution and crystallize

(4) Recrystallize

3. Notes

(1) Water used to dissolve the raw material should be proportional to the material. Too much water will prolong the following evaporationtime.

(2) When we remove the impurities by addition precipitate agents, the time of boiling should not be too long. Otherwise, some of NaCl will separate from the hot solution. If some NaCl crystal, some few distilled water should be added to the solution.

(3) During evaporation, the crystal membrane of NaCl on the surface of the condensed solution should be ruptured with a parallel lying glass rod, otherwise, the crystal will splatter everywhere.

(4) Some soluble impurities, such as Br^-, I^- and K^+, will be removed away together with the mother liquid. So the solution should not be evaporated to dryness. Furthermore, the resulting crystal should be pressed with a glass stopper during filtration.

(5) Use the comparison tubes correctly. And compare the sample tubes with the corresponding standard tubes under same conditions.

4. Report format

(1) Objectives

(2) Principle

(3) Procedure (illustrated with a flow chart)

(4) The yield of refined NaCl and its percentage yield

(5) Write out the reaction equations of identification of Na^+, Cl^-. And illustrate the results of impurity limit tests with a table.

5. Questions Summarize the results of the tests and give conclusion on how to get a higher yield.

Words

medicinal	药用的	magnesium	镁
sodium chloride	氯化钠	comparison-tube	比色管
aqueous	水的	opalescence	乳白光
soluble	可溶解的	pronounced	显著的
insoluble	不可溶解的	concentrated	浓缩的
filtration	过滤	diluted	稀释的
filter	过滤	hydrochloric acid	盐酸
precipitate	沉淀	sulfuric acid	硫酸
precipitation	沉淀反应	acidic acid	醋酸
sulfate	硫酸盐	ammonia	氨
solubility	溶解性	ammonium	铵根(离子)
recrystallization	重结晶	hydroxide	氢氧化物
TS	(缩略语)试液	saturated	饱和的
zinc uranylacetate	醋酸铀酰锌	non-luminous flame	无色的火焰
bromothymol blue	溴麝香草酚蓝	acidity	酸度
sludge	淤泥	alkalinity	碱度
simmer	(使某物)保持在接近沸点	iodide	碘化物
		bromide	溴化物
vacuum filter (filter with suction)	抽滤	chloroform	氯仿
		agitation	搅动
tilt-pour process	倾泻法	triturate	粉碎
carbonate	碳酸盐	ammonium oxalate	草酸铵
carbonaceous deposit	碳质沉积	volumetric flask	容量瓶
curdy	凝乳状的	sodium tetraphenylboron	四苯硼钠
raw	未加工的	acetic acid	醋酸
platinum wire	铂丝	evaporate	蒸发
mother liquid	母液	control test	对照实验
barium	钡	pipet	移取
potassium	钾	membrane	膜
calcium	钙	glass stopper	玻璃塞

实验十八　硫酸亚铁铵的制备

【目的要求】

1. 了解复盐的制备方法。
2. 掌握水浴加热和减压过滤等操作。

【实验原理】

铁屑易与稀硫酸反应，生成硫酸亚铁：

$$Fe + H_2SO_4 = FeSO_4 + H_2\uparrow$$

硫酸亚铁与等摩尔的硫酸铵在水溶液中相互作用，便生成溶解度较小、浅蓝色的硫酸亚铁铵 $FeSO_4 \cdot (NH_4)_2SO_4 \cdot 6H_2O$

$$FeSO_4 + (NH_4)_2SO_4 + 6H_2O = FeSO_4 \cdot (NH_4)_2SO_4 \cdot 6H_2O$$

一般亚铁盐在空气中都易被氧化，但形成复盐后却比较稳定，不易被氧化。

【仪器和药品】

1. 仪器　台天平，恒温水浴，抽滤水泵，蒸发皿，锥形瓶，10ml 量筒，25ml 比色管，石棉网。

2. 药品

（1）固体　碎铁屑、硫酸铵。

（2）酸　H_2SO_4 3mol/L；HCl 3mol/L。

（3）盐　Na_2CO_3 10%；KSCN 0.1mol/L 。

【实验内容】

1. 制备步骤

（1）铁屑的净化（去油污）　在台称上称取 2g 铁屑放于锥形瓶中，然后加入 20ml 10% Na_2CO_3 溶液，在电炉上微微加热约 10 分钟，用倾泻法去碱液，用蒸馏水把铁屑冲洗干净。

（2）硫酸亚铁的制备　往盛有铁屑的锥形瓶中加入 15ml 3mol/L H_2SO_4，在水浴上加热，使铁屑和硫酸反应至不再有气泡冒出为止。趁热抽滤，用 5ml 热蒸馏水洗涤残渣。滤液转至蒸发皿中。将锥形瓶中的和滤纸上的未反应铁屑用滤纸吸干后称重。从反应的铁屑的量求算出生成的 $FeSO_4$ 理论产量。

（3）硫酸亚铁铵的制备　根据上面计算出来的 $FeSO_4$ 的理论产量，按照 $FeSO_4$ 比 $(NH_4)_2SO_4$ 为 1∶0.75 的质量比，称取固体硫酸铵，加到硫酸亚铁溶液中，水浴上蒸发浓缩至表面出现晶体膜为止，自然冷却后，减压抽滤，便得到硫酸亚铁铵晶体。干燥后称重，计算产率。

2. 产品纯度检验

Fe^{3+} 的限量检查　称 2g 产品于 50ml 比色管中，加入 30ml 不含氧的蒸馏水使之溶解。加 4ml 3mol/L HCl 和 2ml 0.1mol/L KSCN，继续加不含氧的蒸馏水至 50ml 刻度。摇匀，所呈现的红色与标准试样比较，检验产品级别。

扫码“学一学”

扫码“看一看”

扫码“看一看”

扫码“看一看”

扫码“看一看”

扫码“看一看”

扫码“看一看”

扫码“看一看”

标准试样的制备

取含有下列数量 Fe^{3+} 的溶液 30ml：

Ⅰ级试剂：0.10mg

Ⅱ级试剂：0.20mg

Ⅲ级试剂：0.40mg

然后与产品同样处理（标准试样均由实验室准备）。

实　验　指　导

【预习要求】

1. 如何除去废铁屑表面的油污？
2. 制备硫酸亚铁时，怎样鉴别反应已进行完全？
3. $FeSO_4$ 溶液在空气中很容易被氧化，在制备硫酸亚铁铵的过程中，怎样防止 Fe^{2+} 氧化成 Fe^{3+}？
4. 怎样计算硫酸亚铁铵的产率？是根据铁的用量还是硫酸铵的用量？
5. 如何制备不含氧的蒸馏水？为什么配制硫酸亚铁铵试液时要不含氧的蒸馏水？

【基本操作】

1. 掌握减压过滤的操作。
2. 练习倾泻法洗涤的方法。
3. 了解产品限度分析方法。

【注意事项】

1. 由于铁屑含有杂质砷，本实验在合成过程中，有剧毒气体 AsH_3 放出，它能刺激和麻痹神经系统。故实验需在通风橱中进行。
2. 在 $FeSO_4$ 溶液中加入固体 $(NH_4)_2SO_4$ 后，必须充分搅动，至 $(NH_4)_2SO_4$ 完全溶解后，才能进行蒸发浓缩。
3. 加热浓缩时间不宜过长。浓缩到一定体积后，需在室温放置一段时间，以待结晶析出、长大。

【报告格式】

1. 目的
2. 原理
3. 实验步骤

（1）用流程图表示制备过程

（2）计算 $FeSO_4 \cdot 7H_2O$ 及硫酸亚铁铵的理论产量

（3）产率：$\dfrac{\text{实际产量}}{\text{理论产量}} \times 100\%$

（4）纯度检查

【实验后思考】

1. 本实验反应中，是铁过量，还是 H_2SO_4 过量？为什么要这样选择？
2. 反应结束以后，为什么要趁热抽滤？为什么需用热水洗涤残渣？
3. 为什么本实验在蒸发浓缩时，溶液应控制在酸性（pH = 2 ~ 3）？

Experiment 18 Preparation of Ferrous Ammonium Sulphate Hexahydrate (FAS)

Objectives

1. To learn how to prepare double salts.
2. To master the operation of heating in the water bath and filter by suction.

Principles

The ferrous ion is converted into ferric ion easily when it is open to the air, but the ferrous ion in FAS cannot be easily oxidized.

Ferrous sulfate ($FeSO_4$), which can be obtained by reacting iron powder with diluted sulfuric acid (H_2SO_4), reacts with ammonium sulfate ($(NH_4)_2SO_4$) in equimolar ratio in aqueous solution. Ferrous ammonium sulphate hexahydrate ($FeSO_4 \cdot (NH_4)_2SO_4 \cdot 6H_2O$) with less solubility crystallizes from the solution as pale blue monoclinic crystal.

$$Fe + H_2SO_4 = FeSO_4 + H_2 \uparrow$$

$$FeSO_4 + (NH_4)_2SO_4 + 6H_2O = FeSO_4 \cdot (NH_4)_2SO_4 \cdot 6H_2O$$

Equipment and chemicals

1. Equipment Platform balance, graduated cylinder (10ml), Erlenmeyer flask, filter flask, Buchner funnel, evaporating dish, thermostatic water bath, comparison tube (25ml).

2. Chemicals Iron powder, ammonia sulfate ($(NH_4)_2SO_4$); H_2SO_4 3mol/L, HCl 3mol/L; Na_2CO_3 10%, KSCN 0.1mol/L.

Procedures

1. Procedures

(1) 2g iron powder and 20ml 10% Na_2CO_3 are put into an Erlenmeyer flask which is heated over an electric cooker for about 10 minutes. Remove the solution by tilt-pour process; wash the iron powder with distilled water.

(2) Add 15ml 3 mol/L H_2SO_4 into the Erlenmeyer flask, which is heated in the water bath at 60 ~ 70℃ until the reaction is completed. Filter by suction while hot; wash the filter residue with 5ml warm water. The filtrate is put into a clean evaporating dish. On the basis of the remains of the iron powder, calculate the ferrous sulfate's theoretical yield.

(3) For each 0.1g ferric sulfate, 0.075g ammonia sulfate is added as solid reagent into the evaporating dish. Stir the mixture to dissolve the ammonia sulfate. Then the evaporating dish is heated in the boiling water bath until a layer of tiny crystals is observed. Cool the concentrate and filter by

suction. Dry the pale blue crystal and weigh it. Calculate the percentage yield of the product.

2. Purity examination of the product Dissolve 2g ferrous ammonium sulphate hexahydrate with 30ml oxygen-free distilled water in a 50ml comparison tube. Add 3mol/L HCl 4ml and 0. 1mol/L KSCN 2ml. Fill to the mark with oxygen-free distilled water and mix the solution. Compare the color with that of the series of standard samples to determine the purity grade of the product.

Preparation of the standard samples:

Add 30ml solution containing ferric ion (the content of Fe^{3+} in the various solutions shown below) into comparison tubes. The following procedure is the same as that of the product.

Grade Ⅰ: 0. 10mg

Grade Ⅱ: 0. 20mg

Grade Ⅲ: 0. 30mg

Instructions

1. Requirements

(1) How to remove the oil from the surface of iron powder?

(2) How to determine whether the reaction to produce ferric sulfate is completed?

(3) The solution of ferrous sulfate is easy to be oxidized. How to avoid the oxidation when preparing the ferrous ammonium sulphate hexahydrate?

(4) How to calculate the yield of the product?

(5) How to get oxygen-free distilled water? Why should the water dissolving the ferrous ammonium sulphate hexahydrate be oxygen-free distilled water?

2. Operation

(1) Master the operation of filter by suction

(2) Practice washing solid by tilt-pour process

(3) Understand the analytical method of impurity limitation

3. Notes

(1) The iron powder having low As content may give out poisonous gas AsH_3, so the reaction for ferrous sulfate should be carried out in the fume cupboard.

(2) After ammonium sulfate is added to the evaporating dish, the mixture must be stirred thoroughly until the ammonium sulfate dissolves.

(3) The time for evaporation should not be too long and the concentrate should be kept under room temperature for a while to produce the crystal of $FeSO_4 \cdot (NH_4)_2SO_4 \cdot 6H_2O$.

4. Report format

(1) Objectives

(2) Principle

(3) Procedures

(a) Illustrate the procedure with a flow chart

(b) Calculate the theoretic yield of $FeSO_4 \cdot 7H_2O$ and FAS

(c) Percentage yield

(d) Purity examination

5. Questions

(1) Between the iron powder and the sulfuric acid in the secondary step, which one should be present in considerable excess?

(2) Why should we filter the solution while it is still hot when the reaction for ferric sulfate is complete? Why do we need warm water to wash the filter residue?

(3) Why should the pH of the solution be kept at 2 ~ 3 during evaporation?

Words

sulfate	硫酸盐	solution	溶液
ferrous	亚铁的	aqueous solution	水溶液
ferric	三价铁的	graduated cylinder	量筒
ammonium	铵根	flask	烧瓶
hexa-	（前缀）六	Erlenmeyer flask	锥形瓶
ferrous ammonium	硫酸亚铁铵	evaporating dish	蒸发皿
sulphate (FAS)		comparison tube	比色管
ferrous ammonium	六水硫酸亚铁铵	Buchner funnel	布氏漏斗
sulphate hexahydrate		fume cupboard	通风橱
ferrous sulfate	硫酸亚铁	concentrate	浓缩液
ammonium sulfate	硫酸铵	flow chart	流程图
dilute	稀的,稀释的	analysis	分析
sulfuric acid	硫酸	oxidize	氧化
double salt	复盐	oxidation	氧化（作用）
ion	离子	water bath	水浴
crystal	晶体	filter	过滤器，过滤
monoclinic crystal	单斜晶	filtrate	过滤，滤液
crystallize	结晶	filter flask	吸滤瓶
yield	产量	tilt-pour process	倾泻法
actual yield	实际产量	filter by suction	抽滤

实验十九　葡萄糖酸锌 $Zn(C_6H_{11}O_7)_2 \cdot 3H_2O$ 的制备

扫码“学一学”

【目的要求】

1. 了解葡萄糖酸锌（治疗人体缺锌药物）的制备方法。
2. 学会锌盐的含量测定。

【实验原理】

葡萄糖酸钙与等摩尔的硫酸锌反应式：

$$Ca(C_6H_{11}O_7)_2 + ZnSO_4 + 3H_2O = Zn(C_6O_{11}O_7)_2 \cdot 3H_2O + CaSO_4 \downarrow$$

【仪器和药品】

1. 仪器 台天平，恒温水浴，抽滤装置，酸式滴定管，电炉，蒸发皿，烧杯，量筒等。

2. 药品 葡萄糖酸钙；$ZnSO_4 \cdot 7H_2O$；95% 乙醇；NH_3-NH_4Cl 缓冲溶液；0.1mol/L EDTA－2Na 标准溶液；铬黑 T 指示剂。

扫码“看一看”

扫码“看一看”

扫码“看一看”

扫码“看一看”

【实验内容】

1. 制备步骤 量取 80ml 蒸馏水置烧杯中，加热至 80～90℃，加入 13.4g $ZnSO_4 \cdot 7H_2O$ 使完全溶解，将烧杯放在 90℃的恒温水浴中，再逐渐加入葡萄糖酸钙 20.0g，并不断搅拌。在 90℃水浴上静止保温 20 分钟。趁热抽滤（用两层滤纸），滤液移至蒸发皿中（滤渣为 $CaSO_4$，弃去），将滤液在沸水浴上浓缩至黏稠状（体积约为 20ml，如浓缩液有沉淀系 $CaSO_4$，需过滤掉）。滤液冷至室温，加 20ml 95% 乙醇（降低葡萄糖酸锌的溶解度），并不断搅拌，此时有大量的胶状葡萄糖酸锌析出，充分搅拌后，用倾泻法去除乙醇液。于胶状沉淀上，再加 20ml 95% 乙醇，充分搅拌后，沉淀慢慢转变成晶体状，抽滤至干，即得粗品（母液回收）。

重结晶。粗品加水 20ml，加热（90℃）至溶解，趁热抽滤，滤液冷至室温，加 20ml 95% 乙醇，充分搅拌，结晶析出后，抽滤至干，即得精品，在 50℃烘干。

2. 含量测定 准确称取 0.8g 葡萄糖酸锌，溶于 20ml 水中（可微热），加 10ml NH_3-NH_4Cl 缓冲溶液，加铬黑 T 指示剂 4 滴，用 0.1mol/L EDTA-2Na 标准溶液滴定至溶液呈蓝色。样品中锌的含量计算如下：

$$锌的含量\% = \frac{C_{EDTA\text{-}2Na} \cdot V_{EDTA\text{-}2Na} \times 65}{W_S \times 1000} \times 100\%$$

式中 $C_{EDTA\text{-}2Na}$ 为浓度，mol/L；$V_{EDTA\text{-}2Na}$ 为体积，ml；W_S 为样品的质量，g。

实 验 指 导

【预习要求】

1. 设计葡萄糖酸锌制备的流程图。
2. 为什么葡萄糖酸钙和硫酸锌的反应需保持在 90℃的恒温水浴中？
3. 葡萄糖酸锌可以用哪几种方法进行结晶？
4. 如何测定葡萄糖酸锌中锌的含量？

【基本操作】

1. 掌握恒温水浴的使用操作。
2. 学习用酒精为溶剂进行重结晶的方法。

【注意事项】

1. 反应需在 90℃恒温水浴中进行。这是由于：温度太高，葡萄糖酸锌会分解；温度太低，则葡萄糖酸锌的溶解度降低。

2. 用酒精为溶剂进行重结晶时，开始有大量胶状葡萄糖酸锌析出，不易搅拌，可用竹棒代替玻棒进行搅拌。

3. 滤液需在沸水浴中浓缩。

4. 用铬黑 T 做指示剂，以 EDTA-2Na 标准溶液测定葡萄糖酸锌时，注意观察终点颜色的变化。

【报告格式】

1. 目的
2. 原理（反应式表示）
3. 制备流程图
4. 产量，产率计算
5. 含量测定、数据记录和结果处理

		（一）	（二）
记录部分	W_s 葡萄糖酸锌，g		
	$C_{EDTA\text{-}2Na}$，mol/L		
	$V_{EDTA\text{-}2Na}$，ml		
	锌的摩尔质量，g/mol		
计算	含锌% $= \frac{C_{EDTA\text{-}2Na} \cdot V_{EDTA\text{-}2Na} \times 65}{W_s \times 1000} \times 100\%$		

【实验后思考】

查阅有关资料，了解微量元素锌与人体健康的关系。

Experiment 19　Preparation and Content Assay of Zinc Gluconate

Objectives

1. To learn how to prepare Zinc gluconate.
2. To learn how to determine the content of zinc salt.

Principles

Calcium gluconate reacts with equal molar zinc sulfate：

$$Ca(C_6H_{11}O_7)_2 + ZnSO_4 \longrightarrow Zn(C_6H_{11}O_7)_2 \cdot 3H_2O + CaSO_4 \downarrow$$

Equipment and chemicals

1. Equipment　Platform balance, graduated cylinder, beaker, evaporating dish, electric cooker, acid-type burette, thermostatic water bath.

2. Chemicals　Calcium gluconate, heptahydrate zinc sulfate, 95% ethanol, ammonia-ammonium chloride buffer solution, 0.1mol/L disodium ethylenediaminetetraacetate standard solution, eriochrome black solution.

Procedures

1. Preparation procedure of Zinc gluconate Add 80ml distilled water to a beaker. Heat it to 80 ~ 90℃, then add 13.4g $ZnSO_4 \cdot 7H_2O$ and dissolve them completely. Put the beaker in water bath and keep it at 90℃. Then 20g calcium gluconate is added gradually and stirred constantly. After 30 minutes, filter it quickly by vacuum filter (double filter paper). The filtrate is transferred to an evaporating dish (filter cake discarded). It is concentrated and becomes sticky (the volume of approximately 20ml). Then the filtrate is cooled to room temperature. 20ml 95% ethanol is added (to reduce the solubility of zinc gluconate) to the filtrate. Then stir continually. A lot of colloidal zinc gluconate was separated out. After stirring completely, the precipitate slowly changes into crystal. Then by filtering, the crude product is obtained. It is dissolved by adding 20ml water at 90℃, filter warmly, then the filtrate is cooled to room temperature. Add 20ml 95% ethanol, stir strongly, and the crystal is separated out. After filtering and baking at 50℃, pure product is obtained.

2. Content assay Weigh 0.8g zinc gluconate accurately, dissolve it in 20ml of water (sometimes need to be heated). Add 10ml of ammonia-ammonium chloride buffer solution and 4 drops of eriochrome black solution. Titrate the solution with 0.1mol/L disodium ethylenediaminetetraacetate (EDTA) standard solution, until the solution is deep blue in color. The zinc concentration in the sample can be calculated as follows:

$$Zn\% = \frac{C_{EDTA\cdot 2Na} \cdot V_{EDTA\cdot 2Na} \times 65}{W_S \times 1000} \times 100\%$$

$(CV)_{EDTA\cdot 2Na}$ is the concentration of EDTA·2Na (C, mol/L) and volume (V, ml); W_S is the weight of the sample (g).

Instructions

1. Requirements

(1) Design flow chart of the preparation of zinc gluconate.

(2) Why must we keep the temperature at 90℃ when zinc sulfate reacts with calcium gluconate?

(3) By how many means can zinc gluconate be recrystallized?

(4) How can zinc content of zinc gluconate be determined?

2. Operation

(1) Master the operation of thermostatic water bath.

(2) Learn the recrystallization method with ethanol as a solvent.

3. Notes

(1) The reaction must be undertaken at constant temperature water bath boiler of 90℃. Too high temperature may lead to the decomposition of zinc gluconate, while too low temperature may cause the solubility of zinc gluconate decreasing.

(2) When recrystallized with ethanol as solvent, small amount of zinc gluconate may appear at the beginning. Chopstick, often replaces glass rod for the solution is very sticky and hard to stir.

(3) The filtrate is concentrated in boiling water bath.

(4) When titrating with 0.1mol/L disodium EDTA standard solution, observe the color change carefully.

4. Report format

(1) Objectives

(2) Principles (in reaction formula)

(3) Flow chart of preparation

(4) Yield, percentage yield

(5) Record data and result dealing

		1	2
Record part	W(zinc gluconate), g		
	$C_{EDTA\cdot 2Na}$, mol/L		
	$V_{EDTA\cdot 2Na}$, ml		
	molar weight of zinc, g/mol		
Calculation	$Zn\% = \dfrac{C_{EDTA\cdot 2Na}\cdot V_{EDTA\cdot 2Na}\times 65}{W_S\times 1000}\times 100\%$		

5. Questions Refer to other materials and understand the important role of zinc playing in human body.

Words

zinc	锌	thermostatic water bath	恒温水浴
zinc gluconate	葡萄糖酸锌	calcium gluconate	葡萄酸钙
platform balance	台秤	heptahydrate zinc sulfate	七水硫酸锌
buffer solution	缓冲液	measuring cylinder	量筒
ethylenediaminetetraacetate	EDTA 溶液	beaker	烧杯
eriochrome black solution	铬黑 T 溶液	evaporating dish	蒸发皿
electric cooker	电炉		

实验二十 五水合硫酸铜的制备

扫码“学一学”

【实验目的】

1. 学习以废铜和工业硫酸为主要原料制备 $CuSO_4\cdot 5H_2O$ 的原理和方法；
2. 掌握并巩固无机制备过程中灼烧、水浴加热、减压过滤、结晶等基本操作。

【实验原理】

$CuSO_4\cdot 5H_2O$ 易溶于水，难溶于无水乙醇。加热时失水。

$CuSO_4\cdot 5H_2O$ 的生产方法有多种，如电解液法、氧化铜法。本实验选择以废铜和工业硫酸为主要原料制备 $CuSO_4\cdot 5H_2O$ 的方法，先将铜粉灼烧成氧化铜，然后再将氧化铜溶于适当浓度的硫酸中。反应如下：

$$2Cu + O_2 \xrightarrow{\text{灼烧}} 2CuO\ (\text{黑色})$$

$$CuO + H_2SO_4 \longrightarrow CuSO_4 + H_2O$$

由于废铜及工业硫酸不纯，制得的溶液中除生成硫酸铜外，还含有其他一些可溶性或不溶性的杂质。不溶性杂质在过滤时可除去，可溶性杂质 Fe^{2+} 和 Fe^{3+}，一般需用氧化剂（如 H_2O_2）将 Fe^{2+} 氧化为 Fe^{3+}，然后调节 pH，并控制至 3 左右（注意不要使溶液的 pH≥4，若 pH 过大，会析出碱式硫酸铜的沉淀），再加热煮沸，使 Fe^{3+} 水解成为 $Fe(OH)_3$ 沉淀而除去。反应如下：

$$2Fe^{2+} + 2H^+ + H_2O_2 \longrightarrow 2Fe^{3+} + 2H_2O$$

$$Fe^{3+} + 3H_2O \xrightarrow[\triangle]{pH=3} Fe(OH)_3\downarrow + 3H^+$$

将除去杂质的 $CuSO_4$ 溶液进行蒸发，冷却结晶，减压过滤后得到蓝色 $CuSO_4 \cdot 5H_2O$。

【仪器和药品】

1. 仪器 托盘天平、煤气灯、瓷坩埚、坩埚钳、泥三角、铁架台、布氏漏斗、吸滤瓶、烧杯、点滴板、玻璃棒、量筒、蒸发皿、滤纸、剪刀。

2. 药品 Cu 粉、H_2SO_4（3mol/L）、H_2O_2（3%）、$K_3[Fe(CN)_6]$（0.1mol/L）、$CuCO_3$（C. P.）、pH 试纸。

【实验步骤】

1. 氧化铜的制备 把洗净的瓷坩埚经充分灼烧干燥并冷却后，在托盘天平上称取 3.0g 废 Cu 粉放入其内。将坩埚置于泥三角上，用煤气灯氧化焰小火微热，使坩埚均匀受热，待 Cu 粉干燥后，加大火焰用高温灼烧，并不断搅拌，搅拌时必须用坩埚钳夹住坩埚，以免打翻坩埚或使坩埚从泥三角上掉落。灼烧至 Cu 粉完全转化为黑色 CuO（约 20min），停止加热并冷却至室温。

2. 粗 $CuSO_4$ 溶液的制备 将冷却后的 CuO 倒入 100ml 小烧杯中，加入 18ml 3mol/L H_2SO_4（工业纯），微热使之溶解。

3. $CuSO_4$ 溶液的精制 在粗 $CuSO_4$ 溶液中，滴加 2ml 3% H_2O_2，将溶液加热，检验溶液中是否还存在 Fe^{2+}（如何检验）。当 Fe^{2+} 完全氧化后，慢慢加入 $CuCO_3$ 粉末，同时不断搅拌直到溶液 pH = 3，在此过程中，要不断地用 pH 试纸测试溶液的 pH，控制溶液 pH = 3，再加热至沸（为什么?）趁热减压过滤，将滤液转移至洁净的烧杯中。

4. $CuSO_4 \cdot 5H_2O$ 晶体的制备 在精制后的 $CuSO_4$ 溶液中，滴加 3mol/L H_2SO_4 酸化，调节溶液至 pH = 1 后，转移至洁净的蒸发皿中，水浴加热蒸发至液面出现晶膜时停止。在室温下冷却至晶体析出。然后减压过滤，晶体用滤纸吸干后，称重。计算产率。

实 验 指 导

【预习要求】

1. 设计硫酸铜制备的流程图。

2. 在制备硫酸铜的过程中，如何除可溶性杂性 Fe^{2+} 和 Fe^{3+}？

【基本操作】

掌握灼烧、水浴加热、减压过滤和结晶等基本操作。

【注意事项】

1. 难溶性杂质可用过滤的方法除去。

2. 可溶性杂质 Fe^{2+} 和 Fe^{3+}，需用氧化剂将 Fe^{2+} 氧化为 Fe^{3+}，然后调节 pH，再加热煮沸，使 Fe^{3+} 变成 $Fe(OH)_3$ 沉淀除去。

【报告格式】

1. 目的
2. 原理（反应式表示）
3. 制备流程图
4. 产量及产率的计算

【思考题】

（1）在粗 $CuSO_4$ 溶液中 Fe^{2+} 杂质为什么要氧化为 Fe^{3+} 后再除去？为什么要调节溶液的 pH = 3？pH 太大或太小有何影响？

（2）为什么要在精制后的 $CuSO_4$ 溶液中调节 pH = 1 使溶液呈强酸性？

（3）蒸发、结晶制备 $CuSO_4 \cdot 5H_2O$ 时，为什么刚出现晶膜即停止加热而不能将溶液蒸干？

（4）如何清洗坩埚中的残余物 Cu 和 CuO 等？

Experiment 20 Synthesis of Copper Sulfate Pentahydrate

Objectives

1. To learn the principles and procedures for the synthesis of copper sulfate pentahydrate using copper waste and industrial sulfuric acid.

2. To further enhance the basic inorganic synthesis skills such as combustion, heating with water bath, vacuum filtration and crystallization.

Principles

$CuSO_4 \cdot 5H_2O$ is readily soluble in water and insoluble in absolute alcohol. It dehydrates when heated.

There are many methods to synthesize $CuSO_4 \cdot 5H_2O$, including electrolysis and oxidation. In this experiment, copper waste and industrial sulfuric acid are used as starting materials to synthesize $CuSO_4 \cdot 5H_2O$. Copper powder is first combusted to form copper oxide, and then copper oxide is dissolved in sulfuric acid of proper concentration. The chemical equations are as follows:

$$2Cu + O_2 \xrightarrow{\text{Combustion}} 2CuO(\text{black})$$

$$CuO + H_2SO_4 \longrightarrow CuSO_4 + H_2O$$

Because of the impurities in copper waste and industrial sulfuric acid, there are a number of other soluble and insoluble impurities formed in the reaction solution, in addition to the formation of copper sulfate. The insoluble impurities can be removed by filtration. To remove soluble impurities such as Fe^{2+} and Fe^{3+}, typically oxidizing agents (such as H_2O_2) are first used to oxidize Fe^{2+} to Fe^{3+}. Then the pH value is adjusted to 3 (the pH of solution should not be more than 4, otherwise, alkaline copper sulfate may precipitate out). After the solution is heated to boil, Fe^{3+} hydrolyzes to form $Fe(OH)_3$ precipitate and then it is removed. The chemical equations are as follows:

$$2Fe^{2+} + 2H^+ + H_2O_2 \longrightarrow 2Fe^{3+} + 2H_2O$$

$$Fe^{3+} + 3H_2O \longrightarrow Fe(OH)_3 \downarrow + 3H^+$$

The purified $CuSO_4$ solution is evaporated, cooled to crystallize and vacuum filtered to obtain blue $CuSO_4 \cdot 5H_2O$.

Equipment and Chemicals

1. Equipment Weighing balance, Bunsen burner, porcelain crucible, crucible tongs, triangle, Buchner funnel, filter flask, beaker, TLC plates, glass rod, graduated cylinder, evaporation dish, filter paper and scissors.

2. Chemicals Copper powder, H_2SO_4 (3mol/L), H_2O_2 (3%), $K_3[Fe(CN)_6]$ (0.1 mol/L), $CuCO_3$ (C. P.), pH litmus paper.

Procedures

1. Synthesis of copper oxide The porcelain crucible is cleaned, thoroughly dried by combustion and then cooled to room temperature. 3.0 g of copper powder is weighed and placed in the crucible. The crucible is placed on the triangle, mildly and evenly heated with the Bunsen burner. When the Cu powder is dry, the flame is raised to combustion and the crucible is continually stirred. During stirring, the crucible must be held with the tongs to prevent it from falling off the triangle. After the Cu powder is completely converted to black CuO by combustion, heating is stopped and it is allowed to cool to room temperature.

2. Preparation of crude $CuSO_4$ solution The cooled CuO is transferred into a 100 ml beaker and mixed with 18 ml 3mol/L H_2SO_4 (industrial purity). The mixture is mildly heated to dissolve the powder.

3. Purification of $CuSO_4$ solution 2ml 3% H_2O_2 is added drop wise into the crude $CuSO_4$ solution. The mixture is heated and detected for any Fe^{2+} present (how to detect?). After Fe^{2+} is completely oxidized, $CuCO_3$ powder is added slowly and the solution is continually stirred until the pH reaches 3. During this process, the pH of the solution needs to be frequently tested and controlled at pH = 3, and then the mixture is heated to boil (why?) and hot filtered under vacuum. The filtrate is transferred into a clean beaker.

4. Preparation of $CuSO_4 \cdot 5H_2O$ crystals 3mol/L H_2SO_4 is added drop wise to the purified $CuSO_4$ solution to adjust the pH of the solution to 1. The mixture is transferred to the clean evaporation dish and heated with the water bath until crystal membrane appears on the liquid surface. The mixture is cooled to room temperature and crystallization occurs. The crystals are collected by vacuum filtration and dried with filter paper. Then they are weighed and the yield is calculated.

Questions

1. Why is it necessary to oxidize Fe^{2+} impurities to Fe^{3+} before it is removed from the crude $CuSO_4$ solution? Why does the pH of the solution need to be adjusted to 3? What kind of effect will it have if the pH is too high or too low?

2. Why is it necessary to adjust the pH of purified $CuSO_4$ solution to 1, which is highly acidic?

3. During the evaporation and crystallization of $CuSO_4 \cdot 5H_2O$, why is it necessary to stop heating as soon as the crystal membrane starts to appear instead of heating the solution until dryness?

4. How to remove residual Cu and CuO from the crucible?

扫码"学一学"

实验二十一　四碘化锡的制备

【实验目的】

1. 学习利用非水溶剂（石油醚）的无机合成方法制备四碘化锡；
2. 掌握回流、水浴加热等基本操作。

【实验原理】

四碘化锡是橙红色的针状晶体，密度 4.48g/cm³，熔点 144.5℃，沸点 364.5℃，180℃时就有较高的蒸气压。溶于水、较易水解，在热水中可被分解。易溶于二硫化碳、四氯化碳、苯和热的石油醚等有机溶剂中，在冷的石油醚中溶解度较小。在乙醇等溶液中，四碘化锡与碱金属的碘化物作用生成 $M_2[SnI_6]$ 黑色晶状化合物。

因四碘化锡容易水解，不宜在水溶液中制备，一般采用干法合成，即在加热条件下锡与碘蒸气进行反应或利用非水溶剂的合成方法进行制备。可被选用的非水溶剂有四氯化碳、冰醋酸等，本实验采用低沸点的石油醚为溶剂（沸点 60～90℃），它是含碳较少的烷烃（主要为戊烷、已烷）混合物，属于惰性溶剂。制备的简要过程是将碘溶解在石油醚中，在加热的条件下与锡片反应而制得：

$$Sn + 2I_2 \longrightarrow SnI_4$$

【仪器和药品】

1. 仪器　托盘天平、圆底烧瓶（30ml）、回流冷凝器、烧杯（250ml、30ml）、温度计、恒温水浴及铁架台等加热器具。

2. 药品　石油醚（60～90℃）、锡箔、碘、0.1mol/L $AgNO_3$、0.1mol/L $Pb(NO_3)_2$、饱和 KI、丙酮等。

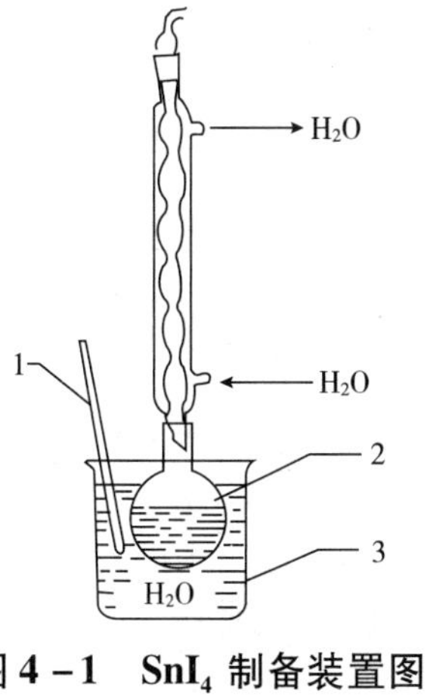

图 4-1　SnI_4 制备装置图

1. 温度计；2. 圆底烧瓶；3. 烧杯

【实验步骤】

1. 四碘化锡的制备（图 4-1）

用托盘天平，在已洗净、烘干的 30ml 圆底烧瓶中，称取约 0.5g 晶体碘，再称取约 0.2g 锡箔，并将其剪成碎片后加入烧瓶中，再加入 10ml 石油醚。装配好回流冷凝器等反应装置，在水浴上加热使反应混合物沸腾。控制水浴温度在 85 ~95℃之间，调节冷凝水的流量，使含碘石油醚的冷凝液不高于冷凝器的中间 部位，保持回流状态直到反应完全为止（至冷凝下来的石油醚液滴由紫色变为无色）。停止加热撤掉水浴，待不沸腾后取下冷凝管，趁热用倾泻法把溶液倒入 50ml 洁净、干燥的小烧杯内，使未反应的锡片留在烧瓶内。烧瓶内壁及剩余锡箔上沾有的 SnI_4 晶体，可用 1 ~2ml 热石油醚洗涤，洗涤液合并到上述小烧杯内，将其放到冰浴中冷却、结晶。结晶完成后用倾泻法把上层清液（母液石油醚）沿玻璃棒小心倒入回收瓶，最后将盛有结晶的小烧杯置于水浴上干燥，称量产品。计算产率。

2. 性质实验

（1）取少量 SnI_4 加入 2ml 蒸馏水，用 pH 试纸检验溶液的酸碱性（保留）。

（2）将上述溶液分装于两支试管中，其中一支加入几滴 0.1mol/L $AgNO_3$，另一支加入几滴 0.1mol/L $Pb(NO_3)_2$，观察现象并写出离子反应方程式。

（3）取少量 SnI_4 加入丙酮溶解，分装于两支试管中。其中一支加入几滴水，另一支加入等量的饱和 KI 溶液，观察现象并进行解释。

实 验 指 导

【预习要求】

1. 设计四碘化锡制备的流程图。
2. 为什么只能在非水溶剂才能制备四碘化锡。

【基本操作】

掌握回流、水浴加热基本操作。

【注意事项】

1. 反应过程中应控制水浴温度在 85 ~95℃之间。
2. 反应完成后，停止加热，撤掉水浴，待不沸腾后取下冷凝管。
3. 母液石油醚倒入回收瓶。

【报告格式】

1. 目的
2. 原理（反应式表示）
3. 制备流程图
4. 产量、产率计量
5. 性质实验

【思考题】

1. 如沸腾过于激烈、冷凝效果又差，碘与石油醚蒸气从冷凝器逸出或回流液滴仍有颜色就停止反应，会对实验结果有何影响？

2. 本实验以哪一种原料过量为好？为什么？
3. 实验中不用水浴加热而直接用小火加热可否？为什么？

Experiment 21　Synthesis of Tin Tetraiodide

Objectives

1. To learn the inorganic synthesis of tin tetraiodide using a non-aqueous solvent (petroleum ethers).
2. To practice basic operations such as refluxing, heating with water bath, etc.

Principles of Experiment

Tin tetraiodide is a red-orange color, needle-shaped crystal with a density of 4.48 g/cm^3, m. p. of 144.5 ℃, b. p. of 364.5 ℃ and substantial vapor pressure at 180℃. It is soluble in water and hydrolyzes relatively easily. It decomposes in hot water. It is readily soluble in organic solvents such as carbon disulfide, carbon tetrachloride, benzene and hot petroleum ethers, and its solubility in cold petroleum ethers is relatively low. In solvents such as ethanol, tin tetraiodide reacts with iodides of alkali metals to form black crystalline $M_2[SnI_6]$ compounds.

Because tin tetraiodide readily hydrolyzes, it is not suitable to be synthesized in aqueous solutions. It is usually dry synthesized, that is, synthesized from the reaction between tin and iodine vapor or with non-aqueous solvents at elevated temperatures. Non-aqueous solvents can be selected from carbon tetrachloride, glacial acetic acid, etc. In this experiment low-boiling petroleum ethers (b. p. 60 ~ 90 ℃) is used as solvent. It is a mixture of low hydrocarbons (mostly pentanes and hexanes) and is an inert solvent. The synthesis consists of dissolving iodine in petroleum ethers, followed by its reaction with tin metal at elevated temperatures:

$$Sn + 2I_2 \longrightarrow SnI_4$$

Equipment and Chemicals

1. Equipment　Weighing balance, round bottom flask (30 ml), reflux condenser, beakers (250 ml and 30 ml), thermometer, constant temperature bath and other heating equipment including ring-stand.

2. Chemicals　Petroleum ethers (b. p. 60 ~ 90 ℃), tin foil, iodine, 0.1 mol/L $AgNO_3$, 0.1mol/L $Pb(NO_3)_2$, saturated KI solution, acetone, etc.

Procedures

1. Synthesis of tin tetraiodide　0.5 g of crystalline iodine is weighed with a balance and placed in a clean, dry 30 ml round bottom flask. Then 0.2 g of tin foils are weighed, cut into small pieces and placed in the same flask followed by the addition of 10 ml petroleum ethers. After the reaction apparatus including the reflux condenser is set up, the flask is heated with the water bath until the reaction mixture boils. Temperature of the water bath is controlled to be between 85 ~ 95℃, and the flow rate of cooling water is adjusted to keep the condensed liquid to be below the middle section of the condenser. Reflux is maintained until the reaction is completed (the color of condensed petroleum ethers solution changes from purple to colorless). The heating is then stopped with the removal of water bath. The condenser is removed when the solution no longer boils. The solution is decanted hot into a clean, dry 30 ml beaker, leaving the unreacted tin foils in the reaction flask. Residual SnI_4 crystals left on the inside wall of the flask or on the tin foils should be collected with 1 ~ 2ml of hot petroleum ethers and then combined with the solutions in the above-mentioned beaker. The beaker is cooled in an ice bath to start crystallization. When crystallization is complete, the top clear solution (petroleum ethers mother liquor) is carefully decanted into the recycling flask with a glass rod. The small flask containing the crystals is dried with the water bath. The product is weighed and the yield is then calculated.

2. Property tests

(1) Small amount of SnI_4 is mixed with 2 ml of distilled water. The pH litmus paper is used to test the acidity/causticity of the solution.

(2) The above solution is divided into two test tubes. Several drops of 0. 1 mol/L $AgNO_3$ is added into one test tube and 0. 1 mol/L $Pb(NO_3)_2$ into the other test tube. Observe the change and write down the ionic reaction equations.

(3) Small amount of SnI_4 is dissolved with acetone, and the solution is divided into two test tubes. Several drops of water added into one the tubes and equal amount of saturated KI solution into the other. Observe and explain.

Questions

扫码"练一练"

1. What effect does it have on the experimental results if the reaction is stopped when the solution boils too violently, or condensation is insufficient, or iodine and petroleum ethers evaporate from the condenser, or the condensed liquid still has color?

2. Which starting material should be in excess amount in this experiment? Why?

3. Is it right to heat with small flames instead of water bath in this experiment? Why?

第五章　设计性实验

实验二十二　高锰酸钾的制备

扫码“学一学”

【实验目的】

1. 了解碱熔法分解矿石以及制备高锰酸钾的原理和方法。
2. 掌握浸取、减压过滤、蒸发结晶、重结晶等基本操作。
3. 学习气体钢瓶的使用操作或启普发生器的使用操作。

【实验原理】

高锰酸钾的制备方法有多种，方法之一是以软锰矿（主要成分为 MnO_2）为原料制备高锰酸钾。制备过程一般分为两步，首先氧化制备锰酸钾，然后再将锰酸钾转化为高锰酸钾。根据 Mn 的电势图可知：

$$E_A^{\ominus}/V \quad MnO_4^- \xrightarrow{0.564} MnO_4^{2-} \xrightarrow{2.235} MnO_2$$

$$E_B^{\ominus}/V \quad MnO_4^- \xrightarrow{0.564} MnO_4^{2-} \xrightarrow{0.605} MnO_2$$

MnO_4^{2-} 不稳定，在酸性介质中极易发生歧化反应，而在碱性介质歧化反应趋势小，并且反应速度也慢，所以只适宜存在于碱性介质之中；因此将矿石转化为锰酸盐首选碱熔的方法。即将软锰矿在较强氧化剂氯酸钾存在下与碱共熔，先氧化为锰酸钾：

$$MnO_2 + KClO_3 + 6KOH \xrightarrow{熔融} 3K_2MnO_4 + KCl + 3H_2O$$

然后再将锰酸钾转化为高锰酸钾，一般可利用歧化反应或氧化的方法。如利用歧化反应，可加酸或通 CO_2 气体，使反应顺利进行，如 CO_2 法：

$$3MnO_4^{2-} + 2CO_2 \longrightarrow 2MnO_4^- + MnO_2 + 2CO_3^{2-}$$

反应后，过滤除去 MnO_2，再蒸发浓缩即可析出高锰酸钾的晶体。此方法操作简便，基本无污染，但锰酸钾的转化率仅为2/3，其余1/3则转变为 MnO_2。

通过重结晶可获得精制的高锰酸钾（溶解度为：60℃ 22.1g/100g 水；20℃6.34g/100g 水；0℃ 2.83g/100g 水）。

【实验要求】

1. 用上述方法设计高锰酸钾的制备方法。明确所用仪器，并用流程图表示制备过程。
2. 方案经教师修改后，完成制备实验，并将产品重结晶。
3. 计算产率。
4. 完成实验报告（实验原理、实验过程、结果与讨论）。

Experiment 22　Synthesis of Potassium Permanganate

Objectives

1. To understand the decomposition of ore using alkali fusion method, and the principles and procedures to synthesize potassium permanganate.

2. To practice basic operations such as extraction, vacuum filtration, evaporation crystallization and recrystallization.

3. To learn to use gas cylinders and reaction apparatus.

Principles

There are multiple methods to synthesize potassium permanganate, and one of them is by using pyrolusite (with MnO_2 as the main component). The synthesis consists of two steps: first, synthesis of potassium manganate by oxidation reactions, followed by conversion of potassium manganate to potassium permanganate. From the electric potential chart, it is known that:

$$E_A^{\ominus}\ MnO_4^- \xrightarrow{0.564} MnO_4^{2-} \xrightarrow{2.235} MnO_2$$

$$E_B^{\ominus}\ MnO_4^- \xrightarrow{0.564} MnO_4^{2-} \xrightarrow{0.605} MnO_2$$

MnO_4^{2-} is unstable and readily disproportionates in acidic medium. It is less likely to disproportionate in alkaline medium, and the reaction is much slower. Therefore, it is only suitable to be stored in alkaline medium. Alkaline fusion is the most desired method to convert ore to manganates. That is, in the presence of a strong oxidizing agent such as potassium chlorate, pyrolusite is first fused with alkaline to form potassium manganate:

$$MnO_2 + KClO_3 + 6KOH \xrightarrow{\text{fusion}} 3K_2MnO_4 + KCl + 3H_2O$$

Then, potassium manganate is converted to potassium permanganate with disproportionation reaction or oxidation reaction. If disproportionation reaction is used, acid or CO_2 gas can be added to promote the reaction. For the CO_2 method:

$$3MnO_4^{2-} + 2CO_2 \longrightarrow 2MnO_4^- + MnO_2 + 2CO_3^{2-}$$

After the reaction, MnO_2 is removed by filtration and potassium permanganate crystals are collected through evaporation concentration. This method is simple and essentially free of contamination. However, the conversion of potassium manganate is only around 2/3 with the rest 1/3 converted to MnO_2.

High purity potassium permanganate is obtained through recrystallization (solubility: 60℃, 22.1 g/100 g of water; 20℃, 6.34 g/100 g of water; 0 ℃, 2.83 g/100 g of water).

Requirements

(1) Use above method to design the synthesis of potassium permanganate. Identify experimental equipment and demonstrate the synthesis procedures with a flow chart.

(2) After the experimental design being approved by the instructor, carry out the experiment and recrystallize the product.

(3) Calculate the yield.

(4) Complete the experiment report (Principles, Procedures, and Results & Discussion).

实验二十三　三草酸合铁（Ⅲ）酸钾的制备、组成测定及表征

扫码“学一学”

【实验目的】

1. 掌握配合物的制备、定性、化学分析的基本操作。
2. 通过设计性实验的基本训练，培养学生分析问题与解决问题的能力。

【实验原理】

三草酸合铁（Ⅲ）酸钾易溶于水（溶解度0℃，4.7g/100g；100℃，117.7g/100g），难溶于乙醇。110℃下可失去全部结晶水，230℃时分解。此配合物对光敏感，受光照射分解变为黄色：

$$2K_3[Fe(C_2O_4)_3] \xrightarrow{光} 3K_2C_2O_4 + 2FeC_2O_4 + 2CO_2$$

因其具有光敏性，所以常用来作为化学光量计。另外它也是一些有机反应良好的催化剂。其合成工艺路线有多种，方法之一是首先由硫酸亚铁铵与草酸反应制备草酸亚铁：

$$(NH_4)_2Fe(SO_4)_2 \cdot 6H_2O + H_2C_2O_4 \longrightarrow FeC_2O_4 \cdot 2H_2O\downarrow + (NH_4)_2SO_4 + H_2SO_4 + 4H_2O$$

然后在过量草酸根存在下，用过氧化氢氧化草酸亚铁即可得到三草酸合铁（Ⅲ）酸钾，同时有氢氧化铁生成：

$$6FeC_2O_4 \cdot 2H_2O + 3H_2O_2 + 6K_2C_2O_4 \longrightarrow 4K_3[Fe(C_2O_4)_3] + 2Fe(OH)_3\downarrow + 12H_2O$$

加入适量草酸可使 $Fe(OH)_3$ 转化为三草酸合铁（Ⅲ）酸钾配合物：

$$2Fe(OH)_3 + 3H_2C_2O_4 + 3K_2C_2O_4 \longrightarrow 2K_3[Fe(C_2O_4)_3] \cdot 3H_2O$$

再加入乙醇，放置即可析出产物的结晶。其后几步总反应式为：

$$2FeC_2O_4 \cdot 2H_2O + H_2O_2 + 3K_2C_2O_4 + H_2C_2O_4 \longrightarrow 2K_3[Fe(C_2O_4)_3] \cdot 3H_2O$$

【实验要求】

1. 用上述方法设计三草酸合铁（Ⅲ）酸钾的制备方法。明确所用仪器，并用流程图表示制备过程。
2. 方案经教师修改后，完成制备实验。定性检定 K^+、Fe^{3+}、$C_2O_4^{2-}$。
3. 计算产率。
4. 完成实验报告（实验原理、实验过程、结果与讨论）。

Experiment 23　Synthesis, Composition Analysis and Characterization of Potassium Trioxalatoferrate (Ⅲ)

Objectives

1. To learn basic operations such as synthesis, characterization and chemical analysis of coordination compounds.
2. To develop analytical and problem solving skills through the practice of experimental design.

Principles

Potassium trioxalatoferrate (Ⅲ) is readily soluble in water (solubility: 0℃, 4.7 g/100 g; 100 ℃, 117.7 g/100 g) and insoluble in ethanol. It completely dehydrates at 110 ℃ and decomposes at 230 ℃. This coordination compound is sensitive to light and decomposes to yellow color when exposed to light:

$$2K_3[Fe(C_2O_4)_3] \xrightarrow{\text{light}} 3K_2C_2O_4 + 2FeC_2O_4 + 2CO_2$$

Because of its sensitivity to light, it is commonly used as a chemical photometric agent. Additionally, it is an effective catalyst for some organic reactions. There are many routes for its synthesis, one of which is the preparation of ferrous oxalate through the reaction between ammonium ferrous sulfate and oxalate acid:

$$(NH_4)_2Fe(SO_4)_2 \cdot 6H_2O + H_2C_2O_4 \longrightarrow FeC_2O_4 \cdot 2H_2O\downarrow + (NH_4)_2SO_4 + H_2SO_4 + 4H_2O$$

Then, with the presence of excess amount of oxalate anions, oxidation of ferrous oxalate by hydrogen peroxide produces potassium trioxalatoferrate and ferric hydroxide:

$$6FeC_2O_4 \cdot 2H_2O + 3H_2O_2 + 6K_2C_2O_4 \longrightarrow 4K_3[Fe(C_2O_4)_3] + 2Fe(OH)_3\downarrow + 12H_2O$$

$Fe(OH)_3$ can be converted to trioxalatoferrate coordination compound with proper amount of oxalate acid:

$$2Fe(OH)_3 + 3H_2C_2O_4 + 3K_2C_2O_4 \longrightarrow 2K_3[Fe(C_2O_4)_3] \cdot 3H_2O$$

The product crystallizes after the addition of ethanol. The overall chemical equation for the final few steps of reaction is:

$$2FeC_2O_4 \cdot 2H_2O + H_2O_2 + 3K_2C_2O_4 + H_2C_2O_4 \longrightarrow 2K_3[Fe(C_2O_4)_3] \cdot 3H_2O$$

Requirements

1. Design the experiment to synthesize potassium trioxalatoferrate (Ⅲ) using above reactions. Identify experimental equipment and demonstrate the synthesis procedures with a flow chart.

2. After the experimental design being approved by the instructor, carry out the experiment and qualitatively identify K^+, Fe^{3+} and $C_2O_4^{2-}$.

3. Calculate the yield.

4. Complete the experiment report (Principles, Procedures, and Results & Discussion).

扫码“练一练”

附　录

附表一　元素的相对原子质量（1997）（Ar（^{12}C）=12）

原子序数	名称	符号	英文名称	相对原子质量	原子序数	名称	符号	英文名称	相对原子质量
1	氢	H	Hydrogen	1.007 94（7）	27	钴	Co	Cobalt	58.933 200（9）
2	氦	He	Helium	4.002 602（2）	28	镍	Ni	Nickel	58.693 4（2）
3	锂	Li	Lithium	6.941（2）	29	铜	Cu	Copper	63.546（3）
4	铍	Be	Beryllium	9.012 182（3）	30	锌	Zn	Zinc	65.39（2）
5	硼	B	Boron	10.811（7）	31	镓	Ga	Gallium	69.723（1）
6	碳	C	Carbon	12.010 7（8）	32	锗	Ge	Germanium	72.61（2）
7	氮	N	Nitrogen	14.006 74（7）	33	砷	As	Arsenic	74.921 60（2）
8	氧	O	Oxygen	15.999 4（3）	34	硒	Se	Selenium	78.96（3）
9	氟	F	Fluorine	18.998 4032（5）	35	溴	Br	Bromine	79.904（1）
10	氖	Ne	Neon	20.179 7（6）	36	氪	Kr	Krypton	83.80（1）
11	钠	Na	Sodium	22.989 770（2）	37	铷	Rb	Rubidium	85.467 8（3）
12	镁	Mg	Magnesium	24.305 0（6）	38	锶	Sr	Strontium	87.62（1）
13	铝	Al	Aluminium	26.981 538（2）	39	钇	Y	Yttrium	88.905 85（2）
14	硅	Si	Silicon	28.085 5（3）	40	锆	Zr	Zirconium	91.224（2）
15	磷	P	Phosphorus	30.973 761（2）	41	铌	Nb	Niobium	92.906 38（2）
16	硫	S	Sulfur	32.066（6）	42	钼	Mo	Molybdenum	95.94（1）
17	氯	Cl	Chlorine	35.452 7（9）	43	锝*	Tc	Technetium	（98）
18	氩	Ar	Argon	39.948（1）	44	钌	Ru	Ruthenium	101.07（2）
19	钾	K	Potassium	39.098 3（1）	45	铑	Rh	Rhodium	102.905 50（2）
20	钙	Ca	Calcium	40.078（4）	46	钯	Pd	Palladium	106.42（1）
21	钪	Sc	Scandium	44.955 910（8）	47	银	Ag	Silver	107.868 2（2）
22	钛	Ti	Titanium	47.867（1）	48	镉	Cd	Cadmium	112.411（8）
23	钒	V	Vanadium	50.941 5（1）	49	铟	In	Indium	114.818（3）
24	铬	Cr	Chromium	51.996 1（6）	50	锡	Sn	Tin	118.710（7）
25	锰	Mn	Manganese	54.938 049（9）	51	锑	Sb	Antimony	121.760（1）
26	铁	Fe	Iron	55.845（2）	52	碲	Te	Tellurium	127.60（3）

续表

原子序数	名称	符号	英文名称	相对原子质量	原子序数	名称	符号	英文名称	相对原子质量
53	碘	I	Iodine	126.904 47（3）	83	铋	Bi	Bismuth	208.980 38（2）
54	氙	Xe	Xenon	131.29（2）	84	钋*	Po	Polonium	(210)
55	铯	Cs	Caesium	132.905 45（2）	85	砹*	At	Astatine	(210)
56	钡	Ba	Barium	137.327（7）	86	氡*	Rn	Radon	(222)
57	镧	La	Lanthanum	138.905 5（2）	87	钫*	Fr	Francium	(223)
58	铈	Ce	Cerium	140.116（1）	88	镭*	Ra	Radium	(226)
59	镨	Pr	Praseodymium	140.907 65（2）	89	锕*	Ac	Actinium	(227)
60	钕	Nd	Neodymium	144.24（3）	90	钍*	Th	Thorium	232.038 1（1）
61	钷*	Pm	Promethium	(145)	91	镤*	Pa	Protactinium	231.035 88（2）
62	钐	Sm	Samarium	150.36（3）	92	铀*	U	Uranium	238.028 9（1）
63	铕	Eu	Europium	151.964（1）	93	镎*	Np	Neptunium	(237)
64	钆	Gd	Gadolinium	157.25（3）	94	钚*	Pu	Plutonium	(244)
65	铽	Tb	Terbium	158.925 34（2）	95	镅*	Am	Americium	(243)
66	镝	Dy	Dysprosium	162.50（3）	96	锔*	Cm	Curium	(247)
67	钬	Ho	Holmium	164.930 32（2）	97	锫*	Bk	Berkelium	(247)
68	铒	Er	Erbium	167.26（3）	98	锎*	Cf	Californium	(251)
69	铥	Tm	Thulium	168.934 21（2）	99	*	Es	Einsteinium	(252)
70	镱	Yb	Ytterbium	173.04（3）	100	镄*	Fm	Fermium	(257)
71	镥	Lu	Lutetium	174.967（1）	101	钔*	Md	Mendelevium	(258)
72	铪	Hf	Hafnium	178.49（2）	102	锘*	No	Nobelium	(259)
73	钽	Ta	Tantalum	180.947 9（1）	103	铹*	Lr	Lawrencium	(260)
74	钨	W	Tungsten	183.84（1）	104	*	Rf	Rutherfordium	(261)
75	铼	Re	Rhenium	186.207（1）	105	*	Db	Dubnium	(262)
76	锇	Os	Osmium	190.23（3）	106	*	Sg	Seaborgium	(263)
77	铱	Ir	Iridium	192.217（3）	107	*	Bh	Bohrium	(264)
78	铂	Pt	Platinum	195.078（2）	108	*	Hs	Hassium	(265)
79	金	Au	Gold	196.966 55（2）	109	*	Mt	Meitnerium	(268)
80	汞	Hg	Mercury	200.59（2）	110	*	Uun		(269)
81	铊	Tl	Thallium	204.383 3（2）	111	*	Uuu		(272)
82	铅	Pb	Lead	207.2（1）	112	*	Uub		(277)

附表二　一些物质的摩尔质量

化学式	M_B/g · mol^{-1}	化学式	M_B/g · mol^{-1}	化学式	M_B/g · mol^{-1}
Ag	107. 87	$Ba(OH)_2 \cdot 8H_2O$	315. 46	$CdCO_3$	172. 42
AgBr	187. 77	$BaSO_4$	233. 39	Cds	144. 48
$AgBrO_3$	235. 77	$Ba_3(AsO_4)_2$	689. 82	Ce	140. 12
AgCN	133. 89	Be	9. 012	CeO_2	172. 11
AgCl	143. 32	BeO	25. 01	$Ce(SO_4)_2$	332. 24
AgI	234. 77	Bi	208. 98	$Ce(SO_4)_2 \cdot 4H_2O$	404. 30
$AgNO_3$	169. 87	$BiCl_3$	315. 34	$Ce(SO_4)_2$	
AgSCN	165. 95	$Bi(NO_3)_3 \cdot 5H_2O$	485. 07	$\cdot 2(NH_4)_2SO_4 \cdot 2H_2O$	632. 55
Ag_2CrO_4	331. 73	BiOCl	260. 43	Cl	35. 45
Ag_2SO_4	311. 80	$BiOHCO_3$	286. 00	Cl_2	70. 91
Ag_3AsO_4	462. 52	$BiONO_3$	286. 98	Co	58. 93
Ag_3PO_4	418. 58	Bi_2O_3	465. 96	$CoCl_2$	129. 84
Al	26. 98	Bi_2S_3	514. 16	$CoCl_2 \cdot 6H_2O$	237. 93
$AlBr_3$	266. 69	Br	79. 90	$Co(NO_3)_2$	182. 94
$AlCl_3$	133. 34	BrO_3^-	127. 90	$Co(NO_3)_2 \cdot 6H_2O$	291. 03
$AlCl_3 \cdot 6H_2O$	241. 43	Br_2	159. 81	CoS	91. 00
$Al(NO_3)_3$	213. 00	C	12. 01	$CoSO_4$	155. 00
$Al(NO_3)_3 \cdot 9H_2O$	375. 13	CH_3COOH（醋酸）	60. 05	$CoSO_4 \cdot 7H_2O$	281. 10
Al_2O_3	101. 96	$(CH_3CO)_2O$（醋酐）	102. 09	Co_2O_3	165. 86
$Al(OH)_3$	78. 00	CN^-	26. 01	Co_3O_4	240. 80
$Al_2(SO_4)_3$	342. 15	CO	28. 01	Cr	52. 00
$Al_2(SO_4)_3 \cdot 18H_2O$	666. 43	$CO(NH_2)_2$（尿素）	60. 05	$CrCl_3$	158. 35
As	74. 92	CO_2	44. 01	$CrCl_3 \cdot 6H_2O$	266. 44
AsO_4^{3-}	138. 92	CO_3^{2-}	60. 01	CrO_4^{2-}	115. 99
As_2O_3	197. 84	$C_2O_4^{2-}$	88. 02	Cr_2O_3	151. 99
As_2O_5	229. 84	Ca	40. 08	$Cr_2(SO_4)_3$	392. 18
As_2S_3	246. 04	$CaCl_2$	110. 98	Cu	63. 55
B	10. 81	$CaCl_2 \cdot 2H_2O$	147. 01	CuCl	99. 00
B_2O_3	69. 62	$CaCl_2 \cdot 6H_2O$	219. 08	$CuCl_2$	134. 45
Ba	137. 33	$CaCO_3$	100. 09	$CuCl_2 \cdot 2H_2O$	170. 48
$BaBr_2$	297. 14	CaC_2O_4	128. 10	CuI	190. 45
$BaCO_3$	197. 34	CaO	56. 08	$Cu(NO_3)_2$	187. 55
$BaCl_2$	208. 23	$Ca(OH)_2$	74. 09	$Cu(NO_3)_2 \cdot 3H_2O$	241. 60
$BaCl_2 \cdot 2H_2O$	244. 26	$CaSO_4$	136. 14	CuO	79. 55
$BaCrO_4$	253. 32	$Ca_3(PO_4)_2$	310. 18	CuS	95. 61
BaO	153. 33	Cd	112. 41	CuSCN	121. 63
$Ba(OH)_2$	171. 34	$CdCl_2$	183. 32	$CuSO_4$	159. 61

续表

化学式	M_B/g·mol^{-1}	化学式	M_B/g·mol^{-1}	化学式	M_B/g·mol^{-1}
$CuSO_4 \cdot 5H_2O$	249.69	HF	20.01	K	39.10
Cu_2O	143.09	HI	127.91	$KAl(SO_4)_2 \cdot 12H_2O$	474.38
$Cu_2(OH)_2CO_3$	221.12	HIO_3	175.91	KBr	119.00
Cu_2S	159.16	HNO_2	47.01	$KBrO_3$	167.00
F	19.00	HNO_3	63.01	KCN	65.12
F_2	38.00	H_2	2.016	KCl	74.55
Fe	55.85	H_2CO_3	62.02	$KClO_3$	122.55
$FeCO_3$	115.86	$H_2C_2O_4$	90.04	$KClO_4$	138.55
$FeCl_2$	126.75	$H_2C_2O_4 \cdot 2H_2O$	126.07	$KFe(SO_4)_2 \cdot 12H_2O$	503.25
$FeCl_2 \cdot 4H_2O$	198.81	H_2O	18.01	$KHC_2O_4 \cdot H_2O$	146.14
$FeCl_3$	162.21	H_2O_2	34.01	$KHC_2O_4 \cdot H_2C_2O_4$	
$FeCl_3 \cdot 6H_2O$	270.30	H_2S	34.08	$\cdot 2H_2O$	254.19
$FeNH_4(SO_4)_2$		H_2SO_3	82.08	$KHC_4H_4O_6$	
$\cdot 12H_2O$	482.20	$H_2SO_3 \cdot NH_2$		（酒石酸氢钾）	188.18
$Fe(NO_3)_3$	241.86	（氨基磺酸）	98.10	$KHC_8H_4O_4$	
$Fe(NO_3)_3$		H_2SO_4	98.08	（邻苯二甲酸氢钾）	204.22
$\cdot 9H_2O$	404.00	H_3AsO_3	125.94	$KHSO_4$	136.17
FeO	71.85	H_3AsO_4	141.94	KI	166.00
$Fe(OH)_3$	106.87	H_3BO_3	61.83	KIO_3	214.00
FeS	87.91	H_3PO_3	82.00	$KIO_3 \cdot HIO_3$	389.91
FeS_2	119.98	H_3PO_4	98.00	$KMnO_4$	158.03
$FeSO_4$	151.91	Hg	200.59	KNO_2	85.10
$FeSO_4 \cdot 7H_2O$	278.02	$Hg(CN)_2$	252.63	KNO_3	101.10
$FeSO_4 \cdot (NH_4)_2SO_4$		$HgCl_2$	271.50	$KNaC_4H_4O_6 \cdot 4H_2O$	
$\cdot 6H_2O$	392.14	HgI_2	454.40	（酒石酸钾钠）	282.22
Fe_2O_3	159.69	$Hg(NO_3)_2$	324.60	KOH	56.10
$Fe_2(SO_4)_3$	399.88	HgO	216.59	K_2CO_3	138.21
$Fe_2(SO_4)_3 \cdot 9H_2O$	562.02	HgS	232.66	K_2CrO_4	194.19
Fe_3O_4	231.54	$HgSO_4$	296.65	$K_2Cr_2O_7$	294.18
H	1.008	Hg_2Br_2	560.99	K_2O	94.20
HBr	80.91	Hg_2Cl_2	472.09	K_2PtCl_6	485.99
HCN	27.02	Hg_2I_2	654.99	K_2SO_4	174.26
HCOOH（甲酸）	46.02	$Hg_2(NO_3)_2$	525.19	$K_2SO_4 \cdot Al_2(SO_4)_3$	
$HC_2H_3O_2$（醋酸）	60.05	$Hg_2(NO_2)_2 \cdot 2H_2O$	561.22	$\cdot 24H_2O$	948.78
$HC_7H_5O_2$（苯甲酸）	122.12	Hg_2SO_4	497.24	$K_2S_2O_7$	254.32
HCl	36.46	I	126.90	K_3AsO_4	256.22
$HClO_4$	100.46	I_2	253.81	$K_3Fe(CN)_6$	329.25
K_3PO_4	212.27	$NH_4C_2H_3O_2$（醋酸铵）	77.08	$Na_2C_2O_4$	134.00

续表

化学式	M_B/g·mol^{-1}	化学式	M_B/g·mol^{-1}	化学式	M_B/g·mol^{-1}
$K_4Fe(CN)_6$	368.35	NH_4Cl	53.49	Na_2HAsO_3	169.91
Li	6.941	NH_4HCO_3	79.06	Na_2HPO_4	141.96
$LiCl$	42.39	$NH_4H_2PO_4$	115.03	$Na_2HPO_4 \cdot 12H_2O$	358.14
$LiOH$	23.95	NH_4NO_3	80.04	Na_2H_2Y（EDTA 钠）	336.21
Li_2CO_3	73.89	NH_4VO_3	116.98	$Na_2H_2Y \cdot 2H_2O$	372.24
Li_2O	29.88	$(NH_4)_2CO_3$	96.09	Na_2O	61.98
Mg	24.30	$(NH_4)_2C_2O_4$	124.10	Na_2O_2	77.98
$MgCO_3$	84.31	$(NH_4)_2C_2O_4 \cdot H_2O$	142.11	Na_2S	78.05
MgC_2O_4	112.32	$(NH_4)_2HPO_4$	132.06	$Na_2S \cdot 9H_2O$	240.18
$MgCl_2$	95.21	$(NH_4)_2MoO_4$	196.01	Na_2SO_3	126.04
$MgCl_2 \cdot 6H_2O$	203.30	$(NH_4)_2PtCl_6$	443.87	Na_2SO_4	142.04
$MgNH_4AsO_4$	181.26	$(NH_4)_2S$	68.14	$Na_2S_2O_3$	158.11
$MgNH_4PO_4$	137.31	$(NH_4)_2SO_4$	132.14	$Na_2S_2O_3 \cdot 5H_2O$	248.19
$Mg(NO_3)_2 \cdot 6H_2O$	256.41	$(NH_4)_3PO_4 \cdot 12MoO_3$	1 876.32	Na_3AsO_3	191.89
MgO	40.30	NO_3^-	62.00	Na_3AsO_4	207.89
$Mg(OH)_2$	58.32	Na	22.99	Na_3PO_4	163.94
$MgSO_4$	120.37	$NaBiO_3$	279.97	$Na_3PO_4 \cdot 12H_2O$	380.12
$MgSO_4 \cdot 7H_2O$	246.48	$NaBr$	102.89	Ni	58.34
$Mg_2P_2O_7$	222.55	$NaBrO_3$	150.89	$NiC_8H_{14}O_4N_4$	
Mn	54.94	$NaCHO_2$（甲酸钠）	68.01	(丁二酮肟镍)	288.56
$MnCO_3$	114.95	$NaCN$	49.01	$NiCl_2 \cdot 6H_2O$	237.34
$MnCl_2 \cdot 4H_2O$	197.90	$NaC_2H_3O_2$（醋酸钠）	82.03	$Ni(NO_3)_2 \cdot 6H_2O$	290.44
$Mn(NO_3)_2 \cdot 6H_2O$	287.04	$NC_2H_3O_2 \cdot 3H_2O$	136.08	NiO	74.34
MnO	70.94	$NaCl$	58.44	NiS	90.41
MnO_2	86.94	$NaClO$	74.44	$NiSO_4 \cdot 7H_2O$	280.51
MnS	87.00	$NaHOC_3$	84.01	O	16.00
$MnSO_4$	151.00	NaH_2PO_4	119.98	OH^-	17.01
$MnSO_4 \cdot 4H_2O$	223.06	$NaH_2PO_4 \cdot H_2O$	137.99	O_2	32.00
Mn_2O_3	157.87	NaI	149.89	P	30.97
$Mn_2P_2O_7$	283.82	$NaNO_2$	69.00	PO_4^{3-}	94.97
Mn_3O_4	228.81	$NaNO_3$	84.99	P_2O_5	141.94
N	14.01	$NaOH$	40.00	Pb	207.20
N_2	28.01	$Na_2B_4O_7$	201.22	$PbCO_3$	267.21
NH_3	17.03	$Na_2B_4O_7 \cdot 10H_2O$	381.37	PbC_2O_4	295.22
NH_4^+	18.04	Na_2CO_3	105.99	$Pb(C_2H_3O_2)_2$	325.29
$NH_4C_2H_3O_2$	77.08	$Na_2CO_3 \cdot 10H_2O$	286.14	$Pb(C_2H_3O_2)_2 \cdot 3H_2O$	379.34
$PbCl_2$	278.11	SnO_2	150.71	$UO_2(C_2H_3O_2)_2$	
$PbCrO_4$	323.19	SnS	150.78	$\cdot 2H_2O$	424.15

续表

化学式	M_B/g·mol^{-1}	化学式	M_B/g·mol^{-1}	化学式	M_B/g·mol^{-1}
PbI_2	461.01	SnS_2	182.84	UO_3	286.03
$Pb(IO_3)_2$	557.00	Sr	87.62	U_3O_8	842.08
$Pb(NO_3)_2$	331.21	$SrCO_3$	147.63	V	50.94
PbO	223.20	SrC_2O_4	175.64	VO_2	82.94
PbO_2	239.20	$SrCl_2·6H_2O$	266.62	V_2O_5	181.88
PbS	239.27	$Sr(NO_3)_2$	211.63	W	183.84
$PbSO_4$	303.26	$Sr(NO_3)_2·4H_2O$	283.69	WO_3	231.85
Pb_2O_3	462.40	SrO	103.62	Zn	65.39
Pb_3O_4	685.60	$SrSO_4$	183.68	$ZnCO_3$	125.40
$Pb_3(PO_4)_2$	811.54	$Sr_3(PO_4)_2$	452.80	ZnC_2O_4	153.41
S	32.07	Th	232.04	$Zn(C_2H_3O_2)_2$	183.48
SO_2	64.06	$Th(C_2O_4)_2·6H_2O$	516.17	$Zn(C_2H_3O_2)_2·2H_2O$	219.51
SO_3	80.06	$ThCl_4$	373.85	$ZnCl_2$	136.30
SO_4^{2-}	96.06	$Th(NO_3)_4$	480.06	$Zn(NO_3)_2$	189.40
Sb	121.78	$Th(NO_3)_4·4H_2O$	552.11	$Zn(NO_3)_2·6H_2O$	297.49
$SbCl_3$	228.12	$Th(SO_4)_2$	424.16	ZnO	81.39
$SbCl_5$	299.02	$Th(SO_4)_2·9H_2O$	586.30	ZnS	97.46
Sb_2O_3	291.52	Ti	47.88	$ZnSO_4$	161.45
Sb_2O_5	323.52	$TiCl_3$	154.24	$ZnSO_4·7H_2O$	287.56
Si	28.09	$TiCl_4$	189.69	$Zn_2P_2O_7$	304.72
$SiCl_4$	169.90	TiO_2	79.88	Zr	91.22
SiF_4	104.08	$TiOSO_4$	159.94	$Zr(NO_3)_4$	339.24
SiO_2	60.08	U	238.03	$Zr(NO_3)_4·5H_2O$	429.32
Sn	118.71	UCl_4	379.84	$ZrOCl_2·8H_2O$	322.25
$SnCl_2$	189.62	UF_4	314.02	ZrO_2	123.22
$SnCl_2·2H_2O$	225.65	$UO_2(C_2H_3O_2)_2$	388.12	$Zr(SO_4)_2$	283.35

附表三　实验室常用酸、碱溶液的浓度

溶液名称	密度/g·ml^{-1}（20℃）	质量分数/%	物质的量浓度/mol·L^{-1}
浓 H_2SO_4	1.84	98	18
稀 H_2SO_4	1.18	25	3
	1.06	9	1
浓 HNO_3	1.42	69	16
稀 HNO_3	1.20	33	6
	1.07	12	2
浓 HCl	1.19	28	12
稀 HCl	1.10	20	6
	1.03	7	2
H_3PO_4	1.7	85	15
浓高氯酸（$HClO_4$）	1.7～1.75	70～72	12
稀 $HClO_4$	1.12	19	2
冰醋酸（HAc）	1.05	99	17
稀 HAc	1.02	12	2
氢氟酸（HF）	1.13	40	23
浓氨水（$NH_3 \cdot H_2O$）	0.88	28	15
稀氨水	0.98	4	2
浓 NaOH	1.43	40	14
	1.33	30	13
稀 NaOH	1.09	8	2
$Ba(OH)_2$（饱和）	-	2	0.1
$Ca(OH)_2$（饱和）	-	0.15	-

附表四　实验室中一些试剂的配制方法

试剂名称	浓度/$mol \cdot L^{-1}$	配制方法
硫化钠 Na_2S	1	称取 240g $Na_2S \cdot 9H_2O$、40g NaOH 溶于适量水中，稀释至 1L，混匀
硫化铵 $(NH_4)_2S$	3	通 H_2S 于 200ml 浓 $NH_3 \cdot H_2O$ 中直至饱和，然后再加 200ml 浓 $NH_3 \cdot H_2O$，最后加水稀释至 1L，混匀
氯化亚锡 $SnCl_2$	0.25	称取 56.4g $SnCl_2 \cdot 2H_2O$ 溶于 100ml 浓 HCl 中，加水稀释至 1L，在溶液中放几颗纯锡粒
氯化铁 $FeCl_3$	0.5	称取 135.2g $FeCl_3 \cdot 6H_2O$ 溶于 100ml 6$mol \cdot L^{-1}$ HCl 中，加水稀释至 1L
三氯化铬 $CrCl_3$	0.1	称取 26.7g $CrCl_3 \cdot 6H_2O$ 溶于 30ml 6$mol \cdot L^{-1}$ HCl 中，加水稀释至 1L
硝酸亚汞 $Hg_2(NO_3)_2$	0.1	称取 56g $Hg_2(NO_3)_2 \cdot 2H_2O$ 溶于 250ml 6$mol \cdot L^{-1}$ HNO_3 中，加水稀释至 1L，并加入少许金属汞
硝酸铅 $Pb(NO_3)_2$	0.25	称取 83g Pb $(NO_3)_2$ 溶于少量水中，加入 15ml 6$mol \cdot L^{-1}$ HNO_3，用水稀释至 1L
硝酸铋 $Bi(NO_3)_3$	0.1	称取 48.5g Bi $(NO_3)_3 \cdot 5H_2O$ 溶于 250ml 1$mol \cdot L^{-1}$ HNO_3 中，加水稀释至 1L
硫酸亚铁 $FeSO_4$	0.25	称取 69.5g$FeSO_4 \cdot 7H_2O$ 溶于适量水中，加入 5ml 18$mol \cdot L^{-1}$ H_2SO_4，再加水稀释至 1L，并置入小铁钉数枚
Cl_2 水	Cl_2 的饱和水溶液	将 Cl_2 通入水中至饱和为止（用时临时配制）
Br_2 水	Br_2 的饱和水溶液	在带有良好磨口塞的玻璃瓶内，将市售的 Br_2 约 50g（16ml）注入 1L 水中，在 2h 内经常剧烈振荡，每次振荡之后微开塞子，使积聚的 Br_2 蒸气放出，在储存瓶底产总有过量的溴。将 Br_2 倒入试剂瓶时，剩余的 Br_2 应留于储存瓶中，而不倒入试剂瓶（倾倒 Br_2 或 Br_2 水时，应在通风橱中进行，将凡士林涂在手上或带橡皮手套操作，以防 Br_2 蒸气灼伤）
I_2 水	~0.005	将 1.3g I_2 和 5g KI 溶解在尽可能少量的水中，待 I_2 完全溶解后（充分搅动）再加水稀释至 1L
亚硝酰铁氰化钠	3	称取 3g $Na_2[Fe(CN_5)NO] \cdot 2H_2O$ 溶于 100ml 水中
淀粉溶液	0.5	称取易溶淀粉 1g 和 $HgCl_2$5mg（作防腐剂）置于烧杯中，加水少许调成薄浆，然后倾入 200ml 沸水中
奈斯勒试剂		称取 115g HgI_2 和 80g KI 溶于足量的水中，稀释至 500ml，然后加入 500ml 6$mol \cdot L^{-1}$ NaOH 溶液，静置后取其清液保存于棕色瓶中

续表

试剂名称	浓度/mol·L^{-1}	配制方法
对氨基苯磺酸	0.34	0.5g 对氨基苯磺酸溶于 150ml 2mol·L^{-1}HAc 溶液中
α-萘胺	0.12	0.3g α-萘胺加 20ml 水，加热煮沸，在所得溶液中加入 150ml 2mol·L^{-1}HOAc
钼酸铵		5g 钼酸铵溶于 100ml 水中，加入 35ml HNO_3（密度 1.2g·ml^{-1}）
硫代乙酰胺	5	5g 硫代乙酰胺溶于 100ml 水中
钙指示剂	0.2	0.2g 钙指示剂溶于 100ml 水中
镁试剂	0.001	0.001g 对硝基偶氮间苯二酚溶于 100ml 2mol·L^{-1}NaOH 中
铝试剂	1	1g 铝试剂溶于 1L 水中
二苯硫腙	0.01	10mg 二苯硫腙溶于 100ml CCl_4 中
丁二酮肟	1	1g 丁二酮肟溶于 100ml 95% 乙醇中
醋酸铀酰锌		（1）10g $UO_2(OAc)_2·2H_2O$ 和 6ml 6mol·L^{-1}HOAc 溶于 50ml 水中 （2）30g $Zn(OAc)_2·2H_2O$ 和 3ml 6mol·L^{-1}HCl 溶于 50ml 水中将（1）、（2）两种溶液混合，24h 后取清液使用
二苯碳酰二肼（二苯偕肼）	0.04	0.04g 二苯碳酰二肼溶于 20ml 95% 乙醇中，边搅拌，边加入 80ml（1∶9）H_2SO_4（存于冰箱中可用一个月）
六亚硝酸合钴（Ⅲ）钠盐		$Na_3[Co(NO_2)_6]$ 和 NaOAc 各 20g，溶解于 20ml 冰醋酸和 80ml 水的混合溶液中，贮于棕色瓶中备用（久置溶液，颜色由棕变红即失效）
$NH_3·H_2O-NH_4Cl$ 缓冲溶液	pH = 10.0	称取 20.00gNH_4Cl（s）溶于适量水中，加入 100.00ml 浓氨水（密度 0.9g·ml^{-1}）混合后稀释至 1L，即为 pH = 10.0 的缓冲溶液
邻苯二甲酸氢钾-氢氧化钠缓冲溶液	pH = 4.00	量取 0.200mol·L^{-1}邻苯二甲酸氢钾溶液 250.00ml、0.100mol·L^{-1}氢氧化钠溶液 4.00ml，混合后稀释至 1L，即为 pH = 4.00 的缓冲溶液

附表五　常见阳离子、阴离子的主要鉴定反应

离子	试剂	鉴定反应	介质条件	主要干扰离子
NH_4^+	NaOH	$NH_4^+ + OH^- \xrightarrow{加热} NH_3\uparrow + H_2O$ NH_3 气使湿润的红色石蕊试纸变蓝或 pH 试纸呈碱性反应	强碱性	CN^- $CH^- + 2H_2O \xrightarrow{(OH^-并加热)}$ $HCOO^- + NH_3\uparrow$
	奈氏试剂［四碘合汞（Ⅱ）酸钾的碱性溶液］	$NH_4^+ + 2[HgI_4]^{2-} + 4OH^- \longrightarrow$ $Hg_2NI\downarrow$（棕色）$+ 7I^- + 4H_2O$	碱性介质	Fe^{3+}、Cr^{3+}、Co^{2+}、Ni^{2+}、Ag^+、Hg^{2+} 等离子能与奈斯勒试剂生成有色沉淀，妨碍 NH_4^+ 的鉴定
Na^+	醋酸铀酰锌	$Na^+ + Zn^{2+} + 3UO_2^{2+} + 9OAc^- + 9H_2O \longrightarrow ZaZn(UO_2)_3(OAc)_9 \cdot 9H_2O\downarrow$ （淡黄绿色）	中性或乙酸溶液中	大量 K^+ 存在有干扰（生成 $KOAc \cdot UO_2 \cdot (OAc)_2$ 针状结晶），Ag^+、Hg_2^{2+}、Sb（Ⅲ）存在亦有干扰
	焰色反应	挥发性钠盐在煤气灯的无色火焰（氧化焰）中灼烧时，火焰呈黄色		
K^+	$Na_3[Co(NO_2)_6]$	$2K^+ + Na^+ + [Co(NO_2)_6]^{3-} \longrightarrow K_2Na[CO(NO_2)_6]\downarrow$（亮黄色）	中性或弱酸性	Rb^+、Cs^+、NH_4^+ 能与试剂形成相似的化合物，妨碍鉴定
	焰色反应	挥发性钾盐在煤气灯的无色火焰（氧化焰）中灼烧时，火焰呈紫色		Na^+ 存在时，K^+ 所显示的紫色被黄色遮盖，可透过蓝色玻璃去观察
Mg^{2+}	镁试剂	镁试剂被氧化镁吸附后呈天蓝色沉淀	强碱性介质	1. 除碱金属外，在强碱性介质中能形成有色沉淀的离子如 Ag^+、Hg^{2+}、Ni^{2+}、Co^{2+}、Cr^{3+}、Cu^{2+}、Mn^{2+}、Fe^{3+} 等离子对反应均有干扰。 2. 大量 NH_4^+ 存在会降低 OH^- 的浓度，从而降低 Mg^{2+} 鉴定反应的灵敏度
Ba^{2+}	K_2CrO_4	$Ba^{2+} + CrO_4^{2-} \longrightarrow BaCrO_4\downarrow$ （黄色）	中性或弱酸性介质	Sr^{2+}、Pb^{2+}、Ag^+、Ni^{2+}、Hg_2^{2+} 等离子与 CrO_4^{2-} 能生成有色沉淀，影响 Ba^{2+} 的检出
	焰色反应	挥发性钡盐使火焰呈黄绿色		

续表

离子	试剂	鉴定反应	介质条件	主要干扰离子
Ca^{2+}	$(NH_4)_2C_2O_4$	$Ca^{2+} + C_2O_4^{2-} \longrightarrow CaC_2O_4 \downarrow$（白色）	中性或弱酸性介质	Ag^+、Pb^{2+}、Cd^{2+}、Hg^{2+}、Hg_2^{2+} 等金属离子均能与 $C_2O_4^{2-}$ 作用生成沉淀对反应有干扰，可在氨性试液中加入 Zn 粉，将它们还原而除去
	焰色反应	挥发性钙盐使火焰呈砖红色		
Al^{3+}	铝试剂	形成红色絮状沉淀	pH = 4 ~ 5 左右	Fe^{3+}、Cr^{3+}、Co^{2+}、Mn^{2+} 等离子也能生成与铝相类似的红色沉淀而有干扰
Sb^{3+}	Sn 片	$2Sb^{3+} + 3Sn \longrightarrow 2Sb \downarrow$（黑色）$+ 3Sn^{2+}$	酸性介质	Ag^+、AsO_2^-、Bi^{3+} 等离子也能与 Sn 发生氧化还原反应，析出黑色金属，妨碍 Sb^{3+} 鉴定
Bi^{3+}	$Na_2[Sn(OH)_4]$	$2Bi^{3+} + 3[Sn(OH)_4]^{2-} + 6OH^- \longrightarrow 2Bi \downarrow$（黑色）$+ 3[Sn(OH)_6]^{2-}$ 注意：试剂必须临时配制	强碱性介质	Pb^{2+} 存在时，也会慢慢地被 $[Sn(OH)_4]^{2-}$ 还原而析出黑色金属 Pb，干扰 Bi^{3+} 的鉴定
Sn^{2+}	$HgCl_2$	$Sn^{2+} + 2HgCl_2 + 4Cl^- \longrightarrow Hg_2Cl_2 \downarrow$（白色）$+ [SnCl_6]^{2-}$ $Sn^{2+} + Hg_2Cl_2 + 4Cl^- \longrightarrow 2Hg \downarrow$（黑色）$+ [SnCl_6]^{2-}$	酸性介质	
Pb^{2+}	K_2CrO_4	$Pb^{2+} + CrO_4^{2-} \longrightarrow PbCrO_4 \downarrow$（黄色）	中性或弱酸性介质	Ba^{2+}、Sr^{2+}、Ag^+、Ni^{2+}、Zn^{2+} 等离子与 CrO_4^{2-} 作用生成有色沉淀，影响 Pb^{2+} 的检出
Cr^{3+}（或 CrO_4^{2-}）	用 H_2O_2 氧化后加可溶性 Pb^{2+} 盐（或 Ag^+ 盐或 Ba^{2+} 盐）	$Cr^{3+} + 4OH^- \longrightarrow [Cr(OH)_4]^-$ $2[Cr(OH)_4]^- + 3H_2O_2 + 2OH^- \longrightarrow 2CrO_4^{2-} + 8H_2O$	碱性介质	凡与 CrO_4^{2-} 生成有色沉淀的金属离子均有干扰
		$CrO_4^{2-} + Pb^{2+} \longrightarrow PbCrO_4 \downarrow$（黄色） $CrO_4^{2-} + 2Ag^+ \longrightarrow Ag_2CrO_4 \downarrow$（砖红色） $CrO_4^{2-} + Ba^{2+} \longrightarrow BaCrO_4 \downarrow$（黄色）	用 HOAc 酸化成弱酸性介质	

续表

离子	试剂	鉴定反应	介质条件	主要干扰离子
Cr^{3+}（或 CrO_4^{2-}）	在 NaOH 条件下用 H_2O_2 氧化后再酸化并用戊醇（或乙醇）萃取	$Cr^{3+} + 4OH^- \longrightarrow [Cr(OH)_4]^-$ $2[Cr(OH)_4]^- + 3H_2O_2 + 2OH^- \longrightarrow 2CrO_4^{2-} + 8H_2O$	碱性介质	
		$2CrO_4^{2-} + 2H^+ \longrightarrow Cr_2O_7^{2-} + H_2O$ $Cr_2O_7^{2-} + 4H_2O_2 + 2H^+ \longrightarrow 3H_2O + 2H_2CrO_6$（蓝色） 反应要求在较低温度下进行	酸性介质	
Mn^{2+}	$NaBiO_3$	$2Mn^{2+} + 5NaBiO_3 + 14H^+ \longrightarrow 2MnO_4^-$（紫红色）$+ 5Na^+ + 5Bi^{3+} + 7H_2O$	HNO_3 或 H_2SO_4 介质	
Fe^{2+}	$K_3[Fe(CN)_6]$	$K^+ + Fe^{2+} + [Fe(CN)_6]^{3-} \longrightarrow KFe[Fe(CN)_6]\downarrow$（深蓝色）	酸性介质	
Fe^{3+}	$K_4[Fe(CN)_6]$	$K^+ + Fe^{3+} + [Fe(CN)_6]^{4-} \longrightarrow KFe[Fe(CN)_6]\downarrow$（深蓝色）	酸性介质	
	NH_4SCN	$Fe^{3+} + SCN^- \longrightarrow [Fe(NCS)]^{2+}$（血红色）	酸性介质	氟化物、磷酸、草酸、酒石酸、柠檬酸，含有 α-或 β-OH 基的有机酸能与 Fe^{3+} 生成稳定的配合物，妨碍 Fe^{3+} 的检出；大量 Cu^{2+} 存在能与 SCN^- 生成黑绿色的 $Cu(SCN)_2$ 沉淀，干扰 Fe^{3+} 的检出
Co^{2+}	NH_4SCN（饱和或固体），并用丙酮或戊醇萃取	$Co^{2+} + 4SCN^- \longrightarrow [Co(NCS)_4]^{2-}$（艳蓝绿色）	酸性介质	Fe^{3+} 干扰 Co^{2+} 的检出
Ni^{2+}	丁二酮肟 CH_3CNOH | CH_3CNOH	Ni^{2+} 能与丁二酮肟生成玫瑰红色的螯合物沉淀 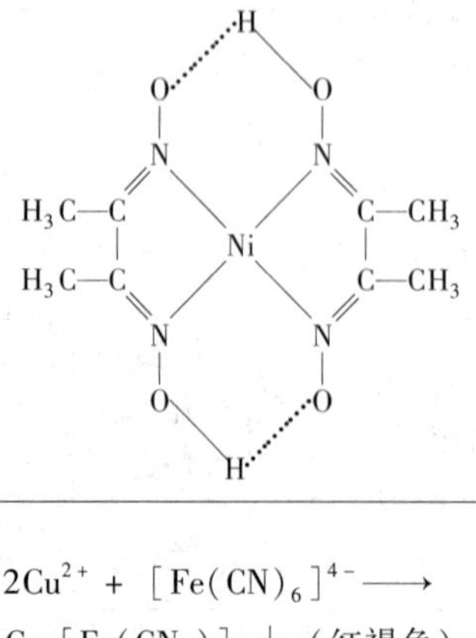	在氨性或醋酸钠溶液中进行，合适的酸度为 pH = 5 ~ 10	Co^{2+}、Fe^{2+}、Bi^{3+} 分别与本试剂反应生成棕色、红色可溶物和黄色沉淀，Fe^{3+}、Mn^{2+} 与氨水生成有色沉淀，均干扰 Ni^{2+} 的检出
Cu^{2+}	$K_4[Fe(CN)_6]$	$2Cu^{2+} + [Fe(CN)_6]^{4-} \longrightarrow Cu_2[Fe(CN_6)]\downarrow$（红褐色）	中性或酸性介质	Fe^{3+}、Bi^{3+}、Co^{2+} 等离子能与本试剂反应生成深色沉淀，均有干扰

续表

离子	试剂	鉴定反应	介质条件	主要干扰离子
Ag^+	HCl	$Ag^+ + Cl^- \longrightarrow AgCl\downarrow$（白色） 沉淀溶于过量氨水，用 HNO_3 酸化后沉淀又重新析出 $AgCl + 2NH_3 \cdot H_2O \longrightarrow$ $[Ag(NH_3)_2]^+ + Cl^- + 2H_2O$ $[Ag(NH_3)_2]^+ + Cl^- + 2H^+$ $\longrightarrow 2NH_4^+ + AgCl\downarrow$	酸性介质	Pb^{2+}、Hg_2^{2+}（与 Cl^- 形成 $PbCl_2$、Hg_2Cl_2 白色沉淀）干扰 Ag^+ 的鉴定，但 $PbCl_2$、Hg_2Cl_2 难溶于氨水，可与 AgCl 分离
	K_2CrO_4	$CrO_4^{2-} + 2Ag^+ \longrightarrow 2Ag_2CrO_4\downarrow$ （砖红色）	中性或微酸性介质	Pb^{2+}、Hg_2^{2+}、Ba^{2+} 有干扰（生成有色沉淀）
Zn^{2+}	$(NH_4)_2S$	$Zn^{2+} + S^{2-} \longrightarrow ZnS\downarrow$（白色）	$c(H^+) <$ $0.3mol \cdot L^{-1}$	凡能与 S^{2-} 生成有色硫化物的金属离子均有干扰
	二苯硫腙（打萨宗）	加入二苯硫腙振荡后水层呈粉红色	强碱性	在中性或弱酸性条件下，许多重金属离子都能与二苯硫腙生成有色的配合物，因而应注意鉴定的介质条件
Cd^{2+}	H_2S 或 Na_2S	$Cd^{2+} + H_2S \longrightarrow CdS\downarrow$（黄色）$+ 2H^+$	碱性介质	凡能与 S^{2-} 生成有色硫化物沉淀的金属离子均有干扰
Hg^{2+}	$SnCl_2$	见 Sn^{2+} 的鉴定	酸性介质	
	KI 和 $NH_3 \cdot H_2O$	（1）先加入过量 KI： $Hg^{2+} + 2I^- \longrightarrow HgI_2\downarrow$ $HgI_2 + 2I^- \longrightarrow [HgI_4]^{2-}$ （2）再加入 $NH_3 \cdot H_2O$ 或 NH_4^+ 盐溶液并加入浓碱溶液，则生成红棕色沉淀： $NH_4^+ + 2[HgI_4]^{2-} + 4OH^- \longrightarrow$ $Hg_2N\downarrow$（棕色）$+ 7I^- + 4H_2O$		凡能与 I^-、OH^- 生成深色沉淀的金属离子均有干扰
Cl^-	$AgNO_3$	$Cl^- + Ag^+ \longrightarrow AgCl\downarrow$（白色） AgCl 溶于过量氨水或 $(NH_4)_2CO_3$，用 HNO_3 酸化后沉淀重新析出	酸性介质	
Br^-	氯水，CCl_4（或苯）	$2Br^- + Cl_2 \longrightarrow Br_2 + 2Cl^-$ 析出的溴溶于 CCl_4（或苯）溶剂中呈橙黄色或橙红色	中性或酸性介质	
SO_4^{2-}	$BaCl_2$	$SO_4^{2-} + Ba^{2+} \longrightarrow BaSO_4\downarrow$（白色）	酸性介质	

续表

离子	试剂	鉴定反应	介质条件	主要干扰离子
SO_3^{2-}	稀 HCl	$SO_3^{2-}+2H^+\longrightarrow SO_2\uparrow+H_2O$ SO_2 的检验 （1）SO_2 可使 MnO_4^- 还原而褪色； （2）SO_2 可将 I_2 还原为 I^-，使淀粉-I_2 溶液褪色； （3）SO_2 可使品红溶液褪色。 因此，可用蘸有 MnO_4^- 溶液，或淀粉-I_2 溶液，或品红溶液的试纸检验	酸性介质	$S_2O_3^{2-}$、S^{2-} 对 SO_3^{2-} 的鉴定有干扰
	$Na_2[Fe(CN)_5NO]$ $ZnSO_4$ $K_4[Fe(CN)_6]$	生成红色沉淀	中性介质	S^{2-} 与 $Na_2[Fe(CN)_5NO]$ 生成紫红色配合物，干扰 SO_3^{2-} 的鉴定
$S_2O_3^{2-}$	稀 HCl	$S_2O_3^{2-}+2H^+\longrightarrow SO_2\uparrow+S\downarrow+H_2O$ 反应中有硫析出使溶液变浑浊	酸性介质	SO_3^{2-}、S^{2-} 同时存在时，干扰 $S_2O_3^{2-}$ 的鉴定
	$AgNO_3$	$2Ag^++S_2O_3^{2-}\longrightarrow Ag_2S_2O_3\downarrow$（白色） $Ag_2S_2O_3$ 沉淀不稳定，生成后立即发生水解反应，并且伴随明显的颜色变化，由白→黄→棕，最后变成黑色的 Ag_2S $Ag_2S_2O_3+H_2O\longrightarrow Ag_2S\downarrow$（黑色）$+2H^++SO_4^{2-}$	中性介质	S^{2-}
S^{2-}	稀 HCl	$S^{2-}+2H^+\longrightarrow H_2S\uparrow$ H_2S 气体可使蘸有 $Pb(NO_3)_2$ 或 $Pb(OAc)_2$ 的试纸变黑。	酸性介质	SO_3^{2-}、$S_2O_3^{2-}$ 存在有干扰
	$Na_2[Fe(CN)_5NO]$	$S^{2-}+[Fe(CN)_5NO]^{2-}\longrightarrow[Fe(CN)_5NOS]^{4-}$（紫红色）	碱性介质	
NO_2^-	对氨基苯磺酸 α-萘胺	溶液呈现红色	中性或乙酸介质	MnO_4^- 等强氧化剂有干扰
NO_3^-	$FeSO_4$ 浓 H_2SO_4	$NO_3^-+3Fe^{2+}+4H^+\longrightarrow 3Fe^{3+}+NO+2H_2O$ $Fe^{2+}+NO\longrightarrow[FeNO]^{2+}$（棕色） 在混合液与浓硫酸分层处形成棕色环	酸性介质	NO_2^- 有同样反应，妨碍鉴定

续表

离子	试剂	鉴定反应	介质条件	主要干扰离子
CO_3^{2-}	稀 HCl （稀 H_2SO_4）	$CO_3^{2-}+2H^+ \longrightarrow CO_2\uparrow+H_2O$ CO_2 气体使饱和 Ba（OH）$_2$ 溶液变混浊 $CO_2+2OH^-+Ba^{2+} \longrightarrow BaCO_3\downarrow$（白色）$+H_2O$	酸性介质	
PO_4^{3-}	$AgNO_3$	$3Ag^++PO_4^{3-} \longrightarrow Ag_3PO_4\downarrow$（黄色）	中性或弱酸性介质	CrO_4^{2-}、S^{2-}、AsO_4^{3-}、AsO_3^{3-}、I^-、$S_2O_3^{2-}$ 等离子能与 Ag^+ 生成有色沉淀，妨碍鉴定
	$(NH_4)_2MoO_4$ （过量试剂）	$PO_4^{3-}+3NH_4^++12MoO_4^{2-}+24H^+ \longrightarrow (NH_4)_3PO_4\cdot12MoO_3\cdot6H_2O\downarrow$（黄色）$+6H_2O$ （1）无干扰离子时不必加 HNO_3。 （2）磷钼酸铵能溶于过量磷酸盐溶液生成配合物，因此需要加入过量钼酸铵试剂	HNO_3 介质	（1）SO_3^{2-}、$S_2O_3^{2-}$、S^{2-}、I^-、Sn^{2+} 等还原性离子易将钼酸铵还原为低价钼的化合物—钼蓝，严重干扰 PO_4^{3-} 的检出； （2）SiO_3^{2-}、AsO_4^{3-} 与钼酸铵试剂也能形成相似的黄色沉淀，妨碍鉴定； （3）大量 Cl^- 存在时，可与 Mo（Ⅵ）形成配合物而降低反应的灵敏度
SiO_3^{2-}	NH_4Cl（饱和）（加热）	$SiO_3^{2-}+2NH_4^+ \longrightarrow H_2SiO_3\downarrow$（白色胶状）$+2NH_3\uparrow$	碱性介质	
F^-	H_2SO_4	$CaF_2+H_2SO_4 \rightarrow 2HF\uparrow+CaSO_4$ HF 与硅酸盐或 SiO_2 作用，生成 SiF_4 气体。当 SiF_4 与水作用时，立即转化为不溶于水的硅酸沉淀而使水变混 $SiO_2+4HF \longrightarrow SiF_4+2H_2O$ $SiF_4+4H_2O \longrightarrow H_4SiO_4\downarrow+4HF$ 用上述方法鉴定溶液中的 F^- 时，应先将溶液蒸发至干或在乙酸存在下用 $CaCl_2$ 沉淀 F^-，将 CaF_2 离心分离后，小心烘干，然后进行试验		

附表六　常见阳离子与常用试剂的反应

离子	HCl	H_2SO_4	NaOH		$NH_3 \cdot H_2O$		$c(H^+)=0.3mol \cdot L^{-1}$下通$H_2S$	$(NH_4)_2S$，或硫化物沉淀后加入过量$(NH_4)_2S$
			适量	过量	适量	过量		
Na^+								
NH_4^+								
K^+								
Mg^{2+}			$Mg(OH)_2 \downarrow$（白色）	（不溶）	$Mg(OH)_2 \downarrow$	（不溶）		
Ba^{2+}		$BaSO_4$（白色）	1) $Ba(OH)_2 \downarrow$（白色）	（不溶）				
Sr^{2+}		$SrSO_4$（白色）	1) $Sr(OH)_2 \downarrow$（白色）	（不溶）				
Ca^{2+}		1) $CaSO_4$（白色）	1) $Ca(OH)_2 \downarrow$（白色）	（不溶）				
Al^{3+}			$Al(OH)_3 \downarrow$（白色）	$[Al(OH)_4]^-$（无色）	$Al(OH)_3 \downarrow$	（微溶）		$Al(OH)_3 \downarrow$
Sn^{2+}			$Sn(OH)_2 \downarrow$（白色）	$[Sn(OH)_4]^{2-}$（无色）	$Sn(OH)_2 \downarrow$	（不溶）	$SnS \downarrow$（褐色）	（不溶）
Sn^{4+}			$Sn(OH)_4 \downarrow$（白色）	$[Sn(OH)_6]^{2-}$（无色）	$Sn(OH)_4 \downarrow$	（不溶）	$SnS_2 \downarrow$（黄色）	SnS_3^{2-}
Pb^{2+}	1) $PbCl_2 \downarrow$（白色）	$PbSO_4$（白色）	$Pb(OH)_2 \downarrow$（白色）	$[Pb(OH)_4]^{2-}$（无色）	$Pb(OH)_2 \downarrow$或碱式盐$\downarrow$	（不溶）	$PbS \downarrow$（黑色）	（不溶）
Sb^{3+}			$Sb(OH)_3 \downarrow$（白色）	$[Sb(OH)_4]^-$（无色）	$Sb(OH)_3 \downarrow$	（不溶）	$Sb_2S_3 \downarrow$	SbS_3^{3-}
Sb^{5+}			$H_3SbO_4 \downarrow$（白色）	SbO_4^{3-}	$H_3SbO_4 \downarrow$	（不溶）	$Sb_2S_5 \downarrow$（橙红）	SbS_4^{3-}
Bi^{3+}			$Bi(OH)_3 \downarrow$（白色）	（不溶）	$Bi(OH)_3 \downarrow$	（不溶）	$Bi_2S_3 \downarrow$（黑褐）	（不溶）
Cu^{2+}			$Cu(OH)_2 \downarrow$（浅蓝色）	$[Cu(OH)_4]^{2-}$（亮蓝）	碱式盐$\downarrow$（浅蓝色）	$[Cu(NH_3)_4]^{2+}$（深蓝色）	$CuS \downarrow$（黑色）	（不溶）
Ag^+	$AgCl \downarrow$（白色）	1) Ag_2SO_4（白色）	$Ag_2O \downarrow$（棕褐）	（不溶）	$Ag_2O \downarrow$	$[Ag(NH_3)_2]^+$（无色）	$Ag_2S \downarrow$（黑色）	（不溶）

续表

离子	HCl	H_2SO_4	NaOH		$NH_3 \cdot H_2O$		$c(H^+)=0.3mol\cdot L^{-1}$下通$H_2S$	$(NH_4)_2S$，或硫化物沉淀后加入过量$(NH_4)_2S$
			适量	过量	适量	过量		
Zn^{2+}			$Zn(OH)_2\downarrow$（白色）	$[Zn(OH)_4]^{2-}$（无色）	$Zn(OH)_2\downarrow$	$[Zn(NH_3)_4]^{2+}$（无色）		ZnS（白色）
Cd^{2+}			$Cd(OH)_2\downarrow$（白色）	（不溶）	$Cd(OH)_2\downarrow$	$[Cd(NH_3)_4]^{2+}$（无色）	$CdS\downarrow$（黄色）	（不溶）
Hg^{2+}			$HgO\downarrow$（黄色）	（不溶）	2) $HgNH_2Cl\downarrow$（白色）	（不溶）	$HgS\downarrow$（黑色）	$[HgS_2]^{2-}$（浓 Na_2S）
Hg_2^{2+}	$Hg_2Cl_2\downarrow$（白色）	1) Hg_2SO_4（白色）	$Hg_2O\downarrow\rightarrow HgO\downarrow+Hg\downarrow$（黑色）	（不溶）	2) $HgNH_2Cl\downarrow+Hg\downarrow$（黑色）	（不溶）	$HgS\downarrow+Hg\downarrow$	（不溶）
Cr^{3+}			$Cr(OH)_3\downarrow$（灰绿色）	$[Cr(OH)_4]^-$（亮绿）	$Cr(OH_3)\downarrow$	（不溶）		$Cr(OH)_3$
Mn^{2+}			$Mn(OH)_2\downarrow$（肉色）$\longrightarrow MnO(OH)_2$（棕色）$\downarrow$	（不溶）	$Mn(OH)_2\downarrow\longrightarrow MnO(OH)_2$	（不溶）		MnS（肉色）
Fe^{2+}			$Fe(OH)_2\downarrow$（白色）$\longrightarrow Fe(OH)_3\downarrow$（红棕色）	（不溶）	$Fe(OH)_2\downarrow\longrightarrow Fe(OH)_3\downarrow$	（不溶）		FeS（黑色）
Fe^{3+}			$Fe(OH)_3\downarrow$（红棕色）	（不溶）	$Fe(OH)_3\downarrow$	（不溶）		Fe_2S_3（黑色）
Co^{2+}			$Co(OH)_2\downarrow$（粉红）$\longrightarrow CoO(OH)\downarrow$（褐色）	（不溶）	碱式盐$\downarrow$（蓝色）	$[Co(NH_3)_6]^{2+}$（土黄色）$\rightarrow[Co(NH_3)_6]^{3+}$（棕红）		CoS（黑色）
Ni^{2+}			$Ni(OH)_2\downarrow$（绿色）	（不溶）	碱式盐$\downarrow$（浅绿色）	$[Ni(NH_3)_6]^{2+}$（蓝色）		NiS（黑色）

1）浓度大时才会出现沉淀。

2）$Hg(NO_3)_2$ 与 $NH_3\cdot H_2O$ 反应则生成 $HgO\cdot NH_2HgNO_3$ 白色沉淀，$Hg_2(NO_3)_2$ 与 $NH_3\cdot H_2O$ 反应则生成 $HgO\cdot NH_2HgNO_3+Hg$黑色沉淀。

附表七　常见阴离子与常用试剂的反应

试剂 离子	稀 H_2SO_4（或稀 HCl）	$BaCl_2$		$AgNO_3$		I_2－淀粉	$KMnO_4$	KI－淀粉
		中性或弱碱性溶液	酸性溶液或沉淀后加酸	中性或微酸性溶液	稀 HNO_3 溶液中			
SO_4^{2-}		$BaSO_4\downarrow$（白色）	$BaSO_4\downarrow$（白色）	$Ag_2SO_4\downarrow$（白色）只在浓溶液中析出				
SO_3^{2-}	$SO_2\uparrow$	$BaSO_3\downarrow$（白色）	溶解	$Ag_2SO_3\downarrow$（白色）		SO_4^{2-}（蓝色褪去）	SO_4^{2-}（紫色褪去）	
$S_2O_3^{2-}$	$SO_2\uparrow+S\downarrow$	$BaS_2O_3\downarrow$（白色）	溶解	$Ag_2S_2O_3\downarrow\rightarrow Ag_2S\downarrow$ 颜色由白→黄→棕→黑	$S\downarrow$	$S_4O_6^{2-}$（蓝色褪去）	SO_4^{2-}（紫色褪去）	
CO_3^{2-}	$CO_2\uparrow$	$BaCO_3\downarrow$（白色）	溶解	Ag_2CO_3（白色）	$CO_2\uparrow$			
PO_4^{3-}		$Ba_3(PO_4)_2\downarrow$（白色）	溶解	$Ag_3PO_4\downarrow$（黄色）				
SiO_3^{2-}	H_2SiO_3（胶状）	$BaSiO_3\downarrow$（白色）	$H_2SiO_3\downarrow$	$Ag_2SiO_3\downarrow$（黄色）	$H_2SiO_3\downarrow$			
AsO_3^{3-}		$Ba_3(AsO_3)_2\downarrow$（白色）	溶解	$Ag_3AsO_3\downarrow$（黄色）		AsO_4^{3-}（蓝色褪去）（碱性介质）	AsO_4^{3-}（紫色褪去）	
AsO_4^{3-}		$Ba_3(AsO_4)_2\downarrow$（白色）	溶解	$Ag_3AsO_4\downarrow$（黄色）				AsO_3^{3-}（变蓝）（酸性介质）

续表

试剂 / 离子	稀 H_2SO_4（或稀 HCl）	$BaCl_2$ 中性或弱碱性溶液	$BaCl_2$ 酸性溶液或沉淀后加酸	$AgNO_3$ 中性或微酸性溶液	$AgNO_3$ 稀 HNO_3 溶液中	I_2 - 淀粉	$KMnO_4$	KI - 淀粉
F^-	浓 H_2SO_4 分解氟化物生成 HF	$BaF_2\downarrow$（白色）浓溶液中析出	溶解					
Cl^-				$AgCl\downarrow$（白色）	$AgCl\downarrow$		$Cl_2\uparrow$（紫色褪去）	
Br^-				$AgBr\downarrow$（淡黄色）	$AgBr\downarrow$		Br_2（紫色褪去）	
I^-				$AgI\downarrow$（黄色）	$AgI\downarrow$		I_2（紫色褪去）	
S^{2-}	$H_2S\downarrow$			$Ag_2S\downarrow$（黑色）	$Ag_2S\downarrow$	$S\downarrow$（蓝色褪去）	$S\downarrow$（紫色褪去）	
NO_3^-								
NO_2^-	$NO_2\uparrow$ + $NO\uparrow$			$AgNO_2\downarrow$（淡黄色）			NO_3^-（紫色褪去）	$NO\uparrow$（变蓝）
OAc^-	HOAc							

附表八　常见离子和化合物的颜色

一、离子

序号	物　质	颜　色	序号	物　质	颜　色
1	$[Ti(H_2O)_6]^{3+}$	紫色	5	$[Fe(NCS)_n]^{3-n}$	血红色($n \leqslant 6$)
	$[TiO(H_2O_2)]^{2+}$	橙色		$[Fe(CN)_6]^{4-}$	黄色
	TiO^{2+}	无色		$[Fe(CN)_6]^{3-}$	红棕色
2	$[V(H_2O)_6]^{2+}$	蓝紫色		$[FeCl_6]^{3-}$	黄色
	$[V(H_2O)_6]^{3+}$	绿色		$[FeF_6]^{3-}$	无色
	VO^{2+}	蓝色		$[Fe(C_2O_4)_3]^{3-}$	黄色
	VO_2^+	黄色	6	$[Co(H_2O)_6]^{2+}$	粉红色
3	$[Cr(H_2O)_6]^{2+}$	天蓝色		$[Co(NH_3)_6]^{2+}$	土黄色
	$[Cr(H_2O)_6]^{3+}$	蓝紫色		$[Co(NH_3)_6]^{3+}$	红棕色
	$[Cr(NH_3)_6]^{3+}$	黄色		$[Co(NCS)_4]^{2-}$	蓝色
	$[CrCl(H_2O)_5]^{2+}$	蓝绿色	7	$[Ni(H_2O)_6]^{2+}$	亮绿色
	$[CrCl_2(H_2O)_4]^+$	绿色		$[Ni(NH_3)_6]^{2+}$	蓝色
	$[Cr(OH)_4]^-$	亮绿色		$[Ni(NH_3)_6]^{3+}$	蓝紫色
	$[CrO_4^{2-}]$	黄色	8	$[Cu(H_2O)_4]^{2+}$	蓝色
	$[Cr_2O_7^{2-}]$	橙色		$[Cu(NH_3)_4]^{2+}$	深蓝色
4	$[Mn(H_2O)_6]^{2+}$	肉色		$[Cu(OH)_4]^{2-}$	亮蓝色
	MnO_4^{2-}	绿色		$[CuCl_2]^-$	无色
	MnO_4^-	紫红色		$[Cu(NH_3)_2]^+$	无色
5	$[Fe(H_2O)_6]^{2+}$	浅绿色		$[CuCl_4]^{2-}$	黄色
	$[Fe(H_2O)_6]^{3+}$	淡紫色	9	I_3^-	浅棕黄色

二、化合物

序号	物　质	颜　色	序号	物　质	颜　色
1. 氧化物	PbO_2	棕褐色	1. 氧化物	V_2O_3	黑色
	Pb_3O_4	红色		VO	黑色
	Pb_2O_3	橙色		Cr_2O_3	绿色
	Sb_2O_3	白色		CrO_3	橙红色
	Bi_2O_3	黄色		MoO_2	紫色
	TiO_2	白色		WO_2	棕红色
	V_2O_5	橙或黄色		MnO_2	棕色
	VO_2	深蓝色		FeO	黑色

续表

序号	物　质	颜　色
1. 氧化物	Fe_2O_3	棕红色
	Fe_3O_4	红色
	CoO	灰绿色
	Co_2O_3	黑色
	NiO	暗绿色
	Ni_2O_3	黑色
	CuO	黑色
	Cu_2O	暗红色
	Ag_2O	褐色
	ZnO	白色
	CdO	棕黄色
	Hg_2O	黑色
	HgO	红色或黄色
2. 氢氧化物	$Mg(OH)_2$	白色
	$Al(OH)_3$	白色
	$Sn(OH)_2$	白色
	$Sn(OH)_4$	白色
	$Pb(OH)_2$	白色
	$Sb(OH)_3$	白色
	$Bi(OH)_3$	白色
	BiO(OH)	灰黄色
	$Cr(OH)_3$	灰绿色
	$Mn(OH)_2$	白色
	$MnO(OH)_2$	棕黑色
	$Fe(OH)_2$	白色
	$Fe(OH)_3$	红棕色
	$Co(OH)_2$	粉红色
	CoO(OH)	褐色
	$Ni(OH)_2$	绿色
	NiO(OH)	黑色
	Cu(OH)	黄色
2. 氢氧化物	$Cu(OH)_2$	浅蓝色
	$Zn(OH)_2$	白色
	$Cd(OH)_2$	白色
3. 氯化物	Sn(OH)Cl	白色
	$PbCl_2$	白色
	SbOCl	白色
	BiOCl	白色
	$TiCl_2 \cdot 6H_2O$	紫色或绿色
	$CrCl_3 \cdot 6H_2O$	绿色
	$FeCl_3 \cdot 6H_2O$	棕黄色
	$CoCl_2$	蓝色
	$CoCl_2 \cdot H_2O$	蓝紫色
	$CoCl_2 \cdot 2H_2O$	紫红色
	$CoCl_2 \cdot 6H_2O$	粉红色
	Co(OH)Cl	蓝色
	CuCl	白色
	AgCl	白色
	Hg_2Cl_2	白色
	$Hg(NH_2)Cl$	白色
4. 溴化物	$PbBr_2$	白色
	AgBr	淡黄色
5. 碘化物	PbI_2	黄色
	SbI_3	黄色
	BiI_3	褐色
	CuI	白色
	AgI	黄色
	Hg_2I_2	黄绿色
	HgI_2	红色
6. 硫化物	SnS	褐色
	SnS_2	黄色
	PbS	黑色

续表

序号	物　质	颜　色	序号	物　质	颜　色
6. 硫化物	As_2S_3	黄色	7. 硫酸盐	Hg_2SO_4	白色
	As_2S_5	黄色		$HgSO_4 \cdot HgO$	黄色
	Sb_2S_3	橙色	8. 碳酸盐	$CaCO_3$	白色
	Sb_2S_5	橙色		$Mg_2(OH)_2CO_3$	白色
	Bi_2S_3	黑色		$SrCO_3$	白色
	Bi_2S_5	黑褐色		$BaCO_3$	白色
	MnS	肉色		$Pb_2(OH)_2CO_3$	白色
	FeS	黑色		$Bi(OH)CO_3$	白色
	Fe_2S_3	黑色		$MnCO_3$	白色
	CoS	黑色		$FeCO_3$	白色
	NiS	黑色		$CdCO_3$	白色
	Cu_2S	黑色		$Co_2(OH)_2CO_3$	红色
	CuS	黑色		$Ni_2(OH)_2CO_3$	浅绿色
	Ag_2S	黑色		$Cu_2(OH)_2CO_3$	蓝色
	ZnS	白色		$Zn_2(OH)_2CO_3$	白色
	CdS	黄色		$Cd_2(OH)_2CO_3$	白色
	HgS	红色或黑色		$Hg_2(OH)_2CO_3$	红褐色
7. 硫酸盐	$CaSO_4$	白色		Ag_2CO_3	白色
	$SrSO_4$	白色		Hg_2CO_3	浅黄色
	$BaSO_4$	白色	9. 磷酸盐	$Ca_3(PO_4)_2$	白色
	$PbSO_4$	白色		$CaHPO_4$	白色
	$Cr_2(SO_4)_3$	桃红色		$BaHPO_4$	白色
	$Cr_2(SO_4)_3 \cdot 18H_2O$	紫色		$MgNH_4PO_4$	白色
	$Cr_2(SO_4)_3 \cdot 6H_2O$	绿色		$FePO_4$	浅黄色
	$[Fe(NO)]SO_4$	深棕色		Ag_3PO_4	黄色
	$(NH_4)_2Fe(SO_4)_2 \cdot 6H_2O$	浅绿色	10. 硅酸物	$BaSiO_3$	白色
	$NH_4Fe(SO_4)_2 \cdot 12H_2O$	浅紫色		$MnSiO_3$	肉色
	$CoSO_4 \cdot 7H_2O$	红色		$Fe_2(SiO_3)_3$	棕红色
	$Cu_2(OH)_2SO_4$	浅蓝色		$CoSiO_3$	紫色
	$CuSO_4 \cdot 5H_2O$	蓝色		$NiSiO_3$	翠绿色
	Ag_2SO_4	白色		$CuSiO_3$	蓝色

续表

序号	物　质	颜　色	序号	物　质	颜　色
10. 硅酸盐	$ZnSiO_3$	白色	13. 拟卤化物	AgSCN	白色
	Ag_2SiO_3	黄色		$Cu(SCN)_2$	黑绿色
11. 铬酸盐	$CaCrO_4$	黄色	14. 其他含氧酸盐	$BaSO_3$	白色
	$SrCrO_4$	浅黄色		BaS_2O_3	白色
	$BaCrO_4$	黄色		$NaBiO_3$	浅黄色
	$PbCrO_4$	黄色		$Ag_2S_2O_3$	白色
	Ag_2CrO_4	砖红色	15. 其他化合物	$Mn_2[Fe(CN)_6]$	白色
	Hg_2CrO_4	棕色		$K[Fe(CN)_6Fe]$	深蓝色
	$CdCrO_4$	黄色		$Co_2[Fe(CN)_6]$	绿色
	$HgCrO_4$	红色		$Ni_2[Fe(CN)_6]$	浅绿色
12. 草酸盐	CaC_2O_4	白色		$Zn_2[Fe(CN)_6]$	白色
	BaC_2O_4	白色		$Cu_2[Fe(CN)_6]$	棕红色
	PbC_2O_4	白色		$Ag_4[Fe(CN)_6]$	白色
	FeC_2O_4	浅黄色		$K_2Ba[Fe(CN)_6]$	白色
	$Ag_2C_2O_4$	白色		$Pb_2[Fe(CN)_6]$	白色
13. 拟卤化物	CuCN	白色		$Cd_2[Fe(CN)_6]$	白色
	$Cu(CN)_2$	黄色		$(NH_4)_3PO_4\cdot 12MoO_3\cdot 6H_2O$	黄色
	$Ni(CN)_2$	浅绿色		HgNI	棕红色
	AgCN	白色		二丁二酮肟合镍(Ⅱ)	桃红色

附表九 微溶化合物的溶度积
（18～25℃，$I=0$）

微溶化合物	K_{sp}	pK_{sp}	微溶化合物	K_{sp}	pK_{sp}
Ag_3AsO_4	1×10^{-22}	22.0	$CaCO_3$	2.9×10^{-9}	8.54
$AgBr$	4.1×10^{-13}	12.39	CaF_2	2.7×10^{-11}	10.57
Ag_2CO_3	8.1×10^{-12}	11.09	$CaC_2O_4\cdot H_2O$	2.0×10^{-9}	8.70
$AgCl$	1.8×10^{-10}	9.75	$Ca_3(PO_4)_2$	2.0×10^{-29}	28.70
Ag_2CrO_4	2.0×10^{-12}	11.71	$CaSO_4$	9.1×10^{-6}	5.04
$AgCN$	1.2×10^{-16}	15.92	$CaWO_4$	8.7×10^{-9}	8.06
$AgOH$	2.0×10^{-8}	7.71	$CdCO_3$	5.2×10^{-12}	11.28
AgI	9.3×10^{-17}	16.03	$Cd_2[Fe(CN)_6]$	3.2×10^{-17}	16.49
$Ag_2C_2O_4$	3.5×10^{-11}	10.46	$Cd(OH)_2$ 新析出	2.5×10^{-14}	13.60
Ag_3PO_4	1.4×10^{-16}	15.84	$CdC_2O_4\cdot 3H_2O$	9.1×10^{-8}	7.04
Ag_2SO_4	1.4×10^{-5}	4.84	CdS	8×10^{-27}	26.1
Ag_2S	2×10^{-49}	48.7	$CoCO_3$	1.4×10^{-13}	12.84
$AgSCN$	1.0×10^{-12}	12.00	$Co_2[Fe(CN)_6]$	1.8×10^{-15}	14.74
$Al(OH)_3$ 无定型	1.3×10^{-33}	32.9	$Co(OH)_2$ 新析出	2×10^{-15}	14.7
As_2S_3	2.1×10^{-22}	21.68	$Co(OH)_3$	2×10^{-44}	43.7
$BaCO_3$	5.1×10^{-9}	8.29	$Co[Hg(SCN)_4]$	1.5×10^{-8}	7.82
$BaCrO_4$	1.2×10^{-10}	9.93	α-CoS	4×10^{-21}	20.4
BaF_2	1×10^{-6}	6.0	β-CoS	2×10^{-25}	24.7
$BaC_2O_4\cdot H_2O$	2.3×10^{-8}	7.64	$Co_3(PO_4)_2$	2×10^{-35}	34.7
$BaSO_4$	1.1×10^{-10}	9.96	$Cr(OH)_3$	6×10^{-31}	30.2
$Bi(OH)_3$	4×10^{-31}	30.4	$CuBr$	5.2×10^{-9}	8.28
$BiOOH$[2)]	4×10^{-10}	9.4	$CuCl$	1.2×10^{-8}	7.92
BiI_3	8.1×10^{-19}	18.09	$CuCN$	3.2×10^{-20}	19.49
$BiOCl$	1.8×10^{-31}	30.75	CuI	1.1×10^{-12}	11.96
$BiPO_4$	1.3×10^{-23}	22.89	$CuOH$	1×10^{-14}	14.0
Bi_2S_3	1×10^{-97}	Cu_2S	CuS	2×10^{-47}	47.7
$CuSCN$	4.8×10^{-15}	14.32	γ-NiS	2×10^{-26}	25.7
$CuCO_3$	1.4×10^{-10}	9.86	$PbClF$	2.4×10^{-9}	8.62
$Cu(OH)_2$	2.2×10^{-20}	19.66	$PbCrO_4$	2.8×10^{-13}	12.55
CuS	6×10^{-36}	35.2	$PbCO_3$	7.4×10^{-14}	13.13

续表

微溶化合物		K_{sp}	pK_{sp}	微溶化合物	K_{sp}	pK_{sp}
$FeCO_3$		3.2×10^{-11}	10.50	$PbCl_2$	1.6×10^{-5}	4.79
$Fe(OH)_2$		8×10^{-16}	15.1	PbF_2	2.7×10^{-8}	7.57
FeS		6×10^{-18}	17.2	$Pb(OH)_2$	1.2×10^{-15}	14.93
$Fe(OH)_3$		4×10^{-35}	37.4	PbI_2	7.1×10^{-9}	8.15
$FePO_4$		1.3×10^{-22}	21.89	$PbMoO_4$	1×10^{-13}	13.0
Hg_2Br_2 3)		5.8×10^{-23}	22.24	$Pb_3(PO_4)_2$	8.0×10^{-43}	42.10
Hg_2CO_3		8.9×10^{-17}	16.05	$PbSO_4$	1.6×10^{-8}	7.79
Hg_2Cl_2		1.3×10^{-18}	17.88	PbS	8×10^{-28}	27.9
$Hg_2(OH)_2$		2×10^{-24}	23.7	$Pb(OH)_4$	3×10^{-66}	65.5
Hg_2I_2		4.5×10^{-29}	28.35	$Sb(OH)_3$	4×10^{-42}	41.4
Hg_2SO_4		7.4×10^{-7}	6.13	Sb_2S_3	2×10^{-93}	92.8
Hg_2S		1×10^{-47}	47.0	$Sn(OH)_2$	1.4×10^{-23}	27.85
$Hg(OH)_2$		3.0×10^{-26}	25.52	SnS	1×10^{-25}	25.0
HgS	红色	4×10^{-53}	52.4	$Sn(OH)_4$	1×10^{-56}	56.0
	黑色	2×10^{-52}	51.7	SnS_2	2×10^{-27}	26.7
$MgNH_4PO_4$		2×10^{-13}	12.7	$SrCO_3$	1.1×10^{-10}	9.96
$MgCO_3$		3.5×10^{-8}	7.46	$SrCrO_4$	2.2×10^{-5}	4.65
MgF_2		6.4×10^{-9}	8.19	SrF_2	2.4×10^{-9}	8.61
$Mg(OH)_2$		1.8×10^{-11}	10.74	$SrC_2O_4\cdot H_2O$	1.6×10^{-7}	6.80
$MnCO_3$		1.8×10^{-11}	10.74	$Sr_3(PO_4)_2$	4.1×10^{-28}	27.39
$Mn(OH)_2$		1.9×10^{-13}	12.72	$SrSO_4$	3.2×10^{-7}	6.49
MnS 无定形		2×10^{-10}	9.7	$Ti(OH)_3$	1×10^{-40}	40.0
MnS 晶形		2×10^{-13}	12.7	$Ti(OH)_2$ 4)	1×10^{-29}	29.0
$NiCO_3$		6.6×10^{-9}	8.18	$ZnCO_3$	1.4×10^{-11}	10.84
$Ni(OH)_2$ 新析出		2×10^{-15}	14.7	$Zn_2[Fe(CN)_6]$	4.1×10^{-16}	15.39
$Ni_3(PO_4)_2$		5×10^{-31}	30.3	$Zn(OH)_2$	1.2×10^{-17}	16.92
α-NiS		3×10^{-19}	18.5	$Zn_3(PO_4)_2$	9.1×10^{-33}	32.04
β-NiS		1×10^{-24}	24.0	ZnS	2×10^{-22}	21.7

1）为下列平衡的平衡常数：$As_2S_3+4H_2O \rightleftharpoons 2HAsO_2+3H_2S$

2）BiOOH　$K_{sp}=[BiO^+][OH^-]$

3）$(Hg_2)_mX_n$　$K_{sp}=[Hg_2^{2+}]^m[X^{-2m/n}]^n$

4）$TiO(OH)_2$　$K_{sp}=[TiO^{2+}][OH^-]^2$

附表十　弱酸、弱碱在水中的解离常数
（25℃，$I=0$）

弱　酸	分子式	K_a	pK_a
砷酸	H_3AsO_4	6.3×10^{-3}（K_{a_1}）	2.20
		1.0×10^{-7}（K_{a_2}）	7.00
		3.2×10^{-12}（K_{a_3}）	11.50
亚砷酸	$HAsO_3$	6.0×10^{-10}	9.22
硼酸	H_3BO_3	5.8×10^{-10}	9.24
焦硼酸	$H_2B_4O_7$	1×10^{-4}（K_{a_1}）	4
		1×10^{-9}（K_{a_2}）	9
碳酸	H_2CO_3（CO_2+H_2O）	4.2×10^{-7}（K_{a_1}）	6.38
		5.6×10^{-11}（K_{a_2}）	10.25
氢氰酸	HCN	6.2×10^{-10}	9.21
铬酸	H_2CrO_4	1.8×10^{-1}（K_{a_1}）	0.74
		3.2×10^{-7}（K_{a_2}）	6.50
氢氟酸	HF	6.6×10^{-4}	3.18
亚硝酸	HNO_2	5.1×10^{-4}	3.29
过氧化氢	H_2O_2	1.8×10^{-12}	11.75
磷酸	H_3PO_4	7.6×10^{-3}（K_{a_1}）	2.12
		6.3×10^{-8}（K_{a_2}）	7.20
		4.4×10^{-13}（K_{a_3}）	12.36
焦磷酸	$H_4P_2O_7$	3.0×10^{-2}（K_{a_1}）	1.52
		4.4×10^{-3}（K_{a_2}）	2.36
		2.5×10^{-7}（K_{a_3}）	6.60
		5.6×10^{-10}（K_{a_4}）	9.25
亚磷酸	HPO_3	5.0×10^{-2}（K_{a_1}）	1.30
		2.5×10^{-7}（K_{a_2}）	6.60
氢硫酸	H_2S	1.3×10^{-7}（K_{a_1}）	6.88
		7.1×10^{-15}（K_{a_2}）	14.15
硫酸	H_2SO_4	1.0×10^{-2}（K_{a_2}）	1.99
亚硫酸	H_2SO_3（SO_2+H_2O）	1.3×10^{-2}（K_{a_1}）	1.90
		6.3×10^{-8}（K_{a_2}）	7.20
偏硅酸	H_2SiO_3	1.7×10^{-10}（K_{a_1}）	9.77
		1.6×10^{-12}（K_{a_2}）	11.8
甲酸	HCOOH	1.8×10^{-4}	3.74
乙酸	CH_3COOH	1.8×10^{-5}	4.74

续表

弱　酸	分子式	K_a	pK_a
一氯乙酸	CH_2ClOOH	1.4×10^{-3}	2.86
二氯乙酸	CH_2Cl_2OOH	5.0×10^{-2}	1.30
三氯乙酸	CCl_3COOH	0.23	0.64
乳酸	$CH_3CHOHCOOH$	1.4×10^{-4}	3.86
苯甲酸	C_6H_5COOH	6.2×10^{-5}	4.21
草酸	$H_2C_2O_4$	5.9×10^{-2} (K_{a_1})	1.22
		6.4×10^{-5} (K_{a_2})	4.19
d-酒石酸	CH(OH)COOH | CH(OH)COOH	9.1×10^{-4} (K_{a_1})	3.04
		4.3×10^{-5} (K_{a_2})	4.37
邻苯二甲酸	$C_6H_4(COOH)_2$	1.1×10^{-3} (K_{a_1})	2.95
		3.9×10^{-6} (K_{a_2})	5.41
柠檬酸	CH_2COOH | C(OH)COOH | CH_2COOH	7.4×10^{-4} (K_{a_1})	3.13
		1.7×10^{-5} (K_{a_2})	4.76
		4.0×10^{-7} (K_{a_3})	6.40
苯酚	C_6H_5OH	1.1×10^{-10}	9.95
乙二胺四乙酸	H_6-$EDTA^{2+}$	0.1 (K_{a_1})	0.9
	H_5-$EDTA^{+}$	3×10^{-2} (K_{a_2})	1.6
	H_4-EDTA	1×10^{-2} (K_{a_3})	2.0
	H_3-$EDTA^{-}$	2.1×10^{-3} (K_{a_4})	2.67
	H_2-$EDTA^{2-}$	6.9×10^{-7} (K_{a_5})	6.16
	H-$EDTA^{3-}$	5.5×10^{-2} (K_{a_6})	10.26
弱　碱	分子式	K_b	pK_b
氨水	$NH_3\cdot H_2O$	1.8×10^{-5}	4.74
联氨	H_2NHH_2	3.0×10^{-6} (K_{b_1})	5.52
		7.6×10^{-15} (K_{b_2})	14.12
羟氨	NH_2OH	9.1×10^{-9}	8.04
甲胺	CH_3NH_2	4.2×10^{-4}	3.38
乙胺	$C_2H_5NH_2$	5.6×10^{-4}	3.25
二甲胺	$(CH_3)_2NH$	1.2×10^{-4}	3.93
二乙胺	$(C_2H_5)_2NH$	1.3×10^{-3}	2.89
乙醇胺	$HOCH_2CH_2NH_2$	3.2×10^{-5}	4.50
三乙醇胺	$(HOCH_2CH_2)_3N$	5.8×10^{-7}	6.24
六次甲基四胺	$(CH_2)_6N_4$	1.4×10^{-9}	8.85
乙二胺	$H_2NCH_2CH_2NH_2$	8.5×10^{-5} (K_{b_1})	4.07
		7.1×10^{-8} (K_{b_2})	7.15
吡啶	C_5H_5N	1.7×10^{-9}	8.77

全国高职高专护理类专业规划教材（第二轮）

健康评估

（第2版）

（供护理及助产类专业使用）

主　编　杜庆伟　陈瑄瑄

副主编　杨兴益　黄跃芬　王春桃　马怡婷

编　者（以姓氏笔画为序）

马怡婷（浙江舟山群岛新区旅游与健康职业学院）

王春桃（江苏医药职业学院）

朱小燕（漳州市正兴医院）

刘春娜（天津医学高等专科学校）

陈瑄瑄（漳州卫生职业学院）

杜庆伟（山东医学高等专科学校）

杨兴益（山西医科大学汾阳学院）

吴　慧（惠州卫生职业技术学院）

邵小琳（山东医学高等专科学校）

林　梅（厦门医学院）

郝小夏（山西医科大学汾阳学院）

黄跃芬（漳州卫生职业学院）

中国健康传媒集团
中国医药科技出版社

内容提要

本教材是“全国高职高专护理类专业规划教材（第二轮）”之一，是根据健康评估教学大纲的基本要求和课程特点编写而成，内容共10章11个实训，涵盖了健康评估的基础知识和临床技能。通过本课程学习，可使学生能够全面、系统掌握健康评估的基础理论、专业知识和基本操作技能。本教材为书网融合教材，即纸质教材有机融合电子教材，教学配套资源（PPT、微课、视频等）、题库系统、数字化数学服务（在线教学、在线作业、在线考试），使教材内容立体化、生动化，便教易学。

本教材主要供高职高专护理、助产类专业学生学习使用，同时也可作为临床护理人员继续教育参考用书。

图书在版编目（CIP）数据

健康评估/杜庆伟，陈瑄瑄主编．—2版．—北京：中国医药科技出版社，2019.7
全国高职高专护理类专业规划教材（第二轮）
ISBN 978－7－5214－0936－9

Ⅰ．①健…　Ⅱ．①杜…　②陈…　Ⅲ．①健康－评估－高等职业教育－教材　Ⅳ．①R471

中国版本图书馆CIP数据核字（2019）第116001号

美术编辑　陈君杞
版式设计　友全图文

出版　**中国健康传媒集团**｜中国医药科技出版社
地址　北京市海淀区文慧园北路甲22号
邮编　100082
电话　发行：010－62227427　邮购：010－62236938
网址　www.cmstp.com
规格　889×1194 mm $^{1}/_{16}$
印张　21 $^{3}/_{4}$
字数　471千字
初版　2015年8月第1版
版次　2019年7月第2版
印次　2022年1月第3次印刷
印刷　三河市万龙印装有限公司
经销　全国各地新华书店
书号　ISBN 978－7－5214－0936－9
定价　56.00元

获取新书信息、投稿、为图书纠错，请扫码联系我们。

数字化教材编委会

主　编　杜庆伟　陈瑄瑄

副主编　杨兴益　黄跃芬　王春桃　马怡婷

编　者（以姓氏笔画为序）

马怡婷（浙江舟山群岛新区旅游与健康职业学院）

王春桃（江苏医药职业学院）

朱小燕（漳州市正兴医院）

刘春娜（天津医学高等专科学校）

陈瑄瑄（漳州卫生职业学院）

杜庆伟（山东医学高等专科学校）

杨兴益（山西医科大学汾阳学院）

吴　慧（惠州卫生职业技术学院）

邵小琳（山东医学高等专科学校）

林　梅（厦门医学院）

郝小夏（山西医科大学汾阳学院）

黄跃芬（漳州卫生职业学院）

出版说明

“全国高职高专护理类专业规划教材”于2015年由中国医药科技出版社出版，全套教材共27门，是针对全国高职高专医药院校护理类专业教育教学需求和复合型临床人才培养目标要求而编写，自出版以来得到了各院校的广泛欢迎。为了进一步提升教材质量，使教材更好地服务于院校教学，同时为了进一步贯彻落实国务院办公厅《关于深化医教协同进一步推进医学教育改革与发展的意见》（〔2017〕63号）等有关文件精神，不断推动职业教育教学改革，推进信息技术与医学教育融合，加强医学人才培养，使职业教育切实对接岗位需求，教材内容与形式及呈现方式更加契合现代职业教育需求，培养具有整体护理观的护理人才，在教育部、国家卫生健康委员会、国家药品监督管理局的支持下，中国医药科技出版社组织了本套教材的修订工作，并由全国近百所高职高专院校及附属医疗机构260余名专家、教师精心编撰，即将付梓出版。

本轮教材共包含27门，其中24门教材为新修订教材（第二版），主要特点如下。

一、内容精练，专业特色鲜明

本轮教材建设对课程体系进行科学设计，整体优化；对上版教材中不合理的内容框架进行适当调整；内容上吐故纳新，力求达到基础学科与专业学科紧密衔接、主干课程与相关课程合理配置的目标。教材内容精练、针对性强，具有鲜明的专业特色和高职教育特色。

二、对接岗位，强化能力培养

本轮教材强化以岗位需求为导向的理实教学，注重理论知识与护理岗位需求相结合，对接职业标准和岗位要求。每门教材在由教学一线经验丰富的教师组成编写团队的基础上，吸纳了多位具有丰富临床经验的医护人员参与编写，满足培养应用型人才的需求。在教材正文适当插入临床案例，起到边读边想、边读边悟、边读边练，做到理论与临床护理岗位相结合，强化培养学生临床思维能力和护理操作能力；同时注重护士人文关怀素养的养成，注重吸收临床护理新技术、新方法、新材料，体现教材的先进性。

三、对接护考，满足考试需求

本轮教材内容和结构设计，与国家护士执业资格考试紧密对接，在国家护士执业资格考试相关课程教材中以“考点提示”和“目标检测”的形式插入护士执业资格考试考点与真题，为学生学习和参加护士执业资格考试奠定基础，提升学习效率。

四、书网融合，学习便捷轻松

全套教材为书网融合教材，即纸质教材与数字教材、配套教学资源、题库系统、数字化教学服务有机融合。通过“一书一码”的强关联，为读者提供全免费增值服务。按教材封底的提示激活教材后，读者可通过 PC、手机阅读电子教材和配套课程资源，并可在线进行同步练习，实时反馈答案和解析。同时，读者也可以直接扫描书中二维码，阅读与教材内容关联的课程资源（“扫码学一学”，轻松学习 PPT 课件；“扫码练一练”，随时做题检测学习效果），从而丰富学习体验，使学习更便捷。教师可通过 PC 在线创建课程，与学生互动，开展在线课程内容定制、布置和批改作业、在线组织考试、讨论与答疑等教学活动，学生通过 PC、手机均可实现在线作业、在线考试，提升学习效率，使教与学更轻松。此外，平台尚有数据分析、教学诊断等功能，可为教学研究与管理提供技术和数据支撑。

本轮教材修订在组织、编写和审定过程中，得到众多专家的悉心指导和相关院校的大力支持，在此一并致谢！

改革创新的过程也是探索提升的过程，目标的提出至目标的实现是一个漫长、曲折的过程。在此殷切希望各医药卫生类院校师生和广大读者在使用中对教材进行检验，并提出宝贵意见，使本套教材日臻完善，为促进我国高职高专护理类专业教育教学改革和人才培养做出积极贡献。

中国医药科技出版社
2019 年 5 月

全国高职高专护理类专业规划教材（第二轮）

建设指导委员会

张　庆（济南护理职业学院）
张　荣（毕节医学高等专科学校）
张　健（长春医学高等专科学校）
张　敏（安徽医学高等专科学校）
张　德（四川护理职业学院）
张亚军（内蒙古医科大学继续教育学院）
陈　燕（惠州卫生职业技术学院）
陈秋云（漳州卫生职业学院）
陈顺萍（福建卫生职业技术学院）
陈晓玲（安徽卫生健康职业学院）
陈瑄瑄（漳州卫生职业学院）
林建兴（漳州卫生职业学院）
林斌松（漳州卫生职业学院）
周卫凤（安徽医学高等专科学校）
周谊霞（贵州医科大学）
庞　燕（四川护理职业学院）
洪　霞（福建卫生职业技术学院）
郭永洪（云南工商学院）
黄小凤（漳州卫生职业学院）
谌　秘（南昌大学第四附属医院）
谢万兰（襄阳职业技术学院）
薛　梅（天津医学高等专科学校）

前　言 / PREFACE

健康评估作为护理类专业的主干核心课程之一，是从基础医学课程过渡到临床护理课程的桥梁课。为适应高等职业院校教育改革和发展需要，培养面向医疗卫生事业第一线的高素质、技能型人才，全国高职高专护理类专业规划教材建设指导委员会和中国医药科技出版社决定对《健康评估》进行第二轮的修订。

第一版《健康评估》发行使用后，受到广大师生的肯定，也提出了许多建设性的意见。本次修订参考了最新版护士执业资格考试大纲等资料，在坚持在“三基、五性、三特定”的基础上，紧紧围绕高职高专护理类专业培养目标，采纳了院校师生的意见，进行全面修订，教材内容的取舍、知识点及教学要求尽可能与护士执业资格考试大纲和护理岗位需求相衔接，并适当反映学科的新进展。主要修订内容如下。

1. 身体评估部分　删除了一些不必要的重复内容，如脊柱病理性弯曲、神经系统新增脑神经评估、自主神经系统评估等内容，更换了一些评估检查的图片，提高了图片质量，并统一数据和学术用语。

2. 实验室检查　对部分基本概念进行了修订，使其更加规范、准确；由于本教材面向高职高专护理类专业的学生，因此在标本采集上着重做了修改，更好地与临床接轨，例如血液标本采集量按照医院采样要求做了修改，尿液标本采集中12小时尿和24小时尿的采集方式上进行了适当修改；同时对于一些不准确的内容及表达不规范的用词进行了修订，例如贫血的分级等。另外，教材对某些检测项目的参考值及参考范围根据《全国临床检验操作规程》第4版进行了修改。

3. 辅助检查　心电图检查新增了室内传导阻滞和预激综合征的心电图特点，新增部分典型心电图图片如左、右束支阻滞图片等，并替换和优化一些不清晰心电图，进一步提升了判图效果。

4. 其他章节　症状学评估新增“抑郁、焦虑”，护理病历书写则结合临床最新规定与要求进行组材，并新增护理信息管理等。

5. 出版形式　在纸质教材的基础上，新增网络增值服务内容（如课程PPT、试题、视频等），使教材更加情景化、形象化。实现了书网融合，线上线下有机结合，有助于提高学生学习效率，即增加了电子教材配套教学资源（PPT、微课、视频等），题库系统，数字化数学服务（在线教学、在线作业、在线考试），使教材内容立体化、生动化，便教易学。

本教材邀请了来自全国9所高职高专医学院校具有丰富教学、临床和科研经验的骨干教师进行编写，专业性较强的章节还邀请了有丰富临床护理经验的护师承担编写任务。在编写过程中，我们得到了山东医学高等专科学校、漳州卫生职业学院及各参编单位的大力支持与帮助，全体编写人员精诚合作，以高度负责的态度投入编写任务，在此一并致以衷心的感谢！

由于编者水平有限，加之时间仓促，书中难免有疏漏和不足之处，恳请使用教材的师生和读者惠予指正。

编　者

2019年5月

目　录 / CONTENTS

第一章

绪　论

扫码“学一学”

学习目标

知识目标

1. 掌握健康评估、体征的概念。
2. 熟悉健康评估的内容与方法。
3. 了解会谈、实验室检查、心电图和影像学检查的方法。

技能要点

能正确掌握健康评估的学习方法，达到基本的学习要求。

案　例

患者，女性，60岁。1小时前与家人争执后突发心前区闷痛，舌下含服硝酸甘油后无缓解来院诊治。

请思考：①该患者可能发生了什么情况吗？②如要正确诊治应从哪些方面收集资料进行评估？

健康评估简言之就是研究如何诊查、判断人们身心健康的一门学科，是基于评估与诊断个体、家庭、社区现存的或潜在的健康问题或生命过程反应的基本理论、基本技能和基本方法的科学载体，是护理专业由基础通向临床的桥梁课程，也是各临床护理学科的重要根基。

一、健康评估的目的与任务

健康评估是实施整体护理基本程序中的第一步，全面而准确的评估是高效护理的可靠前提，也是确定健康问题的首要环节，更是制订、实施护理计划的有力依据，能充分提高护理质量和护理对象（狭义来讲指患者，下同）的生命质量，减轻其痛苦，缩短甚至中断自然病程，促进早日康复。

健康评估的目的在于：①了解患者现在的健康状态和过去的生命经历，包括健康、疾病和康复情况。②寻找促进健康的有利因素。③评估患者所有的健康需求，依主次提出护理问题，选择恰当、合理的护理干预方案。④评价治疗和护理效果。

健康评估的任务是：以整体护理理念、医学基础知识、护理基础理论及护理程序基本思维为基础，掌握以患者为中心的健康评估的原理和方法，学会收集、整理评估资料，综合分析、判断患者的健康状态，概括护理依据、提出护理问题，做出正确的护理诊断，为确定护理目标、制订护理措施打下坚实的基础。

二、健康评估的内容

健康评估的内容包括健康史采集、常见症状评估、身体评估、心理与社会评估、常用实验室检查、心电图检查、影像学与内镜检查、护理诊断、护理病历书写等。本书根据高职护理职业教育对技能型应用人才培养的要求，精选、优化适合护理专业的内容，针对性地介绍各部分必需的、重要的基本理论、基本知识和基本技能。

> **考点提示**
> 健康评估的概念及内容。

1. 健康史采集 健康史采集是护士通过与患者或知情人之间的会谈，有计划、系统地收集健康资料，并对资料进行分析、整理，确定其价值并正确录入电子病历的全过程。健康史内容主要包括一般资料、主诉、现病史、既往健康史、目前用药史、生长发展史及家族健康史等。

2. 常见症状评估 症状是患者对疾病状态的主观体验或感受，如发热、疼痛、恶心等。由于症状是患者的切身感受，是护士认识健康问题的重要主观资料，也是发现护理问题的主要依据，因此，症状是护士与患者会谈时应重点评估的内容。常见症状评估含发热、咳嗽与咳痰、咯血等内容，通过对各种常见症状的概念、病因、发病机制、临床表现、护理评估要点及相关护理问题的学习，可以帮助护士从疾病现象入手，培养其临床思维评判能力和发现护理问题的能力。

> **考点提示**
> 完整护理诊断的内容。

3. 身体评估 身体评估是护士应用自己的感官（如眼、耳、鼻、手）或借助简单的工具（如体温计、血压计、听诊器等），对患者进行详细的全面观察和局部重点的系统检查，判断正常或异常征象的一种评估方法。在评估中发现的异常体表征象称为体征，如二尖瓣面容、短绌脉、肝大以及心脏杂音等，是发现健康问题的重要客观依据。必须细致检查，绝不能疏忽遗漏。身体评估是一种技巧性很强的技能，是其他任何检查都不能替代的一种简便、实用的基本评估手段，是护士必须掌握的最基础的技能。其评估的方法包括视诊、触诊、叩诊、听诊和嗅诊，将在本书第二章详细介绍。

4. 心理与社会评估 心理与社会评估是通过常用心理学测试量表对个体的心理特征与心理活动进行客观量化评价，同时对其置身的社会支持系统状况进行调查评估，借以了解患者的心理健康水平及社会因素对健康的影响，为制订心理护理目标，实施心理护理措施，促进和维护心理健康提供依据。

5. 常用实验室检查 常用实验室检查主要是通过化学、生物、免疫学和遗传学等实验技术与方法，对患者的血液、体液、分泌物、排泄物、组织等标本进行检查，以获得反映机体功能状态和病理变化或病因等方面的资料，对辅助疾病的诊断、观察病情与疗效，制订护理措施及判断预后等均有十分重要的意义。护士必须学会正确采集各类标本的方法，熟悉常用实验室检查的目的及临床意义。

6. 心电图检查 将患者实时的心肌电活动用心电图机描记下来的曲线图称为心电图。心电图检查是一种临床上广泛运用的无创性检查和诊断技术，对各种心律失常有十分肯定的诊断价值，对心肌梗死的诊断也非常可靠且实用。心电图检查不仅用于诊查、排除各类心血管疾病，而且还广泛用于急危重症、手术麻醉过程的心电监护、洋地黄类等药物和血钾、血钙等电解质的观察等领域。因此，护士必须熟练掌握心电图的操作技能，熟悉正常心电图与常见异常心电图的图形及其临床意义，为临床病情判断、心电监护和人工心肺复苏等紧急救护打下坚实的基础。

7. 影像学与内镜检查 影像学检查是利用各种成像技术显示人体内部结构的影像，借以了解机体结构、功能状态及其病理变化，并对其他检查结果进行验证与补充。包括放射检查、超声检查、放射性核医学检查三部分。介入技术则是在现代影像技术基础上进行的一种高科技微创性医学革新治疗技术，是在影像设备的引导与定位下，将特制的导管、导丝等精密器械，引入人体，对体内病态组织器官进行诊断和局部治疗。介入治疗应用数字化技术，扩大了医生的视野，借助导管、导丝延长了医生的双手，不用切开人体组织，就可治疗许多过去无法治疗、必须手术治疗或内科治疗疗效欠佳的疾病，如肿瘤、血管瘤、各种出血等。内镜检查是将内窥镜（包括胃镜、肠镜、支气管镜、腹腔镜等）通过人体的自然腔道或者有创孔径直接插入人体，进行诊断检测和治疗的现代光学诊疗技术。影像学与内镜检查为健康评估提供直接有效的依据，介入治疗和内镜手术为患者带来了精准、微创、高效的诊疗结果。护士应初步了解影像学与内镜检查的基本原理，熟悉常见的正常、异常图像及其临床意义，掌握常用检查与治疗的术前准备、术中配合及术后护理。

8. 护理诊断 护理诊断是关于个人、家庭或社区对现存的或潜在的健康问题以及生命过程的反应的一种临床判断。是护士为达到预期结果选择护理措施的基础，是护理程序的第二步。护士通过对前面评估资料的收集与分析，在这一步即要运用评判性思维的方式确定患者的健康问题，也就是找出和确定护理诊断。护理程序与护理诊断学最早在20世纪50年代由美国率先提出，1990年北美护理诊断协会第9次会议正式确认并通过护理诊断的定义。我国从80年代初引进，通过责任制护理到1994年进一步发展为整体护理，至今已被护理界广泛应用。护理诊断完整的陈述包括三部分，即健康问题（Problem）、病因（Etiology）、症状和体征（Symptoms or Signs），故又称PES公式。国内常将护理诊断简化为两部分，即问题加原因（PE）或症状加原因（SE）；对于健康的护理诊断，则只有问题（P）一部分陈述。

9. 护理病历书写 护理病历是护士对所收集到的患者的健康资料，经过整理、分析，按照规范化格式书写的护理文件，是反映护理全过程的记录。护理信息管理是利用信息技术将护理病历纳入计算机进行规范、高效、无纸化管理，可以为医院节省大量的人力物力。尽管护理病历目前在我国尚未形成统一的书写规范和格式，本书结合国内外教材、专著及国内的实际情况和健康评估体系的要求，提出护理病历的基本要求、格式和内容，以及护理信息管理，护士应反复练习，具备熟练书写和录入护理病历的能力，为临床护理工作打下坚实的基础。

三、健康评估的学习方法与要求

健康评估是一门实践性很强的课程，是临床护理各门学科的桥梁课程，若有条件应采取理实一体化教学，让护士在教室兼实训室的课堂上，边学习基本的理论知识，边结合基本技能训练予以强化，同时到医院进行临床见习进一步巩固其基本知识、基本理论与基本技能。通过对健康评估的学习，应该达到以下要求：

（1）掌握健康评估的基本概念、基本知识、基本理论，学会其基本技能。

（2）能独立通过与患者的会谈采集健康史资料，熟悉主诉、症状、体征之间的内在联系和临床意义。

（3）能独立规范地进行身体的重点评估，评估结果正确，掌握常见的异常体征评估方法及其临床意义。

（4）熟悉心理与社会评估的方法和注意事项。

（5）掌握常用实验室检查的标本采集方法，熟悉实验室检查结果的临床意义。

（6）学会心电图操作，能初步识别正常心电图与常见异常心电图。

（7）能较熟练地指导影像学与内镜检查的患者做相关的准备工作，熟悉其检查结果的临床意义。

（8）能初步归纳、整理、分析评估所获得的资料，根据所收集的资料提出初步的护理诊断。按规范的要求书写完整的护理病历，并正确录入电子病历。

（9）具有严谨的学习态度、良好的爱伤观念、高尚的职业道德和科学的思维评判能力。

（杜庆伟）

第二章

健康评估的方法

扫码“学一学”

学习目标

知识目标

1. 掌握会谈及身体评估的方法和技巧；各种叩诊音的临床意义；各种异常气味的临床特点。
2. 熟悉会谈及身体评估的内容及注意事项。
3. 了解身体评估前的准备。

技能要点

1. 学会应用会谈技巧收集健康资料。
2. 能正确运用身体评估的方法采集健康资料。

健康评估的方法很多，包括会谈、了解与查阅既往健康资料、身体评估、心理与社会评估、辅助检查等。其中，会谈和身体评估是临床上最常用、最基本的方法，本章将作重点介绍。

第一节　健康资料的来源与类型

案例

患者，女性，61 岁。患高血压、冠心病史 7 年。2 小时前晨练中突发心前区疼痛，自服硝酸甘油无缓解，急诊入院。患者烦躁不安，皮肤湿冷。心电图检查发现 ST 段弓背上抬，$V_1 \sim V_5$ 导联出现病理性 Q 波，血压 85/50mmHg，心率 110 次/分，室性早搏 6 次/分。

请分别列举病例中的主观资料、客观资料各有哪些？

为了保证客观、准确和全面地收集健康资料，护士必须明确健康资料的来源与资料的类型及价值，并以适当的方法和技巧进行收集。

一、健康资料的来源

健康资料最主要和最可靠的来源是患者本人，其来源分述如下。

1. 患者本人　这是健康资料最主要的来源。因为患者本人所提供的资料如患病后的真实感受、求医的目的与要求、对治疗和护理的期望、对健康的认识及需求等，只有患者本人最清楚，表述也最准确、最可靠。

2. 患者的亲属或与之交往较密切的人员 除患者本人以外，其亲属如父母、爱人或与之交往较密切的人员如亲朋好友、同事、同学等，对患者生活或工作的环境、既往的生活习惯、身心健康状况等也有较全面的了解，这些资料对确定护理问题、制订护理计划等有重要的参考价值。

3. 目击者 指目睹患者发病过程的相关人员，尤其是目睹了整个发病过程的人员，可较详尽地提供患者发病当时的状况及病情进展等资料。

4. 其他卫生保健人员 与患者有关的主管医师、护理人员及其营养师、理疗师等，可收集与之相关的诊疗、护理措施，对治疗、护理的反应、就医行为等身心方面的资料。

5. 目前的、既往的健康记录或病历 如儿童的预防接种记录、健康体检记录、病历记录等。

6. 实验室及其他检查报告 指各种实验室检查结果、心电图检查、影像检查报告等。

二、健康资料的类型

根据所收集的健康资料的来源不同，将其分为主观资料、客观资料；根据采集资料的时间不同，分为目前资料和既往资料。

1. 主观资料 是来自于患者对自身的健康状况的主观感觉和情绪体验的资料记录。患者主观感到的不适或异常感觉称为症状，如乏力、头晕等，一般不能被护士直接观察或检查出来，需经护士通过与患者或有关人员会谈后才能获得。通过会谈所获得的主观资料包括患者的主诉、亲属的代诉或经提问而获得的描述等，其中，促使患者本次就医的主要症状、体征及其持续时间是主观资料的重要组成部分。

2. 客观资料 是护士通过观察、身体评估以及借助医疗器械检查等获得的患者的健康资料。通过身体评估发现的体表的异常征象称为体征，如肝脾肿大、心脏杂音等。体征是形成护理问题的主要依据。

3. 目前资料 目前发生的有关疾病状况的资料记录。如疾病的发生、发展及演变过程等记录。

4. 既往资料 在本次疾病发生之前的有关健康状况的记录，包括既往病史、过敏史、婚育史、治疗史等。

> **考点提示**
> 主观资料和客观资料。

健康评估过程中，护士采集到的全面真实的主观资料，可简明、快捷地指导客观资料的收集，而客观资料的正确收集可进一步证实或补充所获得的主观资料。因此，主观资料和客观资料同等重要，均是确立护理问题的重要来源。

（王春桃）

第二节　收集资料的方法

案　例

患者，女性，57 岁。有肺气肿病史 10 余年，今晨咳嗽时突发右侧剧烈胸痛，随即出现呼吸困难，急诊入院。

请思考：①接诊护士为收集患者的健康资料，应如何与患者会谈？②会谈时应注意哪些方法与技巧？

收集健康资料的方法很多，包括会谈、身体评估、相关的辅助检查等。其中，会谈和身体评估是护士必须掌握的最基本、最常用的方法。

一、会谈

会谈是护士通过与患者及有关人员的语言交流来获得健康资料的一种方法，是采集健康资料最重要的手段。为确保收集的健康资料完整、准确，护士应熟练掌握会谈的方法和技巧。

（一）会谈的重要性

1. 是建立良好护患关系的基础　有效的会谈可增进护患沟通，增加相互信任，提高患者对治疗护理的依从性。

2. 是获得护理问题的重要手段　通过会谈获取的健康资料对护理问题确立有极其重要的意义。一个具有丰富医学知识和临床经验的护理人员，常常通过一次成功的会谈，就能对患者提出许多准确的护理问题。

3. 是了解病情的主要方法　通过会谈可全面了解患者疾病的发生、发展、诊治、护理经过及既往健康状况，患者的心理状况、社会支持系统及其对疾病的影响等。有利于减轻甚至消除患者不良的心理情绪与顾虑，从而提高护理质量。

4. 可为进一步检查提供线索　通过患者的主述即可确定进一步检查的重点和方向。如患者告知“发热、咳嗽 2 天，胸痛、气促 1 天”等，就指明要重点评估肺部和胸部影像学检查。

（二）会谈的方式

会谈分为正式会谈和非正式会谈。正式会谈是指预先通知患者，有目的地进行交谈以获取资料的方式。因正式会谈的环境、氛围等可使患者的心理紧张，容易导致收集的资料遗漏不全，故正式会谈结束时一般都应加上一句“请问，您还有没有要说的？如您想起什么请随时找我补充”。非正式会谈是指护士在治疗、护理过程中与患者之间随时进行的沟通。非正式会谈让患者感到随和、亲切、自然，容易收到更详尽的信息。故两种会谈方式应恰当地结合应用。

（三）影响会谈的主要因素

1. 与患者的关系　护士在会谈之前应与患者建立良好的关系，热情接待患者，对患者的陈述表示理解、认可，多关心、同情患者，始终注意用礼貌的手势、温和的目光、优雅的肢体语言等让患者感到亲切的非语言交流方式，不用责备性的语言，以免使患者感到难以回答并产生防御心理。

2. 会谈环境 保证会谈的环境安静、舒适，光线、温度要适宜，并具备相对的保密性。

3. 文化背景 人们在交流过程中会反映出不同文化背景之间存在的文化差异。会谈的双方一定要保持恰当的距离，过远不尊重对方，太近会造成心理压力。这种在交流中所遵循的距离规则是人们在其熟悉的文化背景成长中形成的，如握手与拥抱这种见面礼就体现了东西方文化的距离差异。护士只有理解患者的文化信仰和价值观，熟悉自己与其文化的差异，才能在会谈过程中保持适合双方的距离，时时提醒自己的语言和行为能充分体现对他人文化的理解和尊重。

4. 年龄差异 由于不同年龄阶段患者的生理及心理发展成熟度不同，参与会谈的能力也因人而异。对于神志清楚的成年人来说，可以轻松地进行会谈；对于可能存在听力、视力、记忆力等功能减退的老人，会谈时则应注意适当减慢语速、提高音量，以及采取面对面的交流方式使其能看清你的表情及口型，说话要清楚、简单，问题才容易交流；而对于年龄较小的儿童或婴儿，信息的主要提供者可能是其父母或其他家庭成员。护士要通过观察或与家长会谈获取信息，同时注意让年龄较长的已具备会谈能力的儿童本人参与会谈。

5. 病情轻重 病情较轻的普通病人，可与患者按需要进行正常的会谈；病情危重或昏迷患者，先做扼要的询问和重点检查后，应立即实施抢救，详细病史稍后补充或从其亲属处获取。

（四）会谈技巧

会谈技巧决定获取资料的多少和质量，因此必须认真地学习和掌握。

1. 注意会谈礼节 会谈开始前，护士应礼貌地称呼对方并作自我介绍，说明会谈的目的，表示愿意提供各种帮助，承诺为其保护隐私。

2. 注意非语言沟通方式 会谈时与患者保持适当的距离，双目平视。会谈中适时使用点头、微笑，及必要的手势等良好的肢体语言，让患者感觉亲切、可信，消除紧张情绪，使会谈顺利进行。

3. 应用合适的提问方式 开始会谈或转换话题时多用开放性提问方式，如“请问您哪里不舒服?”“有什么需要帮助您的吗?”，然后耐心地倾听患者的叙述。开放性问题易于回答，可了解患者对疾病的态度和其他方面有价值的信息。封闭式提问一般使用疑问句，将患者的回答限制在“是”或“否”之内，如“您现在还发热吗?”“您经常打嗝吗?”，这种提问方式带有较强的暗示性和局限性，难以获得更多、更全的信息。采取哪种提问方式更佳，由护士根据具体情况而定。

4. 多用倾听方式 当患者正常、顺利开始回答提问后，要注意多倾听，只要没有离题，不要随意打断患者的讲话，让患者按自己的方式和顺序把情况说出来。相反，当患者偏离会谈话题太远时，护士应及时插入与评估内容相关的问题，使话题转回。

（五）会谈的注意事项

> **考点提示**
>
> 会谈的注意事项。

1. 取得患者的信任 护士和蔼的态度及良好的语言修养是取得患者信任的首要条件。询问患者一般情况时，可根据平衡心态的原理，寻找患者与大众之间的相似之处，如“您这种情况很普遍，我以前就得过您这种病，我理解您的心情”，这样可从心理上安慰患者，缩短护士和患者之间的距离，取得患者的信任和配合。

2. 避免使用医学术语　会谈语言应通俗易懂，问题简单明了，避免使用特定含义的医学术语如“里急后重、奔马律、哮鸣音”等。

3. 避免套问和诱问　会谈中，为进一步了解清楚需要的资料，可适当深入地提出一些问题，但应避免套问和诱问。如护士观察到患者眼圈发黑，神情困倦，不应套问“您精神较差是长期失眠吗?”而应该问“是什么原因让您精神较差?”，也不应该作诱问，如“您是午后、晚上发热吗?”，而应该问“您一般是什么时候发热?”以免患者顺口称是，影响健康史的真实性。

4. 禁止使用责备性语言　如“明明知道吸毒害人，你为什么还要吸毒?”“你为什么拖到现在才来看病? 你是日理万机吗?”这样提问易使患者产生抵御心理而拒绝回答。

5. 多项选择提问和闭合性提问　当患者不容易清楚地表达问题时，可提供有多项备选答案的问题供患者思考，如“您感觉胸痛是针刺样痛、钝痛、烧灼痛、压榨样痛还是别的什么?”，会谈时也可根据需要提出闭合性的问题，如“您是否爱吃生鱼片?”等。闭合性问题适用于获取有关年龄、婚姻状况和某些不能回避而不得不直接询问的问题，尤其是涉及性病、艾滋病等敏感而严肃的问题，更是不能回避，必须要求患者真实、正面回答。

6. 及时核对资料　为确保所获取的资料准确无误，在会谈中必须对患者陈述的不准确的、有疑问或矛盾的内容及时核对、修正。

（六）正式会谈的内容——健康史采集

健康史是关于患者当前与过去的健康状况以及影响健康状况的有关因素和对其自身健康状况的认识与反应等主观及客观方面的资料。与医疗病史不同的是，护理人员更关注患者对其健康状况以及因病而致的生活方式改变所做出的反应。健康史主要包括以下内容：

1. 一般资料　主要是了解患者的一般性项目，包括姓名、性别、年龄、民族、婚姻状况、籍贯、文化程度、职业以及医疗费用支付形式、家庭地址及电话、联系人及联系方式、入院时间、入院方式、记录时间、病史供述人（若病史来源并非患者本人，应注明其与患者的关系）及可靠程度等。

2. 主诉　是指促使患者本次就诊最主要、最明显的症状或体征及其性质和持续时间。主诉应简明扼要并高度概括，要准确反应患者当前的主要问题及其到就医时的持续时间，如“转移性右下腹痛 10 小时”，“咳嗽、咳痰 20 年，心慌、气喘 5 年，双下肢水肿 3 天”，不能使用诊断术语或病名。

> **考点提示**
> 主诉的定义。

3. 现病史　就是现患疾病的全部经过，即反映患者发病以来疾病的发生、发展和诊疗、护理的全过程，是健康史的主体部分。其主要内容有 6 点。

> **考点提示**
> 现病史的主要内容。

①健康问题发生的时间及起病情况，包括发生的时间、地点、原因或诱因以及发生的缓急等情况。

②主要症状（和/或体征）及其特点，主要症状（和/或体征）的部位、性质、持续时间、发作频率、严重程度、有无加重或缓解的因素等。

③与主要症状（和/或体征）相关的次要症状，在主要症状（和/或体征）的基础上同时或随后出现的其他症状。应记录其发生的时间、特点和演变情况，与主要症状（和/或体征）之间的关系等。

④健康问题的发展与演变，包括病程中主要症状（和/或体征）的变化及有无新症状的出现。按症状出现的先后顺序进行描述。

⑤诊疗及护理经过，患者本次就诊前是否因健康问题曾在何时、何地做过何种检查、接受过哪些诊疗及护理，其效果如何。

⑥健康问题对患者的影响，包括患者对自己目前健康状况的评价、健康问题对其生理（如休息、睡眠、精神状况、二便排泄等）、心理以及社会等各方面的影响和影响程度。

4. 既往史 是了解患者过去所存在的健康问题、求医经过及其对自身健康状况的认知和态度等。既往史包括既往健康状况、既往病史、预防接种史及过敏史等。既往健康状况是患者对自己过去健康状况的评价；既往病史包括过去患病史（含传染病史）、住院史、手术史、外伤史，特别是与现在健康问题有密切关系的疾病。应注意询问所患疾病的时间、诊断、治疗、护理经过及转归等情况；此外，还应询问预防接种史及对食物、药物或环境因素中已知物质（如花粉、尘螨等）的过敏史等。

5. 目前用药史 评估用药史是用以了解患者的药物治疗情况及其自我照顾能力，有利于对患者的用药指导，避免患者发生药物过量以及预防因用药不当所导致的药物毒性反应等。因此，要详细询问患者使用药物的名称、剂型、用法、用量、效果及不良反应等。

6. 生长发育史 应用人体自然的生长发育理论，根据不同年龄阶段个体的不同成长发展规律，了解其是否存在成长发展障碍，从而反映其个体成长发展过程中的健康状况。患者的生长发育史包括：生长发育情况、月经史、婚姻史及生育史。

①生长发育情况：主要了解儿童出生时的情况及其以后的生长发育情况。

②月经史：对已行月经的女性或老年妇女应询问月经初潮的年龄、月经周期和经期天数、经血量和颜色、经期症状、有无痛经、白带、末次月经日期或绝经年龄等。记录格式如下：

$$\text{初潮年龄}\ \frac{\text{行经期(天)}}{\text{月经周期(天)}}\ \text{末次月经时间（LMP）或绝经年龄}$$

③婚姻史：包括婚姻状况、结婚年龄，配偶健康状况、性生活情况、夫妻关系等。

④生育史：包括妊娠与生育次数及年龄，人工或自然流产的次数，有无死产、手术产、产褥感染及计划生育等。男性应询问是否患过影响生育的疾病。

7. 家族健康史 主要是了解患者直系亲属及其配偶的健康状况及患病情况，特别应注意询问有无与患者同样的疾病，是否有遗传性疾病等，以明确遗传、家庭及环境等因素对其目前及未来健康状况的影响。

8. 系统回顾 是通过询问患者各系统有关症状及功能性健康形态，全面系统地评估患者以往发生的健康问题及其与本次健康问题的关系。通过系统回顾可避免遗漏重要的信息。系统回顾的组织与安排可根据需要采用不同的系统模式，常用的模式有戈登（Gordon）的功能性健康型态模式和躯体、心理、社会模式。

（1）戈登的功能性健康型态模式需收集以下 11 个方面的信息。

①健康感知与健康管理型态：自觉健康状况如何；日常采取哪些保持健康的方法，自我感觉效果如何；有无烟、酒等嗜好，吸烟、饮酒的量如何；有无定期做健康体检的习惯，做过哪些方面的健康检查，有何结果；是否服从医护人员的健康指导；是否知道所患疾病的原因、自我保健及预防的方法等。

②营养与代谢型态：平时的饮食习惯是怎样的；患病前后的饮食、食欲有无变化；有无恶心、呕吐；有无咀嚼和吞咽困难及其程度、进展情况；有无体重变化；自觉皮肤、黏膜、毛发有无变化等。

③排泄型态：每日排便与排尿的次数、量、颜色、性状、气味有无异常；排汗的量、气味等。

④活动与运动型态：日常活动量如何，平时运动的方式，活动后自我感觉如何，有无气急、呼吸困难、疲乏无力等情况；洗漱、穿衣、吃饭、如厕等日常生活能否自理及自理程度等。

⑤睡眠与休息型态：日常睡眠情况咋样，有无失眠、多梦等情况；睡眠是否需要借助药物作用；睡醒后自觉精神状态如何等。

⑥认知与感知型态：有无嗅觉、味觉、视力、听力等异常；视力、听力是否借助辅助工具；有无记忆、思维过程的异常；有无感觉异常等。

⑦自我感知与自我感念型态：自我感觉是否良好；有无烦躁、愤怒、恐惧、焦虑、抑郁、恐怖、绝望、沮丧等情绪，如何改善这些情绪等。

⑧角色与关系型态：就业与工作情况如何；经济收入能否满足需求；社交情况如何；是否与家人同住或独居；家庭结构与功能如何；角色适应情况如何等。

⑨性与生殖型态：女性月经情况包括初潮年龄、月经周期、经期天数、经血量和颜色、经期症状、有无痛经与白带、末次月经日期、闭经日期、绝经年龄；有无子女；性别认同、性生活满意程度、有无性功能障碍等。

⑩压力与应对型态：平时压力大小如何；怎样减压；是否经常紧张，如何解决；近期有无重大危机等。

⑪价值与信念型态：有无宗教信仰；如何理解生命的意义等。

（2）躯体－心理－社会模式，随着生物－心理－社会医学模式的转变和整体护理观强调的“以病人为中心”的理念，我们不仅要按身体的各个系统对患者身体进行评估，详细询问患者有无可能发生的疾病及其有无相应的症状，同时也强调对患者心理和社会方面的评估，这样可以帮助护士全面了解患者躯体方面某个系统过去是否发生过疾病，评估患者既往发生的疾病与本次健康问题的关系以及患者病后的心理、社会状况如何等。

①呼吸系统：有无咳嗽，咳嗽发生的时间、性质、程度、频率、与体位的关系；有无咳痰，咳痰的性状、颜色、量、气味；有无呼吸困难，呼吸困难发作的时间、急缓、严重程度；有无胸痛，疼痛的部位、时间、性质、与咳嗽及体位的关系；有无其他伴随症状等。既往有无呼吸系统疾病，有无与肺结核等病人的密切接触史，有无吸烟及吸烟的量，患者职业及工作、生活环境如何。

②循环系统：有无心前区疼痛，疼痛出现的部位、性质、程度、持续时间、有无诱因及缓解的方式；有无心悸，心悸发生的诱因和时间、发作的频率；有无呼吸困难，呼吸困难发生的程度、与体位和体力活动的关系；有无水肿，水肿出现的时间、部位、性质、程度；有无其他伴随症状等。既往有无反复咽痛、游走性关节炎、高血压病、动脉硬化等病史。

③消化系统：有无食欲的变化，有无恶心、呕吐、反酸、嗳气、腹胀、腹痛、腹泻、便秘等情况。注意腹痛的部位、性质、持续时间、有无规律、加重或缓解的因素；呕吐物的内容物、量、性状及气味；排便的次数、粪便颜色、性状、量和气味，有无腹痛和里急

后重；有无其他伴随症状等。此外还应注意有无体重的改变、日常饮食习惯、有无饮酒嗜好及摄入量等。

④泌尿系统：有无排尿困难、尿频、尿急、尿痛；尿的颜色、性状、量、气味的变化，有无尿潴留及尿失禁等。既往有无高血压、咽炎、扁桃体炎等病史，有无汞、铅等化学物品中毒史。

⑤血液造血系统：有无头晕、乏力、眼花、耳鸣、记忆力减退、烦躁、食欲异常（异食癖）；皮肤黏膜有无苍白、瘀斑瘀点、黄染，肝、脾、淋巴结有无肿大，骨骼有无疼痛等；有无化学药物、工业毒物、放射性物质的接触史。

⑥内分泌及代谢系统：有无怕热、多汗、食欲异常、烦渴、多尿、视力障碍等；有无肌肉的震颤及痉挛；性格、体格、性器官发育有无异常；体重、皮肤、毛发、甲状腺有无改变等。

⑦生殖系统：青春期后的女性应询问月经情况，包括初潮年龄、月经周期、经期天数、经血量和颜色、经期症状、有无痛经与白带、末次月经日期、闭经日期、绝经年龄；成年女性应询问生育史、包括妊娠与生育的次数、剖腹还是顺产、人工或自然流产的次数等；男性应询问有无影响生育的疾病。

⑧神经系统：有无头痛，头痛的部位、性质、持续时间；有无记忆力的减退、意识障碍、昏厥、运动异常、瘫痪、性格异常等。如疑有精神状态改变，还应了解情绪状态、思维过程、智能及自知力等。

⑨肌肉骨骼系统：有无肢体肌肉疼痛、麻木、痉挛、萎缩、瘫痪等；有无关节疼痛、肿胀、活动障碍、畸形等；有无骨骼外伤、脱位、骨折等。

⑩心理和社会评估：当人们面对各种损害和威胁健康的因素时，由于躯体结构和/或功能的改变必然会影响人体的心理与社会行为能力。因此，从整体护理观出发，我们必须对患者的心理、社会方面进行评估，才能获得全面的健康史资料。具体评估的方法见本书第五章心理与社会评估。

二、身体评估

案例

患者，女性，56岁。慢性支气管炎并阻塞性肺气肿3年。1周前因受凉致咳嗽加重，痰多黏黄，不易咳出，家务活动时伴气喘。

请思考：责任护士应该如何对患者进行身体评估？

身体评估（body assessment）也称护理体检，是护士运用自己的感觉器官或借助一些简单的辅助工具（如体温计、听诊器、叩诊锤等），来诊查患者身体健康状况的一种基本的评估方法。

身体评估的目的是要尽可能地发现患者存在的所有异常体征，以进一步支持和验证会谈中所获得的有临床意义的症状，为确定护理诊断寻找客观依据。一般情况下，患者一般状态的身体评估可与采集健康史的过程同步进行，局部重点评估，如胸、腹部的触诊、听诊等则可在健康史采集之后进行。

身体评估的注意事项：①护士应态度和蔼，关心体贴患者。②重视护理伦理，为异性患者做身体接触评估时应有第三方人士在场，以保护自己和避免医（护）患纠纷。③环境安静舒适、光线适宜，空间相对密闭，开放空间应有屏风遮挡以保护患者的隐私。④评估前应先洗手，以免发生医源性交叉感染。手宜温暖，以免因冰冷而刺激患者。⑤身体评估过程中动作要规范、轻柔、准确，内容完整而有重点。⑥评估应按一定的顺序进行。通常先观察一般情况，然后评估头部、颈部、胸部、腹部、脊柱、四肢及神经系统，以避免不必要的重复或遗漏。⑦根据病情合理安排评估时间。对病情一般的患者，应一次性进行细致、完整的评估；对危重者，应重点评估后立即进行抢救，待病情好转后再做必要的补充评估。根据病情变化随时复查，及时发现新的症状和体征，不断补充、调整和完善护理问题和护理措施。

身体评估的基本方法有视诊、触诊、叩诊、听诊和嗅诊五种。身体评估的过程既是基本技能的训练过程，也是与患者进行沟通交流建立良好护患关系的过程，通过反复练习和实践，熟练掌握和运用这些方法，以便得到准确可靠的评估结果。

（一）视诊

视诊是护士用视觉来观察患者全身或局部状态的一种评估方法。视诊方法简单，适用范围广，可提供重要的评估资料，但必须有丰富的医学知识和临床经验，通过深入、细致的观察，才能发现有重要意义的临床征象。

视诊时，观察的部位要充分暴露，在良好的自然光线下进行，观察搏动、蠕动及肿物的轮廓时，最好在侧光下观察。如自然光线不能满足，应有充足的无色光线（如日光灯）补替，因有色光线会掩盖某些重要的体征。通过认真细致地视诊，可以观察到许多重要而有价值的体征如贫血貌、二尖瓣面容、黄疸等，但对某些特殊部位（如眼底、鼓膜、呼吸道、消化道等）的检查，则需要借助仪器（如眼底镜、耳镜、内镜等）进行观察。

（二）触诊

触诊是护士通过手的触觉或患者对触摸的反应来判断患者器官或组织的物理特性的评估方法。手的触觉灵敏度因部位不同而异，其中，以指腹和掌指关节的掌面最为敏感，所以通常触诊多用这两个部位，但对于温度的分辨则以手背较为敏感。触诊使用范围很广，且能弥补视诊的不足。通过触诊能发现视诊不能发现的体征，如温度、湿度、震颤、摩擦感、压痛、移动度、硬度等。腹部评估以触诊最为重要。

> **考点提示**
> 触诊的方法、注意事项。

1. 触诊方法　根据触诊的目的和施加压力的轻重不同，触诊分为浅部触诊法与深部触诊法。

（1）浅部触诊法　护士将一手轻放于患者的体表，利用掌指关节和腕关节的协同配合，轻柔地进行滑行触摸。浅部触诊主要适用于体表病变，如关节、软组织及浅部的动脉、静脉、神经等检查（图2－1）。

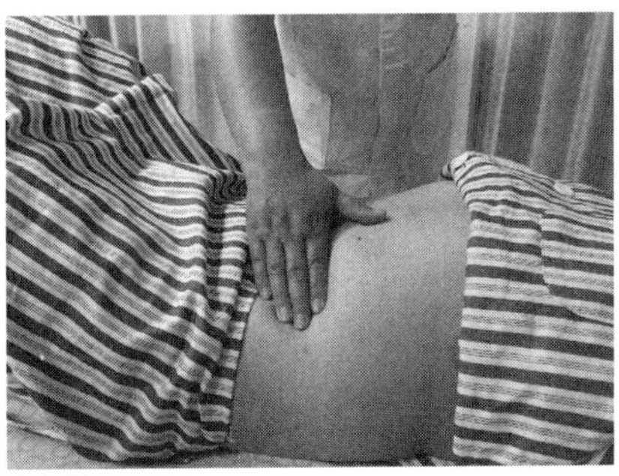

图2－1　浅部触诊法

(2) 深部触诊法　用单手或双手重叠置于体表，由浅入深，逐渐施压，以达深部。适用于评估腹腔脏器的情况或病变（图2－2）。根据评估的目的和手法的不同可分为以下四种。

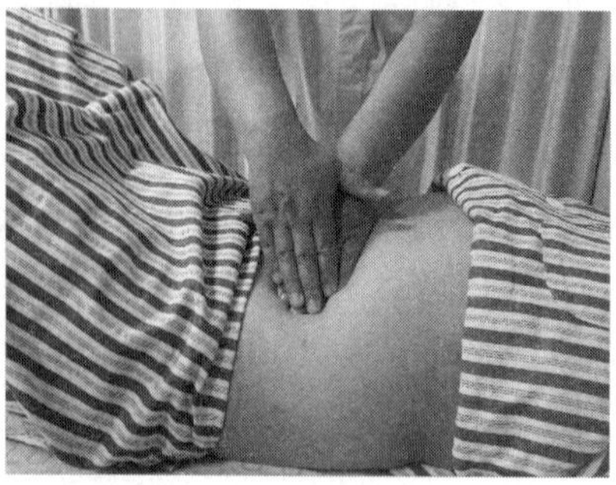

图2－2　深部触诊法

1）深部滑行触诊法　常用于腹腔深部包块和胃肠病变的评估。操作方法是护士用并拢的二、三、四指末端逐渐向腹腔深部的脏器或包块触摸，在触及的脏器或包块上做上、下、左、右的滑动触摸。如为肠管或条索状包块，需进一步做与其长轴相垂直的方向上的滑动触诊。

2）双手触诊法　主要用于肝、脾、肾和腹腔肿物的触诊。方法是护士将左手置于患者脏器或包块的后（下）部，将被评估部位推向右手方向，以便固定并使包块或脏器更贴近体表，利于右手触诊。

3）冲击触诊法　又称浮沉触诊法。一般只用于大量腹水而肝、脾及腹腔包块难以触及者。方法是护士将右手二、三、四指并拢，取70°～90°角置于腹壁相应的部位，做数次急速而较有力的冲击动作，在冲击腹壁时指端会有被浮沉的腹腔脏器或包块撞击的感觉。

4）深压触诊法　护士用一或两个手指逐渐深压，以探测腹腔深在病变的部位或确定腹部压痛点，如阑尾压痛点、胆囊压痛点等。

2. 注意事项

(1) 评估前应向患者说明评估的目的和配合动作，触诊时手要温暖轻柔，避免引起患者精神和肌肉紧张。

(2) 护士应面向患者站其右侧，触摸的同时观察患者的面部表情。

(3) 患者一般取仰卧位，双手自然置于身体两侧，双腿稍屈，腹肌放松；评估脾、肾时可根据需要取侧卧位。

(4) 评估下腹部时，应嘱患者先排空大小便，以免将充盈的膀胱或肠腔内干硬的粪块误认为腹内肿块。

(5) 触诊时要手脑并用，结合病变的解剖和毗邻关系，边触诊边思考，反复斟酌，以判断病变的性质和来源。

(三) 叩诊

叩诊是护士用手指叩击或手掌拍击患者某部位体表，使之震动而产生声响，根据震动的声响特点来判断被评估部位的脏器有无异常的检查方法。叩诊多用于肺上、下界的定位及肺下界的移动度、心界的大小、胸腔积液或积气的多少、肺部病变大小与性质、腹水的有无及量的多少、膀胱有无充盈等检查。

1. 叩诊方法　根据叩诊的目的与手法的不同，将叩诊分为直接叩诊和间接叩诊两种。

（1）直接叩诊法　是护士用右手中间三指掌面直接拍击被评估部位，借拍击的声音和指下的震动来判断病变情况的方法（图2－3）。此法主要适用于胸部或腹部面积较广泛的病变，如大量胸水或腹水等。

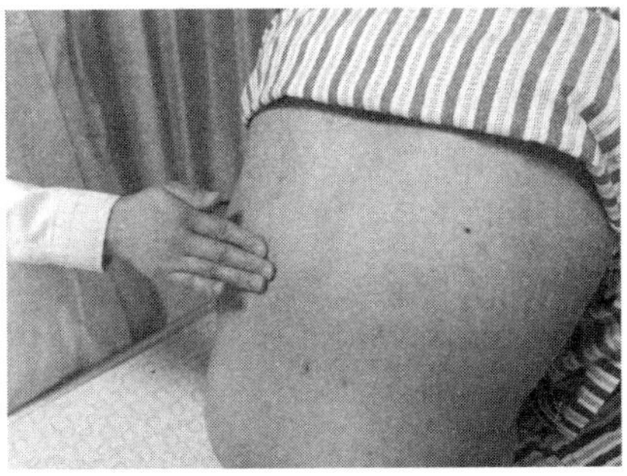

图2－3　直接叩诊法

（2）间接叩诊法　临床应用较为广泛，护士左手中指第二指节紧贴于叩诊部位，其余手指稍抬起，勿与体表接触；右手指自然弯曲，垂腕时以中指指端叩击左手指第二指节前端，叩击方向与叩诊部位的体表垂直，叩击力量要适宜；叩击动作应短促、灵活、富有弹性，右手抬起应迅速，以免影响声音的振幅和频率。叩诊时应以腕关节与掌指关节的活动为主，避免肘关节及肩关节参与活动（图2－4）。

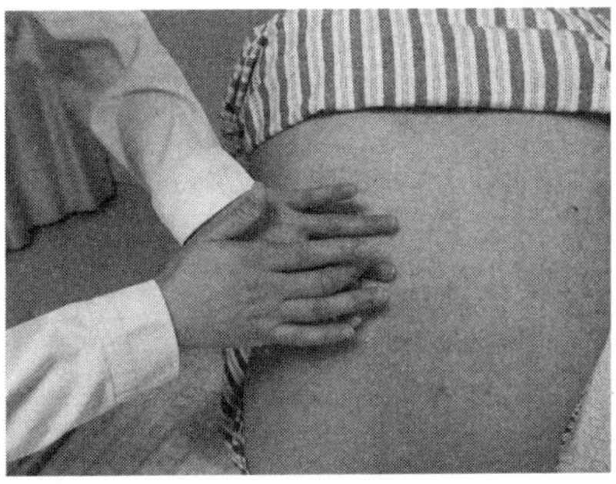

图2－4　间接叩诊法

2. 叩诊音　由于人体组织器官的密度、弹性、含气量以及与体表的距离不同，故所叩部位产生的声音亦各异。根据声音的强弱、音调的高低、振动时间的长短等，叩诊音可分为清音、浊音、鼓音、实音、过清音，其特点和临床意义如下。

> **考点提示**
>
> 叩诊音的临床意义。

（1）清音　是一种声音强度较响亮，音调较低，持续时间较长的叩诊音。在正常肺组织覆盖区叩诊均为清音。

（2）浊音　是一种音调较高而声音较弱，持续时间较短的叩诊音。正常情况出现在心、肝被肺覆盖部分，病理情况见于肺炎、肺不张等。

（3）鼓音　是常见五种叩诊音之中声音最强、音调最低、持续时间最长的叩诊音。正常情况见于胃泡区，病理情况见于气胸、靠近体表的较大肺空洞者。

（4）实音　是常见五种叩诊音之中声音最弱，音调最高而持续时间最短的叩诊音，正常情况出现于心、肝未被肺遮盖的裸露区，病理情况见于大量胸腔积液、肺实变等。

（5）过清音　是介于清音和鼓音之间，即音响、持续时间等超过清音而弱于鼓音的一种叩诊音，健康人体不出现此种音响，仅见于慢性阻塞性肺气肿患者。

3. 注意事项

（1）保持环境安静，温度适宜，以免噪音和寒冷刺激肌肉收缩干扰。

（2）应充分暴露患者被评估部位，保持肌肉处于放松状态。

（3）根据叩诊部位的不同，选择恰当的叩诊方法和体位，并注意对称部位的比较。

（4）叩击动作要灵活、短促、富有弹性。叩击后右手应立即抬起，以免影响音响的振幅与频率。一个部位每次只需连续叩击 2 ~ 3 下，如未能获得明确的音响，可再连续叩击 2 ~ 3 下。叩击力量要均匀，使产生的声响一致，同时应结合评估部位、病变组织的性质、范围大小或位置深浅等而采取轻重不同的手法。

（四）听诊

是护士用耳或借助听诊器听取发自身体各部的声音而判断其正常与否的评估方法。在心、肺评估中尤其重要。

1. 听诊方法

（1）直接听诊法　是护士用耳直接贴近患者体表进行听诊的方法。仅用于特殊或紧急情况下的听诊。

（2）间接听诊法　是护士借用听诊器或听筒进行听诊的方法。此法对听诊部位的声音有一定的放大作用，使用范围广，主要用于心、肺、腹部、血管等听诊，尤以心脏听诊极为重要。临床上通用的听诊器由耳件、体件、导管三部分组成，使用时应注意检查导管部是否通畅，有无破损，耳件方向应与外耳道一致，以便能清楚听诊。体件有膜型和钟型两种，膜型体件适合于高音调声音的听诊，如呼吸音、肠鸣音及主动脉瓣关闭不全的高调杂音，听诊时应紧贴体表被检查部位；钟型体件适合于低音调声音的听诊，如二尖瓣狭窄的低调隆隆样杂音，听诊时应轻触体表被检查部位，但应注意避免与皮肤摩擦而产生附加音。

2. 注意事项

（1）听诊环境要安静、温暖、避风，听诊器体件部分不宜冰凉，因寒冷或冰冷刺激可引起肌束颤动，出现摩擦音而影响听诊效果。

（2）根据病情采取适当的体位。

（3）听诊前应注意检查耳件方向是否正确、管件是否通畅。听诊时体件应紧贴被评估部位，避免与皮肤摩擦而产生附加音干扰。

（4）听诊时注意力要集中，听肺部时要摒除心音和上腹部肠鸣音的干扰，听诊心脏时不要受呼吸音的干扰。

（五）嗅诊

1. 嗅诊的方法与注意事项　嗅诊是护士通过嗅觉来判断发自患者的异常气味与疾病关系的一种评估方法，通过嗅诊可为临床护理提供有价值的资料。嗅诊时一般是护士首先注意环境气味有无异常，评估患者时通常立于患者一侧，用一只手掌轻轻将患者散发异味的分泌物或排泄物等扇向自己的鼻端，仔细判断气味有何异常。护士应根据患者的病种和病情，进行有针对性的嗅诊，如对大小便失禁者，应注意对粪臭、尿臊气味的嗅诊等；为了保证嗅诊观察的质量，护士应综合运用各

考点提示

常见异常气味的临床意义。

种观察方法与手段，结合视诊、问诊、听诊等其他护理评估方法，才能全面获取准确的病情信息资料。

2. 嗅诊的内容及临床意义 人体异常气味多来自皮肤、黏膜、呼吸道、胃肠道等产生的分泌物、排泄物、呕吐物、脓液与血液等。常见异物的嗅诊内容及其临床意义如下。

（1）痰液 常无特殊气味。若出现血腥味见于大量咯血；恶臭味可能提示支气管扩张伴感染或肺脓肿。

（2）脓液 一般无特殊气味。恶臭味提示厌氧菌感染或有气性坏疽的可能。

（3）呼气 浓烈的酒味见于大量饮酒后；大蒜臭味见于有机磷农药中毒；烂苹果味见于糖尿病酮症酸中毒；肝腥味见于肝性脑病；氨味见于尿毒症。

（4）呕吐物 略带酸味。明显酸臭味提示食物在胃内潴留时间过长，常见于幽门梗阻。

（5）尿液 新鲜尿液一般无特殊气味。若出现浓烈的氨味见于膀胱炎；大蒜味见于有机磷农药中毒；烂苹果味见于糖尿病酮症酸中毒；鼠尿味见于苯丙酮尿症。

（6）粪便 腐败性臭味多由消化不良引起；腥臭味见于细菌性痢疾；肝腥味见于阿米巴性痢疾。

（7）恶露 正常恶露无臭味，因含有较多血液而带血腥味，如出现恶臭味则提示产褥感染或晚期产后出血合并感染。

三、其他评估

健康评估的方法除上述介绍的会谈和身体评估的基本方法以外，还有许多其他评估手段。本书第四章将按系统逐一详细介绍身体各部分评估的具体方法，第五章介绍心理与社会评估，第六章介绍常用实验室检查，第七章介绍心电图检查，第八章介绍影像学与内镜检查。具体的评估方法及评估结果的临床意义详见各有关章节。

（王春桃）

附：健康史采集会谈示例（以实训科目一健康史的采集案例为例）

患者，男性，36岁。因“反复上腹疼痛7年，加重1周伴黑便1次”就诊，门诊初诊“消化性溃疡伴出血”收住院。患者入院时护士应如何进行健康史的采集？应重点采集哪些内容？就该例的健康史采集（一般资料、现病史部分会谈）示例如下。

护士热情地将患者迎到护士站旁落座。

护士：“您好，我是消化内科责任护士小陈。请问您叫什么名字？今年多大啦？”

患者：“我叫肖某某，今年36岁。”

护士：“好的，谢谢！为了准确了解您的情况，以便我们能更好地为您提供帮助，请您按照我们这张护理记录单首页记载的项目，依次说出您个人的全部真实信息，好吗？”

患者：“嗯。我姓名和年龄已经说过了，我是男性，职业是中学体育教师，民族是汉族，籍贯是成都市大邑县，婚姻已婚，文化程度是大学本科，住址是大邑县城东邑路123号。”

护士：“好的。请问您这次生病主要是哪里不舒服？大概有多久了？希望我们给您什么样的帮助？”

患者：“我这个病说来话长。7年前我就莫名其妙地开始出现心口这一圈痛，饿了的时候还好点，一吃饭要不了一会儿就痛，它痛起来又不是太严重，反正就是胀，些许的不舒服。每年春天、秋天要痛两三回，每次痛起来的时候因为不是太严重，就一直拖，实在有点痛得厉害的时候，就在私人诊所里拿点治胃痛的药吃几次，又莫名其妙地好了，就这样反反复复地痛了7年。这次是1周前我陪老婆、女儿吃了一碗火锅粉，这一下就痛得凶了，中间吃胃得乐、胃苏平，今天已经7天了都不见效。今天早晨起来痛得厉害了，忍不住拉了一次大便，全是黑的。医生说我这是溃疡出血。老师，溃疡出血是咋回事？你看我一个搞体育的老师，身体这么壮，怎么会弄出一个啥溃疡哦？不会有其他啥大问题嘛？我希望你们给我认真检查，看到底是啥问题，还有就是快点帮我医好，学校的课不能耽误久了。”

护士（微笑地）：“肖老师，看把您着急的，您一下问了我这么几个问题，别着急，一个一个地来。我先问您，您说的心口这一圈痛，请您指给我看一下，是哪些地方？“

患者边说边用手指指着疼痛的地方，“就这些地方”。

护士：“哦，明白了，就是中间上腹部的位置。也就是说，这些年您一直是这里疼痛？”

患者：“就是。”

护士：“您说您这个上腹痛都是胀胀的不舒服，每次饭后开始痛？饿了要好些？”

患者：“嗯。”

护士：“哦，那您每次除了痛以外，还有没有其他什么不舒服的？”

患者：“有，经常要打嗝，有时嗝好久，很不舒服，偶尔要流口水，我老婆还笑我一个大男人，也像女人怀孩子一样冒酸。”

护士：“哦，有嗝气，反酸。您认为您这个病可能与哪些因素有关？每次发作有没有原因？”

患者：“我搞体育的一直都大大咧咧的，这么多年我没认真对待过这个问题。不过，我觉得可能就是与我这个职业有关。我们经常在外面打球，比赛什么的，吃饭从来没有一个准点，有时候饿得很了，就喝点甜饮料，忙完又胡吃海喝一顿，这样就更不舒服。还不能吃红薯饭，一吃就痛。另外，我每年春天、秋天都要痛几回，会不会与气候有关系哦？”

护士：“嗯。您饮食不能定时定量，与季节也有关系。您这次痛加重，拉黑便，是吃了火锅粉引起的？那您以后一定要注意，养成定时定量的饮食习惯，尽量避免辛辣燥热的东西，特别是在容易发病的季节，更要注意，这样会减少复发。请问，您今天到现在为止，一共拉了几次黑便，估计排了多少？”

患者：“排了一次，可能有半斤（250g）左右哦，现在肚子还是胀得不舒服，想上厕所。”

护士：“哦，如有哪里不舒服，就请及时给我们说哟。肖老师，请问您这个病特别是这次痛了1周了，今天又出了血，对您有什么影响？睡眠、休息、饮食等方面有没有改变？”

患者：“以往痛起来的时候不是太厉害，我随便吃点药也就好了，没啥影响，也没在意。这次比前几年哪次都痛，又出血，有点怕。几天都没有睡好了，不敢吃啥东西，吃了好几种药都没有作用，怕越吃越痛。”

护士：“嗯，也不要太担心，溃疡这种病很常见，很多人一生中都可能会得这个病，我们科室几乎每天都能遇到这种病人。请您放心，我们会认真给您做详细的检查，根据您的病情做精心的治疗、护理。您刚才提的那几个问题，今后在医院的几天，我们都会给您做解答，不仅要让您明白溃疡是咋回事，更要让您明白溃疡是怎么发生的，有哪些危害因素，使您今后能主动地避开那些危害因素，对您来说，养成定时定量的饮食习惯，不吃辛辣燥热刺激的食物、戒烟酒等，这样，您就可以长期保持健康了。好了，今天谢谢您给我们提供这么多的信息，请您注意休息，有什么需要补充的请随时到护士站找我们。谢谢您。”

（王春桃）

目标检测

A1 型题

1. 护士成功采集健康资料的关键是

A. 正确应用沟通技巧　B. 努力使患者配合

C. 病情简单，容易收集　D. 患者文化程度高，理解能力强

E. 患者表达能力强

2. 会谈采集健康资料过程中，护理人员做法不妥的是

A. 对患者的问题马上提出质疑　B. 复述患者的内容

C. 分析并解答患者的相关问题　D. 澄清相关内容

E. 患者偏题时，可以恰当的方式打断并插入正题

3. 下列关于会谈语言使用正确的是

A. 您是下午发热吗

B. 您是空腹的时候疼痛吗

C. 您头痛时还有其他什么不舒服吗

D. 您腹泻时大便带有黏液脓血吗

E. 您的腹痛会放射到后背吗

4. 视诊检查要求下列哪种适宜的光线

A. 紫色光线　B. 强光线　C. 弱光线

D. 自然光线　E. 以上均可

5. 下列关于触诊的说法正确的是

A. 可以补充嗅诊所不能确诊的体征

B. 可以补充叩诊所不能确定的体征

C. 可以补充听诊所不能确定的体征

D. 可以补充视诊所不能确定的体征

E. 可以补充问诊所不能确定的体征

6. 正常人体的叩诊音不含

A. 清音　B. 浊音　C. 鼓音

D. 实音　E. 过清音

7. 现病史的内容不含

A. 主要症状（和或体征）的特点　B. 伴随症状

C. 疾病发生、发展与演变情况　D. 既往所患疾病及治疗情况

E. 院外治疗及护理的情况

8. 在护理诊断的 PES 公式表达中，P 代表

A. 症状和体征　B. 健康史　C. 健康问题

D. 相关因素　　E. 医疗诊断

A2 型题

9. 患者，女性，17 岁，中学生。因考试较差被家长批评后服乐果（有机磷类农药）中毒，急诊入院。护理体检该患者身上可能散发的气味是

A. 烂苹果味　　B. 氨臭味　　C. 刺鼻的大蒜味

D. 苦杏仁味　　E. 浓烈的酒味

10. 患者，女性，58 岁。有慢性支气管炎肺气肿病史 7 年。今晨因感冒打喷嚏时，突感左侧胸部撕裂样疼痛，随后气急。胸片提示左侧自发性气胸。下列最可能吻合患者病情的叩诊音是

A. 过清音　　B. 浊音　　C. 鼓音

D. 实音　　E. 清音

11. 患者，女性，30 岁。因甲亢重度甲状腺肿拟择日行甲状腺次全切除术。夜班护士发现患者失眠，双手颤抖。沟通中了解到患者害怕手术发生意外，想放弃选择放疗但又因病情太重不敢耽误。护士采取的措施不妥的是

A. 向患者介绍主刀医生的成功经验

B. 让患者放心，手术没有任何风险

C. 向患者说明手术的目的意义

D. 教会患者使用放松技术

E. 鼓励家属多给予支持

A3 /A4 型题

患者，女性，35 岁。患支气管扩张症 2 年，3 天前受凉后咳嗽、咳痰加重，痰为黄色脓性、黏稠。门诊以“支扩伴感染”收入院。

12. 护士收集健康资料，与该患者会谈正确的是

A. 用医学术语交谈　　B. 暗示性提问

C. 语言通俗易懂　　D. 给予诱导，尽早问出病情

E. 因工作忙不过来，用其他医院转诊来的资料代替

13. 体检发现，与该患者病情相吻合的叩诊音应是

A. 清音　　B. 浊音　　C. 鼓音

D. 实音　　E. 过清音

14. 如果患者的痰液出现恶臭味，提示可能伴有

A. 肺炎球菌感染　　B. 厌氧菌感染　　C. 葡萄球菌感染

D. 大肠杆菌感染　　E. 结核杆菌感染

（王春桃）

扫码“练一练”

第三章

常见症状评估

学习目标

知识目标

1. 掌握常见症状的护理评估要点和相关护理问题。
2. 熟悉常见症状的临床表现。
3. 了解常见症状的主要病因和发生机制。

技能要点

结合病例分析，学会评估各种常见病症状及相关护理问题。

症状（symptom）是机体在病理生理学或病理解剖学改变的基础上，患者主观上的异常感觉，如发热、咳嗽、头痛等。症状是主观资料的重要组成部分，正确理解和把握这些资料对做好护理评估并形成护理诊断及医护合作问题至关重要。

第一节　发热

扫码“学一学”

案例

患者，男性，28 岁。3 天前春游时因气候变化感冒后，出现鼻塞、流涕、轻咳、发热，体温 38.1℃，自服“红霉素”和“感冒冲剂”，症状未见好转；第 2 天体温高达39.2～40.1℃，伴右侧胸痛、咳嗽、咳铁锈色痰，但无咯血。发病以来，食欲不振、乏力、睡眠欠佳、大小便正常。患者既往体健，无手术外伤史，无药物过敏史。

请思考：①该患者发热的病因可能是什么？②根据患者体温的特点判断属于何种热型？③护士应重点评估哪些内容？④患者目前存在的主要护理诊断有哪些？

正常人的体温保持相对恒定。体温调节中枢在致热原（pyrogen）作用下或体温调节中枢功能紊乱，使产热增多，散热减少，体温升高超过正常范围，称为发热（fever）。引起发热的原因很多，临床可分为感染性发热与非感染性发热。

【病因与发生机制】

（一）病因

1. 感染性发热 最常见。由细菌、病毒、支原体、衣原体、立克次体、螺旋体、真菌、寄生虫等各种病原微生物引起的急性或慢性、局部或全身性感染均可出现发热，其中以细菌感染最为多见。

2. 非感染性发热 主要有下列几类。

（1）无菌坏死物质的吸收 ①机械性、物理性或化学性损害，如大面积烧伤、手术、内脏出血等。②组织缺血性坏死，如心肌、肺、脾等组织梗死或肢体坏死。③组织细胞破坏，如恶性肿瘤、白血病、溶血反应等。组织细胞坏死及坏死物质的吸收引起发热，称为吸收热。

（2）抗原－抗体反应 如风湿热、药物热、自身免疫性疾病、血清病等。

（3）内分泌代谢性疾病 如甲状腺功能亢进症、重度脱水等。

（4）皮肤散热减少 如广泛性皮炎、鱼鳞病等，一般为低热。

（5）体温调节中枢功能障碍 如中暑、安眠药中毒、脑出血、颅脑损伤等，此类发热称为中枢性发热，多表现为高热无汗。

（6）自主神经功能紊乱 多表现为低热，常伴有其他自主神经功能紊乱的表现，属功能性发热。见于夏季低热、精神紧张、剧烈运动后、自主神经功能紊乱、部分女性月经前或妊娠初期。

（二）发生机制

> 考点提示
> 体温正常值与生理变异。

正常人的体温因测量部位不同而略有差异。一般口腔温度为36.3～37.2℃，腋窝温度为36.8～37℃（较口腔温度低0.5℃），直肠温度为36.5～37.7℃（较口腔温度高0.5℃）。在不同个体之间体温略有差异，且常受机体内外环境因素的影响，但波动范围一般不超过1℃。如新生儿、老年人代谢率较低，体温相对低于青壮年。育龄期女性在月经前及妊娠期体温稍高。

1. 致热源性发热 致热源是引起发热的最常见因素，分为外源性和内源性两大类。

（1）外源性致热源 如微生物、病原体及其产物、炎性渗出物、无菌坏死性物质、抗原－抗体复合物等。其分子较大，一般不能直接透过血－脑屏障作用于体温调节中枢，但各种外源性致热源均能激活血液中的中性粒细胞、嗜酸性粒细胞和单核－吞噬细胞系统，使其形成并释放内源性致热源（又称为白细胞致热源）。

（2）内源性致热源 如白介素、肿瘤坏死因子和干扰素等。其分子较小，可通过血－脑屏障直接作用于体温调节中枢，使体温调定点上移，体温调节中枢重新发出冲动，并通过垂体内分泌因素使代谢增加或通过运动神经使骨骼肌收缩，从而体内产热增多。另一方面通过交感神经使皮肤血管及竖毛肌收缩血流量减少，排汗停止，散热减少，最终使产热大于散热，体温升高引起发热。

> 考点提示
> 发热的病因与发病机制。

2. 非致热源性发热 是体温调节功能障碍所引起的一种体温升高。①体温调节中枢直接受损或功能紊乱，如颅脑外伤、脑出血、中暑等。②产热过多，如癫痫持续状态、甲状腺功能亢进症等。③引起散热减少的疾病，如广泛性皮炎、鱼鳞病等。

【临床表现】

（一）发热的临床经过与特点

1. 体温上升期 常表现为乏力、肌肉酸痛、皮肤苍白、畏寒或寒战、无汗，此期产热大于散热使体温升高。体温上升的方式有两种。

（1）骤升型 体温在数小时内达39～40℃或以上，常伴寒战。常见于疟疾、大叶性肺炎、败血症、急性肾盂肾炎、流行性感冒、输液反应等。

（2）缓升型 体温在数日内逐渐达高峰，多不伴寒战。常见于结核病、伤寒及布氏杆菌病等。

2. 高热期 是指体温上升达高峰后保持一定时间，持续时间长短可因病因不同而异。此期产热与散热过程在较高的水平上保持相对平衡，皮肤血管由收缩转为舒张，皮肤发红并有灼热感，呼吸加深加快，并开始出汗，可伴烦躁不安、谵妄、幻觉等改变。持续高热可使大脑皮质和呼吸中枢功能抑制，出现昏迷、呼吸不规则等。

3. 体温下降期 由于病因消除，致热源的作用减弱或消失，体温中枢调定点逐渐恢复正常，产热减少，散热增加，使体温降至正常水平。此期表现为出汗多，皮肤潮湿。体温下降亦有两种方式。

（1）骤降型 体温在数小时内迅速下降至正常水平，常伴大汗淋漓，见于急性肾盂肾炎、疟疾、输液反应等。

（2）缓降型 体温在数天内逐渐降至正常，如风湿病、结核病等。

（二）临床分度和热期

1. 发热程度 以口腔温度为标准将发热高低可将其分为：

低热	37.3～38℃
中等度热	38.1～39℃
高热	39.1～41℃
超高热	41℃以上

> **考点提示**
>
> 发热的程度及临床过程的特点。

2. 热期 发热在2周内者称为急性发热；持续1个月以上者称为长期发热；体温在38℃以下，持续1个月以上者称为长期低热，如结核病、恶性肿瘤等。

知识链接

小儿高热惊厥的急救与护理

小儿中枢神经系统以外的感染所致38℃以上发热，出现短暂的全身性惊厥发作伴意识丧失，称小儿高热惊厥。属儿科常见急症。发病率为3%～5%，复发率为30%～40%。急救与护理措施：①保持呼吸道通畅。解开衣领、侧卧、头偏向一侧、及时清理口鼻咽部分泌物。②止惊。③吸氧。④降温。⑤防止舌唇咬伤、碰伤及坠床。⑥观察病情变化并记录。⑦建立静脉通路。⑧补充营养、多饮水、做好口腔护理。⑨做好家属的心理护理。⑩做好出院指导。

（三）热型及临床意义

热型（fever type）即不同形态的体温曲线。不同的疾病可表现不同的热型，热型不同其临床意义亦不相同。

考点提示

各种热型的特点及临床意义。

1. 稽留热（continued fever） 体温恒定维持在39～40℃或以上水平达数日或数周，24小时内波动范围不超过1℃（图3－1）。常见于大叶性肺炎、伤寒高热期等。

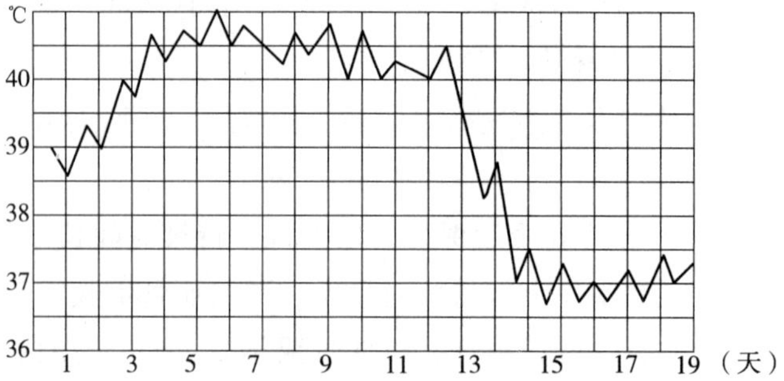

图3－1 稽留热

2. 弛张热（remittent fever） 体温常在39℃以上，24小时内波动范围大于2℃，但最低仍高于正常（图3－2）。常见于败血症、化脓性感染、风湿热、重症肺结核等。

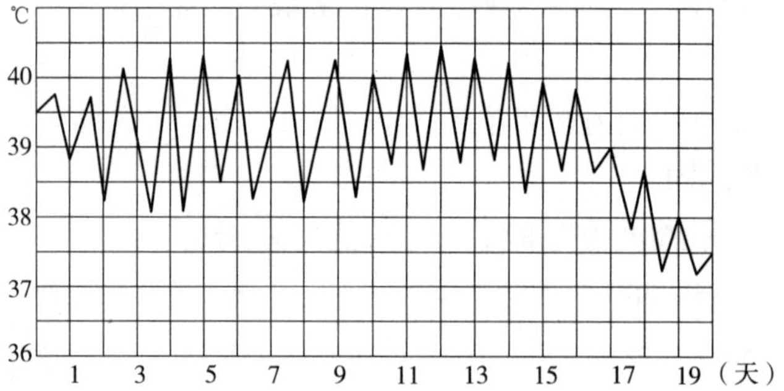

图3－2 弛张热

3. 间歇热（intermittent fever） 体温骤升达高峰后持续数小时，又骤降至正常，无热期可持续1天或数天，高热期与无热期反复交替出现（图3－3）。常见于疟疾、急性肾盂肾炎等。

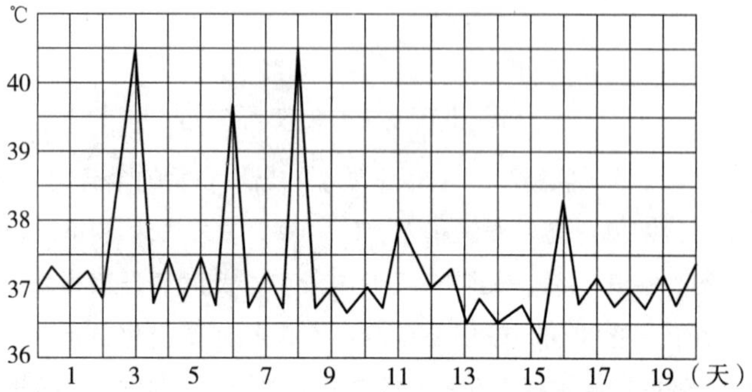

图3－3 间歇热

4. 波状热（undulant fever） 体温逐渐上升达39℃或以上，数天后又逐渐下降至正常水平，持续数天后又逐渐升高，如此反复多次（图3-4）。常见于布氏杆菌病。

5. 回归热（recurrent fever） 体温骤然上升至39℃或以上，持续数天后又骤然下降至正常水平。高热期与无热期各持续若干天后规律性交替出现（图3-5）。可见于回归热、霍奇金淋巴瘤等。

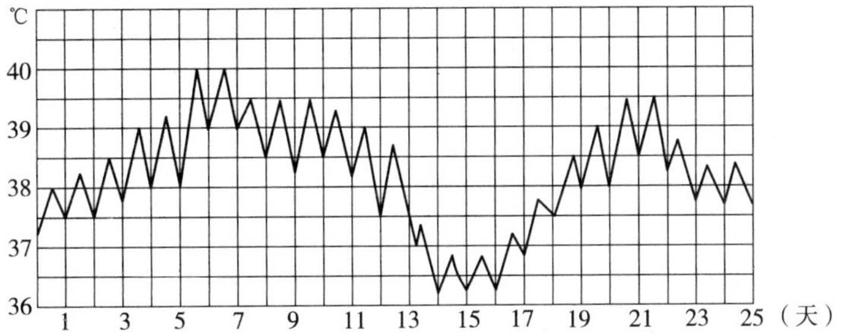

图3-4 波状热

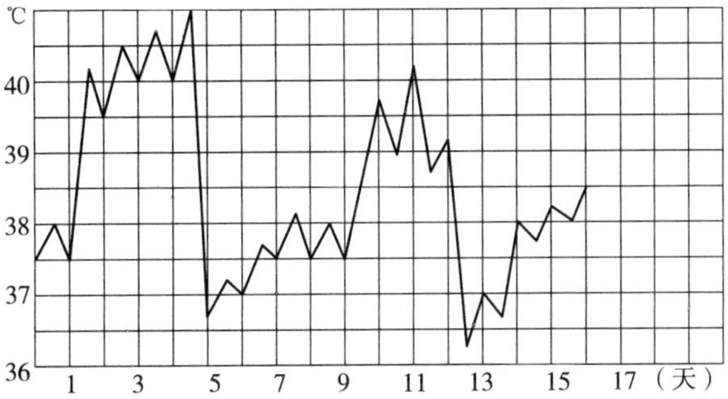

图3-5 回归热

6. 不规则热（irregular fever） 体温曲线无一定规律（图3-6）。可见于结核病、风湿热、支气管肺炎等。

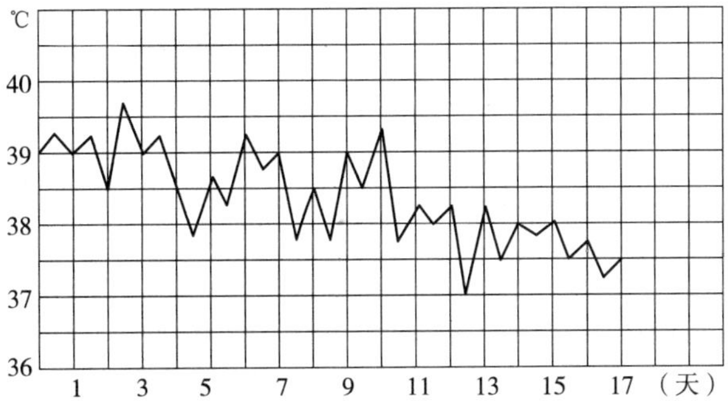

图3-6 不规则热

【护理评估要点】

1. 发热的特点 询问起病时间、起病缓急、发热的程度、热期和热型、发热过程中有无畏寒、寒战、大汗或盗汗等。

2. 病因 询问患者发热的可能原因，如有无感染性疾病或其他原因、既往有无发热史及传染病接触史等。

3. 诱因 有无受寒、不洁饮食、过度劳累、手术、分娩、服药史等。

4. 伴随症状 伴咳嗽、咳痰、胸痛应考虑呼吸系统疾病；伴皮肤黏膜出血或牙龈、鼻腔出血，多见于某些血液病、败血症、流行性出血热；伴淋巴结、肝、脾肿大，可见于急性白血病、传染性单核细胞增多症、病毒感染等；伴关节痛，可见于风湿热、关节结核等。

5. 身心反应 发热后有无头晕、头痛、食欲减退、口渴、皮肤干燥、体重下降；有无精神紧张、焦虑或烦躁等情绪反应。

6. 诊疗及护理经过 发热后是否做过检查、治疗、护理，是否用药、药物种类、剂量及疗效，有无采取物理降温、方法及效果。

【相关护理诊断及医护合作问题】

1. 体温过高 与病原体感染、体温调节中枢功能障碍或自主神经功能紊乱有关。

2. 体液不足 与发热后出汗过多和（或）液体量摄入不足有关。

3. 营养失调 与长期发热代谢率增高及营养物质摄入不足有关。

4. 口腔黏膜改变 与发热所致的口腔黏膜干燥有关。

5. 潜在并发症 惊厥或意识障碍等。

（黄跃芬）

案例

患者，女性，24 岁。2 个月来出现间断咳嗽、咳痰，痰量少、色白，每天下午感到全身潮热，自测体温：37.7～38.3℃，曾多次到当地诊所就诊，医生给予抗病毒药及抗生素口服，症状均无好转。近 1 个月来自觉疲乏无力、食欲减退、咳嗽、咳痰加重、夜间盗汗、月经量减少、体重减轻 5 公斤。

请思考：①该患者咳嗽、咳痰的病因可能是什么？②护士应重点评估哪些内容？③患者目前存在的主要护理问题有哪些？

扫码“学一学”

第二节 咳嗽与咳痰

咳嗽与咳痰（cough and expectoration）是临床上最常见的症状之一。咳嗽是机体的防御反射，自外界吸入呼吸道的异物和呼吸道分泌物，可通过咳嗽反射清除。但长期频繁剧烈的咳嗽会影响患者的工作与休息，属病理现象；咳嗽亦可使呼吸道内感染扩散，剧烈咳嗽甚至导致呼吸道出血、自发性气胸等。借助于咳嗽动作将气管、支气管内分泌物或肺泡内渗出液排出体外称咳痰。

知识链接

呼吸系统的防御功能

①气道物理防御：致病因子的沉积、滞留和气道黏液－纤毛的清除作用。②生物学防御：上呼吸道的正常菌群。③神经学防御：有害因子刺激鼻黏膜产生的喷嚏、咳嗽反射和支气管收缩等。④免疫防御：气道－肺泡免疫系统在有害因子刺激下引发一系列细胞免疫和体液免疫。

【病因与发生机制】

（一）病因

1. 呼吸系统疾病 呼吸道感染是引起咳嗽咳痰最常见的原因。当呼吸道黏膜受刺激，如吸入刺激性气体、呼吸道异物、炎症、出血、肿瘤等均可引起咳嗽。胸膜炎或胸腔穿刺、自发性气胸导致胸膜受刺激时也可引起咳嗽。

> **考点提示**
> 呼吸道感染是引起咳嗽咳痰最常见的原因。

2. 心血管疾病 二尖瓣狭窄或其他原因所致左心功能不全引起肺瘀血、肺水肿；右心或体循环静脉栓子脱落引起肺栓塞时，肺泡及支气管内有漏出物或渗出物引起咳嗽。

3. 神经、精神因素 膈下脓肿、肝脓肿、脾或脾周脓肿等刺激膈神经反射或习惯性咳嗽、癔症等。

4. 其他 全身感染、恶性肿瘤、食管裂孔疝、白血病浸润肺或胸膜等。

（二）发生机制

咳嗽是因延髓咳嗽中枢受刺激引起。当刺激从感受区传入延髓咳嗽中枢，中枢再将冲动传至运动神经，即喉下神经、膈神经与脊髓神经，引起声门、咽肌、膈肌及其他呼吸肌的共同运动完成咳嗽动作。

正常情况下为了保持呼吸道黏膜的湿润，支气管黏膜腺体和杯状细胞只分泌少量黏液，但当发生炎症时，呼吸道黏膜充血、水肿，黏液分泌增加，浆液渗出，此时渗出物与吸入的尘埃和组织破坏物、黏液混合成痰液，通过咳嗽动作排出体外。

【临床表现】

1. 咳嗽的性质 咳嗽无痰或痰量很少称为干性咳嗽，常见于急性咽喉炎、急性支气管炎初期、肺结核初期及胸膜炎等；咳嗽伴有痰液称为湿性咳嗽，常见于慢性支气管炎、支气管扩张、肺脓肿、肺炎及肺结核等；刺激性呛咳是原发性支气管肺癌的早期表现。

> **考点提示**
> 刺激性呛咳是支气管肺癌的早期表现。

2. 咳嗽发作与时间、体位的关系 骤然发作的咳嗽，多见于突然吸入刺激性气体、急性上呼吸道感染、气管及支气管异物；长期反复发作的咳嗽提示有慢性呼吸道疾病，如慢性支气管炎、慢性肺脓肿、支气管扩张、肺结核等；清晨起床或夜间睡眠时咳嗽加剧，见于慢性支气管炎、肺脓肿、支气管扩张；夜间平卧时出现剧烈咳嗽及明显咳痰，常见于肺结核、慢性左心功能不全，与夜间迷走神经兴奋性增高及肺淤血加重有关。

3. 咳嗽的音色 咳嗽声音嘶哑见于喉炎、喉癌及喉返神经麻痹等；高调金属样咳嗽见于主动脉瘤、纵隔肿瘤、支气管肺癌等；犬吠样咳嗽见于会厌及喉部疾患、气管受压；咳嗽声调低微或无声见于声带麻痹或极度衰竭。

4. 痰液的性质与量 痰液的性质可分为浆液性、黏液性、黏液脓性、脓性、血性等，痰液的性质、量、气味、颜色也因不同疾病而异（表3－1）。如支气管扩张、肺脓肿，痰量多且呈脓性，静置后可分为三层：上层泡沫，中层为浆液或浆液脓性，下层为坏死组织。出现黄色脓痰提示呼吸道化脓性感染；铁锈色痰见于肺炎球菌性肺炎；草绿色痰见于铜绿假单胞菌感染；血性痰多见于肺结核、支气管扩张、支气管肺癌等；白色泡沫痰见于慢性支气管炎；粉红色泡沫痰见于急性肺水肿；痰呈恶臭提示合并厌氧菌感染，多见于支气管扩张、肺脓肿等。

表3-1　痰的性质变化及可能的病因

性状	可能的病因
白色泡沫痰或黏液痰	支气管炎、肺炎或支气管哮喘等
黄脓痰	化脓性感染
红色或红棕色痰	肺结核、支气管扩张、肺癌、肺梗死出血时、出血性疾病
铁锈色痰	肺炎球菌性肺炎
砖红色胶冻样	肺炎克雷伯杆菌肺炎
红褐色或巧克力色痰	阿米巴肺脓肿
粉红色泡沫痰	急性左心衰竭
大量无色痰	肺泡细胞癌
果酱样痰	肺吸虫病
恶臭气味	厌氧菌感染

【护理评估要点】

1. 病因与诱因　询问患者有无与咳嗽、咳痰相关的病史及诱发因素。

> 考点提示
> 痰的性质改变及其可能病因。

2. 咳嗽咳痰的特点　询问咳嗽的性质、出现的时间、音色及与体位的关系。询问痰液的性质、量、颜色、气味、黏稠度及与体位的关系。

3. 伴随症状　咳嗽伴发热，应考虑呼吸道感染；伴胸痛，多见于肺炎、支气管肺癌、胸膜炎、自发性气胸等；伴喘息，见于喘息型支气管炎、支气管哮喘、心源性哮喘等；伴咯血，见于支气管扩张、肺结核、支气管肺癌等。

4. 身心反应　若剧咳后突然出现胸痛和气促，应警惕自发性气胸的发生；注意评估是否长期剧烈咳嗽引起头痛、食欲不振、呼吸肌疲劳和酸痛、睡眠不佳、精神萎靡等，患者是否因某些传染性疾病（如肺结核）而产生自卑心理。评估咳痰的难易程度，痰液是否能有效咳出。

5. 诊疗及护理经过　是否做过检查、治疗、护理；是否用药、药物种类、剂量及疗效；有无采取排痰措施、方法及效果。

【相关护理问题】

> 考点提示
> 咳嗽咳痰的相关护理问题。

1. 清理呼吸道无效　与痰液黏稠、无力咳嗽有关。

2. 睡眠型态紊乱　与夜间频繁咳嗽、咳痰有关。

3. 潜在并发症　窒息、自发性气胸。

（林　梅）

扫码“学一学”

第三节　咯血

案　例

患者，女性，23岁。近2个月出现午后低热，咳嗽，痰中带血，伴食欲减退、乏力、盗汗、消瘦。曾到当地诊所诊治，病情无好转，今晨患者突然出现咯血，量约500ml，急诊入院。

请思考：①该患者咯血的病因可能是什么？②评估患者咯血的程度。③护士应重点评估哪些内容？④患者目前存在的主要护理问题有哪些？

咯血（hemoptysis）是指喉及喉以下呼吸道任何部位的出血，经口腔咯出。咯血须与鼻咽部、口腔出血及上消化道出血相鉴别。

【病因与发生机制】

1. 呼吸系统疾病

（1）支气管疾病　常见有支气管扩张、支气管肺癌、支气管结核等，主要是由于炎症、肿瘤损伤支气管黏膜或病灶处毛细血管，导致其通透性增加或黏膜下血管破裂。

（2）肺部疾病　可见于肺结核、肺癌、肺脓肿、肺炎等。在我国，咯血最常见原因为肺结核，由于病变处毛细血管通透性增高，血液渗出，可为痰中带血或小血块；因病变侵蚀小血管致其破裂，表现为中等量咯血；若空洞壁小动脉瘤破裂，或继发支气管扩张形成的动静脉瘘破裂，则可引起大咯血。

> **考点提示**
>
> 我国咯血最常见原因为肺结核。

2. 心血管疾病　较常见于二尖瓣狭窄。发生机制为肺淤血致肺泡壁或支气管黏膜毛细血管破裂，可为小量咯血或痰中带血丝；而支气管黏膜下层支气管静脉曲张破裂，常为大咯血；当出现急性肺水肿时，则为浆液性粉红色泡沫样痰。

3. 全身性疾病　由于凝血功能障碍导致的咯血，包括①血液病，如血小板减少性紫癜、再生障碍性贫血、白血病等。②急性传染病，如流行性出血热、钩端螺旋体病肺出血型等。③风湿性疾病，如系统性红斑狼疮等。另外气管、支气管子宫内膜异位症也可引起咯血。

【临床表现】

1. 年龄和性别　青壮年咯血多见于肺结核、支气管扩张、二尖瓣狭窄等；40岁以上，有长期、大量吸烟史的男性，咯血应高度警惕支气管肺癌；青年女性反复咯血与月经周期相关者应考虑子宫内膜异位症。

2. 咯血量　少则仅表现为痰中带血，多则可为整口血液；可间断性也可持续性咯血；如支气管肺癌的咯血多为持续或间断痰中带血；出血量较大、出血速度快或支气管动脉出血者则血色鲜红。大咯血可导致窒息死亡，必须严密观察神志、呼吸及窒息先兆表现。临床上可根据症状、血压、脉搏、红细胞计数及血红蛋白测定判断患者的出血程度。

3. 颜色及性状　咯血的颜色和性状对判断咯血的病因具有重要意义（表3-2）。

表 3-2　咯血的颜色与性状及可能病因

颜色与性状	可能病因
鲜红色	肺结核、支气管扩张、肺脓肿、出血性疾病、支气管内膜结核
铁锈色	肺炎球菌性肺炎
暗红色	二尖瓣狭窄肺淤血
砖红色胶冻样	克雷伯杆菌肺炎
浆液性粉红色泡沫样	急性肺水肿
黏稠暗红色	肺梗死

4. 伴随症状　咯血伴发热，常见于肺结核、肺炎、肺脓肿、流行性出血热等；伴脓痰，常见于支气管扩张、肺脓肿、空洞型肺结核并感染等；伴皮肤黏膜出血，常见于血液病、风湿性疾病，流行性出血热等；伴胸痛，常见于肺结核、肺炎、肺梗死、肺癌等。

考点提示

咯血的颜色与性状及可能病因。

5. 并发症　咯血最危险的并发症是窒息，也是咯血直接致死的主要原因。常发生于急性大咯血、极度衰竭无力咳嗽、使用镇咳药、镇静剂及精神极度紧张者。表现为大咯血过程中咯血突然减少或中断，表情紧张或惊恐、大汗淋漓、双手乱抓、发绀，重者意识障碍；大咯血后出现血压下降、脉搏细速、四肢湿冷，烦躁不安，少尿等提示失血性休克；咯血后出现呼吸困难、发绀、胸闷、气促，呼吸音减弱或消失提示肺不张；出现体温持续不退、咳嗽加剧伴肺部啰音则应考虑继发感染。

考点提示

咯血最危险的并发症为窒息。

【护理评估要点】

1. 相关病史或诱发因素　评估与咯血有关的病史及诱发因素。

2. 出血部位　评估是咯血、呕血还是鼻咽部、口腔出血。鼻出血多自前鼻孔流出，鼻腔后部出血、咽部或口腔牙龈出血，可在睡眠时坠入气道于次日清晨咯出，其出血量少、色黑。咯血与呕血的鉴别见表 3-3 所示。

考点提示

咯血与呕血的鉴别。

表 3-3　咯血与呕血的鉴别

鉴别点	咯血	呕血
病因	肺结核、支气管扩张、肺癌、肺炎、心脏病	消化性溃疡、肝硬化、胃癌、急性胃黏膜病变、胆道病变
出血前的症状	喉部发痒、胸闷、咳嗽等	上腹部不适、恶心、呕吐
出血方式	咯出	呕出，可呈喷射状
出血颜色	鲜红	暗红或咖啡色，有时为鲜红
血中混有物	痰、泡沫	食物残渣、胃液
酸碱度	碱性	酸性
黑便	无，若咽下可有	有，可为柏油样便
出血后痰性状	常有血痰数日	无痰

3. 咯血程度　判断咯血的程度应注意咯血量、颜色、性状、出血速度及患者的表现。咯血量的多少与疾病严重程度并不一致。

（1）少量咯血　24 小时咯血量在 100ml 以内，可仅表现为痰中带血，多无症状。

（2）中等量咯血　24 小时咯血量 100～500ml，咯血前可有胸闷、喉痒、咳嗽等先兆症状。

（3）大咯血　24 小时咯血量大于 500ml 或一次咯血达 300ml 以上，表现为咯出满口血液或短时内咯血不止，常伴呛咳、面色苍白、出冷汗、呼吸急促、脉速、紧张不安及恐惧。

> **考点提示**
> 咯血量的判断。

知识链接

> **窒息的急救**
>
> 对大咯血及意识模糊患者，护士应密切观察其有无窒息表现，同时床旁备好吸引器，一旦出现窒息，应立即给患者取头低脚高 45°俯卧位，轻拍健侧背部，清除口、鼻腔内凝血块，必要时用鼻导管接吸引器插入气管内抽吸，并给予高浓度吸氧，同时做好气管插管或气管切开的准备及配合工作。

4. 伴随症状　咯血时有无伴发热、咳嗽、咳痰、胸痛、皮肤黏膜出血；咯血后有无头晕、心慌、气促、发热等。

5. 身心反应　观察有无紧张、焦虑等情绪反应，往往患者因情绪不稳导致咯血不止，若出现大咯血或并发窒息患者则可产生恐惧心理，此时应给予精神安慰，鼓励其将血轻轻咳出，避免屏气。

6. 诊疗及护理经过　是否做过检查、治疗、护理；是否用药，药物种类、剂量及疗效。

【相关护理问题】

1. 有窒息的危险　与大量咯血、无力咳嗽、意识障碍等有关。

2. 有感染的危险　与血液潴留在支气管内有关。

3. 恐惧　与大量咯血有关。

4. 潜在并发症　失血性休克。

> **考点提示**
> 咯血的相关护理问题。

（林　梅）

第四节　呼吸困难

扫码“学一学”

案例

患者，女性，25 岁。春天与朋友到公园去看花展，不久即出现打喷嚏、流涕、咳嗽，接着出现呼吸困难、呼气费力，伴烦躁不安、大汗淋漓。急诊入院后身体评估：脉搏 100 次/分，呼吸 28 次/分，听诊双肺闻及哮鸣音。

请思考：①该患者呼吸困难的病因可能是什么？②根据患者呼吸困难的特点判断属于

何类呼吸困难？③护士应重点评估哪些内容？④患者目前存在的主要护理问题有哪些？

呼吸困难（dyspnea）是指患者主观上感觉空气不足、呼吸费力，客观上出现呼吸频率、节律和深度的改变，严重者出现张口呼吸、鼻翼扇动、端坐呼吸、发绀、辅助呼吸肌亦参与呼吸运动。

【病因与发生机制】

（一）病因

1. 呼吸系统疾病

（1）气道阻塞　如气道炎症、痉挛、水肿、异物或肿瘤等及支气管哮喘、慢性阻塞性肺疾病等。

（2）肺脏病变　如肺炎、肺脓肿、肺不张等。

（3）胸壁、胸廓、胸膜腔疾病　如胸壁炎症、严重胸廓畸形、肋骨骨折、胸腔积液、气胸、广泛胸膜黏连、结核等。

（4）神经肌肉疾病　急性多发性神经根炎及重症肌无力累及呼吸肌、药物所致的呼吸肌麻痹等。

（5）膈肌运动障碍　如膈麻痹、大量腹腔积液、腹腔巨大肿瘤及妊娠晚期。

2. 循环系统疾病　各种病因导致的左心和（或）右心功能不全，大量心包积液、肺栓塞等。

3. 中毒　糖尿病酮症酸中毒、尿毒症性酸中毒、一氧化碳中毒、氰化物中毒、吗啡或巴比妥类药物中毒等。

4. 血液系统疾病　重度贫血、硫化血红蛋白血症及高铁血红蛋白血症等。

5. 神经疾病及精神因素　神经疾病如脑血管病变、脑肿瘤、颅脑外伤、脑及脑膜炎等引起的呼吸中枢功能障碍；精神因素如癔症、情绪激动等。

（二）发生机制

引起呼吸困难的机制主要有：气道狭窄所致通气功能障碍；肺淤血与肺组织病变导致换气功能障碍；呼吸膜的病变引起气体弥散障碍；肺组织压缩，心脏左右分流引起的通气血流比例失调；各种原因导致的呼吸肌麻痹；呼吸中枢调节障碍；血液成分改变等。根据呼吸困难发生的机制不同，将其分为以下五种类型：

> **考点提示**
> 各类呼吸困难的病因及发生机制。

1. 肺源性呼吸困难　由呼吸系统疾病引起的通气、换气功能障碍导致缺氧和（或）二氧化碳潴留所致的呼吸困难。

2. 心源性呼吸困难　由循环系统疾病引起的左心衰竭和（或）右心衰竭所致的呼吸困难，以左心衰竭时呼吸困难更为严重，其机制为：左室舒张末压升高，相继引起左房压、肺静脉和毛细血管压升高，引起肺淤血，血浆渗出影响到气体交换，造成缺氧和二氧化碳潴留引起呼吸困难。右心衰竭发生呼吸困难的机制为：右心房和上腔静脉压升高，刺激压力感受器兴奋呼吸中枢；淤血性肝大、腹水和胸水，使呼吸运动受限；酸性代谢产物增加，又刺激呼吸中枢。

3. 中毒性呼吸困难　由于血中酸性代谢产物对颈动脉窦、主动脉体化学感受器的间接刺激或直接兴奋呼吸中枢；有机磷农药和中枢抑制药物直接抑制呼吸中枢。

4. 血源性呼吸困难　由于红细胞携氧量减少、血氧含量降低导致呼吸急促；大出血休克时因缺血及血压下降刺激呼吸中枢。

5. 神经、精神性呼吸困难　神经性呼吸困难主要是由于呼吸中枢受颅内高压或血流减少的刺激；精神性呼吸困难则多为过度通气引起呼吸性碱中毒所致。

【临床表现】

（一）肺源性呼吸困难

1. 吸气性呼吸困难　由于喉炎、喉癌、喉水肿、气管内异物或气管受压等引起喉及大气管狭窄与阻塞所致。表现为吸气显著费力，吸气时间明显延长。严重者，由于呼吸肌极度用力，胸腔负压增大，出现“三凹征”（three depression sign），表现为吸气时胸骨上窝、锁骨上窝和肋间隙明显凹陷，常可伴有干咳及高调吸气性喉鸣，上腹部在吸气时亦凹陷。此征是严重上呼吸道梗阻的典型体征。

2. 呼气性呼吸困难　由于喘息型慢性支气管炎、慢性阻塞性肺气肿、支气管哮喘等所致支气管、细支气管不完全阻塞，肺泡弹性降低所致。主要表现为呼气时间明显延长、呼气费力或缓慢，常伴有呼气期哮鸣音，是支气管哮喘的典型表现。

3. 混合性呼吸困难　由于重症肺炎、肺结核、大量胸腔积液、弥漫性肺间质疾病、广泛胸膜肥厚等所致肺换气面积减少、换气功能障碍。表现为吸气及呼气均感费力，呼吸频率增快，呼吸变浅，常伴有呼吸音减弱或消失或出现病理性呼吸音。

（二）心源性呼吸困难

1. 左心衰竭　左心衰竭引起的呼吸困难主要原因是肺淤血。临床类型可分为：

（1）劳力性呼吸困难　是左心衰竭最早出现的症状，其特点为患者在体力活动时出现或加重，休息后减轻或消失。引起呼吸困难的原因可包括上楼、穿衣、讲话、吃饭、洗漱等。

（2）夜间阵发性呼吸困难　产生机制为睡眠时迷走神经兴奋性增高，冠状动脉收缩，心肌供血减少，且卧位时回心血量增多，致肺淤血加重。患者表现为于入睡后感胸闷气急而突然憋醒，被迫坐起，惊恐不安，呼吸深快，伴有咳嗽，轻者坐起休息数分钟至数十分钟后症状逐渐缓解或消失；重者可见气促、面色青紫、出汗，咳白色或粉红色泡沫样痰，肺部哮鸣音，两肺底有明显湿啰音，心率增快，有奔马律，此种呼吸困难又称为“心源性哮喘”（cardiac asthma）。心源性哮喘与支气管哮喘的鉴别见表3-4。

表3-4　心源性哮喘与支气管哮喘的鉴别

鉴别点	心源性哮喘	支气管哮喘
病史	导致肺淤血、肺水肿的器质性心脏病	反复发作的哮喘史，可有过敏史
年龄	中年以上多见	青少年多见
症状	夜间突然发作，咳嗽、咳白色或粉红色泡沫样痰，坐起后呼吸困难可缓解	任何时间发作，坐起后症状缓解不明显
体征	心脏扩大或心脏有杂音，肺部哮鸣音，两肺底有湿啰音	两肺有哮鸣音，多无湿啰音
X线	可见心脏扩大、肺淤血征象	心脏正常，可见肺气肿征或明显肺纹理
治疗	强心、利尿、扩血管	支气管扩张剂、肾上腺皮质激素

（3）端坐呼吸　为严重心功能不全的表现之一。当肺淤血达到一定程度时，因平卧使回心血量增多，且膈肌上抬，患者呼吸困难加重，被迫采取高枕卧位、半卧位甚至端坐位。

（4）急性肺水肿　是左心衰竭呼吸困难最严重的表现形式，患者出现端坐呼吸，伴咳嗽、咳粉红色泡沫样痰，心率增快，烦躁不安，口唇发绀，大汗淋漓，两肺满布哮鸣音及湿啰音。

2. 右心衰竭　右心衰竭严重时也可引起呼吸困难，主要原因是体循环淤血，其程度较左心衰轻。

（三）中毒性呼吸困难

尿毒症、糖尿病酮症酸中毒时，因血中酸性代谢产物增多，强烈刺激呼吸中枢导致呼吸困难。常出现深而快的规则呼吸，可伴有鼾音，称为酸中毒深呼吸（Kussmaul 呼吸）。急性感染时因体温升高及毒性代谢产物刺激呼吸中枢，常表现为呼吸增快；吗啡、镇静剂及有机磷农药中毒时由于呼吸中枢被抑制，则表现为呼吸浅慢。

（四）血源性呼吸困难

重度贫血或高铁血红蛋白血症等，由于红细胞携氧量减少，血氧含量下降，引起呼吸急促，心率加快。此外，急性失血或休克时，因缺氧和血压下降，呼吸中枢受刺激也可出现呼吸频率增快。

（五）神经、精神性呼吸困难

神经性呼吸困难因呼吸中枢受刺激和供血减少，常表现为深而慢的呼吸，并伴有呼吸节律的改变。精神性呼吸困难常见于癔症，因受精神或心理因素影响，呼吸困难常突然发生，主要表现为呼吸频率快而表浅，伴有叹息样呼吸或出现手足搐搦，往往造成过度换气而引起呼吸性碱中毒，严重时出现意识障碍。

> **考点提示**
>
> 各类呼吸困难的特点及临床意义。

【护理评估要点】

1. 病史　询问与呼吸困难相关的病史。

2. 呼吸困难的严重程度及其对日常生活活动的影响　呼吸困难是一种主观感觉，因这种感受具有个体差异性，不能通过患者描述来确切衡量其严重程度，因此可通过了解患者呼吸困难与日常生活活动能力（ADL）水平的关系来评估呼吸困难的程度（表 3－5）。评估时除了要倾听患者的主诉，更应观察患者呼吸的频率、节律与深度的客观表现。一旦出现呼吸频率每分钟 <5 次或每分钟 >40 次且伴有意识障碍，或出现潮式呼吸、间停呼吸等节律改变，提示病情危重，以间停呼吸更重要。

3. 呼吸困难发生的速度和持续时间　数分钟与数小时内发生的呼吸困难可能由支气管哮喘、自发性气胸、急性肺水肿等引起；数天或数周发生的呼吸困难常与心力衰竭、胸腔积液等有关；超过数月或数年的慢性呼吸困难主要与慢性阻塞性肺部疾病、肺纤维化及肺动脉高压等相关。

4. 伴随症状　呼吸困难伴发热常见于呼吸道感染；伴胸痛常见于肺炎球菌性肺炎、自发性气胸、急性渗出性胸膜炎、急性心肌梗死等；伴意识障碍多见于严重代谢性疾病或中枢神经系统损害；伴严重发绀、大汗、面色苍白、皮肤湿冷、脉搏细速、血压下降等提示休克，为病情严重的表现。

5. 身心反应　呼吸困难与心理反应常相互影响，如情绪激动、精神紧张、焦虑等可兴奋呼吸中枢，加重呼吸困难。反之，严重器质性病变引起呼吸困难者亦出现烦躁不安、悲观、沮丧、抑郁、恐惧及濒死感等心理反应。

6. 诊疗及护理经过　是否做过检查、治疗、护理，是否用药、药物种类、剂量及疗效，有无采取减轻呼吸困难的方法及其效果。

表 3－5　呼吸困难的程度与日常生活活动能力水平的关系

分度	呼吸困难程度	日常活动能力水平
Ⅰ度	日常活动无不适，中、重体力活动时出现气促	正常，无气促
Ⅱ度	与同龄健康人平地行走无气促，登高或上楼时出现气促	满意，有轻度气促，但日常生活可自理，不需要帮助或中间停顿
Ⅲ度	与同龄健康人以同等速度行走时呼吸困难	尚可，有中度气促，日常生活可自理，但必须停下来喘气，费时、费力
Ⅳ度	以自己的步速平地行走 100m 或数分钟即有呼吸困难	差，有显著呼吸困难，日常生活自理能力下降，需部分帮助
Ⅴ度	洗脸、穿衣，甚至休息时也有呼吸困难	困难，日常生活不能自理，完全需要帮助

【相关护理问题】

1. 气体交换受损　与左心衰竭、肺部感染、肺淤血等导致有效肺组织减少、肺泡弹性减弱有关。

2. 活动无耐力　与呼吸困难所致的能量消耗增加及缺氧有关。

3. 低效性呼吸型态　与上呼吸道狭窄或肺功能不全有关。

4. 语言沟通障碍　与严重喘息或辅助呼吸有关。

> **考点提示**
> 呼吸困难的相关护理问题。

（林　梅）

第五节　发绀

案　例

患者，男性，68 岁。慢性咳嗽、咳痰 20 余年，近 5 年来出现活动后气急，1 周前感冒后痰多，气急加剧，入院时发现患者口唇、甲床出现青紫色，触摸其躯干和四肢皮肤温暖。

请思考：①该患者发绀的病因可能是什么？②根据患者发绀的特点判断属于何种类型的发绀？③护士应重点评估哪些内容？④患者目前存在的主要护理问题有哪些？

扫码“学一学”

发绀（cyanosis）是指由于血液中还原血红蛋白增多，使皮肤、黏膜呈青紫色现象，亦称之为紫绀。广义的概念还包括少数由于异常血红蛋白衍生物所致的皮肤黏膜青紫现象。发绀多在皮肤较薄、色素较少及毛细血管丰富的末梢部位，如口唇、舌、鼻尖、颊部、耳廓及甲床等处最为明显。

考点提示

发绀的常见部位。

【病因与发生机制】

根据产生的原因和发生机制不同将发绀分类如下。

（一）血液中还原血红蛋白增多（真性发绀）

1. 中心性发绀 因心肺疾病导致动脉血氧饱和度降低引起的发绀。一般分为：①肺性发绀：由于肺通气、换气功能障碍而致肺内氧合不全，体循环毛细血管中还原血红蛋白增多。常见于各种严重呼吸系统疾病，如呼吸道阻塞、肺淤血、肺水肿、肺气肿、肺炎、肺纤维化、大量胸腔积液、胸腔积气等。②心源性发绀：由于有异常通道分流，使体循环静脉与动脉血混合，部分静脉血未经肺内氧合即经通道分流入体循环，导致还原血红蛋白量增多。常见于法洛四联症、艾森曼格综合征等发绀型先天性心脏病。

2. 周围性发绀 因周围血液循环障碍所致。由于体循环淤血、周围血流缓慢，氧在组织中消耗增加所致。多见于右心衰竭、缩窄性心包炎、大量心包积液、局部静脉病变等。当严重休克、肢体动脉闭塞如血栓闭塞性脉管炎、小动脉痉挛如雷诺病时，因周围组织血液灌注不足、缺氧也可导致发绀。

3. 混合性发绀 中心性发绀与周围性发绀同时并存。常因肺淤血致肺内氧合不足以及周围血液循环障碍所致，常见于心力衰竭等。

（二）血液中存在异常血红蛋白衍化物

1. 高铁血红蛋白血症 由于服用某些药物或化学物质引起中毒导致血红蛋白分子的二价铁被三价铁所替代，形成高铁血红蛋白血症，失去其与氧结合的能力。常见于伯氨喹琳、亚硝酸盐、氯酸钾、硝基苯、磺胺类药物中毒等所致。

2. 硫化血红蛋白血症 很少见，凡能引起高铁血红蛋白的药物或化学物质导致的高铁血红蛋白血症，如患者同时有便秘或服用硫化物，可在肠道内形成硫化氢，作用于血红蛋白而产生硫化血红蛋白。

考点提示

不同类型发绀的病因及发病机制。

【临床表现】

主要表现为在皮肤较薄、色素较少和毛细血管较丰富的部位如口唇、舌、鼻尖、颊部、耳廓及甲床等处的皮肤黏膜青紫。受热或二氧化碳含量增加时，毛细血管扩张，发绀表现较明显；而休克时因血管收缩，发绀则表现较轻，易被忽视。

1. 中心性发绀 表现为发绀呈全身性，除面颊与四肢外，亦可见于舌、口腔黏膜与躯干皮肤，且发绀部位皮肤温暖，加温及按摩后发绀不消退，可伴有杵状指（趾）和红细胞增多。

2. 周围性发绀 常见于肢体末梢如肢端、耳垂与鼻尖等及下垂部位，发绀部位皮肤冰冷，经加温或按摩后发绀可减退或消失。

知识链接

重度贫血的发绀观察

发绀是指患者的毛细血管内还原血红蛋白的含量增多超过50g/L。缺氧可表现发绀，但不是所有的缺氧患者都出现发绀，比如重度贫血患者，因其血液中的血红蛋白量小于50g/L，即使这些血红蛋白全处于还原状态，也不足以引起明显的发绀。因此，护士在临床工作中，遇到患有重度贫血的呼吸困难患者，不能单纯依据发绀的程度来判断患者是否处在缺氧状况，也不能单纯根据发绀的表现来调整给氧量及给氧时间。

3. 混合性发绀 中心性发绀与周围性发绀表现并存。

4. 高铁血红蛋白血症 其特点为发绀急骤出现，呈暂时性，病情严重，经过氧疗青紫不能缓解，抽出的静脉血呈深棕色，接触空气后不能使之转变为鲜红色，而静脉注射亚甲蓝溶液或大剂量维生素C，可使发绀消退。因摄入大量含有亚硝酸盐的变质蔬菜引起的发绀，称为“肠源性青紫症”。

5. 硫化血红蛋白血症 发绀持续时间长，可达数月以上，患者抽出的静脉血呈蓝褐色，分光镜检查可确定有硫化血红蛋白的存在。

> **考点提示**
> 各类发绀的临床特点。

【护理评估要点】

1. 相关病史 询问发病的年龄、起病时间、诱因及起病缓急。询问有无心肺疾病病史；有无家族史；有无变质蔬菜、相关药物、化学物质摄入史；是否存在长期便秘及进食蛋类或硫化物病史等。

2. 评估发绀的部位、程度和类型 详细观察发绀是全身性还是局部性，皮肤的温度，按摩或加温后发绀是否消失等以区别是中心性或周围性发绀。中心性发绀多见于心肺疾病，皮肤温暖，加温及按摩后发绀不消退；周围性发绀常出现于肢体末梢及下垂部位，经过对症处理后发绀多能减轻。了解发绀的持续时间、静脉血的颜色、经治疗处理后的反应等。

3. 伴随症状 发绀伴呼吸困难、咳嗽、咳痰、咯血等见于慢性心、肺疾病；发绀明显但不伴呼吸困难，提示异常血红蛋白血症；伴头晕、头痛考虑缺氧所致，纠正后发绀可缓解；伴杵状指，提示病程长，病情重，常见于发绀型先天性心脏病或某些慢性肺部疾病；伴蹲踞则是法洛四联征的典型表现；若伴有意识障碍，多见于药物、化学物质中毒、急性肺部感染、急性呼衰、急性心衰及休克等。

4. 身心反应 评估患者的心理反应及其程度。发绀及原发疾病可使患者产生紧张、焦虑、恐惧、抑郁等心理反应，并可影响其社会交往。此外，先天性心脏病患者，还需评估其家庭经济背景，本人及家属对疾病诊治的预期及社会的接受度。

5. 诊疗及护理经过 是否做过检查、治疗、护理；是否用药、药物种类、剂量及疗效；有无采取氧气疗法及给氧的时间、方式、浓度、流量及其效果。

【相关护理问题】

1. 活动无耐力 与心肺功能不全所致机体缺氧或氧的供需失衡有关。

2. 气体交换受损 与心肺功能不全所致肺淤血有关。

3. 低效性呼吸型态 与肺通气、换气、弥散功能障碍有关。

4. 焦虑/恐惧 与缺氧所致呼吸困难、呼吸费力有关。

（林 梅）

扫码“学一学”

第六节 水肿

案 例

患者，男性，52 岁。病前曾有慢性肝病史，此次因腹胀、食欲减退入院。身体评估：皮肤、巩膜黄染，蛙腹，脾肋下可触及，叩诊腹部移动性浊音阳性，双下肢凹陷性水肿。入院后查血浆清蛋白 25g/L。

请思考：①患者水肿的病因可能是什么？②根据患者水肿的特点判断属于何类水肿？③护士应重点评估哪些内容？④患者目前存在的主要护理问题有哪些？

水肿（edema）是指液体在组织间隙中过多积聚而出现的肿胀征象。水肿可分为全身性和局部性，当液体在体内组织间隙弥漫性分布时为全身性水肿，常呈凹陷性；液体积聚在身体某一局部组织间隙时为局部性水肿；过多的液体积聚在体腔内称之为积液，如胸腔积液（胸水）、腹腔积液（腹水）、心包积液等。水肿发生初期，组织间隙内液体积聚较少，患者体重增加低于 10%，指压凹陷不明显者，称为隐性水肿；如体重增加超过 10%，指压凹陷明显者称为显性水肿。通常意义下，水肿不包括肺水肿、脑水肿等内脏器官的局部水肿。

【病因与发生机制】

（一）病因

1. 全身性水肿

（1）心源性水肿（cardiac edama） 由于有效循环血量减少，肾血流量不足，肾小球滤过率降低，继发性醛固酮增多，肾小管对钠水重吸收增加而引起钠水潴留；或由于体循环静脉压增高，毛细血管静水压增高，组织液回吸收减少所致的水肿，常见于右心衰竭引起的体循环淤血等。

（2）肾源性水肿（renal edema） 由于肾脏排钠水减少导致钠水潴留；或由于大量蛋白尿所致低蛋白血症引起的水肿，常见于各型肾小球肾炎、肾病综合征等。

（3）肝源性水肿（nutritional edema） 由于血浆清蛋白降低、门静脉高压、肝淋巴液生成过多及回流障碍、继发性醛固酮增多等引起的水肿，见于肝硬化失代偿期。

（4）营养不良性水肿（nutritional edema） 因长期热量摄入不足、肠道吸收障碍、蛋白质丢失过多及慢性消耗性疾病等所致低蛋白血症或维生素 B_1 缺乏引起的水肿。

（5）其他原因引起的水肿 ①黏液性水肿（myxedema）：因体内黏蛋白分解代谢障碍，积聚在组织间隙中，导致组织间液蛋白含量增高所致，见于甲状腺功能减退症。②经前期紧张综合征：与雌激素增多导致钠水潴留有关。③药物性水肿：与药物引起钠水潴留有关，见于使用肾上腺糖皮质激素、胰岛素、雌激素、雄激素等药物期间。④特发性水肿（idiopathic edema）：原因不明，可能与内分泌功能失调及直立体位的反应异常有关。

2. 局部性水肿　由于局部静脉或淋巴液回流受阻、毛细血管壁通透性增加所致。常见于上腔或下腔静脉阻塞综合征、肢体静脉血栓形成或栓塞性静脉炎、丝虫病、局部炎症、创伤及过敏等。

（二）发生机制

正常人体组织间液量是通过机体内外和血管内外液体交换的平衡保持恒定。血管内液体从毛细血管小动脉端滤出至组织间隙成为组织液，组织液又从毛细血管小静脉端回吸收入血管中，因此人体的组织间隙无过多液体积聚。

毛细血管内静水压、血浆胶体渗透压、组织压、组织液的胶体渗透压是维持液体交换平衡的主要因素。一旦这些因素发生障碍，如出现钠水潴留、毛细血管滤过压升高、毛细血管通透性增高、血浆胶体渗透压降低及淋巴回流受阻即可导致组织间液生成过多或回吸收减少，形成水肿。

考点提示

各种水肿的病因与发生机制。

【临床表现】

（一）全身性水肿

1. 心源性水肿　首先发生在身体下垂部位。非卧床患者最早出现在踝内侧、胫骨前部；经常卧床者则以腰骶部、背部、会阴或阴囊部明显，严重时发生全身性水肿、胸腔积液、腹腔积液和心包积液。水肿常在活动后出现或加重，休息后减轻或消失，呈对称性、凹陷性。通常伴有颈静脉怒张、肝大、静脉压增高等右心衰竭的表现。

2. 肾源性水肿　首先出现于眼睑与颜面部的结缔组织疏松部位，继而发展为全身性水肿，肾病综合征的水肿尤为明显，常伴有胸腔积液和腹腔积液。肾源性水肿通常伴有高血压、蛋白尿、血尿、管型尿及肾功能损害的表现等。肾源性水肿与心源性水肿的鉴别可见表3－6所示。

表3－6　心源性水肿与肾源性水肿的鉴别

鉴别点	心源性水肿	肾源性水肿
开始部位	最早出现在身体下垂部位，蔓延至全身	最早表现为晨起眼睑与颜面水肿，继而发展为全身性水肿
发展速度	发展较缓慢	发展较迅速
水肿性质	较坚实，移动性小	软而移动性大
伴随症状	伴有右心衰竭体征：如心脏增大、心脏杂音、肝大、静脉压增高等	伴有其他肾脏病征：如高血压、血尿、蛋白尿、管型尿等

3. 肝源性水肿　发展缓慢，以腹水为主要表现，也可首先出现踝部水肿，逐渐向上发展，而头、面部及上肢常无水肿。常伴有肝功能减退及门静脉高压的表现。

4. 营养不良性水肿　水肿的特点是其分布一般从组织疏松处开始，然后蔓延至全身，以低垂部较明显。水肿发生前常有贫血、消瘦、体重减轻等症状。

考点提示

各种水肿的临床特点，尤其是心源性水肿与肾源性水肿的区别。

5. 其他原因引起的全身性水肿 ①黏液性水肿：水肿的特征为非凹陷性，以口唇、眼睑、颜面及下肢胫前较明显。②经前期紧张综合征：特点为常于月经前 7 ~ 14 天出现眼睑、手部、踝部轻度水肿，伴有乳房胀痛及盆腔下坠感，月经后水肿逐渐消退。③药物性水肿：与长期使用糖皮质激素、胰岛素、性激素、甘草制剂等药物有关，患者的面部、手、足等部位出现水肿，停药后水肿逐渐消退。④特发性水肿：多发于女性，水肿的特点是其发生与体位有着密切的关系。长时间直立与劳累后出现或加重，平卧位休息后减轻或消失。水肿常发生在早晨，颜面及手部比较明显，下午则以下肢和足部显著。此外，患者早晚体重变化较大，睡前体重比起床时增加，可伴有直立性低血压，自主神经功能失调的表现，病程虽较长，但大部分可以自愈。

（二）局部性水肿

1. 局部静脉回流受阻引起的水肿 栓塞性静脉炎除了有局部水肿征象，还可出现局部疼痛、压痛及发热等局部炎症表现。上腔静脉阻塞综合征的水肿仅出现于面、颈、上肢及上胸部，伴有颈静脉怒张，前胸部表浅静脉扩张、血流方向向下，肝大，上肢静脉压升高，患者可有发绀、气促、咳嗽与声音嘶哑等表现。

2. 淋巴回流受阻引起的水肿 特征表现为双下肢呈象皮腿样改变，局部皮肤粗糙、增厚，皮下组织亦增厚。

3. 毛细血管壁通透性增加引起的水肿 炎症性水肿的特点是局部水肿伴有潮红、灼热、疼痛及压痛。血管神经性水肿常因变态反应性疾病引起，水肿特点是突然发生无痛的、硬而有弹性的局限性水肿，多发生在面部、口唇及舌部，水肿的皮肤呈苍白色或蜡样光泽，中央部微凹陷，边缘无明显的界限。

【护理评估要点】

1. 相关病史及诱因 询问有无与水肿发生相关的疾病病史，如有无心、肝、肾、内分泌与代谢疾病病史，有无摄入不足、肠道吸收障碍或慢性消耗性疾病病史，是否长期应用激素类药物等，有无过敏史。询问有无使水肿加重或减轻的因素，女性患者水肿是否与月经周期相关等。

2. 水肿的特点 询问水肿出现的时间、部位、发展速度及程度，为全身性或局部性，是否对称、是凹陷性或非凹陷性，与体位的关系等。

3. 饮食营养状况 询问每日进食量与食物种类，估计蛋白质摄入情况是否满足机体需要，估计每天液体与钠盐的摄入量是充足、不足或过量，对于有心、肝、肾脏疾病患者总体来说应限制钠水的摄入。

4. 计算出入液体量 测量腹围、体重、血压，记录 24 小时出入液体量，注意出入液体总量是否平衡，若患者尿量明显减少应注意观察有无高钾血症或急性肺水肿等症状和体征。

5. 身心反应 询问水肿对患者日常生活质量有无影响，有无因水肿而出现头晕、心悸、气促、腹胀、行动迟缓等表现。重度全身性水肿往往出现严重的临床问题，如呼吸困难、活动受限、肺水肿、组织代谢障碍、水肿部位组织细胞营养不良、对感染的抵抗力下降等，易发生皮肤溃烂及继发感染、伤口愈合不良。应详细评估患者的皮肤情况，注意皮肤的护理，预防压疮发生。轻、中度水肿患者易有焦虑情绪，重度水肿患者甚至出现恐惧或沮丧心理。应评估患者是否因水肿经久不退或其形象改变而出现焦虑、烦躁，或因病情反复而失去治疗信心。

6. 诊疗及护理经过 是否做过检查、治疗、护理；是否用过利尿剂，药物种类、剂量疗效及不良反应；有无采取防止皮肤压疮的措施、方法及效果。

【相关护理问题】

1. 体液过多 与右心功能不全、肾脏疾病所致钠水潴留有关等。

2. 皮肤完整性受损/有皮肤完整性受损的危险 与水肿所致组织、细胞营养不良有关。

3. 活动无耐力 与胸腔大量积液或腹腔大量积液导致呼吸困难有关。

4. 潜在并发症 急性肺水肿。

考点提示

水肿的相关护理问题。

知识链接

不同水肿的评估护理

各种类型的水肿因病因和发病机制的不同，其临床表现特点亦不相同。护士应根据不同的发病机制认真思考不同的临床表现特点，并根据临床表现特点进行评估和护理。如心源性水肿，水肿特点由下往上发展。患者经常诉说，最早发现水肿可能因为是下午的时候脚变大了，鞋子穿不了，第二天醒来时鞋子又可以穿了，以后才逐渐发展到全身水肿，同时伴有心悸、气促等症状。所以心源性水肿患者可通过卧床休息、低盐饮食、抬高下肢来减轻心脏负担，减轻下肢水肿。而肾源性水肿患者往往诉说早上起床后发现眼睑和颜面部浮肿，脸上和眼部周围的小皱纹不见了，同时发现小便有泡沫，所以肾源性水肿患者需要卧床休息，限制钠水的摄入，吃优质低蛋白食物。

（林 梅）

第七节 疼痛

扫码“学一学”

案 例

患者，男性，55 岁。近 2 个月内曾有过 2 次心前区疼痛，持续约 5 分钟自行缓解，一直未治疗。3 小时前无诱因突然发生胸骨后闷痛，无放射痛，伴气短、出汗及恶心，持续 20 分钟后缓解。1 小时前再次出现上述症状，直到来院时尚未缓解，在急诊室含服硝酸甘油及硝酸异山梨酯各 2 片，均未能缓解。既往有高血压病史。

请思考：①该患者疼痛的病因可能是什么？②护士应重点评估哪些内容？③患者目前存在的主要护理问题有哪些？

疼痛（pain）为临床常见症状之一，也是患者就医的主要原因。疼痛通常是由于机体受到各种伤害性刺激所引起的痛觉反应，它是一种警戒信号，可促使机体采取相应的防护措施以避免进一步的损害，对机体的正常活动具有保护作用。但疼痛可引起不愉快的情绪反应，持久剧烈的疼痛还会造成机体的生理功能紊乱，甚至出现休克等。

【病因与发生机制】

（一）病因

1. 头痛 头痛（headache）是指额、顶、颞及枕部的疼痛。其病因主要有：

（1）颅脑病变 颅内感染、颅内占位性病变、血管病变、颅脑损伤、偏头痛等。

（2）颅外病变 颅骨病变、颈椎病变及其他颈部疾病、神经痛及眼、耳、鼻、齿疾病所致的头痛等。

（3）全身性疾病 急性感染、高血压、一氧化碳中毒、酒精中毒、尿毒症、低血糖、贫血、肺性脑病、中暑等。

（4）神经官能症 癔症。

2. 胸痛 胸痛（chest pain）主要由胸部疾病所致，其疼痛的程度与原发疾病的严重程度不一定相平行。其原因主要有：

（1）胸壁疾病 带状疱疹、皮下蜂窝织炎、肌炎、肋间神经炎、肋软骨炎、肋骨骨折、急性白血病、多发性骨髓瘤等。

（2）呼吸系统疾病 胸膜炎、胸膜肿瘤、气胸、肺炎、肺癌、肺梗死等。

（3）心血管疾病 冠心病、心肌病、夹层动脉瘤、心包炎、心血管神经症等。

（4）食管与纵隔疾病 食管炎、食管癌、纵隔气肿、纵隔肿瘤等。

（5）其他 膈下脓肿、肝脓肿等。

2. 腹痛 腹痛（abdominal pain）多数由腹部脏器疾病引起，但胸部病变和全身其他脏器病变亦可引起腹痛。临床上按病程将腹痛分为急性腹痛和慢性腹痛。其中，需外科紧急处理的急性腹痛称为“急腹症”。其病因主要有：

（1）急性腹痛 包括：①腹腔脏器的急性炎症。②腹腔内脏器急性穿孔、破裂或扭转。③空腔脏器梗阻或扩张。④腹腔内血管病变，如肠系膜动脉栓塞。⑤腹膜炎症。⑥腹壁疾病。⑦胸部疾病引起的牵涉痛，如心肌梗死。⑧全身性疾病，如糖尿病酮症酸中毒、尿毒症等。

（2）慢性腹痛 包括：①腹腔内脏器的慢性炎症或溃疡性病变。②脏器肿胀，牵张包膜。③胃肠神经功能紊乱。④中毒与代谢障碍，如尿毒症。⑤肿瘤压迫及浸润。

（二）发生机制

疼痛发生的机制尚不完全清楚。一般认为神经末梢（伤害性感受器）受到各种伤害性刺激（物理的或化学的）后，经过传导系统（脊髓）传至大脑，而引起疼痛感觉。同时，中枢神经系统对疼痛的发生及发展具有调控作用。根据其发生的原始部位和传导途径，可分为以下几类：

> **考点提示**
> 躯体痛、内脏痛、牵涉痛的区别。

1. 皮肤痛 疼痛来自体表，多因皮肤黏膜受损引起。其特点是受刺激后立即出现尖锐刺痛（快痛），定位明确，去除刺激后很快消失，而后出现烧灼样痛（慢痛），定位不明确，称之为“双重痛觉”。

2. 躯体痛　是来自肌肉、肌腱、筋膜及关节等深部组织的痛觉信号，以骨膜分布最密，痛觉最敏感。各种化学性和机械性刺激均可引起，肌肉缺血是其重要的原因。

3. 内脏痛　指腹内器官受到机械性牵拉、扩张、痉挛、化学性或炎症刺激引起，分两种类型：①类内脏痛：由体腔的壁层受刺激所引起的疼痛。②真性内脏痛：特点是痛觉位于深部，定位常不十分准确。

4. 牵涉痛　指内脏器官或深部组织的疾病引起的疼痛，可在体表的某一部位也发生痛感或痛觉过敏区。牵涉痛与病变的内脏有一定解剖相关性，故对病变部位的判断有一定帮助。如胆囊疾病的疼痛除右上腹痛外还可出现右肩痛，心绞痛除心前区及胸骨后的疼痛外还可牵涉至左上肢内侧等。

5. 假性痛　指病变去除后，仍感觉到相应部位疼痛，其发生机制可能为病变部位去除前疼痛刺激在大脑皮质形成强兴奋灶引起的后遗影响。

6. 神经痛　为神经受损引起，表现为剧烈的灼痛或酸痛。

【临床表现】

（一）头痛

1. 起病情况　急性起病伴有发热者常见于急性感染；突然出现持久剧烈的头痛而无发热，伴有不同程度意识障碍，提示颅内血管病变所致，如蛛网膜下腔出血；头痛进行性加剧伴有颅内高压表现，应警惕颅内占位性病变；长期反复的发作性头痛或搏动性头痛，则应考虑血管性头痛或神经症。

2. 头痛的部位　急性感染所致的头痛多在整个头部，呈弥漫性；眼源性、鼻源性及牙源性头痛多浅在且局限；颅内病变引起的头痛深且弥散，多向病灶同侧放射；偏头痛则多在一侧。

3. 头痛的程度与性质　头痛的程度与病情严重性不完全一致。三叉神经痛、偏头痛、脑膜刺激所致的头痛最为剧烈；神经官能症性头痛也可相当剧烈；眼源性、鼻源性及牙源性头痛常为中等度；而脑肿瘤引起的头痛多较轻。神经痛多为刺痛、电击或烧灼样痛；高血压、脑血管病变、脑肿瘤、急性感染引起的头痛可为搏动性痛或胀痛；肌紧张性头痛多为重压感或钳夹感；神经官能症引起的头痛性质则不定。

4. 头痛出现时间及持续时间　神经性头痛多短暂；颅内占位性病变引起的头痛多为持续性且清晨加剧；鼻窦炎引起的头痛常发生于清晨或上午，逐渐加重至午后减轻；丛集性头痛常在夜间发作；女性偏头痛常与月经周期有关；脑外伤性头痛则有明确的发病日期。

5. 诱发加重或缓解因素　丛集性头痛在直立时可减轻；而腰椎穿刺后的头痛在直立时加重；脑肿瘤、脑血管病变、颅内高压、颅内感染引起的头痛常因咳嗽、扭头、俯身而加剧；颈肌急性炎症所致的头痛可因颈部运动而加重；与职业有关的颈肌痉挛所致的头痛，则于颈部活动后减轻；偏头痛患者服用麦角胺后，头痛可缓解。

（二）胸痛

1. 发病年龄　青壮年胸痛多考虑为自发性气胸、结核性胸膜炎、心肌炎、心肌病、风湿性心瓣膜病等，40 岁以上患者则应高度警惕心绞痛、心肌梗死、原发性支气管肺癌等。

2. 胸痛部位　胸壁疾病引起的疼痛常固定在病变部位，且局部有压痛；胸壁皮肤的炎症病变，局部可出现红、肿、热、痛等改变；带状疱疹可见成簇的水泡沿一侧肋间神经分布伴有剧痛，疱疹不超过体表中线；肋软骨炎常于第一、二肋软骨处有单个或多个隆起，有压痛但无红肿；胸膜炎及肺梗死引起的疼痛多位于胸侧部；心绞痛及心肌梗死的疼痛多在胸骨后或心前区，可向左肩与左臂内侧放射，甚可达无名指和小指，也可放射于左颈或面颊部，可被误诊为牙痛；食管及纵隔病变引起的疼痛多在胸骨后，应注意鉴别。

3. 胸痛性质 胸痛的性质可有多种多样，程度可分为剧痛、轻微痛和隐痛。如肋间神经痛为阵发性的灼痛或刺痛；带状疱疹呈刀割样痛或灼痛；食管炎多呈烧灼感；胸膜炎常呈刺痛、隐痛或钝痛；气胸在初期呈撕裂样痛；心绞痛常呈压榨样伴窒息感，心肌梗死时则疼痛更剧烈而持久并伴濒死感；支气管肺癌及纵隔肿瘤常表现为闷痛；肺梗死则出现突发的剧烈刺痛或绞痛、伴呼吸困难及发绀。

4. 胸痛持续时间 血管狭窄缺血及平滑肌痉挛所致的疼痛常为阵发性，而炎症、肿瘤、栓塞或梗死引起的疼痛则呈持续性。如心绞痛发作时间短暂，持续3～5分钟，而心肌梗死的疼痛持续时间则很长，为数小时或更长，且较难缓解。

5. 诱发加重或缓解因素 心绞痛常在劳累或精神紧张时诱发，休息后或含服硝酸甘油后1～2分钟内可缓解，心肌梗死所致的疼痛采取上述方法效果不佳；胸膜炎、心包炎及自发性气胸可因深呼吸或咳嗽使疼痛加剧；食管疾病患者在进食时疼痛加剧，服用抗酸剂及促动力药则可使其减轻或消失。

（三）腹痛

1. 腹痛部位 胃、十二指肠疾病所致的疼痛多位为上腹部；小肠疾病疼痛多在脐周；结肠病变及盆腔疾病疼痛多位于下腹部；急性阑尾炎疼痛则位于右下腹麦氏点。部分脏器疾病还可出现牵涉痛，如胆囊炎时可出现右肩痛；急性胰腺炎时，可沿腰背部呈带状疼痛。急、慢性腹膜炎表现为弥漫性腹痛。

2. 腹痛程度和性质 详见表3－7所示。

表3－7 腹痛的程度与性质变化的临床意义

疼痛性质和程度	临床意义
中上腹持续剧痛、阵发性加剧	急性胃炎、急性胰腺炎
中上腹突发剧烈的刀割样、烧灼样痛	胃、十二指肠溃疡穿孔
阵发性剑突下钻顶样疼痛	胆道蛔虫症
阵发性剧烈绞痛，患者辗转不安	胆石症、泌尿系统结石
持续性、广泛性剧痛伴腹肌板状强直	急性弥漫性腹膜炎
隐痛或钝痛	内脏性疼痛，因轻度炎症或胃肠张力变化所致
胀痛	实质性脏器的包膜牵张引起

3. 发作时间 胃、十二指肠溃疡患者上腹痛发作呈节律性、周期性；子宫内膜异位症者腹痛与月经来潮有密切关系；胆胰疾病、胃部肿瘤、消化不良者可出现餐后痛。

> **考点提示**
>
> 常见疾病疼痛的特点

4. 影响因素 胆囊炎或胆石症可在进食油腻食物后发生或加重；急性胰腺炎、急性胃扩张常在酗酒、暴饮暴食后诱发；胃溃疡常在进食后疼痛发作；而十二指肠溃疡则在进食后疼痛减轻；返流性食管炎患者躯体前屈时烧灼痛明显，而直立位时减轻；胃黏膜脱垂者右侧卧位时疼痛发生，而左侧卧位可使疼痛减轻。

【护理评估要点】

1. 相关病史　头痛应询问有无感染、高血压、动脉硬化、颅脑外伤、肿瘤等病史；胸痛应询问有无高血压、冠心病、肺炎、胸膜炎等病史；腹痛应询问有无消化性溃疡、胆石症、急性胰腺炎等病史及女性有无停经史等。

2. 疼痛的特点　询问疼痛的起病时间、部位、急缓、程度、有无牵涉痛、持续时间、加重及缓解因素等。临床上将疼痛持续的时间在半年以内称为急性疼痛，半年以上者则为慢性疼痛。急性疼痛常突然发生，大多持续数分钟、数小时或数天，经处理后疼痛很快缓解或消失；慢性疼痛则具有持续性、顽固性及反复发作的特点。

3. 伴随症状　头痛伴发热常见于感染性疾病；伴剧烈呕吐呈喷射状提示颅内压增高；伴眩晕见于小脑病变、椎－基底动脉供血不足；伴脑膜刺激征提示脑膜炎、蛛网膜下腔出血。胸痛伴咳嗽、咳痰、发热常见于气管、支气管及肺部疾病；伴呼吸困难提示肺部大面积病变；伴咯血可见于支气管肺癌、肺栓塞等；伴面色苍白、出冷汗、血压下降或休克，多见于心肌梗死、肺栓塞、夹层动脉瘤等；伴吞咽困难多提示食管疾病。急性腹痛伴寒战、发热提示急性感染；慢性腹痛伴发热提示腹腔内慢性炎症、恶性肿瘤等；伴黄疸可能与肝胆疾病、胰腺疾病有关；伴休克可能是腹腔脏器破裂、胃肠穿孔、急性梗阻性化脓性胆管炎、肠扭转、绞窄性肠梗阻、急性出血坏死性胰腺炎或心肌梗死等；伴呕吐提示上消化道疾病，如呕吐大量宿食应考虑幽门梗阻；伴呕血或排柏油样便提示消化性溃疡、胃癌等。

4. 身心状况　疼痛可影响患者正常的生活、工作、社交活动、休息和睡眠，使其产生焦虑、恐惧、抑郁等不愉快的情绪反应，持久剧烈的疼痛还会造成机体的生理功能紊乱，甚至出现休克等。在护理疼痛患者时，应密切观察其身心反应，做好心理护理。

5. 诊疗及护理经过　是否做过检查、治疗、护理，是否用过止痛药、药物种类、剂量疗效及不良反应，有无采取减轻疼痛的措施、方法及效果。

【相关护理问题】

1. 疼痛　与炎症刺激、脏器缺血等有关。
2. 焦虑　与疼痛迁延不愈有关。
3. 恐惧　与疼痛剧烈有关。
4. 潜在并发症　休克。

> 考点提示
> 疼痛的相关护理问题。

（林　梅）

第八节　恶心与呕吐

扫码“学一学”

案例

患者，女性，22岁。昨日晚餐后因吃冰激凌突发上腹隐痛及阵发脐周疼痛，恶心，呕吐，吐出量约300ml的晚餐食物，无酸腐败臭味，呈非喷射性，吐后感轻松，半小时后出现腹泻，呈水样便，量约200g，无里急后重，无发热、头晕、头痛，小便正常，遂急诊入院。

请思考：①该患者恶心呕吐的病因可能是什么？②根据患者呕吐的特点判断属于中枢

性呕吐还是反射性呕吐？③护士应重点评估哪些内容？④患者目前存在的主要护理问题有哪些？

恶心与呕吐（nausea and vomiting）是临床上的常见症状。恶心是一种上腹部特殊不适、紧迫欲吐的感觉，常伴有面色苍白、出汗、流涎、心率减慢、血压降低等迷走神经兴奋的表现。呕吐是胃内容物或部分小肠内容物，不自主地通过食管逆流经口腔排出体外的现象。从某种意义来说，呕吐能将摄入体内的有害物质排出体外，它是机体的一种保护性防御动作。

【病因与发生机制】

（一）病因

1. 反射性呕吐

（1）消化系统疾病　①口咽部刺激，如吸烟过度、慢性咽炎、剧烈咳嗽等。②胃肠疾病，如急慢性胃炎、消化性溃疡、幽门梗阻、肠梗阻、急性阑尾炎。③肝、胆、胰疾病，如急性肝炎、肝硬化、急慢性胆囊炎、胆石症、急性胰腺炎。④腹膜、肠系膜疾病，如急性腹膜炎等。

（2）其他系统疾病　①眼部疾病，如青光眼、屈光不正等。②心血管疾病，如急性心肌梗死、心力衰竭等。③泌尿、生殖系统疾病，如尿路结石、急性肾盂肾炎、急性盆腔炎、肾绞痛、异位妊娠破裂等。

2. 中枢性呕吐

（1）神经系统疾病　①中枢神经系统感染，如脑炎、脑膜炎、脑脓肿等。②脑血管病变，如脑血栓形成、脑栓塞、脑出血、高血压脑病等。③颅脑外伤，如颅内血肿、脑震荡等。④脑肿瘤。

（2）药物或化学毒物　如洋地黄、抗生素及抗肿瘤药物、吗啡等药物；乙醇、重金属、一氧化碳、有机磷农药、鼠药等化学毒物。

（3）全身性疾病　甲亢、低血糖、尿毒症、糖尿病酮症酸中毒、妊娠、肾上腺皮质功能不全、低钾血症、低钠血症、低氯血症等。

3. 前庭功能障碍性呕吐　如迷路炎、晕动病、Meniere 病等。

4. 神经性呕吐　如胃肠神经官能症、癔症、神经性厌食等。

（二）发生机制

恶心常为呕吐的前驱表现，因胃蠕动减弱或消失、排空延缓，而十二指肠及近端空肠紧张性增加，导致十二指肠内容物逆流到胃内。

呕吐是一种复杂的反射过程。通常把内脏神经末梢传入冲动引起的呕吐称为反射性呕吐，把化学感受器触发带受刺激后引起的呕吐称为中枢性呕吐。延髓呕吐中枢位于延髓外侧网状结构背外侧，迷走神经核附近，接受来自消化道、内脏神经、大脑皮质、内耳前庭、冠状动脉、视神经、痛觉感受器以及化学感受器触发带的传入冲动，直接支配呕吐的动作；而化学感受器触发带位于延髓第四脑室的底面，接受来自血液循环中的化学物质或药物（如吗啡、洋地黄、吐根素等）与内生代谢产物（如感染、尿毒症、酮中毒等）的刺激，并由此发出引起呕吐反应的神经冲动。但化学感受器触发带本身不能直接引起呕吐，必须在延髓呕吐中枢介导下才能引起呕吐。

【临床表现】

1. 恶心与呕吐的特点 恶心常为呕吐的前奏，但也有呕吐前无恶心，或有恶心而无呕吐的情况，有恶心感时多伴有迷走神经受刺激的表现。

反射性呕吐常有恶心先兆，吐后常有轻松感，急性胃肠炎引起的恶心呕吐多伴有腹痛、腹泻；中枢性呕吐呈喷射性、较剧烈且多无恶心先兆，吐后不感轻松，可伴剧烈头痛及不同程度的意识障碍；前庭功能障碍引起的呕吐与头部位置改变有密切关系，多伴有眩晕、眼球震颤、恶心、心悸、出汗、血压下降等自主神经功能失调症状；神经性呕吐常与精神或情绪因素有关，一般无恶心先兆，进食后即吐，吐后可再进食。

2. 呕吐的时间 晨起呕吐可见于尿毒症、慢性酒精中毒或功能性消化不良，若为育龄妇女则考虑早期妊娠。幽门梗阻引起的呕吐多发生在夜间和凌晨。

3. 呕吐与进食关系 餐中或餐后立即呕吐，可能为神经性呕吐；餐后较久出现呕吐见于幽门梗阻；餐后1小时以上出现呕吐提示胃排空延迟、胃动力下降。

4. 呕吐物的性质 幽门梗阻引起的呕吐，其呕吐物为带发酵、腐臭味的隔餐食物；若带有粪臭味常提示低位肠梗阻；上消化道出血时，呕吐物常呈咖啡渣样甚至呈鲜红色；急性胰腺炎呕吐频繁而剧烈，吐出的胃内容物甚至伴有胆汁；有机磷农药中毒者呕吐物带大蒜味。

> **考点提示**
>
> 恶心呕吐的临床特点，反射性呕吐与中枢性呕吐的区别。

频繁、剧烈的恶心、呕吐，给患者带来不适，甚至可引起食管及胃黏膜损伤及上消化道出血，同时伴有水、电解质及酸碱平衡紊乱。长期呕吐伴厌食者，可致营养不良。儿童、老人及意识障碍者，易发生误吸而导致肺部感染、窒息。

【护理评估要点】

1. 相关病史与诱因 询问呕吐的起病情况，诱发因素，与进食有无关系。询问有无消化性溃疡、慢性肝炎、尿毒症、糖尿病等病史。询问是否有引起呕吐加重与缓解的因素。

2. 恶心与呕吐的特点 询问恶心、呕吐发生及持续时间，如在晨起或夜间、间歇或持续；询问呕吐的特点，呕吐物的量、性状及气味，如是否有腐臭酸味，是否含有胆汁等。

3. 伴随症状 呕吐伴剧烈头痛及意识障碍应考虑颅内压增高；伴胸痛可能为急性心肌梗死或肺梗死；伴有腹痛、腹泻则应考虑急性胃肠炎。

4. 身心反应 评估有无出现水、电解质及酸碱平衡紊乱，有无营养不良。儿童、老人及意识障碍者，应注意呼吸道是否通畅，有无出现窒息。长期反复的恶心、呕吐，易使患者产生烦躁不安、焦虑、恐惧等不良心理反应，继而加重症状，因此应评估患者的精神状态，焦虑、抑郁及恐惧的程度，呕吐是否与精神因素有关等。

【相关护理问题】

1. 舒适的改变 恶心、呕吐与急性胃炎或急性肝炎有关；与服用药物有关等。

2. 体液不足/有体液不足的危险 与频繁呕吐引起体液丢失和摄入量不足有关。

> **考点提示**
>
> 恶心呕吐的相关护理问题。

3. 营养失调 低于机体需要量与长期频繁呕吐及食物摄入量不足有关。

4. 潜在并发症 肺部感染，窒息。

（林 梅）

扫码“学一学”

第九节 腹泻与便秘

案例

患儿，男性，11 个月。因“腹泻 3 天”入院。大便为蛋花水样，少许黏液，无脓血，每日8～10 次。食欲差，两天来尿少。身体评估：T 36.5℃，P 106 次/分，R 32 次/分。精神稍显疲倦，唇干，囟门及眼窝凹陷，皮肤弹性差，中度脱水状，肠鸣音活跃。

请思考：①该患儿腹泻最可能的病因是什么？②护士应重点评估哪些内容？③患儿目前存在的主要护理问题有哪些？

考点提示

腹泻与便秘的概念及分类。

正常粪便为成形软便，排便次数因人而异，每日2～3 次或每 2～3 日 1 次，且不含异常成分。腹泻（diarrhea）是指排便次数增加，粪质稀薄或呈水样，可带有未消化的食物、脓、血、黏液等异常成分。腹泻分为急性和慢性，病程在 2 个月以上的腹泻为慢性腹泻。便秘（constipation）是指排便次数减少，每周少于 3 次，伴排便困难，粪便干结的现象。便秘按病程分为急性便秘和慢性便秘；按有无器质性病变，分为器质性便秘和功能性便秘。

【病因与发生机制】

（一）腹泻

1. 急性腹泻 多为感染或中毒引起。①各种急性肠炎，如病毒、细菌、真菌、原虫、蠕虫等感染所致。②急性食物或化学药物中毒，如毒蕈、鱼胆、有机磷、砷等中毒。③全身性感染如败血症、伤寒或副伤寒、钩端螺旋体病等。④其他：如变态反应性肠炎、过敏性紫癜、某些内分泌疾病如甲亢危象、服用泻药等。

2. 慢性腹泻 常由胃肠、肝胆疾病及全身疾病引起。①胃部疾病：如慢性胃炎、胃大部切除术后。②肠道感染：感染性疾病，如肠结核、慢性细菌性痢疾；非感染性疾病，如溃疡性结肠炎、Crohn 病、吸收不良综合征；肿瘤，如结肠癌。③慢性肝、胆、胰腺疾病：如肝硬化、慢性胆囊炎、慢性胰腺炎等。④全身性疾病：如促胃泌素瘤、血管活性肠肽（VIP）瘤、甲状腺功能亢进症、系统性红斑狼疮、尿毒症、胃肠神经功能紊乱等。⑤药物副作用：如甲状腺激素、洋地黄类、消胆胺等。

3. 腹泻机制

（1）高渗性腹泻　由于肠腔内含有大量不吸收的高渗溶质，使肠腔内渗透压增高，阻碍肠内水分与电解质吸收而引起，如高渗性食物或高渗性药物。

（2）分泌性腹泻　由胃肠黏膜分泌过多液体所致，常见于霍乱、沙门菌属感染、某些胃肠道内分泌肿瘤。

（3）渗出性腹泻　由于胃肠黏膜炎症、溃疡或肿瘤浸润，引起血浆、黏液、脓血渗出所致，见于各种肠道炎症性疾病。

（4）动力性腹泻　由于肠蠕动亢进致食糜在肠内停留时间过短，未被充分吸收所致，常见于甲状腺功能亢进、胃肠功能紊乱等。

（5）吸收不良性腹泻　由于肠黏膜的吸收面积减少或吸收障碍所引起，见于小肠大部分切除、吸收不良综合征等。

（二）便秘

1. 器质性便秘　常由肛门疾病（如肛裂、痔疮、肛周脓肿）、直肠疾病（如炎症、溃疡、梗阻、憩室等）引起。

2. 功能性便秘　多由于不良排便习惯及肠易激综合征所致。①进食少或食物中缺少水分及粗纤维。②生活欠规律、精神抑郁或忽视便意。③滥用泻药产生泻药依赖性。④结肠运动功能减弱或腹肌、盆腔肌张力不足，如年老体弱、长期卧床、活动过少等。⑤某些药物引起，如氢氧化铝、抗胆碱能药、镇静剂等。

3. 便秘机制　正常排便需要以下条件：①足够的能引起肠蠕动的肠内容物，并含有适量的纤维素和水分。②肠管的肌张力及蠕动功能正常。③有正常的排便反射。④参与排便的肌肉功能正常。

当上述条件不能满足时可出现便秘：①摄入食物过少或纤维素及水分不足，致肠内容物过少不足以刺激肠道的正常蠕动。②各种原因引起的肠道平滑肌张力减低和蠕动减弱。③肠道梗阻致肠道内容物向下运动障碍。④排便过程的神经及肌肉活动障碍，如排便反射减弱或消失、肛门括约肌痉挛、腹肌及膈收缩力减弱等。

【临床表现】

（一）腹泻

1. 急性腹泻　起病急骤，病程较短。排便次数多，每日十几甚至数十次，粪便量多而稀薄，常含病理成分。由于排便频繁及粪便刺激，可使肛周皮肤红肿、糜烂及破损。急性严重腹泻可因短时间内丢失大量水分及电解质而引起脱水、电解质紊乱及代谢性酸中毒。

2. 慢性腹泻　常有原发性疾病史，起病缓慢或急性起病而转为慢性，病程多较长，可呈持续性或间歇性。大多每天排便数次，伴有或不伴有肠绞痛，或腹泻与便秘交替。长期腹泻导致营养障碍、维生素缺乏、体重减轻，甚至发生营养不良性水肿。

3. 不同病因引起的腹泻各有特点　小肠病变引起的腹泻粪便呈糊状或水样，可含有未完全消化的食物成分；大肠病变引起的腹泻粪便可含脓、血、黏液，病变累及直肠时可出现里急后重；黏液血便或黏液脓血便多见于细菌性感染；暗红色或果酱样便常见于阿米巴痢疾；血水或洗肉水样便可见于急性出血坏死性肠炎等；米泔水样便常见于霍乱和副霍乱；大便内含大量脂肪及泡沫，多为胰腺疾病或肠道吸收不良所致；粪便中带黏液无病理成分者常见于肠易激综合征。

> **考点提示**
> 腹泻的病因及临床表现。

（二）便秘

1. 急性便秘　临床多为器质性便秘，可有原发性疾病的临床表现，如肠梗阻患者可伴急性腹痛、腹胀、恶心呕吐、腹部包块或肠型、肠鸣音亢进等表现。

> **考点提示**
> 便秘的病因及临床表现。

2. 慢性便秘 多属单纯功能性便秘，多无特殊表现，部分患者诉口苦、食欲减退、腹胀、头晕、头痛、疲乏等神经功能紊乱的症状，长期便秘者也可出现排便紧张和焦虑。慢性习惯性便秘多发生在中老年人，尤其是经产妇。

3. 继发性病变 粪便过于坚硬时，排便可引起肛门疼痛，甚至引起肛裂或痔疮出血，而排便疼痛和便血使患者惧怕排便，且可引起肛门括约肌痉挛更加重便秘。

【护理评估要点】

1. 腹泻或便秘的特点 询问腹泻患者大便的次数、性状、颜色、量和气味；有无脓血、是否伴有腹痛、里急后重、恶心、呕吐、发热等。了解便秘的发生与病程，便秘是近期突然出现的，还是长期持续存在的；是偶尔发生还是间歇发作；是于腹泻之后发生，还是与腹泻交替出现。注意排便的间歇时间，排便过程的表现、粪便的性状、量、干硬度、表面是否带血等。对活动有障碍者要注意其控制排便的能力、如厕能力、排便的体位及排便习惯等。

2. 病因 了解腹泻或便秘发生的时间、起病的缓急、病程长短；有无慢性胰腺炎、甲状腺功能亢进、肝硬化等疾病。

3. 诱因 询问腹泻患者有无饮食不当，进食不洁饮食或刺激性食物；有无过劳、受凉、情绪紧张等诱发或加重腹泻的因素。了解便秘患者有无诱因存在。

4. 伴随症状

（1）腹泻伴腹痛 伴脐周绞痛、肠鸣音亢进，病变多在小肠，并且小肠性腹泻粪便量多，稀薄或呈水样，便后腹痛不缓解；伴有下腹部痛多为结肠性腹泻，便后缓解。

（2）腹泻伴消瘦 见于甲状腺功能亢进症、肠道恶性肿瘤、吸收不良综合征等。

（3）腹泻伴发热 伴高热者见于急性细菌性痢疾、伤寒、副伤寒等；伴低热可见于局限性肠炎、溃疡性结肠炎、肠结核等。

（4）便秘伴剧烈腹痛、腹胀及呕吐 应考虑肠梗阻的可能。腹部听诊多可闻及肠鸣音亢进，晚期可发生肠麻痹。

（5）便秘伴腹部包块 可能为结肠肿瘤、腹腔内肿瘤、肿大的淋巴结压迫结肠、肠结核、克罗恩病等。

（6）便秘与腹泻交替 伴有脐周或中、下腹部隐痛时，多提示为肠结核或腹腔内结核、克罗恩病、慢性溃疡性结肠炎或肠易激综合征等病变。

（7）便秘伴下腹部或直肠、肛门内胀痛不适 若用力解出坚硬而粗大的粪团后胀痛减轻，多提示为直肠性便秘；左下腹隐痛不适，解出呈栗子状的坚硬粪团后，隐痛缓解，多提示结肠痉挛或肠易激综合征。

5. 身心反应

（1）腹泻 急性严重腹泻时，观察患者生命体征、神志、尿量、皮肤弹性等，有无口渴、口唇干燥、皮肤弹性下降、尿量减少、神志淡漠等脱水表现；有无肌肉无力、腹胀、肠鸣音减弱、心律失常等低钾血症表现；有无呼吸深大等代谢性酸中毒的表现。慢性腹泻时注意营养状况、有无消瘦、贫血的表现。长期腹泻可干扰患者的休息、睡眠等正常生活及学习和工作，注意有无精神紧张，焦虑不安等心理变化及情绪反应。

（2）便秘 注意有无腹痛、腹胀、恶心呕吐、口苦、食欲减退、下腹不适等；有无腹部包块、肠型、肠鸣音的增强或减弱；有无头痛、头晕、乏力；有无肛周脓肿、直肠肿物、肛裂及痔等；有无因长期便秘而产生的精神紧张、恐惧、烦躁不安、焦虑等；有无对药物的依赖性。

知识链接

正常的排便反射

食物在空、回肠经消化吸收后，余下不能吸收的残渣随肠蠕动由小肠排至结肠，结肠黏膜再进一步吸收水分及电解质。粪便一般在横结肠内逐步形成，后运送达乙状结肠、直肠。直肠黏膜受粪便充盈扩张的机械性刺激，产生感觉冲动，经盆腔神经、腰骶脊髓传入大脑皮质，再经传出神经将冲动传至直肠，使直肠肌发生收缩，肛门括约肌松弛，紧接着腹肌与膈肌同时收缩使粪便从肛门排出体外。以上即是正常的排便反射过程。其中的任何一个环节出现障碍时均可导致便秘。

6. 诊疗及护理经过　腹泻发生后做过哪些检查，血生化指标有无改变；补液的成分、量及速度；用药的种类、剂量及疗效；采用的护理措施及效果。便秘患者主要询问促进排便的措施及其效果。

【相关护理问题】

1. 腹泻　与肠道疾病或全身性疾病有关。

2. 有体液不足的危险　与大量腹泻和（或）液体输入量不足有关。

3. 营养失调　低于机体需要量与慢性腹泻导致营养吸收障碍有关。

4. 有皮肤完整性受损的危险　与频繁腹泻、炎性粪质刺激肛周皮肤或便秘时引起肛裂有关。

5. 便秘　与结肠运动能力减弱、药物等引起排便减少有关。

6. 知识缺乏　缺乏预防便秘知识。

7. 潜在并发症　电解质紊乱、代谢性酸中毒、肠麻痹等。

（马怡婷）

第十节　呕血与便血

扫码"学一学"

案例

患者，男性，33 岁。上腹部节律性疼痛 5 年，多于冬春之交出现，近两周工作紧张劳累并饮食不规律，出现黑便 3 日。

请思考：①患者黑便的原因可能是什么？②护士进行护理评估要点有哪些？③患者目前存在的主要护理问题有哪些？

考点提示

呕血与便血的定义。

呕血（hematemesis）与便血（hematochezia）均为消化道出血的症状。呕血是指屈氏韧带以上的消化器官病变（包括食管、胃、十二指肠、肝、胆、胰等疾病）或全身性疾病所致的急性上消化道出血，血液经口腔呕出。便血是指消化道出血，血液经肛门排出。便血可呈鲜红、暗红或黑色（柏油样）。呕血一般都伴有黑便（melena），黑便不一定都伴有呕血。少量的消化道出血（每日 5ml 以上），不引起粪便颜色改变，隐血试验阳性，称隐血便（stool with occult blood）。临床上呕血与黑便的原因很多，部分患者有危险状况，护士需要进行密切观察和及时处理。

【病因与发生机制】

（一）上消化道疾病

1. 食管疾病 食管炎、食管癌、食管异物等。

2. 胃及十二指肠疾病 消化性溃疡、服用非甾体类抗炎药和应激所致的急性胃黏膜病变及慢性胃炎、胃癌等。

3. 肝、胆疾病 肝硬化所致的食管或胃底静脉曲张破裂、急性出血性胆管炎、胆结石、胆管癌等。

4. 胰腺疾病 急性胰腺炎、胰腺癌等。

（二）下消化道疾病

1. 小肠疾病 如肠伤寒、肠结核、肠套叠、小肠肿瘤、急性出血坏死性肠炎等。

2. 结肠疾病 如溃疡性结肠炎、结肠息肉、结肠癌、细菌性痢疾、阿米巴痢疾等。

3. 直肠肛管疾病 如直肠炎、直肠息肉、直肠癌、痔、肛裂、肛瘘等。

（三）全身性疾病

1. 血液疾病 血小板减少性紫癜、白血病、血友病、弥散性血管内凝血等。

2. 感染性疾病 流行性出血热、钩端螺旋体病、重型肝炎、败血症等。

3. 结缔组织病 系统性红斑狼疮、结节性多动脉炎累及消化道。

4. 其他 尿毒症、呼吸衰竭等。

> **考点提示**
> 呕血与黑便病因。

上消化道疾病引起的出血均可有便血，若出血部位在幽门以下可只表现为便血，在幽门以上常兼有呕血。呕血以消化性溃疡引起者最常见，其次为食管或胃底静脉曲张破裂，再次为急性胃黏膜病变。下消化道疾病引起的出血多发生便血。

【临床表现】

（一）呕血

上消化道出血前常有上腹部不适及恶心感，随后呕出血性胃内容物。呕吐物颜色视出血量多少及在胃内停留时间长短而不同。呕血者随后均有黑便排出。

（二）便血

可为粪便带血或全为血液，其颜色可呈鲜红、暗红或柏油样黑色，取决于出血部位，出血量多少，血液在肠腔内停留时间长短。

（1）上消化道出血表现为黑便，出血量大、速度快时可呈暗红色。

（2）小肠出血时，因出血部位高，血液在肠道内停留时间较长，粪便可呈黑色或柏油样。急性出血坏死性肠炎排出洗肉水样便，且有特殊的腥臭味。

（3）右半结肠病变引起的血便多呈暗红色；左半结肠、直肠或肛门病变引起的便血多呈鲜红色。急性细菌性痢疾和溃疡性结肠炎，血液与粪便混合呈黏液脓血样便；阿米巴痢疾粪便与血性黏液混合呈果酱样脓血便。

（4）痔疮、肛裂或直肠肿瘤的出血，不与粪便混合，仅黏附在粪便表面，或于排便前后有鲜血滴下或喷出。

知识链接

柏油便形成的原因

当血中的红细胞在肠道内分解时，血红蛋白铁在胃酸和肠道大肠杆菌等细菌的作用下，与粪便中的硫化物结合成为黑色的硫化铁，使粪便变黑，而且硫化铁刺激肠壁，使黏膜分泌大量黏液，大便因此呈现出像柏油似的油性光泽。

【护理评估要点】

1. 排除假性呕血与便血 口腔、鼻腔、咽喉等部位的出血及咯血，血液亦从口腔吐出或吞咽后再呕出或经胃肠道后以黑便排出。食用动物血液、肝脏等也可使粪便呈黑色；此外服用铋剂、铁剂及中药等也可使粪便变黑，但一般黑而无光泽，且隐血试验阴性可鉴别。

2. 呕血与便血的特点

考点提示

呕血与便血的临床特点。

（1）颜色与部位 ①呕血颜色取决于出血量的多少、速度、距离口腔的远近等。量多、速度快，距口腔近的未经胃酸充分混合的呈红色，反之若出血量少、速度慢或在胃内停留时间长，则因血红蛋白与胃酸作用形成酸化正铁血红蛋白，呕吐物呈咖啡渣样棕褐色。②粪便颜色取决于出血量的多少、速度、距离肛门的远近等。量多、速度快，距肛门近的呈鲜红色，反之可呈黑色。一般而言，下消化道出血多为鲜红或暗红色，上消化道出血多为黑色。

考点提示

出血量的判断。

（2）出血量 观察和记录呕血、黑便的次数、量及性状。粪便隐血试验阳性，表示每日出血量 >5ml；出现黑便，表示每日出血量在 60ml 以上；呕血则示胃内积血量达 250 ~ 300ml；由于呕血与黑便常混有呕吐物与粪便，出血量难以评估，失血程度还应根据全身状况来判断（表 3 – 8）。

表 3 – 8 失血程度评估

出血程度	症状	血压	脉搏	尿量	出血量（ml） 占全身总血量（%）
轻度	皮肤苍白、头晕、发冷	正常	正常或稍快	减少	<500 （10 ~ 15）
中度	眩晕、口干、烦躁、冷汗	下降	>100	明显减少	800 ~ 1000 （16 ~ 30）
重度	四肢厥冷、意识模糊、呼吸深快	显著下降	>120	少尿 或无尿	>1500 （>30）

（3）评估出血是否停止　主要根据患者的临床表现来判断，如脉搏、血压、大便的颜色等。若患者脉搏、血压稳定，大便潜血试验阴性或好转，则提示无活动性出血。如有下列表现则提示继续出血或再出血：①反复呕血或黑便次数增多，呕出的血由咖啡色转为暗红色，肠鸣音亢进。②经充分补充血容量，休克未见好转。③实验室检查红细胞计数、血红蛋白含量、血细胞比容持续下降，网织红细胞及血尿素氮持续增高。

3. 病因与诱因　有无消化性溃疡、慢性肝炎、肝硬化、血液病病史；有无服用肾上腺糖皮质激素、吲哚美辛、保泰松、水杨酸类等药物史；有无创伤、手术、休克、严重感染等应激史；出血前有无饮食失调、大量酗酒、进食粗硬或刺激性食物、劳累或精神紧张、剧烈呕吐等。

4. 伴随症状　呕血伴蜘蛛痣、肝掌、脾大多提示肝硬化所致食管胃底静脉曲张破裂；呕血伴意识障碍多为颅脑疾病所致应激性溃疡。便血伴里急后重，多为肛门直肠疾病。

5. 身心反应　上消化道出血量在1000ml以下，患者可有头昏、乏力、出汗、眼花、心悸、口干、黑蒙或晕厥等急性失血症状，若出血量 >1000ml 可有周围循环衰竭表现，如呼吸急促、脉搏细速、血压下降及休克等。此外多数患者在出血后可有发热，一般不超过38.5℃，可持续3～5天。出血早期红细胞及血红蛋白测定均无变化，3～4小时以后，由于组织液渗入血管内以及输液，血液稀释，出现贫血表现。在出血后2～5小时，白细胞计数可升高达（10～20）$\times 10^9$/L，止血后逐渐恢复正常。出血不止、出血量大的患者常有紧张不安、焦虑、恐惧等情绪改变。

6. 诊疗及护理经过　是否作过紧急内镜检查；实验室检查有哪些结果异常；补充血容量所用药物的种类及液体总量；给予输血治疗与否；使用了哪些止血措施及护理措施、效果如何。

【相关护理问题】

1. 组织灌注量改变　与上消化道出血所致血容量减少有关。

2. 活动无耐力　与上消化道出血所致贫血有关。

3. 焦虑/恐惧　与急性上消化道大量、反复出血有关。

4. 知识缺乏　缺乏有关出血病因及防治知识。

5. 潜在并发症　休克、急性肾衰竭。

（马怡婷）

第十一节　黄疸

扫码“学一学”

案例

患者，男性，45岁。4年前曾患急性肝炎，肝功能一直不稳定。近20天来右上腹胀痛明显。身体评估：肝病面容，右上腹压痛，巩膜及皮肤黄染。

请思考：①该患者巩膜及皮肤黄染的病因可能是什么？②护士应重点评估哪些内容？③患者目前存在的主要护理问题有哪些？

黄疸（jaundice）是由于血清中胆红素升高致皮肤、黏膜和巩膜发黄的现象。正常血清胆红素的浓度相对稳定在 1.7 ~ 17.1μmol/L，当胆红素浓度增高在 17.1 ~ 34.2μmol/L 之间，黄疸不易察觉，称为隐性黄疸。胆红素浓度超过 34.2μmol/L 时称为显性黄疸。

考点提示

黄疸的概念。

【病因与发生机制】

体内的胆红素主要来源于血红蛋白。血循环中衰老的红细胞经单核－吞噬细胞系统破坏和分解产生的胆红素为游离胆红素，又称非结合胆红素（unconjugated bilirubin，UCB），不溶于水，故不能从肾小球滤出，当其随血循环运输至肝脏时，被肝细胞摄取，并在肝细胞内与葡萄糖醛酸结合，形成结合胆红素（conjugated bilirubin，CB）。结合胆红素为水溶性的，可由肾小球滤过从尿中排出。

结合胆红素随胆汁排入肠腔后，经肠腔内细菌的脱氢作用还原为尿胆原，其中大部分氧化为尿胆素，从粪便排出，称粪胆素。小部分尿胆原在肠道被重吸收，经门静脉回到肝内，其中大部分再转化为结合胆红素，又随胆汁排入肠腔，形成胆红素的肝肠循环。小部分被重吸收的尿胆原，经体循环由肾排出体外，为尿中的尿胆原（图 3－7）。

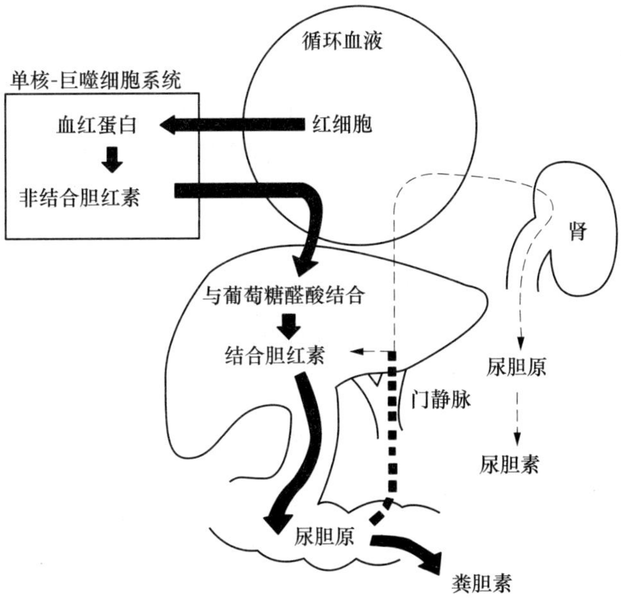

图 3－7　胆红素正常代谢示意图

在正常情况下，进入与离开血循环的胆红素保持动态平衡，故血清中胆红素的浓度保持相对恒定，总胆红素（TB）1.7 ~ 17.1μmol/L，其中 CB 0 ~ 3.42μmol/L，UCB 1.7 ~ 13.68μmol/L。凡胆红素生成过多，肝细胞对胆红素的摄取、结合、排泄发生障碍，或肝内、外胆管堵塞，均可致血清胆红素浓度增高而出现黄疸。临床上按黄疸的发生机制将其分为溶血性黄疸、肝细胞性黄疸、阻塞性黄疸三种类型。

（一）溶血性黄疸

由于大量红细胞的破坏，产生过多的 UCB，超过肝细胞的摄取、结合、排泄能力，另一方面，由于贫血、缺氧及红细胞破坏产物的毒性作用，削弱了肝细胞对胆红素的代谢能力，使血中 UCB 浓度增高而出现黄疸（图 3－8）。凡能引起溶血的疾病均可产生溶血性黄疸，如遗传性球形红细胞增多症、自身免疫性溶血性贫血、新生儿溶血、阵发性睡眠性血红蛋白尿、不同血型输血后溶血及蚕豆病、蛇毒中毒等。

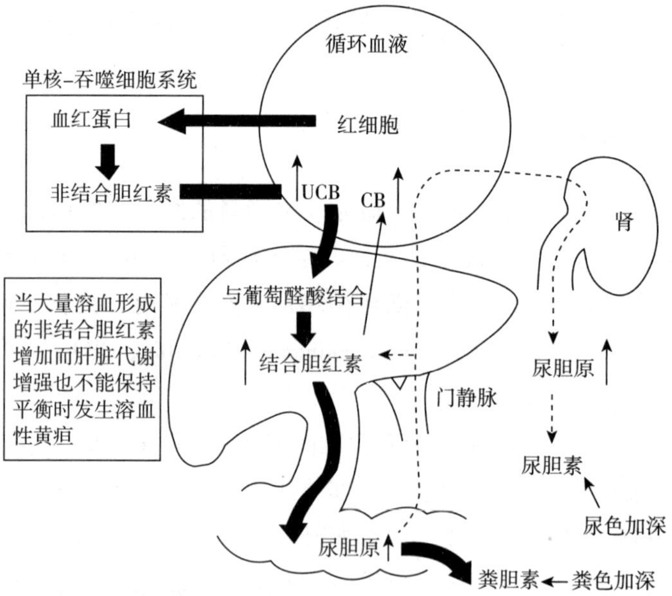

图 3－8　溶血性黄疸机制示意图

（二）肝细胞性黄疸

由于肝细胞的损伤致肝细胞对胆红素的摄取、结合及排泄功能降低，因而血中的非结合胆红素增加。未受损的肝细胞仍能将非结合胆红素转变为结合胆红素。此时形成的结合胆红素一部分仍经毛细胆管从胆道排泄，一部分经已损害或坏死的肝细胞反流血中；亦可因肝细胞肿胀、汇管区渗出性病变与水肿以及小胆管内的胆栓形成使胆汁排泄受阻而反流进入血循环中，致血中结合胆红素增加而出现黄疸（图 3－9）。常见于病毒性肝炎、中毒性肝炎、肝硬化、肝癌、脂肪肝、钩端螺旋体病等。

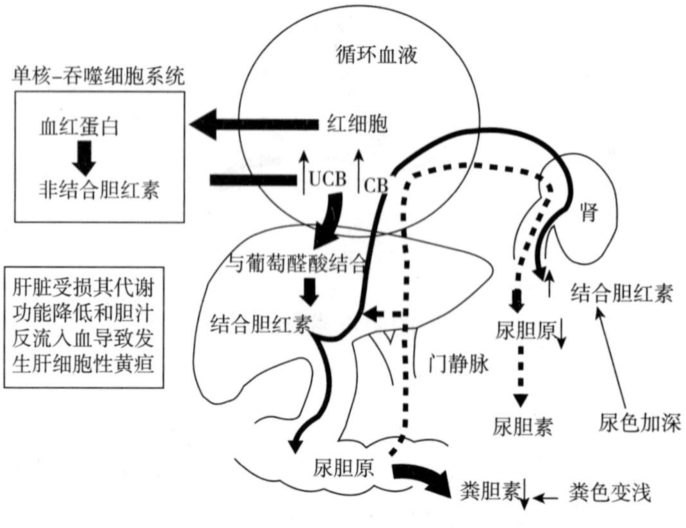

图 3－9　肝细胞性黄疸机制示意图

（三）阻塞性黄疸

由于胆管阻塞，阻塞上方的压力升高，胆管扩张，最后导致胆小管与毛细胆管破裂，胆汁中的胆红素返流入血中（图3－10）。胆管阻塞分为肝内阻塞和肝外阻塞。前者见于淤胆型病毒性肝炎、原发性胆汁性肝硬化、药物性黄疸等；后者见于肝外胆管的炎症水肿、瘢痕形成、蛔虫、结石、肿瘤等。

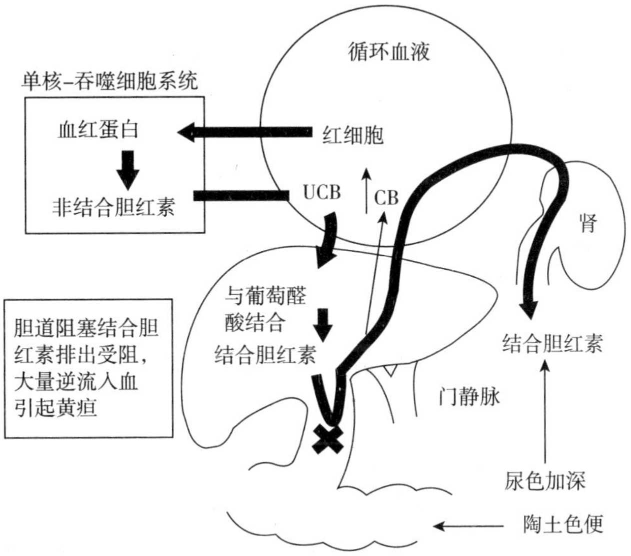

图3－10　胆性淤积性黄疸的胆红素代谢

【临床表现】

（一）溶血性黄疸

黄疸一般较轻，皮肤呈浅柠檬色，无皮肤瘙痒，粪色加深。急性溶血时可伴有寒战、高热、头痛、腰背四肢疼痛及不同程度的贫血，同时出现血红蛋白尿（尿呈酱油色或浓茶色），严重者可因血红蛋白堵塞肾小管发生急性肾功能衰竭。慢性溶血多为先天性，多呈轻度黄疸，常伴脾肿大与不同程度的贫血。

（二）肝细胞性黄疸

皮肤、黏膜黄疸程度不等，由浅黄色至深黄色，可有轻度皮肤瘙痒，尿色加深，粪便颜色不变或变浅，其他为肝脏原发病的表现。病毒性肝炎可有疲乏、食欲减退、肝脏肿大、肝区疼痛；肝硬化患者多较瘦，皮肤黝黑，可有蜘蛛痣，肝脏肿大，质偏硬，常无压痛，脾肿大，晚期常有上消化道出血、腹水等；肝癌引起者，肝区疼痛明显，肝脏肿大，质硬，表面凹凸不平，晚期可呈恶病质。

（三）阻塞性黄疸

黄疸程度较重，皮肤呈暗黄色，完全阻塞者可呈黄绿色。伴皮肤瘙痒、心动过缓、尿色深如浓茶，粪便颜色变浅或呈白陶土色，同时可有原发病的表现，如急性化脓性胆管炎可伴右上腹剧痛、高热、寒战等；胰头癌所致的阻塞性黄疸呈进行性、无痛性伴胆囊肿大。

知识链接

真性黄疸与假性黄疸

假性黄疸即血清胆红素浓度正常而出现的皮肤黄染，与血清胆红素增加引起的皮肤、巩膜黄染（即真性黄疸）不同。“肤黄眼不黄”是假性黄疸不同于真性黄疸之处。假性黄疸常由于以下原因引起：①服用大量阿的平引起皮肤黄染。多累及身体暴露部位的皮肤，一般巩膜不黄，停药后逐渐消退。②进食过多含胡萝卜素之食物，如胡萝卜、南瓜、橘子等，累及手掌、足底、前额及鼻根皮肤。

【护理评估要点】

1. 黄疸的特点 注意评估皮肤黄染的部位及程度，有无肝掌、蜘蛛痣、出血点、腹壁静脉曲张等。腹部评估注意有无腹水、包块、肝脏大小及质地、有无压痛、反跳痛、腹肌紧张等。注意询问发病的缓急、持续时间、是否进行性加重（黄疸持续性时间短且反复出现多为胆石症，进行性加重提示肝癌、胰头癌，病程长持续不退者见于胆汁性肝硬化）、有无皮肤瘙痒、尿及粪便颜色、伴随症状，过去有无类似发作史。

考点提示

黄疸的分类、各类黄疸的特点及相互之间的鉴别。

2. 病因与诱因 评估患者有无溶血性疾病、肝脏疾病、胆道疾病等病史；有无肝炎患者的密切接触史；近期有无使用血制品及某些药物、毒物接触史；有无食用蚕豆史。

3. 伴随症状 ①伴发热：见于急性胆管炎，肺炎球菌肺炎，其他各种原因引起的急性溶血。②伴腹痛：伴上腹剧痛，见于胆管结石、胆管蛔虫症、肝脓肿；伴持续右上腹胀痛，见于病毒性肝炎；持续右上腹钝痛伴消瘦，见于肝癌。③伴腹水：见于重症肝炎、肝硬化、肝癌。④伴肝肿大：见于早期肝硬化、病毒性肝炎、肝癌。⑤伴胆囊肿大：见于胰头癌、胆总管癌等。⑥伴脾大：见于肝硬化、疟疾、败血症、溶血性贫血等。

4. 身心反应 患者常因巩膜、皮肤黄染而焦虑，甚至恐惧。皮肤瘙痒常使患者烦躁不安，甚至影响休息与睡眠。

5. 诊疗及护理经过 注意与黄疸有关的实验室检查结果，以利于三种类型黄疸的鉴别，包括血清胆红素值及尿胆红素、尿胆原检查（表3－9）、血清转氨酶测定、影像学等检查。有否作过创伤性的病因学检查；详细治疗及护理措施，效果如何。

表3－9　三种黄疸实验室检查

	血			尿	
	总胆红素	结合胆红素	未结合胆红素	尿胆红素	尿胆原
溶血性黄疸	增高	正常	明显增高	（－）	＋＋
肝细胞性黄疸	增高	增高	增高	＋	＋
阻塞性黄疸	增高	明显增高	正常	＋＋	（－）

【相关护理问题】

1. 舒适的改变　皮肤瘙痒与胆汁淤积有关。

2. 有皮肤完整性受损的危险　与胆汁淤积性黄疸所致的皮肤瘙痒有关。

3. 自我形象紊乱　与黄疸所致的外形改变有关。

4. 焦虑　与皮肤严重黄疸，创伤性病因学检查有关。

5. 潜在并发症　肝性脑病，急性肾衰竭。

（马怡婷）

第十二节　抽搐与惊厥

扫码"学一学"

☞案例

患者，男性，15岁。突发意识丧失15分钟，牙关紧闭，面色自苍白转青紫，四肢发生阵挛性抽搐，小便失禁。有癫痫病史6年。

请思考：①该患者抽搐的病因可能是什么？②护士应重点评估哪些内容？③患者目前存在的主要护理问题有哪些？

抽搐（tic）指全身或局部成群骨骼肌非自主性抽动或强烈收缩，可以引起关节运动和强直。惊厥（convulsion）是指全身或局部骨骼肌发生短暂的非自主强直性或阵挛性抽搐，常为全身性、对称性，伴或不伴意识丧失。抽搐与惊厥均属于不随意运动。

【病因与发生机制】

（一）病因

抽搐与惊厥的病因可分为特发性与症状性。特发性常由于先天性脑部不稳定状态所致。症状性病因包括以下几种。

1. 颅脑疾病

（1）颅内感染　如病毒、细菌、真菌感染等所致脑炎、脑膜炎、脑脓肿等；寄生虫病感染，如脑血吸虫病、脑型疟病、脑囊虫病等。

（2）颅脑外伤　如产伤、颅脑外伤等。

（3）颅内肿瘤　如原发性脑肿瘤、颅内转移瘤等。

（4）脑血管疾病　如脑栓塞、脑出血、蛛网膜下腔出血等。

（5）其他　如先天性脑发育障碍、核黄疸等。

2. 全身性疾病

（1）感染　如中毒型菌痢、狂犬病、破伤风、急性感染所致的小儿高热惊厥等。

（2）心血管疾病　如高血压脑病、阿－斯综合征等。

（3）内分泌代谢性疾病　如低血糖状态、低钙血症、低镁血症等。

（4）中毒　如有机磷、酒精、苯、铅等中毒及尿毒症、肝性脑病等。

（5）风湿性疾病　如风湿热、系统性红斑狼疮、脑脉管炎等。

（6）其他　中暑、溺水、触电、突然停用安眠药、抗癫痫药等。

3. 神经官能症 如癔症性抽搐和惊厥。

（二）发生机制

尚未完全阐明，可能与大脑运动神经元的异常放电、毒素直接作用、低钙使运动神经元兴奋等因素有关。惊厥可分为两大类，即特发性与症状性。前者系指患者脑部并无可以解释症状的结构变化或代谢异常，而和遗传因素有较密切的关系；后者则由脑部疾病和全身性疾病所引起。

【临床表现】

（一）全身性抽搐

> **考点提示**
> 抽搐的临床表现。

癫痫大发作以全身抽搐和意识障碍为特征。患者突发意识模糊或丧失，全身骨骼肌持续收缩，牙关紧闭，呼吸暂停，面色自苍白转青紫，继而四肢发生阵挛性抽搐，呼吸不规则，大小便失禁，眼球上翻，两侧瞳孔散大，对光反射消失，可有病理反射，发作约半分钟左右自行停止，可反复发作或呈持续状态。发作时可出现心率增快，血压升高，汗、唾液和支气管分泌物增多等自主神经征象。惊厥发作可致跌伤、舌咬伤，短期频繁发作可致高热，发作时可因呼吸道分泌物、呕吐物吸入或舌后坠堵塞呼吸道而引起窒息。

（二）局限性抽搐

以身体某局部连续性肌肉收缩为主，多见于手足、眼睑、口角等。低钙血症引起手足搐搦呈现“助产士手”（腕和手的掌指关节屈曲，指间关节伸直，拇指内收）和“芭蕾舞足”（踝关节伸直，足趾下屈，足呈弓状）。

【护理评估要点】

1. 年龄与病因 不同年龄段发生惊厥的病因差异很大。新生儿惊厥多为产伤、窒息、颅内出血所致；6 个月 ~3 岁的婴幼儿以高热惊厥为多，或因低血钙、低血镁、低血糖所致，或为中毒性脑病所致；儿童和青少年发生惊厥的常见原因有原发性癫痫、中毒、感染、脑外伤等；青壮年发生惊厥多为原发性癫痫、肿瘤、脑外伤等引起；老年人发生惊厥则多为脑动脉硬化、高血压、肿瘤等所致。评估时要注意出生情况和发育史有无异常、既往是否无热惊厥、头部外伤、脑炎、脑膜炎以及寄生虫病史，是否曾被狗咬伤、有无癫痫家族史、有无内分泌代谢紊乱等。

2. 诱因情况 发作是否与高热、缺氧、劳累、饱食、饥饿、饮酒、睡眠、情绪波动、环境因素刺激有关。小儿惊厥多与高热有关；癔症性惊厥常由情绪波动引起；光、声刺激可使破伤风患者发生强烈痉挛。部分患者在惊厥发作前可有烦躁、口角抽搐、肢体的麻木感、针刺感、触电感等先兆症状，但时间极为短暂。

3. 惊厥发作时的情况 起病时间、发作时表现、发作频率、持续时间、间隔时间、发作前有无烦躁不安、口角抽搐、肢体发紧等先兆表现。

4. 伴随症状 伴发热常提示为感染性疾病，多见于小儿的急性感染；伴血压增高提示高血压脑病、肾炎等；伴脑膜刺激征常提示脑炎、脑膜炎、蛛网膜下腔出血等；伴意识障碍常提示癫痫大发作、重症颅脑疾病；惊厥发作前如有剧烈头痛，可见于高血压、急性感染、蛛网膜下腔出血、颅外伤、颅内占位性病变等。

5. 身心反应　注意有无外伤、窒息、大小便失禁等；惊厥发作时有无窒息。有无紧张、焦虑等心理反应及其程度。

6. 诊断、治疗及护理经过　是否应用镇静剂及其名称、剂量和效果。

【相关护理问题】

1. 有受伤的危险　与不受控制的惊厥发作、意识丧失所致的跌伤、舌咬伤有关。

2. 有窒息的危险　与发作时伴意识丧失所致的呼吸道分泌物、呕吐物误吸有关，与发作时舌后坠阻塞呼吸道有关。

3. 完全性尿失禁　与惊厥发作时的意识丧失有关。

4. 个人或家庭应对无效　与无处理突发惊厥能力有关。

5. 体温过高　与短时间内惊厥频繁发作有关。

6. 潜在并发症　窒息、跌伤。

（马怡婷）

第十三节　尿失禁与尿潴留

扫码“学一学”

案　例

患者，女性，28岁。尿潴留8小时。患者于8小时前顺产一健康男婴。身体评估：BP 130/85mmHg，侧卧位，不敢平卧，平卧时小腹胀痛明显，神志清楚，表情痛苦。下腹部稍隆起，触诊胀痛明显，拒按压。

请思考：①该患者尿潴留的病因可能是什么？②护士应重点评估哪些内容？③患者目前存在的主要护理问题有哪些？

尿失禁是由于膀胱括约肌损伤或神经功能障碍而丧失排尿自控能力，使尿液不自主地流出。尿失禁按照症状可分为充溢性尿失禁、无阻力性尿失禁、反射性尿失禁、急迫性尿失禁及压力性尿失禁五类。

尿潴留是指膀胱内充满尿液而不能正常排出。按其发病特点分急性和慢性尿潴留。急性尿潴留起病急骤，膀胱内突然充满尿液不能排出，患者十分痛苦，常需急诊处理；慢性尿潴留起病缓慢，病程较长，下腹部可触及充满尿液的膀胱，但不能排空膀胱，由于疾病的长期存在和适应痛苦反而不重。根据梗阻的程度分完全性和不完全性尿潴留；根据病因可分先天性和后天性尿潴留。需要注意患者没有排尿不等于就是尿潴留。

【病因与发生机制】

（一）尿失禁病因分类

1. 应力性尿失禁　多见于老年女性、孕妇、有盆腔或尿路手术史者。其发生与尿道括约肌、骨盆底部尿道周围肌肉和韧带松弛有关。

2. 真性尿失禁　又称完全性尿失禁。因尿路炎症、膀胱结石或肿瘤，使膀胱逼尿肌过度收缩，尿道括约肌松弛或麻痹，膀胱失去贮尿功能，出现尿失禁，重者尿液淋漓。

3. 反射性尿失禁　脊髓外伤、肿瘤或多发性硬化导致骶髓排尿中枢功能障碍。

4. 假性尿失禁 下尿路或膀胱逼尿肌无力，致尿潴留，膀胱内压增高，尿液被迫流出，见于尿道狭窄、前列腺增生或肿瘤等。

5. 其他因素 意识障碍、药物等。

（二）尿潴留病因分类

1. 机械性尿潴留 最常见，尿道阻塞、狭窄都可导致尿道机械性梗阻。如尿道炎症性水肿、结石或肿瘤、前列腺增生等；直肠肿瘤、妇科肿瘤的压迫以及女性膀胱颈部梗阻也可引起。

2. 神经源性尿潴留 糖尿病、单纯疱疹、广泛盆腔手术影响膀胱的运动和感觉神经，腰椎麻醉术后膀胱过度膨胀，会阴部手术、疼痛等所致尿道括约肌痉挛。

3. 药物性尿潴留 很多药物都可引起尿潴留，如中枢神经抑制药、抗胆碱类药物、α肾上腺素类药物。

4. 其他原因 高热、昏迷等。

【临床表现】

（一）尿失禁临床表现与分类

1. 充溢性尿失禁 尿液不断地自尿道中滴出，患者的膀胱呈膨胀状态。如假性尿失禁患者。

2. 无阻力性尿失禁 在站立时尿液全部由尿道流出。

3. 反射性尿失禁 表现为不自主地间歇排尿（间歇性尿失禁），排尿没有感觉。

4. 急迫性尿失禁 患者有十分严重的尿频、尿急症状，由于强烈的逼尿肌无抑制性收缩而发生尿失禁。

5. 压力性尿失禁 当腹压增加时（如咳嗽、打喷嚏、上楼梯或跑步时）即有尿液自尿道流出。

（二）尿潴留临床表现与分类

1. 急性尿潴留 为突然发生的短时间内膀胱充盈，尿液不能排出，膀胱迅速膨胀而成为无张力性膀胱。下腹胀满并膨隆，尿意急迫而不能自行排出，触诊或叩诊膨胀的膀胱区时，有尿意感叩诊为浊音。

2. 慢性尿潴留 多为假性尿失禁，起病缓慢，可无明显表现，只是通过体检或出现其他并发症而被发现。

知识链接

排尿反射

正常人膀胱容量为300～500ml。当膀胱内尿量达到200～400ml时，产生的压力被膀胱内壁压力感受器感知，冲动沿盆神经的传入纤维到达骶髓的低级排尿中枢，并同时传到脑干和大脑皮质的高级排尿中枢，产生尿意，大脑皮质对脊髓排尿中枢起着抑制和调节作用，如果时机和环境不适合，将抑制低级中枢的活动从而暂不发生排尿，反之排尿中枢发放冲动沿盆神经的纤维传出，引起逼尿肌收缩和尿道括约肌舒张，完成排尿活动。这一生理活动是膀胱与神经相互作用协调的结果，是较复杂的生理过程。

3. 并发症　尿潴留本身是一种继发性疾病，长期存在又可出现一系列继发疾病，常见的有：①尿路感染：尿潴留有利于细菌繁殖，易并发尿路感染，难以治愈，且易复发。②返流性肾病：尿潴留使膀胱内压升高，尿液沿输尿管返流，造成肾盂积液，继之肾实质受压、缺血，甚至坏死，最终导致慢性肾功能衰竭。

【护理评估要点】

1. 尿失禁和尿潴留的特点　注意尿失禁或尿潴留发生的缓急。

2. 尿失禁和尿潴留病因　注意有无与尿失禁、尿潴留相关的病史或尿路感染史、尿道手术或器械操作史、尿石排出史。

3. 尿失禁和尿潴留诱因　注意患者是否在大笑、咳嗽、打喷嚏、跑跳、猛然用力、性生活时出现尿失禁。

4. 伴随症状　尿潴留伴尿频，在中老年男性出现多见于前列腺增生。

5. 身心反应　尿潴留患者因痛苦而心情烦躁，并常出现恐惧心理。尿失禁患者自尊心易受到伤害，出现不信任、固执的心理倾向，重者情绪低落、焦虑，产生孤独感。

6. 诊疗及护理经过　是否做过检查、用药种类、剂量及疗效，自己有无采取按摩、热敷等方法及效果。

【相关护理问题】

1. 体液过多　与尿量减少和水钠潴留有关。

2. 疼痛　与尿路感染、尿路结石等有关。

3. 焦虑　与预感自身受到疾病威胁有关。

4. 自我形象紊乱　与不能自行控制排尿有关。

5. 潜在并发症　尿路感染、返流性肾病。

（马怡婷）

第十四节　意识障碍

扫码“学一学”

案例

患者，男性，68岁。突发剧烈头痛、呕吐、右侧肢体无力，继之意识障碍，呼之不醒，角膜反射存在。有高血压病史30余年。入院诊断为脑出血。

请思考：①患者目前存在的主要护理问题有哪些？②护士应重点评估哪些内容？

正常人意识清晰，思维敏捷，反应敏锐精确，语言表达能力正常。意识障碍是人对自身状态和周围环境的识别和觉察能力出现障碍。是多种原因引起的一种严重的脑功能紊乱。

【病因与发生机制】

引起意识障碍的常见病因可分为颅脑疾病和全身性疾病（颅外疾病）两大类。

（一）颅内疾病

1. 脑血管疾病　脑出血、脑梗塞、暂时性脑缺血发作等。

2. 颅内占位性病变 原发性或转移性颅内肿瘤。

3. 颅脑外伤 颅骨骨折、硬膜外血肿、脑震荡、脑挫裂伤等。

4. 寄生虫病 脑血吸虫病、脑囊虫病、脑型疟疾。

5. 颅内感染性疾病 各种脑炎、脑膜炎、颅内静脉窦感染等。

（二）全身性疾病

1. 全身严重感染 败血症、中毒性肺炎、中毒性痢疾、伤寒等。

2. 心血管疾病 严重休克、高血压脑病、高血压危象、重度主动脉瓣狭窄、阿-斯综合征等。

3. 内分泌与代谢障碍 肝性脑病、尿毒症脑病、糖尿病高渗性昏迷、低血糖昏迷、糖尿病酮症酸中毒、甲状腺危象等。

4. 中毒性疾病 一氧化碳、安眠药、有机磷农药、酒精等中毒。

5. 物理性因素 电击、淹溺、中暑等。

【临床表现】

（一）以觉醒度改变为主的意识障碍

1. 嗜睡 是最轻的意识障碍，是一种病理性嗜睡，患者陷入持续的睡眠状态，但能被轻刺激或言语所唤醒，醒后能正确回答和做出各种反应，回答缓慢，反应迟钝，对自己及周围环境漠不关心，当刺激去除后又很快入睡。

2. 意识模糊 是较嗜睡为深的一种意识障碍，患者能保持简单的精神活动，但对时间、地点、人物的定向能力发生障碍，思维和语言不连贯，不能完成简单的计算，记忆力下降。是一种以兴奋为主的意识模糊，称为谵妄，表现为定向力丧失，感觉错乱，躁动不安，胡言乱语，常伴有丰富错觉和幻觉，常发生于急性感染性疾病的发热极期、酒精中毒、代谢障碍（如肝性脑病）等。

3. 昏睡 是接近于人事不省的意识状态，患者处于沉睡状态，不易唤醒。在强烈刺激下（如压迫眶上神经、摇动身体等）虽可被唤醒，但很快又入睡。醒时无表情，答话含糊不清或答非所问。

4. 昏迷 是严重的意识障碍，是大脑皮层和皮层下网状结构处于高度抑制的一种状态。表现为意识丧失，运动、感觉和反射等功能障碍，给予任何刺激均不能使患者觉醒。按其程度可区分三个阶段。

（1）轻度昏迷 意识大部分丧失，无自主运动，对声、光刺激无反应，对疼痛刺激尚可出现痛苦的表情或肢体退缩等防御反应。角膜反射、瞳孔对光反射、眼球运动、吞咽反射等生理反射尚可存在。

> **考点提示**
>
> 意识障碍的分类及各类临床表现。

（2）中度昏迷 对周围事物及各种刺激均无反应，对强烈刺激可出现防御反射。角膜反射减弱，瞳孔对光反射迟钝，眼球无转动。

（3）深度昏迷 全身肌肉松弛，对各种刺激全无反应，深、浅反射均消失。

（二）特殊类型的意识障碍

1. 去大脑皮质状态 是大脑皮质受到严重的广泛损害，功能丧失，而大脑皮质下及脑干功能仍然保存的一种特殊状态。有觉醒和睡眠周期，觉醒时睁开眼睛，各种生理反射如瞳孔对光反射、角膜反射、吞咽反射、咳嗽反射存在，喂之能吃，貌似清醒，但缺乏意识活动，故有"瞪目昏迷""醒状昏迷"之称。

2. 无动性缄默症 患者能注视检查者及周围的人，貌似觉醒，但不能言语，四肢不能活动，大小便失禁，肌肉松弛，出现不典型去大脑强直姿势，对外界刺激无反应。主要见于脑干上部或丘脑的网状激活系统受损，而大脑半球及其传出通路无病变。

知识链接

意识与意识障碍

意识的内容包括"觉醒状态"及"意识内容与行为"。觉醒状态有赖于所谓"开关"系统一脑干网状结构上行激活系统的完整，意识内容与行为有赖于大脑皮质的高级神经活动的完整。当脑干网状结构上行激活系统受抑制或两侧大脑皮质广泛性损害时，使觉醒状态减弱，意识内容减少或改变，即可造成意识障碍。

颅内病变可直接或间接损害大脑皮质及网状结构上行激活系统，如大脑广泛急性炎症、幕上占位性病变造成沟回疝压迫脑干和脑干出血等，均可造成严重意识障碍。

颅外疾病主要通过影响神经递质和脑的能量代谢而影响意识。如颅外病变所引起的缺血缺氧，可致脑水肿、脑疝形成，或使兴奋性神经介质去甲肾上腺素合成减少或停止，均可间接影响脑干网状结构上行激活系统或大脑皮质。

【护理评估要点】

1. 病因及诱因 应着重了解有无与意识障碍相关的健康史及诱因史，如有无高血压、肝肾疾病、糖尿病、癫痫、发热等感染性疾病；了解有无毒物、药物等接触史；了解意识障碍发生时所处的环境、精神状态等及有无类似发作状况；了解意识障碍发生的缓急。

2. 意识障碍的程度 通过与患者交谈，了解其语言反应、对答是否切题、对疼痛的反应、肢体活动、瞳孔大小及对光反射、角膜反射等判断意识障碍的程度。

3. 伴随症状

（1）伴发热 先发热后有意识改变，见于急性感染性疾病，如病毒性脑炎、流行性脑脊髓膜炎、中毒性肺炎、中毒性痢疾等。先有意识障碍后出现发热，见于脑出血、蛛网膜下腔出血等。

（2）伴瞳孔改变 瞳孔散大见于癫痫、低血糖昏迷、颠茄类药物及酒精中毒等。瞳孔缩小见于吗啡、有机磷、巴比妥类药物中毒。双侧瞳孔不等大，一侧散大，见于颅内血肿、脑水肿、脑肿瘤等所致颅内压增高。

（3）伴血压改变 血压增高见于脑出血、高血压脑病、肾炎、颅内压增高等，血压降低见于休克。

（4）伴心动过缓 见于颅内压增高、缓慢性心律失常。

（5）伴脑膜刺激征 见于脑膜炎、蛛网膜下隙出血。

（6）伴锥体束征 见于脑出血、脑梗死等。

4. 身心反应 注意监测生命体征，观察瞳孔变化情况，观察有无大小便失禁或潴留，有无口腔炎、角膜炎、肺部感染，有无压疮形成，有无肢体肌肉萎缩或挛缩、关节僵硬、肢体畸形及活动受限。

5. 诊疗及护理经过 是否作过必要的辅助检查以明确诊断；消除脑水肿、保持呼吸道通畅、给氧、留置导尿管、抗感染、防止并发症等治疗和护理措施的应用及疗效等。

【相关护理问题】

1. 急性意识障碍 与脑功能障碍有关。

2. 有皮肤完整性受损的危险 与意识丧失导致活动障碍有关。

3. 有感染的危险 与脑功能障碍所致的咳嗽、长期卧床等有关。

4. 有受伤的危险 与意识障碍有关。

5. 潜在并发症 脑疝、肺部感染等。

（马怡婷）

第十五节 抑郁

扫码“学一学”

案例

患者，女性，30岁，已婚，小学文化，育有一子。因“情绪低落伴言语减少15天”来院就诊。1个月前曾行剖宫产手术，平素性格内向。自发病以来少言寡语，情绪低落，不思饮食，失眠多梦，自责自罪，很少与他人交流。与前来探望的亲朋好友交流，经常说“过得很累”。

请思考：①该患者抑郁的病因可能是什么？②护士应重点评估哪些内容？③患者目前存在的主要护理问题有哪些？

抑郁（depression）是一种以显著而持久的情绪低落为主、不愉快的情绪体验，其核心症状表现为心境低落、自我感觉不良、兴趣缺乏，严重者可伴有自杀观念或行为。抑郁是患者最常见的情绪反应之一，对患者的影响与抑郁的严重程度有关。轻度抑郁者对工作、社交的影响较小；中度抑郁者，继续进行工作、社交或家务活动有一定困难；重度抑郁者常出现所有的抑郁表现，并伴有明显的躯体症状，严重者有自杀的倾向，在临床护理工作中要学会及早识别与干预。

【病因与发生机制】

（一）病因

1. 负性生活事件 如意外伤害、久病不愈、亲人去世、失恋、失业等社会心理因素。

2. 某些躯体疾病或药物 如脑卒中、甲状腺疾病等，某些药物如甲基多巴、利血平、避孕药、激素类、抗肿瘤药及抗结核药物等。

3. 精神疾病 如抑郁症或某些精神疾病的表现。

（二）发病机制

抑郁的病因与发生机制尚不清楚，主要有以下几项因素。

1. 生物因素 ①遗传因素：研究表明抑郁发生与遗传因素有关，但尚不明确具体致病基因与抑郁有关。②单胺类神经递质假说：脑内5－羟色胺（5－HT）、去甲肾上腺素（NE）功能活动降低导致抑郁。临床上使用的抗抑郁剂大多为5－HT或NE的再摄取抑制剂，能够增加5－HT、NE系统的功能活动。③神经内分泌系统：研究发现抑郁患者的下丘脑－垂体－肾上腺（HPA轴）多处于持续兴奋状态，分泌的过量激素对单胺类递质受体起抑制作用导致抑郁。

2. 心理因素 ①大多数承受压力的人不会发生抑郁，抑郁患者则是对有压力的负性生活事件（失业、人际关系破裂、患重病等）的反应。②抑郁者应对负性生活事件时，采取的思维方式悲观、扭曲，常作出消极的结论，没有意识到自己的观点和想法是消极和错误的。

【临床表现】

1. 情绪低落 表现为无精打采、悲伤、沮丧、唉声叹气、缺乏自信，对以前喜欢的活动兴趣明显减退甚至丧失，体会不到平日的活动乐趣。严重者有负罪感、离群索居甚至消极厌食。

2. 思维和行动迟滞 表现为注意力和记忆力下降，思维联想速度缓慢，反应迟钝；思维内容多为消极、悲观、不快的往事或联想；语速缓慢、语言简单；动作缓慢、无精打采，严重者可表现为思维困难，自责自罪，有自杀观念和行为等。

3. 躯体症状 可有食欲紊乱和胃肠功能紊乱，如食欲下降、腹痛腹胀、便秘；睡眠紊乱，如不易入睡、易早醒等，早醒是特征性症状；慢性疼痛，为不明原因的头痛和全身疼痛等。

【护理评估要点】

1. 起病时间、病因、严重程度以及有无诱因等 注意有无情绪低落、内疚、自责等言语表达，是否存在情绪低落、懒言少语等行为表现，有无引起抑郁的疾病史及用药史，有无记忆力及注意力下降、语速及思维过程缓慢、思维内容消极等。

2. 个性与心理、应激与应对能力 注意有无缺乏自信、对周围环境及未来是否采取消极的态度等；是否存在导致抑郁的负性事件，如婚姻情感不幸、患重病久治不愈、下岗等，以及对有关生活事件的看法、所采取的应对措施等。

3. 人际关系与精神价值观 注意有无人际关系紧张、社交回避、对以前感兴趣的活动丧失兴趣等。观察对自我及自身健康状况的看法、有无精神信仰、对生命的态度等。

4. 诊疗与护理经过 已接受的诊断性检查及结果、对自己情绪状态的看法，及已采用的治疗或护理措施及其效果等。

【相关护理问题】

1. 绝望/悲伤/无能为力感 与负性生活事件、药物副作用等有关。

2. 自伤/自杀的危险 与自我评价低、无价值感等有关。

3. 社交孤独 与严重抑郁所致的运动减少、行为退缩有关。

4. 睡眠型态紊乱 与失眠、睡眠不深、早醒等有关。

5. 应对无效 与情绪低落、自我评价低等有关。

（杜庆伟）

扫码“学一学”

第十六节 焦虑

案例

患者，女性，33岁，专科学历。家庭情况：夫妻和睦，育有一个8岁的女儿。自幼生活在干部家庭，自尊心强，敏感，家族中无精神病史。因反复发作性胸闷气短3年就诊，每次发作多在有人场合，情绪波动时明显，曾到多家医院检查，心脏冠脉造影未见异常，一直怀疑得了心脏病。半年来自觉头晕、乏力、失眠、呼吸增快、精力不能集中、感到恐惧，时常对丈夫发脾气。

请思考：①该患者焦虑的病因可能是什么？②护士应重点评估哪些内容？③患者目前存在的主要护理问题有哪些？

焦虑（anxicty）是一种常见的源于内心的紧张、压力感的综合性情绪体验，常表现为担忧、紧张、不安，有莫名的恐惧感和对未来的不良预感，常伴自主神经功能紊乱症状，如失眠、憋气、心悸、出汗、手抖、尿频等。是患者最常见的情绪反应之一，几乎每个人一生中都有过焦虑的情绪体验。作为一种适应性反应，适度的焦虑水平使个体适应性调整警觉与防御状态，对个体的生存、适应环境具有重要意义。而持续的、过度的焦虑必然使个体身心受损，进而发展为焦虑障碍，主要表现为持续的不真实的担忧和紧张发作。可见于焦虑症、抑郁症、睡眠障碍、精神分裂症、应激相关障碍、酒精或药物滥用者以及躯体疾病伴发的心理障碍等。

【病因与发生机制】

（一）病因

1. 生活事件 引起的心理冲突是焦虑的最常见原因，任何可威胁到身体和（或）心理安全的情景、事件或变化，如就业、结婚、患病、迁居、久病不愈、亲人病危等均可因应激而产生焦虑。焦虑反应的强弱程度与个体的发展阶段、个性特点、健康状况及应对能力等有关。

2. 某些躯体器质性疾病 如脑血管意外、甲状腺功能亢进症、脑肿瘤、糖尿病及低血糖等。

3. 药物 某些药物的长期应用、中毒或戒断后，如苯丙胺、阿片类、育亨宾及某些抗精神病药物等。

4. 精神疾病 如疑病症、恐怖症、精神分裂症等。

（二）发病机制

1. 心理学因素 主要有：①行为主义理论认为焦虑是对某些环境刺激的恐惧而形成的一种条件反射；②认知理论认为焦虑患者的思维在有意识和无意识的水平上都关注威胁，

以负性自动思维的方式对环境作出反应；③心理动力学理论认为焦虑源于内在的心理冲突，个体无法找到表达本我冲动的健康途径，并且害怕表露这些冲动。

2. 神经生物学因素 中枢神经系统有些递质包括去甲肾上腺素（NE）、5 - 羟色胺（5 - HT）、γ - 氨基丁酸（GABA）等与焦虑有关，抑制或调节这些递质可以治疗改善焦虑症状。

3. 遗传因素 有研究表明遗传因素在焦虑症的发生中起一定的作用，有惊恐障碍者的一级亲属中约 10% 患有惊恐障碍。

【临床表现】

1. 情绪方面 紧张不安的期待情绪是焦虑的典型特点，表现为对未来可能发生、难以预料的某种危险或不幸事件的过度担心。严重者出现惊恐障碍，表现为突然的强烈的恐惧，害怕失去控制或觉得死亡将至。

2. 行为方面 表现为焦躁不安、肌肉紧张、运动不安、搓手顿足、唉声叹气、不能静坐、来回走动等。严重者常因为担心再次发作而产生回避行为，如不敢独自出门、害怕人多喧闹的场所等。

3. 认知方面 表现为注意力涣散、不集中，认知范围缩小，生活和工作能力下降等。

4. 生理方面 表现为自主神经功能紊乱，如心悸、胸闷、气短、过度换气、头痛、皮肤潮红或苍白、口干、便秘或腹泻、出汗、尿意频繁等。严重时表现惊恐发作，如呼吸困难或窒息感、濒死感等。

【护理评估要点】

1. 个性、应对方式、起病情况、病因与诱因 完美主义倾向的人或敏感脆弱者易产生焦虑；既往的应对策略、近期所经历的各种应激事件，对应激事件的看法（包括对目前所患疾病的看法）所采取的应对措施及其效果等；有无甲状腺功能亢进、脑炎、低血糖、精神疾病等可引起焦虑的相关疾病；用药情况，有无酗酒及滥用药物等。

2. 焦虑的表现与严重程度、持续时间 是否存在担心的问题，有无紧张不安的情绪体验，有无认知功能改变，睡眠障碍、自主神经功能紊乱以及行为表现等。必要时，可采用焦虑相关量表进行测评。

3. 社会支持系统 可提供帮助及情感支持的家人、亲戚、朋友、同事等，以及可获得的有效支持的性质及程度等。

4. 诊疗与护理经过 是否做过诊断性检查及结果、治疗、护理；是否用药、药物种类、剂量及疗效等。

【相关护理问题】

1. 焦虑 与担心疾病预后、对未来可能发生的恐惧有关；与缺乏疾病相关知识有关。

2. 思维过程变化 与重度焦虑所致认知功能改变有关。

3. 睡眠型态紊乱 与焦虑引起的思虑过度、自主神经功能改变有关。

4. 无能为力感 与应对方式、社会支持有关。

（杜庆伟）

实训项目一　健康史的采集

一、案例导入

患者，男性，36岁。因“反复上腹疼痛7年，加重1周伴黑便1次”就诊，门诊初诊“消化性溃疡伴出血”收住院。患者入院时护士应如何进行健康史的采集？应重点采集哪些内容？

二、任务描述

［实训目的］

1. 在实践中学会运用有效地会谈的方法与技巧进行健康史的采集，所获得的主观资料，内容真实、全面、完整，并提出相关护理问题。

2. 按照格式要求写出一份“健康史”评估资料。

3. 会谈过程中体现人文关怀。

［实训时间］

1学时。

［实训内容］

通过会谈获得以下资料：一般资料、主诉、现病史、既往史、用药史、成长发展史、家族健康史、按戈登功能性健康型态进行系统回顾。

［实训方法］

1. 观看收集资料的VCD光盘，讨论会谈的准备、方法、内容及注意事项。

2. 实训前教师准备好数份病例，每4～5位学生为一组，先让每组1位“患者”扮演者熟悉病例，其他“护士”扮演者则分好组及选好组长。

3. 在老师带领下，“患者”穿普通装，“护士”穿好工作服、帽，进入实训室或医院，练习健康史采集。

4. 教师指导各组的会谈情况，及时纠正学生出现的各种错误，并归纳总结。

5. 完成护理评估记录表的填写。

三、任务实施

［实训流程］

1. 会谈前准备

（1）环境准备　安静整洁、光线适宜、冬季应注意室内温度与患者的保暖。

（2）用物准备　VCD、电视机、教学病例数份、笔、记录纸、入院评估首页、护理记录单等。

（3）护士准备　服装鞋帽整洁、洗手，必要时戴口罩；举止端庄、语言轻柔恰当、态度和蔼；尊重理解患者。

（4）患者准备 患者接受护士对其床号、姓名等信息的核对，倾听护士的简要自我介绍和本次评估的目的，配合护士采取舒适的体位。

2. 实施会谈

（1）进入会谈 包括自我介绍，询问患者入院感受及一般情况，是否哪里不舒服？或生病了多长时间？逐步进入会谈状态。

（2）会谈内容 ①疼痛与黑便的特点：疼痛在什么情况下发生？疼痛部位在哪里？疼痛是像烧灼感、饥饿感、闷痛或绞痛？疼痛是持续性还是阵发性？疼痛有无规律性（餐前或餐后）？与进食、大便、体位有关系吗？排黑便有几次？是什么颜色（暗红或柏油样）？每次量大约多少？是否闻到特殊的气味？近日有无摄入动物血、猪肝、铁剂、铋剂等？腹痛与黑便有关系吗？出现黑便后腹痛是减轻还是加重？②病因：既往有溃疡病、胆囊炎、肝脏疾病吗？有无类似腹痛发作及排黑便吗？有过腹部手术及外伤史吗？有对什么食物及药物过敏吗？有无烟酒嗜好？③诱因：近期内有无过劳、熬夜、精神刺激、暴饮暴食、酗酒及服用非甾体类解热镇痛药、抗凝药史，是否与天气变化（季节）有关？④伴随症状：除了腹痛外，有食欲不振、恶心呕吐、皮肤巩膜黄染及全身出血倾向吗？⑤身心反应：腹痛后有无体重减轻？黑便后有无发热、头昏、眼花、跌倒、乏力、心悸、尿量减少？有无精神紧张、睡眠改变、焦虑或抑郁等？⑥诊疗及护理经过：发病后是否到什么地方看过病？诊断什么病？有做检查吗？结果是什么？有用过什么药吗？每日用药几次？剂量是多少？腹痛缓解方式及效果如何？有无不良反应？⑦是否结婚？家族成员中有无类似病史？日常生活状况及自理程度？有谁照顾？家庭支持情况？经济情况？患者的沟通能力（是否需要辅助如图片等）？患者治疗的依从性？

（3）结束会谈 复述部分会谈内容，纠正沟通过程中，因理解错误或口误所出现的错误。解释患者提出的问题，有礼貌结束会谈。

3. 会谈后处理

（1）协助患者取舒适体位、整理床单。

（2）按照医院规定处理用物。

（3）护士洗手、记录。

[注意事项]

1. 注意着装整洁，言谈举止体现人文关怀，进入实训室或病区要注意“四轻”，即走路轻、说话轻、开关门轻、一切操作轻。

2. 注意会谈方法与技巧，避免使用医学术语，避免套问和诱问。

3. 注意核对制度、不要坐在患者床上及保护患者的隐私。

[实训作业]

独立完成护理评估记录表的填写，上交教师批改。

四、实训项目检测

表 3－10　健康史的采集

规定操作时间：45 分钟　　　　　实际操作时间　　　　　成绩计分

项目		内容	标分	评分参考			记分
				好	中	差	
会谈前准备（20）	环境	安静、整洁、光线适中、室温适宜	4	4～3	3～2	2～1	
	用物	VCD、电视机、教学病例数份、笔、记录纸、入院评估首页等	5	5～4	3～2	2～1	
	护士	衣、鞋、帽、洗手；举止，语言，爱伤观念	7	7～6	4～3	2～1	
	患者	患者接受对其床号、姓名等的核对，倾听护士的自我介绍和本次评估的目的，配合护士采取舒适的体位	4	4～3	3～2	2～1	
实施会谈（60）	进入会谈	询问患者入院感受及一般情况，逐步进入会谈状态	5	5～4	3～2	2～1	
	会谈内容	1. 了解患者的一般资料	5	5～4	3～2	2～1	
		2. 获得患者最主要、最明显的症状和/体征	5	5～4	3～2	2～1	
		3. 引导患者说出患病以来的健康状况，了解患者患病后的心理和日常生活能力	15	15～10	9～5	4～1	
		4. 了解患者既往健康史	5	5～4	3～2	2～1	
		5. 了解患者目前用药史、成长发展史	5	5～4	3～2	2～1	
		6. 了解患者的家族史	5	5～4	3～2	2～1	
		7. 按照戈登功能性健康型态进行系统回顾	10	10～8	7～5	4～1	
	结束会谈	复述部分会谈内容，纠正沟通中出现的错误，解释患者提出的问题，有礼貌结束会谈	5	5～4	3～2	2～1	
会谈后处理（5）	整理	1. 协助患者取舒适体位、整理床单位	1	1	0.5	0	
	处理	2. 按照医院规定处理用物	1	1	0.5	0	
	洗手	3. 护士洗手	1	1	0.5	0	
	记录	4. 在规定时间内（15 分钟）书写护理评估表	2	1	0.5	0	
会谈技巧（15）		1. 在规定时间内（30 分钟）完成健康史采集	3	3	2	1	
		2. 能正确有效与患者进行会谈，获得资料全面、完整、真实	3	3	2	1	
		3. 语言通俗易懂（不用医学术语提问，如果使用术语，立即向患者解释，无诱问或套问）	3	3	2	1	
		4. 言谈举止体现人文关怀，注意“四轻”，即走路轻、说话轻、开关门轻、一切操作轻	3	3	2	1	
		5. 能运用技巧询问患者较敏感的问题，尊重患者隐私	3	3	2	1	
合计			100				

（黄跃芬）

目标检测

A1 型题

1. 内源性致热源存在于
   A. 白细胞　B. 细菌内毒素　C. 血小板
   D. 红细胞中　E. 抗原—抗体复合物
2. 高调金属样咳嗽可见于下列哪项
   A. 声带麻痹　B. 喉癌　C. 喉炎
   D. 支气管肺癌　E. 喉返神经麻痹
3. “三凹征” 是指
   A. 胸骨上窝、锁骨上窝、肋间隙明显凹陷
   B. 胸骨上窝、锁骨下窝、肋间隙明显凹陷
   C. 胸骨下窝、锁骨下窝、肋间隙明显凹陷
   D. 胸骨下窝、锁骨上窝、肋间隙明显凹陷
   E. 剑突下、锁骨下窝、肋间隙明显凹陷
4. 长期卧床患者心源性水肿常先出现于
   A. 眼睑　B. 腰骶部　C. 踝内侧
   D. 腹腔　E. 全身
5. 突发的剧烈胸痛伴呼吸困难及发绀常见于
   A. 心肌炎　B. 肺梗死　C. 心绞痛
   D. 心肌梗死　E. 自发性气胸
6. 呕吐大量带发酵、腐臭味的隔餐食物提示
   A. 急性胰腺炎　B. 妊娠　C. 急性胃炎
   D. 幽门梗阻　E. 尿毒症
7. 下列对腹泻的叙述哪项不正确
   A. 变态反应可发生腹泻
   B. 病程两个月以上称慢性腹泻
   C. 腹泻的各种机制往往互为因果
   D. 分泌性腹泻肠黏膜组织学基本正常
   E. 渗透性腹泻指肠壁细胞间渗透压升高
8. 癫痫大发作（惊厥）典型表现不包括
   A. 全身肌肉突然强直性痉挛　B. 意识丧失
   C. 瞳孔缩小　D. 尿失禁
   E. 呼吸暂停
9. 浅昏迷和深昏迷的主要区别为
   A. 能否被唤醒　B. 角膜反射及防御反射是否存在
   C. 有无大、小便失禁　D. 有无自主运动
   E. 对声、光刺激的反应

A2 型题

10. 患者，男性，56 岁。因低热、咳嗽、咯血 1 小时入院，住院当晚患者咯大量鲜血，咯血过程中突然出现呼吸困难、胸闷、烦躁不安、大汗淋漓、颜面发绀，此时考虑并发

A. 窒息　　B. 肺不张　　C. 继发性感染

D. 失血性休克　　E. 胸膜破裂

11. 李先生，患肝硬化已 4 年，3 天前饮酒后突然大量呕血，且神志恍惚，四肢湿冷，血压下降。入院后经积极治疗，现病情稳定，出血已停止。判断病人的出血量约为

A. 1000ml 以上　　B. 600ml　　C. 700ml

D. 800ml　　E. 500ml

12. 患者，女性，29 岁，上腹不适伴反酸并有阵发性隐痛，夜间疼痛明显，近 2 天大便发黑，最可能的疾病为

A. 急性胃黏膜病变出血　　B. 消化性溃疡出血

C. 胃癌出血　　D. 胰腺炎出血

E. 食管胃底静脉曲张出血

（黄跃芬　林　梅　马怡婷　杜庆伟）

扫码“练一练”

第四章

身体评估

学习目标

知识目标

1. 熟悉身体评估的顺序、方法、注意事项及评估内容。
2. 掌握身体评估的正常表现、异常表现及临床意义。
3. 了解身体各部位体表标志、划线及分区方法；与各异常表现相关的病因及发病机制。

技能要点

1. 能正确运用身体评估的方法进行全面的护理体检。
2. 结合病例分析，学会评估各种常见病症并形成护理问题。

身体评估是护士运用自己的感官或借助简单的诊断工具对患者进行细致的观察和系统的评估。身体评估的方法、内容及临床意义是每位护士必须掌握的基本功。

扫码“学一学”

第一节　一般状态评估

案 例

患者，女性，39岁。6年前体检发现有“心脏杂音”，当时无任何症状。近2年来逐渐出现登梯、爬坡、跑步时自觉心慌、气短。2周前因受凉感冒，发烧，安静状态下自觉心悸、气短，活动后加重，伴咳嗽、咳痰，夜间不能平卧。

请思考：①该患者为什么夜间不能卧？为了减轻症状可取何种体位？②护士应重点评估哪些内容？③患者目前存在的主要护理诊断及医护合作问题有哪些？

一般状态评估是对患者全身状态的概括性观察。通常以视诊为主，配合触诊。评估内容包括：性别、年龄、生命征、发育与体型、营养、意识状态、面容与表情、体位、步态等。

一、性别

性别（sex）不难判断，因为正常人的性征很明显。性征的正常发育，男性主要与雄激素作用有关，女性主要与雌激素有关。在护理评估中应注意：①激素分泌异常造成第二性征的改变。如肾上腺皮质肿瘤或长期使用肾上腺皮质激素，可使女性患者发生男性化；肝硬化所引起的雌激素堆积和睾丸功能损害及肾上腺皮质肿瘤可引起男性乳房女性化和其他第二性征的改变，如皮肤、毛发、脂肪分布、声音改变等。②性染色体异常对性征的影响。如性染色体数目和结构异常所致两性畸形。③性别与某些疾病的发病率有关。如消化道肿瘤多见于男性；甲状腺疾病和系统性红斑狼疮则多发生于女性；甲型血友病仅见于男性。

二、年龄

年龄（age）一般通过会谈可得知。但在意识不清、死亡或故意隐瞒年龄时则需要通过观察皮肤的弹性与光泽、肌肉的状态、毛发的颜色和分布、面部与颈部皮肤的皱纹、牙齿的状态等进行粗略判断。儿童重点评估生长发育情况；青少年重点评估性特征的发育；老年人重点评估老化情况。年龄与健康状态，疾病的发生、发展及预后有密切关系。如佝偻病、麻疹、百日咳等多发生于儿童；风湿热、结核病多发生于青少年；动脉硬化性疾病、恶性肿瘤多发生于中老年人。

三、生命体征

生命体征是评价生命活动存在与否及其质量的指标，为身体评估的主要项目之一。其内容包括体温（temperature，T）、脉搏（pulse，P）、呼吸（respiration，R）、血压（blood pressure，BP），测量之后应及时而准确地记录于病历和体温记录单上。生命体征的测量是基础护理技术中的重要内容之一，本节中仅简单介绍。

（一）体温

1. 体温的正常范围

> **考点提示**
>
> 体温测量法、正常范围及测量时间。

（1）腋测法　正常值为36～37℃，测量10分钟。此法较安全、简便，不易发生交叉感染，临床应用最为普遍。

（2）口测法　正常值为36.3～37.2℃，测量5分钟。此法温度较准确，但不易保持卫生，对婴幼儿及意识不清者不能使用。

（3）肛测法　正常值为36.5～37.7℃，测量5分钟。此法温度稳定，不易受外界因素影响，多用于小儿及昏迷患者。

2. 体温的记录方法　体温测定的结果，应按时记录于体温记录单上，并将各点以直线相连，描绘出体温曲线。

3. 体温测量的注意事项

（1）检查体温计完好性及水银柱是否在35℃以下。

（2）口测法　将体温计置于患者舌下，闭口勿咬，用鼻呼吸，测量前10分钟内禁食、禁饮。

（3）肛测法　以石蜡油润滑肛表水银球端后旋转并轻轻插入。

（4）腋测法　先擦干腋窝汗液，将体温计置于腋窝最顶端，紧贴皮肤，屈臂过胸，夹紧体温计。

（5）注意体温计附近有无存在的冷热物体（冰袋、热水袋）或刺激（热水漱口、热毛巾擦拭腋窝）等，以免影响体温测量结果。

知识链接

体温计的种类

1. 水银体温计　临床上最常用。分为肛温计（身圆头粗）、腋温计（身扁头细）、口温计（身圆头细）3 种。

2. 电子体温计　以数字显示的体温计，可同时用来量肛温、腋温或口温。使用时应避免重摔，以免电路受损而失灵。

3. 贴纸体温计　可以反复使用、压在额头上，会根据体温变色的测温纸。方便外出旅行携带。

4. 奶嘴体温计　方便吸奶的婴儿量体温用，外形和婴儿用的奶嘴一样。

5. 耳式体温计　通过红外线测量，只需将探头对准内耳道，按下测量钮，几秒钟就可得到测量数据。

6. 额式体温计　通过红外线照射到额头表面反射回来的情况与光谱温度对应表对照，得出温度值。

7. 一次性体温计　进口的温度计，可以正确测量口温，一次性使用，可避免交叉感染，成本高。

4. 体温变化的临床意义　临床以口腔温度为标准进行分析。

（1）体温过低　体温低于36℃称体温过低。除测量技术因素外，见于休克、急性大出血、慢性消耗性疾病、极度衰弱和甲状腺功能减退患者等。

（2）体温过高　体温高于37.5℃称为发热。见于感染、无菌性炎症、组织破坏、内出血、恶性肿瘤、抗原抗体反应、内分泌代谢障碍和体温中枢功能失调。

（二）脉搏

动脉血管随心脏收缩和舒张而相应出现的扩张和回缩的搏动，称为动脉脉搏，简称脉搏。脉搏评估在护理诊断中具有重要意义。特别对心血管疾病患者，应经常观察脉搏的变化，每次不能少于30秒；若脉搏不规则应延长触诊时间，必要时监测心率。评估脉搏时，最常采用触诊桡动脉搏动，评估时注意脉率、脉律、紧张度、强弱及管壁弹性等，并注意两侧对比。

1. 脉搏的正常范围　正常成人在安静状态下的脉率为每分钟60～100次；儿童每分钟平均为90次，婴幼儿每分钟可达130次；老年人偏慢；女性较男性快；日间较夜间睡眠时快；活动、餐后或情绪激动时增快。正常节律、频率与心率一致。

2. 脉搏异常的临床意义

（1）数脉　脉搏每分钟>100次。见于发热、贫血、甲状腺功能亢进症、心功能不全、休克、心肌炎等。

考点提示

常见异常脉搏的概念及临床意义。

（2）缓脉　脉搏每分钟<60次。见于颅内压增高、阻塞性黄疸、甲状腺功能减退症、病态窦房结综合征。若脉搏<每分钟40次可能为Ⅲ度房室传导阻滞，要做好抢救准备。

（3）水冲脉　脉搏骤起骤落，急促有力，犹如潮水涨落。见于主动脉瓣关闭不全、严重贫血、甲状腺功能亢进症等脉压增大的疾病。

（4）交替脉　脉搏一强一弱交替出现，是心肌损害的表现。是左心衰竭的重要体征，见于高血压性心脏病、急性心肌梗死等心功能不全。

（5）奇脉　吸气时脉搏显著减弱或消失，又称吸停脉。见于心包积液和缩窄性心包炎。

（6）不整脉　脉搏不规则，称不整脉。见于心律失常。对不整脉初发病例，应同时听诊心率以做对照，若脉率少于心率，称为脉搏短绌。见于期前收缩、心房颤动。

（三）呼吸

正常成人男性和儿童以腹式呼吸为主，女性以胸式呼吸为主。评估方法为在患者无觉察的情况下观察胸廓起伏的情况，一般情况下要计时 1 分钟，注意呼吸的频率、深度和节律。

1. 呼吸的正常范围　正常成年人平静呼吸时，呼吸为每分钟 12 ~ 20 次，节律整齐，深度适中，呼吸与脉率之比为 1:4。

2. 呼吸异常的临床意义

（1）呼吸频率改变　呼吸次数 > 24 次/分称呼吸增快，见于高热（发热时一般体温每升高 1℃，呼吸大约增加 4 次/分）、疼痛、贫血、甲状腺功能亢进症、心功能不全、肺及胸膜病变等。呼吸次数 < 12 次/分，称呼吸减慢，见于镇静剂或麻醉剂过量、颅内压增高等。

（2）呼吸深度改变　当有严重的代谢性酸中毒时，呼吸深大而规则称酸中毒大呼吸（Kussmaul 呼吸），见于糖尿病酮症酸中毒、尿毒症时的酸中毒等；呼吸变浅快，见于重症肺炎、大面积肺不张等。

（3）呼吸节律改变

> **考点提示**
>
> 呼吸节律异常的概念及临床意义。

1）潮式呼吸（Cheyne – Stokes 呼吸）　特点为呼吸由浅慢逐渐变为深快，然后再由深快到浅慢，继之暂停，周而复始。

2）间停呼吸（Biots 呼吸）　表现为有规律呼吸几次后，突然停止一段时间，又开始呼吸，即周而复始的间停呼吸。

以上两种呼吸节律改变是由于呼吸中枢的兴奋性降低，使调节呼吸的反馈系统失常。均见于中枢神经系统疾病，如脑炎、脑膜炎、颅内压增高及某些中毒，如糖尿病酮症酸中毒、巴比妥中毒等。间停呼吸较潮式呼吸更为严重，提示预后不良，常在呼吸完全停止前发生。有些老年人在深睡时也可出现潮式呼吸，一般认为是脑动脉硬化的表现。

3）抑制性呼吸（restrained breathing）　此为胸部发生剧烈疼痛所致的吸气相突然中断，呼吸运动短暂地突然受到抑制，患者表情痛苦，呼吸较正常浅而快。常见于急性胸膜炎、胸膜肿瘤、肋骨骨折及胸背部外伤等。

4）叹息样呼吸（sighing respiration）　表现为在正常的呼吸基础上间隔一段时间即出现一次深大呼吸，类似叹气样，多为功能性改变。见于神经衰弱、忧郁或精神紧张者（图 4 – 1）。

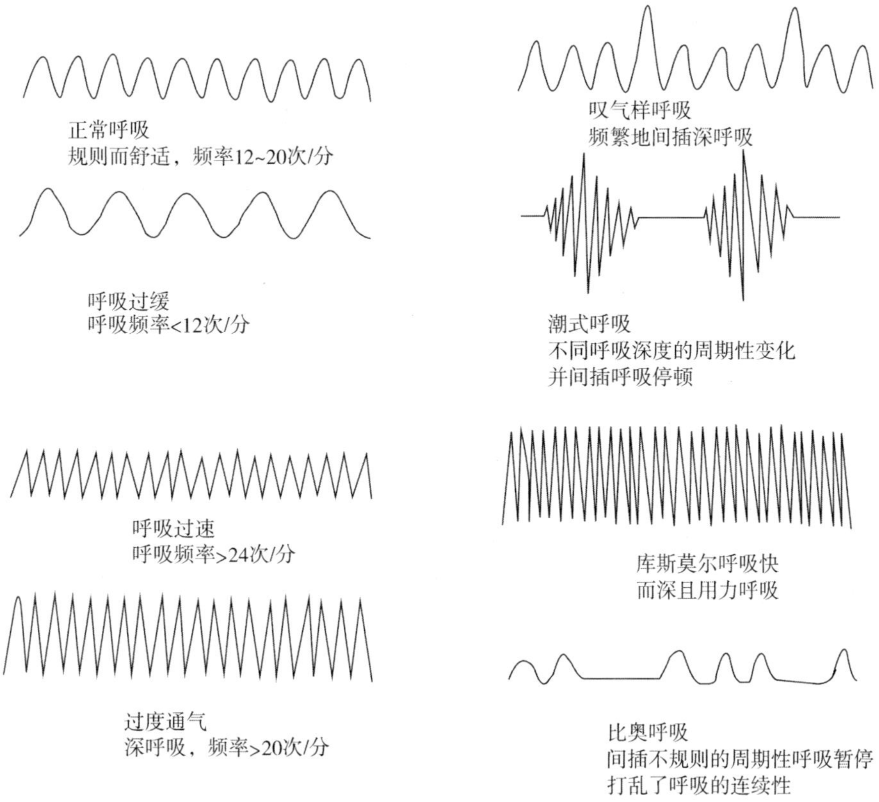

图 4-1　常见异常呼吸类型及特点

（四）血压

血压通常指体循环动脉血压。临床上以上肢肱动脉测得的血压为代表。目前广泛使用袖带加压法，即汞柱式血压计测量较准确、可靠，最为常用。

1. 袖带加压法　测量步骤为：患者在安静环境中休息至少 5 分钟；取卧位或坐位，卷袖、露臂、肘部外展，肘部和血压计应与心脏同一水平（坐位时应平第四肋软骨，仰卧位平腋中线）；将袖带缚于上臂，使其下缘在肘窝以上 2～3cm 处，袖带内气囊中央位于肱动脉上；袖带松紧度以恰能放进 1 手指为宜；将听诊器胸件置于肘窝部肱动脉搏的处轻压；向袖带内充气，边充气边听诊肱动脉搏动音，同时观察水银柱值，待肱动脉搏动消失后，再升高 20～30mmHg；缓慢放掉袖带内气体，并注视水银柱下降，听诊器听到的第一声搏动音，此时水银柱所指的刻度即为收缩压，当搏动音突然变弱或消失，水银柱所指的刻度即为舒张压；血压测量首诊时应测量双上臂血压，以后通常测量较高读数一侧的上臂血压，必要时测量立、卧侧血压，取其平均值。血压记录为：收缩压/舒张压 mmHg。收缩压与舒张压之差称为脉压（pulse pressure）。

2. 测量血压注意事项　首诊时应测量双上臂血压，以后通常测量较高读数一侧的上臂血压，必要时测量立、卧位血压，发现血压听不清或异常，应重测。重测时应将袖带内气体完全排空，1～2 分钟后再测；对需密切观察血压者，应做到四定，即定时间、定部位、定体位、定血压计；袖带宽度为上臂长度的 2/3。

> **考点提示**
> 成人血压的正常值及血压变化的临床意义。

3. 血压的正常范围　成年人血压正常值：收缩压≤120mmHg 和/或舒张压≤80mmHg。

4. 血压变化的意义

（1）高血压　在未使用降压药物的情况下，指非同日 3 次测量血压，收缩压≥140mmHg 和/或舒张压≥90mmHg；收缩压≥140mmHg 和舒张压<90mmHg 为单纯性收缩期高血压。患者既往有高血压史，目前正在使用降压药物，血压虽然低于 140/90mmHg，也诊断为高血压。根据血压升高水平，又进一步将高血压分为 1 级、2 级和 3 级（表 4－1）。大多数高血压为原发性高血压，又称高血压病，少数为继发性高血压。后者可见于肾脏疾病、肾动脉狭窄、肾上腺皮质或髓质肿瘤、颅内压增高等。

表 4－1　血压水平的定义和分类

类别	收缩压（mmHg）	舒张压（mmHg）
正常血压	<120	<80
正常高值	120～139	80～89
高血压	≥140	≥90
1 级（轻度）	140～159	90～99
2 级（中度）	160～179	100～109
3 级（重度）	≥180	≥110
单纯收缩期高血压	≥140	<90

注：此表为 2010 年修订的《中国高血压防治指南》中对血压水平分类标准。

当收缩压和舒张压分属于不同级别时，以较高的分级为准。

（2）低血压　指血压<90/60mmHg。常见于休克、急性心肌梗死、心力衰竭、肾上腺皮质功能减退症、极度衰弱等。

（3）两上肢血压不对称　指两上肢血压相差大于 10mmHg。主要见于多发性大动脉炎、先天性动脉畸形、血栓闭塞性脉管炎等。

（4）上下肢血压差异常　正常下肢血压较上肢血压高 20～40mmHg，如下肢血压等于或低于上肢血压，则提示相应部位动脉狭窄或闭塞，见于胸腹主动脉型大动脉炎或主动脉狭窄等。

（5）脉压增大和减小　正常脉压为 30～40mmHg。脉压>40mmHg，称脉压增大，主要见于主动脉瓣关闭不全、甲状腺功能亢进症、严重贫血及老年主动脉硬化等。脉压<30mmHg，称脉压减小，主要见于主动脉瓣狭窄、心力衰竭、低血压、心包积液等。

知识链接

知识链接动态血压监测

动态血压监测（ABPM）是通过仪器自动、间断性、定时测量日常生活状态下的血压的一种诊断技术。由于 ABPM 克服了诊所血压测量次数较少、观察误差和白大衣效应等的局限性，因此能客观地反映血压的实际水平与波动状况。动态血压对于早期发现高血压、判断有无靶器官损害、指导用药以及判断预后有重要意义。

目前临床上常用的 ABPM 参数包括：血压平均值、夜间血压下降率、血压变异系数、血压负荷和动态脉压等。

四、发育与体型

（一）发育

发育（development）一般以年龄、智力和体格成长状态（身高、体重及第二性征）之间的关系综合判断。正常的发育与种族、遗传、内分泌、营养代谢、生活条件、体育锻炼等有关。

1. 成人发育正常的指标 头部长度为身高的1/7～1/8；胸围约等于身高的一半；两上肢平展的长度等于身高；坐高约等于下肢的长度。

2. 发育异常 病态发育与内分泌的改变密切相关。在发育成熟前，腺垂体功能亢进可致体格异常高大称为巨人症；腺垂体功能减退可致体格异常矮小，但智力正常称为垂体性侏儒症；甲状腺功能亢进症时可致体格高大；甲状腺功能减退可致体格矮小伴智力低下称为呆小症。性激素决定第二性征的发育，当性激素分泌受损，可致第二性征的改变。此外，幼儿时期营养不良亦可影响发育，如维生素D缺乏时可致佝偻病（rachitis）。

> **考点提示**
> 发育正常与否的判断方法。

（二）体型

体型（habitus）是身体各部发育的外观表现，包括骨骼、肌肉的成长与脂肪分布的状态。成年人的体型可分为以下三种。

1. 正力型（匀称型） 身体各部分结构匀称适中。大多数正常人为此型。

2. 无力型（瘦长型） 体高肌瘦、颈细长肩窄下垂、胸廓扁平、腹上角小于90°。

3. 超力型（矮胖型） 体格粗壮、颈粗短、面红、肩宽平、胸围大、腹上角大于90°。

五、营养状态

营养（nutrition）状态与食物的摄入、消化、吸收和代谢等因素有关，可作为判断健康和疾病程度的标准之一。营养状态主要根据皮肤、毛发、皮下脂肪、肌肉的发育情况综合判断。最简便易行的方法是观察皮下脂肪充实的程度，最适宜的部位是前臂的屈侧或上臂背侧下1/3。此外，在一定时间内观察体重的变化也可反映营养状态。

（一）营养状态的分级

临床上营养状态大致分为良好、中等与不良三个等级。

1. 良好 皮肤、黏膜红润、有光泽、弹性良好，皮下脂肪丰满，肌肉坚实，指甲、毛发润泽，肋间隙及锁骨上窝深浅适中。

2. 不良 皮肤黏膜干燥、弹性减低，皮下脂肪菲薄，肌肉松弛无力，指甲粗糙无光泽，毛发稀疏，肋间隙、锁骨上窝凹陷，肩胛骨和髂骨嶙峋突出。

3. 中等 介于两者之间。

（二）营养状态的判断

1. 脂肪充实程度 捏起上臂背侧下1/3约3cm距离的皮下脂肪，判断皮下脂肪充实的程度。

> **考点提示**
> 营养状态的评估方法。

2. 体重测量 临床上以计算标准体重或体重质量指数来判断营养状态。粗略的标准体重估算公式为标准体重（kg）=身高（cm）－105；女性按上式所得再减 2～3 kg，或标准体重（kg）=［身高（cm）－100］×0.9（男性）或×0.85（女性），体重在标准体重的±10%以内为正常，当体重低于标准体重的10%时称为消瘦，当超过标准体重的20%以上时称为肥胖。

3. 体重质量指数（BMI）计算 BMI=体重（kg）/身高（m^2），世界卫生组织（WHO）标准：正常范围为18.5～22.9；<18.5为体重过低；25～29.9为超重；≥30为肥胖。

（三）营养状态异常

1. 营养不良 由于摄食不足和（或）消耗过多所致。常见原因有：

（1）摄食障碍 如食管、胃肠道疾病，神经系统及肝、肾等内脏疾病引起的严重恶心、呕吐等。

（2）消化障碍 如慢性胃炎、胰腺炎、肝脏及胆道疾病引起消化液或酶的合成和分泌减少，影响消化和吸收。

（3）消耗增多 慢性消耗性疾病，如肺结核、恶性肿瘤、糖尿病等，出现糖、脂肪和蛋白质的消耗过多。长期消耗增多致极度消瘦者称恶液质。

2. 营养过度 体内中性脂肪积聚过多，主要表现为超重或肥胖。肥胖常见原因为热量摄入过多，超过消耗量，常与内分泌、遗传、生活方式、运动或精神因素有关。

（1）外源性肥胖 为摄入热量过多所致，表现为全身脂肪均匀性分布，身体各个部位无异常改变，常有一定的遗传倾向。

（2）内源性肥胖 通常由某些内分泌疾病引起，主要表现为向心性肥胖。如肥胖性生殖无能综合征、肾上腺皮质功能亢进、甲状腺功能减退症等可引起具有一定特征的肥胖和性功能障碍。

> **考点提示**
>
> 消瘦、肥胖的评估标准。

六、意识状态

意识（consciousness）是大脑功能活动的综合表现，即对环境的反应（知觉）状态。正常人意识清晰、定向力准确、反应敏锐、思维正常，语言清晰、表达能力正常。凡影响大脑功能活动的疾病会引起不同程度的意识改变，称为意识障碍。根据意识清晰度或觉醒程度可将其分为嗜睡、昏睡、昏迷。以意识内容改变可分为意识模糊、谵妄等（详见第三章第十四节意识障碍）。

评估患者的意识状态通常采用会谈了解患者的思维、反应、情感活动和定向力等方面的情况，必要时做痛觉试验、瞳孔对光反射及腱反射等检查，以判断意识障碍的程度。

七、面容与表情

面容（facial features）指面部的面貌与气色；表情（expression）是面部情感的表现。健康人表情自然，神态安怡。疾病可引起患者面容与表情发生变化，尤其是当疾病发展到一定程度时，还会出现特征性的面容与表情。临床上常见的典型面容与表情有：

1. 急性病容 面色潮红、兴奋不安、呼吸急促、痛苦呻吟，见于急性感染性疾病，如大叶性肺炎、急性胰腺炎、流行性脑脊髓膜炎等。

2. 慢性病容 面容憔悴、面色灰暗或苍白、目光暗淡，见于慢性消耗性疾病，如恶性肿瘤、严重结核病等。

3. 贫血面容　面色苍白、唇舌色淡、表情疲惫，见于各种原因所致的贫血。

4. 肝病面容　面色晦暗，额部、鼻背、双颊有褐色色素沉着，见于慢性肝脏疾病。

5. 肾病面容　面色苍白，眼睑、颜面浮肿，舌色淡，见于慢性肾脏疾病。

6. 满月面容　面如满月、皮肤发红，常伴痤疮，见于 Cushing 综合征及长期应用肾上腺皮质激素者（图 4－2）。

7. 二尖瓣面容　面色晦暗、双颊紫红、口唇轻度发绀，见于风湿性心瓣膜病二尖瓣狭窄（图 4－3）。

图 4－2　满月面容

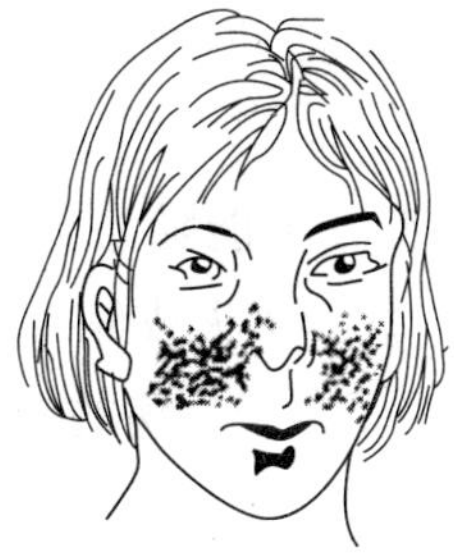

图 4－3　二尖瓣面容

8. 甲状腺功能亢进面容　面容惊愕、眼裂增大、眼球凸出、瞬目减少、兴奋不安、烦躁易怒（图 4－4）。见于甲状腺功能亢进症。

9. 黏液性水肿面容　面色苍白、颜面浮肿、睑厚面宽、目光呆滞、反应迟钝、毛发稀疏（图 4－5）。见于甲状腺功能减退症。

图 4－4　甲状腺功能亢进面容

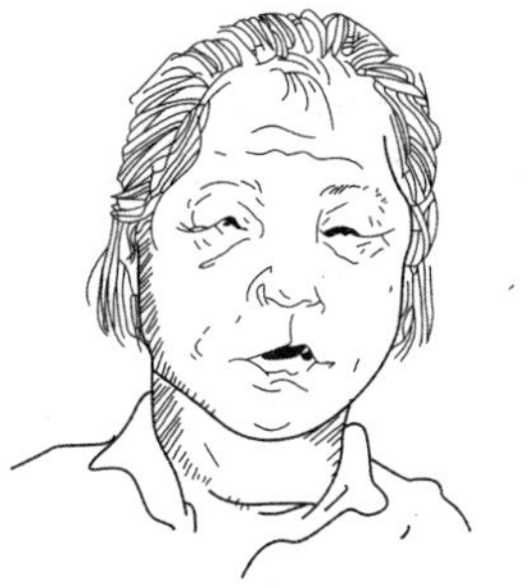

图 4－5　黏液性水肿面容

10. 肢端肥大症面容　头颅增大、面部变长、下颌增大、向前突出、眉弓及颧隆起、唇舌肥厚、耳鼻增大（图 4－6）。见于肢端肥大症。

图 4－6　肢端肥大症面容

考点提示

常见病态面容的特点及临床意义。

11. 病危面容 面容枯槁、面色苍白或铅灰、表情淡漠、目光无神，见于大出血、严重休克等濒危患者。

12. 面具面容 面部呆板、无表情、似面具样，见于震颤性麻痹、脑炎等。

13. 苦笑面容 牙关紧闭、面肌痉挛、呈苦笑状，见于破伤风。

八、体位

体位（position）指患者身体所处的状态。体位对诊断某些疾病具有一定的意义。常见的体位有以下几种。

1. 自动体位 身体活动自如、不受限制。见于健康人、轻症或疾病早期。

考点提示

各种体位的临床意义。

2. 被动体位 患者不能随意调整或变换身体的位置。见于极度衰弱、意识丧失或瘫痪患者。

3. 强迫体位 为了减轻疾病的痛苦，被迫采取某种特殊的体位。常见强迫体位的特点及临床意义见表4－2所示。

表4－2 常见强迫体位的特点及临床意义

体位	特点	临床意义
强迫仰卧位	仰卧、双腿屈曲以减轻腹部肌肉的紧张	见于急性腹膜炎等
强迫俯卧位	俯卧位以减轻脊背肌肉的紧张	见于脊柱疾病
强迫侧卧位	多患侧卧位以减轻疼痛，有利于健侧代偿呼吸	见于一侧胸膜炎和大量胸膜腔积液
强迫坐位（端坐呼吸）	患者多取坐位，两手置于膝盖或扶持床边，以使膈肌下降增加肺容量，及减少下肢回心血量而减轻心脏负担	见于严重心肺功能不全
强迫停立位	患者在步行时心前区疼痛突然发作而被迫立刻站立，并以右手按抚心前区	见于心绞痛者
强迫蹲位	患者在步行或其他活动的过程中，由于感到呼吸困难和心悸而采取蹲踞体位或膝胸位以缓解症状	见于发绀型先天性心脏病
辗转体位	患者腹痛时辗转反侧、坐卧不安	见于胆石症、胆道蛔虫症、肾绞痛等
角弓反张位	患者颈及脊背肌肉强直，以致头向后仰，胸腹前凸，背过伸，躯干呈弓形	见于破伤风及脑膜炎

九、步态

步态（gait）即行走时的姿态。某些疾病可使步态改变，并具一定的特征性。常见的异常步态（图4－7）有以下几种。

1. 蹒跚步态 走路时身体左右摇摆（鸭步）。见于佝偻病、进行性肌营养不良或双侧先天性髋关节脱位等。

2. 醉酒步态 走路时躯干重心不稳，步态紊乱如醉酒状。见于小脑疾患、酒精中毒或巴比妥中毒。

3. 共济失调步态 起步时一脚高抬，骤然垂落，且双目向下注视，两脚间距变宽，以防身体倾斜，闭目时则不能保持平衡。见于脊髓病变。

4. 慌张步态 起步后小步急速前行，身体前倾，有难以止步之势。见于震颤性麻痹。

5. 跨阈步态 由于踝部肌腱、肌肉弛缓、患足下垂，行步时为了避其足趾擦地，须高抬下肢才能起步。见于腓总神经麻痹。

6. 剪刀步态 移步时下肢内收过度，两腿交叉呈剪刀状。见于脑性瘫痪与截瘫。

考点提示

常见异常步态的临床意义。

7. 间歇性跛行 步行时常因下肢突发性酸痛乏力，而被迫停止行进，需稍停片刻后始能继续走动。见于高血压、动脉硬化。

8. 偏瘫步态 行走时，由于患侧上肢屈曲、内收、前旋，下肢伸直、外旋、足跖曲，而内翻，行走时下肢向下画圆圈。见于偏瘫患者。

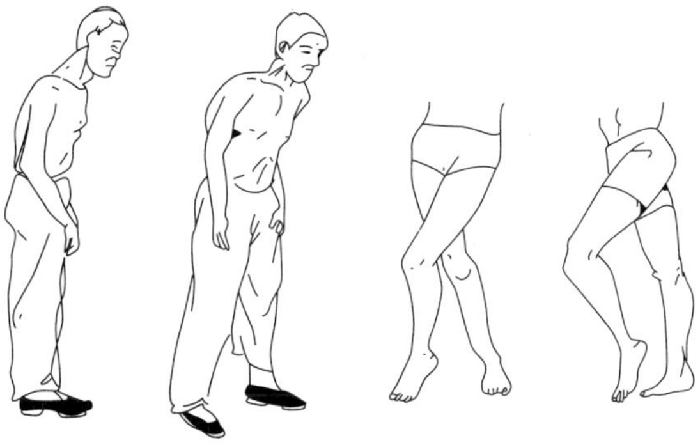

图 4－7 常见几种异常步态

知识链接

赴医就诊注意事项

护士可以通过患者面容表情、体位步态、口唇颜色、舌苔表现、脉搏和血压，以及发自患者身上的气味协助评估存在的主要护理问题。赴医就诊宜注意：

1. 评估前不宜吸烟、饮酒、剧烈运动、服阿托品等药物，以免影响脉搏和血压的准确性。
2. 评估前不要吃乌梅、葡萄、橘子等食物，容易造成舌苔假象，影响护士判断。
3. 不要使用香水等气味浓烈的护肤品，以免影响嗅诊的准确性。
4. 评估前不宜化妆，化妆品会掩盖本来的肤色，给护士的评估带来困难，甚至做出错误的判断。

（黄跃芬）

第二节 皮肤、黏膜和浅表淋巴结评估

案 例

患者，男性，78 岁。3 个月因右侧股骨颈骨折，在家卧硬板床行牵引术，持续牵引 1 个月余后，食欲差，睡眠欠佳。近日发现其尾骶部皮肤呈紫色，有水疱，同时全身出现水肿，以低垂部位为著。身体评估：慢性重症病容，全身凹陷性水肿，骶尾部可见一大小约 10cm×12cm 变红区，压之不变白，有水疱，皮下可触及硬结。

请思考： ①该患者是否有压疮？如果存在，属于哪级？②护士应重点评估哪些内容？③患者目前存在的主要护理诊断有哪些？

扫码“学一学”

一、皮肤、黏膜

评估皮肤应在自然光线下进行，评估内容有皮肤、毛发、汗腺及可见黏膜，主要采用视诊，并配合触诊的评估方法获得全面印象，做出正确的诊断。

（一）颜色

皮肤颜色（skin color）与毛细血管的分布、血液充盈度、色素量的多少及皮下脂肪的厚薄有关。中国人健康的皮肤是微黄略透红润，室外工作者略黑。常见的皮肤颜色改变如下。

1. 苍白 由于贫血或末梢毛细血管痉挛或充盈不足所致。见于寒冷、惊恐、休克、虚脱以及主动脉瓣关闭不全等。仅见肢端苍白，可能与肢体动脉痉挛或阻塞有关，见于雷诺病、血栓闭塞性脉管炎等。

2. 发红 由于毛细血管扩张充血、血流加速以及红细胞量增多所致的皮肤发红现象。生理情况下见于酒后、运动后、日晒、浴后、情绪激动等。疾病情况下多见于发热性疾病，如大叶性肺炎、猩红热以及某些中毒（如阿托品）等；皮肤黏膜呈樱桃红色则为一氧化碳中毒的特征性表现；皮肤持久性发红可见于Cushing综合征及真性红细胞增多症。

3. 发绀 血中还原血红蛋白量增多或存在异常血红蛋白衍化物致使皮肤黏膜呈青紫色。通常评估的部位为唇、舌、耳廓、面颊、肢端。多见于心肺功能不全和某些中毒的患者。

4. 黄染 血中胆红素浓度超过34.2μmol/L时，使皮肤黏膜出现黄染，称为黄疸。早期多见于巩膜及软腭黏膜，较明显时才见于皮肤。见于胆道阻塞，肝细胞损害或溶血性疾病。黄疸的色调可因血中胆红素增高程度和性质不同而异，评估时应具体描述，如柠檬色、橘黄色、黄绿色、暗黄色等。

5. 色素沉着 指表皮基底层的黑色素增多，以致部分或全身皮肤色泽加深。色素沉着的正常部位有乳头、腋窝、外生殖器官、关节、肛门周围等处。色泽明显加深或其他部位出现色素沉着，临床上才有意义，常见于慢性肾上腺皮质功能减退症、肝硬化、肝癌晚期等；使用某些药物如砷剂、抗癌药等也可引起不同程度的皮肤色素沉着；妇女在妊娠期，面部、额部可发生棕褐色对称性色素沉着，称为妊娠斑；老年人全身或面部也可发生散在的色素斑片，称为老年斑。

6. 色素脱失 皮肤失去原有的色素，形成脱色斑片称为色素脱失。主要是酪氨酸酶缺乏，使体内的酪氨酸不能转化为多巴而形成黑色素。常见有白癜、白斑和白化症。

（1）白癜 为多形性大小不等的色素脱失斑片，可逐渐扩大，但较缓慢，无自觉症状，也不引起生理功能改变。

（2）白斑 常发生在口腔黏膜和女性外阴部，多为圆形或椭圆形，有发生癌变的可能。

（3）白化病 由于先天性酪氨酸酶合成障碍引起的全身皮肤和毛发色素脱失的一种少见的遗传病。

（二）湿度

皮肤的湿度（moisture）与出汗量有关。病理情况下出汗过多或无汗都具有临床意义。

结核病、风湿病、休克等出汗甚多。夜间睡后出汗，醒后汗干，是结核病的重要征象；风湿出汗不仅量大，且具有刺鼻的酸味；手脚皮肤发凉而大汗淋漓伴血压下降，称为冷汗，见于休克和虚脱。而维生素 A 缺乏、黏液性水肿、脱水和使用抗胆碱药物等患者皮肤干燥无汗。

（三）弹性

皮肤的弹性（elasticity）与年龄、营养状态、皮下脂肪及组织间隙液体量多少有关。儿童与青年皮肤紧张富有弹性；中年以后皮肤逐渐松弛，弹性减弱；老年皮肤组织萎缩，皮下脂肪减少，弹性减退。评估时常取手背或上臂内侧部位，用示指和拇指将皮肤捏起，正常人于松手后皱折迅速平复，弹性减弱时皱折平复缓慢，见于长期消耗性疾病或严重脱水。发热时血循环加速，周围血管充盈，皮肤弹性可增加。

（四）皮疹

皮疹（skin eruption）常见于传染病、皮肤病和过敏性疾病等。评估时要注意其发展顺序、部位、形态、颜色、压之是否退色及有无瘙痒、脱屑等。常见的皮疹有下列几种：

1. 斑疹 皮肤局限性或弥漫性发红，不隆起亦不凹陷即为斑疹。常见于斑疹伤寒、丹毒、风湿性多形性红斑等。

2. 丘疹 有颜色改变且隆起皮面即为丘疹。常见于药物疹、麻疹、猩红热、寻常疣、湿疹等。

3. 玫瑰疹 是一种鲜红色的圆形斑疹，直径 2～3mm，多出现于胸腹部，是诊断伤寒或副伤寒的特征性皮疹。

> **考点提示**
>
> 玫瑰疹的特点及临床意义。

4. 斑丘疹 在丘疹周围有皮肤发红的底盘称为斑丘疹。见于风疹、猩红热、药物疹。

5. 荨麻疹 为稍隆起皮肤苍白或红色的局限性水肿，是速发的皮肤变态反应所致，常见于异种蛋白或药物过敏。

（五）皮下出血

皮下出血（subcutaneous hemorrhage）根据其直径大小分为：①瘀点：直径 <2mm。②紫癜：直径在 3～5mm。③瘀斑：直径 >5mm。④皮下血肿：片状出血并伴有皮肤显著隆起。常见于血液病、重症感染、外伤及某些中毒等。

> **考点提示**
>
> 不同形态皮下出血的概念及判断。

（六）蜘蛛痣与肝掌

蜘蛛痣（spider angioma） 由于皮肤小动脉末端及其向外放射的细小血管扩张形成的血管痣，形状如蜘蛛而得名（图 4－8）。多出现于上腔静脉分布的区域内，如面、颈、手背、上臂、前臂、前胸和肩部等处。评估时，用钝头竹签压迫蜘蛛痣的中心，其辐射状小血管网消失，去除压力后迅速恢复原状。此外，手掌大、小鱼际处常发红，加压后褪色，称为肝掌（liver palms）。肝掌和蜘蛛痣均见于慢性肝炎、肝硬化，其发生与肝脏对体内雌激素的灭活减弱有关。

> **考点提示**
>
> 蜘蛛痣的概念、分布及临床意义。

图4－8　蜘蛛痣示意图

（七）水肿

过多的液体潴留在皮下组织的细胞内或组织间隙中称为水肿（edema）。若用手指加压组织就会发生凹陷，称为凹陷性水肿。黏液性水肿及淋巴性水肿表现为非凹陷性水肿。根据水肿的程度，可以分为三度（表4－3）。

表4－3　水肿的分度

程度	临床表现
轻度	仅见于眼睑、胫骨前、踝部，指压后可见组织轻度凹陷，平复较快。
中度	全身组织可见明显水肿，指压后可见明显的凹陷，平复缓慢。
重度	全身组织严重水肿，身体下垂部位皮肤紧张发亮，甚至有液体渗出。此外，胸腔、腹腔等浆膜腔可见积液，外阴部也有严重水肿。

（八）压疮

压疮是指局部组织长时间受压，血液循环障碍，局部持续缺血、缺氧、营养不良而致的局部皮肤或皮下组织溃烂和坏死。又称压力性溃疡（pressure ulcer，PU）。多发生于骶尾部、坐骨结节、股骨大转子、足跟部、内外踝、髂前上棘等身体易受压的部位，常见于瘫痪、长期卧床、晚期糖尿病和创伤性骨折需要长期固定患者。根据压疮的发展过程及轻重程度不同，可分为四期。

> **考点提示**
> 压疮的概念、好发部位、分期及判断标准。

Ⅰ期（淤血红润期）：皮肤完整，发红，与周围皮肤界限清楚，压之不褪色，常局限于骨凸处。

Ⅱ期（炎症浸润期）：部分表皮受损或水疱，皮肤表浅溃疡，基底红，无结痂，也可为完整或破溃的血泡。

Ⅲ期（浅表溃疡期）：全层皮肤缺失，但肌肉，肌腱和骨骼尚未暴露，可有结痂、皮下隧道。

Ⅳ期（坏死溃疡期）：全层皮肤缺失伴有肌肉，肌腱，和骨骼的暴露，常有结痂和皮下隧道（图4－9）。

不能分期：全层皮肤或组织缺失－深度未知伤口床被腐肉（黄、棕黄、灰、绿或棕色）和/或焦痂（棕黄、棕或黑色）完全覆盖。伤口的真正深度需将腐肉或焦痂完全清除后才能确定。但不要移除足跟处作为“皮肤天然保护层”的结痂。

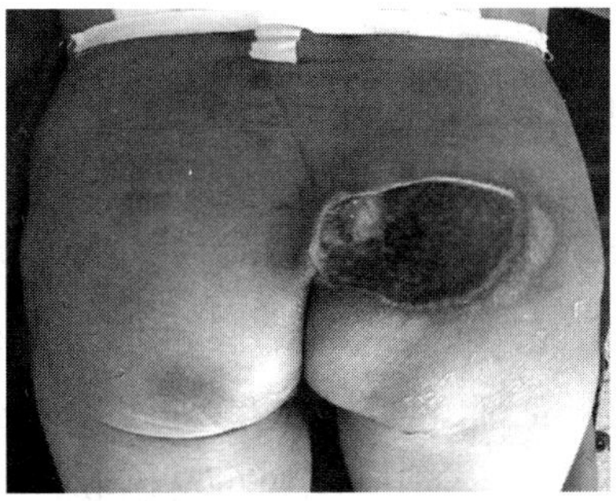

图 4－9　Ⅳ期压疮实图

知识链接

如何有效预防压疮的发生

1. 适当补充营养、戒烟。
2. 避免摩擦力和剪切力。
3. 使用防褥疮气垫。
4. 定时翻身，避免局部组织长期受压。
5. 要常检查、用温水擦身，做局部按摩，促进局部血液循环。
6. 患者便后要及时清理，保持身体洁净，舒爽，加强皮肤保护。
7. 保持床铺清洁、平整、无皱折，干燥、无碎屑。

二、浅表淋巴结

淋巴结分布全身，临床上一般只评估身体表浅的淋巴结。正常表浅淋巴结很小，直径一般在0.2～0.5cm，质地柔软，表面光滑，无压痛，与毗邻组织无黏连，不易触及。

（一）浅表淋巴结的分布

淋巴结呈组群分布，一个组群的淋巴结收集一定区域内的淋巴液（图4－10）。局部的炎症和肿瘤可引起相应区域淋巴结肿大。

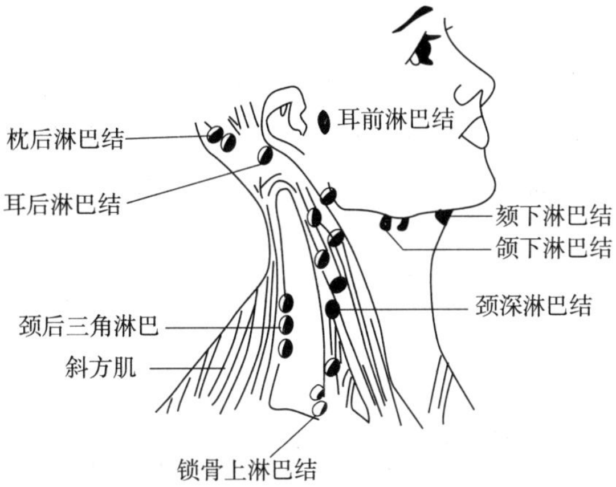

图 4－10　颈部浅表淋巴结群分布示意图

1. 耳后、乳突区的淋巴结　收集头皮范围内的淋巴液。

2. 颈深淋巴结　上群（胸锁乳突肌上部）收集鼻咽部淋巴液；下群（胸锁乳突肌下

部）收集咽喉、气管、甲状腺等处的淋巴液。

3. 锁骨上淋巴结群 左侧收集食管、胃等器官的淋巴液；右侧多收集气管、胸膜、肺等处的淋巴液。

4. 颌下淋巴结群 收集口底、颊黏膜、牙龈等处的淋巴液。

5. 颏下淋巴结群 收集颏下三角区内组织、唇和舌部的淋巴液。

6. 腋窝淋巴结群 收集躯干上部、乳腺、胸壁等处的淋巴液。

7. 腹股沟淋巴结群 收集下肢及会阴部等处的淋巴液。

（二）评估方法

1. 顺序 评估表浅淋巴结时应按顺序进行，以免遗漏。其顺序为：耳前→耳后→乳突区→枕骨下区→颈前三角→颈后三角→锁骨上窝→腋窝→滑车上→腹股沟→腘窝等。

2. 方法 ①评估颈部淋巴结时，护士站在患者背后，手指紧贴评估部位，由浅入深进行滑动触诊。触诊时让患者头稍低，或偏向评估侧，以使皮肤或肌肉松弛，便于触诊。②评估锁骨上窝淋巴结时，让患者取坐位或卧位，头部稍向前屈，用双手进行触诊，左手触诊右侧，右手触诊左侧，由浅部逐渐触摸至锁骨后深部。③评估腋窝淋巴结时，应以手扶患者前臂稍外展，护士以右手触诊左侧，以左手触诊右侧，触诊时由浅入深，直达腋窝顶部。④评估滑车上淋巴结时，左手扶托患者左前臂，以右手向滑车上部位由浅入深地进行触摸。

考点提示

肿大淋巴结的触诊内容及临床意义。

3. 内容 如触及淋巴结，应注意其部位、大小、数目、硬度、压痛、活动度、有无黏连，局部皮肤有无红肿、疤痕、瘘管等。并同时注意寻找引起淋巴结肿大的原发病灶。

（三）淋巴结肿大的病因及表现

1. 局部淋巴结肿大

（1）非特异性淋巴结炎 肿大的淋巴结柔软、有压痛、表面光滑、无黏连，在相应区域可找到炎性病灶。

（2）淋巴结结核 常发生在颈部血管周围，肿大的淋巴结多个，大小不等，质地稍硬，可与周围组织黏连。如发生干酪性坏死，则可触到波动。晚期破溃后形成瘘管，愈合后可形成疤痕。

（3）恶性肿瘤淋巴结转移 转移淋巴结质地坚硬，或有橡皮样感，表面凹凸不平，与周围组织黏连固定，不易推动，一般无压痛。如肺癌可向右侧锁骨上窝或腋部淋巴结群转移；胃癌多向左侧淋巴结群转移；乳腺癌可向腋窝淋巴结转移。

2. 全身性淋巴结肿大 淋巴结肿胀的部位可以遍及全身，大小不等，无黏连。见于淋巴瘤、各型急、慢性白血病、传染性单核细胞增多症、系统性红斑狼疮及某些病毒感染等。

（黄跃芬）

扫码“学一学”

第三节 头面部和颈部评估

案例

患者，男性，75岁。2小时前因与家人争吵后突发头痛、呕吐、右侧肢体活动障碍。随后病情迅速加重，出现意识不清，大小便失禁。既往高血压病史10年，服降压药不规律。身体评估：T 37℃、P 66 次/分、R 13 次/分、BP 184/100mmHg，浅昏迷，两侧瞳孔等大等圆，对光反射较迟钝，右侧肢体肌张力低，未引出腱反射，右侧巴氏征阳性。头颅 CT 提示左侧基底节区高密度影，临床诊断：脑出血。

请思考：①头面部及颈部检查时应重点评估哪些方面的内容？②瞳孔检查的内容有哪些？有何临床意义？

一、头部评估

头部评估内容包括头发、头皮、头颅和面部器官等，评估时以视诊为主，触诊为辅。

（一）头发

评估时注意观察头发（hair）的颜色、密度、分布、质地，有无脱发及脱发的类型与特点，注意有无头虱。头发脱落可因头皮脂溢性皮炎、发癣、甲状腺功能减退、伤寒等导致；脱发也可因肿瘤放射治疗和化学治疗后引起，停止治疗后头发可逐渐长出。

（二）头皮

评估头皮时需拨开头发（scalp），观察头皮的颜色，有无头皮屑、头癣、炎症、血肿、外伤及瘢痕等。

（三）头颅

注意评估头颅（skull）的大小、外形及有无异常运动。

1. 头颅的大小与外形 头颅的大小以头围来衡量，其长度以软尺自眉弓上缘经枕骨粗隆绕头一周。新生儿头围约 34 cm，随年龄增长而增加，18 岁以上正常成人头围≥53cm，基本恒定。婴幼儿需评估囟门情况。

头颅大小及外形异常有以下几种：

（1）小颅（microcephalia） 正常小儿前囟多在 12～18 个月内闭合。如囟门过早闭合可致小颅畸形，常伴有智力障碍。

（2）巨颅（large skull） 表现为头颅大，颜面很小，头皮静脉充盈。因颅内压增高压迫眼球而形成的双目下视、巩膜外露，称为落日现象，常见于脑积水的患儿（图 4－11a）。

（3）方颅（squared skull） 前额左右突出，头顶平坦呈方形，多见于小儿佝偻病或先天性梅毒。

（4）尖颅（oxycephaly） 又称塔颅，由于矢状缝和冠状缝过早闭合所致。特征表现为头顶部尖突，与颜面比例失常。常伴有先天性尖颅并指（趾）畸形（图 4－11b）。

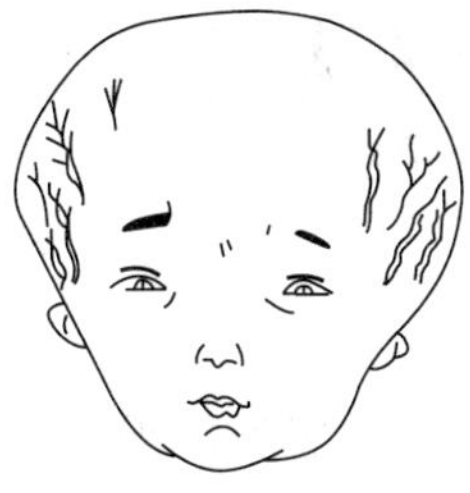

a.巨颅

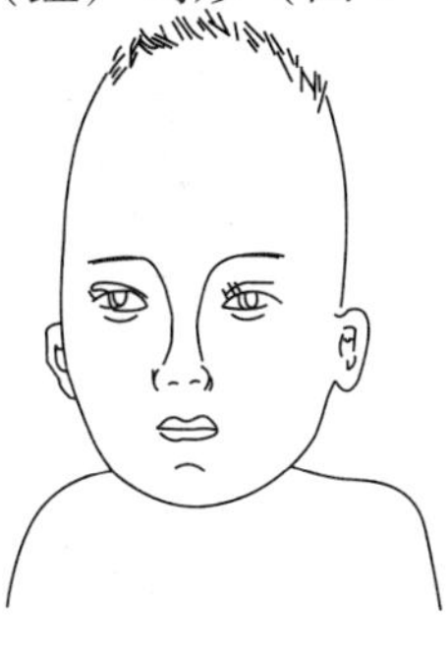

b.尖颅

图 4－11 头颅常见大小及外形异常类型

2. 头颅运动 头部活动受限常见于颈椎疾病；头部不随意颤动见于帕金森病；与颈动脉搏动一致的点头运动称缪塞征（Musset sign），见于重度主动脉瓣关闭不全。

二、面部及其器官评估

面部评估以视诊为主、触诊为辅，其内容主要包括眼、耳、鼻、口及腮腺等。

（一）眼

1. 眼眉 正常人眼眉（eyebrows）的颜色、疏密不完全相同，一般内侧与中部分比较浓密，外侧部分比较稀疏。若外 1/3 眉毛过分稀疏或脱落，见于黏液性水肿、麻风病、腺垂体功能低下；若有鳞屑，见于脂溢性皮炎。

2. 眼睑 评估时注意眼睑（eye lids）有无睑内翻、上睑下垂、眼睑闭合障碍、眼睑水肿等。

（1）睑内翻（entropion） 由于瘢痕形成导致睑缘向内翻转，主要见于沙眼。

（2）上睑下垂（ptosis） 单侧上睑下垂提示动眼神经麻痹，见于脑炎、脑外伤等；一侧上眼睑下垂，眼球下陷，瞳孔缩小及同侧面部无汗为该侧颈交感神经麻痹所致，称霍纳综合征（Horner syndrome）。双侧上睑下垂见于先天性上睑下垂、重症肌无力。

（3）眼睑闭合障碍（hypophasis） 单侧眼睑闭合障碍见于面神经麻痹；双侧眼睑闭合障碍见于甲状腺功能亢进症。

（4）眼睑水肿（blepharoedema） 因眼睑组织疏松，某些疾病引起体液潴留时，首先可表现出眼睑水肿。临床常见于肾炎、营养不良、慢性肝病、血管神经性水肿。

（5）麦粒肿与霰粒肿 麦粒肿是睑板腺化脓性炎症引起的眼睑边缘颗粒状突起，伴有脓液排出。霰粒肿是睑板腺囊肿，囊肿在眼睑表面可见到凸起，大小不一，边界清楚，活动度好，触之硬而无痛。

3. 结膜（conjunctiva） 分睑结膜、穹隆部结膜和球结膜三部分。评估时需将上眼睑外翻，充分暴露睑结膜及穹隆部结膜。评估上眼睑结膜时，嘱患者向下看，用示指和拇指捏起上睑中外 1/3 交界处的边缘，轻轻向前下方牵拉，同时示指轻向下压，配合拇指将睑缘向上捻转即可将眼睑翻开。评估下眼睑结膜时，嘱患者向上看，用拇指将下眼睑向下翻开，暴露下眼睑结膜（图 4－12）。

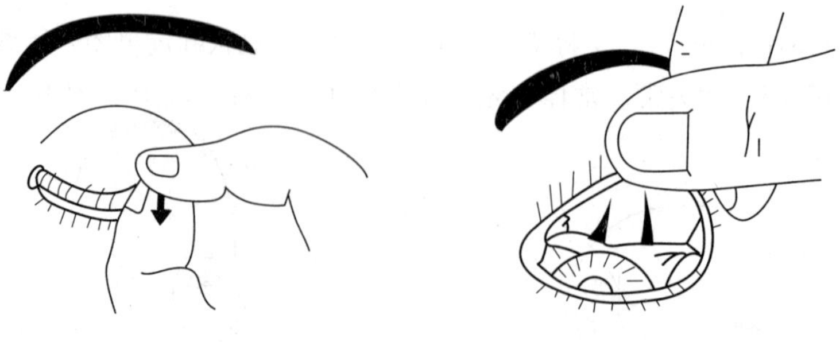

图 4－12 翻转眼睑评估上睑结膜

结膜常见异常改变为：结膜苍白见于贫血；结膜充血时黏膜发红见于结膜炎、角膜炎；有多少不等散在的出血点见于亚急性感染性心内膜炎；有大片球结膜下出血见于高血压、动脉硬化；睑结膜上颗粒与滤泡见于沙眼；球结膜水肿见于脑水肿、颅内压增高等。

4. 巩膜（sclera） 正常呈瓷白色。黄疸时巩膜黄染最明显。中年以后在内眦部可出现不均匀的黄色斑块，为脂肪沉着导致，应注意与黄疸鉴别。血液中胡萝卜素、米帕林（阿的平）等黄色色素成分增多时也可见巩膜黄染，但一般只出现于角膜周围或在该处最明显。

5. 角膜（cornea） 感觉末梢神经非常丰富。评估时用笔形手电筒由角膜斜方照射进行视诊，观察角膜的光泽、透明度、有无云翳、白斑、溃疡、软化及新生血管等。发生在瞳孔部位的白斑和云翳可引起不同程度的视力障碍；角膜软化见于婴幼儿营养不良、维生素 A 缺乏；角膜周围血管增生见于严重沙眼；角膜边缘及周围出现灰白色混浊环，为类脂质沉着所致，多见于老年人，又称为老年环；角膜边缘出现黄色或棕褐色的色素环称凯－佛（Kayser－Fleischer）环，环的外缘较清晰，内缘较模糊，为铜代谢障碍所致，见于肝豆状核变性。

6. 虹膜（iris） 正常呈正圆形，纹理近瞳孔部分呈放射状排列，周边呈环形排列。虹膜炎症、水肿或萎缩时纹理模糊或消失。虹膜后粘连、外伤或先天性缺损时，虹膜出现形态异常或裂孔。

7. 瞳孔（pupil） 为虹膜中央的孔洞，评估时要注意瞳孔大小、形状，双侧是否等大等圆，对光反射是否灵敏、迟钝或消失，集合反射是否存在。瞳孔评估是危重患者的重要监测项目之一。

（1）大小和形状　正常呈圆形，两侧等大，直径 3～4mm，随光源的强弱缩小或扩大。生理情况下，婴幼儿和老年人瞳孔较小；青少年瞳孔较大，精神兴奋或在暗处瞳孔扩大。常见病理表现有：①瞳孔形状改变：青光眼或眼内肿瘤时瞳孔散大呈椭圆形；虹膜粘连时形状可不规则。②瞳孔大小改变：瞳孔缩小见于有机磷农药中毒，毛果芸香碱、吗啡、氯丙嗪等药物中毒；瞳孔扩大见于外伤、颈交感神经受刺激、青光眼绝对期、视神经萎缩或服用阿托品、颠茄、可卡因等药物；两侧瞳孔不等大，提示颅内病变，如脑外伤、脑肿瘤、脑疝等。

考点提示

瞳孔的正常大小和形态，瞳孔大小及形状改变的临床意义。

（2）对光反射　评估时嘱患者注视正前方，用手电筒光源直接照射一侧瞳孔，被照侧瞳孔立即缩小，移开光源后瞳孔迅速复原，称直接对光反射。用手隔开两眼，光照一侧瞳孔时，对侧瞳孔也立即缩小，称间接对光反射。瞳孔对光反射迟钝或消失，见于昏迷，瞳孔散大伴对光反射消失为濒死状态的表现。

（3）调节与集合反射　嘱患者注视 1m 外护士的手指，然后将手指迅速移近到患者眼球约 20cm 处，正常人瞳孔逐渐缩小，称调节反射；再次将手指由 1m 外缓慢移近眼球约5～10cm 处，正常人可见双侧眼球内聚，为集合反射。动眼神经功能受损时，调节反射和集合反射均消失。

8. 眼球外形与运动

（1）眼球突出（exophthalmos）　双侧眼球突出见于甲状腺功能亢进症；单侧眼球突出多见于局部炎症或眶内占位性病变。甲亢时患者除突眼外可伴有以下眼征：①Graefe 征：眼球下转时上睑不能相应下垂。②Stellwag 征：瞬目减少。③Mobius 征：集合运动减弱。④Joffroy 征：上视时无额纹出现（图 4－13）。

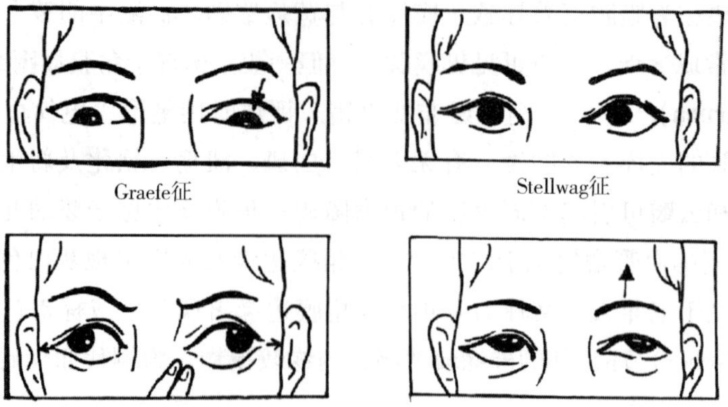

图 4－13　甲状腺功能亢进症的眼征

（2）眼球下陷（enophthalmos）　双侧眼球下陷见于消瘦或严重脱水，老年人由于眶内脂肪萎缩亦有双眼眼球后退；单侧眼球下陷见于眶尖骨折或 Horner 综合征。

（3）眼球运动　护士嘱患者头部固定不动，将示指置于其眼前 30～40cm 处，眼球随护士手指所指示方向按左→左上→左下→右→右上→右下 6 个方向的顺序运动，每一方向代表双眼的一对配偶肌的功能，若某一方向运动受限提示该对配偶肌功能障碍，注意观察眼球有无斜视、复视或震颤等运动异常。眼球震颤是指双侧眼球发生有节律的快速往返运动，运动方向以水平方向多见，垂直和旋转方向少见。评估时，嘱患者眼球随护士手指所示方向（水平和垂直）运动数次，观察是否出现震颤。自发的眼球震颤见于耳源性眩晕、小脑疾患和视力严重低下等。

9. 视力（visual acuity）　视力评估包括远视力和近视力，一般采用通用的国际标准视力表进行评估。

10. 眼底　评估内容包括视网膜各象限、视神经盘、视神经乳头、黄斑区、视网膜血管等。应在暗室或光线暗处用检眼镜进行检查。

知识链接

眼压的评估

眼压评估有简便的指测法和精确的眼压计测量法两种。指测法是让患者双目下视但不闭目，护士两食指交替轻按上眼睑，其余手指置于额部及颞部，仔细感觉眼球的张力是否异常。若张力增高，则需眼压计进一步测量。眼压增高见于青光眼、颅内压增高；眼压降低见于眼球萎缩、重度脱水等。

（二）耳

1. 外耳（auricle）与外耳道（external auditory canal）　注意评估耳廓的外形、大小、位置和对称性，有无发育畸形、瘘管、瘢痕、红肿、结节，外耳道有无红肿、分泌物、流血、溢液等。耳廓上触及痛性结节，见于痛风；耳廓红肿伴局部发热和疼痛者，见于急性炎症；局部红肿疼痛伴耳廓牵拉痛为疖肿；有黄色液体流出伴痒感，常见于外耳道炎；有脓性分泌物流出伴全身症状，见于急性中耳炎；外伤后有血液或脑脊液流出提示颅底骨折；对耳鸣患者应注意是否有外耳道疤痕狭窄、耵聍或异物堵塞。

2. 中耳（middle ear） 注意评估鼓膜是否有内陷、外凸，有无穿孔及穿孔的位置等。评估时先将耳廓拉向上后方，可使外耳道变直，并用耳镜观察。正常鼓膜平坦，颜色灰白，呈圆形。如鼓膜穿孔有溢脓伴有恶臭，可能是胆脂瘤。

3. 乳突（mastoid） 为耳后的骨性隆起部分，其外壳由骨密质组成，内腔为大小不等的骨松质小房，乳突内腔与中耳道相连。评估时注意乳突有无红肿、瘢痕、瘘管、压痛。化脓性中耳炎引流不畅时可蔓延至乳突引起乳突炎，表现为乳突部皮肤红肿、压痛，有时可见瘘管，严重时可继发耳源性脑脓肿或脑膜炎。

4. 听力（audition） 有粗略法和精确法两种评估方法。先用粗略法了解患者的听力，方法是在静室中嘱患者闭目静坐，用手指堵塞非受检耳道，护士手持嘀嗒表或用捻指声自1m 以外逐渐移向患者耳部，直至听到声音为止，测量其距离。用同样方法检测另一耳。正常人一般在 lm 处听到嘀嗒声或捻指音。精确方法是使用规定频率的音叉或电测听设备进行一系列较精确的测试方法，对粗略法测试异常的患者精确法有明确诊断的重要价值。听力减退见于外耳道耵聍、异物、咽鼓管堵塞、鼓膜穿孔、局部或全身动脉硬化、听神经损害及中耳炎等。

（三）鼻

1. 鼻外形 评估时应注意观察鼻部皮肤颜色和外形有无改变，有无鼻翼扇动。酒渣鼻表现为鼻尖和鼻翼皮肤发红，伴有毛细血管扩张和组织肥厚，为螨虫感染所致；马鞍鼻（saddle nose）是因鼻骨破坏后鼻梁塌陷，见于鼻骨骨折、鼻骨发育不良、先天性梅毒和麻风病；蛙状鼻（frog shaped nose）表现为鼻翼扩大鼻腔部分或完全阻塞，鼻梁增宽变如蛙状，见于肥大性或多发性鼻息肉；蝶形红斑表现为鼻梁部皮肤出现红色斑块高于皮面，并向两侧面颊部扩展呈蝴蝶形，见于系统性红斑狼疮；鼻翼扇动（flaring of alaenasi）为吸气时鼻孔开大，呼气时鼻孔回缩，见于高度呼吸困难的高热性疾病，如支气管哮喘或心源性哮喘发作及小儿肺炎等。

2. 鼻腔 评估时，注意鼻腔是否通畅，有无鼻中隔偏曲，有无脓、血性分泌物等。短时间鼻腔通气不畅见于鼻腔炎症；长期单侧鼻腔通气不畅见于鼻中隔重度偏曲、鼻息肉等。鼻腔有黏稠发黄的分泌物见于鼻或鼻窦的化脓性炎症；清稀无色的分泌物为卡他性炎症，如急性上呼吸道感染、过敏性鼻炎等。鼻腔出血多为单侧，见于外伤、鼻腔感染、局部血管损伤、鼻咽癌等；双侧多为全身疾病引起，如某些发热性传染病、血液系统疾病、高血压、肝脏疾病等。生育期女性如发生周期性鼻出血，应考虑为子宫内膜异位症。

3. 鼻腔黏膜 评估时，注意鼻黏膜的颜色，有无肿胀或萎缩，鼻甲大小。急性鼻黏膜充血肿胀，伴鼻塞和流涕，见于急性鼻炎；慢性鼻黏膜肿胀常为鼻黏膜组织肥厚所致，见于慢性鼻炎；鼻黏膜萎缩、鼻腔分泌物减少、鼻甲缩小、鼻腔宽大、嗅觉减退，见于慢性萎缩性鼻炎。

4. 鼻窦（nasal sanus） 为鼻腔周围含气的骨质空腔，包括额窦、筛窦、上颌窦、蝶窦共 4 对（图 4－14）。均有窦口与鼻腔相通，引流不畅时易发生鼻窦炎，表现为鼻塞、流涕、头痛和鼻窦区压痛。由于蝶窦位置较深，不能在体表进行评估，其余 3 对评估时应询问有无压痛，并注意对比两侧有无差异。鼻窦评估顺序为额窦→筛窦→上颌窦。具体方法如下。

（1）额窦　一手扶持患者枕部，另一手拇指置于眼眶上缘内侧向后向上按压，或以双手固定头部，两手拇指置于眼眶上缘内侧向后向上按压。

（2）筛窦　双手固定患者两侧耳后，双侧拇指分别置于鼻根部与眼内眦之间向后方按压。

（3）上颌窦　双手拇指置于鼻侧左右颧部向后按压，其余四指固定在两侧耳后。

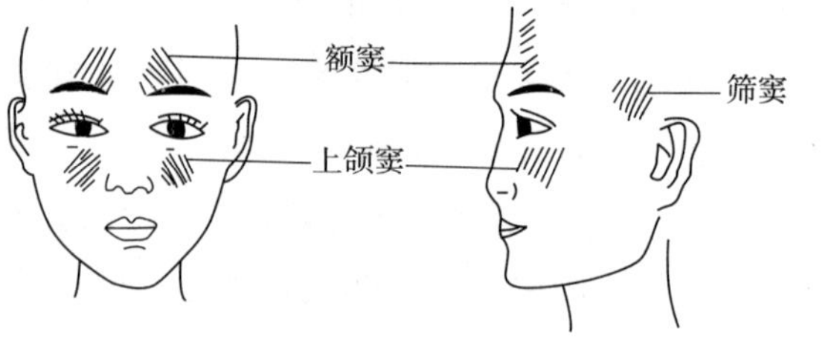

图 4－14　鼻窦正面图和侧面图

（四）口腔

口腔评估包括口唇、口腔内器官及组织、口腔气味等。评估时从外向内顺序为口唇→口腔黏膜→牙齿→牙龈→舌→口咽→口腔气味等。

1. 口唇　视诊时注意口唇颜色，有无疱疹、口角糜烂或歪斜。正常人口唇红润，有光泽。口唇病变常见病因有：

（1）口唇颜色改变　口唇苍白见于贫血、虚脱、主动脉瓣关闭不全；口唇发绀见于心肺功能不全；口唇呈樱桃红色见于一氧化碳中毒；口唇颜色深红见于发热性疾病。

（2）口唇干燥并有皲裂　见于严重脱水患者。

（3）口唇疱疹　为单纯疱疹病毒感染所致，表现为口唇黏膜与皮肤交界处有成簇小水疱，伴痒痛感，1 周左右结痂，常见于大叶性肺炎、感冒、流行性脑脊髓膜炎、疟疾等。

（4）口角糜烂　见于核黄素缺乏症。

（5）口角歪斜　见于面神经瘫痪或脑血管意外。

（6）口唇肥厚　见于黏液性水肿、肢端肥大症及呆小症等。

（7）唇裂　见于先天性发育畸形或外伤等。

2. 口腔黏膜　正常口腔黏膜光洁呈粉红色。评估时，护士用压舌板撑开患者的口腔，在充分的自然光线下或用手电筒照明，观察口腔黏膜的颜色，有无出血点、溃疡及真菌感染。黏膜苍白见于贫血；出现蓝黑色斑片状色素沉着见于肾上腺皮质功能减退症（Addison 病）；出现大小不等的黏膜瘀点、瘀斑、血疱见于损伤、感染、维生素 C 缺乏及血小板减少症；若在相当于第二磨牙的颊黏膜处出现帽头针大小的白色斑点，周围有红晕，为麻疹黏膜斑（Koplik 斑），是麻疹的早期征象；黏膜上附有白色或白色乳凝块状物，称为鹅口疮，见于白色念珠菌感染，多发生于衰弱的病儿和老年患者，或长期使用广谱抗生素和抗肿瘤药物者。

3. 牙齿　视诊时注意有无龋病、缺齿、残根或义齿。如发生牙齿疾患时应按图 4－15 格式标明所在部位。

	上	
右 87654321	12345678 左	
87654321	12345678	
	下	

图4－15 牙齿位置的标注方法

1. 中切牙；2. 侧切牙；3. 尖牙；4. 第一前磨牙；5. 第二前磨牙；
6. 第一磨牙；7. 第二磨牙；8. 第三磨牙

注：$\underline{|4}$为左上第一前磨牙病变；$\overline{3}|$为右下尖牙病变；右上第6颗牙与左下第5颗牙为龋齿记为：龋齿$\begin{array}{c|c}6&\\ \hline &5\end{array}$牙

的色泽与形状具有临床诊断意义。正常牙齿呈瓷白色，如牙齿呈黄褐色称斑釉牙，为长期饮用含氟量较高的水所致；儿童若长期服用四环素可使牙齿变黄，称四环素牙；若中切牙切缘凹陷呈月牙状且齿缝增宽，称哈钦森齿（Hutchinson），为先天性梅毒的重要体征之一；单纯齿缝增宽见于肢端肥大症。

4. 牙龈 评估时注意牙龈颜色，有无肿胀、溢脓及出血。正常牙龈（gum）呈粉红色，质坚韧且与牙颈部紧密贴合。牙龈水肿或挤压后有脓液渗出见于慢性牙周炎、牙龈瘘管等；牙龈出血见于牙石、维生素C缺乏症、出血性疾病或刷牙不当；牙龈的游离缘出现蓝灰色点线称为铅线，是铅中毒的特征。

5. 舌 注意舌质、舌苔及舌的运动情况。嘱患者将舌（tongue）伸出，舌尖翘起，左右侧移。正常人舌质淡红、舌苔薄白、湿润、柔软、伸舌居中、活动自如、无颤动。

（1）舌质与舌苔异常 干燥舌表现为舌面干燥，舌体缩小并有纵沟，见于严重脱水、大量吸烟、阿托品或放射治疗后；镜面舌表现为舌乳头萎缩，舌体变小，舌面光滑呈粉红色或红色，见于缺铁性贫血、恶性贫血及慢性萎缩性胃炎；草莓舌表现为舌乳头肿胀、凸起，呈鲜红色，形如草莓，见于猩红热或长期发热的患者；牛肉舌表现为舌面绛红，如生牛肉状，见于糙皮病；地图舌表现为舌面出现不规则的黄色隆起，状如地图，见于维生素B_2缺乏；毛舌表现为舌面附有黄褐色或黑色毛，见于久病体弱或长期使用抗生素后，丝状乳头缠绕真菌菌丝及舌面上皮细胞角化形成。

（2）舌的运动异常 伸舌时有细震颤见于甲状腺功能亢进症；伸舌偏斜见于舌下神经麻痹。

6. 咽部与扁桃体 咽自上而下分为鼻咽、口咽和喉咽3个部分。口咽部（oral pharynx）位于软腭平面以下，会厌上缘的上方，前方为口腔，后方是咽后壁。软腭向下延续，形成前后两层黏膜皱襞，前为舌腭弓，后称咽腭弓，扁桃体（tonsil）位于两者之间的扁桃体窝内。咽腭弓后方称为咽后壁，一般咽部检查即指这个范围。评估时注意咽部颜色、对称性，有无充血、肿胀、分泌物及扁桃体大小。

评估方法：患者取坐位，面向光源，头稍后仰，张大口发“啊”音。护士用压舌板在舌前2/3与后1/3的交界处迅速下压，此时软腭上抬，在照明的配合下即可看到软腭、腭垂、舌腭弓、咽腭弓、扁桃体、咽后壁等。正常人咽部无充血、红肿及黏液分泌增多，扁桃体不大。

急性咽炎时，咽部黏膜充血、红肿、黏膜腺分泌物增多；慢性咽炎时，咽部黏膜表面粗糙、充血，可见呈簇状增生的淋巴滤泡。急性扁桃体炎时，扁桃体肿大、充血，表面有黄白色的分泌物或渗出物形成的苔片状假膜，易于拭去，此可与咽白喉假膜不易剥离相鉴别。扁桃体肿大分三度（图4-16）：扁桃体不超出咽腭弓为Ⅰ度肿大；超出咽腭弓为Ⅱ度肿大；达到或超出咽后壁正中线为Ⅲ度肿大。

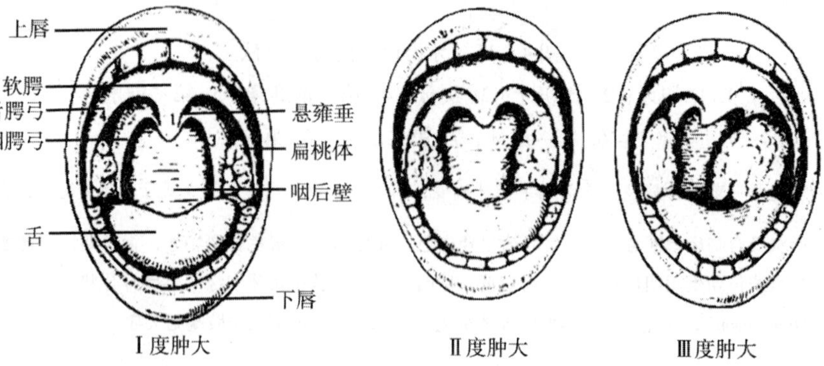

图4-16　扁桃体肿大分度

考点提示

口腔异常气味的临床意义。

7. 口腔气味　健康人口腔无特殊气味，吸烟或饮酒可出现烟、酒味。如口腔有特殊难闻的气味称为口臭（bad breath），可由口腔局部、胃肠道及全身疾病引起。

（1）口腔局部病变　牙龈炎、龋齿、牙周炎可产生臭味；牙槽脓肿为腥臭味；牙龈出血为血腥味。

（2）全身性疾病　消化不良可致口臭；有机磷农药中毒患者可闻及大蒜味；糖尿病酮症酸中毒者可有烂苹果味；尿毒症患者可有尿味；肝坏死患者口腔中有肝臭味；肺脓肿患者呼吸时可有组织坏死的臭味。

（五）腮腺

腮腺（parotid gland）位于耳屏、下颌角、颧弓所构成的三角区内，正常时腮腺腺体薄软，不能触及腺体的轮廓。腮腺导管位于颧骨下1.5cm处，横过咀嚼肌表面，开口相当于上颌第二磨牙对面的颊黏膜上。评估主要使用视诊和触诊。检查时注意导管口有无红肿及分泌物。腮腺肿大常见病因有：①急性化脓性腮腺炎：多为单侧性，导管口处有脓性分泌物，见于抵抗力低下的重症患者。②急性流行性腮腺炎：腮腺迅速肿大，先为单侧，继而可累及对侧，有压痛，急性期可累及胰腺、睾丸或卵巢。③腮腺肿瘤：腮腺混合瘤时，腮腺质韧呈结节状，边界清楚，可移动；恶性肿瘤时质硬，固定，黏连、有痛感，发展迅速，可伴有面瘫。

三、颈部评估

评估颈部时，评估对象取坐位，评估者手法尽量轻柔。注意颈部外形、运动、血管、甲状腺、气管的位置等。

（一）颈部外形与分区

正常人颈部直立，左右对称。男性甲状软骨较突出，女性则平坦。转头时可见胸锁乳突肌突起，静坐时颈部血管不显露。为描述和标记颈部病变的部位，根据解剖结构将颈部每侧分为两个大三角区域：颈前三角区为胸锁乳突肌内缘、下颌骨下缘与前正中线之间的区域，颈后三角区为胸锁乳突肌后缘，锁骨上缘与斜方肌前缘之间的区域。

（二）颈部姿势与运动

正常人坐位或立位时颈部直立、两侧对称、活动自如。如颈部向一侧偏斜称为斜颈，见于外伤、先天性颈肌挛缩；颈向前倾，甚至头不能抬起，见于重症肌无力和进行性肌萎缩等；颈部活动受限伴有疼痛，见于软组织炎症、颈肌扭伤、肥大性脊椎炎、颈椎结核等；颈项强直为脑膜刺激征的表现，见于各种脑膜炎、蛛网膜下腔出血等。

（三）颈部血管

1. 颈静脉　正常人立位或坐位时看不到颈外静脉，平卧位时可稍见充盈，但充盈的水平仅限于锁骨上缘至下颌角连线的下2/3以内。患者取30°～45°半卧位，颈静脉充盈超过正常水平，或坐位、立位时颈静脉充盈明显，称为颈静脉怒张（distention of jugular vein）。颈静脉怒张提示静脉压增高，见于右心衰竭、心包积液、缩窄性心包炎、上腔静脉阻塞综合征等。

2. 颈动脉　正常人安静状态下不易看到颈动脉搏动，仅在剧烈活动后心搏出量增加时可见到颈部动脉微弱搏动。如在静息状态下出现明显的颈动脉搏动，提示脉压增大。常见于高血压、主动脉瓣关闭不全、甲状腺功能亢进症及严重贫血。颈动脉搏动应与颈静脉搏动相鉴别，前者搏动为膨胀性，比较有力，能看到也能触到；后者搏动柔和，范围弥散，能看到而触不到。

（四）甲状腺

甲状腺（thyroid）位于甲状软骨下方和环状软骨两侧，略呈“H”形，分左、右两个侧叶，中间以峡部相连。正常时甲状腺表面光滑、柔软不易触及。评估过程中凡能看到或能触及甲状腺均示甲状腺肿大。甲状腺评估按视、触、听诊的顺序进行（图4－17）。

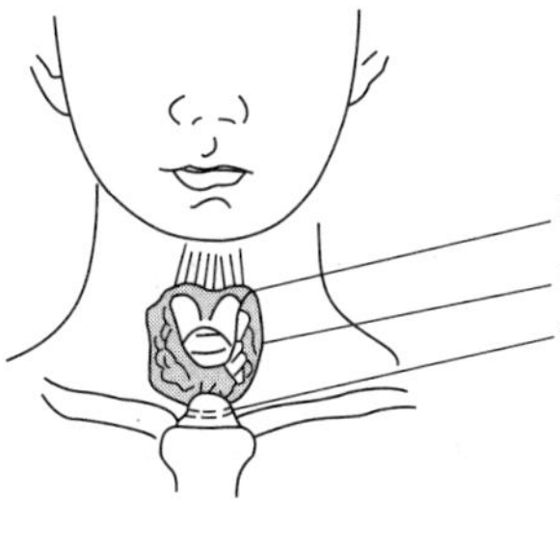

图4－17　甲状腺位置

1. 视诊　患者取坐位，头稍后仰，嘱其做吞咽动作，甲状腺可随吞咽上下移动，以此可与颈前的其他肿块相鉴别。观察甲状腺的大小及对称性。正常人甲状腺多不突出，女性在青春发育期可略增大，属正常现象。

2. 触诊　触诊包括甲状腺峡部和侧叶的评估，内容包括甲状腺的大小、硬度、对称性、有无压痛、结节及震颤等。评估动作宜轻柔，以防过于重压引起患者出现咳嗽、憋气等不适感觉。

（1）甲状腺峡部　位于环状软骨下方第二至第四气管环前面。护士站于患者前面用拇指或站于患者后面用示指从胸骨上切迹往上触摸，嘱患者吞咽，感觉气管前软组织在手下滑动，判断有无增厚及肿块。

（2）甲状腺侧叶　①前面触诊：护士站于患者前面，一手拇指施压于一侧甲状软骨，将气管推向对侧；另一手示、中指在对侧胸锁乳突肌后缘向前推挤甲状腺侧叶，拇指在胸锁乳突肌前缘触诊，配合吞咽动作，重复触摸，可触及被推挤的甲状腺侧叶。用同法评估另一侧甲状腺（图 4－18a）。②后面触诊：护士站于患者后面，一手示、中指施压于一侧甲状软骨，将气管推向对侧，另一手拇指在对侧胸锁乳突肌后缘向前推挤甲状腺，示、中指在其前缘触诊甲状腺，配合吞咽动作，重复触摸。用同法评估另一侧甲状腺（图 4－18b）。

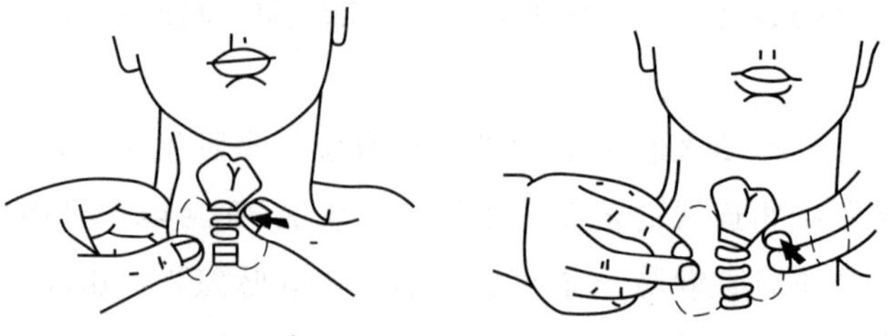

a. 前面触诊　　b. 后面触诊

图 4－18　甲状腺触诊

评估时如触及肿大的甲状腺时，应注意观察肿大的程度、质地、是否对称、表面是否光滑、有无结节、震颤及压痛。甲状腺肿大可分为 3 度：不能看到但能触及者为Ⅰ度；能看到又能触及，但在胸锁乳突肌以内者为Ⅱ度；超过胸锁乳突肌外缘者为Ⅲ度。

3. 听诊　当触及肿大的甲状腺时应以钟型听诊器置于其上进行听诊。甲状腺功能亢进时，可闻及连续性低调静脉“嗡鸣”杂音；弥漫性甲状腺肿伴功能亢进者可听到收缩期动脉杂音。

甲状腺肿大常见于单纯性甲状腺肿、甲状腺功能亢进症、甲状腺癌、慢性淋巴性甲状腺炎（桥本甲状腺炎）或甲状旁腺腺瘤等。

（五）气管

正常气管（trachea）位于颈前正中部。评估方法：患者取坐位或仰卧位，使颈部处于自然直立状态。护士将右手示指与无名指分置于患者两侧胸锁关节上，中指置于胸骨上窝气管位置处，观察中指与示指及中指与无名指之间的距离。正常人两侧距离相等，提示气管居中。两侧距离不等表示气管移位（tracheal displacement）。根据气管的偏移方向可以判断病变的性质：一侧胸腔积液、积气或纵隔肿瘤及单侧甲状腺肿大时，气管向健侧移位；肺不张、肺纤维化、胸膜增厚黏连时，气管向患侧移位。

（邵小琳）

第四节　胸壁和胸廓评估

扫码“学一学”

案例

患者，女性，73 岁。慢性咳嗽、咳痰 25 年，6 年前出现逐渐加重的呼吸困难。2 天前受凉后出现上述症状加重，痰液黏稠，无力咳出，并出现双下肢水肿。X 线胸片结果提示：慢性支气管炎、阻塞性肺气肿、肺源性心脏病。

请思考：①如何对该患者进行胸部评估？②患者可能会出现哪些异常体征？

胸部（chest）是指颈部以下、腹部以上的区域。胸部的主要器官、组织包括胸壁、胸廓、乳房、气管、支气管、肺脏、心脏、大血管、食管、纵隔等。胸部评估应在安静、温度适宜，光线充足的环境下进行，尽可能暴露全胸部，患者可采取坐位或卧位，按视、触、叩、听顺序进行，依次评估前胸→侧胸→背部，并左右对称部位进行对比。

一、胸部体表标志

胸部的体表标志包括骨骼标志、人工划线、自然陷窝及分区（图 4－19、图 4－20）。借以标记正常胸廓内脏器的轮廓及位置，异常体征的部位和范围，还可用于指示穿刺或手术的部位。

（一）骨骼标志

1. 胸骨角　为胸骨柄与胸骨体连接处向前隆突而形成的角性突起。胸骨角与左右两侧的第 2 肋软骨相连，为计数前胸壁肋骨和肋间隙的主要标志。胸骨角标志着气管分叉、心房上缘和上下纵隔支界及相当于第 4 或 5 胸椎水平。

> **考点提示**
>
> 胸部常见的体表标志及意义。

2. 腹上角　又称胸骨下角，由两侧肋弓在胸骨下端汇合处所构成的夹角。正常约70°～110°，矮胖者较大（为钝角），瘦长者较小（为锐角）。

3. 剑突　是胸骨体下端的突出部分，呈三角形，其底部与胸骨体相连接。

4. 肩胛下角　为肩胛骨的最下端。直立位两上肢自然下垂时，肩胛下角相当于第 7 或第 8 后肋骨水平，常为胸腔积液穿刺时计数肋间隙的标志。

5. 第 7 颈椎棘突　为后颈下部最突出的棘突，为背部颈椎与胸椎交界的骨性标志。当低头时极易触及，为计数胸椎的标志。

6. 肋脊角　为背部第 12 肋骨与脊柱构成的夹角。肋脊角前方为肾和输尿管上端所在区域。

（二）垂直线标志

1. 前正中线　也称胸骨中线，为通过胸骨正中的垂直线。

2. 锁骨中线（左、右）　为通过锁骨的胸骨端与肩峰端中点的垂直线，正常男子此线常通过乳头。

3. 腋前线（左、右）　为通过腋窝前皱襞沿前侧胸壁向下的垂直线。

4. 腋中线（左、右）　为通过腋前线与腋后线中点向下的垂直线。

5. 腋后线（左、右）　为通过腋窝后皱襞沿后侧胸壁向下的垂直线。

6. 后正中线　又称脊柱中线，为通过椎骨棘突的垂直线。

7. 肩胛线（左、右）　为两臂自然下垂时，通过肩胛下角的垂线。

（三）自然陷窝及分区

1. 胸骨上窝　为胸骨柄上方的凹陷处，正常时气管位于其后正中。

2. 锁骨上窝（左、右）　为锁骨上方的凹陷处。相当于两肺上叶肺尖的上部。

3. 锁骨下窝（左、右）　为锁骨下方的凹陷处，其下界为第 3 肋骨下缘，相当于两肺上叶肺尖的下部。

4. 腋窝（左、右）　为上肢内侧与胸壁相连的凹陷区域。

5. 肩胛上区（左、右） 为背部肩胛冈以上的区域，外上以斜方肌上缘为界，相当于上叶肺尖的下部。

6. 肩胛下区（左、右） 为背部两肩胛下角连线至第 12 胸椎水平线之间的区域。后正中线将其分为左右两部。

7. 肩胛间区（左、右） 为背部两侧肩胛骨内缘之间的区域。后正中线将其分为左右两部。

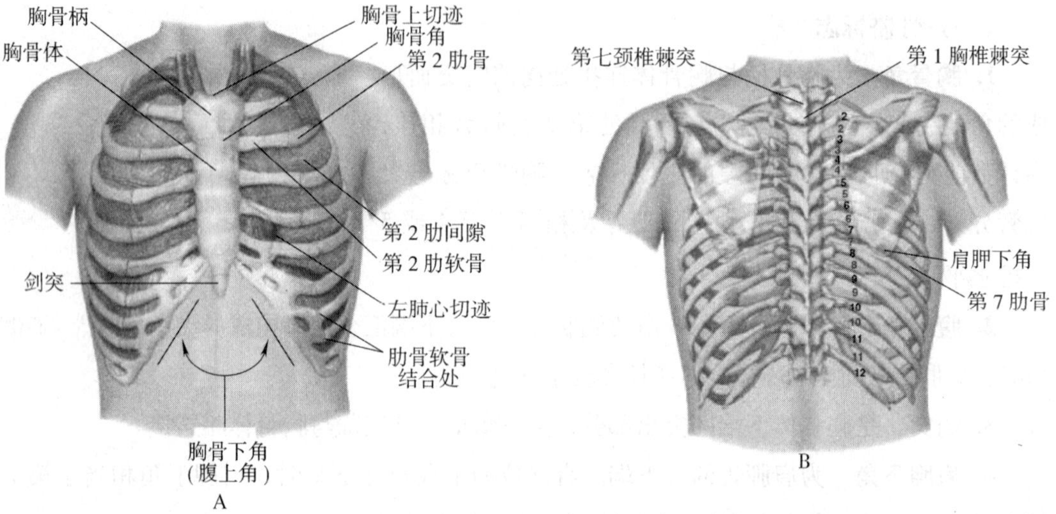

图 4－19 胸壁的骨骼标志

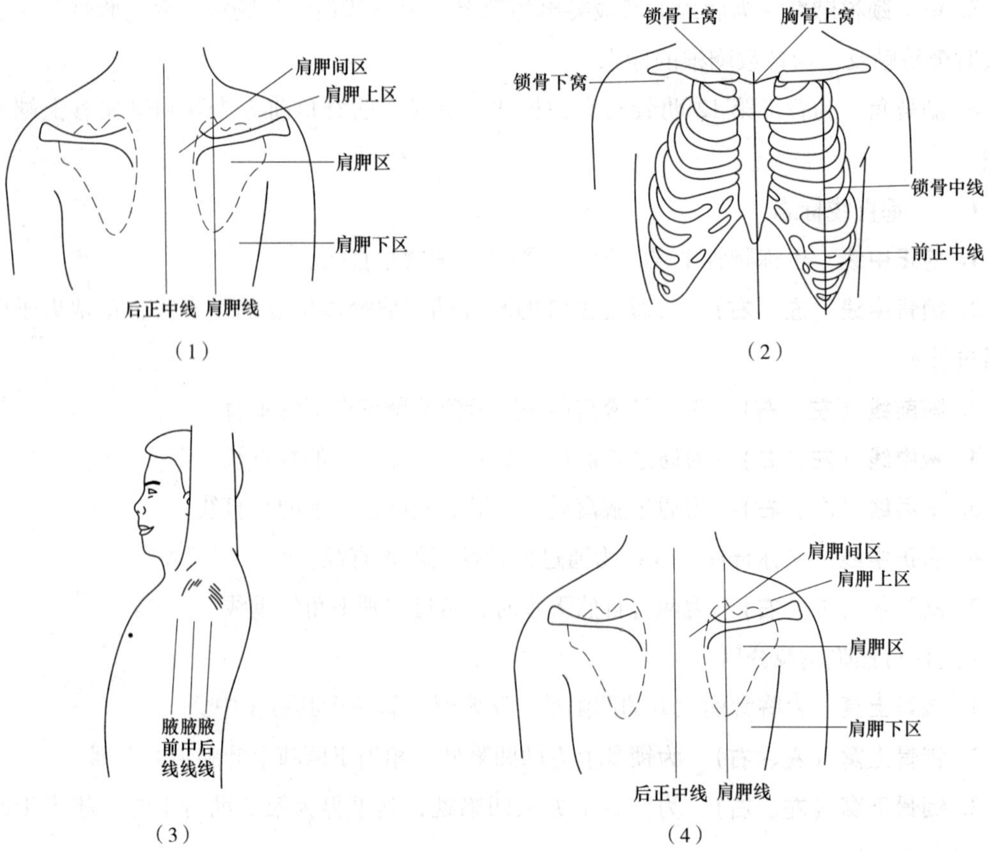

图 4－20 胸部的人工划线、自然陷窝及分区

二、胸壁、胸廓与乳房评估

（一）胸壁

评估胸壁主要由视诊和触诊来完成。除应注意营养状态、皮肤、淋巴结和骨骼肌发育情况外，还应重点评估以下各项：

1. 胸壁静脉　正常人胸壁一般看不到静脉。但皮下脂肪较少者的侧胸壁以及哺乳期妇女乳房表面可见浅静脉。胸壁静脉充盈或曲张应评估其血流方向。上腔静脉梗阻时，静脉血流方向自上而下；下腔静脉梗阻时血流自下而上。

2. 胸壁压痛　正常人胸壁无压痛。胸壁局部压痛常见于肋间神经炎、带状疱疹、肋骨骨折等。骨髓异常增生者，常出现胸骨压痛和叩击痛，见于白血病患者。

3. 皮下气肿　当有气体积存于胸壁皮下组织时称皮下气肿（subcutaneous emphysema）。多因为气管、肺或胸膜受损后，气体从病变部位逸出，沿组织间隙到皮下所致。护士视诊可见胸壁外观肿胀，触诊可引起气体在皮下组织内移动，出现捻发感或握雪感，听诊可闻及类似捻发音。

4. 肋间隙　评估时注意肋间隙，有无回缩和膨隆。吸气时肋间隙回缩，提示呼吸道阻塞使吸气时气体不能自由地进入肺内。肋间隙膨隆见于大量胸腔积液、张力性气胸等。

（二）胸廓

正常人胸廓两侧大致对称，呈椭圆形，可因年龄不同而有变化。成人胸廓的前后径比左右径短，两者的比例约为1∶1.5。小儿和老年人的胸廓前后径略小于左右径或几乎相等。常见的胸廓外形改变（图4－21）有以下几种。

1. 扁平胸（flat chest）　胸廓扁平，其前后径常短于左右径的一半。见于瘦长体型者、慢性消耗性疾病，如肺结核、晚期肿瘤等。

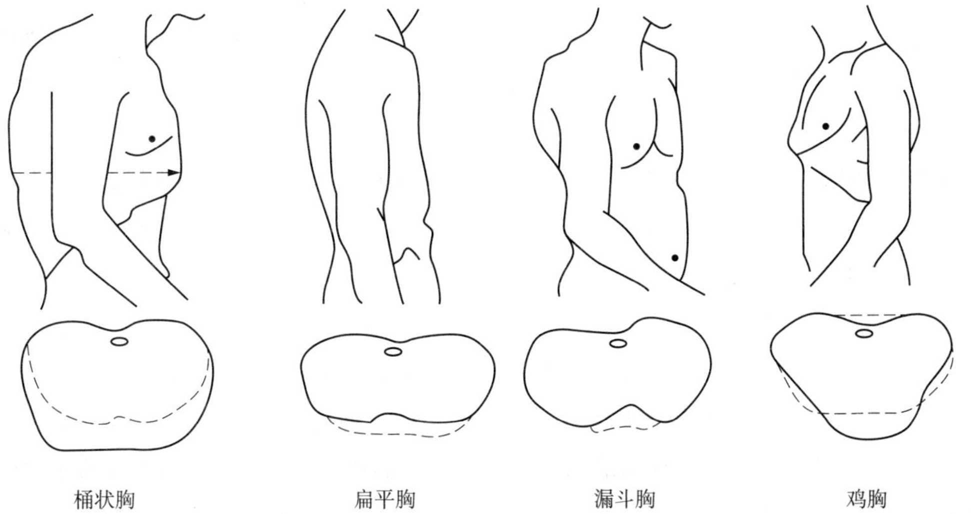

图4－21　常见胸廓外形改变

2. 桶状胸（barrel chest）　胸廓呈圆桶状，其前后径增加，有时与左右径几乎相等，甚至超过左右径。肋骨上抬呈水平状，肋间隙增宽，腹上角增大。可见于老年人、矮胖体型者、肺气肿患者等。

3. 佝偻病胸（rachitic chest）　为佝偻病所致，儿童多见。包括：①鸡胸（pigeon

chest)，胸廓前后径略长于左右径，其上下长度较短，胸骨下端前突，胸廓前侧壁肋骨凹陷，形似鸡胸。②肋膈沟（harrison's groove)，下胸部前面的肋骨外翻，沿膈附着的部位胸壁向内凹陷，形成的沟状带。③漏斗胸（furnnel chest)，胸骨剑突处显著凹陷呈漏斗状。④佝偻病串珠（rachitic rosary)，沿胸骨两侧各肋软骨与肋骨交接处隆起，形成串珠状。

4. 胸廓一侧或局部变形 胸廓一侧膨隆见于患侧大量胸腔积液、气胸或一侧严重代偿性肺气肿；胸廓一侧凹陷或局限性凹陷见于肺不张、肺萎缩、肺纤维化、广泛胸膜黏连等；胸廓局限性隆起见于心脏增大，心包积液胸壁或胸内肿瘤等。

考点提示

正常胸廓外形及常见异常胸廓的临床意义。

5. 脊柱畸形所致胸廓改变 脊柱前凸、后凸、侧凸可致胸廓两侧不对称，肋间隙增宽或变窄。严重者可引起呼吸、循环功能障碍。常见于脊柱结核、发育畸形等（图4－22)。

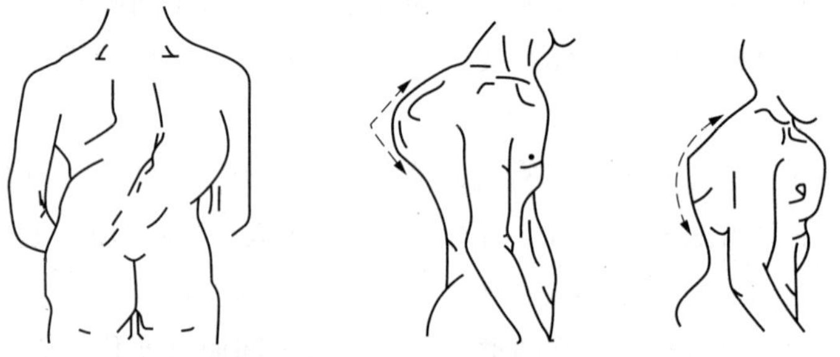

脊柱侧突　　脊柱后突

图4－22　常见脊柱畸形所致胸廓改变

（三）乳房

正常儿童及男性乳房一般不明显，乳头位置大约位于锁骨中线第四肋间隙。正常女性青春期乳房逐渐增大，呈半球形，乳头也逐渐增大呈圆柱形。评估时患者取坐位或仰卧位，充分暴露胸部，评估顺序为视诊→触诊。除评估乳房外，还应包括引流乳房部位的淋巴结。

1. 视诊

（1）对称性　正常女性坐位时，两侧乳房基本对称。但也有轻度不对称者，是由于两侧乳房发育程度不完全一致所致。一侧乳房明显增大，见于先天畸形、囊肿、炎症或肿瘤等。一侧乳房明显缩小则多因发育不全之故。

（2）乳房皮肤　注意乳房皮肤颜色、有无溃疡、瘢痕、色素沉着、水肿或有否局部下陷。乳房皮肤发红同时出现肿、热、痛提示局部炎症；乳腺癌侵及皮肤淋巴管时，皮肤呈深红色，当它引起淋巴管堵塞致水肿时，局部皮肤呈“橘皮”或“猪皮”样；乳房皮肤回缩可由外伤或炎症引起，亦可能是乳腺癌所致，轻度的皮肤回缩，常为早期乳腺癌的征象。嘱被评估者做双手上举过头、双手推压两侧髋部动作，有助于早期发现乳房皮肤回缩。

（3）乳头　应注意乳头的位置、大小、两侧是否对称、有无内翻。乳头回缩若是自幼发生则为发育异常；若是近期发生可能为癌变。乳头出现分泌物提示乳腺导管有病变，若分泌物为血性最常见于导管内良性乳突状瘤，亦可见于乳腺癌；分泌物由清亮变为绿色或黄色常为慢性囊性乳腺炎。

2. 触诊　患者取坐位，先两臂下垂，然后双臂高举过头部或双手叉腰。再评估如取仰卧位，应在肩下置一小枕，使乳房较对称地位于胸壁上，以便详细评估。触诊先由正常乳房开始，护士手指和手掌平放在乳房上，应用指腹轻施压力，以旋转或来回滑动进行触诊。评估动作要轻柔，不宜用手指抓捏乳腺。为便于记录病变部位，通常以乳头为中心作一垂直线和水平线，将乳房分为4个象限（图4－23）。评估时依次按外上象限→外下象限→内下象限→内上象限触诊，最后触诊乳头。触诊时应注意乳房的弹性和硬度、有无压痛和包块等。检查乳房后应仔细触诊腋窝及锁骨上窝的淋巴结有无肿大或其他异常。

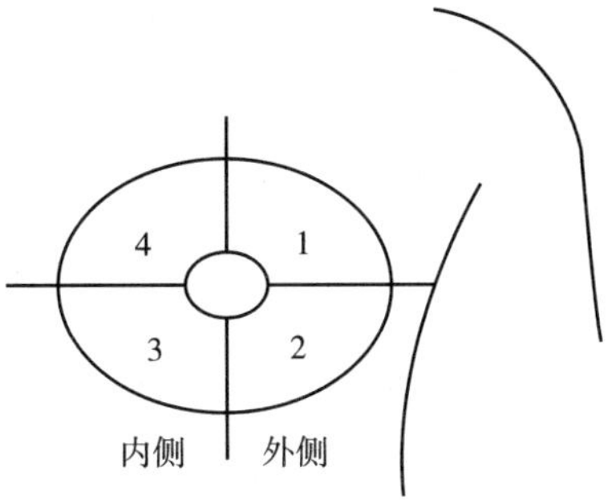

图4－23　乳房分区

（1）硬度和弹性　正常乳房触诊有模糊的颗粒感和柔韧感。女性不同年龄和生殖周期，乳房的触诊有所不同，青年人乳房柔软，质地均匀；中年人可触及乳腺小叶；老年人触诊时有纤维结节感。月经期乳房有紧张感，妊娠期有柔韧感，哺乳期有结节感。硬度增加和弹性消失提示皮下组织炎症或可能有新生物浸润。

（2）压痛　乳房的某一区域压痛提示这一区域下有炎症存在。月经期乳房亦较敏感，恶性病变时较少出现压痛。

（3）包块　须注意包块的部位、形状、边缘、质地、压痛和活动度等。触及无痛肿块要考虑乳腺癌。

第五节　肺部评估

扫码“学一学”

案例

患者，男性，25岁。发热、咳嗽、咳痰3天入院。患者3天前受凉后出现寒战、发热、咳嗽，咳铁锈色痰，发病以来，食欲不振、乏力、睡眠欠佳、大小便正常。身体评估：T39.5℃，神志清楚，急性病容，口角可见单纯疱疹，双肺呼吸音粗，右下肺可闻及湿啰音，腹平软，全腹无压痛，双下肢无水肿。

请思考：①该患者临床诊断是什么？②护士应重点评估哪些内容？③患者目前存在的主要护理问题有哪些？

评估时，患者一般取坐位或仰卧位，充分暴露胸部。室内光线充足，温度适宜。一般按视诊、触诊、叩诊和听诊的顺序进行评估。熟练掌握肺部评估方法，对呼吸系统疾病的诊治和护理有重要意义。

一、视诊

（一）呼吸运动

（1）呼吸类型　以肋间肌运动为主的呼吸称为胸式呼吸；以膈肌运动为主的呼吸称为腹式呼吸。这两种呼吸运动多同时进行，以其中一种呼吸运动为主。正常成年男性及儿童以腹式呼吸为主，成年女性以胸式呼吸为主。肺、胸膜及胸壁疾病均可使胸式呼吸减弱而腹式呼吸增强，如肺炎、胸膜炎、严重肺结核、肋间神经痛、肋骨骨折等；某些腹部疾病由于膈肌运动受限，腹式呼吸减弱而胸式呼吸增强，如腹膜炎、大量腹水、腹腔内巨大肿瘤及晚期妊娠时。

> **考点提示**
>
> 呼吸类型、临床表现特点及临床意义。

（2）呼吸动度　一侧肺脏或胸膜腔病变时，患侧呼吸运动减弱或消失，而健侧呼吸运动增强；胸部两侧广泛病变时，则两侧呼吸运动均减弱。

（3）呼吸困难　类型、临床表现特点及临床意义详见第三章第四节。

（4）呼吸频率、深度、节律等改变及其临床意义详见第四章第一节。

二、触诊

（一）胸廓扩张度

即呼吸时的胸廓活动度。护士将两手分置于胸廓前下部两侧的对称部位，两手拇指沿肋缘指向剑突，拇指尖置于前正中线上两侧对称部位，手掌及其余的手指置于前侧胸壁，嘱患者作深呼吸运动，比较两侧胸廓活动度是否一致（图 4 – 24）。亦可于背部将两手掌置于肩胛下区，两手拇指在后正中线两侧对称部位，当被评估者做深呼吸时，观察两拇指随胸廓扩张分开的距离是否相等。正常人平静呼吸或深呼吸时，两侧胸廓呈对称性张缩。一侧胸廓活动度受限见于一侧胸腔积液、气胸、胸膜增厚和肺不张等；两侧的胸廓活动度均减弱见于老年人和肺气肿等。

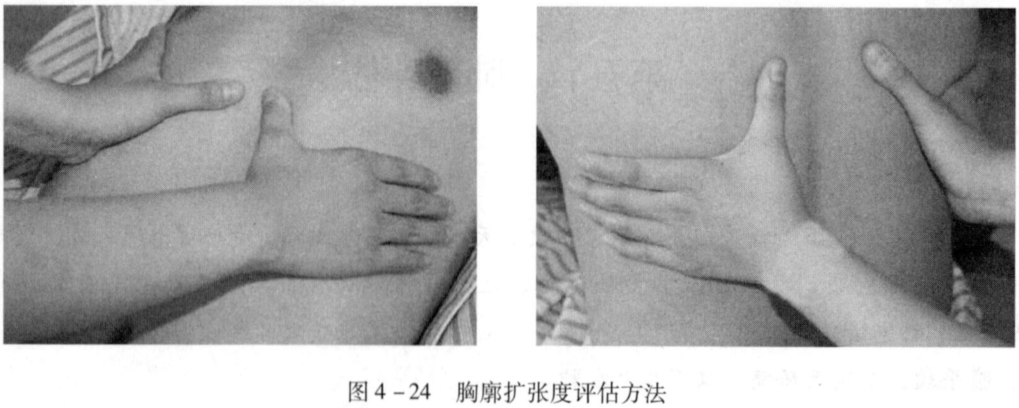

图 4 – 24　胸廓扩张度评估方法

（二）语音震颤

患者发出语音时，声波沿喉部，经气管、支气管及肺泡，传到胸壁引起共鸣而产生的振动，可被护士的手触及，称为语音震颤（触觉震颤）。根据其振动的增强或减弱，可判断胸内病变的性质。

1. 评估方法　护士将两手掌或手掌尺侧缘轻放于两侧胸壁的对称部位，然后嘱患者用同等强度重复发出长音“yi”，自上→下，从内→外，由前胸部→侧胸部→背部，双手交换，比较两侧相同部位语颤是否相同，判断有无增强或减弱（图4－25）。正常人双侧语音震颤基本一致。语音震颤的强弱受发音强弱、音调高低、胸壁厚薄、支气管至胸壁距离的差异等因素影响，并与年龄、性别、体型等有关。

2. 临床意义

1）生理变化　正常人语颤的强弱与性别、年龄、体型、部位等有关。男性较女性强，成人较儿童强、瘦者较胖者强，右上胸较左上胸强，前胸上部较下部强，后胸下部较上部强。

2）病理变化　语音震颤增强，主要见于：①肺组织实变，如肺炎、肺梗死、重症肺结核等。因实变组织密度较高，声波传导良好所致。②靠近胸壁的大空腔及周围有炎性浸润，如结核空洞、肺脓肿等。由于声波在空洞中产生共鸣，而且空洞周围组织有炎性浸润，有利于声波的传导。③压迫性肺不张等。

> **考点提示**
>
> 语音震颤增强或减弱的临床意义。

语音震颤减弱或消失，主要见于：①胸膜肥厚黏连、大量胸腔积液或积气。②肺泡内含气过多，如肺气肿。③支气管阻塞，如阻塞性肺不张。④胸壁皮下气肿。

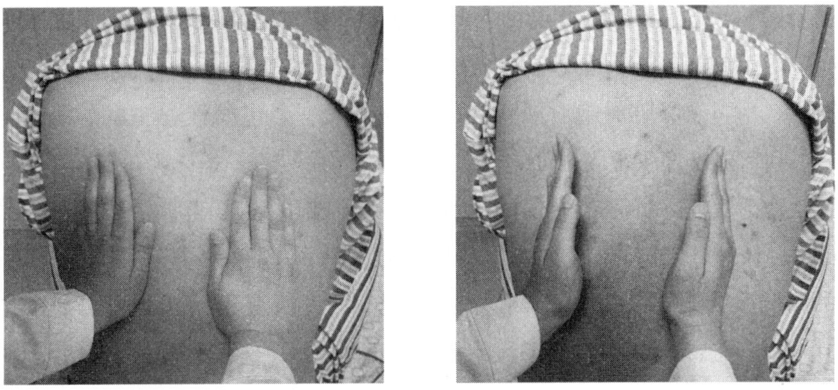

图4－25　语音震颤评估方法

（三）胸膜摩擦感

胸膜炎症时，渗出的纤维蛋白于脏、壁层胸膜沉积，使胸膜表面粗糙，呼吸时两层胸膜相互摩擦，触诊时可感觉到如皮革摩擦的感觉，称为胸膜摩擦感。可见于胸膜炎症、胸膜肿瘤、肺部病变累及胸膜。当出现胸腔积液时，两层胸膜分离，胸膜摩擦感消失。

三、叩诊

（一）评估方法

1. 间接叩诊　应用最为普遍。

（1）体位　患者取坐位或仰卧位。评估前胸部时，胸部稍向前挺直；评估侧胸部时，双臂抱头；评估背部时，头稍低，双手交叉抱肘，上身前倾。

（2）方法　护士以左手中指第2指节作为叩诊板指，卧位时平贴肋间隙并与肋骨平行，坐位时垂直于肋间隙；叩诊肩胛间区时，板指与脊柱平行。以右手中指的指端垂直叩击左手中指第2指骨前端，主要以腕关节的运动完成叩诊动作。叩击应速度快、时间短，叩击力量要适中、均匀，叩击后右手中指迅速抬起，每次叩击2～3下。

（3）顺序　由肺尖开始，自上而下，由外向内，左右对比，逐一肋间隙向下叩诊，依次叩诊前胸→侧胸→背部。

2. 直接叩诊　此法在病变面积较大时应用。护士将手指稍并拢以其手指掌面对胸壁进行叩击，从而显示不同部位叩诊音的改变。

（二）叩诊音的类型

详见第二章第二节。

（三）正常胸部叩诊音

正常情况下，在胸部不同部位可叩出清音、鼓音、浊音和实音。叩诊音音响强弱和高低与肺脏的含气量多少、胸壁的厚薄以及邻近器官的影响等因素有关。正常肺部叩诊为清音；肺组织覆盖心脏、肝脏实质脏器的部位为浊音；心脏、肝脏为实质脏器，未被肺组织覆盖的部分为实音；左侧腋前线下方有胃泡的存在，叩诊呈鼓音，又称 Traube's 鼓音区。

（四）肺界叩诊

1. 肺上界　即肺尖宽度。叩诊方法：自斜方肌前缘中央开始逐渐叩向外侧，当清音转为浊音时，即为肺上界的外侧终点。再由起始部开始叩向内侧，当清音转为浊音时，即为肺上界的内侧终点。此清音带的宽度即为肺尖宽度，正常为 4～6cm。由于右侧肺尖位置较低，故右侧稍窄。肺上界变窄常见于肺结核，增宽见于肺气肿。

2. 肺前界　相当于心脏的绝对浊音界。心脏扩大、心包积液、主动脉瘤时，两侧肺前界浊音区扩大；肺气肿时浊音区缩小。

3. 肺下界　正常人平静呼吸时，两侧肺下界大致相同，于锁骨中线、腋中线、肩胛线分别为第 6、8、10 肋间隙。叩诊方法：分别在锁骨中线、腋中线、肩胛线自上向下叩诊，清音变浊音即相应的肺下界。正常肺下界因体型、发育情况不同，位置可稍有差异。病理状态下，肺下界下移见于肺气肿；肺下界上移见于胸腔积液、肺不张、腹腔积液或腹腔内巨大肿瘤等。

> **考点提示**
>
> 肺下界的移动范围。

4. 肺下界移动度　肺下界在呼吸时有一定的移动范围，称为肺下界移动度。评估时先于平静呼吸状态下，于肩胛线上叩出肺下界的位置，指板在原位不动并作标记，嘱患者作深吸气后在屏住呼吸的同时，沿该线继续向下叩诊，当由清音变为浊音时，即为肩胛线上肺下界的最低点。然后让患者恢复平静呼吸后，再嘱作深呼气后并屏住呼吸，此时由上向下叩诊，直至清音变为浊音时，即为肩胛线上肺下界的最高点。最高至最低两点间的距离即为肺下界的移动范围，正常人为 6～8cm。肺下界移动度减小见于：①肺组织弹性减小，如肺气肿。②肺组织萎缩，如肺不张和肺纤维化。③肺组织炎症、水肿等。大量胸腔积液或积气、胸膜广泛黏连增厚时肺下界移动度不易叩出。

（五）肺部异常叩诊音

> **考点提示**
>
> 肺部异常叩诊音的临床意义。

在正常肺部的清音区如果出现浊音、实音、过清音或鼓音时，即为异常叩诊音，提示肺、胸膜、胸壁有病变。

1. 浊音及实音　常见于：①肺组织含气量减少的病变，如肺炎、肺结核、肺梗死、肺不张等。②胸膜腔病变，如胸腔积液、胸膜增厚。③胸壁疾患，如胸壁水肿或胸壁肿瘤。

2. 鼓音　见于空洞性肺结核以及气胸等。

3. 过清音　常见于阻塞性肺气肿等。

四、听诊

肺部听诊时，患者可采取坐位或卧位。听诊一般由肺尖开始，自上向下，先听前胸部→侧胸部→背部，注意上下、左右对比。听诊时，嘱患者作平静呼吸，必要时深呼吸或咳嗽数次后听诊。

> **考点提示**
> 正常呼吸音的听诊特点及听诊部位。

1. 正常呼吸音

（1）支气管呼吸音（bronchial breath sound）　为气流在声门、气管或主支气管形成湍流所产生的声音，类似将舌尖抬高呼气时发出的“哈”音。其特点为音响较强、音调较高，呼气时相较吸气时相长。可在喉部、胸骨上窝、背部第6、7颈椎及第1、2胸椎附近闻及。

（2）肺泡呼吸音（vesicular breath sound）　是由于吸气时气流进入肺泡，冲击肺泡壁，使肺泡壁由弛缓变为紧张，呼气时肺泡由紧张变为松弛，肺泡弹性的变化和气流的振动产生肺泡呼吸音。此音类似上齿咬住下唇，吸气时发出的“夫”音。其特点为吸气时音响较强、音调较高，呼气时音响较弱、音调较低，吸气时相较呼气时相长。除支气管呼吸音和支气管肺泡呼吸音听诊区域外，其余部位均能闻及肺泡呼吸音。

（3）支气管肺泡呼吸音（bronchovesicular breath sound）　也称混合性呼吸音，为支气管呼吸音和肺泡呼吸音的混合呼吸音。吸气时类似肺泡呼吸音，但音响较强，音调较高；而呼气时类似支气管呼吸音，但音响较弱，音调较低，吸气相与呼气相大致相等。可在胸骨角两侧第1、2肋间，肩胛间区第3、4胸椎水平及肺尖部闻及（图4-26）。

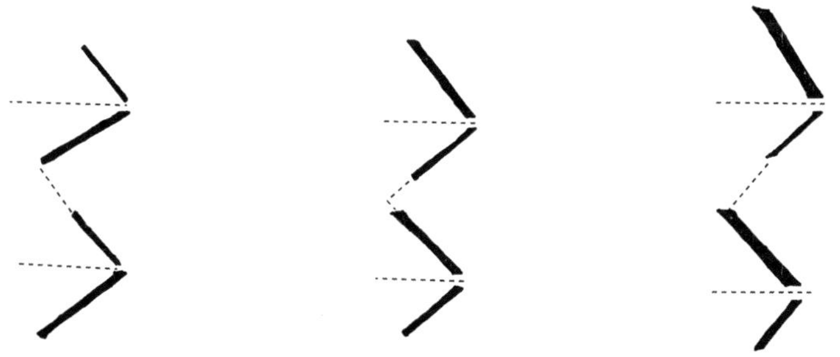

图4-26　正常呼吸音的特点比较

2. 异常呼吸音

（1）异常肺泡呼吸音

1）肺泡呼吸音减弱或消失　与进入肺泡的空气流量减少、空气流速减慢或呼吸音传导障碍有关。可在两肺、一侧肺或局部肺组织出现。常见病因有：①胸廓活动受限，如肋骨骨折、肋间神经痛等。②呼吸肌疾病，如重症肌无力、膈肌瘫痪等。③气道阻塞，如慢性支气管炎、喉头水肿等。④压迫性肺不张，如胸腔积液或气胸等。⑤肺部疾病，如肺炎、肺气肿等。⑥腹部疾病，如大量腹腔积液、腹部巨大肿瘤等。

> **考点提示**
> 异常支气管呼吸音的临床意义。

2）肺泡呼吸音增强　双侧肺泡呼吸音增强与进入肺泡的空气流量增多或进入肺内空气流速加快有关。如运动、发热、贫血、甲状腺功能亢进、酸中毒等；一侧肺泡呼吸音增强，见于一侧胸肺病变，健侧肺代偿性肺泡呼吸音增强，如一侧胸腔积液或积气等。

3）呼气音延长　见于下呼吸道部分阻塞、痉挛或狭窄，如支气管哮喘等，或由于肺组织弹性减退，如慢性阻塞性肺气肿等。

（2）异常支气管呼吸音　又称管状呼吸音。在正常肺泡呼吸音的部位闻及支气管呼吸音，即为异常支气管呼吸音。常见原因有：

1）肺组织实变　因为实变的肺组织对音响的传导性好，支气管呼吸音很容易传至体表而被闻及，如大叶性肺炎的实变期。

2）肺内大空腔　当肺内大空腔与支气管相通，空腔周围肺组织又有实变时，声音在空腔内共鸣，并通过传导性较好的实变组织传导到体表，常见于肺脓肿、空洞型肺结核等。

3）压迫性肺不张　胸腔积液上方肺组织受压不张，此时致密的肺组织有利于支气管呼吸音的传导。

（3）异常支气管肺泡呼吸音　在正常肺泡呼吸音的部位闻及支气管肺泡呼吸音。见于支气管肺炎、浸润性肺结核、大叶性肺炎初期等。

3. 啰音（crackles）　指呼吸音以外附加音，按性质不同分为湿啰音和干啰音两种（图4－27）。

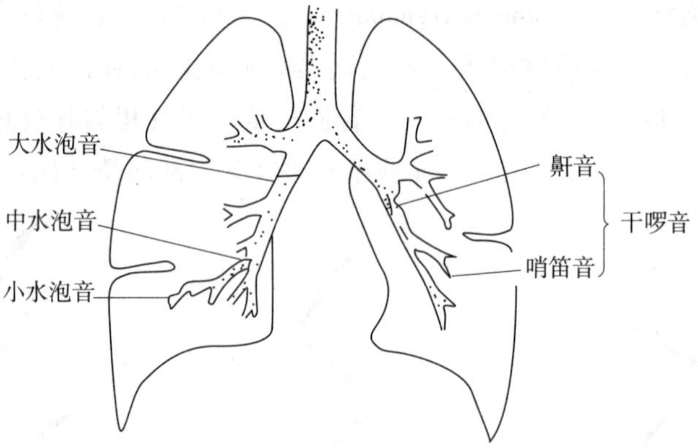

图4－27　啰音的发生机制

（1）干啰音（rhonchi）　由于气管、支气管或细支气管狭窄或部分阻塞，气流通过时发生湍流所产生的声音。气道狭窄的原因有黏膜肿胀、充血；管腔内有黏稠分泌物；支气管平滑肌痉挛；管腔内异物；管壁受压，管腔变窄等。

1）特点　吸气、呼气时均可闻及，呼气时较清楚；性质不定，部位多变，短时间内其强度性质、数量、部位可因咳嗽、体位改变而异。

2）分类　根据其性质可分为：①低调干啰音：又称鼾音，是一种粗糙、低调而响亮的干啰音，与睡眠时的“打鼾”声音类似。多发生于气管或主支气管。②高调干啰音：又称哮鸣音或哨笛音，类似吹笛或射箭时发出的声音，多发生于较小的支气管或细支气管。

3）临床意义　干啰音常是支气管病变的表现。全肺闻及干啰音，可见于慢性支气管炎、支气管哮喘、心源性哮喘等。局部出现干啰音，可见于支气管内膜结核、支气管肺癌及支气管异物等。

（2）湿啰音（moist crackles）　又称水泡音。是由于支气管内或空洞内有稀薄的液体，呼吸时气流通过形成水泡并破裂而产生。

1）特点　多出现于吸气时，尤其吸气末较清楚，也可出现于呼气早期；部位较恒定，性质不易变化。

2）分类　根据发生支气管管径的大小不同，可分为大、中、小三种水泡音和捻发音。①大水泡音：又称粗湿啰音。发生于气管、主支气管或空洞部位，多出现吸气早期，见于肺水肿、支气管扩张、液化的肺脓肿等。昏迷、高度衰竭或濒死者因无力排出气道内分泌物，于气管处可闻及，有时不用听诊器也可闻及，称为痰鸣音。②中水泡音：又称中湿啰音。发生于中等大小的支气管内，常见于支气管炎、支气管肺炎等。③小水泡音：又称细湿啰音。发生于小支气管或肺泡内，多在吸气末闻及，常见于支气管肺炎、毛细支气管炎、肺梗死、肺淤血等。④捻发音：是一种极细且均匀一致的湿啰音，类似在耳边捻发时的声音。其产生的机制是含有少量液体而相互黏合的细支气管和肺泡壁，在吸气时被气流冲开而产生的音响。见于早期肺炎、肺淤血、肺泡炎等。老年人及长期卧床者，可在肺底部出现捻发音，在数次深呼吸或咳嗽后可消失，一般无临床意义。

3）临床意义　局限性湿啰音常提示局部病变如肺炎、肺结核、支气管扩张等；靠近肺边缘部出现大水泡音，常为肺空洞的征象，如肺结核、肺脓肿等；两肺底的水泡音，常见于支气管肺炎及心功能不全所致的肺淤血等；双肺满布大、中、小水泡音，见于急性肺水肿。

> **考点提示**
>
> 啰音的定义、分类及临床意义。

4. 语音共振（vocal resonance）　嘱评估对象用平常说话的声音强度重复发“yi”长音，声音经气管、支气管、肺泡传到胸壁，可用听诊器闻及柔和而不清晰的声音，即为语音共振。其产生机制及临床意义与语音震颤相同。正常人语音共振在胸骨上窝及肩胛间区最清楚，肺底较弱。评估时应在两侧对称部位进行比较。

5. 胸膜摩擦音（pleural friction rub）　正常胸膜表面光滑，且胸膜腔内有少量液体起润滑作用，呼吸时胸膜脏层与壁层之间相互滑动并无音响发生。当胸膜发生炎症时，胸膜表面因纤维素渗出变为粗糙不平，呼吸时脏壁层胸膜互相摩擦，出现胸膜摩擦音。其特点为吸气末或呼气初最清楚，屏气时即消失，深呼吸或在听诊器体件上加压时，摩擦音更明显，在前下侧胸壁最易闻及。若病情进展，胸膜腔内积液较多时，两层胸膜被分离后摩擦音消失。胸膜摩擦音常见于纤维素性胸膜炎、肺梗死及胸膜肿瘤等。

五、呼吸系统常见疾病的主要症状与体征

（一）大叶性肺炎

大叶性肺炎（lobar pneumonia）是呈大叶性分布的肺炎性病变。其病原主要为肺炎球菌。病理改变可分为三期：充血期、实变期及消散期。

1. 症状　多见于青壮年，有疲劳、受凉等诱因，起病多急骤，先有寒战，继而出现高热，常呈稽留热，患者可出现全身肌肉酸痛，患侧胸痛，咳嗽，咳铁锈色痰，数日后体温可下降，随之症状好转。

> **考点提示**
>
> 呼吸系统常见疾病的主要体征。

2. 体征

（1）视诊　急性病容，颜面潮红，鼻翼扇动，呼吸困难，脉率增快等，常有口唇疱疹。

患侧呼吸运动减弱。

（2）触诊　患侧胸廓扩张度明显减弱，语音震颤明显增强。

（3）叩诊　病变区呈浊音或实音。

（4）听诊　病变区可闻及异常支气管呼吸音，语音共振增强，可闻及湿性啰音。

（二）慢性支气管炎并发肺气肿

慢性支气管炎（chronic bronchitis）是气管、支气管黏膜及其周围组织的慢性炎症，晚期导致慢性阻塞性肺气肿（chronic obstructive emphysema）、肺动脉高压和肺心病。其病因较为复杂，与长期吸烟、反复呼吸道感染、长期接触有害烟雾粉尘、大气污染、机体的过敏因素等有关。

1. 症状　主要表现为慢性咳嗽、咳痰，每年超过 3 个月。患者常觉气短，胸闷，活动时明显，并随病情进展而逐渐加重。

2. 体征　早期可无明显体征，当有阻塞性肺气肿时，体征明显。

（1）视诊　桶状胸，肋间隙增宽，双侧呼吸运动减弱。

（2）触诊　双侧胸廓扩张度减弱，语音震颤减弱。

（3）叩诊　双肺呈过清音，肺下界下移，肺下界移动度变小，心浊音界缩小或消失，肝浊音界下移。

（4）听诊　肺泡呼吸音减弱，呼气延长，语音共振减弱。合并感染，双肺底可闻及干湿啰音。

（三）胸腔积液

胸腔积液（pleural effusion）指在某种病理因素作用下，胸膜腔内液体产生增多或吸收减少，使胸膜腔内积聚的液体较正常为多。按胸腔积液的性质或病因，可分为渗出液和漏出液。前者多见于结核、炎症、肿瘤等疾病，后者多见于心力衰竭、肝硬化、肾病综合征等。少量积液者无明显体征，或仅见患侧呼吸活动度减弱；中等量以上积液时，体征明显。

1. 症状　除原发疾病表现外，早期主要表现为刺激性干咳、胸痛等。胸腔积液量多时，常诉气促、胸闷、心悸、呼吸困难，甚至出现端坐呼吸或发绀、心力衰竭、腹水等症状。

2. 体征

（1）视诊　端坐呼吸或患侧卧位，呼吸急促，患侧呼吸运动减弱或消失，胸廓饱满。

（2）触诊　气管移向健侧，患侧胸廓扩张度减弱，语音震颤减弱或消失。

（3）叩诊　积液区呈浊音或实音。

（4）听诊　积液区呼吸音减弱或消失，语音共振减弱，积液区上方可闻及异常支气管呼吸音。

（四）气胸

气胸（pneumothorax）指胸膜腔内积有气体。常因慢性呼吸道疾病，如阻塞性肺气肿、肺结核等引起的胸膜脏层破裂，气体进入胸膜腔形成气胸。亦可因胸部外伤、胸膜腔穿刺或针刺治疗所引起。少量胸腔积气者，常无明显体征。积气量多时，体征明显。

1. 症状　在患者持重物、屏气和剧烈运动等诱因下，突然出现一侧胸痛，呼吸困难，不能平卧。可伴有咳嗽，但无痰或少痰。小量闭合性气胸者仅有轻度气急，数小时后症状可逐渐减轻。大量张力性气胸者，除严重呼吸困难外，患者可出现烦躁不安、表情紧张、大汗淋漓、脉速、发绀、呼吸衰竭等症状。

2. 体征

（1）视诊　端坐体位或患侧卧位，呼吸急促，发绀，患侧胸廓饱满，肋间隙变宽，呼吸活动度减弱。

（2）触诊　气管移向健侧，患侧胸廓扩张度减弱，语音震颤减弱或消失。

（3）叩诊　患侧呈鼓音。

（4）听诊　患侧肺泡呼吸音减弱或消失，语音共振减弱。

（吴　慧）

第六节　心脏评估

扫码“学一学”

案例

患者，女性，50 岁。反复头晕伴心悸、气促 6 年余，测量血压偏高，未诊治。2 周前因工作加班熬夜，感头晕、头胀症状加重，伴夜间阵发性呼吸困难，咳嗽、咳痰，来院求医。既往吸烟 30 余年，平均 1 包/天。父亲有高血压病史。身体评估：T 36.4℃，P 92 次/分，R 25 次/分，BP 180/100mmHg，神清、面红、肥胖体形，端坐位，轮椅推送入院，皮肤（－），浅表淋巴结未触及。心电图提示：左心室高电压。

请思考：①该患者临床诊断是什么？②护士应重点评估哪些内容？③患者目前存在的主要护理问题有哪些？

评估心脏宜在光线充足、温湿度适宜、安静的环境下进行。被评估者多取坐位或仰卧位，通常按视诊、触诊、叩诊和听诊的顺序进行。

一、视诊

1. 心前区外形　正常人心前区（相当于心脏在前胸壁上的投影）左右两侧对称，无异常隆起及凹陷。心前区隆起主要见于先天性心脏病、风湿性心脏瓣膜病伴右心室增大者；成人大量心包积液时，心前区外观饱满。

2. 心尖搏动　心脏收缩时，心尖向前冲击前胸壁相应部位，引起局部肋间组织向外搏动，称为心尖搏动。

（1）正常心尖搏动　正常成人心尖搏动位于左侧第 5 肋间锁骨中线内侧 0.5～1cm 处，其搏动范围直径约为 2～2.5cm。心尖搏动位置、强度、范围可因体位、体型、年龄、妊娠等有所变化。肥胖体型者、小儿及妊娠时，心尖搏动向上外移；体瘦（特别是站立或坐位）心尖搏动向内下移位；肥胖、女性悬垂乳房时，心尖搏动不易看到。

考点提示

正常心尖搏动的位置及常见异常心尖搏动的临床意义。

（2）异常心尖搏动　包括位置、强度及范围的改变。

1）位置改变　①心脏疾病：左心室增大时，心尖搏动向左下移位；右心室增大时，心尖搏动向左移位；右位心时，心尖搏动在胸骨右侧第 5 肋间，即正常心尖搏动的镜相位置。②胸部疾病：一侧胸腔积液或积气，心尖搏动稍向健侧移位；一侧肺不张或胸膜黏连，心尖搏动向患侧移位。③腹部疾病：大量腹腔积液、腹腔巨大肿瘤等，可使心尖搏动位置上移。

2）强度及范围改变　①心尖搏动增强：可见于剧烈运动，情绪激动等生理状况下，病理情况下主要见于左心室肥大、甲状腺功能亢进症、发热、贫血等病理状态。②心尖搏动减弱：见于心包积液、肺气肿、左侧胸腔积液或气胸及心肌病变如心肌炎、心肌病、急性心肌梗死等。③负性心尖搏动：指心脏收缩时，心尖搏动内陷。见于黏连性心包炎，心包与周围组织广泛粘连时。

3. 心前区异常搏动　胸骨左缘第 2 肋间搏动，见于肺动脉高压；胸骨左缘第 3～4 肋间搏动，多提示右心室肥大；剑突下搏动，见于肺气肿伴右心室肥大。

二、触诊

心脏触诊除可进一步确定视诊所见，还可发现心脏病特有的震颤、心包摩擦感等。

1. 心尖搏动（apical impulse）　用触诊法确定心尖搏动的位置、强度和范围，较视诊更准确。心尖搏动强而有力，向心前区冲击，呈抬举样称抬举性心尖搏动，是左心室肥大的可靠体征之一。

2. 震颤（thrill）　又称“猫喘”。指触诊心前区感到的一种细微震动感，犹如猫呼吸时在其气管附近触摸到的感觉。其发生机制系血液流经狭窄的口径或异常的通道形成湍流，造成瓣膜、血管壁或心腔壁震动并传至胸壁所致。震颤的出现提示心血管器质性病变，多见于心脏瓣膜狭窄及先天性心脏病，如二尖瓣狭窄、室间隔缺损等。震颤出现的时期、部位与心脏疾病的关系见表 4－4。

> **考点提示**
>
> 震颤是器质性心脏病的特征性体征。

表 4－4　震颤发生的时期、部位及与心脏疾病的关系

时期	部位	常见疾病
收缩期	胸骨右缘第 2 肋间	主动脉瓣狭窄
	胸骨左缘第 2 肋间	肺动脉瓣狭窄
	胸骨左缘第 3～4 肋间	室间隔缺损
舒张期	心尖区	二尖瓣狭窄
连续性	胸骨左缘第 2 肋间	动脉导管未闭

3. 心包摩擦感（pericardial friction feeling）　急性心包炎时，纤维蛋白渗出致其表面粗糙，心脏收缩时脏层与壁层摩擦产生振动传至胸壁引起。指心前区触及的连续性震动感。收缩期和舒张期均可触及，在胸骨左缘第 4 肋间最明显，坐位前倾或呼气末时更易触及。如心包渗液增多时，摩擦感可消失。

三、叩诊

心脏叩诊可用于判定心脏大小、形状及其在胸腔内的位置。

1. 叩诊方法　患者取仰卧位或坐位；采用间接叩诊法，板指与肋间平行（仰卧位时）或板指与肋间垂直（坐位时）；以轻叩为宜，用力要均匀；先叩左界，后叩右界，由下向上，由外向内。叩诊左心界时，从心尖搏动最强点外 2～3cm 处开始，逐渐向内叩诊，叩诊音由清音变为浊音时表示已达心脏边界，用笔做一标记，如此逐一肋间向上叩诊，直至第二肋间；叩诊右心界时，先沿右锁骨中线自上向下叩出肝上界，然后在其上一肋间（一般为第4肋间）由外向内叩出浊音界，逐渐向上至第2肋间，分别做标记。用直尺测量前正中线至各标记点的垂直距离，再测量左锁骨中线距前正中线的距离，以记录心脏相对浊音界的距离。

2. 正常心浊音界（normal cardiac boundary）　心脏及大血管为不含气器官，叩诊呈绝对浊音（实音）；而心左右缘被肺遮盖的部分叩诊呈相对浊音。由于相对浊音界反映心脏的实际大小，故叩诊心界是指叩诊心脏相对浊音界（图4－28）。

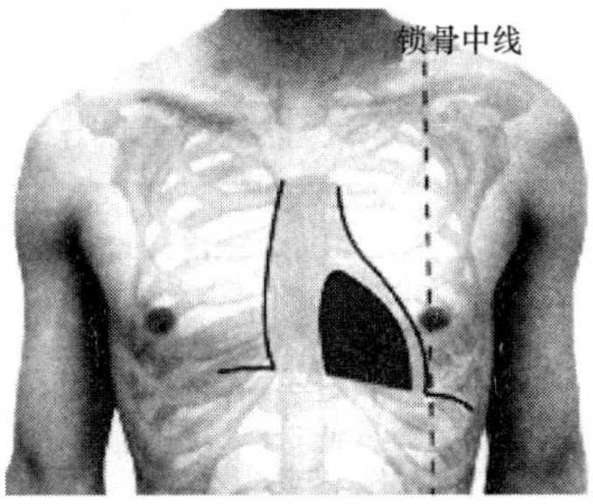

图4－28　心脏相对浊音界和绝对浊音界

正常人心左界第2肋间几乎与胸骨左缘相合，其下方则逐渐左移，并继续向左下形成向外凸的弧形。心右界几乎与胸骨右缘相合，在第4肋间处可在胸骨右缘稍外方。正常人心脏左右相对浊音界与前正中线的平均距离见表4－5所示。

表4－5　正常成人心脏相对浊音界

右（cm）	肋间	左（cm）
2～3	Ⅱ	2～3
2～3	Ⅲ	3.5～4.5
3～4	Ⅳ	5～6
	Ⅴ	7～9

注：左锁骨中线距前正中线8～10cm。

3. 心浊音界各部分的组成　心左界第2肋间处相当于肺动脉段，第3肋间为左心耳，第4、5肋间为左心室，其中肺动脉段与左心室交接处向内凹陷，称心腰。心右界第2肋间相当于升主动脉和上腔静脉，第3肋间以下为右心房（图4－29）。

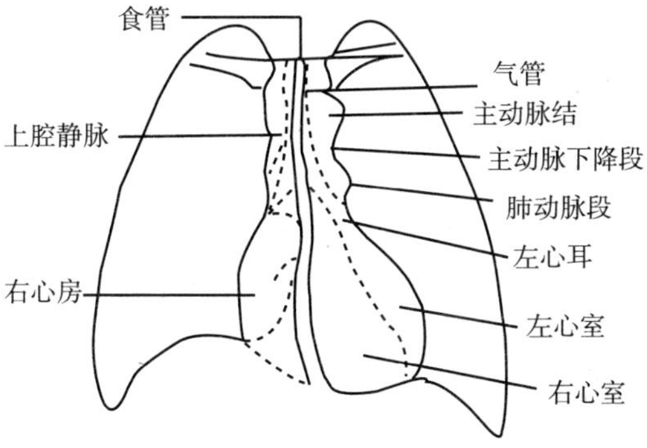

图4－29　心界各部分的组成

4. 心浊音界改变及其临床意义　心浊音界大小、形态和位置可受心脏病变和心外因素的影响。

（1）心脏病变　见表4－6所示。

（2）心外因素　一侧胸腔大量积液或积气时，患侧心界叩不出，健侧心界向外移；肺实变、肺肿瘤或纵隔淋巴结肿大时，如病变浊音区与心浊音界重叠则心界叩不出；肺气肿时，心浊音界缩小或叩不出；大量腹腔积液或腹腔巨大肿瘤，使横膈升高，心脏横位，叩诊时心界扩大。

考点提示

心浊音界改变的临床意义。

表4－6　心浊音界改变及其临床意义

因素	心浊音界	常见疾病
左心室增大	心左界向左下扩大，心腰加深近似直角，心浊音界呈靴形（图4－30）	主动脉瓣关闭不全、高血压性心脏病等
右心室增大	轻度增大时，绝对浊音界增大。显著增大时，相对浊音界向左右扩大，以向左侧增大明显	肺心病、单纯二尖瓣狭窄等
左、右心室增大	心浊音界向两侧扩大，且左界向下扩大，称普大型心脏	扩张型心肌病、重症心肌炎、全心衰竭等
左心房及肺动脉扩大	胸骨左缘第2、3肋间心浊音界向外扩大。心腰饱满或膨出，心浊音界呈梨形（图4－31）	二尖瓣狭窄等
主动脉扩张	第1、2肋间浊音区增宽	升主动脉瘤
心包积液	心界向两侧扩大，心浊音界随体位改变而改变，坐位时心浊音界呈三角形（烧瓶形），仰卧位时心底部浊音区增宽	心包积液

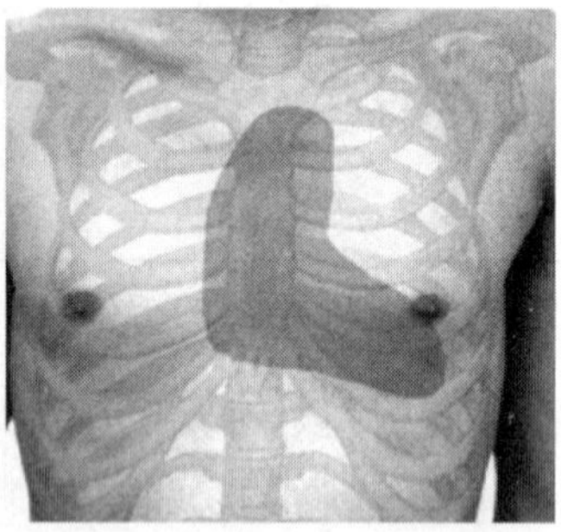

图4－30　靴形心示意图

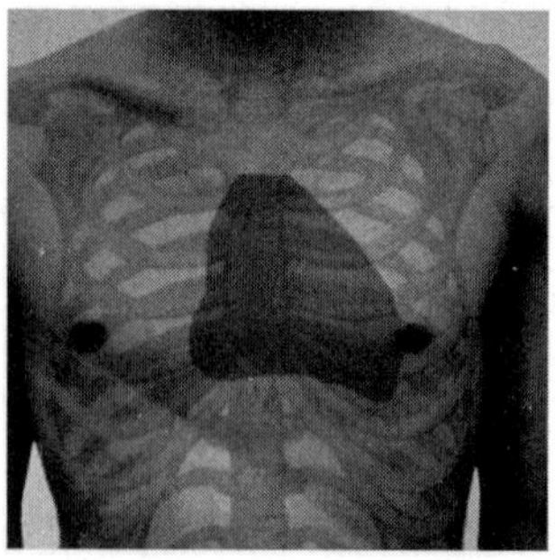

图4－31　梨形心示意图

四、听诊

患者取仰卧位或坐位，必要时可改变体位，或作深吸气、深呼气，或作适当运动（在病情允许时）后听诊。听诊时，需将听诊器胸件贴紧胸壁，适当加压。心脏听诊的目的，在于听取心脏正常或病理的音响，作为诊断心脏疾病的证据。

1. 心脏瓣膜听诊区　心脏各瓣膜开闭时所产生的声音传导至体表，听诊最清楚的部位则称为心脏瓣膜听诊区。其与各瓣膜口在胸壁上投影的位置并不完全一致。通常有4个心脏瓣膜5个听诊区（表4－7，图4－32）。

考点提示

心脏瓣膜听诊区的正常位置

表 4-7　心脏瓣膜听诊区与体表位置

心脏瓣膜听诊区	体表位置
二尖瓣区	心尖区，即左侧第 5 肋间锁骨中线稍内侧
肺动脉瓣区	胸骨左缘第 2 肋间
主动脉瓣区	胸骨右缘第 2 肋间
主动脉瓣第二听诊区	胸骨左缘第 3、4 肋间
三尖瓣区	胸骨下端左缘，即胸骨左缘第 4、5 肋间

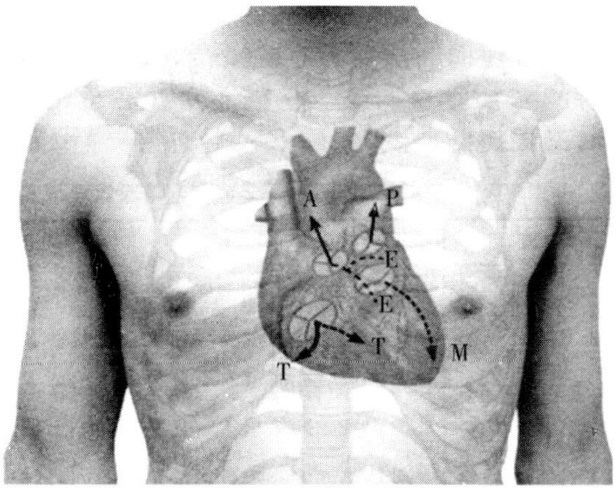

图 4-32　心脏瓣膜听诊区示意图

2. 听诊顺序　从心尖部开始按逆时钟方向依次听诊，即：二尖瓣区→肺动脉瓣区→主动脉瓣区→主动脉瓣第二听诊区→三尖瓣区。

3. 听诊内容　包括心率、心律、心音、额外心音、杂音及心包摩擦音等。

（1）心率（heart rate）　指每分钟心跳的次数。正常成人在安静状态下心率为 60～100 次/分，老年人偏慢，儿童较快，3 岁以下儿童多在 100 次/分以上。成人心率超过 100 次/分，婴幼儿心率超过 150 次/分，称为心动过速。见于运动、兴奋、情绪激动等生理情况下或发热、贫血、甲状腺功能亢进症、心力衰竭等病理情况。心率小于 60 次/分称为心动过缓。见于运动员、长期从事体力劳动者等生理情况下或颅内压增高、阻塞性黄疸、甲状腺功能低下、房室传导阻滞等病理情况。

（2）心律（cardiac rhythm）　指心脏跳动的节律。正常成人心律规整，青少年和儿童心律可稍有不齐，与呼吸有关，称为窦性心律不齐，一般无临床意义。听诊最常见的心律失常有期前收缩和心房颤动。

> **考点提示**
>
> 期前收缩和心房纤颤的听诊特点。

1）期前收缩（premature beat）　简称早搏。是指异位起搏点发出的过早冲动引起的心脏提早搏动。可分为房性、房室交界性和室性三种类型，临床上以室性多见。听诊特点：①在规整的心律中提前出现 1 次心跳，其后有一较长代偿间歇。②提前出现的心跳第一心音增强，第二心音减弱。③较长间歇后出现的第 1 个心跳，其第一心音多增强，第二心音减弱或消失。④期前收缩有规律出现称为联律，如一次正常心跳之后出现一次期前收缩，称为二联律；两次正常心跳之后出现一次期前收缩，称为三联律，以此类推。期前收缩分为功能性与器质性，功能性期前收缩见于心脏自主神经功能不稳定者；器质性期前收缩见于各种心脏病，如冠心病、心肌病、甲状腺功能亢进症及洋地黄类药物中毒等。

2）心房颤动（atrial fibrillation） 简称房颤。是由于心房内异位节律点发出异位冲动产生的多个折返所致。听诊特点：①心律绝对不规则。②第一心音强弱不等。③脉率少于心率。心房颤动常见于二尖瓣狭窄、高血压、冠心病和甲状腺功能亢进症等。

考点提示

S_1 与 S_2 的产生机制和听诊特点。

（3）心音（cardiac sound） 心脏跳动时，由于心肌收缩、瓣膜关闭和血流冲击的振动而产生的声音。心音有四个，按出现的先后命名为第一心音（S_1）、第二心音（S_2）、第三心音（S_3）和第四心音（S_4）。S_1 主要由房室瓣关闭引起的振动所产生，出现于心室收缩早期，标志着心室收缩的开始。S_2 主要由半月瓣和主动脉瓣关闭引起的振动所产生，出现于 S_1 之后，标志着心室舒张的开始。S_3 是由于心室快速充盈的血流自心房冲击室壁，使心室壁、腱索和乳头肌突然紧张、振动所致，出现于心室舒张早期，快速充盈期之末。S_4 是由于心房收缩使房室瓣及其瓣膜、瓣环、腱索和乳头肌突然紧张、振动所致，出现在心室舒张末期。通常只能闻及 S_1 和 S_2，S_3 可在部分儿童和青少年闻及，S_4 多属于病理性，不易闻及。各心音特点如表 4－8 所示。心音改变及其临床意义可下文所示。

表 4－8 心音听诊特点

心音	特点
第一心音（S_1）	①音调较低。②强度较响。③性质较钝。④历时较长（持续约 0.1 秒）。⑤与心尖搏动同时出现。⑥心尖区听诊最清楚
第二心音（S_2）	①音调较高。②强度较 S_1 为低。③性质较 S_1 清脆。④历时较短（约 0.08 秒）。⑤在心尖搏动之后出现。⑥心底区听诊最清楚
第三心音（S_3）	①音调低。②强度弱。③性质更低钝。④历时更短（约 0.05 秒）。⑤心尖区及其内上方听诊较清楚。⑥呼气末较清楚
第四心音（S_4）	①在 S_1 之前。②低钝、重浊、短促。③听诊部位在心尖区及其内侧。④多属病理性

知识链接

正常心音听诊口诀

第一心音低而长，心尖部位最响亮。
一二之间间隔短，心尖搏动同时相。
第二心音高而短，心底部位最响亮。
二一之间间隔长，心尖搏动反时相。

1）心音强度改变 影响心音强度变化的主要因素有心脏本身或心外因素，心音可增强或减弱。其改变可两个心音同时发生或分别发生。

S_1 改变：与心室肌收缩力、心室充盈情况、房室瓣的弹性及位置有关。S_1 增强常见于二尖瓣狭窄。由于左心室充盈减少，舒张期二尖瓣位置较低，收缩时间相应缩短，左心室内压上升迅速，使低位的二尖瓣关闭速度加快，产生较大的振动致 S_1 增强。S_1 减弱常见于二尖瓣关闭不全。由于左心室过度充盈，二尖瓣位置较高，活动幅度减小所致。

S_2改变：与主动脉和肺动脉内压力、半月瓣的弹性和完整性有关。S_2有两个主要成分即主动脉瓣成分（A_2）、肺动脉瓣成分（P_2）。S_2增强：A_2增强是由于主动脉内压力增高所致，可见于高血压、主动脉粥样硬化等。P_2增强是由于肺动脉内压力增高所致，常见于肺心病、二尖瓣狭窄等。S_2减弱：A_2减弱是由于主动脉内压力降低所致，主要见于主动脉瓣狭窄、主动脉瓣关闭不全等。P_2减弱由于肺动脉内压力降低所致，主要见于肺动脉瓣狭窄、肺动脉瓣关闭不全等。

S_1、S_2改变：S_1、S_2同时增强见于心脏活动增强，如劳动、情绪激动、贫血等；S_1、S_2同时减弱见于心肌病、心肌梗死、休克等心肌严重受损和循环衰竭时。

2）心音性质改变　心肌严重受损时S_1失去原有的低钝性音调，而与S_2相似，同时伴心率增快，使舒张期与收缩期几乎相等，极似钟摆之“滴答声”，故称为钟摆律（pendulum rhythm）或胎心律。钟摆律提示心肌严重受损，是大面积心肌梗死、重症心肌炎的重要体征。

考点提示

钟摆律的定义及临床意义。

3）心音分裂（splitting of heart sounds）　正常生理情况下，心室收缩时二尖瓣与三尖瓣关闭并不完全同步，三尖瓣关闭约迟于二尖瓣0.02～0.03秒；心室舒张时主动脉瓣与肺动脉瓣的关闭也不完全同步，肺动脉瓣关闭约迟于主动脉瓣0.03秒。一般情况下，这种差别人耳不能分辨，听诊仍为一个声音。如这种差别增大，在听诊时闻及心音分裂成两个声音，即称心音分裂。

（4）额外心音（extra heart sound）　指在正常S_1、S_2之外闻及的附加音，属于病理性。大部分出现在舒张期，临床意义较大，也可出现在收缩期。以下主要介绍舒张期额外心音。

1）奔马律（gallop rhythm）　在S_2之后出现的一个较响亮的额外附加音，与正常的第一、二心音共同组成三音律，犹如骏马奔驰时的蹄声，故称为奔马律。奔马律是心肌受损的重要体征。按照其出现时间分为舒张早期、中期、晚期奔马律。其中以舒张早期奔马律最多见，其发生机制是由于舒张期心室负荷过重，在心室舒张早期，心房血流快速注入心室时，引起已过度充盈的心室壁发生振动所致。听诊特点为：出现在舒张期即S_2后，音调低钝、强度较弱、以心尖区、呼气末听诊最清楚。其出现提示心脏功能失去代偿，常见于心力衰竭、急性心肌梗死等。

考点提示

奔马律的定义，舒张早期奔马律的产生机制及临床意义。

知识链接

舒张早期奔马律与生理性S_3的区别

1. 生理性S_3见于健康人，尤其是儿童和青少年；在心率不快时易发现；S_3距离S_2较近，3个心音性质不同；左侧卧位及呼吸末明显，于坐位或立位时消失。

2. 舒张早期奔马律见于心脏病合并心功能不全患者；S_3距离S_2较远，3个心音性质相似；舒张早期奔马律不因体位改变而消失。

2）开瓣音（opening snap） 又称二尖瓣开放拍击音。由于舒张早期，血液自左心房快速经过狭窄的二尖瓣口流入左心室，弹性尚好的二尖瓣迅速开放到一定程度又突然停止，引起瓣叶振动，产生拍击样声音。听诊特点为：音调高、响亮、清脆而短促，呼气时增强，在心尖与胸骨左缘之间最易闻及。开瓣音的存在表明二尖瓣的前叶活动度尚好，可作为二尖瓣分离术的指征之一。

3）心包叩击音 指在S_2之后约0.1秒处出现一个较响而短促的额外心音，在心尖部和胸骨左下缘能清楚闻及，见于缩窄性心包炎。

此外，心音异常还可见于医源性额外音，如人工起搏音，人工瓣膜音等。

（5）心脏杂音（cardiac murmurs） 指在正常心音之外的具有不同频率、不同强度、持续时间较长的异常声音。可与心音分开或连续，甚至完全掩盖心音。

1）杂音产生机制 由于血流加速、瓣膜口狭窄或关闭不全、异常通道、心腔内有漂浮物或血管腔异常致血流由层流变为湍流，形成漩涡，致使心壁、瓣膜、腱索或血管壁产生振动而在相应部位产生杂音（图4－33）。

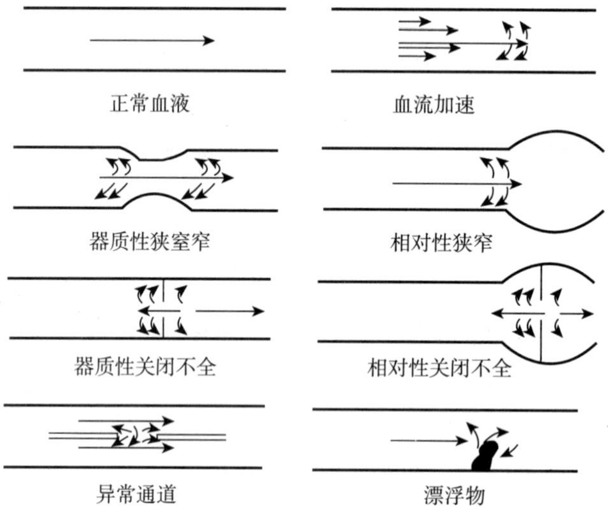

图4－33 心脏杂音产生机制示意图

2）杂音听诊要点

部位：杂音的最响部位与病变部位密切相关，在某瓣膜听诊区最响，提示病变在该区相应的瓣膜。如杂音在心尖部最响，提示二尖瓣病变；杂音在主动脉瓣区或肺动脉瓣区最响，则分别提示主动脉瓣或肺动脉瓣病变；在胸骨左缘第3、4肋间闻及响亮而粗糙的收缩期杂音，则考虑室间隔缺损。

考点提示

心脏常见疾病杂音听诊要点。

时期：可分为收缩期杂音、舒张期杂音、连续性杂音。杂音出现的时期对判断病变有重要意义，如二尖瓣狭窄和主动脉瓣关闭不全的杂音出现在舒张期，二尖瓣关闭不全和主动脉瓣狭窄的杂音则出现在收缩期。一般认为舒张期和连续性杂音为器质性杂音，收缩期杂音则有器质性和功能性之分。

性质：由于振动的频率不同，杂音表现为不同的音色和音调。按音调高低又分为柔和、粗糙两种。功能性杂音多较柔和，器质性杂音多较粗糙。不同病变产生的杂音性质也不同，如舒张期隆隆样杂音是二尖瓣狭窄的特征；叹气样舒张期杂音为主动脉瓣关闭不全的特征；

机器样粗糙连续性杂音见于动脉导管未闭；音乐样杂音见于感染性心内膜炎、梅毒性心脏病等；鸟鸣声见于风湿性心脏瓣膜病。

传导方向：杂音可沿血流方向传导。根据杂音最响部位及其传导方向判断杂音的来源及性质（表4－9）。

表4－9 常见心脏疾病杂音听诊要点

病变	最响部位	时期	性质	传导
二尖瓣狭窄	心尖部	舒张期	隆隆样	局限于心尖部
二尖瓣关闭不全	心尖部	收缩期	吹风样	左腋下、左肩胛下区
主动脉瓣关闭不全	主动脉瓣第二听诊区	舒张期	叹气样	心尖部
主动脉瓣狭窄	主动脉瓣第一听诊区	收缩期	粗糙喷射样	颈部、胸骨上窝
肺动脉瓣狭窄	肺动脉瓣区	收缩期	喷射样	局限
室间隔缺损	胸骨左缘第3、4肋间	收缩期	粗糙吹风样	局限

强度：即杂音的响度。杂音的强度取决于以下因素：①狭窄程度：一般狭窄越重，杂音越强；但极度狭窄时，通过的血流极少，则杂音反而减弱或消失。②血流速度：速度越快，杂音越强。③压力差：狭窄口两侧压力阶差越大，杂音越强。④心肌收缩力：推动血流的力量越大杂音越强，心力衰竭时，心肌收缩力减弱，杂音减弱。收缩期杂音一般采用Levine 6级分级法表示。具体分级见表4－10所示。

表4－10 杂音强度分级

级别	响度	听诊特点	震颤
1	最轻	很弱，须在安静环境下仔细听诊才能闻及	无
2	轻度	较易闻及，不太响亮	无
3	中度	明显的杂音，较响亮	无或有
4	响亮	杂音响亮	有
5	很响	杂音很强，且向四周甚至背部传导，听诊器离开胸壁即听不到	明显
6	最响	杂音震耳，即使听诊器离开胸壁一定距离也能闻及	强烈

记录杂音的级别采用分子/分母式，即分子为杂音的级别，分母为6级，如杂音为2级的收缩期杂音，记为2/6级收缩期杂音。一般舒张期杂音的强度不进行分级，若分级，其标准仍采用Levine 6级分级法，但也有只分轻、中、重度三级。

体位、呼吸和运动对杂音的影响：某些体位可使杂音更明显。如左侧卧位可使二尖瓣狭窄的舒张期隆隆样杂音更明显；前倾坐位可使主动脉瓣关闭不全的舒张期杂音更明显；仰卧位可使二尖瓣、三尖瓣、肺动脉瓣关闭不全的杂音更明显。呼吸可改变胸腔内压，影响左右心室的排血量及心脏的位置从而改变杂音的强度。深吸气时，右心相关的杂音增强；深呼气时左心相关的杂音增强；Valsalva动作（指吸气后紧闭声门，用力作呼气动作）时，左、右心发生的杂音减弱，而肥厚型心肌病的杂音增强。运动时心率增快，循环血量和心排血量均增加，可使器质性杂音增强。

3）功能性杂音与器质性杂音 杂音对判定心血管疾病有重要价值，但亦不能单凭杂音来判定有无心脏病。临床上按有无器质性改变分为功能性杂音和器质性杂音，

考点提示

功能性杂音与器质性杂音的鉴别。

鉴别两者具有重要临床意义（表4－11）。

表4－11　功能性杂音与器质性杂音的鉴别

鉴别点	功能性（生理性）	器质性（病理性）
年龄	儿童、青少年多见	不定
部位	心尖区和（或）肺动脉瓣区	可在任何瓣膜听诊区
时期	收缩期	收缩期、舒张期
性质	柔和，吹风样	粗糙，吹风样，常呈高调
持续时间	短促	较长，常为全收缩期
强度	一般为2/6级以下	常在2/6级以上
震颤	无	常伴有
传导	局限	沿血流方向传导较远而广
心脏大小	正常	可有心房和（或）心室增大

> **考点提示**
> 心包摩擦音的听诊特点及临床意义。

（6）心包摩擦音（pericardial friction sound）　指壁层和脏层心包由于炎症或其他原因发生纤维蛋白沉着，两层心包表面粗糙，随心脏搏动互相摩擦而产生的声音。其发生机制同心包摩擦感。听诊特点：性质粗糙，与心搏一致，与呼吸无关，屏气时摩擦音仍存在，可据此与胸膜摩擦音鉴别。摩擦音可在整个心前区闻及，但以胸骨左缘3、4肋间最响，坐位前倾时更明显。心包摩擦音最常见于各种感染性心包炎，也可见于急性心肌梗死、尿毒症和系统性红斑狼疮等。

五、循环系统常见疾病的主要症状与体征

（一）二尖瓣狭窄

二尖瓣狭窄（mitrai stenosis）是我国常见的心脏瓣膜病。主要病因为风湿性心脏炎反复发作后遗留的慢性心脏瓣膜损害，进而引起瓣膜狭窄，左心房血液在舒张期流入左心室受阻，左心室充盈减少致使左心房压力增高、左心房增大、肺淤血，继而肺动脉高压，右心室负荷过重，右心室增大，最终导致右心衰竭。

1. 症状　主要症状为劳力性呼吸困难，偶有阵发性夜间呼吸困难，可有咳嗽和咯血。

2. 体征

（1）视诊　二尖瓣面容，心尖搏动位置正常或略向左移。

（2）触诊　心尖可触及舒张期震颤，左侧卧位时较明显。

（3）叩诊　心浊音界可向左扩大，心腰膨出，心浊音界呈梨形。

（4）听诊　心尖部可闻及舒张中、晚期隆隆样杂音，左侧卧位时更为清晰；心尖部S_1增强，部分可闻及开瓣音；P_2增强和分裂。

（二）二尖瓣关闭不全

二尖瓣瓣叶、瓣环、腱索、乳头肌及左心室的结构中任何一部分的功能失调和器质性损害均可导致二尖瓣关闭不全（mitmi insufficiency）。常见原因有风湿性心脏病、二尖瓣脱垂、老年性二尖瓣退行性变等。二尖瓣关闭不全使收缩期左心室血液返流至左房，引起左心房容量负荷增加，压力增高；舒张期左心室容量负荷过重，左心室扩大，排血量降低而

产生症状，最终发生左心衰竭。

1. 症状　轻度关闭不全者可无症状，较重者可有心悸、乏力、活动时气促。

2. 体征

（1）视诊　左心室增大时，心尖搏动向左下移位。

（2）触诊　心尖搏动有力，可呈抬举样，重者可触及收缩期震颤。

（3）叩诊　心浊音界向左下扩大，晚期可向两侧扩大。

（4）听诊　心尖部可闻及响亮粗糙的全收缩期吹风样杂音，并向左腋下或左肩胛下区传导；心尖区 S_1减弱；P_2增强和分裂。

（三）主动脉瓣狭窄

主动脉瓣狭窄（aortic stukmd）主要病因有风湿性疾病、先天性疾病和退行性主动脉瓣钙化。主动脉瓣狭窄使左心室射血阻力增高，产生向心性肥厚，左心室顺应性降低，左心房后负荷增加，最终导致左心室功能衰竭。同时，由于冠状动脉血流量减少也可导致左心衰竭；脑供血不足可出现眩晕、昏厥甚至猝死。

1. 症状　主要症状为头晕、面色苍白，重者可发生晕厥，呼吸困难及心绞痛。

2. 体征

（1）视诊　心尖搏动增强，位置正常或向左下移位。

（2）触诊　心尖搏动有力，呈抬举样，胸骨右缘第二肋间可触及收缩期震颤。

（3）叩诊　心浊音界正常或稍向左下扩大。

（4）听诊　胸骨右缘第二肋间可闻及粗糙响亮、收缩期喷射性杂音，向颈部传导；S_1减弱，A_2减弱。

（四）主动脉瓣关闭不全

主动脉瓣关闭不全（arotic insufficiency）主要病因为风湿性疾病，其次是主动脉硬化、感染性心内膜炎等。主动脉瓣关闭不全可致舒张期主动脉血液返流，左心室容量和压力增加，出现代偿性肥厚和扩张，进而引起左心衰竭。返流血液对二尖瓣前叶的冲击，使舒张期二尖瓣处于半关闭状态，形成相对性二尖瓣狭窄。血液返流致舒张压降低，脉压增大。

1. 症状　主要症状为心悸、头晕、心绞痛等。

2. 体征

（1）视诊　点头运动，心尖搏动向左下移位，重度关闭不全者颈动脉搏动明显。

（2）触诊　心尖搏动向左下移位，呈抬举性，有水冲脉及毛细血管搏动现象。

（3）叩诊　心界向左下增大，心腰加深，心浊音界呈靴形。

（4）听诊　主动脉瓣第二听诊区可闻及柔和叹气样舒张期杂音，可向心尖区传导，坐位前倾最清楚；A_2减弱；周围血管可闻及枪击音和 Duroziez 双重杂音。

（五）心包积液

心包积液（pericardial effusion）是指心包腔内积聚过多液体（正常心包液约 50ml）。病因可分为感染性与非感染性。症状轻重取决于积液量与积液速度。大量或迅速生成的积液，使心包腔内压力迅速增高，致使心脏舒张受阻，影响静脉回流，心室充盈及排血均随之降低。积液量较大时可出现急性心包压塞而危及生命。

1. 症状　多有心前区闷胀、心悸、呼吸困难、腹胀、水肿等，以及原发病的症状，如结核的低热、盗汗，化脓性感染的畏寒、高热等。

2. 体征

（1）视诊　颈静脉怒张心前区饱满，心尖搏动明显减弱或消失。

（2）触诊　心尖搏动减弱或触不到，心尖搏动在心浊音界内侧；心包炎初期积液量少时，可触及心包摩擦感、肝－颈静脉回流征阳性，可有奇脉。

（3）叩诊　心浊音界向两侧扩大，且随体位改变而变化。

（4）听诊　早期少量积液时心前区闻及心包摩擦音，积液量增多时心音弱而遥远。

（六）心力衰竭

心力衰竭（heart failure）是指心肌收缩力降低使心排血量不能满足机体代谢需要的一种综合征。是心血管疾病的严重表现或终末阶段。临床上以肺循环和（或）体循环淤血以及组织灌注不足为特征，又称为充血性心力衰竭（congestive heart failure）。

1. 症状

（1）左心衰竭　乏力、进行性劳力性呼吸困难、夜间阵发性呼吸困难、端坐呼吸、咳嗽、咳泡沫样痰，少数出现咯血。

（2）右心衰竭　腹胀、食欲不振及少尿，甚至恶心、呕吐。

2. 体征

（1）左心衰竭　主要为肺淤血的体征。

视诊：不同程度的呼吸急促、轻微发绀、高枕卧位或端坐体位。急性肺水肿时咳出大量粉红色泡沫痰，大汗淋漓，呼吸窘迫。

触诊：重者可有交替脉。

叩诊：除原发病的特点外，多无特殊发现。

听诊：心率增快；心尖及其内侧可闻及舒张期奔马律；P_2亢进；急性肺水肿时，双肺布满湿啰音及哮鸣音。

（2）右心衰竭　主要是体循环淤血的体征。

视诊：颈静脉怒张、周围性发绀、下垂部位凹陷性浮肿。

触诊：可触及不同程度的肝大、压痛及肝－颈静脉回流征阳性。

叩诊：重者可有胸腔积液与腹腔积液征。

听诊：除原发心脏病的体征外，可闻及右心室舒张期奔马律及三尖瓣相对关闭不全的收缩期吹风样杂音。

扫码“学一学”

第七节　周围血管评估

周围血管评估是心血管评估的重要组成部分。本节主要阐述肝－颈静脉回流征、血管杂音及周围血管征。

一、肝－颈静脉回流征

护士用手逐渐用力按压患者右上腹部肿大的肝脏片刻，可见颈静脉充盈更为明显，称肝－颈静脉回流征（abdomnal－jugular reflux）阳性，是右心功能不全的重要体征之一。由于右心衰竭，可导致肝淤血与右心室终末压升高，右心室不能完全接受按压时增加的回心血量，因而颈静脉充盈更为明显。此征亦见于心包积液、缩窄性心包炎。临床上常用于鉴别淤血性肝大与肝脏疾病（肝硬化、肝癌等）所致的肝大。

二、周围血管征

包括水冲脉、枪击音、Duroziez 双重音和毛细血管搏动征。系由于脉压增大超过 50mmHg 所致，见于主动脉瓣关闭不全、严重贫血、甲状腺功能亢进症等。

> **考点提示**
>
> 周围血管征阳性的临床意义。

1. 水冲脉（water hammer pulse） 指脉搏骤起骤落，急促而有力，犹如潮水涨落。评估时，将患者手臂抬高过头，触其桡动脉，可感到急促有力的冲击。

2. 枪击音（pistol shot sound） 在外周较大动脉处，如肱动脉和股动脉等，闻及短促的类似射击时“Ta－Ta”音，称为枪击音。

3. Duroziez 双重杂音 将听诊器体件置于股动脉或肱动脉上，稍加压力，可闻及收缩期与舒张期吹风样杂音。

4. 毛细血管搏动征（capillary pulsation） 用手指轻压患者指甲床末端，或用一清洁玻片轻压其口唇黏膜，当心脏收缩和舒张时则发白的局部边缘，可见红白交替、节律性微血管搏动现象，称毛细血管搏动征。

三、血管杂音

1. 静脉杂音 由于静脉压力低，不易出现涡流，一般不出现杂音。临床较有意义的静脉杂音有颈静脉嗡鸣声，以右侧颈根部近锁骨处明显，可闻及低调、柔和的连续性杂音，坐位及站立位更清楚，系颈静脉血流快速回流入上腔静脉所致，见于健康青少年及贫血者。腹壁静脉嗡鸣音于脐周围或上腹部可闻及，系由于门静脉高压，腹壁侧支循环静脉扩张，血流增快所致，见于肝硬化。

2. 动脉杂音 多见于周围动脉、肺动脉和冠状动脉。如甲状腺功能亢进时在肿大的甲状腺部位，可闻及低调的连续性血管杂音；外周动静脉瘘时可在病变处闻及连续性杂音；肺内动静脉瘘时，在胸部相应部位有连续性杂音；冠状动静脉瘘时可在胸骨中下端出现较表浅而柔和的连续性杂音。

（王春桃）

第八节　腹部评估

扫码“学一学”

案　例

患者，男性，35 岁。转移性右下腹痛 2 天入院就诊。患者 2 天前无明显诱因出现脐周钝痛，伴恶心，无呕吐，数小时后逐渐转移至右下腹部。发病以来，食欲不振、乏力、睡眠欠佳、大小便正常。体检：T 36.9℃，腹平，右下腹肌紧张，麦氏点压痛、反跳痛，移动性浊音阴性，肠鸣音 4 次/分。

请思考：①该患者腹痛病因可能是什么？②护士应重点评估哪些内容？③患者目前存

在的主要护理问题有哪些?

腹部上起横膈，下至骨盆入口处，前面和侧面由腹壁组成，后面为脊柱和腰肌。腹部主要有腹壁、腹腔和腹腔内脏器组成。腹腔内有很多重要脏器，主要有消化、泌尿、生殖等重要脏器，因此腹部检查是身体评估的重要组成部分。腹部评估方法有视诊、触诊、叩诊、听诊四种，以触诊最为重要。为了避免触诊引起胃肠蠕动增强，使肠鸣音发生改变，其检查顺序为视、听、叩、触，但记录仍按视、触、叩、听的顺序。

一、腹部的体表标志及分区

为了准确描述腹部体征的部位和范围，常借助腹部的自然体表标志（图 4－34），人为地将腹部进行分区，以便熟悉脏器的位置及其在体表的投影。

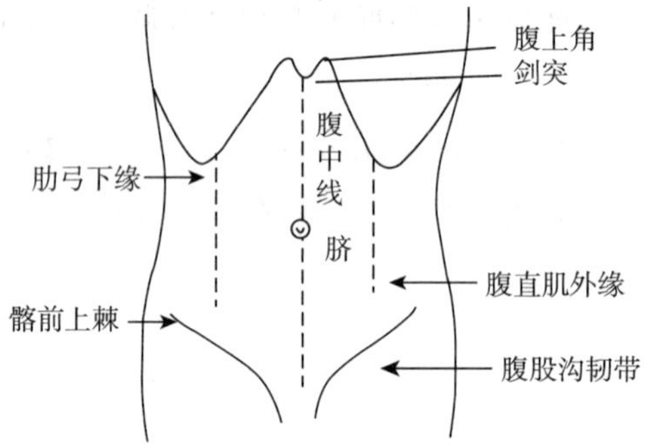

图 4－34　腹部前面体表标志示意图

（一）体表标志

1. 肋弓下缘　由第 8～10 肋软骨连接形成，是腹部体表的上界，常用于腹部分区、肝、脾的测量。

2. 剑突　胸骨下端的软骨，是腹部体表的上界，常作为肝脏测量的标志。

3. 脐　在腹部中心，相当于第 3～4 腰椎之间，是腹部四区分法的标志。

4. 髂前上棘　髂嵴前方突出点，是腹部九区分法的标志和骨髓穿刺的部位。

5. 腹直肌外缘　为锁骨中线的延续，常用于胆囊点定位。

6. 腹中线　为胸骨中线的延续，是腹部四区分法的垂直线。

7. 腹股沟韧带　腹部体表的下界，是寻找股动、静脉的标志。

8. 耻骨联合　两耻骨间的纤维软骨连接，为腹部体表下界。

（二）腹部分区

目前常用的腹部分区（图 4－35）有以下两种方法。

1. 四区分法　通过脐划一水平线与一垂直线，两线相交将腹部分为四区，即左、右上腹部和左、右下腹部 。各区所包含主要脏器如下。

（1）左上腹部　肝左叶、脾、胃、小肠、胰体、胰尾、左肾上腺、左肾、结肠脾曲、部分横结肠、腹主动脉、大网膜。

（2）右上腹部　肝、胆囊、幽门、十二指肠、小肠、胰头、右肾上腺、右肾、结肠肝曲、部分横结肠、腹主动脉、大网膜。

（3）左下腹部 乙状结肠、部分降结肠、小肠、左输尿管、胀大的膀胱、淋巴结、女性左侧卵巢和输卵管、增大的子宫、男性左侧精索。

（4）右下腹部 盲肠、阑尾、部分升结肠、小肠、右输尿管、胀大的膀胱、淋巴结、女性右侧卵巢和输卵管、增大的子宫、男性右侧精索。

2. 九区分法

由两侧肋弓下缘连线和两侧髂前上棘连线为两条水平线，通过左、右髂前上棘至腹中线连线的中点作两条垂直线，四线相交将腹部划分为井字形九区。即左、右上腹部（季肋部）、左、右侧腹部（腰部）、左、右下腹部（髂窝部）及上腹部、中腹部（脐部）和下腹部（耻骨上部）。各区脏器分布情况如下。

（1）左上腹部 脾、胃、结肠脾曲、胰尾、左肾上腺、左肾。

（2）右上腹部 肝右叶、胆囊、结肠肝曲、右肾上腺、右肾。

（3）左侧腹部 降结肠、空肠、回肠、左肾。

（4）右侧腹部 升结肠、部分空肠、右肾。

（5）左下腹部 乙状结肠、淋巴结、女性左侧卵巢和输卵管、男性左侧精索。

（6）右下腹部 盲肠、阑尾、回肠下端、女性右侧卵巢和输卵管、男性右侧精索。

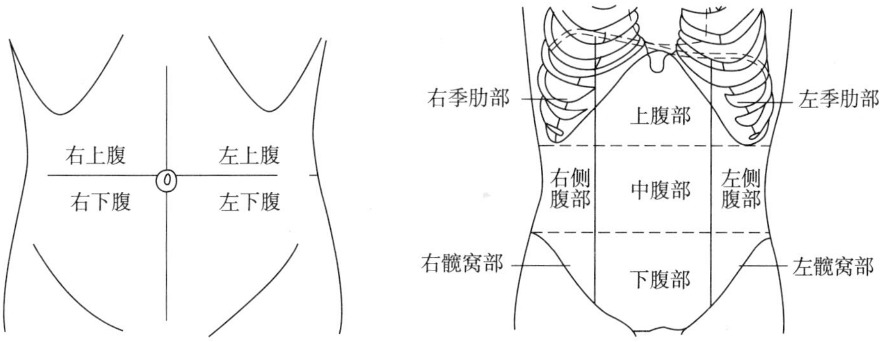

图4－35 腹部四区分法及九区分法示意图

（7）上腹部 胃、肝左叶、十二指肠、胰头、胰体、横结肠、腹主动脉、大网膜。

（8）中腹部（脐部） 十二指肠、空肠、回肠、横结肠、肠系膜及淋巴结、腹主动脉、大网膜。

（9）下腹部 回肠、乙状结肠、输尿管、胀大的膀胱、女性增大的子宫。

二、视诊

腹部视诊前患者应排空膀胱，嘱患者取仰卧位，充分暴露全腹。评估时光线应充足，从前侧方射入视野，有利于观察腹部表面的器官轮廓、肿块、肠型和蠕动波等。护士站立于患者右侧，按一定顺序自上而下地观察腹部。腹部视诊的主要内容有腹部外形、呼吸运动、腹壁皮肤、腹壁静脉、胃肠型和蠕动波、腹壁其他情况等。

（一）腹部外形

正常人腹部两侧对称，外形有三种：①腹部平坦，前腹壁大致处于肋缘至耻骨联合同一平面或略低凹，为正常健康成年人的腹部外形。②腹部饱满，前腹壁稍高于肋缘与耻骨联合的平面，见于肥胖者或小儿（尤其餐后）。③腹部低平，前腹壁稍低于肋缘与耻骨联合的平面，见于消瘦者及老年人。评估腹部外形时应注意腹部外形是否对称，有无膨隆或凹陷，疑有腹水或腹部肿块的患者，还应测量腹围的大小。其测量方法：空腹、排大小便后平卧，用软尺绕脐一周的厘米数。

1. 腹部膨隆 平卧时前腹壁明显高于肋缘与耻骨联合的平面，称腹部膨隆。临床上分为全腹膨隆和局部膨隆二种。

(1) 全腹膨隆 弥漫性膨隆之腹部呈球形或椭圆形，常见于下列情况。

> 考点提示
>
> 蛙腹、舟状腹的概念及临床意义。

1) 腹腔积液 平卧位时腹壁松弛，侧腹部明显膨出扁而宽，称为蛙腹（frog belly）。常见于肝硬化门静脉高压症、心力衰竭、缩窄性心包炎、肾病综合征、胰源性腹水或结核性腹膜炎等。

2) 腹内巨大肿块 如足月妊娠、巨大卵巢囊肿、畸胎瘤等。

3) 腹内积气 大量积气可引起全腹膨隆，使腹部呈球形，两侧腰部膨出不明显，变动体位时其形状无明显改变，见于各种原因引起的肠梗阻、肠麻痹、胃肠穿孔、人工气腹等。

(2) 局部膨隆 多因腹腔内脏器肿大、炎性包块、肿瘤、局部肠胀气及腹壁上的肿物或疝。视诊应注意膨隆的部位、外形、搏动、与体位、呼吸的关系、有无搏动等。如右上腹部膨隆，常见于肝大、胆囊肿大及结肠肝曲肿瘤等。下腹部膨隆，可能是子宫增大（如妊娠、子宫肌瘤）或膀胱胀大（排尿后可消失）。

2. 腹部凹陷 仰卧时前腹壁明显低于肋缘与耻骨联合的平面，称腹部凹陷。

(1) 全腹凹陷 患者仰卧时前腹壁明显凹陷，见于消瘦和脱水者。严重时前腹壁凹陷几乎贴近脊柱，腹外形如舟状，称舟状腹，见于恶病质，如结核病、恶性肿瘤等慢性消耗性疾病。

(2) 局部凹陷 较少见，多由于手术后腹壁瘢痕收缩所致。

（二）呼吸运动

正常人可以见到吸气时腹壁上抬，呼气时腹壁下陷，即为腹式呼吸运动。男性及小儿以腹式呼吸为主，而成年女性则以胸式呼吸为主。

1. 腹式呼吸减弱 见于腹膜炎症、腹水、急性腹痛、腹腔内巨大肿物或妊娠等。

2. 腹式呼吸消失 见于胃肠穿孔所致急性腹膜炎或膈肌麻痹等。

3. 腹式呼吸增强 不多见，常为癔症性呼吸或胸部疾病所致。

（三）腹壁静脉

正常人腹壁静脉一般不显露，皮肤白皙或消瘦者隐约可见，但无曲张。正常人腹壁静脉血流方向为脐水平线以上的腹壁静脉血流自下向上，经过胸壁静脉和腋静脉进入上腔静脉，脐水平以下的腹壁静脉血流自上向下，经大隐静脉流入下腔静脉。

门静脉高压或上、下腔静脉回流受阻而有侧支循环形成时，腹壁静脉显现或迂曲变粗，称为腹壁静脉曲张。此时应根据曲张静脉的血流方向判断静脉阻塞部位。

> 考点提示
>
> 腹壁静脉曲张的临床意义。

1. 检查方法 护士用右手示指和中指并拢压在一段

没有分支的曲张静脉上，然后将一手指紧压静脉向外滑动 3～5cm，挤空该段静脉内血液，然后放松该手指，另一手指则紧压不动。观察被挤空的静脉是否重新充盈，如迅速充盈，则血流方向是从放松的手指一端流向紧压手指的一端，再同法放松另一手指，观察静脉充盈速度，即可看出血流方向（图 4－36）。

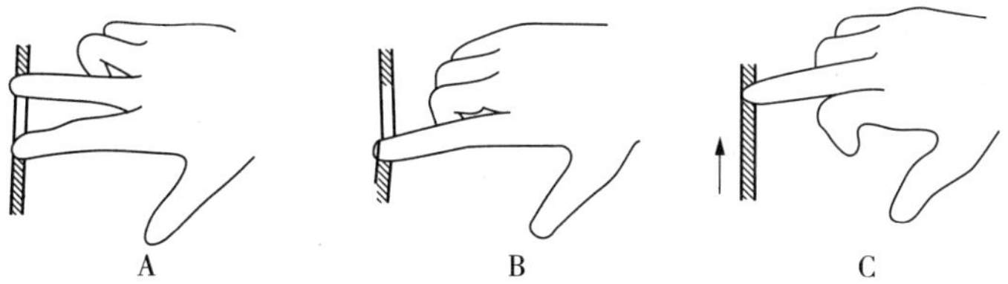

图 4－36　静脉血流方向检查示意图

2. 血管阻塞部位的判断

（1）门静脉阻塞有门静脉高压时，脐以上的腹壁静脉血流自下向上，脐以下的腹壁静脉血流自上向下，或腹壁曲张静脉常以脐为中心向四周伸展，又称海蛇头。（图 4－37a）

（2）下腔静脉阻塞时，曲张静脉多分布在腹壁两侧，脐以下的腹壁浅静脉血流方向转流向上。（图 4－37b）

（3）上腔静脉阻塞时，脐以上腹壁浅静脉血流方向转流向下。

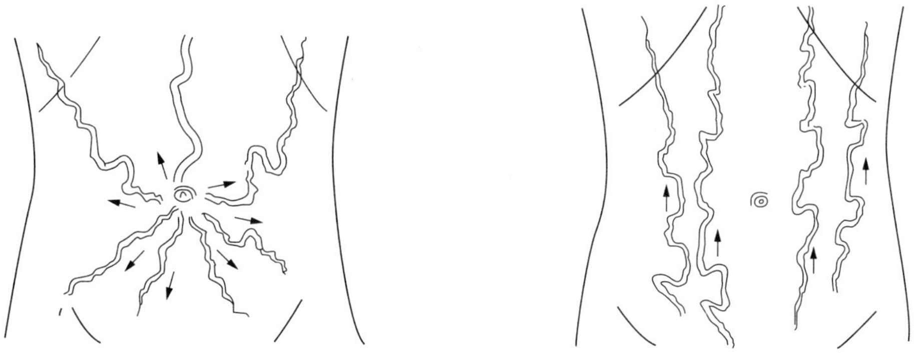

a.门静脉阻塞　　b. 下腔静脉阻塞

图 4－37　腹壁静脉曲张血流方向示意图

（四）胃肠型和蠕动波

正常人腹部一般看不到胃和肠的轮廓及蠕动波，除非极度消瘦者、老年人、经产妇或可能见到。当胃肠道发生梗阻时，梗阻近端的胃或肠因扩张而隆起，显现出各自的轮廓，称为胃型或肠型，如伴有该部位的蠕动增强，则可以看到蠕动波。幽门梗阻时，胃蠕动波自左肋缘下开始，自左向右缓慢地推进，到达右腹直肌旁消失；小肠梗阻时蠕动波在脐周呈多层梯形排列；结肠梗阻时蠕动波多见于腹部周边；肠麻痹，蠕动波消失。

（五）腹壁其他情况

1. 皮疹　腹部皮疹常见于某些传染病及药物过敏等。

2. 色素　脐周围或下腹部皮肤呈蓝色为腹腔内大出血的征象（Cullen sign）；左腰部皮肤呈蓝色（Grey－Turner 征），见于急性出血坏死型胰腺炎。

3. 腹纹　为腹壁皮肤胀裂所致，多出现于下腹部和左、右下腹部。妊娠纹呈淡蓝或粉红色，产后转为银白色长期存在；紫纹见于皮质醇增多症；白纹可见于肥胖者。

4. 瘢痕 多为外伤、手术或皮肤感染所致。

5. 疝 由于腹内压增高，腹腔内容物经腹壁或骨盆壁的间隙或薄弱部分，向体表突出而形成。脐疝多见于婴幼儿；股疝位于腹股沟韧带中部，多见于女性；腹股沟疝则偏于内侧，男性多见，可降至阴囊；手术瘢痕愈合不良处可有切口疝。

6. 脐 正常脐部平坦或略凹陷。脐深凹见于肥胖；脐膨出见于腹水、巨大卵巢囊肿。脐部感染时有浆液性或脓性分泌物，并臭味；脐部溃疡、坚硬、固定突出，应警惕脐癌。

7. 上腹部搏动 多由腹主动脉搏动传导而来，见于体型消瘦者。病理情况下，腹主动脉瘤、二尖瓣狭窄或三尖瓣关闭不全引起的右心室增大，可出现明显的上腹部搏动。

三、触诊

触诊是腹部评估的主要方法。评估时，嘱患者排尿后取低枕仰卧位，两手自然置于身体两侧，两腿屈起并稍分开，以使腹肌尽量松弛，作张口缓慢腹式呼吸，即吸气时横膈向下而腹部上抬隆起，呼气时腹部自然下陷，可使膈下脏器随呼吸上下移动。护士站立于患者右侧，面向患者，一般自左下腹开始以逆时针方向至右下腹，再至脐部，依次评估腹部各区。评估时，手要温暖，动作要轻柔，边触诊边观察患者的反应与表情，并与其交谈，转移其注意力以减少腹肌紧张。评估时，根据不同的目的，采用不同的触诊手法。浅部触诊法适用于评估腹壁紧张度、抵抗感、浅表压痛，包块搏动和腹壁上的肿物等。评估腹腔脏器状况、深部压痛、反跳痛及肿物等则需采用深部触诊法。腹部触诊的主要内容如下。

（一）腹壁紧张度

正常人腹壁有一定张力，但触之柔软，无抵抗感，称腹壁柔软。若触诊手过凉或因患者不习惯被触摸、怕痒而发笑致腹肌自主性痉挛，称肌卫增强，在适当诱导或转移注意力后可消失，不属异常。某些病理情况下，可致腹肌紧张度增加或减弱。

> **考点提示**
>
> 腹肌紧张压痛、反跳痛、板状腹的定义及临床意义。

1. 腹壁紧张度增加 主要为腹膜炎症刺激引起腹肌痉挛所致。

（1）全腹紧张度增加　多见于：①胃肠道穿孔或脏器破裂所致的急性弥漫性腹膜炎，其特点为腹壁明显紧张，触诊强直硬如木板，称板状腹（board - like rigidity）。②结核性腹膜炎及癌性腹膜炎，因炎症刺激缓慢，可有腹膜增厚，并与肠管、肠系膜黏连，其特点为触诊腹壁柔韧有抵抗，不易压陷，称揉面感或柔韧感（dough kneading sensation）。

（2）局部腹壁紧张度增加：因腹内脏器炎症累及腹膜而产生，如急性胆囊炎可致右上腹肌紧张，急性阑尾炎可致右下腹肌紧张。

2. 腹壁紧张度减弱 多因腹肌张力减低或消失所致。表现为按压时腹壁松弛无力，失去弹性。可见于慢性消耗性疾病、大量放腹水后、严重脱水或经产妇、年老体弱者。

（二）压痛及反跳痛

1. 压痛（tenderness） 正常腹部触摸时不引起疼痛，重按时仅有一种压迫感。若由浅入深按压腹部引起疼痛，称腹部压痛。腹腔内的病变如脏器的炎症、淤血、肿瘤、破裂、扭转以及腹膜炎症的刺激等均可引起压痛。出现压痛的部位常为病变所在部位。压痛局限于某一点，则称为压痛点。某些位置较固定的压痛点常反映特定的疾病，如位于右锁中线与肋缘交界处的胆囊点压痛为胆囊病变的标志；位于脐与右髂前上棘中、外1/3交界处的麦氏点压痛为阑尾病变的标志。此外，胸腔病变可在上腹部或肋下部出现压痛，盆腔病变可在下腹部出现压痛。

2. 反跳痛（rebound tenderness） 触诊发现压痛后，手指在触诊压痛处稍停片刻，然后将手指迅速抬起，若患者感觉疼痛骤然加剧，并伴有痛苦表情或呻吟，称为反跳痛。反跳痛为壁层腹膜受炎症累及的征象，提示局限性或弥漫性腹膜炎。压痛、反跳痛、腹肌紧张，合称腹膜刺激征（peritoneal irritation sign），是诊断急性腹膜炎的可靠体征。

> 考点提示
> 腹膜刺激征的临床意义。

（三）脏器触诊

1. 肝脏触诊 触诊时，嘱患者仰卧位，两膝关节屈曲，使腹壁放松，并做较深的腹式呼吸动作以使肝脏上下移动。常用的检查方法有单手触诊法、双手触诊法（图4－38）。

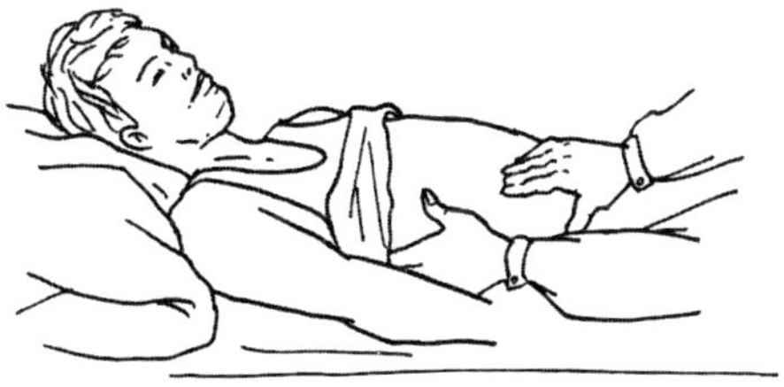

图4－38 肝脏双手触诊示意图

（1）触诊方法

1）单手触诊法 较常用，护士立在患者右侧，同时将右手四指并拢，掌指关节伸直，平放于患者脐水平线的右侧，示指与中指的指端指向肋缘或示指前端的桡侧与肋缘大致平行，与患者的呼吸运动紧密配合进行触诊。患者深呼气时，手指压向腹壁深部，深吸气时，手指缓慢抬起并朝肋缘向上迎触下移的肝缘，如此反复进行，手指逐渐向肋缘移动，直到触到肝缘或肋缘为止。以同样的方法于前正中线上触诊肝左叶，触及肝者，需分别在右锁中线及前正中线上测量肝缘至肋缘或剑突根部的距离，并以厘米表示。

2）双手触诊法 护士站在患者右侧，右手位置同单手法，左手托住患者右腰部，拇指置于肋部，触诊时左手向上推，使肝下缘紧贴前腹壁下移，并限制右下胸扩张，以增加膈下移的幅度，这样吸气时下移的肝脏就更易碰到右手指，可提高触诊的效果。

（2）触诊内容

1）大小 正常成人的肝脏，一般在右肋缘下触不到，但腹壁松软的瘦长体型，于深吸气时可触及肝下缘，右肋缘下在1cm以内，剑突下在3cm以内，其质地柔软，表面光滑，无压痛。肝下缘超过上述标准，如肝上界正常或升高，提示肝肿大。肝大可分为弥漫性及局限性两种情况：弥漫性肝大，见于肝炎、肝淤血、脂肪肝、早期肝硬化、白血病等；局限性肝大，见于肝脓肿、肝肿瘤及肝囊肿等；肝脏缩小见于急性和亚急性肝坏死，门脉性肝硬化晚期，病情极为严重。

2）质地 一般将肝脏质地分为质软、质韧和质硬三级。正常人肝脏质地柔软，触之如口唇；急性肝炎触诊时肝质地稍韧，慢性肝炎及肝淤血质韧如触鼻尖；肝硬化、肝癌质地坚硬，触及时如前额般硬。肝脓肿或囊肿有液体时呈囊性感，大而表浅者可能触到波动感。

3）边缘和表面　触诊肝脏时注意肝脏边缘的厚薄，是否整齐，表面是否光滑、有无结节。正常肝脏表面光滑、边缘整齐且厚薄一致。肝边缘圆钝常见于脂肪肝或肝淤血；肝边缘锐利，表面扪及细小结节，多见于肝硬化；肝边缘不规则，表面凹凸不平，呈不均匀的结节状，见于肝癌、多囊肝等；肝表面呈大块状隆起者，见于巨块型肝癌或肝脓肿。

4）压痛　正常肝脏无压痛。肝炎或肝淤血时，可因肝包膜有炎症或受到牵拉而有肝压痛；肝脓肿的压痛较明显，且局限于病变部位。

2. 脾脏触诊　正常脾脏位于左季肋区，相当于第9～11肋的深面，肋缘下不能触及。内脏下垂、胸腔积液或积气等可致膈肌下降，脾脏随之向下移位，深吸气时可在左肋缘下触及脾脏边缘。除此以外，一旦触及脾脏则提示脾大。

（1）触诊方法　评估方法及内容同肝脏触诊，可采用单手或双手触诊（图4－39）。明显脾肿大且位置较表浅时，单手浅部触诊即可触及。轻度脾肿大，位置较深时需采用双手触诊法。触诊时，患者取仰卧位，双腿稍屈曲，护士立于患者右侧，左手绕过患者腹前方，置于患者左季肋部第9～11肋处，将脾脏由后向前托起。右手掌平放于脐部，与左肋弓大致呈垂直方向，自脐平面开始配合呼吸，如同触诊肝脏一样，迎触脾尖。直至触到脾缘或左肋缘为止。轻度脾肿大仰卧位不易触及时，可嘱患者取右侧卧位，右下肢伸直，左下肢屈髋、屈膝，此时脾脏因重力的影响而向下、向前移位，采用双手触诊法较易触及。

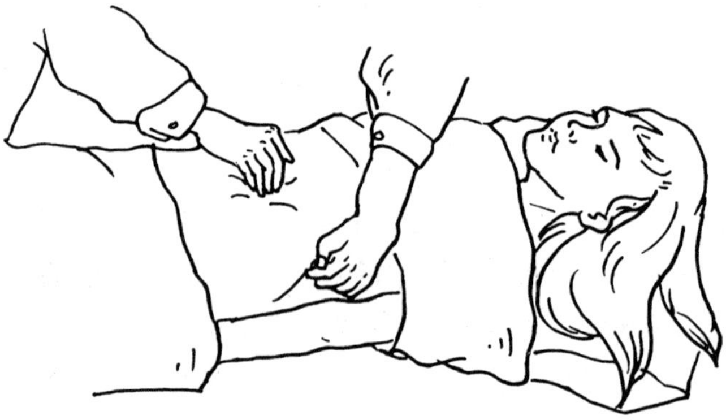

图4－39　脾脏双手触诊示意图

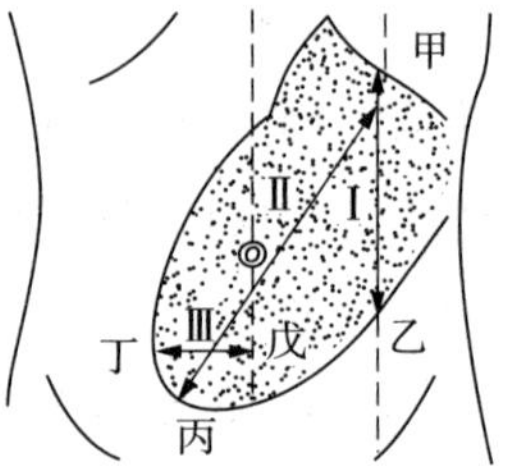

图4－40　脾脏肿大测量法

（2）脾大的测量方法　临床上多采用第Ⅰ线测量、第Ⅱ线测量和第Ⅲ线测量表示脾脏肿大的大小（图4－40）。第Ⅰ线测量，又称甲乙线，为左锁骨中线与左肋缘交点至脾下缘的距离，以厘米表示。脾脏轻度肿大时，只作第Ⅰ线测量。脾脏明显肿大时，需作第Ⅱ线测量和第Ⅲ线测量。第Ⅱ线测量，又称甲丙线，是指左锁骨中线与左肋缘交点至脾脏最远点的距离（应大于第Ⅰ线测量）。第Ⅲ线测量，又称丁戊线，是指脾脏右缘至前正中线的最大或最小距离。若脾脏高度肿大向右超过前正中线，测量脾脏右缘至前正中线的最大距离，以“＋”表示；若未超过前正中线，则测量脾脏右缘至前正中线的最小距离，以“－”表示。

（3）脾肿大分度及临床意义　脾大分为轻、中、高三度。脾脏在肋缘下不超过2cm者为轻度脾大，见于急慢性肝炎、伤寒等，质地多较柔软；脾脏超过肋缘下2cm，但在脐水平线以上者为中度脾大，见于肝硬化、慢性淋巴细胞性白血病、淋巴瘤等；超过脐水平线或向右超过前正中线者为高度脾大（巨脾），可见于慢性粒细胞性白血病、疟疾、血吸虫病等。

3. 胆囊触诊　正常时胆囊不能触及。胆囊肿大可在右肋缘下、腹直肌外缘处触到，一般呈梨形或卵圆形，常有触痛，随呼吸上下移动，常见于急性胆囊炎、壶腹周围癌、胆囊结石或胆囊癌。有时胆囊有炎症，但未肿大到肋缘以下，触诊不能触及胆囊，此时可探测胆囊触痛。评估时护士以左手掌平放于患者右胸下部，以拇指指腹勾压于右肋下胆囊点，即右侧腹直肌外缘与肋缘交界处，然后嘱患者缓慢深吸气，在吸气过程中发炎的胆囊下移时碰到用力按压的拇指，即可引起疼痛，此为胆囊触痛，如因剧烈疼痛而致吸气中止称 Murphy 征阳性（图 4－41）。常见于急性胆囊炎。

> **考点提示**
>
> Murphy 征阳性的临床意义。

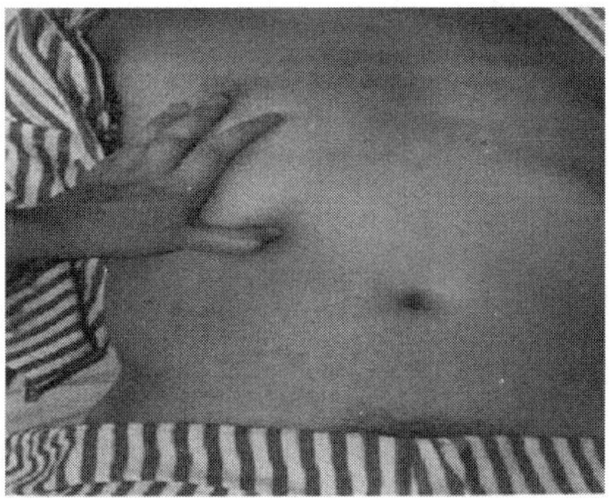

图 4－41　Murphy 征评估

4. 肾脏触诊　评估肾脏一般用双手触诊法，可采取平卧位或立位。卧位触诊右肾时，嘱患者两腿屈曲并做较深腹式呼吸。护士立于患者右侧，以左手掌托起其右腰部，右手掌平放在右上腹部，手指方向大致平行于右肋缘进行深部触诊右肾，于患者吸气时双手夹触肾脏，触及肾脏时患者有恶心感。触诊左肾时，左手越过患者腹前方从后面托起左腰部，右手掌横置于患者左上腹部，依前法双手触诊左肾。正常人肾脏一般不易触及，有时可触到右肾下极。身材瘦长者，肾下垂、游走肾或肾脏代偿性增大时，肾脏较易触到。在深吸气时能触到 1/2 以上的肾脏即为肾下垂。肾脏肿大常见于肾盂积水或积脓、肾肿瘤、多囊肾等。

当肾脏和尿路有炎症或其他疾病时，可在相应部位出现压痛点：①季肋点在第 10 肋骨前端。②上输尿管点在脐水平线上腹直肌外缘。③中输尿管点在两髂前上棘连线与腹直肌外缘的相交点。④肋脊点在第 12 肋骨下缘与脊柱夹角的顶点。⑤肋腰点在第 12 肋下缘与腰大肌外缘交角的顶点。

5. 膀胱触诊　膀胱触诊多采用单手滑动触诊法：患者仰卧，双下肢屈曲，护士以右手自脐开始向耻骨联合方向触摸。正常膀胱，隐于盆腔内，不易触及。只有膀胱充盈增大越过耻骨联合上缘时方可触及。膀胱增大多由尿液潴留所致，触之呈扁圆形或圆形，有囊性感，不能用手推移，按压时有憋胀感及尿意，排尿或导尿后缩小或消失，借此与妊娠子宫、卵巢囊肿等其他肿物鉴别。膀胱胀大最多见于尿道梗阻、截瘫所致的尿潴留、昏迷患者、手术后局部疼痛的患者。

（四）液波震颤

患者平卧，护士以一手掌面贴于患者一侧腹壁，另一手四指并拢屈曲，用指端叩击对侧腹壁，同时让另一人将手掌尺侧缘压于脐部腹中线上，以防腹壁本身的震动传至对侧，如有大量液体（3000～4000ml 以上）存在，则贴于腹壁的手掌有被液体波动冲击的感觉，即波动感（liuctuation），或称液波震颤（fluid thrill）（图 4－42）。

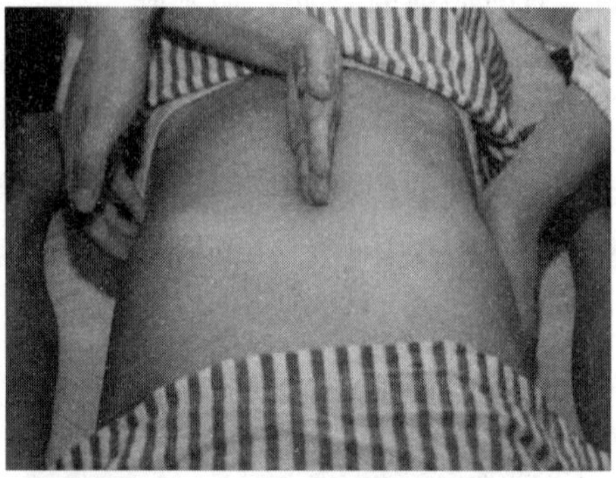

图 4－42　液波震颤评估示意图

四、叩诊

腹部叩诊主要目的在于叩知某些脏器的大小，有无叩击痛，胃肠道充气情况，膀胱充盈的程度，腹腔内有无积气、积液和包块等。腹部叩诊一般多采用间接叩诊法。

（一）腹部叩诊音

正常腹部叩诊除肝、脾所在部位，增大的膀胱和子宫占据的部位以及两侧腹部近腰肌处叩诊为浊音外，其余部分均为鼓音。明显的鼓音可见于胃肠高度胀气、人工气腹和胃肠穿孔等。如果肝、脾或其他脏器极度肿大，腹腔内肿瘤或大量腹腔积液时，鼓音范围缩小，病变部位可出现浊音或实音。

（二）肝脏叩诊

1. 肝界叩诊　用叩诊法定肝上界时，一般沿右锁骨中线、右腋中线和右肩胛线，由肺部向下叩诊。当由清音转为浊音时，即为肝上界。此处相当于被肺遮盖的肝上缘，又称肝相对浊音界。再向下叩 1～2 肋间，则浊音变为实音，此处的肝脏不再为肺遮盖而直接贴近胸壁，称肝绝对浊音界（亦称肺下界）。确定肝下界时，则由腹部鼓音区沿右锁骨中线或正中线向上叩，由鼓音转为浊音处即是。由于肝下缘较薄且与胃、结肠等空腔器官重叠，很难叩准，故临床上多用触诊法确定肝下界。

肝脏的上下界与体型有一定关系。匀称体型者的正常肝在右锁骨中线上，其上界在第 5 肋间，下界位于右季肋下缘。二者之间的距离为肝上下径，为 9～11cm；在右腋中线上，其上界为第 7 肋间，下界相当于第 10 肋骨水平；在右肩胛线上，其上界为第 10 肋间。矮胖体型者肝上下界均可高一个肋间，瘦长体型者则可低一个肋间。

2. 肝浊音界变化的临床意义　肝浊音界上移可见于右下肺不张、右肺切除术后及气腹鼓肠等；肝浊音界下移可见于肺气肿、右侧张力性气胸等；肝浊音界扩大见于肝癌、肝脓肿、肝炎、肝淤血等；肝浊音界缩小见于肝硬化、急性或亚急性重症肝炎和胃肠胀气等；肝浊音界消失而代之以鼓音者，见于急性胃肠道穿孔、人工气腹等，因气体覆盖于肝表面所致。

3. 肝区叩击痛　护士左手掌平放于患者的肝区所在部位，右手握拳，以轻至中等力量叩击左手手背。正常人肝区无叩击痛。肝区叩击痛阳性者见于肝炎、肝淤血、肝脓肿等。

（三）肾脏叩诊

肾脏叩诊主要评估肋脊角（肾区）有无叩击痛。评估时，患者采取坐位或侧卧位，护士用左手掌平放在其肋脊角处（肾区），右手握拳用由轻到中等的力量叩击左手背。正常人无叩击痛。肾区叩击痛可见于肾炎、肾盂肾炎、肾结石、肾结核等。

（四）膀胱叩诊

膀胱叩诊主要用于判断判断膀胱的充盈程度。当膀胱充盈时，在耻骨联合上方叩诊浊音，当尿液排出后，则叩诊为鼓音。妊娠子宫、卵巢囊肿或子宫肌瘤时，均可在膀胱区叩得浊音，应注意鉴别。

（五）移动性浊音

> **考点提示**
> 移动性浊音阳性的临床意义

腹腔内有较多的液体存留时，因重力关系，液体多潴积于腹腔的低处，故在此处叩诊呈浊音。评估时先让患者仰卧，腹中部由于肠管内有气体而在液面浮起，叩诊呈鼓音，两侧腹部因腹水积聚叩诊呈浊音。患者向左侧卧时，左侧腹部呈更大范围的浊音，而在上面的右侧腹部转为鼓音。再向右侧卧时，左侧腹部转为鼓音，而浊音移至在下面的右侧腹部（图4－43）。这种因体位不同而出现浊音区变动的现象，称移动性浊音（shifting dullness）。当腹腔内游离液体在1000ml以上时，即可查出移动性浊音。

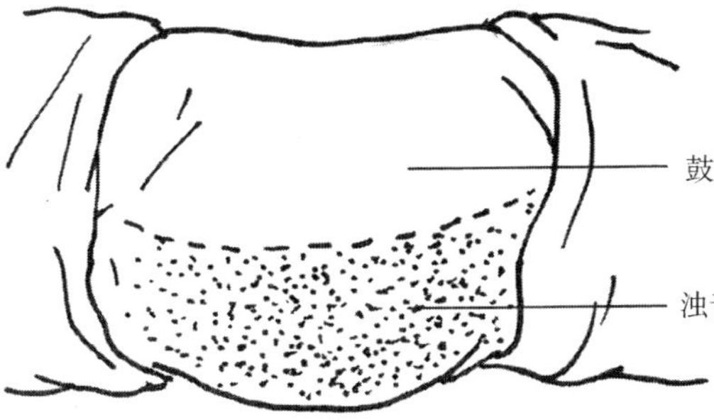

图4－43　移动性浊音叩诊示意图

五、听诊

腹部听诊，将听诊器体件置于腹壁上，全面听诊各区，尤其注意上腹部、脐部、右下腹部及肝、脾各区。听诊内容主要有：肠鸣音、振水音、血管杂音、胎心音等。

（一）肠鸣音

> **考点提示**
> 正常肠鸣音及其变化的临床意义，振水音阳性的临床意义。

肠蠕动时，肠管内气体和液体随之而流动，产生一种断断续续的咕噜声称为肠鸣音。常用右下腹部作为肠鸣音听诊点，在正常情况下，肠鸣音大约每分钟4～5次。肠鸣音达每分钟10次以上，但音调不特别高亢，称肠鸣音活跃，见于急性胃肠炎、服泻药后或胃肠道大出血时。如次数多且肠鸣音响亮、高亢，甚至呈叮当声或金属音，称肠鸣音亢进，见于机械性肠梗阻。肠鸣音减少甚或数分钟才听到一次，称为肠鸣音减弱，见于老年性便秘、腹膜炎、低血钾及胃肠动力低下等。如持续听诊3~5分钟未听到肠鸣音，用手指轻叩腹部仍未听到肠鸣音，称为肠鸣音消失，见于急性腹膜炎或麻痹性肠梗阻。

（二）振水音

在胃内有多量液体及气体存留时可出现振水音（succussion splash）。评估时患者仰卧，护士以一耳凑近上腹部，同时以冲击触诊法震动胃部，即可听到气、液撞击的声音，也可将听诊器体件置于上腹部听诊。正常人在餐后或饮入过多液体后可出现振水音，若在清晨空腹或餐后6~8小时后仍有此音，提示幽门梗阻或胃扩张。

（三）血管杂音

腹部血管杂音对诊断某些疾病有一定作用，因此听诊中不应忽视。腹中部的血管杂音提示腹主动脉瘤或腹主动脉狭窄。左、右上腹血管杂音常提示肾动脉的狭窄，可见于年轻的高血压患者。下腹两侧的血管杂音，应考虑髂动脉狭窄。

（四）胎心音

妊娠7周后用超声多普勒可以听到胎心音。妊娠18~20周用木质听筒在孕妇腹壁上胎背一侧可以听到胎心音，如钟表“滴答”声，正常胎心120~160次/分。头先露时胎心于脐下右侧或左侧；臀先露时胎心于脐上右侧或左侧；肩先露时，胎心于脐周听到。听胎心音时，应注意胎心的频率、节律是否齐。胎心音应与腹主动脉音鉴别，前者速率与孕妇脉搏一致。

六、消化系统常见疾病的主要症状与体征

（一）消化性溃疡

消化性溃疡（peptic ulcer）主要是指发生在胃、十二指肠的慢性溃疡，是一种常见病和多发病，其发生与胃酸和胃蛋白酶的消化作用有关。

1. 症状 慢性、周期性、节律性上腹部疼痛是消化性溃疡的最主要症状，发作期常伴有腹胀、嗳气、反酸、烧心、流涎、恶心、呕吐、食欲不振等症状。饮食不当、过度劳累、嗜烟酒、气候变化和药物等因素可诱发或加剧症状，休息、服用制酸药物等可使症状减轻或缓解。常见并发症有大出血、穿孔、幽门梗阻、癌变等。

2. 体征 缓解期常无明显体征。活动期多有：

（1）视诊 多为瘦长体型，少数患者可有贫血貌。

（2）触诊 上腹部固定而局限的压痛，胃溃疡的压痛在上腹部偏左，十二指肠溃疡在上腹部偏右。

（3）叩诊 多无变化。

（4）听诊 多无变化。

（二）急性腹膜炎

当腹膜受到细菌感染或化学物质如胃液、肠液、胰液及胆汁等的刺激时，引起的腹膜急性炎症，称为急性腹膜炎（acute peritonitis）。

1. 症状 腹痛为最主要的症状，疼痛一般都很剧烈，部位多从原发病灶处开始，随炎症扩散而迅速扩展至全腹。咳嗽、深呼吸、变换体位时疼痛加剧。常伴恶心与呕吐、发热

及感染中毒症状如大汗、口干、脉速、呼吸浅速等，严重者可出现血压下降甚至休克等。

2. 体征

（1）视诊 急性危重病容，强迫仰卧位，双下肢屈曲，腹式呼吸运动减弱或消失。

（2）触诊 腹肌紧张、压痛、反跳痛，液波震颤可有可无。

（3）叩诊 胃肠穿孔且膈下有游离气体时，肝浊音界缩小或消失。腹腔内有较多游离液体时，则移动性浊音阳性。

（4）听诊 肠鸣音减弱或消失。

（三）肝硬化

肝硬化（liver cirrhosis）是一种肝细胞弥漫性损害引起肝组织弥漫性纤维化、假小叶和再生结节形成为主要特征的慢性肝病，是各种肝病发展的晚期阶段。我国肝硬化最常见病因为病毒性肝炎。临床上以肝功能减退和门静脉高压为主要表现，病程分为代偿期和失代偿期。

1. 症状 起病隐匿，进展缓慢。代偿期症状较轻微，缺乏特异性，主要表现为乏力、头晕、食欲不振、消化不良、腹胀、恶心、厌油等。失代偿期则上述症状明显加重，并出现肝功能减退和门静脉高压征，以及多种严重并发症。如水肿、腹水、侧支循环形成、出血、发热、意识障碍等。

2. 体征

（1）视诊 肝病面容，皮肤巩膜黄染，面部、颈部和上胸部可见蜘蛛痣，可有肝掌，皮肤瘀点、瘀斑，男性乳房发育。腹腔积液者全腹膨隆呈蛙腹、腹壁静脉曲张、腹式呼吸减弱。

（2）触诊 早期肝增大，表面尚光滑；晚期肝缩小，质地变硬，表面略不平，边缘锐利，常无压痛。脾脏轻度至中度肿大；下肢水肿；液波震颤阳性。

（3）叩诊 肝硬化失代偿期出现大量腹水时移动性浊音阳性。

（4）听诊 合并原发性腹膜炎时，肠鸣音减弱或消失。

（四）急性阑尾炎

急性阑尾炎（acute appendicitis）是指阑尾的急性炎症性病变，多由细菌入侵阑尾引起，是外科的多发病，也是最常见的急腹症之一。

1. 症状 腹痛为主要症状，疼痛始于中上腹或脐周，定位较模糊，数小时后因炎症累及浆膜和腹膜壁层出现定位清楚的右下腹疼痛。约70%～80%的患者有典型的转移性右下腹痛，常伴有恶心、呕吐、腹泻或便秘、发热等。少数患者病情发展快，疼痛一开始就局限于右下腹部。

2. 体征

（1）视诊 急性痛苦面容，腹式呼吸减弱。

（2）触诊 右下腹 McBurney 点（阑尾点）有显著而固定的压痛，炎症累及腹膜时，可出现腹肌紧张和反跳痛。

（3）叩诊 多无变化。

（4）听诊 多无变化。合并弥漫性腹膜炎时，肠鸣音减弱或消失。

（吴 慧）

扫码"学一学"

第九节　肛门、直肠和生殖器评估

案 例

患者，女性，52岁。主诉3个月前无明显诱因出现排便后滴血，为鲜红，与粪便不混合，量少许。之后经常反复发作，多于进食煎炸食物、饮酒后诱发加重，多吃果蔬、多休息可减轻，无排便疼痛，无腹痛、腹泻，要求进一步检查治疗来院就诊。患者既往体健，无手术外伤史，无药物过敏史。入院诊断内痔。

请思考：①进行肛门与直肠评估时，患者应采取何体位？②该患者可能发现哪些体征？③护士应重点评估哪些内容？④患者目前存在的主要护理问题有哪些？

肛门、直肠和生殖器评估是全身评估不可缺少的一部分。对有指征者应说明评估的目的、方法和重要性，使之接受并配合评估。

一、肛门与直肠

肛门与直肠评估通常以视、触诊为主，辅以内镜检查。

（一）体位

评估肛门与直肠时，可根据需要采取不同体位，常用体位有以下几种。

考点提示

肛门与直肠评估时体位的选择。

1. 肘膝位（胸膝位）　患者两肘关节屈曲，置于检查台上，两膝关节屈曲成直角跪于检查台上，臀部抬高（图4-44a）。此体位常用于评估直肠前部、前列腺、精囊及内镜检查等。

2. 左侧卧位　患者取左侧卧位，右腿向腹部屈曲、左腿伸直（图4-44b）。此体位适用于重病、年老、体弱者或女性患者。

a. 肘膝位

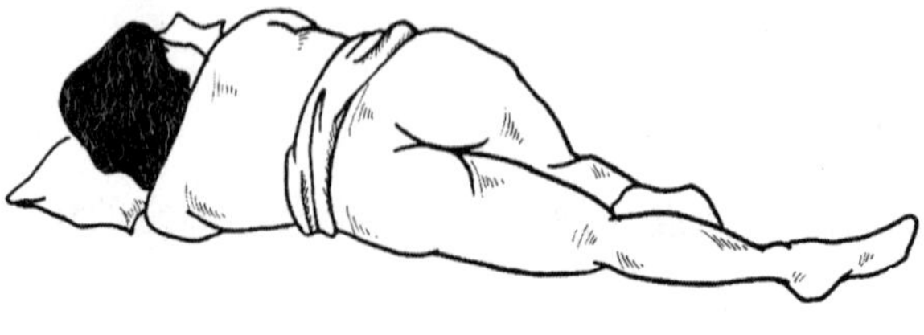

b. 左侧卧位

图4-44　体位

3. 仰卧位或截石位　患者仰卧，臀部垫高，两腿屈曲抬高外展，置于支腿架上。适用于膀胱直肠窝评估及直肠双合诊等。

4. 蹲位　嘱患者下蹲，呈排便姿势。适用于评估直肠脱出、外痔及直肠息肉等。

（二）视诊

护士用手分开患者臀部，观察肛门及其周围皮肤颜色与皱褶。正常肛门周围皮肤颜色较深，皱褶呈放射状。评估肛门周围有无脓血、黏液、肛裂、外痔、瘘管口或脓肿等。

1. 肛门闭锁（proctatresia）或狭窄　表现为新生儿无排便或排便困难，见于新生儿先天性畸形。

2. 肛裂（anal fissure）　肛门黏膜有裂伤，可伴有梭形或纵形小溃疡，排便时疼痛且出血，患者常因惧痛而抑制便意，以致大便干燥，加重症状。

> **考点提示**
>
> 痔的分类及临床特点。

3. 痔疮（hemorrhoid）　为肛门和直肠下端静脉丛扩大和曲张而形成的静脉团。痔块脱出、嵌顿、水肿、感染时，可有剧烈疼痛。痔临床分为三种：肛门外口（齿状线以下）有紫红色柔软包块，表面为皮肤者为外痔，由直肠下静脉扩张所致；肛门内口（齿状线以上）有紫红色包块，表面为黏膜者为内痔，由直肠上静脉扩张所致，排便时可脱出肛门外，严重时大便带血；兼有外痔和内痔表现者称为混合痔。

4. 直肠脱垂（proctoptosis）　又称脱肛（archocele）。是指肛管、直肠或乙状结肠肠壁部分或全层外翻脱出于肛门外。患者取蹲位，用力屏气做排便动作时，可见紫红色球状突出物，即为直肠部分脱垂；若突出的椭圆形块物表面有环形皱襞为直肠完全脱垂（直肠壁全层脱垂）。

5. 肛门直肠瘘　简称肛瘘（archosyrinx），是直肠、肛管与肛门周围皮肤相通的感染性瘘管。评估时可见肛门周围皮肤有瘘管外口，压之有少量脓液流出，经久不愈，多继发于肛管或直肠脓肿。

6. 肛周脓肿（perianal abscess）　肛门周围有红肿及压痛，有时可有波动感。

（三）触诊

对肛门或直肠的触诊称直肠指诊或肛诊，其评估方法简便易行，对肛门直肠的局部病变和某些盆腔疾病如阑尾炎、髂窝脓肿、前列腺、精囊、子宫及输卵管的病变等，均有重要评估价值。

1. 适应证　如有肛门瘙痒、肛门疼痛、便血或滴血、排便习惯改变、肛门有分泌物、怀疑直肠附近组织病变等情况之一，可考虑直肠指诊。

2. 方法　患者取仰卧位、左侧卧位或肘膝位，护士右手示指戴指套或右手戴手套，涂以液体石蜡油或凡士林等润滑油。用右手示指轻轻按摩肛缘，待肛门括约肌放松后，将示指缓缓插入肛门、直肠内（图4－45）。注意评估肛管直肠的内壁有无触痛及黏膜是否光滑，有无包块、狭窄等。男性可触及前列腺，女性则可触及子宫颈、子宫、输卵管等，必要时配合双合诊。指套取出时注意是否染上血液、黏液或脓液。

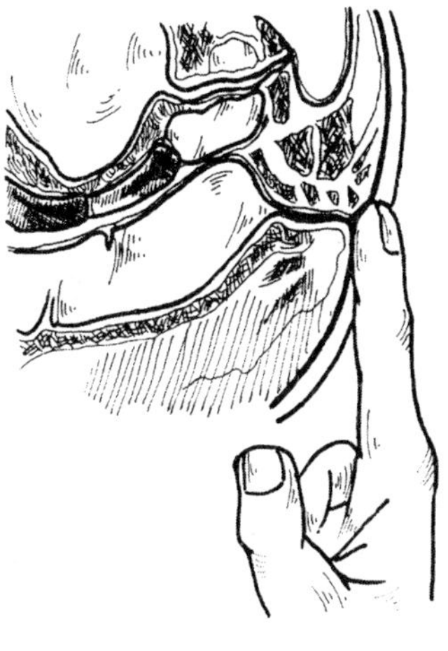

图4－45　直肠指诊

3. 异常改变 ①较剧烈触痛，见于肛裂及感染。②触痛伴波动感，见于肛门、直肠周围脓肿。③触及柔软、光滑而有弹性的包块，多为直肠息肉。④触及坚硬凹凸不平的包块，应考虑直肠癌。⑤肛诊后指套表面附有血液、黏液或脓液，说明有炎症或伴有组织破坏，必要时应取其涂片做镜检或细菌学检查，以明确病因。

考点提示

直肠指诊的临床意义。

4. 记录 肛门与直肠评估结果及发现的病变部位应按顺时针方向记录并注明体位。肘膝位时肛门后正中点为12点钟位，前正中点为6点钟位，而仰卧位的钟位则与此相反。

二、男性生殖器

评估时充分暴露下身，患者以取直立体位为宜，先评估外生殖器（阴茎和阴囊），后评估内生殖器（前列腺和精囊）。

（一）阴茎

1. 阴茎大小 正常成人阴茎长7～10cm。成人阴茎过小见于垂体功能减退或性腺功能不全；儿童阴茎过大呈成年型，见于各种原因所致的性早熟。

2. 包茎 正常包皮不应掩盖尿道口，翻起后应露出阴茎头。包皮长达阴茎头，上翻后能露出尿道口和阴茎头为包皮过长；包皮不能上翻或上翻后不能露出阴茎头为包茎。

3. 阴茎头与阴茎颈 观察阴茎头与阴茎颈表面的色泽，有无充血、水肿、分泌物、溃疡及肿块。正常阴茎头红润光滑。硬结伴暗红色溃疡或菜花状，易出血，应怀疑阴茎癌；阴茎颈处单个椭圆形硬质溃疡称下疳，见于梅毒；尿道口红肿，有脓性分泌物及触痛，见于尿道炎症。

（二）阴囊

阴囊是腹壁的延续部分，中间由隔膜分为左右两个囊腔，各含有精索、睾丸和附睾。评估时，护士双手拇指置于阴囊前面，其余4指置于阴囊后面，双手同时触诊。

1. 精索、睾丸和附睾 注意其大小、质地，有无结节和压痛。精索局部皮肤红肿，有挤压痛，见于精索急性炎症；一侧睾丸肿大，质硬有结节，应怀疑睾丸肿瘤或白血病细胞浸润；睾丸明显肿大伴压痛，见于急性睾丸炎症。

2. 阴囊水肿 阴囊水肿可为全身水肿的一部分，也可为局部炎症、下腔静脉阻塞等所致。

3. 阴囊象皮肿 阴囊皮肤肿胀增厚如象皮样。见于丝虫病引起的淋巴管炎或淋巴管阻塞。

4. 阴囊疝 为肠管、肠系膜经腹股沟管下降至阴囊而引起的一侧或双侧阴囊肿大，触之有囊状感。

5. 鞘膜积液 阴囊肿大，触之有水囊样感且总在睾丸前方，透光试验阳性（阴囊透光呈橙红色）。阴囊疝和睾丸肿瘤时阴囊肿大，但不透光。透光试验是用不透明纸卷成圆筒，一端置于肿大的阴囊部位，以手电筒照射对侧阴囊，从纸筒的另一端观看阴囊透光情况。

（三）前列腺和精囊

患者取肘膝位，评估前排空膀胱。护士示指戴好指套，涂以润滑油，慢慢插入肛门，向腹侧触诊。正常成人前列腺距肛门4cm，质韧有弹性，叶间可触及正中沟。前列腺肥大时正中沟消失，如表面光滑、质韧、无压痛，为老年良性前列腺肥大；前列腺肥大伴压痛，见于急性前列腺炎；腺体肿大，质硬有结节，多考虑前列腺癌。精囊一般不易触及。前列腺炎症累及精囊时，可触及索条状肿物并有触痛。

> **考点提示**
>
> 前列腺触诊之改变的临床意义。

三、女性生殖器

评估女性生殖器，主要采用盆腔评估，又称妇科检查，以视诊和触诊为主。评估内容为外阴、阴道、子宫颈、宫体及双侧附件等。

（一）外阴

护士通过视诊观察外阴发育及阴毛的多少及分布，阴蒂的大小、长短，大小阴唇有无畸形或水肿、炎症、湿疹、白斑、溃疡、赘生物、损伤等情况，注意处女膜是否与婚史相符，查看尿道口周围黏膜色泽及有无赘生物。评估时还应让患者用力向下屏气，观察有无阴道前后壁膨出、子宫脱垂或尿失禁等。

（1）女性阴阜为耻骨联合前方的皮肤隆起，皮下脂肪组织丰富。青春期该部开始生长阴毛，呈倒三角形分布。阴毛稀少或缺如常见于席汉病或性腺功能减退症；阴毛明显增多呈男性分布，多由于肾上腺功能亢进所致。

（2）经产妇两侧大阴唇常分开，绝经后呈萎缩状，外伤后易形成血肿。

（3）小阴唇有红肿、疼痛常见于炎症；局部色素脱失常见于白斑症，可疑癌前病变；若有结节、溃烂，则可能为恶性肿瘤。

（4）阴蒂过小常见于性功能发育不全；阴蒂过大则多为两性畸形或雄激素水平过高。

（5）阴道口两侧红肿、疼痛或有脓液溢出，则可能为前庭大腺脓肿或囊肿。无性生活者处女膜多完整，经产妇有处女膜裂痕。

（二）阴道和子宫颈

护士评估前先将阴道窥器两叶合拢，用一手拇指、示指分开两侧小阴唇，暴露阴道口，另一手持窥器斜行沿着阴道侧后壁缓慢插入阴道内，边推进边将窥器两叶转正并逐渐张开，

暴露宫颈、阴道壁及穹窿部，然后旋转窥器，充分暴露阴道各壁。观察阴道黏膜、阴道分泌物及宫颈有无异常。评估完毕，将窥器前后叶合拢后取出。

（1）阴道黏膜有出血点，提示有炎症的可能。

（2）阴道分泌液增多，呈泡沫样分泌物常见于滴虫性阴道炎；色白并含豆腐渣样分泌物，多是真菌感染所致。

（3）子宫颈呈紫蓝色是妊娠的特征。

（4）子宫颈充血、肥大、糜烂、颈管腺体增生，息肉等，提示子宫颈炎。必要时，可行宫颈细胞学检查或活组织检查，明确诊断，特别警惕癌变。

（三）双合诊盆腔评估

护士戴无菌手套，右手（或左手）示、中两指涂润滑剂后，顺阴道后壁轻轻插入，检查阴道通畅度、深度、弹性，有无畸形、瘢痕、肿块及阴道穹窿情况。再扪及宫颈大小、形状硬度及外口情况，有无接触性出血。随后评估子宫体，将阴道内两指放在宫颈后方，另一只手掌心朝下手指平放在患者腹部平脐处，当阴道内手指向上向前抬举宫颈时，腹部手指往下往后按压腹壁，并逐渐向耻骨联合部移动，扪及子宫的位置、大小、形状、软硬度、活动度以及有无压痛。再将阴道内两指由宫颈后方移至一侧穹窿部，尽可能往上向盆腔深部扪触，与此同时另一手从同侧下腹壁髂嵴水平开始，由上往下按压腹壁，与阴道内手指相互对合，以触摸该侧附件区有无肿块、增厚或压痛。

（四）评估结果记录

1. 外阴 发育情况及婚产式（未婚、已婚未产或经产式），有异常发现时详细描述。

2. 阴道 是否通畅，黏膜情况，分泌物量、色、性状以及有无气味。

3. 宫颈 大小、硬度，有无糜烂、撕裂、息肉、腺囊肿，有无接触性出血、举痛及摇摆痛等。

4. 宫体 位置、大小、硬度、活动度，有无压痛等。

5. 附件 有无块物、增厚或压痛，若扪及块物，记录其位置、大小、硬度，表面光滑与否、活动度，有无压痛以及与子宫及盆壁关系。左右两侧分别记录。

（五）注意事项

（1）排空膀胱，患者取膀胱截石位，仰卧于诊查台上。

（2）护士态度严肃、语言亲切、动作轻柔、细致。每次评估不应超过 3 人。为避免感染或交叉感染，臀部下面应置放一次性垫单或纸单。

（3）男护士评估时，应有女医务人员在场。

（4）避免经期做盆腔评估。若阴道异常出血必须评估，评估前消毒外阴、戴无菌手套，使用无菌器械。

（5）对无性生活史的女性禁作阴道窥器及双合诊评估，可行直肠－腹部触诊。

（6）双合诊评估不满意或评估宫骶韧带、直肠子宫陷凹病变、肿瘤与盆腔关系时应作三合诊。

（杜庆伟）

第十节　脊柱和四肢评估

扫码“学一学”

案 例

患儿，女，20 个月。家长诉其多汗，夜间睡眠浅易惊醒，爱哭闹。出生后因母乳不足，以人工喂养为主。身体评估：前囟未闭，方颅，出牙 9 颗，鸡胸，走路鸭步。血生化检查：血清钙、血磷低于正常值。

请思考：①对患者进行脊柱四肢评估可能会有哪些体征？②患者目前存在的主要护理问题有哪些？③护士如何做好健康教育？

一、脊柱

脊柱是支持体重维持躯体各种姿势的重要支柱。脊柱病变的主要表现为疼痛、姿势的异常以及活动障碍。评估方法通常以视、触、叩诊相结合，评估内容包括脊柱的弯曲度、活动度及有无压痛及叩击痛。

（一）脊柱弯曲度

1. 生理弯曲　正常人脊柱有四个生理弯曲，即颈、腰椎段向前凸，胸、骶椎段向后凸，呈“S”形。脊柱过分向前、向后弯曲或侧弯即为病态。评估脊柱时嘱患者取坐位或直立位，双臂自然下垂，从侧面观察有无过度的前后弯曲；用手指沿脊柱棘突以适当压力自上而下划压，致皮肤呈一红线，借此观察脊柱有无侧弯。

2. 病理性弯曲

（1）脊柱侧凸（scoliosis）　脊柱离开正中线向两侧偏曲称为脊柱侧凸。脊柱侧凸分两种。①姿势性侧凸见于儿童发育期坐位姿势不良、椎间盘脱出症及脊髓灰质炎后遗症等，此类侧凸早期，脊柱曲度不固定，改变体位如平卧或向前弯腰时可使侧凸消失。②器质性侧凸时，改变体位不能使侧凸得到纠正，见于佝偻病、脊椎损伤、慢性胸膜黏连肥厚及肩部畸形等。

考点提示

脊柱病理性变形的临床意义。

（2）脊柱前凸（lordosis）　表现为脊柱过度向前凸弯曲，多发生于腰椎。患者腹部明显向前，臀部明显向后突出，见于妊娠晚期、大量腹水、腹腔巨大肿瘤，髋关节结核、先天性髋关节脱位等。

（3）脊柱后凸（kyphosis）　即脊柱过度后弯，俗称驼背（gibbus），多发生于胸段。小儿脊柱后凸，多为佝偻病引起；青少年脊柱后凸，多为胸椎结核，病变常发生在胸椎下段；成年人胸段呈弧形后凸，见于强直性脊柱炎；老年人脊柱后凸，多发生于胸段上半部，是由于骨质退行性变，导致胸椎椎体压缩而成。

（二）脊柱活动度

1. 正常活动度　正常人脊柱有一定活动度，但各部不同。颈段和腰段活动范围最大，胸段活动范围较小，骶段几乎不活动。评估时嘱患者做前屈、后伸、侧弯、旋转等动作，以观察脊柱活动情况。正常人直立、骨盆固定的条件下脊柱各段活动范围参考值（表4-12）。若已有外伤性骨折或关节脱位时，应避免脊柱活动，以防止损伤脊髓。

表4-12　脊柱各段活动范围

	前屈	后伸	左右侧弯	旋转度（一侧）
颈椎	35°～45°	35°～45°	45°	60°～80°
胸椎	30°	20°	20°	35°
腰椎	75°～90°	30°	20°～35°	30°
全脊柱	128°	125°	73.5°	115°

2. 脊柱活动受限　表现为各段脊柱活动度不能达到正常范围，见于颈部、腰部肌纤维组织炎及韧带劳损、颈椎病、脊柱骨折、脱位及椎间盘脱出、脊柱结核或肿瘤等。

（三）脊柱压痛与叩击痛

1. 压痛评估方法 嘱患者取端坐位，身体稍前倾，护士用右手拇指自上而下逐个按压脊椎棘突，观察有无压痛。

2. 叩击痛评估方法 ①直接叩击法是用叩诊锤或手指直接叩击各脊椎棘突。②间接叩击法是嘱患者取端坐位，护士左手掌放置于患者头顶，右手半握拳以小鱼际肌部叩击左手，观察患者有无疼痛。

> **考点提示**
>
> 脊柱压痛及叩击痛的临床意义。

正常人脊椎无压痛及叩击痛。脊椎有病变，受损部位可出现压痛及叩击痛，见于骨折、肿瘤、椎间盘突出及脊柱结核等。

二、四肢与关节

评估内容主要包括四肢及其关节的形态、肢体位置、活动度或运动情况等。正常人四肢与关节左右对称、形态正常、无肿胀及压痛、活动自如。检查时，患者应充分暴露被检部位，通过应诊护士观察四肢周经与长度、关节形态与姿势双侧比较，并注意颜色有无肿胀，触诊时注意有无压痛、肿块。

（一）形态异常

1. 腕关节及手畸形 ①指关节变形：指间关节增生、肿胀呈梭状畸形，活动受限，多为双侧性，严重者手指及腕部向尺侧偏斜。常见于类风湿关节炎。爪形手见于尺神经损伤、进行性肌萎缩等。②杵状指（趾）（acropachy）：远端指（趾）末端增生、肥厚、增宽呈杵状膨大。与肢端缺氧、代谢障碍及中毒损害有关见于慢性阻塞性肺气肿、支气管扩张、慢性肺脓肿、支气管肺癌、发绀型先天性心脏病及营养障碍性疾病。③腕关节畸形：腕下垂见于桡神经损害；餐叉样畸形见于 Colles 骨折。④匙状指（koilonychia）：亦称反甲，指甲中心部凹陷，边缘翘起，呈匙状。病变指甲变薄、表面粗糙、有条纹。见于缺铁性贫血（图 4－46）。

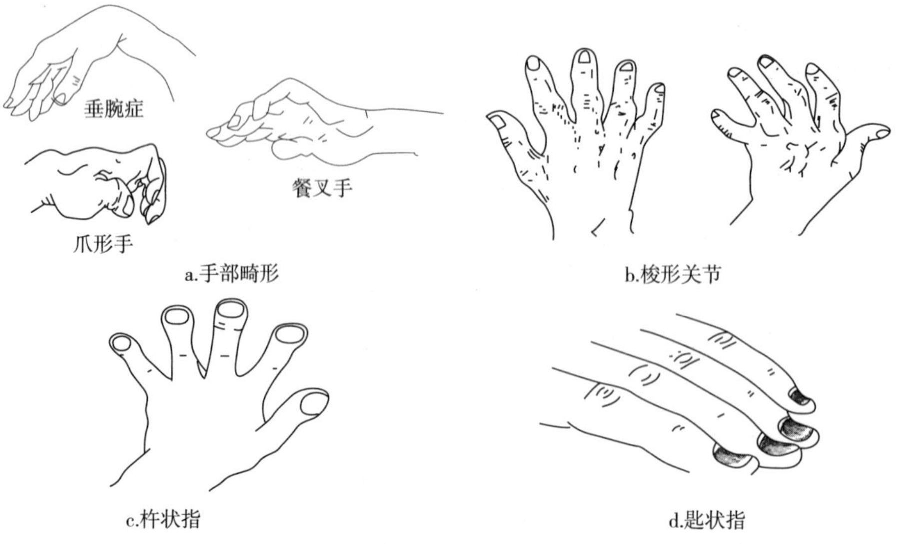

图 4－46 各种腕及手畸形示意图

2. 肢端肥大　成人腺垂体生长激素分泌过多时，因骨骺已愈合，身体不能再生长，而骨骼末端及韧带等软组织可增生、肥大，使肢端较正常明显粗大，称为肢端肥大症。

3. 膝关节变形　膝关节出现红、肿、热、痛及运动障碍，多为炎症所致。多见于风湿性关节炎活动期，也可见于外伤性关节炎等。当关节有积液时可出现浮髌试验阳性（图4－47）。

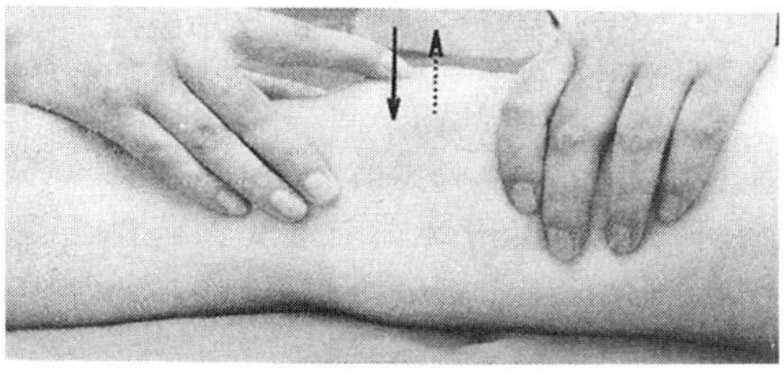

图4－47　浮髌试验示意图

知识链接

类风湿关节炎与风湿性关节炎的区别

类风湿关节炎：①病变以四肢小关节为主；②关节病变呈双侧性、对称性；③常有晨僵；④关节肿胀、畸形或强直，以指关节最典型；⑤心脏瓣膜病变较少；⑥类风湿因子阳性；⑦X线摄片骨质疏松、关节腔狭窄等；⑧对水杨酸制剂疗效比风湿差。

风湿性关节炎：①以四肢大关节为主；②关节病变呈非对称性、游走性；③常伴有心脏瓣膜病变；④活动期关节红、肿、热、痛及运动受限；⑤不产生关节畸形及强直；⑥活动期血沉及抗"O"滴定度增高，类风湿因子则阴性；⑦X线摄片无关节异常；⑧对水杨酸制剂疗效显著。

4. 膝内、外翻畸形　正常人两脚并拢直立时双膝和双踝均可靠拢，如双膝靠拢时，两内踝分离，呈X形腿，称为膝外翻；若直立时双踝并拢，而双膝关节却远远分离，呈O形腿，称膝内翻。这两种畸形（图4－48）多见于佝偻病和大骨节病。

考点提示

常见四肢形异常的临床意义。

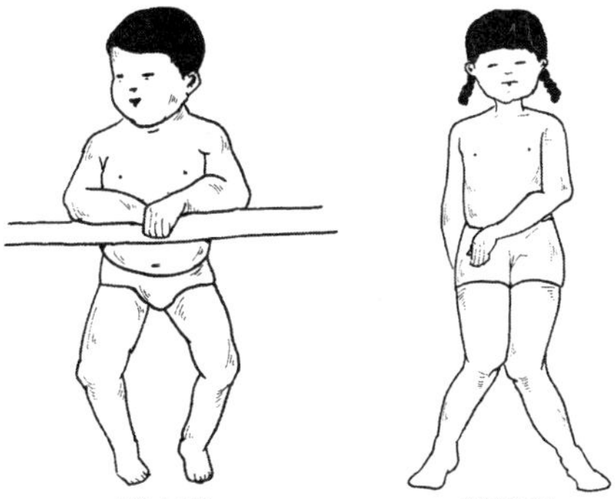

图4－48　膝关节畸形示意图

5. 足内、外翻畸形　临床上见于脊髓灰质炎后遗症和先天畸形。正常人脚作内、外翻动作时均可达35°，复原时足掌、足根可全面着地。足内、外翻畸形者则足呈固定型的内翻、内收位或固定的外翻和外展位，多见于先天性畸形及脊髓灰质炎后遗症（图 4－49）。

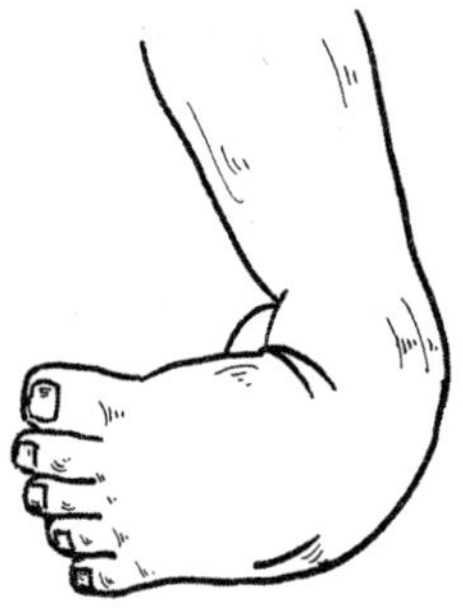

图 4－49　足内翻

6. 肌肉萎缩　患者肌肉体积缩小，肌肉软弱无力、松弛，可呈一侧肢体、双侧肢体或局限性萎缩，见于周围神经病、脊髓灰质炎及脑血管病的肢体废用萎缩等。

7. 下肢静脉曲张　表现为小腿静脉呈蚯蚓状弯曲、怒张，重者感腿部肿胀，局部皮肤颜色暗紫、色素沉着，可有下肢浅部溃疡。见于从事直立性工作或栓塞性静脉炎。

8. 水肿　可呈单侧或对称性水肿，指压凹陷或非凹陷性，由局部或全身因素所致。

（二）运动功能障碍

1. 神经、肌肉组织的损害　可出现不同程度的随意运动障碍。评估时，主要测试四肢的屈、伸、内收、外展、旋转及抵抗能力。肢体失去随意运动功能称为瘫痪。

2. 关节的损害　关节的病变可使四肢关节的伸、屈、内收、外展、旋转等运动受限，不能达到各自活动的幅度或出现疼痛。另外，关节周围或邻近受损，牵涉痛、放射痛或反应性关节积液等均可影响关节活动。

（杜庆伟）

扫码“学一学”

第十一节　神经系统评估

案　例

患者，男性，26 岁。4 小时前入厕大便后突然感觉剧烈头痛，以双侧颞部为著，伴恶心、全身冷汗及畏光急诊入院。来院途中呕吐 2 次，平素体健，家族成员无特殊病史。身体评估：T 38℃，P 68 次/分，R 22 次/分，Bp 130/90mmHg，神清语利，双侧瞳孔等大等圆，光反应灵敏，心肺无异常，肝脾未触及，双下肢无水肿。血常规：RBC 4.5×10^{12}/L，WBC 19×10^{9}/L，Hb 120g/L。CT 提示：蛛网膜下隙出血。

请思考：①该患者可能的病因与诱因是什么？②神经系统评估可能出现哪些异常体征？③患者目前存在哪些主要护理问题？

神经系统评估包括脑神经、运动神经、感觉神经、神经反射、脑膜刺激征及自主神经等评估。首先要评估患者对外界刺激的反应状态，即意识状态，许多评估均要在患者意识清醒状态下完成。另外，完成神经系统评估常需一些检查工具，如棉签、叩诊锤、大头针、试管、音叉、手电筒、检眼镜以及嗅觉、味觉测试用具等。

一、脑神经

脑神经（cranial nerves）共 12 对，其评估对颅脑疾病的定位极为重要，评估时应按序进行，左右对比，避免遗漏。

(一) 嗅神经

嗅神经（olfactory nerve）司嗅觉。评估前先确定患者是否鼻孔通畅、有无鼻黏膜病变。

然后嘱患者闭目，依次检查双侧嗅觉。先压住一侧鼻孔，用患者熟悉的、无刺激性气味的物品（如醋、松节油、香烟或香皂等）置于另一鼻孔下，让患者辨别嗅到的各种气味。然后，评估对侧，注意双侧比较。根据评估结果判断患者的一侧或双侧嗅觉状态。

（二）视神经

视神经（optic nerve）司视觉。评估内容主要包括视力、视野评估。

1. 视力　采用国际标准视力表分别评估两眼远、近视力。对视力减退较严重者，可让患者在50cm处说出手指数，如不能辨认眼前手指动，可在暗室中用电筒照射眼，如光感消失为失明。

2. 视野　是两眼固视前方所能看到的最大空间范围，分为周边视野和中心视野。周边视野检查主要采用手动法粗略测试，患者与评估者相对而坐，距离约1m，两眼分别评估。如评估右眼，则嘱其用手遮住左眼，右眼注视检查者的左眼，此时，评估者亦应将自己的右眼遮盖；然后，评估者将其手指置于自己与患者中间等距离处，分别自上、下、左、右等不同的方位从外周逐渐向眼的中央部移动，嘱患者在发现手指时，立即示意。如患者能在各方向与检查者同时看到手指，则大致属正常视野。中心视野评估时，目标可以是检查者的脸，受检者遮住一眼，然后询问是否可以看到检查者的脸。

（三）动眼、滑车及展神经

动眼神经（oculomotor nerve）、滑车神经（trochlear nerve）、展神经（abducens nerve）共同支配眼球运动，可同时评估。检查时需注意眼裂外观、眼球运动、瞳孔及对光反射等。眼球运动评估详见第四章第三节。

评估中，如发现眼球运动向内、向上及向下活动受限，以及上睑下垂、调节反射消失均提示动眼神经麻痹。如瞳孔反射异常可由动眼神经或视神经受损所致。复视可由单侧眼球运动神经的受损引起。眼球向下及向外运动减弱，提示滑车神经有损害。眼球向外转动障碍则为展神经受损。另外，眼球运动神经的受损可出现相应眼外肌的功能障碍导致麻痹性斜视。

（四）三叉神经

三叉神经（trigeminus nerve）为混合神经，主要支配咀嚼肌运动和面部感觉。

1. 面部感觉　嘱受检者闭眼，以针刺检查痛觉，盛有冷或热水的试管检查温度觉和棉絮检查触觉。注意双侧及内外对比，观察受检者的感觉反应是否减退、消失或过敏，并确定感觉障碍的区域。

2. 角膜反射　嘱受检者睁眼向内侧注视，以捻成细束的棉絮从其视野外接近并轻触外侧角膜，避免触及睫毛。正常反应为被刺激侧迅速闭眼，称为直接角膜反射。如刺激一侧角膜，对侧也出现眼睑闭合反应，称为间接角膜反射。直接反射消失，间接反射存在，见于患侧面神经瘫痪（传出障碍）；直接与间接角膜反射均消失见于三叉神经病变（传入障碍）。

3. 运动功能　以上下门齿中缝为标准，观察受检者张口时下颌有无偏斜；再让其做咬合动作，比较两侧颞肌和咀嚼肌的肌力。一侧运动支病变时，张口时下颌偏向患侧，该侧咀嚼肌肌力减弱或出现萎缩。

考点提示

周围性面瘫与中枢性面瘫区别。

（五）面神经

面神经（facial nerve）为混合神经，主要支配面部表情肌运动和舌前2/3味觉。

1. 运动功能 先观察额纹、眼裂、鼻唇沟及口角两侧是否对称，然后嘱患者做皱额、闭眼、露齿、微笑、鼓腮或吹哨动作，观察两侧运动是否对称。面神经受损可分为周围性和中枢性损害两种，一侧面神经周围性（核或核下性）损害时，患侧额纹变浅或消失、眼裂增大、鼻唇沟变浅、口角下垂，不能皱额、闭眼，微笑或露齿时口角歪向健侧，鼓腮及吹口哨时病变侧漏气。中枢性（核上的皮质脑干束或皮质运动区）损害时，由于上半部面肌受双侧皮质运动区的支配，皱额、闭眼无明显影响，仅病变对侧眼裂以下额面部肌肉瘫痪，鼻唇沟变浅、口角下垂、不能吹口哨等。

2. 味觉评估 嘱受检者伸舌，用棉签蘸少量不同味感的物质如糖水、盐水、醋或奎宁溶液分次涂于一侧舌面。患者用手指指出事先写在纸上的甜、咸、酸或苦四个字之一。先试可疑侧，再检查另一侧，注意两侧对比。面神经损害者则舌前2/3味觉丧失。

（六）位听神经

位听神经（auditory nerve）包括前庭及耳蜗两种感觉神经。主要支配听力和平衡觉。

1. 听力评估 可先用粗略的方法了解被检查者的听力，在静室内嘱受检者闭目坐于椅子上，并用手指堵塞一侧耳道，护士持手表或以拇指与示指互相摩擦，自1m以外逐渐移近被检查者耳部，直到受检者听到声音为止，测量距离，同样方法检查另一耳。比较两耳的测试结果并与检查者（正常人）的听力进行对照。正常人一般在1m处可闻机械表声或捻指声。粗测发现被检查者有听力减退，则应进行精确的听力测试和其他相应的专科评估。

2. 前庭功能评估 询问被检者有无眩晕、平衡障碍。评估有无自发性眼球震颤。通过外耳道灌注冷、热水试验或旋转试验，观察有无眼球震颤反应减弱或消失。

（七）舌咽神经、迷走神经

舌咽神经（glossopharyngeal nerve）、迷走神经（vagus nerve）两者在解剖与功能上关系密切，临床上常同时受损。

1. 运动功能 注意被检者声音有无嘶哑、饮水呛咳、吞咽困难，并嘱其张口发“啊”音，观察悬雍垂有无偏斜，软腭上抬是否对称。当一侧神经受损时，该侧软腭上抬减弱，悬雍垂偏向健侧；双侧神经麻痹时，悬雍垂虽居中，但双侧软腭上抬受限，甚至完全不能上抬。

2. 咽反射 用压舌板轻触左侧或右侧咽后壁，正常者出现咽部肌肉收缩和舌后缩及作呕表现。

3. 感觉功能 可用棉签轻触两侧软腭和咽后壁，观察有无感觉异常。另外，舌后1/3的味觉减退为舌咽神经损害，评估方法同面神经。

（八）副神经

副神经（accessory nerve）司胸锁乳突肌和斜方肌运动。评估时，注意肌肉有无萎缩和（或）斜颈，双肩是否在同一水平上。嘱受检者耸肩及转头运动时，评估者给予阻力，对比两侧肌力。副神经受损时，向对侧转颈和同侧耸肩无力或不能，同侧胸锁乳突肌及斜方肌萎缩、垂肩和斜颈。

（九）舌下神经

舌下神经（hypoglossal nerve）司舌肌运动。评估时，嘱受检者伸舌，观察有无伸舌偏斜、舌肌萎缩及肌束震颤。单侧舌下神经麻痹时伸舌舌尖偏向患侧，双侧麻痹者则伸舌不能。

二、运动功能

（一）随意运动与肌力

1. 随意运动 是指意识支配下的动作，随意运动功能的丧失为瘫痪。依程度不同可分为完全性和不完全性瘫痪。依形式可分为偏瘫、单瘫、截瘫、交叉瘫（表4－13）。依病变部位不同分为中枢性瘫痪（上运动神经元性瘫痪）和周围性瘫痪（下运动神经元性瘫痪）。两者鉴别（表4－14）。

表4－13 瘫痪的形式及临床意义

形式	临床特点	临床意义
偏瘫	一侧肢体瘫痪，伴有同侧脑神经损害	见于大脑半球内囊病变
单瘫	单一肢体瘫痪	见于大脑皮质运动区局部受损
截瘫	双侧下肢瘫痪	见于脊髓横断性损害（脊髓外伤、炎症等）
高位截瘫	四肢瘫痪	见于颈髓病变
交叉瘫	对侧半身瘫痪和病变同侧周围性脑神经麻痹	见于一侧脑干病变

表4－14 中枢性瘫痪与周围性瘫痪的鉴别

鉴别点	中枢性瘫痪	周围性瘫痪
病损部位	皮质运动区至脊髓前角的锥体束	脊髓前角、前根、神经从及周围神经
范围	一个以上肢体瘫痪	个别或几个肌群受累
肌张力	增高（痉挛性瘫痪或硬瘫）	降低（弛缓性瘫痪或软瘫）
肌萎缩	无（可因废用引起轻度肌萎缩）	明显萎缩
腱反射	增强或亢进	减弱或消失
病理反射	阳性	阴性

2. 肌力（muscle strength） 指患者主动运动时肌肉的收缩力。肌力评估方法分两种。①主动法是让患者作主动运动，如肢体的伸屈或抬高等，观察其肢体活动的状况。②被动法是给予患者某肢体加以适当的阻力，让其抵抗以测定其肌力。注意两侧肢体的对比，两侧力量显著不等时有重要意义。肌力的记录采用0～5级的六级分级法（表4－15）。

> **考点提示**
> 肌力的分级。

表4－15 肌力分级

级别	临床表现
0级	完全瘫痪，无肌肉收缩
1级	可见肌肉收缩，但无肢体运动
2级	肢体能在床上水平移动，但不能抬离床面
3级	肢体能抬离床面，但不能对抗阻力
4级	能做抵抗一定阻力的运动，但较正常差
5级	正常肌力

3. 肌张力（muscular tension） 肌张力是指静息状态下肌肉的紧张度。评估时可通过触诊肌肉的硬度及根据肌肉完全松弛时关节被动运动时的阻力来判断。肌张力异常有：

（1）肌张力增强 触摸肌肉有坚实感，被动运动时阻力增加。见于锥体束或锥体外系损害。

(2) 肌张力减弱　触诊肌肉松软，被动运动时阻力减弱或消失，关节过伸。见于周围神经病变、小脑病变等。

(二) 不自主运动

患者意识清楚时，随意肌不自主收缩所产生的无目的异常动作称为不自主运动(inyoluntary movements)。不自主运动表现形式多样，一般在情绪激动时加重，睡眠时停止，为锥体外系病变所致。评估时观察患者有无舞蹈样运动、手足徐动、震颤（静止性、动作性）、抽搐等随意肌不自主收缩所产生的无目的异常动作。

(三) 共济运动

正常的随意运动有赖于某组肌群协调一致的运动，称共济运动（coordination movements)。共济运动主要用于评估小脑功能。此外，前庭神经、深感觉、锥体外系亦参与作用。当上述结构发生病变，协调动作出现障碍，称共济失调。评估时首先观察患者日常生活动作，如吃饭、穿衣、取物、书写、站立等活动是否协调，然后再做以下评估：

1. 指鼻试验　嘱患者手臂伸直外展，以手指触鼻尖，先慢后快，先睁眼后闭眼，反复上述动作。正常人动作准确，指鼻有误为阳性。

2. 跟－膝－胫试验　患者取仰卧位，抬起一侧下肢将足置于另一侧膝部下端，再沿胫骨前缘下移。动作不稳或失误为阳性。

3. 快速轮替运动　嘱患者伸直手掌作快速旋前旋后动作。动作缓慢、不协调为阳性。

4. 闭目难立征　嘱患者双足并拢直立，两臂向前平伸，闭目。出现身体摇晃或倾斜即为阳性。上述动作均应先睁眼再闭眼各做一次。睁目闭目皆不稳或不准者示小脑病变，仅闭目不稳或不准者示感觉性共济失调。

三、感觉功能

评估时应在患者意识清晰和闭目状态下进行，以免因主观和暗示作用产生误差，注意左右侧、远近端对比，一般从感觉障碍部位向健康部位逐步移行评估。

(一) 浅感觉

1. 痛觉　用针轻刺患者的皮肤，让其回答具体的感觉并注意两侧对比。痛觉障碍见于脊椎血脑束损害。

2. 触觉　用棉签轻触患者皮肤或黏膜，让其描述自己感受，避免暗示。触觉障碍见于脊髓脑前束和后索损害。

3. 温度觉　用盛有热水（40～50℃）或冷水（5～10℃）的玻璃试管交替接触患者皮肤以辨别冷、热感。如有感觉障碍，应记录部位及范围。温度觉障碍见于脊髓丘脑侧束损害。

(二) 深感觉

1. 运动觉　轻持患者的手指或足趾两侧，做被动的伸或屈动作，要求患者说出“向上”或“向下”。

2. 位置觉　将患者肢体放置于某种位置，让其回答肢体所处的位置。

3. 震动觉　用震动的音叉置放在患者肢体的骨隆起处（如内、外踝、桡尺骨茎突、髂嵴等)，询问患者有无震动感及其持续时间，注意两侧对比。

深感觉障碍见于脊髓后索损害。

（三）复合感觉

这些感觉是大脑综合分析的结果，又称皮层感觉。包括皮肤定位觉、两点辨别觉、实体辨别觉和体表图形觉。正常人闭目情况下可正确辨认，皮质病变时发生障碍。

四、神经反射

反射是通过神经反射弧完成。完整的反射弧包括：感受器→传入神经→中枢→传出神经→效应器等五部分。其中任何一部分有病变时，都可使反射活动减弱或消失；若病变发生于高级神经中枢时，如在锥体束以上，则由于高级神经中枢抑制作用的减弱或消失，反射活动可增强、亢进，同时出现病理反射。

（一）生理反射

1. 浅反射　为刺激皮肤、黏膜、角膜引起的反射。

考点提示

浅反射的内容。

（1）角膜反射（corneal reflex）　嘱患者眼睛向内上方注视，护士用棉签絮轻触角膜外缘，被刺激侧眼睑即刻闭合，称直接角膜反射；刺激一侧角膜，对侧眼睑也闭合，称间接角膜反射。一侧直接与间接角膜反射都消失，见于患侧三叉神经病变（传入障碍）；直接角膜反射消失，间接角膜反射存在，见于该侧面神经麻痹（传出障碍）；双侧角膜反射消失见于深昏迷。

（2）腹壁反射（abdominal reflex）　患者仰卧，双下肢略屈曲使腹壁松弛，用钝头竹签分别沿肋缘下（胸髓 7～8 节）、脐平面（胸髓 8～10 节）及腹股沟上（胸髓 11～12 节）的方向，由外向内轻划腹壁皮肤，分别称为上、中、下腹壁反射。正常可见受刺激部位腹肌收缩。腹壁反射消失见于胸髓或锥体束受损、昏迷及急腹症患者。经产妇、老年人和肥胖者由于腹壁松弛可引起腹壁反射减弱或消失。

（3）提睾反射（cremasteric reflex）　用钝头竹签从下往上轻划患者大腿内上方皮肤，正常反应为同侧提睾肌收缩，睾丸上提（图 4－50）。提睾反射减弱或消失见于锥体束受损，还可以见于老年人或腹股沟疝、睾丸炎等局部病变患者。

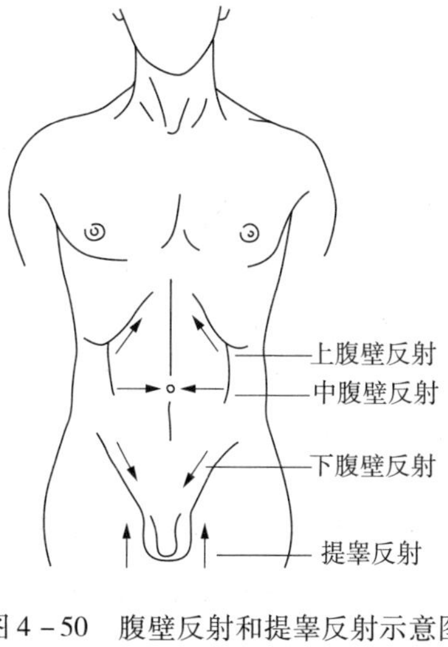

图 4－50　腹壁反射和提睾反射示意图

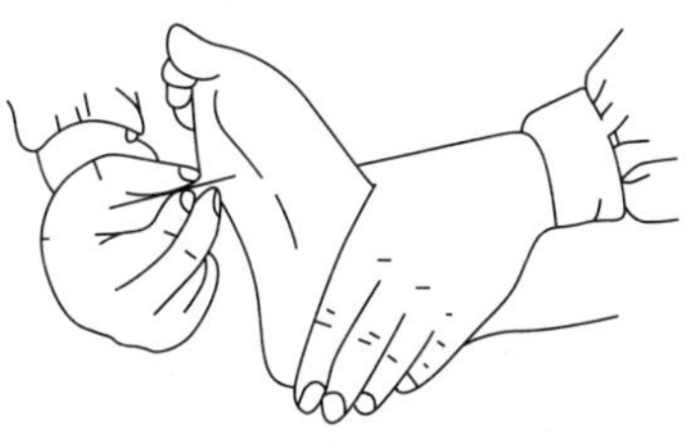

图 4－51　跖反射示意图

（4）跖反射（plantar reflex）　患者仰卧，髋及膝关节伸直。护士手持患者踝部，用钝头竹签沿足底外侧划至小趾关节处转向踇趾侧，正常反应为足趾跖屈（图4－51）。反射消失为骶髓1～2节病损。

（5）肛门反射（anal reflex）　用大头针轻划肛门周围皮肤，可引起肛门外括约肌收缩，反射障碍为骶髓4～5节或肛尾神经病损。

2. 深反射　刺激骨膜、肌腱引起的反射，又称为腱反射。评估时患者要合作，肢体肌肉要放松。护士叩击力量要均等，并注意两侧对比。

考点提示

深反射的内容。

（1）肱二头肌反射（biceps tendon refex）　护士以左手扶托患者肘部使前臂屈曲90°，将拇指置于肱二头肌肌腱上，右手持叩诊锤叩击拇指指甲。正常反应为肱二头肌收缩，肘关节快速屈曲（图4－52）。反射中枢为颈髓5～6节。

（2）肱三头肌反射（triceps tendon reflex）护士左手托起患者肘部，嘱其前臂屈曲，用叩诊锤叩击尺骨鹰嘴上方的肱三头肌肌腱，正常反应为肱三头肌收缩致前臂稍伸展（图4－53）。反射中枢为颈髓7～8节。

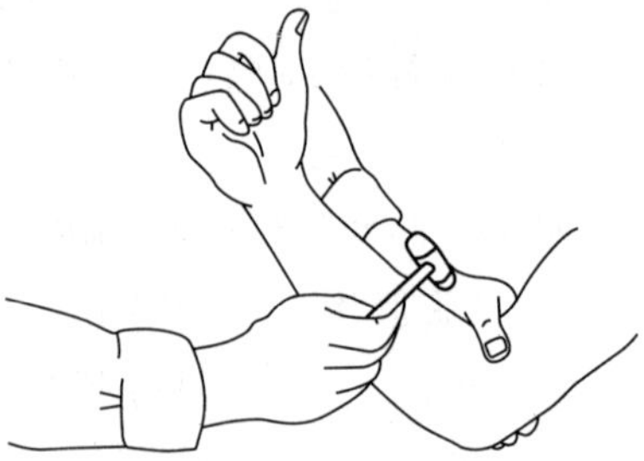

图4－52　肱二头肌反射示意图

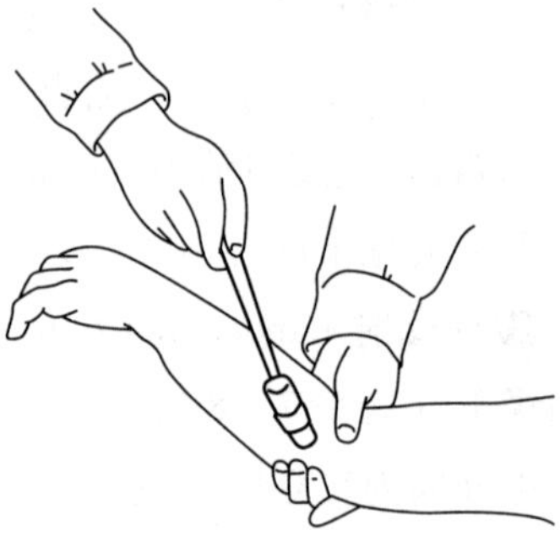

图4－53　肱三头肌反射示意图

（3）桡骨膜反射（brachioradialis tendon reflex）　患者前臂置于半屈半旋前位，护士以左手托住其前臂，使腕关节自然下垂，以叩诊锤叩击桡骨茎突，可引起肱桡肌收缩，发生屈肘和前臂旋前动作（图4－54）。反射中枢在颈髓5～6节。

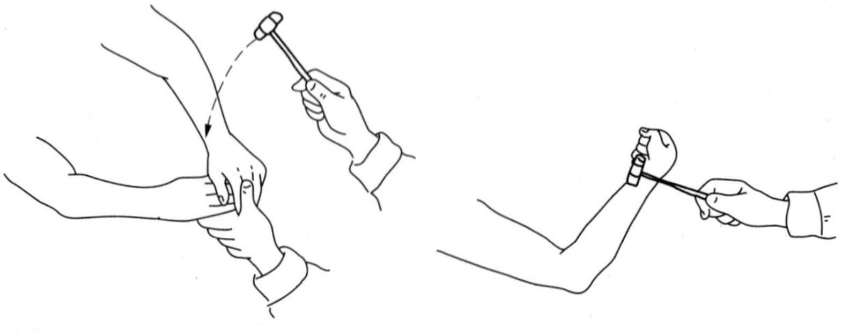

图4－54　桡骨膜反射示意图

（4）膝腱反射（patellar tendon refex）　坐位时小腿完全松弛下垂与大腿成直角。仰卧时护士以左手在腘窝处托起患者双下肢使与小腿成120°，右手持叩诊锤叩击股四头肌肌腱，正常反应为小腿伸展（图4－55）。反射中枢为腰髓2～4节。

（5）跟腱反射（achilles tendon reflex）仰卧位时使患者屈膝近90°，下肢外展外旋，护士左手持患者足掌使足呈过伸位，叩击跟腱。正常反应为腓肠肌收缩，足跖屈。如不能引出，使患者跪于凳上，足垂凳边，叩击跟腱，反应同前（图4－56）。反射中枢为骶髓1～2节。

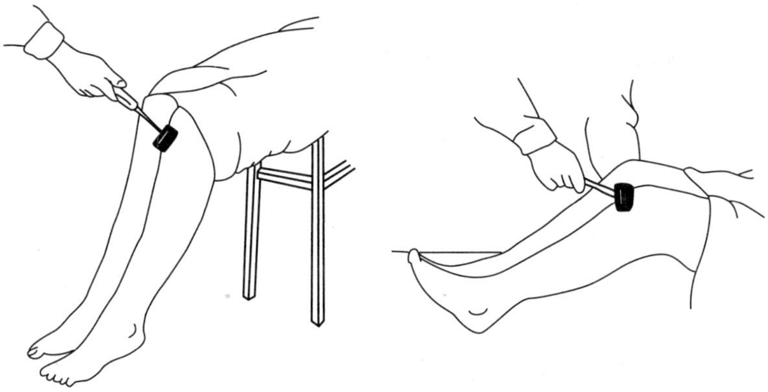

图4－55　膝腱反射示意图

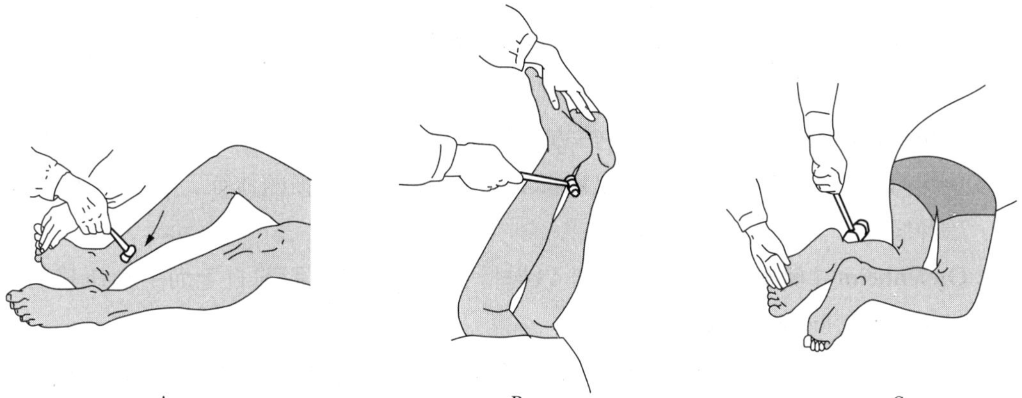

A　　B　　C

图4－56　跟腱反射示意图

深反射减弱或消失多系周围神经病变，如末梢神经炎、神经根炎、脊髓灰质炎等致使反射弧受损。锥体束病损时，由于解除了控制作用，深反射亢进。

知识链接

反射程度分级

（－）：反射消失

（＋）：反射存在，但无相关关节活动，为反射减弱，可为正常或病理状态

（＋＋）：肌肉收缩并有关节活动，为正常反射

（＋＋＋）：反射增强，可为正常或病理状态

（＋＋＋＋）：反射亢进，并伴有非持续性的阵挛

（＋＋＋＋＋）：反射明显亢进，并伴有持续性的阵挛

（6）阵挛（clonus）当深反射高度亢进，如突然强力牵引肌腱可引起肌肉的节律性收缩称为阵挛。临床常见有髌阵挛及踝阵挛，其临床意义同反射亢进。

1）踝阵挛（ankle clonus） 患者仰卧，髋、膝关节稍曲，护士一手托扶患者小腿，一手持患者足掌前端，用力使踝关节过伸，并保持一定的推力，如出现足有节律屈伸运动即为阳性（图 4－57）。

2）髌阵挛（patellar clonus） 患者仰卧，下肢伸直，护士以拇指与示指控制住其髌骨上缘，用力向远端快速连续推动数次后维持推力（图 4－58）。如股四头肌发生节律性收缩使髌骨上下移动为阳性。

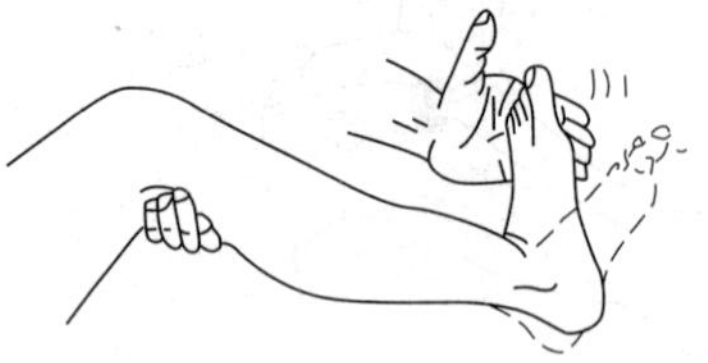

图 4－57 踝阵挛示意图

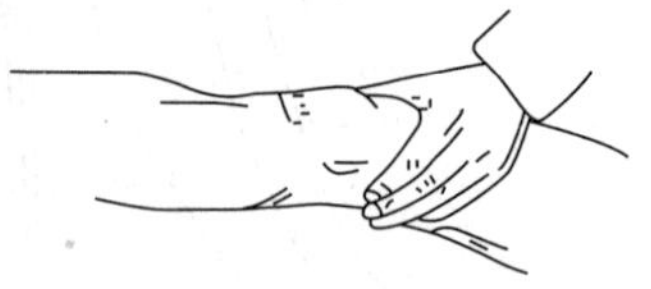

图 4－58 髌阵挛示意图

（二）病理反射

病理反射系锥体束受损时失去对脑干和脊髓的抑制作用而出现的异常反射。1 岁半内的婴幼儿神经系统尚未发育完善，可出现此类反射，不属于病理性。

考点提示

病理反射的内容及临床意义。

1. Babinski（巴彬斯基）征 评估方法同跖反射。阳性反应为拇趾缓慢背伸，其余四趾呈扇形展开。为锥体束受损的体征，见于脑血管意外、脑炎、脑肿瘤等。

2. Oppenheim（奥本海姆）征 护士以拇指和示指沿患者胫前自上而下加压移动，阳性表现及临床意义同 Babinski 征。

3. Gordon（戈登）征 护士用手以一定力量捏压腓肠肌，阳性表现及临床意义同 Babinski 征。

4. Chaddock（查多克）征 护士用钝头竹签在患者外踝下方，由后向前轻划至趾掌关节处，阳性表现及临床意义同巴彬斯基征（图 4－59）。

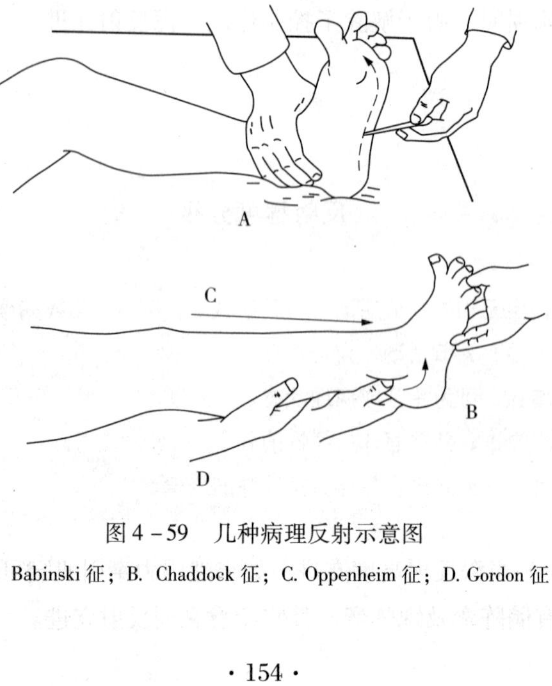

图 4－59 几种病理反射示意图

. Babinski 征；B. Chaddock 征；C. Oppenheim 征；D. Gordon 征

5. Hoffmann（霍夫曼）征 护士用左手持患者腕关节上方，使其腕关节稍背伸，右手以中指和示指挟持患者中指第二节，稍向上提，并用拇指向下弹刮中指指甲，阳性表现为其他四指出现屈曲动作。此征为上肢锥体束征，一般多见于颈髓病变（图4－60）。

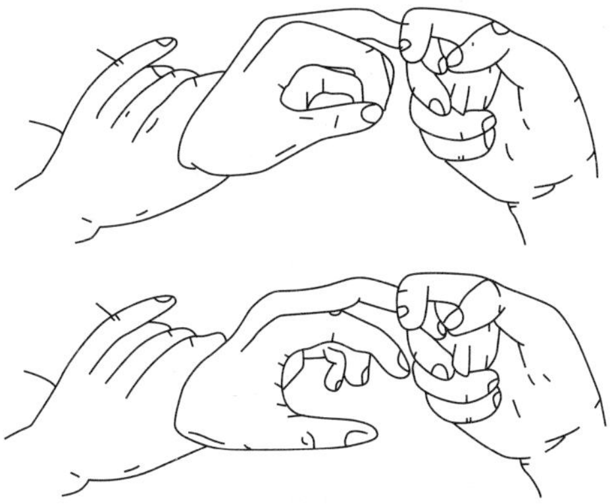

图4－60 Hoffmann征示意图

（三）脑膜刺激征

为脑膜受激惹时出现的一组体征。见于各种脑膜炎、蛛网膜下腔出血、颅内压增高等。脑膜刺激征有以下几种：

> **考点提示**
>
> 脑膜刺激征的内容及临床意义。

1. 颈强直 患者去枕仰卧，颈部放松，护士一手托扶患者枕部，另一手置于胸前作屈颈动作。如有抵抗力增强，则为颈强直。颈强直也见于颈椎或颈部软组织病变。

2. Kernig（克匿格）征 患者仰卧，伸直下肢，护士用手握持患者的一侧小腿，将髋关节及膝关节屈曲成直角，然后慢慢抬高小腿伸膝（图4－61），若在135°以内出现抵抗且伴疼痛、屈肌痉挛，即为阳性。

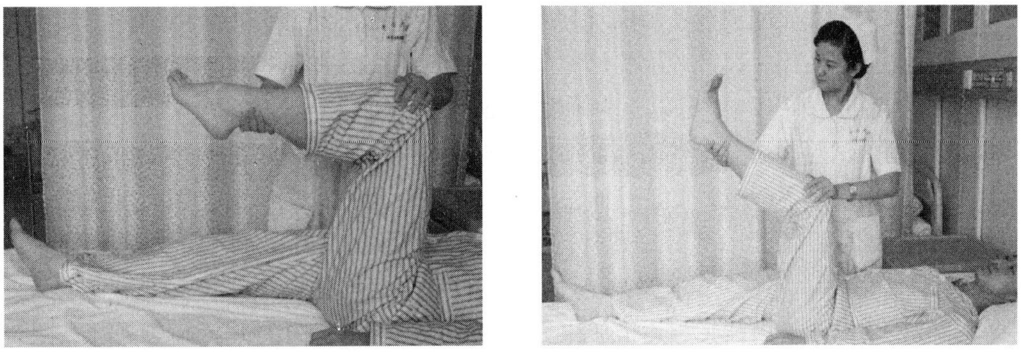

图4－61 Kernig征示意图

3. Brudzinski（布鲁津斯基）征 患者仰卧，下肢自然伸直，护士一手托患者枕部，一手置于其胸前，然后使其头部前屈，若两侧膝关节和髋关节此时也屈曲（图4－62），则为阳性。

4. Lasegue（拉塞格）征 为神经根受刺激的表现，又称直腿抬高试验。嘱患者仰卧双下肢伸直，护士抬高患者一侧下肢，正常人伸直的下肢抬高可达70°，若抬高小于30°并出现股后肌群疼痛为阳性（图4－63）。见于腰椎间盘突出或腰骶神经根炎等。

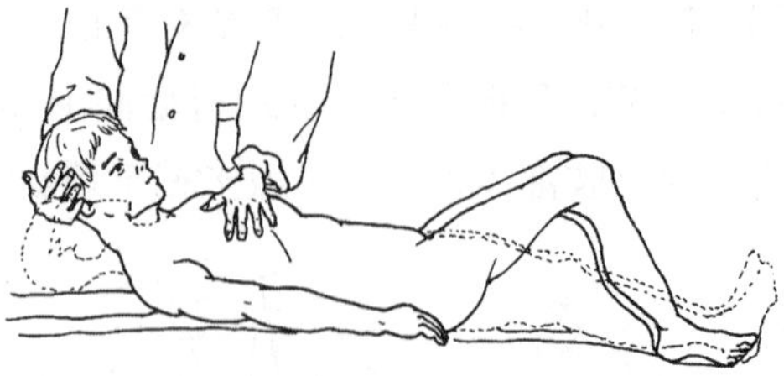

图 4-62 Brudzinski 征示意图

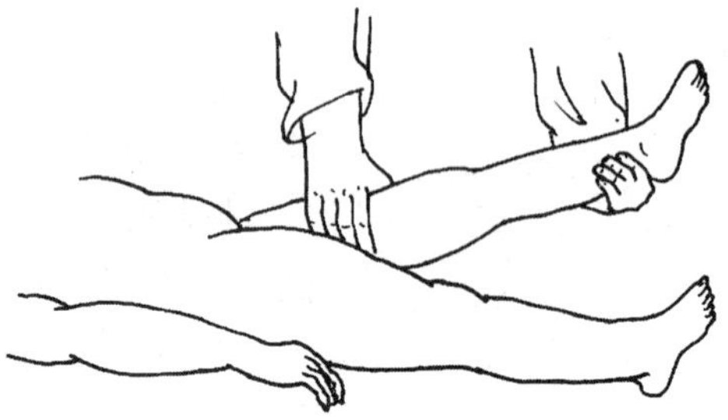

图 4-63 Lasegue 征示意图

（四）自主神经功能评估

自主神经分为交感神经与副交感神经两个系统，主要调节内脏、血管及腺体等活动，在大脑皮质及下丘脑的调节下，协调整个机体内、外环境的平衡。临床常用评估方法有以下几种。

1. 眼心反射 被检者仰卧，双目自然闭合，计数脉率。然后护士用左手示指和中指分别置于左右两侧眼球，逐渐加压一侧眼球，但不能使被检者感到疼痛，加压 20～30 秒后计数 1 分钟脉率，与加压前进行比较。正常人加压后每分钟脉搏减少 4～12 次。减少 12 次/分以上者为阳性，提示副交感（迷走）神经兴奋性增高；加压后脉搏不减少反而增加者，提示交感神经功能亢进。必须指出，操作时不可同时压迫两侧眼球，以防发生心脏骤停的危险。

2. 卧立位试验 先测被检者卧位时脉率，然后迅速起立站直，再计数脉率。如由卧位到立位脉率增加超过 10～12 次/分以上时为阳性，表示交感神经兴奋性增高。由立位到卧位，脉率减慢超过 10～12 次/分以上为阳性，提示迷走神经兴奋性增高。

3. 皮肤划痕试验 通过观察局部毛细血管的舒缩反应来了解自主神经功能的检查法。

（1）白色划纹征 用钝头竹签轻而快地划过皮肤，经 8～12 秒后，因血管收缩，出现白色划纹，正常时可持续 1～5 分钟即自行消失。如果超过 5 分钟为阳性，提示交感神经兴奋性增高。

（2）红色划纹征 用钝头竹签稍加压力划过皮肤，经 5～10 秒后因血管扩张，局部出现红色划纹，正常人可持续 7～8 分钟。如果持续时间较长，而且基底逐渐增宽或皮肤隆起、水肿，提示副交感神经兴奋性增高或交感神经麻痹。

4. 竖毛反射 竖毛肌由交感神经支配。将冰块置于被检者颈后或腋窝，数秒钟后可见竖毛肌收缩，毛囊处隆起如鸡皮。根据竖毛反射障碍的部位来判断交感神经功能障碍的范围。

5. Valsalva 动作 被检者深吸气后，在屏气状态下用力作呼气动作 10～15 秒。计算此期间最长心搏间期与最短心搏间期的比值，正常人大于或等于 1.4，如小于 1.4 则提示压力感受器功能不灵敏或其反射弧的传入纤维或传出纤维损害。

（杜庆伟）

实训项目二　一般状态及皮肤黏膜、淋巴结评估

一、案例导入

患者，男性，65 岁。近 10 多年来常有上腹部不适感、胀痛，多于餐后出现，疲劳或进食没规律疼痛加剧，逢秋冬季节疼痛较频繁，行胃镜检查提示“胃溃疡”，断续用药疗效不佳。近 1 个月来，上腹胀痛加剧，与进食无关，伴有食欲不振、进行性消瘦，1 周前排黑便，呈持续性，不成形，每次量不多，未在意。2 天前无明显诱因出现恶心、呕吐咖啡样胃内容物约 200ml，无头晕、心悸。今日再次出现呕咖啡样物，量约 400ml，伴头晕、乏力、心悸，急诊入院。既往无肝炎、高血压病、糖尿病史，家族成员无类似病史。作为当班护士接诊后如何进行一般状态及皮肤黏膜、淋巴结评估？应重点评估哪些内容？目前患者主要存在的护理诊断及医护合作问题是什么？

二、任务描述

［实训目的］

（1）在实践中学会运用有效的身体评估方法与技巧进行一般状态及皮肤黏膜、淋巴结评估，评估手法熟练、评估顺序正确，所获得的客观资料真实、准确，并提出相关护理问题。

（2）学会对异常生命征、意识、发育、营养、发育、体位、皮肤颜色、皮疹、出血、水肿、蜘蛛痣、压疮及肿大淋巴结的判断。

（3）评估过程中认真、细致、体现人文关怀，注意保护患者的隐私。

（4）按照格式要求写出一份“一般状态及皮肤黏膜、淋巴结”评估资料。

［实训时间］

2 学时。

［实训内容］

1. 一般状态评估　包括性别、年龄、生命征、发育与体型、营养状态、意识状态、面容与表情、体位、步态。重点：准确测量生命征；正确判断神志、营养；观察有无异常表情及特殊病容、体位与步态的改变；测量体重等。

2. 皮肤黏膜评估　包括皮肤黏膜颜色、湿度、弹性、皮疹、出血、蜘蛛痣与肝掌、水肿、压疮等。重点观察皮肤黏膜有无苍白、发绀、黄染、皮肤黏膜方面、压疮，学会鉴别皮疹、出血点和蜘蛛痣。

3. 淋巴结评估　浅表淋巴结触诊方法、顺序、部位及内容。重点：触诊左侧锁骨上窝淋巴结。

［实训方法］

（1）观看一般状态及皮肤黏膜、淋巴结评估录像，教师按照一定顺序进行一般状态及皮肤黏膜、淋巴结评估示教讲解。

（2）每两位学生为一组，由 1 位学生扮演“患者”，另一位学生扮演“护士”，相互练习。

（3）教师巡回指导，及时纠正学生出现的各种错误，并归纳总结。

（4）完成“一般状态及皮肤黏膜、淋巴结”护理评估记录表的填写。

三、任务实施

［实训流程］

1. 评估前准备

（1）环境准备　安静整洁、光线适宜、冬季应注意室内温度与患者的保暖。

（2）用物准备　VCD、电视机、体温计、血压计、听诊器、手电筒、磅秤、软尺、棉签、护理评估表、笔等。

（3）护士准备　服装鞋帽整洁、洗手，必要时戴口罩；举止端庄、语言轻柔恰当、态度和蔼；尊重理解患者。

（4）患者准备　患者自己平静，休息0.5~10分钟；接受护士对其床号、姓名等信息的核对，倾听护士的简要自我介绍和本次评估的目的，配合护士采取舒适的体位。

2. 实施评估

（1）进入评估　包括自我介绍，解释本次评估的目的与作用，取得患者家属理解与配合，逐步进入评估状态。

（2）评估内容

1）生命征　①体温：互测腋温，测前注意消毒，将水银汞柱甩至35℃以下，将腋温计水银端放置腋窝顶部夹紧10分钟后，取出读数、记录。②脉搏：将食指、中指、无名指的指端放在桡动脉上，压力中等，以能清楚感觉跳动为准，测量时间为1分钟，异常脉搏及心脏器质性病变时测量1分钟，必要时，可同时听心率，并记录结果。③呼吸：在测量脉搏后，护士依然保持测量脉搏的手势、并观察患者胸部或腹部的起伏，时间为1分钟，记录结果。④血压：让患者取卧位或坐位，将血压计袖带缚于上臂（测量一侧上臂），并置于心脏同一水平，袖带下缘在肘窝以上2~3cm处，袖带内气囊中部位于肱动脉上，袖带松紧度以恰能放进1手指为宜；将听诊器胸件置于肘窝部肱动脉搏纱处，轻压；向袖带内充气，边充气边听诊，待肱动脉搏动消失后，再升高20~30mmHg；缓慢放掉袖带内气体，并注视水银柱下降（均匀下降2~6mmHg/秒），当听到的第一声搏动音所示的压力值为收缩压，当搏动音消失处为舒张压；待汞柱降至0，再测量1次，取其平均值并记录。

2）发育与体型　通过身高、体重、年龄、智力之间的关系判断为正常或异常。成人发育正常的指标为：头部长度为身高的1/7~1/8；胸围约等于身高的一半；两上肢平展的长度等于身高；坐高约等于下肢的长度。

3）营养　观察颜面、口唇颜色，检查皮下脂肪丰厚的程度、观察头发的光泽度及有无脱发、观察指甲色泽、表面有无光泽或粗糙，触诊肌肉的结实程度，综合判断为良好、中等或不良。

4）意识状态　通过问答、疼痛刺激、瞳孔对光反射及腱反射等判断意识状态。

5）观察患者的面容表情、体位与步态等情况。

6）观察患者皮肤黏膜的颜色、弹性、温度与湿度、有无皮疹、出血、蜘蛛痣与肝掌、水肿、压疮等。

7）浅表淋巴结　评估时将示指、中指、无名指三指并拢紧贴评估部位，由浅入深进行滑动触诊，并按照耳前→耳后→乳突区→枕骨下区→颈前三角→颈后三角→锁骨上窝→腋窝→滑车上→腹股沟→腘窝等顺序进行，如触及淋巴结，应注意其部位、大小、数目、硬度、压痛、活动度、有无黏连，局部皮肤有无红肿、疤痕、瘘管等。并同时注意寻找引起淋巴结肿大的原发病灶。

（3）结束评估 告知患者一般状态及皮肤黏膜、淋巴结评估的结果，目前存在或可能出现的护理问题，以及注意事项。解释患者提出的问题，有礼貌结束评估。

3. 评估后处理

（1）协助患者取舒适体位休息、整理床单位。

（2）按照医院规定处理用物。

（3）护士洗手、记录。

[注意事项]

1. 光线要适宜，动作要轻柔，操作有序正确。
2. 准确测量相关数据。
3. 评估淋巴结时，放松被评估部位，以利于触诊。
4. 注意保暖和必要的遮挡。

[实训作业]

独立完成“一般状态及皮肤黏膜、淋巴结”护理评估记录表的填写，上交教师批改。

四、实训项目检测

表 4－16 一般状态及皮肤黏膜、淋巴结评估

规定操作时间：45 分钟　　　　实际操作时间：　　　　成绩计分：

项目		内容	标分	评分参考			记分
				好	中	差	
评估前准备（20）	环境	安静、整洁、光线适中、室温适宜	4	4～3	3～2	2～1	
	用物	VCD、电视机、体温计、血压计、听诊器、手电筒、磅秤、软尺、棉签、护理评估表、笔等	5	5～4	3～2	2～1	
	护士	衣、鞋、帽、洗手；举止，语言，爱伤观念	7	7～6	4～3	2～1	
	患者	患者需平静，休息 5～10 分钟；接受护士对其床号、姓名等的核对，倾听护士自我介绍和本次评估的目的，配合护士采取舒适的体位	4	4～3	3～2	2～1	
实施评估（60）	进入评估	自我介绍，解释本次评估的目的与作用，取得患者家属理解与配合，逐步进入评估状态	5	5～4	3～2	2～1	
	评估内容	1. 生命征测量	15	15～11	10～6	5～1	
		2. 发育与体型评估	5	5～4	3～2	2～1	
		3. 营养状态评估	5	5～4	3～2	2～1	
		4. 意识状态评估	5	5～4	3～2	2～1	
		5. 面容表情、体位与步态评估	5	5～4	3～2	2～1	
		6. 皮肤黏膜的评估	5	5～4	3～2	2～1	
		7. 浅表淋巴结的评估	10	10～8	7～5	4～1	
	结束评估	告知患者评估的结果，目前存在或可能出现的护理诊断，以及注意事项。解释患者提出的问题，有礼貌结束评估	5	5～4	3～2	2～1	
评估后处理（5）	整理	1. 协助患者取舒适体位、整理床单位	1	1	0.5	0	
	处理	2. 按照医院规定处理用物	1	1	0.5	0	
	洗手	3. 护士洗手	1	1	0.5	0	
	记录	4. 在规定时间内（15 分钟）书写护理评估表	5	5～4	3～2	2～1	

续表

项目	内容	标分	评分参考			记分
			好	中	差	
评估技巧（15）	1. 光线要适宜，动作要轻柔，操作有序正确	3	3	2	1	
	2. 准确测量相关数据	3	3	2	1	
	3. 评估淋巴结时，被评估部位要放松，以利于触诊	3	3	2	1	
	4. 注意保暖和必要的遮挡	3	3	2	1	
合计		100				

（黄跃芬）

实训项目三　头及面部器官、颈部评估

一、案例导入

患者，女性、33岁。因“怕热、多汗、多食、体重下降、突眼、颈部增粗、脾气暴躁、心慌气短5个多月”就诊，门诊初诊“甲状腺功能亢进症”收住院。患者入院时护士应如何进行头面部及颈部评估？目前患者主要存在的护理问题是什么？

二、任务描述

[实训目的]

1. 在实践中学会对患者头颈部的基本评估方法、内容及技巧，并提出相关护理问题。
2. 在实训中体现人文关怀。
3. 按照格式要求完成一份“头及面部器官、颈部评估”实训报告。

[实训时间]

2学时

[实训内容]

通过评估获得以下资料：头围测量、眼睑翻转方法、瞳孔、巩膜、眼球运动、口唇、咽与扁桃体、颈部血管、甲状腺及气管等的评估。

[实训方法]

1. 学生通过观看CAI课件及全身体格检查DVD，熟悉此部分身体评估内容，做好实习前预习。
2. 教师对重点内容进行操作示范，并讲解操作要领。
3. 教师准备好数份病例，学生每2人一组熟悉病例，轮流扮演护士和患者，相互进行操作训练。
4. 实训过程中，教师巡回指导，发现问题及时纠正。
5. 随机抽取1~2组学生，检测技能掌握程度；其他学生评判、教师点评。
6. 学生整理用物，完成护理评估记录表的填写，结束实训。

三、任务实施

[操作流程]

1. 评估前准备

(1) 环境准备 安静整洁、光线适宜、舒适安全、冬季应注意室内温度与患者的保暖。

(2) 用物准备 手电筒、棉签、压舌板、软尺、记录用的纸和笔等。使用前严格消毒，防止交叉感染。

(3) 护士准备 服装鞋帽整洁、举止端庄，语言柔和恰当，态度和蔼可亲；用消毒液抹布擦盘、台、车；洗手，必要时戴口罩。

(4) 患者准备 ①配合护士核对床号、姓名，听取护士的自我介绍和本次会谈的目的。②配合护士采取舒适的体位如仰卧位。

2. 实施评估

(1) 进入评估 自我介绍，解释本次评估的目的与作用，取得患者家属理解与配合，逐步进入评估状态。

(2) 评估内容

1) 头部评估 ①头发及头皮：视诊头发颜色、疏密度，有无脱发及其特点。观察头皮颜色，有无头皮屑、头癣、炎症、外伤及疤痕；②头颅：视诊并用软尺测量头颅大小、外形，有无异常运动。触诊头颅。

2) 面部评估 ①眼：视诊眼睑有无水肿、下垂、闭合障碍，有无眼球突出或凹陷；嘱患者向上看，评估下睑结膜、球结膜和巩膜；嘱患者向下看，翻转上睑；评估上睑结膜、球结膜和巩膜；观察瞳孔大小和形状；将光源直接照射患者瞳孔，评估直接对光反射；护士将示指置于患者眼前 30～40cm 处，嘱其头部固定，眼球随护士食指方向按左→左上→左下及右→右上→右下 6 个方向移动，注意眼球有无移动障碍；评估远视力、近视力及色觉。②鼻：注意观察鼻外形、鼻部皮肤及周围组织颜色。评估左右鼻呼吸是否通畅。鼻窦是否有压痛。同时用左手将鼻尖轻轻上推，用电筒照射左右鼻前庭，观察鼻黏膜有无充血、肿胀，鼻腔有无出血或分泌物。③耳：视诊、触诊双侧外耳及耳后区，用手将耳廓向后向上牵拉，观察耳廓有无畸形、结节、红肿及牵拉痛，外耳道有无溢液，乳突皮肤有无红肿及压痛。测量听力时患者掩耳闭目，护士以拇指与示指互相摩擦，自 1m 以外逐渐移近耳部，直到听到声音为止，测量距离。用同样方法检测另一耳听力。④口：从外向内按口唇、口腔黏膜、牙齿及牙龈、舌、咽，及扁桃体顺序进行评估。视诊口唇颜色，有无疱疹、口角糜烂、口角歪斜。口腔情况评估时患者张口，护士用压舌板评估口腔黏膜、牙齿、牙龈和舌，观察有无出血点、血疱、溃疡和真菌感染，牙龈有无色素沉着、红肿、出血、溢脓，有无龋齿、义齿、残根；嘱患者口张大发“啊”音，护士持压舌板轻压舌前 2/3 与后 1/3 交界处，观察口底和口咽部，包括软腭、腭垂、扁桃体、咽后壁等。

3) 颈部评估 ①颈部血管：患者安静状态下，取立位或坐位，护士视诊其颈静脉有否可见和颈动脉有无搏动，如可见到颈静脉称为颈静脉怒张；请患者平卧，头枕低枕使颈部与床面呈 30°～45°角，观察颈静脉，如见到颈静脉充盈超过锁骨上缘至下颌角距离的下 1/

3，称为颈静脉怒张。②甲状腺：患者取坐位或仰卧位，护士先用拇指以滑动触诊法评估峡部，再评估两叶。护士站在患者后面，用两手示指置于左右两叶甲状腺部位，结合吞咽动作反复触摸，比较甲状腺的大小、形状、质地、表面光滑度。③气管：护士以示指、无名指分别置于患者两侧胸锁关节，中指置于气管上，观察中指是否在示指和无名指指中间。

（3）结束评估　告知患者头面颈部评估的结果，目前存在或可能出现的护理问题，以及注意事项。解释患者提出的问题，有礼貌结束评估。

3. 评估后处理

（1）协助患者取舒适体位休息、整理床单位。

（2）按照医院规定处理用物。

（3）护士洗手、记录。

［注意事项］

（1）注意着装整洁，言谈举止体现人文关怀。

（2）身体评估过程中检查轻柔，操作有序正确。

（3）严格执行核对制度、保护患者的隐私。

［实训作业］

独立完成“头及面部器官、颈部评估”护理评估记录表的填写，上交教师批改。

四、实训项目检测

表 4－17　头及面部器官、颈部评估

规定操作时间：45 分钟　　　　实际操作时间：　　　　成绩计分：

项目		内容	标分	评分参考			记分
				好	中	差	
评估前准备（20）	环境	安静、整洁、光线适中、室温适宜、安全	4	4～3	3～2	2～1	
	用物	手电筒、棉签、压舌板、软尺、纸和笔等	5	5～4	3～2	2～1	
	护士	衣、鞋、帽、洗手；举止，语言，爱伤观念	7	7～5	4～3	2～1	
	患者	配合护士核对床号与姓名，听取护士的自我介绍和检查目的，配合护士摆好体位	4	4～3	3～2	2～1	
实施评估（60）	评估内容	1. 正确进行头部评估，包括头发、头皮、头颅	10	10～8	7～5	4～1	
		2. 眼睑、结膜和巩膜、瞳孔、眼球运动、眼的功能评估	10	10～8	7～5	4～1	
		3. 鼻及鼻窦评估	10	10～8	7～5	4～1	
		4. 口腔黏膜、舌、牙齿、口底和口咽部的评估	10	10～8	7～5	4～1	
		5. 颈部血管评估	5	5～4	3～2	2～1	
		6. 甲状腺评估	10	10～8	7～5	4～1	
		7. 气管评估	5	5～4	3～2	2～1	
评估后处理（5）	整理	1. 协助患者取舒适体位、整理床单位	1	1	0.5	0	
	处理	2. 按照医院规定处理用物	1	1	0.5	0	
	洗手	3. 护士洗手	1	1	0.5	0	
	记录	4. 在规定时间内（15 分钟）书写护理评估表	2	1	0.5	0	

续表

项目	内容	标分	评分参考			记分
			好	中	差	
评估技巧（15）	1. 在规定时间内（30 分钟）完成头及面部器官、颈部评估	3	3	2	1	
	2. 能正确有效获得患者头及面部器官、颈部评估资料	3	3	2	1	
	3. 评估操作轻柔、有序正确	3	3	2	1	
	4. 言谈举止体现人文关怀	3	3	2	1	
	5. 尊重患者隐私	3	3	2	1	
合计		100				

（邵小琳）

实训项目四　肺部评估

一、案例导入

患者，男性，23 岁。发热，咳嗽 5 天。患者 5 天前受凉后出现寒战，发热，体温最高时达 40℃，伴咳嗽、咳痰，为铁锈色痰。身体评估：T 38.5℃，P 100 次/分，R 20 次/分，BP 120/80mmHg，神清，左上肺叩诊浊音，语颤增强，可闻及湿啰音，心界不大，心率 100 次/分，律齐，未闻及杂音，腹平软，肝脾未触及。请问作为当班护士接诊后应重点评估哪些内容？患者目前存在的主要护理问题有哪些？

二、任务描述

[实训目的]

（1）在实践中学会肺部视诊、触诊、叩诊及听诊的评估方法与技巧，评估有序，手法熟练，所得结果准确，并能结合病例提出相关护理问题。

（2）在评估过程中，动作轻柔规范，认真仔细，关爱患者，注意保护患者隐私，树立良好的职业道德。

（3）按照格式要求写出一份“肺部评估”资料。

[实训时间]

2 学时。

[实训内容]

视诊：胸廓形态、呼吸运动类型、呼吸频率、呼吸节律、呼吸深度。

触诊：胸廓扩张度、语音震颤、胸膜摩擦感。

叩诊：胸部正常叩诊音、肺上界、肺下界、肺下界移动度。

听诊：正常呼吸音、异常呼吸音、啰音、胸膜摩擦音。

[实训方法]

（1）观看肺部评估录像，教师讲解示教，按照一定顺序进行肺部评估。

（2）每两位学生为一组，由一位学生扮演“患者”，另一位学生扮演“护士”，相互练习。

（3）教师巡回指导，及时纠正学生出现的各种错误，并归纳总结。

（4）完成“肺部评估”护理评估记录表的填写。

三、任务实施

［实训流程］

1. 评估前准备

（1）环境准备　安静整洁、光线适宜、冬季应注意室内温度与患者的保暖。

（2）用物准备　VCD、电视机、听诊器、叩诊锤、手电筒、棉签、笔、入院评估首页等。

（3）护士准备　服装鞋帽整洁、洗手，必要时戴口罩；举止端庄、语言轻柔恰当、态度和蔼；尊重理解患者。

（4）患者准备　①患者接受护士对其床号、姓名等信息的核对，倾听护士的简要自我介绍和本次评估的目的，配合护士采取舒适的体位。②床帘遮挡，保护患者隐私。

2. 实施评估

（1）进入评估　包括自我介绍，解释本次评估的目的与作用，取得患者家属理解与配合，逐步进入评估状态。

（2）评估内容

1）视诊　在床帘遮挡、室温适宜，光线良好下嘱患者取仰卧位，充分暴露胸部，观察胸廓形态、前后径之比、两侧对称性；在患者无觉察情况下，注意观察患者呼吸运动的类型、呼吸、双侧运动度、呼吸频率、呼吸节律及深度情况。

2）触诊　①胸廓扩张度：护士双手置于患者胸廓下面，嘱患者进行平静呼吸和深呼吸运动，先后行前胸廓扩张度的检查和后胸廓扩张度的检查。观察比较两手的动度是否一致。正常人胸廓扩张度左右对称。②语音震颤：患者取坐位，护士将左右手掌的尺侧缘或掌面轻放于患者两侧胸壁的对称部位，然后嘱患者用同等的强度重复发“yi”长音，自上至下，从内到外，左右对比，并于双侧对称部位两手交叉互换进行对比，比较两侧相应部位语音震颤的异同，注意有无增强或减弱。③胸膜摩擦感：患者取仰卧位，护士用手掌平放于前胸下部或腋中线第5、6肋间，嘱患者做深呼吸运动，以判断有无类似于皮革相互摩擦的感觉。

3）叩诊　①直接叩诊：护士用右手中间三指的掌面直接拍击胸部，先前胸→侧胸→后胸，注意左右、上下、内外对比。②间接叩诊：患者取坐位（指板于肋间垂直）或卧位（指板与肋间平行），护士左手中指第二指节紧贴于叩诊部位，其他手指稍微抬起，右手中指指端垂直叩击左手中指第二指骨的前端，叩诊时以腕关节与指掌关节的活动为主，避免肘关节及肩关节参加运动。叩诊遵循自上→下、由外→内的顺序，依次叩诊前胸部→侧胸部→背部。并作左右、上下、内外进行对比，注意叩诊音的变化。③正常肺部叩诊音：正常肺部叩诊为清音；肺组织覆盖心脏、肝脏实质脏器的部位为浊音；左侧锁骨中线下方有胃泡的存在，叩诊呈鼓音。④肺上界叩诊：取斜方肌前缘中央向两侧叩诊，当清音转为浊音时，即为肺上界的宽度。⑤肺下界叩诊：通常在两侧锁骨中线、腋中线和肩胛线上，自上→下叩诊，当清音变为浊音，即为肺下界。正常人平静呼吸时在锁骨中线、腋中线、肩胛下角线上，肺下界分别是第6、8、10肋间隙。⑥肺下界移动度：患者平静呼吸，于肩胛线上叩出肺下界的位置；嘱患者作深吸气后屏住呼吸，同时沿该线继续向下叩诊，当由清音变为浊音时，即为肩胛线上肺下界的最低点；当患者恢复平静呼吸后，再嘱其作深呼气并屏住呼吸，于肩胛线上由上→下叩诊，直至清音变为浊音，即为肩胛线上肺下界的最高点。测量最高点与最低点之间距离。

4）听诊　嘱患者取坐位或卧位。听诊的顺序一般由肺尖开始，自上→下分别检查前胸部→侧胸部→背部，与叩诊相同，听诊前胸部应沿锁骨中线和腋前线；听诊侧胸部应沿腋中线和腋后线；听诊背部应沿肩胛线，自上→下逐一肋间进行，并且上下、左右对称的部位进行对比。听诊内容：①正常呼吸音（支气管呼吸音、支气管肺泡呼吸音、肺泡呼吸音）。②异常呼吸音（异常肺泡呼吸音、异常支气管呼吸音、异常支气管肺泡呼吸音）。③啰音（湿啰音和干啰音）。④胸膜摩擦音：护士用听诊器置于患者前下侧胸壁，评估是否听到摩擦的声音。

（3）结束评估　告知患者肺部评估的结果，目前存在或可能出现的护理问题，以及注意事项。解释患者提出的问题，有礼貌结束评估。

3. 评估后处理

（1）协助患者穿戴衣物、取舒适体位、整理床单位。

（2）按照医院规定处理用物。

（3）护士洗手、记录。

[注意事项]

（1）注意着装整洁，言谈举止体现人文关怀，进入实训室或病区要注意“四轻”—走路轻、说话轻、开关门轻、一切操作轻。

（2）注意肺部评估方法、技巧与顺序。

（3）注意核对制度、注意保护患者的隐私、可用床帘或屏风遮挡。

[实训作业]

独立完成“肺部评估”实训指导填写，上交教师批改。

四、实训项目检测

表4－18　肺部评估

规定操作时间：45分钟　　实际操作时间：　　成绩计分：

项目		内容	标分	评分参考			记分
				好	中	差	
评估前准备（20）	环境	安静、整洁、光线适中、室温适宜	4	4～3	3～2	2～1	
	用物	VCD、电视机、听诊器、教学病例数份、笔、记录纸、入院评估首页等	5	5～4	3～2	2～1	
	护士	衣、鞋、帽、洗手；举止，语言，爱伤观念	7	7～6	4～3	2～1	
	患者	配合护士核对床号与姓名，摆好体位接受评估。注意患者的全身情况、心理情况及健康知识掌握程度	4	4～3	3～2	2～1	

续表

项目		内容	标分	评分参考			记分
				好	中	差	
实施评估（60）	进入评估	对患者做自我介绍，解释评估目的与作用，取得患者家属理解与配合，逐步进入评估状态	5	5～4	3～2	2～1	
	评估内容	1. 护士通过视诊评估肺部的呼吸运动、呼吸频率、呼吸节律等	5	5～4	3～2	2～1	
		2. 护士进行肺部胸廓扩张度、胸膜摩擦感检查	5	5～4	3～2	2～1	
		3. 护士进行肺部语音震颤评估	10	10～8	7～5	4～1	
		4. 护士进行肺部肺下界的叩诊	10	10～8	7～5	4～1	
		5. 护士进行肺部肺下界移动度的叩诊	10	10～8	7～5	4～1	
		6. 护士进行肺部听诊	10	10～8	7～5	4～1	
	结束评估	告知患者评估结果，目前存在或可能出现的护理问题，以及注意事项。解释患者提出的问题，有礼貌结束评估	5	5～4	3～2	2～1	
评估后处理（5）	整理	1. 协助患者穿衣裤、取舒适体位、整理床单位	1	1	0.5	0	
	处理	2. 按照医院规定处理用物	1	1	0.5	0	
	洗手	3. 护士洗手	1	1	0.5	0	
	记录	4. 在规定时间内（15 分钟）书写护理评估表	2	1	0.5	0	
评估技巧（15）		1. 在规定时间内（30 分钟）完成肺部评估	3	3	2	1	
		2. 评估手法与顺序正确，动作轻柔	3	3	2	1	
		3. 评估内容无遗漏，资料分析正确	3	3	2	1	
		4. 注意保护患者的隐私、可用床帘或屏风遮挡	3	3	2	1	
		5. 护患沟通良好，满意度高	3	3	2	1	
合计			100				

（吴　慧）

实训项目五　心脏与周围血管评估

一、案例导入

患者，女性，45 岁。主诉心悸、气促反复发作 8 年，加重半年，未经诊治。入院前一天，因“上呼吸道感染”进行静脉输液，当输液 3 小时，进液量约 1500ml 时，患者突然出现呼吸困难，心悸伴频繁咳嗽，咯粉红色泡沫样痰，不能平卧而急诊来院。20 年前有风湿热病史，无手术外伤史、无药物过敏史。入院诊断：二尖瓣狭窄并发急性肺水肿。作为当班护士对患者进行心脏评估时可能发现哪些体征？应重点评估哪些内容？患者目前存在的主要护理问题有哪些？

二、任务描述

［实训目的］

（1）在实践中学会心脏视诊、触诊、叩诊及听诊的评估方法与技巧，评估有序，手法熟练，所得结果准确，并能结合病例提出相关护理问题。

（2）在评估过程中，动作轻柔规范，认真仔细，关爱患者，注意保护患者隐私，树立良好的职业道德。

（3）按照格式要求写出一份“心脏评估”资料。

［实训时间］

2学时。

［实训内容］

1. 心脏评估

视诊：心前区有无隆起或凹陷、心尖搏动、心前区其他部位有无异常搏动。

触诊：心尖搏动的位置、范围及强弱，心脏震颤，心包摩擦感。

叩诊：心脏相对浊音界。

听诊：心脏听诊部位、顺序和内容。

2. 周围血管评估　肝颈静脉回流征、血管杂音、周围血管征。

［实训方法］

（1）观看胸部评估的视频。

（2）教师按一定顺序讲解示范心脏与血管评估的实训内容、方法及注意事项。

（3）每两位学生为一组，由一位学生扮演“患者”，另一位学生扮演“护士”，相互练习。

（4）教师巡回指导，及时纠正学生出现的各种错误，并归纳总结。

（5）完成“心脏与周围血管评估”护理评估记录表的填写。

三、任务实施

［实施流程］

1. 评估前准备

（1）环境准备　安静整洁，光线适宜，冬季应注意室内温度与患者的保暖。

（2）用物准备　配套视频、听诊器、直尺（长、短各一）、模拟患者、笔、记录纸等。

（3）护士准备　服装鞋帽整洁、洗手，剪短指甲、佩戴口罩；举止端庄、语言轻柔恰当、态度和蔼；尊重理解患者。

（4）患者准备　患者接受护士对其床号、姓名等信息的核对，倾听护士的简要自我介绍和本次评估的目的，配合护士采取舒适的体位。

2. 实施评估

（1）进入评估　包括自我介绍，解释本次评估的目的与作用，取得患者家属理解与配合，逐步进入评估状态。

（2）评估内容

1）心脏评估　①视诊：护士位于患者右侧，视线与患者胸廓同高或与搏动点呈切线位置观察心前区外形、心尖搏动。②触诊：护士先将右手全手掌放在患者心前区区域，再以右手尺侧缘（小鱼际处）或右手2～4指指腹进行触诊。触诊内容包括：心尖搏动、心前区搏动及震颤、心包摩擦感。③叩诊：采取间接叩诊法；患者取半坐位；护士立于患者右侧，护士左手板指与肋间垂直，以右手中指指端垂直叩打左手中指第二指骨前端；按从左到右、从外向内、自下而上的顺序进行叩诊；一般先叩左心界，先确定心间博动点，从心尖搏动点外2～3cm处从外向内进行叩诊，由清音变成浊音处标记心界，依照此法，自下而上逐渐叩至第2肋间；叩诊右心界时，先在右锁骨中线从第2肋间开始逐一肋间从上往下叩诊，由清音变成浊音处确定肝浊音界（一般为第5肋间），在肝浊音界向上一肋间（一般为第4肋间）由外向内、自下而上逐一肋间进行叩诊，各肋间清音变成浊音处一一标记心界；并用直尺测量记录前正中线到各浊音标记处的垂直距离，再测量左锁骨中线到前正中线的距离。④听诊顺序一般按逆时针方向进行，即二尖瓣区→肺动脉瓣区→主动脉瓣区→主动脉瓣第二听诊区→三尖瓣区逐一听诊心率、心律、心音、额外心音、杂音及心包摩擦音。

2）周围血管评估　①肝－颈静脉回流征：护士用手逐渐用力按压患者右上腹部肿大的肝脏片刻，观察颈静脉充盈是否更为明显。②水冲脉，将患者手臂抬高过头，触其桡动脉，是否感到急促有力冲击。③枪击音及Duroziez双重杂音，听诊器放在肱动脉或股动脉处，是否闻及短促的类似射击时“Ta－Ta”音；将听诊器稍加压力，是否闻及收缩期与舒张期吹风样杂音。④毛细血管搏动征，用手指轻压患者指甲床末端，观察是否见红白交替、节律性微血管搏动现象。

（3）结束评估　告知患者评估结果，目前存在或可能出现的护理问题，以及注意事项。解释患者提出的问题，有礼貌结束评估。

3. 评估后处理

（1）协助患者取舒适体位、整理床单位。

（2）按照医院规定处理用物。

（3）护士洗手、完成记录。

[注意事项]

（1）触诊和听诊时手及听诊器体件不可过凉。

（2）评估中，充分暴露心前区，注意光线充足、环境温暖，注意保护患者隐私。

（3）注意心界叩诊顺序与方法，叩诊力度适中，用力均匀。

（4）听诊时环境宜安静，注意区分S_1和S_2，注意力集中排除呼吸音干扰。

（5）心律不齐时一定要同时触摸脉搏。

[实训作业]

独立完成“心脏评估”护理评估记录表的填写，上交教师批改。

四、实训项目检测

表4－19　心脏与周围血管评估

规定操作时间：45分钟　　　　实际操作时间：　　　　成绩计分：

项目		内容	标分	评分参考			记分
				好	中	差	
评估前准备（20）	环境	安静、整洁、光线适中、室温适宜	4	4～3	3～2	2～1	
	用物	配套视频、听诊器、直尺、模拟患者、笔、记录纸等	5	5～4	3～2	2～1	
	护士	衣、鞋、帽、洗手；举止，语言，爱伤观念	7	7～6	4～3	2～1	
	患者	暴露被评估部位，配合护士采取舒适的体位。床帘遮挡，保护患者隐私	4	4～3	3～2	2～1	

续表

项目		内容	标分	评分参考			记分
				好	中	差	
实施评估（60）	进入评估	自我介绍，解释评估目的与作用，取得患者家属理解与配合，逐步进入评估状态	5	5～4	3～2	2～1	
	评估内容	1. 视诊心前区外形与心尖搏动：视诊时患者体位、充分暴露检查部位，护士视线与患者胸部切线水平方向一致	5	5～4	3～2	2～1	
		2. 触诊心尖搏动、心前区震颤及心包摩擦感：护士先将右手全手掌放在患者心前区，再以右手尺侧缘（小鱼际处）或右手 2～4 指指腹进行触诊。触到震颤应注意其发生部位、时期，分析其临床意义；注意心包摩擦感与胸膜摩擦感的鉴别	10	10～8	7～5	4～1	
		3. 叩诊心相对浊音界：采取间接叩诊法；患者取仰卧位或坐位；按从左到右、从外向内、自下而上的顺序进行叩诊	10	10～8	7～5	4～1	
		4. 听诊部位及听诊顺序	5	5～4	3～2	2～1	
实施评估（60）	评估内容	5 听诊：心率、心律、心音、额外心音、杂音及心包摩擦音	10	10～8	7～5	4～1	
		6. 肝－颈静脉回流征和周围血管征评估	10	10～8	7～5	4～1	
	结束评估	告知患者评估结果，目前存在或可能出现的护理问题，以及注意事项。解释患者提出的问题，有礼貌结束评估	5	5～4	3～2	2～1	
评估后处理（5）	整理	1. 协助患者穿衣裤、取舒适体位、整理床单位	1	1	0.5	0	
	处理	2. 按照医院规定处理用物	1	1	0.5	0	
	洗手	3. 护士洗手	1	1	0.5	0	
	记录	4. 在规定时间内（15 分钟）书写护理评估表	2	1	0.5	0	
评估技巧（15）	记录	1. 在规定时间内（30 分钟）完成心脏血管评估	3	3	2	1	
		2. 言谈举止体现人文关怀，关心、体贴患者	3	3	2	1	
		3. 注意心界叩诊顺序与方法，叩诊力度适中，用力均匀	3	3	2	1	
		4. 注意保护患者隐私。如为异性评估时，应有第三者在场	3	3	2	1	
		5. 听诊注意区分 S_1 和 S_2，注意力集中排除呼吸音干扰	3	3	2	1	
合计			100				

（王春桃）

实训项目六　腹部评估

一、案例导入

张先生，43 岁，有慢性乙型肝炎病史 10 年，近 2 年来出现腹胀、食欲不振、全身乏力、精神不振、皮肤黄染。查体：面色晦暗，巩膜黄染，前胸可见蜘蛛痣，肝掌，腹部膨隆，呈蛙腹，腹壁静脉曲张，脾肿大，移动性浊音阳性，双下肢浮肿。作为当班护士应重点评估哪些内容？患者目前存在的主要护理问题有哪些？

二、任务描述

[实训目的]

（1）在实践中学会运用有效的腹部评估的方法与技巧进行护理体检，评估有序，手法熟练，所得结果准确，并能结合病例提出相关护理问题。

（2）评估过程中认真、细致、体现人文关怀，注意保护患者的隐私。

（3）按照格式要求写出一份“腹部评估”资料。

[实训时间]

2 学时。

[实训内容]

视诊：腹部外形、呼吸运动、腹壁曲张静脉、胃肠型和蠕动波等。

触诊：腹壁紧张度、压痛及反跳痛、脏器触诊、液波震颤。

叩诊：肝浊音界、肝区叩击痛、肾区叩击痛、膀胱叩诊、移动性浊音。

听诊：肠鸣音、振水音、血管杂音。

[实训方法]

（1）观看腹部评估视频，教师讲解示教，按照一定顺序进行腹部评估。

（2）每两位学生为一组，由一位学生扮演“患者”，另一位学生扮演“护士”，相互练习。

（3）教师巡回指导，及时纠正学生出现的各种错误，并归纳总结。

（4）完成“腹部评估”护理评估记录表的填写。

三、任务实施

[实训流程]

1. 评估前准备

（1）环境准备　安静整洁、光线适宜、冬季应注意室内温度与患者的保暖。

（2）用物准备　配套视频、听诊器、叩诊锤、手电筒、软尺、直尺、棉签、笔、入院评估首页等。

（3）护士准备　服装鞋帽整洁、洗手，必要时戴口罩；举止端庄、语言轻柔恰当、态度和蔼；尊重理解患者。

（4）患者准备　①倾听护士的简要自我介绍和本次会谈的目的，根据病情和评估需要，配合护士采取舒适的体位，暴露被评估部位。②床帘遮挡，保护患者隐私。

2. 实施评估

（1）进入评估　包括自我介绍，解释本次评估的目的与作用，取得患者家属理解与配合，逐步进入评估状态。

（2）评估内容

1）视诊　嘱患者取仰卧位，充分暴露腹部。护士立于患者右侧，可利用侧面来的光线正侧面观察前腹壁是否处于肋缘至耻骨联合的同一平面。视诊内容包括①腹部外形：评估腹部外形时应注意腹部外形是否对称，有无膨隆或凹陷。正常人腹部外形有三种：平坦、饱满、低平。②呼吸运动：主要观察腹式呼吸运动是否增强或减弱。③腹壁静脉曲张：用指压法判断曲张静脉血流方向。④胃肠型和蠕动波：观察胃肠型及蠕动波。⑤其他。

2）触诊　护士应站立于患者右侧，触诊应由浅入深，从轻到重，先触诊“健康”部位，再逐渐移向“病变”区域。一般自左下腹开始逆时针方向，自下而上，先左后右，再至脐部，依次检查腹部各区；边触诊边观察患者的反应与表情；对精神紧张者可边触诊边与患者交谈，转移其注意力而减少腹肌紧张，保证触诊顺利进行。腹部触诊内容：①腹壁紧张度：用浅部触诊法了解腹壁软硬度，有无抵抗及疼痛。②压痛及反跳痛：正常人腹部触压时不引起疼痛。若由浅入深触压腹部引起疼痛者，称压痛。护士用手徐徐按压腹痛部位，手指在该处稍停片刻，然后将手迅速抬起，此时患者感到该处腹痛骤然加重，并有痛苦表情或呻吟，即称反跳痛。③脏器触诊：包括肝、脾、胆囊、肾、膀胱等触诊。注意事项为患者体位、触诊手法、密切配合呼吸。④液波震颤：主要评估有无腹水存在。

3）叩诊　主要目的在于叩知某些脏器的大小，有无叩击痛，胃肠道充气情况，膀胱充盈的程度，腹腔内有无积气、积液和包块等。腹部叩诊一般多采用间接叩诊法。叩诊内容有①腹部叩诊音：除肝脾所在位置外，正常腹部叩诊为鼓音。②肝界叩诊及肝区叩诊。③肾区叩诊。④膀胱叩诊。⑤移动性浊音叩诊。

4）听诊　①肠鸣音：用听诊器置于脐周或右下腹，听诊1分钟，判断肠鸣音有无增强、减弱或消失。②振水音：患者仰卧，护士以一耳凑近上腹部，同时以冲击触诊法震动胃部，可听到气、液撞击的声音，也可将听诊器置于上腹部听诊。③血管杂音：用听诊器置于腹部以判断有无血管杂音。

（3）结束评估　告知患者腹部评估的结果，目前存在或可能出现的护理问题，以及注意事项。解释患者提出的问题，有礼貌结束评估。

3. 评估后处理

（1）协助患者穿衣裤、取舒适体位、整理床单位。

（2）按照医院规定处理用物。

（3）护士洗手、记录。

[注意事项]

（1）注意着装整洁，言谈举止体现人文关怀，进入实训室或病区要注意“四轻”，即走路轻、说话轻、开关门轻、一切操作轻。

（2）注意腹腔脏器触诊，要配合腹式呼吸运动。必要时排空膀胱。

（3）注意核对制度，不要坐在患者床上及保护患者的隐私。

[实训作业]

独立完成“腹部评估”护理评估记录表的填写，上交教师批改。

四、实训项目检测

表 4-20　腹部评估

规定操作时间：45 分钟　　　　实际操作时间：　　　　成绩计分：

项目		内容	标分	评分参考			记分
				好	中	差	
评估前准备（20）	环境	安静、整洁、光线适中、室温适宜	4	4~3	3~2	2~1	
	用物	配套视频、听诊器、叩诊锤、手电筒、软尺、棉签、笔、入院评估首页等 教学病例数份、笔、记录纸、入院评估首页等	5	5~4	3~2	2~1	
	护士	衣、鞋、帽、洗手；举止，语言，爱伤观念	7	7~6	4~3	2~1	
	患者	配合护士核对床号与姓名、摆好体位、暴露被评估部位。注意患者的全身情况、心理情况及健康知识掌握程度	4	4~3	3~2	2~1	
实施评估（60）	进入评估	对患者做自我介绍，解释评估目的与作用，取得患者家属理解与配合，逐步进入评估状态	5	5~4	3~2	2~1	
	评估内容	1. 患者取仰卧位，护士站在患者的右侧，面向患者	5	5~4	3~2	2~1	
		2. 护士进行腹部视诊，评估内容为腹部外形、呼吸运动、腹壁静脉、胃肠型等	10	10~8	7~5	4~1	
		3. 护士进行腹部触诊，评估内容包括腹壁紧张度，压痛及反跳痛，脏器触诊、液波震颤	15	15~10	9~5	4~1	
		4. 护士进行腹部叩诊，评估内容为腹部叩诊、肝脏叩诊、肾区叩诊、膀胱叩诊、移动性浊音叩诊	15	15~10	9~5	4~1	
		5. 护士进行腹部听诊，包括肠鸣音、振水音、血管杂音、胎心音	5	5~4	3~2	2~1	
	结束评估	告知患者评估结果，目前存在或可能出现的护理问题，以及注意事项。解释患者提出的问题，有礼貌结束评估	5	5~4	3~2	2~1	
评估后处理（5）	整理	1. 协助患者穿衣裤、取舒适体位、整理床单位	1	1	0.5	0	
	处理	2. 按照医院规定处理用物	1	1	0.5	0	
	洗手	3. 护士洗手	1	1	0.5	0	
	记录	4. 在规定时间内（15 分钟）书写护理评估表	2	1	0.5	0	
评估技巧（15）		1. 在规定时间内（30 分钟）完成腹部评估	3	3	2	1	
		2. 评估手法正确，动作轻稳	3	3	2	1	
		3. 注意腹腔脏器触诊，要配合腹式呼吸运动。必要时排空膀胱	3	3	2	1	
		4. 言谈举止体现人文关怀，必要的遮挡	3	3	2	1	
		5. 护患沟通良好，满意度高	3	3	2	1	
合计			100				

（吴　慧）

实训项目七　神经系统评估

一、案例导入

患者，女性，67 岁。于 2 小时前在排便中突然跌倒在地，呼之不应，即送医院，途中出现大小便失禁，无抽搐及呕吐。既往高血压病史 10 余年，近半个月来经常头晕、头胀，未予诊治。身体评估：T 36.5℃，P 62 次/分，R 16 次/分，BP 200/110mmHg，浅昏迷，双眼向左凝视，右侧鼻唇沟变浅，口角下垂，心率 62 次/分，主动脉瓣区第一心音亢进，双肺（-），腹部（-），右侧肢体肌力 2 级。作为值班护士还需要补充评估哪些内容？患者目前主要存在的护理问题是什么？

二、任务描述

[实训目的]

（1）学会运用肌力、肌张力、神经反射和脑膜刺激征评估方法与技巧进行护理体检，评估有序，手法熟练，所得结果准确，并能结合病例提出相关护理问题。

（2）评估过程中认真、细致、体现人文关怀，注意保护患者的隐私。

（3）按照格式要求写出一份“神经系统评估”资料。

[实训时间]

2 学时。

[实训内容]

（1）肌力与肌张力评估。

（2）瞳孔评估。

（3）神经反射评估。

①浅反射　角膜反射、腹壁反射、跖反射、肛门反射。

②深反射　肱二头肌反射、肱三头肌反射、桡骨膜反射、膝腱反射、跟腱反射。

③锥体束征　Babinski 征、Oppenheim 征、Gordon 征、Chaddock 征、Hoffmann 征。

④脑膜刺激征　颈强直、Kernig 征、Brudziski 征。

[实训方法]

（1）观看神经系统评估视频，教师讲解示教，按照一定顺序进行神经系统评估。

（2）每两位学生为一组，由一位学生扮演“患者”，另一位学生扮演“护士”，相互练习。

（3）教师巡回指导，及时纠正学生出现的各种错误，并归纳总结。

（4）完成“神经系统”护理评估记录表的填写。

三、任务实施

[实训流程]

1. 评估前准备

（1）环境准备　安静整洁、光线适宜，冬季应注意室内温度与患者的保暖。

（2）用物准备　相关视频、叩诊锤、手电筒、棉签、笔、入院评估首页等。

（3）护士准备　服装鞋帽整洁、洗手，必要时戴口罩；举止端庄、语言轻柔恰当、态度和蔼；尊重理解患者。

（4）患者准备　患者接受护士对其床号、姓名等信息的核对，倾听护士的简要自我介绍和本次会谈的目的，配合护士采取舒适的体位。

2. 实施评估

（1）进入评估　包括自我介绍，解释本次评估的目的与作用，取得患者家属理解与配合，逐步进入评估状态。

（2）评估内容

1）肌力　①主动法。让患者作主动运动，如肢体的伸屈或抬高等，观察其肢体活动的状况。②被动法。给予患者某肢体加以适当的阻力，让其抵抗以测定其肌力。注意两侧肢体的对比，两侧力量显著不等时有重要意义。

2）肌张力　嘱患者肌肉完全放松，护士触摸肌肉有坚实感，被动运动时阻力增加，表明肌张力增强。触诊肌肉松软，被动运动时阻力减弱或消失，关节过伸，表明肌张力减弱。

3）瞳孔　①大小与形态。在室内自然光线下观察两侧瞳孔是否等大等圆。②对光反射。嘱患者注视正前方，用手电筒光照射一侧瞳孔，被照瞳孔立即缩小，移开光源后迅速复原，为直接对光反射。以手隔开两眼，光照一侧瞳孔，另侧瞳孔也同时缩小，为间接对光反射。对光反射迟钝见于浅昏迷，完全消失见于深昏迷。

4）浅反射　①角膜反射。嘱患者眼睛向内上方注视，护士用棉签絮轻触角膜外缘，观察眼睑闭合情况。如果不引起瞬目反射，说明角膜反射减弱或消失。②腹壁反射。患者仰卧，双下肢略屈曲使腹壁松弛，用钝头竹签分别沿肋缘下、脐平面及腹股沟上的方向，由外向内轻划腹壁皮肤。正常可见受刺激部位腹肌收缩。③跖反射。患者仰卧，髋及膝关节伸直。护士手持患者踝部，用钝头竹签沿足底外侧划至小趾关节处转向拇趾侧，正常反应为足趾跖屈。④肛门反射：用大头针轻划肛门周围皮肤，可引起肛门外括约肌收缩。

5）深反射　①肱二头肌反射。护士以左手扶托患者肘部使前臂屈曲 90°，将拇指置于肱二头肌肌腱上，右手持叩诊锤叩击拇指指甲。正常反应为肱二头肌收缩，肘关节快速屈曲。②肱三头肌反射。护士左手托起患者肘部，嘱其前臂屈曲，用叩诊锤叩击尺骨鹰嘴上方的肱三头肌肌腱，正常反应为肱三头肌收缩致前臂稍伸展。③桡骨膜反射。患者前臂置于半屈半旋前位，护士以左手托住其前臂，使腕关节自然下垂，以叩诊锤叩击桡骨茎突，可引起肱桡肌收缩，发生屈肘和前臂旋前动作。④膝反射：坐位时小腿完全松弛下垂与大腿成直角。仰卧时护士以左手在腘窝处托起患者双下肢使与小腿成 120°，右手持叩诊锤叩击股四头肌肌腱，正常反应为小腿伸展。⑤跟腱反射：仰卧位时使患者屈膝近 90°，下肢外展外旋，护士左手持患者足掌使足呈过伸位，叩击跟腱。正常反应为腓肠肌收缩，足跖屈。如不能引出，使患者跪于凳上，足垂凳边，叩击跟腱，反应同前。

6）病理反射　①Babinski 征。评估方法同跖反射。阳性反应为踇趾缓慢背伸，其余四趾呈扇形展开，为锥体束受损的体征。②Oppenheim 征。护士以踇指和示指沿患者胫前自上而下加压移动，阳性表现同 Babinski 征。③Gordon 征。护士用手以一定力量捏压腓肠肌，阳性表现同 Babinski 征。④Chaddock 征。护士用钝头竹签在患者外踝下方，由后向前轻划至趾掌关节处，阳性表现同 Babinski 征。⑤ Hoffmann 征。护士用左手持患者腕关节上方，使其腕关节稍背伸，右手以中指和示指挟持患者中指第二节，稍向上提，并用拇指向下弹刮中指指甲，阳性表现为其他四指出现屈曲动作。

7）脑膜刺激征　①颈强直。患者去枕仰卧，颈部放松，护士一手托扶患者枕部，另一手置于胸前作屈颈动作。如有抵抗力增强，则为颈强直。②Kernig 征。患者仰卧，伸直下肢，护士用手握持患者的一侧小腿，将髋关节及膝关节屈曲成直角，然后慢慢抬高小腿伸膝，若在 135°以内出现抵抗且伴疼痛、屈肌痉挛，即为阳性。③Brudzinski 征。患者仰卧，下肢自然伸直，护士一手托患者枕部，一手置于其胸前，然后使其头部前屈，若两侧膝关节和髋关节此时也屈曲，则为阳性。

（3）结束评估　告知患者神经系统评估的结果，目前存在或可能出现的护理问题，以及注意事项。解释患者提出的问题，有礼貌结束评估。

3. 评估后处理

（1）协助患者穿衣裤、取舒适体位、整理床单位。

（2）按照医院规定处理用物。

（3）护士洗手、记录。

[注意事项]

（1）嘱患者肢体自然放松，摆放于适当位置。

（2）神经反射评估时，叩击力量要均匀，并进行双侧对比。

（3）有的反射难以引出，应转移患者的注意力后，再行神经反射评估。

（4）注意保护患者，以免跌倒损伤。

（5）注意评估顺序、内容及结果准确性。

[实训作业]

独立完成“神经系统”护理评估记录表的填写，上交教师批改。

四、实训项目检测

表 4-21　神经系统评估

规定操作时间：45 分钟　　　　实际操作时间：　　　　成绩计分：

项目		内容	标分	评分参考			记分
				好	中	差	
评估前准备（20）	环境	安静、整洁、光线适中、室温适宜	4	4～3	3～2	2～1	
	用物	相关视频、叩诊锤、手电筒、压舌板、音叉、棉签、笔、入院评估首页等	5	5～4	3～2	2～1	
	护士	衣、鞋、帽、洗手；举止，语言，爱伤观念	7	7～6	4～3	2～1	
	患者	患者接受护士对其床号、姓名等信息的核对，倾听护士的简要自我介绍和本次会谈的目的，配合护士采取舒适的体位	4	4～3	3～2	2～1	

续表

项目		内容	标分	评分参考			记分
				好	中	差	
实施评估（60）	进入评估	自我介绍，解释评估目的与作用，取得患者家属理解与配合，逐步进入评估状态	5	5～4	3～2	2～1	
	评估内容	1. 评估肌力与肌张力情况	9	9～7	6～4	3～1	
		2. 评估瞳孔大小、形态、对光反射	9	9～7	6～4	3～1	
		3. 评估浅反射	8	8～7	6～4	3～1	
		4. 评估深反射	8	8～7	6～4	3～1	
		5. 评估病理反射	8	8～7	6～4	3～1	
		6. 评估脑膜刺激征	8	8～7	6～4	3～1	
	结束评估	告知患者评估结果，目前存在或可能出现的护理问题，以及注意事项。解释患者提出的问题，有礼貌结束评估	5	5～4	3～2	2～1	
评估后处理（5）	整理	1. 协助患者穿衣裤、取舒适体位、整理床单位	1	1	0.5	0	
	处理	2. 按照医院规定处理用物	1	1	0.5	0	
	洗手	3. 护士洗手	1	1	0.5	0	
	记录	4. 在规定时间内（15 分钟）书写护理评估表	2	1	0.5	0	
评估技巧（15）		1. 在规定时间内（30 分钟）完成神经系统评估	3	3	2	1	
		2. 嘱患者肢体自然放松，摆放于适当位置	3	3	2	1	
		3. 叩击力量要均匀，并进行双侧对比。有的反射难以引出，应转移患者的注意力后，再行神经反射评估	3	3	2	1	
		4. 注意保护患者，以免跌倒损伤	3	3	2	1	
		5. 注意评估顺序、内容及结果准确性	3	3	2	1	
合计			100				

（杜庆伟）

目标检测

A1 型题

1. 长期应用糖皮质激素的患者可出现的面容是

   A. 甲亢面容　　B. 黏液性水肿面容

   C. 肢端肥大症面容　　D. 满月面容

   E. 慢性面容

2. 气管向患侧移位见于

   A. 大量胸腔积液　　B. 气胸　　C. 肺气肿

   D. 广泛胸膜黏连　　E. 纵隔肿瘤

3. 双侧瞳孔缩小常见于

   A. 有机磷农药中毒　　B. 青光眼　　C. 濒死状态

   D. 脑疝形成　　E. 阿托品中毒

4. 语颤增强可见于

A. 支气管炎　　B. 肺气肿　　C. 胸腔积液

D. 肺炎　　E. 胸膜增厚

5. 正常心尖搏动位于

A. 胸骨左缘第 4 肋间锁骨中线内侧 0.5 ~ 1.0cm 处

B. 胸骨左缘第 5 肋间锁骨中线内侧 0.5 ~ 1.0cm 处

C. 胸骨左缘第 6 肋间锁骨中线内侧 0.5 ~ 1.0cm 处

D. 胸骨右缘第 4 肋间锁骨中线内侧 0.5 ~ 1.0cm 处

E. 胸骨右缘第 5 肋间锁骨中线内侧 0.5 ~ 1.0cm 处

6. 鉴别心包摩擦音与胸膜摩擦音主要依据是

A. 性质　　B. 强度　　C. 音调

D. 部位　　E. 屏气后是否存在

7. 评估心脏有器质性心脏病的重要依据是

A. 心前区触及震颤　　B. 心尖搏动向上移位

C. 心脏杂音　　D. 心尖搏动向下移位

E. 额外心音

8. 抬举性心尖搏动常见于

A. 左心室肥大　　B. 右心室肥大　　C. 心肌炎

D. 左心房肥大　　E. 心肌梗死

9. 腹水量超过多少腹部可出现移动性浊音

A. 100ml　　B. 300ml　　C. 500ml

D. 800ml　　E. 1000ml

10. 麦氏点是指

A. 右腹直肌外缘与肋缘交点

B. 右腹直肌外缘平脐水平

C. 右髂前上棘与脐连线的中、内 1/3 交界处

D. 右髂前上棘与脐连线的中、外 1/3 交界处

E. 左、右髂前上棘连线右 1/3 处

11. 肝浊音界消失见于

A. 肺气肿　　B. 右侧气胸　　C. 肝癌

D. 肝硬化　　E. 胃肠穿孔

12. 提示锥体束受损的重要体征是

A. 巴彬斯基征　　B. 克尼格征

C. 腹壁反射消失　　D. 膝腱反射亢进

E. 颈项强直

13. 下列哪项与杵状指无关

A. 支气管扩张　　B. 肺气肿

C. 发绀型先天性心脏病　　D. 感染性心内膜炎

E. 肢端肥大症

A2 型题

14. 患者，男性，50 岁，面色暗褐，额部、鼻背、双颊有色素沉着，颈部、胸部、手背等处可见数个蜘蛛痣，最可能的疾病是

A. 慢性肾上腺皮质功能减退症　　B. 系统性红斑狼疮
C. 慢性肾功能衰竭　　D. 结核病
E. 慢性肝炎

15. 患者，男性，29 岁，咳嗽、发热 3 天，住院后咳大量铁锈色痰，应考虑

A. 慢性支气管炎　　B. 支气管哮喘　　C. 肺炎球菌肺炎
D. 支气管扩张　　E. 肺癌

16. 患者，男性，56 岁，慢性支气管炎病史 10 余年。查体：胸廓前后径与左右径相等，肋间隙增宽。请问该患者胸廓形态为

A. 正常胸廓　　B. 鸡胸　　C. 扁平胸
D. 桶状胸　　E. 漏斗胸

17. 男性，55 岁。因双下肢水肿半月入院，查体：颈静脉怒张，双下肢凹陷性水肿，肝颈静脉回流征阳性，心相对浊音界扩大。请问下列哪种疾病可能性最大

A. 急性肾炎　　B. 慢性肾炎　　C. 右心衰竭
D. 左心衰竭　　E. 肝硬化

18. 患者，女性，58 岁，近期出现腹胀，双下肢水肿，查体腹部膨隆，移动浊音阳性，肝质地硬，表面有结节。其最可能诊断是

A. 急性腹膜炎　　B. 肝硬化腹水　　C. 肾性水肿
D. 心源性水肿　　E. 肠梗阻

19. 患者，男性，69 岁。因尿频、排尿无力、夜尿增多 5 年就诊。诊断为良性前列腺增生。评估前列腺时，患者应采取何种体位

A. 左侧卧位　　B. 仰卧位　　C. 蹲位
D. 肘膝位　　E. 右侧卧位

20. 患者，男性，53 岁。高血压病史 10 年，因头部剧烈疼痛、呕吐 4 小时入院。查体：患者意识不清，脑膜刺激征阳性。患者可能的诊断是

A. 脑出血　　B. 蛛网膜下隙出血　　C. 病毒性脑炎
D. 结核性脑膜炎　　E. 流行性脑脊髓膜炎

扫码“练一练”

（杜庆伟　黄跃芬　王春桃　邵小琳　吴　慧）

第五章

心理与社会评估

学习目标

知识目标

1. 掌握心理社会评估的内容及注意事项。
2. 熟悉选择心理社会评估的方法。
3. 了解心理评估和社会评估的目的。

技能要点

1. 结合病例，运用相关心理社会评估相关知识学会对患者的情况进行分析。
2. 具备关爱患者，理解患者的素质。

第一节 心理评估

扫码“学一学”

案 例

初产妇，39岁。孕25^{+3}周，诊断为妊娠期糖尿病。患者极其焦虑，担心自己的病情影响胎儿的生长状况，反复向病友和医务人员询问病情相关情况。入院治疗2天，突然出现心跳加快，呼吸急促。

请从护理心理评估方面分析患者出现此种情况的原因，描述评估的内容和方法。

心理评估（psychological assessment）是应用多种方法对患者某一心理现象作全面、系统和深入客观描述的过程。心理评估涉及人的内在心理活动和人对外界环境中的压力应对。心理评估的目的包括：评估个体的心理状态，特别是患者在疾病发生、发展过程中的心理活动及心理状态变化；评估个体的个性心理特征，尤其是性格倾向，为选择护患沟通方式提供依据；评估个体的压力，包括压力源、压力反应及应对方式。

心理评估是健康评估的重要内容。护士在为患者制定整体护理计划之前，应于收集、评估健康史、身体状况、辅助检查等资料的同时，识别和定义患者在发病前及患病过程中出现的不同程度的心理问题或心理障碍。客观、量化的心理评估可以为确定患者的心理问题提供客观依据，是确保整体护理科学性、有效性的前提条件之一，对临床整体护理工作向纵深发展起到促进作用。

一、心理评估的方法

心理评估的方法很多，主要包括：

1. 会谈法 心理评估最基本的方法。包括正式和非正式会谈。

2. 观察法 包括自然观察法和标准情形下的观察法。

3. 心理测量学方法 心理评估常用的标准化手段，结果较客观。包括心理测量法和评定量表法。

4. 医学检测法 为心理评估提供真实、可靠的客观资料。包括身体评估和各种实验室检查。

二、心理评估的内容

（一）自我概念评估

1. 自我概念 指个体对自我存在的感知和评价。人们通过对自己的内在和外在特征以及他人对自身特征反应的感知与体验而形成对自我的评价与认识，是个体在与其心理、社会环境相互作用过程中形成的评价性的、动态的“自我肖像”。自我概念评估的主要内容包括人的体像、社会自我、精神自我和自尊等。

2. 评估的内容和方法

（1）观察法 通过对个体的一般外形、非语言性行为、与他人互动关系的观察可以帮助护理人员形成对其自我概念的印象。可依据以下方面进行评估：①患者的外表是否整洁；②在谈话时，患者是否与护士之间存在目光交流；③患者是否主动寻求与他人的交往。

（2）交谈法 交谈是另一种有效评估的手段，交谈中的问题纲要见表 5－1 所示。

表 5－1 评估自我概念的常用问题

序号	问题
1.	描述你自己。你最喜欢自己什么，希望自己哪个/哪些方面有所改变？
2.	你生活中最重要的人有哪些，他们随时可以和你进行交流吗？
3.	何种情况让你感到平静和安全，何种情况令你感到不适和焦虑？
4.	哪些个人成就最令你满意，你对未来有怎样的计划和打算？
5.	你的健康状况和生活方式的改变，对你会有哪些影响，你认为这些改变会使别人对你的看法有何改变？

（3）评定量表法 目前有许多量表用于评估个体的自我概念，包括儿童自我概念量表，青少年自我概念量表，Rosenberg 自尊量表（表 5－2）等。但每份量表都有特定的适用范围，护士在应用这些量表时，应准确把握其适用范围，以获取有效的资料。

表 5－2 Rosenberg 自尊量表

自尊项目	应答反应			
1. 总的来说，我对自己满意	SA	A	D＊	SD＊
2. 有时，我觉得自己一点都不好	SA＊	A＊	D	SD
3. 我觉得我有不少优点	SA	A	D＊	SD＊
4. 我和绝大多数人一样能干	SA	A	D＊	SD＊
5. 我觉得我没有什么值得骄傲的	SA＊	A＊	D	SD
6. 有时，我觉得自己真没用	SA＊	A＊	D	SD
7. 我觉得我是个有价值的人	SA	A	D＊	SD＊

续表

自尊项目	应答反应			
8. 我能多一点自尊就好了	SA *	A *	D	SD
9. 无论如何我都觉得自己是个失败者	SA *	A *	D	SD
10. 我总是以积极的态度看待自己	SA	A	D *	SD *

使用说明：该量表含有10个有关测评自尊的项目，回答方式为非常同意（SA）、同意（A）、不同意（D）、很不同意（SD）。凡选择标有*号的答案表示自尊低下。

（二）认知评估

1. 认知 指人们认识活动的过程，即个体对感觉信号接收、检测、转换、简约、合成、编码、储存、提取、重建、形成概念、判断和解决问题的信息加工处理过程。认知过程包括思维、语言和定向。

2. 评估的内容和方法

（1）思维能力评估 通过抽象思维能力、洞察力和判断力三方面进行评估。

（2）语言能力评估 通过自发性语言、提问、复述、阅读、书写等方法检测患者语言的表达。

（3）定向力评估 通过会谈，了解患者对时间、空间、地点和人物的判断。定向力障碍的患者不能将自己与时间、空间联系起来。定向力障碍的先后顺序为时间、地点、空间和人物。

（三）情绪和情感评估

1. 情绪与情感

（1）情绪 指伴随着认知和意识过程产生的对外界事物的态度，是对客观事物和主体需求之间关系的反应，是以个体的愿望和需要为中介的一种心理活动。情绪包含情绪体验、情绪行为、情绪唤醒和对刺激物的认知等复杂成分。

（2）情感 是态度中的一部分，它与内心感受、意向具有协调一致性，是态度在生理上的一种较为复杂而稳定的生理评价和体验。情感包括道德感和价值感两个方面，具体表现为爱情、幸福、仇恨、厌恶和美感等。

情绪和情感同属于感情性心理活动的范畴，是同一过程的两个方面。情感是对感情性过程的体验和感受，情绪是这一体验和感受的活动过程。积极、快乐的情绪与情感是获得幸福与成功的动力，使人充满生机；焦虑、痛苦等消极情绪会使人心灰意冷、沮丧、消沉，若不妥善处理，可导致发病或病情加重。

2. 评估的内容和方法

（1）会谈法 通过对话了解患者的情绪、情感，并与其亲属、朋友进行核实。常用问题包括，您最近情绪怎样？什么事使您感到特别高兴或沮丧？这样的情绪存在多久了？

（2）观察和测量 通过观察和测量患者的生命体征、皮肤的颜色和温度、食欲、体重变化、睡眠等可以了解其情绪、情感的变化。这些变化可作为客观资料，也可用于验证主观资料。

（3）评定量表 是较为准确和客观的评估方法。常用的包括Zung焦虑状态量表（表5-3）、Zung抑郁状态量表、Avillo情绪情感形容词量表。

表 5-3　Zung 焦虑状态量表

问题	A. 无或很少有	B. 有时有	C. 大部分时间有	D. 绝大多数时间有
1. 我觉得平常容易紧张和着急				
2. 我无缘无故地感到害怕				
3. 我容易烦乱或觉得惊恐				
4. 我觉得我可能要发疯				
5. 我觉得一切都很好				
6. 我手脚发抖打颤				
7. 我因为头痛、颈痛和背痛而苦恼				
8. 我感觉容易衰弱和疲乏				
9. 我觉得心平气和并且容易安静坐着				
10. 我觉得心跳得很快				
11. 我因为一阵阵头晕而苦恼				
12. 我有晕倒发作或觉得要晕倒				
13. 我吸气、呼气都感到很容易				
14. 我手脚麻木和刺痛				
15. 我因为胃痛和消化不良而苦恼				
16. 我常常要小便				
17. 我的手常常是潮湿的				
18. 我脸红发热				
19. 我容易入睡并且睡得很好				
20. 我常做恶梦				

说明：正向计分题 A、B、C、D 按 1、2、3、4 分计；反向计分题按 4、3、2、1 计分。反向计分题号：5、9、13、19。

结果评价：①20 分：完全镇定；②20～35 分：轻度焦虑；③35～40 分：中度焦虑；④40～80 分：严重焦虑

（四）个性评估

1. 个性　指区别于他人的、在不同环境中显现出来的、相对稳定的，影响人的内外倾向行为模式的心理特征的总和。个性是一个人在思想、性格、品质、意志、情感、态度等方面不同于其他人的特质，这种特质通过个人的言语方式、行为方式和情感方式表现出来。个性的内容包括能力、气质和性格。

（1）能力　指个体顺利完成某种活动的一种心理特征（特性）。能力总是和人完成一定的活动联系在一起的。离开了具体活动既不能表现能力，也不能发展能力。但是，不能认为凡是与活动有关的，并在活动中表现出来的所有心理特征都是能力，只有那些完成活动所必需的直接影响活动效率的，并能使活动顺利进行的心理特征，才是能力。

（2）气质　指个人生来就有的心理活动的动力特征，表现在心理活动的强度、灵活性与指向性等方面的一种稳定的心理特征，具有明显的天赋性，基本上取决于个体的遗传因素。

（3）性格　性格指一个人对人、对己、对事物（客观现实）的基本态度及与之相适应的习惯化的行为方式中比较稳定的、独特的心理特征的综合。

2. 评估的内容和方法　可以采用会谈、观察、作品分析、问卷、投射等方法进行综合评估。主要内容包括以下几项。

（1）观察 患者情感意识的外部表现，包括言行、情感、意志和态度等。

（2）交谈 了解患者在处理问题时的态度和行为表现。

（3）收集整理资料 包括患者的书信、图画、日记等，分析其对事物的观点和态度。

（五）压力和压力应对评估

1. 基本概念

（1）压力 是环境中的刺激所引起的人体的一种非特异性反应，即应激。个人关系、工作和经济状况等变化都会形成压力。压力不是一种想象出来的疾病而是身体“战备状态”的反应，这是当意识到某种情形、某个人、某件事情具有潜在的威胁和紧张状态的时候做出的反应。当这种情况发生时，刺激机体分泌肾上腺素，常出现心跳加快，呼吸急促等反应。

（2）压力源 又称应激源或紧张源，是指对个体的适应能力进行挑战，促进个体产生压力反应的因素。包括：①躯体创伤或疾病、饥饿、性剥夺、睡眠剥夺、噪音、气温变化等生物性压力源；②错误的认识结构、个体不良经验、道德冲突及长期生活经历造成的不良个性心理特点等精神性压力源；③重大社会变革、重要人际关系破裂、家庭长期冲突、战争、被监禁等社会环境性压力源。

（3）压力反应 是个体由于压力源引起的非特异性的适应反应。主要包括生理、情绪、认知、行为等方面的反应。压力应对是当个体的内、外部需求难以满足或远远超过其所能承受的范围时，个体通过行为的改变来处理压力的过程。

2. 评估的内容和方法

（1）交谈 了解患者所面临的压力源、压力反应、压力应对方式以及压力缓解情况。

（2）评定量表 常用的有住院患者压力评定量表（表5－4），权重表示各因素影响力大小，可以评估压力源也可以明确压力源的性质和影响力。

表5－4 住院患者压力评定量表

事件	权重	事件	权重
1. 和陌生人同住一室	13.9	26. 担心给医务人员添麻烦	24.5
2. 不得不改变饮食习惯	15.4	27. 想到住院后收入会减少	25.9
3. 不得不睡在陌生的床上	15.9	28. 对药物不能忍受	26.0
4. 不得不穿患者衣服	16.0	29. 听不懂医务人员的话	26.4
5. 四周有陌生的仪器	16.0	30. 想到长期用药	26.4
6. 夜里被护士叫醒	16.9	31. 家人没来探视	26.5
7. 生活上不得不依赖他人的帮助	17.0	32. 不得不手术	26.9
8. 不能在需要时读报、看电视、听广播	17.7	33. 因住院而不得不离家	27.1
9. 同室病友探访者太多	18.1	34. 毫无预测而突然入院	27.2
10. 四周气味难闻	19.1	35. 按呼叫器无人应答	27.3
11. 不得不整天睡在床上	19.4	36. 不能支付医疗费用	27.4
12. 同室病友病情严重	21.2	37. 有问题得不到解答	27.6
13. 排便排尿需他人帮助	21.5	38. 思念家人	28.4
14. 同室患者不友好	21.6	39. 靠鼻饲进食	29.2
15. 没有亲友探视	21.7	40. 用止痛药无效	31.2
16. 病房色彩太鲜艳、太刺眼	21.7	41. 不清楚治疗目的和效果	31.9

续表

事件	权重	事件	权重
17. 想到外貌会改变	22.7	42. 疼痛时未用止疼药	32.4
18. 节日或家庭纪念日住院	22.3	43. 对疾病缺乏认识	34.0
19. 想到手术或其他治疗可能带来的痛苦	22.4	44. 不清楚自己的诊断	34.1
20. 担心配偶疏远	22.7	45. 想到自己可能再也不能说话	34.5
21. 只能吃不对胃口的食物	23.1	46. 想到可能失去听力	34.5
22. 不能与家人、朋友联系	23.4	47. 想到自己患了严重疾病	34.6
23. 对医生护士不熟悉	23.4	48. 想到会失去肾脏或其他器官	39.2
24. 因事故住院	23.6	49. 想到自己可能得了癌症	39.2
25. 不知接受治疗护理的时间	24.2	50. 想到自己可能失去视力	40.6

说明：让患者选择事件，把权重相加，得分越高，说明患者主观感受承受的压力越大。

知识链接

虚拟现实技术在医学评估中的应用

虚拟现实（Virtual Reality，简称 VR）是近年来出现的高新技术。虚拟现实是利用电脑模拟产生三维空间的虚拟世界，提供使用者关于视觉、听觉、触觉等感官的模拟。基于 VR 技术的神经心理评估方法生态效度高，它所带来的沉浸感可以使患者忘记正在接受测试而产生更多的自发行为。VR 技术能够模拟现实生活中对患者不可接近、有危险、有压力的环境，在这些模拟环境中患者有安全感，知道不会因为行为不当而受到伤害、讥笑或惩罚，这是在传统评估中观测不到的。VR 评估已被逐渐应用于评估注意、记忆、执行功能等不同认知领域。

第二节　社会评估

扫码“学一学”

案例

患者，女，19 岁。诊断为肺结核，隔离治疗。患者极其焦虑，担心自己以后被周围人嘲笑，觉得活着没有意思，拒绝服药。

请从护理心理评估方面分析患者出现此种情况的原因，描述评估的内容和方法。

人具有社会属性，要全面了解和认识个体的健康水平，除了评估其生理和心理功能外，还应评估其社会状况。社会评估的内容包括评估个体的角色功能、文化背景、个体的家庭及环境。

社会评估的目的与意义在于：①评估患者的角色功能，了解其有无角色功能紊乱和角色适应不良。②评估患者的人际关系，包括文化背景和家庭背景，找出相关影响因素，为制定有针对性的护理计划奠定基础。③评估患者的社会环境，找出现存的或潜在的危险因素，以便制定干预计划和实施干预。

一、社会评估的方法

社会评估主要通过观察、交谈、问卷调查、量表评定等方法进行。在对环境进行评估时，应进行实地观察及抽样调查，如居住环境是否存在潮湿、阴暗等居住不舒适因素，是否存在有毒、有害物质等。

二、社会评估的内容

（一）角色与角色适应评估

1. 角色　指个体在特定的社会关系中的身份及由此而规定的行为规范和行为模式的总和。具体地说，就是个人在特定的社会环境中相应的社会身份和社会地位，并按照一定的社会期望，运用一定权力来履行相应社会职责的行为。它规定一个人活动的特定范围和与人的地位相适应的权利、义务与行为规范，是社会对一个处于特定地位的人的行为期待。角色可以分为以下三类：

（1）第一角色　即基本角色，决定个体的主题行为，如妇女、老人、儿童。

（2）第二角色　即一般角色，是个体完成生长发育阶段特定任务所必须承担的角色，如母亲角色。

（3）第三角色　即独立角色，是完成某些暂时性任务而临时承担的角色，但有时是不能选择的，如患者角色。

三类角色之间是可以相互转化的，如患者角色。疾病是暂时的可视为第三角色，但演变为慢性病时即转化为第二角色。个体患病后，没有选择地进入了患者角色，原有的角色被部分或全部替代。

2. 评估方法与内容　通过交谈、观察等方式收集资料，判断患者有无角色适应不良。常见的角色适应不良包括以下内容。

（1）角色行为缺如　即患者未能进入角色。虽然医生诊断为患病，但本人否认自己有病，根本没有或不愿意接受自己是患者。

（2）角色冲突　同一个体常常承担着多种社会角色，当患病并需要从其他角色转化为患者角色时，患者一时难以实现角色适应。

（3）角色行为减退　已进入角色的患者，由于更强烈的情感需要，不顾病情而从事力所不及的活动，表现出对病、伤的考虑不充分或不够重视，而影响到疾病的治疗。

（4）角色行为强化　由于依赖性加强和自信心减弱，患者对自己的能力表示怀疑，对承担原来的社会角色恐慌不安，安心于已适应的患者角色现状，或者自觉病情严重程度超过实际情况，小病大养。

（5）角色行为异常　患者受病痛折磨感到悲观、失望等不良心境的影响导致行为异常，如对医务人员的攻击性言行、病态固执、抑郁、厌世以至自杀等。

（二）文化评估

1. 文化　是人类在社会历史发展过程中所创造的物质财富和精神财富的总和。文化是人类生活的反映、活动的记录、历史的积淀，是人们对生活的需要和要求、理想和愿望，是人们的高级精神生活，是人们认识自然，思考自己，使人的精神得以承托的框架。它包含了一定的思想和理论，是人们对伦理、道德和秩序的认定与遵循，是人们生活、生存的方式、方法与准则。

文化因素，尤其是价值观、习俗、语言可以直接影响患者的健康和生活行为。护理人员只有意识到患者的文化差异，理解其思想行为，才能对患者全面评估，根据具体情况制定护理计划，实施护理措施。

2. 评估的方法与内容

（1）评估价值观　由于价值观存在于潜意识中，不利于直接观察，所以评估比较困难。可以通过询问患者的生活信念、做人的原则、行为准则获取有关资料。

（2）评估习俗　主要是评估语言沟通和饮食习俗。在询问的同时，要注意观察患者交流时的眼神、手势、表情等。

（三）家庭评估

1. 家庭　是以婚姻和血缘关系为基础的社会单位，成员包括父母、子女和其他共同生活的亲属。家庭结构与家庭成员的健康有着密切的关系，要完成促进家庭健康，满足家庭的健康需要，处理现存的和（或）潜在的家庭健康问题等护理任务，必须对家庭结构有充分的认识和理解。家庭结构是指构成家庭单位的成员及家庭成员相互关系的特征，包括家庭成员的人数，性别及年龄。

（1）家庭角色结构　家庭角色是指家庭成员在家中的特定位置，角色分配是依照家庭工作性质和责任自行决定的，各成员按角色的规定实施行动并符合社会规范。在家庭里，每个家庭成员都有一个明确的位置，如丈夫、妻子、儿子、女儿。

（2）权力结构　权力是指影响力、控制权和支配权。家庭的权力结构中心即权力中心，指一般意义上的一家之主。家庭的权力结构有四种类型：①传统权威型，权力来源于传统，如父系社会的家庭把父亲视为权威人物。②情况权威型，家庭权力随家庭情况的变化而发生转移，如丈夫失业由妻子赚钱养家，权力自然由丈夫转移到妻子。③分享权威型，家庭成员权力均等，彼此商量决定家庭事务，这类家庭又称民主家庭。④感情权威型，由家庭感情生活中起决定作用的人担当决策者，其他的家庭成员因对他（她）的感情而承认其权威。

（3）沟通过程　沟通是家庭成员情感、愿望、需要、信息和意见的交换过程。沟通是家庭成员调控行为和维持家庭稳定的有效手段，也是评价家庭功能状态的重要指标。沟通通过语言和非语言（如手势、表情、姿势、眼神等）方式进行。

（4）家庭价值系统　指家庭价值观与家庭规范。前者是指家庭判断是非的标准以及对某件事情的价值所持的态度。如什么是对的或错的、什么是重要的或不重要的。它常常不被意识，却深深地影响各个家庭成员的思维和行为方式，也深深影响着家庭成员对外界干预的感受和反应性行为。

2. 评估方法与内容

（1）观察　包括患者及其家庭成员的衣着、家庭成员之间的亲密程度、家庭气氛等。

（2）交谈　通过询问患者或家庭成员家庭的基本情况、家庭的关系进行评估。

（3）量表评定　常用的有 Smilkstein 家庭功能量表（表 5－5）。

表 5－5　Smilkstein 家庭功能量表

家庭功能	经常	有时	很少
1. 我遇到困难时，可从家人得到满意帮助			
补充说明：			
2. 我很满意家人同我讨论与分担问题的方式			
补充说明：			
3. 当我从事新的活动或希望发展时，家人能接受并给我支持			
补充说明：			
4. 我很满意家人对我表达感情的方式及对我的情绪的反应			
补充说明：			
5. 我很满意家人与我共度时光的方式			
补充说明：			

评分方法：经常 3 分，有时 2 分，很少 1 分。

知识链接

心理套娃

套娃是俄罗斯的传统工艺品，具有逐层嵌套、平行嵌套、拆分和摆放的自由性、套娃图案的可改变性四种物理属性。这些属性使来访者能够把结构相似的关系属性投射到心理套娃。不同的家庭层级关系可以通过套娃间的大小不同得到呈现。套娃上设计的图案变化是套娃表现不同情境意义的手段。心理套娃能在家庭评估的过程中帮助来访者表述自己的家庭故事，同时将隐藏在个体感受和家庭故事中的家庭结构信息物化成可观察的客体对象，在展示不同的关系模式的同时，协助治疗师阐述和来访者理解人际交往模式的不同的可能性，以引发来访者的自我观察。

结果评价：①总分在 7～10 分，表示家庭功能良好。②4～6 分，表示家庭功能中度障碍。③0～3 分，表示家庭功能严重障碍。

（四）环境评估

1. 环境

（1）物理环境　指环绕于人类周围的物理因素的综合。包括大气、水、土壤、生物、空间、声音等。物理环境是人类赖以生存和发展的物质基础。

（2）社会环境　指人类在自然环境的基础上，为不断提高物质和精神生活水平，通过长期有计划、有目的的发展，逐步创造和建立起来的人工环境，如城市、农村、工厂、矿区等。社会环境的发展变化，受自然规律、经济规律以及社会规律的支配和制约，其质量是人类物质文明建设和精神文明建设的标志之一。

2. 评估的方法与内容

（1）物理环境的评估　通过交谈或实地考察等方法进行综合评估。主要包括患者的家庭环境、工作环境及住院环境。

(2) 社会环境评估　通过交谈和观察，了解患者的经济状况、受教育水平、生活方式以及社会关系等。

(刘春娜)

实训项目八　心理与社会评估

一、案例导入

患者，男性，75岁。3年前因胃癌行胃大部切除术。术后接受1年化疗。此次入院前患者感胸闷、气短、持续性咳嗽，胸痛，食欲差，伴有恶心、呕吐。身体评估：T 37.3℃，P 96次/分，R 24次/分，Bp 140/80mmHg，CT显示身体有多处癌转移。一般状态欠佳，精神萎靡。患者精神沮丧，不相信化疗，对治疗没有信心。

二、任务描述

[实训目的]

(1) 在实践中学会运用有效的会谈获取患者的心理社会资料，评估患者的心理社会状况。

(2) 根据患者情况选择恰当的心理疏导方式。

(3) 通过会谈建立良好的护患关系。

[实训时间]

2学时。

[实训内容]

通过会谈获得社会心理资料，完成心理社会记录表的书写。

[实训方法]

(1) 讨论心理社会资料收集的准备、方法、内容及注意事项。

(2) 实训前教师准备好数份病例，每4~5位学生为一组，先让每组1位“患者”扮演者熟悉病例，其他“护士”扮演者则分好组及选好组长。

(3) 在老师带领下，“患者”穿普通装，“护士”穿好工作服、帽，进入实训室或医院，练习健康史采集。

(4) 教师指导各组的会谈情况，及时纠正学生出现的各种错误，并归纳总结。

(5) 完成心理社会资料记录表的填写。

三、任务实施

[操作流程]

1. 会谈前准备

(1) 环境准备　安静整洁、光线适宜、冬季应注意室内温度与患者的保暖。

(2) 用物准备　教学病例数份、笔、记录纸、心理社会评估记录表等。

(3) 护士准备　服装鞋帽整洁、洗手，必要时戴口罩；举止端庄、语言轻柔恰当、态度和蔼；尊重理解患者。

（4）患者准备　患者接受护士对其床号、姓名等信息的核对，倾听护士的简要自我介绍和本次会谈的目的，配合护士采取舒适的体位。

2. 实施会谈

（1）进入会谈　包括自我介绍，询问患者入院感受及一般情况，是否哪里不舒服？或生病多长时间？逐步进入会谈状态。

（2）会谈内容　①收集患者的一般资料：年龄、性别、民族、文化程度、信仰、婚姻状况、职业环境、生活习惯、嗜好。②收集患者的主观资料：患者对疾病的主观理解和态度（询问患者在医院时的感觉如何，认为此病是否影响今后的生活）；患者的应对能力（询问患者在以往遇到的最困难的事情是什么，是如何度过的，困扰持续了多长时间）；社会支持系统及其利用（家庭状况、社会活动）。③收集患者的客观资料：意识状态（意识清醒程度、定向力、注意力）；一般外表与活动（打扮是否恰当，活动的姿势是否正常）；认识活动（记忆力、表达能力、抽象理解力、判断力）；情绪（喜悦、愤怒、恐惧、悲哀）；个性表现（性格开朗、懦弱）。

（3）结束会谈　复述部分会谈内容，纠正沟通过程中，因理解错误或口误所出现的错误。解释患者提出的问题，有礼貌地结束会谈。

3. 会谈后处理

（1）协助患者取舒适体位、整理床单位。

（2）护士洗手、记录。

［注意事项］

（1）注意着装整洁，言谈举止体现人文关怀，进入实训室或病区要注意“四轻”—走路轻、说话轻、开关门轻、一切操作轻。

（2）注意会谈方法与技巧，避免使用医学术语，避免套问和诱问，用通俗易懂的语言与患者交流。

（3）要尊重、理解患者，保护患者的隐私。

［实训作业］

独立完成心理社会评估记录表的填写，上交教师批改。

四、实训项目检测

表 5－6　心理与社会评估

规定操作时间：45 分钟　　　　实际操作时间：　　　　成绩计分：

项目		内容	标分	评分参考			记分
				好	中	差	
会谈前准备（20）	环境	安静、整洁、光线适中、室温适宜	4	4～3	3～2	2～1	
	用物	教学病例数份、笔、记录纸、心理与社会评估记录表等	5	5～4	3～2	2～1	
	护士	衣、鞋、帽、洗手；举止，语言，爱伤观念	7	7～6	4～3	2～1	
	患者	接受床号与姓名等信息的核对，倾听护士的自我介绍和会谈目的的说明，配合护士摆好体位	4	4～3	3～2	2～1	

续表

项目		内容	标分	评分参考			记分
				好	中	差	
实施会谈（60）	进入会谈	询问患者入院感受及一般情况，逐步进入会谈状态	5	5～4	3～2	2～1	
	会谈内容	1. 收集患者的一般资料	10	10～8	7～5	4～1	
		2. 患者对疾病的主观理解和态度	5	5～4	3～2	2～1	
		3. 患者的应对能力	5	5～4	3～2	2～1	
		4. 社会支持系统及其利用	5	5～4	3～2	2～1	
		5. 意识状态	5	5～4	3～2	2～1	
		6. 一般外表与活动	5	5～4	3～2	2～1	
		7. 认识活动	5	5～4	3～2	2～1	
		8. 情绪	5	5～4	3～2	2～1	
		9. 个性表现	5	5～4	3～2	2～1	
	结束会谈	复述部分会谈内容，纠正沟通中出现的错误，解释患者提出的问题，有礼貌地结束会谈	5	5～4	3～2	2～1	
会谈后处理（5）	整理	1. 协助患者取舒适体位、整理床单位	1	1	0.5	0	
	洗手	2. 护士洗手	2	1	0.5	0	
	记录	3. 在规定时间内（15分钟）书写护理评估表	2	1	0.5	0	
会谈技巧（15）		1. 在规定时间内（30分钟）完成评估	3	3	2	1	
		2. 能正确有效与患者进行会谈，获得资料全面、完整、真实	3	3	2	1	
		3. 语言通俗易懂（不用医学术语提问，如果使用术语，立即向患者解释，无诱问或套问）	3	3	2	1	
		4. 言谈举止体现人文关怀，注意“四轻”——走路轻、说话轻、开关门轻、一切操作轻	3	3	2	1	
		5. 能运用技巧询问患者较敏感的问题，尊重患者隐私	3	3	2	1	
合计			100				

（刘春娜）

目标检测

A1 型题

1. 患者患病后依赖性增加的心理因素是

   A. 体力消耗　B. 食欲减退　C. 角色身份的转变

   D. 体温升高　E. 病痛体验

2. 有病不去就医的原因是

   A. 社会问题　B. 经济问题

   C. 心理问题　D. 对疾病的认识不足

   E. 以上都是

A2 型题

3. 患者，男性，68 岁，急性心梗入院。入院后产生的焦虑心理属于患者的何种反应

A. 心身反应　　B. 疾病表现　　C. 情绪反应

D. 情感反应　　E. 生理反应

4. 男性，58 岁，国企领导。查体发现肾区肿物，觉得现在工作忙，仍坚持工作。病人角色是

A. 角色行为缺如　　B. 角色冲突　　C. 角色行为减退

D. 角色行为强化　　E. 角色行为异常

5. 女性，70 岁，总认为邻居经常到自己家门口放毒气害自己，家人劝其到医院治疗，其否认自己有病，患者角色为

A. 角色行为缺如　　B. 角色冲突　　C. 角色行为减退

D. 角色行为强化　　E. 角色行为异常

（刘春娜）

扫码“练一练”

第六章

常用实验室检查

学习目标

知识目标

1. 掌握常见实验室检查项目标本的采集要求、注意事项和护理要点。
2. 熟悉影响实验室检查结果的因素。
3. 了解常见实验室检查的参考区间与临床意义。

技能要点

1. 结合病例分析，学会临床实验室检查标本的采集与处理。
2. 学会与患者及家属沟通、解释，能正确指导患者配合标本采集，保证检验标本的质量。

实验室检查是运用细胞生物学、生物化学、微生物学、免疫学和寄生虫学等检查技术，对患者的血液、体液、排泄物和分泌物等标本进行检查以获得重要的实验室检查资料，结合其他检查资料综合分析，为疾病的诊断、鉴别诊断、疗效观察、预后判断以及人体健康状况评估提供依据，指导护士做出准确的护理诊断，制定正确的护理措施。

扫码“学一学”

第一节　标本的采集与处理

实验室检查与临床护理工作有着密不可分的关系。绝大部分实验室检查标本是由护士采集和运送，部分标本需要在护士的指导下由患者或家属采集，检查结果的准确性与标本的质量有着直接的关系，因此护士要熟练掌握标本的采集方法，并注意排除一些干扰因素。

一、标本的采集与处理要求

1. 完整性　尽可能保持离体标本中各种有形成分和无形成分的质和量基本不变，因此，送检时不能有洒溢丢失，如只取其中一部分则一定要将标本混匀再取。

2. 新鲜性　任何检验标本都要求新鲜，随着时间的推移，标本中的化学成分或有形成分会被分解或破坏，故在采集后应及时送检，尽可能使得标本接近体内的情况。

3. 信息的核对　标本与申请单的信息应核对无误，注明标本采集时间。

4. 运送与保存　专人运送，如不能及时送检应采取必要的保存措施。

5. 生物安全防护　所有来自患者的标本均存在生物危害的风险，故在处理标本及相关器具时应严格按照《实验室生物安全通用要求》进行，对周围环境进行相应的消毒处理，做好生物安全防护。

二、影响实验室检查结果的因素

实验室检查结果可受到多种因素的影响，在分析和判断检验结果异常是否由疾病引起之前，必须排除能干扰检验结果的非疾病因素。

1. 患者因素　患者的年龄、性别、种族、月经周期、妊娠、分娩、精神状态、生活习惯、饮食、药物、运动、体位、居住地区等因素可影响检验结果。其中，年龄、性别、种族、居住地区等属于不可控因素，而精神状态、生活习惯、饮食、药物、运动、体位等为可控制因素，护士在标本采集时尽量减少这些因素的干扰。

2. 标本的采集与处理　采集部位、时间、标本量、采集后处理以及运送过程均可使结果受到影响，护士应根据检测目的不同选择合适的采集与处理方法。

知识链接

实验室检查质量控制

为保证实验室检查结果的准确性与可靠性，实验室检查应做到全程质量控制（包括分析前、分析中和分析后质量控制）。分析前包括患者因素，医师的项目选择，护士对标本的采集、处理和运送等环节；分析中质量控制主要为检验人员对仪器、试剂、方法、检验技能等选择与运用；分析后质量控制包括结果的审核与发放，临床、护理与检验的沟通和咨询等。护士对标本的采集与处理以及对患者的指导在分析前质量控制中起着重要的作用，也是当今质量控制中的关键环节，只有标本质量合格才可能保证检验结果准确。

三、常见标本的采集与处理

（一）血液标本

血液标本在各种检验标本中使用率最高，血液标本的质量可影响许多检验项目的结果。

> **考点提示**
> 血、尿、便标本采集与注意事项及影响目的。

1. 采血部位　①皮肤采血：又称毛细血管或末梢采血。一般使用采血针，在消毒后的指端或耳垂等部位采集血液，凡是需血量较少（通常约10滴以下）的检验可用此种方法，新生儿或急诊患者可采用。其主要缺点是易混入组织液，还易受气温的影响，结果没有静脉血准确。②静脉采血：目前最常用，生化、免疫等项目均用此标本。多使用真空采血管在肘前静脉采血。③动脉采血：主要用于血气分析，多在桡动脉或股动脉穿刺。

2. 标本种类　①全血：主要用于血沉、血细胞的计数、分类和形态检查等。②血浆：加有抗凝剂的全血经离心、分离血细胞后所得到的液体部分称为血浆，主要用于凝血系列、血流变和少数生物化学项目检查（如内分泌激素的测定），不同项目应选择不同的抗凝剂。③血清：不加抗凝剂的全血经过一定时间自然凝固后所分离的液体部分称为血清。主要用于临床生物化学和免疫学检验项目的测定。

3. 采血时间 ①空腹：要求患者空腹8～12小时。此种标本主要适用于大部分生化检测项目，如葡萄糖、胆固醇或甘油三酯测定。②定时：要求在规定的时间段内采集的标本，如口服葡萄糖耐量试验、各种肾脏清除率试验、药物浓度监测。③急诊采血和随机采血。

4. 采集后处理 ①防止凝固：如需要全血和血浆的标本应加有抗凝剂，采血后要充分混匀，防止发生凝血。②冰浴：血氨测定的标本置于冰浴水中，尽快分离出血浆及时测定以防止血氨升高。③保温：冷凝集素测定的标本需要保持于37℃环境中。④避光：胆红素、维生素 B_{12} 测定的标本应用锡纸包裹或避光的容器采集，以避免血中某些成分遇光分解。⑤隔绝空气：血气分析的标本采集后应排出气泡，将针头刺入软木塞或橡皮塞。⑥防溶血和洒溢：送检中避免剧烈震荡导致溶血和容器破损导致标本洒溢。

5. 注意事项 ①脂血和乳糜血标本：为不合格标本，有效的预防措施为空腹采血。②溶血标本：主要原因为容器不干净、不干燥、标本被强力震荡等。因此，采血时注射器和容器必须干燥，速度不能过快，抽血后将针头拔下，血液沿容器壁徐徐注入，混匀时避免剧烈震荡产生气泡。③标本污染：一般在输液时不采集标本，因为标本易受输注药物的污染，输液后1～2小时再进行采集，如果输注脂肪乳应在输液后6～8小时后采集，必须采集时应在输液对侧的肢体采集。④止血带结扎时间：应不超过1分钟，否则会使血液成分发生变化。⑤体位：以卧位或坐位为佳。⑥真空采血管采集：应根据项目正确选择采血管及添加剂。

知识链接

真空负压管采血

根据检测项目不同，负压管内含有不同的添加剂，有抗凝剂或促凝剂、分离胶等，生化检测的血清标本多使用含促凝剂或分离胶的黄色管，也可用无添加剂的红色管，血常规检测用含 EDTA - K_2 抗凝剂的紫色管，用于血沉测定的为黑色枸橼酸钠抗凝管，用于凝血系列检测的为蓝色枸橼酸钠抗凝管，血流变检测用肝素抗凝的绿色管，血糖检测可用含氟化钠的灰色管（以管帽颜色为准）。

多管采集顺序：血培养管—无添加剂管—枸橼酸钠抗凝管—其他抗凝管—促凝剂管。

（二）尿液标本

一般由患者或家属采集，护士应正确指导，保证标本质量符合要求。

1. 容器 选择清洁干燥、不渗漏的容器，最好是一次性、带盖容器。

2. 种类 ①随机尿：多用于门诊和急诊患者，易受饮食、药物、运动等因素的影响，结果不够准确。②晨尿：指晨起后第一次或第二次尿。尿液比较浓缩，其中细胞、管型等有形成分检出率较高。适用于住院病人和肾脏疾病进一步明确诊断及观察疗效。③餐后尿：指餐后2小时留取的尿液，多于午餐2小时后留尿。适合于糖尿病和尿胆原检测。④定时尿：指留取3小时、12小时或24小时内排出的全部尿液。适合对尿液中所含的微量物质，如17－羟皮质类固醇、17－酮皮质类固醇、尿糖、尿蛋白、尿电解质等进行定量检测。

3. 方法 ①一般检验：通常应留取新鲜尿液10～100ml不等。②细菌培养：留尿前应停用抗生素5天，先清洗外阴部或用1∶1000苯扎溴铵（新洁尔灭）棉球擦拭外阴后再留取中段尿液，必要时用导尿的方法留取尿液标本。③物质的定量检验（多用12小时或24小时尿）：测定开始的当天中餐与晚餐应限制液体摄入量在200ml以下，晚餐后不再饮水；12小时尿留取是晚8时排空膀胱，开始收集此后12小时内全部尿液，注意要包括次晨8时最后一次排出的尿液；24小时尿留取是晨8时排空膀胱，开始收集此后直至次晨8时的24小时内的全部尿液。④婴幼儿尿液检验：先做外阴冲洗，然后将容器紧贴于尿道口外或直接套在阴茎上经适当固定后留尿。

知识链接

尿液防腐剂

尿液放置的时间较长，应将尿液4℃冷藏（不超过6小时），必要时可添加防腐剂。根据检测项目不同，防腐剂种类不同：甲醛用于有形成分如细胞检查（5ml/L），甲苯用于化学检查（5ml/L），麝香草酚可适用于细胞和化学检查以及结核杆菌的检查（小于1g/L），浓盐酸用于尿液17－羟类固醇、17－酮类固醇、儿茶酚胺、钙、磷等检查（10ml/L），碳酸钠用于尿卟啉的检查（10g/L）。

4. 注意事项　①防止污染：女性应避开月经周期，男性应避免精液及前列腺液的污染。②细菌培养：中段尿液，无菌容器收集。③保存：如果尿液放置的时间较长，应将尿液4℃冷藏（不超过6小时），必要时可添加防腐剂。

5. 处理　①一般尿标本收集后30分钟送检，夏季不超过1小时、冬季不超过2小时，由专人运送，避免洒溢，同时应避免强光照射。②送检单：应仔细核查瓶签与送检单的信息，并注明标本的种类、留取的准确时间、所加防腐剂种类。

（三）粪便标本

粪便标本采集正确与否直接影响检查结果，护士需与患者进行沟通、解释和指导。

1. 容器　应清洁、干燥、不漏不渗；不得混有尿液、消毒剂及防腐剂；如作细菌培养则采用有盖的无菌容器。

2. 部位　选取含有黏液、脓血等病变成分的粪便；肉眼无异常者宜在多部位挑取。

3. 量　常规为拇指头大小（5g）；如为稀便约需半汤匙（5ml）；做毛蚴孵化、虫卵浓集、虫体检查时需收集一次排出的全部粪便并及时送检。

4. 注意事项　①原虫标本冬季应注意保温（20～25℃）。②蛲虫检查需在深夜12时或清晨排便前用棉拭子在肛周皱襞处拭取。③化学法隐血试验时，应于前3日禁食动物血、肉类和某些蔬菜、水果等食物，并禁服铁剂和维生素C，以免干扰结果。④灌肠及服用油类泻剂所得的标本不能使用。⑤采集后应于1小时内送检，否则可出现有形成分分解破坏，影响检查结果的准确性。⑥粪便标本不能混有尿液、消毒剂及污水等，以免破坏其有形成分。

四、其他标本的采集与处理

（一）痰液标本

应告知患者采集痰液的方法，标本采集前停用抗生素，标本要新鲜及时。

1. 方法 主要为自然咳痰法。留取标本前应先用清水漱口，用力从气管深部或肺部咳出痰液。

2. 细胞学检查 收集上午 9～10 时的标本。

3. 做痰量和分层检查 应收集 24 小时标本，加石碳酸防腐。

4. 保存 标本应及时送检。如不能及时送检，应冷藏保存，但不超过 24 小时。

5. 特殊患者收集 ①昏迷患者：可用负压吸引法吸取。②幼儿患者：可用消毒棉拭子刺激喉部引起咳嗽反射，用棉拭子刮取。③无痰或痰少者：可用雾化吸入法或化痰药物，使痰液稀释易于咳出。④若采用纤维支气管镜检查，可直接从病灶处采集标本。

（二）脑脊液标本

脑脊液标本由临床医师采集，在采集过程中护士要密切配合医师做好以下工作。

（1）术前遵医嘱完成普鲁卡因过敏试验。

（2）准备相关用物：无菌腰椎穿刺包等。

（3）协助医师进行消毒、铺巾，保持患者穿刺体位。

（4）抽取的脑脊液，按先后顺序分别置于 3 只无菌试管，每管 1～2ml，第一管做细菌学检查，第二管做化学和免疫学检查，第三管做常规检查，疑为肿瘤可收集第四管做脱落细胞学检查。

（5）协助医师在穿刺部位覆盖无菌纱布，并用胶布固定。

（6）脑脊液标本由专人立即送检，一般不超过 1 小时；如出现标本洒溢应采用 0.2% 的过氧乙酸或 75% 的乙醇消毒。

（7）术后嘱患者去枕平卧 4～6 小时，有严重颅内压增高者需卧床 1～2 天，并密切观察呼吸、脉搏、瞳孔及血压等。

（三）浆膜腔积液标本

浆膜腔积液的标本采集通常由临床医师完成，护士配合做好术前准备和术后护理（平卧休息，注意观察病情变化）。采集后立即送检，否则应加 10% 乙醇 2～4℃保存，但不超过 2 小时。采集顺序和量同脑脊液，如做结核杆菌检查需收集 10ml，细胞学检查可加 EDTA－K_2抗凝，化学检查可加肝素抗凝。另外采集一管不加抗凝剂的标本，用于观察凝固现象。如出现标本洒溢应采用 0.2% 的过氧乙酸或 75% 的乙醇消毒。

五、特殊项目标本的采集与处理

1. 骨髓标本 由专科医师进行骨髓穿刺采集，护士辅助医师做好术前准备和术后护理（卧床休息 1 天，注意伤口部位保持清洁，勿沾水），做到新鲜标本及时送检。

2. 精液与前列腺液 由男性科医师进行采集，采集前禁欲 2～7 天，及时送检，精液标本需要 20～37℃保温送检，容器上注明标本采集时间。

3. 阴道分泌物 采集前 24 小时应禁止性交、盆浴、阴道检查、阴道灌洗和局部用药。用棉拭子拭取标本浸入含生理盐水的试管中，及时送检。滴虫检查注意保温（37℃）。月经期不宜进行阴道分泌物检查。

（郝小夏）

扫码“学一学”

第二节 血液检查

案 例

患者，女性，32 岁。近半年来乏力、心悸，活动后气短，晕厥 3 次。既往有痔疮史，大便带血，平时月经量多。近日经常发生头晕，站起来眼前发黑，精神不振，来院就诊。

请思考：①该患者发生头晕、乏力的病因可能是什么？②根据患者资料应建议进行哪些实验室检查？③标本留取时应注意哪些？

血液检查是临床上最常用的检查项目之一。其检查内容包括：一般检验（红细胞及其参数、白细胞及其参数、血小板及其参数网织红细胞计数、红细胞沉淀降率测定）和其他检验（血栓与止血检查、血型鉴定和交叉配血试验、溶血时检验等）。

一、血液一般检查

［标本要求］毛细血管采血 20μl 或 EDTA - K_2抗凝的静脉血 2ml。

（一）红细胞及其相关参数

红细胞是血液中数量最多的有形成分。病理情况下红细胞发生数量和形态改变，引起红细胞系统的疾病。根据红细胞及其参数可帮助诊断疾病和推断病因。

1. 红细胞计数（red blood cell count，RBC）与血红蛋白（hermogobin，Hb）的测定

［参考区间］此值适用于静脉血标本

RBC：成年男性（4.0～5.5）×10^{12}/L，成年女性（3.5～5.0）×10^{12}/L，新生儿（6.0～7.0）×10^{12}/L；Hb：成年男性（120～160）g/L，成年女性（115～150）g/L，新生儿（170～200）g/L。

考点提示

血常规检查（RBC、HGB、WBC、DC、PLT 的参考区间及临床意义）。

［临床意义］红细胞计数及血红蛋白临床意义相同。

（1）生理性变化 ①增高：新生儿、男性、情绪冲动、兴奋、恐惧、冷水浴刺激时、剧烈运动和重体力劳动、高原地区居民和登山运动员可见。②减低：妊娠中、后期的孕妇、6 个月～2 岁的婴幼儿、老年人偏低。

（2）病理性变化 ①增多：多种原因引起的脱水、慢性肺源性心脏病、发绀型先天性心脏病、骨髓增殖性疾病等。②减少：各种病因导致的贫血。如再生障碍性贫血、缺铁性贫血、巨幼红细胞性贫血、溶血性贫血、失血性贫血等。

根据血红蛋白浓度可将贫血分为四级：①轻度贫血：＞90g/L。②中度贫血：61～90g/L。③重度贫血：31～60g/L。④极重度贫血：≤30g/L。

2. 血细胞比容（hematocrit，HCT）测定

［参考区间］男：0.40～0.50L/L；女：0.35～0.45L/L；新生儿：0.6～0.7L/L。

［临床意义］各种原因所致脱水，血细胞比容增高，作为计算补液量的参考依据；各种贫血时血细胞比容减低。

3. 平均红细胞体积（MCV）、平均红细胞血红蛋白含量（MCH）、平均红细胞血红蛋白浓度（MCHC）

［**参考区间**］MCV：80～100fl，MCH：27～34pg，MCHC：320～360g/L。

［**临床意义**］不同病因引起的贫血，可使红细胞产生不同的形态变化。根据上述三个指数的不同变化，可将贫血进行形态学分类，帮助推断贫血原因。

4. 红细胞体积分布宽度（RDW） 反映红细胞体积异质性的指标，表示红细胞体积大小的一致性，可帮助对贫血分类与鉴别原因。

（二）白细胞计数及白细胞分类计数

白细胞计数（white blood cells count，WBC）是测定血液中各种白细胞的总数，而白细胞分类计数（white blood cells differential count，WBC DC）则是计算5种白细胞的百分数和绝对值。

［**参考区间**］WBC：成人（4～10）×10^9/L，新生儿（15～20）×10^9/L，婴儿（11～12）×10^9/L。

白细胞分类计数参考值见表6－1所示。

表6－1　白细胞分类计数参考值

白细胞分类	百分比（%）	绝对值（×10^9/L）
中性粒细胞（NEU）	40～75	1.8～6.3
嗜酸性粒细胞（EO）	0.4～8.0	0.02～0.52
嗜碱性粒细胞（BASO）	0～1	0～0.06
淋巴细胞（LYM）	20～50	1.1～3.2
单核细胞（MONO）	3～10	0.1～0.6

［**临床意义**］

（1）生理性变化　新生儿白细胞总数较高；早晨较低，下午较高；妊娠、分娩期增多；情绪激动、剧烈运动、高温、严寒等应激状态下也可使中性粒细胞和白细胞总数一过性增高，但嗜酸性粒细胞却在应激反应下减低，婴幼儿淋巴细胞和单核细胞偏高。

（2）病理性变化

1）中性粒细胞　①增多。急性感染多见，可伴随出现中性粒细胞核左移和中毒性改变等形态的变化，在严重的损伤或急性溶血、急性中毒、急性出血、粒细胞性白血病、恶性肿瘤时也可见增高。②减少。某些感染（如伤寒、副伤寒、病毒感染）、某些血液病（如再生障碍性贫血）中性粒细胞和白细胞数减少，另外在电离辐射（如X线）、大剂量长期使用氯霉素、自身免疫性疾病（如系统性红斑狼疮）、脾功能亢进时也出现减少。

2）嗜酸粒细胞　①增多。过敏性疾病、寄生虫感染、皮肤病、淋巴瘤、肺癌、猩红热等可见增多。②减少。见于伤寒、副伤寒、术后严重组织损伤以及长期应用肾上腺皮质激素或促肾上腺皮质激素后。

3）嗜碱粒细胞　①增多。常见于慢性粒细胞性白血病、溃疡性结肠炎、变态反应、甲状腺功能减退等。②减少。临床意义不大。

4）淋巴细胞　①增多。某些病毒感染和慢性感染、淋巴细胞性白血病、淋巴瘤、器官移植排斥反应期淋巴细胞增多，再生障碍性贫血时由于中性粒细胞显著减少致淋巴细胞相对性增高。②减少。主要见于接触放射线及应用肾上腺皮质激素或促肾上腺皮质激素后。

5）单核细胞　①增多。某些感染（如亚急性感染性心内膜炎、疟疾、黑热病）和某些血液病（如单核细胞性白血病、骨髓增生异常综合征、恶性组织细胞病）可增高。②减少。一般无临床意义。

（三）血小板及其参数

血小板具有维持血管内皮完整性的功能和止血功能，是止血与血栓检查最常用的指标之一。现在临床上常用的血细胞分析仪在血液一般检查中检测红细胞和白细胞指标的同时即可检测血小板。

1. 血小板计数（platelet count，PC 或 PLT）

［参考区间］（100～300）$\times 10^9$/L

［临床意义］

（1）生理性变化　血小板计数受生理因素影响较多，随时间和生理状态不同而变化，可波动6%～10%。如午后高于早晨；冬季高于夏季；高原居民高于平原居民；经前减低，经后增高；妊娠中晚期增高，分娩后减低；运动、饱餐后增高；静脉血高于毛细血管血。

（2）病理性变化　①增多：血小板数大于 400 $\times 10^9$/L。急性大出血、急性化脓性感染、脾切除手术后血小板反应性增高，骨髓增生性疾病（如慢性粒细胞白血病、真性红细胞增多症、原发性血小板增多症）血小板异常增高。②减少：血小板数小于 100 $\times 10^9$/L。见于生成障碍（如急性白血病、再生障碍性贫血）、破坏和消耗过多（如 ITP、DIC）、分布异常（如脾肿大、血液稀释）等。

2. 平均血小板体积（mean platelet volume，MPV）

［参考区间］7～11fl

［临床意义］平均血小板体积（MPV）可帮助鉴别血小板减少的原因和判断骨髓造血功能是否重建。骨髓能够代偿性增生时 MPV 增大。

3. 其他　血小板体积分布宽度（platelet distribution width，PDW）、大血小板比率（platelet larger cell ratio，P－LCR）、血小板比容（platelet crit，PCT）。

［参考区间］PDW：15%～17%；P－LCR：15%～30%；PCT：0.108～0.202

［临床意义］PDW 反映血小板的大小异质性，增高表明血小板明显的大小不均匀，如巨幼细胞性贫血、巨大血小板综合征等。P－LCR 指巨大血小板所占的比值，过大表明在血小板计数中可能有小红细胞或细胞碎片的干扰。PCT 指血小板在全血中所占的体积比例，与血小板的数量和大小有关。

（四）网织红细胞计数

网织红细胞（reticulocyte，Ret）是介于晚幼红细胞和成熟红细胞之间尚未完全成熟的红细胞，它的增减可反映红细胞增生的情况，也能间接了解骨髓的造血功能。

> **考点提示**
>
> 血沉增快和网织红细胞计数变化的临床意义。

［标本要求］毛细血管采血或静脉血 2ml。

［参考区间］百分数：成人 0.005～0.015，新生儿 0.03～0.06。

绝对值：（24～84）$\times 10^9$/L。

［临床意义］可以作为判断骨髓红系造血情况的指标和贫血患者疗效观察指标。

（五）血沉

红细胞沉降率（erythrocyte sedimentation rate，ESR）指红细胞在一定条件下沉降的速率，简称血沉。

［**标本采集**］空腹静脉采血 1.6ml，注入含 0.4ml 枸橼酸钠溶液的试管内，枸橼酸钠与血液比例为 1∶4，混匀，避免溶血或凝固。

［**参考区间**］魏氏法：成年男性 0 ~ 15mm/h，女性 0 ~ 20mm/h。

［**临床意义**］

（1）生理性变化　妊娠 3 个月以上、妇女月经期、60 岁以上的高龄者可增快。

（2）病理性变化　①增快：各种急性炎症、组织损伤及坏死、贫血、恶性肿瘤、高胆固醇血症、高球蛋白血症时增快，临床上常用来观察结核病及风湿热是否处于活动期，鉴别良恶性肿瘤和心肌损伤程度。②减慢：意义较小，见于各种原因所致的脱水、真性红细胞增多症和弥漫性血管内凝血等。

二、血液其他检查

（一）凝血系列

包括血浆凝血酶原时间测定（plasma prothrombin time，PT）、活化部分凝血活酶时间测定（activated partial thromboplastin time，APTT）、凝血酶时间测定（prothrombin time，TT）、纤维蛋白原（fibrinogen，Fg/FIB）含量测定。

［**标本要求**］静脉血 1.8ml，注入含 0.2ml 枸橼酸钠溶液的试管内，枸橼酸钠与血液比例为 1∶9。充分混匀，防止凝固。

1. 血浆凝血酶原时间测定

［**参考区间**］PT：11 ~ 13 秒（须同时报告正常对照值），比正常对照值延长 3 秒即有病理意义。凝血酶原时间比值（PTR）：即受检者 PT（s）/正常对照 PT（s），参考值为 1.00 ±0.05。

［**临床意义**］PT 为外源性凝血途径的筛选指标。

（1）延长　主要见于凝血因子Ⅱ、Ⅴ、Ⅶ、Ⅹ因子减少或纤维蛋白原的缺乏，如 DIC、原发性纤溶亢进症、严重肝病、阻塞性黄疸和维生素 K 缺乏、血循环中抗凝物质增多等。

（2）缩短　先天性因子Ⅴ增多、DIC 高凝期、口服避孕药、其他血栓前状态及血栓性疾病。

（3）用于监控口服抗凝剂的治疗，一般 PT 值宜维持在参考值的两倍左右或 PTR 为 1.5 ~ 2.0。

2. 活化部分凝血活酶时间测定

［**参考区间**］男性：（37 ±3.3）秒，女性：（37.5 ±2.8）秒。比正常对照延长 10 秒以上有病理意义。

［**临床意义**］APTT 是内源性凝血途径的筛选指标。

（1）延长　先天因子Ⅷ、Ⅸ缺乏（如血友病），后天获得性凝血因子缺乏（如 DIC、维生素 K 缺乏、严重肝病等）。

（2）缩短　血栓前状态（如 DIC 高凝期）和其他血栓性疾病。

（3）肝素治疗时宜控制在参考值的 1.5 ~ 2.5 倍。

3. 血浆凝血酶时间

［**参考区间**］16～18 秒，较正常对照延长 3 秒以上者为异常。

［**临床意义**］主要用于反映血浆中纤维蛋白原浓度及结构是否异常，也可反映血浆中的抗凝物质水平高低。①延长：见于低（无）纤维蛋白原血症、异常纤维蛋白原病，更多见于肝病、DIC 晚期等引起的获得性低纤维蛋白原血症，血浆中 FDP 增多以及肝素类物质存在。②用于尿激酶、链激酶的溶栓治疗的监测。一般需控制在 1.5～2.5 倍为佳。

4. 血浆纤维蛋白原

［**参考区间**］成人：2.0～4.0g/L，新生儿：1.25～3.00g/L。

［**临床意义**］在出血性疾病与血栓性疾病诊治中是一项重要的检验项目。

（1）增高　血栓前状态或血栓性疾病；还可见于恶性肿瘤、外伤、烧伤、妊娠晚期等。

（2）减低　分为原发性和继发性两种，原发性减低见于低（无）纤维蛋白原血症、异常纤维蛋白原血症；继发性减低见于严重肝病、肝硬化、DIC 晚期、纤溶亢进等。

（3）溶栓治疗监测指标　临床使用链激酶、尿激酶等进行溶栓治疗或蛇毒治疗时，Fg 应不低于 1.2～1.5g/L。

（二）血型与输血

血型是血液成分的一种遗传多态性标记，由血型基因决定。ABO 血型系统和 Rh 血型系统是红细胞的两大抗原抗体系统，在临床输血和血液遗传学研究上有重要意义。

1. ABO 血型系统　ABO 系统是发现最早、研究最多也是最具有临床意义的一个系统。根据红细胞上是否存在 A 和（或）B 抗原，或血清中是否存在抗 A 和（或）抗 B 抗体而分为 A 型、B 型、O 型、AB 型。

［**标本要求**］抗凝静脉血 3～5ml，可用于血型鉴定和交叉配血试验。检查前患者应避免使用右旋糖酐、肝素、维生素 C、氯化钾、酚磺乙胺等药物，标本严禁溶血。

［**临床意义**］

（1）输血　血型鉴定在临床上主要用于输血前准备。输血前必须检查血型，选择血型相同的供血者，进行交叉配血完全相合才能输血。

（2）新生儿溶血病　可用于推断母婴血型不合引起的新生儿溶血病的发生。

（3）器官移植　器官移植时受者与供者也必须 ABO 血型相符合才能移植。

（4）其他　用于法医学鉴定及某些疾病的相关调查。

2. Rh 血型系统　Rh 血型系统中有许多抗原，但常规只用抗 D 血清检查，根据有无 D 抗原将其分为 Rh^+ 和 Rh^-。含有 D 抗原为 Rh^+，不含 D 抗原为 Rh^-。以 Rh^+ 多见，汉族人中约占 99.6%，在新生儿溶血中意义较大。当有特殊需要如家系调查、父母权鉴定、配血不合等情况时才需用抗 C、抗 c、抗 E、抗 e 等标准血清，做全部表型鉴定。

3. 输血　护士在取血时要与检验科人员共同进行三查（血制品的有效期、质量、输血装置）和八对（核对患者床号、姓名、住院号、血袋号、血型、交叉配血试验结果、血制品种类和剂量）。输血前应再次认真核对相关信息（包括供血者与受血者的姓名、血型、采血时间等），检查血袋是否破损、血液是否有污染或气泡产生，并且在输注过程中要严密监视患者的病情，如发生输血反应应立即停止输血并及时报告。

（郝小夏）

扫码“学一学”

第三节 尿液检查

☞案 例

患者，女性，38 岁。因发热、尿道不舒服、小便次数明显增多且伴有疼痛而就诊。

请思考：①该患者应安排的必要的实验室检查是什么？②需要哪种标本？应如何留取？

尿液检查是临床常用检查之一，不但可以为泌尿系统疾病提供评估、治疗及护理效果、药物的影响等资料，还可以了解其他系统的疾病。

检查内容包括一般性状检查、化学检查、显微镜检查。

一、一般性状检查

包括气味、尿量、外观、比重等。

1. 气味

［**参考区间**］正常新鲜尿具有特殊而微弱的芳香气味，放置过久可有氨臭味。

［**临床意义**］

生理性变化：可受到食物和某些药物的影响，如进食葱、蒜、韭菜、过多饮酒，以及服用某些药物后尿液可出现相应的特殊气味。

病理性变化：烂苹果味见于糖尿病酮症酸中毒；蒜臭味见于有机磷农药中毒；氨臭味见于慢性膀胱炎及慢性尿潴留；粪臭味多考虑大肠杆菌引起的尿路感染或有直肠膀胱瘘；鼠臭味见于苯丙酮尿症。

2. 尿量

［**参考区间**］健康成人尿量为 1～2L/24h，昼夜尿量之比为（3～4）∶1。小儿的尿量个体差异较大，按体重计算较成人多 3～4 倍。

［**临床意义**］

（1）生理性变化　饮水过多或多饮浓茶、咖啡，精神紧张、失眠，使用利尿剂或静脉输液过多时尿量增多；机体缺水或出汗过多时尿量减少。

（2）病理性变化　①多尿：成人尿量大于 2.5L/24h 称为多尿。可见于尿崩症、糖尿病、急性肾功能不全的多尿期等。②少尿和无尿：成人尿量少于 0.4L/24h 或尿量持续少于 17ml/h 称为少尿；少于 0.1L/24h 或在 12 小时内完全无尿者称为无尿。可见于各种原因引起的脱水、休克，急性肾小球肾炎、各种慢性肾功能衰竭时，各种原因所致的尿路梗阻等。

> **考点提示**
>
> 尿常规检查（尿量、尿比重、尿蛋白与尿糖测定的临床意义）。

3. 外观　外观包括颜色及透明度。

［**参考区间**］正常新鲜尿液呈淡黄或黄褐色透明液体。

［**临床意义**］

（1）生理性变化　酸性尿浓缩冷却后可有淡红色尿酸盐结晶析出，碱性尿中可有淡灰色磷酸盐或碳酸盐析出；药物亚甲蓝使尿液呈蓝色，利福平使尿液呈红色；夏天排汗较多时尿量偏少颜色较深等。

（2）病理性变化 ①血尿：由于出血量的不同可呈淡红色云雾状、洗肉水样或鲜红色。主要见于各种原因所致的泌尿系统疾病，如肾结核、肾肿瘤、肾及泌尿道结石、某些菌株所致的泌尿系统感染及出血性疾病等。②血红蛋白尿：外观呈酱油或茶色，常见于各种溶血性贫血。③胆红素尿：外观呈深黄色，振荡后泡沫亦呈黄色且不易消失。见于阻塞性黄疸和肝细胞性黄疸。④脓尿：外观呈不同程度的黄白色混浊或含脓丝状悬浮物。主要见于泌尿系统感染及前列腺炎、精囊炎等。⑤乳糜尿：外观呈不同程度的乳白色。多见于丝虫病，少数可由腹腔结核、肿瘤，胸腹部创伤或者手术引起。

4. 比重 尿比重（specficgravily，SG）为4℃时尿液与同体积纯水重量之比。尿比重测定可粗略反映肾小管的浓缩稀释功能，但可受尿蛋白、尿糖影响。

［**参考区间**］成人：1.015～1.025，晨尿≥1.020。

［**临床意义**］

（1）比重增高 可见于高热、脱水、心功能不全、周围循环衰竭等尿少时，也可见于尿中含葡萄糖和碘造影剂时。

（2）比重减低 主要见于慢性肾炎、慢性肾盂肾炎。

二、化学检查

主要包括尿酸碱度、尿蛋白、尿糖、尿酮体、尿胆原与尿胆红素的检查。

1. 酸碱度（pH）

［**参考区间**］pH 4.5～8.0，平均为6.0。

［**临床意义**］

（1）生理性变化 标本放置过久、食用蔬菜类食物、服用碱性药物碳酸钠等可增高，摄入肉类食物、服用酸性药物氯化铵、维生素C等pH降低。

（2）病理性变化 ①pH降低：见于发热、酸中毒、低 K^+ 性碱中毒、痛风、糖尿病、呼吸性酸中毒。②pH升高：见于各种碱中毒、服用重碳酸盐、尿路感染、肾小管性酸中毒等。

2. 蛋白质（PRO）

［**参考区间**］尿蛋白质定性：阴性；定量：20～80mg/24h。

［**临床意义**］PRO定性试验为阳性或尿蛋白＞150mg/24h或尿蛋白＞100mg/L，称为蛋白尿。

（1）生理性变化 有功能性蛋白尿（剧烈运动、发热、低温刺激、精神紧张等所致）和体位性蛋白尿，常见于青少年。

（2）病理性变化 ①肾小球性蛋白尿：常见于肾小球疾病，如急性肾炎、慢性肾炎、肾病综合征等原发性肾损害及糖尿病、高血压、SLE等继发性肾损害。②肾小管性蛋白尿：常见于肾盂肾炎、间质性肾炎、肾小管性酸中毒、重金属中毒、应用庆大霉素、多黏菌素B及肾移植术后等。③混合性蛋白尿：肾脏病变如果同时累及肾小球及肾小管时可出现。④溢出性蛋白尿：可见于骨骼肌严重创伤及大面积心肌梗死、溶血、多发性骨髓瘤等导致的肌红蛋白尿、血红蛋白尿、本周氏蛋白尿。⑤组织性蛋白尿：肾小管受炎症、药物、中毒等刺激分泌蛋白质增多或肾组织破坏形成的蛋白尿。

3. 尿糖（GLU）

［**标本要求**］为确诊有无糖尿，必须为清晨空腹尿液，保证新鲜。

［**参考区间**］尿糖定性：阴性；定量：每天 0.56～5.0mmol/24h。

［**临床意义**］尿糖定性试验呈阳性的尿液称为糖尿。可由于血糖增高或肾小管重吸收能力降低而导致。

（1）生理性变化 ①摄入性糖尿：大量摄入或输注葡萄糖。②应激性糖尿：在颅脑外伤、脑血管意外、急性心肌梗死、情绪激动等情况下肾上腺素、胰高血糖素大量释放，出现暂时性高血糖和糖尿。③新生儿和孕妇出现。④药物性糖尿：如肾上腺皮质激素、咖啡因、大剂量阿司匹林、茶碱等。必须检查清晨空腹的尿液以排除饮食的影响。

（2）病理性变化 ①血糖增高性糖尿：见于糖尿病、甲状腺功能亢进、肢端肥大症、嗜铬细胞瘤、库欣综合征、肝功能不全、胰腺癌、胰腺炎等。②肾性糖尿：慢性肾小球肾炎、肾病综合征、间质性肾炎、家族性糖尿。③其他糖尿：果糖、乳糖、半乳糖摄入过多或代谢紊乱。

4. 尿酮体（KET）

［**标本要求**］必须新鲜。

［**参考区间**］尿酮体定性：阴性。

［**临床意义**］尿酮体定性为阳性的尿液称酮尿。

（1）生理性变化 饥饿、禁食、全身麻醉后、妊娠反应导致呕吐、脂肪餐后可出现。

（2）病理性变化 ①糖尿病酮症酸中毒：但检测结果有时会出现与临床症状不一致的情况，应综合分析。②其他：发热、严重腹泻、呕吐也可出现。

5. 尿胆红素（BIL）及尿胆原（URO 或 UBG）测定

［**标本要求**］新鲜尿液，容器宜用棕色瓶并应避光。注意排除其他干扰因素。

［**参考区间**］尿胆红素：阴性反应。尿胆原：阴性或弱阳性，1:20 稀释后为阴性。

［**临床意义**］用来鉴别黄疸的类型。

三、显微镜检查

用显微镜对尿沉淀物中的红细胞、白细胞、管型等有形成分进行检查。

标本要求：新鲜尿液，必要时加甲醛保存，防止经血、阴道分泌物及精液等污染。

1. 红细胞

［**参考区间**］离心尿：0～3 个/HP。

［**临床意义**］尿液外观变化不明显，而离心沉淀后镜检时，红细胞数 >3 个/HP 则为镜下血尿。每升尿内含血量超过 1ml 即可出现肉眼血尿。

（1）生理性变化 正常人特别是青少年在剧烈运动、冷水浴，久站或重体力劳动后可出现暂时性镜下血尿。

（2）病理性变化 ①泌尿系统各部位的炎症、肿瘤、结核、结石、创伤、肾移植排异反应等均可引起不同程度的血尿。②泌尿系统周围器官疾病如前列腺炎、精囊炎、盆腔炎等患者尿中也偶尔见到红细胞。③全身其他系统的疾病如各种原因引起的出血性疾病。

2. 白细胞和脓细胞

［**参考区间**］离心后：男性 0～3 个/HP；女性 0～5 个/HP。

［临床意义］尿标本离心沉淀后镜检时，如尿中白细胞 >5 个/HP 则称为镜下脓尿。见于以下各种情况。

（1）泌尿系统有炎症时，尤其在化脓性细菌感染时为甚，如急、慢性肾盂肾炎、膀胱炎、尿道炎、前列腺炎、肾结核等。

（2）女性阴道炎或宫颈炎、附件炎时可因分泌物混入尿中，而见白细胞增多。

（3）肾移植术后一周内尿中可出现较多的中性粒细胞，如发生排异反应，尿中可出现大量淋巴细胞及单核细胞。

3. 管型

［参考区间］正常人浓缩尿中偶尔可见到透明管型。

［临床意义］为尿沉渣中有重要意义的成分，是蛋白质、细胞或碎片在肾小管、集合管中所形成的管状蛋白聚集体。它的出现往往提示有肾实质性损害。可分为多种（包括透明管型、细胞管型、颗粒管型、脂肪管型、蜡样管型、肾衰竭管型等），不同病变的不同阶段可出现不同种类。

知识链接

自动化尿液检测

目前尿液的自动化分析已在全国各地医院普遍应用，主要有干化学分析仪和尿沉渣分析仪，其结果可受到一些因素的影响，只能作为筛查，必要时还需进一步做显微镜检查。尿液干化学分析仪检测项目有：pH、PRO、GLU、KET、BIL、UBG、BLD（隐血）、NIT（亚硝酸盐）、LEU（白细胞）、SG（比密）、VC（维生素、C）检测。NIT 是泌尿系感染的过筛指标，与 LEU 结合可诊断泌尿系感染；VC 检测是用来判断 GLU、BLD、BIL 和 NIT 等结果是否受到 VC 的影响而出现假阳性或假阴性。

尿沉渣分析仪检测项目有：红细胞（RBC）、白细胞（WBC）、细菌（BACT）、上皮细胞（EC）、管型（CAST）、酵母菌（YLC）、精子细胞（SPERM）、结晶（X'TAL）等。

（郝小夏）

第四节　粪便检查

案　例

患儿，女性，5 岁。因腹痛、腹泻 3 小时来就诊，询问 3 小时前曾食用街边小吃食。

请思考：①该患儿应建议安排的必要的实验室检查是什么？②标本如何留取？应注意哪些情况？

扫码“学一学”

粪便检查是临床最常用的检查之一，其主要目的是了解消化道有无炎症、出血、肿瘤等病变；根据粪便的性状、组成，间接地判断胃肠、胰腺、肝胆系统的功能状况；了解是否有肠道菌群失调，检查粪便中有无致病菌以协助诊断肠道感染性疾病。

检查内容包括一般性状检查、化学检查、显微镜检查。

一、一般性状检查

包括粪便的量、外观、气味、寄生虫等。

考点提示

粪便常规检查（便隐血的标本要求、白陶土样便、柏油样便、米泔水样便、脓血便、鲜血便等的临床意义）。

1. 量 可随食物种类、进食量及消化器官的功能状态而异。一般1~2次/日或两日1次。

2. 外观 粪便的外观包括颜色与性状。

[**参考区间**] 成人为黄褐色成形便，质软；婴儿可呈黄色或金黄色糊状。

[**临床意义**] 病理情况下可见如下改变。

（1）黏液便 见于过敏性肠炎、细菌性痢疾、阿米巴痢疾、急性血吸虫病。

（2）胶胨状便 肠易激综合征和某些慢性菌痢疾患者可排出类似的粪便。

（3）脓便及脓血便 常见于痢疾、溃疡性结肠炎、局限性肠炎、结肠或直肠癌。阿米巴痢疾患者大便呈暗红色稀果酱样。细菌性痢疾则为黏液脓血便。

（4）鲜血便 直肠息肉、结肠癌、肛裂及痔疮等均可见鲜红色血便。

（5）柏油样便 上消化道出血达60ml时，可出现柏油样便。

（6）稀糊状或稀汁样便 常见于各种感染或非感染性腹泻，尤其是急性胃肠炎。

（7）米泔样便 呈淘米水样，内含黏液片块，量大，见于霍乱或副霍乱。

（8）白陶土样便 见于各种原因引起的梗阻性黄疸。

（9）干结便 常见于习惯性便秘者，亦见于老年排便无力或极度虚弱者。

（10）细条状便 排便形状改变，呈细条状或不规则状，提示有直肠肿物存在。

3. 气味 正常粪便有臭味，是蛋白质的分解产物如粪臭素、吲哚等所致。食肉者臭味重。粪便恶臭考虑患慢性肠炎、胰腺疾病、消化道大出血；阿米巴痢疾呈鱼腥臭味；直肠癌合并感染时呈恶臭味。

4. 寄生虫体 蛔虫、蛲虫、绦虫等较大虫体或其片段肉眼即可分辨。

二、化学检查

包括隐血试验、胆色素检查。

1. 隐血试验（occult blood test，OBT） 当上消化道出血量少时，外观和显微镜检查均不能发现，需通过化学或免疫学方法才能进行证实的出血称隐血，检查隐血的试验称隐血试验。

[**标本要求**] 检验前3天素食，禁止摄入动物肉、血等和铁剂、维生素C，避免铁、铜、氧化剂的污染。

[**参考区间**] 阴性。

[**临床意义**] 阳性见于消化道出血，良性病变出血为间断阳性，恶性出血为持续阳性。常作为消化道恶性肿瘤筛检指标。

2. 胆色素检查 正常粪便中无胆红素而有粪胆原及粪胆素。粪胆色素检查包括胆红素、粪胆原、粪胆素检查。

[**参考区间**] 胆红素定性：阴性，婴儿可呈阳性；粪胆原、粪胆素定性：阳性。

[**临床意义**] 肠蠕动亢进、腹泻者粪胆红素阳性；溶血性黄疸时粪胆原和粪胆素强阳

性；梗阻性黄疸时为二者阴性；肝细胞性黄疸时二者可增加也可减少。

三、显微镜检查

包括细胞、结晶、食物残渣、寄生虫卵、菌群。

[参考区间] 红细胞无，白细胞无或偶见，巨噬细胞和上皮细胞无，以大肠埃希菌、厌氧菌和肠球菌为主要菌群，杆菌多于球菌，杆球比例为10∶1，无寄生虫卵，有少量食物残渣（以淀粉颗粒为主）。

[临床意义]

（1）白细胞或脓细胞增多　见于肠道细菌感染。

（2）红细胞增多　见于肠道下段炎症或出血。

（3）巨噬细胞和肠黏膜上皮细胞　可在结肠炎症时增多。

（4）肿瘤细胞　可见于乙状结肠癌、直肠癌患者。

（5）食物残渣增多或种类改变　提示消化功能不良和胰腺外分泌功能不全。

（6）菌群比例失调　则为肠道菌群失调症。

（7）寄生虫卵　是诊断肠道寄生虫感染的最常用的化验指标。

第五节　其他体液检查

扫码“学一学”

一、痰液检查

痰液检查的主要目的是协助诊断某些呼吸系统疾病，如支气管哮喘、支气管扩张、肺结核、肺癌等；评价治疗和护理效果等。

1. 一般性状检查　包括量、颜色及性状、气味。

（1）痰量

[参考区间] 健康人一般无痰。

[临床意义] 患者的排痰量依病种和病情而异。急性呼吸系统感染者较慢性炎症时痰少；细菌性炎症较病毒性感染痰多；慢性支气管炎、支气管扩张、空洞型肺结核和肺水肿患者痰量可显著增多。

（2）颜色及性状

[参考区间] 正常人偶有少量的白色或透明、水样或黏液痰。

[临床意义] 病理情况下可见：①黄色脓性痰：提示呼吸道有化脓性感染，见于金黄色葡萄球菌肺炎、支气管扩张、肺脓肿等。②铁锈色痰：可见于肺炎球菌性肺炎。③粉红色泡沫痰：见于左心功能不全、肺水肿患者。④烂桃样痰：见于肺吸虫病引起肺组织坏死分解时。⑤棕褐色痰：见于阿米巴性肺脓肿、慢性肺淤血时。⑥灰色或灰黑色：见于矿工、锅炉工、长期吸烟者。

（3）气味

[参考区间] 正常人咳出的新鲜、少量痰液无气味。

[临床意义] 血性痰可带血腥味，厌氧菌感染有显著臭味，晚期肺癌有恶臭。

2. 显微镜检查

[**参考区间**] 正常人无红细胞，可见少量中性粒细胞和上皮细胞。

[**临床意义**]

(1) 肺结核、肺癌、肺梗死和肺水肿等疾病时可出现血性痰；血性痰中可见大量红细胞。

(2) 呼吸系统有细菌感染时痰中白细胞显著增加，常成堆存在，多为脓细胞。支气管哮喘、过敏性支气管炎、肺吸虫病患者痰中嗜酸粒细胞增多。

(3) 急性喉炎和咽炎时可有大量鳞状上皮细胞混入痰液；气管和支气管黏膜炎症或癌变时柱状上皮细胞较多；肺组织遭到严重破坏时可出现肺泡上皮细胞。

(4) 癌细胞出现提示恶性肿瘤存在。

(5) 夏科-莱登结晶常与嗜酸性粒细胞及库施曼螺旋体共存，见于支气管哮喘和肺吸虫病患者。

二、脑脊液检查

脑脊液（cerebrospinal fluid，CSF）是存在于脑室及蛛网膜下腔及背髓中央管中的无色透明液体。脑脊液具有调节颅内压、保护脑和脊髓免受外力震荡损伤、供给脑、神经系统细胞营养物质并运走其代谢产物的功能。中枢神经系统发生器质性病变时，如感染、炎症、肿瘤、外伤、水肿和阻塞等可引起脑脊液成分的改变。脑脊液检查包括一般性状检查、化学检查、显微镜检查。

1. 一般性状检查 包括压力、颜色、透明度、凝固性。

[**参考区间**] 正常脑脊液压力为80～180mmH_2O，是无色透明的液体，不形成薄膜、凝块和沉淀物。

2. 化学检查 包括蛋白质、葡萄糖、氯化物。

[**参考区间**]

蛋白质定性试验（Pandy 试验）：阴性或极弱阳性；定量：成人0.20～0.40g/L（腰椎穿刺）。

葡萄糖：成人2.5～4.4mmol/（腰椎穿刺）。

氯化物：成人120～130mmol/L，儿童111～123mmol/L（腰椎穿刺）。

3. 显微镜检查 包括细胞总数计数、白细胞计数及白细胞分类计数、病原学检查。

[**参考区间**]

成人脑脊液内无红细胞。白细胞：成人（0～8）×10^6/L，儿童（0～15）×10^6/L。分类主要为淋巴细胞及单核细胞，两者之比约为7∶3。病原菌阴性。

[**临床意义**] 见表6-2。

表6-2 常见中枢神经系统疾病的脑脊液检查特点

疾病	压力	外观	凝固性	蛋白质	葡萄糖	氯化物	细胞计数及分类	病原菌
化脓性脑膜炎	↑↑↑	白色混浊	1～2小时出现凝块	↑↑↑	↓↓↓	↓	↑↑↑，中性粒为主	化脓菌+

续表

疾病	压力	外观	凝固性	蛋白质	葡萄糖	氯化物	细胞计数及分类	病原菌
结核性脑膜炎	↑↑	毛玻璃样	12 ~ 24小时出现薄膜	↑	↓	↓↓↓	↑，淋巴为主	抗酸菌 +
病毒性脑膜炎	↑	透明或微混	无	↑	正常	正常	↑，淋巴为主	-
隐球菌性脑膜炎	↑	透明或微混	可有	↑	↓	↓	↑，淋巴为主	真菌 +
流行性乙型脑炎	↑	透明或微混	无	↑	正常	正常	↑，淋巴为主	-
脑室及蛛网膜下腔出血	↑	红色血性，陈旧出血呈黄色	可有	↑	正常或轻度↑	正常	↑，红细胞为主	-
脑肿瘤	↑	透明	无	↑	正常	正常	正常或轻度↑，淋巴为主	-
神经梅毒	↑	透明	无	正常	正常	正常	↑，淋巴为主	-

三、浆膜腔积液检查

人体的浆膜腔如胸膜腔、腹膜腔、心包腔等在正常情况下仅有少量液体，主要起润滑作用。病理情况下液体增多而形成浆膜腔积液。按积液的性质分为漏出液及渗出液两大类。

（一）浆膜腔积液的产生原因

1. 漏出液 漏出液为非炎症性积液，见于肝硬化、肾病综合征、静脉血栓、丝虫感染或肿瘤压迫、充血性心衰等。

2. 渗出液 渗出液多为炎症性积液，见于感染、恶性肿瘤、胰液或胆汁刺激、外伤等。

（二）检查内容

1. 一般性状检查 包括颜色、透明度、凝固性、比重。

2. 化学检查 主要包括黏蛋白定性、蛋白质定量和葡萄糖定量。

3. 显微镜检查 包括细胞总数计数、白细胞计数及白细胞分类计数。

标本要求：及时送检，专人运送，量要适宜，标识清晰。

临床意义：浆膜腔积液检查主要是鉴别积液的性质（表6－3），帮助寻找积液产生的原因，还可缓解症状，达到治疗的效果。

表6－3 浆膜腔漏出液与渗出液的鉴别要点

项目	漏出液	渗出液
病因	非炎性	炎症、肿瘤、化学或物理刺激
外观	淡黄色，浆液性	黄色、血性、脓性
透明度	清晰透明或微混	混浊
比重	<1.015	>1.018

续表

项目	漏出液	渗出液
凝固性	不凝	常自凝
粘蛋白定性	阴性	阳性
蛋白定量（g/L）	<25	>30
积液/血清蛋白	<0.5	>0.5
葡萄糖	与血糖相近	低于血糖
细胞总数（$\times 10^{6}$/L）	<100	>500
有核细胞分类	淋巴为主，偶见间皮细胞	炎症以中性粒细胞为主，结核后期、恶性肿瘤以淋巴为主
细菌	无	可有

（郝小夏）

扫码“学一学”

第六节　临床常用脏器功能检查

案例

患者，女性，38岁，3年来间断发生全身浮肿。1个月前因感冒后全身浮肿加重，并出现乏力、头晕、恶心、食欲减退。既往有肾炎病史。

请思考：①该患者水肿的病因最可能是什么？②根据患者资料应建议安排哪些必要的实验室检查？③标本应如何留取？

一、肝功能检查

肝脏是人体的重要代谢器官。当肝细胞损伤时蛋白质、脂肪和糖的代谢会出现障碍。通过对肝脏各项功能进行检查，可协助诊断肝脏原发或继发疾病并实施动态观察，以制定治疗方案和护理计划，并评价其效果。

考点提示

肝功能（白蛋白减低和转氨酶升高的意义）、肾功能（肌酐和尿素升高的意义）、血气分析中酸碱中毒的判断？

标本要求：空腹静脉血4～5ml，不抗凝。胆红素测定标本需避光，无溶血。

（一）蛋白质代谢测定

1. 血清总蛋白（serum total protein，STP）、清蛋白（albumin，A）、球蛋白（globulin，G）

［参考区间］ 成人血清TP 60～80g/L；A 40～55g/L；G 20～30g/L；A/G 1.5～2.5∶1。

［临床意义］ STP减低多伴有清蛋白减低，STP增高常同时有球蛋白的增高。

（1）总蛋白和清蛋白增高　各种原因导致的血液浓缩。

（2）总蛋白和清蛋白降低　多见于慢性肝病（如肝硬化、肝癌），多数情况下总蛋白会随清蛋白减低，但由于球蛋白的增高也可改变不大；而急性肝病血清蛋白质改变不大。此外还见于营养不良、腹泻、肾病综合征、慢性肾小球肾炎、结核、恶性肿瘤等。

（3）总蛋白和球蛋白增高　见于慢性肝病、结缔组织病、慢性感染、寄生虫病等。

（4）A/G 减低或倒置　见于严重肝病、多发性骨髓瘤。

2. 血清蛋白电泳　血清蛋白质在碱性环境中均带负电荷，因血清蛋白质的等电点和相对分子质量的差异，在电场中各种蛋白质泳动速度不同可得以分离。

［参考区间］醋酸纤维素膜法：白蛋白 61% ~71%；α_1 - 球蛋白 3% ~4%；α_2 - 球蛋白 6% ~10%；β - 球蛋白 7% ~11%；γ - 球蛋白 9% ~18%。

［临床意义］

（1）慢性肝炎、肝硬化、肝癌患者，其清蛋白减少，γ - 球蛋白增高。

（2）肾病综合征和糖尿病肾病，清蛋白及 γ - 球蛋白降低，α_2 及 β - 球蛋白增高。

（3）骨髓瘤、原发性巨球蛋白血症等 M 蛋白血症，清蛋白降低，γ - 球蛋白明显升高，大部分患者在 γ 区、β 区或 β 与 γ 之间可见结构均一、基底窄、峰高而尖的 M 蛋白。

（4）先天性低丙种球蛋白血症 γ 球蛋白降低，蛋白丢失性肠病表现为清蛋白及γ - 球蛋白降低，α_2 - 球蛋白增高。

（二）胆红素代谢测定

胆红素在肝脏要被摄取、结合和排泄，所以肝脏发生病变时可影响胆红素的代谢。

［检测项目］血清总胆红素（STB）、结合胆红素（CB）和非结合胆红素（UCB）测定

［参考区间］STB：3.4 ~ 17.1μmol/L；UCB：总胆红素 - 结合胆红素；CB：0 ~ 6.8μmol/L。

［临床意义］血清总胆红素为 UCB 和 CB 的总量。

（1）判断有无黄疸及其程度　根据 STB 分为隐性黄疸（STB > 17.1μmol/L，< 34.2μmol/L，且患者皮肤巩膜无黄染）、轻度黄疸（34.2 ~ 171/μmol/L）、中度黄疸（172 ~ 342μmol/L）、重度黄疸（ >342μmol/L）。

（2）鉴别黄疸的类型　阻塞性黄疸时 CB 增高为主伴 STB 显著增高；溶血性黄疸 UCB 增高为主，STB 轻度增高；肝细胞性黄疸 STB、CB、UCB 均呈中度增高。

（三）血清酶学检查

1. 血清转氨酶测定　包括丙氨酸氨基转移酶（alanine aminotransferase，ALT）和天冬氨酸氨基转移酶（aspartate aminotransferase，AST）。ALT 以肝细胞含量最多，存在于肝细胞胞质中，其次为心、脑、肾脏组织。AST 主要分布于心肌，其次为肝脏（约 80% 存在于肝细胞线粒体中），ALT 较 AST 敏感。

［参考区间］速率法：ALT 男性 9 ~ 50 U/L，女性 7 ~ 40 U/L；AST 男性 15 ~ 40 U/L，女性 13 ~ 35 U/L。PeRitis 比值（AST/ACT）：1.15。

［临床意义］

（1）急性病毒性肝炎　ALT 与 AST 均增高，ALT 增高明显，PeRitis 比值 < 1。如 AST 增高较 ALT 更明显，表明肝细胞严重损伤。如出现胆红素明显增高而转氨酶却减低，称为“胆酶分离”现象，提示肝细胞严重坏死，预后不良。

（2）慢性病毒性肝炎和其他（如药物性肝炎、脂肪肝、肝癌、胆汁淤积）时，ALT 与 AST 轻度增高或正常。

2. 碱性磷酸酶（ALP）测定　是反映胆汁淤积的酶，胆汁淤积时，血清中 ALP 活性增高，但在骨骼中含量也较高，骨骼代谢旺盛时也可增高。

［参考区间］连续监测法（37℃）：成年男性，45 ~ 125U/L；成年女性，35 ~ 100U/L

(20～49岁)，50～135U/L（50～79岁）。

［临床意义］

（1）肝胆系统疾病　阻塞性黄疸血清ALP常在早期明显升高；肝细胞性黄疸ALP轻度升高；约有半数原发性肝癌患者血中ALP显著升高。

（2）其他　孕妇、生长迅速的儿童、青少年增高，骨折、骨肿瘤也可引起血中ALP升高。

3. γ－谷氨酰转移酶（gamma－glutamyltransferase，GGT）测定　旧称γ－谷氨酰转肽酶（γ－GT）。在人体肾脏、肝脏、胰腺含量丰富，血清中GGT主要来自肝脏，也是反应胆汁淤积的酶。

［参考区间］连续监测法（37℃）：成年男性，10～60U/L；成年女性，7～45U/L。

［临床意义］

（1）胆道疾病　胆石症、胆道炎症、肝外梗阻时，GG显著升高。

（2）肝脏疾病　肝炎、脂肪肝、肝硬化时GGT中度升高，有助于肝胆疾病的鉴别诊断。

（3）恶性肿瘤肝转移　恶性肿瘤患者如GGT升高说明有肝转移的可能。

（4）药物性肝损害或酒精性肝损害　GGT可明显或中度增高。

二、肾功能检查

肾脏有强大的代偿功能，早期肾脏病变一般很难通过肾功能检查发现，故肾功能检查的主要目的是评估肾脏疾病严重程度，以制定正确的治疗方案；通过对患者肾功能的各项指标进行动态观察，可判断疗效和预后。肾功能检查包括肾小球功能检查和肾小管功能检查。

（一）肾小球滤过功能检查

滤过功能是肾小球的主要功能，反映此功能的客观指标主要是肾小球滤过率（GFR），即单位时间内经肾小球滤过的血浆液体量。

1. 内生肌酐清除率（endogenous creatinine clearance rate，Ccr）　是指肾脏在单位时间内将若干毫升血浆中的内生肌酐全部清除出去，是测定肾小球滤过功能较敏感的方法。

［标本要求］检查前连续3天低蛋白饮食（每天蛋白质摄入量少于40g），并禁食肉类，避免剧烈运动。检查当日，收集24小时尿液（容器内加甲苯3～5ml防腐）、采取静脉血（抗凝或不抗凝）2～3ml同时送检。

［参考区间］成人：80～120ml/min。

［临床意义］

（1）肾功能损害的早期指标　成人Ccr＜80ml/min，提示肾小球滤过功能已有损害，比血尿素氮和肌酐敏感。

（2）评估肾功能损害的程度　轻度损害（70～51ml/min）、中度损害（50～30ml/min）、重度损害（＜30ml/min）。

（3）指导治疗与护理　慢性肾功能衰竭者，Ccr 30～40ml/min时应限制蛋白质摄入；≤30ml/min时氢氯噻嗪等利尿药无效；≤10ml/min应进行透析治疗。

（4）动态观察肾移植术疗效　肾移植术成功者Ccr逐渐回升，若回升后再度下降，应考虑发生急性排斥反应的可能。

2. 血肌酐和血尿素　血液中的肌酐（creatinine，Cr）和尿素（urea）主要由肾小球滤过经尿排出，当肾小球滤过功能受损时，尿液中排出减少，而血中浓度增高。故血肌酐和血尿素氮（blood urea nitrogen，BUN）可反映肾小球滤过率功能的损害程度，但不敏感，是临床常用的肾功能指标。

［**标本要求**］空腹静脉血2～3ml。

［**参考区间**］BUN：成人3.2～7.1mmol/L，婴幼儿1.8～6.5mmol/L。Cr：男性53～106μmol/L，女性44～97μmol/L。

［**临床意义**］血尿素浓度除受肾功能影响外，肾外因素对其影响也较大，与血肌酐同时检测可鉴别是肾功能还是肾外因素的影响。

（1）肾源性肾功能损害　肾小球滤过功能2/3受损时，血中Cr和BUN升高，且升高程度与病变严重程度成正比，BUN/Cr≤10∶1。

（2）肾外因素　脱水、休克、心力衰竭、尿路梗阻、消化道出血、大面积烧伤、甲状腺功能亢进等，BUN升高，而Cr增高不明显，多≤200μmol/L。

（3）肾功能衰竭分期　肾功能不全的代偿期，BUN轻度增高，Cr不增高；肾功能衰竭失代偿期，BUN ＞9mmol/L，Cr＞176.8μmol/L；尿毒症期，BUN＞20mmol/L，Cr＞445μmol/L。

（二）肾小管功能检查

肾小管除了具有强大的重吸收能力外，还具有选择性分泌与排泄的能力。

1. 尿浓缩－稀释试验（又称莫氏试验）

［**标本要求**］试验日饮食如常，但每餐含水量宜在500～600ml之间，此外不再进食、饮水；晨8时排尿弃去，此后每隔2小时的尿液，分别留于清洁瓶内，共留取6次；晚8时至次晨8时的尿液留入一个标本瓶中，一起送检。

［**参考区间**］成人尿量1000～2000ml/24h，夜尿量≤750ml，昼、夜尿量之比为3～4∶1，至少一次尿比重＞1.020，最高比重与最低比重之差≥0.009。

［**临床意义**］浓缩－稀释试验主要用于判断肾小管的浓缩稀释功能。慢性肾小球肾炎、慢性肾盂肾炎、急性肾衰竭多尿期、慢性肾衰竭等夜尿增多、比重下降，提示肾小管浓缩功能下降。

2. 尿渗量　也可反映肾小管的浓缩和稀释功能，一般不受蛋白质、葡萄糖等大分子物质的影响，比尿比重准确，但需同时采血和收集尿液，用专用仪器检测，临床少用。

三、肺功能检查

肺功能检查主要是了解肺的通气和换气功能，临床实验室检查主要为血气分析。

血气分析对反映呼吸功能和酸碱平衡状态具有重要价值，普遍应用于各种原因引起的急慢性呼吸功能衰竭的诊断与治疗、心肺复苏、体外循环的监测。

［**标本要求**］动脉血或动脉化的毛细血管血（采血前局部用热毛巾敷或轻轻按摩加快血液循环）2ml，肝素抗凝，与空气隔绝（针头刺入橡胶塞），并搓动注射器使抗凝剂与血液混匀，立即送检或冰水中保存（不超过2小时）。吸氧者如病情允许应停止吸氧30分钟后采集，否则申请单上应注明。

［检测项目］包括血液 pH、血氧分压（PO_2）、血二氧化碳分压（PCO_2）、血氧饱和度（$SatO_2$）、实际碳酸氢盐（AB）、标准碳酸氢盐（SB）、碱剩余（BE）、阴离子间隙（AG）等指标。

［参考区间］pH：7.35～7.45；PO_2：80～100mmHg；PCO_2：35～45mmHg；$SatO_2$：91.9%～99%；AB：21～28mmol/L；SB：21～25mmol/L；BE：－3～＋3mmol/L；AG：8～16mmol/L。

［临床意义］pH 是判断有无酸碱平衡代谢紊乱的重要指标；PO_2 和 PCO_2 可反映缺氧和肺通气情况，是呼吸性酸碱平衡的判断指标；BE 或 AB 是代谢性酸碱平衡紊乱的判断指标。了解血气分析结果是否正常主要看 pH、PO_2、PCO_2、BE。

（1）pH 减低、PCO_2 增高为呼吸性酸中毒。

（2）pH 增高、PCO_2 减低为呼吸性碱中毒。

（3）pH 减低、BE 减低则为代谢性酸中毒。

（4）pH 增高、BE 增高则为代谢性碱中毒。

（5）AG 是指血清中可测定的阳离子总数与阴离子总数之差（$AG = Na^+ - [Cl^- + HCO_3^-]$），需要准确测定血清电解质，是判断代谢性酸中毒的重要指标，AG 增高提示存在代谢性酸中毒。

（郝小夏）

第七节　临床常用免疫学检查

扫码“学一学”

一、免疫球蛋白检测

免疫球蛋白（immunoglobulin，Ig）存在于人体的血液、体液、分泌液中及 B 细胞膜上，由浆细胞分泌，多数具有抗体活性。一般根据免疫球蛋白的结构不同可分为 5 种：即 IgG、IgM、IgA、IgD、IgE，IgD。免疫球蛋白检测是检查机体体液免疫功能的一项重要指标。

［标本要求］血清，不抗凝静脉血 4～5ml。

［参考区间］IgG：7.0～16.6g/L；IgA：0.7～3.5g/L；IgM：0.5～2.5g/L（免疫比浊法）；IgE：0.1～0.9mg/L（ELISA 法）。

［临床意义］

（1）生理性变化　可受年龄和性别的影响，IgG 在儿童中含量低于成人，青春期最高，30 岁以后逐渐下降；女性稍高于男性。

（2）病理性变化　①增高：见于浆细胞增殖性疾病，如多发性骨髓瘤、巨球蛋白血症、浆细胞性白血病等；慢性感染、自身免疫性疾病、慢性肝病、淋巴瘤等；变态反应性疾病、寄生虫感染、皮肤过敏时 IgE 可增高。②减少：当 IgG＜6.0g/L、IgA＜0.4g/L、IgM＜0.4g/L 时称免疫球蛋白减少症。见于先天性无丙种球蛋白血症、长期应用免疫抑制剂。

二、感染性免疫检查

各种感染时可激发机体产生免疫反应，通过检查相应的反应物质可帮助诊断感染原因。

［标本要求］静脉血 3～4ml，不抗凝，HBV、HCV、HIV 等检测应注意防止医源性交叉感染，做好生物安全防护。

（一）病毒性肝炎标志物检查

目前认为病毒性肝炎病原体常见的有五种，包括甲型肝炎病毒（HAV）、乙型肝炎病毒（HBV）、丙型肝炎病毒（HCV）、丁型肝炎病毒（HDV）、戊型肝炎病毒（HEV），在我国以甲型肝炎病毒（HAV）、乙型肝炎病毒（HBV）、丙型肝炎病毒（HCV）感染多见。

［检测项目］

1. 甲型肝炎病毒标志物　包括 HAV－Ag、HAV－RNA、抗 HAV－IgM、抗HAV－IgG。

［参考区间］HAV－Ag：阴性；HAV－RNA：阴性；抗 HAV－IgM 阴性；抗 HAV－IgG：部分成人可阳性。

［临床意义］

（1）HAV－Ag 和 HAV－RNA 阳性　诊断 HAV 感染，HAV－RNA 对早期诊断意义更大。

（2）抗 HAV－IgM 阳性　说明机体正处于 HAV 感染期，是早期诊断甲肝的特异性指标。

（3）抗 HAV－IgG 阳性　恢复期出现并持续很久，是获得免疫力的标志，可提示既往感染。

2. 乙型肝炎病毒标志物　包括 HBsAg、抗－HBs、抗－HBc、HBeAg、抗－HBe。

［参考区间］均为阴性。

［临床意义］

（1）HBsAg 与抗－HBs　①HBsAg 阳性见于：急性乙型肝炎的潜伏期或急性期、慢性乙型肝炎、肝炎后肝硬化或原发性肝癌等、无症状 HBV 携带者。②抗－HBs 表示曾感染过 HBV、注射过乙肝疫苗或抗－HBs 免疫球蛋白，对 HBV 有一定的免疫力，是保护性抗体。

（2）HBeAg 和抗－HBe　①HBeAg 阳性是 HBV 复制的指标，表示患者血液有较强的传染性。②抗－HBe 阳性是机体复制 HBV 减少的标志，传染性较前减轻。

（3）抗－HBc　①总抗体阳性：主要反映抗－HBc－IgG，比 HBsAg 敏感，可作为 HBsAg 阴性的 HBV 感染的敏感指标，是既往感染指标，不能早期诊断，常用于流行病学调查，也作为乙肝疫苗和血液制品的安全鉴定和献血员筛选指标。②抗－HBc－IgM 阳性：表示新近有过 HBV 感染或体内有 HBV 增殖。

临床上常将 HBsAg、HBeAg、抗－HBc 阳性称“大三阳”，传染性强；HBsAg、抗－HBe、抗－HBc 阳性称“小三阳”。

3. 丙型肝炎病毒标志物　抗－HCV－IgG 和 HCV－RNA 的测定。

［参考区间］阴性。

［临床意义］

（1）HCV－RNA 的测定　阳性是 HCV 感染最直接、最灵敏和最特异的检测指标。

（2）抗－HCV　为非保护性抗体，阳性结果是诊断 HCV 感染的重要依据。抗－HCV－IgM 阳性，见于急性 HCV 感染，为诊断丙型肝炎的早期敏感指标；抗－HCV－IgG 阳性表明体内有 HCV 感染，但不能作为早期诊断指标。

（二）抗链球菌溶血素“O”的测定

［参考区间］ 胶乳凝集法 <1∶400；免疫比浊法：0 ~200IU/L。

［临床意义］ 增高见于上呼吸道感染、皮肤及软组织化脓性感染，A 群溶血性链球菌所致的败血症等。结合临床可辅助诊断风湿热、风湿性心肌炎、风湿性关节炎和急性肾小球肾炎等。

（三）艾滋病血清学测定

艾滋病是由人类免疫缺陷病毒（human immunodeficiency virus，HIV）感染引起的一种传染性疾病，临床常通过检测血清中对应的抗体（抗 HIV）来诊断 HIV 感染。

［参考区间］ 抗 HIV 阴性

［临床意义］ 抗 HIV 检测分初筛试验和确证试验，作初筛初筛阳性后应进一步用确证试验检测。如确证为阳性，表明 HIV 感染，潜伏期即可出现阳性，是重要的健康查体和献血员筛查项目。

（四）梅毒的血清学测定

梅毒螺旋体（treponema pallidum，TP）是引起人类梅毒的主要病原体。临床检测常用：甲苯胺红不加热血清反应（TRUST）、快速血浆反应素环状卡试验（RPR）、抗梅毒螺旋体抗体微量血凝试验（MHA－TP）、荧光密螺旋体抗体吸收试验（FTA－ABS）。

［参考区间］ 均为阴性。

［临床意义］ TRUST 和 RPR 常用来做过筛试验。Ⅰ期患者阳性率为 53% ~83%，Ⅱ期患者阳性率为 100%，Ⅲ期患者为 58% ~85%；MHA－TP 和 FTP－ABS 是梅毒抗体的确证试验，阳性可确诊梅毒。

三、自身抗体检查

自身免疫性疾病（autoimmune diseases，AID）是由于某种原因使自身免疫应答过强或持续时间过久，对自身成分产生免疫应答并生成抗体，对机体自身组织进行攻击，导致损伤或造成功能障碍，并出现相应的临床表现。临床常见的有系统性红斑狼疮（SLE）、类风湿性关节炎（RA）、混合性结缔组织病（MCTD）、进行性系统性硬化症（PSS）、干燥综合征（SS）、自身免疫性肝炎、桥本甲状腺炎、重症肌无力、皮肌炎等。检查血清中自身抗体，可协助诊断 AID。

［标本要求］ 静脉不抗凝血 5ml。

［检测项目］ 抗核抗体（ANA）、类风湿因子（RF）、抗线粒体抗体（AMA）、抗脱氧核糖核酸抗体（anti－DNA）、抗甲状腺球蛋白抗体（A－TG）。

［参考区间］ 阴性

［临床意义］ 阳性见于 SLE、RA、MCTD、自身免疫性肝炎、桥本甲状腺炎、重症肌无力、皮肌炎等。RF 诊断类风湿性关节炎。A－TG 对桥本甲状腺炎有意义，anti－DNA 主要诊断 SLE。

（郝小夏）

扫码“学一学”

第八节　临床常用生物化学检查

一、血清电解质检查

[标本要求] 空腹静脉血 4 ~5ml，不抗凝（或肝素锂抗凝），防溶血。

[检测项目] 包括血清钾、血清钠、血清钙、血清氯、血清无机磷。

[参考区间] 血清钾：3.5 ~5.3mmol/L；血清钠：137 ~147mmol/L；血清钙：成人 2.28 ~2.58mmol/L，儿童 2.5 ~3.0mmol/L；血清氯：99 ~110mmol/L；血清无机磷：0.97 ~1.61mmol/L。

[临床意义]

(1) 血清钾　①增高：见于高钾饮食、输入大量库存血和大量钾盐、急慢性肾衰竭无尿期及少尿期、严重溶血、大面积烧伤、代谢性酸中毒等。②减低：见于长期低钾饮食、禁食、厌食、严重呕吐、腹泻、胃肠引流、碱中毒、大剂量应用排钾利尿剂、胰岛素等。

> **考点提示**
>
> 电解质（低钾与高钾、低钙的意义）、血糖、血脂（增高的临床意义）。

(2) 血清钠　①增高：进食过量钠盐或输注大量高渗盐水、大量出汗（失水大于失钠）、肾上腺皮质功能亢进症、原发性醛固酮增多症等。②降低：长期低钠饮食、饥饿及营养不良、严重呕吐、反复腹泻、胃肠造瘘后、大剂量应用排钠利尿剂、大面积烧伤、大量放腹水、抗利尿激素分泌过多、使用甘露醇、慢性肾功能不全、肝硬化失代偿期等。

(3) 血清氯　血清氯变化与钠成平行关系，低氯血症常伴有低钠血症，但大量丧失胃液时失氯多于失钠，若大量丧失肠液，则失钠多于失氯。

(4) 血清钙　①增高：见于甲状旁腺功能亢进症、维生素 D 过多症、多发性骨髓瘤、骨肉瘤等。②降低：见于甲状旁腺功能减退症、钙或维生素 D 摄取不足或吸收不良、急性坏死性胰腺炎、肾衰竭、肾病综合征、肾性佝偻病等。

(5) 血清磷　①增高：甲状旁腺功能减退症、肾功能不全、摄入过多维生素 D、多发性骨髓瘤、骨折愈合期等。②降低：甲状旁腺功能亢进症、饥饿、恶病质、活性维生素 D 缺乏、大量呕吐、血液透析、腹泻、静脉注射葡萄糖和胰岛素等。

二、空腹血糖及口服葡萄糖耐量检查

(一) 空腹血糖检查

空腹血糖（fasting blood glucose，FBG）检查是目前诊断糖尿病的常用和重要指标之一，也是判断其病情和控制程度的指标。

[标本要求] 试验前日晚餐后禁食、禁烟酒，停服影响试验的药物，次晨空腹抽取静脉血 2 ~3ml 注入干燥或 NaF 抗凝管内送检。

[参考区间] 空腹血浆（血清）葡萄糖 3.9 ~6.1mmol/L。

[临床意义]

(1) 生理性变化　餐后 1 ~2 小时、高糖饮食、剧烈运动、情绪激动可增高；饥饿、长期剧烈运动、妊娠期减低。

（2）病理性变化　①升高：高血糖症、糖尿病、甲状腺功能亢进症、肢端肥大症、皮质醇增多症等增高；颅脑外伤、急性脑血管疾病、心肌梗死时会出现应激性增高；噻嗪类利尿剂、肾上腺皮质激素应用也可增高。②降低：胰岛素分泌过多、使用胰岛素或降血糖药物过多、垂体前叶或肾上腺皮质功能减退、肝严重损害、高热及甲状腺功能亢进。

（二）口服葡萄糖耐量试验

当空腹血糖浓度在 6 ~ 7mmol/L 之间，疑为糖尿病时，口服葡萄糖耐量试验（oral glucose tolerance lest，OGTT）可以帮助明确诊断。

[标本要求] 抽取空腹静脉血 2 ~ 3ml 后 5 分钟内饮入含 75g 葡萄糖的糖水 250ml，分别于摄糖后 0.5、1、2、3 小时各抽取静脉血 2 ~ 3ml，并同时收集对应时间的尿标本各 1 次。

[参考区间] ①空腹血浆葡萄（fasting pasma gucose，FPG）：9 ~ 6.1mmol/L；②摄糖后：血糖在 0.5 ~ 1 小时升高达峰值，一般在 7.8 ~ 9.0mmol/L，峰值不超过 11mmol/L；③2 小时不超过 7.8mmol/L；④3 小时恢复至空腹血糖水平；⑤各次尿糖均为阴性。

[临床意义]

（1）糖耐量降低　指空腹血糖 <7.0mmol/L、2 小时在 7.8 ~ 11.1mmol/L 之间者，且到达高峰时间延至 1 小时后，血糖恢复到正常的时间延至 2 ~ 3 小时后者，同时尿糖阳性。糖耐量降低多见于Ⅱ型糖尿病、甲状腺功能亢进症、肥胖病、痛风。

（2）诊断糖尿病　临床上具有以下条件之一即可诊断。①具有糖尿病症状，FPG ≥ 7.0mmol/L；②OGTT 2 小时血糖峰值 ≥ 11.1mmol/L；③具有临床症状，随机血糖 ≥ 11.1mmol/L，且伴有尿糖阳性。

三、血清脂质和脂蛋白检查

血浆脂蛋白和脂质测定的主要目的是：早期发现和诊断高脂血症，协助诊断动脉粥样硬化症，评价动脉粥样硬化疾患的危险程度；监测饮食与药物治疗的效果。

[标本要求] 空腹静脉血 4 ~ 5ml，注入干燥试管送检，采血前 24 小时内避免剧烈运动，禁酒。

[检测项目] 包括总胆固醇（TC）、甘油三酯（TG）、低密度脂蛋白（LDL）、高密度脂蛋白（HDL）、载脂蛋白 AI（ApoAI）、载脂蛋白 B（ApoB）、脂蛋白（a）[LP（a）]。

[参考区间] TC：<5.18mmol/L；TG：0.5 ~ 1.7mmol/L；LDL：<3.38mmol/L；HDL：>1.04mmol/L；ApoAI：男（1.42 ±0.17）g/l，女（1.45 ±0.14）g/L；ApoB：男（1.01 ±0.2）g/l，女（1.07 ±0.23）g/L；LP（a）：0 ~ 300mg/L。

[临床意义]

（1）生理性变化　与年龄、性别、饮食及生活习惯、精神因素、运动有关，男性吸烟者、高脂膳食、肥胖、老年人 TC、TG 偏高。

（2）病理性变化　TC、TG、LDL 增高，与动脉粥样硬化呈正相关，易患冠心病，ApoB 直接反映 LDL 水平。HDL 与动脉粥样硬化呈负相关，ApoAI 可直接反映 HDL 水平，较 HDL 灵敏；LPa 个体差异较大，但不受性别、年龄、饮食和营养、环境因素的影响，增高见于高血脂、冠心病、脑梗死，外科手术或急性创伤时也可反应性增高。

四、血清铁及其代谢物检查

［标本要求］空腹静脉血 4～5ml，不抗凝，避免溶血。

［检测项目］血清铁（SI）、血清铁蛋白（SF）、血清总铁结合力（TIBC）。

［参考区间］SI：男性 11～30μmol/L，女性 9～27μmol/L；SF：男性 15～200 μg/L；女性 12～150μg/L；TIBC：男性 50～77μmol/L；女性 54～77μmol/L。

［临床意义］

（1）SI　①增高：见于溶血性贫血、再生障碍性贫血、巨幼细胞贫血、白血病、急性肝炎、铅中毒和铁剂治疗过量等。②降低：见于缺铁性贫血、消化性溃疡、恶性肿瘤、慢性炎症、月经过多、长期缺铁饮食以及生理状态下机体需铁增加时。

（2）SF　①增高：血色病、反复输血、铁粒幼红细胞贫血、溶血性贫血、再生障碍性贫血、不恰当的铁剂治疗、恶性肿瘤、肝坏死、慢性肝病等。②降低：见于缺铁性贫血、大量失血、长期腹泻、营养不良等。

（3）TIBC　①增加：常见于慢性缺铁性疾病，在血清铁降低，甚至在降低前，血清总铁结合力即可升高。②降低：主要见于各种引起血清铁降低的慢性疾病等。

五、心肌酶谱及心肌蛋白检查

［标本要求］空腹静脉血 4～5ml，不抗凝，防溶血。

［检测项目］乳酸脱氢酶（LDH）、肌酸激酶（CK）、肌钙蛋白 T（cTnT）、肌钙蛋白 I（cTnL）

［参考区间］LDH：104～245U/L；CK：男性 38～174U/L，女性 26～140U/L；cTnT：0.02～0.13μg/L；cTnL：<0.2μg/L。

［临床意义］

（1）LDH　可用于急性心肌梗死的排除诊断，心肌梗死时增高。乳酸脱氢酶出现较迟。肝炎、肝癌、骨骼肌损伤、白血病、淋巴瘤、肺梗死、胰腺炎时也可增高。

（2）CK 及其同工酶 CK－MB　增高见于急性心肌梗死以及其他心肌损伤，CK、CK－MB 对于诊断急性心肌梗死应用最广泛，既可用于较早期诊断急性心肌梗死，也可以用于估计梗死范围大小或再梗死，还常用于观察再灌注的效果。CK－MB 的特异性和敏感性高于总 CK。

（3）cTnT 和 cTnI　是目前诊断心肌损伤灵敏性和特异性最好的生物化学标志物，常用来确诊心肌梗死。cTnT >0.5μg/L，cTnI >1.5μg/L 可诊断急性心肌梗死。

（郝小夏）

实训项目九　血液、尿液、粪便常规标本的采集

一、案例导入

患者，男性，68 岁。因“反复上腹疼痛 2 年，加重 2 周伴黑便 2 次”就诊，门诊初诊“消化性溃疡伴出血”收住院。患者入院后医生通过检查开医嘱，申请检验血常规、尿常规

及便常规，护士应如何进行这些标本的采集？应注意哪些方面？

二、任务描述

［实训目的］

（1）在实践中掌握血液常规标本的采集方法和注意事项，并且对尿液标本、粪便标本留取方法和注意事项跟患者或家属做好解释和沟通。

（2）能够按照要求选择合适的容器及标本采集后采取相关的处理措施。

（3）标本容器上的标签和申请单应核对，保证患者信息完整清晰，并注明采集时间及相应的处理措施。

［实训时间］

2 学时。

［实训内容］

（1）血液常规标本的器材准备、标本的采集、采集后的处理。

（2）跟患者沟通、解释尿常规检查的必要性、提供合适的器材，告知标本采集方法及注意事项。

（3）粪便常规检查需提供合适的器材，跟患者或家属解释检查的目的，告知标本采集前患者的饮食控制和需要注意的问题。

［实训方法］

（1）每两位学生为一组，一位扮演“患者”，一位扮演“护士”，两人可轮流交换扮演角色。

（2）根据标本采集的种类不同，进行不同的准备。

（3）扮演“患者”的可作为评委，评价同伴的操作和准备情况。

（4）教师指导，及时纠正学生出现的各种错误，并归纳总结。

（5）完成护理评估记录表的填写。

三、任务实施

［实训流程］

（一）血液常规标本采集

1. 采集前准备

（1）环境准备　安静整洁、光线适宜、冬季应注意室内温度与患者的保暖。

（2）用物准备　采血的相关器材（止血带、消毒液、消毒棉棒、一次性静脉采血针和 EDTA - K_2 抗凝的真空管、血常规申请单）

（3）护士准备　服装鞋帽整洁、洗手，必要时戴口罩；举止端庄、语言轻柔恰当、态度和蔼；尊重理解患者。

（4）患者准备　患者接受护士对其床号、姓名等信息的核对，倾听护士的简要自我介绍和本次采集标本的目的及注意事项，配合护士确保采集标本的有效性。

2. 实施采集

（1）选择血液采集部位

（2）消毒、扎止血带、穿刺、接真空采血管、解止血带、采集所需血量、拔真空采血管、拔针止血。

（3）注意事项 ①穿刺部位的选择。②消毒：消毒范围、消毒方向。③止血带结扎：结扎部位、结扎时间。④穿刺：是否顺利，是否一针见血，有无穿透血管引起血肿。⑤真空管的选择是否正确，操作是否规范，采血量是否准确。⑥拔针与止血是否操作正确，⑦无菌观念：整个操作中是否严格执行无菌操作。⑧标本采集后是否充分混匀。

（4）标记和信息核对 在血液标本容器上标记患者的相关信息并与申请单核对。

3. 采集后整理

（1）按照生物安全要求处理用物。

（2）护士洗手、记录。

（二）尿液常规标本采集

1. 采集前准备

（1）环境准备 安静整洁、光线适宜、冬季应注意室内温度与患者的保暖。

（2）用物准备 清洁干燥、不渗不漏的容器，最好带盖。

（3）护士准备 服装鞋帽整洁，举止端庄、语言轻柔恰当、态度和蔼；尊重理解患者。

（4）患者准备 患者接受护士对其床号、姓名等信息的核对，倾听护士的简要自我介绍和本次采集标本的目的及注意事项，配合护士确保采集标本的有效性。

2. 实施采集

（1）提供给患者合适的容器。

（2）口述 ①解释本次检验的目的，取得患者理解与配合。②告知患者标本收集的注意事项，如时间、方法、饮食、药物、运动的控制、送检的要求。

（3）标记和信息核对 在标本容器上标记患者的相关信息并仔细核对。

3. 采集后整理

（1）按照生物安全要求处理相关用物。

（2）护士洗手、记录。

（三）粪便常规标本采集

1. 采集前准备

（1）环境准备 安静整洁、光线适宜，冬季应注意室内温度与患者的保暖。

（2）用物准备 清洁干燥、不渗不漏的容器，最好密闭容器。

（3）护士准备 服装鞋帽整洁，举止端庄、语言轻柔恰当、态度和蔼；尊重理解患者。

（4）患者准备 患者接受护士对其床号、姓名等信息的核对，倾听护士的简要自我介绍和本次采集标本的目的及注意事项，配合护士确保采集标本的有效性。

2. 实施采集

（1）提供给患者合适的容器。

（2）口述 ①解释本次检验的目的，取得患者理解与配合。②告知患者标本收集的注意事项，如时间、方法、部位、量、饮食、药物的控制、送检的要求。

（3）标记和信息核对 在标本容器上标记患者的相关信息并仔细核对。

3. 采集后整理

（1）协助患者取舒适体位、整理衣物、交代注意事项。

（2）按照生物安全要求处理相关用物。

（3）护士洗手、记录。

［实训作业］

独立完成护理评估记录表的填写，上交教师批改。

四、实训项目检测

表 6-4　血液、尿液、粪便常规标本的采集

规定操作时间：45 分钟　　　　实际操作时间：　　　　成绩计分：

项目		内容	标分	评分参考			记分
				好	中	差	
准备（10）	环境	安静、整洁、光线适中、室温适宜	1	1	0.5	0	
	用物	止血带、消毒液、消毒棉棒、一次性静脉采血针和 EDTA-K_2 抗凝的真空管、血、尿、便常规申请单、尿杯、试管及其他容器等	4	4	3~2	1	
	护士	衣、鞋、帽、洗手；举止、语言；无菌观念	1	1	0.5	0	
	患者	患者接受护士对有关信息核对，倾听护士介绍采集标本的目的及注意事项，配合护士确保采集标本的有效性	4	4	3~2	1	
实施操作（80）	采血（30）	1. 选部位，选择充盈明显血管	3	3	2	1	
		2. 消毒	3	3	2	1	
		3. 扎止血带	5	5~4	3~2	1	
		4. 穿刺	5	5~4	3~2	1	
		5. 接真空采血管、解止血带、采集所需血量、拔真空采血管	5	5~4	3~2	1	
		6. 拔针止血	3	3	2	1	
		7. 标本混匀	3	3	2	1	
		8. 标记和核对信息	3	3	2	1	
	尿液（25）	1. 提供给患者合适的容器	3	3	2	1	
		2. 解释尿液检验的目的，取得患者理解与配合	5	5~4	3~2	1	
		3. 告知患者标本收集的注意事项：如时间、方法、饮食、药物、运动的控制、送检的要求	15	15~10	9~5	4~1	
		4. 在标本容器上标记和核对患者信息	2	2	1.5	1	
	粪便（25）	1. 提供给患者合适的容器	3	3	3	2	
		2. 解释粪便检验的目的，取得患者理解与配合	5	5	5~4	3~2	
		3. 告知患者标本收集的注意事项：如时间、方法、部位、量、饮食、药物的控制、送检的要求	15	15	15~10	9~5	
		4. 在标本容器上标记和核对患者信息	2	2	2	1.5	
整理（10）	处理	1. 按照生物安全要求处理用物	3	3	2	1	
	洗手	2. 护士洗手	1	1	0.5	0	
	操作	3. 在规定时间内（30 分钟）完成标本采集	3	3	2	1	
	记录	4. 在规定时间内（15 分钟）书写护理评估表	3	3	2	1	
合计			100				

（郝小夏）

目标检测

A1 型题

1. 直接影响实验室检查结果的因素除外

A. 患者的性别、年龄
B. 医生的诊断
C. 检验者
D. 护士对标本的采集与处理
E. 检验的方法与试剂

2. 血液标本的正确说法

A. 全血标本是不加任何试剂的血液标本
B. 生物化学检查标本常用血清
C. 止血与凝血功能检查应用全血
D. 空腹血液标本可用于任何实验检查
E. 血液标本如不能及时检查可放置于4℃冰箱保存

3. 尿液标本采集说法正确的是

A. 尿液标本采取后要及时送检
B. 可以从便盆中采集标本
C. 女性经期检查对结果不影响
D. 饮食与运动不影响
E. 可在冰箱中冷冻保存

4. 检查蛲虫卵的标本采集应为

A. 自然排出的粪便
B. 灌肠获得的粪便
C. 肛门指诊指套上蘸取的粪便
D. 清晨排便前或深夜12时用棉拭子在肛周黏膜皱襞中拭取
E. 便盆中挑取

5. 血浆蛋白中含量最多的是

A. 清蛋白
B. α_1－球蛋白
C. α_2－球蛋白
D. β－球蛋白
E. γ－球蛋白

6. 丙氨酸氨基转氨酶ALT在哪种情况下增高最明显

A. 酒精性肝损害
B. 慢性肝炎
C. 肝硬化
D. 肝癌
E. 急性病毒性肝炎

7. 血沉测定的标本应为

A. EDTA－K_2 抗凝标本
B. 肝素抗凝
C. 枸橼酸钠抗凝，抗凝剂: 血液＝1∶4
D. 枸橼酸钠抗凝，抗凝剂: 血液＝1∶9
E. 氟化钠抗凝

扫码"练一练"

A2 型题

8. 患者，女性，30 岁。咳嗽、咽喉肿痛，体温 39.8℃，实验室检查血常规显示：RBC $4.0\times10^{12}/L$，WBC $11.2\times10^{9}/L$，血小板 $150\times10^{9}/L$，应考虑为

A. 细菌感染　B. 有贫血　C. 病毒性感染
D. 结核　E. 风湿热

9. 患儿，男性，19 天，由于黄疸消退迟，实验室检查示：STB 56μmol/L；UCB 45μmol/L；CB 11μmol/L。该患儿黄疸原因应考虑

A. 新生儿溶血　B. 胆汁淤积　C. 肝细胞损伤
D. 肿瘤压迫　E. 先天性胆道异常

10. 患者，男性，54 岁。因多食、多饮、多尿、消瘦 1 月就诊。尿常规检查 GLU 阳性，要诊断糖尿病首先必须检查

A. 口服葡萄糖耐量试验　B. 糖化血红蛋白
C. 空腹血糖　D. 餐后 2 小时血糖
E. 酮体

（郝小夏）

第七章

心电图检查

学习目标

知识目标

1. 掌握正常心电图各波的图像、正常值及其改变的临床意义；掌握心电图检查方法、常用心电图导联心电图检查的临床应用范围。
2. 熟悉几种常见疾病的典型心电图特征。
3. 了解心电发生原理及心电向量的关系。

技能要点

学会心电图描记与测量，学会初步识别各种常见异常心电图表现。

第一节　心电图的基本知识

扫码“学一学”

案　例

患者，女性，30岁。反复心悸2年。入院评估发现第一心音强弱不等，心律绝对不齐，心率每分钟118次，脉率每分钟96次。

请思考：该患者应做何种检查以明确诊断？

心脏在机械收缩之前，首先产生生物电，这种电流虽然微小，但能经组织传导到体表。如果在体表不同部位放置两个电极，分别用导线连接到心电图机的两端，就能把心脏的电流变化描记成一连续的曲线图，即心电图（electrocardiogram，ECG）。

一、心电图产生原理

（一）心电发生原理

心脏所以能产生生物电是因为心肌细胞在除极（depolarization）、复极（repolarization）的动态过程中，带电离子在细胞膜内外两侧选择性定向流动，细胞膜表面出现电位变化，在已除极（去极）与未除极（复极）之间形成电位差，产生电流。下面是单个细胞的电产生原理。

1. 极化阶段　当心肌细胞处于静止状态，细胞膜外排列着一定数量的带正电荷的阳离子，膜内有同等数量的带负电荷的阴离子。细胞膜内外离子的这种外正内负的排列状态称为极化状态。尽管此时膜内外存在电位差，但由于细胞膜外正电荷排列均匀，各点之间无电位差，因此细胞表面没有电流形成，如用检测电极在细胞表面描记，则描记出一水平线，称为等电位线或基线。

2. 除极阶段　当心肌细胞膜的一端受到足够强度的刺激时，该部位离子跨过细胞膜，引起细胞膜内外电荷的交换，膜电经由极化状态的外正内负迅速逆转为外负内正状态。这一过程称为心肌细胞除极过程。由于已除极的部分膜外负电荷，未除极的部分膜外仍然是正电荷，两者之间形成一对电荷，沿着除极方向总是电源（正电荷）在前，电穴（负电荷）在后，电流从电源流向电穴，并沿露此方向迅速扩展，直至整个心肌细胞完全除极。此时，放在细胞外的检测电极，如面对除极的前方，可描记出向上的曲线；背离除极的方向，则描记出向下的曲线；在细胞中部，描记出的波形先正后负。除极结束，膜外均匀分布负电荷，电位差消失，电流消失，曲线回到基线。

3. 复极阶段　心肌细胞除极后，膜内外的离子分布又逐渐恢复到极化状态，这一过程称为复极。一般说来，先除极的部位先复极，复极的方向与除极方向一致。但因治复极方向总是电穴（负电荷）在前，电源（正电荷）在后，故在同一部位描记到的复极波形与除极波形方向相反。由于复极过程进行缓慢，电量分散，其波形低、宽而圆钝（图7－1）。复极完毕后，细胞膜外恢复到正电位，电位差消失，电流曲线回到等电位线。

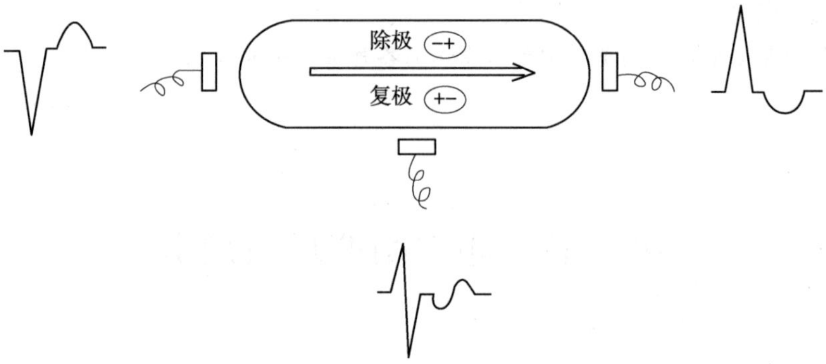

图7－1　单个心肌细胞检测电极方位与除极、复极波形方向的关系

（箭头示除极与复极方向）

细胞只有在除极和复极过程中才能产生电流，描记出波形。在电流方向、强度恒定的前提下，波形的方向、形态、振幅高低与检测电极的方位和电流方向所构成的角度有关，夹角越大，电位越小，方向、形态和振幅随之发生变化。(图7－2)

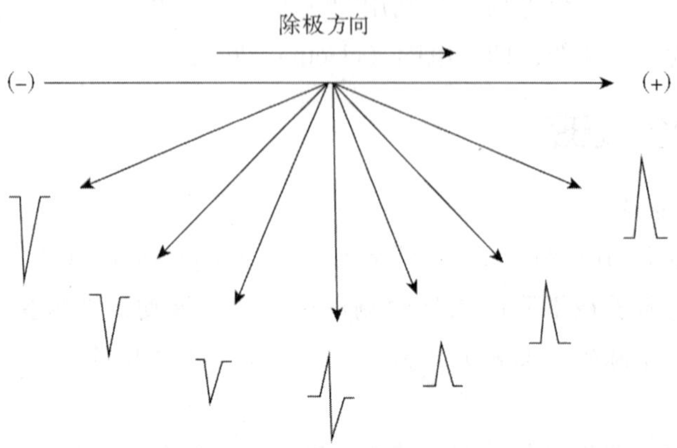

图7－2　检测电极电位和波形与心肌除极方向的关系

（二）心电向量基本概念

1. 心电向量 既有大小又有方向的物理量，称为向量。心肌细胞在除极与复极时产生的电偶，既有数量大小，又有方向，因此称为心电向量（vector），其方向常用箭头来表示，大小用箭杆的长度来表示。除（复）极时产生的心电向量分别称为除（复）极向量。除极向量的方向与除极方向一致，而复极向量的方向与复极方向相反。

2. 瞬间综合心电向量 心脏由许多心肌细胞组成，这些心肌细胞排列方向不一，在每一瞬间有很多心肌细胞产生除极或复极，产生很多方向和强度均不相同的心电向量，全部心肌细胞激动产生的心电向量总和称为综合心电向量，某一瞬间的综合向量称为瞬间综合心电向量。心脏的除极或复极过程可以看成是由无数个依次发生的瞬间综合向量组成。若2个向量方向相同，综合向量为两者之和，其方向与原来的方向相同；若方向相反，综合向量为两者之差，其方向与较大的向量一致；若2个向量互成角度，综合向量以平行四边形法则求得（图7-3）。

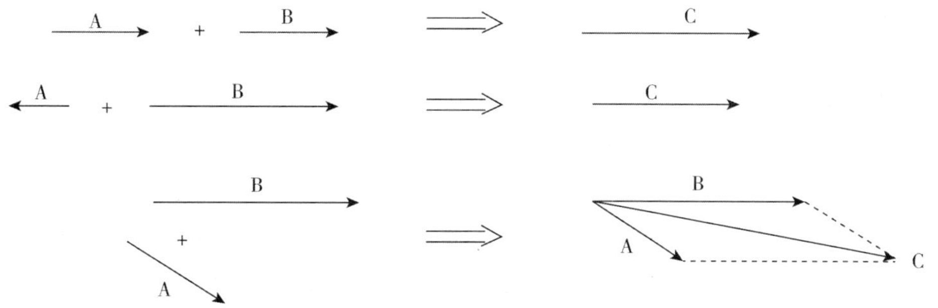

图7-3 心电向量综合法示意图

二、心电图各波段的组成与命名

正常心脏的激动起源于窦房结，兴奋心房的同时，激动沿结间束、房室结、房室束、左右束支、浦肯野纤维传导，最后兴奋心室（图7-4）。

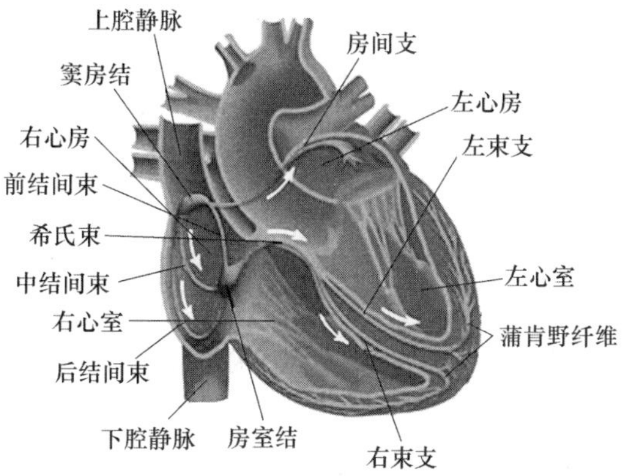

图7-4 心脏传导系统

这种先后有序的电激动的传播，引起一系列电位变化，形成了心电图上的相应波段（图7-5）。在心电图上，一个正常完整的心动周期主要包括四波（P波、QRS波群、T波及U波）、二段（PR段和ST段）和二间期（P-R间期和Q-T间期）。

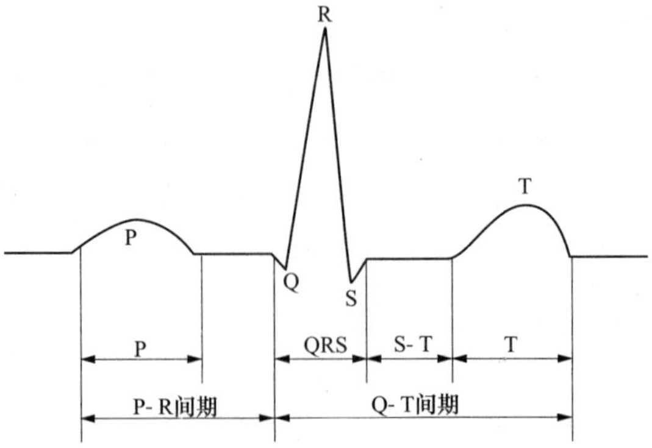

图 7－5　心电图各波段示意图

心电图各波段的形成及意义分述如下。

1. P 波　为心房除极波，由心房激动产生，反映心房除极时的电位、时间和方向的变化。

2. P－R 间期　指心房开始除极到心室开始除极的时间。

3. QRS 波群　为心室除极波，由心室激动产生，反映心室除极时的电位、时间和方向的变化。QRS 波群可因探测电极的位置不同而呈多种形态，统一命名如下：首先出现于基线以上的第一个正向波称为 R 波；R 波前的负向波称为 Q 波；在 R 波后的第一个负向波称为 S 波；S 波后的正向波称为 R′波；R′波后的负向波称为 S′波，依此类推。如 QRS 波群只有负向波，则称为 QS 波。如果在基线同侧一个波的描记线可见 2 个或 2 个以上转折点，则称为切迹或顿挫（图 7－6）。各波的大小，以英文字母的大小写形式来表示：波形大（波幅≥0.5mV），书写时用大写字母 Q、R、S 表示；波形小（＜0.5mV），则用小写字母 q、r、s 表示；同一导联中，若波幅小于最高波幅的 1/2，记为小写英文字母。

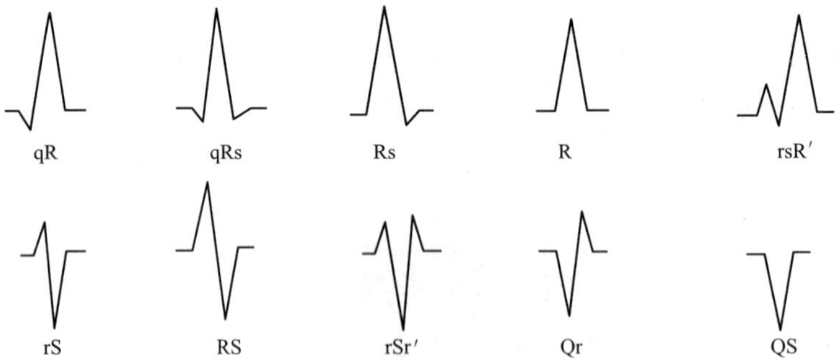

图 7－6　QRS 波群命名示意图

4. J 点　J 点是 QRS 波群终末与 ST 段起始的交接点，多在基线上，可随 ST 段移位而偏移。

5. ST 段　ST 段是从 QRS 波群终点至 T 波起点间的线段，是心室除极后缓慢复极的一段时间。正常 ST 段多为一等电位线。

6. T 波　心室复极波。T 波圆钝，占时较长，波形不对称。正向 T 波，升支长于降支。负向 T 波，降支长于升支。

7. Q－T 间期　从 QRS 波群起点至 T 波终点的时间，反映心室除极和复极全过程所需的时间。

8. U 波 多认为是心肌激动的激后电位。U 波明显增高可见于血钾过低。

三、心电图导联体系

在人体不同部位放置电极，并通过导联线与心电图机电流计的正负极相连，这种记录电路连接方法称为心电图导联。由于电极位置和连接方法不同，可组成不同的导联，目前临床上广泛应用的是国际通用的 12 个常规导联。

（一）肢体导联

1. 标准导联（standard leads） 又称双极肢体导联，反映两个肢体之间的电位差，分别用Ⅰ、Ⅱ、Ⅲ作为标记（表 7－1、图 7－7）。

表 7－1 标准导联正负电极的位置

标准导联	正电极位置	负电极位置
Ⅰ	左上肢	右上肢
Ⅱ	左下肢	右上肢
Ⅲ	左下肢	左上肢

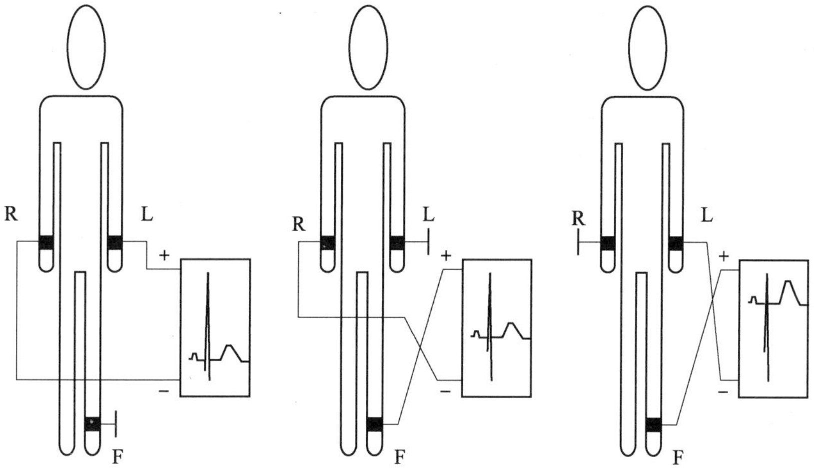

图 7－7 标准肢体导联的连接方式

2. 加压单极肢体导联 将探查电极放在一个肢体上，而将其余二肢体上的引导电极分别与 5000Ω 电阻串联在一起作为无干电极。加压单极肢体导联 aVR、aVL、aVF 的正极分别置于右上肢、左上肢和左下肢（表 7－2、图 7－8）。

表 7－2 加压单极肢体导联正负电极的位置

加压单极肢体导联	正电极位置	负电极位置
aVR	右上肢	左上肢＋左下肢
aVL	左上肢	右上肢＋左下肢
aVF	左下肢	右上肢＋左上肢

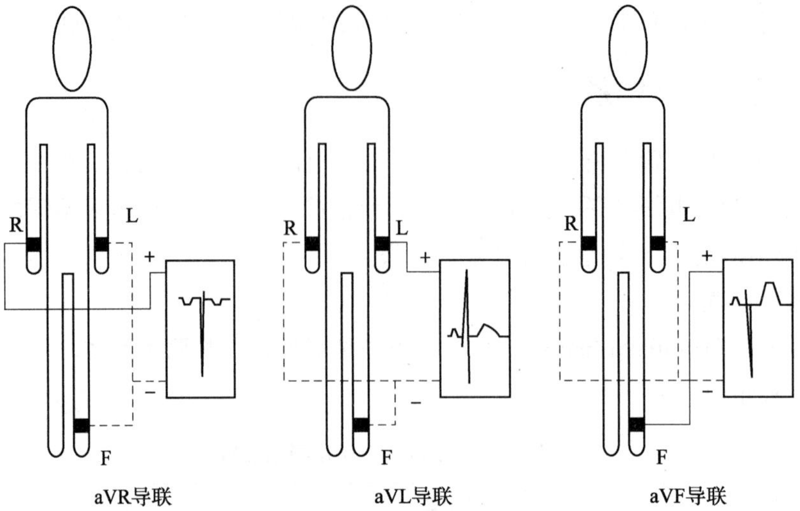

图 7－8　加压单极肢体导联的连接方式

知识链接

加压单极肢体导联

单极导联将正极连接人体表面某一部位，负极连接无关电极，描记到的心电图基本上反映正极所在部位的电位变化。无关电极的连接方法是在左上肢、右上肢和左下肢的三个电极的三条导线上各串联 5000Ω 的电阻，并连接到一点。此点电位接近零，可以认为是无关电极。因为单极肢体导联描记的心电图波形小，临床不易辨认，Goldberger 在上述导联的基础上加以修改，方法是在描记某一肢体的单极导联心电图时，将该肢体与无关电极的联系截断，这样能使波形不变，电压增加 50%，故称加压单极肢体导联。

（二）胸导联

属单极导联，将正极（探查电极）放在胸前某一部位，负极通过中心电端与右上肢、左上肢、左下肢连接。常用的胸导联为 $V_1 \sim V_6$，见表 7－3、图 7－9 所示。

表 7－3　胸导联正电极的位置及主要作用

胸导联	正电极位置	主要作用
V_1	胸骨右缘第 4 肋间	反映右心室壁改变
V_2	胸骨左缘第 4 肋间	反映右心室壁改变
V_3	V_2 与 V_4 连线中点	反映左、右心室移行改变
V_4	左锁骨中线与第 5 肋间相交处	反映左、右心室移行改变
V_5	左腋前线与 V_4 同一水平	反映左心室壁改变
V_6	左腋中线与 V_4 同一水平	反映左心室壁改变

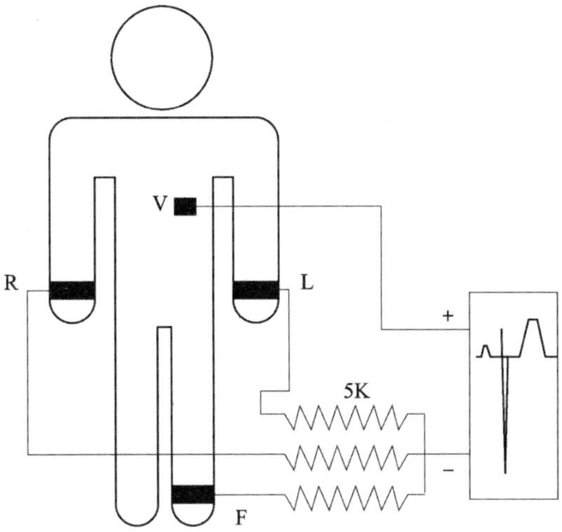

a

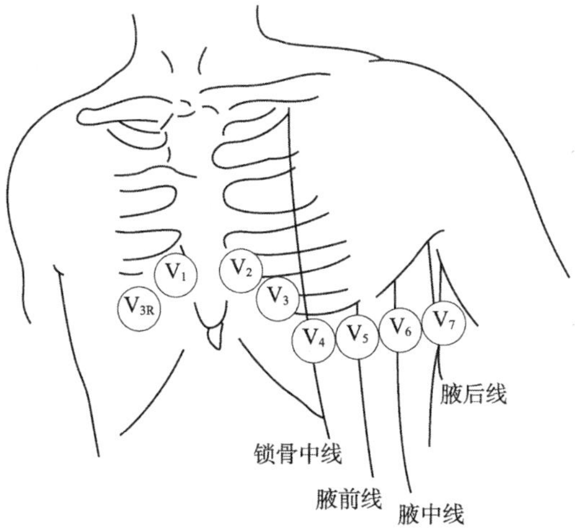

b

图 7－9 胸导联正极的安放位置

常规 12 导联心电图检查基本能满足心电图诊断的需要，但在特殊情况下，可选用其他导联（表 7－4）。

表 7－4 非常规导联正电极的位置及主要作用

导联	正电极位置	主要作用
V_7	左腋后线与 V_4 同一水平	反映左心室壁改变
V_8	左肩胛线与 V_4 同一水平	诊断后壁心肌梗死
V_9	左脊旁线与 V_4 同一水平	诊断后壁心肌梗死
V_{3R} ~ V_{8R}	右胸部与 V_3 ~ V_8 对称处	诊断右心病变

（三）导联轴

> **考点提示**
> 心电图各导联的连接。

某一导联正负电极之间画出的假想连线，称为该导联的导联轴，方向由负极指向正极。将右上肢、左上肢和左下肢三个点连接起来，形成一个以心脏为核心的等边三角形，中心电端位于三角形的中心。这样，6 个肢体导联就可以获得 6 个方向各异的导联轴。标准导联与加压单极肢体导联的导联轴都位于同一平面（额面）。如将6个肢体导联的导联轴分别平行移动，使各导联轴均通过等边三角形的中心点，即组成额面六轴系统。它对测定额面心电轴以及判断肢体导联心电图波形有很大帮助（图7－10）。

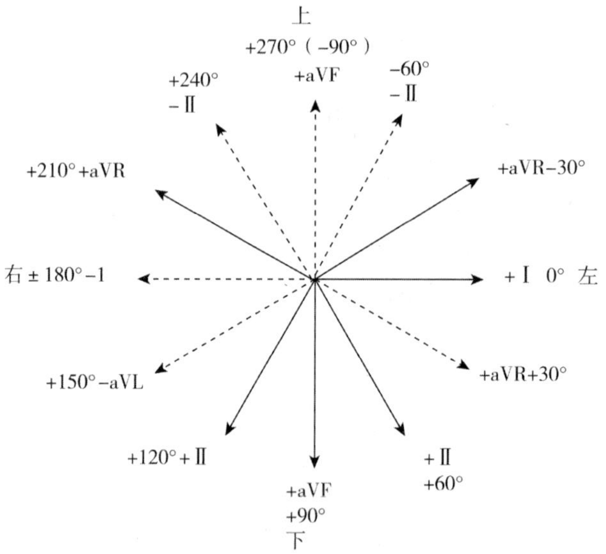

图7－10 额面六轴系统

胸导联均以中心电端为中心，探查电极侧为正，其对侧为负，以此构成胸导联轴系统。6个胸导联的导联轴分别从人体水平面的不同部位探查心电活动，对于判断胸导联心电图波形有一定帮助（图7－11）。

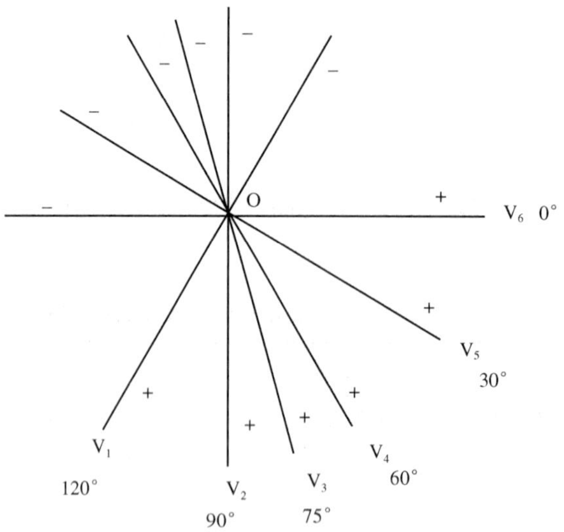

图7－11 横面六轴系统

扫码“学一学”

第二节　正常心电图

案　例

患者，男性，28岁。既往体健，因外伤骨折入院，术前做心电图检查。

请思考： 如何评估心电图检查结果是否正常？

一、心电图测量

（一）心电图记录纸

考点提示

心率的计算。

心电图是一组具有正、负向波的波形曲线，可以描记在特殊的记录纸上（图7－12），心电图记录纸由纵线与横线交织的方格组成，小方格的边长为1mm，即细线间距为1mm，粗线间距为5mm（图7－13）。

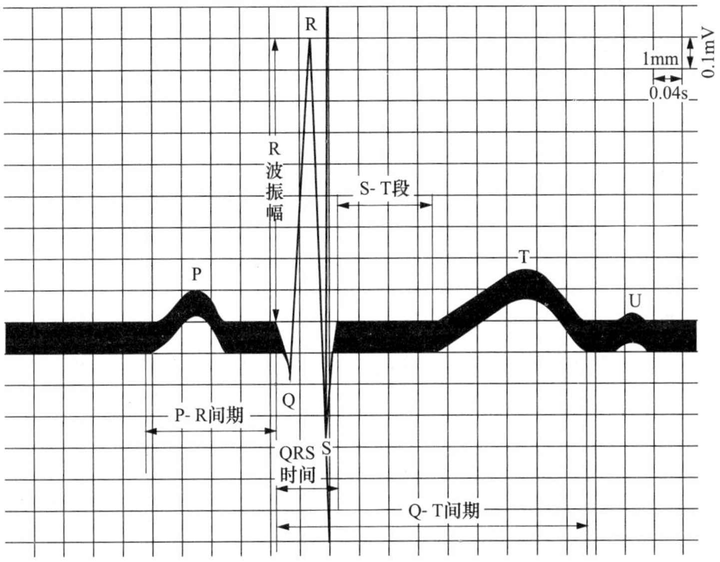

图7－12　心电图波形、波段的测量示意图

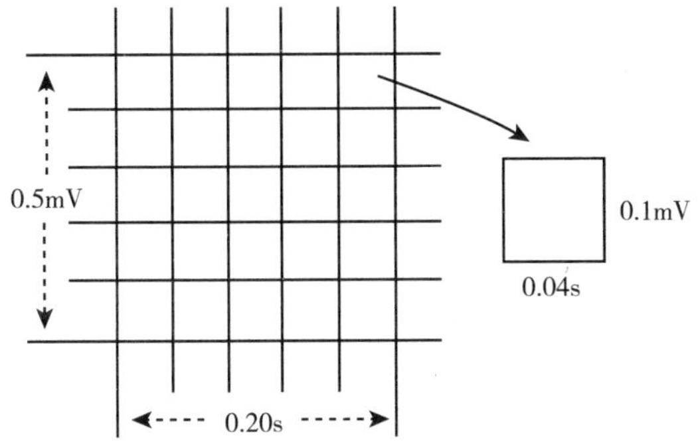

图7－13　心电图记录纸

心电图记录纸上，横向坐标代表时间，用以计算各波和各间期所占的时间。若按25mm/s的走纸速度来描记心电图时，横坐标上每小格的距离等于0.04秒。根据需要可以提高走纸速度，如果提高至50mm/s或100mm/s，则每小格1mm分别表示为0.02秒或0.01秒。

心电图记录纸上，纵向坐标代表电压，用以计算各波振幅的高度或深度。当输入定标电压为1mv使心电图机的描笔上下移动10mm时，纵坐标上每小格的振幅相当于0.1mv的电压。在实际操作时可根据具体情况而改变定标电压，如患者心电波形振幅过小者可加倍输入，振幅过大者可减半输入。

（二）心率的计算

心律规则时，只需测量1个R－R或P－P间期即一个心动周期的时间，以秒（s）表示，代入公式：心率＝60/R－R（或P－P）间期，即可计算出每分钟心室或心房率。例如R－R间期为0.8秒，则心率为60/0.8＝75次/分。若心律不规则，则需测量同一导联5个以上R－R或P－P间期，取其平均值，代入上述公式，计算出心率。还可以数30大格（共6秒）内的QRS或P波数，乘以10，即为每分钟的心室率或心房率。此外，临床上常测出P－P或R－R间隔的平均值后，直接查表即可获得心率。

（三）各波段时间的测量

选择波形较为清晰的导联，测量各波的时间应从波起始部的内缘测至该波形终末部分的内缘，正向波的时间从基线下缘测量，负向波的时间应从基线上缘测量。室壁激动时间（VAT）是从QRS波群起点到R波峰垂直线之间的水平距离。

（四）各波振幅的测量

测量正向波的高度，应自基线的上缘垂直地测量到该波的顶点；测量负向波的深度应自基线的下缘垂直地测量到波的底端；如为双向波，则上下振幅的绝对值的和即为该波的电压。P波振幅测量的基线以P波起始前的水平线为准，测量QRS波群、ST段、T波和U波振幅时统一采用QRS起始部作为基线。

测量ST段移位时，以QRS起始部作为基线，通常取J点（QRS波群的终末与ST段起始的交接点）后60毫秒或80毫秒处为测量点。当ST段上升时，应测出该点ST段上缘距对照基线上缘的垂线距离；当ST段下移时，应测量该点ST段下缘距对照基线下缘的垂线距离。报告ST段测量结果时，应说明ST段测量点及ST段移位类型（水平型、下垂型、上斜型）。

（五）平均心电轴

平均心电轴通常指的是平均QRS电轴，是指心室除极过程中各瞬间综合向量的综合，代表心室除极过程内的平均电动势方向和强度。一般常用平均心电轴与Ⅰ导联的正方向之间的夹角的度数来表示。

1. 测量方法　常用的方法有以下三种。

（1）目测法　一般根据Ⅰ和Ⅲ导联QRS波群的主波方向大致估计心电轴有无偏移（表7－5、图7－14）。

（2）作图法　根据Ⅰ、Ⅲ导联QRS波群正向波与负向波的代数和，用作图法在Ⅰ、Ⅲ导联的相应幅度处分别作两垂直线相交，即可测得额面平均心电轴角度。

表 7－5　目测法判断心电轴有无偏移

Ⅰ导联 QRS 波群主波方向	Ⅲ导联 QRS 波群主波方向	心电轴
向上	向上	不偏
向上	向下	左偏
向下	向上	右偏

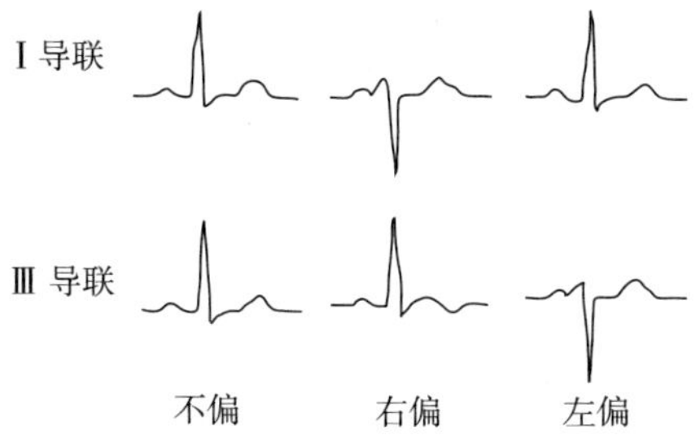

图 7－14　目测法测心电轴

（3）查表法　将测算的Ⅰ、Ⅲ导联 QRS 波振幅的代数和值在心电轴表中直接查得相应的心电轴。

2. 临床意义　正常心电轴的范围在 0°～＋90°之间，心电轴在 0°～－30°为轻度左偏，见于横位心（肥胖体型、妊娠晚期、大量腹水等）及左室肥大。电轴超过－30°为显著左偏，见于左前分支阻滞。心电轴在＋90°～＋110°为轻度右偏，见于垂位心，右室肥大。超过＋110°以上为显著右偏，见于左后分支阻滞和重度右室肥大（图 7－15）。

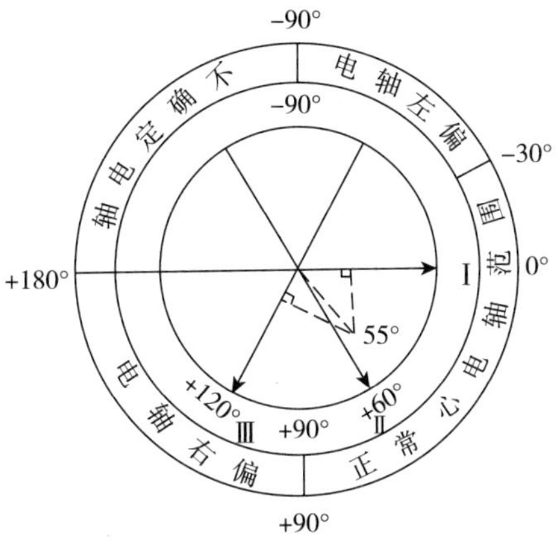

图 7－15　心电轴正常范围及偏移

（六）心脏循长轴转位

由心尖部朝心底部方向观察，设想心脏可循其本身长轴作顺钟向或逆钟向转位。正常时 V_3或 V_4导联 R/S 大致相等，为左、右心室过渡区波形。“顺钟向转位”时，正常在 V_3或 V_4导联出现的波形转向左心室方向，即出现在 V_5、V_6导联上。“逆钟向转位”时，正常在 V_3或 V_4导联出现的波形转向右心室方向，即出现在 V_1、V_2导联上。“顺钟向转位”可见于右心室肥大。“逆钟向转位”可见于左心室肥大。两种也均可见于正常人。（图 7－16）

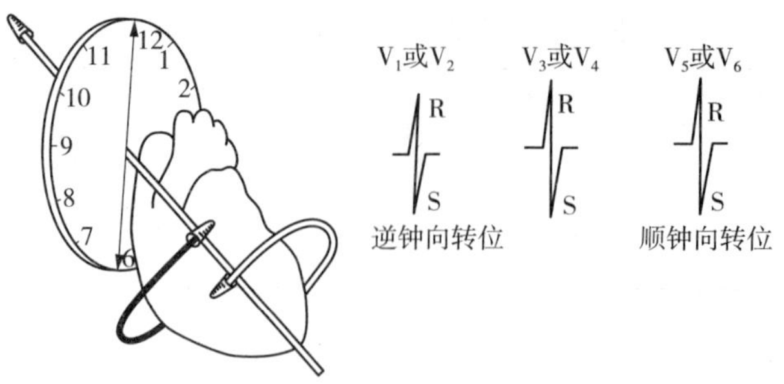

图7-16 心脏的钟向转位

二、正常心电图波形特点和正常值

（一）P波

1. 形态及方向 正常P波光滑呈圆钝形，可有轻度切迹。P波方向在Ⅰ、Ⅱ、aVF、V_3～V_6导联均直立，aVR导联倒置，其余导联可以直立、双向或倒置。

2. 时间 小于0.12秒。

3. 电压 肢体导联小于0.25mV，胸导联小于0.20mV。

（二）P-R间期

P-R间期为0.12～0.20秒。P-R间期与心率快慢有关，心率越快，P-R间期越短，反之，P-R间期越长。老年人和心率较缓者P-R间期可略延长，但不能超过0.22秒。

（三）QRS波群

1. 时间 多为0.06～0.10秒，不超过0.11秒。

2. 波形

（1）肢体导联 Ⅰ、Ⅱ、aVF导联的QRS波群主波向上，aVR导联的QRS波群主波向下，Ⅲ、aVL导联变化较多。

（2）胸导联 一般从V_1至V_6导联，R波逐渐增高，S波逐渐减小。其中V_1、V_2导联多呈rS型，R/S＜1，V_5、V_6导联多呈qR型或Rs型，R/S＞1，V_3或V_4导联多呈RS型，R/S接近于1。

3. 电压

（1）肢体导联 aVR导联R波不应超过0.5mV，aVL导联R波不超过1.2mV，aVF导联R波不超过2.0mV。

（2）胸导联 $R_{V_1} < 1.0mV$，$R_{V_1} + S_{V_5} < 1.2mV$，$R_{V_5} < 2.5mV$，$R_{V_5} + S_{V_1} < 4.0mV$（男）或3.5mV（女）。

6个肢体导联的QRS波群振幅（正向波与负向波振幅的绝对值之和）均小于0.5mV，6个胸导联的QRS波群振幅（正向波与负向波振幅的绝对值之和）均小于0.8mV，称为低电压。

室壁激动时间（VAT） V_1导联的VAT＜0.03秒，V_5导联的VAT＜0.05秒。

Q波 除aVR导联外，正常Q波的时间不超过0.04秒，振幅不超过同导联R波的1/4。正常V_1、V_2导联不应有Q波，但可呈QS型。V_5、V_6导联常有正常Q波。超过正常范围的Q波称为异常Q波。

（四）ST段

正常ST段为一等电位线，可以有轻微向上或向下移位。在任何导联中，ST段下移不应超过 0.05mv。ST 段抬高，在 V_1、V_2导联不应超过 0.3mv，V_3导联不应超过 0.5mv，在肢体导联和 V_4 ~ V_6导联不应超过 0.1mv。

（五）T 波

1. 形态　T 波圆钝，上升支和下降支不对称，T 波正向时，升支长于降支，T 波负向时，降支长于升支。

2. 方向　T 波方向与 QRS 波群的主波方向一致，在Ⅰ、Ⅱ、V_4 ~ V_6导联均直立，在 aVR 导联倒置，其他导联可以直立、双向或倒置。如果 V_1导联 T 波向上，V_2 ~ V_6导联 T 波则不应向下。

3. 电压　在以 R 波为主的导联中，T 波振幅不应低于同导联 R 波的 1/10。胸导联的 T 波有时可高达 1.2 ~ 1.5mV，但 V_1导联的 T 波一般不超过 0.4mV。

（六）Q – T 间期

Q – T 间期与心率有密切关系，心率增快，Q – T 间期缩短；反之，则延长。心率在 60 ~ 100 次/分时，Q – T 间期的范围在 0.32 ~ 0.44 秒。

（七）U 波

U 波是 T 波之后 0.02 ~ 0.04 秒出现的振幅很低的波，其方向多与 T 波的方向一致，不应高于同导联 T 波，以 V_3、V_4导联较明显。U 波明显增高常见于低血钾患者。

正常心电图（图 7 – 17）。

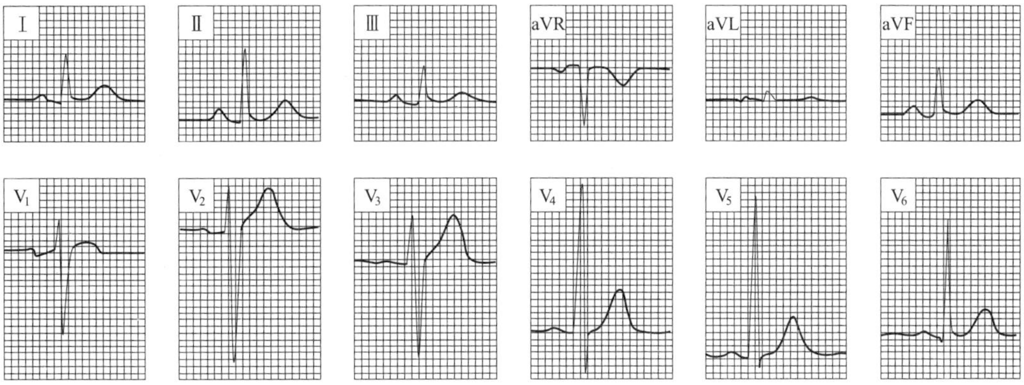

图 7 – 17　正常心电图

三、小儿心电图的特点

小儿心电图受小儿心脏结构及小儿生理解剖特点的影响，同成年人存在较大的差异，在不同个体差异也较大。小儿的胸廓结构相对较薄，小儿心电图描记过程中对于电极的位置更为敏感，在心电图检查过程中要严格按照标准位置安放电极，防止人为因素对心电图描记结果造成影响。

小儿一般心率较成年人快，与小儿的代谢旺盛等因素有关。多于 100 次/分钟的窦性心律，也很难诊断为窦性心动过速。小儿的胸壁较薄，因此心电图各波形的电压较高。小儿的肺动脉压力相对于成年人较高，右心功能相对较强，小儿心电图的 QRS 波群心电轴的右偏较明显，在心电图出现电轴右偏并不能诊断为异常心电图。在对右心室或者右心房肥大诊断时，仍要结合其他辅助检查项目，结合心脏的影像学特点或者功能状态进行诊断，如结合过高的 P 波等。

QRS 波群在心电图的疾病诊断中具有重要的意义。小儿心电图中 Q 波较深，甚至可达 0.4mv，而 R 波在 aVF 导联中也较高，但是在右侧胸前导联中一般不会有 Q 波出现。临床检查发现 QRS 波群电压异常时，要注意加以区分，结合各导联中各波形的时长进行综合判定，一般来说波形的时长变异相对较少，如 Q 波加深，同时伴有时间延长，可能提示存在心肌梗死。而在右侧胸前导联出现 Q 波，则可能存在右心室肥大。

ST 段及 T 波是小儿心电图中变异最多的波形。ST 段一般向上不超过 0.1mv，向下不超过 0.05mv，ST 段出现明显异常时，要注意结合临床症状及辅助检查结果，除外心肌病变的可能。T 波是小儿心电图中最不稳定的波形，可出现高尖、低平甚至倒置，其受影响因素较多，如检查时小儿哭闹、电极位置放置不准确等，容易出现胸前导联 T 波倒置或者低平等类似心肌炎的表现。在 T 波出现明显异常的情况下，仍要结合其与 QRS 波群的主波方向的一致性、比例等因素进行综合判定。

第三节　异常心电图

扫码“学一学”

案　例

患者，男性，48 岁。一年来每于剧烈活动时或饱餐后发作剑突下疼痛，向咽部放射，持续数分钟可自行缓解。2 周来发作频繁且有夜间睡眠中发作，2 小时来疼痛剧烈，不能缓解，向胸部及后背部放射，伴憋闷，大汗。考虑急性心肌梗死。

请思考：①此时最有助诊断的辅助检查是什么？②可能出现哪些特征性改变？

一、心房、心室肥大

（一）心房肥大

1. 左心房肥大

（1）心电图表现（图 7－18）　①P 波增宽，时间≥0.12 秒，其顶端常有切迹，呈双峰状，两峰间距≥0.04 秒，这些改变以Ⅰ、Ⅱ、aVL 导联较明显。②V_1 导联 P 波常呈先正后负的双向波，且负向波深而宽，$PtfV_1$绝对值超过 0.04mm · s。（图 7－19）③P 波电压在正常范围。

（2）常见病因　这种形态的 P 波多见于风湿性心脏病二尖瓣狭窄，故称为“二尖瓣型 P 波”。

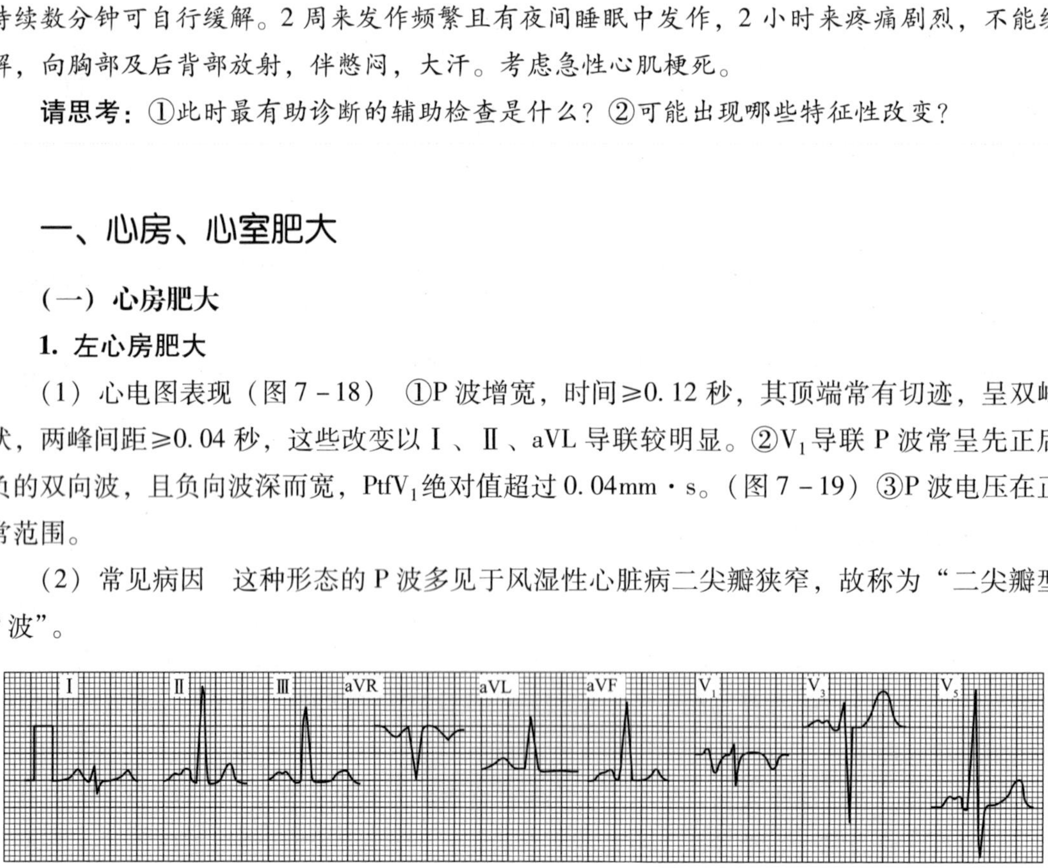

图 7－18　左心房肥大（二尖瓣型 P 波）

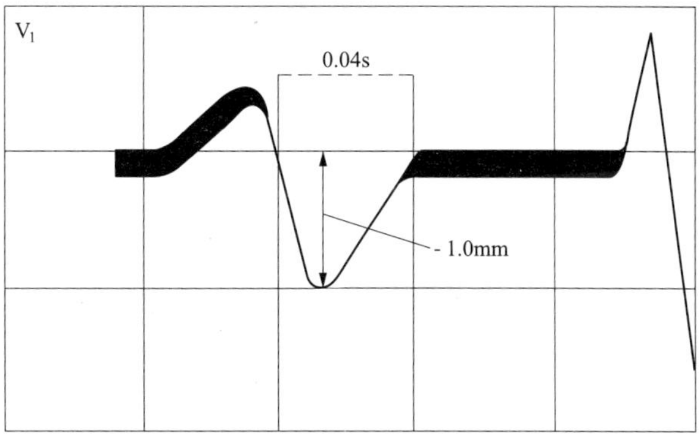

图 7-19 $PtfV_1$ 测量示意图

2. 右心房肥大

(1) 心电图表现(图 7-20) ①P 波高尖,电压≥0.25mV,以Ⅱ、Ⅲ、aVF 导联较明显。②V_1、V_2导联 P 波直立时,振幅≥0.15mV,如 P 波呈双向波时,其振幅的算术和≥0.20mV。③P 波时间在正常范围。

(2) 常见病因 这种形态的 P 波常见于肺心病、肺动脉高压,故称为"肺型 P 波"。

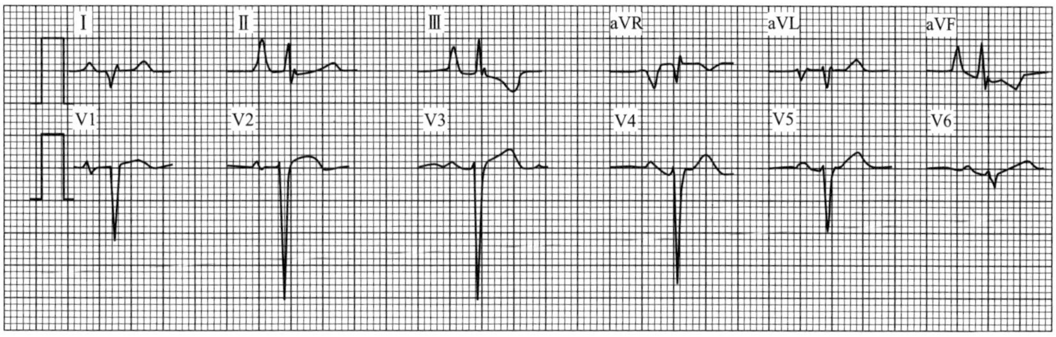

图 7-20 右心房肥大

3. 双侧心房肥大

(1) 心电图表现(图 7-21) ①P 波增宽≥0.12 秒,电压≥0.25mV。②V_1导联 P 波高大双相,上下振幅均超过正常范围。

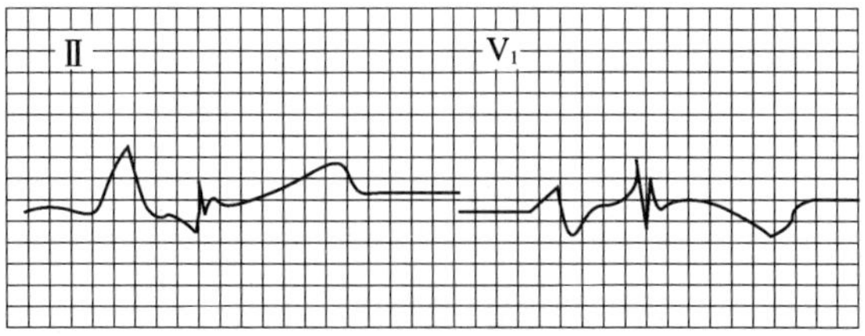

图 7-21 双侧心房肥大

(2) 常见病因 多见于较严重的先天性心脏病及风湿性心脏病联合瓣膜病。

(二) 心室肥大

考点提示

左、右心房肥大的心电图表现。

1. 左心室肥大 心电图表现见图 7-22。

(1) QRS 波群电压增高或左心室高电压 ①肢体导联:R_{aVL} > 1.2mV;R_{aVF} > 2.0mV;R_I > 1.5mV,R_I +

$S_{Ⅲ}$ > 2.5mV。②胸导联：R_{V5} 或 R_{V6} > 2.5mV 或 $R_{V5} + S_{V1}$ > 3.5mV（女）或 > 4.0mV（男）。

（2）额面心电轴可以左偏，一般不超过 -30°。

（3）VAT V_5 > 0.05 秒，QRS 波群时间延长到 0.10 ~ 0.11 秒，但一般 < 0.12 秒。

（4）ST - T 改变　以 R 波为主的导联，其 ST 段压低达 0.05mV 以上，T 波低平、双向或倒置。在以 S 波为主的导联（如 V_1 导联），则可见直立的 T 波。

左心室肥大常见于高血压、冠状动脉粥样硬化性心脏病、风湿性心脏病及某些先天性心脏病等。

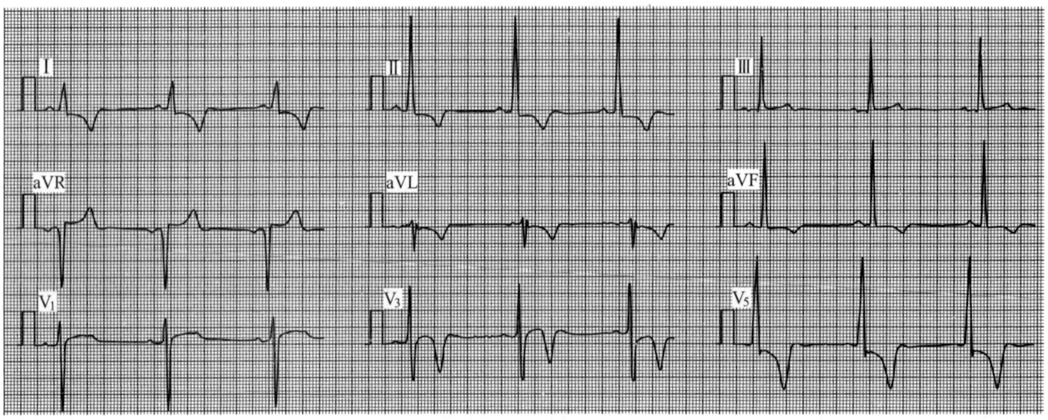

图 7 - 22　左心室肥大

2. 右心室肥大　心电图表现见图 7 - 23。

（1）QRS 波群形态及电压增高或右心室高电压　①V_1 或 V_{3R} 导联 R/S ≥ 1。②R_{V1} > 1.0mV 或 $R_{V1} + S_{V5}$ > 1.2mV。③R_{aVR} > 0.5mV 或 aVR 导联 R/S ≥ 1。

（2）额面心电轴右偏 ≥ +90°（重症可 > +110°）。

（3）VAT V_1 > 0.03 秒，QRS 波群时间多正常。

（4）ST - T 改变　右胸导联 V_1 ~ V_3 可表现为 ST 段压低，伴 T 波双向或倒置。

右心室肥大常见于肺源性心脏病、二尖瓣狭窄、房间隔缺损等。

3. 双侧心室肥大　多见于各种心脏病晚期，其心电图可表现为以下几种情况。

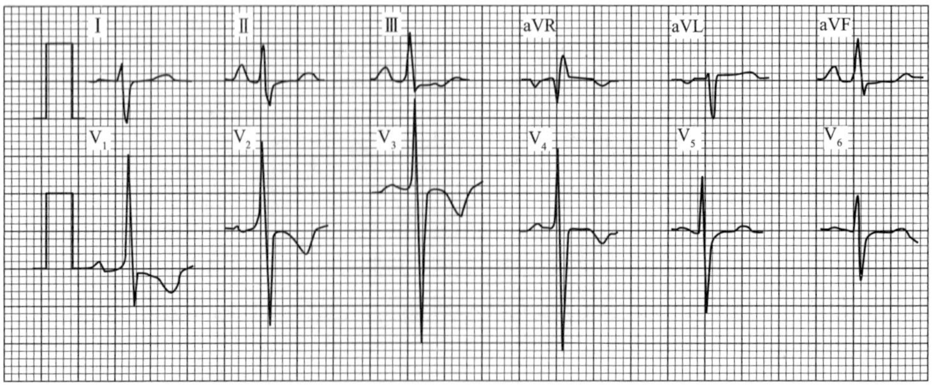

图 7 - 23　右心室肥大

（1）大致正常心电图　是由于双侧心室电压同时增高，互相抵消所致。

（2）只表现出一侧心室肥大心电图 只反映一侧心室肥大，而另一侧心室肥大的图形被掩盖。

（3）同时出现双侧心室肥大的图形 常以一侧心室肥大心电图改变为主，另一侧心室肥大的诊断条件较少。

二、心肌缺血

冠状动脉粥样硬化是导致心肌缺血的主要因素，某一部分心室肌发生缺血时，心肌的复极就不能正常进行，并可在缺血区相关导联上发生 ST－T 异常改变。

（一）T 波改变

正常情况下，心室复极过程是从心外膜开始向心内膜进行，心肌缺血时，复极过程发生改变，心电图上出现 T 波改变。（图 7－24）

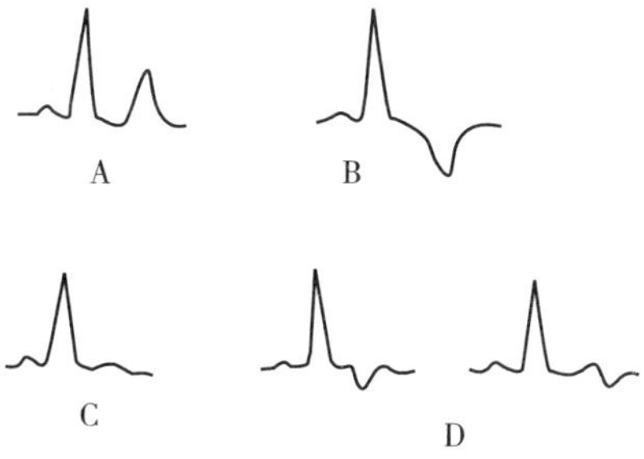

图 7－24 冠状动脉供血不足各种类型 T 波改变

A T 波巨大高耸 B T 波倒置 C T 波低平 D T 波双相

1. T 波高大直立 当心内膜下心肌缺血时，该处心肌复极较正常时更加延迟，使原来存在的与心外膜复极向量相抗衡的心内膜复极向量减小或消失，致使 T 波向量增加。由于向量方向指向缺血处的探查电极，因此在相应的导联上产生与 QRS 波群主波方向一致的高大直立的 T 波。

2. T 波倒置 当心外膜下心肌缺血时（包括透壁性心肌缺血），此时心肌复极顺序逆转，即心内膜先复极，再向心外膜下心肌扩展，使复极方向与正常相反，此时面向缺血区的导联表现出 T 波倒置，甚至对称或倒置逐渐加深。由于这种倒置、深尖、双肢对称的 T 波多在冠状动脉供血不足时出现，亦被称为冠状 T 波。

3. T 波低平或双向 心脏双侧对应部位的心内膜下心肌均缺血，或心内膜和心外膜下心肌同时缺血时，心肌上述两种心电向量的改变可综合出现，部分相互抵消，心电图上可以表现为 T 波低平或双向。

（二）ST 段改变

心肌缺血时 ST 段移位意义更大些。当心内膜下心肌缺血时，ST 段多表现为下移超过 0.05mV，而当心外膜下心肌缺血时，ST 段多表现为抬高＞0.1～0.3mV。

ST 段下移有三种类型：①水平型下移，即 R 波顶点垂线与 ST 段的交角等于 90°，ST 段下移持续时间 0.08 秒以上。②下斜型下移，即上述交角大于 90°。③上斜型下移，即上述交角小于 90°。目前认为 ST 段水平型及下斜型下移对诊断心肌缺血意义更大。变异型心绞痛多引起暂时性 ST 段抬高并常伴有高耸 T 波和对应导联的 ST 段下移，这是急性严重心肌缺血表现，如 ST 段持续抬高，提示将可能发生心肌梗死。（图 7－25）

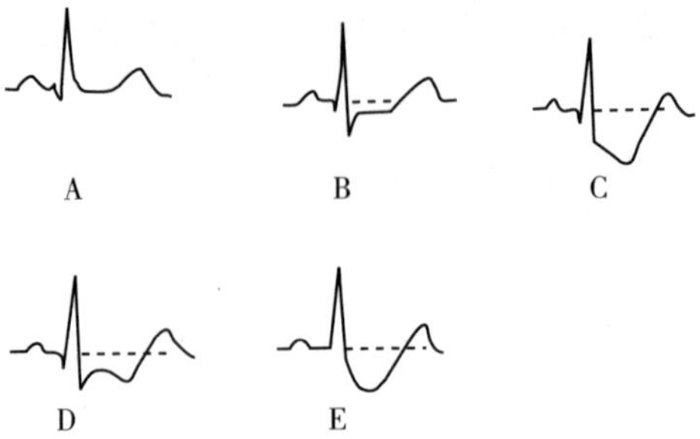

图 7-25 各类型缺血型 ST 段下降

A. 正常 ST 段；B. 水平型 ST 段降低；C. 下垂型 ST 段降低；

D. 弓背型 ST 段降低；D. 下陷型 ST 段降低

（三）U 波倒置

在心肌缺血中较少见，诊断中易被忽视。在 R 波为主的导联中，若出现 U 波倒置应怀疑心肌缺血的存在，但 U 波倒置还可见于高血压及左心室肥大。

（四）Q-T 间期延长。

三、心肌梗死

心肌梗死（ myocardial infarction）绝大多数是由冠状动脉粥样硬化引起，属于冠状动脉粥样硬化性心脏病的严重类型。由于心肌梗死后心电图呈现特征性改变，具有一定演变规律，故心电图对确定心肌梗死诊断和判断预后具有重要意义。

（一）心肌梗死的基本图形

冠状动脉急性闭塞后，依靠该支冠状动脉供血的心肌由于得不到血液供应而发生一系列变化，在心电图上可先后出现缺血、损伤和坏死 3 种类型的图形。

1. “缺血型”改变 当冠状动脉急性闭塞后，立即产生心肌缺血。心电图上主要表现为 T 波改变。早期 T 波高耸直立，两肢对称，随后高耸的 T 波开始逐渐降低，进而转为正负双向、倒置，然后倒置 T 波逐渐加深，持续数周后又逐渐变浅，最后直立。

2. “损伤型”改变 如果缺血时间进一步延长，缺血程度进一步严重，则会出现心肌损伤。心电图上主要表现为 ST 段的移位。ST 段逐渐抬高，并与 T 波融合，形成弓背向上高于基线的单向曲线（图 7-26）。

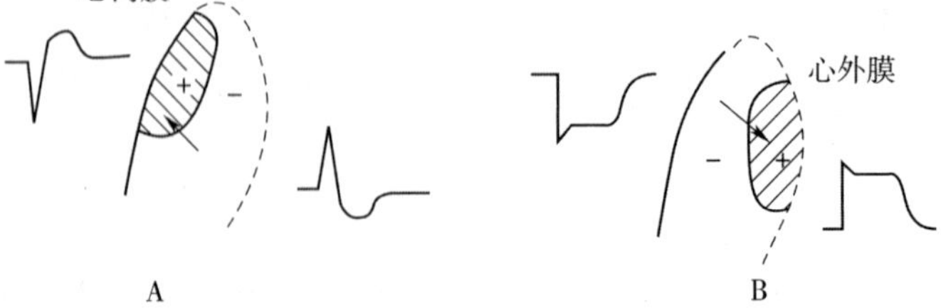

图 7-26 心肌损伤与 ST 段偏移的关系

A. 心内膜下损伤；B. 心外膜下损伤

3. “坏死型”改变 当心肌长时间严重缺血时，导致心肌坏死，心电图表现为面向坏死区的导联出现异常 Q 波（时间≥0.04 秒，电压≥同导联 R 波 1/4）或呈 QS 型。

（二）心肌梗死的图形演变及分期

心肌梗死从心电图上的表现可分为Q波型与无Q波型，临床上称Q波型心肌梗死为透壁性心肌梗死，无Q波型心肌梗死为非透壁性心肌梗死或心内膜下心肌梗死。这里仅介绍急性Q波型心肌梗死的心电图演变及分期。

考点提示

心肌梗死的心电图特征性改变和动态演变过程。

心肌梗死时不仅具有前述的特征性图形改变，图形本身还具有一系列的演变过程，这对急性心肌梗死的动态观察具有重要意义。根据心肌梗死发生的时间及心电图演变特点，可将其分为早期（也称超急性期）、急性期、亚急性期和陈旧期（图7－27）。

1. 早期（超急性期） 心肌梗死数分钟到数小时，此时仅发生心肌缺血和损伤的心电图改变。心电图表现为：①高尖T波，是心肌梗死最早的改变。②ST段上斜型抬高，有时可与高耸直立T波相连形成单向曲线。③不出现异常Q波。此期是溶栓治疗的最佳时期。

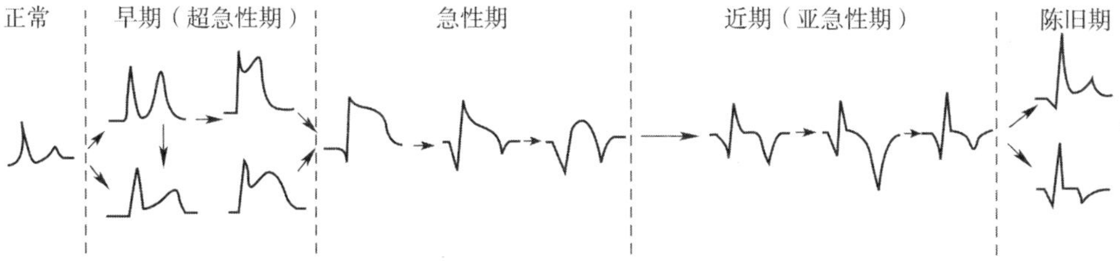

图7－27 心肌梗死的图形演变及分期

2. 急性期 梗死后数小时至数天，少数可持续数周。心电图表现为：①出现异常Q波。②ST段呈弓背向上抬高，抬高显著者可呈单向曲线，继而逐渐下降。③高耸的T波逐渐降低，可演变为缺血型冠状T波，并逐渐倒置达最深。此期可同时出现心肌缺血、损伤和坏死的心电图改变。

3. 亚急性期（近期或演变期） 梗死后数周至数月。心电图表现为：①ST段基本恢复到基线。②异常Q波持续存在。③心电图的主要演变是倒置的T波由深逐渐变浅，直至恢复正常或恒定不变。

4. 陈旧期（愈合期） 心肌梗死3～6个月或数年后。心电图表现为：ST段和T波不再变化，只存留异常Q波或QS波，此期异常Q波或QS波是陈旧性心肌梗死的唯一证据。如梗死后ST段持续抬高超过半年，一般认为发生了室壁瘤。

（三）心肌梗死的定位诊断

冠状动脉的闭塞引起冠状动脉所分布区域的心肌缺血中断导致心肌梗死，其范围基本上与冠状动脉分布一致。一般根据异常Q波或ST段移位出现的导联来确定心肌梗死的部位（表7－6）。

表7－6 常见心肌梗死的定位诊断

梗死部位	Ⅰ	Ⅱ	Ⅲ	aVR	aVL	aVF	V_1	V_2	V_3	V_4	V_5	V_6	V_7	V_8	V_9
前间壁							+	+	+						
前壁									+	+	+				
广泛前壁							+	+	+	+	+	+			
高侧壁	+				+										
后壁													+	+	+
下壁		+	+			+									

急性前间壁心肌梗死时，异常 Q 波或 QS 波主要出现在 $V_1 \sim V_3$ 导联（图 7－28）。

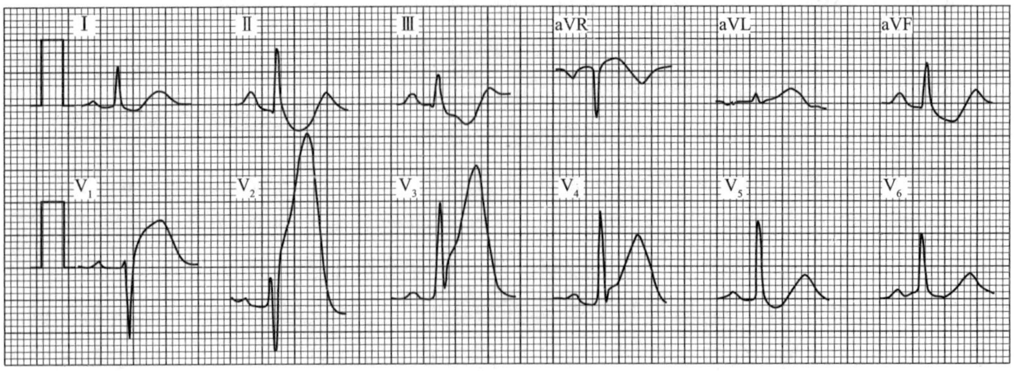

图 7－28　急性前间壁心肌梗死

四、心律失常

正常心脏冲动起源于窦房结，并按一定的传导速度和顺序沿传导系统下传，使房室先后除极。当各种原因使心脏冲动的起源或（和）冲动的传导异常，称为心律失常。心电图是诊断心律失常最主要的方法。

（一）心律失常分类

根据其形成的原因不同，将心律失常分为以下两类。

1. 冲动起源异常所致的心律失常
   - 窦性心律失常：窦性心动过速、窦性心动过缓、窦性心律不齐、窦性停搏、窦房阻滞
   - 异位心律
     - 被动性异位心律：①逸搏（房性、房室交界性、室性）②逸搏心律（房性、房室交界性、室性）
     - 主动性异位心律：①过早搏动（房性、房室交界性、室性）②阵发性心动过速（室上性、室性）③心房扑动、心房颤动 ④心室扑动、心室颤动

2. 冲动传导异常所致的心律失常
   - 生理性：干扰及房室分离
   - 病理性：窦房传导阻滞，心房内传导阻滞，房室传导阻滞，心室内传导阻滞（左、右束支及左束支分支传导阻滞）
   - 房室间传导途径异常：预激综合征

（二）窦性心律及窦性心律失常

1. 窦性心律　凡是起源于窦房结的心律称为窦性心律（图 7－29）。正常成人窦性心律的心电图特点：①P 波规律出现，在Ⅰ、Ⅱ、aVF 导联直立，aVR 导联倒置。②P 波频率为 60～100 次/分，婴幼儿可达 130～150 次/分。③P－R 间期大于 0.12 秒。

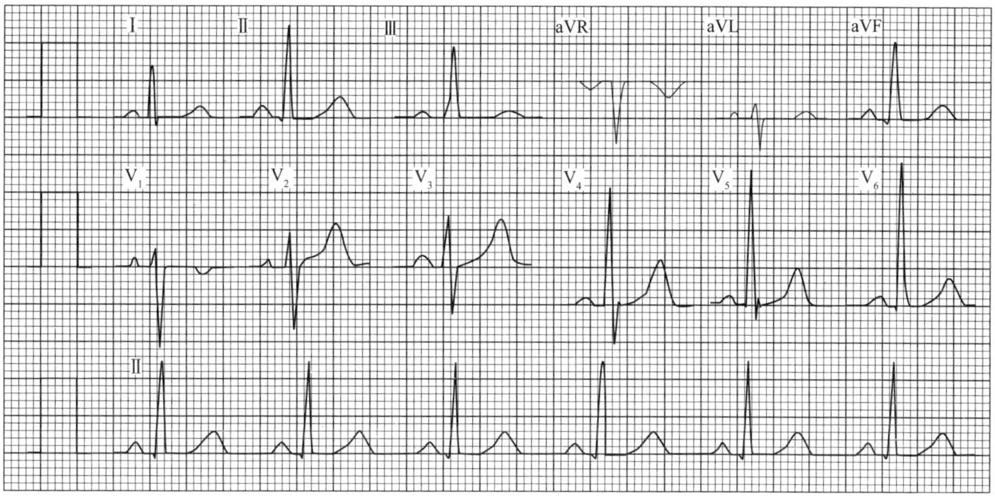

图 7－29　正常窦性心律

2. 窦性心动过速（sinus tachycardia）　成人安静状态窦性心律的频率大于 100 次/分称为窦性心动过速（图 7－30）。常见于运动、精神紧张、发热、贫血、甲状腺功能亢进症、休克、心功能不全以及应用阿托品、肾上腺素等。其心电图特点：①窦性心律。②心率大于 100 次/分。

> **考点提示**
> 窦性心动过速的心电图表现

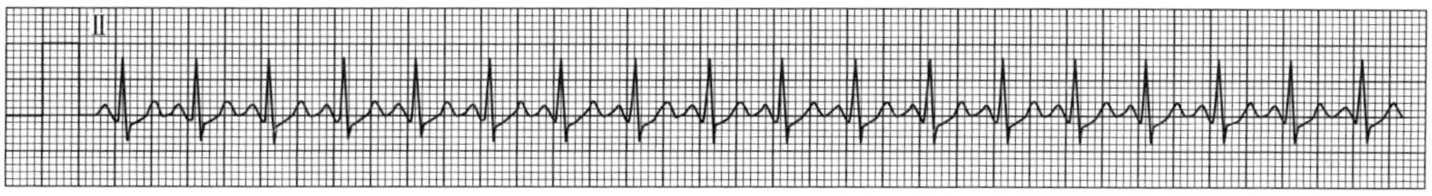

图 7－30　窦性心动过速

3. 窦性心动过缓（sinus bradycardia）　成人窦性心律的频率 < 60 次/分称为窦性心动过缓（图 7－31）。常见于老年人、运动员、睡眠状态、病态窦房结综合征、颅内压增高、甲状腺功能减退、洋地黄过量以及应用 β 受体阻滞剂等。其心电图特点：①窦性心律。②心率 < 60 次/分。

> **考点提示**
> 窦性心动过缓的心电图表现

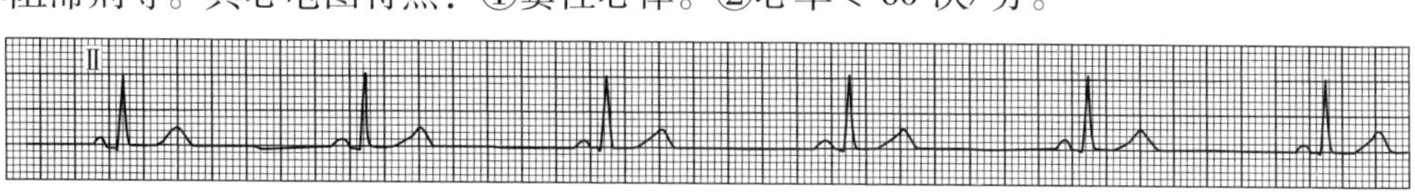

图 7－31　窦性心动过缓

4. 窦性心律不齐（sinus arrhythmia）　常与窦性心动过缓同时发生（图 7－32），常见于青少年时期、自主神经功能失调、更年期综合征等生理情况，也可见于器质性心脏病及洋地黄中毒等。其心电图特点：①窦性心律。②同一导联两个 P－P 间距之差 >0.12 秒。

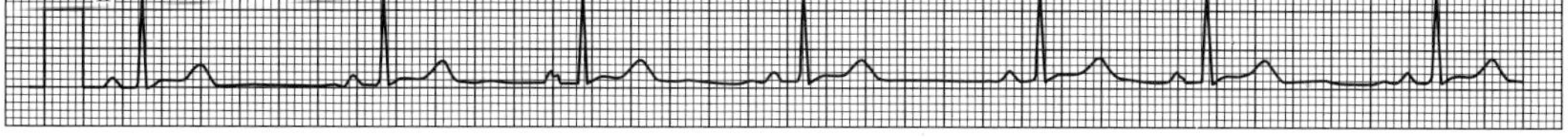

图 7－32　窦性心律不齐

5. 窦性静止或窦性停搏（sinus arrest） 可见于迷走神经张力增高、急性心肌梗死、心肌炎、心肌病等器质性心脏病，以及洋地黄、奎尼丁等药物使用过量。其心电图特点（图7－33）：①窦性心律。②规律的P－P间距中突然出现P波脱落，形成长P－P间距，且长P－P间距与正常P－P间距无倍数关系。

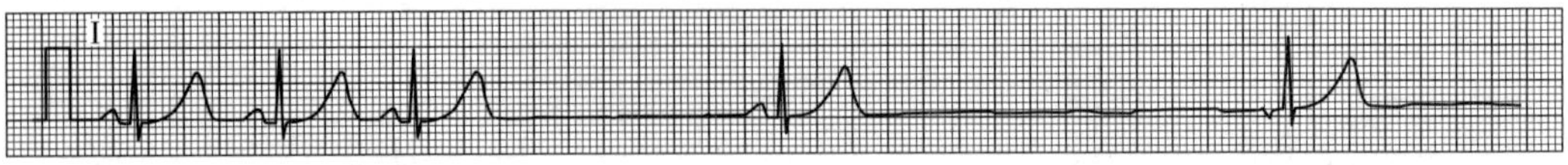

图7－33　窦性停搏

6. 病态窦房结综合征（sick sinus syndrome，SSS） 是由于窦房结或周围组织病变，导致多种心律失常的综合表现，简称病窦综合征（图7－34）。常见于起搏传导系统退行性病变以及冠状动脉粥样硬化性心脏病、心肌炎、心肌病等。其心电图特点：①持续而显著的心动过缓，心率＜50次/分，且不易用阿托品等药物纠正。②窦性停搏或严重的窦房阻滞。③在明显的窦性心动过缓基础上，常同时伴有室上性快速心律失常，如房性心动过速、心房扑动、心房颤动等，称为慢－快综合征。④如病变同时累及房室交界区，则窦性停搏时可不出现交界性逸搏，或伴有房室传导阻滞，称为双结病变。

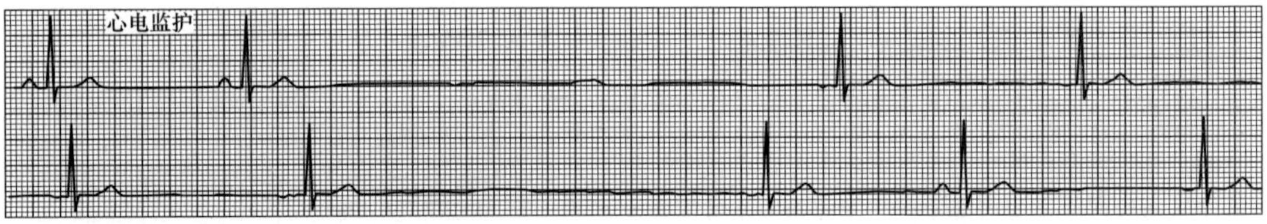

图7－34　病窦综合征（窦缓伴窦性停搏－短阵房颤发作）

（三）期前收缩

期前收缩（premature contraction） 是指起源于窦房结以外的异位起搏点提前发出激动，又称过早搏动，简称早搏。根据异位起搏点的部位不同，期前收缩可分为房性、交界性和室性三种，其中以室性期前收缩最为常见。期前收缩之后的长间歇称为代偿间歇。①室性期前收缩的联律间期与代偿间歇之和恰好等于正常心动周期的2倍，称为代偿间歇完全。②房性期前收缩的联律间期与代偿间歇之和小于正常心动周期的2倍，称为代偿间歇不完全。③交界性期前收缩的代偿间歇多完全。

知识链接

期前收缩

如果期前收缩在每分钟5次以下，称偶发性期前收缩；在每分钟5次以上，称频发性期前收缩；如1次正常窦性搏动之后出现1次期前收缩称为二联律；2次正常窦性搏动之后出现1次期前收缩称三联律。期前收缩与其前正常搏动的间距称为联律间期。期前收缩来自同一异位起搏点或有固定的折返途径，为单源性期前收缩，其形态、联律间期相同；在同一导联上出现两种或两种以上形态及联律间期互不相同的异位搏动为多源性期前收缩。

期前收缩常见于情绪激动、饱餐、体力过劳、烟酒过量等，各种器质性心脏病如急性心肌梗死、心肌炎、风湿性心脏病等，也可见于急性感染、心脏手术、麻醉、体外循环、低血钾、洋地黄过量等。

> **考点提示**
>
> 室性期前收缩的心电图表现。

1. 室性期前收缩（premature ventricular contraction） 异位起搏点的激动来源于心室。心电图特点（图 7－35）：①QRS 波群提早出现，其前无 P 波或无相关 P 波。②QRS 波群宽大畸形，时间 > 0.12 秒，T 波方向常与 QRS 主波方向相反。③代偿间歇完全。

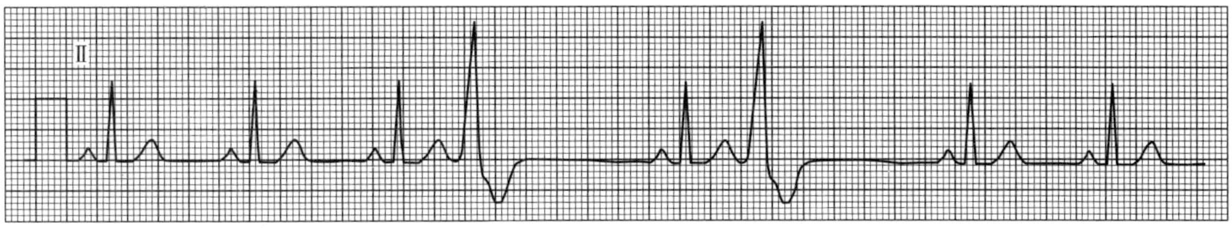

图 7－35　室性期前收缩

频发、联律（图 7－36）、成对、连续出现、多源性室性期前收缩（图 7－37），R on T 或 R on P 性室性期前收缩多为病理性，且多为更严重心律失常的先兆。

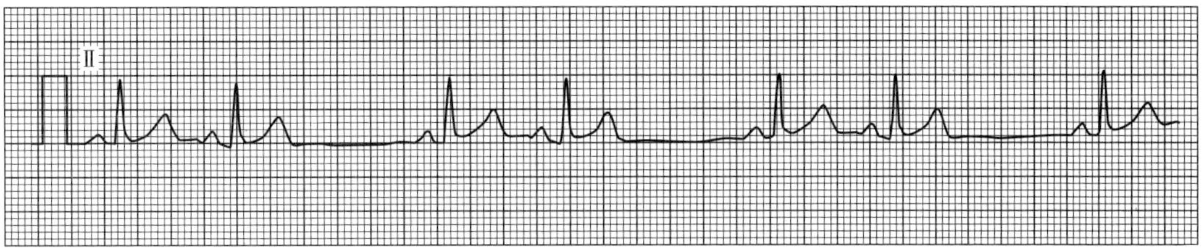

图 7－36　室性期前收缩呈二联律

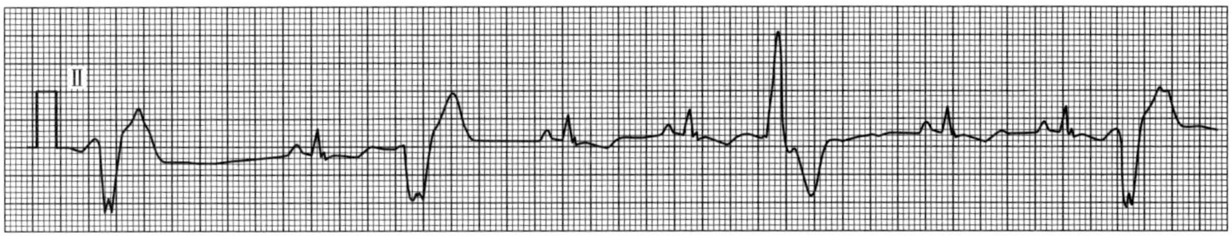

图 7－37　多源性频发室性期前收缩

2. 交界性期前收缩（premature junctional contraction） 异位起搏点的激动来源于房室交界区（图 7－38）。心电图特点：①提前出现的 QRS 波群，形态多正常。②逆行 P′波可出现于 QRS 波群之前（P′－R 间期 < 0.12 秒）、之后（R－P′间期 < 0.20 秒）或者与 QRS 波群相重叠不易辨认。③代偿间歇多完全。

> **考点提示**
>
> 交界性期前收缩的心电图表现。

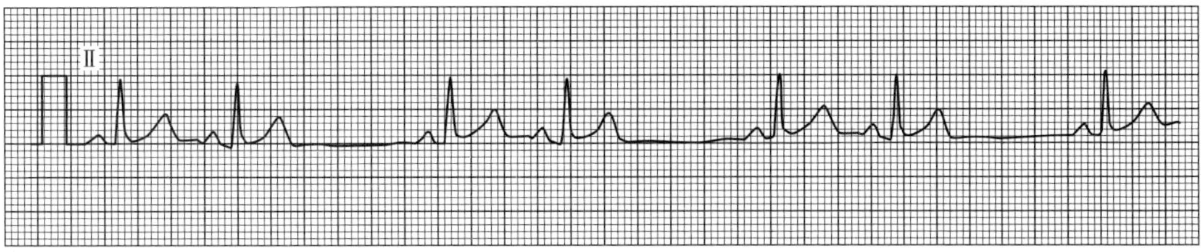

图 7－38　交界性期前收缩

3. 房性期前收缩（prema - ture atrial contraction） 异位起搏点的激动来源于心房（图 7-39）。心电图特点：①提前出现的 P′波，其形态与窦性 P 波略有不同。②P′-R 间期 > 0.12 秒。③QRS 波群形态和时间基本正常。④多为不完全性代偿间歇。

考点提示

房性期前收缩的心电图表现。

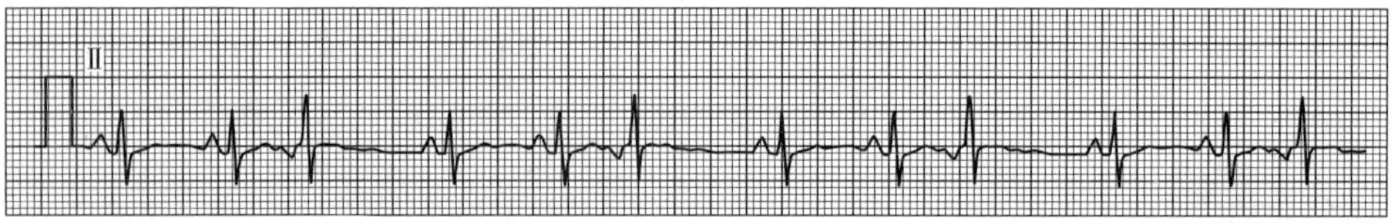

图 7-39 房性期前收缩

（四）阵发性心动过速

阵发性心动过速（paroxysmal tachycardia）是指连续出现 3 次或 3 次以上的期前收缩，其特点是突发骤止，频率较快，常有复发的倾向，再次发作一般持续数秒、数分钟至数小时，少数持续数天、数周至数月。根据异位起搏点的位置不同可分为房性、交界性和室性三种，其中房性和交界性阵发性心动过速在心电图上常难以区别，且异位起搏点均位于房室束以上，故统称为阵发性室上性心动过速。

1. 阵发性室上性心动过速（paroxysmal supraventricular tachycardia，PSVT） 常见于无明显器质性心脏病的儿童和青年人，亦可见于风湿性心脏病、心肌梗死或甲状腺功能亢进症等（图 7-40）。心电图特点：①连续 3 个或 3 个以上快速均齐的 QRS 波群，形态及时限正常，当伴有室内差异传导时，QRS 波群变宽。②心率 160～250 次/分，节律规整。③P 波或 P′波往往不易辨认。④可有继发性 ST-T 改变。

考点提示

阵发性室上性心动过速的心电图表现。

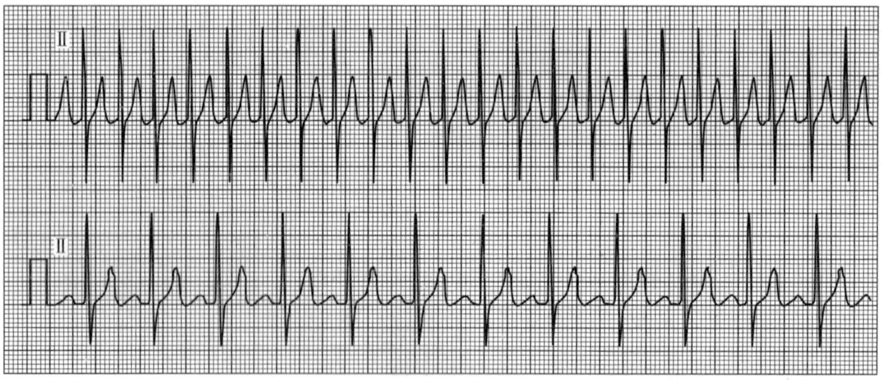

图 7-40 阵发性室上性心动过速

2. 阵发性室性心动过速（paroxysmal ventricular tachycardia，PVT） 是一种严重的心律失常，常可发展为致命的室扑或室颤，对心脏功能影响严重，易出现严重的血压下降、休克或急性泵衰竭，甚至死亡。多见于严重的器质性心脏病，以急性心肌梗死多见，也可见于风湿性心脏病、心肌病等，偶发于正常人。心电图特点：①连续 3 个或 3 个以上快速、宽大畸形的 QRS 波群，时限常大于 0.12 秒。②心室率140～220 次/分，节律可稍不齐。③常无 P 波，如能发现 P 波，其 P 波与 QRS 波群无固定关系，形成房室分离现象。④常伴有继发性 ST-T 改变。⑤偶尔心房激

考点提示

阵发性室性心动过速的心电图表现。

动夺获心室（QRS 波群提前出现，形态似窦性心律）或发生室性融合波（QRS 波群形态介于窦性心律与室性异位心律之间）（图 7－41）。心室夺获和室性融合波是诊断阵发性室性心动过速的重要诊断依据。

尖端扭转型室速是较为严重的一种室性心律失常，因发作时 QRS 波的振幅与波峰呈周期性改变，宛如围绕等电位线连续扭转得名。频率 200～250 次/分。常反复发作，易致昏厥，可发展为室颤致死（图 7－42）。

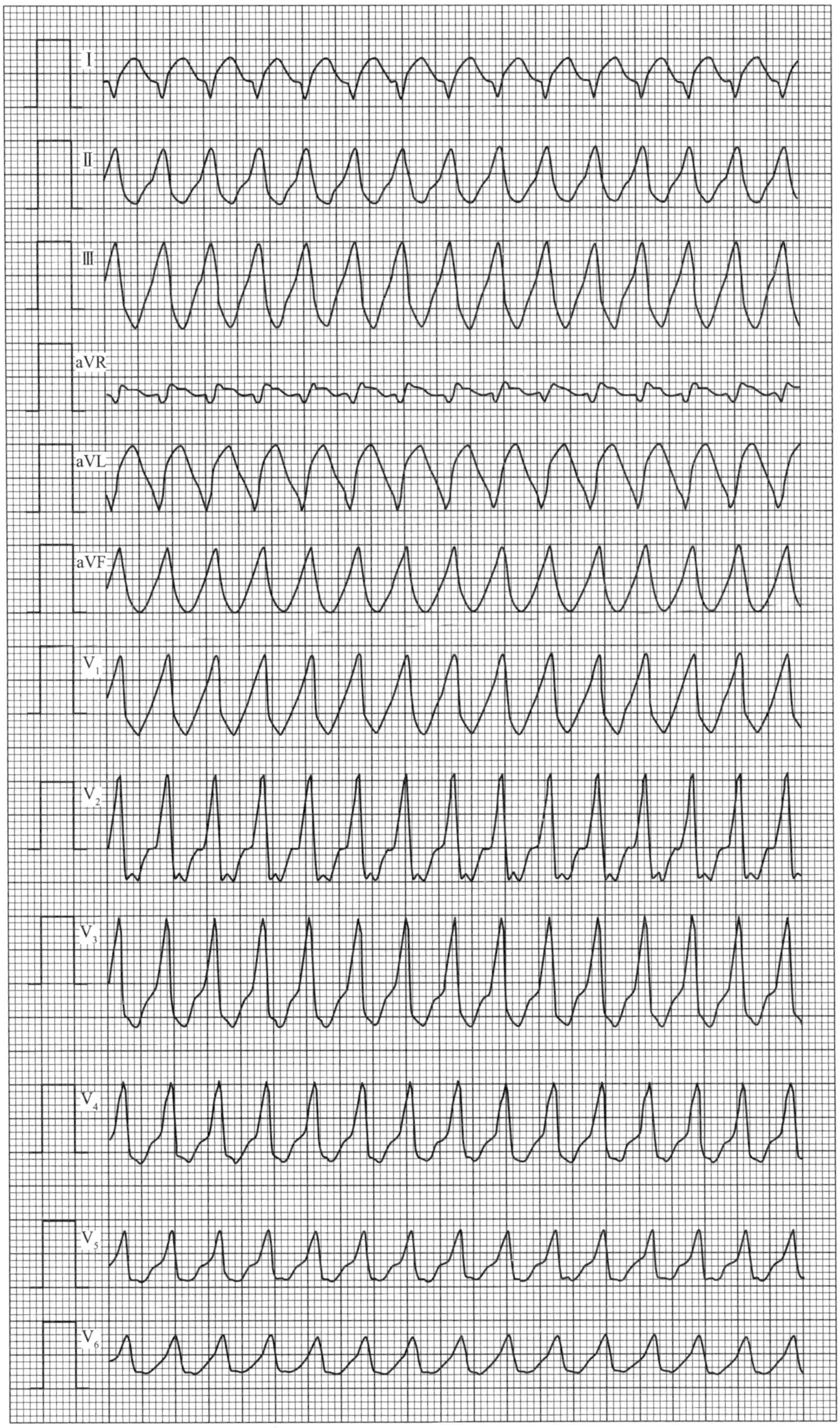

图 7－41 阵发性室性心动过速

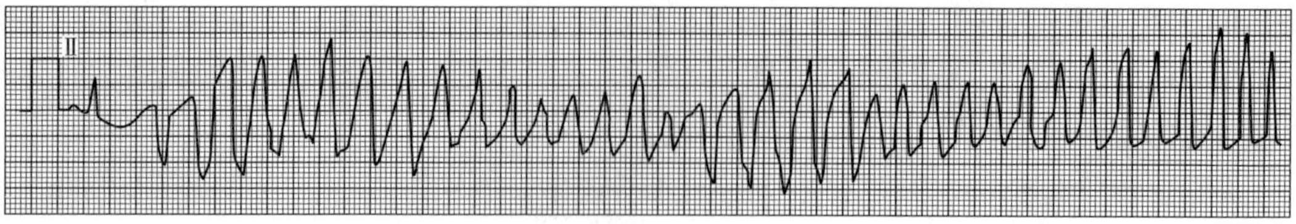

图 7－42　尖端扭转型室性心动过速

（五）扑动与颤动

扑动与颤动（flutter and fibrillation）是一种较阵发性心动过速频率更快的主动性异位心律，根据异位心律的起源与节律不同，可分为心房扑动及颤动，心室扑动及颤动，扑动和颤动间常相互转换。

1. 心房扑动（atrial flutter）　心电图特点（图 7－43）：①正常 P 波消失，代之以波形大小一致，间隔规则的大锯齿状扑动波（F 波），在Ⅱ、Ⅲ、aVF 导联中明显，频率 250～350 次/分。②房室传导比例多为 2∶1 或 4∶1，心室律规则。③QRS 波群形态和时间一般正常。

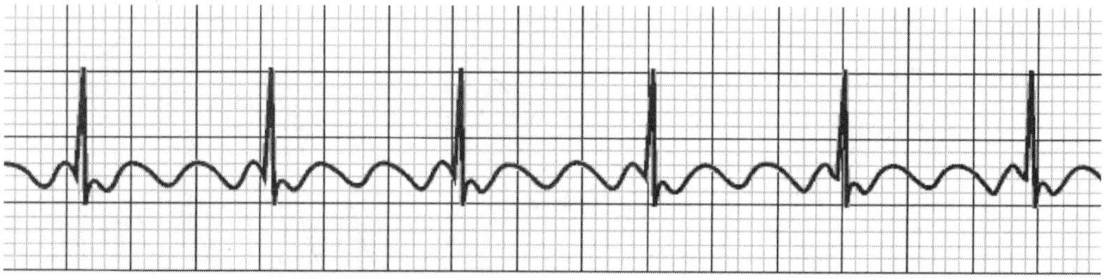

图 7－43　心房扑动

2. 心房颤动（atrial fibrillation）　心电图特点（图 7－44）：①P 波消失，代之以大小不等、快慢不均、形态不一的心房颤动波（f 波），在Ⅱ、Ⅲ、aVF 和 V_1 导联比较明显，频率 350～600 次/分。②心室律绝对不规则。③QRS 波群形态和时间一般正常。

考点提示

心房颤动的心电图表现。

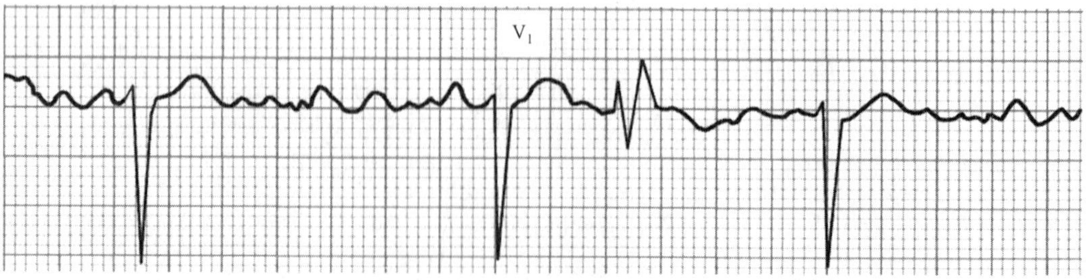

图 7－44　心房颤动

心房扑动与心房颤动主要见于器质性心脏病，如风湿性心脏病二尖瓣狭窄、冠状动脉粥样硬化性心脏病和甲状腺功能亢进症等。少数心房颤动无原因可寻，称为特发性心房颤动。心房扑动和心房颤动虽然可引起心排血量下降，但一般不太严重。

3. 心室扑动（ventricular flutter）　心电图特点（图 7－45）：①P、QRS 与 T 波不能分辨，被波形一致且宽大均齐的大正弦波所替代。②频率为 200～250 次/分。

4. 心室颤动（ventricular fibrillation）　心电图特点（图7－45）：①P、QRS与T波消失，被形态、振幅、时限均被不规则的颤动波新替代。②频率180～500次/分。

考点提示

心室颤动的心电图表现。

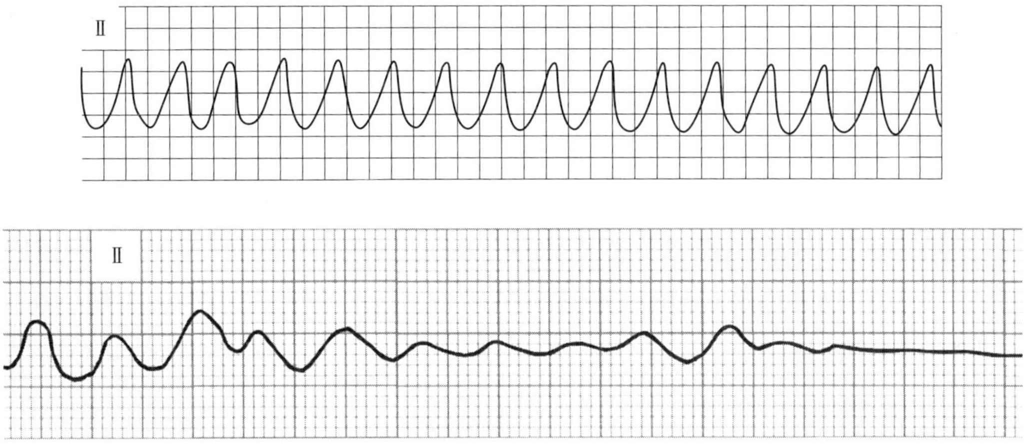

图7－45　心室扑动与心室颤动

心室扑动及颤动多见于严重的心肺功能障碍、电解质紊乱、药物中毒、器质性心脏病晚期等。心室扑动尤其是心室颤动时，心室完全失去收缩能力，呈蠕动状态，相当于心室停搏。患者迅速出现意识丧失、呼吸停止、心音及大动脉搏动消失、血压无法测到，因此是一种极为严重的致死性心律失常，应立即抢救。

（六）房室传导阻滞

当激动从心房向心室传导过程中发生障碍，造成传导延缓或中断，称为房室传导阻滞（atrioventricular block，AVB）。按阻滞的程度可分为三度：一度仅有房室传导时间延长，但每个冲动均能下传到心室；二度为部分冲动不能传入心室，造成心室漏搏；三度则为完全性传导阻滞，即心房的冲动完全不能下传到心室，心房与心室各自受相应起搏点控制，呈现房室完全脱节。

一度或二度Ⅰ型房室传导阻滞与迷走神经张力增高有关，可见于正常人。二度Ⅱ型以上的房室传导阻滞多见于病理情况，如心肌病变、急性心肌梗死、冠状动脉粥样硬化性心脏病、药物中毒及传导系统退行性变等。一般阻滞部位越低，阻滞程度越重，危险性越大。

1. 一度房室传导阻滞　心电图特点（图7－46）：①P－R间期延长（成人P－R间期≥0.20秒，老年人P－R间期）≥0.22秒。②每个P波后均有一相关QRS波群。

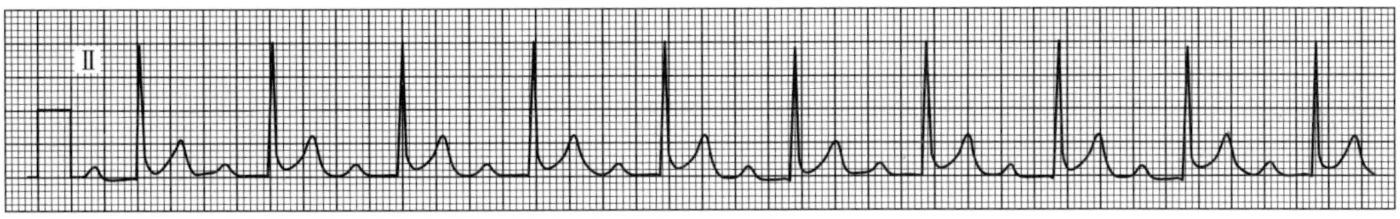

图7－46　一度房室传导阻滞

2. 二度房室传导阻滞　主要表现为部分P波后出现QRS波群脱落。按脱落的特点分为两型。

（1）二度Ⅰ型房室传导阻滞　亦称莫氏Ⅰ型（Mobitz Ⅰ）。心电图特点：P波规律出现，P－R间期逐渐延长，直至一个P波后脱漏一个QRS波群，漏搏后P－R间期又趋缩短，之后

又复逐渐延长，直至再次心搏脱落，如此周而复始地出现，又称为文氏现象。(图 7－47)

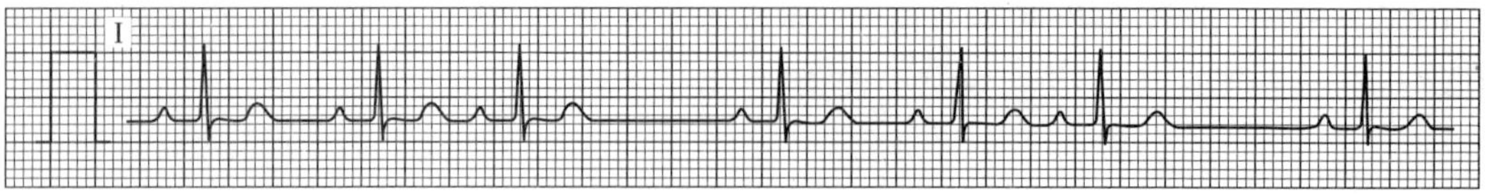

图 7－47　二度Ⅰ型传导阻滞

（2）二度Ⅱ型房室传导阻滞　亦称莫氏Ⅱ型（ MobitzⅡ）（图 7－48）。心电图特点：P－R 间期固定（正常或延长），部分 P 波后脱漏 QRS 波。

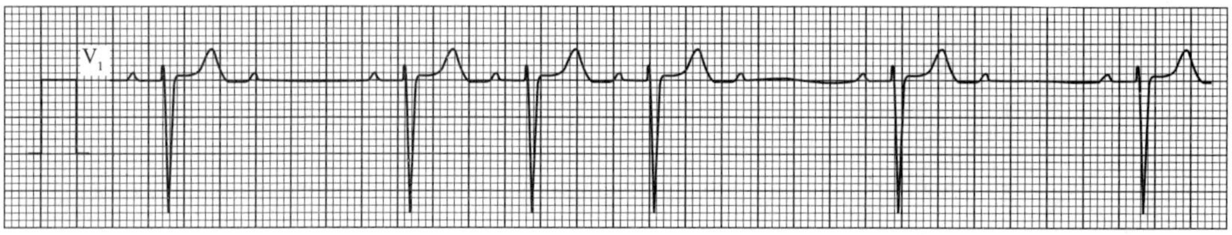

图 7－48　二度Ⅱ型房室传导阻滞

凡连续出现 2 次或 2 次以上的 QRS 波群脱漏者，称为高度房室传导阻滞，如 3∶1、4∶1 传导的房室传导阻滞。该型易发展成完全性房室传导阻滞。

> **考点提示**
>
> 各型房室传导阻滞的心电图表现。

3. 三度房室传导阻滞　即完全性房室传导阻滞（图 7－49）。心电图特点：P 波规律出现，QRS 波规律出现，两者无固定关系，P 波频率大于 QRS 波频率。

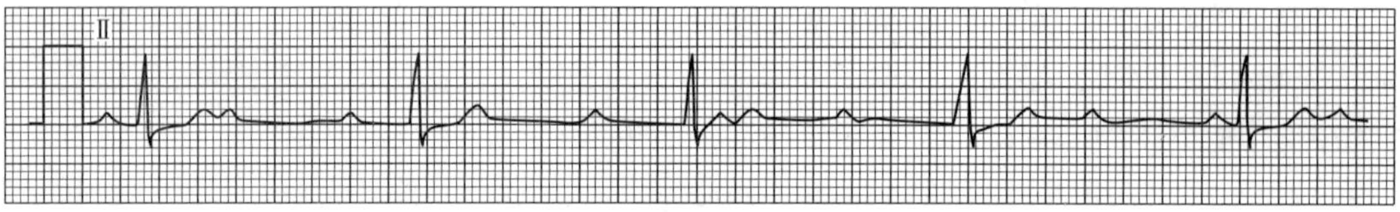

图 7－49　三度房室传导阻滞

（七）室内传导阻滞

是室上性激动在心室内希氏束分叉以下传导过程中发生异常，从而导致 QRS 波群时限延长及形态改变。心房的激动经房室结下传，沿着房室束进入心室后，在室间隔上方分成两支：房室束右束支细长支配右心室；左束支粗短支配左心室，左束支继续分成左前分支、左后分支与间隔支。上述束支均可发生不同程度阻滞（图 7－50）。当有一侧束支阻滞时，激动从健侧心室通过室间隔后再缓慢激动阻滞一侧心室，在时间上延迟 40～60 毫秒以上。根据 QRS 波的时限是否≥0.12 秒而分为完全性束支阻滞与不完全性束支阻滞。

（1）右束支阻滞（right bundle branchblock，RBBB）　右束支主要由左前降支供血，其不应期比左束支长，较易发生阻滞。右束支阻滞时，激动沿左束支下传，室间隔除极和正常时顺序相同，由左向右进行，接着通过浦肯野纤维正常快速激动左室，最后通过缓慢的心室肌传导激动右室。因面，QRS 波群前半部接近正常，主要表现在后半部 QRS 时间延迟、形态异常。除极顺序与正常不同，复极过程也发生改变，故产生继发性 ST－T 改变。可发生在各种器质性心脏病，也可见于健康人。

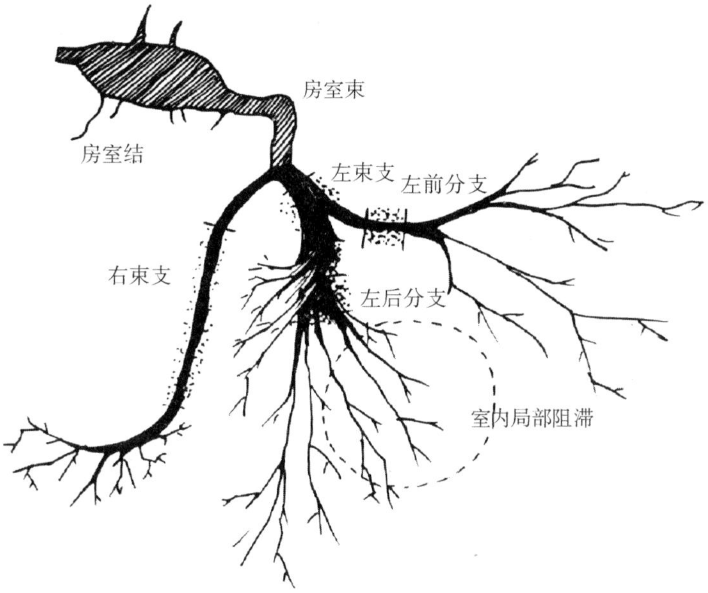

图 7-50 束支阻滞可能部位

完全性右束支阻滞时心电图表现：①QRS 波群形态改变。V_1 或 V_2 导联呈 rsR′型或 M 形，此为最具特征性的改变；Ⅰ、V_5、V_6 导联 S 波增宽而有切迹，其时限≥0.04 秒；aVR 导联呈 QR 型，其 R 波宽而有切迹；②QRS 波联时间≥0.12 秒；③V_1 导联 R 峰时间≥0.05 秒；④继发性 ST-T 改变：V_1、V_2 导联 ST 段轻度压低，T 波倒置；Ⅰ、V_5、V_6 导联 T 波方向与终末 S 波方向相反，仍为直立（图 7-51）。

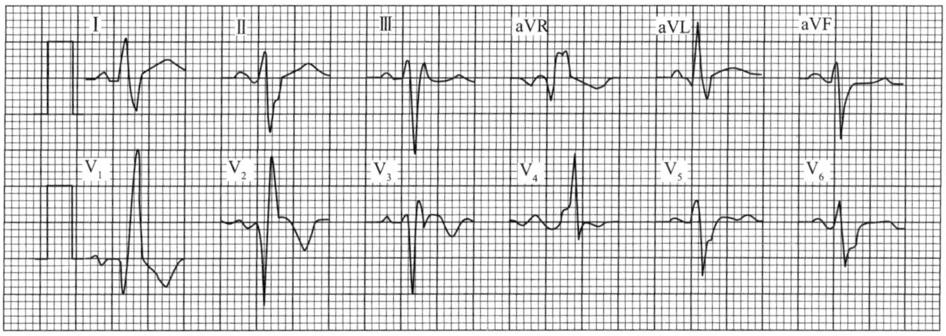

图 7-51 完全性右束支传导阻滞

不完全性右束支传导阻滞时，QRS 图形与完全性右束支传导阻滞相同，仅 QRS 波群时间 <0.12 秒。

（2）左束支阻滞（left bundle branch block，LBBB） 左束支由双侧冠状动脉供血，不易发生阻滞，如阻滞说明心肌病变广泛而严重。左束支发生阻滞时，激动沿右束支下传至右室前乳头肌根部才开始向不同方向扩布，导致心室除极顺序从开始就与正常相反。由于初始室间隔除极多为右向左方向除极，导致Ⅰ、V_5、V_6 导联正常室间隔除极波（q 波）消失；左室除极不是通过浦肯野纤维激动，而是通过心室肌缓慢传导激动，故心室除极时间明显延长；心室除极向量的 QRS 向量中部及终末部除极过程缓慢，使 QRS 波群主波增宽、粗钝或有切迹。除极顺序与正常不同，复极过程发生改变出现继发性 ST-T 改变。

完全性左束支阻滞时心电图表现：①Ⅰ、aVL、V_5、V_6导联出现宽大、畸形或有切迹的R波，其前无q波，其后常无S波；②QRS波群时间≥0.12秒；③V_1、V_2导联多呈QS或rS型，S波宽大；④ST－T方向与QRS主波方向相反（图7－52）。

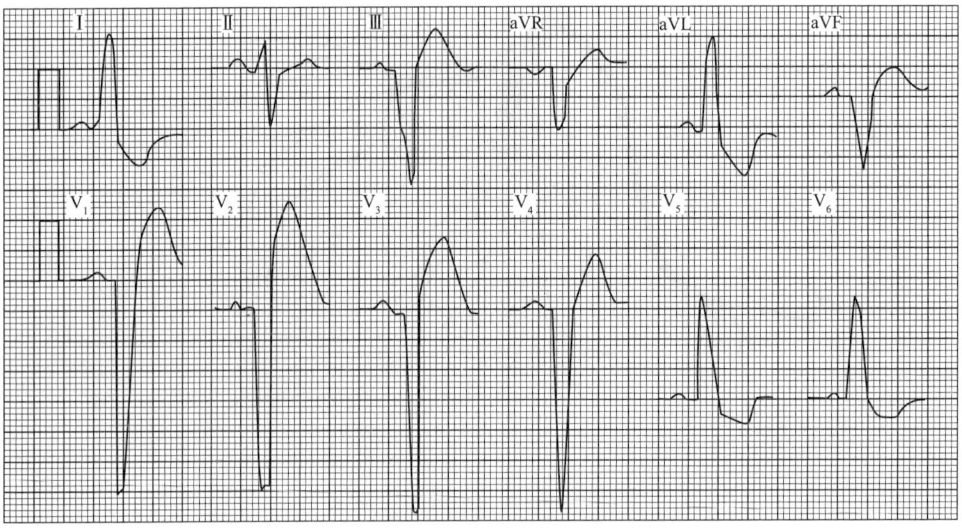

图7－52　完全性左束支传导阻滞

不完全性左束支阻滞的心电图形与完全左束支阻滞相同，仅QRS波<0.12秒，其图形与左心室肥厚的心电图表现非常相似。

当发生左束支传导阻滞时，心室除极最初的向量方向与正常时相反，故很容易掩盖心肌梗死的图形，给诊断带来困难。若发现所有左胸导联呈QS型，Ⅰ、V_6导联出现异常性Q波，V_1、V_2导联出现高R波时，应高度怀疑合并了心肌梗死的可能性。

（3）左前分支阻滞（left anterior fascicular block，LAFB）　该支细长，支配左心室左前上方，主要由左前降支供血，易发生传导障碍。心电图表现：①QRS波群心电轴显著左偏在－45°～90°，超过－45°有较肯定的诊断意义；②QRS波在Ⅱ、Ⅲ、aVF导联呈rS型，SⅢ>SⅡ，Ⅰ、aVL导联呈qR型，SavL>SⅠ；③QRS时间轻度延长，但<0.12秒（图7－53）。

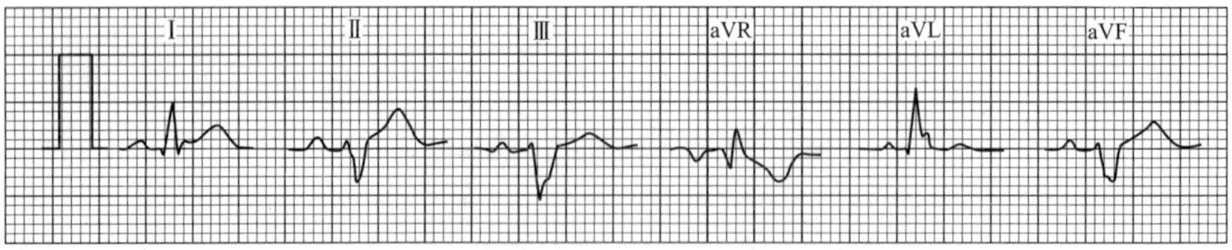

图7－53　左前分支传导阻滞

（4）左后分支阻滞（1eft posterior fascicular block，LPFB）　临床比较少见。其心电图表现：①Ⅰ、aVL导联QRS波呈rS型，Ⅲ、aVF导联呈qR型；②心电轴右偏在＋90°～＋180°，以超过＋120°有较肯定的诊断价值；③QRS波群内时间<0.12秒。临床上诊断左后分支阻滞时应首先排除引起心电轴右偏的其他原因。

（八）预激综合征

预激综合征属传导途径异常，是指在正常的房室结传导途径之外，沿房室环周围还存在附加的房室传导束（旁路）。预激综合征有以下类型。

1. WPW 综合征（Wolff – Parkinsion – While syndrome） 也称经典型预激综合征，属显性房室旁路。其解剖学基础为房室环存在直接连接心房与心室的一束纤维（Kent 束）。窦房结激动或心房激动可经传导很快的旁路纤维下传预先激动部分心室肌，同时经正常房室结途径下传激动其他部分心室肌，形成特殊的心电图特征：①P – R 间期缩短 <0. 12 秒；②QRS增宽≥0. 12 秒；③QRS 起始部有预激波（delta 波）；④P – J 间期正常；⑤出现继发性 ST – T 改变（图 7 – 54）。需要注意：心电图 delta 波的大小、QRS 波的宽度及 ST – T 改变的程度与预激成分的多少有关，少数预激患者 QRS 波的时间可 <0. 12 秒。

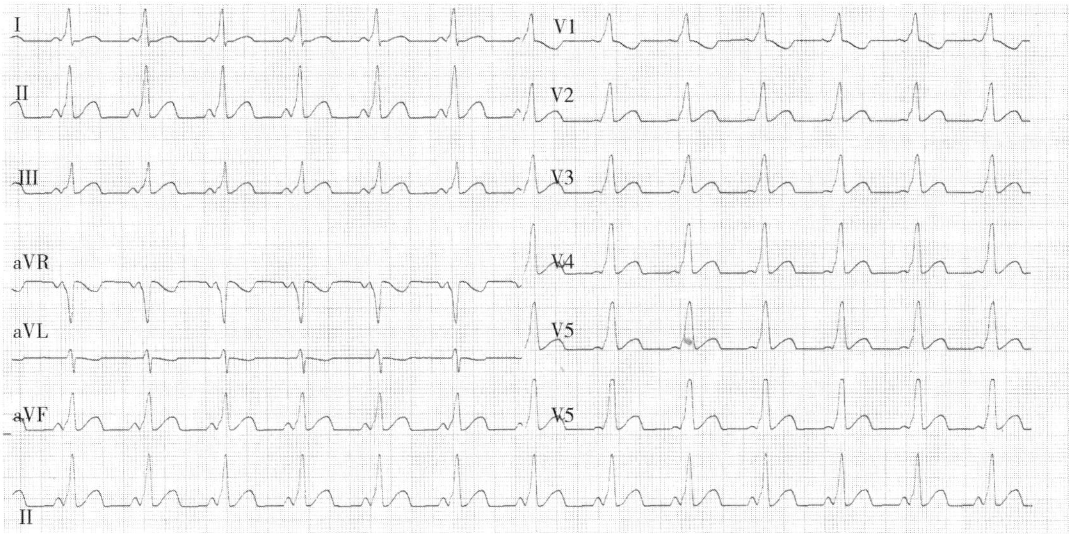

图 7 – 54 预激样综合征心电图改变

根据 V_1 导联 delta 波极性及 QRS 主波方向可对旁路进行初步定位。如 V_1 导联 delta 波正向且以 R 波为主，则一般为左侧旁路；如 V_1 导联 delta 波负向或 QRS 主波以负向波为主，则大多为右侧旁路。

2. LGL 综合征（Lown – Ganong – Levine syndrome） 又称短 P – R 综合征。目前 LGL 综合征的解剖生理有两种观点：①存在绕过房室结传导的旁路纤维 James 束；②房室结较小发育不全，或房室结内存在一条传导异常快的通道引起房室结加速传导。心电图上表现为 P – R 间期 <0. 12 秒，但 QRS 起始部无预激波。

3. Mahaim 型预激综合征 Mahaim 纤维具有类房室结样特征，传导缓慢，呈递减性传导，是一种特殊的房室旁路。此类旁路只有前传功能，没有逆传功能。心电图上表现为 P – R 间期正常或长于正常值，QRS 波起始部可见预激波。

预激综合征多见于健康人，其主要危害是常可引发房室折返性心动过速。WPW 综合征如合并心房颤动，还可引起快速的心室率，甚至发生室颤，属一种严重心律失常类型。采用导管射频消融术已可对预激综合征进行彻底根治。

五、电解质紊乱和药物影响

（一）洋地黄类药物对心电图的影响

洋地黄是治疗心力衰竭和室上性心律失常的重要药物，它通过对心肌细胞静息电位的影响以及对除极、复极过程的影响而使心电图产生特征性改变。临床上由于洋地黄治疗剂量与中毒剂量较接近，因此洋地黄中毒现象常有出现，了解其心电图变化很有意义。

（1）洋地黄效应（digitalis effect）或作用的心电图特点（图 7－55） ①ST－T 改变：在以 R 波为主的导联上，ST 段呈下斜型压低，与倒置的 T 波融合形成“鱼钩样改变”。② Q－T 间期缩短。

心电图出现的“鱼钩样”ST－T 改变仅说明接受洋地黄治疗，即洋地黄效应，并不代表洋地黄化，也不代表洋地黄过量或中毒。

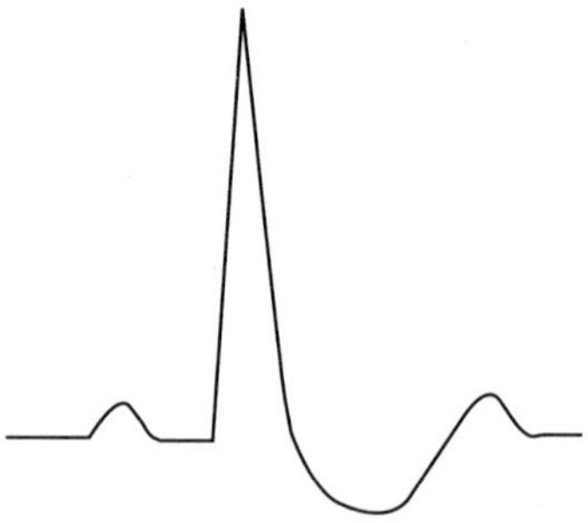

图 7－55 洋地黄效应心电图

（2）洋地黄中毒的心电图特点（图 7－56） 主要表现为各种心律失常，常见的心律失常有室性期前收缩，可呈二联律或三联律、频发性及多源性室性期前收缩、房室传导阻滞等。此外，还可出现消化系统、神经系统等异常表现。

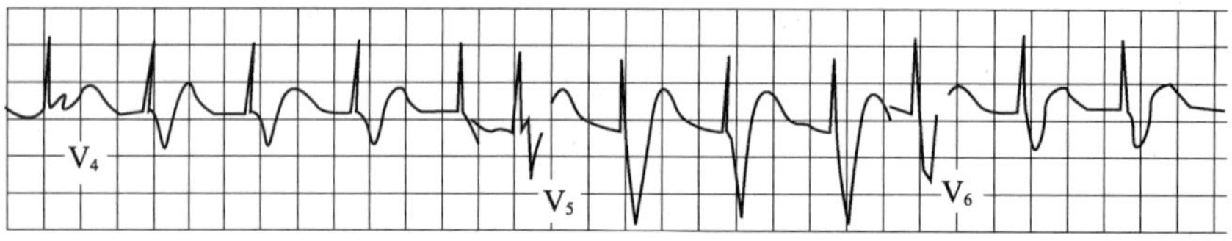

图 7－56 洋地黄中毒心电图（室性期前收缩呈二联律）

（二）电解质紊乱对心电图的影响

（1）低钾血症（hypokalemia）的心电图特点（图 7－57） ①ST 段压低≥0.5mV，T 波低平或倒置。②U 波增高，可达 0.1mV 或超过同导联 T 波的振幅，出现 T－U 融合呈双峰状。③Q－T 间期一般正常或轻度延长。

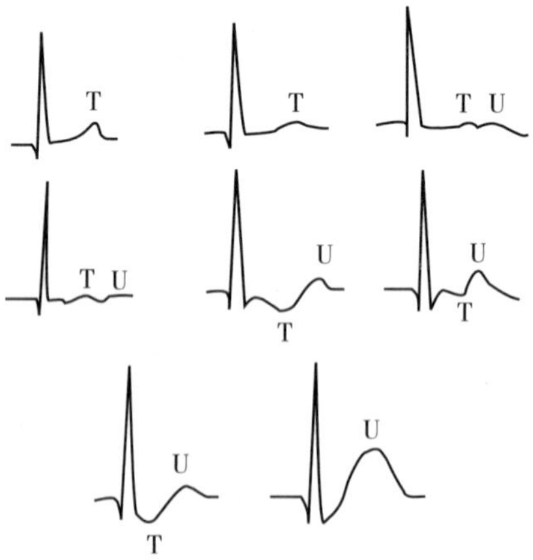

图 7－57 血钾水平逐渐降低引起的心电图改变

（2）高钾血症（hyperkalemia）的心电图特点（图 7－58） ①T 波高尖，基底部变窄，两肢对称，呈“帐篷状”，此为高血钾时最早出现和最常见的心电图变化。②QRS 波时限增宽，P 波低平，严重者 P 波消失，出现窦－室传导。③ST 段下降。④出现各种心律失常，如窦性心动过缓、交界性或室性逸搏心律、室内传导阻滞、窦性静止，严重者出现室性心动过速、心室颤动。

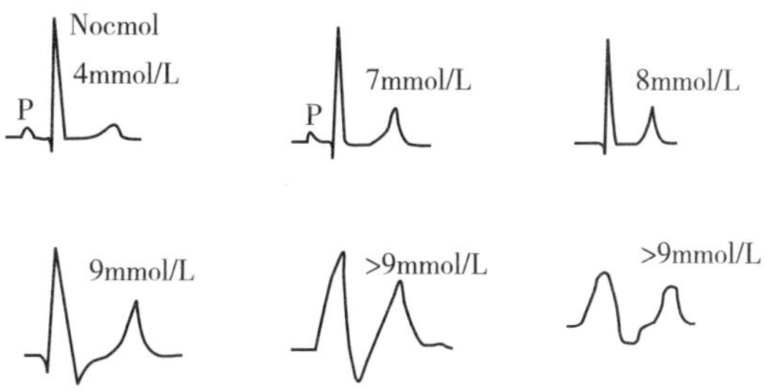

图 7－58　血钾水平逐渐增高引起的心电图改变

（3）低钙血症心电图特点　①Q－T 间期显著延长。②ST 段平坦，T 波低平或倒置。

（4）高钙血症心电图特点　①ST 段缩短或消失。②Q－T 间期缩短。③ U 波增高。

第四节　心电图描记、分析与临床应用

扫码“学一学”

案例

患者，男性，60 岁。心前区痛 1 周，加重 2 天。1 周前开始在骑车上坡时感心前区痛，并向左肩放射，经休息可缓解，2 天来走路快时亦有类似情况发作，每次持续3～5分钟，含硝酸甘油迅速缓解。为帮助诊断做心电图检查。

请思考：①心电图检查应如何描记？②描记过程有哪些注意事项？

一、心电图的描记

（一）描记前的准备

（1）室内保持温暖，避免因寒冷而引起肌电干扰。

（2）使用交流电源的心电图机必须接地线，心电图机旁不要摆放其他电器。

（3）检查床的宽度应大于 80cm，以免机体紧张而引起肌电干扰。

（4）初次接受心电图检查要做好解释工作，以消除患者的紧张心理。嘱其四肢平放，肌肉松弛，记录过程中不能移动四肢及躯体，必要时需屏气记录胸导联心电图。

（5）患者休息片刻后，平卧于检查床上，去掉手表等并暴露四肢，解开上衣，全身放松。

（6）如果放置电极部位的皮肤有污垢或体毛过多，应预先清洁皮肤或剃毛。

（二）操作方法

1. 接通电源及地线　当使用蓄电池或充电电源时，可不用地线，如有外部交流电干扰，可按下抗交流电干扰键，但尽量不要使用该键，更不要同时使用去肌颤滤波，因为会使心电图波幅下降 15% 以上，导致心电图波形失真。

2. 连接导联线　先将患者两手腕屈侧腕关节上方约 3cm 处，及两内踝上部约 7cm 处，涂抹导电胶或盐水，也可用乙醇仔细擦净皮肤上的油脂，使电极与人体充分接触。分别将导联电极按规定连接肢体与胸部，其中肢体导联线较长，末端接电极板处有颜色标记：红色端电极接右上肢；黄色端电极接左上肢；绿色端电极接左下肢；黑色端电极接右下肢。这样即可记录出 6 个肢体导联的心电图。胸导联线相对较短，导线末端接电极处的颜色排

列依次为红、黄、绿、褐、黑、紫，通常分别代表 $V_1 \sim V_6$导联。但它们亦可任意记录各胸前导联心电图，关键取决于其电极安放的相应部位。电极要紧贴皮肤，防止记录过程中电极脱落。

3. 描记心电图

（1）常规记录走纸速度一般选择 25mm/s，标准灵敏度 1mV = 10mm，记录笔应调节在记录纸的中心线上。

（2）在记录过程中，如发现某些导联心电图电压太高超出图纸范围，可减低电压。

（3）切换导联　依次记录Ⅰ、Ⅱ、Ⅲ、aVR、aVL 、aVF 及 $V_1 \sim V_6$等 12 个导联的心电图，婴幼儿可做 9 个导联（肢体导联 6 个，胸导联 V_1、V_3、V_5）。除心律不齐适当加长 V_1或Ⅱ导联外，一般各导联记录 3 ~5 个心室波即可。如见有急性下壁心肌梗死图形，应及时加做右胸导联（$V_{3R} \sim V_{5R}$）及 $V_7 \sim V_9$导联。

（4）如记录中遇基线不稳及干扰时，应检查导联线与心电图机的连接或电极是否松脱。还要注意胸部电极不能吸附太紧以及吸附时间太久，以免损伤皮肤。

（5）记录心电图结束后，取下记录纸，要立即在心电图纸的前部注明受检者的姓名、性别、年龄、记录时间（年、月、日、小时、甚至分钟）、病区及床号等，同时标记各导联（如电压减半时需注明）。

（6）心电图机使用完毕后，将心电图机面板上的各控制钮转回原处，并洗净擦干电极，最后切断电源。

（三）注意事项

（1）不论使用哪一种机型的心电图机，为了减少心电图波形失真，应该尽量不使用交流电滤波或肌滤波。

（2）地线可接至专用地线或自来水管上，但必须接触良好，否则不仅会产生严重干扰，甚至会影响人身安全。

（3）女性乳房下垂者应托起乳房，将 V_3、V_4、V_5导联安放在乳房下缘胸壁上，而不应该安置在乳房上。

（4）描记 V_7、V_8、V_9导联心电图时，必须仰卧位，而不应该在侧卧位时描记，因此背部的电极最好是扁的吸杯电极，也可以用心电监护电极代替。

二、心电图分析方法与步骤

1. 全面浏览　确认定准电压、走纸速度，各导联有无接错及标记有无错误，注意有无伪差或干扰（如肌肉震颤、基线漂移、交流电干扰）。

2. 判断心脏位置　主要通过心电轴偏移的度数及是否有钟向转位大致判断心脏在胸腔中的位置。

3. 判定心律与心率　首先寻找 P 波，确定主导心律是否为窦性心律。若不是窦性心律，应分析是哪一种异位心律起主导作用。然后，分别测量 P－P 或 R－R 间期，以确定心房率与心室率。

4. 分析 P 波与 QRS 波群及相互关系　注意各导联 P 波与 QRS 波群的形态、时间、电压变化，并通过 P 波与 QRS 波群的出现顺序，P－R 间期的时间及是否固定等判断有无心律失常。

5. 观察ST－T改变及改变类型 主要观察ST段的移位情况和移位形态，T波的形态改变，以及出现改变的导联及导联数。

6. 得出结论 综合各导联图形及测量结果，系统而重点地列出心电图特征，结合病史、临床表现及其他检查资料，判断心电图结果。

三、心电图的临床应用

随着心电图学的研究进展及其在临床上的广泛应用，心电图检查已成为临床诊断疾病（尤其是心血管疾病）的重要方法之一，但也有其一定的局限性。

心电图的主要应用范围包括以下几个方面。

（1）对各种心律失常的分析诊断具有肯定价值。

（2）对心肌梗死的定性、定位、分期的诊断提供可靠依据。

（3）协助房室肥大、心肌损害、供血不足、药物作用及电解质紊乱的诊断，为临床用药提供依据。

（4）心电图和心电监护还广泛应用于手术麻醉、各种危重患者的抢救以及运动和航天等领域中。

但是，心电图检查有一定的局限性，它不能对疾病进行病因诊断和功能诊断，另外，许多心脏病，特别是早期，心电图可以正常。还有许多疾病可引起同一种图形改变，如心肌梗死、心肌病和脑血管病均可出现异常Q波，因此，心电图必须与临床资料密切结合，方能得出全面正确的判断。

第五节 心电监护

案例

患者，男性，48岁。一年来每于剧烈活动时或饱餐后发作剑突下疼痛，向咽部放射，持续数分钟可自行缓解。2周来发作频繁且有夜间睡眠中发作，2小时来疼痛剧烈，不能缓解，向胸部及后背部放射，伴憋闷，大汗。入院查心电图示：V_1～V_5导联ST升高，QRS波群呈Qr型，T波倒置。诊断急性心肌梗死，予PCI治疗。

请思考：术后应如何监测病情，及时发现各种危险心律失常及再梗可能？

心电监护是伴随现代电子技术，特别是电子计算机发展起来的现代护理监护技术，在生命救护中具有重要的价值，利用心电监护仪，连续观测患者心电图的变异，动态监测及早发现病情变化，并迅速采取有针对性的治疗和护理，以帮助患者度过危险期。在学习心电图的基础上，学习和掌握心电监护基础知识，熟悉监护内容，具备准确的判断能力，从心电监护仪的各种变化信号中，实时分析，得出监测结果，提高重症监护能力，有效提高临床重症监护的质量，使重症监护体现出先进性、科学性、实用性，全面提高护士素质，扩展延伸护理学科知识及技能，优化知识结构，具有重要意义。

一、心电监护设备和技术

（一）常用心电监护仪器简介

常用的心电监护仪器有以下三种，一是设置在患者床边的心电监测仪，通过导联线直接从人体引入心电信号并将其在显示器中显示出来。此种设备结构较简单，常用于大批重症患者的监护，常需医生或护士到床边进行心电观察，常配备在抢救室、手术室等场所使用。二是中央心电监测系统，这是目前各医院 CCU/ICU 内通常配备的一种心电监护设备，由一台中央监测仪和 4 ~ 8 台床旁监测仪组成，中央监测仪一般放置于医（护）办公室或护士站。床旁监测仪分别置于患者床旁，其心电信号通过导线遥控输入中央监测台，中央监测台根据型号不同，可同时监测 4 ~ 16 个显示通道，通过中央监测台的调控可同时或分别显示不同床旁监测器的心电信号。目前该系统常与呼吸、血压、体温等生命体征监测组合在一起，功能较齐全，但设备成本较高。三是无线电遥测心电监测仪，通过佩带于患者身上的无线电发射器将其心电活动的信号发射到心电监测仪内的无线电遥控器，因不需要导联线与心电监测仪相连，患者可在其遥控距离内相对自由活动，一般遥控心电监测仪的遥控距离为 30 ~ 100m。

（二）常用的床边心电图监护导联

为避免患者移动的影响和干扰，得到连续、稳定的心电监护，电极一般要放在患者的胸部，也可以使用改进型心电导联。选择显示 P 波高的导联，常规用模拟 II 导联。一般来说，II 导联和 V_1 导联适合于心律失常的监测。II 导联和 V_5 导联是临床上监测心肌缺血的最常用导联。另外，应尽可能裸露心前区，便于放置除颤电极板，以备急救除颤之需。目前临床常用的有普通监护导联（表 7 – 7，图 7 – 59、图 7 – 60）和一些改良监护导联（表 7 – 8）。

表 7 – 7　普通监护导联连接方法

ECG 电极监护导联	左手（正极）	右手（负极）	右脚（地线）
M_{I}	左锁骨下外 1/4	右锁骨下外 1/4	右腋前线肋缘处
M_{II}	左胸大肌下缘或在腋前线肋缘处	右锁骨下外 1/4	右腋前线肋缘处
M_{III}	左胸大肌下缘或左	左锁骨下外 1/4	右腋前线肋缘处

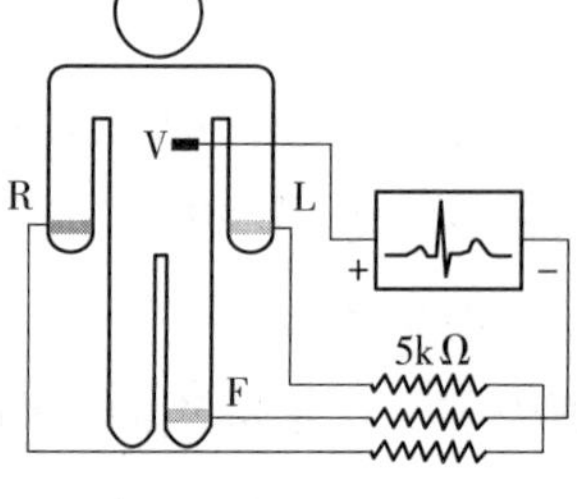

图 7 – 59　普通监护导联连接方法

V 表示胸导联检测电极

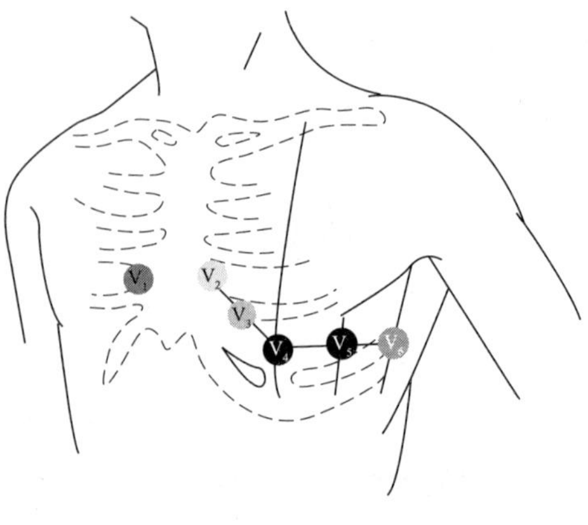

图 7 – 60　胸导联检测电极的位置

表 7－8 几种常用改良心电监护导联的连接方法

ECG 电极监护导联	左手（正极）	右手（负极）	右脚（地线）
MCL_1	胸骨右缘第4肋间	左锁骨下外1/4	右锁骨下外1/4
$MCL_{5(6)}$	左腋前线第5或第6肋间	V 左锁骨下外1/4	右锁骨下外1/4
S_5	胸骨右缘第5肋间	胸骨柄上端或右胸骨旁线第一肋间	右腋前线肋缘处
起搏监测	左腋前线肋缘处	右腋前线肋缘处	正极与负极连线中点
BBL 左腋前线第5或第6肋间	胸骨右缘第一肋间	右腋前线第5或第6肋间	

值得注意的是，任何心电监护导联都不能取代常规12导联心电图，目前对于心电监护心电图波形缺乏统一的参数诊断标准。

不同的心电监护导联其临床监测目的有所区别，在临床选择时应加以注意。普通监护导联是监测心律失常时的常用导联，但对心电图波形进行分析则多采用改良的心电监护导联。MCL_1导联的波形与V_1导联相类似，能较清楚地显示P波，对鉴别室上性及室性心律失常较有帮助；$MCL_{5(6)}$其波形与V_6导联相类似，该导联可较敏感地反映左室缺血或损伤引起的ST－T改变；BBL导联的波形与Ⅱ导联相似，能较清楚地显示窦性P波的存在，故常用于窦性心律失常的监护。

知识拓展

远程心电监护系统

现代通讯技术的飞速发展，赋予手机日益强大的功能。手机除了用于通话功能以外，还具有数据通讯的功能。该系统包括三个部分：佩戴在患者身上的记录盒、手机和安装在医院端的心电监护软件。患者在医院注册以后，即可离开医院。患者只要感觉身体不适，就可使用便携式的心电记录盒实时、准确地记录当时的心电信息。将记录盒与手机连接，并通过手机将心电信号传送到医院。医生可以立即对心电图进行分析和诊断，然后将诊断结果通知患者，并给予相应的指导。由于心脏病具有突发性的特点，这种远程心电监护方式能够捕捉到常规的心电图检查难以发现的异常波形，对于心脏病的诊断有极大的价值。

二、心电监护的图像分析程序

1. 有无心律失常及心律失常的种类 观察心律的快慢、整齐与否，不整齐时是否有规律可循，是否与呼吸有关；P波与QRS波群形态有无异常。

2. 有无致命性心律失常的发生 致命性心律失常是指能危及生命，必须紧急处理的心律失常，如心室颤动、心室扑动，心室颤动的先兆可能为室性心动过速。频发、多形、连发或成串及R on T的室性期前收缩也可进一步发展为室性心动过速，继而发展成室颤、室性停搏。

3. 有无ST－T改变 ST－T改变可见于心肌缺血、高血钾、低血钾及洋地黄中毒等，但心电监护中有时患者体位变化也可引起 ST－T 变化，在监护中要加以注意。

4. 有无异常 Q 波 异常 Q 波主要见于心肌梗死、肥厚型梗阻性心肌病等。

三、心电监护的临床应用

1. 对急性心肌梗死（AMI）的监测 AMI 心律失常的发生多在起病后 24 小时内，所以患者入院后即行心电监护，最少连续监测 3～5 天，这样不仅能反映 AMI 的动态演变过程，更重要的是还可以早期发现其并发的致命性心律失常，及时处理。在溶栓治疗过程中，可以监测再灌注心律失常，降低溶栓的并发症及死亡率。

2. 对不稳定型心绞痛（UAP）的监测 不稳定型心绞痛往往呈自发性，与心肌耗氧量的增加无明显关系，发作无规律性，且易演变为心肌梗死，UAP 的发作可伴有致命性心律失常，故心电监护的应用有较大价值，监测时应动态观察缺血性 ST－T 改变，心率变化及有无并发心律失常、心肌梗死。

3. 对洋地黄制剂使用过程中的监测 洋地黄制剂是治疗室上性心律失常及心功能不全的常用药物，治疗剂量和中毒剂量较接近，洋地黄中毒时主要表现为各种心律失常，尤其是室性期前收缩呈二联律、房室传导阻滞、非阵发性交界性心动过速、室性心动过速及心室颤动等，应结合其临床表现来加以判断。

4. 抗心律失常药物治疗时的监测 抗心律失常药物通过影响心肌细胞的电生理活动而发挥其作用，在抗心律失常的同时本身可引起心律失常，如静脉推注维拉帕米、三磷酸腺苷、心律平等可致严重心动过缓甚至心脏停搏，应注意观察。

5. 安装心脏起搏器的监测 心脏起搏器在安装过程中，可因导管电极插入心室时机械性刺激而引发心律失常，有时甚至是致命性心律失常。术后患者可通过心电监测而观察心脏起搏器的效果，及时发现心脏起搏器故障并纠治。

6. 其他方面的应用 心电监测除了以上应用外，临床上还可应用于麻醉、手术过程中以及对神经系统危重症的监测，还可对电解质紊乱、酸中毒及多脏器功能衰竭进行监测，其应用范围已深入临床各科室，尤其是在 ICU/CCU 的应用显得更为重要。

四、心电监护仪上对几种高危心律失常情况的识别

1. 室性期前收缩 高危情况：①R on T 现象，当室性期前收缩发生的时间正好落在前一个搏动的 T 波上，这种期前收缩常可诱发室性心动过速甚至心室纤颤。②多源性室性期前收缩或多形性室性期前收缩。③呈二联律或三联律。④频发室性期前收缩。⑤急性心肌梗死，即使偶发室性期前收缩，亦应及时治疗。

2. 室性心动过速 对血流动力学的影响较大。

3. 心室颤动 心电监护仪显示屏上出现振幅、波形（大小与形态）及节律均无规律的室颤心电波，按振幅高低可分为“粗颤”和“细颤”。此时，心脏停搏停止射血。

4. 心室停搏（心室静止） 心室停搏是指心室电活动全部停止，心电监护仪显示屏上的心电波呈一直线，有时偶而可见到 P 波。

5. Ⅲ度房室传导阻滞 若有 QRS 波形态增宽变异、心室率低于 40 次/分，提示逸搏起搏点在房室交界以下水平，为室性逸搏心律，心脏传导系统器质性病变较广泛，对血流动力学影响大。

6. 其他　严重的高血钾或低血钾均可导致心脏停搏。

五、心电监护的注意事项

（1）心电监护仪有多种不同型号，仪器功能和操作方法存在差异，对要使用的心电监护仪，应当仔细阅读说明书，熟悉操作方法，预先调试仪器设备的各项功能。使用时，一般应先插上电源（稳压电源），开机预热，贴好电极，接上电源导线，调整图像对比及明暗，使显示和记录清晰，适当调节音响，每次心跳有声音发出，预设心率报警上下限。患者入病房后，先记录12导联心电图，留作对照。不同型号的心电监护仪要求监测电极安放的位置可能不同，按说明书要求安放。一般每60～72小时更换监测电极一次。

（2）伪差和干扰现象的识别　肌肉震颤可引起细小而不规则的波动，易误认为心房颤动；呃逆和呼吸可引起心电基线不稳和波动；电极或导线松动可造成心电基线大幅度漂移，或基线不稳；电器设备，如电风扇、呼吸机等可能干扰心电监测。

（3）消除伪差和干扰的措施　粘贴电极的局部皮肤用酒精擦干净，减少皮肤电阻，电极要紧贴皮肤。各种导线接头，电线接头应接紧，使电流良好传导。临时关掉可停用的电器，减少各种电器干扰。接好心电监护仪的地线。

（4）事先检查心电监护仪、电源线、各种导线、电源，备好记录纸、一次性监测电极等物品，提高应急监护能力。

（5）应当具有较好的心电图读片技能的基础。在心电监护观察时，应注意将显示屏的心电波与事先记录的心电图进行比较。

（6）临床实际操作应用心电监护仪时，对心电监护仪上附属的监护项目，如血氧饱和度、血压、呼吸波形、脉搏波形等，也应熟悉。

（7）能及时识别各种严重心律失常，组织和参加急救，并为采取有效的急救措施提供参考依据。遇致死性心律失常时，更要及时组织实施心肺复苏、直流电复律或除颤、心脏电起搏或抗心律失常药物治疗，中止和预防发作。

实训项目十　心电图描记、测量与分析

一、案例导入

患者，女性，21岁。经常出现短暂性胸前刺痛，部位不定，痛时含硝酸甘油1～2秒疼痛即消失，入院做心电图检查。身体评估：心率80次/分，律齐，BP 100/75mmHg。请问：护士应如何进行心电图检查操作？如何进行测量、分析心电图记录？

二、任务描述

【实训目的】

（1）初步学会心电图机的连接、使用与描记，以及心电图波形的测量方法。

（2）初步学习心电图报告的书写格式和心电图检查结果的分析。

（3）在操作过程中动作轻柔、体现人文关怀、注意保护患者的隐私。

（4）实训结束后，按照格式要求书写一份“心电图报告单”。

【实训时间】

2 学时。

【实训内容】

（1）常规十二导联心电图的连接方法，包括 3 个标准导联、3 个加压单极肢体导联和 6 个胸导联。

（2）心电图的测量，包括心率、心律、心电轴以及各个波段的形态、时间、电压。

（3）心电图的阅读顺序和分析方法。

【实训方法】

（1）观看心电图检查的视频资料，讨论心电图检查的准备、方法、内容及注意事项。

（2）教师示教心电图机操作方法。

（3）学生轮流操作心电图机。

（4）测量正常心电图。其间教师巡回并指正错误，最后，教师对存在的问题进行归纳、总结。

（5）课后学生对所测量的心电图上进行分析、完成心电图实训报告单的填写并上交老师批改。

三、任务实施

【操作流程】

1. 操作前准备

（1）环境准备　保持室内温度大于 18℃，防止寒战，安静，屏风遮挡；检查床的一侧靠墙，要确保墙内无电线穿行；心电图机电源线远离检查床和导联电线，床旁不要摆放其他电器。

（2）用物准备　心电图机数台、电源线、心电图纸，各导联线及电极，治疗碗，酒精棉球，弯盘，洗手消毒液，分规。

（3）患者准备　配合护士核对床号、姓名等，患者遵医嘱休息片刻后，取平躺仰卧位，平静呼吸，放松，避免饱餐后、饮用刺激性饮料和食物或吸烟后检查；取下患者的手机、手表等电、磁、金属物品等，暴露患者手腕、双下肢内侧，松解衣扣。

（4）护士准备　服装鞋帽整洁、洗手，必要时戴口罩；举止端庄、语言轻柔恰当、态度和蔼；尊重理解患者。

2. 实施操作

（1）进入操作　包括自我介绍，询问患者入院感受及一般情况，哪里不舒服或生病了多长时间？然后逐步进入操作状态。

（2）操作内容　①患者安静平卧，全身肌肉松弛。②在心电图机打开电源。按要求选择心电图机面板上各控制钮，一般选择自动 12 导联同步描记，输入患者信息。③安放电极。把准备安放电极的部位先用酒精棉球脱脂，再涂上导电糊，以减小皮肤电阻。电极应安放在肌肉较少的部位，一般两臂应在腕关节上方（屈侧）约3cm处，两腿应在小腿下段内踝上方约3cm处。务使电极与皮肤接触严紧，以防干扰与基线飘移。④正确连接导联线。一般以不同颜色的导联线插头与身体相应部位的电极连接。四肢电极安放：右上肢红（R），左上肢黄（L），右下肢黑（N），左下肢绿（F）。常用胸部电极的位置有6个：V_1（红）位于胸骨右缘第四肋间；V_2（黄）位于胸骨左缘第四肋间；V_4（棕）位于左锁骨中线与第五肋间相交处；V_3（绿）位于V_2和V_4连线的中点；V_5（黑）位于左腋前线V_4水平处；V_6（紫）位于左腋中线V_4水平处。⑤导联连接后，通过显示屏观察心电波形及基线稳定，按开始按钮描记。完成后自动停止。⑥取下记录纸，检查心电图描记质量是否完好，有无遗漏及伪差。记下导联、受试者姓名、年龄、性别及实验日期。⑦记录完毕，应解松电极，洗净擦干，以防腐蚀。最后切断电源。

（3）结果分析

1）心率的测量　计算公式为：心率＝60/R－R间期。R－R间期是相邻两个R波之间的时间，代表一个心动周期。如果R－R间期相差0.12秒以上，则可以数出连续10秒内出现的QRS波群波数乘以6。

2）波幅和时间的测量　①波幅：当1mV的标准电压使基线上移10mm时，纵坐标每一小格代表0.1mV。测量波幅时，正向波由基线上缘测量至波峰的顶点，负向波由基线下缘测量至波谷的谷底。②时间：心电图纸走速常用25mm/s，这时心电图纸上横坐标的每一个小格代表0.04秒。

3）分析每个心动周期是否有P波，P波与QRS波群关系是否正常，确定心脏的节律。窦性心律的心电图表现是：P波在Ⅰ、Ⅱ、V_4～V_6导联直立。若心电图中最大的P－P间隔与最小的P－P间隔时间相差0.12秒以上，称心律不齐。成年人正常窦性心律的心率为60～100次/分。

4）分析QRS波群形态及时限，确定其为室上性形态（正常形态）还是室性形态（畸形、宽大），或是室内差异传导。

5）分析P波与QRS波的关系，确定房室间传导关系、传导时间，是有固定关系、无固定关系，或完全无关。

6）分析P波与QRS波群节律的规律性，有无提早或推后出现，并依其形态特点及P－R的关系，判断节律是否异常。

7）分析P－R间期、ST段、Q－T间期及T波形态和方向，确定心肌有无损害或缺血、电解质紊乱、药物影响等。

（4）结束操作　复述部分操作内容，纠正沟通过程中，因理解错误或口误所出现的错误。解释患者提出的问题，有礼貌结束会谈。

3. 操作后处理

（1）协助患者取舒适体位、整理床单位。

（2）按照医院规定处理用物。

（3）护士洗手、记录。

【注意事项】

（1）操作前准备　①环境要求，如温度适宜。②检查心电图性能（如打定准电压）。

③患者准备，如平静呼吸、放松、不能多动、手表脱下等。

（2）操作过程中注意保护患者的隐私。

（3）操作后，应及时标记导联、操作日期、患者姓名等内容。

【实训作业】

填写心电图实习报告单，并对个人心电图进行分析和讨论。

四、实训项目检测

表 7－9　心电图描记、测量与分析

规定操作时间：45 分钟　　实际操作时间：　　成绩计分：

项目		内容	标分	评分参考			记分
				好	中	差	
操作前准备（10）	环境	安静、整洁、光线适中、室温适宜	1	1	0.5	0	
	用物	心电图机、心电图纸、治疗碗，酒精棉球、弯盘、洗手消毒液、分规、笔、心电图报告单等	4	4	3～2	1	
	护士	衣、鞋、帽、洗手；举止，语言，爱伤观念	1	1	0.5	0	
	患者	配合护士核对床号与姓名，配合取平卧位，平静呼吸、放松、不能多动、手表脱下等	4	4～3	2	1	
实施操作（35）	进入操作	协助患者摆好体位，松解衣物	2	2	1	0	
	操作内容	1. 心电图机打开电源，按要求选择各控制钮	5	5～4	3～2	2～1	
		2. 安放电极，正确连接导联线	10	10～8	7～5	4～1	
		3. 观察心电波形及基线稳定，按开始按钮描记	5	5～4	3～2	2～1	
		4. 取下记录纸，检查心电图描记质量是否完好，有无遗漏及伪差	5	5～4	3～2	2～1	
		5. 记下导联、受试者姓名、年龄、性别及实验日期	5	5～4	3～2	2～1	
	操作完毕	解松电极，洗净擦干，切断电源	3	3	2	1	
操作后处理（5）	整理	1. 协助患者取舒适体位、整理床单位	1	1	0.5	0	
	处理	2. 按照医院规定处理用物	1	1	0.5	0	
	洗手	3. 护士洗手	1	1	0.5	0	
	记录	4. 在规定时间内（15 分钟）完成心电图描记	2	2	1.5	1	
结果分析（50）		1. 在规定时间内（30 分钟）完成检查报告	5	5～4	3～2	1	
		2. 波幅和时间的测量	10	10～8	7～5	4～1	
		3. 心率的测量	5	5～4	3～2	1	
		4. 分析 P 波	5	5～4	3～2	1	
		5. 分析 QRS 波群	5	5～4	3～2	1	
		6. 分析 P 波与 QRS 波的关系	5	5～4	3～2	1	
		7. 分析 P 波与 QRS 波群节律的规律性	5	5～4	3～2	1	
		8. 分析 PR 间期、ST 段、QT 间期及 T 波形态和方向	10	10～8	7～5	4～1	
合计			100				

（陈瑄瑄）

目标检测

A1 型题

1. QRS 波群只表现为一个向下的大波时，其命名应该是
   A. S 波　B. Q 波　C. QS 波
   D. qS 波　E. q 波
2. 在心电图上 P 波反映的是
   A. 窦房结除极　B. 窦房结复极
   C. 心房除极　D. 心房复极
   E. 房室结除极
3. 关于心电图的价值，下列哪项不正确
   A. 能确诊心律失常　B. 能确诊心肌梗死
   C. 辅助诊断房室肥大　D. 辅助诊断电解质紊乱
   E. 能反映心功能状态
4. 二度Ⅰ型房室传导阻滞（文氏现象）的心电图特征是
   A. P－R 间期进行性缩短　B. R－R 间距进行性缩短
   C. 固定的房室 3∶1 传导　D. P－R 间期进行性延长，伴 QRS 波脱漏
   E. P－R 间期进行性延长
5. 右房肥大的心电图表现为
   A. P 波高而宽　B. P 波增宽　C. P 波出现切迹
   D. P 波尖锐高耸　E. P 波呈双峰状
6. 在心肌梗死的急性期，梗死区导联表现有
   A. ST 段弓背向上抬高　B. 坏死型 Q 波
   C. T 波直立　D. 缺血型 T 波倒置
   E. ST 段基本恢复到基线
7. 急性前间壁心肌梗死时出现梗死图形的导联是
   A. Ⅱ、Ⅲ、aVF　B. Ⅰ、aVF　C. V_1、V_2、V_3
   D. V_4、V_5、V_6　E. Ⅰ、aVL、V_5、V_6
8. 心肌梗死的“损伤型”心电图改变主要表现在
   A. R 波电压降低　B. 异常 Q 波　C. T 波直立高耸
   D. ST 段抬高　E. T 波对称性
9. 关于室性早搏的心电图特点不正确的是
   A. 提前出现的宽大 QRS 波　B. 宽大 QRS 波前无 P 波
   C. 其 T 波方向与 QRS 主波方向相反　D. 代偿间期不完全
   E. QRS 波时间＞0. 12S
10. 心电图上 U 波明显增高临床上见于
    A. 高血钾　B. 高血钙　C. 低血钾
    D. 低血钙　E. 低血镁

扫码“练一练”

（陈瑄瑄）

第八章

影像学与内镜检查

扫码“学一学”

学习目标

知识目标

1. 掌握各种影像检查前的准备及检查中的配合。
2. 熟悉各种影像检查的方法、防护及临床应用价值。
3. 了解各种影像检查的成像原理及正常胸部的X线表现。

技能要点

1. 能针对患者的具体情况，做好影像学检查前的健康教育。
2. 能与患者一起做好影像学检查前的准备工作。
3. 能读懂典型的影像学检查资料，并能给患者做好相应的解释。

医学影像学是以影像方式显示人体内部结构的形态与功能变化，从而达到对疾病进行诊断与治疗的目的。包括X线、计算机体层摄影、超声成像、磁共振成像、放射性核素检查及介入放射检查。不同的影像检查方法解决的问题不同，了解每种检查方法的特点、成像原理、诊断效果及临床应用价值，有助于护理工作者正确选择和运用这些方法解决临床遇到的问题。

第一节　X线检查

案　例

患者，男性，22岁。主诉感冒3天后，发热37.9℃，轻咳，伴左侧胸痛、咳嗽、咳铁锈色痰，无咯血。发病以来，食欲不振、乏力、睡眠欠佳、大小便正常。患者既往体健，无手术外伤史及过敏史。

请思考：①该患者最有可能患什么疾病？②根据以上病情首先应做哪种影像学检查？③检查前，应如何做好患者的健康宣教？

一、基本知识

X线是1895年德国物理学家伦琴（Roentgen）发现的，由于当时不知道这种射线的性质，故命名为未知数 X，一直沿用至今。

（一）X 线与成像相关的特性

1. 强的穿透性 X 线对物质有很强的穿透力，能穿透普通光线所不能穿透的物质，这是 X 线成像的基础。

2. 荧光效应 X 线能激发荧光物质产生肉眼可见的荧光，是透视检查的基础。

3. 摄影效应 X 线能使涂有溴化银的胶片感光，经显影、定影处理便形成黑白影像，是摄影的基础。

4. 电离与生物效应 X 线通过任何物质都可使该物质发生电离，分解成正负离子，X 线进入人体发生电离产生生物效应，它是放射防护学和治疗学的基础。

（二）X 线成像的基本原理

X 线之所以能使人体在荧光屏上或胶片上形成影像，一方面是由于 X 线具有上述特性，另一方面是基于人体组织具有密度和厚度的差别。当 X 线穿过人体各种不同组织结构时，密度高、组织厚的部分吸收 X 线多，密度低、组织薄的部分吸收 X 线少，因此，到达荧光屏或胶片上的 X 线的量就有差异，从而形成黑白明暗对比不同的影像。

二、X 线的检查方法与防护

（一）普通检查

包括透视和摄片。透视的主要优点是设备简单、方便、费用经济、可迅速出结果，并能对器官进行功能检查；但影像对比度较差，受器官密度和厚度的影响，且缺乏永久记录，不便于随访观察。摄片的主要优点是对比度、清晰度较好，可作为客观记录留存，便于随访；但功能方面的观察不如透视方便和直观。

（二）特殊检查

目前较常用的有软 X 线摄影等。

（三）造影检查

造影检查是将造影剂引入缺乏良好自然对比的器官内或其周围，使之产生明显对比以显影。造影剂通常分为高密度和低密度造影剂，方法分为直接引入和生理性排泄法。临床常用的高密度造影剂有碘剂和钡剂。各种造影检查都有一定的检查前准备和有关注意事项，包括对造影剂反应的预防和处理，以保证造影检查的顺利进行。

（四）X 线检查的防护

X 线穿透人体将产生一定的生物效应。因此工作中要注意防护，可以采用屏蔽防护和距离防护。常用铅或含铅的物质作为屏障以吸收不必要的 X 线，或通过增加 X 线源与人体间距以减少曝射量。患者方面，应选择恰当的 X 线检查方法，控制照射次数和范围，设计正确的检查程序，早孕妇女不宜作 X 线检查。放射工作者应遵照国家有关放射防护卫生标准的规定，制定必要的防护措施，正确进行 X 线检查操作，认真执行保健条例，工作中应做到加强自我保护，并尽量运用距离防护。

三、X 线检查前的准备

X 线一般检查患者是无需作准备的，但一些特殊检查患者要有一定的检查前准备和有关注意事项，必须予以重视才能保证检查的顺利完成，其中以造影剂过敏防治工作的准备最为重要。

（一）体质准备

患者的体质与反应的发生及其程度有关。除过敏体质外，患者的年龄、有无慢性病，乃至精神状态都有重要的关系。诸如高血压、动脉硬化、冠心病、癫痫、甲状腺功能亢进、肝肾功能不良，水盐代谢平衡失调等症。

（二）心理准备

患者处于恐慌、紧张状态下进行造影，也易发生反应。在X线检查前要尽量做好患者的解释工作，使患者的身心处于良好状态，争取患者的合作，使检查顺利进行。

（三）技术准备

因造影检查部位、应用造影剂种类及造影方法不同，所需要的准备及注意事项也有差别，护理人员应协助患者做好各项准备，并及时处理检查中出现的问题。

> **考点提示**
> 造影前的准备工作。

1. 常规准备 造影检查前应简要地向患者介绍检查的目的、方法及注意事项，了解患者有无造影检查的禁忌证，备齐各种急救药品和设备。

2. 碘过敏试验 凡需用碘造影剂进行造影时，应提前做碘过敏试验，常用的方法有以下几种。

（1）口服试验 检查前2天服用一定量造影剂，并观察受试者反应，如出现结膜红肿、恶心、呕吐、手脚麻木及皮疹等，视为阳性。

（2）皮内试验 用3%碘剂0.1ml进行皮内试验，观察20分钟，若皮肤局部出现红肿、硬结，直径达1cm以上者，视为阳性。

（3）静脉注射法 检查前1天用同剂型碘造影剂1ml进行静脉注射，观察15分钟，若出现胸闷、心慌、气急、咳嗽、恶心、呕吐、头晕、头痛、荨麻疹等，视为阳性。

3. 碘过敏反应的处理

（1）轻度反应 如全身灼热感、头晕、面部潮红、胸闷、气急、恶心、呕吐、皮疹等，经吸氧或短时休息可好转，也可给予肾上腺素1mg皮下注射。

（2）重度反应 如喉头水肿、支气管痉挛、呼吸困难、心律失常，甚至心跳骤停等，应立即停止检查，给予吸氧、抗过敏和对症治疗等抢救措施，对心跳骤停者立即进行心肺复苏。

4. 支气管造影术

（1）向患者说明造影的目的、方法、可能有的痛苦，取得患者的合作。

（2）造影前6小时及造影后2小时禁食。

（3）术前24小时做好过敏试验。

（4）痰多者，于术前1日行体位排痰。为了减少支气管分泌物，可于造影前15分钟给患者肌内注射654-2，5～10mg。

（5）精神过于紧张的患者，可以用少量镇静剂。

5. 心血管造影

（1）心血管造影是一种比较复杂且有一定痛苦和危险的检查方法，一定要做好患者的解释工作争取合作。

（2）全身情况极度衰竭、肝肾功能严重不良、造影剂过敏试验阳性、心力衰竭和严重冠状动脉病变患者不宜进行该检查。

（3）造影前常规做好过敏试验。

（4）对泛影葡胺等离子型造影剂过敏反应者，可考虑使用非离子型造影剂，如优维显（ultravist）、欧乃派克（omnipaque）等。

6. 食管钡餐检查　该检查一般吞服2～3口钡剂，无须作特殊准备。

7. 上消化道双重对比造影

（1）检查前3天禁服不透X线（如钙、铁、铋剂等）药物。

（2）检查前12小时禁食、禁饮。

（3）上消化道出血者一般在出血停止和病情稳定后数天方可检查。

（4）如需显示黏膜面的细微结构及微小病变，肌肉注射抗胆碱药如654－2等以降低胃肠张力。青光眼、前列腺增生患者禁用。

（5）如需在较短时间内观察小肠，可肌内注射新斯的明或口服甲氧氯普胺以增加胃肠道张力，促进蠕动。

（6）疑有胃肠穿孔、肠梗阻等患者，禁止检查。

8. 结肠双重对比造影　检查前连续2天无渣饮食，口服缓泻剂番泻叶等将肠内容物排空，忌用清洁剂洗肠。

9. 脑血管造影

（1）造影前查出血时间和凝血时间。

（2）造影前24小时分别进行碘、普鲁卡因过敏试验。

（3）造影前4～6小时禁食。

（4）确定穿刺部位，常规进行备皮。

10. 泌尿系统普通检查　除急诊外一般应作好以下检查前的准备工作。

（1）检查前2～3日禁服不透X线（如钙、铁、铋剂等）的药物。

（2）检查前不食产气和多渣食物。

（3）检查前1日晚服缓泻剂如番泻叶等或清洁灌肠。

（4）检查前当日早晨禁饮、禁食。

（5）检查前排尿、导尿。

11. 静脉性（排泄性）尿路造影

（1）查前1日清除肠内容物，在检查前6～12小时限制饮水。

（2）造影前必须了解患者的心、肝、肾功能情况，全身情况极度衰竭、肝肾功能严重不良者不进行该项检查。

（3）做好碘过敏试验。

（4）有尿路感染者禁做该检查。

12. 子宫输卵管造影

（1）选择月经后5～7天进行造影，造影前3天不宜过性生活。

（2）检查前1天内做碘过敏试验。

（3）检查前1天晚上服缓泻剂导泻，必要时进行清洁灌肠。

（4）造影前备皮，冲洗阴道。

知识链接

临床常用造影剂

低密度造影剂：主要有氧气、空气、CO_2等，常用于关节、胸腹膜腔的造影检查。

高密度造影剂：主要有钡剂和碘剂两类。钡剂有硫酸钡，用于消化道造影；碘剂有76%泛影葡胺，碘普罗胺等。主要用于心血管、泌尿系统、胆系等部位的造影。

（5）有生殖器急性感染、近期内发生过宫内大出血者暂不能做此造影检查。

四、X线检查的临床应用

（一）呼吸系统

X线检查是诊断肺部病变的主要方法，对多数胸部疾病的诊断具有重要价值，但对某些疾病有一定的局限性，必要时可进一步做CT、MRI等其他检查，以明确诊断。

1. 正常胸部X线表现

（1）胸廓　由软组织和骨骼构成，胸片上能够看到的软组织有胸锁乳突肌及锁骨上皮肤皱褶、胸大肌、女性乳房及乳头等；骨性结构有肋骨、肩胛骨、锁骨、胸骨和胸椎。

（2）纵隔　正常纵隔位置居中，卧位或呼气时短而宽，立位及吸气时窄而长。病理情况下，纵隔可出现移位，或在呼吸时发生纵隔左右摆动。

（3）膈　正常呈圆顶型，左右两叶。膈在外侧及前、后方与胸壁相交形成肋膈角，在内侧与心脏形成心膈角。呼吸时两膈上下呈对称运动，活动范围为1～3cm，深呼吸时可达3～6cm。

（4）胸膜　分为脏层和壁层，正常时不显影。

（5）气管、支气管　气管起于环状软骨下缘，在第5、6胸椎水平分为左右主支气管，分叉部下壁形成隆突。

（6）肺　含有空气的肺在胸片上显示为透明区域，称肺野。肺门影是肺动静脉、支气管和淋巴组织的复合投影。肺纹理由肺动脉、肺静脉、支气管及淋巴管组成，在胸片上表现为起自肺门向肺野呈放射状分布的逐渐变细的干树枝状影。

2. 基本病变的X线表现

（1）支气管阻塞性改变　支气管阻塞性改变依阻塞程度不同分为支气管不完全阻塞引起的阻塞性肺气肿和完全阻塞引起的阻塞性肺不张。阻塞性肺气肿可分为弥漫性及局限性两种。

1）阻塞性肺气肿可分为局限性和弥漫性两种。弥漫性肺气肿X线表现为两肺野透明度增加，呼气与吸气时透明度变化不大；肺纹理稀疏、变细、变直，肋间隙增宽；胸廓前后径增宽，呈桶状胸；膈肌位置低平，活动度明显减弱；心影狭长呈垂位心。

2）阻塞性肺不张因阻塞部位不同，X线表现也不同。其共同的特征是阻塞远端的肺组织体积缩小，密度增高，周围结构呈向心性移位。

（2）肺部病变

1）渗出与实变　渗出是机体急性炎症的反应。渗出性病变表现为密度略高、较均匀的云絮状影，边缘模糊，渗出扩散至整个肺叶时即形成实变。常见于各种急性炎症、渗出性肺结核、肺出血及肺水肿。

2）增殖　病灶一般不大，多限于腺泡范围内，呈结节状，密度较高，边缘较清楚，或似梅花瓣状，无明显融合趋势。增殖性病变常见于肺结核、各种慢性肺炎及肉芽肿性肺炎。

3）纤维化　纤维化病灶表现为索条状影，密度高，走行僵直。如病变被较大的纤维组织取代，则形成密度高，边缘清晰的块影，气管、纵隔、肺门可被牵拉移位。局限性纤维化见于肺炎、肺脓肿和肺结核等。弥漫性纤维化多见于弥漫性间质肺炎、尘肺、特发性肺间质纤维化等。

4）钙化　钙化呈高密度、边缘锐利、形状不一的斑点状、团块状或球形影。不同病变的钙化形态可以不同，有些具有一定的特征性。多见于肺或淋巴结干酪性结核病灶的愈合阶段、某些肺内肿瘤组织或囊肿壁也可发生钙化。

5）肿块　肺内肿瘤以形成肿块为特征，依据肿块的大小、形态、密度、有无空洞或钙化、周边肺野的改变等可大致区分良性肿瘤或恶性肿瘤。

6）空洞与空腔　肺组织坏死后，坏死物沿引流支气管排出体外，在肺内残留的腔隙即成为空洞。空腔是指肺内腔隙的病理性扩大，其 X 线表现与空洞相似，但壁很薄，内无液平。

（3）胸膜病变

1）胸腔积液　多种疾病可累及胸膜产生胸腔积液，病因不同，积液量在 300ml 以上时，X 线表现为一侧肋膈角变平，变钝，液体可随呼吸及体位移动。中量积液时，表现为胸腔下部均匀致密影上缘呈外高内低的斜形弧线，同侧肋膈角消失，膈肌显示不清，大量积液时，患侧胸腔广泛均匀致密影，纵隔向健侧移位，同侧肋间隙增宽。

2）气胸及液气胸　①气胸是指空气进入胸腔。由于胸腔内气体将肺压缩，被压缩的肺与胸壁间出现无肺纹理透亮区。②液气胸指胸腔内液体和气体并存，为液气胸。明显的液气胸立位检查可见横贯胸腔的液面，液面上方为空气和压缩的肺。气体较少时，则只见液面而不易看到气腔。

3）胸膜肥厚、黏连、钙化　轻度表现为肋膈角变浅变平，呼吸时膈运动受限，膈顶牵拉平直，膈上缘幕状突起；广泛胸膜肥厚呈现沿胸廓内缘分布的带状致密影，同侧肋间隙变窄，纵隔向患侧移位；胸膜钙化表现为片状、不规则点状或条状高密度影。

3. 常见疾病 X 线表现

（1）慢性支气管炎　慢性支气管炎是一种常见病、多发病。病程漫长，反复发作。中年以上病人多见，临床表现以咳嗽、咳痰、喘息为主要特征。

X 线表现：早期无异常。随着病程延长，肺内可表现为肺纹理增重、扭曲、分布紊乱、边缘毛糙，以中下肺野为重。

（2）大叶性肺炎　大叶性肺炎多由肺炎双球菌引起。好发于冬季，多见于青壮年。临床起病急，以突然高热、恶寒、胸痛、咳嗽、咳铁锈色痰为主要症状。

> **考点提示**
>
> 大叶性肺炎的 X 线表现。

X 线表现：早期可无阳性发现，或仅表现为病变区肺纹理增多。实变期表现为密度均匀之致密影，病变累及肺段表现为片状或三角形致密影，边缘清楚或可模糊（图 8－1）。由于实变的肺组织与含气支气管相衬托，有时在实变的肺组织中可见透明的支气管影，即支气管气像。消散期表现为高密度致密影中出现散在、大小不等、分布不规则的密度减低区。

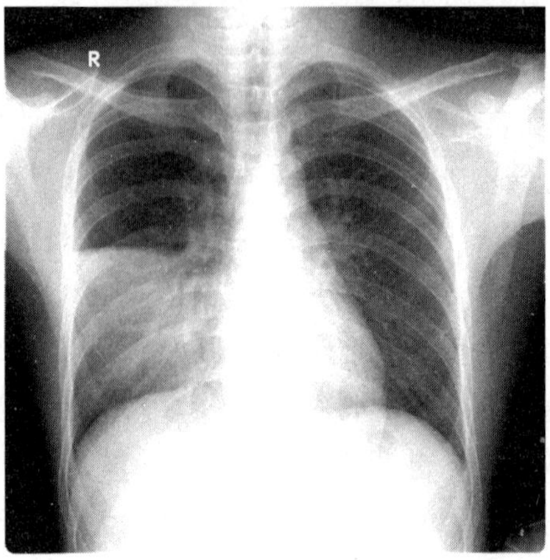

图 8－1 大叶性肺炎

正位胸片显示右肺中下肺野上缘清楚的三角形致密阴影

（3）支气管肺炎 又称小叶性肺炎，多见于婴幼儿、老年及极度衰弱者或手术后并发症。临床有高热、咳嗽、咳泡沫黏液脓性痰、呼吸困难等。

X 线表现：两肺中下野、内中带肺纹理增多、增粗和模糊。沿肺纹理分布的斑片状模糊致密影，密度不均。病灶融合表现为大片状影。

（4）肺结核 是由结核杆菌侵入人体后引起的慢性传染性疾病。基本病理变化为渗出、增殖与变质。机体免疫力和细菌致病力直接影响病变的性质和转归。临床上将肺结核分为 5 个类型：①原发性肺结核（Ⅰ型）。②血行播散型肺结核（Ⅱ型）。③继发性肺结核（Ⅲ型）。④结核性胸膜炎（Ⅳ型）。⑤肺外其他结核（Ⅴ型）。

1）原发性肺结核（Ⅰ型） 为初次感染所发生的结核。多见于儿童及青少年。X 线表现为①原发浸润灶，为局限性斑片状阴影，多位于中上肺野，其周边较淡而模糊。②淋巴管炎，自原发病灶走向肺门的索条状致密影。③肺门和纵隔淋巴结肿大，表现为肺门增大或纵隔淋巴结突向肺野。三者合称为原发综合征（图 8－2）。当原发病灶吸收消散后，淋巴结炎可伴不同程度的干酪坏死，愈合较慢。当原发灶已吸收或病灶小被掩盖不能发现时，则原发型肺结核即只表现为肺门或纵隔淋巴结肿大，为胸内淋巴结结核。

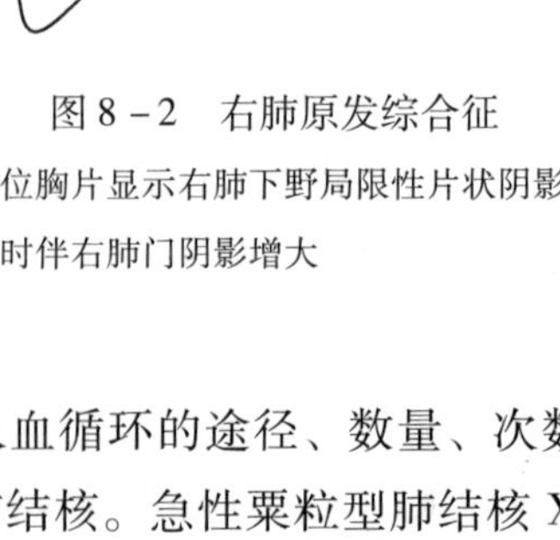

图 8－2 右肺原发综合征

正位胸片显示右肺下野局限性片状阴影，同时伴右肺门阴影增大

2）血行播散型肺结核（Ⅱ型） 根据结核杆菌进入血循环的途径、数量、次数以及机体反应，可分为急性粟粒型肺结核和慢性血行播散型肺结核。急性粟粒型肺结核 X 线征象为两肺野出现分布均匀、大小一致（1.5～2mm）、密度相同的粟粒病灶，正常肺纹理不能显示。亚急性或慢性血行播散型肺结核由于患者抵抗力较好、病灶多以增殖为主，X 线表现为两肺中上野分布不均、大小不等、密度不同的病灶。

3）继发性肺结核（Ⅲ型） 继发性肺结核是成年结核中最常见的类型。X 线表现多种多样。多在肺尖、锁骨下区或下叶背段出现中心密度较高而边缘模糊的致密影，或小片云絮状影，病灶范围可呈现肺段或肺叶性浸润。病变发展过程较为复杂，可有渗出、增殖、播散、纤维化和空洞等多种性质的病灶同时存在。可出现结核球和干酪性肺炎。

（5）原发性支气管肺癌　原发性支气管肺癌起源于支气管上皮、腺体、细支气管或肺泡上皮。其发病率有逐年增长的趋势。临床表现多种多样，最常见的是咳嗽、咳痰、咯血、胸痛及发热等。

影像学上根据肺癌的发生部位可将其分为三类：①中央型，系发生于肺段以上支气管的肺癌。②周围型，系发生于肺段以下支气管直到细支气管以上的肺癌。③细支气管肺泡癌，系发生于细支气管或肺泡上皮的肺癌。

中央型肺癌：多见于鳞癌，其次为小细胞癌和腺癌。X线表现为肺门影增大或肺门区肿块阴影为其直接征象，同时可出现阻塞性肺气肿、阻塞性肺不张、阻塞性肺炎等间接征象（图8－3）。

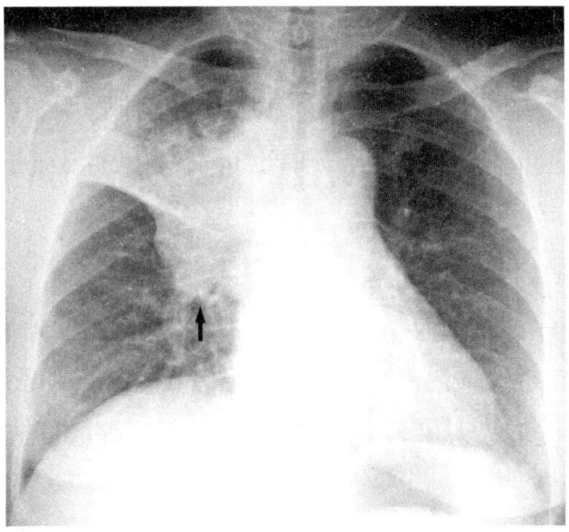

图8－3　右肺中央型肺癌

正位胸片显示右肺门区明显肿块阴影，肿块边缘与不张的右上肺叶下缘形成横“S”征

周围型肺癌：多见于腺癌，其次为鳞癌或腺鳞癌。X表现为肺内密度较高、轮廓模糊的结节状或球形肿块阴影。边缘毛糙，可有分叶、短的毛刺及厚壁空洞形成。

（二）循环系统

X线检查不仅可以观察心脏大血管的外形轮廓，而且还可以观察与研究心脏、大血管的大小、形态及搏动情况。超声、CT、MRI及核医学弥补了传统X线的不足，拓展了心脏大血管的检查领域，成为心血管系统的重要检查手段，为传统X线增加了新的内容。

1. 正常心脏、大血管X线投影　心脏各房室在平片上的投影相互重叠仅能显示各房室及大血管的轮廓，其心内结构显示不清。正常情况下心包不显影，后前位见心脏有左右两缘。

2. 基本病变的X线表现

（1）心脏位置、形态、大小异常　①位置异常包括整体位置异常（心脏移位和心脏异位）、房室相对位置异常和房室连接关系异常。②形态和大小异常包括整体形态异常（二尖瓣型、主动脉型和普大型）和内部结构异常。

知识链接

心脏的形态与体型

斜位心：是最常见的类型，心胸比率约等于0.5，正常青壮年多见。

垂位心：心影狭长、心胸比率小于0.5，瘦长体型者多见。

横位心：心脏□径较大，心胸比率大于0.5，矮胖体型者多见。

（2）肺循环异常

1）肺充血　指肺动脉中血流量增多。常见于左向右分流的先天性心脏病、心排血量增加如甲状腺功能亢进和贫血等。X线表现为肺动脉段突出，两肺门影增大，肺纹理成比例增粗，向外伸展，边缘清楚、锐利。透视下，可见肺动脉段和两侧肺门血管搏动增强，即“肺门舞蹈”。

2）肺淤血　指静脉回流受阻，血液淤滞于肺内。常见于二尖瓣疾病及左心功能不全。X线表现为两肺纹理增多、增粗，边缘模糊，以中、下肺野明显。肺淤血严重时于肋膈角处可见到与外侧胸壁垂直的间隔线（Kerley B线），长约2～3cm，宽约1mm，为肺静脉压升高引起渗出液存留在小叶间隔内所致。

3. 常见疾病X线表现

（1）冠状动脉粥样硬化性心脏病　指冠状动脉粥样硬化使血管狭窄阻塞，导致心肌缺血缺氧而引起的心脏病变，简称冠心病。大部分患者X线表现可完全正常，少数心肌梗死患者可伴有①心影不同程度增大。②心包积液、胸腔积液等心肌梗死后综合征。③室壁瘤、室间隔穿孔等并发症。

（2）风湿性心瓣膜病　风湿性心瓣膜病是常见的器质性心脏病之一。各瓣膜病变中以二尖瓣最多见。

1）二尖瓣狭窄　二尖瓣狭窄时，左心房排血受阻，压力升高而扩大。接着肺静脉回流受阻，出现肺淤血，继之肺动脉压升高，进一步导致右心室增大肥厚。左心室及主动脉因血流量减少可萎缩。X线表现为①心脏呈二尖瓣型。②左心房和右心室增大，伴有三尖瓣关闭不全时右房亦有增大。③左心室及主动脉结缩小。④二尖瓣可见钙化，呈片状或分散小斑片状密度增高阴影。⑤肺淤血和间质性肺水肿。

2）二尖瓣关闭不全　在心室收缩期，左心室内血液部分返流入左心房。在心室舒张期，左心房内相应过量血液又流入左心室，左心房、左心室皆因血流量负荷增加而增大，其程度与反流量成正比。

X线表现为：①轻度返流者，左房可轻度增大。②中度以上返流时，左心房、左心室明显增大，出现肺淤血、肺静脉高压表现，左心房、左心室搏动增强。

（3）高血压性心脏病　指长期动脉血压过高可引起高血压性心脏病。X线表现为：早期心脏形态无变化，长期血压增高可使左心室增大显著，心腰凹陷，主动脉结明显突出，主动脉升部、弓部及降部扩张延长，心脏呈主动脉型。左心衰竭时，心影可明显增大。

（三）消化系统

由于消化系统的器官缺乏良好的天然对比，普通检查不易显示，必须借助人工对比，才能显示其形态及解剖关系等。因此，造影检查是胃肠道X线检查最常用的方法。

1. 正常胃肠道X线表现

（1）食管　有三个压迹，自上而下为主动脉弓、左主支气管和左心房压迹。食管黏膜皱襞表现为2～6条纤细纵行条状透亮影，下端与胃小弯黏膜皱襞相连。食管充盈时宽度达2～3cm，边缘光整。在吞咽动作或受食团刺激时出现自上而下的蠕动波。

知识链接

正常胃的形态

鱼钩胃：最常见，状如鱼钩，位置、张力中等，角切迹明显。

牛角胃：状如牛角，位置、张力较高，上宽下窄。

瀑布胃：胃体小，胃底向后反折，钡剂入胃充盈胃底后，再沿反折处倾泻而下入胃体，状如瀑布。

无力胃：胃体上窄下宽，状如水袋，位置、张力较低，但胃下极未达髂嵴连线水平。

（2）胃　分为胃底、胃体、胃窦3部分。正常胃底部的皱襞粗而弯曲呈不规则网状，胃体部小弯侧较细、整齐与小弯平行，靠大弯处渐粗而斜行，胃窦部黏膜皱襞与小弯平行或斜行。

（3）十二指肠　分为球部、降部、水平部和升部。球部呈轮廓光滑整齐的等腰三角形或圆锥形，黏膜皱襞呈纵行条纹，降部黏膜皱襞呈羽毛状。

（4）空、回肠　空、回肠之间无明显分界。空肠主要位于左上、中腹部，黏膜皱襞分布较密，呈羽毛状，回肠位于右中、下腹和盆腔，黏膜皱襞较稀少。

（5）结肠　充盈时可见大致对称的结肠袋，降结肠以下黏膜皱襞稀少，以纵行为主。

2. 基本病变的X线表现

（1）龛影　指胃壁局限性溃疡形成的凹陷为钡剂充盈，在切线位投照时呈局限性突出于胃肠轮廓之外的钡影。

（2）充盈缺损　指钡充盈时胃轮廓由于来自胃壁的肿块向腔内突出而造成局部钡剂不能充盈。

3. 常见疾病X线表现

（1）食管静脉曲张　食管静脉曲张是门静脉高压的重要并发症。X线表现为食管中下段黏膜皱襞增宽，迂曲，呈蚯蚓状或串珠状充盈缺损，管壁边缘呈锯齿状，管壁柔软且伸缩自如。

（2）胃及十二指肠溃疡　是消化道较常见的疾病。发病率前后比例为1∶5。临床主要症状为上腹部疼痛，具有周期性、节律性和反复性等特点。X线表现为：①胃溃疡，其直接征象是龛影，多见于小弯侧。其口部有一圈由黏膜水肿所致的透明带，为良性溃疡的特征。轴位像观察龛影呈白色钡点或钡斑，周围黏膜皱襞呈星芒状向龛影口部集中（图8－4）。②十二指肠溃疡，90%位于球部，龛影是十二指肠溃疡的直接征象，由于十二指肠球部腔小壁薄，发生溃疡后容易变形，表现为“山”字形、花瓣形或管状等，此时龛影常不易显示。间接X线征象有激惹现象，表现为钡剂不在球部停留，迅即通过。

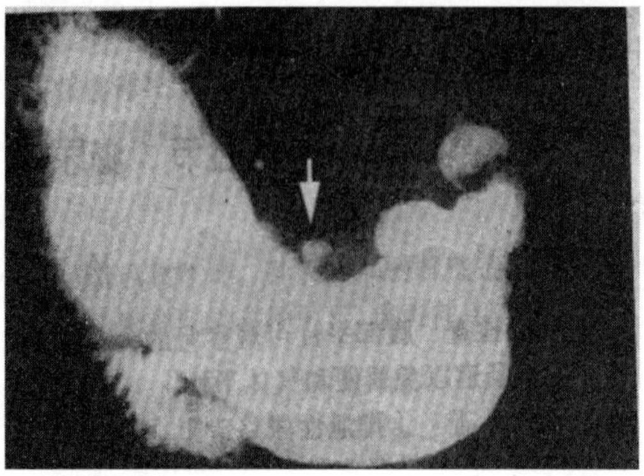

图 8-4 胃小弯溃疡

胃溃疡切线位投照，可见龛影呈乳头状突向腔外

（4）食管及胃肠道癌肿　以食管癌、胃癌和结肠癌多见。多发生在40岁以上，男性多于女性。X线表现为：①局部充盈缺损，形状不规则。②管腔狭窄、管壁僵硬。③龛影，边缘不整，位于管腔轮廓之内。④ 黏膜皱襞破坏、中断、消失。

（四）骨与关节系统

骨与关节的疾病种类繁多而较复杂，X线能反映这些疾病的部位及某些病理变化，应用相当普遍。

1. 正常骨X线表现

人体骨骼因形状不同而分为长骨、短骨、扁骨和不规则骨四类。

（1）长骨　成人长骨由骨干和骨端组成。骨端有一薄层壳状骨板为骨性关节面，表面光滑。其外方覆盖一层软骨，即关节软骨，X线上不能显示。

（2）脊柱　脊柱由脊椎和其间的椎间盘所组成。除1~2颈椎外，每一脊椎分椎体和椎弓两部分。椎弓由椎弓根、椎板、棘突、横突和关节突组成。

正位片上，椎体呈长方形，从上向下依次增大，主要由松质骨构成，周围为一层致密的骨皮质。椎体两侧有横突影。侧位片上可显示脊柱生理弯曲、椎间孔、椎间小关节间隙等。

2. 基本病变X线表现

（1）骨的基本病变

1）骨质疏松　指一定单位体积内正常钙化的骨组织减少，但1g骨内的钙盐含量比例正常。X线主要表现为骨密度减低，松质骨中骨小梁变细、减少，间隙增宽，骨皮质出现分层和变薄现象。

2）骨质软化　指一定单位体积内骨组织有机成分正常，矿物质含量减少。X线表现主要是骨密度减低，与骨质疏松不同的是骨小梁和骨皮质边缘模糊。

3）骨质破坏　指局部骨组织被病理组织所代替。X线表现为骨质局限性密度减低，骨小梁稀疏或形成骨质缺损。

4）骨质增生硬化　指一定单位体积内骨量的增多。X线表现为骨质密度增高，骨小梁增粗、增多、密集，骨皮质增厚、致密，骨髓腔变窄或消失。

5）骨膜增生　又称骨膜反应，系因骨膜受到刺激，骨膜内层成骨细胞活动增加所引起的骨质增生。X线表现为一段长短不定与骨皮质平行或垂直的细线状致密影，呈线状、层状、针状、放射状、葱皮样。

6）骨质坏死　指骨组织局部代谢的停止，坏死的骨质称为死骨。形成死骨的原因主要是血液供应的中断。X 线表现为骨质局限性密度增高。

7）软组织病变　外伤和感染引起软组织肿胀时，X 线表现为局部软组织肿胀、密度增高、正常软组织层次模糊不清。开放性损伤厌氧杆菌感染时，皮下或肌纤维间可见气体。软组织肿瘤或恶性骨肿瘤侵犯软组织，可见软组织肿块影。

（2）关节的基本病变

1）关节肿胀　关节肿胀常由于关节积液或关节囊及其周围软组织充血、水肿、出血和炎症所致。X 线表现为关节周围软组织肿胀、密度增高，大量关节积液可见关节间隙增宽。

2）关节破坏　关节破坏是关节软骨及其下方的骨性关节面骨质为病理组织侵犯、代替所致。其 X 线表现是当破坏累及关节软骨时，仅见关节间隙变窄，累及关节面骨质时，则出现相应区的骨质破坏和缺损。严重时可引起关节半脱位和变形。

3）关节退行性变　早期改变开始于软骨，为缓慢发生的软骨变性、坏死和溶解。继而造成骨性关节面骨质增生硬化，并于边缘形成骨赘。早期 X 线主要表现为骨性关节面模糊、中断、消失。中、晚期表现为关节间隙狭窄、软骨下骨质囊变和骨性关节面边缘骨赘形成，不发生明显骨质破坏，一般无骨质疏松。这种变化多见于老年，是组织衰退的表现。

4）关节强直　可分为骨性与纤维性两种。前者 X 线表现为关节间隙明显变窄或消失，并有骨小梁通过关节连接两侧骨端。后者 X 线上仍可见狭窄的关节间隙，且无骨小梁贯穿。常见于关节结核等。

5）关节脱位　关节脱位是组成关节骨骼的脱离和错位。有完全脱位和半脱位两种。

3. 常见疾病 X 线表现

（1）骨关节外伤

1）长骨骨折　骨折是骨的连续性中断。X 线上呈不规则的透明线，称为骨折线，于骨皮质显示清楚整齐，在松质骨则表现为骨小梁中断、扭曲和错位。

2）脊椎骨折　暴力使脊柱骤然过度弯曲，可致应力的脊椎发生骨折。多发生在活动度较大的胸椎下段和腰椎上段，以单个椎体多见。X 线表现为椎体压缩呈楔形，不见骨折线，可见不规则线状致密带。

知识链接

儿童骨折的特点

骺离骨折：儿童长骨发生骨折时，由于骨骺尚未与干骺端愈合，外力可引起骨骺分离，即骺离骨折。

青枝骨折：儿童骨骼柔韧性大，外力不易使骨质完全断裂，仅表现局部骨皮质和骨小梁的扭曲或骨皮质的皱折、凹陷或隆突，而看不见骨折线，即青枝骨折。

3）关节脱位　关节外伤性脱位大都发生于活动范围大、关节囊和周围韧带不强、结构不稳定的关节。关节脱位常伴有关节囊的撕裂，有时还伴有骨折。

（2）骨结核　是以骨质破坏和骨质稀疏为主的慢性病，系继发性结核病，原发灶主要在肺部，多发生于儿童和青年。结核杆菌经血行到骨，停留在血供丰富的松质骨内。脊椎是好发部位，其次是髋和膝部。

1）长骨结核　好发部位为骺及干骺端。干骺端结核病灶内干酪坏死物可形成脓肿。X线可见松质骨中出现一局限性类圆形、边缘较清楚的骨质破坏区，邻近无明显骨质增生现象。骨膜反应较少见或轻微，在骨质破坏区有时可见碎屑状死骨，密度不高，边缘模糊，称为“泥沙”状死骨。病变发展易破坏骨骺而侵入关节，形成关节结核。

2）脊椎结核　以腰椎最多。病变常累及相邻的两个椎体，附件较少受累。主要X线变化是椎体骨质破坏、变形，椎间隙变窄或消失及冷性脓肿的形成。

（3）骨软骨瘤　骨软骨瘤是常见的良性骨肿瘤，好发于长骨的两端，肿瘤生长慢，成年时停止生长。可单发与多发，多发患者有家族史和恶变的可能。

X线表现为自长骨骨端一侧向外生长的骨性突起，常背向骨骺，肿瘤以细蒂或广基与骨相连，瘤体内为松质骨，外缘为一层薄的骨皮质，顶部覆盖一层软骨，不钙化者不显影。软骨钙化则呈不规则斑片状致密影

（4）骨巨细胞瘤　骨巨细胞瘤是起源于骨骼非成骨性结缔组织的骨肿瘤。肿瘤局部破坏性大，有良性、生长活跃与恶性之分，故需重视。

骨巨细胞瘤好发于四肢长骨，X线表现典型，多为偏侧性骨破坏，边界清楚，有不规则、多少不等的骨嵴，破坏区有分隔为大小不等的小房，呈泡沫状表现。局部骨骼膨大，骨皮质变薄，但轮廓光整，易发生骨折，如无骨折很少有骨膜增生。肿瘤明显膨胀生长时，周围只留薄层骨壳包绕。骨壳不完整，并于周围软组织中出现肿块影者表示肿瘤恶变。

（5）骨肉瘤　骨肉瘤是起于骨间叶组织最常见的恶性骨肿瘤。多见于青年，男性较多。好发于股骨下端、胫骨上端和肱骨上端。干骺端为好发部位。病变进展迅速。

X线表现主要为骨髓腔内不规则骨质破坏和增生；骨皮质破坏、不同形式（平行、层状或放射针状等）骨膜增生及骨膜新生骨的破坏；软组织肿胀和肿瘤骨形成等，表现较为典型（图8－5）。一般根据其瘤骨形成和骨质破坏的程度不同大致分为成骨型、溶骨型和混合型。

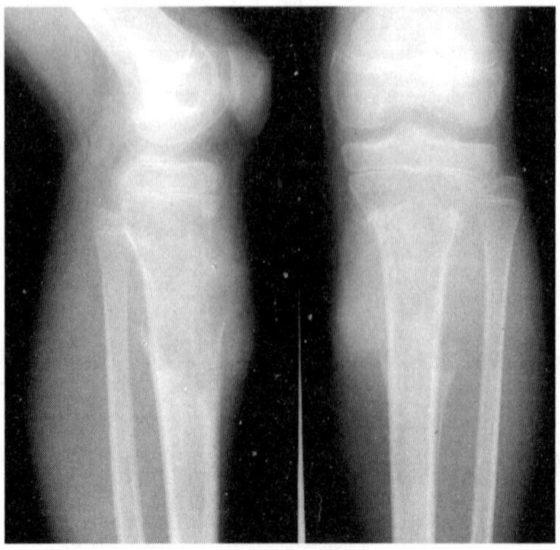

图8－5　骨肉瘤

胫骨近端可见骨质破坏区，骨膜反应明显，并可见“骨膜三角”

（五）泌尿系统

泌尿系统由肾、输尿管、膀胱和尿道组成，均属于软组织密度，X 线检查多需造影才能使其显示。

1. 正常 X 线表现

（1）肾　肾长 12～13cm，宽 5～6cm，其上缘约在第 12 胸椎上缘，下缘位于第 3 腰椎下缘水平。一般右肾略低于左肾。

（2）输尿管　输尿管全长约 25cm，上接肾盂，下连膀胱。有三个生理狭窄，即肾盂输尿管连接处、越过骨盆边缘处和进入膀胱处。

（3）膀胱　膀胱的正常容量为 200～300ml，形态、大小取决于充盈的程度。充盈满意的膀胱呈卵圆形，横置于耻骨联合之上，其下缘多与耻骨上缘相平。边缘光滑整齐，密度均匀。

2. 常见疾病 X 线表现

（1）泌尿系统结石　可发生于肾至尿道的任何部位，多见于肾和膀胱。90% 结石平片可发现。

1）肾结石　男性较女性好发，结石多数位于一侧或双侧的肾盂或肾盏内。X 线平片显示一侧或双侧肾盂肾盏区有一个或数个大小不等的圆形、卵圆形、鹿角形或不定形密度增高结石影。侧位摄片，肾结石常与椎体相重叠。

2）输尿管结石　输尿管结石常由肾结石移行而来，一般较小。平片可见圆形、卵圆形、桑椹形或枣核样结石影，常发生于输尿管生理性狭窄处。结石上方输尿管和肾盂常有不同程度的扩张和积水。

3）膀胱结石　结石多为阳性，耻骨联合上方卵圆形或椭圆形致密影，大小不等、边缘光整或毛糙，密度均匀、不均或分层。

（2）泌尿系统结核　大多继发于肺结核，主要侵犯肾，然后蔓延至输尿管及膀胱，多为单侧性。

X 线表现平片检查多无异常，有时可见肾内云絮状、环状和花瓣状钙化，有时可描绘出脓腔轮廓。全肾致密钙化为肾自截。肾结核钙化并不代表病灶痊愈，而表示有干酪样空洞存在。

诊断肾结核有赖于尿路造影检查。肾结核初期表现为肾小盏顶端圆钝且边缘不齐如虫蚀状。当乳头锥体部或皮质部形成溃疡空洞并与肾盏通连时，造影表现为一团与肾盏相连或位于肾盏外方皮质内、边缘不整齐、密度不均匀的阴影，相应肾盏边缘不整或变形狭窄。当病变发展为肾盏、肾盂广泛破坏或形成肾盂积脓时，排泄性尿路造影常不显影或显影延迟且变淡。逆行肾盂造影肾盏、肾盂变成一个不规则的腔，波及整个肾脏。

输尿管结核表现为病侧输尿管边缘不整齐、宽窄不等，有时呈假串珠状表现或短缩而僵直。晚期可出现管壁条状钙化。

轻微膀胱结核 X 线变化不明显。病变发展广泛时膀胱挛缩，体积可变小，边缘不整齐及毛糙。

（3）泌尿系统肿瘤

1）肾癌　中老年多见，男性多于女性。临床表现主要为无痛性血尿，有时可触及腹部肿物。腹部平片可见肾影局部增大，呈分叶或局限性隆凸。目前肾癌的诊断主要依赖于超声和 CT 检查。

2）膀胱癌　多为乳头状，可单发或多发。临床表现为血尿，可伴有尿痛、尿急及膀胱区疼痛。膀胱造影可显示大小不同的结节状或菜花样充盈缺损。

（杨兴益）

第二节　计算机体层成像检查

案　例

患者，男性，53 岁。既往有高血压病史，8 小时前突发剧烈头痛，伴喷射状呕吐，肢体活动无障碍。

请思考：①该患者应首选哪种影像学检查？②检查前应如何做好患者的健康宣教及准备工作？③检查过程中，应如何注意防护？

一、基本知识

CT 是计算机体层成像（computed tomography）的简称。由 Hounsfield 1969 年首先设计成功，经神经放射诊断学家 Ambrose 应用于临床。CT 是利用 X 线束对人体选定层面进行扫描取得信息，经计算机处理而获得的重建图像，其密度分辨率明显优于普通 X 线图像，从而显著扩大了人体的检查范围，提高了病变的检出率和诊断的准确率。由于对医学的伟大贡献，Hounsfield 获得了 1979 年的诺贝尔奖。目前 CT 已成为临床上普遍使用的检查手段。

知识链接

CT 的发展史

1972 年，第一台 CT 问世，是 20 世纪 70 年代医学上最重大的成就之一，CT 从诞生至今，已有 40 多年发展史，经历了五代。

第一代（平移 + 旋转）CT：主要用于头部扫描，扫描时间过长，运动伪影严重。

第二代（平移 + 旋转）CT：在第一代的基础上改进，扫描时间减少，但仍存在运动伪影。

第三代（球管旋转 - 探测器旋转）CT：扫描时间 3 ~ 5 秒。

第四代（球管旋转 - 探测器静止）CT：扫描时间：2 秒。

第五代（球管静止 - 探测器静止）CT：适合于用做心脏的扫描，扫描时间短，减少运动伪影。

（一）基本原理

CT 是用 X 线束对人体某部位一定厚度的层面进行多方向扫描，由对侧的探测器接收透过该层面组织的 X 线，将其转变为可见光后，由光电转换器转变为电信号，再经模拟/数字转换器转为数字，输入计算机处理。计算机将输入的原始数据加以校正处理后，经数字/模拟转换器转为不同灰阶的光点，形成重建图像。所以，CT 图像是由一定像素组成的计算机重建的断面图像。重建图像可由显示器显示、录入磁盘进行存储或进行远距离传输。

（二）设备

CT 设备包括三部分：①扫描部分，由 X 线管、探测器和扫描架组成，用于对检查部位进行扫描。②计算机系统，将扫描收集的数据信息进行处理、存储及图像重建。③图像显示和存储系统，将经计算机处理、重建的图像显示在显示器上，或用照相机拍摄于照片上，也可存储于光盘或磁盘中（图 8－6）。

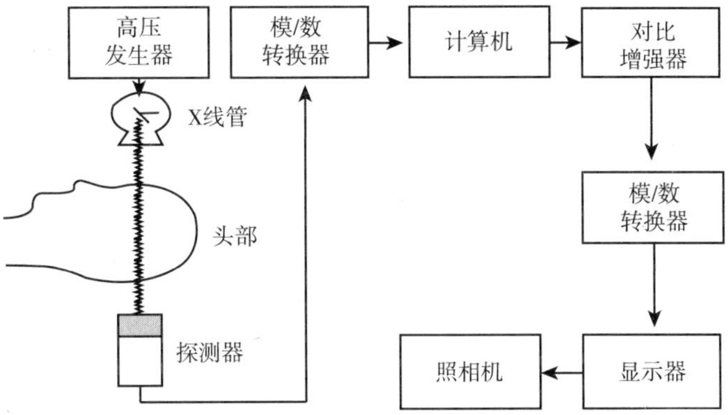

图 8－6　CT 装置示意图

（三）图像的特点

CT 图像是断面图像，常用的是横断面，是由一定数目自黑到白不同灰度的像素按矩阵排列所构成的灰阶图像。像素反映的是相应体素的 X 线吸收系数。与 X 线图像一样，密度高的组织为白影，密度低的组织为黑影。CT 的密度分辨力较高，人体软组织之间的密度差别虽小，也能形成对比，在良好的解剖图像上显示出病变的图像。

CT 图像不仅以不同灰度显示组织密度的高低，还可将组织对 X 线吸收系数换算成 CT 值，说明其密度高低的程度。临床 CT 值单位用 HU（Hounsfield Unit）表示。将水的 CT 值定为 0HU，人体中骨皮质线吸收系数最高，CT 值定为＋1000HU，气体的密度最低，定为－1000HU，人体中密度不同的各种组织的 CT 值则居于－1000HU 到＋1000HU 的 2000 分度之间。

CT 图像为某一部位多个连续的横断面图像，通过图像重建技术，还可重建成冠状面和矢状面图像。

二、检查方法

1. 平扫　指不用造影增强或造影的普通扫描。

2. 增强扫描　是经静脉注入水溶性有机碘剂后再行扫描的方法，较为常用。血液内碘浓度增高后，血供丰富的器官或病变组织与缺乏血供的组织内碘的浓度形成密度差，可使病变显影更清楚。

3. 造影扫描　是先作器官和结构的造影，再行扫描的方法，临床应用不多。

4. 特殊扫描　为了进一步明确诊断所做的特殊扫描方式。如薄层扫描、高分辨力 CT 扫描、CT 三维重建、CT 仿真内镜等。

三、CT 检查前患者的准备

（1）检查前须将详细病情摘要等相关资料提供给 CT 医生以备参考。

（2）检查前4小时禁食。腹部扫描者，检查前1周内不可作钡剂造影。

（3）增强检查患者须经本人和家属签字后行碘过敏实验，呈阴性者方可进行。

（4）去除检查部位衣物上的金属物品及饰品。

（5）检查时保持体位不动，配合检查进行平静呼吸、屏气等。

（6）生命垂危的急诊病人，须在急诊医护人员监护下进行检查。

（7）妊娠妇女、情绪不稳定或急性持续痉挛者不宜做本项检查。

（8）不能配合的儿童患者，采取镇静措施如水合氯醛灌肠等后方可进行检查。

四、CT检查的临床应用

CT由于其特殊诊断价值，已广泛应用于临床，特别是螺旋CT和超高速CT。但CT设备比较昂贵，检查费用偏高，某些部位的检查诊断价值，尤其是定性诊断，还有一定限度，所以不宜将CT检查视为常规诊断手段，应在了解其优势的基础上，合理地选择应用。

1. 中枢神经系统疾病 CT检查的诊断价值较高，应用普遍。对颅内肿瘤、外伤性颅内血肿与脑损伤、脓肿、肉芽肿、脑梗死与脑出血、椎管内肿瘤和椎间盘脱出等病变的诊断较为可靠。

2. 头颈部疾病 对眶内占位性病变、早期鼻窦癌、中耳小胆脂瘤、听骨破坏与脱位、内耳骨迷路的轻微破坏、耳先天发育异常以及鼻咽癌的早期发现等CT检查均有一定价值。

3. 胸部疾病 CT诊断已日益显示出其优越性，对肺癌及纵隔肿瘤的诊断很有帮助；肺内间质、实质的病变，以及胸壁、胸膜、膈的病变均可清楚地显示。

4. 心脏大血管 主要用于心包病变的诊断、观察冠状动脉和心瓣膜钙化、大血管壁钙化及动脉瘤改变等。

5. 腹部及盆腔疾病 CT检查主要用于肝、胆、胰、腹膜腔、腹膜后间隙以及泌尿生殖系统疾病的诊断，尤其是占位性病变、炎症性和外伤性病变等。也可观察胃肠病变向腔外侵犯或远处转移等。

6. 骨与关节疾病 多数情况可通过简便、经济的常规X线检查确诊，因此使用CT检查相对较少。

（杨兴益）

第三节 磁共振成像检查

案例

患者，女性，25岁。右侧耳鸣，听力下降。CT平扫无异常，临床拟诊内听道内小听神经瘤。

请思考：①该患者现应选择哪一种影像检查技术进一步检查？②检查前，应如何做好患者的健康宣教及准备工作？③检查过程中，应如何注意防护？

一、基本知识

磁共振成像（magnetic resonance imaging，MRI）是利用原子核在强磁场内发生共振所产生的信号经图像重建的一种影像技术。早在 1946 年 Block 和 Purcell 就发现了物质的核磁共振现象并应用于化学分析。1973 年 Lauterbur 发表 MRI 成像技术，使其应用于临床医学领域。1976～1978 年间 Mansfield 等先后通过 MR 扫描，获得手、胸、头和腹部的图像。由于对 MRI 成像的贡献，Lauterbur 和 Mansfield 共获 2003 年的诺贝尔奖。

（一）基本原理

很多磁共振的现象涉及到量子力学的原理，不易为广大初学者所理解，本节介绍磁共振这一物理现象最基本的理论知识。

1. 原子核在磁场内的特性　原子核在其自旋过程中产生的自旋磁动力（核磁矩）是由其所组成的质子和中子的情况决定的。含有偶数质子或中子的原子核其自旋核磁矩成对地相互抵消，整体上不呈现磁场。而含有奇数质子或中子的原子核具有核磁矩的物理特性。核磁矩的大小是原子核的固有特性，它决定 MRI 信号的敏感性。从理论上讲，很多元素都可以用磁共振来成像，然而，MRI 主要应用于氢的成像，其原因一是氢的原子核最简单，具有单一的质子，具有最强的磁矩；二是氢在人体内含量最高，所产生的磁共振信号是其他原子的 1000 倍。

2. 磁共振的发生　正常情况下，氢原子磁矩取向是杂乱无章的，因而磁矩相互抵消、如果将氢核（人体）置于静磁场中，磁矩取向不再是无规律的，而是按磁场的磁力线方向取向。其中大部分质子的磁矩顺磁场排列，位能低，呈稳态；少部分逆磁场排列，位能高。于是机体开始带有磁性，数秒钟之后达到平衡。这个过程即磁化，磁化的强度是一个可以测量的矢量。达到平衡时的磁化方向与机体纵轴方向一致。此时，向氢核（人体）按照 Larmor 频率（原子核的共振频率）发射射频脉冲（无线电波）对其进行激发，氢核获得能量出现共振，即磁共振现象。

3. MRI 信号的产生及图像形成　射频脉冲停止激发后，被激发的氢核将吸收的能量逐步释放出来，其相位和能级随之恢复到激发前的状态，这一恢复过程称为弛豫，恢复到原先平衡状态所需要的时间称为弛豫时间。有两种弛豫：纵向磁化恢复，其过程为纵向弛豫；横向磁化消失，其过程则为横向弛豫。纵向弛豫反映自旋核把吸收的能量传给周围晶格所需的时间，称 T_1；横向弛豫时间，反映横向磁化衰减、丧失的过程，也即是横向磁化所维持的时间，称 T_2。

人体不同器官的正常组织与病理组织的 T_1 是相对恒定的，而且它们之间有一定差别，T_2 也是如此。这种组织间弛豫时间上的差别是 MRI 成像的基础。

弛豫过程是一个释放能量和产生 MR 信号的过程。其中产生的 MR 信号通过射频系统所接收并传给计算机图像处理系统，以不同灰度或颜色的图像加以显示。

（二）图像特点

1. 灰阶成像及多参数成像　MRI 图像是模拟灰阶的黑白影像，反映的是 MR 信号强度的不同或弛豫时间 T_1 与 T_2 的长短。MRI 若主要反映组织间 T_1 特征参数时，为 T_1 加权像（T_1 weighted imaging，T_1 WI）。如主要反映组织间 T_2 特征参数时，则为 T_2 加权像（T_2 weighted imaging，T_2 WI）。如主要反映组织间质子密度的差别，则为质子密度加权像（proton density weighted imaging，PDWI）。MRI 是多参数成像。采用不同的扫描序列和成像参数，一个层面可获得 T_1 WI、T_2 WI 和 PDWI 三种图像。

2. 血流成像　由于血液的流空效应，使心血管管腔显示清晰，是 MRI 检查的特点，是

CT 检查无法比拟的。

3. 三维成像 MRI 检查可获得横断面、冠状面、矢状面及其他方向的断面图像，解剖结构显示清楚，使病变与正常解剖结构关系明确，有利于病变的三维定位。

二、MRI 检查方法

1. 常规 MRI 检查 主要以横断面检查为主，配以矢状位和冠状位检查。T_1加权像有利于观察解剖结构，T_2加权像则显示病变组织较好。

2. MR 血管造影（MR angiography，MRA） 是不需或仅向血管内注射少量对比剂可使血管成像的 MRI 技术，用于血管性疾病的诊断。

3. MRI 增强扫描 在静脉内注入造影剂钆－二乙三胺五醋酸（gadolinium－DTPA，Gd－DTPA）进行扫描，有助于发现病变、病变的定性定位及鉴别诊断等方面有重要价值。

4. 其他成像技术 在 MRI 检查中，还有水成像、灌注成像等。

三、MRI 检查前患者的准备

（1）检查时请携带相关检查资料，尤其是相关检查部位的 X 线片、CT、MR 等影像检查资料，供 MRI 检查时参考。

（2）腹部 MRI 检查前 4 小时禁食禁水。

（3）对于进行 MRCP（胆道水成像）的病人需在检查前一天晚 10 点后禁水禁食。

（4）MRI 设备具有强磁场，如装有心脏起搏器，或体内有金属或磁性物植入患者和早期妊娠的患者，不能进行检查，以免发生意外。

（5）患者勿穿戴任何有金属的内衣，检查头、颈部的病人请在检查前日洗头，勿擦头油。

（6）磁共振检查时间较长，且患者所处的环境幽暗、噪声较大；嘱其要有思想准备，不要急躁，在医师指导下保持体位不动耐心配合。

（7）有意识障碍、昏迷、精神症状等不能有效配合检查的患者，除非经相关专业临床医师同意，否则不能进行 MRI 检查。

（8）不能配合的儿童患者须采取镇静措施，如水合氯醛灌肠等。

（9）宫内节育器对 MRI 检查产生影响，须将其取出后再行检查。

四、MRI 检查的临床应用

MRI 检查已广泛应用于临床，大大提高了临床诊断效果。但其设备比较昂贵，检查费用偏高，检查时间长，某些部位的检查诊断价值仍有一定限度，因此临床应合理地选择应用。

（杨兴益）

第四节 超声检查

案例

某患者，已婚女性，26 岁。停经 64 天，突发右下腹剧痛，来院就诊，临床拟诊异位妊娠。

请思考：①为进一步明确诊断，应对该患者进行哪项影像检查？②检查前，应如何准备及护理？

一、基本知识

超声（ultrasound）是指振动频率每秒在20000赫兹（Hz）以上，超过人耳听觉阈值上限的声波。超声检查是利用超声波的物理特性和人体器官组织声学特性相互作用后产生的信息，并将其接收和信息处理后形成图形、曲线，借此对疾病进行诊断的检查方法。

超声检查简单、方便、经济、无创、重复性强、临床应用广泛，已成为现代医学影像检查的重要组成部分。

（一）超声的物理特性

超声波在人体内传播主要具有以下物理特性。

1. 指向性 超声波与一般声波不同。由于频率极高，而波长很短，在介质中呈直线传播，具有良好的指向性。此即是超声对人体器官进行定向探测的基础。

2. 反射、折射、和散射 超声在介质中传播与介质的声阻抗密切相关。声阻抗（Z）为声波传递介质中某点的声压和该点速度的比值，它等于密度（ρ）与声速（C）的乘积，Z = ρ · C。超声束在具有同一声阻抗比较均匀的介质1中呈直线传播，如传播途中遇到大于波长且具有不同声阻抗的界面时，部分声束发生折射（refraction）进入介质2，部分声束发生反射（reflection）。反射声束的多少与两介质间声阻抗差的大小有关，声阻抗差越大，反射越多。反射声束的方向与入射声束和界面间的夹角（即入射角）有关，其入射角（θ_i）等于反射角（θ_r）（图8－7）。

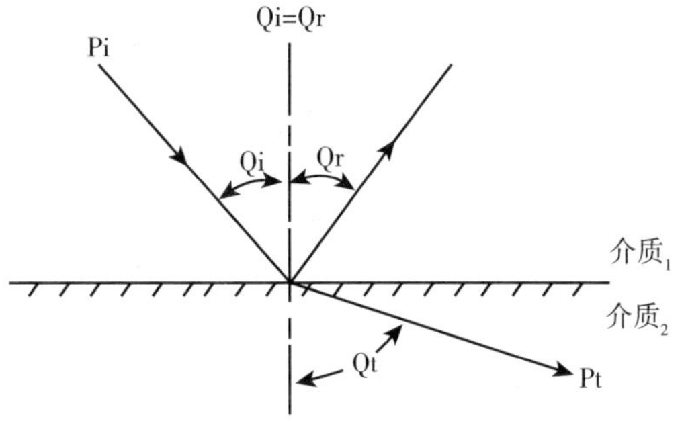

图8－7 超声的入射、反射和折射

如超声束遇到远小于声波波长且声阻抗不同的界面（如红细胞）时则会发生散射，其能量向各个方向辐射。朝向探头方向的散射波称为背向散射或后散射（backscatter）。

3. 超声波的吸收与衰减 超声波在介质中传播时，随传播距离的增加入射声能逐渐被吸收而减少的现象，称为超声衰减。其原因为声束的扩散、反射和散射、介质的导热性、黏滞性和内摩擦吸收声能。

4. 多普勒效应（Doppler effect） 这一现象在自然界普遍存在，系指超声束在介质中传播时，当遇到与声源（探头）发生相对运动的活动界面（心脏）时，其反射波的频率将发生改变，称为多普勒效应。这一物理特性已广泛应用于心脏血管等活动脏器的检测。

（二）超声检查的基本原理

1. 超声波的产生 超声波由物体机械振动产生。目前医学上产生和接收超声波的元件为压电晶体。压电晶体作为一种换能器，具有两种可逆的能量转换效应。将压电晶体两侧所施压力的变化转为两端正负电位的变化，即将机械能转为电能，称为正压电效应；相反，压电晶体在交变电场中电流的变化导致厚度的交替改变从而产生振动，即由电能转变为机械能，称为逆压电效应。超声波的产生是利用压电晶体的逆压电效应，超声波的接收是利用压电晶体的正压电效应。

2. 超声成像基本原理 一般超声设备均有换能器（探头）、信号处理系统（主机）和显示器。探头发射一定频率的超声波，穿透人体多层界面组织进行传播，在每一层界面上均可发生不同程度的反射回波，这些回波含有超声波传播途中所经过的不同组织的声学信息，被探头接收并经过主机处理，在显示器上以不同的形式显示为波形或图像。

（三）超声设备

1. A 型 以波幅变化反映反射回声强弱者，称为幅度调制型超声，目前已基本淘汰。

2. B 型 以辉度不同的明暗光点反映反射回声强弱者，称为辉度调制型超声，目前应用最广的一种。

3. M 型 以单声束取样获得活动界面超声，再予以时间以慢扫描方式将某一取样线上的活动界面展开获得“距离—时间”的曲线，称为 M 型超声，主要用于心脏检查。

4. D 型 利用多普勒效应对心脏血管内血流方向、速度及状态以频谱的形式或以一定声调的信号显示，称为 D 型超声。临床上可分为频谱型多普勒和彩色多普勒血流显像（color Doppler flow imaging CDFI）。CDFI 系对血流多普勒信号进行彩色编码，血流方向朝向探头的用红色表示，血流方向背离探头的用蓝色表示，湍流方向复杂，以绿色或多彩表示。CDFI 不仅能清楚地显示心脏大血管的形态结构，而且能直观形象地显示血流的方向、速度、性质、分布范围、有无返流及异常分流等，在心血管疾病检查方法中具有重要的临床应用价值。

新近的彩色多普勒显像仪还具有三维超声显像、彩色多普勒能量图、组织多普勒成像技术等新功能。

二、超声检查前准备

（一）心理准备

超声检查前应就检查的必要性、安全性和检查步骤对受检者作必要的解释和说明，以缓解其紧张心理，配合检查。

（二）技术准备

1. 常规肝脏、胆囊、胆道及胰腺检查 一般空腹进行，胰腺空腹检查效果不理想，必要时饮水 400 ~ 500ml，使胃充盈作为透声窗，以使胃后方的胰腺及腹部血管等结构充分显示。

2. 胃检查 检查前需饮水及服胃造影剂，以显示胃黏膜及胃腔。

3. 早孕、妇科、膀胱及前列腺的检查 病人于检查前 2 小时饮水 400 ~ 500ml 以充盈膀胱。

4. 心脏、大血管、外周血管、浅表器官、组织和颅脑检查 一般无需作特殊准备。

5. 婴幼儿检查不合作者 可灌肠后，待安静入睡后再进行检查。

6. 超声引导下穿刺

（1）疑有出血者，术前检测血小板计数、凝血酶原时间及活动度。

（2）禁食 8～12 小时。

（3）向受检者说明与检查有关的并发症，征得受检者或其亲属知情、签字后方可进行检查。

三、超声检查的临床应用

超声检查作为一种方便经济、无创的检查方法，不仅能观察脏器的解剖结构和形态，而且能检测其功能和血流状态，因此超声诊断已广泛应用于内科、外科、妇产科和儿科等临床各科，成为许多脏器、软组织器官病变首选的影像学检查方法。

（一）肝脏超声诊断

1. 正常声像图 正常肝脏切面轮廓清晰，被膜光滑，呈细线样回声。大小形态因体形、身长而异。肝上界多位于 5、6 肋间，下界右肋缘下平静呼吸探测不到。肝左叶剑突下不超过 5cm，右叶最大斜径约 10～14cm。肝实质呈均匀一致弥漫分布的细点状中低水平回声。肝内显示的管道结构主要为门静脉和肝静脉及其分支，前者管壁较厚，回声较强，其主干内径小于 1.4cm；后者管壁薄，回声弱，汇流至下腔静脉（图8－8）。

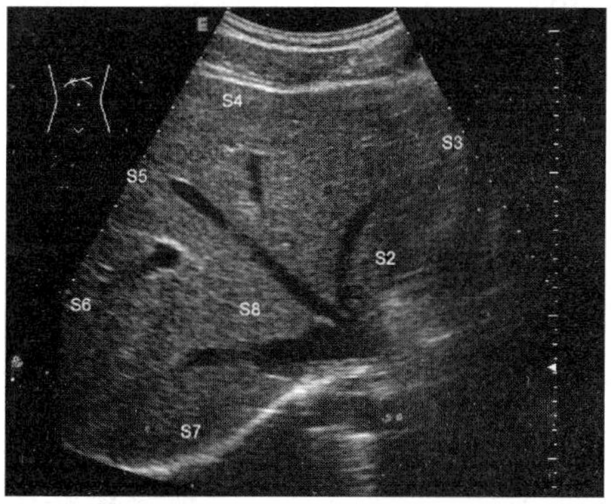

图 8－8 肝脏正常声像图

2. 常见病声像图

（1）肝硬化 其声像图表现为：①肝脏形态失常，体积缩小，被膜不光滑，典型者呈锯齿状。②肝实质回声不均匀增强。③肝静脉变细，迂曲，走向不清。④门脉高压征象：门静脉主干内径大于 1.4cm、脾静脉扩张，脐静脉再通，脾肿大、厚度大于 4cm，腹腔内可见腹水形成的不规则液性无回声暗区。⑤胆囊壁增厚呈双边影。

（2）肝癌 声像图复杂多样，按其病变区回声分：①高回声型，占大多数，表现为肝实质内可见单发、多发境界较清晰、边缘不规则的高回声结节，周围多伴有低回声晕。②低回声型，表现为圆形或近似圆形的边界清楚的低回声结节，有时周围可见高回声环状包膜。③等回声型，病变区内回声与周围正常肝组织相似，需多方向仔细扫查方可辨其边界。④混合型，病变区强回声内间以不规则低回声或无回声区，多在病变发生坏死、液化或出血时出现。

肝癌的继发征象：肝脏非对称性肿大，形态失常，肝脏边缘角变钝，接近肝包膜肿瘤可向表面突出，形成“驼峰征”；癌肿结节周围管道结构受压移位、扭曲或狭窄或闭塞；晚期患者可在门静脉、下腔静脉、肝静脉、胆管内发现癌栓或在胸、腹腔内出现胸、腹水的无回声暗区等转移征象。

继发性肝癌的声像图特征：多在肝内出现多发的、大小及图形特征相似的强回声或低回声结节。淋巴瘤、肉瘤及霍奇金病的肝转移瘤表现为回声减弱区；乳腺癌、肺癌转移瘤呈“牛眼征”声像图；结肠癌、胃癌、食管癌及泌尿系统癌肿肝转移灶多为高回声结节。

（二）胆道系统超声诊断

1. 正常声像图 空腹状态下正常胆囊切面呈梨形、长茄形或椭圆形，轮廓清晰，长径不超过9cm，前后径不超过3cm。壁薄光滑，厚度约0.2～0.3cm。囊内均匀无回声，后方回声增强。肝外胆管可分为上、下两段。上段位于门静脉前方，与门静脉平行形成双管结构，其内径小于或等于门静脉的1/3；下段因受肠道气体的干扰，超声不易显示。胆总管内径为0.6～0.8cm。左、右肝管常可显示，内径多在0.2cm以内，二级以上胆管超声一般不易显示。

2. 常见病声像图

（1）胆囊炎

1）急性胆囊炎 单纯性胆囊炎胆囊稍大，囊壁略厚而粗糙。形成化脓性胆囊炎后则可见：①胆囊体积增大，囊壁模糊增厚，厚度超过0.3cm，可呈现“双边影”。②囊内可见疏散或密集的细小或粗大斑点状回声。③多伴有胆囊结石。④胆囊发生穿孔时，可见胆囊局部膨出或缺损，以及胆囊周围的局限性积液。

2）慢性胆囊炎 轻者无明显的声像图特征，仅有囊壁稍增厚。典型者可见胆囊肿大或萎缩，囊壁增厚，腔内可见结石或由组织碎屑所致的沉积性回声图像。多数胆囊丧失收缩功能。

（2）胆囊结石 超声诊断准确率达95%以上。典型胆囊结石的声像图为①胆囊腔内有一个或数个强回声团。②在强回声团后方伴有声影，其宽度与结石大小一致。③改变体位时结石回声团沿重力方向移动。同时具有以上三个特征是超声诊断胆囊结石的可靠条件（图8-9）。

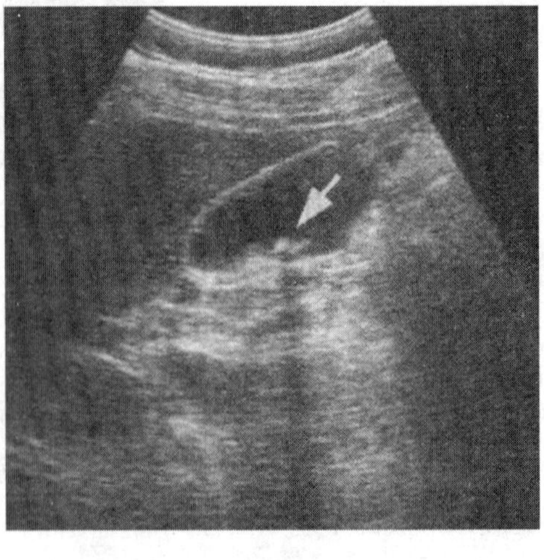

图8-9 典型胆囊结石声像图

此外，胆囊充满结石时，正常胆囊的无回声区消失，仅在胆囊区探及半月形或弧形强回声带，后伴较宽声影。泥沙样结石表现为在胆囊后壁沉积的强回声带，变动体位可见沉积带移动。胆囊壁内胆固醇结晶表现为胆囊壁内可见2～3mm大小的强回声斑点，后有慧尾状强回声。

（三）泌尿系统超声诊断

1. 正常声像图

（1）肾 肾的轮廓清晰、被膜光滑，长10～12cm，宽5～6cm，厚3～5cm。呈带状强回声。外周肾实质呈低回声，间有少许散在点状回声；中央部为肾盂、肾盏、肾内血管及脂肪构成的肾窦区，呈不规则的高回声区，其宽度因人而异，一般约占肾宽度的1/2～2/3。

（2）膀胱 充盈时，横切面呈圆形、椭圆形或四方形，纵切面略呈三角形。膀胱壁呈强回声带，显示清晰，有良好的连续性。膀胱内尿液为无回声区。

（3）前列腺 可经腹壁、直肠或会阴部探查。经腹壁探查时，横切面呈左右对称而圆钝的三角形或栗子形。包膜整齐而明亮，实质呈均匀低回声。其上下径为3cm，前后径为2cm，左右径为4cm。

2. 常见病声像图

（1）肾结石 肾窦区内出现一个或多个点状或团块状强回声，直径大于0.3cm的结石后方可伴有声影。结石嵌顿可致肾积水。超声检查可发现X线平片检查阴性的结石，弥补了X线检查之不足。

（2）肾积水 超声极易诊断，表现为肾窦强回声分离扩张，其内出现前后径超过1.5cm的长条形、椭圆形无回声区，呈饱满感，多个液腔互相通连。轻度肾积水肾外形及肾实质无改变。中度肾积水肾窦区呈手套状或烟斗状无回声区。重度肾积水肾窦区被巨大无回声区所代替，肾实质受压变薄，肾体积明显增大。

（3）膀胱结石 膀胱无回声区内出现单个或多个点状或团块状强回声，其后伴有声影。强回声团可随体位改变而移动。

（4）前列腺增生症 前列腺各径线均增大，以前后径增大更为重要，严重者可突入膀胱腔内。前列腺断面呈圆形或接近球形，大多数外形规整，左右对称。内外腺比例异常，由正常时的1∶1变为（2.5～7）∶1。多数患者在前列腺内出现单个或多个中低回声的增生结节。本病常与前列腺结石并存，部分病例可伴发残余尿增多或尿潴留。

（四）妇产科的超声诊断

超声检查对妇产科疾病的诊断有较高的应用价值。可了解子宫、附件的大小、形态及有无发育异常；诊断子宫、附件病变，确定节育环的位置；早期妊娠诊断；监测胎儿发育情况，有无畸形；以及羊水、胎盘情况等；并可在超声引导下进行诊断性穿刺和治疗。

1. 正常子宫声像图 膀胱适当充盈，纵切面子宫一般呈倒梨形，横切面呈椭圆形，轮廓清晰，被膜光滑，子宫肌层呈均匀低回声区，中央可见呈强回声表现的宫腔内膜线。成年妇女正常子宫长径约5.5～7.5cm，前后径3～4cm，横径4～5cm。

2. 子宫肌瘤 是妇科常见良性肿瘤，其声像图表现主要与肌瘤的位置、大小和有无继发改变等因素有关。其主要表现有：①子宫增大或出现局限性隆起，致子宫切面形态失常。②肌瘤结节一般呈圆形低回声或等回声区或分布不均的强回声，等回声结节周围可见低回声晕。③黏膜下肌瘤或肌壁间肌瘤可推压宫腔，使宫腔内膜回声线移位或变形。④浆膜下肌瘤可使膀胱产生压迹与变形。

3. 正常妊娠子宫的诊断

（1）早孕 超声诊断早孕的依据是在宫腔内（或其他部位）发现妊娠囊。一般在妊娠第5周时即可显示；第6周时妊娠囊的检出率达100%，声像图表现为圆形或椭圆形光环，其内呈无回声（图8－10）；第7周，妊娠囊内可见胚芽回声；第8周可发现原始心管搏动。

（2）中晚期妊娠 超声容易诊断，超声检查多系要求明确胎儿数目，判定胎儿是否存活；确定胎方位；监测胎儿生长发育情况（如胎头双顶径、股骨长径等）；了解胎儿各器官构造及胎盘、脐带、羊水等情况；以便采取相应措施（图8－11）。

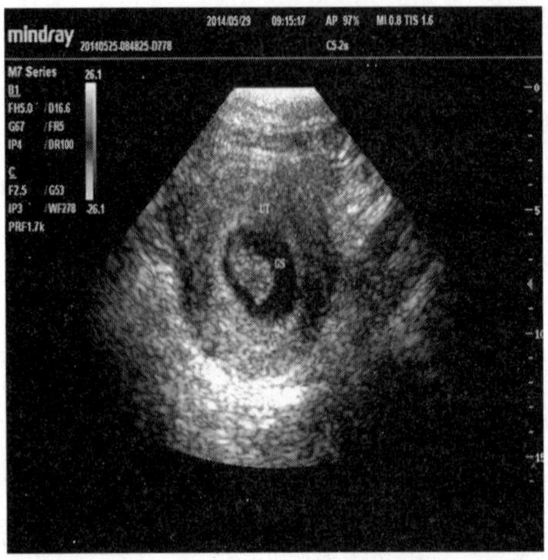

图 8-10 正常早期妊娠声像图

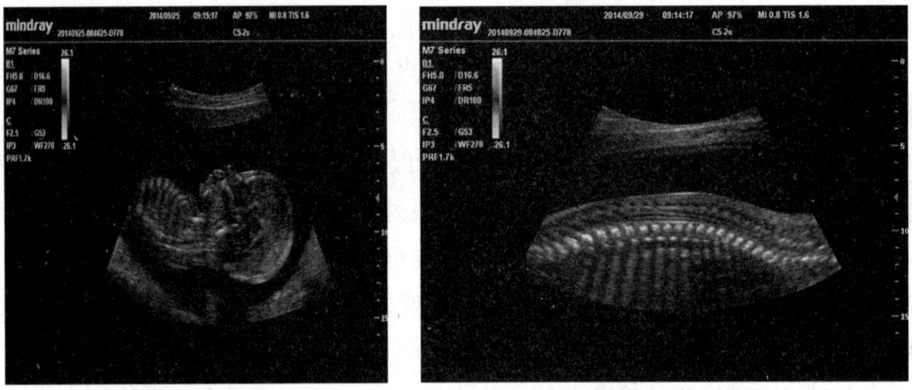

a 胎儿正常声像图　　b 胎儿脊柱正常声像图

图 8-11 正常胎儿声像图

（五）其他

1. 眼 眼球位置表浅，结构精细，高频超声检查可对内膜（视网膜、脉络膜）性病变、眼内或眶内肿瘤性病变及眼外伤等多种疾病进行诊断。

2. 甲状腺与乳腺 高频超声可探查其病灶并判断物理特性，初步鉴别病灶的良、恶性。

3. 介入性超声 是现代超声医学的一门新技术。其主要特点是在实时超声引导或监视下，完成各种穿刺活检、抽吸引流、X 线造影及注药治疗等操作，以满足临床诊断及治疗的需要。如实性肿物穿刺活检、肝、肾囊肿的抽吸硬化治疗、肿瘤的局部药物治疗等。由于超声显像具有实时、准确、无创、简单经济等优点；因此，在临床上得到了广泛应用。

知识链接

超声检查在心脏大血管的临床应用

可观测心脏、大血管及外周血管的解剖结构、血流情况及测定其厚度与大小及功能状态。常用于对先天性心脏病、瓣膜病、心肌病、冠心病及血管性病变的检查。

（杨兴益）

第五节　内镜检查

案 例

患者，男性，56岁。近数月来自觉胸骨后不适，进食后有异物感，食管X线钡餐检查无异常发现。

请思考：①为了进一步明确诊断，该患者应做何种检查？②检查前，应如何协助患者做好准备和护理？③检查过程中，护士应如何配合？

一、基本知识

内镜（endoscopy）检查和治疗，已广泛得到了临床应用。经历了硬式内镜、可曲式内镜、纤维内镜及电子内镜。可直接或放大观察病变并活检，配以摄影、黏膜染色、内镜超声等技术，明显提高了各系统疾病的诊断率；不仅可对消化系统（如胃、小肠、大肠等部位）进行检查治疗，还可对呼吸系统、泌尿生殖系统、胸腹腔疾病进行诊断治疗；内镜下治疗能避免常规手术的需要；靠电子摄像系统，成像于电视屏幕上，可供人观看和分析，便于教学、会诊及资料的存储，目前临床常用的电子内镜包括胃镜、肠镜、气管镜、膀胱镜、腹腔镜、胸腔镜等。内镜检查和治疗存在一定的风险及并发症，检查和治疗前需告知患者，并让其在知情同意书上签字。

二、上消化道检查

上消化道内镜检查包括食管、胃、十二指肠检查。

（一）适应证

（1）有上腹部不适、腹痛、腹胀、吞咽困难、恶心、呕吐等上消化道症状者。

（2）急性上消化道出血，胃镜检查可获早期的病因诊断，还可进行镜下止血，慢性不明原因的贫血。

（3）经X线钡餐检查不能确诊的上消化道病变，或疑有肿瘤者取组织活检。

（4）需要随访观察的病变如　反流性食管炎、萎缩性胃炎、溃疡、术后残胃等。

（5）需通过内镜治疗者、止血、切除息肉或肿物、扩张食管、植入支架、取出食管异物。

（二）禁忌证

（1）严重心、肝、肾、肺等器官功能不全或全身衰竭不能耐受者　如心肌梗死急性期、心衰、严重心律失常、呼吸衰竭、休克、支气管哮喘急性发作、严重凝血功能障碍。

（2）内镜插入困难者　如腐蚀性食管、重症咽喉部疾病等。

（3）容易导致严重并发症者　如胃急性损伤、胃十二指肠穿孔急性期、严重颈胸段脊柱畸形、主动脉瘤。

（4）神志不清、精神失常及不能合作者。

（5）传染性疾病　如开放性肺结核、急性肝炎或胃肠道传染病等暂缓检查。

（6）消化道出血，血压不稳定或血红蛋白<50g/L。

（三）检查前准备

1. 做好解释工作 消除患者恐惧心理，取得患者合作。

2. 禁食 患者至少禁食6～8小时，胃排空延缓者应禁食更长时间，必要时洗胃后再做检查。

3. 咽部麻醉及去泡剂 麻醉时间不足者，术前在追加口喷利多卡因，口服去泡剂如二甲硅油等以去除黏膜表面泡沫。

4. 镇静剂 过分紧张者给予适量镇静剂；做镜下治疗时为减少蠕动，可给予适量解痉剂，如阿托品等。

5. 检查胃镜及配件 检查线路、电源开关、监视器屏幕影像，注意光源、送水、送气阀及吸引装置、操作部旋钮控制的角度、内镜室监护设施、氧气及急救用品等。

6. 签署知情同意书 患者了解检查目的、了解有无内镜检查禁忌证及危险性，并签字。

（四）并发症

胃镜检查相对比较安全。一般并发症有喉头痉挛、咽喉部损伤感染、下颌关节脱臼、食管贲门黏膜撕裂等。严重并发症有麻醉意外、吸入性肺炎、心搏骤停、心肌梗死、食管及胃肠穿孔、出血等，应注意防范。

（五）上消化道疾病的诊断

1. 急性胃炎 内镜下可见胃黏膜充血、水肿、出血斑及表面附有脓性分泌物。

2. 慢性浅表性胃炎 最为常见。内镜下黏膜充血水肿、斑片状发红、黏膜下充血及片状糜烂，或呈多发性隆起，表面糜烂，周围有红晕。

3. 慢性萎缩性胃炎 内镜下表现为黏膜苍白或花斑状（以白为主）、黏膜萎缩变薄、皱襞变浅甚至消失或黏膜下血管透见；局灶增生和肠腺化生者表现为黏膜呈小结节状或粗糙颗粒状改变，黏膜表面缺少光泽，分泌物少。

4. 溃疡 以十二指肠球部及胃窦部多见，内镜下见相对规则的圆形或椭圆形凹陷，底部覆以白苔、血痂及血凝块，周围黏膜尚光滑但多有充血、水肿及黏膜集中，分别可见溃疡活动、愈合及瘢痕化过程。

5. 肿瘤 我国以胃癌、食管癌多见，胃镜是最佳检查方法。

三、下消化道检查

下消化道检查包括结肠镜、小肠镜，小肠镜应用较少，临床主要是结肠镜检查。

（一）适应证

（1）病因不明的便血、大便习惯异常或有腹痛、腹部包块、贫血等症状和体征者。

（2）钡剂灌肠发现病变但不能确诊者。

（3）肠道炎症性肠病的诊断与随诊。

（4）结肠癌术前确诊、术后随访，息肉摘除术后随访。

（5）下消化道需行镜下止血及结肠息肉摘除者。

（6）原因不明的低位肠梗阻。

（二）禁忌证

（1）肛门、直肠严重狭窄。

（2）急性重度结肠炎。

（3）急性弥漫性腹膜炎、腹腔脏器穿孔、多次腹腔手术、腹腔内广泛粘连。

（4）妊娠期孕妇。

（5）严重心肺功能不全、精神失常及昏迷者。

（6）肠道准备不够，内容物过多影响观察者。

（三）检查前准备

1. 精神准备　做好解释工作，消除患者恐惧心理，以取得患者的配合。

2. 饮食准备　检查前三天进少渣易消化饮食，需做高频电切手术者勿食乳制品。检查当日禁食早餐，对明显饥饿者可饮糖水或输液。

3. 肠道准备　检查前 3 ~ 4 小时嘱患者饮平衡电解质液（主要含氯化钠）3000 ~ 4000ml 或含磷酸缓冲液的清肠液。也可口服甘露醇、番泻叶、全肠道清洗等，如需行高频电凝切除等治疗时不宜选用甘露醇（因其在大肠内被细菌分解产生可燃气体氢，术时有引起爆炸的危险）。

4. 签署知情同意书　让患者阅读结肠镜申请单及简要询问病史及体检，了解检查目的、有无结肠镜检查禁忌及危险性。签署知情同意书。

5. 检查结肠镜及配件　检查结肠镜线路、电源开关、监视器屏幕影像，注意光源、送水、送气阀及吸引装置、操作部旋钮控制的角度、内镜室监护设施、氧气及急救用品等。

6. 术前用药　一般情况下无需用药，如患者情绪紧张可使用适量镇静剂或解痉剂，但上述药品可使痛阈增高，降低结肠穿孔反应信号，需特别警惕。

（四）并发症

结肠镜检查相对安全，其并发症主要有肠道穿孔、出血、肠系膜、浆膜撕裂及心脑血管意外等，主要原因为适应证选择不当，术前准备不充分，术者缺乏经验、操作不熟练和（或）术者在进镜困难时急躁、缺乏耐心而粗暴进镜等所致。

（五）结肠疾病的内镜诊断

1. 肠结核　本病以回盲部多见，主要病变有肠管狭窄、溃疡、增生结节等。

2. 溃疡性结肠炎　病变多见于直肠，以左半结肠受累多见。肠黏膜充血、水肿、呈颗粒感、失去光泽；多发性黏膜糜烂及溃疡形成；慢性期可见炎性息肉。

3. 克罗恩（Crohn）病　好发于回肠末端，呈跳跃式或节段式；溃疡沿肠管长轴分布的匍形溃疡；肠管内可见鹅卵石样改变，晚期可见肠管狭窄。

4. 结肠肿瘤　包括良性肿瘤和恶性肿瘤。良性以息肉多见，属癌前病变，息肉大小、形态、有无蒂对判断类型及预后很重要。恶性肿瘤主要是结肠癌，病理类型与胃癌相似，好发于直肠、乙状结肠。

四、纤维支气管镜检查

纤维支气管镜检查是呼吸系统疾病诊疗的重要手段，在临床广泛应用。

（一）适应证

（1）原因不明的咯血，需明确出血部位和咯血原因者。

（2）性质不明的弥漫性肺病变、肺内孤立性结节或肿块需做活检者。

（3）难以解释的干咳或局限性喘鸣、原因不明的肺不张或胸腔积液。

（4）吸收缓慢或在同一段、叶反复发生的肺炎。

（5）原因不明的喉返神经麻痹和膈神经麻痹者。

（6）X 线胸片示块状影、肺不张、阻塞性肺炎，怀疑肺癌者。

（7）X 线胸片无异常，但痰细胞学阳性的“隐性肺癌”者。

（8）收集肺深部细支气管的分泌物做病原学培养。

（9）钳取支气管异物、肺脓肿吸痰及局部用药，对气道狭窄患者在纤支镜下行球囊扩张或放置支架灯介入治疗。

（二）禁忌证

（1）对麻醉药过敏或不能配合检查的患者。

（2）有严重心肺功能不全、严重心律失常、频发心绞痛、新近发生心肌梗死者。

（3）全身状况极度衰弱不能耐受检查者。

（4）出、凝血机制障碍者。

（5）主动脉瘤有破裂危险者。

（6）新近有上呼吸道感染、高热、哮喘发作、大咯血者暂缓检查。

（三）检查前准备

（1）向患者说明检查目的、大致过程和配合的方法，取得患者良好合作。术前禁食 4 小时，术前半小时肌内注射阿托品 0.5mg 和地西泮 10mg。

（2）详细了解病史与体格检查，了解患者的心肺功能。患者需有近期胸片（包括正侧位片、必要时有断层片或胸部 CT 片），以确定病变位置。

（3）对有出血倾向者，必要时做凝血时间和血小板计数等检查。对年老体弱、心肺功能不佳者做心电图和肺功能检查。

（4）术前仔细检查器械各部、管道、吸引管是否完好通畅，调节钮是否灵活、插入部件是否光滑，软管有无破损，活检钳、后视镜等是否正常。

（四）并发症

纤维支气管镜检查已经广泛应用于临床，可能出现的主要并发症有：低氧血症、出血、气胸、发热、喉及支气管痉挛、麻醉药过量或对麻醉药过敏而出现的呼吸抑制反应，甚至心搏骤停。只要掌握好适应证，术前准备充分，操作熟练小心，一般不会出现并发症。出现并发症时，要及时作相应的处理。

（五）纤维支气管镜的临床评价

对肺部感染、肺不张、肺癌、胸膜疾病、胸片正常的咯血患者可进行协助诊断；对各种原因所致的呼吸衰竭、胸外伤或胸腹手术后并发症、摘取异物、肺部感染、大气道狭窄可进行协助治疗。

（杨兴益）

目标检测

A1 型题

1. 作为 X 线的特性，下列哪项是透视的基础
   A. 穿透性　B. 荧光效应　C. 摄影效应
   D. 电离效应　E. 生物效应

2. 硫酸钡常用于下列哪项检查
A. 中枢检查　B. 血管检查　C. 消化道检查
D. 泌尿系统检查　E. 胆系造影

3. 胃肠钡餐造影前准备，下列哪项正确
A. 消化道出血者应暂缓检查　B. 检查前可少量进食
C. 造影前可口服多潘立酮　D. 幽门梗阻患者无需特殊准备
E. 因为简单，无需做任何解释工作

4. 心血管造影前准备和注意事项，下列哪项正确
A. 可不进行碘、普鲁卡因和青霉素试验
B. 造影前只需一般准备即可
C. 必要时在知情同意书上签字
D. 检查前不用镇静剂
E. 做好心电监护和急救准备

5. MRI 与 CT 相比，最大的优点是
A. 断层成像　B. 价格便宜
C. 多参数成像，无放射性　D. 目前较为普及
E. 扫描时间短

6. 患者，男性，60 岁。钡灌肠发现乙状结肠下段呈局限环形狭窄，肠壁僵硬与正常肠管分界截然，首先考虑
A. 溃疡性结肠炎　B. 浸润型结肠癌　C. 溃疡性结肠癌
D. 过敏性结肠炎　E. 肠结核

7. 患者，男性，45 岁。体检发现左肺下叶有一小块阴影，直径约 1.5cm，密度不均，边缘模糊；CT 片呈分叶状，边缘有短细毛刺，考虑为
A. 肺结核球　B. 球形肺炎　C. 错构瘤
D. 周围型肺癌　E. 矽肺结节

8. 患者，男性，43 岁。既往无任何神经系统症状，8 小时前突发剧烈头痛，伴喷射状呕吐，肢体活动无障碍。应首选以下哪种检查
A. 头颅 X 线平片　B. 头颅多普勒　C. CT
D. MRI　E. DSA

9. 患者，男性，65 岁。小便不畅半年，腰骶部、骨盆疼痛 3 个月，胸部平片及 CT 未见异常，需进一步行哪项检查
A. 骨盆平片检查　B. 支气管镜检查　C. 静脉尿路造影
D. 肾脏超声检查　E. 前列腺指诊和 MRI 检查

10. 患者，女性已婚，26 岁。停经 56 天，疑宫内妊娠，下列哪项检查应作为首选
A. 盆腔 X 线平片检查　B. 腹部 CT 扫描
C. 盆腔 MRI 扫描　D. 子宫及附件二维超声检查
E. 子宫、输卵管造影检查

（杨兴益）

扫码“练一练”

扫码“学一学”

第九章

护理诊断

学习目标

知识目标

1. 掌握护理诊断的构成、陈述方式及合作性问题。
2. 熟悉护理诊断的概念、思维方法和步骤及 NANDA 认可的护理诊断名称。
3. 了解护理诊断的分类方法。

技能要点

结合病例分析，学会应用临床思维方法对患者做出正确的护理诊断。

第一节　护理诊断概述

案例

患者，男性，26 岁。酗酒后第 2 天晨起突发高热，自测体温为 39.7℃，寒战，咳嗽，咳少量黏液痰，右侧胸痛。自服泰诺林 1 片后，体温未下降，遂来院治疗。身体评估：T 39.5℃，P 100 次/分，R 21 次/分，BP 100/70mmHg。神清，面色潮红，右下肺部可闻及湿啰音。入院后患者担心该病会传染给家人。

请思考：作为责任护士，针对该患者入院当天存在的情况可以提哪些相关护理诊断？

一、护理诊断定义

护理诊断（nursing diagnosis）是护士针对个人、家庭、社区现存或潜在的健康问题或生命过程的反应所做的一种临床判断，是护士为达到预期结果选择护理措施的基础，这些预期结果是可通过护理职能达到的。

护理诊断一词最先由美国护士弗吉尼亚·福莱（Virginia Fry）于 1953 年提出，但当时未引起充分重视，直到 1973 年，在美国的圣路易市召开了第一次全美护理诊断分类会议，成立了全国护理诊断分类小组，才开始对护理诊断的正式确认、制定和分类工作，小组成员每两年召开一次会议，修订原有护理诊断，增加新的护理诊断。同年，美国护士协会（American Nurses´Association，ANA）发表了《护理执业标准》，正式将护理诊断纳入护理程序，授权在护理实践中使用。1982 年召开的第 5 次会议将全国护理诊断分类小组更名为北美护理诊断协会（NANDA），1987 年 ANA 正式批准了 NANDA 作为制定护理诊断分类的权威组织，至今已确定了 201 条护理诊断（见附录一）。

二、护理诊断与医疗诊断的区别

考点提示

护理诊断与医疗诊断的区别。

医疗诊断是医生使用的名词，护理诊断是护士使用的名词，因它们研究的对象、方法和结论性质的不同，所以两者具有不同的含义，其区别见表 9－1 所示。

表 9－1 护理诊断与医疗诊断的区别

区别点	医疗诊断	护理诊断
研究对象	对个体病理生理变化的一种临床判断	对个人、家庭、社区现存的或潜在的健康问题/生命过程反应的一种临床判断
描述内容	是一种疾病	是个体对健康问题的反应
决策者	医疗人员	护理人员
诊断数目	数目较少，相对稳定，在病程中保持不变	数目较多，随患者的变化而变化
职责范围	在医疗职责范围内进行	在护理职责范围内进行

三、护理诊断的分类

1. 人类反应型态分类法 1986 年被 NANDA 发表，又称为 NANDA 护理诊断分类Ⅰ。它概括了九个反应型态作为概念框架，每个型态又有若干个护理诊断。这九个反应型态分别为交换、沟通、关系、价值、选择、移动、感知、认知、感觉。

2. 功能性健康型态分类法 此分类法由 Gordon 提出，他把人类对健康生命过程的反应分为 11 个功能性健康型态，且每个形态均渗透到护理程序的每一个阶段。这 11 种功能性健康型态分别是健康感知—健康管理型态、营养—代谢型态、排泄型态、活动—运动型态、睡眠—休息型态、认知—感知型态、自我感知—自我概念型态、角色—关系型态、性—生殖型态、应对—应激耐受型态、价值—信念型态。

3. 多轴系健康型态分类 又称为 NANDA 护理诊断分类Ⅱ。它包括七个轴系，13 个范畴，分别为健康促进、营养、排泄、活动/休息、感知/认知、自我感知、角色关系、性、应对/应激耐受性、生活准则、安全/防御、舒适、成长/发展。多轴系健康型态分类法是在功能性健康型态基础上的改进和发展，较之更全面、更加贴近临床护理，因此较实用且应用也更广泛。

四、护理诊断的组成

护理诊断主要分为现存的、潜在的、健康的、可能的和综合的几种类型。不同类型的护理诊断其组成亦不相同。

（一）现存的护理诊断

现存的护理诊断（actual nursing diagnosis）是对个人、家庭或社区目前已经存在的健康问题或生命过程的反应的描述。它由名称、定义、诊断依据和相关因素四部分组成。

1. 名称 是对个人、家庭或社区目前正出现的健康状况或生命过程反应的概括性描述。如“体温过高”、“清理呼吸道无效”、“语言沟通障碍”、“进食自理缺陷”等。在使用时应尽量选择NANDA认可的护理诊断名称，有利于护士间的交流及规范护理教学。

2. 定义 是对名称的一种清晰、精确的描述，以区别其他类似的护理诊断。如“压力性尿失禁”的定义为“个体在腹内压力增加时立即无意识地排尿的一种状态”；“急迫性尿失禁”的定义为“个体处在突发的强烈排尿欲望下无意识排尿的一种状态”；“反射性尿失禁”的定义为“个体处于在没有急迫要排泄或膀胱满涨感觉下可以预见的不自觉的排尿的一种状态”。

3. 诊断依据 是做出护理诊断的临床判断标准。在现存的护理诊断中通常是指做出护理诊断所必须具备的一组症状与体征，即通过评估获得的主观资料和客观资料。根据在护理诊断中所起作用的必要性，将其分为主要依据和次要依据。主要依据是指做出某一护理诊断时必须具备的依据；而次要依据是指在形成诊断时，多数情况下会出现但不一定都存在的症状和体征，对诊断的形成起支持作用。如护理诊断“疼痛”的主要依据是“患者自述疼痛”，次要依据是“呻吟、异常姿势、在被碰触时退缩”。

4. 相关因素 是指促成护理诊断成立与维持的原因或情境。有五个常见的因素：①病理生理因素；②治疗因素；③情境因素；④心理因素；⑤年龄因素。如“便秘”这一护理诊断的病理生理因素可能是感觉运动障碍或电解质紊乱；治疗因素可以是麻醉药物、钙剂或抗生素的不良作用；情境因素可能为环境陌生干扰排便或饮食中缺乏纤维素等；心理因素可因各种应激事件所致的情绪剧烈波动；而年龄因素可见于老年人肠蠕动减慢，活动量少。

（二）潜在的护理诊断

潜在的护理诊断（potential nursing diagnosis）是对易感的个人、家庭或社区对健康情况或生命过程可能出现的反应做出的临床判断。护士对这类护理诊断应具有预见性，否则虽然现在没有发生问题，但若不采取护理措施将来很可能出现问题。潜在的护理诊断由名称、定义和危险因素三部分组成。

> **考点提示**
>
> 现存的、潜在的、健康的护理诊断的区别及它们的组成。

1. 名称 是在患者对健康状态或疾病可能出现的反应的概括性描述中，冠以“有……的危险”，如“有窒息的危险”。

2. 定义 与现存的护理诊断相同。

3. 危险因素 是指一些能够加强个人、家庭或社区的易感性，导致其健康状况改变的各种因素，是确认潜在的护理诊断的依据。

（三）健康的护理诊断

健康的护理诊断（healthy nursing diagnosis）是对个人、家庭或社区具有的能进一步提高健康水平潜能的描述，如“母乳喂养有效”。

五、护理诊断的陈述

护理诊断的陈述共包括三个要素，问题（problem P）、相关因素（etiology E）、症状或体征（symptoms and signs S），又称 PSE 公式。根据诊断的不同类型临床上常选用以下三种陈述方式之一进行陈述：

考点提示

PSE 公式。

1. 三部分陈述法（PSE） 多用于现存的护理诊断的陈述。

例如：　P　S　E

体温过高　T 39.5℃　与细菌引起的肺部感染有关

2. 两部分陈述法（PE） 常用于潜在的和可能的护理诊断的陈述。问题（P）为诊断的第一部分，原因（E）为诊断的第二部分。两部分之间常用“与……有关”进行连接。

例如：　P　E

有皮肤完整性受损的危险　与长期卧床、营养不良有关

3. 一部分陈述法（P） 即不存在相关因素，常用于健康的和综合的护理诊断。

例如：　P

母乳喂养有效

六、合作性问题

1983 年 Lynda Juall Carpenito 提出了合作性问题（collaborative problem）这一概念。她认为需要护士解决的问题可分为两类：一类经护士直接采取措施就可以解决的，属于护理诊断；另一类需要与其他健康保健人员尤其是医生共同合作解决的，属于合作性问题。

考点提示

合作性问题与护理诊断的区别及合作性问题的陈述方式。

合作性问题需要护士监测以及时发现患者身体并发症的发生和变化，通过执行医嘱及采取护理措施来共同处理并发症发生的问题，但并非所有并发症都是合作性问题。有些并发症可通过护理措施预防和处理，属于护理诊断；只有护士不能预防及独立处理的并发症才属于合作性问题。合作性问题的陈述方式是“潜在并发症（potential complication，PC）：×××”。如“潜在并发症：休克”。

合作性问题与护理诊断的区别在于，凡护士能够独立采取护理措施以预防并发症发生的是护理诊断；若护士不能预防和独立处理，需要医护双方合作处理的则为合作性问题。对于合作性问题，护理措施的重点是注意病情监测以及时发现并发症，并尽早配合医生进行处理。

第二节 护理诊断程序与思维方法

护理诊断程序实质上是一个评判性的思维过程，即首先收集患者的主观和客观资料，接着将收集到的资料进行核实和分类，然后找出其异常的资料及分析出相关因素或危险因素，最后选择适宜的护理诊断。此程序包括了四个具体步骤：收集资料、整理资料、分析资料和选择护理诊断。

一、收集资料

收集资料是做出护理诊断的基础步骤，应包括收集患者的主观资料和客观资料，如患

者目前与既往的健康状况、机体脏器的功能状态、患者对治疗及护理的反应、患者的心理健康及社会适应情况等。收集到的资料是否全面与准确是正确提出护理诊断和做出护理计划的关键所在。

二、整理资料

1. 资料的核实 目的是为了保证收集到的资料的真实性和准确性。可运用客观资料对某些患者判断错误的主观资料进行核实；对于含糊不清的资料，可利用问诊、身体评估等方法对资料进行澄清。

2. 资料的分类 把资料按照 NANDA 的人类反应形态、Gordon 的十一种功能性健康型态或多轴系健康型态进行分类，以便护士顺利地做出初步诊断。

三、分析资料

1. 找出异常资料 分析资料的第一步要将所收集的资料与正常值相比较，找出具有临床意义的线索；这不仅要求护士有丰富的基础医学知识、护理学知识、人文学科知识，还要求护士能够从不同的年龄、家庭、社会、文化背景等方面考虑到人的个体差异性，进行全面地比较。

2. 分析相关因素/危险因素 找出异常资料后，接下来应进一步寻找引起异常的相关因素，而危险因素是指患者目前虽然无异常，但存在促使其向异常变化的因素。找出资料的相关因素和危险因素可指导护士制定正确的护理措施。

四、选择护理诊断

将异常的资料与护理诊断的诊断依据进行比较，若符合则可做出护理诊断。护士做出护理诊断前，应考虑找出的异常资料属于哪一个形态，可能有哪个或哪几个诊断，然后根据诊断依据选出正确的护理诊断。

> **考点提示**
>
> 护理诊断的思维方法及书写注意事项。

由于往往有多个护理诊断，应按照重要性和紧迫性不同排列出护理诊断的主次，一般情况下，对患者生命构成威胁的问题排在最前面，护士应优先解决，其他的依次排列。根据问题的轻、重、缓、急将问题分为首优问题、中优问题和次优问题。这些问题的排序不是固定不变的，而是随患者的病情、治疗及患者的反应而变化的。

1. 首优问题 指对患者生命构成威胁，需要立即采取行动予以解决的问题。如心输出量减少、组织灌流无效、体液不足、清理呼吸道无效、气体交换受损等。

2. 中优问题 指虽然不直接威胁患者生命，但会损伤其身心健康的问题。如体温过高、急性疼痛、皮肤完整性受损、睡眠形态紊乱、焦虑、恐惧等。

3. 次优问题 指个人在应对发展和生活中变化所遇到的问题，这些问题不是不重要，而是在安排中可以放在后面，只需要通过护士较少的帮助就能使患者达到最佳健康状态。如营养失调：高于机体需要量、社会交往障碍、缺乏娱乐活动、角色冲突等。

知识链接

书写护理诊断的注意事项

1. 护理诊断名称应简单易懂，尽量使用 NANDA 认可的诊断名称。

2. 一个护理诊断针对一个健康问题。

3. 护理诊断应是护理措施能够解决的。

4. 相关因素是做出护理诊断的最直接原因，陈述应明确，使用“与……有关”的方式，知识缺乏的陈述方式则是“缺乏……知识”，避免将临床表现误以为是相关因素。潜在的护理诊断应列出危险因素。

5. 护理诊断应全面，一个患者可有多个护理诊断，并随病情发展而变化。

6. 避免使用引起法律纠纷的陈述，如“有受伤的危险：与护士约束带绑太紧有关”。

7. 避免价值判断，如“社会交往障碍：与缺乏个人道德有关”。

（林　梅）

附　护理诊断进展

NANDA－Ⅰ 201 项护理诊断

领域 1：健康促进（Health Promotion）

健康维护能力低下（ineffective health maintenance）

自我健康管理无效（ineffective self health management）

持家能力障碍（impaired home maintenance）

有免疫状态改善的趋势（readiness for enhanced immunization status）

忽视自我健康管理（self neglect）

有营养改善的趋势（readiness for enhanced nutrition）

家庭执行治疗方案无效（ineffective family therapeutic regimen management）

有自我健康管理改善的趋势（readiness for enhanced self health management）

领域 2：营养（Nutrition）

无效性婴儿喂养形态（ineffective infant feeding pattern）

营养失调：低于机体需要量（imbalanced nutrition：less than body requirements）

营养失调：高于机体需要量（imbalanced nutrition：more than body requirements）

有营养失调的危险：高于机体需要量（risk for imbalanced nutrition：more than body requirements）

吞咽障碍（impaired swallowing）

有血糖不稳定的危险（risk for unstable glucose level）

新生儿黄疸（neonatal jaundice）

有肝功能受损的危险（risk for impaired liver function）

有电解质失衡的危险（risk for electrolyte imbalance）

有体液平衡改善的趋势（readiness for enhanced fluid balance）

体液不足（deficient fluid volume）

体液过多（excess fluid volume）

有体液不足的危险（risk for deficient fluid volume）
有体液失衡的危险（risk for imbalanced fluid volume）
领域3：排泄（elimination and exchange）
排尿障碍（impaired urinary elimination）
功能性尿失禁（functional urinary incontinence）
溢出性尿失禁（overflow urinary incontinence）
反射性尿失禁（reflex urinary incontinence）
压力性尿失禁（stress urinary incontinence）
急迫性尿失禁（urge urinary incontinence）
有急迫性尿失禁的危险（risk for urge urinary incontinence）
尿潴留（urinary retention）
有排尿功能改善的趋势（readiness for enhanced urinary elimination）
排便失禁（bowel incontinence）
便秘（constipation）
感知性便秘（perceived constipation）
有便秘的危险（risk for constipation）
腹泻（diarrhea）
胃肠动力失调（dysfunctional gastrointestinal motility）
有胃肠动力失调的危险（risk for dysfunctional gastrointestinal motility）
气体交换障碍（impaired gas exchange）
领域4：活动/休息（activity/rest）
失眠（insomnia）
睡眠型态紊乱（disturbed sleep pattern）
睡眠剥夺（sleep deprivation）
有睡眠改善的趋势（readiness for enhanced sleep）
有废用综合征的危险（risk for disuse syndrome）
缺乏娱乐活动（deficient diversional activity）
久坐的生活方式（sedentary lifestyle）
床上活动障碍（impaired bed mobility）
躯体活动障碍（impaired physical mobility）
借助轮椅活动障碍（impaired wheelchair mobility）
移动能力障碍（impaired transfer ability）
行走障碍（impaired walking）
术后康复迟缓（delayed surgical recovery）
能量场紊乱（disturbed energy field）
疲乏（fatigue）
活动无耐力（activity intolerance）
有活动无耐力的危险（risk for activity intolerance）
有出血的危险（risk for bleeding）

低效性呼吸型态（ineffective breathing pattern）

心排出量减少（decreased cardiac output）

外周组织灌注无效（ineffective peripheral tissue perfusion）

有心脏组织灌注不足的危险（risk for decreased cardiac tissue perfusion）

有脑组织灌注无效的危险（risk for ineffective cerebral tissue perfusion）

有胃肠道灌注无效的危险（risk for ineffective gastrointestinal tissue perfusion）

有肾脏灌注无效的危险（risk for ineffective renal perfusion）

有休克的危险（risk for shock）

自主呼吸障碍（impaired spontaneous ventilation）

呼吸机依赖（dysfunctional ventilatory weaning response）

有自理能力增强的趋势（readiness for enhanced self - care）

沐浴/卫生自理缺陷（bathing/hygiene self - care deficit）

穿着/修饰自理缺陷（dressing/grooming self - care deficit）

进食自理缺陷（feeding self - care deficit）

如厕自理缺陷（toileting self - care deficit）

领域5：感知/认知（perception/cognition）

单侧身体忽视（unilateral neglect）

环境认知障碍综合征（impaired environmental interpretation syndrome）

漫游状态（wandering）

感知觉紊乱（具体说明：视觉、听觉、方位感、味觉、触觉、嗅觉）[disturbed sensory perception（specify：visual，auditory，kinesthetic，gustatory，tactile，olfactory）]

急性意识障碍（acute confusion）

慢性意识障碍（chronic confusion）

有急性意识障碍的危险（risk for acute confusion）

知识缺乏（deficient knowledge）

有知识增进的趋势（readiness for enhanced knowledge）

记忆功能障碍（impaired memory）

有决策能力增强的趋势（readiness for enhanced decision - making）

活动计划无效（ineffective activity planning）

语言沟通障碍（impaired verbal communication）

有沟通增进的趋势（readiness for enhanced communication）

领域6：自我感知（self - perception）

有个人尊严受损的危险（risk for compromised human dignity）

无望感（hopelessness）

自我认同紊乱（disturbed personal identity）

有孤独的危险（risk for loneliness）

有能力增强的趋势（readiness for enhanced power）

无能为力感（powerlessness）

有无能为力感的危险（risk for powerlessness）

有自我概念改善的趋势（readiness for enhanced self - concept）
情境性低自尊（situational low self - esteem）
长期性低自尊（chronic low self - esteem）
有情境性低自尊的危险（risk for situational low self - esteem）
体像紊乱（disturbed Body image）

领域7：角色关系（role relationships）

照顾者角色紧张（caregiver role strain）
有照顾者角色紧张的危险（risk for caregiver role strain）
养育功能障碍（impaired parenting）
有养育功能改善的趋势（readiness for enhanced parenting）
有养育功能障碍的危险（risk for impaired parenting）
有依附关系受损的危险（risk for impaired parent/infant/child attachment）
家庭运作过程失常（dysfunctional family processes）
家庭运作过程改变（interrupted family processes）
有家庭运作过程改善的趋势（readiness for enhanced family processes）
母乳喂养有效（effective breastfeeding）
母乳喂养无效（ineffective breastfeeding）
母乳喂养中断（interrupted breastfeeding）
父母角色冲突（parental role conflict）
有关系改善的趋势（readiness for enhanced relationship）
无效性角色行为（ineffective role performance）
社会交往障碍（impaired social interaction）

领域8：性（sexuality）

性功能障碍（sexual dysfunction）
性生活形态无效（ineffective sexuality patterns）
有生育进程改善的趋势（readiness for enhanced childbearing process）
有母体与胎儿双方受干扰的危险（risk for disturbed maternal/fetal dyad）

领域9：应对/应激耐受性（coping/ stress Tolerance）

创伤后综合征（post trauma syndrome）
有创伤后综合征的危险（risk for post trauma syndrome）
强暴创伤综合征（rape - trauma syndrome）
迁移应激综合征（relocation stress syndrome）
有迁移应激综合征的危险（risk for relocation stress syndrome）
焦虑（anxiety）
对死亡的焦虑（death anxiety）
有威胁健康的行为（risk - prone health behavior）
妥协性家庭应对（compromised family coping）
无能性家庭应对（disabled family coping）
防卫性应对（defensive coping）

应对无效（ineffective coping）
社区应对无效（ineffective community coping）
有应对增强的趋势（readiness for enhanced coping）
有社区应对增强的趋势（readiness for enhanced community coping）
有家庭应对增强的趋势（readiness for enhanced family coping）
无效性否认（ineffective denial）
恐惧（fear）
悲伤（grieving）
复杂性悲伤（complicated grieving）
有复杂性悲伤的危险（risk for complicated grieving）
个人恢复能力障碍（impaired individual resilience）
有恢复能力受损的危险（risk for compromised resilience）
有恢复能力增强的趋势（readiness for enhanced resilience）
持续性悲伤（chronic sorrow）
压力负荷过重（stress overload）
自主性反射失调（autonomic dysreflexia）
有自主性反射失调的危险（risk for autonomic dysreflexia）
婴儿行为紊乱（disorganized infant behavior）
有婴儿行为紊乱的危险（risk for disorganized infant behavior）
有婴儿行为调节改善的趋势（readiness for enhanced organized infant behavior）
颅内调适能力降低（decreased intracranial adaptive capacity）

领域 10：生活准则（life principles）

有希望增强的趋势（readiness for enhanced hope）
有精神安适增进的趋势（readiness for enhanced spiritual well - being）
抉择冲突（decisional conflict）
道德困扰（moral distress）
不依从行为（Noncompliance）
宗教信仰减弱（impaired religiosity）
有宗教信仰增强的趋势（readiness for enhanced religiosity）
有宗教信仰减弱的危险（risk for impaired religiosity）
精神困扰（spiritual distress）
有精神困扰的危险（risk for spiritual distress）

领域 11：安全/防护（safety/protection）

有感染的危险（risk for infect ion）
清理呼吸道无效（ineffective airway clearance）
有误吸的危险（risk for aspiration）
有婴儿猝死综合征的危险（risk for sudden infant death syndrome）
牙齿受损（impaired dentition）
有跌倒的危险（risk for falls）

有受伤害的危险（risk for injury）

有手术期体位性损伤的危险（risk for perioperative – positioning injury）

口腔黏膜受损（impaired oral mucous membrane）

有外周神经血管功能障碍的危险（risk for peripheral neurovascular dysfunction）

防护能力低下（ineffective protection）

皮肤完整性受损（impaired skin integrity）

有皮肤完整性受损的危险（risk for impaired skin integrity）

有窒息的危险（risk for suffocation）

组织完整性受损（impaired tissue integrity）

有外伤的危险（risk for trauma）

有血管损伤的危险（risk for vascular Trauma）

自伤（self – mutilation）

有自伤的危险（risk for self – mutilation）

有自杀的危险（risk for suicide）

有对他人施行暴力的危险（risk for other – directed violence）

有对自己施行暴力的危险（risk for self – directed violence）

受污染（contamination）

有受污染的危险（risk for contamination）

有中毒的危险（risk for poisoning）

乳胶过敏反应（latex allergy response）

有乳胶过敏反应的危险（risk for latex allergy response）

有体温失调的危险（risk for imbalanced body temperature）

体温过高（hyperthermia）

体温过低（hypothermia）

体温调节无效（ineffective thermoregulation）

领域 12：舒适（comfort）

有舒适增进的趋势（readiness for enhanced comfort）

舒适度减弱（impaired comfort）

恶心（nausea）

急性疼痛（acute pain）

慢性疼痛（chronic pain）

社交孤立（social isolation）

领域 13：生长/发展（growth/development）

成人身心功能衰退（adult failure to Thrive）

生长发展迟缓（delayed growth and development）

有发展迟缓的危险（risk for delayed development）

有生长比例失调的危险（risk for disproportionate growth）

目标检测

A1 型题

1. 下列哪项不属于护理诊断

A. 体温过高　　B. 母乳喂养有效

C. 知识缺乏　　D. 潜在并发症：心律失常

E. 有皮肤完整性受损的危险

2. 护理诊断的组成不包括

A. 名称　　B. 定义　　C. 相关因素

D. 诊断依据　　E. 健康问题

3. 关于护理诊断和医疗诊断描述下列哪项是正确的

A. 护理诊断在病程中保持不变

B. 护理诊断的决策者是护理人员

C. 护理诊断是对个体病理生理变化的一种临床判断

D. 医疗诊断描述的是个体对健康问题的反应

E. 护理诊断是需要医护双方合作处理的问题

4. 护理诊断陈述中“P”代表

A. 诊断名称　　B. 定义　　C. 相关因素

D. 危险因素　　E. 症状和体征

A2 型题

5. 患者，男性，26 岁。因咳嗽、咳痰、气促入院，入院后患者因不习惯医院的住院环境导致失眠，此时护士给患者下诊断“睡眠形态紊乱与不习惯医院的陌生环境有关”，请问此相关因素属于以下哪类

A. 病理生理因素　　B. 治疗因素　　C. 情境因素

D. 心理因素　　E. 年龄因素

（林　梅）

扫码“练一练”

第十章

护理病历书写

学习目标

知识目标

1. 掌握护理病历书写的基本要求、格式与内容。
2. 熟悉护理病历书写的意义、常见护理评估单的种类。
3. 了解护理文件记录的重要性。

技能要点

结合病例，学会正确书写不同类型的护理记录。

护理病历是护士为患者解决健康问题、提供护理服务的客观、真实、准确、及时完整的全过程记录。完整的护理病历是有关患者的健康状况、护理诊断、预期目标、护理措施及其效果评价等护理活动的系统记录。护理病历是住院病历的重要组成部分，它既对患者的信息进行保存、利于沟通，又为护理教学和护理科研提供基本的资料，体现护理质量和专业水平，促进护理学科的发展，同时在医疗纠纷及诉讼中也是重要的法律依据之一。每个护士都必须以认真负责的精神、实事求是的科学态度书写护理病历。

扫码“练一练”

第一节　护理病历的基本要求

案例

患者，男性，24岁。自诉10年前开始，每年反复咳嗽、咳脓痰，受凉感冒后加重，脓痰量增多，有时可达200～400ml/d，静置后有分层现象。近3天来感冒后痰量增多，伴有咯血，量约150ml/d，急诊入院。

请思考： 作为当班护士如何收集、整理资料，如何书写护理病历？

（一）基本原则

（1）符合《医疗事故处理条例》及其配套文件的要求。

（2）符合临床基本的诊疗护理常规和规范。

（3）有利于保护护患双方合法权益，减少医疗纠纷。

（4）做到客观、真实、准确、及时、完整地记录患者病情的动态变化，有利于促进护理质量提高，为教学、科研提供可靠的客观资料。

（5）融科学性、规范性、创新性、实用性和可操作性为一体，体现护理专业特点和学术水平。

（6）规范护理管理，明确职责，谁执行，谁签字，谁负责，预防护理差错事故及纠纷发生。

（二）基本要求

1. 内容要真实、全面 护理病历必须客观真实地反映患者的健康状况、病情变化以及所采取护理措施后连续观察的结果等。其内容要客观、真实，准确、全面以及不能推测。

考点提示

护理病历书写的基本要求。

2. 描述要精练，用词要准确 护理病历的书写应使用规范的医学词汇、术语、适当的外文缩写，无正式中文译名的症状、疾病名称等也可以使用外文。不要使用草书、别字、自造简体字或自创缩写词。力求内容精练、准确，重点突出，条理清楚。

3. 按规定格式及时书写 目前全国各医疗单位尚无统一的护理病历格式，但每个单位都有自己的规定和要求，必须按规定的格式及时书写，以便随时反映患者的健康状况，并进行比较分析。因抢救急危重症患者，未能及时书写护理记录时，应在抢救结束6小时内据实补记，并加以注明。

4. 书写要规范、工整 护理病历书写一律使用蓝黑墨水或碳素墨水书写。字迹要工整、清晰，表述准确，语句通顺，标点正确。书写过程中出现错字时，应在错字上用双横线划在原错字（词、句）上，在其上方写上正确的内容，并签全名和注明时间，保持原记录清晰可辨，不得采用刀刮、胶粘、涂黑、漂白等方法掩盖或去除原来的字迹。

5. 书写日期及计量单位 日期用公历年，时间用北京时间记录（如：日期2013.6.17，时间8am，4pm，0am）。计量单位一律采用中华人民共和国法定的计量单位（米m、厘米cm、毫米mm、微米μm、升L、毫升ml、公斤kg、克g、毫克mg、微克μg）。

第二节 护理病历的格式与内容

扫码"学一学"

案 例

患者，男性，30岁。自诉6年前反复上腹部饥饿性疼痛伴反酸、流涎、恶心、呕吐，曾行胃镜检查，诊断为"十二指肠溃疡"，近2天来，感上腹部不适，恶心、呕吐3次，呕吐物为咖啡样胃内容物，大便每天2次，呈黑色柏油样便，不成形，伴乏力、头晕、心悸、急诊入院。

身体评估：T 38℃，R 20次/分，P 100次/分，BP 100/70mmHg，神清，贫血貌，左侧锁骨上窝淋巴结未触及肿大，心肺（-），腹平软，上腹部偏右轻压痛，肝脾（-），肠鸣音10次/分。

请思考：责任护士如何进行护理记录？

目前，我国护理病历的书写主要限于住院患者，其内容包括护理病历首页、护理计划单、护理记录单、出院评估单和健康教育计划。

一、护理病历首页

护理病历首页又称入院评估表，是患者入院后首次进行的系统健康评估记录，其内容包括健康史、过敏史、用药史、身体评估、辅助检查评估结果、医疗诊断等。一般要求患者入院后24小时内完成。

临床上使用较多的护理病历首页是以人的生理－心理－社会模式及戈登（Gordon）功能性健康型态模式的护理理论为指导而设计的框架，其他如奥瑞姆（Orem）的自理模式、马斯洛（Maslow）的人类基本需要层次论、人类健康反应型态等也常作为表格设计的框架。按Gordon功能性健康型态为框架设计的护理病历首页（表10－1）。

表10－1　护理病历首页

姓名　科别　病室　床号　住院号

（一）一般资料（选择符合的项目画“√”或填写即可）

姓名________性别________年龄________民族________职业________婚姻________

籍贯________文化程度________现住址________电话________

联系人________住址________联系电话________

入院日期和时间________入院医疗诊断________

入院方式：口步行　口扶行　口平车　口轮椅　口担架　口其他________

叙述人：口患者本人　口家属　口其他________评估日期________可靠程度________

医疗费用支付方式：口公费　口自费　口大病统筹　口保险

（二）健康史（选择符合的项目画“√”或填写即可）

入院原因（主诉＋简要现病史）

既往健康状况：口良好　口一般　口较差

曾患疾病或传染病：口无　口有________

外伤史：口无　口有________

手术史：口无　口有________

过敏史：口无　口有（口药物________口食物________口其他________）

用药史：口无　口有（药物名称十剂量用法：________）

（三）生活状态及自理程度（选择符合的项目画“√”或填写即可）

1. 饮食型态

基本膳食：普食________餐/日、软食________餐/日、半流质________餐/日、流质________餐/日

禁食时间：________忌食________治疗饮食________鼻饲________其他

近期体重变化：口无　增加/下降________kg/________月（原因________）

咀嚼困难：口无　口固体　口软食（原因________持续时间________）

其他

2. 睡眠/休息型态

休息后体力是否容易恢复：口是　口否　（原因）________

睡眠：口正常、口入睡困难、口易醒、口早醒、口多梦、口 恶梦、口失眠

辅助睡眠：口无、口药物、其他

3. 排泄型态

排便：次数________次/日　性状________　口正常　口便秘　口腹泻________次/日

便失禁　口无　口有________次/日

造瘘：口无　口有（类型：________，自理：口能　口否）

应用缓泻剂：口无　口有（药物名称：________，剂量用法：________）

排尿：________次/日　颜色________性状________量________ml/日　口尿潴留　口尿失禁

口排尿时间延长　口尿急　口尿频　口尿痛　口夜尿增多（________次/夜）口留置导尿

其他________

4. 健康感知/健康管理型态

自觉健康状况：口良好 口一般 口较差

家族史：口高血压病 口冠心病 口糖尿病 口脑卒中 口肿瘤 口精神病________

口遗传病________口其他________

吸烟：口无 口有（________年，________支/日。戒烟：口未 口已________年）

饮酒/酗酒：口无 口有（________年，________ ml/日。戒酒：口未 口已________年）

其他：口无 口有________

寻救促进健康的信息：口无 口有、其他________

5. 活动与运动型态

生活自理：口全部 口部分（口进食 口沐浴/卫生 口穿衣/修饰 口入厕）口不能

活动能力：口行走 口上下床 口坐椅子 口卧床（口自主翻身 口协助翻身）

活动耐力：口正常 口容易疲劳（描述________ ）

医疗/疾病限制：口医嘱卧床 口持续静点 口石膏 口牵引 口瘫痪（偏/半/截/交叉瘫）

辅助工具：口无 口有（口手杖 口拐杖 口轮椅 口假肢） 口其他________

其他________________

（四）身体评估（选择符合的项目画“√”或填写即可）

T ________℃ P ________次/分 R ________次/分 Bp ________ mmHg 身高________ cm 体重________ kg

面容：口急性病容 口慢性病容 口其他________

表情：口平静 口痛苦 口忧郁 口其他________

发育：口正常 口不良 口超常

营养：口良好 口中等 口不良 口恶病质

体位：口主动体位 口被动体位 口强迫体位________

步态：口正常 口异常________

1. 神经系统

意识状态：口清醒 口嗜睡 口模糊 口谵妄 口昏睡 口浅昏迷 口深昏迷

定向力：口准确 口障碍（口自我 口时间 口地点 口人物）

语言表达：口 清楚 口 含糊 口不流利 口语言困难 口失语 其他________

疼痛：口 有 口无（部位________）

疼痛程度：口 0 分无痛 口 1 ~ 3 分轻微痛 口 4 ~ 6 比较痛 口 9 分非常痛 口 10 分剧痛

|__________|__________|__________|__________|__________|__________|__________|__________|__________|__________|

肢体瘫痪：口 有 口无（情况________）

2. 皮肤黏膜

皮肤颜色：口正常 口潮红 口苍白 口发绀 口黄染 口花斑 其他

湿度：口正常 口干燥 口潮湿 口多汗 口其他________

弹性：口正常 口减退

完整性：口完整 口皮疹 口出血点 口压疮：口无 口有（口Ⅰ度 口Ⅱ度 口Ⅲ度 描述________） 口其他________

口腔黏膜：口正常 口充血 口出血点 口溃疡 口糜烂 口破损 口干燥 口白斑 口其他________水肿：口无 口有（部位/ 程度________）

肝掌：口无 口有（描述：________）

蜘蛛痣：口无 口有（描述：________）

瘙痒：口无 口有（描述：________）

3. 呼吸系统

呼吸方式：口自主呼吸 口机械呼吸 口简易呼吸 口其他________

呼吸频率：________次/分

呼吸节律：口规则 口潮式呼吸 口间断呼吸 口其他（描述：________）

咳嗽：口无 口有

咳痰：口无 口易咳出 口不易咳出、吸痰（色________量________黏稠度________）

4. 循环系统

心律：口规则 口心律不齐、心率________次/分 口脉短绌

脱水：口无　口轻度　口中度　口重度　口其他________

5. 消化系统

胃肠道症状________

腹部：口软　口肌紧张　口压痛　口反跳痛　口可触及包块（部位/性质________）　口其他________

6. 性/生殖系统

月经：口正常　口紊乱　口痛经　口绝经　口其他________

性生活：口正常　口障碍（________）　口其他________

7. 认识/感觉型态

疼痛：口无　口急性________小时/天　口慢性________月/年　口阵发性、部位/性质

视力：口正常　口远/近视　口失明　口辅助设备：眼镜、其他

味觉：口 正常　口减弱　口其他________

嗅觉：口正常　口减弱　口缺失

触觉：口正常　口障碍（部位________）

感觉异常：口无　口有

思维过程：口正常　口注意力分散　口远/近期记忆下降　口其他

（五）心理社会方面（选择符合的项目画“√”或填写即可）

1. 自我感知自我概念型态

情绪状态：口镇静　口悲衰　口易激动　口焦虑　口恐惧　口孤独　口其他 ________

心理感受：口害羞　口负罪感　口无用感　口孤独感　口自我否定　口其他

2. 角色关系型态

就业状态：口固定职业　口短期丧失劳动力　口长期丧失劳动力　口失业

其他 ________

角色问题：口无　口角色概念冲突　口角色行为冲突　口缺乏角色意识　口否认角色

社交：口孤独感　口被遗弃感　口语言交流障碍　口原与人交往　口不愿与人交往

夫妻关系：口和睦　口欠佳　口分居　口离异　口丧偶

价值/信念

宗教信仰：口无　口有________

精神支持：________

其他________

3. 应付/应激型态

住院顾虑：口无　口经济问题　口自理能力　口其他________

适应能力：口能独立解决问题　口寻求别人的帮助　口依赖别人解决问题

其他________

对现实态度：口正确面对现实　口逃避现实　口否认现实　口推卸责任

其他________

家庭对患者的健康需要：口忽视　口不能满足　口能满足　口寻求帮助　口过于关心　口其他________

（六）其他评估

实验室检查结果：________

器械检查结果：________

主要护理诊断：

责任护士签名：　　　　护士长签名：　　　　日期：

病区：　　姓名：　　床号：　　性别：　　年龄：　　住院号：　　诊断：

项目	评估内容	分值	评估时间及得分					
洗澡	准备好洗澡水后，可自己独立完成洗澡过程	5						
	在洗澡过程中需他人帮助	0						
修饰	可自己独立完成	5						
	需他人帮助	0						

续表

项目	评估内容	分值	评估时间及得分					
进食	可独立进食	10						
	需部分帮助	5						
	需极大帮助或完全依赖他人，或留置胃管	0						
穿衣	可独立完成	10						
	需部分帮助	5						
	需极大帮助或完全依赖他人	0						
如厕	可独立完成	10						
	需部分帮助	5						
	需极大帮助或完全依赖他人	0						
控制大便	可控制大便	10						
	偶尔失控，或需要他人提示	5						
	完全失控	0						
控制小便	可控制小便	10						
	偶尔失控，或需要他人提示	5						
	完全失控，或留置导尿管	0						
上下楼梯	可独立上下楼梯	10						
	需部分帮助	5						
	需极大帮助或完全依赖他人	0						
床椅转移	可独立完成	15						
	需部分帮助	10						
	需极大帮助	5						
	完全依赖他人	0						
平地行走	可独立在平地上行走45m	15						
	需部分帮助	10						
	需极大帮助	5						
	完全依赖他人	0						
评估总分								
护士签名								

1. 说明：评分根据Barthel指数评定量表

进食：用合适的餐具将食物由容器送到口中，包括用筷子（勺子或叉子）取食物、对碗（碟）的把持、咀嚼、吞咽等过程

修饰：包括洗脸、刷牙、梳头、刮脸等

穿衣：包括穿脱衣服、系扣子、拉拉链、穿脱鞋袜、系鞋带等

如厕：包括去厕所、解开衣裤、擦净、整理衣裤、冲水等过程

2. 评估表应用时间选择：①入院（转科）当班；②患者自理能力发生变化时

3. 填写要求：①总分100分，无需依赖，无需他人照护；②总分61～99分，轻度依赖，少部分需他人照护；③总分41～60分，中度依赖，大部分需他人照护；④总分≤40分，重度依赖，全部需他人照护

第　页　　　护士长签名：

知识链接

自理能力评估表评估要点导航

自理能力评估表（表 10－2）是卫计委 2013 年 11 月颁布，2014 年 5 月 1 日开始执行，目前临床中每个入院患者都要与首页一起评估，患者出现等级变化要再评估一次，患者手术当天、术后第三天需再重新评估，患者出院前一天评估。

二、护理计划单

护理计划单是护士为患者在其住院期间所制定的个体化的护理计划及效果评价的全面系统的记录。其内容包括确立护理诊断/合作性问题的时间、名称、预期目标、护理措施、停止时间、效果评价和护士签名。通过护理计划单可了解患者在整个住院期间存在的所有护理问题、实施的措施及效果，提示已解决的护理问题、出院时仍存在的护理问题、需在出院后进一步采取的措施。护理计划可根据患者的情况随时修订。临床上常采用的表格式护理计划单（表 10－2、表 10－3、表 10－4）。

表 10－2　护理计划单

科室________床号________姓名________诊断________住院号________

日期	护理诊断	护理目标	护理措施	签名	停止时间	效果评价	签名

表 10－3　示例：出院护理计划

科室 __产科__ 床号 __3__ 姓名 __王虹__ 诊断 __宫内妊娠__ 住院号 __1234__

日期	护理诊断	护理目标	护理措施	签名	停止时间	效果评价	签名
8.20	知识缺乏：产褥期卫生常识及母乳喂养知识缺乏	患者能叙述示范标准教育计划内容	1. 根据患者所处的各个阶段及时做好标准教育计划的落实。 2. 提供患者希望获得的信息。 3. 经常与患者交流，鼓励其说出担心的问题	李燕	8.24	问题已解决	李燕
8.21	疲乏 与产时体力消耗有关	产后 24 小时，患者诉说疲乏感减轻	1. 营造安静，舒适的休息环境，光线柔和，空气清新。 2. 产后 24 小时卧床休息。 3. 与家属一起协助产妇照顾婴儿、哺乳	李燕	8.21	问题已解决	李燕
8.21	阴道流血 与产后子宫复旧不良感染有关	无宫内感染发生	1. 观察阴道流血性质及量。 2. 宣教产后阴道流血量的正常与异常的区别。 3. 产后每日按时测子宫高度，观察子宫复旧情况。 4. 教会患者正确使用会阴垫。 5. 合理应用抗生素	李燕	8.24	达预期结果	李燕

续表

日期	护理诊断	护理目标	护理措施	签名	停止时间	效果评价	签名
8.21	排尿型态的改变与产后尿潴留有关	患者排尿正常	1. 宣教产后6小时内排尿必要性的意义。 2. 宣教膀胱过度充盈对子宫收缩的不利影响。 3. 宣教大便直肠堆积压迫尿道，引起排尿困难，鼓励患者及时排出大便	李燕	8.21	达预期结果	李燕
8.21	有栓塞的危险：与羊水栓塞有关	无羊水栓塞	1. 了解产时患者情况有宫缩过强，早破膜及胎盘早剥情况者，进行产后1小时监护。 2. 产后2小时观察患者呼吸脉搏、血压情况	李燕	8.21	达预期结果	李燕

表10－4　示例：支气管哮喘标准护理计划

科室：呼吸科　床号：12　姓名：王丽　诊断：支气管哮喘　住院号：2110

日期	护理诊断	护理目标	护理措施	签名	停止时间	效果评价	签名
8.20	低效性呼吸形态：喘憋与支气管痉挛有关	患者1周内喘憋症状缓解	1. 密切观察患者的病情变化，观察记录患者的呼吸型态，包括呼吸频率、深度、节律、有无发绀和呼吸困难。 2. 注意输液速度不超过30滴/分。 3. 指导患者进行缓慢的缩唇或腹式呼吸。 4. 在患者呼吸困难期间，守候并安慰患者，给予情感支持。 5. 给予患者鼻异管持续低流量吸氧，0.5～1L/min。 6. 遵医嘱给予平喘、解痉药物治疗，并观察记录药物对呼吸形态的效果。 7. 保持室内空气新鲜，每天早晚各通风半小时。 8. 给予患者抬高床头，取半卧位休息，协助患者生活护理	陈惠	8.25	问题已解决	陈惠
8.20	便秘：排便费力，3～4天1次与年老活动少有关	1. 患者在3天内便秘解除。 2. 患者3天内能说出便秘的原因。 3. 患者能长期保持大便通畅	1. 密切观察患者的排便情况及粪便的量、性状。 2. 给患者讲解维持正常排泄型态所需的知识，包括饮食搭配、饮食量、适当活动等。 3. 嘱患者平时多饮水，每天不少于1500ml。 4. 给患者饮食中增加纤维素含量，并嘱患者多食香蕉、水果和蜂蜜。 5. 患者喘息缓解期间，协助患者下床适当活动。 6. 必要时给予口服缓泻剂	陈惠	8.23	问题已解决	陈惠

在以往护理计划单的填写中，护士常重复书写大量常规的护理措施。为了减轻书写负担、节约书写时间，临床上将每种疾病最常见的护理诊断，及相应的护理措施、预期目标等，综合形成了“标准护理计划”。如“清理呼吸道无效”标准护理计划见表10－5，有了标准护理计划，而原有的护理计划单则演变成了护理诊断项目表（表10－6）。

表 10－5　清理呼吸道无效的标准护理计划

停止原因：	评价：
停止时间：	签名：

病区________床号________姓名________年龄________住院号________

护理诊断：清理呼吸道无效

相关因素：

口 1. 呼吸系统疾病：口感染

口 2. 无效咳嗽：口疼痛　口身体虚弱　口幼儿　口保胎

口 3. 意识障碍：口嗜睡　口昏迷　口麻醉　口药物

口 4. 知识缺乏

预期目标	制定日期	护理措施	时间/签名		再次时间/签名	
			开始	停止	开始	停止
口 1. 患者/家属当天能说出排痰的重要性		口 1. 持续评估，记录观察呼吸状态，注意有无气道阻塞				
口 2. 患者掌握有效咳嗽方法，排出分泌物		口 2. 头偏向一侧，根据病情吸痰，确保呼吸道通畅				
口 3. 患者发绀减轻、痰鸣音消失		口 3. 氧气吸入				
口 4. 患者在住院期间没有因痰液阻塞气道而发生窒息		口 4. 讲解排出痰液，清理呼吸道的重要性				
		口 5. 教给患者有效咳嗽的方法：①让患者尽量取坐位或半坐位，先进行几次深呼吸，然后再吸气后保持张口，用力进行短促的咳嗽，将痰从深部咳出。②手术后，护士双手挤压刀口两侧，嘱患者深呼吸后用力咳出痰液。③协助患者翻身，行自上而下然后再自下而上向肺门方向叩击胸部				
		口 6. 鼓励患者多次少量饮用热水或热流质，以稀释痰液，易于咳出，病情允许每日饮水量1500ml 以上				
		口 7. 保持病室湿度 60% ~70%，必要时给予雾化吸入				
		口 8. 必要时行体位引流				

表 10－6　示例：护理诊断与问题列表

科别　心内科　床号　12　姓名　张泳　住院号　13005

日期	时间	护理诊断	预期目标	评价					签名
				日期时间	解决	好转	未解决	恶化	
2013. 8. 12	4pm	1. 疼痛：心前区压痛 与心肌缺血、缺氧有关	疼痛缓解	2013. 8. 18	√				王旭
		2. 潜在并发症：心律失常	无心律失常发生	2013. 8. 19	√				王旭
2013. 8. 25	8am	3. 活动无耐力 与心肌梗死后限制活动有关	3 周后可下地活动	2013. 9. 2		√			王旭

三、护理记录

护理记录是指患者在整个住院期间，护士运用护理程序的方法，对患者实施护理全过程的书面记录。

（1）对于一般的患者，护理记录的书写可以采用下列格式：①采用 PIO 的记录格式，称 PIO 护理记录单。P（problem）为患者的健康问题，指护理诊断或合作性问题；I（intervention）为措施，指针对其健康问题所执行的护理措施；O（outcome）为结果，指护理措施执行后的患者反应，即对护理措施的效果评价。②一般护理记录：内容包括患者的主观感受、身体状况评估结果、相关实验室及其他辅助检查结果，针对病情所采取的治疗和护理措施，效果评价等（表 10－7）。

表 10－7　一般护理记录单

科室_______病室_______床号_______姓名_______医疗诊断_______住院号_______

日期	时间	护理记录	签名
2013. 12. 5	10am	患者自述发热，咳嗽，咳灰白色痰，痰量不多，易于咳出。出汗较多，口干，今晨饮水约 400ml。身体评估：T 39.1℃，P 90 次/分，R 20 次/分，BP 110/80mmHg，RBC 4.5×10^{12}/L，Hb 138g/L。给予酒精擦浴，并遵医嘱给予青霉素 480 万 U ＋ 0.9% 的生理盐水 500ml，bid，静脉滴注。嘱患者多饮水，以补充因出汗丢失的液体，适当选择自己喜欢的果汁类饮料，补充维生素和盐类	周丽

（2）对于某些专科患者，护理记录可以采用住院评估表的方式，内容是在入院评估表的基础上，根据不同的病种和病情变化进行精简，以使护士记录时，既能做到简明扼要，又能重点突出。

（3）对于危重患者，护理记录采用危重患者护理记录单进行，内容除了眉栏部分及日期、时间、签名外，主要包括：生命体征、出入液量、神志、瞳孔、皮肤等项目，以及病情变化、治疗护理措施及效果评价（表 10－8）。（一般要求至少每 4 班记录一次，若有病情变化随时记录。）

考点提示

危重患者护理记录单书写的内容、要求与书写格式。

表 10－8　危重患者护理记录单示例

科别____　姓名____　年龄____　性别____　床号____　住院号____　入院日期____　诊断____

日期时间	意识状态	体温	脉搏	呼吸	血压	血氧饱和度	吸氧	入量		出量			皮肤情况	管路护理	病情观察及措施	护士签名
		℃	次/分	次/分	mmHg	%	L/分钟	名称	ml	名称	ml	颜色性状				

第　页

备注：表格可根据医院各专科特点设定记录

（4）对于手术患者书中记录应采用手术护理记录单，由巡回护士对患者在进入手术室时的情况及术中体位、引流、有无留送标本做病理、术中特殊病情变化及术后皮肤情况进行记录，同时对有进入体腔手术的患者应在医生动刀前、动刀时及动刀后与医生、麻醉师及洗手护士三者进行器械、纱布的清点、确认并记录（表10－9）。

手术所用的无菌包的灭菌指示卡及植入体内医疗器具的标识，经检验后粘贴于手术护理记录单的背面。

表10－9　手术护理记录单

姓名_______性别_______年龄_______住院号_______科室_______床号_______日期_______

术前诊断____手术间_______室

手术名称____

护理情况	术前：入室时间：_______神志：清醒 嗜睡 昏迷 燥动　静脉输液：有　无　深静脉穿刺：有　无 留置导尿：有　无　HbsAg：阴性　阳性　其他传染病__________________ 皮肤情况：正常　擦伤　压疮　其他__________________ 术中：体位：仰卧位　俯卧位　左侧卧位　右侧卧位　膀胱截石位　坐位　其他 引流：无　有（部位__________）标本送冰冻：已送　未送　标本送病理：已送　未送 术毕：皮肤情况：正常　擦伤　压疮　其他　　出室时间：_________术后送回：病房　ICU 其他情况：____________________________________

无菌包检查情况	布类　灭菌时间　　　手术衣　灭菌时间 器械　灭菌时间　　　特殊器械　灭菌时间	备注：

器械名称	术前清点	增加数	关前核对	关后核对	器械名称	术前清点	增加数	关前核对	关后核对
大纱布					解剖镊				
中纱布					布巾钳				
缝合针					拉　钩				
海棉钳					吸引头				
刀　柄					阑尾钳				
剪　刀					带　子				
小直弯钳					花生米				
大弯止血钳					脑　棉				
组织钳					线团				
蚊式钳					特殊器械				
持针钳									

上止血带	开始时间	压力（kPa）	停止时间	术前清点：器械护士（医师）签名________巡回护士签名________ 关前清点：器械护士（医师）签名________巡回护士签名________ 关后清点：器械护士（医师）签名________巡回护士签名________ 备　注：必要时由手术医师与巡回护士一起清点并签名

考点提示

手术护理记录单书写的内容和书写格式。

四、健康教育计划

健康教育是护理工作的重要组成部分，是促进患者健康恢复、提高患者自我保健意识、恢复其最佳健康水平的重要环节。通过向患者及其家属提供相关的健康状况、治疗、护理及康复措施等知识，不仅能增进患者对医护人员的理解和支持，采取积极合作的态度，提高其参与决策的意识和能力，而且可提高患者的自我护理能力，充分发挥家庭等支持系统的作用，共同促进患者早日康复。

健康教育的内容涉及与恢复和促进患者健康有关的各方面的知识与技能。主要包括：①疾病的诱发因素、发生与发展过程。②可采取的治疗、护理方案。③有关检查目的及其注意事项。④饮食与活动的注意事项。⑤疾病的预防及康复措施。国内已将需要患者及其家属了解或掌握的有关知识和技能，编制成标准健康教育计划。护士可参照标准健康教育计划为患者提供健康教育，这在一定程度上解决了护士人手短缺、相关专业水平和健康教育能力参差不齐、健康教育效果难以保证等问题。

健康教育的内容与方式应根据患者的文化层次、认识能力、对有关知识和技能的了解程度、现有条件等具体情况而定。可采用讲解、示范、模拟、提供书面或视听材料以及组织患者进行经验交流等方式，如出院计划单可根据住院期间患者对有关健康教育知识的掌握情况，重点填写出院后的康复指导内容，预防复发，例如产科健康教育计划单（表 10 – 10）。

表 10 – 10　产科健康教育计划单

床号 ____________ 姓名 ____________ 住院号 ____________

教育内容	宣教日期及签名	评价		
		部分掌握	完全掌握	评价者
介绍主管医生、专业护士、住院环境				
病房管理要求、房间整洁、通风的意义				
纯母乳喂养概念、时间、母婴同室的意义				
母乳喂养的优点				
按需哺乳的概念				
哺乳的体位及正确姿势				
新生儿正确的含接姿势				
正确的挤奶手法				
乳汁不足的原因				
防止奶水不足的方法				
乳房胀痛、疼痛的原因				
术后饮食、卧位、早下地活动的意义				
新生儿黄疸的原因、消退时间、处理方法				
卡介苗、乙肝疫苗接种知识				
婴儿沐浴的程序、注意事项				
新生儿脐部、皮肤护理知识				
出院带药的目的、用法				
随访的时间、目的				
避孕知识				
产后复查的时间、目的				

知识链接

书写护理病历相关注意事项

1. 危重、抢救患者的护理病程随时记录，普通患者根据情况记录。

2. 根据患者所患疾病与专科特点记录真实的病情，为医疗、护理提供依据。如前列腺增生患者，入院时可记录为患者排尿困难多长时间？是否尿频、尿少、尿线细等。腰穿术后应记录平卧6小时，并记录神经系统情况。

3. 培养护士“记你所做的，做你所写的”工作作风。当班执行的各种护理操作应及时记录，及时签名。做什么就写什么。杜绝他人代签。

4. 执行医嘱时应及时记录特殊检查、治疗、用药后效果及反应。①便秘者，医嘱给予口服泻药后是否大便，便的颜色、次数。②静脉使用硝酸甘油时应详细记录血压及滴速，并观察患者反应情况。临床工作中，我们应加强巡视病房，加强观察能力，随时观察随时记录。不允许加工和修饰。减少医患双方的不必要伤害；护理病历书写上述所有的内容均要与医生的记录相一致，不仅内容要相符，而且时间也应相同。

（朱小燕）

第三节　护理信息管理

案例

患者，男性，61岁。因口干、多饮、多尿1年，加重5天入院。

身体评估：T 37℃，P 70次/分，R 20次/分，BP 140/70mmHg，神志清，查体合作。

辅助检查：血糖28.4mmol/L。临床诊断：2型糖尿病。

请思考：①患者目前存在的主要护理问题有哪些？②如何进行护理病历的书写？

一、护理信息概述

护理信息（nursing information，NI）最早出现在20世纪70年代，起源于法语“informatique”，意思为计算机处理的护理数据和资料。早在1857年，南丁格尔就建议在军队内设立统计部门。她亲自编制和处理信息来完成相关报告，为某些改革提供具有说服力的证据。而作为护理信息学的专业活动却始于20世纪70年代。护理信息具有如下特点：

1. 来源广泛　护理信息有来自患者的、护理人员的，有来自治疗、护理、科研、教学和管理的，还有来自各种药品、设备、装置的不同类别信息。

2. 信息复杂　由于护理工作与医疗、医技、药剂、后勤等部门都有着紧密联系，因而其数量非常大，且概念性信息多，量化性信息少，其中病例、医嘱、处方等常因医生的习惯不同，采用的语言不同，书写时往往是英文、拉丁文、中文等不同文化或几种文字混合，所以护理信息具有特别的复杂性。

3. 相关性强　护理信息大多是由若干相关信息变量构成的信息群，如临床特别护理天数、一级护理患者质量合格率、抢救器材完好率、褥疮发生率等，都是由一组相互作用的信息提供的。护理信息的输出模式在以上信息变量相互作用下才能确定，护理病历就是一种较大的护理信息群。

4. 随机性大 在日常护理工作中，护理突发事件难以预料，且选择性小。如患者的病情变化快，入院、出院、转院随时可能发生，故护理信息的产生、采集、处理随机性很大。

5. 质量要求高 护理信息又直接关系着患者的健康与生命，所以在其准确性、完整性、可靠性方面对护理信息管理提出了非常高的要求，使护理信息管理和研究具有一定的深度和难度，也是开展护理信息管理的重要价值和必要性所在。

二、护理信息化概念

护理信息化是指利用计算机技术、通信技术、自动化技术等信息技术，突破传统医疗模式的限制，实现高质量、高效率、个性化的医疗护理服务，进而提高护理创新能力和护理管理水平。护理信息化不是简单的计算机化，而是以信息共享为核心，包括医院行政管理机构内部、护理部、医院临床各部门、各科室等部门相互之间的信息共享，最大限度地方便患者就医全过程，提高医疗工作效率，以及方便各类管理人员的分析决策管理工作，充分发挥信息技术在护理行业中的应用价值，提高医疗资源的利用率。

三、护理信息管理的基本概念

现代护理管理正经历着由定性管理向定量管理，经验型管理向科学化管理的发展过程。随着护理质量管理、人力资源管理、工作绩效评价等护理管理研究和改革的实施，引入现代化手段，将信息化管理融入护理管理对于提高管理成效起到至关重要的作用。护理信息管理是指在护理活动中收集、整理、加工、处理相关数据、消息或情报，从而实现护理管理目标的过程。护理信息管理的内容包括护理工作量、护理质量控制、整体护理、护士技术档案、护理教学科研、护理物品供应、医嘱处理、差错分析、护士人力安排等护理信息，通过护理信息系统（nursing information system，NIS）能有效地掌握护理工作状况，充分发挥各级指挥的功能，使护理工作得以惯性运行。

四、我国护理信息化管理系统

护理信息系统是利用信息技术、计算机技术和网络通信技术对护理管理和业务技术信息进行采集、存储、处理、传输、查询，以提高护理管理质量为目的的信息系统，是医院信息系统的一个重要子系统。护理信息系统一般包括临床护理子系统和护理管理子系统。

（一）护理信息系统产生的必要性

1. 克服纸质护理记录的缺点 长期以来，传统的纸质护理记录是由护士手工书写的，会有重复记录、不全面不详细、分散且不规范以及用语不规范等问题。

2. 系统化护理的需要 作为现代护理的标志，整体护理是一项系统工程，仅护理程序就包括了估计、诊断、计划、实施、评价五个步骤，其中所包含的信息是极其丰富和繁杂的，它们互相重叠、交叉，又互为结果，而且必须完成的表格和记录也十分繁多，手工书写难以完成。同时系统化整体护理的根本目的不是完成这些记录，而是让护士走向床边，用更多的时间去贴近患者，去诊断和处理患者现存的或潜在的所有健康问题。

3. 医院整体发展与多学科合作的需要 医疗工作的开展需要各个科室、部门的协调合作。护士与患者接触最多，能够掌握最详细且具有动态性的患者健康信息，因此在临床各学科合作的过程中，护理信息的价值非常重要。护理信息不但能够通过医院信息系统，将采集的数据为临床各科医务工作者服务，还可以接受患者的临床医疗、临床检验相关信息为开展后续护理工作服务。

4. 教学科研的需要 很多大型医院都承担着护理专业的教学工作，计算机辅助教学是一种良好的交互式教学方法。在科研活动中，信息系统能够提供专业的医学统计程序，例如方差分析、卡方检验等，护理记录中的各种数据能够迅速得到利用。

（二）护理信息系统的发展

早在20世纪60年代就产生了NIS的雏形，它主要是用文本形式的非格式化自然语言，来传递护理信息和建立护理文档，完成日常的护理工作。随着整体护理的推广应用，NIS进一步发展为主要用格式化的护理信息和护理知识库，形成护理诊断，制定护理措施，进行护理评估。

1. 第一阶段——护士工作站系统

护士工作站系统是协助护士对患者完成日常的护理工作的计算机应用程序，主要任务是协助护士核对并处理医生下达的长期和临时医嘱，对医嘱执行情况进行管理，同时协助护士完成护理及病区床位管理等日常工作，如医嘱输入、体温单、护理单的输入及打印等。这样的系统是以患者疾病护理治疗为中心的，主要数据是人流、物流、财流数据。数据为非结构化的，主要采用文本录入方式（特别是各种护理记录），无护理决策支持功能，护理数据的检索问题亦没有得到很好地解决。

护士工作站系统实质上还是医院管理信息系统（Hospital Management Information System，HIS）的一部分，但正向NIS过渡。因此，护士工作站系统是NIS和HIS之间的一座桥梁。它从HIS延伸到NIS，成为NIS的基础之一，并最终被NIS取代。

2. 第二阶段——护理信息系统

20世纪90年代以后，NIS有了更深入的发展，它的研究方向主要是护理语言的规范化和护理决策支持。现在的观点是临床数据应支持护理的决策，而不仅仅是记录护理工作的任务。护理信息系统不应该仅仅是电子档案柜和传送信息的设备，而应该对输入系统的信息加以利用，把原始数据转化为更易利用的格式，并帮助护士做出临床决策。这些目标的实现要求研制集成系统，包括数据录入、对数据的解释和处理的集成。这是真正意义的护理信息系统，或者说是其高级阶段，它正是全世界护理信息学工作者正在努力实现的工作。护士工作站和护理信息系统的区别（表10－11）。

表10－11　护士工作站和护理信息系统的区别

项目	护士工作站	护理信息系统
系统中心	以疾病为中心	以患者为中心
主要目标	护理事务性管理	护理质量管理
主要数据	人流、物流、财流数据	患者健康数据
数据特点	非结构化、非规范化	结构化、规范化
录入方式	文本录入	结构化数据录入
护理决策功能	无	有

3. 发展趋势 近年来，护理信息系统的发展方向为护理专家系统、医院护理一体化管理信息系统、远程护理等。

（三）护理信息系统的应用

医院的护理信息种类繁多，主要分为护理科技信息、护理业务信息、护理教育信息和护理管理信息。护理业务信息是大多数护理人员均应熟悉的内容，其阐述如下：

护理业务信息主要包括患者的病情、医疗计划、医嘱、患者饮食、医疗费用、护理病历等。在临床应用护理程序的过程中，患者的健康资料、护理诊断、护理目标、护理措施、护理记录和效果评价等构成护理病历。目前各医院护理病历的设计不尽相同，一般包括入院评估表、住院评估表、护理计划单、护理记录单、出院指导和健康教育等。

医院根据需要设计系统软件，护理人员将患者的护理病历资料输入计算机储存，需要时检索、打印出来，护理人员可随时记录、调整护理计划。利用计算机进行护理业务信息管理，为医生了解病情、药房准确及时地发药、住院部随时掌握患者费用情况等提供了依据。护理病历的内容项目繁多，内容庞杂，护理信息管理过程中，一定要认真负责，按照统一规范的输入方法输入，派有专人负责定期对各系统进行整理，保证护理信息收集内容全面、格式正确。

1. 入院评估表 用于对新入院患者进行初步的护理评估，并通过评估找出患者的健康问题，确立护理诊断。主要内容包括患者的一般资料、现在健康状况、既往健康状况、心理状况、社会状况等。

2. 住院评估表 为及时全面掌握患者病情的动态变化，护士应对其分管的患者视病情每班、每天或数天进行评估。评估内容可根据病种、病情不同而有所不同。

3. 护理计划单 即护理人员对患者实施整体护理的方案，包括护理问题、护理目标、护理措施及效果评价的书面记录。为节省时间，护理人员常以“标准护理计划”的形式预先编制每种疾病的护理问题及相应的护理措施、预期目标等，护士可参照它为自己负责的每一位患者实施护理。使用标准护理计划最大的优点是可减少常规护理措施的书写，使护士将更多的时间和精力用于对患者的直接护理上。缺点是容易使护士只顾标准计划实施护理，而忽略了患者的个体差异性。因此，使用时一定要根据患者需要恰当选择并进行必要的补充。

4. 护理记录单 是护士应用护理程序的方法为患者解决问题的记录。护理记录单的内容包括患者的护理问题、护士所采取的护理措施及执行措施后的效果等。护理记录包括首次护理记录、一般护理记录、危重病人护理记录、转科记录、出院记录。

5. 健康教育计划 是为恢复和促进患者健康并保证患者出院后能获得有效的自我护理能力而制定和实施的帮助患者掌握健康知识的学习计划与技能训练计划。我国很多医院根据各科患者诊治、护理特点的不同，针对各科常见病、多发病分别设计出本科患者健康教育计划。此计划分入院、住院（手术科室的患者包括手术前、后）、出院教育几个阶段，以简单通俗的语言成文，内容齐全，重点突出，形式统一，格式规范，便于护士掌握应用，并减少护士的书写时间，也是评价工作质量和教育效果的客观依据。

（朱小燕）

实训项目十一　护理病历书写

一、案例导入

患者，男，46 岁。因“渐进性活动后呼吸困难 5 年，明显加重伴下肢浮肿 1 个月，1 个月前感冒后咳嗽，咳白色黏痰，气短明显，不能平卧，尿少，两下肢浮肿，腹胀加重”而来院就诊，门诊初诊“心脏病”收住院。请问：①患者入院时护士应如何收集、分析病例资料、学会独立完成身体评估？②学会书写一份完整的护理病历？

二、任务描述

［实训目的］

（1）结合病例，在实践中学会运用有效地会谈和身体评估方法收集主、客观资料，所获得的资料，内容真实、全面、完整。

（2）按照格式要求写出一份完整的护理病历。

（3）会谈和身体评估过程中体现人文关怀。

［实训时间］

2 学时。

［实训内容］

（1）通过会谈获得以下资料：一般资料、主诉、现病史、既往史、用药史、家族健康史、按戈登功能性健康形态进行系统回顾。

（2）通过身体评估获得相关的客观资料。

（3）结合病例，按照格式要求写出一份完整的护理病历。

［实训方法］

（1）观看护理病历书写的 CAI 助学课件、VCD 光盘，熟悉护理病历书写的基本要求、格式与内容。

（2）实训前教师准备好数份病例，每 4 ~ 5 位学生为一组，先让每组 1 位“患者”扮演者熟悉病例，其他“护士”扮演者则分好组及选好组长。

（3）在老师带领下，“患者”穿普通装，“护士”穿好工作服、帽，进入实训室或医院，练习病史采集和身体评估。

（4）教师巡回、指导各组的会谈和身体评估情况，并归纳总结。

（5）教师指导学生完成一份完整的护理病历书写。

三、任务实施

［实训流程］

1. 准备

（1）环境准备　安静整洁、光线适宜，冬季应注意室内温度与患者的保暖。

（2）用物准备　CAI 课件、VCD、电视机、教学病例数份、笔、记录纸、护理病历纸等。

（3）护士准备　服装鞋帽整洁、洗手，必要时戴口罩；举止端庄、态度和蔼、动作轻柔；尊重理解患者。

（4）患者准备　患者接受护士对其床号、姓名等信息的核对，倾听护士的简要自我介绍和本次评估的目的，配合护士采取舒适的体位。

2. 实施

（1）选择合适的时间、环境和方法。

（2）询问患者的一般资料，对患者进行入院宣教。

（3）根据护理评估单的要求，对患者进行入院评估，同时获得患者最主要、最明显的症状和体征。

（4）引导患者说出自患病以来的健康状况，通过会谈了解患者患病后的生理、心理、日常生活能力、治疗情况、既往健康情况、个人生活习惯、饮食与嗜好、用药史、成长发展史、家族健康史，并按戈登功能性健康型态进行系统回顾。

（5）结合病例，对患者进行身体评估获得以下资料：体温、血压等生命指征和一般状态、头及面部器官、颈部、胸部、腹部、脊柱与四肢、神经反射等。

（6）根据收集资料进行护理记录（病情较轻者用一般护理记录单，危重患者用危重患者护理记录单）。

3. 处理

（1）协助患者取舒适体位、整理床单位。

（2）按照医院规定处理用物。

（3）护士洗手。

[注意事项]

（1）取得患者及其家属的同意。

（2）保护患者的隐私。

（3）具有爱伤观念。

[实训作业]

独立完成一份完整的护理病历书写，上交教师批改。

四、实训项目检测

表 10－12　护理病历书写

规定操作时间：45 分钟　　　　实际操作时间　　　　成绩计分

项目		内容	标分	评分参考			记分
				好	中	差	
准备（20）	环境	安静、整洁、光线适中、室温适宜	4	4～3	3～2	2～1	
	用物	CAI 课件、VCD、电视机、教学病例数份、笔、记录纸、入院护理记录单等	5	5～4	3～2	2～1	
	护士	衣、鞋、帽、洗手；举止，语言，爱伤观念	7	7～6	4～3	2～1	
	患者	接受护士对其信息的核对，倾听护士自我介绍和说明评估目的，配合护士采取舒适的体位	4	4～3	3～2	2～1	

续表

项目		内容	标分	评分参考			记分
				好	中	差	
实施（60）		1. 选择合适的时间、环境和方法	2	2	1.5	1	
		2. 取得患者及其家属的同意	3	3	2	1	
		3. 了解患者的一般资料、对患者进行入院宣教	3	3	2	1	
		4. 根据护理评估单的要求，对患者进行入院评估，获得患者最主要、最明显的症状和体征	10	10～8	7～5	4～1	
		5. 通了解患者患病后的生理、心理、日常生活能力、治疗情况、既往健康情况、个人生活习惯、饮食与嗜好、用药史、成长发展史、家族健康史、并按戈登功能性健康形态进行系统回顾	10	10～8	7～5	4～1	
		6. 对患者进行身体评估并获得相关资料	10	10～8	7～5	4～1	
		7. 评估方法正确，获得资料全面、完整、真实	2	2	1.5	1	
		8. 根据收集资料进行护理记录（轻者用一般护理记录单，重患者用危重患者护理记录单）	20	20～16	15～10	9～1	
处理（5）	整理	1. 协助患者取舒适体位、整理床单位	2	2	1.5	1	
	处理	2. 按照医院规定处理用物	2	2	1.5	1	
	洗手	3. 护士洗手	1	1	0.5	0	
书写质量评价（15）		1. 护理病历书写格式正确	5	5～4	3～2	2～1	
		2. 内容记录完整、使用医学术语	5	5～4	3～2	2～1	
		3. 字迹工整、无涂改或错字	2	2	1.5	1	
		4. 在规定时间内（30 分钟）完成护理病历书写	3	3	2	1	
合计			100				

（朱小燕）

目标检测

A1 型题

1. 关于护理病历描述不正确的是
   A. 体现护理的专业水平
   B. 发生医疗纠纷时不能提供法律依据
   C. 提供动态信息资料，利于医护间的观察诊治沟通
   D. 为护理教学及科研提供重要资料
   E. 是住院病历重要的组成部分
2. 护理文件书写的基本要求除外
   A. 护理文件书写内容要客观、真实，准确、全面以及不能推测
   B. 眉栏、页码、各项记录必须填写完整
   C. 护理病历书写一律使用蓝黑墨水或碳素墨水书写
   D. 应使用规范的医学词汇，术语
   E. 危重患者抢救未能及时书写可在抢救结束后 12 小时内据实补记

3. 住院患者健康评估记录应在哪个时间内完成

A. 4 小时　B. 8 小时　C. 12 小时

D. 24 小时　E. 48 小时

4. 护理文件书写的原则不包括

A. 客观　B. 真实　C. 准确

D. 及时　E. 重点突出

5. 医疗护理文书概念下列哪项说法错误

A. 是护士在临床护理活动中形成的

B. 是全部文字、符号、图标等资料的总和

C. 主要是观察、评估、判断患者的护理

D. 记录执行的医嘱

E. 记录实施护理行为的过程

6. 下列哪项不属于反映住院患者病情和治疗护理过程的记录

A. 护理首次记录单　B. 患者安全警示

C. 护理会诊单　D. 健康教育单

E. 手术护理记录单

7. 关于护理病历描述不正确的是

A. 体现护理的专业水平

B. 发生医疗纠纷时不能提供法律依据

C. 是最原始的文件记录

D. 提供动态信息资料，利于医护间的合作及协调

E. 为护理教学及科研提供重要的资料

A2 型题

8. 患者，男性，42 岁。因糖尿病病情加重入院，护士评估其病情后，做了相关记录，下列哪项不符合要求

A. 多饮、多尿 3 年　B. 家族史阴性

C. 呼吸 20 次/分　D. 血压 130/90mmHg

E. 心率 88 次/分

（朱小燕）

扫码“练一练”

参考答案

第二章

1. A　2. A　3. C　4. D　5. D　6. E　7. D　8. C　9. C　10. C

11. B　12. C　13. B　14. B

第三章

1. A　2. D　3. A　4. B　5. B　6. D　7. E　8. C　9. B　10. A

11. A　12. B

第四章

1. D　2. D　3. A　4. D　5. B　6. E　7. A　8. A　9. E　10. D

11. E　12. A　13. E　14. E　15. C　16. D　17. C　18. B　19. D　20. B

第五章

1. C　2. E　3. C　4. C　5. A

第六章

1. B　2. B　3. A　4. D　5. A　6. E　7. C　8. A　9. A　10. C

第七章

1. C　2. C　3. E　4. D　5. D　6. D　7. C　8. D　9. D　10. C

第八章

1. B　2. C　3. A　4. E　5. C　6. B　7. D　8. C　9. E　10. D

第九章

1. D　2. E　3. B　4. A　5. C

第十章

1. B　2. E　3. D　4. E　5. D　6. B　7. B　8. B

参考文献

［1］桂庆军．健康评估［M］．北京：人民卫生出版社，2013.

［2］刘成玉．健康评估［M］．第 3 版．北京：人民卫生出版社，2014.

［3］魏武，许有华．诊断学［M］．北京：人民卫生出版社，2014.

［4］刘成玉，罗春丽．临床检验基础［M］．北京：人民卫生出版社，2012.

［5］刘潮临．健康评估［M］．北京：高等教育出版社，2010.

［6］熊盛道．健康评估［M］．北京：高等教育出版社，2013.

［7］刘俊香，钟云龙．健康评估［M］．北京：中国医药科技出版社，2013.

［8］王刚，杨霖．健康评估［M］．北京：中国医药科技出版社，2013.

［9］王立民，程洪恩．健康评估［M］．北京：中国医药科技出版社，2013.

［10］董建成．医学信息学概论［M］．北京：人民卫生出版社，2010.

［11］颜巧元．护理信息管理［M］．北京：人民军医出版社，2013.

［12］陈云华，刁万祥．健康评估［M］．北京：科学出版社，2013.

［13］王绍锋，陆一春．健康评估［M］．北京：科学出版社，2010.

［14］孙菁．健康评估［M］．北京：高等教育出版社，2010.

［15］金梅，梁菁，李敏．健康评估［M］．北京：科学技术文献出版社，2013.

［16］徐新娥，董红艳．健康评估［M］．武汉：华中科技大学出版社，2011.

［17］张雅丽．健康评估［M］．北京：人民卫生出版社，2012.